U0287405

现代物理基础丛书·典藏版

激光光谱学

（原书第四版）

第2卷：实验技术

〔德〕 沃尔夫冈·戴姆特瑞德 著
姬 扬 译

科 学 出 版 社
北 京

图字：01-2011-6660

内 容 简 介

本书是 W. Demtröder 教授撰写的两卷本激光光谱学教科书的第 2 卷。这套教科书共分两卷，全面地介绍了激光光谱学的基本原理和实验技术，详尽描述了激光光谱学当前研究的全貌。作者多年从事激光光谱学的研究工作，对学科前沿动态了如指掌。全书的文笔简练、叙述翔实，更配有大量插图和实例，是一本非常优秀的教科书。

第 2 卷介绍了激光光谱学的实验技术、最新进展以及多种应用范例。以理论介绍和实例说明相结合的形式，详细地说明了多普勒限制的激光吸收谱和激光荧光谱(第 1 章)、非线性光谱学(第 2 章)、激光拉曼光谱学(第 3 章)、分子束的激光光谱学(第 4 章)、光学泵浦和双共振技术(第 5 章)、时间分辨的激光光谱学(第 6 章)、相干光谱学(第 7 章)和碰撞过程的激光光谱学(第 8 章)，然后更专门讲述了激光光谱学领域的最新进展如激光冷却、玻色–爱因斯坦凝聚和光梳技术等(第 9 章)，最后用实例介绍了激光光谱学在材料表征、化学分析、环境监测以及健康医疗方面的应用(第 10 章)。这些内容都是第 1 卷介绍的激光光谱学基本原理的具体应用。

本书可供物理系或光学工程系的高年级本科生和研究生使用；利用激光光谱技术开展研究工作的科研人员，包括物理学、化学和生物学领域的研究人员，光学工程、精密测量、环境监测甚至医药研究等领域中的工作人员也能够从本书中发现有用的实验方法和技术。

图书在版编目(CIP)数据

激光光谱学：原书第四版. 第 2 卷，实验技术/(德)戴姆特瑞德(Demtröder, W.)著；姬扬译. —北京：科学出版社，2012
(现代物理基础丛书 · 典藏版)
ISBN 978-7-03-033612-5

Ⅰ. ①激… Ⅱ. ①戴… ②姬… Ⅲ. ①激光光谱学–实验技术 Ⅳ. ①O433.5
中国版本图书馆 CIP 数据核字(2012) 第 027524 号

责任编辑：钱 俊 鲁永芳 / 责任校对：朱光兰
责任印制：吴兆东 / 封面设计：陈 敬

科学出版社 出版
北京东黄城根北街 16 号
邮政编码：100717
http://www.sciencep.com
北京中石油彩色印刷有限责任公司印刷
科学出版社发行 各地新华书店经销
*
2012 年 3 月第 一 版 开本：720 × 1000 1/16
2024 年 4 月印 刷 印张：38 1/2
字数：743 000
定价：149.00 元
(如有印装质量问题，我社负责调换)

译者的话

激光诞生于五十多年以前。随着激光的发明，各种新概念、新原理和新技术层出不穷，激光在基础科学研究和实际应用领域中的发展也是日新月异。只需要最简单的几个例子就可以说明激光的重要性：在基础研究方面，1997 年、2001 年和 2005 年的诺贝尔物理学奖分别授予激光研究领域的三组共九位科学家，分别表彰他们在激光冷却、玻色–爱因斯坦凝聚以及光的量子理论和光梳技术方面的贡献；在应用方面，激光光谱学正在物理研究、材料表征、化学分析、环境监测以及健康医疗方面大显身手，甚至辽阔的太空也正在见识它的本领——“嫦娥计划”中的月球地貌探测仅仅是激光光谱学的一个简单应用实例而已。

德国戴姆特瑞德教授 (W. Demtröder) 撰写的这本激光光谱学教科书，分为两卷，全面地介绍了激光光谱学的基本原理和实验技术，详尽地描述了激光光谱学当前研究的全貌。

本书历史悠久而又屡次增修，均由施普林格公司 (Springer-Verlag) 出版。1977 年出版了德文版 (*Grundlagen und Techniken der Laserspektroskopie*)；1981 年出版了英文版 (*Laser Spectroscopy Basic Concepts and Instrumentations*)；1996 年和 2003 年出版了英文版的第二版和第三版；2008 年出版英文第四版的时候，由于篇幅的原因，本书被拆分为两卷，分别讨论基本原理和实验技术 (*Laser Spectroscopy Vol. 1: Basic Principles* 和 *Vol. 2: Experimental Techniques*)。2008 年，世界图书出版公司获得施普林格公司授权，在中国大陆地区影印发行英文版第三版。

国内很早就有了本书的译本，但是，由于年代久远以及版权方面的原因，现在已经很难找到了。1980 年，科学出版社出版了黄潮根据德文版翻译的《激光光谱学的基础和技术》，该书的序言是在 1978 年 10 月完成的，表明翻译工作是在德文原著刚刚出版之后就开始了。1989 年，科学出版社出版了严光耀、沈珊雄和夏慧荣根据英文第一版翻译的《激光光谱学：基本概念和仪器手段》。在过去二十多年中，国内学者也编著了一些关于激光光谱学的图书，大多都在一定程度上参考了这本著作。

由于工作关系，我对于激光光谱学一直很感兴趣，但是直到 2008 年才接触到这本书。通读一遍之后，感觉受益良多，2009 年夏末秋初，决定用业余时间翻译这本书，原因大致如下：一方面觉得激光光谱学非常重要，对自己的研究工作有很大的启发价值，希望认真地学习一下；另一方面自己刚刚翻译完了一本书，兴犹未尽，自以为余勇可贾。现在看来，这个举动有些过于轻率冒昧，不免有头脑发热而一时冲动之嫌。实际上，在第三稿出来之前，我都不敢去调查一下是不是已经有过译本了，生怕自己泄气。在翻译过程中，时有鸡肋之感，屡兴投笔之意，但总算坚持下来了。侥幸的是，在全书翻译完了之后，我发现以前的译本已经无法跟上激光光谱学飞速发展的步伐，而且现在国内也有了英文第三版的影印本，许多人都觉得无需什么中文译本了，大约没有什么人再去做这种费力不讨好的事情了。回顾本书的翻译过程，当然感慨良多，但是，“此中有真意，欲辩已忘言”，正如托尔金在《魔戒》中所言，“历史往往就是这样：小人物不得不挺身而出，因为伟人们正在忙于他顾”。虽然我已经为本书的翻译工作投入了大量的时间和精力，但是限于个人能力，疏漏之处在所难免，请读者谅解。如有翻译不当之处，请多加指正，来信请寄jiyang@semi.ac.cn。

感谢半导体超晶格国家重点实验室和中国科学院半导体研究所多年来的支持，感谢国家自然科学基金委员会、中国科学院和国家科学技术部的支持。感谢国家科学技术部对本书翻译出版工作的支持。我也感谢全家人多年来的鼓励和帮助，特别是妻女对我假翻译图书之名而行逃避家务之举所表现出来的无尽体谅和巨大耐心。

无论从科研教学还是实际应用的角度来看，这本译著都值得借鉴，衷心希望它的出版能够有助于我国激光光谱学研究领域的发展。

姬　扬

2011 年 8 月 25 日

转眼间，四年过去了，激光光谱学又得了两次诺贝尔奖，也该再次校对中译本了。

2015 年春季，我在中国科学院大学怀柔校区讲授《激光光谱学》，采用本书作为教材。教学过程中，在选课同学们的帮助下，我做了个勘误表（http://blog.sciencenet.cn/blog-1319915-896501.html）。钱俊编辑说最近正在为重印做修订工作，正好用得上。

这次改正了三四百个错误。这些错误都算不上很大，不一定影响阅读的效果，但是有可能影响阅读的心情。在授课期间，总共有 50 位同学提供了 500 多条建议，感谢他们让我注意到这些可能出错的地方。感谢马健同学帮助我汇总并整理了纠错建议。

姬　扬

2015 年 8 月 9 日

第 2 卷序言 *

《激光光谱学》第 2 卷讲述了各种不同的实验技术，它们用于探测微小浓度的原子或分子、没有多普勒效应的光谱、激光拉曼光谱、双共振技术、多光子光谱和时间分辨光谱。在这些领域中，新技术的发展和实验仪器的改进非常引人注目。许多新思想使得光谱工作者能够攻克以前不能解决的问题。例如，用频率梳直接测量光波的绝对频率和相位，或者用可见光区域的飞秒激光的高次谐波来获得阿秒区域的时间精度。飞秒非线性光学参量放大器的发展已经显著地提高了激发态分子中高速动力学过程的测量水平，对于眼内视网膜中的视觉过程或叶绿素分子中的光合作用的详细研究来说，它已经是必不可少的工具。

特别是，激光光谱学在化学、生物医药学以及在解决技术问题的应用方面，发展非常迅猛。最后一章中的几个例子可以说明这一点。

为了学习第 2 卷的一些章节，需要了解一些光谱技术或仪器的基本知识。因此，在讨论激光光谱学基础知识的时候，就会提到第 1 卷的内容。

在每章结尾处都附有一些习题，这有助于检查学生对相应章节主题的理解程度。解答部分在本书结尾处。

我感谢施普林格出版社的 Dr. Th. Schneider，感谢他的耐心和鼓励；我感谢 LE-TeX 公司的 Mrs. St. Hohensee，感谢她在排版和印刷方面的工作。有许多人指出了上一版中的错误和可能的改进方式，从而提高了新版的质量，我非常感谢他们。许多同事允许我使用他们的研究工作中的图表，我非常感谢。

敬请读者提出改进本教材的建议，我将非常感谢。

Wolfgang Demtröder
Kaiserslautern
2008 年 3 月

* 译者注：本序言为原作者在本书第 2 卷前特意添加。

第四版序言

自 1960 年第一台激光器诞生以来，已经将近五十年了，激光光谱学不仅仍然是一个热门的研究领域，而且还扩展到其他许多科学、医药和技术领域，获得了引人瞩目的进展，得到了越来越多的应用。激光光谱学的重要性及其得到的广泛认同，可以用下述事实来证明：在过去的十年里，诺贝尔物理学奖有三次授给激光光谱学和量子光学领域的九位科学家。

这种健康的发展部分地基于新实验技术，例如，改善了已有的激光器，发明了新型的激光器，研制了飞秒区域的光学参量振荡器和放大器，产生了阿秒脉冲，用光学频率梳实现了测量绝对光学频率和相位的革命，发展了不同的方法产生原子和分子的玻色–爱因斯坦凝聚体，验证了原子激光是光学激光的粒子等价物。

这些技术进步在化学、生物学、医药学、大气研究、材料科学、测量学、光学通讯网络和其他许多工业领域得到了大量的应用。

即使仅仅介绍这些新发展中的一部分成果，这本书也会变得太厚了。因此，我决定将本书分为两卷。第 1 卷讲述激光光谱学的基础知识，即基本光谱物理学、光学仪器和技术。此外还简短地介绍了激光物理学，并且讨论了光学共振腔的作用以及实现可调谐窄带激光器的技术，这些都是激光光谱学的主要工具。介绍了不同类型的可调谐激光器，实际上更新和扩充了第三版中前六章的内容。为了提高本书作为教材对于学生的价值，第 1 卷增加了一些习题并在末尾给出了解答。第 2 卷讨论的是激光光谱学的各种技术。与第三版相比，增添了许多新进展，尽量让读者能够紧跟当前激光光谱学的发展步伐。

我感谢所有为本书的新版本做出了贡献的人们。施普林格出版社的 Dr. Th. Schneider 总是支持我，在我不能按期完成时总是充满耐心。LE-TeX 公司的 Claudia Rau 负责排版，许多同事允许我使用他们研究工作的图表。一些读者给我指出了错误或者提出了可能的改进方案。我非常感谢他们。

我希望这个新版本将会和以前的几个版本一样得到大家的认可，希望它能够增进大家对激光光谱学这一引人入胜的领域的兴趣。如发现任何错误或提出改进的建议，请不吝指正。我将尽快地回答问题。

Wolfgang Demtröder
Kaiserslautern
2008 年 4 月

第三版序言

激光光谱学继续在快速地发展和扩张。自本书的上一版出版以来，出现了许多的新想法，建立发展了许多基于老想法的新技术。因此，为了跟上这些发展，有必要在第三版中将一些新技术包括进来。

首先，改进了外共振腔中的倍频技术，研制了更为可靠的大输出功率的连续参量振荡器，发展了可调谐的窄带紫外光源，它们拓展了相干光源在分子光谱学中的应用。此外，实现了用于分析低分子浓度或测量弱跃迁 (如分子中的谐波跃迁) 的新型灵敏探测技术。例如，共振腔环路衰减光谱学可以用极高的灵敏度测量绝对吸收系数，特殊的调制技术能够探测的最小吸收系数达到了 10^{-14}cm^{-1}!

可调谐飞秒和亚飞秒激光器方面的发展更是令人印象深刻，经过放大之后，它们能够产生足够大的输出功率，可以用来产生高次谐波，其波长达到了 X 射线范围，脉冲宽度则在阿秒范围。用液晶阵列控制脉冲形状，可以相干地控制原子和分子的激发，在条件合适的情况下，利用这些经过整形的脉冲，可以影响和控制化学反应。

在测量学领域内，连续锁模飞秒激光器产生的频率梳的应用是一个巨大的进步。现在可以将铯原子钟的微波频率与光学频率进行直接比较，使用稳频激光在光学频率范围内进行频率测量的稳定性和绝对精度都远远超过了铯原子钟。这种频率梳也可以让两个独立的飞秒激光器同步。

原子和分子的激光冷却以及玻色–爱因斯坦凝聚体的许多实验有了飞速的发展，得到了引人瞩目的结果，极大地增进了我们对微观尺度上光与物质相互作用以及极低温下原子间相互作用的认识。相干物质波 (原子激光) 的实现以及物质波之间的干涉效应的研究已经证明了量子力学的一些基本要素。

激光光谱学的最大进展是在化学和生物学中的应用，以及作为诊断和治疗工具在医药学中的应用。此外，在解决技术问题方面，例如表面的检查、样品的纯度检验或者化学组分分析，激光光谱学都提供了新技术。

虽然有了很多的新进展，但是，在介绍激光光谱学的基本要素、解释基本技术的时候，新版本并没有什么改变。上面提到的新发展和新文献被添加进来，但不幸的是，篇幅显著增加了。因为这本教科书面对的是本领域的初学者以及对激光光谱学的某些特殊方面非常熟悉但想概要地了解整个领域的研究人员，所以我并不想改变教科书的一般写法。

许多读者指出了上一版中的错误，提出了改进的建议。我向他们表示感谢。如果能够对新版本提出类似的建议，我将不胜感谢。

许多同事允许我使用他们的研究结果和图表，我非常感谢他们。感谢 Dr. H. Becker 和 T. Wilbourn 认真地阅读了手稿，感谢施普林格出版社的 Dr. H. J. Koelsch 和 C.-D. Bachem 在编辑过程中给予的有益帮助，感谢 LE-TeX 的 Jelonek、Schmidt 和 Vöckler 在植字和排版中的帮助。负责以前几个版本的 Dr. H. Lotsch 为新版本提供了他的计算机文件，我非常感谢。最后，感谢我的夫人 Harriet，为了让我得到充足的时间来写作这个新版本，她付出了巨大的努力。

Wolfgang Demtröder
Kaiserslautern
2002 年 4 月

第二版序言

在本书第一版出版以后的 14 年间，激光光谱学领域有了显著的扩张，出现了许多新的光谱技术。时间分辨率已经达到了飞秒尺度，而激光的稳定度达到了毫赫兹的量级。

激光光谱学在物理学、化学、生物学和医药学中的各种应用，以及它在解决技术和环境问题方面的贡献更是引人瞩目。因此，有必要发行更新版来介绍一部分新进展。虽然新版本坚持了第一版中的理念，但是增加了一些新的光谱技术，如光热光谱学和速度调制光谱学。

整整一章用来介绍时间分辨光谱学，包括超短光脉冲的产生和探测。相干光谱学的原理已经获得了广泛的应用，有专门的一章来介绍它。将激光光谱学和碰撞物理学结合起来，为研究和控制化学反应提供了新的推动力，它也有专门的一章。此外还用了很多篇幅介绍原子和离子的光学冷却和陷俘。

我希望新版本能够像第一版那样受欢迎。当然，教科书永远不会完美无缺，总是可以改进的。因此，如果发现错误或者有任何关于改正和改进的建议，请不吝指教。如果本书有助于激光光谱学的教学，能够将过去 30 年间我在这一领域中进行研究所经历的一些快乐传递出去，我将非常高兴。

许多人帮助我完成了这个新版本。许多朋友和同事提供了工作成果的抽印本和图表，我非常感谢他们。感谢我组里的研究生，他们提供了许多用于说明各种技术的例子。Mrs. Wollscheid 绘制了许多图片，Mrs. Heider 输入了部分修正内容。特别感谢施普林格出版社的 Helmut Lotsch，他为本书付出了辛苦的工作，在我不能按时完成的时候，他表现出了极大的耐心。

最后，感谢我的夫人 Harriet，对于家庭损失的许多周末时间，她给予了充分的理解，帮助我获得了充足的时间来写作这本书的扩充版。

Wolfgang Demtröder
Kaiserslautern
1995 年 6 月

第一版序言

激光对光谱学的影响非常重要。激光是非常强的光源，它的谱能量密度要比其他非相干光源高好几个数量级。此外，因为它的带宽很窄，单模激光的谱分辨本领远远超过传统的光谱仪。在激光出现之前，因为其他光源强度不够高或者分辨率不够好，许多实验都不能做，现在都可以用激光来做了。

现在已经有了成千上万条激光谱线，它们覆盖了从真空紫外区到远红外区的整个光谱范围。特别有趣的是连续可调谐激光器，在许多情况下可以用它替代选择波长的器件，例如光谱仪或干涉仪。与光学混频技术结合起来，这种连续可调谐的单色相干光源几乎可以提供任何大于 100nm 的波长。

激光的高强度和单色性产生了一类新的光谱技术，可以更为详细地研究原子和分子的结构。激光为光谱学工作者提供了各种新的实验可能性，激励他们在此领域开展富有活力的研究工作，雪崩般出现的大量出版物证明了这一点。激光光谱学的近期进展可以参见各种激光光谱学会议的会议论文集 (*Springer Series in Optical Sciences*)，皮秒现象的会议论文集 (*Springer Series in Chemical Physics*) 以及关于激光光谱学的单行本 (*Topics in Applied Physics*)。

然而，对于普通人或者本领域的初学者来说，通常很难从散见于多种期刊的大量文章中找到关于激光光谱学原理的连贯介绍。在前沿的研究论文和基本原理与实验技术的基本表述之间有着一条鸿沟，本书就是为了缩小这一差距。它面向的是想要更为仔细地研究激光光谱学的物理和化学工作者。对原子和分子物理学、电动力学以及光学有所了解的学生，应该能够跟得上。

因为已经有了很多非常好的教科书，所以，对于激光的基本原理，本书只进行了简单的介绍。

另一方面，本书详细介绍了对于光谱学应用非常重要的那些激光特性，例如，不同类型激光器的频谱、线宽、振幅和频率的稳定性、可调节性和调节范围，广泛地讨论了许多光学元件和光谱学实验仪器，例如，反射镜、棱镜和光栅、单色仪、干涉仪和光探测器等。为了成功地开展一个实验，必须了解现代光谱仪器的详细知识。

每章都举例说明讨论的主题。每章末尾的习题可以检验读者的理解程度。虽然各章引用的文献还远谈不上齐备，但是应当可以激起读者进一步研究的兴趣。对于许多主题，本书仅仅是简要地介绍了一下，更多的细节以及更为深入地处理可以参见文献。文献的选择并非为了说明优先权，仅仅是为了教学的目的，是为了更加深入地说明各章的主题。

本书介绍的激光在光谱学中的应用仅仅限于自由的原子、分子或离子的光谱学。当然，它在等离子体物理学、固体物理学或者流体力学中也有着广泛的应用，但是它们超出了本书的范围，所以不予讨论。希望这本书会对学生和研究人员有所帮助。虽然本书旨在介绍激光光谱学，但是也有助于理解关于激光光谱学特殊问题的高深文章。因为激光光谱学是一个非常引人入胜的研究领域，如果本书能够将我在实验室中寻找新线索、发现新结果的过程中所体会到的激动和快乐之情传递给读者的话，我将会非常高兴。

有许多人帮助我完成了这本书，我感谢他们。特别是我的研究小组里的学生，他们的实验工作提供了许多示例，他们花费了很多时间来阅读清样。许多同事为我提供了他们论文中的图表，我非常感谢他们。特别感谢 Mrs. Keck 和 Mrs. Ofiiara，她们输入了手稿，感谢 Mrs. Wollscheid 和 Mrs. Ullmer，她们绘制了图片。最后，我要感谢 Dr. U. Hebgen 、Dr. H. Lotsch 、Mr. K.-H. Winter 以及施普林格出版社的其他同事，面对着一个力争在短时间内完成这本书但有些拖拉的作者，他们表现出了巨大的耐心。

Wolfgang Demtröder
Kaiserslautern
1981 年 3 月

目 录

第 1 章　多普勒限制的激光吸收谱和激光荧光谱

第 1 卷第 5 章已经介绍了可调谐激光器的不同实现方法，现在讨论它们在吸收谱和荧光光谱中的应用。首先讨论那些光谱分辨本领决定于分子吸收谱线的多普勒宽度的光谱测量方法。如果激光线宽小于多普勒宽度，就可以达到这一极限。在一些例子中，如光学泵浦或激光诱导荧光光谱，可以使用多模激光器，虽然在大多数情况下，单模激光器更为优越。一般来说，这些激光器的频率并不需要稳定，只要频率噪声小于吸收线宽就可以了。我们比较了几种分子吸收光谱学探测技术的灵敏度和光谱应用范围，用一些例子让读者领略一下当前的业绩。在讨论了多普勒限制的光谱学之后，第 2~5 章广泛地介绍了亚多普勒光谱学的各种技术。

1.1　在光谱学中使用激光的优点

为了说明利用可调谐激光器的吸收光谱学的优点，我们先将它与利用非相干光源的传统吸收光谱学进行比较。两种方法如图 1.1 所示。

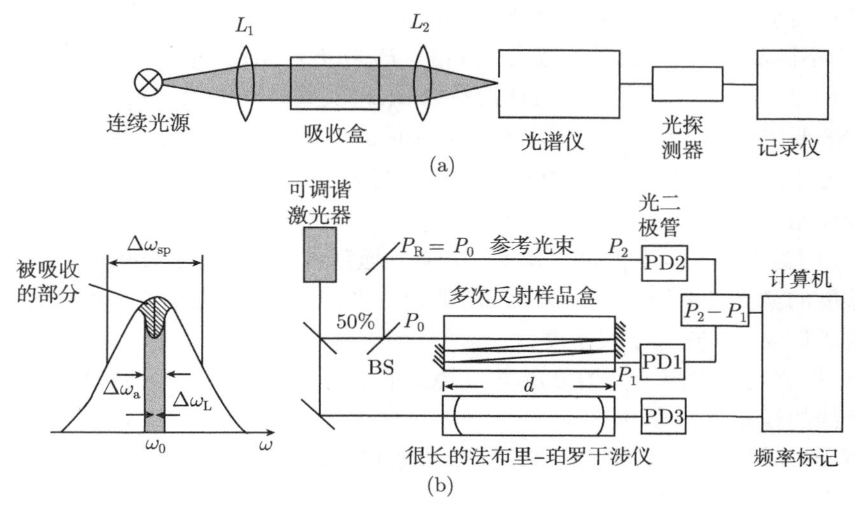

图 1.1　吸收光谱学的比较

(a) 宽带非相干光源；(b) 单模激光器

传统的吸收光谱学倾向于使用具有宽带发光谱的光源，如高压汞灯、闪光氙灯等。光由透镜 L_1 准直并穿过吸收盒。在用于选择波长的色散仪器 (光谱仪或干涉仪) 的后面，测量透射光的功率 $P_{\mathrm{T}}(\lambda)$ 随波长 λ 的变化关系 (图 1.1(a))。通过与参考光束 $P_{\mathrm{R}}(\lambda)$ 的比较，就可以得到吸收谱

$$P_{\mathrm{A}}(\lambda)=a[P_0(\lambda)-P_{\mathrm{T}}(\lambda)]=a[bP_{\mathrm{R}}(\lambda)-P_{\mathrm{T}}(\lambda)]$$

其中，常数 a 和 b 考虑了 P_{R} 和 P_{T} 中与波长无关的损耗 (例如，吸收盒的盒壁上的反射)。产生参考光束的一种方法是将吸收盒来回地移动到光束之外。

光谱分辨率通常受限于色散光谱仪的分辨本领，只有很大很贵重的仪器 (例如傅里叶光谱仪)，才有可能达到多普勒极限[1.1]。

实验装置的探测灵敏度决定于能够被探测到的最小吸收功率。在绝大多数情况下，它受限于探测器噪声和光源的强度涨落。一般来说，可以探测到的最小相对吸收率为 $\Delta P/P \geqslant 10^{-4}\sim 10^{-5}$。只有在使用特殊光源和锁相探测或信号平均技术的有利情况下，才能将此限制降到更低的水平。

可调谐激光器与传统光谱学使用的宽带光源不同，从紫外到红外的光谱范围内，具有非常窄的带宽和非常大的谱功率密度，比非相干光源超出许多个数量级 (第 1 卷第 5.7 和 5.8 节)。

激光吸收光谱学在几个方面上都类似于微波光谱学，其中，前者的相干光源是激光器，而后者是速调管或返波管。激光光谱学将微波光谱学的许多技术和优点带到了红外、可见光和紫外波段。

利用可调谐激光器测量吸收光谱学的优点如下：

(a) 不需要单色仪，根据参考光强 $P_{\mathrm{R}}=P_2$ 和透射光强 $P_{\mathrm{T}}=P_1$ 之差 $\Delta P(\omega)=a[P_{\mathrm{R}}(\omega)-P_{\mathrm{T}}(\omega)]$，可以直接得到吸收系数 $\alpha(\omega)$ 及其频率依赖关系 (图 1.1(b))。光谱分辨率要比传统光谱学高得多。对于可调谐的单模激光器来说，唯一的限制来自于吸收分子跃迁的线宽。利用消除多普勒展宽的技术 (第 2~5 章)，甚至可以达到亚多普勒精度。

(b) 因为许多激光器的谱功率密度很高，通常可以忽略探测器的噪声。限制探测灵敏度的激光功率涨落，可以通过功率稳定来抑制 (第 1 卷第 5.4 节)，这就进一步增大了信噪比、提高了灵敏度。

(c) 探测灵敏度随着光谱分辨率 $\omega/\Delta\omega$ 的增加而增大 —— 只要 $\Delta\omega$ 仍然大于吸收谱线的线宽 $\delta\omega$。原因如下：

对于中心频率为 ω_0 的跃迁来说，当吸收很小的时候，$\alpha\cdot\Delta x\ll 1$，吸收路径长度 Δx 上的相对衰减为

$$\Delta P/P=\frac{\Delta x\displaystyle\int_{\omega_0-\frac{1}{2}\Delta\omega}^{\omega_0+\frac{1}{2}\Delta\omega}\alpha(\omega)P(\omega)\mathrm{d}\omega}{\displaystyle\int_{\omega_0-\frac{1}{2}\Delta\omega}^{\omega_0+\frac{1}{2}\Delta\omega}P(\omega)\mathrm{d}\omega}\tag{1.1}$$

如果 $P(\omega)$ 在区间 $\Delta\omega$ 内变化不大，那么

$$\int_{\omega_0-\frac{1}{2}\Delta\omega}^{\omega_0+\frac{1}{2}\Delta\omega} P(\omega)\mathrm{d}\omega = \bar{P}\Delta\omega, \quad \int \alpha(\omega)P(\omega)\mathrm{d}\omega = \bar{P}\int \alpha(\omega)\mathrm{d}\omega$$

由此可知，当 $\Delta\omega > \delta\omega$ 时，

$$\Delta P/P = \frac{\Delta x}{\Delta\omega}\int_{\omega_0-\frac{1}{2}\delta\omega}^{\omega_0+\frac{1}{2}\delta\omega} \alpha(\omega)\mathrm{d}\omega \approx \bar{\alpha}\cdot\Delta x\frac{\delta\omega}{\Delta\omega} \tag{1.2a}$$

因此，在吸收路径长度 Δx 上测量得到的功率衰减就是吸收系数 α 、路径长度 Δx 和吸收线宽 $\delta\omega$ 与光谱分辨带宽 $\Delta\omega$ 的比值的乘积。

当 $\Delta\omega \ll \delta\omega$ 时，有

$$\frac{\Delta P(\omega)}{P(\omega)} = \Delta x\cdot\alpha(\omega) \tag{1.2b}$$

这样就可以测量吸收谱线的线形 $\alpha(\omega)$。

例 1.1

1m 长的光谱仪的分辨本领大约是 0.01nm，在波长 $\lambda = 500\text{nm}$ 处，它对应于 $\Delta\omega = 2\pi\cdot 12\text{GHz}$。根据式 (3.43)，质量为 $M = 30$ 的气体分子在 $T = 300\text{K}$ 时的多普勒宽度为 $\delta\omega \approx 2\pi\cdot 1\text{GHz}$。利用单模激光器，$\delta\omega$ 的数值小于 $\Delta\omega$，对于同一个吸收盒，能够探测到的信号 $\Delta P/P$ 比传统光谱学技术小了 12 倍。

(d) 因为激光光束的准直性很好，利用多路径吸收盒中多次往返的反射，可以获得非常长的吸收路径。这样就可以避免吸收盒壁和窗口的反射对测量的不利影响 (例如，使用布儒斯特窗)。这种长吸收路径能够测量吸收系数非常小的吸收跃迁。此外，因为灵敏度很高，可以采用更低气压的吸收盒，这样就可以避免压强展宽。在红外区域，这一点特别重要，那里的多普勒宽度很小，所以压强展宽可能是光谱分辨率的限制因素 (第 1 卷第 3.3 节)。

例 1.2

利用强度稳定的光源和锁相探测技术，能够测量到的最小相对吸收率大约是 $\Delta P/P \geqslant 10^{-6}$，在吸收路径长度 L 上能够测量到的最小吸收系数 $\alpha_{\min}$ 为

$$\alpha_{\min} = \frac{10^{-6}}{L}\frac{\Delta\omega}{\delta\omega}[\text{cm}^{-1}]$$

利用传统的光谱学技术，如果路径长度 $L = 10\text{cm}$ 和 $\Delta\omega = 10\delta\omega$，可以得到 $\alpha_{\min} = 10^{-6}\text{cm}^{-1}$。利用单模激光器，可以达到 $\Delta\omega < \delta\omega$ 和长达 $L = 10\text{m}$ 的吸收路径，能够测量的最小吸收系数为 $\alpha_{\min} = 10^{-9}\text{cm}^{-1}$，也就是说，提高了 1000 倍!

(e) 如果一小部分的激光穿过一个很长的法布里–珀罗干涉仪，反射镜之间的距离为 d (图 1.1(b))，每当激光频率 ν_{L} 调到透射极大值 $\nu = \frac{1}{2}mc/d$ 的时候，光电

探测器 PD3 接收到的光强就达到了峰值 (第 1 卷第 4.2~4.4 节)。作为精确的波长标记，这些峰值可以用来校准相邻的吸收谱线。如果 $d = 1\text{m}$，那么相邻透射峰之间的频率间隔 $\Delta\nu_{\text{p}}$ 就是 $\Delta\nu_{\text{p}} = c/2d = 150\text{MHz}$，在波长 $\lambda = 550\text{nm}$ 处对应的波长间隔就是 10^{-4}nm。一个半共焦法布里–珀罗干涉仪的自由谱宽度是 $c/8d$，如果 $d = 0.5\text{m}$，那么 $\Delta\nu_{\text{p}} = 75\text{MHz}$。

(f) 激光频率可以被稳定到一条吸收谱线的中心位置。利用第 1 卷第 4.4 节里讨论的方法，激光波长 λ_{L} 的绝对测量精度可以达到 10^{-8} 以上。这样就能够以同样的精度来测量分子吸收谱线。

(g) 可以在一段光谱范围内非常快速地调节激光波长，待测的分子吸收谱线位于该段光谱范围内。例如，利用电光器件，脉冲染料激光可以在一微秒里调节几个波数。这样就为研究化学反应中短寿命的反应中间产物提供了新的光谱研究手段。利用这种快速可调的激光光源，可以显著拓展经典的闪光光分解反应的应用范围。

(h) 利用可调节的单模激光器进行吸收光谱学研究有一个重要优点，它能够高精度地测量吸收分子跃迁的谱线线形。在压强展宽的情况下，确定谱线线形，可以了解关于碰撞体的相互作用势 (第 1 卷第 3.3 节，第 8.1 节)。在等离子体物理学中，这种技术广泛地用来确定电子和离子的密度和温度。

(i) 在荧光光谱学和光学泵浦实验中，大功率的激光能够让粒子显著地占据特定的激发态，其粒子数与吸收基态上的粒子数相仿。激光线宽很窄，有利于选择性地光学激发，在条件有利的时候，可以完全地占据选定的单分子能级。这些有利条件使得研究激发态的吸收和荧光光谱学成为可能，也可以将变换光谱技术 (如微波或射频光谱) 应用于激发态的研究，现在它们还只能用来研究电子的基态。

(j) 可以利用超短脉冲激光详细地研究瞬态吸收和快速弛豫过程 (第 6 章)，时间分辨的精度可以达到飞秒量级。

上面简单介绍了在光谱学研究中使用激光的优点，以后几章将更为详细的叙述，并用一些例子进行说明。

1.2　吸收光谱学的高灵敏方法

测量吸收谱的一般方法是通过测量一定吸收长度 x 上透射光的强度

$$P_{\text{T}}(\omega) = P_0 \exp[-\alpha(\omega)x] \tag{1.3}$$

从而确定吸收系数 $\alpha(\omega)$。当吸收很小的时候，$\alpha x \ll 1$，利用近似式 $\exp(-\alpha x) \approx 1 - \alpha x$，可以将式 (1.3) 简化为

$$P_{\text{T}}(\omega) \approx P_0[1 - \alpha(\omega)x] \tag{1.4}$$

如果参考光功率 $P_{\text{R}} = P_0$，例如，用 50% 的光束分光片，反射率 $R = 0.5$ (图 1.1(b))，

就可以由两者的差别 $\Delta P = P_\mathrm{R} - P_\mathrm{T}(\omega)$ 得到吸收系数

$$\alpha(\omega) = \frac{P_\mathrm{R} - P_\mathrm{T}(\omega)}{P_\mathrm{R} x} \tag{1.5}$$

吸收截面为 σ_{ik} 的跃迁过程 $|i\rangle \to |k\rangle$ 的吸收系数 $\alpha_{ik}(\omega)$ 决定于吸收分子的密度 N_i(第 1 卷第 5.1.2 节)

$$\alpha_{ik}(\omega) = [N_i - (g_i/g_k)N_k]\sigma_{ik}(\omega) = \Delta N \sigma_{ik}(\omega) \tag{1.6}$$

如果粒子数 N_k 远小于 N_i，由式 (1.6) 可以得到，在经过长度为 $x = L$ 的吸收路径之后，能级 $|i\rangle$ 上的分子密度 N_i 是

$$\boxed{N_i = \frac{\Delta P}{P_0 L \sigma_{ik}}} \tag{1.7}$$

其中，ΔP 是被吸收的光强。因为 ΔP 必须大于噪声功率 P_N，我们可以得到下述公式，它确定了位于吸收能级 $|i\rangle$ 上的最小分子密度 N_i 的探测极限

$$N_i > P_\mathrm{N}/(P_0 L \sigma_{ik}) \tag{1.8}$$

能够探测到的吸收分子的最小浓度 N_i 决定于噪声功率 P_N、吸收路径长度 L、吸收截面 σ_{ik} 和入射辐射功率 P_0。

为了达到吸收分子的高探测灵敏度，$L\sigma_{ik}$ 和 P_0 应该尽可能的大，噪声功率 P_N 应该尽可能的小。

噪声的来源是入射光的强度起伏、吸收分子的随机涨落 (例如，在空气湍流中) 和探测器噪声。如果激光光束在折射率有涨落的媒质中穿越很长距离，那么，第一种来源就特别重要。这会影响光束的指向稳定性和它在探测器上的位置。如果探测器的感光面积很小，噪声就会很严重。入射光子数 N_photon 的统计涨落引起的光子噪声正比于 $(N_\mathrm{photon})^{1/2}$，通常可以忽略不计 (第 9.8 节)。

目前的问题是如何减小噪声和增加吸收路径的长度。如果 αL 的数值很小，直接测量两个很大数值的差值 $\Delta P = P_0 - P_\mathrm{T}$，就不容易非常精确，因为 P_0 或 P_T 的微小起伏就有可能使得 ΔP 发生很大的相对变化。因此，发展了一些其他技术来提高吸收测量的灵敏度和精度，相对于直接吸收测量，这些技术提高了好几个数量级。这些灵敏探测的方法标志着可观的进展，其灵敏度极限从相对吸收的 $\Delta\alpha/\alpha \approx 10^{-5}$ 改进到大约 $\Delta\alpha/\alpha \geqslant 10^{-17}$。下面更加仔细地讨论这些方法。

1.2.1 频率调制

首先讨论的方法是单色入射光的频率调制。它并非特意为激光光谱学设计的，而是来自于微波光谱学的标准方法。激光频率 ω_L 的调制频率是 Ω，其频率 ω_L 在 $\omega_\mathrm{L} - \Delta\omega_\mathrm{L}/2$ 和 $\omega_\mathrm{L} + \Delta\omega_\mathrm{L}/2$ 之间发生周期性的变化。当激光扫过吸收谱的时候，用

锁相放大器 (对相位灵敏的探测器) 探测差值 $\Delta P_{\mathrm{T}} = P_{\mathrm{T}}(\omega_{\mathrm{L}} - \Delta\omega_{\mathrm{L}}/2) - P_{\mathrm{T}}(\omega_{\mathrm{L}} + \Delta\omega_{\mathrm{L}}/2)$，锁相放大器的频率锁定在 Ω (图 1.2)。如果调制幅度 $\Delta\omega_{\mathrm{L}}$ 足够小，那么泰勒展开式

$$\Delta P_{\mathrm{T}}(\omega) = \frac{\mathrm{d}P_{\mathrm{T}}}{\mathrm{d}\omega}\Delta\omega_{\mathrm{L}} + \frac{1}{2!}\frac{\mathrm{d}^2 P_{\mathrm{T}}}{\mathrm{d}\omega^2}\Delta\omega_{\mathrm{L}}^2 + \cdots \tag{1.9}$$

的第一项占据主导地位。这一项正比于吸收谱的一阶导数，如式 (1.5) 所示，当 P_{R} 与 ω 无关时，如果吸收长度为 L，那么

$$\frac{\mathrm{d}\alpha(\omega)}{\mathrm{d}\omega} = -\frac{1}{P_{\mathrm{R}}L}\frac{\mathrm{d}P_{\mathrm{T}}}{\mathrm{d}\omega} \tag{1.10}$$

如果以频率 Ω 正弦调制激光频率

$$\omega_{\mathrm{L}}(t) = \omega_0 + a\sin\Omega t$$

那么，泰勒展开给出

$$P_{\mathrm{T}}(\omega_{\mathrm{L}}) = P_{\mathrm{T}}(\omega_0) + \sum_n \frac{a^n}{n!}\sin^n\Omega t\left(\frac{\mathrm{d}^n P_{\mathrm{T}}}{\mathrm{d}\omega^n}\right)_{\omega_0} \tag{1.11}$$

当 $\alpha L \ll 1$ 时，由式 (1.4) 可知

$$\left(\frac{\mathrm{d}^n P_{\mathrm{T}}}{\mathrm{d}\omega^n}\right)_{\omega_0} = -P_0 x\left(\frac{\mathrm{d}^n \alpha(\omega)}{\mathrm{d}\omega^n}\right)_{\omega_0}$$

利用三角函数公式，可以将 $\sin^n\Omega t$ 项转换为 $\sin(n\Omega t)$ 和 $\cos(n\Omega t)$ 的线性函数。

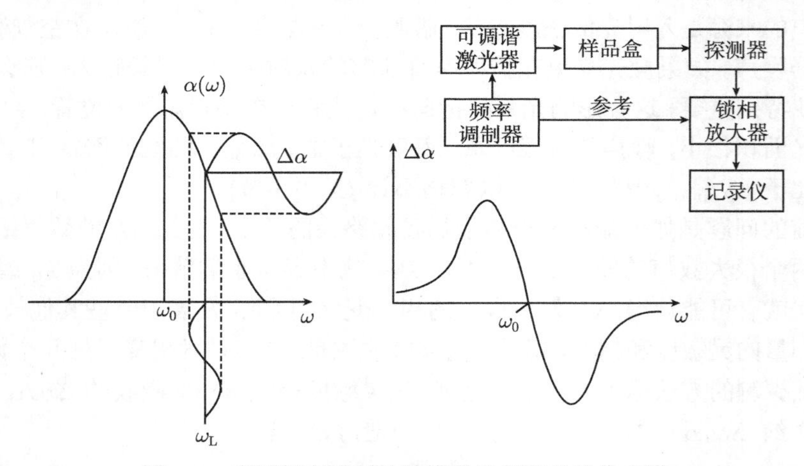

图 1.2 利用频率调制的单模激光器测量吸收光谱

将这些关系式代入式 (1.11) 并重新安置各项，可以得到

$$\frac{\Delta P_{\mathrm{T}}}{P_0} = -aL\left\{\left[\frac{a}{4}\left(\frac{\mathrm{d}^2\alpha}{\mathrm{d}\omega^2}\right)_{\omega_0} + \frac{a^3}{64}\left(\frac{\mathrm{d}^4\alpha}{\mathrm{d}\omega^4}\right)_{\omega_0} + \cdots\right]\right.$$

$$+ \left[\left(\frac{\mathrm{d}\alpha}{\mathrm{d}\omega}\right)_{\omega_0} + \frac{a^2}{8}\left(\frac{\mathrm{d}^3\alpha}{\mathrm{d}\omega^3}\right)_{\omega_0} + \cdots\right]\sin(\Omega t)$$
$$+ \left[-\frac{a}{4}\left(\frac{\mathrm{d}^2\alpha}{\mathrm{d}\omega^2}\right)_{\omega_0} + \frac{a^3}{48}\left(\frac{\mathrm{d}^4\alpha}{\mathrm{d}\omega^4}\right)_{\omega_0} + \cdots\right]\cos(2\Omega t)$$
$$+ \left[-\frac{a^2}{24}\left(\frac{\mathrm{d}^3\alpha}{\mathrm{d}\omega^3}\right)_{\omega_0} + \frac{a^4}{384}\left(\frac{\mathrm{d}^5\alpha}{\mathrm{d}\omega^5}\right)_{\omega_0} + \cdots\right]\sin(3\Omega t)$$
$$+ \cdots \Big\}$$

当调制幅度足够小的时候，$a/\omega_0 \ll 1$，每个括号中的第一项占据主导地位。因此，将锁相放大器调到频率 $n\Omega$，就可以测量到信号 $S(n\Omega)$ 频率 (图 1.3)

$$S(n\Omega) = \left(\frac{\Delta P_{\mathrm{T}}}{P_0}\right)_{n\Omega} = aL \begin{cases} b_n \sin(n\Omega t), & n = 2m+1 \\ c_n \cos(n\Omega t), & n = 2m \end{cases}$$

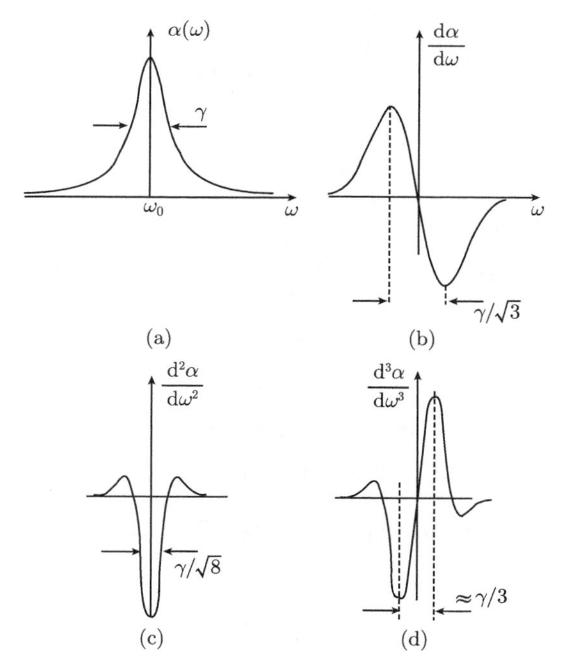

图 1.3 (a) 半高宽 (FWHM) 为 γ 的洛伦兹谱线线形 $\alpha(\omega)$，及其 (b) 一阶导数，(c) 二阶导数和 (d) 三阶导数

特别的是，吸收系数 $\alpha(\omega)$ 的前三阶导数的信号如图 1.3 所示，它们是

$$S(\Omega) = -aL\frac{\mathrm{d}\alpha}{\mathrm{d}\omega}\sin(\Omega t)$$

$$
\begin{aligned}
S(2\Omega) &= +\frac{a^2 L}{4}\frac{\mathrm{d}^2\alpha}{\mathrm{d}\omega^2}\cos(2\Omega t) \\
S(3\Omega) &= +\frac{a^3 L}{24}\frac{\mathrm{d}^3\alpha}{\mathrm{d}\omega^3}\sin(3\Omega t)
\end{aligned} \tag{1.12}
$$

这种利用频率调制激光的"微分光谱学"的优点[1,2] 是，它能够进行相敏探测。将探测系统的频率限制在以调制频率 Ω 为中心的一个很窄的频率范围内，这样就可以消除那些不依赖于频率的气体盒玻璃的背景吸收以及激光强度涨落或吸收分子密度涨落引起的背景噪声。从信噪比和灵敏度的角度来看，频率调制技术要比入射光的强度调制技术优越得多。其他一些实验技术也可以实现单模激光的频率调制。一种方法是将共振腔的一个端镜粘在压电陶瓷上，在压电陶瓷上加电压，可以周期性地改变激光共振腔的长度 d (图 1.4(a) 和第 1 卷第 5.4 节)。

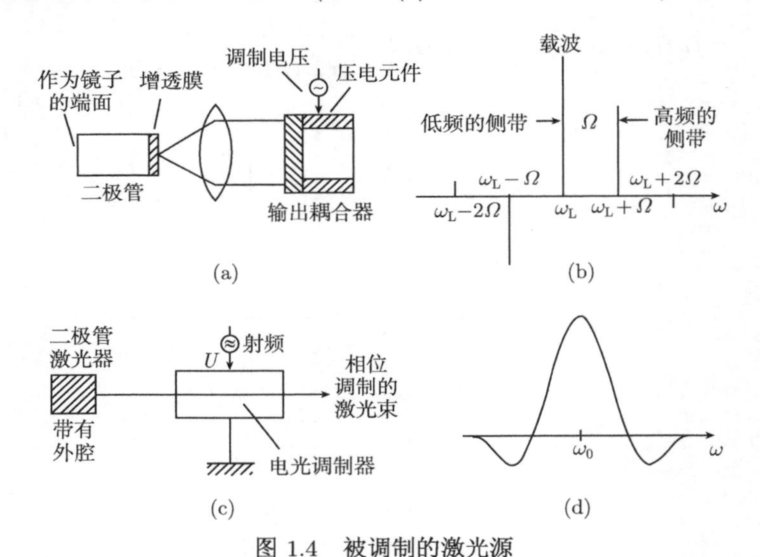

图 1.4　被调制的激光源

(a) 波长调制；(b) 相应的吸收线型；(c) 相位调制；(d) 相应的子带频谱

因为激光频率 $\nu = q(c/2d)$ 依赖于共振腔长度 d，其中 q 是一个整数，所以，Δd 的变化就会改变频率

$$
\Delta\nu = -q(c/2d^2)\Delta d \tag{1.13a}
$$

或波长 (波长调制)

$$
\Delta\lambda = (2/q)\Delta d \tag{1.13b}
$$

长度的变化 Δd 必须足够大，才能保证调制深度 $\Delta\nu$ 达到吸收谱线的多普勒宽度。由于反射镜质量的限制，调制频率大约为几千赫兹。

例 1.3

一个带有外共振腔的二极管激光器的共振腔长度为 $d = 8\text{cm}$，$\lambda = 800\text{nm}$，整数 q 的数值为 $q = 2\times10^5$。如果多普勒宽度等于 $\Delta\nu_d = 1\text{GHz}$，长度变化 $\Delta d = 2\mu\text{m}$ 就足以使得激光频率的变化周期性地覆盖吸收线形。

技术噪声是主要的限制，它随着频率的增大而减小。因此，调制频率越高越好。对于二极管激光器，可以通过调制二极管的电流来实现。对于其他激光器，通常采用位于激光共振腔外的电光调制器作为相位调制器 (图 1.4)，它可以调制透射激光光束的频率[1.3]。

施加电压 $V = V_0(1 + a\cdot\sin\Omega t)$ 的时候，电光晶体的折射率 $n(V)$ 会发生变化。经过光学长度为 $n\cdot L$ 的相位调制器之后，透射激光的振幅为

$$E = E_0\mathrm{e}^{\mathrm{i}(\omega t+\phi(t))},\quad \phi(t) = (2\pi/\lambda)n(t)\cdot L,\quad n = n_0(1 + b\cdot\sin\Omega t) \tag{1.14}$$

对于振幅调制来说，只有在频率 $\omega\pm\Omega$ 处出现两个侧带；对于相位调制来说，侧带出现在频率 $\omega\pm q\cdot\Omega$ 处，其数目依赖于调制的大小 $\Delta\phi_m = b\cdot n_0\cdot 2\pi/\lambda$。侧带的振幅随着 q 值的增大而减小 (图 1.4(d))。如果 b 值足够小，$q > 1$ 的子带的强度就很小，可以忽略不计。

相位调制还有一个好处，在频率 $\omega_\text{L}+\Omega$ 和 $\omega_\text{L}-\Omega$ 处的头两个侧带具有相同的幅度和相反的相位 (图 1.5)。因此，调制频率为 Ω 的锁相探测器接收的是载波和两个侧带形成的两个拍频信号的叠加，如果不存在吸收的话，这两者相互抵消，结果为零。激光强度的起伏对这两个信号的影响是相同的，因此也被相互抵消了。如果激光波长被调节得覆盖了一条吸收谱线，使得它的一个侧带被吸收，即 $\omega+\Omega_1$ 或 $\omega-\Omega_1$ 等于吸收频率 ω_0 (图 1.6)，就会打破平衡，得到的信号线形类似于图 1.3(c) 中二阶微分的线形。

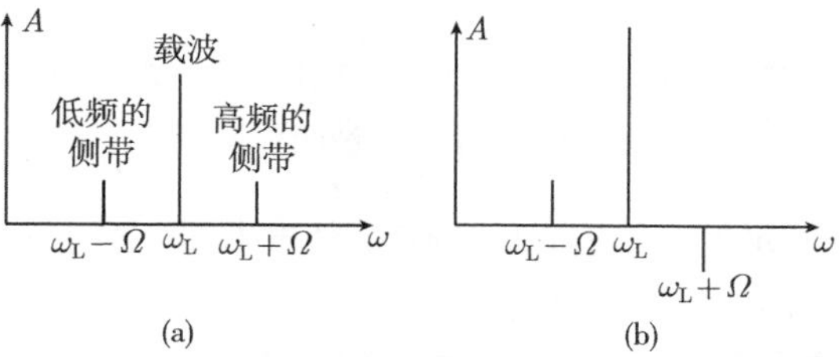

图 1.5 (a) 幅度调制和 (b) 相位调制的侧带振幅

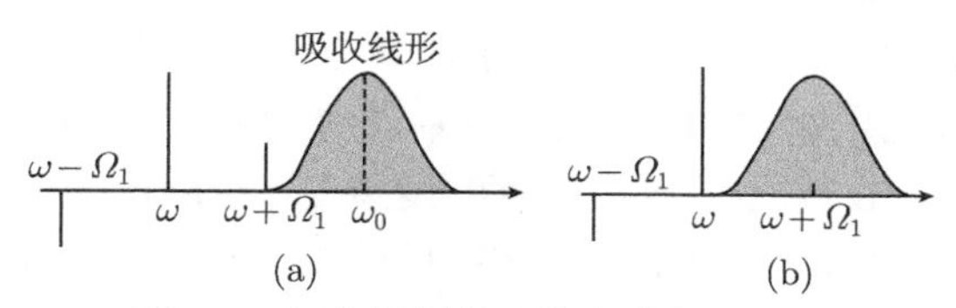

图 1.6 相位调制的吸收光谱学的原理

这种技术的灵敏度如图 1.7 所示，它给出了水分子 (H_2O) 的谐波吸收谱线，分别是非调制激光和调制技术的测量结果。用相位调制技术测量吸收得到的信噪比要比不使用调制的方法高两个数量级。选择调制频率使之等于吸收谱线的宽度，就可以获得最大的信噪比。

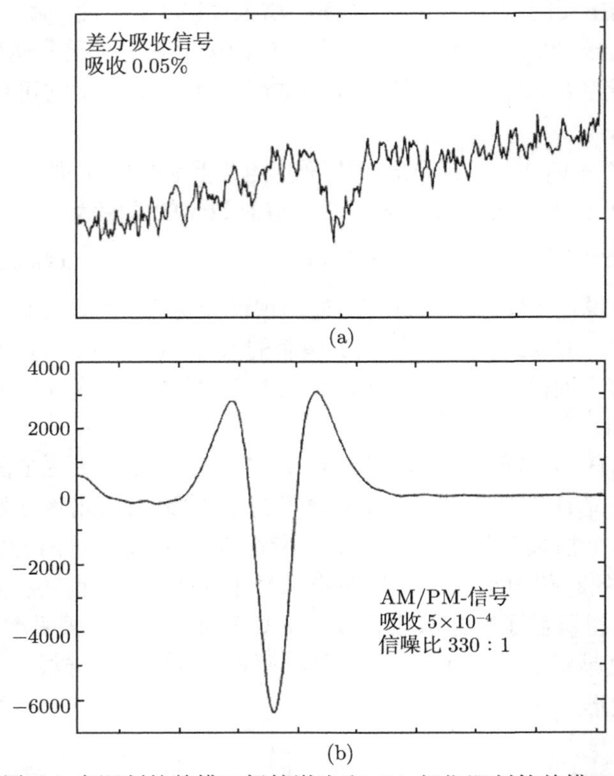

图 1.7 用 (a) 未调制的单模二极管激光和 (b) 相位调制的单模二极管激光测量得到的水的谐波吸收谱线

如果调制频率 Ω 足够大 ($\Omega > 1000$MHz)，技术噪声就会小于探测光子的统计涨落所引起的量子噪声。此时，探测的下限主要是量子极限[1.4]。因为锁相探测器不能够处理这么高的频率，必须用混频器将输入信号转换下来，也就是生成信号与一个本地振荡器的差频。

这种使用低频探测的高频调制光谱学的新方法被称为双频率调制光谱学[1.5]。由 GHz 范围的高频电压驱动的电光 $LiTaO_3$ 晶体对激光输出进行相位调制，而晶体的驱动电压又以 MHz 范围的频率进行幅度调制。探测器的输出被送进一个混频器 (下转换器) 中，用锁相放大器测量最终的信号，工作频率为 kHz 的范围[1.6,1.7]。

参考文献 [1.8]~[1.10] 比较了不同的调制技术。

1.2.2 共振腔内的激光吸收光谱学 (ICLAS)

当吸收样品位于激光共振腔内的时候 (图 1.8)，探测灵敏度就会显著地增强，甚至可以增加几个数量级。有四种不同的效应可以实现这种“增强的”灵敏度。前两种基于激光器的单模工作模式，后两种基于激光器的多模振荡。

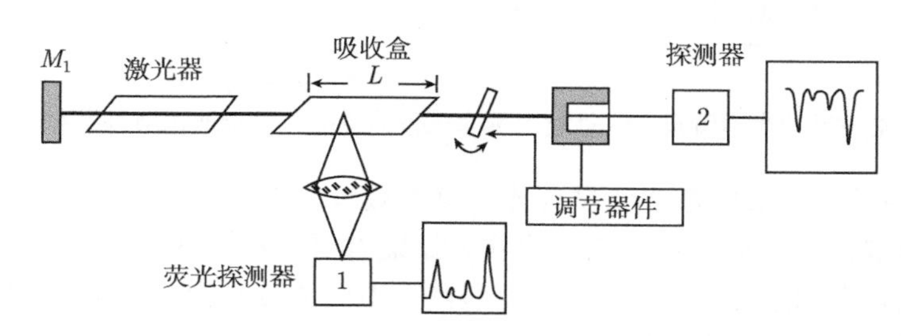

图 1.8 探测共振腔内的吸收

用探测器 2 来探测激光输出功率 $P(\omega_L)$ 或用探测器 1 来测量激光诱导的荧光 $I_{Fl}(\omega_L)$

(1) 假定共振腔的两个反射镜的反射率为 $R_1 = 1$ 和 $R_2 = 1 - T_2$(忽略反射镜的吸收)。当激光输出功率为 P_{out} 的时候，共振腔内的功率为 $P_{\text{int}} = qP_{\text{out}}$，其中，$q = 1/T_2$。当 $\alpha L \ll 1$ 的时候，长度为 L 的吸收盒在频率 ω 处吸收的功率 $\Delta P(\omega)$ 为

$$\Delta P(\omega) = \alpha(\omega) L P_{\text{int}} = q\alpha(\omega) L P_{\text{out}} \tag{1.15}$$

如果能够直接测量吸收的功率，例如，测量吸收盒内压强的增大 (第 1.3.2 节) 或激光诱导的荧光 (第 1.3.1 节)，与共振腔外的单次吸收相比，这个信号增大了 q 倍。

例 1.4

共振腔的透射率为 $T_2 = 0.02$(这是在实际中可以实现的数值)，只要可以忽略饱和效应，而且吸收弱得不足以显著地改变激光强度，那么，增益因子为 $q = 50$。

也可以这样来理解灵敏度放大了 q 倍这件事：平均来说，每个激光光子要在共振腔的端镜之间往返 q 次才能够逃离共振腔，因此，它被样品吸收的机会增大了 q 倍；换句话说，有效吸收路径长度增大了 q 倍。

在探测小吸收的时候，这种灵敏度的增强与增益介质没有直接关系，因此也可以用外部被动共振腔来实现。如果通过透镜或反射镜将激光输出模式匹配 (第 1 卷第 5.2.3 节) 地耦合到包含有样品的被动共振腔的基模中 (图 1.9)，共振腔内的辐射功率就增大了 q 倍。如果共振腔的内损耗很小，增益因子 q 还可以变得更大。

如果用激光诱导荧光来监视吸收的话，那么，将吸收盒放到共振腔里就特别有用，因为在主动式共振腔或模式匹配的被动式共振腔中，辐射场被聚集在高斯光束

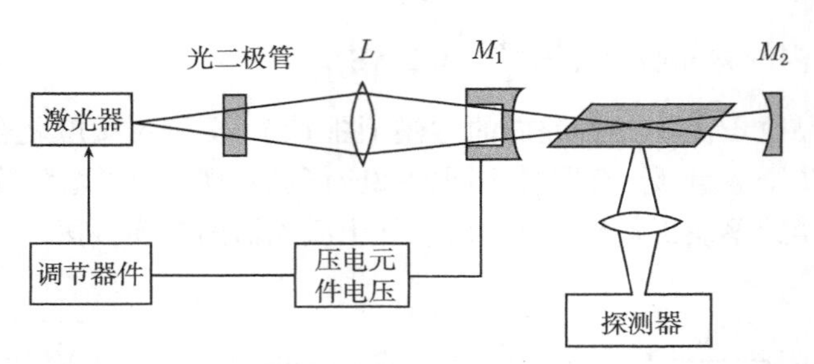

图 1.9　外共振腔里的光谱测量：随着激光频率 $\omega_{\rm L}$ 的变化，同步地调节外共振腔的共振频率

之内 (第 1 卷第 5.9 节)，激光激发荧光能够有效地成像在光谱仪的入射狭缝上，其效率大于通常使用的多次穿越的吸收盒。如果需要选择性探测的吸收成分的浓度很小，而其他组分的吸收谱线与之重合但具有不同的荧光谱，那么，利用光谱仪来分离荧光就可以解决这个问题。

如果不能将吸收盒直接放到主动式共振腔内，使用外部被动共振腔就变得有利了。然而，它也有一些缺点，为了使得外部共振腔与可调谐激光的波长保持共振，必须同步地调节共振腔的长度。此外，必须注意不要让光从被动共振腔返回到主动共振腔里，否则就会在两个共振腔之间产生耦合，从而变得不稳定。利用光学二极管，可以避免这种反馈 (第 1 卷第 5.2.7 节)。

(2) 另一种灵敏度很高的探测共振腔内吸收的方法基于的是单模激光输出功率对激光共振腔的腔内损耗的依赖关系 (图 1.8 中的探测器 2)。如果泵浦功率保持不变，且刚好超过阈值，那么共振腔的腔内损耗的微小变化就会引起激光输出的巨大变化。第 1 卷第 5.3 节指出，在稳态条件下，激光输出功率实际上依赖于泵浦功率，当增益因子 $G=\exp[-2L_1\alpha_{\rm s}-\gamma]$ 变为 $G=1$，输出功率达到 $P_{\rm s}$。这就意味着长度为 L_1 的增益介质的饱和增益 $g_{\rm s}=2L_1\alpha_{\rm s}$ 等于共振腔内往返一次的损耗 γ(第 1 卷第 5.1 节)。

饱和增益 $g_{\rm s}=2L_1\alpha_{\rm s}$ 依赖于共振腔内的光强 I。根据第 1 卷中的式 (3.61)，可以得到

$$g_{\rm s}=\frac{g_0}{1+I/I_{\rm s}}=\frac{g_0}{1+P/P_{\rm s}} \tag{1.16}$$

其中，$I_{\rm s}$ 是饱和光强；增益因子由 $P=0$ 的 g_0 减小为 $P=P_{\rm s}$ 时的 $g_{\rm s}=g_0/2$(第 1 卷第 3.6 节)。当泵浦功率不变的时候，激光功率 P 在 $g_{\rm s}=\gamma$ 处稳定下来。利用式 (1.16)，可以得到

$$P=P_{\rm s}\frac{g_0-\gamma}{\gamma} \tag{1.17}$$

如果共振腔内的吸收样品引入了微小的额外损耗 $\Delta\gamma$，激光功率就下降为

$$P_\alpha=P-\Delta P=P_{\rm s}\cdot\frac{g_0-\gamma-\Delta\gamma}{\gamma+\Delta\gamma} \tag{1.18}$$

由式 (1.16)~ 式 (1.18)，当 $\Delta\gamma \ll \gamma$ 的时候，可以得到经过吸收样品后的激光输出功率的相对变化 $\Delta P/P$ 为

$$\Delta P/P = \frac{g_0}{g_0-\gamma}\cdot\frac{\Delta\gamma}{\gamma+\Delta\gamma} \approx \frac{g_0}{\gamma}\cdot\frac{\Delta\gamma}{g_0-\gamma} \tag{1.19}$$

其中，g_0 是非饱和增益。

位于激光共振腔外的单次通过吸收样品的吸收系数为 α，吸收路径长度为 L_2，其中，$\Delta P/P = -\alpha L_2 = -\Delta\gamma$，与此相比，共振腔内吸收测量的灵敏度增强了一个因子

$$\boxed{Q = \frac{g_0}{\gamma(g_0-\gamma)}} \tag{1.20}$$

当泵浦功率远大于阈值的时候，非饱和增益 g_0 远大于损耗 γ，式 (1.20) 就简化为

$$Q \approx 1/\gamma \quad (\text{当 } g_0 \gg \gamma \text{ 的时候})$$

如果共振腔损耗主要来自于输出端镜的透射率 T_2，那么增强因子就是 $Q = 1/\gamma = 1/T_2 = q$，它等于前面的第一种探测方法的增强因子。

然而，在刚刚超过阈值的时候，g_0 只是略大于 γ，式 (1.19) 中的分母非常小，也就是说增益因子 Q 可以达到非常大的数值 (图 1.10)。乍一看，似乎可以让灵敏度变得任意大，因为 $2\alpha_0 L \to \gamma$。然而，实验上和理论上的限制使得 Q 只能够达到某个极大值。例如，在接近阈值的时候，激光输出的不稳定性变大了，这就限制了探测灵敏度。另外，在刚刚超过阈值的时候，探测器接收到的自发辐射并不能够忽略不计。它给出了一个常数的背景功率，几乎不依赖于 γ，这就给出了相对变化 $\Delta P/P$ 的上限，从而限制了灵敏度。

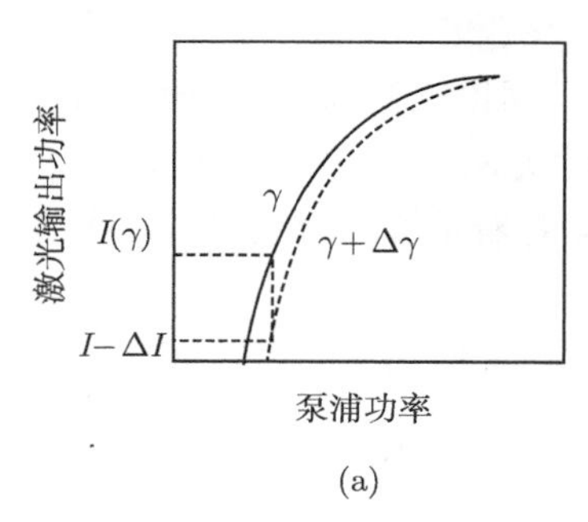

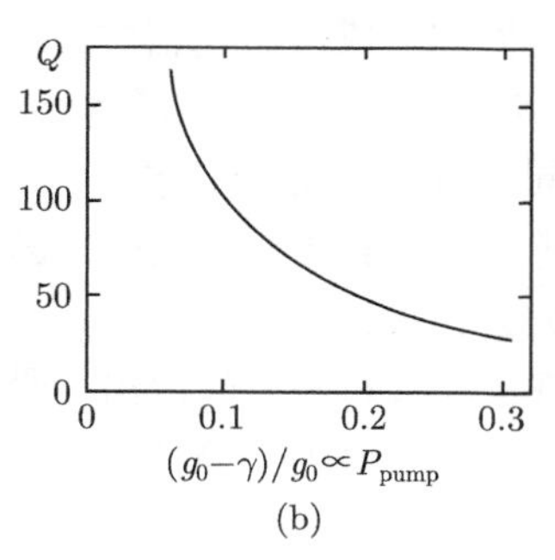

图 1.10 (a) 在损耗 γ 和 $\gamma+\Delta\gamma$ 略有不同的两种情况中的激光输出功率 $P_{\mathrm{L}}(P_{\mathrm{pump}})$；(b) 在阈值之上时，增强因子 Q 随着泵浦功率 P_{pump} 的变化关系

注：如果增益介质是非均匀展宽的，那么，饱和 g_s 变为 (第 1 卷第 3.6 节和第 2.2 节)

$$g_s = \frac{g_0}{\sqrt{1+I/I_s}}$$

由类似于式 (1.16)~ 式 (1.19) 的推导，可以得到

$$\frac{\Delta P}{P}=\frac{g_0^2(2\gamma\Delta\gamma+\Delta\gamma^2)}{(g_0^2-\gamma^2)(\gamma+\Delta\gamma)^2}\approx\frac{g_0^2}{\gamma^2}\cdot\frac{\Delta\gamma}{g_0-\gamma} \tag{1.21a}$$

它不同于式 (1.19)。

(3) 在关于共振腔内吸收导致的灵敏度增强的上述讨论中，我们隐含地假设了激光是单模式振荡的。然而，当激光同时在几个竞争模式中振荡的时候，还能够实现更大的增强因子 Q。没有额外的模式选择的脉冲或连续染料激光器是激光具有模式竞争的例子。如第 1 卷第 5.3 节所述，染料增益介质具有很宽且均匀展宽的光谱增益曲线，相同的染料分子可以同时为所有位于均匀展宽的线宽内的模式提供增益 (见第 1 卷第 5.3 节和第 5.8 节中的讨论)。也就是说，可以用相同的分子放大不同的激光振荡模式，这就引起了模式竞争，带来了下述的模式耦合现象：

假定激光同时在 N 个模式中振荡，这些模式具有相同的增益和损耗，因此具有相同的光强。调节激光波长使之越过位于激光共振腔中的吸收样品的吸收谱线，振荡模式的一支有可能与样品分子的某条吸收谱线 (频率 ω_k) 发生共振，这个模式就会经受额外的损耗 $\Delta\gamma=\alpha(\omega_k)L$，从而减小了它的强度 ΔI。因为这个模式中的激光强度减小了，激光介质在该模式中的粒子数反转的耗费就少一些，ω_k 处的增益就增大了。因为其他 $(N-1)$ 个模式可以参与 ω_k 处的增益，它们的强度就会增大。然而，这又会消耗 ω_k 处的增益，从而进一步降低了在频率 ω_k 处振荡的激光模式的强度。如果模式之间的耦合足够强，这种相互作用最终就会引起吸收模式的总体抑制。

外部微扰引起的模式的频率涨落 (第 1 卷第 5.4 节) 限制了模式耦合。此外，在带有驻波共振腔的染料激光器中，空间烧孔效应 (第 1 卷第 5.3 节) 减弱了模式之间的耦合。因为它们的波长略有差异，不同模式的场分布的最大值和节点位于增益介质的不同位置上。这样一来，不同模式获得增益所需的体积之间的重叠就很小。如果泵浦功率足够大，吸收模式就会有着足够的增益体积，不会被完全抑制，但是光强损失会很大。

更为仔细的计算[1.11,1.12] 给出了吸收模式的功率的相对变化

$$\frac{\Delta P}{P}=\frac{g_0\Delta\gamma}{\gamma(g_0-\gamma)}(1+KN) \tag{1.21b}$$

其中，$K(0\leqslant K\leqslant 1)$ 表示的是耦合强度。

在没有模式耦合的时候 $(K=0)$，式 (1.21b) 给出了与式 (1.19) 相同的单模激光的结果。在耦合很强 $(K=1)$ 而且模式数目很多 $(N\gg 1)$ 的情况下，随着同时振荡模式数目的增加，吸收模式的强度增大了。

如果同时有几个模式被吸收，式 (1.21b) 中的因子 N 表示所有被吸收的模式的比值。如果所有的模式都具有相同的频率间隔，它们的数目 N 就给出了均匀展

宽增益曲线的谱宽度与吸收线形的宽度之间的比值。

当存在许多其他模式的时候，为了探测一个模式的强度变化，必须用单色仪或干涉仪对激光输出进行色散。在一个多模染料激光器的宽带增益中，可能会有吸收分子的许多条吸收谱线。那些与吸收谱线重叠的激光模式被衰减甚至完全淬灭，从而在激光的输出光谱中产生了“光谱烧孔”，如果在光谱仪后面用底片成像，就可以灵敏地探测激光带宽内的全部的吸收谱线，也可以使用光学多通道分析仪 (第 1 卷第 4.5 节)。

(4) 第 (3) 节讨论的情况假定了模式耦合与模式频率在时间上是彼此无关的，在实际的激光系统中却并非如此。染料液体的密度涨落或外界扰动引起的模式频率的涨落使得多模激光器不能够工作在稳态条件下。用平均“模式寿命” t_{m} 表示多模激光中某个特定模式存在的平均时间。如果共振腔内吸收测量的时间大于模式寿命 t_{m}，那么就得不到关于共振腔内样品的吸收系数 $\alpha(\omega)$ 大小的可靠信息。

因此，最好是用阶梯函数型的泵浦激光来泵浦共振腔内激光，在 $t=0$ 时刻开始泵浦并保持不变 (图 1.11)。然后在时间 t 内 ($0<t<t_{\mathrm{m}}$) 测量共振腔内吸收，该时间小于模式的平均寿命 t_{m}。实验装置如图 1.12 所示[1.13]，应用氩激光器泵

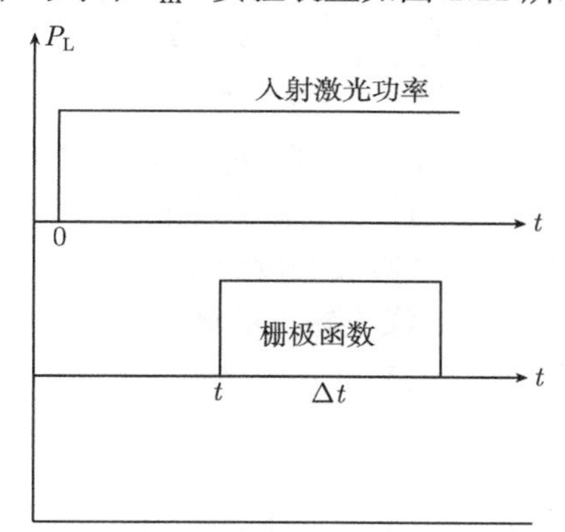

图 1.11　入射激光和透射激光强度的时域变化

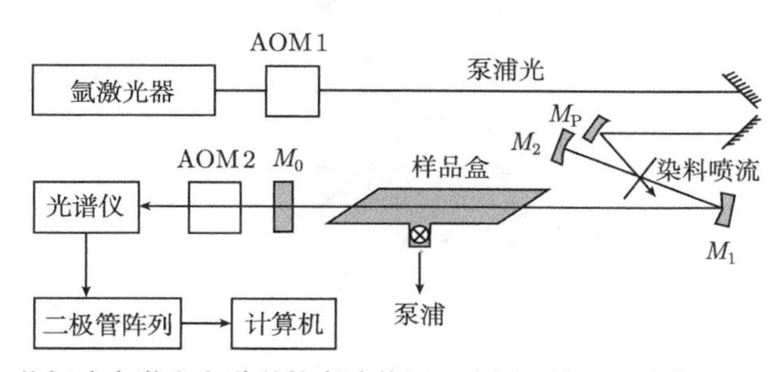

图 1.12　共振腔内激光光谱学的实验装置示意图，使用了阶梯式的泵浦光强，探测的时间延迟保持不变[1.13]

浦连续的宽带染料激光器。在 $t=0$ 时刻，用声光调制器 AOM1 开启泵浦光束。染料激光的输出经过第二个声光调制器 AOM2，后者使得染料激光光束在选定时刻 t 开始的时间间隔 Δt 内通过，并进入到一个高分辨率光谱仪的入射狭缝中。长度为 D 的光二极管阵列可以同时记录间距为 $\Delta\lambda=(\mathrm{d}x/\mathrm{d}\lambda)D$ 的范围内的全部光谱。泵浦循环的重复速率 f 必须小于两个声光调制器 AOM_1 和 AOM_2 之间的延迟时间 t 的倒数，也就是说，$f<1/t$。

经过仔细的考虑表明[1.11~1.17]，在泵浦脉冲开始之后，频率为 ω 的某个特定模式 $q(\omega)$ 中的激光强度脉冲依赖于激光工作介质的增益线形，共振腔内样品的吸收 $\alpha(\omega)$ 以及模式的平均寿命 t_{m}。如果宽带增益线形的谱宽为 $\Delta\omega_{\mathrm{g}}$，中心频率为 ω_0，而且可以用抛物线型函数

$$g(\omega)=g_0\left[1-\left(\frac{\omega-\omega_0}{\Delta\omega_{\mathrm{g}}}\right)^2\right]$$

来近似，泵浦速率稳定不变且时间 $t<t_{\mathrm{m}}$，当增益媒质饱和之后，第 q 个模式中的输出功率 $P_q=P(\omega_{\mathrm{a}})$ 随时间的变化关系就是

$$P_q(t)=P_q(0)\sqrt{\frac{t}{\pi t_{\mathrm{m}}}}\exp\left[-\left(\frac{\omega-\omega_0}{\Delta\omega_{\mathrm{g}}}\right)^2 t/t_{\mathrm{m}}\right]\mathrm{e}^{-\alpha(\omega_q)ct} \tag{1.22}$$

第一个指数因子描述的是，随着时间 t 的增长，因为饱和效应与激光模式的竞争，增益线形的谱线变窄了；第二个因子是第 q 个模式中透射激光功率的比尔–朗伯 (Beer-Lambert) 吸收定律，其有效吸收长度为 $L_{\mathrm{eff}}=ct$。实际上，已经实现了长达 70 000km 的有效吸收长度[1.15]。激光输出的谱宽度随着时间的增加而减小，但是吸收凹坑变得更加明显了 (图 1.13)。

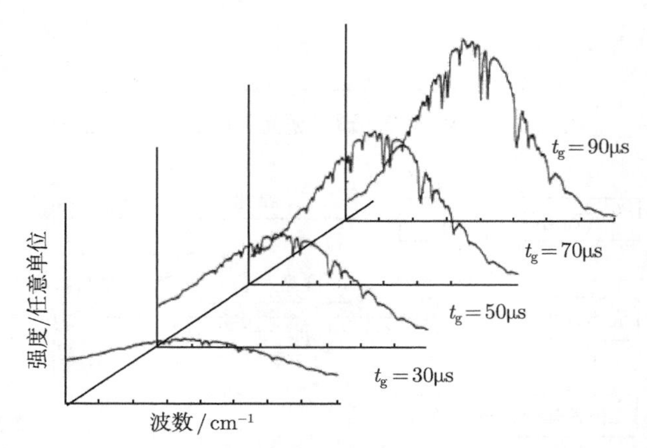

图 1.13 利用时间分辨的共振腔内吸收光谱学测量得到的激光输出谱线线形的时间演化过程[1.13]

例 1.5

对于典型的延迟时间 $t = 10^{-4}\text{s}$，有效吸收路径长度变为 $L_{\text{eff}} = ct = 3 \times 10^8 \times 10^{-4}\text{m} = 30\text{km}$! 如果能够测量到 1% 的凹坑，那么就可以得到吸收系数 $\alpha(\omega)$ 的灵敏度极限，$\alpha L_{\text{eff}} = 0.01 \Rightarrow \alpha_{\min} \geqslant 3 \times 10^{-9}\text{cm}^{-1}$。对于能够实现 $t = 10\text{ms}$ 的系统，有效长度变为 $L_{\text{eff}} = 3 \times 10^6\text{m}$，极限值可以达到 $\alpha_{\min} = 3 \times 10^{-11}\text{cm}^{-1}$。

在环形腔激光器中 (第 1 卷第 5.6 节)，如果激光是在单向行波模式中振荡的话，就不会发生空间烧孔效应。如果不在环形共振腔中插入光二极管，非饱和增益对于顺时针运动的模式和逆时针运动的模式都是相等的。在这种双稳态工作模式中，净增益的微小变化 (可能是因为两束光具有相反的多普勒位移) 就可以让激光器由顺时针工作模式转变为逆时针模式，反之亦然。因此，这种双稳态的多模环形腔激光器在不同的模式之间具有很强的增益竞争，能够非常灵敏地探测共振腔内微小的吸收变化[1.18]。

共振腔内吸收盒的高灵敏度可以用来检测浓度非常低的吸收分量，也可以测量气压非常小的原子或分子中非常微弱的禁戒跃迁信号，从而研究未被扰动的吸收谱线的线形。利用长度小于 1m 的共振腔内吸收盒就可以测量吸收跃迁过程，传统方法在类似压强下需要几公里长的单次通过的吸收路径才能够测量[1.15,1.19]。

下面用一些例子来说明共振腔内吸收技术的不同应用。

(a) 利用位于连续多模染料激光器共振腔内的碘蒸气盒，增强因子可以达到 $Q = 10^5$，可以用来探测浓度低达 $n \leqslant 10^8/\text{cm}^3$ 的 I_2 分子[1.20]。与此对应的灵敏度极限为 $\alpha L \leqslant 10^{-7}$。此时监测的不是激光输出功率，而是位于激光共振腔外的另一个碘蒸气盒中的激光诱导产生的荧光信号随着波长的变化关系。这一实验装置 (图 1.14) 可以验证与同位素有关的吸收。在共振腔外有两个碘蒸气盒，分别充有同位素 $^{127}\text{I}_2$ 和 $^{129}\text{I}_2$，当激光光束通过这两个吸收盒的时候，激光共振腔内非常少的一点点 $^{127}\text{I}_2$ 就足以完全地淬灭共振腔外的 $^{127}\text{I}_2$ 吸收盒中的激光诱导荧光信号，而 $^{129}\text{I}_2$ 吸收盒中的荧光并不会受到影响[1.21]。这就证明，那些共振腔内的 $^{127}\text{I}_2$ 吸收的宽带染料激光模式被完全地抑制住了。

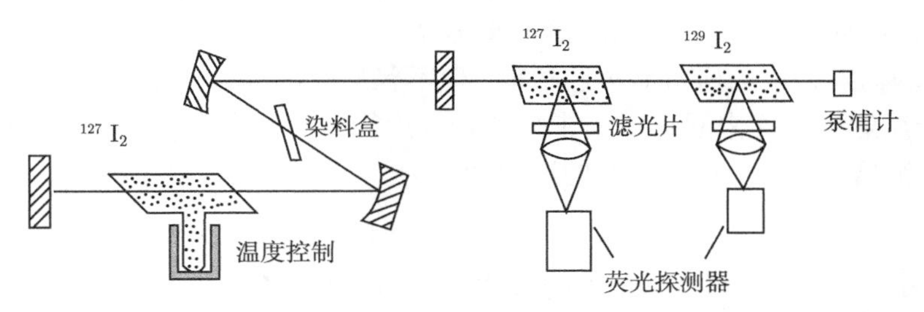

图 1.14 具有同位素选择性的共振腔内吸收光谱学。共振腔内的 $^{127}\text{I}_2$ 同位素吸收的频率 ω_k 在激光输出中消失了，因此就不能够让处于激光共振腔外的相同的同位素产生荧光[1.20]

(b) Bray 等已经证明，可以探测振子强度非常小的吸收跃迁过程 (第 1 卷第 2.7.2 节)[1.22]，利用连续的若丹明 (rhodamine) B 染料激光 (谱宽为 0.3nm 带宽) 和 97cm 长的共振腔内吸收盒，他们测量了非常微弱的氧分子红光大气谱系的 $(v'=2, v''=0)$ 红外谐波吸收带，以及 HCl 的 $(v'=6 \leftarrow v''=0)$ 谐波带。灵敏度测量表明，即使跃迁过程的振子强度低到 $f \leqslant 10^{-12}$，也仍然可以很好地检测出来。一个例子是 O_2 的 $b^1\Sigma_g^+ \leftarrow x^3\Sigma_g^-$ 谱系中 $(2 \leftarrow 0)$ 带里的 $P(11)$ 谱线[1.23]，其振子强度为 $f = 8.4 \times 10^{-13}$!

(c) SiH_4 的谐波谱 $\Delta v = 6$ 可以用有效吸收路径长度 $L_{\text{eff}} = 5.25\text{km}$ 测量出来[1.13]。光谱给出了清晰的转动能级结构，观测到了局域的费米共振。

虽然目前为止的绝大多数实验采用的都是染料激光器，但是色心激光器或新出现的振动电子能带固态激光器 (例如掺钛蓝宝石激光器) 具有非常宽的增益线形 (第 1 卷第 5.7.3 节)，它们也同样适用于研究近红外光谱区的共振腔内光谱学。一个例子是用色心激光器研究 H_3 分子的高电子能态之间的转动振动跃迁过程的光谱[1.24]。将傅里叶光谱学与共振腔内激光吸收光谱学结合起来，就可以提高光谱分辨率，还可以增强灵敏度[1.25,1.34]。

除了吸收过程之外，共振腔内技术还可以探测微弱的发光谱线[1.26]。如果将这些光注入到多模激光器中的特定模式里，这些模式的强度就会在观测时间 $t < t_{\text{m}}$ 内增强，直到模式耦合将它们的强度传递给其他的模式。参考文献 [1.32]、[1.33] 已经报道了光纤中的共振腔增强光谱。

Baev 等的文章[1.15,1.27]、Atmanspacher 的博士论文[1.23] 和几篇综述文章 [1.13], [1.28]~[1.31] 详细地讨论了共振腔内吸收和它的动力学过程及其限制。

1.2.3 共振腔环路衰减光谱学

过去几年发展并逐渐改善了一种非常灵敏的新型探测技术，共振腔环路衰减光谱学 (cavity ring-down spectroscopy, CRDS)，可以测量非常微弱的吸收。它测量的是填充了吸收物质的光学共振腔的衰减时间[1.35]。其基本原理如下:

假定一束输入功率为 P_0 的激光短脉冲通过一个光学共振腔，后者带有两个高反射镜，反射率为 $R_1 = R_2 = R$，透射率为 $T = 1 - R - A \ll 1$，其中，A 包含了吸收、散射和衍射在内的所有共振腔损耗，但不包括吸收样品带来的损耗。该激光脉冲在两个反射镜之间来回反射 (图 1.15)，每次往返后都会有一小部分光透过端镜并到达探测器。第一个输出脉冲的透射功率为

$$P_1 = T^2 \text{e}^{-\alpha L} \cdot P_0 \tag{1.23}$$

其中，α 是共振腔 (长度为 L) 内的气体样品的吸收系数。对于每一次往返，透射脉冲功率都会减小一个额外因子 $R^2 \cdot \exp(-2\alpha L)$。经过 n 次往返之后，它的功率下降为

$$P_n = [R \cdot \mathrm{e}^{-\alpha L}]^{2n} P_1 = [(1 - T - A)\mathrm{e}^{-\alpha L}]^{2n} P_1 \tag{1.24}$$

也可以写为

$$P_n = P_1 \cdot \mathrm{e}^{+2n(\ln R - \alpha L)} \tag{1.25}$$

共振腔端镜的反射率是 $R \geqslant 0.999$，所以，$\ln R \approx R - 1 = -(T + A)$。因此，式 (1.25) 可以写为

$$P_n = P_1 \cdot \mathrm{e}^{-2n(T + A + \alpha L)} \tag{1.26}$$

相继的透射脉冲之间的时间延迟等于共振腔的往返时间 $T_{\mathrm{R}} = 2L/c$。因此，在时刻 $t = 2n\mathrm{L}/c$ 测量第 n 个脉冲。如果探测器的时间常数远大于 T_{R}，探测器对相继的脉冲进行平均，探测到的信号是指数函数

$$P(t) = P_1 \cdot \mathrm{e}^{-t/\tau_1} \tag{1.27}$$

其中，衰竭时间为

$$\tau_1 = \frac{L/c}{T + A + \alpha L} \tag{1.28}$$

如果共振腔内没有吸收样品 $(\alpha = 0)$，那么共振腔的衰竭时间就会延长

$$\tau_2 = \frac{L/c}{T + A} \approx \frac{L/c}{1 - R} \tag{1.29}$$

吸收系数 α 可以由衰竭时间 τ_i 的倒数之差直接得到

$$1/\tau_1 - 1/\tau_2 = c \cdot \alpha \tag{1.30}$$

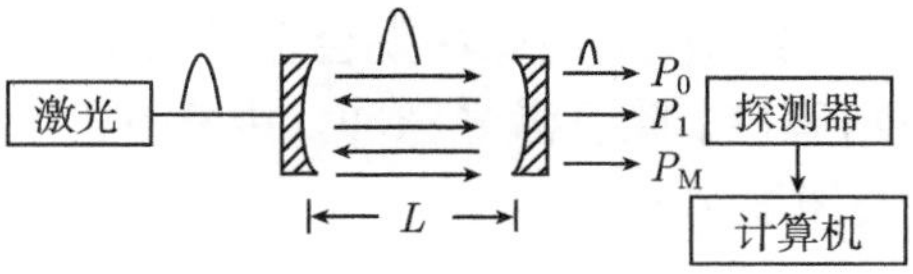

图 1.15 用脉冲激光来实现共振腔环路衰减光谱学的原理

α 能够确定到什么精度？假定测量衰竭时间 τ_i 的不确定度为 $\delta\tau_i$。根据式 (1.30)，当 $\tau_1 - \tau_2 \ll \tau = \frac{1}{2}(\tau_1 + \tau_2)$ 的时候，可以得到，α 的不确定度 $\delta\alpha$ 为

$$\delta\alpha = [(\tau_1^2 - \tau_2^2)/(c \cdot \tau_1^2 \tau_2^2)]\delta\tau \approx \frac{2\delta\tau}{\tau^{3c}} \cdot (\tau_1 - \tau_2) \tag{1.31}$$

其中，τ 是 τ_1 和 τ_2 的平均值。

为了高精度地确定 α，衰竭时间必须尽可能地长，也就是说，共振腔端镜的反射率必须尽可能地高。不确定度 $\delta\tau$ 主要是由衰减曲线上的噪声引起的。因此，信噪比越高，α 的测量就越精确。

例 1.6

$R=99.9\%=0.999$；$L=d=1\text{m}$，$\alpha=10^{-6}\text{cm}^{-1}$，$\Rightarrow \tau_1=3.03\mu\text{s}$，$\tau_2=3.33\mu\text{s}$。二者之差 $\Delta\tau=0.3\mu\text{s}$ 非常小。如果它的测量精度能够达到 $\pm0.03\mu\text{s}$，那么，$\delta\alpha=0.06\mu\text{s}/(c\tau^2)=4\times10^{-7}\text{cm}^{-1}$。这意味着 α 的不确定度为 40%。

然而，$R=0.9999\Rightarrow\tau_1=16.5\mu\text{s}$ 和 $\tau_2=33\mu\text{s}$，$\Delta\tau=16.5\mu\text{s}$。此时，$\delta\alpha=6\times10^{-9}\text{cm}^{-1}$，而 $\delta\alpha/\alpha=0.6\%$。这些数据说明了高品质共振腔对于共振腔环路衰减光谱灵敏度的重要性。

共振腔环路衰减光谱技术利用了与共振腔内光谱学相同的原理，即增大了吸收路径的有效长度。二者的差别在于，在共振腔环路衰减光谱中，吸收系数是通过测量共振腔环路的衰竭时间得到的，共振腔内光谱学则是利用不同的共振腔模式之间的增益竞争作为增强因子。

如果反射率非常高，衍射损耗可能占据主导地位，对于那些端镜之间距离特别大的共振腔来说，更是如此。因为 TEM_{00} 模式的损耗最小，必须用一个透镜系统使得入射激光束只激发共振腔的基模，而不会激发更高的横向模式。类似于共振腔内吸收，这种技术利用了有效吸收长度 $L_{\text{eff}}=L/(1-R)$ 变长的优点，该激光脉冲穿过吸收样品的次数为 $1/(1-R)$ 次。

实验装置如图 1.16 所示。通过精心设计的模式匹配光学系统将激光脉冲耦合到共振腔中，保证只激发了 TEM_{00} 模式。利用球面镜将衍射损耗降至最低，该球面镜同时也是吸收盒的窗口。如果吸收样品位于共振腔内的一束分子束中，那么这些镜子同时也是真空腔的窗口。对于足够短的输入脉冲 $(T_{\text{p}}<T_{\text{R}})$，输出为一列时间间隔 T_{R} 的脉冲，它具有指数衰减的强度，可以用 boxcar 积分器来测量。如果输入脉冲很长 $(T_{\text{p}}>T_{\text{R}})$，那么这些输出脉冲就会在时域中重叠起来，观察到的将是准连续的指数衰减的透射强度。除了激光脉冲，共振腔还可以用连续辐射来照明，然后在 $t=0$ 时刻突然关闭连续光。

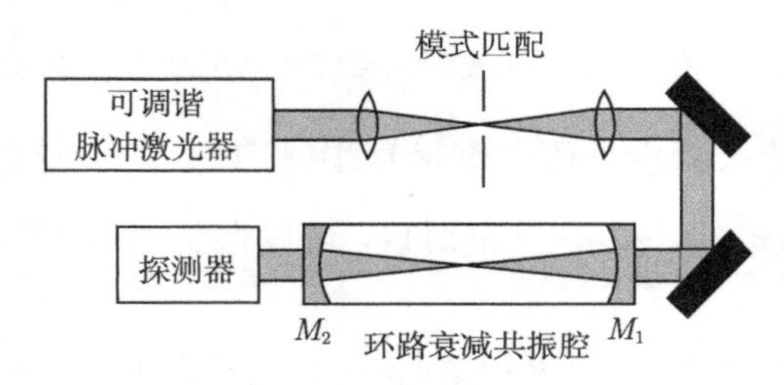

图 1.16　带有光学模式匹配系统的实验装置

如果在激光脉冲的带宽之内激发了几个共振腔模式，就会有拍频信号叠加在指数衰减的曲线之上。这些拍频是由于频率不同的模式之间的干涉引起的，它们依赖于共振腔激发模之间的相对相位。当共振腔被一列输入光脉冲激发的时候，由于这些相位差在各个脉冲中有显著差别，多次激发脉冲的平均结果就抹平了干涉图案，获得的还是纯指数衰减的曲线。

将激光波长 λ 调节到共振腔内分子的吸收范围内，测量得到的差别

$$\Delta = \frac{1}{\tau_1} - \frac{1}{\tau_2} = \frac{\tau_2 - \tau_1}{\tau_2 \cdot \tau_1} \approx \frac{\Delta\tau(\lambda)}{\tau^2} = c \cdot \alpha(\lambda)$$

就给出了吸收谱 $\alpha(\lambda)$[1.36]。为了说明这一点，图 1.17 给出了 HCN 分子的振动谐波带 $(2,0,5) \leftarrow (0,0,0)$ 的转动能级谱线，它是用共振腔环路衰减光谱学方法测量得到的。

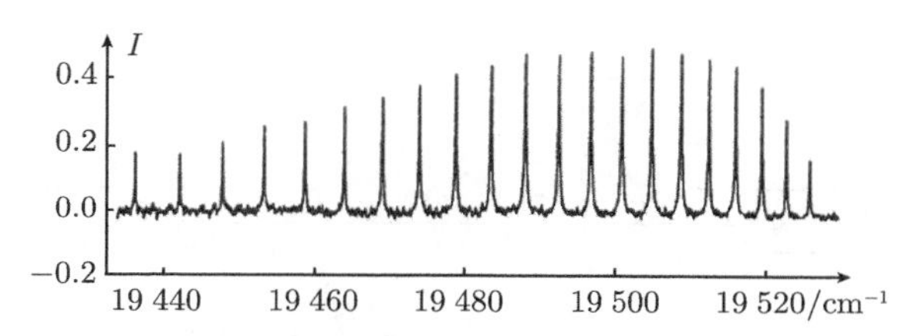

图 1.17 用共振腔环路光谱学方法测量得到的 HCN 分子的谐波带 $(2,0,5) \leftarrow (0,0,0)$ 中的一部分转动能级谱线[1.36]

只有满足如下条件，共振腔环路衰减光谱才能达到最大灵敏度。

(a) 所有被激发的共振腔模式的带宽 $\delta\omega_{\mathrm{R}}$ 都必须小于吸收谱线的宽度 $\delta\omega_{\mathrm{a}}$。也就是说，激光脉冲的宽度满足 $\delta\omega_{\mathrm{L}} < \delta\omega_{\mathrm{a}}$。

(b) 共振腔的弛豫时间 T_{R} 必须大于激发分子的寿命 T_{exc}，也就是说，$\delta\omega_{\mathrm{R}} = 1/T_{\mathrm{R}} < \delta\omega_{\mathrm{a}} = 1/T_{\mathrm{exc}}$。

例 1.7

共振腔长度是 $L = 0.5\mathrm{m}$，反射镜的反射率是 $R = 0.995$；$\Rightarrow T_{\mathrm{R}} = 3.3 \times 10^{-7}\mathrm{s}$，$\delta\omega_{\mathrm{R}} = 3 \times 10^{6}\mathrm{s}^{-1}$。如果激光脉冲的持续时间为 $10^{-8}\mathrm{s}$，傅里叶限制的激光带宽 $\delta\omega_{\mathrm{L}} = 10^{8}\mathrm{s}^{-1} \rightarrow \delta\nu = 1.5 \times 10^{7}\mathrm{s}^{-1}$。它小于可见光区中吸收谱线的多普勒宽度。

一个平面端镜共振腔的纵向模式的频率间隔为 $3 \times 10^{8}\mathrm{Hz}$，只激发了一个共振腔模式。在此情况下，在调节激光波长的时候，必须同时调节共振腔的长度 L(第 1 卷第 5.5 节)。

单次衰减测量的主要噪声源是探测电路和共振腔长度涨落引起的技术噪声。利用光学外差探测技术，可以显著地提高信噪比。实验装置[1.37] 如图 1.18 所示。一个波长可调的单模式连续二极管激光器的输出被分为两部分。一部分直接通过环路衰减共振腔，一个 TEM_{00} 腔模被锁定到激光频率上，这一部分是本地振荡器。用声光调制器 AOM 改变另一部分的频率，使得频率改变量等于共振腔自由光谱区的大小。因此，它与相邻的下一个 TEM_{00} 模式共振，声光调制器的斩波频率为

40kHz。这两部分叠加起来通过环路衰减共振腔，总透射强度

$$\begin{aligned} I_{\mathrm{T}} &\propto \left| E_{\mathrm{s}}(t) + E_{\mathrm{LO}} \cdot \mathrm{e}^{\mathrm{i}(2\pi\delta\nu t+\phi)} \right|^2 \\ &= |E_{\mathrm{s}}(t)|^2 + |E_{\mathrm{LO}}|^2 + 2E_{\mathrm{s}} \cdot E_{\mathrm{LO}} \cdot \cos(2\pi\delta\nu t + \phi) \end{aligned} \tag{1.32}$$

由一个探测器来测量。因为进入共振腔的信号的脉冲宽度为 12.5μs，重复速率为 40kHz，在每个脉冲结束之后，所有透射信号强度以指数形式衰减，本地振荡器的强度保持不变。

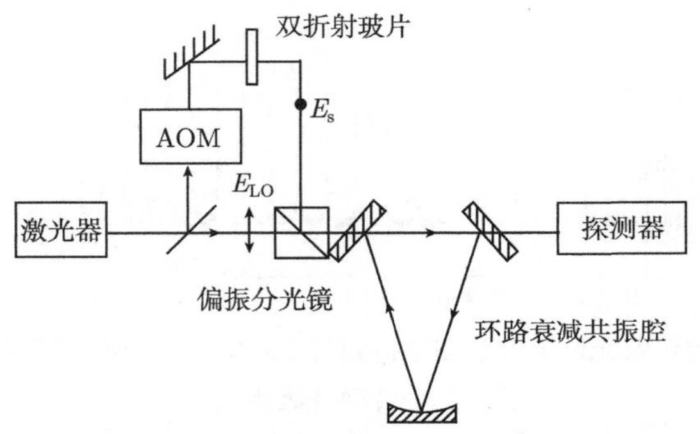

图 1.18 用于差频探测的共振腔环路衰减光谱学的实验装置示意图

式 (1.32) 中的干涉项包含了大振幅 E_{LO}(它穿过环路衰减共振腔的透射率是 $T \approx 1$) 和小振幅 $E_{\mathrm{s}}(t)$ 的乘积，因此远大于 $(E_{\mathrm{s}}(t))^2$。在频率 $\delta\nu$ (它等于共振腔的自由光谱区) 处，测量干涉项的衰减时间，就可以给出一个更大的信号，其衰减时间常数为 2τ，这样就可以得到更大的信噪比。

因为使用的是单模连续激光器，光谱分辨率通常远大于脉冲激光器的情况。它仅仅受限于吸收谱线的线宽。

除了测量吸收样品位于共振腔内部或外部时的衰减时间常数 τ_1 和 τ_2 之外，还可以测量积分的透射强度随入射激光脉冲波长的变化关系[1.41]。这种方法类似于第 1.2 节讨论的外共振腔吸收。一种被称为“共振腔泄漏光谱学 (CALOS)”的改进的共振腔环路衰减光谱方法被提了出来，并且已经在几个实验室中实现了[1.42~1.44]。它使用的是可以扫描频率的连续激光器。将输出光束模式匹配地耦合到一个高品质因子的环路衰减共振腔中 (图 1.19)。在扫描频率的每次循环中，有一个时刻，激光频率与高品质因子共振腔的一个本征频率共振。此时，共振腔内的功率就累积起来；关掉输入光束，然后观测空共振腔和填充了吸收气体的共振腔所存储能量的衰减过程。

既可以使用可调谐的连续激光器，也可以使用频率固定不变但侧带可调谐的激光器。因为连续激光器的噪声小于脉冲激光器，共振腔泄漏光谱的灵敏度通常更高一些。能够测量低达 $\alpha = 7\times10^{-11}\mathrm{cm}^{-1}\mathrm{Hz}^{-1/2}$ 的吸收系数，可以探测与医疗研究

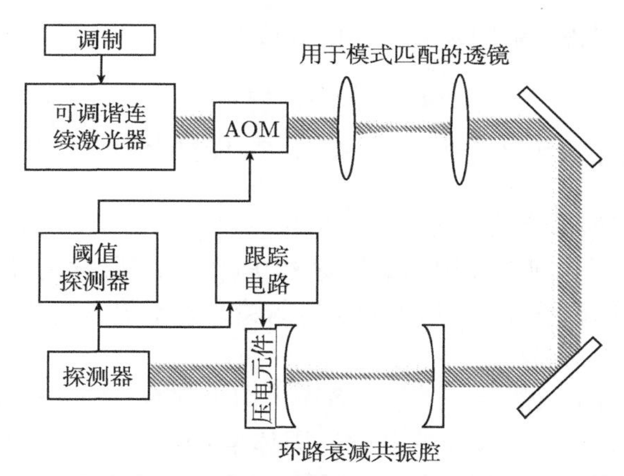

图 1.19　共振腔泄漏光谱学的实验装置，带有模式匹配的光学系统和探测器
[P. Hering, Institute of Laser Medicine, University of Düsseldorf]

有关的微少的分子气体，如 NO，CO，CO_2 和 NH_3 等。已经达到了 ppt 的探测区域 (1ppt 表示相对浓度为 10^{-12})[1.43]。关于共振腔环路衰减光谱学和共振腔泄漏光谱学的更多信息，请参考文献 [1.38]~[1.40] 和一些综述文章 [1.38], [1.42]~[1.48]。

1.3　直接测量被吸收的光子

前面几节讨论的方法，测量的是透射光束的衰减 (共振腔内光谱学则是激光功率的衰减)，从而确定吸收系数 $\alpha(\omega)$ 或吸收样品的浓度。当吸收很小的时候，需要测量两个非常大的数量之间的非常微小的差别，这就限制了信噪比。

目前已经发展了一些不同的技术，它们直接测量被吸收的辐射功率，即被吸收的光子数目。这些技术属于光谱学中最灵敏的探测方法，值得了解。

1.3.1　荧光激发光谱学

在可见光和紫外波段，用激光诱导荧光测量监视被吸收的激光光子，可以实现非常高的灵敏度 (图 1.20)。将激光波长 λ_L 调节到吸收分子跃迁 $E_i \to E_k$ 上的时候，每秒钟内在长度 Δx 上的吸收光子数等于

$$n_a = N_i n_L \sigma_{ik} \Delta x \tag{1.33}$$

其中，n_L 是每秒钟内入射的激光光子数，σ_{ik} 是每个分子的吸收截面，N_i 是吸收态 $|i\rangle$ 上的分子密度。

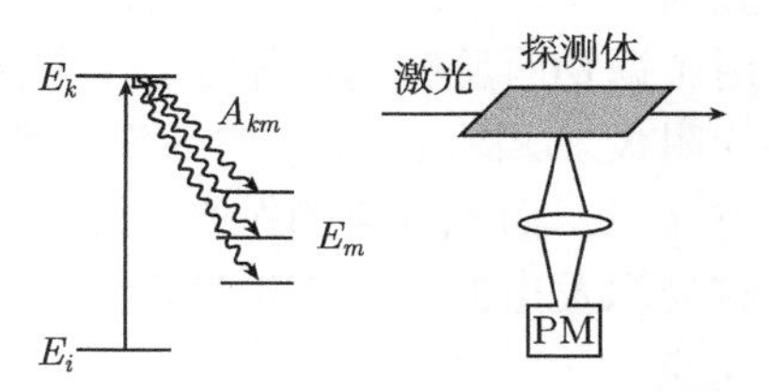

图 1.20　荧光激发光谱学的能级结构和实验装置示意图

激发态 E_k 每秒钟发射的荧光光子的数目为

$$n_{\text{Fl}} = N_k A_k = n_{\text{a}} \eta_k \tag{1.34}$$

其中，$A_k = \sum_m A_{km}$ 表示跃迁到所有 $E_m < E_k$ 能级上的总自发跃迁几率 (第 1 卷第 2.8 节)。激发态的量子效率 $\eta_k = A_k/(A_k + R_k)$ 给出了自发跃迁速率和总退激发速率的比值，后者也包括无辐射跃迁速率 R_k(例如，碰撞诱导的跃迁过程)。当 $\eta_k = 1$ 的时候，在稳态条件下，每秒钟发射的荧光光子数 n_{Fl} 等于每秒钟吸收的光子数 n_{a}。

不幸的是，发射出来的荧光光子在各个方向上都有分布，荧光探测器只能够收集其中的一部分 δ，$\delta = \text{d}\Omega/4\pi$，它依赖于固体角 $\text{d}\Omega$。并非每一个照射到光电倍增管的光阴极上的光子都会产生一个光电子；只有一部分光子能够产生平均数目为 n_{pe} 的光电子，$\eta_{\text{ph}} = n_{\text{pe}}/n_{\text{ph}}$ 被称为光阴极的量子效率 (第 1 卷第 4.5.2 节)。每秒钟的光电子数目 n_{pe} 就等于

$$n_{\text{pe}} = n_{\text{a}} \eta_k \eta_{\text{ph}} \delta = (N_i \sigma_{ik} n_{\text{L}} \Delta x) \eta_k \eta_{\text{ph}} \delta \tag{1.35}$$

例 1.8

现在，光电倍增管的量子效率达到了 $\eta_{\text{ph}} = 0.2$。精心设计的光学系统能够实现的收集因子为 $\delta = 0.1$，也就是说，收集光路覆盖的立体角为 $\text{d}\Omega = 0.4\pi$。利用光子计数技术和被冷却的光电倍增管 (暗脉冲速率 $\leqslant 10$ 个计数/s)，在一秒钟积分时间内，计数率 $n_{\text{pe}} = 100$ 个计数/s 就足以实现信噪比 $S/R \sim 8$。

将这个 n_{pe} 数值代入式 (1.35) 可以得到，当 $\eta_k = 1$ 的时候，能够测量的吸收速率为 $n_{\text{a}} = 5 \times 10^3/\text{s}$。假定激光在波长 $\lambda = 500\text{nm}$ 处的功率为 1W，这对应于光子流 $n_{\text{L}} = 3 \times 10^{18}/\text{s}$，那么，有可能测量到的相对吸收为 $\Delta P/P \leqslant 10^{-14}$。如果将这种吸收探测放置到共振腔中，激光功率会增大 q 倍 ($q \approx 10 \sim 100$，第 1.2.2 节)，可以获得更高的灵敏度。

因为能够测量的信号正比于荧光收集效率 δ，所以，设计具有最佳 δ 值的光学收集系统是非常重要的。如果激发空间非常小 (例如，激光光束与准直分子束交叠的体积)，图 1.21 所示的两种设计方案就特别有用。其中一个光学收集系统使用了抛物面反射镜，它的光收集立体角接近于 2π。透镜将光源成像到光电倍增管的阴极上。图 1.21(b) 中的设计利用了一个椭球面反射镜，其中，光源位于一个焦点 A 上，而光纤束的抛光末端位于另一个焦点 B。中心位于 A 点的半球面反射镜将光源发出的光从下半空间反射回到光源处，然后再被椭球面反射镜反射聚焦到 B 点。

光纤束的输出端可以被设置为一个长方形，以便匹配光谱仪的入射狭缝 (图 1.21(c))。

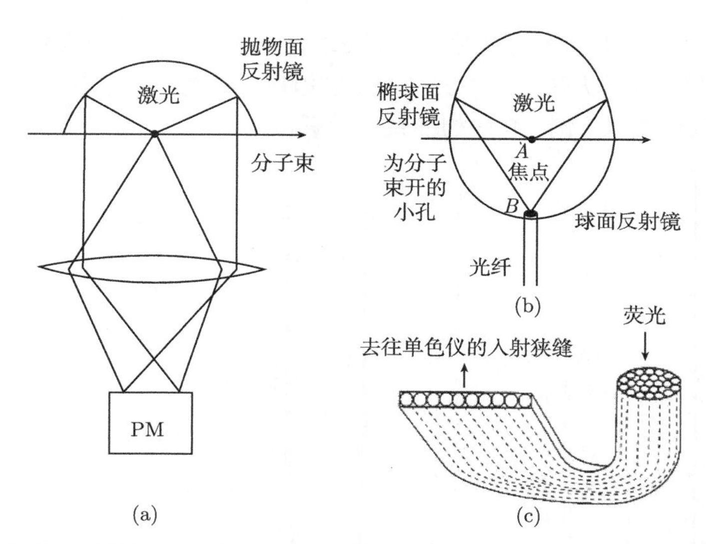

图 1.21 (a) 抛物面反射镜光学系统；(b) 椭球面、球面反射镜系统，它们都具有很高的荧光收集效率；(c) 荧光成像在单色仪的入射狭缝上，该入射狭缝是精心布置的光纤束

调节激光波长 λ_L 穿过吸收谱线的光谱范围，测量总荧光强度 $I_{\mathrm{Fl}}(\lambda_\mathrm{L}) \propto n_\mathrm{L}\sigma_{ik}N_i$ 随激光波长 λ_L 的变化关系，它反映的就是吸收谱，被称为激发谱。根据式 (1.35)，光电子速率 n_pe 正比于吸收系数 $N_i\sigma_{ik}$，其中，比例因子依赖于光电倍增管阴极的量子效率 η_ph 以及荧光光子的收集效率 δ。

虽然激发谱直接反映了谱线位置的吸收谱，但是，只有满足下列条件的时候，两种光谱中不同谱线 $I(\lambda)$ 的相对强度才能完全相同。

(a) 所有激发态 E_k 的量子效率 η_k 必须全部相同。在没有碰撞的条件下，也就是说，当压强足够小的时候，被激发的分子在彼此碰撞之前就发出了辐射，可以得到，对于所有的能级 E_k，都有 $\eta_k = 1$。

(b) 在整个荧光光谱的范围内，探测器的量子效率 η_ph 都保持不变。否则的话，荧光的谱分布有可能随着不同的激发能级 E_k 而变化，就会影响到信号速率。一些现代的光电倍增管能够达到这一要求。

(c) 探测系统的几何收集效率 δ 对于不同激发能级的荧光都必须相等。这样一来，激发能级的寿命就不能太长，否则，在发射出荧光光子之前，被激发的分子就有可能扩散到观察区域之外了。此外，荧光也可能不是各向同性的，它依赖于激发态的对称性。此时，δ 将会随着上能级的不同而发生变化。

然而，即使这些要求不能够完全满足，激发光谱学仍然能够以极高的灵敏度测量吸收谱线，虽然相对强度并不十分准确。

激发光谱学技术已经广泛地用于测量非常小的吸收。一个例子是确定分子束的吸收谱线，其中，吸收分子的吸收路径长度 Δx 和密度 N_i 都非常小。

激光诱导荧光的方法如图 1.22 所示，它给出了银的双原子分子 Ag_2 的部分激发谱，测量条件类似于例 1.9 中的准直分子束。

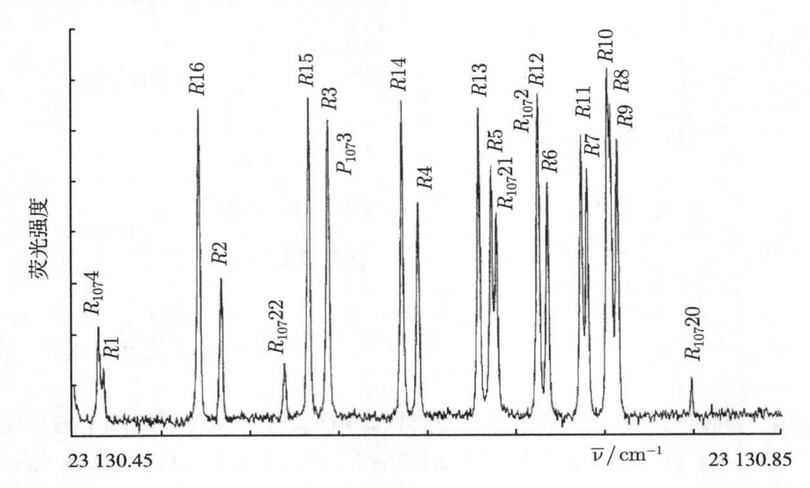

图 1.22 $^{107}Ag^{109}Ag$ 同位素的部分荧光激发谱，它给出了 $A^1\Sigma_u \leftarrow X^1\Sigma_g$ 谱系中 $v'=1 \leftarrow v''=0$ 能带的起始部分，其中叠加了一些 $^{107}Ag^{107}Ag$ 同位素的谱线[1.50]

例 1.9

$\Delta x = 0.1\text{cm}$，$\delta = 0.5$，$\eta = 1$，吸收分子的密度为 $N_i = 10^7/\text{cm}^3$，吸收截面为 $\sigma_{ik} = 10^{-17}\text{cm}^2$，入射光子流为 $n_\text{L} = 10^{16}$光子/s（在 $\lambda = 500\text{nm}$ 处，等于 3mW），大约有 5×10^4 个荧光光子成像在光电倍增管阴极上，后者在每秒钟内发射出大约 1×10^4 个光电子，每秒钟在光电倍增管的末端给出 10^4 个计数。

这种技术具有非常高的灵敏度，Fairbanks 等[1.49] 已经令人信服地证明了这一点，利用激光激发荧光谱，他们对密度为 $N = 10^2 \sim 10^{11}\text{cm}^{-3}$ 范围内的钠原子气体进行了绝对密度的测量。探测的下限 $N = 10^2\text{cm}^{-3}$ 来自于入射激光束从窗口和盒壁散射进来的杂散光。

激发光谱学的灵敏度很高，已经成功地用于检测化学反应中微小浓度的自由基和短寿命中间产物[1.51]。除了测量很低的浓度之外，还可以得到反应产物的内态分布 $N_i(v_i'', J_i'')$ 的详细信息，根据式 (1.35) 可知，荧光信号正比于能级 $|i\rangle$ 上的吸收分子的数目 N_i(第 1.8.4 节)。

如果能够选择原子的跃迁 $|i\rangle \rightarrow |k\rangle$，它表示一个真正的二能级系统 (也就是说，$|k\rangle$ 能级上发射的荧光只会终止到 $|i\rangle$ 上)，当原子穿过激光光束的时候，它可能被激发许多次。如果自发辐射寿命为 τ，穿过激光光束的渡越时间为 T，那么最多可以实现 $n = T/(2\tau)$ 次激发–荧光循环 (光子爆发)。由 $T = 10^{-5}\text{s}$ 和 $\tau = 10^{-8}\text{s}$

可以预期，每个原子可以发射 $n=500$ 个荧光光子！这样就可以进行单原子探测。

如果分子被稀释在溶液里或固体中，当聚焦后的激光光束的直径小于分子间的平均距离的时候，就可以激发单个分子。虽然上能级发射的荧光终止于电子基态的很多转动振动能级上，这些能级很快就会由于溶剂分子的碰撞而淬灭，从而返回到初始能级上，然后它们就又能够被激发了。这样就可以在每秒钟内由单个分子探测到许多光子，其灵敏度高得足以跟随分子的扩散过程，看到它走进和走出激光光点。这种“单分子探测”技术已经成为化学和生物学中非常有用而又灵敏的测量方法[1.52~1.54]。

激发光谱学的灵敏度在可见光、紫外和近红外区域最高。随着波长 λ 的增大，灵敏度由于以下原因而减小：式 (1.35) 表明，被探测到的光电子的速率 $n_{\rm pe}$ 随着 η_k、$\eta_{\rm ph}$ 和 δ 而减小。这些数值通常都随着波长的增加而减少。红外探测器的量子效率 $\eta_{\rm ph}$ 和信噪比远低于可见光探测器 (第 1 卷第 4.5 节)。吸收红外光子，可以激发电子基态的振动–转动能级，其辐射寿命通常要比电子激发态大几个数量级。在压强足够低的时候，分子还没有来得及辐射就扩散到观察区域之外了，这就减小了收集效率 δ。当压强比较高的时候，因为碰撞退激发过程与辐射跃迁过程的竞争，激发态能级 E_k 的量子效率 η_k 减小了。在这些条件下，光声探测可能更为有利。

1.3.2　光声光谱学

光声光谱学是一种测量微弱吸收的灵敏技术，主要用于探测高压强气体中某种特定的低浓度分子样品。一个例子是探测大气中的污染气体成分。其基本原理如下：

激光光束穿过吸收样品盒 (图 1.23)，将激光调节到吸收分子跃迁 $E_i\rightarrow E_k$ 上，就可以将下能级 E_i 上的一部分分子激发到上能级 E_k。与吸收盒中的其他原子或分子的碰撞过程可以将这些被激发的分子的激发能量 (E_k-E_i) 全部或部分地转化为碰撞体的平动、转动或振动能量。在热平衡的情况下，这些能量是随机地分布在所有的自由度上，这就增加了热能量，如果吸收盒内的气体密度不变，温度和压强就会升高。

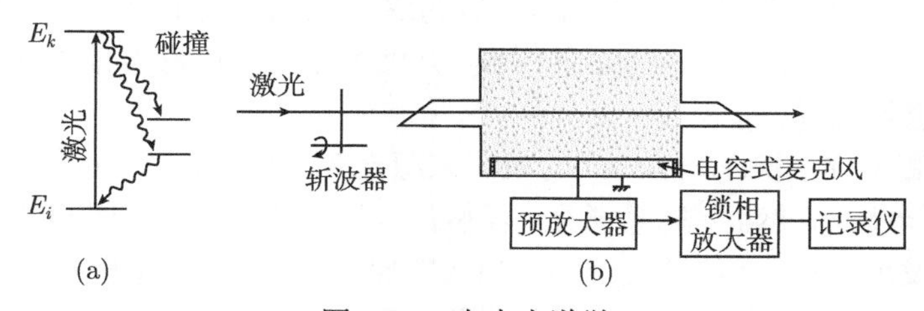

图 1.23　光声光谱学

(a) 能级结构示意图；(b) 实验装置示意图

以频率 $\Omega < 1/T$ 来斩波激光光束，其中，T 是被激发分子的平均弛豫时间，吸收盒中就会出现周期性的压强变化，可以用置于吸收盒内的灵敏麦克风进行探测。麦克风的输出信号 S[V] 正比于吸收辐射功率 $\Delta W/\Delta t$ 引起的压强变化 Δp。如果可以忽略饱和效应，那么每次循环中被吸收的能量就是

$$\Delta W = N_i \sigma_{ik} \Delta x (1-\eta_k) P_{\mathrm{L}} \Delta t \tag{1.36}$$

它正比于能级 $|i\rangle$ 上的吸收分子的密度 $N_i[\mathrm{cm}^{-3}]$、吸收截面 $\sigma_{ik}[\mathrm{cm}^2]$、吸收路径长度 Δx、循环周期 Δt 和入射激光功率 P_{L}。

与激光诱导荧光不同的是，除非荧光在吸收盒中被吸收，从而引起温度的升高，光声信号随着量子效率 η_k(它是发射出的荧光能量和吸收的激光能量的比值)的增加而减小。

因为被吸收的能量 ΔW 转化为光声样品盒中的所有分子的动能或内能，样品盒的体积为 V，每立方厘米中有 N 个分子，温度的升高 ΔT 可以由下式得到

$$\Delta W = \frac{1}{2} f V N k \Delta T \tag{1.37}$$

其中，f 是每个分子在温度 T[K] 时能够利用的自由度的数目。如果激光的斩波频率足够高，可以忽略在压强上升的时间内传递给样品盒壁的热量。由物态方程 $pV = NVkT$，可以得到

$$\Delta p = Nk\Delta T = \frac{2\Delta W}{fV} \tag{1.38}$$

因此，光声样品盒的体积 V 最好小一些。麦克风的输出信号 S 就是

$$S = \Delta p S_{\mathrm{m}} = \frac{2N_i\sigma_{ik}}{fV} \Delta x (1-\eta_k) P_{\mathrm{L}} \Delta t S_{\mathrm{m}} \tag{1.39}$$

其中，麦克风的灵敏度 S_{m}[V/P] 不仅依赖于麦克风自身的特性，还依赖于光声样品盒的几何结构。

红外激光通常会把分子激发到电子基态的高振动能级上。假定振动激发态分子的碰撞退激发过程的截面为 $10^{-18} \sim 10^{-19}\mathrm{cm}^2$，当压强在 1mbar 左右的时候，只需要大约 10^{-5}s 就能达到能量均分。因为这些振动激发能级的自发寿命通常为 $10^{-2} \sim 10^{-5}$s，当压强高于 1mbar 的时候，从激光束吸收的激发能量几乎全部转化为热能量，也就是说，$\eta_k \sim 0$。

光声谱测量仪 (spectrophone) 的概念来源已久，Bell 和 Tyndal[1.55] 在 1881 年就证明了这一概念。然而，随着激光、灵敏的电容式麦克风、低噪声放大器和锁相测量技术的发展，今天才能够实现如此惊人的探测灵敏度。当总压强为 1mbar 到几个大气压的时候，利用现代的光声谱测量仪，可以探测到十亿分之一 (ppb 或 10^{-9}) 的浓度 (图 1.24)。

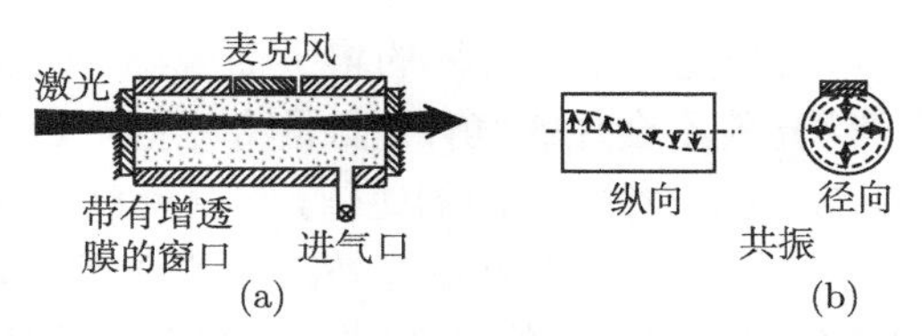

图 1.24 (a) 使用电容式麦克风的光声谱测量仪；(b) 纵向和径向的声学共振模式

现代的电容式麦克风带有低噪声场效应管预放大器和相位敏感的探测电路，得到的信号大于 1V/mbar(= 10mV/Pa)，在 1s 的积分时间里，可以得到背景噪声为 3×10^{-8}V。这样的灵敏度就可以探测小于 10^{-7}mbar 的压强变化，通常，影响它的并非电子电路的噪声，而是其他的外界影响。如样品盒壁可能会部分地吸收样品盒窗口反射或者样品盒里的气溶胶散射的激光，从而引起温度的升高。由此而来的压强升高当然也是以斩波频率变化的，因此就被当作背景信号探测到了。有几种不同的方法可以减小这一影响。在样品盒窗口使用防反射的涂层，在线偏振激光的情况下，使用布儒斯特窗口，可以尽量地减小反射。另一种漂亮的解决方法是，让斩波频率与样品盒的一个声学共振频率相同。这样就可以引起压强振幅的共振放大，可以增大 1000 倍。这一实验窍门还有一个优点，可以恰当地选择声学共振，让它们最有效地与光束耦合起来，同时，与盒壁的热传导的耦合不那么有效。这样就可以减小盒壁吸收引起的背景信号，同时增强真正的信号。图 1.24(b) 给出了圆柱形样品盒的纵向和径向声学共振模式。

例 1.10

$N_i = 2.5\times10^{11}\text{cm}^{-3}$ $(=10^{-8}\text{bar})$，$\sigma_{ik}=10^{-16}\text{cm}^2$，$\Delta x=10\text{cm}$，$V=50\text{cm}^3$，$\eta_k=0$，$f=6$，可以得到入射激光功率 $P_{\text{L}}=100\text{mW}$ 时的压强变化为 $\Delta p=1.5\text{Pa}$ $(=0.015\text{mbar})$。如果麦克风的灵敏度为 $S_{\text{m}}=10^{-2}\text{V/Pa}$，那么输出信号就是 $S=15\text{mV}$。

利用激光的频率调制 (第 1.2.1 节) 和共振腔内吸收技术，还可以进一步提高灵敏度。将光声谱测量仪置于激光共振腔内，因为共振腔内的激光强度增大了 q 倍 (第 1.2.2 节)，非饱和跃迁的光声信号就会增加一个因子 q。光声样品盒可以放在一个多路径光学样品盒中 (图 1.25)，有效吸收路径长度可以达到 50m 左右[1.65]。

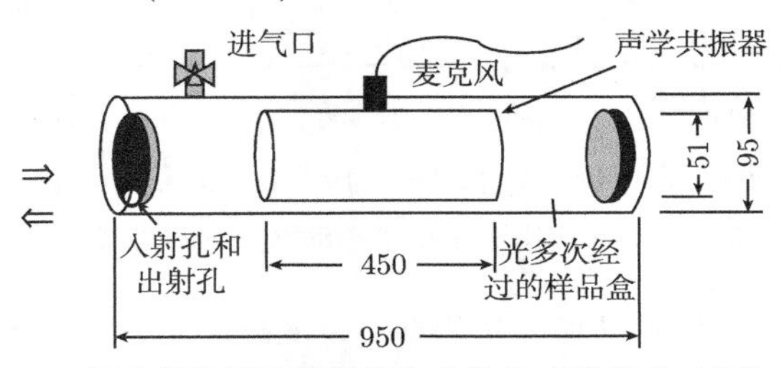

图 1.25 位于多路径光学样品盒中的光声样品盒 (单位 mm)

根据式 (1.39)，光声信号随着量子效率的增大而减小，原因在于，只要荧光没有在样品盒内被吸收，荧光就不会加热气体，而是将能量带走。因为量子效率决定于激发能级的自发寿命与碰撞退激发时间的比值，它随着自发寿命和气体压强的增大而减小。因此，光声方法非常有利于测量红外区间的分子振动光谱 (因为激发振动能级的寿命很长)，也有利于探测其他气体成分压强很大而待测分子浓度很小的情况 (因为碰撞退激发速率很大)。甚至有可能利用这种技术来测量微波区间的转动能谱与可见光区和紫外区中的分子的电子能谱，此时激发的电子态的自发寿命很短。然而，在这些光谱区内，这种技术的灵敏度并不是很高，其他方法的效果更好一些。

用一些例子说明这种非常有用的光谱技术。关于光声光谱学及其实验技巧和各种应用的更为详细的讨论 [1.59]，读者可以参考最近出版的单行本 [1.56]~[1.58], [1.71] 和会议论文集 [1.60]~[1.62]。

例 1.11

(a) Kreutzer 等演示了光声谱测量仪的灵敏度 [1.63]。吸收盒内的总气压为 660mbar, 他们能够探测的污染物的最小浓度是: 乙烯为 0.2ppb, NH_3 为 0.4ppb, NO 为 10ppb。利用光声谱测量仪进行简单快速的红外谱测量，能够确定一些重要的同位素丰度或比值，还可以有效地控制污染性气体或有毒气体的微小泄漏 [1.64]。

(b) 光声方法已经成功地应用于许多分子的转动–振动能带的高精度光谱学 [1.65]。图 1.26 给出了一个例子，它是 C_2H_2 分子的可见光谱波吸收谱，尽管吸收系数很小，但是信噪比仍然非常高。

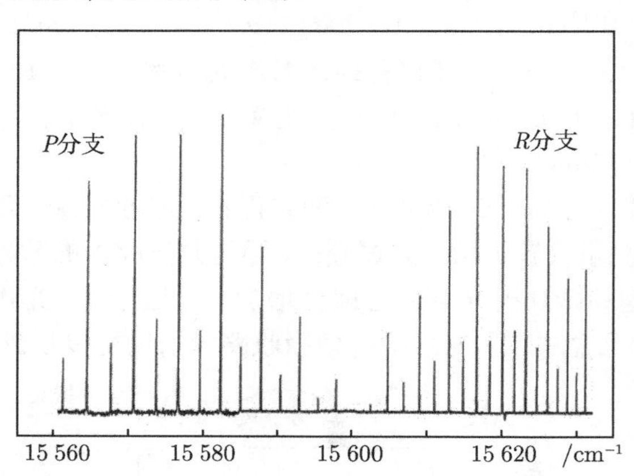

图 1.26　在 $\bar{\nu} = 15\,600\text{cm}^{-1}$ 附近，C_2H_2 分子的 $(5,1,0,0,0,0) \leftarrow (0,0,0,0,0,0)$ 光声谐波吸收谱，它对应于用五个量子振动激发的局域模式 [1.65]

(c) Patel 演示了一种可以用于分子振动激发态的光声光谱学通用技术 [1.66]。这种技术利用了不同分子 A 和 B 之间的振动能量传递过程。当分子 A 吸收了一个

激光光子 $h\nu_1$ 而被激发到第一个振动能级上的时候，它可以通过近共振碰撞过程将自己的激发能量传递给分子 B。因为这种碰撞过程的截面很大，即使现有的大功率激光谱线不能够直接激发分子 B，这种方法也可以产生高密度的振动激发分子 B。被激发的分子 B 能够从另一束可调谐的弱激光束中吸收一个光子 $h\nu_2$，这样就可以测量所有可以达到的跃迁过程 $(v=1\rightarrow v=2)$ 的光谱。这种技术已经成功地用于 NO 分子，精确地测量了 ^{15}NO 的子能带 $^2\Pi_{1/2}$ 和 $^2\Pi_{3/2}$ 以及 $v=1\rightarrow 2$ 跃迁的 Λ 双能级的这四个跃迁频率。下述化学方程式说明了这种方法

$$
\begin{aligned}
&^{14}\mathrm{NO}+h\nu_1(\mathrm{CO_2}\text{激光})\rightarrow {}^{14}\mathrm{NO}^*(v=1)\\
&^{14}\mathrm{NO}^*(v=1)+{}^{15}\mathrm{NO}(v=0)\rightarrow {}^{14}\mathrm{NO}(v=0)+{}^{15}\mathrm{NO}^*(v=1)\\
&\qquad\qquad\qquad\qquad\qquad\qquad\qquad +\Delta E(35\mathrm{cm}^{-1})\\
&^{15}\mathrm{NO}^*(v=1)+h\nu_2(\text{自旋翻转激光})\rightarrow {}^{15}\mathrm{NO}^*(v=2)
\end{aligned}
$$

利用光声光谱探测最后一个过程。

(d) Stella 等报道了光声探测在可见光区域的应用[1.67]。他们将光声谱探测仪置于一个连续染料激光器的共振腔中，然后扫描激光频率使之穿过 CH_4 分子和 NH_3 分子的吸收带。高质量光谱的分辨率大于 2×10^5，足以分辨这些分子中非常微弱的振动谐波跃迁过程的单次转动特性。这些实验结果对于行星大气的研究非常有用，在那里，太阳光可以诱导出这种非常微弱的谐波跃迁过程。

(e) 光声探测的一个有趣应用是测量分子的分解能[1.68]。调节激光波长使之越过分解限的时候，光声信号就会显著地减小，因为一旦越过这一极限的话，吸收的激光能量就被用于分子的分解了。也就是说，它转化为势能了，不再像激发态退激发过程那样转化为动能。只有动能才能够导致压强的增加。

(f) 利用特殊设计的光声谱测量仪 (利用了镀膜的石英薄膜制作电容式麦克风)，可以测量腐蚀性的气体[1.69]。这就将光声光谱学的应用范围拓展到具有腐蚀性的有害气体，例如 NO_2 或 SO_2，它们是空气污染物的重要成分。

光声光谱学也可以用于液体和固体[1.70]。一个有趣的应用是确定表面吸附的物质成分。光声光谱学能够对液态或固态表面的原子或分子的吸附和脱附过程进行时间分辨的分析，研究它们对表面特性和温度的依赖关系[1.72]。更多信息请参考文献 [1.70], [1.73], [1.74]。

1.3.3 光热光谱学

对于分子中振动–转动跃迁过程的光谱来说，如第 1.3.1 节结尾处所述，激光激发荧光谱通常并不是最灵敏的工具。另一方面，光声光谱学利用的是碰撞能量的传输过程，它并不能用于分子束，因为在分子束中，碰撞过程非常稀少，甚至完全不存在。因此，发展了一种新技术，用来测量分子束中分子的红外光谱，它利

用了两种条件：分子束中没有碰撞过程，电子基态的振动–转动能级的辐射寿命很长[1.75~1.77]。

光热光谱学利用冷却的辐射热计 (第 1 卷第 4.5 节) 探测分子束中分子的激发 (图 1.27)。当分子撞到辐射热计的时候，它们将动能和内能传递给了辐射热计，从而将辐射热计的温度由 T_0 提高了 ΔT。如果用可调谐激光 (例如，色心激光器或二极管激光器) 激发分子，它们的振动–转动能量就会增加 $\Delta E = h\nu \gg E_{\text{kin}}$。如果激发能级的寿命 τ 远大于分子由激发区域到辐射热计的飞行时间 $t = d/v$，那么这些额外的能量就会传递给辐射热计。如果每秒钟内有 N 个激发态分子碰撞到辐射热计上，那么，热传递的速率就是

$$\frac{\mathrm{d}Q}{\mathrm{d}t} = N\Delta E = Nh\nu \tag{1.40}$$

根据辐射热计的热容 C 和热导 $G(T - T_0)$，可以确定出温度 T

$$Nh\nu = C\frac{\mathrm{d}T}{\mathrm{d}t} + G(T - T_0) \tag{1.41}$$

在稳态条件下 ($\mathrm{d}T/\mathrm{d}t = 0$)，由式 (1.41) 可以得到，温度的升高为

$$\Delta T = T - T_0 = \frac{Nh\nu}{G} \tag{1.42}$$

辐射热计的灵敏度随着热导率 G 的下降而增大。一般来说，用斩波的激光束进行激发，以便利用锁相探测技术提高信噪比。辐射热计的时间常数 $\tau = C/G$(第 1 卷第 4.5 节) 应该小于斩波的周期。因此，辐射热计的 C 和 G 必须尽可能的小。

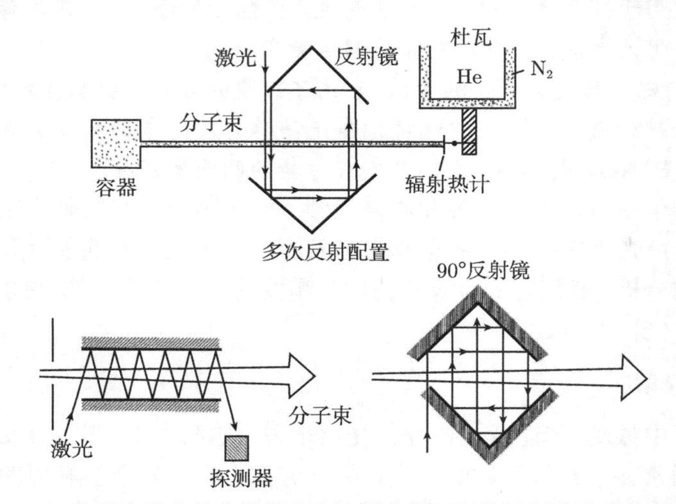

图 1.27　分子束的光热光谱学，液氦制冷的辐射热计用来作为探测器，两个光学系统用来增大吸收路径的长度

辐射热计包括一个很小的 $(0.25\times0.25\times0.25\text{mm}^3)$ 晶体硅掺杂半导体 (图 1.28)，它在 $T=1.5\text{K}$ 处的比热很小。

到达辐射热计的准直分子束的直径通常为 3mm 左右，而辐射热计的灵敏的硅材料圆盘的有效面积只有 $0.5\times0.5\text{mm}^2$。也就是说，只有很小的一部分分子束能够碰上辐射热计从而产生信号。为了改善这一情况，用导热胶将硅材料圆盘粘在一个面积为 $3\times3\text{mm}^2$ 的蓝宝石薄片上。蓝宝石的德拜温度很高，当温度为 1.5K 的时候，只能够激发出非常少的声子，因此，它的比热非常小。虽然它的面积很大，但是蓝宝石片的热容只占辐射热计总热容的很小一部分，所以，它可以显著地增强信号 (图 1.28)。

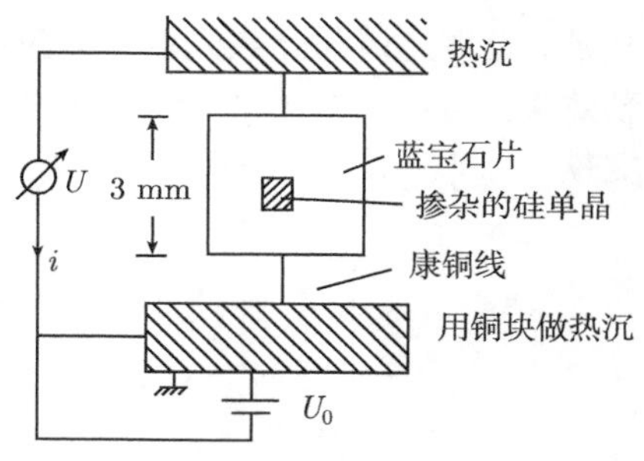

图 1.28 辐射热计的中心部分

宝石片增大了灵敏区的面积，而它对热容的贡献很小

让小电流 i 通过电阻为 R 的晶体，在辐射热计上就会产生一个电压 $U=R\cdot i$。随着温度的升高，电阻会下降。根据电阻的变化，就可以测量温度的变化 ΔT

$$\Delta R=\frac{\mathrm{d}R}{\mathrm{d}T}\Delta T$$

它是辐射热计材料的温度依赖关系 $\mathrm{d}R/\mathrm{d}T$ 的函数。在低温下 (几个开尔文)，掺杂的半导体材料的 $\mathrm{d}R/\mathrm{d}T$ 值非常大。

当材料位于临界温度 T_c 附近的时候，即超导态到正常态的转变点，可以得到更大的数值。但是，在这种情况下，必须让温度保持在 T_c。可以通过温度反馈控制来实现，其中，反馈信号量度的是激发态分子传递给辐射热计的能量传输速率 $\mathrm{d}Q/\mathrm{d}t$。

在 $T=1.5\text{K}$ 时，利用这种探测器，能够测量的能量传输速率可以达到 $\mathrm{d}Q/\mathrm{d}t\geqslant10^{-14}\text{W}$[1.76]。也就是说，可以探测到的激光吸收功率为 $\Delta P\geqslant10^{-14}\text{W}$。为了使得吸收功率达到最大值，可以用一个光学器件来增大吸收路径的长度，该器件由两个 90° 反射镜构成，使得激光束多次穿越分子束 (图 1.27)。利用带有球面反射镜的光学共振腔，可以获得更高的灵敏度，在光学共振腔中央处，光束束腰必须与分子束的直径相匹配 (图 1.29)。当调节激光波长的时候，必须同步地调节这个光学共振

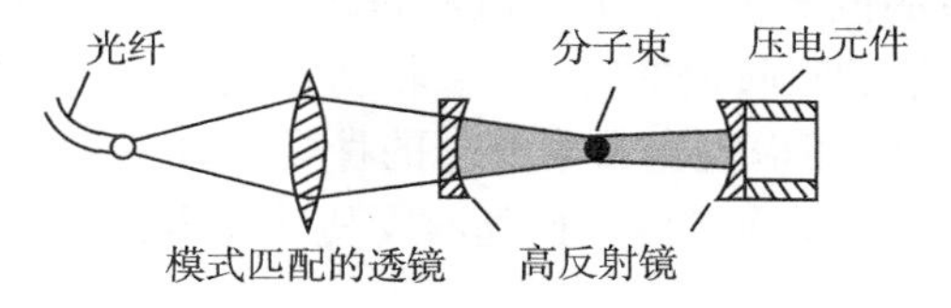

图 1.29 位于光学共振腔中的准直分子束中的分子的激发

腔，使得共振腔与激光波长保持共振，这一点可以通过压电元件和电子反馈线路来实现。

可以用 C_2H_4 分子的谐波谱说明光热技术的灵敏度，图 1.30 给出了由傅里叶光谱、光声光谱和光热光谱学测量的同一段光谱。注意，其他两种技术受制于多普勒效应，与它们相比，光热光谱的谱精度和信噪比都增大了[1.78]。更多例子请参考文献 [1.79]。

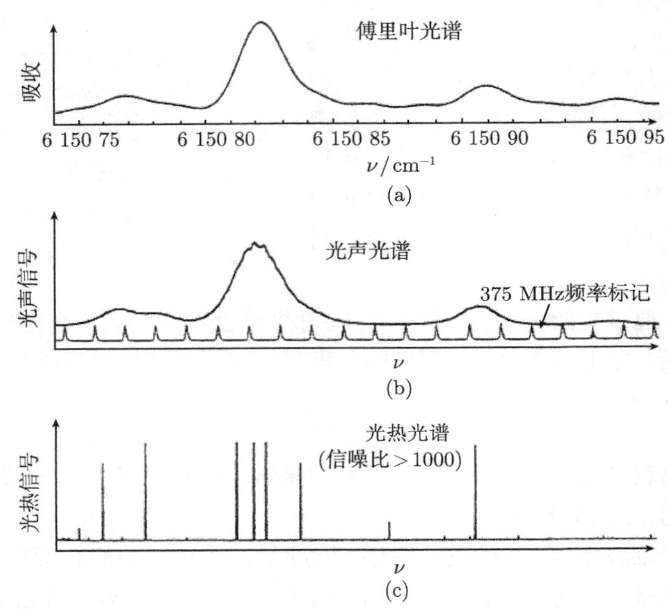

图 1.30 C_2H_4 分子的谐波带 $(\nu_5+\nu_9)$ 的光谱

(a) 傅里叶光谱；(b) 光声光谱；(c) 光热光谱，它没有多普勒效应

光热光谱学这个名词在文献中还有另外一种含义，指的是用依赖于时间的光强照射样品从而产生的热现象[1.80]。它在许多方面都等价于光声光谱学。这种技术的一个有趣变种是研究表面吸附的分子，如图 1.31 所示。用脉冲激光光束照射样品表面的一个小点，吸收的功率使得光照处的温度升高。这个温度以热冲击波的形式在固体中传播，从而使得表面因为热膨胀而发生依赖于时间的微小变化。测量一束低功率氦氖激光束的偏转程度，就可以测量这种形变。在研究吸附分子的时候，当激光波长扫过该分子的吸收谱的时候，吸收功率就会发生变化。对探测光束偏转程度进行时间分辨测量，可以确定吸附分子的种类和数量，可以监视脉冲激光如何使得分子发生脱附，以及脱附过程如何随时间变化[1.81]。

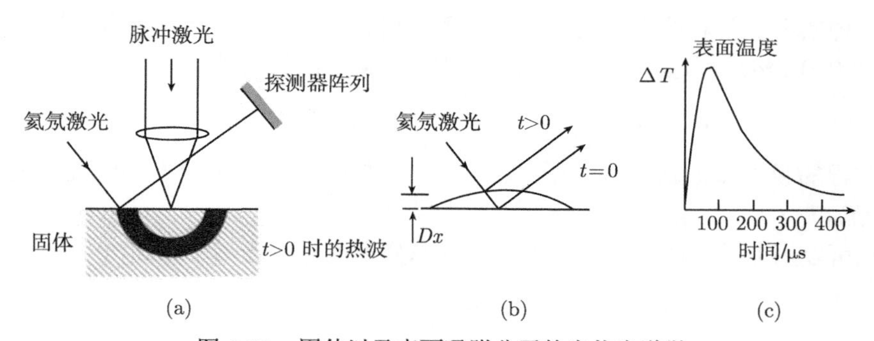

图 1.31 固体以及表面吸附分子的光热光谱学

(a) 脉冲激光引起的热波的传播；(b) 用氦氖激光光束的偏转探测表面的形变；

(c) 在光脉冲照射之后，表面温度变化的时间线形[1.81]

1.4 电离光谱学

1.4.1 基本技术

通过检测激发态 E_k 电离产生的离子或电子，电离光谱学可以检测分子跃迁 $E_i \rightarrow E_k$ 过程中光子的吸收。可以用光子、碰撞或外电场对激发态分子进行电离。

(1) 光电离

激发态分子通过吸收另一个光子而被电离，也就是说

$$M^*(E_k) + h\nu_2 \rightarrow M^+ + e^- + E_{\text{kin}} \tag{1.43a}$$

用于电离的光子可以来自于激发了能级 E_k 的同一束激光，也可以来自于另一个不同的光源，它可以是另外一个激光器，甚至可以是一个非相干光源 (图 1.32(a))。

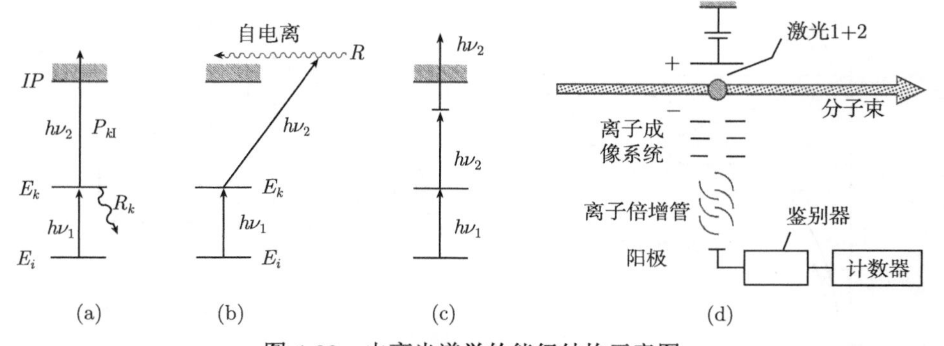

图 1.32 电离光谱学的能级结构示意图

(a) 光电离；(b) 激发自电离的里德伯能级；(c) 激发态分子的双光子电离；

(d) 分子束的光电离光谱学的实验装置

一种效率非常高的电离过程是，将高指数的里德伯能级激发到电离极限之上(图 1.32(b))，然后再通过自电离过程回到离子 M^+ 的较低能级之上

$$M^*(E_k) + h\nu_2 \to M^{**} \to M^+ + \mathrm{e}^- + E_{\mathrm{kin}}(\mathrm{e}^-) \tag{1.43b}$$

这一过程的吸收截面通常远大于式 (1.43a) 所描述的没有束缚态的跃迁过程 (第 5.4.2 节)。

也可以用非共振的双光子过程对激发态分子进行电离 (图 1.32(c))

$$M^*(E_k) + 2h\nu_2 \to M^+ + \mathrm{e}^- + E_{\mathrm{kin}}(\mathrm{e}^-) \tag{1.43c}$$

(2) 碰撞诱导的电离

激发态原子或分子与电子之间的电离碰撞过程是气体放电中的主要电离过程

$$M^*(E_k) + \mathrm{e}^- \to M^+ + 2\mathrm{e}^- \tag{1.44a}$$

如果激发能级 E_k 与电离极限的能量差距并不太大，那么，分子也可以通过与其他原子或分子的热碰撞而发生电离。如果 E_k 位于碰撞粒子 A 的电离极限之上，那么，彭宁 (Penning) 电离[1.82] 就变得非常有效，其过程如下

$$M^*(E_k) + A \to M + A^+ + \mathrm{e}^- \tag{1.44b}$$

(3) 场电离

如果激发能级 E_k 非常靠近于电离极限并位于其下方，分子 $M^*(E_k)$ 可以因为外加的直流电场而电离 (图 1.33(a))。如果激发能级是长寿命的高指数里德伯激发态，这种方法就特别有效，里德伯态的主量子数为 n，量子亏损数为 δ，电离能量为 $Ry/n^{*\,2}$，可以用里德伯常数 Ry 和有效量子数 $n^* = n - \delta$ 来表示。可以用玻尔原子模型估计所需要的最小电场，对于主量子数 n 很大的原子能级来说，这是一

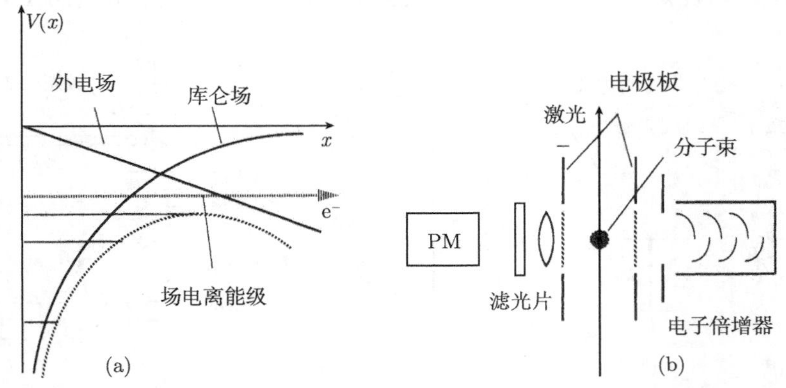

图 1.33 高激发能级的场电离，该能级位于电离极限下方非常近的位置上
(a) 势能示意图；(b) 分子束中场电离的实验装置示意图
光电倍增管检测两步式激发过程中的中间能级上的激光诱导荧光

个很好的近似。当没有外电场的时候，距离原子核的平均半径为 r 的外层电子的电离能量决定于被内壳层电子屏蔽了的原子核的库仑场。

$$IP = \int_r^{\infty} \frac{Z_{\text{eff}} e^2}{4\pi\epsilon_0 r^2} \mathrm{d}r = \frac{Z_{\text{eff}} e^2}{4\pi\epsilon_0 r} = \frac{Ry}{(n-\delta)^2} = \frac{Ry}{n^{*2}}$$

其中，eZ_{eff} 是有效原子核电荷，也就是说，电子云部分地屏蔽了原子核电荷 eZ。如果施加一个外电场 $E_{\text{ext}} = -E_0 x$，有效电离势就减小为 (习题 1.9)

$$IP_{\text{eff}} = IP - \sqrt{\frac{Z_{\text{eff}} e^3 E_0}{\pi\epsilon_0}} \tag{1.45}$$

如果激发能级的能量 E 位于 IP_{eff} 之上，那么，它就会被电场电离。

这种由激光激发原子、再用外电场进行电离的技术在许多方面的应用日益增长，例如，探测原子束中的里德伯原子 (第 9.6 节)，分析化学中的痕量元素探测，以及低浓度污染物的探测[1.83]。

例 1.12

一个能级比电离极限低 10meV，式 (1.45) 给出，用于电离的外电场为 $E_0 \geqslant 1.7 \times 10^4 \text{V/m}$。然而，因为量子力学隧穿效应，完全电离所需要的电场还要更小一些。

1.4.2 电离光谱的灵敏度

下述估计给出了电离光谱的灵敏度 (图 1.32(a))。N_k 是能级 E_k 上激发态分子的数目，$P_{k\text{I}}$ 是位于能级 E_k 上的分子每秒钟电离的几率，$n_{\text{a}} = N_i n_{\text{L}} \sigma_{ik} \Delta x$(图 1.33) 是跃迁过程 $E_i \to E_k$ 每秒钟吸收的光子数目。如果 R_k 是能级 E_k 的总弛豫速率，它包括电离速率 (自发跃迁过程加上碰撞诱导退激发过程)，如果吸收路径长度为 Δx，每秒钟内入射激光光子的数目为 n_{L}，则稳态条件下的信号速率 (每秒钟的计数) 为

$$S_{\text{I}} = N_k P_{k\text{I}} \delta \cdot \eta = n_{\text{a}} \frac{P_{k\text{I}}}{P_{k\text{I}} + R_k} \delta \cdot \eta = N_i n_{\text{L}} \sigma_{ik} \Delta x \frac{P_{k\text{I}}}{P_{k\text{I}} + R_k} \delta \cdot \eta \tag{1.46}$$

利用恰当设计的系统，被电离的电子或离子的收集效率 δ 可以达到 $\delta = 1$。将电子或离子加速到几千电子伏后再用电子倍增管或微通道板探测，探测效率也可以达到 $\eta = 1$。如果电离几率 $P_{k\text{I}}$ 远大于能级 $|k\rangle$ 的弛豫速率 R_k，由 $\delta = \eta = 1$ 可以得到，信号 S_{I} 为

$$S_{\text{I}} \sim n_{\text{a}}$$

也就是说，跃迁过程 $E_i \to E_k$ 吸收的每一个光子都产生了一个被探测到的离子或电子，即单个吸收光子能够被探测到的总效率接近于一 (即 100%)。在实际的实验过程中，当然会有额外的损耗和噪声源，它们将探测效率限制到相对低一些的水平

上。然而，对于所有的上能级 E_k 能够被有效电离的吸收跃迁过程 $E_i \to E_k$ 来说，电离光谱学是最灵敏的探测技术，优于迄今为止讨论过的所有其他方法[1.84,1.85]。

1.4.3 脉冲激光和连续激光引起的光电离过程

在激发能级 $|k\rangle$ 的光电离过程中，每秒钟的电离几率

$$P_{k\mathrm{I}} = \sigma_{k\mathrm{I}} n_{\mathrm{L2}} [\mathrm{s}^{-1}]$$

等于电离截面 $\sigma_{k\mathrm{I}}[\mathrm{cm}^2]$ 和用来电离的激光的光子流密度 $n_{\mathrm{L2}}[\mathrm{cm}^{-2} \cdot \mathrm{s}^{-1}]$ 的乘积。可以将式 (1.46) 写为

$$S_{\mathrm{I}} = N_i \left[\frac{\sigma_{ik} n_{\mathrm{L}_1} \delta \cdot \eta}{1 + R_k / (\sigma_{k\mathrm{I}} n_{\mathrm{L}_2})} \right] \Delta x \tag{1.47}$$

离子速率达到极大值 $S_{\mathrm{I}}^{\max}$ 的条件是

$$\sigma_{k\mathrm{I}} n_{\mathrm{L}_2} \gg R_k, \quad \delta = \eta = 1$$

它与跃迁过程 $|i\rangle \to |k\rangle$ 吸收光子的速率 n_{a} 相等

$$S_{\mathrm{I}}^{\max} = N_i \sigma_{ik} n_{\mathrm{L}_1} \Delta x = n_{\mathrm{a}} \tag{1.48}$$

下述讨论说明了离子速率达到极大值的条件。

光电离过程的典型截面为 $\sigma_{k\mathrm{I}} \sim 10^{-17}\mathrm{cm}^2$。如果辐射跃迁是激发能级 $|k\rangle$ 的唯一的退激发机制，那么可以得到 $R_k = A_k \approx 10^8\mathrm{s}^{-1}$。为了达到 $n_{\mathrm{L}_2}\sigma_{k\mathrm{I}} > A_k$，电离激光的光子流需要满足 $n_{\mathrm{L}_2} > 10^{25}\mathrm{cm}^{-2}\mathrm{s}^{-1}$。利用脉冲激光，可以很容易地满足这一条件。

例 1.13

准分子激光器：单脉冲能量 100mJ，$\Delta T = 10\mathrm{ns}$，激光光束的截面为 $1\mathrm{cm}^2 \to n_{\mathrm{L}_2} = 2 \times 10^{25}\mathrm{cm}^{-2}\mathrm{s}^{-1}$。由上述数值可知，激光光束内的所有分子的电离几率都可以达到 $P_{ik} = 2 \times 10^8\mathrm{s}^{-1}$。这样一来，离子速率 S_{I} 是最大值 $S_{\mathrm{I}} = n_{\mathrm{a}}$ 的 2/3。

脉冲激光的优点是脉冲时间 ΔT 内的光子流密度很大，在激发分子弛豫到低能级之前，就可以将它们电离，如果激发分子弛豫到较低能级上，它们就不再能够被电离了。这种方法的缺点是：脉冲激光的谱宽很大，通常大于傅里叶限制的带宽 $\Delta\nu \geqslant 1/\Delta T$，而且它们的占空比很小。对于典型的重复速率 $f_{\mathrm{L}} = 10 \sim 100\mathrm{s}^{-1}$ 和脉冲时间 $\Delta T = 10^{-8}\mathrm{s}$，占空比仅为 $10^{-7} \sim 10^{-6}$！

如果分子扩散到激发电离区之外的扩散时间 t_{D} 小于 $1/f_{\mathrm{L}}$，那么，即使电离几率在激光脉冲时间 ΔT 内达到 100%，最多也只能够电离 $f_{\mathrm{L}} t_{\mathrm{D}}$ 的分子。

例 1.14

假定用于激发和电离的两束激光光束 L_1 和 L_2 的直径都是 $D = 1\mathrm{cm}$，它们垂直穿过一个截面积为 $1\mathrm{cm}^2$ 的分子束。在脉冲时间 $\Delta T = 10^{-8}\mathrm{s}$ 内，平均速度为

$\bar{v}=500\text{m/s}$ 的分子能够移动的距离为 $d=\Delta T\bar{v}\sim 5\times 10^{-4}\text{cm}$。也就是说，位于激发体积 1cm^3 内的所有分子都可以在 ΔT 时间内被电离。然而，在“黑暗”时期 $T=1/f_{\text{L}}$ 内，若 $f_{\text{L}}=10^2\text{s}^{-1}$，则分子移动的距离为 $d=\bar{v}T\sim 500\text{cm}$。因此，在一束连续的分子束中，吸收能级 $|i\rangle$ 上的分子能够被电离只有 $1/500=2\times 10^{-3}$。

有两种解决方法:

(a) 如果脉冲分子束的脉冲时间为 $\Delta T_{\text{B}}\leqslant D/\bar{v}$、重复频率为 $f_{\text{B}}=f_{\text{L}}$，那么就可以实现最佳的探测几率。

(b) 在连续的分子束中，可以让两束激光光束沿着分子束轴向相反的方向传播。如果使用高重复频率 f_{L} 的激光 (例如，铜蒸气激光器泵浦的染料激光，$f_{\text{L}}\leqslant 10^4\text{s}^{-1}$)，那么，分子在黑暗时期内移动的距离就只有 $d=v/f\geqslant 5\text{cm}$。因此，仍然可以用下一个脉冲探测到它们[1.87,1.88]。

连续激光的占空比是 100%，而且其光谱分辨率不受激光带宽的限制。然而，它们的光强比较小，必须聚焦激光光束，才能达到 $P_{k\text{I}}>R_k$ 的要求。

例 1.15

连续氩激光器在 $\lambda=488\text{nm}$ 处的功率为 $10\text{W}(\hat{=}2.5\times 10^{19}$光子/s)，如果用它来进行电离，为了达到光子流密度 $n_{\text{L2}}=10^{25}\text{cm}^{-2}\text{s}^{-1}$，就必须将它聚焦到 $2.5\times 10^{-6}\text{cm}^2$ 的面积上，也就是说，直径为 17μm。

这时会出现下述问题：被激光 L_1 激发到能级 $|k\rangle$ 上的分子，热平均速度大约为 $\bar{v}=5\times 10^4\text{m/s}$，在自发寿命 $\tau=10\text{ns}$ 的时间内，分子的移动距离只有 $d=5\mu\text{m}$，然后它们就衰变到低能级上去了。因此，第二束激光 L_2 以类似于 L_1 的方式聚焦，其焦点必须和 L_1 的焦点重合，差别不超过几个微米。

解决这个问题的一种方法如图 1.34 所示。利用一根单模光纤传输染料激光 L_1。由光纤端面出射的发散光经过一个球面透镜变为平行光，再利用双色镜 M 将它与氩激光光束 L_2 重叠起来。接着，这两束光通过一个柱透镜聚焦在分子束上，形成了一个长方形的“光条”，厚度为 $5\sim 10\mu\text{m}$，高度大约是 1mm，与分子束的尺寸匹配[1.89]。分子束中所有沿着 z 方向运动的分子都会穿过这两束激光。因为第一个跃迁过程 $|i\rangle\rightarrow|k\rangle$ 的跃迁几率通常要比电离跃迁过程的几率大好几个数量级，所以第一个跃迁很容易被饱和 (第 2.1 节)。因此，最好是调节两束光的相对位置，使得 L_2 的强度极大值在空间上与 L_1 的高斯强度线形的斜坡处重合 (见图 1.34 中的插图)。

通常可以将电离激光 L_2 调节到从能级 $|k\rangle$ 到自电离的里德伯能级的跃迁过程 (第 5.4 节)。与跃迁到电离连续态的无束缚态跃迁的几率相比，这种跃迁过程的跃迁几率可以大两到三个数量级。在这种情况下，满足式 (1.48) 要求的 L_2 光强就小得多了。

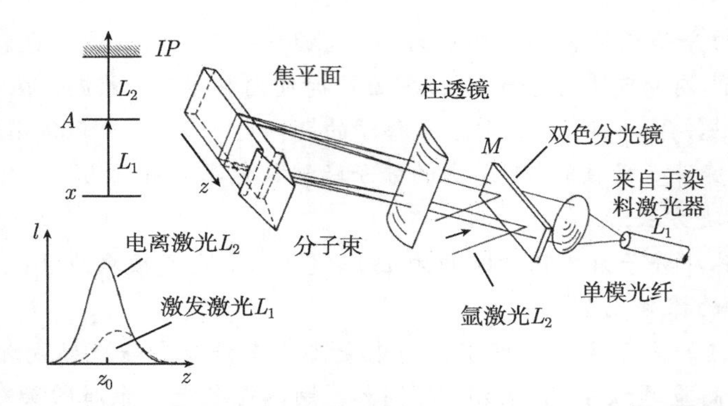

图 1.34 利用两束连续激光的共振双色双光子电离的实验装置

插图给出了焦平面上两个高斯强度线形的最佳重叠位置

共振两步式电离过程利用了来自于脉冲激光器或连续激光器的两个激光光子，它是用途最广、灵敏度最高的探测技术。如果激光 L_1 激发了穿过激光光束的所有原子或分子，只要满足式 (1.48) 的条件，就可以探测单个原子或分子[1.84,1.90,1.91]。

1.4.4 共振双光子电离与质谱测量技术相结合

将共振双光子电离与质谱测量技术结合起来，即使不同成分的谱线彼此重叠，也可以进行选择质量和选择波长的光谱学测量。对于光谱非常密集的分子同位素测量来说，这一点非常重要：不同的同位素的谱线彼此之间相互重叠，如图 1.35 所示，其中，$^{21}Li_3$ 和 $^{20}Li_3$ 谱线的位置差别部分来自于它们的质量差，但主要来

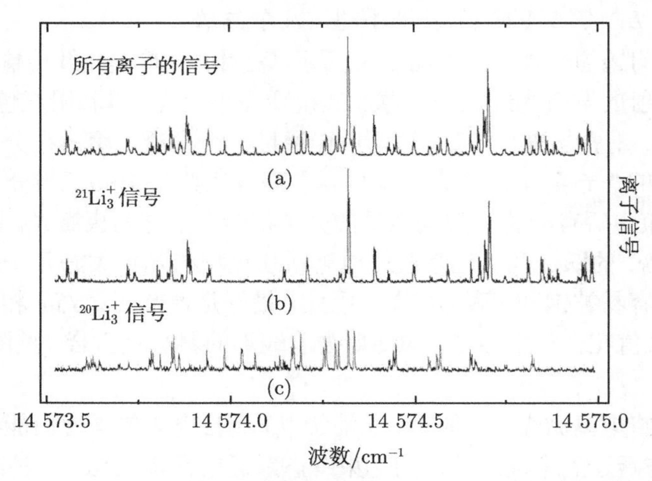

图 1.35 利用激发态的光电离来探测 Li_3 团簇分子的激发谱

(a) 没有选择质量；(b) $^{21}Li_3={}^7Li\,{}^7Li\,{}^7Li$ 同位素分子的光谱；(c) $^{20}Li_3={}^6Li\,{}^7Li\,{}^7Li$ 的光谱，用双倍灵敏度进行记录[1.86]

自于它们的原子核自旋的差别。同位素选择的光谱给出了振动能级和转动能级的同位素位移的详细信息，从而正确地指认了谱线。此外，它们还给出了同位素的相对丰度。

利用脉冲激光的飞行时间质谱仪，可以同时但分别测量不同的同位素的光谱，这非常方便[1.92,1.93]。对于使用连续激光的电离过程，通常使用的是四极质谱仪。它们的缺点是透射率较低，且不能同时记录不同的质量，只能够顺序测量。当离子产生率足够小的时候，将延时符合技术与飞行时间光谱仪结合起来，可以探测连续光电离过程的光生离子和相应的光电子。被探测的电子提供了时间零点的信息，而根据离子到达离子探测器的时间差异 $\Delta t_{\mathrm{a}} = t_{\mathrm{ion}} - t_{\mathrm{el}}$，可以区分不同质量的离子。

为了测量冷分子束中团簇分子的尺寸分布 (第 4.3 节)，或者是为了监测固体表面上被激光脱附的分子的质量分布，这些结合了激光电离和质谱仪的技术非常有用[1.94,1.95]。为了在丰度高得多的其他同位素中探测稀有的同位素，先用激光 L_1 进行同位素分离，然后再用质谱仪区分不同的质量，为了完全地分离同位素，这种双重区分的技术是必不可少的，即使它们的吸收谱线的侧翼有所重合[1.96]。将共振多光子电离技术和质谱测量结合起来，可以研究分子动力学和分子的碎裂，第 5 章将对此进行讨论。

1.4.5 热离子二极管

热离子二极管利用了高指数里德伯能级的碰撞电离[1.97]，它的最简单构型如图 1.36 所示，包括一个圆柱形的金属盒，其中充满了气体或蒸气，加热金属丝是阴极，金属盒壁是阳极 (图 1.36)。施加上几伏特的电压，该二极管工作在空间电荷限制区，二极管电流受限于阴极的空间电子电荷。激光光束经过这个与阴极靠得很近的空间电离区，将电子碰撞电离的激发态分子再激发到里德伯态上。因为离子的质量大得多，所以平均来说，它们在空间电荷区停留的时间 Δt_{ion} 要远大于电子。在此时间内，它们补偿了一个负电荷，因此，可以有 $n = \Delta t_{\mathrm{ion}}/\Delta t_{\mathrm{el}}$ 个额外电子停留在空间电荷区。如果每秒钟内能够形成 N 个离子，那么二极管电流就会增加

$$\Delta i = eN\Delta t_{\mathrm{ion}}/\Delta t_{\mathrm{el}} = eMN \tag{1.49}$$

电流放大因子 $M = \Delta t_{\mathrm{ion}}/\Delta t_{\mathrm{el}}$ 可以达到 $M = 10^5$。

利用热离子二极管，可以灵敏而又精确地测量原子和分子里德伯能级[1.98~1.100]。利用特殊设计、安放的电极，可以实现一个几乎没有电场的激发区，能够测量主量子数 $n = 300$ 的里德伯态[1.100] 而没有显著的斯塔克位移。

电离光谱学的更为详细的介绍，以及它在灵敏探测原子和分子方面的各种应用，请参考文献 [1.83]~[1.85], [1.90]~[1.92]。

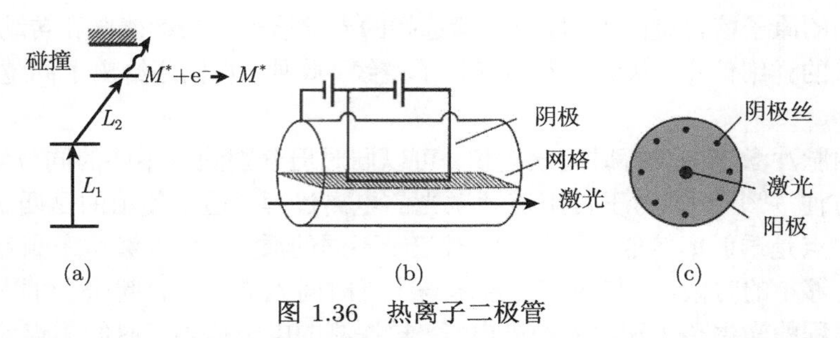

图 1.36　热离子二极管

(a) 能级结构示意图；(b) 器件结构示意图；(c) 没有电场的激发方式，激光光束通过没有电场的中心区，其中以对称方式安放着阴极金属丝

1.5　光电流光谱学

光电流光谱是一种非常精巧而又简单的技术，用于气体电离的激光光谱学研究。假定激光光束通过电离空间的一部分，将激光频率调节到电离区内原子或离子的两个能级之间的跃迁过程 $E_i \to E_k$ 上，光学泵浦就改变了粒子数密度 $n_i(E_i)$ 和 $n_k(E_k)$。因为两个能级的电离几率不同，这种粒子数的变化就会改变离子和自由电子的数目，从而使得电离电流发生变化 ΔI，可以用电阻 R 两端的电压变化 $\Delta U = R\Delta I$ 来检测 (图 1.37，该电路有一个恒定的供电电压 U_0)。在斩波激光的时候，就得到了交流电压，可以直接将它传递给锁相放大器。

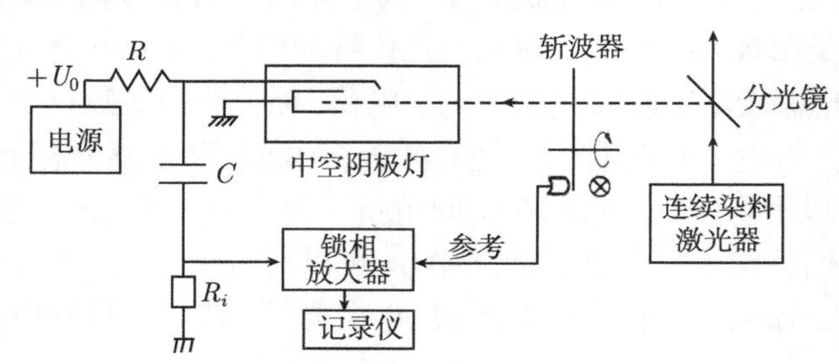

图 1.37　中空阴极灯的光电流光谱学的实验装置

在几个毫安的气体放电过程中，即便普通的激光功率 (几毫瓦) 也可以产生很大的信号 (μV ~ mV)。因为可以用光诱导电流的变化检测被吸收的激光光子，这种非常灵敏的技术被称为光电流光谱[1.101~1.103]。

依赖于激光诱导跃迁 $E_i \to E_k$ 中的能级 E_i 和 E_k，可以观测到正信号或负信号。如果 $IP(E_i)$ 是能级 E_i 上的原子的总电离几率，那么，激光诱导的粒子数变化 $\Delta n_i = n_{i0} - n_{iL}$ 所产生的电压变化 ΔU 就是

$$\Delta U = R\Delta I = a[\Delta n_i IP(E_i) - \Delta n_k IP(E_k)] \tag{1.50}$$

几种相互竞争的过程对能级 E_i 上的原子电离有贡献，例如，电子碰撞引起的直接电离过程 $A(E_i)+\mathrm{e}^- \to A^+ + 2\mathrm{e}$，亚稳态原子的碰撞电离过程 $A(E_i)+B^* \to A^+ + B + \mathrm{e}^-$，以及高激发能级中由激光光子引起的直接光电离过程 $A(E_i)+h\nu \to A^+ + \mathrm{e}^-$。原子数目的变化 ΔN 所引起的电子温度的上升也会影响电离几率。这些过程与其他过程之间的竞争决定了粒子数变化 Δn_i 和 Δn_k 是否会引起放电电流的增加或减少。如图 1.38(a) 所示，时间常数为 0.1s 的快速扫描给出了 Ne 原子放电过程 (5mA) 的光电流谱。它证明了这种方法具有很高的信噪比。

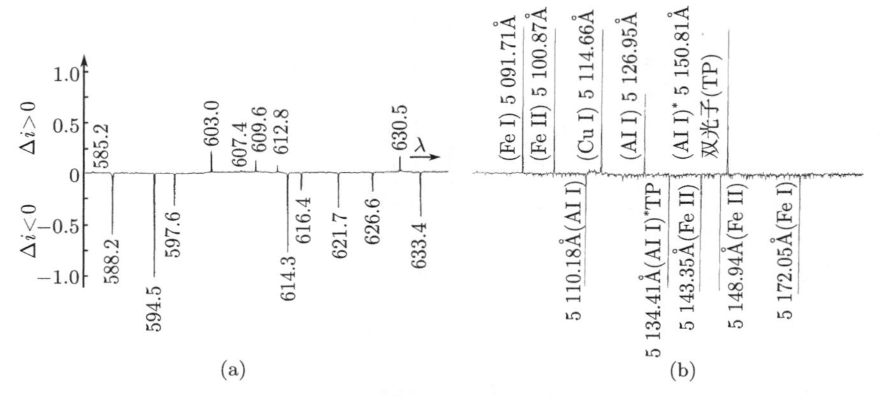

图 1.38　(a) 用宽带连续染料激光引起的 Ne 原子放电过程的光电流谱 (1mA，$p = 1\mathrm{mbar}$)[1.103]；(b) 用脉冲染料激光照射一个中空阴极产生的 Al、Cu 和 Fe 蒸气的光电流谱[1.106]

在中空阴极中，利用放电过程中的离子轰击，可以让阴极材料发生溅射。可以用光电流光谱研究包含有原子和离子的金属蒸气。图 1.38(b) 给出了铝、铜和铁原子以及离子 Al^+ 和 Fe^+ 的光电流谱，它们是用可调谐脉冲染料激光照射的两个中空阴极上同时测量得到的[1.106]。

也可以用光电流谱来测量分子谱[1.107]，特别是对那些不能够用光学方法激发的高激发分子态的跃迁过程，可以利用气体电离过程中的电子碰撞来激发。此外，还可以研究分子离子和自由基。一些分子只有在激发态上才是稳定的，它们被称为准分子 (第 1 卷第 5.7.6 节)。因为它们不存在于基态中，不能够用中性气体盒来研究，所以适用于这种技术。例如，He_2^* 或 H_2^*[1.108,1.109]。

光电流光谱技术适于研究火焰、气体电离以及等离子体中的激发和电离过程 [1.110]，对于研究新型节能光源来说非常重要。特别有趣的是研究自由基和不稳定的反应产物，它们由气体放电中电子碰撞产生的分子碎片形成。在星际分子气中的非常稀薄的等离子体中，这些成分有着非常重要的作用。

除了应用于研究气体放电和燃烧过程中的碰撞过程和电离几率之外，这种技术在激光光谱学的波长简单校准方面非常有用[1.111]。将可调谐激光器的输出光分出一小部分，照射到中空阴极灯上，在测量放电过程的光电流谱的同时，测量待研究的未知成分的光电流谱。在可见光和紫外光谱区，钍或铀的许多谱线基本上是等间距的 (图 1.39)。因为可以用干涉方法测量到非常高的精度，它们被推荐为波长的二次标准[1.112,1.113]，可以很方便地作为绝对波长的标记，精确度大约为 0.001cm^{-1}。

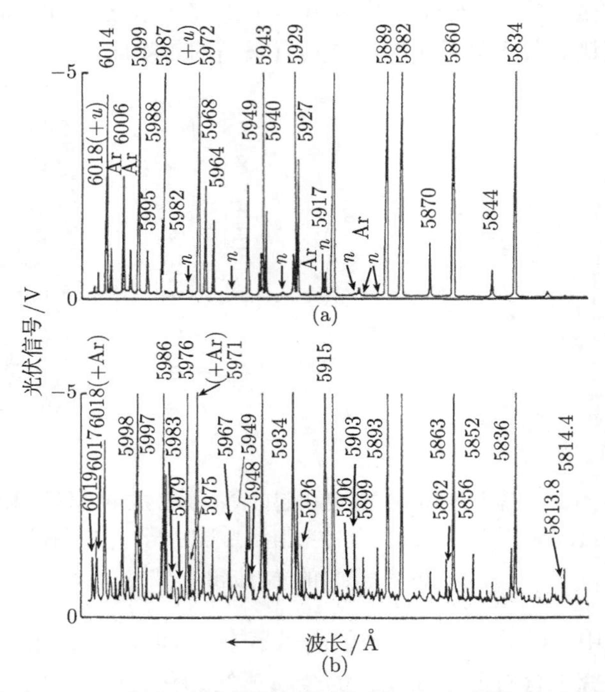

图 1.39　填充有氩缓冲气体的铀中空阴极灯中的光电流谱

上方的光电流谱 (a) 是在 7mA 放电电流的情况下测量得到的，绝大多数谱线是氩跃迁，而下方的光电流谱 (b) 是在 20mA 下测量得到的，出现了更多的铀谱线，因为中空阴极壁上的铀材料被溅射出来了[1.111]

如果放电盒的窗口达到光学平整度，就可以将它放到激光共振腔内，利用激光强度增大了 q 倍这个好处 (第 1.2.2 节)。利用这种共振腔内安放的方法，可以用光电流技术进行没有多普勒效应的饱和光谱学测量 (第 2.2 节和文献 [1.114])。在空间电荷限制条件下，可以提高热离子二极管中的光电流光谱的灵敏度 (第 1.4.5 节)。此时，无需外部放大过程，内部的空间电荷放大就可以产生毫伏到伏特量级的信号[1.98,1.115]。

关于光电流光谱学的更多细节，请参考文献 [1.83]，[1.101]~[1.105] 和图书[1.116]，它们还给出了非常广泛的文献名单。

1.6 速度调制光谱学

分析分子气体放电的吸收光谱，绝不是件轻而易举的事情，因为放电过程使得中性的分子产生了许多不同的中性碎片和电离碎片。这些不同成分的光谱有可能彼此重叠，如果光谱并非已知的话，通常并不能够明确无误地区分它们。Saykally 等发明了一种非常精巧的技术[1.117,1.118]，特别适合区分电离成分和中性成分的光谱。

施加在气体放电盒上的外电压使得正离子向阴极加速运动，负离子向阳极加速运动。因此，它们就具有漂移速度 v_D，吸收频率 ω_0 也就发生了相应的多普勒位移 $\Delta\omega = \omega - \omega_0 = \boldsymbol{k} \cdot \boldsymbol{v}_D$。如果施加的不是直流电压，而是频率为 f 的交流电压，那么漂移速度就会周期性地变化，所以，吸收频率 $\omega = \omega_0 + \boldsymbol{k} \cdot \boldsymbol{v}_D$ 也是以频率 f 在频率 ω_0 附近变化。在利用锁相放大器测量吸收谱的时候，就可以立刻区分出离子的吸收谱和中性成分的吸收谱。这种速度调制技术与第 1.2.1 节讨论的频率调制效应是一样的。当激光扫描过吸收谱的时候，观测到的是离子谱线的一阶微分，其中正离子信号与负离子信号的相位彼此相反 (图 1.40)。因此，利用锁相输出信号的符号，可以判别这两种成分。

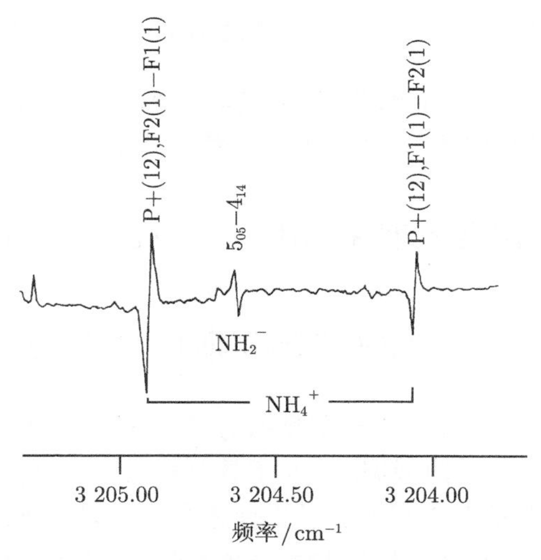

图 1.40 在速度调制光谱中，负离子和正离子的微分谱线线形的信号相位是相反的[1.117]

一个典型的实验装置[1.118] 如图 1.41 所示。利用特殊设计的电子开关电路，施加在气体放电盒上的交流电压的调制频率可以达到 50kHz，同时电压可以达到 300V，电流达到 3A[1.119]。信噪比如图 1.42 所示，它给出了 CO^+ 离子的 $A^2\Pi_{1/2} \leftarrow X^2\Sigma^+g$ 跃迁过程的振动能带的初始部分[1.118]。

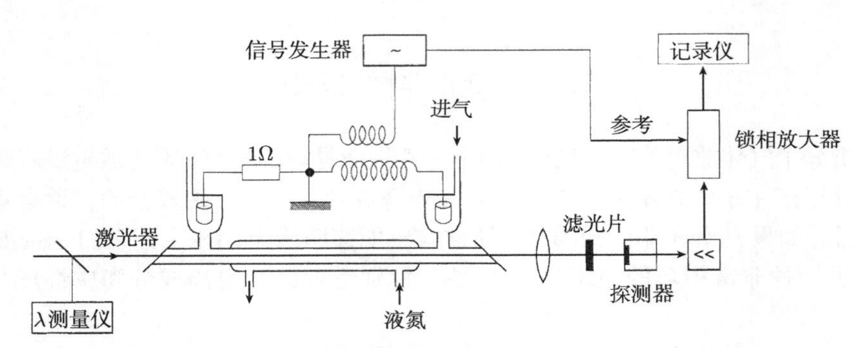

图 1.41 速度调制光谱学的实验装置示意图[1.117]

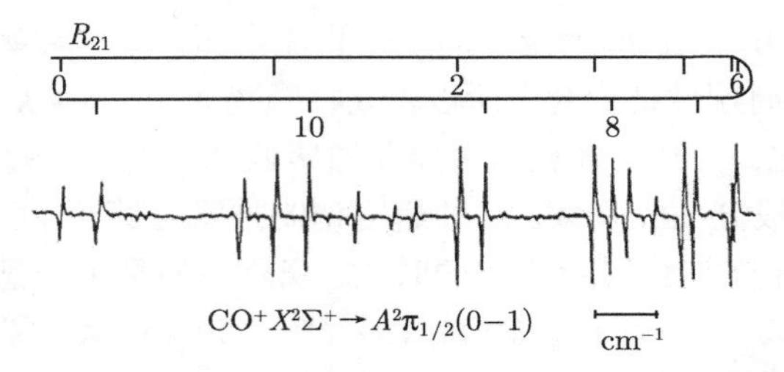

图 1.42 用速度调制技术测量得到的 CO^+ 离子的转动能级谱线，位于 $A^2\pi_{1/2}(v'=1) \leftarrow X^2\Sigma^+(v''=0)$ 跃迁过程的 R_{21} 分支的初始部分[1.118]

这一技术首先应用于红外区域，利用色心激光器或二极管激光器，测量了离子的许多振动–转动跃迁过程[1.118,1.122]。利用染料激光器，还测量了电子跃迁过程[1.123]。

第 4.5 节将讨论这种速度调制技术的一个变种在高速离子束中的应用。

1.7 激光磁共振和斯塔克光谱学

在第 1.1 节到第 1.6 节中讨论过的所有方法里面，激光频率 ω_L 都是在分子吸收谱线的一个固定频率 ω_{ik} 附近调制。对于具有永磁矩或电偶极矩的分子来说，用外电场或外磁场的方法来调节吸收谱线，使之在一个固定频率的激光谱线附近变化，通常会更为便利。如果在感兴趣的光谱区内有频率固定的强谱线激光器，但是没有足够强度的可调谐光源，那么，这种方法就更为有利了。例如，3 ～ 5μm 和 10μm 范围内的光谱区就是如此，HF、DF、CO、N_2O 和 CO_2 激光器有许多强谱线可供使用。因为许多振动能带位于这一光谱范围内，它通常被称为分子的特征光谱区。

另一个有趣的光谱区是远红外光谱区，极性分子的转动能级谱线位于其中。H_2O

或 D_2O 激光器 (125μm) 和 HCN 激光器 (330μm) 提供了许多很强的光谱线。目前已经制备了许多光学泵浦的分子激光器[1.124]，显著地增加了远红外光谱线的数目。

1.7.1 激光磁共振

总角动量为 $\boldsymbol{J}$ 的分子能级 E_0 在外磁场 $\boldsymbol{B}$ 中劈裂为 $(2J+1)$ 个塞曼分量。相对于零场下的能量 E_0，磁量子数为 M 的子能级的能量为

$$\boldsymbol{E} = E_0 - g\mu_0 \boldsymbol{B} M \tag{1.51}$$

其中，μ_0 是玻尔磁子，g 是朗德因子，它依赖于不同角动量的耦合模式 (电子角动量、电子自旋、分子转动和原子核自旋)。因此，磁场就可以将跃迁 $(v'', J'', M'') \to (v', J', M')$ 的频率 ω 从未扰动的 ω_0 调节到

$$\omega = \omega_0 - \mu_0(g'M' - g''M'')\boldsymbol{B}/\hbar \tag{1.52}$$

可以得到跃迁过程 $(v'', J'', M'') \to (v', J', M')$ 的三组谱线，其中，$\Delta M = M'' - M' = 0, \pm 1$，如果 $g'' = g'$，它们就是三根单独的简并谱线 (正常塞曼效应)。可调谐范围依赖于 $g'' - g'$ 的大小，分子的磁偶极矩越大，它的调节范围也就越大。对于带有一个未配对电子的自由基来说，它们的自旋分量很大，情况就更是如此。在有利情况下，在磁场为 2T(= 20kG) 的时候，可调谐范围达到 2cm^{-1}。

当调节磁场 $\boldsymbol{B}$ 的时候，固定不变的频率 ω_L 和不同的塞曼分量之间发生共振的原因如图 1.43(a) 所示，其实验装置如图 1.43(b) 所示。样品位于激光共振腔中，测量激光输出随着磁场的变化关系。样品盒是气流系统的一部分，利用微波放电来产生自由基，或者在靠近激光共振腔的地方添加放电反应物的自由基。一个聚乙烯薄膜分光镜将激光增益介质与样品分开。分束器使得辐射变为偏振的，绕着激光轴转动激光管，可以选择 $\Delta M = 0$ 或 ± 1 的跃迁过程。如图 1.43(c) 所示，中间反应物 CH 的激光磁共振谱线和一些 OH 谱线重叠在一起。浓度为 2×10^8 分子 $/\text{cm}^3$ 的时候，信号的信噪比仍然不错，探测器的时间常数为 1s[1.125,1.126]。

调制磁场可以进一步增强这种共振腔内技术 (第 1.2.2 节) 的灵敏度，它给出的是一阶微分谱 (第 1.2.1 节)。在使用可调谐激光器的时候，可以将它调节到零磁场 $B = 0$ 中分子谱线的中心位置 ν_0。如果在零附近调制磁场，$\Delta M = +1$ 跃迁的零场激光磁共振的相位就与 $\Delta M = -1$ 跃迁的相位相反。Urban 等[1.127] 已经用自旋翻转拉曼激光证实了这种零场激光磁共振光谱学的优点。

激光磁共振光谱学的灵敏度很高，它是一种非常精巧的方法，能够以非常高的精度探测浓度非常低的自由基的光谱。如果可以找到足够多的与激光共振的谱线，就可以非常精确地测量转动常数、精细结构参数和磁矩。即使事先并不知道分子常数，通常也可以辨别光谱和指认谱线 [1.128]。射频天文学在星际空间观

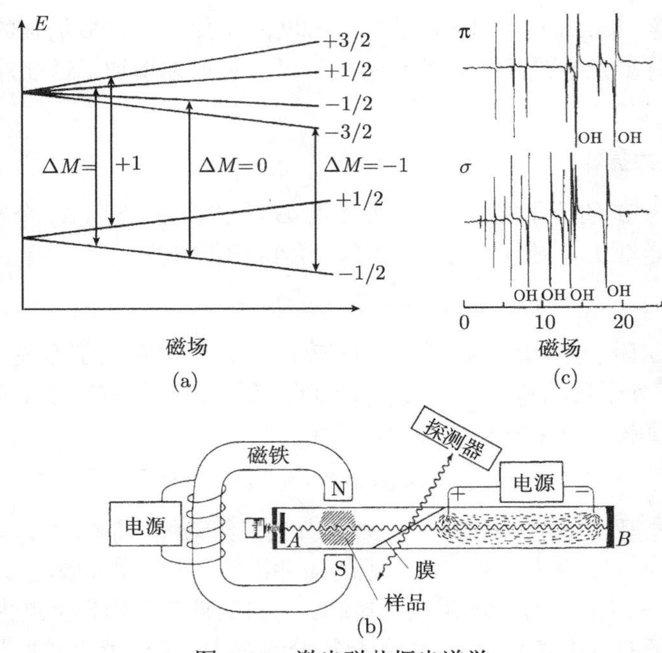

图 1.43　激光磁共振光谱学

(a) 能级结构示意图；(b) 实验装置，共振腔内放有样品；A 和 B 是激光共振腔端镜；(c) CH 自由基的激光磁共振光谱，叠加有一些 OH 谱线，用 H_2O 激光在低气压氧气–乙炔火焰中测量得到[1.126]

测到的绝大多数自由基[1.125a] 都已经在实验室中用激光磁共振光谱发现并测量了[1.125b]。

通常，将固定频率激光的激光光谱和零磁场下可调谐激光的吸收光谱结合起来，非常有助于识别光谱。

除了放在激光共振腔里，样品也可以放在两个相互垂直的偏振片之间 (图 1.44)。

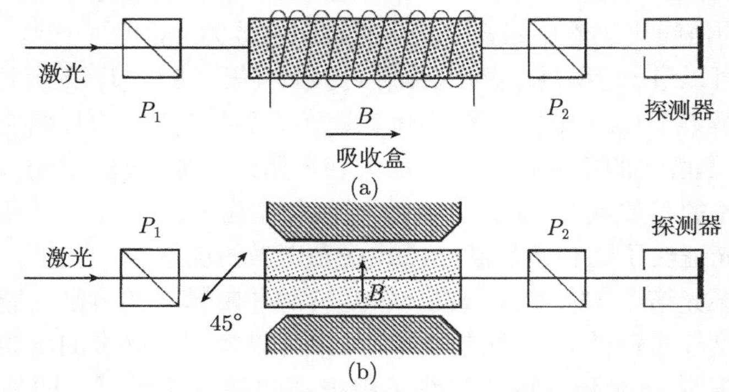

图 1.44　激光磁共振光谱的实验装置示意图

(a) 利用纵向磁场中的法拉第效应；(b) 利用横向磁场中的佛赫特效应[1.129]

在纵向磁场中，由于法拉第效应，如果频率 ω 与一个允许的塞曼跃迁重合，透射光的偏振面就会发生转动。探测器只能接收到这些共振情况下的信号，而非共振的背景被相互垂直的偏振片挡住了[1.129]。这种技术类似于偏振光谱学 (第 2.4 节)。磁场调制和锁相探测进一步提高了灵敏度。在横向磁场中，选择线偏振入射光的偏振面与磁场 $\boldsymbol{B}$ 成 45° 角，因为佛赫特 (Voigt) 效应，如果 ω_L 与一个塞曼跃迁重合的话，偏振面会发生转动[1.129]。

1.7.2　斯塔克光谱学

类似于激光磁共振技术，斯塔克 (Stark) 光谱学利用了分子能级在电场中的斯塔克位移来调节分子吸收谱线，使之与固定频率的激光谱线发生共振。已经研究了许多带有非零电偶极矩和足够大的斯塔克位移的小分子，特别是那些转动能级谱位于传统的微波光谱学的光谱范围之外的分子[1.130]。

为了产生大电场，斯塔克电极之间的距离越小越好 (通常大约是 1mm)。这样一来，就不能够使用共振腔内构型，因为这个小光阑的衍射所引入的损耗大得让人无法接受。因此，将斯塔克盒放在共振腔外，为了提高灵敏度，在调节直流电场的同时，施加一个交流调制电场。这种调制技术在微波光谱学也经常用到。斯塔克场测量的精度为 10^{-4}，它可以准确地测量电偶极矩的绝对值。

图 1.45 给出了氨分子同位素 $^{14}NH_2D$ 的 $\Delta M = 0$ 的斯塔克光谱，它是用几条激光谱线测量得到的，具有很高的灵敏度[1.130]。当能量变化的能级与固定不变的激光频率相交的时候，就会观察到电共振信号。因为许多激光谱线的绝对频率的测量精度在 20 ~ 40kHz 左右 (第 9.7 节)，斯塔克分量与激光谱线的共振处的绝对频率可以达到同样的精度。因此，测定分子参数的精度主要取决于电场的测量精度，

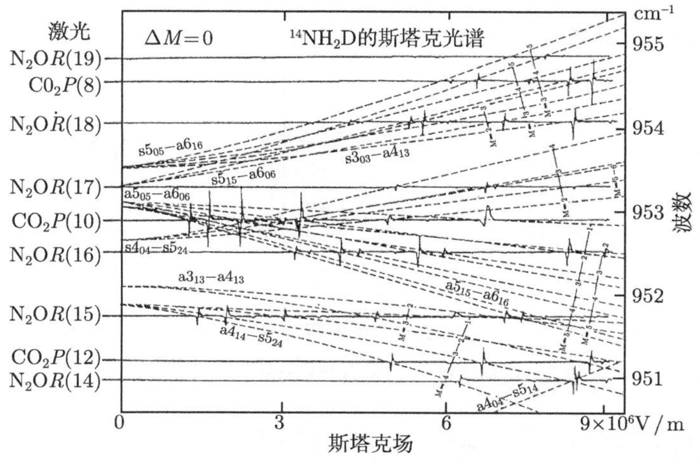

图 1.45　在 950 ~ 955cm^{-1} 光谱范围内，利用不同的固定频率激光谱线测量得到的 $^{14}NH_2D$ 分子的 $\Delta M = 0$ 的斯塔克光谱[1.130]

大约是 10^{-4}。现在，已经利用激光斯塔克光谱测量了许多分子[1.130~1.133]。如果在相关的光谱范围内使用可调谐的激光器，能够让它们以足够高的精度和长期稳定性靠近分子谱线，那么就可以大大增加这种技术能够测量的分子的数目。利用恒定电场和可调谐激光器进行分子束的斯塔克光谱学测量，已经测量了处于振动激发态中的极化分子的电偶极矩，达到了亚多普勒精度[1.132]。

在远红外区产生相干的可调谐辐射的一种有效方法是差频产生法，将 CO_2 激光器选定谱线的输出与可调谐的 CO_2 波导激光器的输出在 MIM 二极管中进行混频 (第 1 卷第 5.8 节)。利用这种技术，在很宽的光谱范围内，测量了 $^{13}CH_3OH$ 分子的斯塔克光谱[1.133]。

关于激光磁共振光谱学和斯塔克光谱学的近期研究，包括可见光和深紫外区，可以参考文献 [1.134]~[1.136]。

1.8 激光诱导荧光

激光诱导荧光在光谱学中的应用非常广泛。首先，在荧光激发光谱学中，激光诱导荧光可以非常灵敏地探测激光光子的吸收 (第 1.3.1 节)。通常探测的是来自于激发能级的全部荧光，并没有经过色散 (第 1.3.1 节)。

其次，如果用一个单色仪来色散激光在一个特定的吸收跃迁上引起的荧光谱，就可以很方便地获得分子的信息。选择性占据的转动振动能级 (v'_k, J'_k) 所发射的荧光谱包括到达低能级 (v''_m, J''_m) 的所有的允许跃迁过程 (图 1.46)。荧光谱线的波数差立刻就给出了这些终态能级 (v''_m, J''_m) 的差别。

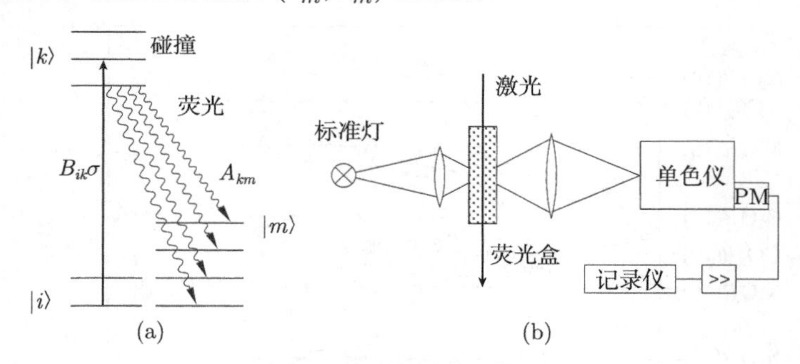

图 1.46 激光诱导荧光

(a) 能级结构示意图；(b) 测量激光诱导荧光谱的实验装置

激光诱导荧光的第三个特点是，可以用光谱来研究碰撞过程。如果能级 (v'_k, J'_k) 上的激发分子被非弹性碰撞过程转移到其他的转动振动能级上，荧光谱上就会出现由这些被碰撞过程占据的能级发射出来的新谱线，从而给出碰撞截面的定量信

息 (第 8.4 节)。

激光诱导荧光的第四个特点是，可以确定化学反应的分子反应产物的内部态分布 (第 1.8.4 节和第 8.6 节)。在一定条件下，激光激发跃迁过程 $|i\rangle \to |k\rangle$ 所诱导的荧光的强度 I_{Fl} 直接反映了吸收能级 $|i\rangle$ 上的粒子数密度 N_i。

现在考虑分子中的激光诱导荧光的一些基本事实，关于激光诱导荧光的更多信息，请参考文献 [1.137]~[1.140]。

1.8.1 利用激光诱导荧光的分子光谱学

假定用光学泵浦的方法占据双原子分子的电子激发态中的一个振动转动能级 (v_k', J_k')，激发态分子通过自发跃迁到达较低的能级 $E_m(v_m'', J_m'')$ 上，其平均寿命为 $\tau_k = 1/\sum\limits_m A_{km}$(图 1.46)。当粒子数密度为 $N_k(v_k', J_k')$ 的时候，频率为 $\nu_{km} = (E_k - E_m)/h$ 的荧光谱线的辐射功率是 (第 1 卷第 2.7.1 节)

$$P_{km} \propto N_k A_{km} \nu_{km} \tag{1.53}$$

自发跃迁几率 A_{km} 正比于该矩阵元的平方值 (第 1 卷第 2.7.2 节)

$$A_{km} \propto \left| \int \psi_k^* \boldsymbol{r} \psi_m \mathrm{d}\tau_n \mathrm{d}\tau_{\mathrm{el}} \right|^2 \tag{1.54}$$

其中，$\boldsymbol{r}$ 是被激发电子的位置矢量，积分在所有的原子核与电子坐标上进行。在玻恩–奥本海默近似下[1.141,1.142]，总体波函数可以分解为电子波函数、振动波函数和转动波函数的乘积

$$\psi = \psi_{\mathrm{el}} \psi_{\mathrm{vib}} \psi_{\mathrm{rot}} \tag{1.55}$$

如果电子跃迁矩阵元对原子核间距 R 的依赖性不大，总跃迁几率就正比于三个因子的乘积

$$A_{km} \propto |M_{\mathrm{el}}|^2 |M_{\mathrm{vib}}|^2 |M_{\mathrm{rot}}|^2 \tag{1.56a}$$

其中，第一个因子

$$M_{\mathrm{el}} = \int \psi_{\mathrm{el}}^* r \psi_{\mathrm{el}}'' \mathrm{d}\tau_{\mathrm{el}} \tag{1.56b}$$

表示电子矩阵元，它依赖于两个电子态的耦合。第二个积分

$$M_{\mathrm{vib}} = \int \psi_{\mathrm{vib}}' \psi_{\mathrm{vib}}'' \mathrm{d}\tau_{\mathrm{vib}}, \quad \mathrm{d}\tau_{\mathrm{vib}} = R^2 \mathrm{d}R \tag{1.56c}$$

是弗兰克–康登因子，它依赖于上能级和下能级中振动波函数 $\psi_{\mathrm{vib}}'(R)$ 的重叠。第三个积分

$$M_{\mathrm{rot}} = \int \psi_{\mathrm{rot}}' \psi_{\mathrm{rot}}'' g_i \mathrm{d}\tau_{\mathrm{rot}}, \quad \mathrm{d}\tau_{\mathrm{rot}} = \mathrm{d}\vartheta \mathrm{d}\varphi \tag{1.56d}$$

称为洪恩–伦敦因子，它依赖于分子轴向与待测荧光的电矢量之间的相对取向。后者可以用因子 $g_i(i=x,y,z)$ 来表示，$g_x=\sin\vartheta\cos\varphi$，$g_y=\sin\vartheta\sin\varphi$，$g_z=\cos\vartheta$，其中，$\vartheta$ 和 φ 分别是极向角和方位角[1.141]。

只有三个因子都不为零的那些跃迁过程才会以谱线的形式出现在荧光谱中。洪恩–伦敦因子总是零，除非

$$\Delta J=J_k'-J_m''=0,\pm1 \tag{1.57}$$

如果选择性地激发单个上能级 (v_k',J_k')，那么每个振动带 $v_k'\to v_m''$ 最多由三条谱线组成：一条 P 谱线 $(\Delta J=-1)$，一条 Q 谱线 ($\Delta J=0$) 和一条 R 谱线 $(\Delta J=+1)$。对于原子核相同的双原子分子来说，还有一些额外的对称性选择定则，也许会进一步减少可能跃迁的数目。例如，选择性地激发 Π 态中的一个激发能级 (v_k',J_k')，跃迁过程 $\Pi\to\Sigma$ 就只能发射出 Q 谱线，或者只是 P 谱线和 R 谱线，这依赖于转动能级的对称性，而 $\Sigma_u\to\Sigma_g$ 跃迁就只有 P 谱线和 R 谱线[1.142]。

因此，与宽带激发下得到的吸收谱相比，一系列由双原子分子中选定的分子激发能级所发出的荧光谱就非常简单。它包括振动能带的演化，其中，每个能带最多有三条转动谱线，如图 1.47 所示，它给出了 Na_2 分子的两个荧光谱，它们分别由

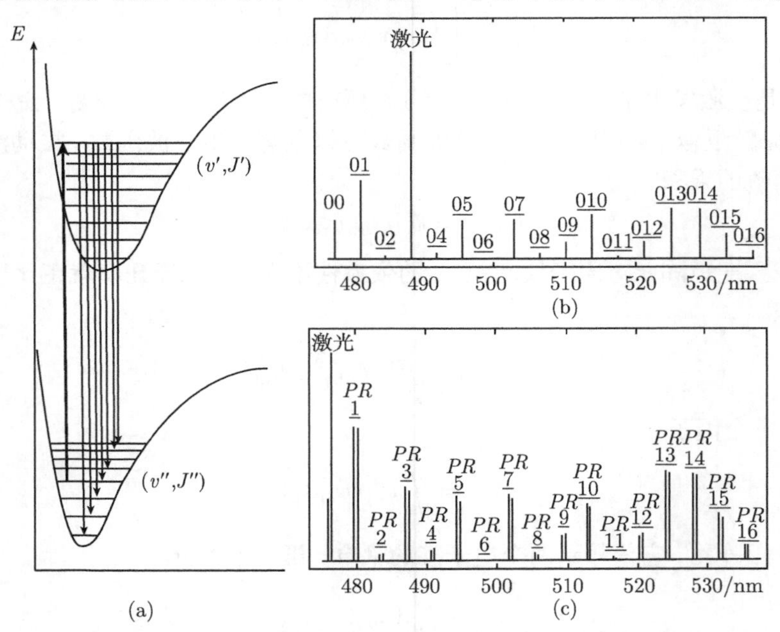

图 1.47　用氩激光谱线激发 Na_2 分子得到的激光诱导荧光

(a) 能级结构示意图；(b) $B^1\Pi_u$ 态的上能级 $(v'=3,J'=43)$ 发射的荧光谱线，它是 $\Delta J=0$ (Q 谱线) 态，在 $\lambda=488\text{nm}$ 处激发；(c) P 和 R 双谱线，由上能级 $(v'=6,J'=27)$ 发射。数字标出的是最终能级的振动量子数 v''

两个不同的氩激光谱线激发而来。$\lambda = 488\text{nm}$ 谱线在 $(v' = 3, J' = 43)$ 能级上激发了一个正的 Λ 分量，它只发射 Q 谱线，而 $\lambda = 476.5\text{nm}$ 谱线激发了 $^1\Pi_u$ 态的 $(v' = 6, J' = 27)$ 能级上的一个负的分量，发射出来的是 P 谱线和 R 谱线.

1.8.2 激光诱导荧光的实验特点

在原子物理学中，激光发明之前，单原子能级的选择性激发是通过中空阴极灯的原子共振谱线来实现的。然而，在分子光谱学中，只是偶然有一些原子共振谱线和分子跃迁过程重合。分子灯通常发出许多谱线，因此并不适于选择性地激发分子能级。

在其调谐范围内，可调谐的窄带激光器可以调节到每一个想要的分子跃迁上 $|i\rangle \to |k\rangle$。然而，只有当邻近的吸收谱线在它们的多普勒宽度之内没有重合的时候，才能够选择性地激发单个上能级 (图 1.48)。在原子的情况中，通常可以满足这一条件，但是，对于具有复杂吸收谱的分子来说，通常有许多重叠的吸收谱线。在这种情况下，激光就会同时激发好几个上能级，它们的能量并不一定彼此相近 (图 1.48(a))。然而，在许多情况下，中等大小的光谱仪就可以很好地区分这些荧光光谱[1.143]。

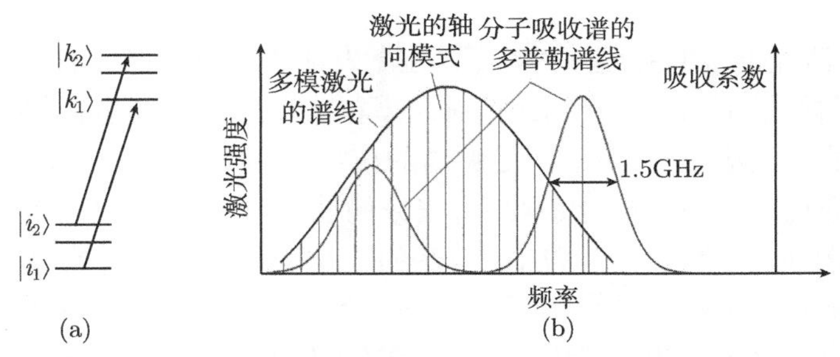

图 1.48 一个多普勒展宽的吸收谱线与激光谱线重叠在一起

(a) 能级结构示意图；(b) 谱线形状

为了能够在复杂的分子谱中选择性地激发单个能级，可以利用准直的冷分子束，因为分子的内温度非常低，所以，它们的多普勒宽度非常窄，吸收能级的数目显著减小 (第 4.2 节)。

一种非常精巧的技术将选择性激光激发与激光诱导荧光谱的高精度傅里叶变换光谱结合起来。它具有同时记录所有荧光谱线的优点，因此，在相同的测量时间里，具有更高的信噪比。它也用于许多分子的可见光和红外荧光光谱[1.144~1.146]。

当单模激光光束沿着 z 方向通过分子吸收盒的时候，如果将激光调节到均匀展宽宽度为 γ 的吸收谱线的中央，只能够激发速度分量为 $v_z = 0 \pm \gamma$ 的分子。在 z 轴附近的一个窄锥体内收集的荧光具有亚多普勒线宽，可以用傅里叶变换光谱分

辨出来 (图 1.49)[1.146]。

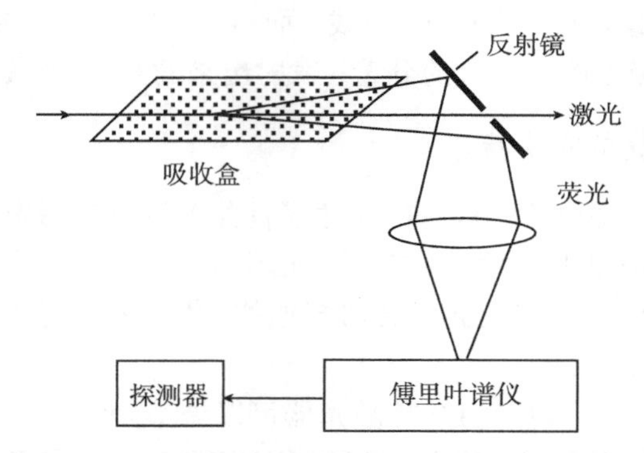

图 1.49　用单模激光进行激发，测量得到的激光诱导荧光谱的多普勒宽度减小了

用激光诱导荧光光谱来确定分子参数的优点如下：

(a) 荧光谱的结构相对简单，因此容易指认。可以用中等大小的光谱仪分辨荧光谱线。与同一分子的高精度吸收谱的测量和分析相比，它对实验仪器的要求不是那么苛刻。在多普勒限制的激发条件下，如果有几个上能级被激发，仍然有这些优点[1.143]。

(b) 许多激光谱线的强度很大，可以在激发能级上产生很大的粒子数占据 N_k。这样一来，根据式 (1.53)，荧光谱线的强度就很大，就可以探测弗兰克–康登因子非常小的跃迁过程。因此，就可以用足够高的信噪比测量一系列荧光谱线 $v'_k \to v''_m$，直到很高的振动量子数 v''_m。根据测量出来的能量项 $E(v''_m, J''_m)$，利用里德伯–克莱因–里斯 (RKR) 方法 (它是 WKB 方法的一个变种)，可以非常精确地得到双原子分子的势能曲线[1.147~1.150]。根据荧光谱线的波数，可以立刻得到能量项的数值 $E(v''_m, J''_m)$，直到最大的测量能级 $v''_{\max}$ 的 RKR 势能曲线都可以构建出来。在某些情况下，直到分解极限之下的能级 v''，都可以观测到荧光谱线系列[1.151,1.152]。将逐渐减小的振动能量差 $\Delta E_{\text{vib}} = E(v''_{m+1}) - E(v''_m)$ 外推到 $\Delta E_{\text{vib}} = 0$ (Birge-Sponer 曲线)，就可以用光谱学的方法来确定分解能[1.153~1.156]。

(c) 荧光谱线 $(v'_k, J'_k \to v''_m, J''_m)$ 的相对强度正比于弗兰克–康登因子。比较由薛定谔方程根据 RKR 势能曲线计算得到的弗兰克–康登因子和实际测量得到的相对强度，可以非常灵敏地检验势能曲线的精度。同寿命测量相结合，这些强度测量可以给出电子跃迁矩阵元 $M_{\text{el}}(R)$ 的绝对数值及其随原子核间距 R 的变化关系[1.157]。

(d) 在一些情况下，激发了分立的分子能级，它们发射出连续的荧光光谱，最终态位于分解态的排斥势能曲线上[1.158]。分立的上能级的振动本征函数 ψ_{vib} 与下能级的连续函数 $\psi_{\text{cont}}(R)$ 之间的重叠通常表现出连续荧光的强度调制，反映的是

上能级波函数的平方值 $|\psi_{\text{vib}}(R)|^2$(第 1 卷图 2.16)。如果上能级的势能曲线是已知的，就可以精确地得到下能级的势能曲线[1.159,1.160]。对于激发态分子光谱学来说，这是非常重要的 (第 1 卷第 5.7 节)[1.161]。

(e) 对于两个束缚态的高振动能级之间的跃迁过程来说，跃迁几率的主要贡献来自于振动谐振子中那些接近于经典折返点的原子核间距离 R(即 $R_{\min}$ 和 $R_{\max}$) 处的贡献。然而，位于 $R_{\min}$ 和 $R_{\max}$ 之间的原子核间距 R 的贡献并不等于零，该处的振动分子的动能为 $E_{\text{kin}} = E(v,J) - V(R)$。在辐射跃迁过程中，这一动能是守恒的。如果低能级上的总能量 $E'' = E(v',J') - h\nu = V''(R) + E_{\text{kin}} = U(R)$ 低于势能 $V''(R)$ 的分解极限，那么荧光跃迁过程就会终止在束缚能级上，荧光谱就会有分立的谱线。如果总能量高于分解极限，荧光跃迁过程就会表现为连续的分解荧光谱 (图 1.50)。这些“康登内衍射带”的强度分布[1.162,1.163] 非常灵敏地依赖于势能差 $V''(R) - V'(R)$，因此，如果已知一条势能曲线，就可以精确地得到另一条势能曲线[1.164]。

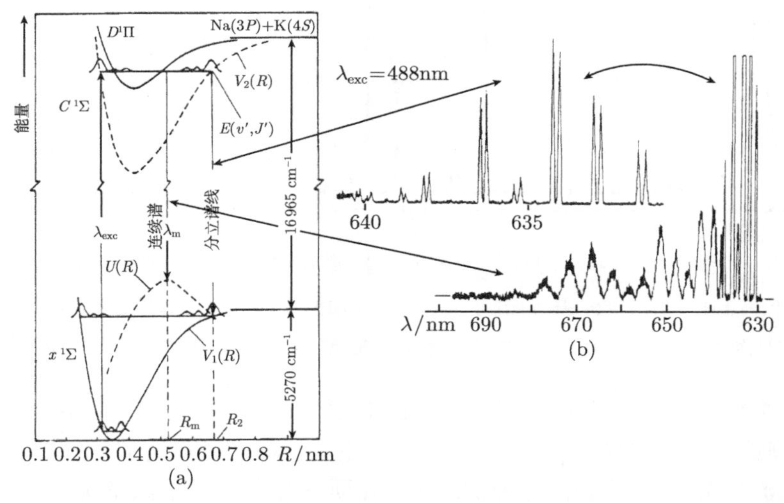

图 1.50 (a) 势能曲线示意图，它给出了分立能级之间的束缚态到束缚态的跃迁过程，以及由分立的上能级到能量大于电子基态分解能的连续的下能级之间的束缚态到自由态的跃迁过程；(b) 两段 NaK 荧光谱，它们分别反映了这两种跃迁过程[1.162]

1.8.3 多原子分子的激光诱导荧光

当然，激光诱导荧光技术不仅可以用于双原子分子，还可以用来研究三原子分子，例如 NO_2、SO_2、BO_2 和 NH_2，以及许多其他的多原子分子。与激发光谱学结合起来，它可以指认跃迁过程、确认复杂的光谱。这类测量的例子可以参考文献 [1.137]~[1.140]。

多原子分子的激光诱导荧光可以确认激发态和基态电子态中的扰动。如果扰动的是上能级，它的波函数是许多相互干扰的能级的 BO 波函数的线性组合。干扰波函数的混合为荧光跃迁到对称性不同的低能级上开辟了新的通道，在没有扰动的情况下，这些跃迁过程是禁戒的。NO_2 的激光诱导荧光谱就是一个例子，如图 1.51 所示，其中，终止在 v_3 为奇数的振动能级 (v_1, v_2, v_3) 上的“禁戒”振动带具有奇数个振动量子，它们是电子基态中非对称的拉伸振动模式，用星号标记出来[1.165]。

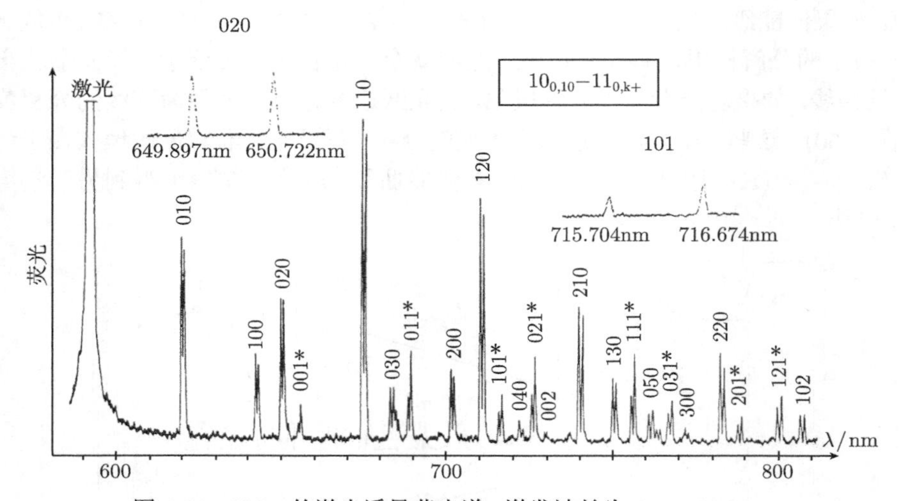

图 1.51　NO_2 的激光诱导荧光谱，激发波长为 $\lambda = 590.8\text{nm}$

用星号标出的终止在 v_3 为奇数的振动能级 (v_1, v_2, v_3) 上的振动带是对称性选择定则禁戒的跃迁过程，但是，与对称性不同的其他扰动能级的激发态波函数混合之后，这些跃迁过程就可以出现了[1.165]

因为多原子分子的高振动能级之间的非线性耦合，能级结构可能会变得非常复杂。正则振动模式的线性叠加不再能够描述原子核的经典运动，例如，处于高振动态中的激发分子[1.166]。在这种情况下，在研究相邻振动能级的能量间隔分布的时候，使用一个振动分子的统计模型更为适宜。对于一些分子来说，当振动能量增大的时候，它们的跃迁过程由经典振荡变为混沌行为。在混沌区，相邻能级的能量分布是维格纳分布，而在经典的非混沌区，则是泊松分布。利用激光诱导荧光光谱学，可以研究电子基态的高振动能级。分析这些激光诱导荧光谱，就可以得到振动耦合能级上的分子的动力学信息[1.167~1.169]。

1.8.4　利用激光诱导荧光谱确定粒子数分布

激光诱导荧光有一个有趣的应用：测量相对粒子数密度 $N(v_i'', J_i'')$ 及其在不同的振动–转动能级 (v_i'', J_i'') 上的分布情况，此时这些能级处于非热平衡分布。例如，$AB + C \to AC^* + B$ 的化学反应，当 AB 和 C 碰撞并发生反应的时候，能够产生一个带有内能量的反应产物 AC^*。测量内态分布 $N_{AC}(v'', J'')$，通常可以提供关于反应路径和碰撞复合体 $(ABC)^*$ 的势能面的有用信息。初始的内态分布 $N_{AC}(v, J)$ 通常是远离玻耳兹曼分布的。甚至还有一些化学反应可以产生粒子数反转，从而实现化学激光[1.170]。研究这些粒子数分布，最终有可能优化并更好地控制这些化学反应。

通过测量荧光速率

$$n_{\mathrm{Fl}} = N_K A_K V_R \tag{1.58}$$

即每秒钟内由反应体积 V_R 内发射的荧光光子的数目 n_{Fl}，可以确定激发态 $|k\rangle$ 中的粒子数密度 $N_K(v_K, J_K)$。

为了得到电子基态上的粒子数密度 $N_i(v_i, J_i)$，将激光调节到吸收跃迁 $|i\rangle \to |k\rangle$ 上，由待研究的反应产物的能级 (v_i'', J_i'') 出发，测量不同的上能级 $|k\rangle$ 的总荧光速率 (式 (1.58))。在稳态条件下，这些速率可以由速率方程得到

$$\frac{\mathrm{d}N_k}{\mathrm{d}t} = 0 = N_i B_{ik}\rho - N_k(B_{ki}\rho + A_K + R_K) \tag{1.59a}$$

根据式 (1.58)，由 $B_{ik} = B_{ki}$ 可以得到

$$n_{\mathrm{Fl}} = N_k A_k V_R = N_i A_k V_R \frac{B_{ik}\rho}{B_{ik}\rho + A_k + R_k} \tag{1.59b}$$

其中，R_k 是能级 $|k\rangle$ 的总的非辐射退激发速率 (图 1.52)。如果能级 $|k\rangle$ 的碰撞退激发远小于辐射荧光引起的粒子数减少，式 (1.59) 就约化为

$$n_{\mathrm{Fl}} = N_i A_k V_R \frac{B_{ik}\rho}{A_k + B_{ik}\rho} = \frac{N_i V_R B_{ik}\rho}{1 + B_{ik}\rho/A_k} \tag{1.60}$$

有两种极限情况：

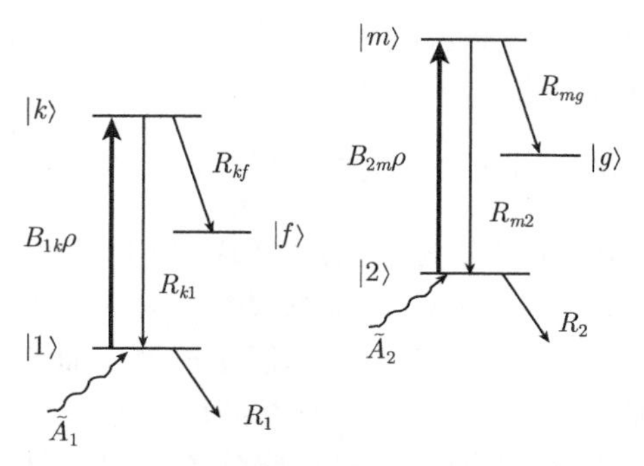

图 1.52 在化学反应的分子产物的电子能级基态里，测量转动–振动能级上的粒子数分布时所采用的能级结构示意图

(a) 激光强度低得足以保证 $B_{ik}\rho \ll A_K$。此时，在相同强度 $I_{\mathrm{L}} = c\rho$ 的激光激发下，两个跃迁过程 $|1\rangle \to |k\rangle$ 和 $|2\rangle \to |m\rangle$ 的荧光速率的比值 $n_{\mathrm{Fl}}(k)/n_{\mathrm{Fl}}(m)$ 就是 (图 1.52)

$$\frac{n_{\mathrm{Fl}}(k)}{n_{\mathrm{Fl}}(m)} = \frac{N_1}{N_2}\frac{B_{1k}}{B_{2m}} = \frac{N_1\sigma_{1k}}{N_2\sigma_{2m}} = \frac{\alpha_{1k}}{\alpha_{2m}} \tag{1.61}$$

其中，σ 是光吸收截面，$\alpha = N\sigma$ 是吸收系数。因此，如果吸收截面已知的话，测量荧光速率的比值或者吸收系数的比值，就可以得到低能级上粒子数比值 N_1/N_2。

(b) 如果激光强度大得足以让吸收跃迁达到饱和，那么就有 $B_{ik}\rho \gg A_K$。此时，对于 $R_k < A_K$，由式 (1.60) 就可以得到

$$\frac{n_{\mathrm{Fl}}(k)}{n_{\mathrm{Fl}}(m)} = \frac{N_1 A_k}{N_2 A_m} \tag{1.62}$$

在稳态条件下，粒子数密度 N_i 可以由速率方程来确定

$$\mathrm{d}N_i/\mathrm{d}t = 0 = \tilde{A}_i - N_i(R_i + B_{ik}\rho) + \sum_m N_m R_{mi} \tag{1.63}$$

其中，$\tilde{A}_i$ 是向能级 $|i\rangle$ 上的注入速率，它可以是由化学反应引起的，也可以是因为能级 $|i\rangle$ 上的分子扩散到探测区域中。速率 $N_i(R_i + B_{ik}\rho)$ 是能级 $|i\rangle$ 的总退激发速率，$\Sigma N_m R_{mi}$ 是由其他能级 $|m\rangle$ 到能级 $|i\rangle$ 上的所有跃迁过程的几率之和。如果 $\tilde{A}_i \gg \Sigma N_m R_{mi}$，而且 N_i 的主要耗尽速率来自于激光吸收 $(B_{ik}\rho \gg R_i)$，那么，稳态的能级粒子数就是 $N_i = A_i/B_{ik}\rho$，激光诱导荧光的比值 (式 (1.62)) 就是

$$\frac{n_{\mathrm{Fl}}(k)}{n_{\mathrm{Fl}}(m)} = \frac{\tilde{A}_1 B_{2m} A_k}{\tilde{A}_2 B_{1k} A_m} \tag{1.64}$$

测量能级 $|k\rangle$ 和 $|m\rangle$ 的寿命 (第 6.3 节)，可以给出 A_k 和 A_m 的绝对数值。测量不同的荧光跃迁的相对强度，可以确定选定的一个上能级激发态到这些跃迁过程的分支比[1.171]。

利用激光诱导荧光，Zare 等首次测量了化学反应产物的内态分布[1.172~1.174]。一个例子是钡和氯化氢反应生成了 BaCl

$$\mathrm{Ba} + \mathrm{HCl} \to \mathrm{BaCl}^*(X^2\Sigma^+ v'', J'') + \mathrm{H} \tag{1.65}$$

图 1.53(a) 给出了两种不同碰撞能量的反应物 Ba 和 HCl 产生的 BaCl 的振动能级粒子数分布。图 1.53(b) 表明，BaCl 的总转动能量对质心系统 Ba+HCl 的碰撞能量的依赖程度很低，而振动能量则随着碰撞能量的增加而增大。

一个有趣的问题是，反应产物的内态分布如何决定于反应分子的内能？在实验中，第二束激光可以回答这一问题，它将反应分子泵浦到激发能级 (v'', J'') 上。在有泵浦激光和没有泵浦激光的情况下，测量反应产物的内态分布。一个研究过的例

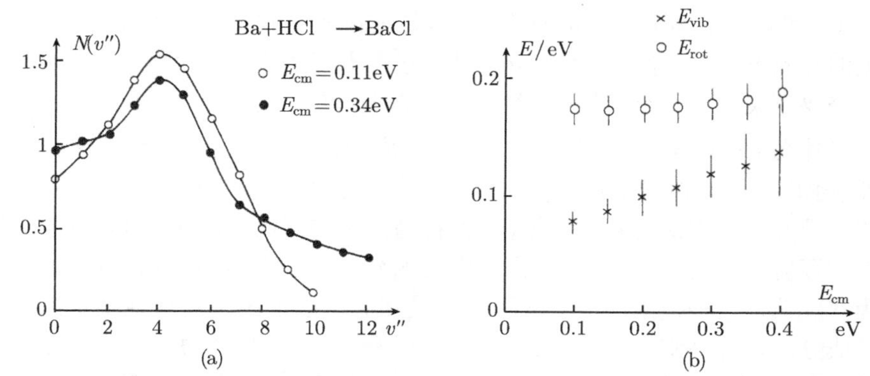

图 1.53 (a) 碰撞能量不同的两种反应物 Ba 和 HCl 产生的 BaCl 的振动能级粒子数分布 $N(v'')$；(b) 反应生成物 BaCl 的平均振动能量和平均转动能量随着相对碰撞能量的变化关系[1.174]

子[1.173] 是化学反应

$$\mathrm{Ba} + \mathrm{HF}(v'' = 1) \rightarrow \mathrm{BaF}^*(v = 0 - 12) + \mathrm{H} \tag{1.66}$$

其中，利用 HF 化学激光器激发 HF 的第一个振动能级，用可调谐的染料激光器测量 BaF^* 的内态分布。

在一个例子中，激光诱导荧光被用来优化气体硅烷 $\mathrm{SiH_4}$ 通过气体放电形成薄非晶层 Si:H 的过程，测量在放电过程中形成的 SiH 自由基的光谱[1.175]。

另一个例子是确定超声分子束中振动–转动能级上的粒子数分布[1.176]，其中，分子的转动温度被冷却到几个开尔文 (第 4.2 节)。

这种方法不仅能够用于中性分子，也可以用来探测离子成分。在利用激光诱导荧光诊断燃烧过程[1.177,1.178] 或等离子体[1.179] 的时候，这一点非常重要。

参考文献 [1.180] 对荧光光谱学进行了很好的综述。

1.9 不同方法的比较

前面几节中讨论了几种多普勒限制的激光光谱学的灵敏探测技术，它们各擅胜场，彼此互补。在可见光和紫外光区中，吸收激光光子可以激发原子或分子的电子态，激发光谱学通常是最合适的技术，在分子密度很低的时候就更是如此。因为大多数的电子激发态 E_k 的自发寿命很短，在许多情况下，量子效率 η_k 达到了 100%。为了探测激光激发荧光，将灵敏的光电倍增管或增强型 CCD 照相机与光子计数电路 (第 1 卷第 4.5 节) 结合起来，探测单荧光光子的总体效率可以达到 $10^{-3} \sim 10^{-1}$，其中包括了收集效率 $\delta \approx 0.01 \sim 0.3$(第 1.3.1 节)。

激发低于电离极限的高指数态，例如，利用紫外激光或双光子吸收过程，通过监视离子，可以探测激光光子的吸收。因为这些离子的收集效率很高，电离光谱是最灵敏的探测方法，在能够使用的场合里，它比所有其他技术都好。它在实验上的缺点是需要两束激光，且至少一束激光是可以调谐的。

在红外光谱区，激发光谱学不那么灵敏，原因在于红外光电探测器的灵敏度较低，同时也因为振动激发能级的寿命较长。因为寿命很长，在低气压的情况下，被激发的分子就会扩散到观测区域之外，而在高气压的情况下，则会出现碰撞诱导的激发态非辐射退激发。此时，光声光谱学表现突出，它可以将碰撞诱导的激发能量转化为热能量。这种技术的一个应用特例是在高压强情况下定量地确定浓度很低的分子成分。例如，测量空气污染物或者是引擎废气中的有毒成分，已经证明，可以成功地测量到 ppb 范围内的浓度。对于压强较低的纯净气体，碰撞过程不那么明显，波长调制的吸收光谱学可能会比光声光谱学更为灵敏，如图 1.54 所示。

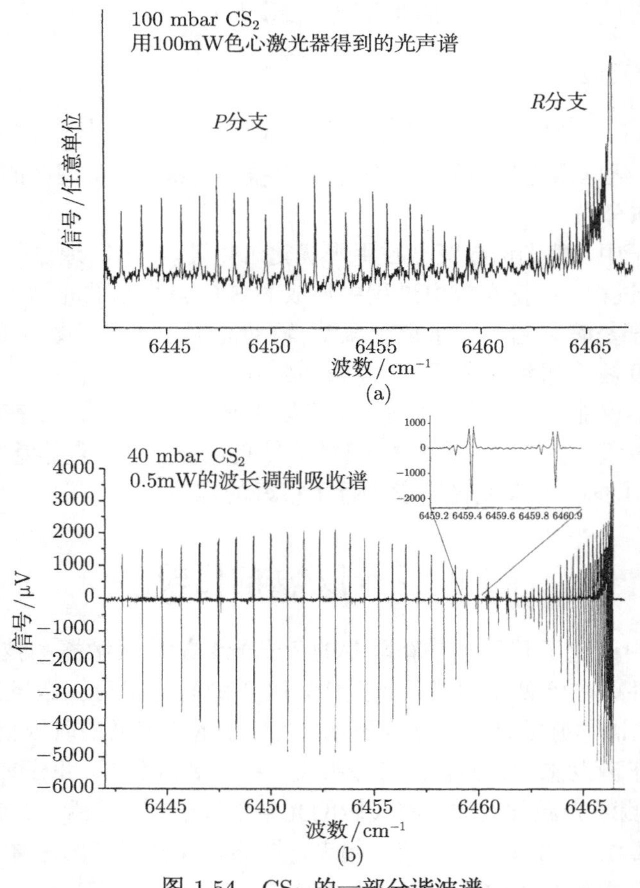

图 1.54　CS_2 的一部分谱波谱

(a) 光声探测谱；(b) 波长调制的吸收光谱 [G.H. Wenz, Thesis, K.L.]

对于分子束的红外光谱学来说，光热光谱是一种非常好的选择 (第 1.3.3 节)。

对于气体电离的原子或离子光谱学来说，光电流光谱 (第 1.5 节) 是一种非常方便而且在实验上非常简单的方法，它可以代替荧光探测。如果条件合适，它甚至可以达到激发光谱的灵敏度。为了区分离子和中性成分的光谱，速度调制光谱 (第 1.6 节) 是一种非常精巧的方法。

在探测灵敏度方面，激光磁共振和斯塔克光谱可以与其他方法一较短长。然而，它们只能应用于永久偶极矩足够大的分子，只有这样才能实现必须的调节范围。因此，它们主要应用于带有一个未配对电子的自由基的光谱学研究中。这些自由基的磁矩主要取决于电子自旋，因此，同位于 $^1\Sigma$ 基态的稳态分子相比，它要大好几个数量级。激光磁共振或斯塔克光谱的优点是，可以直接确定塞曼或斯塔克劈裂，从而可以推导出朗德因子以及不同角动量的耦合方式。另一个优点是，分子吸收谱线的绝对频率的精确度更高，因为频率不变的激光谱线的绝对频率测量精度优于可调谐激光器。

所有这些方法都是吸收光谱的变种，而激光诱导荧光光谱则是基于选择性占据的上能级的荧光发射过程。吸收光谱同时依赖于上能级和下能级。吸收跃迁过程由热占据的下能级开始。如果它们的性质已知 (如通过微波光谱学)，吸收光谱就可以给出上能级的信息。另一方面，激光诱导荧光谱由一个或多个上能级出发，终止在较低的电子态的许多转动–振动能级上。它们给出了这些下能级的信息。

所有这些技术都可以和共振腔内吸收技术结合起来，将样品分子放在激光共振腔内，可以提高灵敏度。共振腔环路衰减光谱学给出的吸收谱的探测灵敏度类似于最先进的多次通过式吸收光谱学调制技术。

激光吸收光谱学的一个有力竞争者是傅里叶光谱学[1.1,1.181]，后者的优点在于，能够同时测量很宽范围内的光谱，而且测量时间很短。与此不同的是，全光谱的激光吸收光谱学测量必须是顺序进行的，它需要的时间多得多。然而，激光技术有两个优点：谱分辨精度更高，灵敏度更高。可以用两个不同光谱区里的例子说明这一点。图 1.55 给出了高分辨率 (0.003cm^{-1}) 傅里叶光谱仪测量得到的 $^{16}O_3$ 的亚毫米波段内的一部分纯转动谱 (图 1.55(a))，以及用可调谐的远红外激光光谱仪 (图 1.49) 测量得到的图 1.55(a) 中放大了的一部分。虽然分辨精度依然受制于吸收谱线的多普勒宽度，但这并不是实际的限制，因为在 $\nu = 1.5 \times 10^{12}\text{Hz}$ 处，臭氧的多普勒宽度只是 $\Delta\nu_D \approx 2\text{MHz}$，而傅里叶光谱仪的分辨率为 90MHz。另一个例子给出了乙烯 C_2H_2 在 $\lambda = 1.5\mu\text{m}$ 附近的谐波谱，分别用傅里叶光谱仪 (图 1.56(a)) 和色心激光和光声光谱学 (图 1.56(b)) 测量。一些在傅里叶光谱中只能勉强能够看到的微弱谱线，在光声光谱中仍然有着很大的信噪比，如图 1.56(b) 中的插图所示[1.65]。

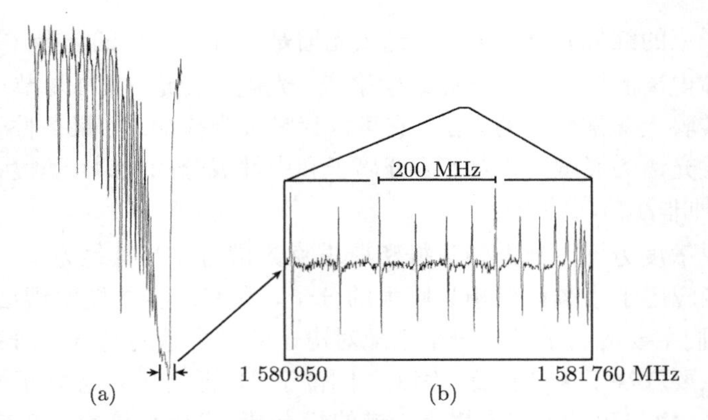

图 1.55　$^{16}O_3$ 的一部分纯转动谱[1.181]

(a) 是高分辨率的傅里叶光谱仪测量得到的结果，(b) 是放大了的一部分，由可调谐的远红外激光光谱仪测量得到，证明了激光光谱仪的高分辨率

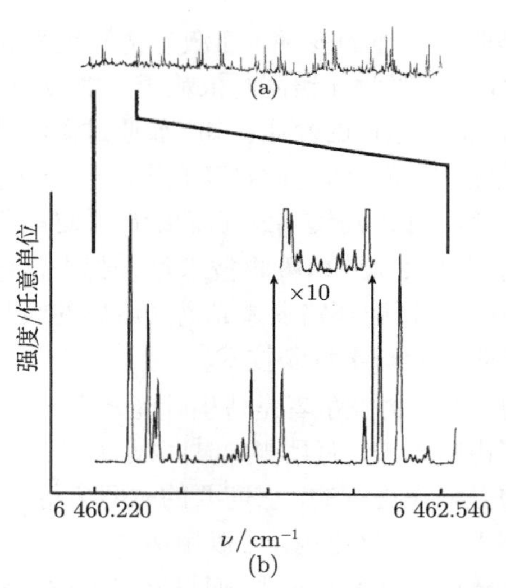

图 1.56　乙烯 C_2H_2 在 $\lambda = 1.5\mu m$ 附近的谐波谱[1.65]

(a) 傅里叶光谱仪测量得到的结果；(b) 色心激光和共振腔内光声光谱学测量得到的结果

1.10 习　题

1.1　一束单色激光穿过双原子分子样品。将激光波长调节到吸收截面为 $\sigma_{ik} = 10^{-18}\text{cm}^2$ 的振动–转动跃迁 $(v'', J'') \to (v', J')$ 上。

(a) 估计 $T = 300\text{K}$ 时位于能级 $(v_i'' = 0, J_i'' = 20)$ 上的分子的比率 n_i/n。振动常数 $\omega_e = 200\text{cm}^{-1}$，转动常数 $B_e = 1.5\text{cm}^{-1}$。

(b) 计算总气压为 10mbar 时的吸收系数。

(c) 入射光功率为 $P_0 = 100\text{mW}$，吸收路径的长度为 10cm，透射激光的功率 P_T 是多少？

1.2　聚焦激光束 ($\varnothing = 0.4\text{mm}$) 的功率为 1mW，波长为 $\lambda = 623\text{nm}$，它垂直地穿过一束分子束 ($\varnothing = 1\text{mm}$)。吸收分子的束流密度为 $N_i = n_i \cdot \hat{v} = 10^{12}/(\text{scm}^2)$，速度为 $\hat{v} = 5 \times 10^4\text{cm/s}$，吸收截面为 $\sigma = 10^{-16}\text{cm}^2$。

激光束和分子束的交汇体积为 $V_\text{c} = 10^{-4}\text{cm}^{-3}$，如果用 $D = 4\text{cm}$ 透镜在距离 $L = 8\text{cm}$ 处将 V_c 成像于光电倍增管的光阴极上，光阴极的量子效率为 $\eta_\text{ph} = 0.2$，那么，光电倍增管可以探测到多少个光电子？

1.3　功率 $P = 1\text{mW}$ 的单色激光束穿过充满了吸收分子的长度为 1m 的样品盒。吸收跃迁的多普勒宽度为 $\Delta\omega_\text{D} = 2\pi \cdot 10^9\text{s}^{-1}$，吸收峰值为 $\alpha(\omega_0) = 10^{-8}\text{cm}^{-1}$。激光频率 $\omega_\text{L} = \omega_0 + \Delta\omega \cdot \cos 2\pi f t$ 是被调制的 ($\Delta\omega = 2\pi \cdot 10\text{MHz}$)。用一个探测器测量透射激光的功率 P_T。探测器的灵敏度为 1V/mW，计算输出信号的最大振幅。直流背景信号有多大？

1.4　对于共振两步式光电离过程，如果第一步跃迁 $|i\rangle \to |k\rangle$ 被饱和了，能级 $|k\rangle$ 的寿命为 $\tau_k = 10^{-8}\text{s}$，第二束激光的电离几率为 10^{-7}s^{-1}，吸收能级 $|i\rangle$ 上的分子进入激发体积的扩散速率为 $\text{d}Ni/\text{d}t = 10^5/\text{s}$，那么，每秒钟可以产生多少个离子？

1.5　密度为 $n = 10^8$ 分子 $/\text{cm}^3$ 的分子束撞击热探测器 (辐射热计面积为 $3 \times 3\text{mm}^2$)，分子平均速度为 $\langle v \rangle = 4 \times 10^4\text{cm/s}$，质量为 $m = 28\text{AMU}$。假设所有的碰撞分子都粘到探测器的表面上。

(a) 计算每秒钟传递给辐射热计的能量。

(b) 如果辐射热计的热损失为 $G = 10^{-8}\text{W/K}$，那么，温度升高了多少？计算 ΔT。

(c) 一束功率为 $P_0 = 10\text{mW}$ 的红外激光 ($\lambda = 1.5\mu\text{m}$) 穿过分子束。吸收系数为 $\alpha = 10^{-10}\text{cm}^{-1}$，吸收路径的长度为 $L = 10\text{cm}$(利用了多次反射技术)。计算辐射热计的额外温升。

1.6　分子跃迁到上能级 $|k\rangle$ 的频率 ν_0 比固定不变的激光谱线 ν_L 小 10^8Hz。假设分子在基态上没有磁矩，在激发态上的磁矩为 $\mu = 0.5\mu_\text{B}(\mu_\text{B} = 9.27 \times 10^{-24}\text{J/T})$。为了使得吸收谱线与激光谱线共振，需要多大的磁场？如果低能级的转动量子数为 $J = 1$，而高能级为 $J = 2$，激光是 (a) 线偏振的，(b) 圆偏振的，那么，可以观测到多少个塞曼分量？

1.7　在速度调制光谱学中，在 z 方向长度为 $1m$ 的放电管上施加交流电压，峰–峰值为 2kV，频率为 $f = 1\text{kHz}$。

(a) 平均电场强度是多大？

(b) 离子质量为 $m = 40\text{AMU}(1\text{AMU} = 1.66 \times 10^{-27}\text{kg})$，如果它们的平均自由程为 $\Lambda = 10^{-3}\text{m}$，放电管中的中性成分的密度为 $n = 10^{17}/\text{cm}^3$，那么，估计离子速度 $v = v_0 + \Delta v_z \sin 2\pi f t$ 中 Δv_z 数值的大小.

(c) 对于 $\nu_0 = 10^{14}\text{s}^{-1}$，吸收频率 $\nu(v_t) = \nu_0 + \Delta\nu(v_t)$ 的最大调制 $\Delta\nu$ 是多大？

(d) 如果激光功率为 10mW，探测器的灵敏度为 1V/mW，那么，对于 $\alpha(\nu_0) = 10^{-6}\text{cm}^{-1}$ 的跃迁来说，交流信号有多大？

1.8　长度为 $L = 4\text{cm}$ 的吸收样品盒位于激光共振腔中，往返一次的共振腔总损耗为 2%，输出耦合镜的透射率为 $T = 0.5\%$。

(a) 当激光频率由 ν 调节到 ν_0，吸收系数由 $\alpha = 0$ 变为 $\alpha = 5 \times 10^{-8}\text{cm}^{-1}$，激光增益媒质的非饱和增益 $g_0 = 4 \times 10^{-2}$ 保持不变，计算 1mW 激光输出功率的相对减小量。

(b) 如果样品的荧光效率为 0.5，激光波长为 500nm，发出的荧光光子数是多少？

(c) 设计最佳的收集光路，最大效率地将荧光收集到光电倍增管的 40mm 光阴极上。如果阴极的量子效率为 $\eta = 0.15$，光电子的计数是多少？

(d) 将 (c) 中的探测器灵敏度 (光电倍增管的暗电流为 10^{-9}A) 与 (a) 中的方法进行比较，用光电二极管来检测激光输出，二极管的灵敏度为 10V/W，噪声水平为 10^{-9}V。

1.9　推导式 (1.45)。

第 2 章　非线性光谱学

单模激光器的一个优点是可以让高精度光谱突破多普勒展宽的限制。目前已经发展了几种技术，利用了高强度激光可导致的原子或分子跃迁过程的选择性饱和的特点。

光学泵浦减少了吸收能级上的分子数密度，从而使得被吸收的辐射功率非线性地依赖于入射功率。因此这种技术简称为非线性光谱学，也包括那些在一个原子或分子跃迁过程中同时吸收两个或更多光子的方法。在以下各节中，我们将讨论非线性光谱学的基本物理知识以及一些重要的实验方法。首先讨论强入射光引起的粒子数密度的饱和。

2.1　线性吸收和非线性吸收

假定单色平面光波为

$$E = E_0 \cos(\omega t - kz)$$

其平均强度是

$$I = \frac{1}{2} c\epsilon_0 E_0^2 \ [\mathrm{W/m^2}]$$

它经过一个分子样品，后者通过跃迁 $E_i \to E_k$ ($E_k - E_i = \hbar\omega$) 吸收光子。在体积 $\mathrm{d}V = A\mathrm{d}z$ 内吸收的功率 $\mathrm{d}P$ 就是

$$\mathrm{d}P = -P\alpha \mathrm{d}z = -AI\sigma_{ik}\Delta N \mathrm{d}z \ [\mathrm{W}] \tag{2.1a}$$

其中，A 是被照明的截面积，$\Delta N = [N_i - (g_i/g_k)N_k]$ 是粒子数密度之差，$\sigma_{ik}(\nu)$ 是每个分子在频率 $\nu = \omega/2\pi$ 处的吸收截面 (第 1 卷式 (5.2))。

当入射光的强度 I_0 非常弱的时候，吸收系数 α 与 I_0 无关 (也就是说，粒子数之差 ΔN 不依赖于 I!)，所以，吸收功率 $\mathrm{d}P$ 线性地依赖于入射功率 P_0。对式 (2.1a) 进行积分，可以得到线性吸收的比尔定律

$$P = P_0 \mathrm{e}^{-\alpha z} = P_0 \mathrm{e}^{-\sigma \Delta N z} \tag{2.1b}$$

测量上能级 $|k\rangle$ 发射出的荧光强度 I_{Fl}，它正比于吸收功率，就可以测量吸收，得到如图 2.1 所示的直线。当入射光强度增大的时候，如果吸收速率大于弛豫过程引起的填充速率，吸收能级 $|i\rangle$ 上的粒子数 N_i 就会减小。因此, 吸收就会减小，图 2.1 中的曲线 $I_{\mathrm{Fl}}(I_0)$ 就会偏离于直线，最后达到一个常数值 (饱和)。因此，必须将式 (2.1a) 推广为

$$\mathrm{d}P = -P_0\alpha(P_0)\mathrm{d}z = -P_0\sigma_{ik}\Delta N(P_0)\mathrm{d}z \tag{2.1c}$$

其中，粒子数 ΔN 以及吸收系数 α 就依赖于 P_0(非线性吸收)。

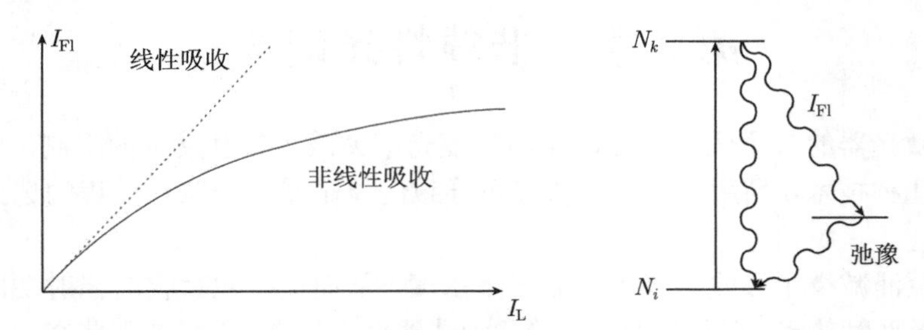

图 2.1 在线性和非线性吸收过程中，荧光强度 $I_{\mathrm{Fl}}(I_{\mathrm{L}})$ 随着入射激光强度的变化关系

例 2.1

作为一阶近似，有 $\alpha = \alpha_0(1 - bI)$，与入射光的截面积 A 一起，可以得到

$$\mathrm{d}P = -AI\alpha\mathrm{d}z = -A(I\alpha_0 - \alpha_0 bI^2)\mathrm{d}z \tag{2.1d}$$

第一项描述的是线性吸收，第二项则是非线性吸收 (二次项贡献)。

我们将更仔细地讨论非线性吸收过程。

如果入射平面波的谱能量密度为 $\rho_\nu(\nu) = I_\nu(\nu)/c[\mathrm{Ws^2/m^3}]$，谱宽度为 $\delta\nu_{\mathrm{L}}$，总强度就是

$$I = \int I_\nu(\nu)\mathrm{d}\nu \approx I_\nu(\nu_0)\delta\nu_{\mathrm{L}} \tag{2.2}$$

注意谱强度 $I_\nu[\mathrm{Wsm^{-2}}]$ (每 $\mathrm{m^2}$ 和频率间隔 $\mathrm{d}\nu = 1\mathrm{s^{-1}}$ 上的辐射功率) 和总光强 $I[\mathrm{Wm^{-2}}]$ 之间的差别。

吸收功率就是

$$\Delta P = \Delta N\mathrm{d}V \int I_\nu(\nu)\sigma_{ik}(\nu)\mathrm{d}\nu \tag{2.3}$$

如果将单色激光的频率调节到吸收谱线的中心频率 ν_0 上，那么吸收功率就是

$$\Delta P = \Delta N\mathrm{d}VI(\nu_0)\sigma_{ik}(\nu_0) \tag{2.4}$$

其中，$\mathrm{d}V = A\mathrm{d}z$ 是截面积为 A 的激光光束经过的吸收媒质的体积。如果激光谱宽度 $\delta\nu_{\mathrm{L}}$ 大于吸收谱线的宽度 $\delta\nu_{\mathrm{a}}$，那么，只有位于吸收谱线宽度 $\delta\nu_{\mathrm{a}}$ 之内的那部分谱密度可以被吸收，吸收功率就是

$$\Delta P = \Delta N\mathrm{d}VI(\nu_0)\sigma(\nu_0)\delta\nu_{\mathrm{a}}/\delta\nu_{\mathrm{L}} \tag{2.5}$$

它对应的吸收光子数目为 $n_{\mathrm{ph}} = \Delta P/h\nu$。根据第 1 卷的式 (2.15)，可以得到

$$n_{\mathrm{ph}} = B_{ik}\rho(\nu)\Delta N\mathrm{d}V \tag{2.6}$$

$B_{ik}\rho(\nu)$ 是 $\mathrm{d}V = 1\mathrm{m}^3$ 内每个分子在每秒钟内吸收一个光子的总几率，见第 1 卷的式 (2.15) 和式 (2.78)。

比较式 (2.3) 和式 (2.6)，可以得到爱因斯坦系数 B_{ik} 和吸收截面 σ_{ik} 之间的关系

$$\boxed{B_{ik} = \frac{c}{h\nu}\int_{\nu=0}^{\infty}\sigma_{ik}(\nu)\mathrm{d}\nu} \tag{2.7}$$

吸收入射光改变了与吸收跃迁有关的能级上的粒子数目。对于 $g_1 = g_2 = 1$ 的非简并能级 $|1\rangle$ 和 $|2\rangle$，可以用速率方程来描述粒子数密度 N_1 和 N_2(图 2.2)

$$\frac{\mathrm{d}N_1}{\mathrm{d}t} = B_{12}\rho_\nu(N_2 - N_1) - R_1N_1 + C_1 \tag{2.8a}$$

$$\frac{\mathrm{d}N_2}{\mathrm{d}t} = B_{12}\rho_\nu(N_1 - N_2) - R_2N_2 + C_2 \tag{2.8b}$$

其中，R_iN_i 表示能级 $|i\rangle$ 粒子数的总弛豫速率 (包括自发辐射)

$$C_i = \sum_k R_{ki}N_k + D_i \tag{2.8c}$$

它考虑了从所有其他能级 $|k\rangle$ 来填充能级 $|i\rangle$ 的全部弛豫途径，也包括了能级 $|i\rangle$ 上的分子扩散到激发体积 $\mathrm{d}V$ 之内的扩散速率 D_i。我们将式 (2.8a) 和式 (2.8b) 描述的系统称为开放式二能级系统，因为光学泵浦只在两个能级 $|1\rangle$ 和 $|2\rangle$ 之间发生，但是，它们可以弛豫到其他能级上。也就是说，系统与外部环境之间的进出通道都是开放的。

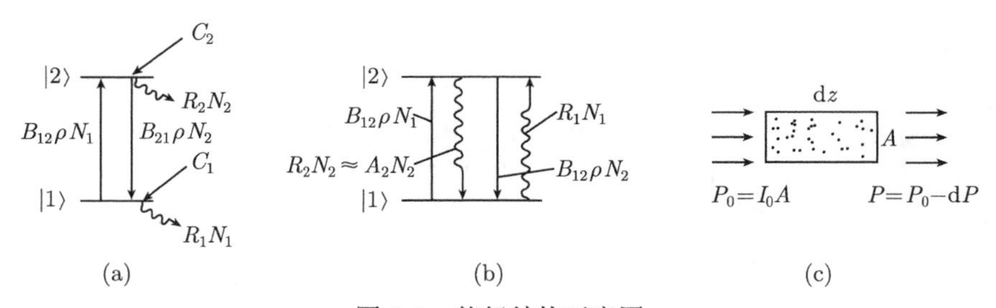

图 2.2 能级结构示意图

(a) 开放式二能级系统，包括系统与外部环境之间的进出通道；(b) 封闭式系统；(c) 吸收过程的示意图

如果辐射场并没有显著地改变 C_i，那么，在稳态条件 $(\mathrm{d}N/\mathrm{d}t = 0)$，可以由式 (2.8) 得到 $\rho = 0$ 时的非饱和粒子数差别

$$\Delta N^0 = \Delta N(\rho = 0) = N_2^0 - N_1^0 = \frac{C_2R_1 - C_1R_2}{R_1R_2} \tag{2.9}$$

注意，$N_1^0 > N_2^0$，因此 $\Delta N^0 < 0$。

对于饱和粒子数差别 ($\rho \neq 0$)

$$\Delta N = \frac{\Delta N^0}{1 + B_{12}\rho_\nu(1/R_1 + 1/R_2)} = \frac{\Delta N^0}{1+S} \tag{2.10}$$

其中，饱和参数

$$S = \frac{B_{12}\rho_\nu}{R^*} = \frac{B_{12}I_\nu/c}{R^*} = \frac{B_{12}I}{c \cdot R_1 R_2}$$

是诱导跃迁几率 $B_{12}\rho_\nu$ 与“平均”弛豫几率 R^* 的比值，其中

$$R^* = \frac{R_1 R_2}{R_1 + R_2} \tag{2.11}$$

吸收谱线的均匀宽度是 $\delta\nu_{\mathrm{a}} = R_1 + R_2$，因此，被吸收的光强为 $\Delta I = \Delta I_\nu (R_1 + R_2)$。

当 $S \ll 1$ 的时候，式 (2.10) 可以写为

$$\Delta N \approx \Delta N^0(1 - S) \tag{2.12}$$

饱和参数 $S = 1$ 时的谱强度 $I_\nu = c \cdot R^*/B_{12} = I_{\mathrm{s}}(\nu)$ 称为饱和强度。总饱和强度是 $I_{\mathrm{s}} = \int I_{\mathrm{s}}(\nu)\mathrm{d}\nu \approx I_{\mathrm{s}}(\nu_{\mathrm{L}})\delta\nu_{\mathrm{L}}$。由式 (2.10) 可以得到，当 $S = 1$ 的时候，粒子数差别 ΔN 减小到非饱和数值 ΔN^0 的一半 (图 2.3)。饱和功率是 $P_{\mathrm{s}} = I_{\mathrm{s}} A$，其中，$A$ 是分子吸收样品中激光光束的截面积。

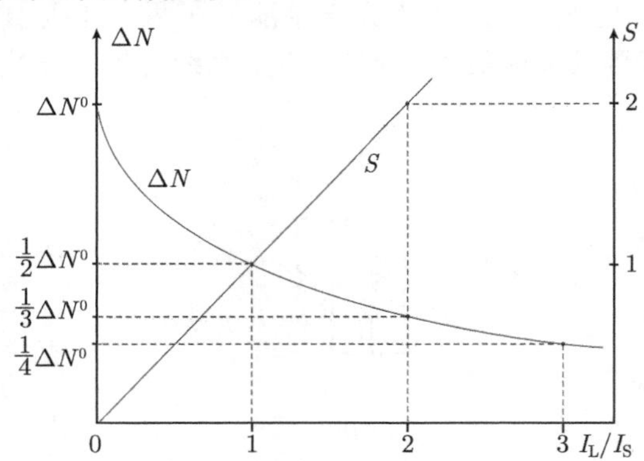

图 2.3　粒子数差别 ΔN 和饱和参数 S 随着入射激光强度 I_{L} 的变化关系

考虑到饱和，当 $\delta\nu_{\mathrm{L}} < \delta\nu_{\mathrm{a}}$ 的时候，根据式 (2.1) 和式 (2.10)，入射光功率在长度为 $\mathrm{d}z$ 的吸收路径上的减小量为

$$\mathrm{d}P = -A \cdot I \cdot \sigma_{12} \frac{\Delta N^0}{1+S}\mathrm{d}z \tag{2.13}$$

在非相干光源的情况下，如光谱灯，强度 I_ν 非常小，所以 $S \ll 1$。这样就可以将式 (2.13) 近似为

$$\mathrm{d}P = -P\sigma_{12}\Delta N^0 \mathrm{d}z \tag{2.14}$$

其中，由式 (2.9) 给出的非饱和粒子数差别与强度 I 无关，吸收功率正比于入射功率 (线性吸收)，也就是说，相对吸收功率 $\mathrm{d}P/P$ 是常数。

利用激光器，可以实现更大的入射光强 I_ν，$S \ll 1$ 可能不再成立，这时就需要使用式 (2.13) 而非式 (2.14)。因为粒子数差别减小了，所以，光吸收功率随着入射光强度的增加并没有线性增加那么大 (图 2.1)。用激光诱导荧光来测量被吸收的功率随着入射光强的变化关系，就可以很好地说明相对吸收 $\mathrm{d}P/P$ 随着光强度 I 的变化关系。如果由于吸收激光光子引起的吸收能级 $|1\rangle$ 上的粒子数减少的速率与再填充速率可以比拟的时候 (图 2.3)，粒子数 N_1 就会减小，激光诱导荧光的强度随着入射激光强度 I_L 的增加就没有线性增加那么快。

拉比翻转频率

$$\Omega_\mathrm{R} = D_{ik}E_0/\hbar$$

依赖于跃迁偶极矩阵元 D_{ik} 和入射光的电场振幅 E_0 (第 1 卷式 (2.90))。可以将均匀展宽谱线展宽情况下的饱和参数 S(第 1 卷第 3.1 节) 和谱线宽度 $\gamma = \gamma_1 + \gamma_2 = R_1 + R_2$ 与拉比翻转频率联系起来

$$S_{12} = \Omega_\mathrm{R}^2/(R^*\gamma) = \Omega_\mathrm{R}^2/(R_1R_2) \tag{2.15}$$

利用第 1 卷中的式 (2.30)、式 (2.78) 和式 (2.90)，以及均匀展宽的谱宽度 $\delta\omega_\mathrm{a} = 2\pi\delta\nu_\mathrm{a} = \gamma = \gamma_1 + \gamma_2 = R_1 + R_2$(第 1 卷第 3.1.2 节) 和拉比频率 Ω_{12}，由式 (2.11) 可以得到

$$S = \frac{\Omega_{12}^2}{R^*\gamma} = \frac{\Omega_{12}^2}{\gamma_1\gamma_2}, \quad \text{当 } R_1 = \gamma_1, \quad R_2 = \gamma_2 \text{ 的时候} \tag{2.16}$$

这就说明，饱和参数也可以表示为比值 $\Omega_{12}/\sqrt{R_1R_2}$ 的平方，它是共振处 ($\omega = \omega_{12}$) 的拉比频率 Ω_{12} 与 $|1\rangle$ 和 $|2\rangle$ 的弛豫速率的几何平均值的比值。换句话说，当原子位于强度 $I = I_\mathrm{s}$ 的光场中的时候，它们的拉比频率是 $\Omega_{12} = \sqrt{R_1R_2}$。

与第 1 卷式 (3.67d) 针对封闭式二能级系统的定义相比，式 (2.11) 定义的开放式二能级系统的饱和参数更为普适。它们的差别在于平均弛豫几率的定义，在封闭式系统中，它是 $R = (R_1 + R_2)/2$，而在开放式系统中，它是 $R^* = R_1R_2/(R_1 + R_2)$。令 $C_1 = R_2N_2$，$C_2 = R_1N_1$，$N_1 + N_2 = N =$ 常数，就可以将速率方程 (式 (2.8)) 定义的开放式系统封闭起来 (图 2.2(b))。这样一来，速率方程就和第 1 卷中的式 (3.66) 完全相同，R^* 就变为 R。

对于封闭式和开放式二能级系统来说，吸收能级上的粒子数 N_1 的饱和，有一个重要的差别。在封闭式的二能级系统中，根据式 (2.8) 和第 1 卷中的式 (3.67)，利用 $C_1 = R_2N_2$，$C_2 = R_1N_1$，$N_1 + N_2 = N =$ 常数，可以得到吸收能级 $|1\rangle$ 的稳态粒子数密度 N_1 是

$$N_1 = \frac{B_{12}I/c + R_2}{2B_{12}I_\nu/c + R_1 + R_2}N, \quad N = N_1 + N_2 \tag{2.17a}$$

N_1 绝不可能小于 $N/2$，因为

$$N_1 \geqslant \lim_{I\to\infty} N_1 = N/2 \to N_1 \geqslant N_2$$

然而，在开放系统中，可以由式 (2.8) 得到

$$N_1 = \frac{(C_1 + C_2)B_{12}I_\nu/c + R_2C_1}{(R_1 + R_2)B_{12}I_\nu/c + R_1R_2}N \tag{2.17b}$$

在光强很大 I_ν ($S \gg 1$) 的时候，粒子数密度 $N_1(I)$ 接近于极限值

$$N_1(S \to \infty) = \frac{C_1 + C_2}{R_1 + R_2}N \tag{2.17c}$$

如果再填充速率 C_1 和 C_2 远小于耗尽速率 R_1 和 R_2，那么，饱和粒子数密度 N_1 就可能非常小。

例如，分子束中分子跃迁的饱和就是这种情况，此时碰撞过程通常可以忽略不计。激发能级 $|2\rangle$ 通过自发辐射过程以速率 N_2A_2 弛豫到许多其他转动–振动能级 $|m\rangle \neq |1\rangle$ 上，只有一小部分 N_2A_{21} 返回到能级 $|1\rangle$。能级 $|1\rangle$ 的再填充机制就只有分子向激发区域内的扩散和辐射衰变速率 N_2A_{21}。当 $E_2 \gg kT$ 的时候，上能级 $|2\rangle$ 就只能够通过光学泵浦进行再填充。如果 $|1\rangle$ 是基态，它的“寿命”就是穿过长度为 d 的激发区域的渡越时间 $t_{\mathrm{T}} = d/v$。因此，必须将下列各项代入式 (2.8)，$C_1 = D_1 + N_2A_{21}$，$D_2 = 0$，$R_1 = 1/t_{\mathrm{T}}$，$R_2 = A_2 + 1/t_{\mathrm{T}}$，可以得到

$$N_1 = \frac{D_1(B_{12}\rho + A_2 + 1/t_{\mathrm{T}})}{B_{12}\rho(A_2 - A_{21} + 2/t_{\mathrm{T}}) + 1/t_{\mathrm{T}}^2}N \tag{2.18a}$$

没有激光激发 ($\rho = 0$，$A_2 = A_{21} = 0$) 的时候，可以得到 $N_1^0 = D_1t_{\mathrm{T}}$。这是分子扩散到激发区域产生的稳态粒子数。在强激光条件下，式 (2.18a) 给出

$$\lim_{I\to\infty} N_1 = \frac{D_1}{A_2 - A_{21} + 2/t_{\mathrm{T}}} \tag{2.18b}$$

例 2.2

$d = 1\mathrm{mm}$，$v = 5 \times 10^4\mathrm{cm/s} \to t_{\mathrm{T}} = 2 \times 10^{-6}\mathrm{s}$。由 $D_1 = 10^{14}\mathrm{s}^{-1} \cdot \mathrm{cm}^{-3}$，可以得到稳态粒子数密度 $N_1^0 = 2 \times 10^8\mathrm{cm}^{-3}$。由典型数值 $A_2 = 10^8\mathrm{s}^{-1}$，$A_{21} = 10^7\mathrm{s}^{-1}$，可以得到完全饱和的粒子数密度为 $N_1 \approx 10^6\mathrm{cm}^{-3}$。饱和粒子数 N_1 减小为非饱和数值 N_1^0 的 0.5%。

简要地讨论一下具有明显的强度饱和效应的两种不同情况：

(a) 连续激光的带宽 $\delta\nu_{\mathrm{L}}$ 大于吸收跃迁的谱宽 $\delta\nu_{\mathrm{a}}$。此时，均匀谱线展宽和非均

匀谱线展宽的结果都是一样的。根据式 (2.11)，总饱和强度 $I_s = c\rho_s(\nu)\delta\nu_L$ 就是

$$I_s = \int I_s(\nu)d\nu \approx \frac{R^* c}{B_{12}}\delta\nu_L[\mathrm{W/m^2}] \tag{2.19a}$$

例 2.3

$\delta\nu_L = 3\times10^9\mathrm{s}^{-1}$ ($\hat{=}0.1\mathrm{cm}^{-1}$) 的宽带连续激光在分子束中引起的分子跃迁的饱和:

$R_1 = 1/t_T$，$R_2 = A_2 + 1/t_T$，由 $B_{12} = (c^3/8\pi h\nu^3)A_{21}$，可以得到饱和强度

$$I_s(\delta\nu_L) = \frac{(A_2 + 1/t_T)8\pi h\nu^3\cdot\delta\nu_L}{(t_T A_2 + 2)A_{21}c^2}[\mathrm{W/m^2}] \tag{2.19b}$$

采用上一个例子中的数值，$A_2 = 10^8\mathrm{s}^{-1}$，$t_T = 2\times10^{-6}\mathrm{s}$，$\nu = 5\times10^{14}\mathrm{s}^{-1}$，$A_{21} = 10^7\mathrm{s}^{-1}$，$\delta\nu_L = 3\times10^9\mathrm{s}^{-1}$，可以得到

$$I_s \approx 3\times10^3\mathrm{W/m^2}$$

如果激光光束聚焦在面积为 $A = 1\mathrm{mm}^2$ 的截面上，那么，对于这个例子来说，3mW 的激光功率就足以使得饱和参数达到 $S = 1$。

如果激光带宽 $\delta\nu_L$ 与吸收谱线的均匀展宽宽度 $\gamma/2\pi$ 匹配，由 $\gamma = A_2 + 2/t_T$ 和式 (2.19b)，可以得到饱和强度

$$I_s = \frac{4h\nu^3}{TA_{21}c^2}(A_2 + 1/t_T) \approx 100\mathrm{W/m^2} = 100\mu\mathrm{W/mm^2} \tag{2.19c}$$

(b) 第二种情况是，一个连续单模激光的频率 $\nu = \nu_0$ 位于均匀展宽的原子共振跃迁的中心频率 ν_0 处。如果到基态的自发辐射是上能级的唯一弛豫过程，$S = 1$ 的时候，弛豫速率是 $R^* = A_{21}/2$，饱和展宽的线宽是 $\delta\nu_a = \sqrt{2}A_{21}/2\pi$，根据式 (2.11) 和第 1 卷的式 (2.22)，可以得到饱和强度为

$$I_s = c\rho_s\delta\nu_a = \frac{cR^*A_{21}}{\sqrt{2}\pi B_{12}} = \frac{2\sqrt{2}h\nu A_{21}}{\lambda^2} \tag{2.20}$$

由第 1 卷的式 (3.67f) 可以得到同样的结果，$I_s = h\nu A_{21}/2\sigma_{12}$，其中

$$\int\sigma_{12}d\nu \sim \sigma(\nu_0)\delta\nu_a = (h\nu/c)B_{12} = (c^2/8\pi\nu^2)A_{21} \tag{2.21a}$$

在没有饱和展宽的时候

$$\sigma(\nu_0) \sim c^2/4\nu^2 = (\lambda/2)^2, \quad I_s = \frac{2h\nu A_{21}}{\lambda^2} \tag{2.21b}$$

当 $A_{21} = 10^8\mathrm{s}^{-1}$ 的时候，向激发区域之外的扩散所引起的弛豫过程可以忽略不计。当压强足够小的时候，碰撞诱导跃迁几率小于 A_{21}。

例 2.4

$\lambda = 500\text{nm} \rightarrow \nu = 6 \times 10^{14}\text{s}^{-1}$，$A_{21} = 10^8\text{s}^{-1} \rightarrow I_s \approx 380\text{W/m}^2$。将光束聚焦到面积 1mm^2 上，则饱和功率只有 265μW！采用例 2.3 中的数值 $A_{21} = 10^7\text{s}^{-1}$，饱和强度减小为 38W/m^2。

如果碰撞展宽是必要的话，线宽和饱和强度的增加大致上都正比于均匀展宽线宽。如果使用脉冲激光，饱和峰值功率要大得多，因为系统通常并不会达到饱和条件。对于光学泵浦，激光脉冲的持续时间 T_L 通常是起限制作用的时间间隔。只有对非常长的激光脉冲 (例如，铜蒸气激光泵浦的染料激光)，分子穿过激光束的渡越时间才有可能小于 T_L。

2.2　非均匀展宽谱线的饱和

第 1 卷第 3.6 节指出，均匀展宽的跃迁谱线是洛伦兹线形，它的饱和谱线还是洛伦兹线形，半高宽为

$$\Delta\omega_s = \Delta\omega_0\sqrt{1+S_0}, \quad S_0 = S(\omega_0) \tag{2.22}$$

与非饱和的半高宽 $\Delta\omega_0$ 相比，它增大了一个因子 $(1+S_0)^{1/2}$。饱和展宽是因为吸收系数

$$\alpha(\omega) = \frac{\alpha_0(\omega)}{1+S(\omega)}$$

减小了一个因子 $[1+S(\omega)]^{-1}$，而饱和参数 $S(\omega)$ 本身也是一个洛伦兹谱线线形，谱线中心处的饱和强于谱线的侧翼部分 (第 1 卷图 3.24)。

我们将讨论非均匀展宽谱线的饱和。用多普勒展宽的跃迁过程作为例子，它是饱和光谱学中最重要的情况。

2.2.1　烧孔

当一束单色光

$$E = E_0\cos(\omega t - kz), \quad k = k_z$$

通过分子气体样品的时候，样品中的分子具有麦克斯韦–玻耳兹曼速度分布，对于速度为 $\boldsymbol{v}$ 的分子，在运动分子坐标系中，多普勒位移的激光频率为 $\omega' = \omega - \boldsymbol{k}\cdot\boldsymbol{v}$，其中，$\boldsymbol{k}\cdot\boldsymbol{v} = kv_z$，只有当这一频率位于静止分子的吸收频率中心 ω_0 处的均匀展宽线宽 γ 之内的时候，也就是说，$\omega' = \omega_0 \pm \gamma$，该分子才能够对吸收做出显著的贡献。对于速度分量为 v_z 的分子来说，它的跃迁 $|1\rangle \rightarrow |2\rangle$ 的吸收截面

$$\sigma_{12}(\omega, v_z) = \sigma_0\frac{(\gamma/2)^2}{(\omega-\omega_0-kv_z)^2+(\gamma/2)^2} \tag{2.23}$$

其中，$\sigma_0 = \sigma(\omega = \omega_0 + kv_z)$ 是分子跃迁谱线中央处的吸收截面最大值。

因为饱和效应，在速度间隔 $\mathrm{d}v_z=\gamma/k$ 内的粒子数密度 $N_1(v_z)\mathrm{d}v_z$ 减小了，上能级 $|2\rangle$ 的粒子数密度 $N_2(v_z)\mathrm{d}v_z$ 则随之增大 (图 2.4(a))。根据式 (2.10) 和第 1 卷的式 (3.72)，当 $S\ll 1$ 的时候，可以得到

$$N_1(\omega,v_z)=N_1^0(v_z)-\frac{\Delta N^0}{\gamma_1\tau}\left[\frac{S_0(\gamma/2)^2}{(\omega-\omega_0-kv_z)^2+(\gamma_s/2)^2}\right] \tag{2.24a}$$

$$N_2(\omega,v_z)=N_2^0(v_z)+\frac{\Delta N^0}{\gamma_2\tau}\left[\frac{S_0(\gamma/2)^2}{(\omega-\omega_0-kv_z)^2+(\gamma_s/2)^2}\right] \tag{2.24b}$$

其中，$\gamma=\gamma_1+\gamma_2$ 是跃迁的均匀展宽宽度，$\gamma_{\mathrm{s}}=\gamma\sqrt{1+S_0}$。物理量

$$\tau=\frac{1}{\gamma_1}+\frac{1}{\gamma_2}=\frac{\gamma}{\gamma_1\cdot\gamma_2} \tag{2.24c}$$

称为纵向弛豫时间，

$$T=\frac{1}{\gamma_1+\gamma_2}=\frac{1}{\gamma} \tag{2.24d}$$

是横向弛豫时间。

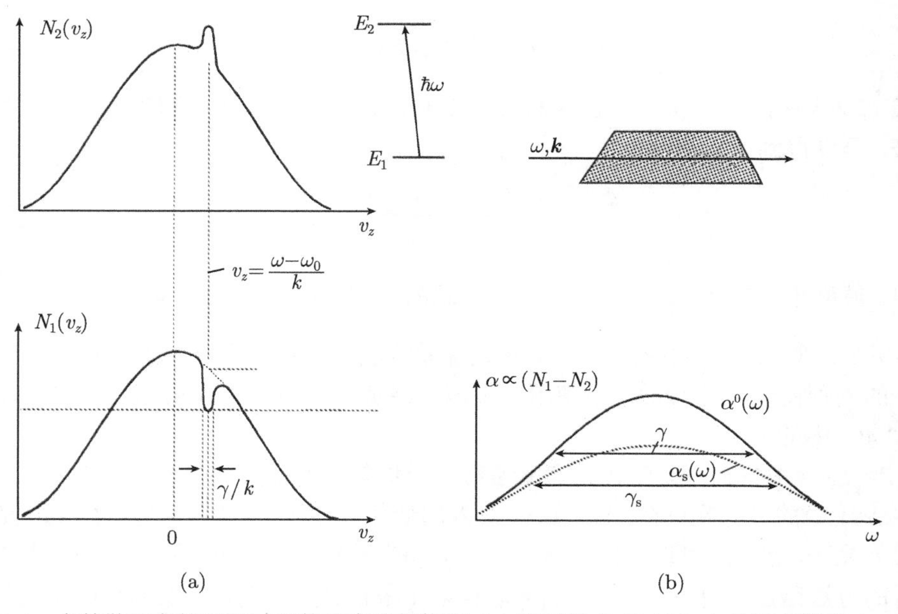

图 2.4 多普勒展宽的跃迁过程的速度选择饱和 (a) 粒子数分布 $N_i(v_z)$ 的下能级的 Bennet 凹坑和上能级的 Bennet 峰；(b) 调节饱和激光使之通过分子跃迁的多普勒线形时得到的饱和吸收线形 (虚线)

注意，当 $\gamma_1\neq\gamma_2$ 的时候，$N_1(v_z)$ 上凹坑的深度并不等于 $N_2(v_z)$ 的峰高度。用式 (2.24a) 减去式 (2.24b)，可以得到饱和粒子数之差

$$\Delta N(\omega_\mathrm{s}, v_z) = \Delta N^0(v_z)\left[1 - \frac{S_0(\gamma/2)^2}{(\omega-\omega_0-kv_z)^2+(\gamma_\mathrm{s}/2)^2}\right] \tag{2.24e}$$

在 $v_z = (\omega-\omega_0)/k$ 处，粒子数分布 $\Delta N(v_z)$ 有一个最小值，它通常被称为 Bennet 凹坑[2.1]，具有均匀展宽宽度 (第 1 卷第 3.6 节)

$$\gamma_\mathrm{s} = \gamma\sqrt{1+S_0}$$

凹坑中心 $\omega = \omega_0 + kv_z$ 处的深度为

$$\Delta N^0(v_z) - \Delta N(v_z) = \Delta N^0(v_z)\frac{S_0}{1+S_0} \tag{2.25}$$

当 $S_0 = 1$ 的时候，凹坑深度是非饱和粒子数之差的 50%。速度分量位于 v_z 和 $v_z + \mathrm{d}v_z$ 之间的分子对吸收系数 $\alpha(\omega, v_z)$ 的贡献为

$$\frac{\mathrm{d}\alpha(\omega, v_z)}{\mathrm{d}v_z}\mathrm{d}v_z = \Delta N(v_z)\sigma(\omega, v_z)\mathrm{d}v_z \tag{2.26}$$

吸收能级上的所有分子产生的总吸收系数就是

$$\alpha(\omega) = \int \Delta N(v_z)\sigma_{12}(\omega, v_z)\mathrm{d}v_z \tag{2.27}$$

将式 (2.24) 中的 $\Delta N(v_z)$、式 (2.23) 中的 $\sigma(\omega, v_z)$ 和式 (3.40) 中的 $\Delta N_0(v_z)$ 代入进来，可以得到

$$\alpha(\omega) = \frac{\Delta N^0\sigma_0}{v_\mathrm{p}\sqrt{\pi}}\int\frac{\mathrm{e}^{-(v_z/v_\mathrm{p})^2}\mathrm{d}v_z}{(\omega-\omega_0-kv_z)^2+(\gamma_\mathrm{s}/2)^2} \tag{2.28}$$

其中，最可几速度为 $v_\mathrm{p} = (2k_\mathrm{B}T/m)^{1/2}$，总的非饱和粒子数之差为 $\Delta N^0 = \int \Delta N^0(v_z)\mathrm{d}v_z$。尽管有饱和效应，$\alpha(\omega)$ 仍然是佛赫特线形，类似于第 1 卷中的式 (3.46)。唯一的差别在于，式 (2.28) 中使用的是饱和展宽的均匀展宽线宽 γ_s，而非第 1 卷式 (3.46) 中的 γ。

当 $S_0 < 1$ 的时候，多普勒宽度通常大于均匀展宽宽度 γ_s，在给定频率 ω 处，式 (2.28) 中的分子在间隔 $\Delta v_z = \gamma_\mathrm{s}/k$ 内的变化并不大，此时，积分对 $\alpha(\omega)$ 的贡献最为显著。因此，可以将因子 $\exp[-(v_z/v_\mathrm{p})^2]$ 移到积分之外。剩下的积分可以用解析的方法给出，由 $v_z = (\omega-\omega_0)/k$ 和第 1 卷的式 (3.44)，可以得到饱和吸收系数为

$$\alpha_\mathrm{s}(\omega) = \frac{\alpha^0(\omega_0)}{\sqrt{1+S_0}}\exp\left(-\left[\frac{\omega-\omega_0}{0.6\delta\omega_\mathrm{D}}\right]^2\right) \tag{2.29}$$

其中，非饱和吸收系数为

$$\alpha^0(\omega_0) = \Delta N^0\frac{\sigma_0\gamma c\sqrt{\pi}}{v_\mathrm{p}\omega_0}$$

多普勒宽度为 $\delta\omega_{\mathrm{D}}=\dfrac{\omega_0}{c}\sqrt{\dfrac{8kT\ln 2}{m}}$。式 (2.29) 给出了一个引人注目的结果，虽然在每个频率 ω 处，单色激光都可以在速度分布 $N_1(v_z)$ 上烧出一个 Bennet 凹坑，但是，沿着吸收线形调节激光频率，并不能够探测到这个凹坑。非均匀展宽线形的吸收系数

$$\alpha(\omega)=\frac{\alpha^0(\omega)}{\sqrt{1+S_0}} \tag{2.30}$$

仍然是佛赫特线形，没有任何凹坑，只是被缩小了一个与 ω 无关的常数因子 $(1+S_0)^{-1/2}$(图 2.4(b))。

注：它与均匀展宽的吸收线形的差别在于，后者中的 $\alpha(\omega)$ 被缩减了一个依赖于频率的因子 $(1+S(\omega))^{-1}$，见第 1 卷中的式 (3.75) 和图 3.24。

然而，利用两束激光，就可以探测 Bennet 凹坑。

(a) 泵浦激光用于饱和，它的波矢为 $\boldsymbol{k}_1$，频率为 ω_1 保持不变，根据式 (2.24)，它在速度 $v_z\pm\Delta v_z/2$ 处烧出了一个凹坑，其中，$v_z=(\omega_0-\omega_1)/k_1$，$\Delta v_z=\gamma/k_1$ (图 2.5)。

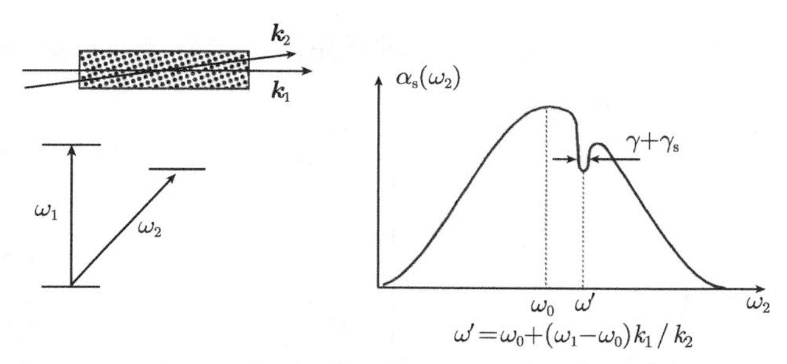

图 2.5 频率为 $\omega_{\mathrm{p}}=\omega_1$ 的强泵浦激光在多普勒展宽的吸收线形 $\alpha(\omega)$ 上烧出的饱和凹坑，用一束弱探测激光探测，$\omega'=\omega_0\pm(\omega_1-\omega_0)k_1/k_2$

(b) 一束弱探测激光的波矢为 $\boldsymbol{k}_2$，频率可以在佛赫特线形附近调节。这束探测激光非常弱，不足以产生额外的饱和效应。可调谐激光的吸收系数就是

$$\begin{aligned}\alpha_{\mathrm{s}}(\omega_1,\omega)=&\frac{\sigma_0\Delta N^0}{v_{\mathrm{p}}\sqrt{\pi}}\int\frac{\mathrm{e}^{-(v_z/v_{\mathrm{p}})^2}}{(\omega_0-\omega-k_2v_z)^2+(\gamma/2)^2}\\&\cdot\left[1-\frac{S_0(\gamma/2)^2}{(\omega_0-\omega_1-k_1v_z)^2+(\gamma_{\mathrm{s}}/2)^2}\right]\mathrm{d}v_z\end{aligned} \tag{2.31}$$

对速度分布进行积分，类似于式 (2.29)，可以得到

$$\alpha_{\mathrm{s}}(\omega_1,\omega)=\alpha^0(\omega)\left[1-\frac{S_0}{\sqrt{1+S_0}}\frac{(\gamma/2)^2}{(\omega-\omega')^2+(\Gamma_{\mathrm{s}}/2)^2}\right] \tag{2.32}$$

它是一个非饱和多普勒线形 $\alpha^0(\omega)$，在探测频率处

$$\omega = \omega' = \omega_0 \pm (\omega_1 - \omega_0)k_1/k_2$$

有一个饱和凹坑，当泵浦光和探测光的传播方向相同的时候，采用 “+” 号，方向相反的时候，采用 “−” 号。

在 $\omega = \omega'$ 处的吸收凹坑的半高宽 $\Gamma_s = \gamma + \gamma_s = \gamma[1 + (1 + S_0)^{1/2}]$ 等于弱探测光的非饱和均匀展宽的吸收宽度 γ 与强泵浦激光产生的饱和凹坑的宽度之和。当 $S_0 \ll 1$ 对时候，在 $\omega = \omega'$ 处的凹坑深度为

$$\Delta\alpha(\omega') = \alpha^0(\omega') - \alpha_s(\omega') = \alpha^0(\omega')\frac{S_0}{\sqrt{1+S_0}(1+\sqrt{1+S_0})} \approx \frac{S_0}{2}\alpha^0(\omega) \tag{2.32a}$$

注: 在推导式 (2.32) 的时候，我们只考虑了饱和效应引起的粒子数变化，而忽略了相干现象，如两束光的干涉。对于同向传播和反向传播的光来说，这些效应是不同的，文献 [2.2]~[2.4] 对此进行了详细的讨论。当激光强度足够小的时候，$S \ll 1$，它们不会显著地影响上述结果，但是会在谱线结构上给出一些更为精细的结构。

2.2.2　兰姆凹坑

将入射光反射到吸收盒里，可以用单独一束激光产生泵浦和探测光束 (图 2.6)。

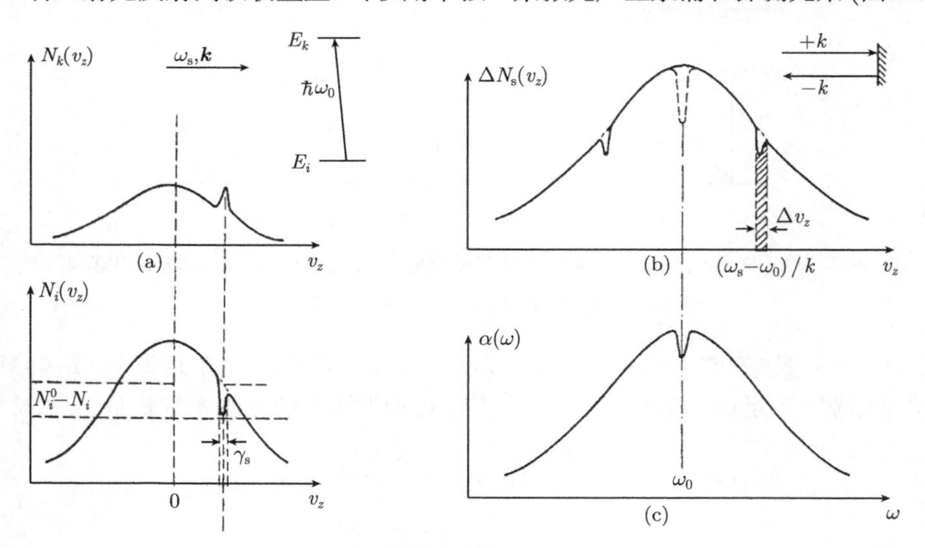

图 2.6　非均匀展宽谱线的饱和

(a) 频率为 $\omega \neq \omega_0$ 的单色行波产生的 Bennet 凹坑; (b) 两束逆向传播的光产生的 Bennet 凹坑，有两种情况，即 $\omega \neq \omega_0$ 和 $\omega = \omega_0$(虚线); (c) 吸收线形 $\alpha_s(\omega)$ 上的兰姆凹坑

此时，如果两束逆向传播的光束的光强相等，$I_1 = I_2 = I$，波矢 $\boldsymbol{k}_1 = -\boldsymbol{k}_2$，那么，饱和的粒子数之差就是

$$\Delta N(v_z) = \Delta N^0(v_z) \cdot \left[1 - \frac{S_0(\gamma/2)^2}{(\omega_0 - \omega - kv_z)^2 + (\gamma_s/2)^2} - \frac{S_0(\gamma/2)^2}{(\omega_0 - \omega + kv_z)^2 + (\gamma_s/2)^2}\right] \tag{2.33}$$

其中，$S_0 = S_0(I)$ 是由行波引起的饱和参数。因为多普勒位移的符号相反，频率为 ω 的两束光在速度分量 $v_z = \pm(\omega_0 - \omega)/k$ 的粒子数分布 $\Delta N(v_z)$ 处烧出了两个 Bennet 凹坑 (图 2.6(b))。

饱和吸收系数就是

$$\alpha_s(\omega) = \int \Delta N(v_z)[\sigma(\omega_0 - \omega - kv_z) + \sigma(\omega_0 - \omega + kv_z)]\mathrm{d}v_z \tag{2.34}$$

在弱场近似下，将式 (2.33) 和式 (2.23) 代入式 (2.34)，通过一些复杂的计算[2.2]，可以得到驻波场中样品的饱和吸收系数

$$\alpha_s(\omega) = \alpha^0(\omega)\left[1 - \frac{S_0}{2}\left(1 + \frac{(\gamma_s/2)^2}{(\omega - \omega_0)^2 + (\gamma_s/2)^2}\right)\right] \tag{2.35a}$$

其中，

$$\gamma_s = \gamma\sqrt{1 + S_0}, \quad S_0 = S_0(I, \omega_0)$$

它表示的是多普勒展宽的吸收谱线 $\alpha_0(\omega)$，在谱线中心 $\omega = \omega_0$ 处，有一个凹坑，称为兰姆凹坑 (Lamb dip)，这是为了纪念 W.E. Lamb，他在理论上首次解释了这一现象[2.5]。当 $\omega = \omega_0$ 的时候，饱和吸收系数减小为 $\alpha_s(\omega_0) = \alpha_0(\omega_0) \cdot (1 - S_0)$。兰姆凹坑的深度是 $S_0 = B_{ik}I/(c\gamma_s)$，$I = I_1 = I_2$ 是形成驻波场的逆向传播的光束的光强。当 $\omega_0 - \omega \gg \gamma_s$ 的时候，饱和吸收系数变为 $\alpha_s = \alpha_0(1 - S_0/2)$，它对应于一束光引起的饱和效应。

可以用简单明显的方式解释兰姆凹坑：当 $\omega \neq \omega_0$ 的时候，入射光被速度分量为 $v_z = +(\omega - \omega_0 \pm \gamma_s/2)/k$ 的分子吸收，反射光被速度为 $v_z = -(\omega - \omega_0 \pm \gamma_s/2)/k$ 的其他分子吸收。当 $\omega = \omega_0$ 的时候，两束光都被相同的分子吸收，它们的速度是 $v_z = (0 \pm \gamma_s/2)/k$，实际上是垂直于激光光束运动的。此时，每个分子吸收的光强加倍了，因此，饱和效应也就更大。

均匀展宽谱线 (图 2.7(a)) 和非均匀展宽谱线的饱和行为的差别如图 2.7 所示。对于非均匀展宽谱线，有两种情况：

(a) 吸收样品位于驻波场中 ($I_1 = I_2 = I$)，调节频率 ω 使之扫过谱线 (图 2.7(b))。

(b) 泵浦激光 ($I = I_1$) 位于 ω_0 的谱线中心位置，调节弱探测激光使之扫过饱和谱线 (图 2.7(c))。

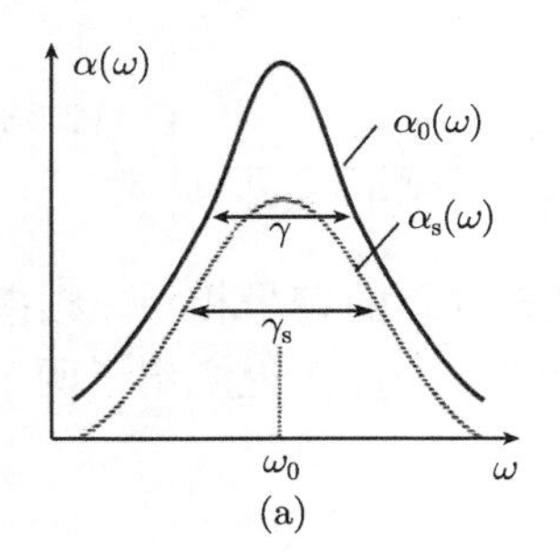

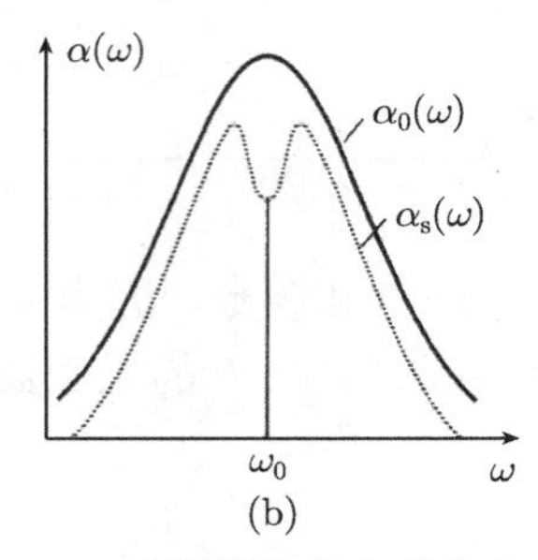

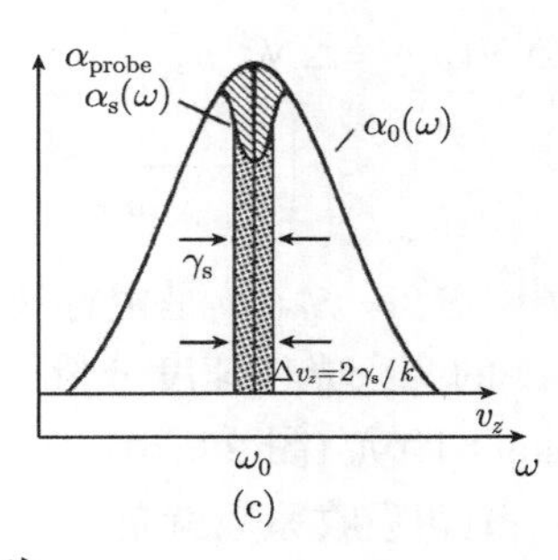

图 2.7 吸收谱线的几种饱和行为

(a) 均匀展宽的谱线；(b) 非均匀展宽的谱线；(c) 用于饱和的行波保持在 $\omega=\omega_0$ 不变，用弱探测光扫描谱线

在第一种情况中 (图 2.7(b))，非均匀展宽谱线中心处的饱和兰姆凹坑是 $S_0=B_{ik}I/(c\gamma_{\rm s})$，当 $(\omega-\omega_0)\gg\gamma_{\rm s}$ 的时候，它是 $S_0/2$。在第二种情况中 (图 2.7(c))，Bennet 凹坑的深度是 $S_0/2=B_{ik}I_1/(c\gamma_{\rm s})$。

当激光很强的时候，近似条件 $S_0\ll 1$ 不再成立。忽略相干效应，得到的不再是式 (2.35)，而是[2.2]

$$\alpha_{\rm s}(\omega)=\alpha^0(\omega)\frac{\gamma/2}{B\left[1-\left(\dfrac{2(\omega-\omega_0)}{A+B}^2\right)\right]^{1/2}} \tag{2.35b}$$

其中，

$$A=[(\omega-\omega_0)^2+(\gamma/2)^2]^{1/2},\quad B=[(\omega-\omega_0)^2+(\gamma/2)^2(1+2S)]^{1/2}$$

由此得到，在谱线中心 $\omega=\omega_0$ 处，$\alpha_{\rm s}(\omega_0)=\alpha^0(\omega_0)/\sqrt{1+2S}$，当 $(\omega-\omega_0)\gg\gamma$ 的时候，$\alpha_{\rm s}(\omega)=\alpha^0(\omega)/\sqrt{1+S}$。兰姆凹坑的深度达到极大值的条件是

$$\frac{\alpha(\omega-\omega_0\gg\gamma_{\rm s})-\alpha(\omega_0)}{\alpha(\omega_0)}=\frac{1}{\sqrt{1+S_0}}-\frac{1}{\sqrt{1+2S_0}}$$

达到极大值，此时，$S_0\approx 1.4$。一些 S_0 值对应的饱和吸收线形如图 2.8 所示。

注：在式 (2.35a) 中，兰姆凹坑的宽度是 $\delta\omega_{\rm LD}=\gamma_{\rm s}$。然而，这对应于速度间隔 $\Delta v_z=2\gamma_{\rm s}/k$，因为在调节激光频率 ω 的时候，两个 Bennet 凹坑的多普勒位移相反，$\Delta\omega=(\omega_0-\omega)=\pm kv_z$，它们是相加的关系。

如果图 2.6 中的反射光强度非常小 $(I_2\ll I_1)$，那么，得到的就不是式 (2.35)，而是一个类似于式 (2.32) 的公式。然而，必须用 $\varGamma_{\rm s}^*=(\gamma+\gamma_{\rm s})/2$ 替换 $\varGamma_{\rm s}$，因为泵浦光和探测光是同时调节的。当 $S_0\ll 1$ 的时候，结果是

$$\alpha_{\rm s}(\omega)=\alpha^0(\omega)\left[1-\frac{S_0}{2}\frac{(\gamma_{\rm s}/2)^2}{(\omega-\omega_0)^2+(\varGamma_{\rm s}^*/2)^2}\right] \tag{2.36}$$

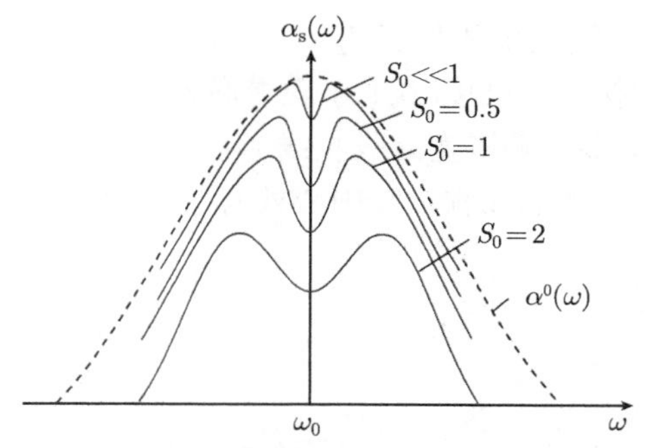

图 2.8　几种饱和参数 S_0 对应的兰姆凹坑

2.3　饱和光谱学

饱和光谱学的基础是依赖于速度饱和效应的多普勒展宽的分子跃迁 (第 2.2 节)。此时，光谱分辨率不再受限于多普勒宽度，而是受限于宽度窄得多的兰姆凹坑。可以用图 2.9 中的例子来说明光谱分辨率的提高，此时，两个跃迁由相同的下能级 $|c\rangle$ 跃迁到距离很近的两个能级 $|a\rangle$ 和 $|b\rangle$ 上。即使两个跃迁的多普勒线形完全重合在一起，只要 $\Delta\omega = \omega_{ca} - \omega_{cb} > 2\gamma_s$，就可以将它们的兰姆凹坑清晰地区分开来。

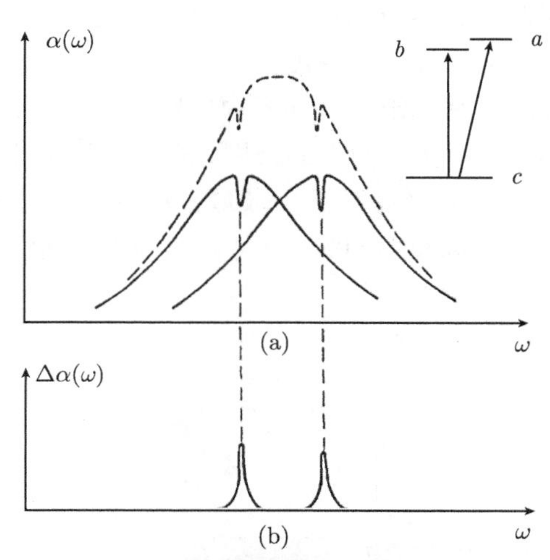

图 2.9　多普勒线形彼此重叠的两个跃迁过程的兰姆凹坑

因此，饱和光谱学通常也称为兰姆凹坑光谱学。

2.3.1　实验装置

饱和光谱学的一种实验装置如图 2.10 所示。分光镜 BS 将可调谐激光器的输

出光束分为强度 I_1 的泵浦光束和强度 $I_2 \ll I_1$ 的探测光束，它们沿着相反的方向穿过样品。监测透射的探测光强度 $I_{t2}(\omega)$ 随着激光频率 ω 的变化关系，探测信号 $DS(\omega) \propto I_2 - I_{t2}$ 表明，多普勒展宽的吸收线形在中心位置上有“兰姆峰”，原因在于，饱和吸收在多普勒展宽的吸收谱线中心处有兰姆凹坑。

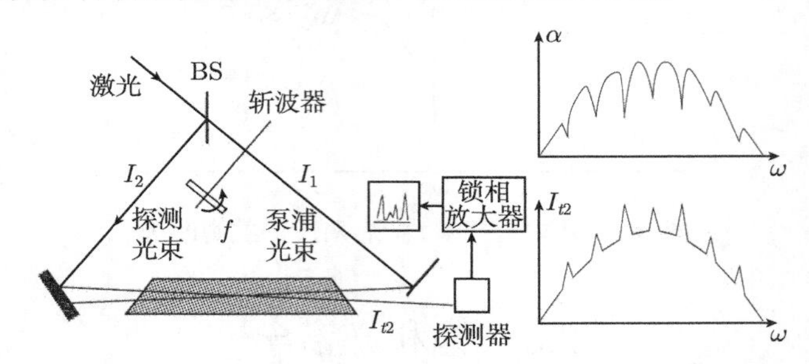

图 2.10　饱和光谱学的实验装置，监测的是探测光的透射强度 $I_{t2}(\omega)$

对泵浦光束进行斩波并用锁相放大器以斩波频率测量探测光强度，就可以消除多普勒展宽的背景。根据式 (2.36)，当探测光强度足够弱的时候，没有多普勒效应的吸收线形是

$$\alpha_0 - \alpha_{\mathrm{s}} = \frac{\alpha_0 S_0}{2} \frac{(\gamma_{\mathrm{s}}/2)^2}{(\omega - \omega_0)^2 + (\Gamma_{\mathrm{s}}^*/2)^2} \tag{2.37}$$

为了提高灵敏度，将探测光束再分为两束。一束光通过被泵浦光饱和的样品区域，另一束光通过非饱和区 (图 2.11)。用探测器 D_1 和 D_2 测量这两束探测光经过样品之后的差别，如果它们的差别在没有泵浦光束的时候等于零，那么，探测光强之差就给出了饱和信号。用 D_3 测量泵浦光的强度，就可以将饱和信号归一化。图 2.12 给出了饱和光谱的一个例子，样品是置于玻璃盒中的铯同位素的混合气体，温度大约是 100°C[2.6]。利用这些高精度的测量，可以得到不同同位素的超精细结构和同

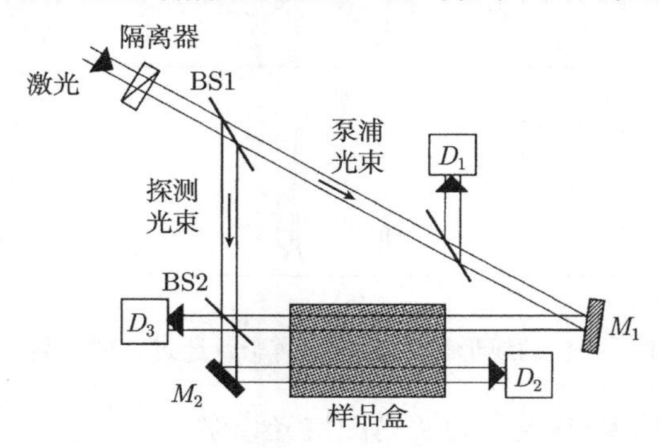

图 2.11　更加灵敏的饱和光谱学

BS2 将探测光束分为两束平行光，它们分别通过泵浦区域和非泵浦区域。泵浦光和探测光是严格地逆向传播的。用法拉第隔离器防止探测光返回到激光器中

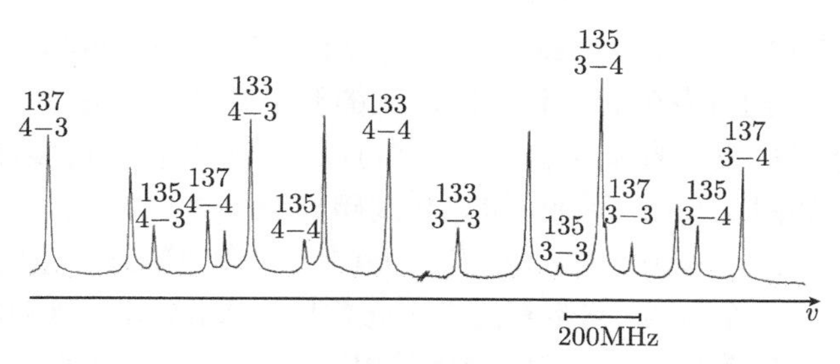

图 2.12 在同位素 ^{133}Cs、^{135}Cs 和 ^{137}Cs 的混合气中，$\lambda = 459.3$nm 处的 $6^2S_{1/2} \rightarrow 7^2P$ 跃迁的所有超精细分量的饱和光谱[2.6]

位素位移。图 2.10 中的两束光的微小夹角 α[rad] 很小，这样就产生了残留的多普勒宽度 $\delta\omega_1 = \Delta\omega_{\mathrm{D}}\alpha$。如果泵浦和探测光束是严格地逆向传播的话 ($\alpha = 0$)，探测光束就会返回到激光器里去，使得激光器不再稳定。利用光学隔离器，可以防止这一效应，例如，法拉第转动器[2.7] 能够将偏振面转动 90°，这样就可以用偏振片来抑制反射光 (图 2.11)。

除了测量探测光的衰减之外，还可以利用激光诱导荧光来测量吸收，它正比于被吸收的激光功率。当吸收分子的浓度很小、吸收很弱的时候，这种技术就特别有优势。此时，探测光束衰减程度的变化非常难以测量，微小的兰姆凹坑基本上都被多普勒展宽的背景上的噪声掩盖了。Sorem 和 Schawlow[2.8,2.9] 演示了一种非常灵敏的双调制荧光技术，用两种不同的频率 f_1 和 f_2 分别对泵浦光束和探测光束进行斩波 (图 2.13(a))。假定这两束光的光强分别为 $I_1 = I_{10}(1 + \cos \varOmega_1 t)$ 和 $I_2 = I_{20}(1 + \cos \varOmega_2 t)$，其中，$\varOmega_i = 2\pi f_i$。激光诱导荧光的强度就是

$$I_{\mathrm{Fl}} = C\Delta N_{\mathrm{s}}(I_1 + I_2) \tag{2.38}$$

其中，ΔN_{s} 是吸收能级和上能级的饱和粒子数密度之差，常数 C 包括了跃迁几率和荧光探测器的收集效率。根据式 (2.33)，可以得到，在吸收谱线的中心位置

$$\Delta N_{\mathrm{s}} = \Delta N^0[1 - a(I_1 + I_2)]$$

将此代入式 (2.38)，可以得到

$$I_{\mathrm{Fl}} = C[\Delta N^0(I_1 + I_2) - a\Delta N^0(I_1 + I_2)^2] \tag{2.39}$$

二次表达式 $(I_1 + I_2)^2$ 包括依赖于频率的部分

$$I_{10}I_{20}\cos \varOmega_1 t \cdot \cos \varOmega_2 t = \frac{1}{2}I_{10}I_{20}[\cos(\varOmega_1 + \varOmega_2)t + \cos(\varOmega_1 - \varOmega_2)t]$$

上式表明，荧光强度包含有调制频率分别为斩波频率 f_1 和 f_2 的线性项，同时还包含有调制频率分别为 $(f_1 + f_2)$ 和 $(f_1 - f_2)$ 的二次项。线性项表示通常的激光诱导

荧光，它是多普勒展宽的激发谱线线形，二次项描述的是饱和效应，因为它们依赖于分子与两个光场同时发生相互作用时产生的粒子数密度的减小量 $\Delta N(v_z=0)$。将锁相放大器的频率设定为和频 f_1+f_2，就可以抑制荧光信号的线性背景，测量的只是饱和信号。如图 2.13(b) 所示，可以看到碘分子 I_2 的 $X^1\Sigma_g^+ \to B^3\Pi_{u0}$ 跃迁中的转动谱线 $(v''-1, J''=98)(v'=58, J'=99)$ 的 15 个超精细分量[2.9,2.10]。对两束激光进行斩波的是一个转盘，它带有两排不同数目的通孔，分别以频率 $f_1=600\text{s}^{-1}$ 和 $f_2=900\text{s}^{-1}$ 来阻断光束。上方的光谱是用泵浦光的斩波频率 f_1 来测量的。式 (2.39) 中的线性项引起的多普勒展宽的背景和兰姆凹坑都带有调制频率 f_1 的贡献，因此被同时测量了出来。然而，利用双调制荧光谱 (下方的光谱)，可以更加精确地得到超精细结构分量的中心频率，它是在和频 (f_1+f_2) 处测量得到的，线性背景被抑制掉了。这种技术广泛应用于低气压分子和自由基的亚多普勒调制光谱[2.11~2.13]。

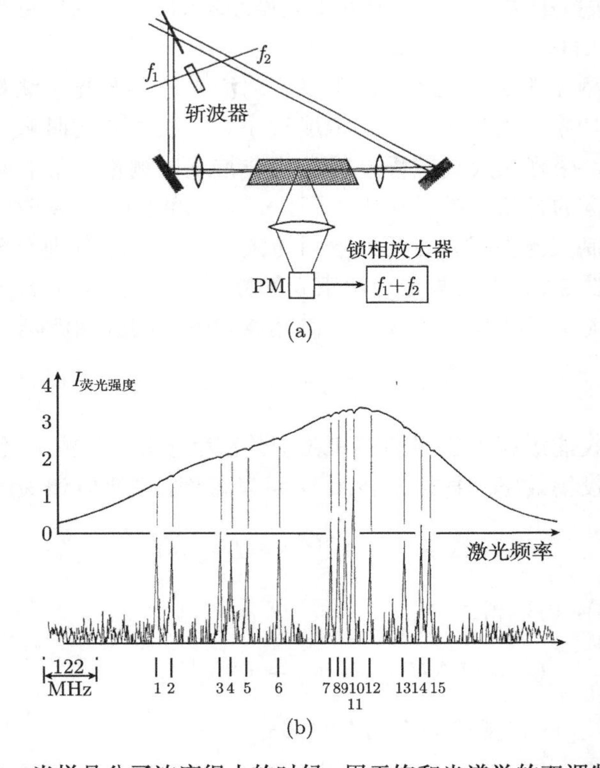

图 2.13　当样品分子浓度很小的时候，用于饱和光谱学的双调制荧光法

(a) 实验装置示意图；(b) 在 $\lambda=514.5\text{nm}$ 附近，I_2 的 $X^1\Sigma_g \to ^3\Pi_{ou}$ 系的 $(v''=1, J''=98) \to (v'=58, J'=99)$ 谱线的超精细光谱，上方的带有兰姆凹坑的光谱是在泵浦频率 f_1 处测量的，下方的光谱是在 (f_1+f_2) 处测量的[2.10]

例 2.5

利用下述方法，可以估计 I_2 超精细结构分量的兰姆凹坑的线宽。在 $\lambda = 632\text{nm}$ 处的跃迁中，上能级的自发寿命是 $\tau = 10^{-7}\text{s}$，它的自然线宽是 $\delta\nu_{\text{n}} = 1.5\text{MHz}$。$T = 300\text{K}$ 时，蒸气压是 $p(\text{I}) = 0.05\text{mbar}$。压强展宽大约是 2MHz。当饱和参数为 $S = 3$ 的时候，饱和宽度是 $\delta\nu_{\text{s}} = 2\delta\nu_{\text{n}} = 3.0\text{MHz}$。激光光束直径为 $2w = 1\text{mm}$ 的时候，对于平均速度为 $v = 300\text{m/s}$ 的分子来说，渡越时间展宽是 $\delta\nu_{\text{tr}} = 0.4v/w \approx 120\text{kHz}$。兰姆凹坑的总宽度就是 $\delta\nu_{\text{LD}} = \sqrt{2^2 + 3^2 + 0.1^2} \approx 3.6\text{MHz}$。

2.3.2 交叉信号

如果两个分子跃迁具有相同的下能级或上能级，当它们在多普勒宽度之内重叠的时候，在兰姆凹坑谱中就会出现额外的兰姆凹坑，即交叉信号。它们的产生原因如图 2.14(a) 所示。

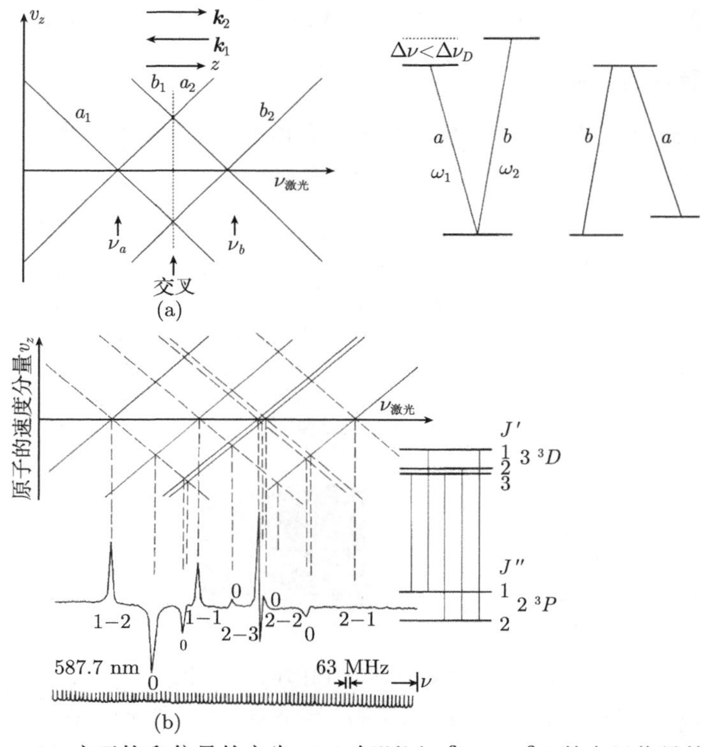

图 2.14 (a) 交叉饱和信号的产生；(b) 氦跃迁 $3^3D \leftarrow 2^3P$ 的交叉信号的示意图

交叉信号由谱线上方或下方的 0 来标记[2.14]

假定两个跃迁的中心频率 ω_1 和 ω_2 满足条件 $|\omega_1 - \omega_2| < \Delta\omega_{\text{D}}$。当激光频率为 $\omega = (\omega_1 + \omega_2)/2$ 的时候，入射光相对于 ω_1 的位移是 $\Delta\omega = \omega - \omega_1 = (\omega_2 - \omega_1)/2$。如果

它饱和的分子是中心频率为 ω_1 的跃迁 1 上的速度为 $(v_z \pm \mathrm{d}v_z) = (\omega_2 - \omega_1)/2k \pm \gamma k$ 的分子，就会与这一类分子发生共振。因为反射光的多普勒位移具有相反的符号，当它饱和了同一个速度类的时候，它与中心频率为 ω_2 的跃迁 2 中的同一群分子共振。因此，除了 ω_1 和 ω_2 处的饱和信号之外 (此时饱和的是 $v_z = 0$ 的分子)，还可以在 $\omega = (\omega_1 + \omega_2)/2$ 处观测到额外的饱和信号 (交叉信号)。因为一束光使得同一个下能级上的粒子数 N_1 改变了 $-\Delta N_1$，作用于另一个跃迁上的另一束光可以用来探测。当二者具有同一个上能级的时候，两束光都在 $\omega = (\omega_1 + \omega_2)/2$ 处对粒子数 N_2 有贡献，增大了 ΔN_2；一束光作用于跃迁 a，另一束光作用于跃迁 b。对于相同的下能级，交叉信号是负号；对于相同的上能级，交叉信号是正号。它们的频率位置 $\omega_c = (\omega_1 + \omega_2)/2$ 正好位于跃迁 1 和跃迁 2 的中心处 (图 2.14(b))。

虽然这些交叉信号增加了兰姆凹坑的数目，从而增大了光谱的复杂程度，但是，它们可以用来确定带有一个共同能级的跃迁对，这是很大的优点。它还有助于确认整个光谱，例如，图 2.14(b) 和文献 [2.4], [2.13]~[2.15] 中的光谱。

2.3.3 共振腔内的饱和光谱学

当吸收样品位于可调谐激光器的共振腔之内的时候，吸收系数 $\alpha(\omega)$ 上的兰姆凹坑使得激光输出功率 $P(\omega)$ 出现相应的峰值 (图 2.15)。

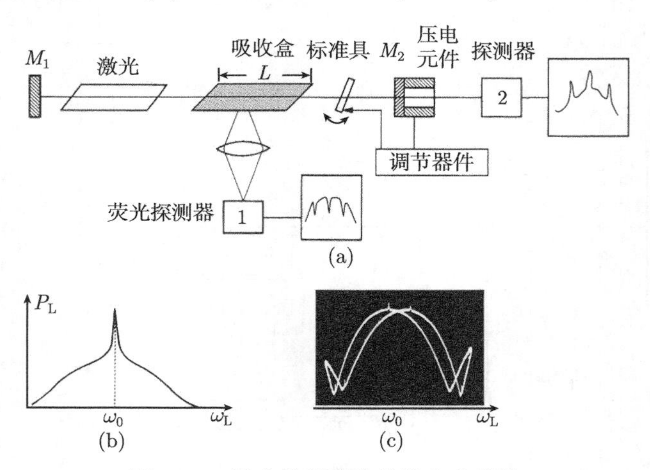

图 2.15 激光共振腔内的饱和光谱学

(a) 实验装置；(b) 输出功率 $P(\omega)$；(c) 实验探测氦氖激光器的输出功率，激光波长在 $\lambda = 3.39\mu\mathrm{m}$ 附近可调，出现了兰姆峰值，它们来自于激光共振腔内的甲烷样品盒中的 CH_4 跃迁的兰姆凹坑[2.20]

功率 $P(\omega)$ 依赖于谱增益曲线 $G(\omega)$ 和共振腔内样品的吸收线形 $\alpha(\omega)$，后者通常是多普勒展宽的。因此，兰姆峰值位于宽广的背景之上 (图 2.15(a))。由增益曲线的中心频率 ω_1 和兰姆吸收凹坑的中心频率 ω_0，根据第 1 卷的式 (5.58) 和式

(2.35)，可以得到

$$P_{\mathrm{L}}(\omega) \propto \left\{G(\omega-\omega_1)-\alpha^0(\omega)\left[1-\frac{S_0}{2}\left(1+\frac{(\gamma_{\mathrm{s}}/2)^2}{(\omega-\omega_0)^2+(\gamma_{\mathrm{s}}/2)^2}\right)\right]\right\} \tag{2.40}$$

在 ω_0 附近的很小范围内，可以将增益曲线 $G(\omega-\omega_1)$ 和非饱和吸收曲线 $\alpha^0(\omega)$ 近似为 ω 的二次函数，从而得到式 (2.40) 的近似式

$$P_{\mathrm{L}}(\omega) = A\omega^2 + B\omega + C + \frac{D}{(\omega-\omega_0)^2+(\gamma_{\mathrm{s}}/2)^2} \tag{2.41}$$

其中，常数 A，B，C 和 D 依赖于 ω_0，ω_1，γ 和 S_0。激光输出功率相对于频率 ω 的导数是

$$P_{\mathrm{L}}^{(n)}(\omega) = \frac{\mathrm{d}^n P_{\mathrm{L}}(\omega)}{\mathrm{d}\omega^n}, \quad (n=1,2,3,\cdots)$$

特别是

$$\begin{aligned}
P_{\mathrm{L}}^{(1)}(\omega) &= 2A\omega + B - \frac{2D(\omega-\omega_0)}{[(\omega-\omega_0)^2+(\gamma_{\mathrm{s}}/2)^2]^2} \\
P_{\mathrm{L}}^{(2)}(\omega) &= 2A + \frac{6D(\omega-\omega_0)^2 - 2D(\gamma_{\mathrm{s}}/2)^2}{[(\omega-\omega_0)^2+(\gamma_{\mathrm{s}}/2)^2]^3} \\
P_{\mathrm{L}}^{(3)}(\omega) &= \frac{24D(\omega-\omega_0)[(\omega-\omega_0)^2-(\gamma_{\mathrm{s}}/2)^2]}{[(\omega-\omega_0)^2+(\gamma_{\mathrm{s}}/2)^2]^4}
\end{aligned} \tag{2.42}$$

这些导数如图 2.16 所示，对于高阶导数来说，宽广的背景消失了。如果吸收介质和增益介质完全相同，那么，兰姆峰值出现在增益谱线的中心处 (图 2.15(b), (c))。

例 2.6

$P_{\mathrm{L}}^{(3)}(\omega_{\mathrm{m}})$ 的过零交叉信号位于 $\omega=\omega_0$ 和 $\omega=\omega_0\pm\gamma_{\mathrm{s}}/2$。由条件 $P_{\mathrm{L}}^{(4)}(\omega_{\mathrm{m}})=0$ 可以看出，极大值和极小值出现在 $\omega_{\mathrm{m}}=\omega_0\pm\sqrt{(1\pm\sqrt{4/5})\gamma_{\mathrm{s}}}$。两个最大的中心极大值位于 $\omega_{\mathrm{m},1,2}=\omega_0\pm 0.16\gamma_{\mathrm{s}}$。这些极值之间的信号宽度就是 $\delta\omega=0.32\gamma_{\mathrm{s}}$。它比 $P_{\mathrm{L}}^{(1)}$ 的宽度小三倍。

如果以频率 Ω 调制激光频率 ω，那么，激光输出

$$P_{\mathrm{L}}(\omega) = P_{\mathrm{L}}(\omega_0 + a\sin\Omega t)$$

就可以在 ω_0 附近展开为泰勒级数。第 1.2.1 节中的推导表明，用锁相放大器在频率 3Ω 处测量得到的输出 $P_{\mathrm{L}}(\omega, 3\Omega)$ 正比于三阶微分，见式 (1.12)。

实验装置如图 2.17 所示。调制频率 $\Omega=2\pi f$ 的三倍频是通过对方波脉冲的三次谐波进行滤波得到的，将其输入到锁相放大器的参考输入端，后者被设置到 3Ω。在图 2.18 中，利用这种技术测量了 I_2 的超精细结构分量的三阶微分谱，同样的光谱曾经用双调制荧光技术测量过，如图 2.13 所示。

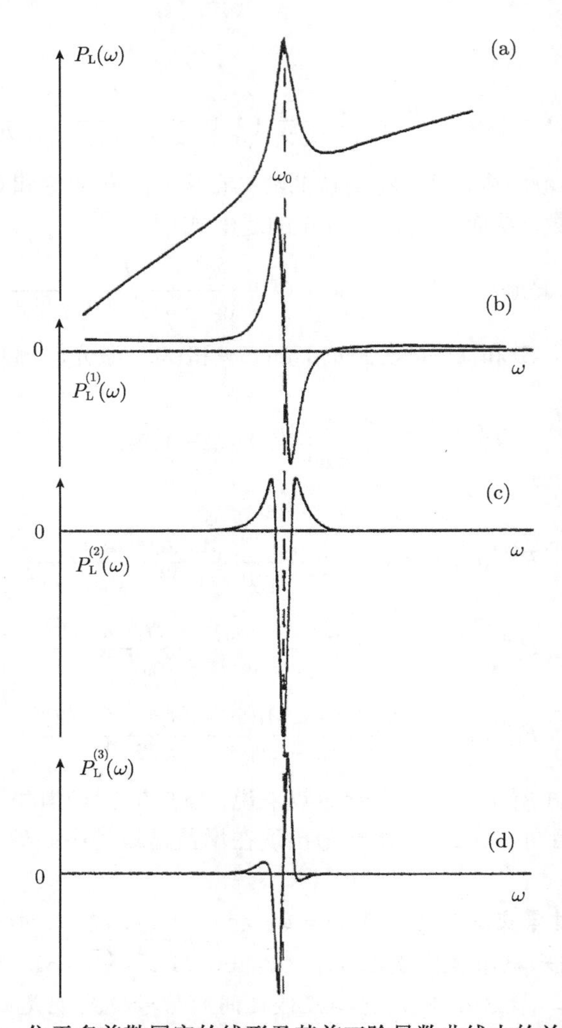

图 2.16　位于多普勒展宽的线形及其前三阶导数曲线上的兰姆峰，多普勒展宽的背景消除了

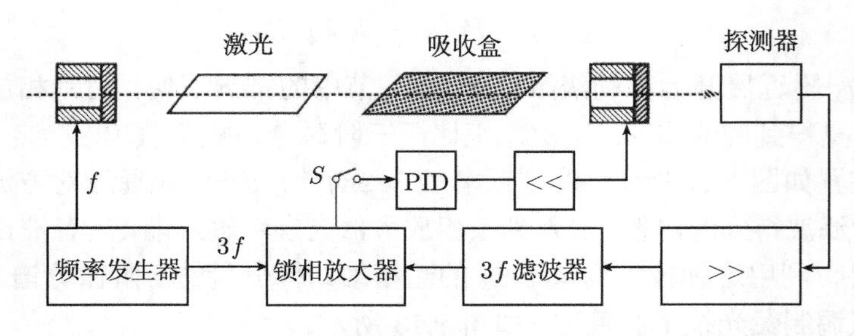

图 2.17　共振腔内三阶微分的饱和光谱的测量装置示意图

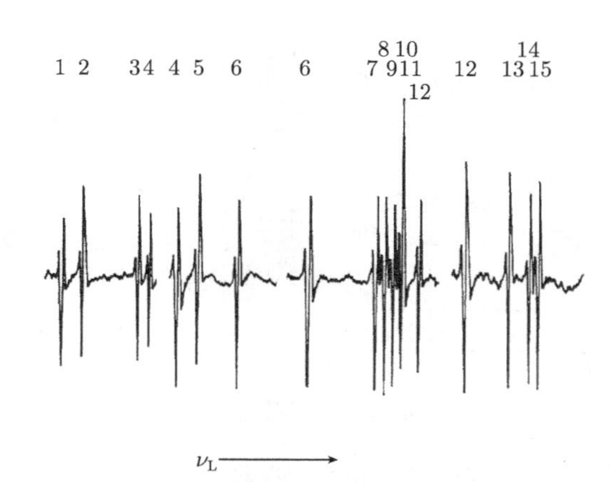

图 2.18 在 $\lambda = 514\text{nm}$ 附近，I_2 的三阶微分的共振腔内吸收谱，它给出了与图 2.13 完全相同的超精细结构分量[2.15]

2.3.4 用兰姆凹坑稳定激光的频率

窄兰姆凹坑的三阶微分的过零交叉信号非常陡峭，在一个原子或分子跃迁上，它可以为激光频率的精确稳定提供很好的参考信号。无论是激光跃迁的增益谱线上的兰姆凹坑，还是共振腔内样品的吸收谱线的兰姆凹坑，都可以用于这一目的。

在红外光谱区，CH_4 在 $\lambda = 3.39\mu m$ 处的振动转动跃迁的兰姆凹坑通常用来稳定氦氖激光器在 3.39μm 处的频率，CO_2 在 10μm 处的振动转动跃迁的兰姆凹坑通常用来稳定 CO_2 激光器的频率。在可见光谱区，通常选择的是 I_2 分子的 $^1\Sigma_g \rightarrow ^3\Pi_{ou}$ 系转动谱线中的各种超精细分量。实验装置示意图与图 2.17 完全一样。激光被调节到所想要的超精细结构分量上，然后闭合反馈开关 S 从而将激光锁定在该分量的过零交叉点[2.16]。

利用双伺服环路，其中，高速环路将激光频率稳定到法布里–珀罗干涉仪的透射峰值上，低速环路将法布里–珀罗干涉仪稳定在钙原子的一个禁戒的窄跃迁之上，Barger 等制作了一台非常稳定的连续染料激光器，它在短期内的线宽大约是 800Hz，长期漂移小于 2kHz/h[2.17]。已经实现了优于 1Hz 的稳定度[2.18,2.19]。

利用特殊的频率偏置锁相技术，可以将这种非同寻常的高稳定性传递给可调谐激光器 (第 1.9 节)[2.20]。其基本原理如图 2.19 所示。一束参考激光的频率被稳定在一个分子跃迁的兰姆凹坑上。频率为 ω、功率更强的第二束激光与频率为 ω_0 的参考激光在探测器 D_1 上混合。用一个电子器件将差频 $\omega_0 - \omega$ 与一个稳定但又可调谐的射频 RF 振荡器的频率 ω' 进行比较，控制压电陶瓷 P_2 使得任意时刻都满足 $\omega_0 - \omega = \omega'$。因此，大功率激光的频率 ω 就可以锁定到偏置频率 $\omega = \omega_0 - \omega'$ 上，而后者可以通过调节射频频率 ω' 来控制。

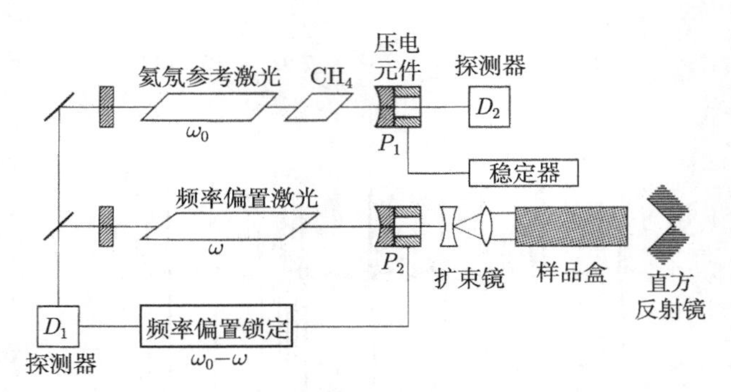

图 2.19 频率偏置的锁相激光光谱仪的示意图

为了用于高分辨率的兰姆凹坑光谱学，在经过样品盒之前，大功率激光器的输出光束需要进行扩束，以便减小渡越时间展宽 (第 1 卷第 3.4 节)。用直方反射镜提供兰姆凹坑光谱所需要的探测光束。真正的实验装置要复杂一些。要用第三束激光来消除靠近零偏置频率附近的麻烦区域。此外，需要插入一个光学退耦合器件，用来防止三束激光之间的光学反馈。关于整个系统的详细描述，请参考文献 [2.21]。

Bordé等关于 SF_6 的饱和光谱学工作是一个出色的例子，说明了高分辨率光谱可以得到关于大分子内的相互作用的详细信息[2.22]。关于各种相互作用的许多细节，如自旋–转动耦合，Coriolis 耦合以及超精细结构等，它们在低精度光谱中完全看不到，但是，当光谱分辨率足够高的时候，就都可以显现出来。为了说明这一点，在图 2.20 中给出了该研究小组得到的 SF_6 的一部分饱和光谱。

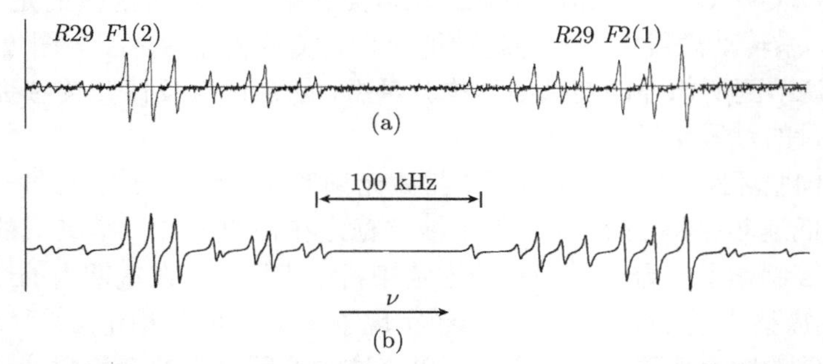

图 2.20 SF_6 分子的转动–振动跃迁中的精细结构和超精细结构，可以看到分子跃迁和交叉信号

(a) 实验测量得到的光谱；(b) 理论计算得到的光谱[2.22]

现在，饱和光谱学已经揭示了许多复杂的分子光谱。一个例子是同位素乙炔分子 ($^{13}C_2H_2$) 的非常窄的谐波跃迁[2.23]。

2.4 偏振光谱学

饱和光谱学检测的是泵浦光束引起的探测光吸收的减小，泵浦光选择性地耗尽了吸收能级，而偏振光谱学中的信号主要来自于偏振泵浦光束引起的探测光偏振态的变化。因为光学泵浦效应，泵浦光不仅改变了吸收系数 α，还引起了折射率 n 的变化。

与传统的饱和光谱学相比，这种没有多普勒效应的光谱技术非常灵敏，它有许多优点，因此引起了越来越多的关注[2.24,2.25]。下面我们将更为详细地讨论它的基本原理以及一些实验改进方案。

2.4.1 基本原理

偏振光谱学的基本概念很简单 (图 2.21)。将可调谐单色激光器的输出光束分成强度为 I_1 的弱探测光束和强度为 I_2 的较强的泵浦光束。探测光束通过线偏振片 P_1、样品盒以及线偏振器片 P_2，后者垂直于 P_1。当没有泵浦激光的时候，样品是各向同性的，位于 P_2 之后的探测器 D 接收到的信号非常小，该信号来自于经过两个相互垂直的偏振器的透射光，可以小到 $10^{-8}I_1$ 的程度。

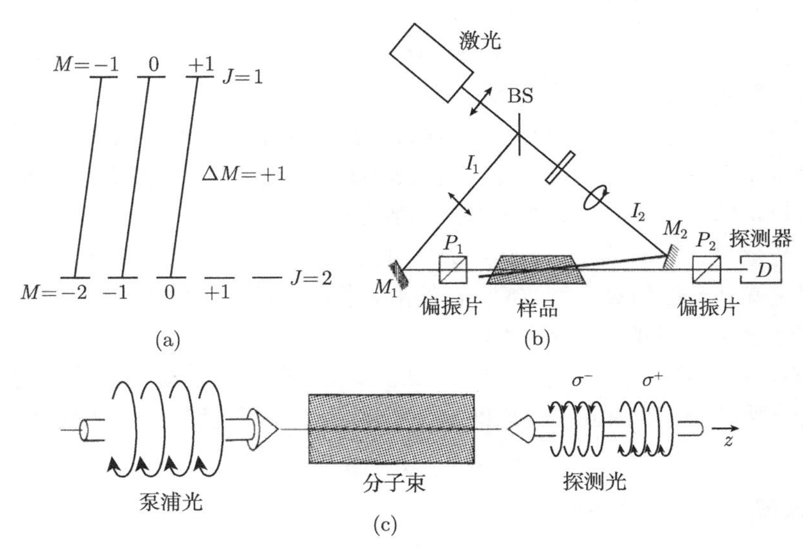

图 2.21 偏振光谱学

(a) P 跃迁 $J=2\to J=1$ 的能级结构示意图; (b) 实验装置; (c) 线偏振的探测光是 σ^+ 分量 (z 方向上的角动量为正号) 和 σ^- 分量的叠加

泵浦光通过一个 $\lambda/4$ 波片后变为圆偏振光，它沿着相反方向通过样品盒。将激光频率 ω 调节到分子跃迁 $(J'', M'') \to (J', M')$ 上，下能级 (J'', M'') 上的分子就可以吸收泵浦光。量子数 M 描述的是 J 沿着光传播方向上的投影，对于 σ^+ 圆偏振光引起的跃迁 $M'' \to M'(M'' \to M' = M''+1)$，该量子数满足选择定则 $\Delta M = +1$。饱和效应部分或全部地耗尽了转动能级 J'' 的简并 M'' 子能级，耗尽的程度依赖于泵浦强度 I_2、吸收截面 $\sigma(J'', M'' \to J', M')$ 以及再次填充 (J'', M'') 能级的可能弛豫过程。截面 σ 依赖于 J''、M''、J' 和 M'。由图 2.21(a) 可以看出，对于 P 跃迁 $(\Delta J = -1)$，并非下能级的所有 M'' 子能级都被泵浦了。例如，$M'' = +J''$ 的能级不可能有 $\Delta M = +1$ 的 P 跃迁，而 R 跃迁并不能填充上能级的 $M' = -J'$ 能级。这就说明，泵浦过程产生的饱和并不相同，因此，M 子能级上的占据数并不相同，这就等价于角动量矢量 J 取向的各向异性分布。

对于入射的线偏振探测光束来说，这种各向异性的样品就是双折射性的。经过各向异性样品之后，探测光的偏振面就会发生微小的转动。这一效应非常类似于法拉第效应，后者中的 J 各向异性是由外磁场引起的。偏振光谱学并不需要任何磁场。在法拉第效应中，所有的分子都是取向的，与此不同的是，在偏振光谱学中，只有那些与单色泵浦光相互作用的分子才具有各向异性的取向。如第 2.2 节所述，这部分分子的速度分量为

$$v_z \pm \Delta v_z = (\omega_0 - \omega)/k \pm \gamma/k$$

其中，Δv_z 取决于均匀展宽线宽 $\delta\omega = \gamma$。

当 $\omega \neq \omega_0$ 的时候，沿着相反方向穿过样品的探测光与不同的分子发生相互作用，它们的速度为 $v_z \pm \Delta v_z = -(\omega_0 - \omega \pm \delta\omega)/k$，因此，并没有受到泵浦光的影响。然而，当激光频率 ω 在均匀展宽线宽 $\delta\omega$ 的范围内与分子跃迁的中心频率 ω_0 相等的时候，也就是说，$\omega = \omega_0 \pm \delta\omega \to v_z = 0 \pm \Delta v_z$，这两束光可以被同一类分子吸收，探测光就会感受到双折射效应，它是由吸收跃迁的下转动能级 J'' 或上能级 J' 上的分子的各向异性的 M 分布引起的。

只有在这种情况下，探测光的偏振面才会发生微小的转动 $\Delta\theta$，每当激光频率 ω 越过分子吸收谱线的中心位置的时候，探测器 D 就会接收到一个没有多普勒效应的信号。

2.4.2　偏振信号的谱线线形

让我们用更加定量的方式来讨论这种信号的产生过程。线偏振探测光

$$\boldsymbol{E} = \boldsymbol{E}_0 \mathrm{e}^{\mathrm{i}(\omega t - kz)}, \quad \boldsymbol{E}_0 = \{E_0, 0, 0\}$$

总是由 σ^+ 和 σ^- 圆偏振分量组成的，$\boldsymbol{E} = \boldsymbol{E}^+ + \boldsymbol{E}^-$ (图 2.21(c))，其中

$$E^+ = E_0^+ \mathrm{e}^{\mathrm{i}(\omega t - k^+ z)}, \quad E_0^+ = \frac{1}{2} E_0 (\hat{\boldsymbol{x}} + \mathrm{i}\hat{\boldsymbol{y}}) \tag{2.43a}$$

$$E^- = E_0^- \mathrm{e}^{\mathrm{i}(\omega t - k^- z)}, \quad E_0^- = \frac{1}{2}E_0(\hat{\boldsymbol{x}} - \mathrm{i}\hat{\boldsymbol{y}}) \tag{2.43b}$$

其中，$\hat{\boldsymbol{x}}$ 和 $\hat{\boldsymbol{y}}$ 分别是 x 方向和 y 方向的单位矢量。当探测光穿过双折射性样品的时候，因为 σ^+ 偏振泵浦光引起的各向异性饱和效应，这两个分量有着不同的吸收系数 α^+ 和 α^- 以及不同的折射率 n^+ 和 n^-。在样品的泵浦区域中经过长度 L 的路程之后，这两个分量是

$$E^+ = E_0^+ \mathrm{e}^{\mathrm{i}[\omega t - k^+ L + \mathrm{i}(\alpha^+/2)L]}, \quad E^- = E_0^- \mathrm{e}^{\mathrm{i}[\omega t - k^- L + \mathrm{i}(\alpha^-/2)L]} \tag{2.44}$$

由于各向异性饱和引起的 $\Delta n = n^+ - n^-$ 和 $\Delta\alpha = \alpha^+ - \alpha^-$，两个分量之间就会产生相位差

$$\Delta\phi = (k^+ - k^-)L = (\omega L/c)\Delta n$$

振幅也有很小的差别

$$\Delta E = \frac{E_0}{2}\left[\mathrm{e}^{-(\alpha^+/2)L} - \mathrm{e}^{-(\alpha^-/2)L}\right]$$

吸收盒的窗口厚度为 d，它们也有双折射性，来自于小的吸收效应，以及窗口两侧的气压差 (一侧是真空，另一侧是大气)。它们的折射率 n_w 和吸收系数 α_w 可以用一个复数量来表示

$$n_w^{*\pm} = b_r^\pm + \mathrm{i}b_i^\pm, \quad 其中\ n_w = b_r, \quad \alpha_w = 2k \cdot b_i = 2(\omega/c)b_i$$

在出射窗口的后面，沿着 z 方向传播的线偏振探测光的 σ^+ 和 σ^- 分量给出了椭偏光

$$\begin{aligned} E(z=L) &= E^+ + E^- \\ &= \frac{1}{2}E_0 \mathrm{e}^{\mathrm{i}\omega t}\mathrm{e}^{-\mathrm{i}[\omega(nL+b_r)/c - \mathrm{i}\alpha L/2 - \mathrm{i}a_w/2]}[(\hat{\boldsymbol{x}} + \mathrm{i}\hat{\boldsymbol{y}})\mathrm{e}^{-\mathrm{i}\Delta} + (\hat{\boldsymbol{x}} - \mathrm{i}\hat{\boldsymbol{y}})\mathrm{e}^{+\mathrm{i}\Delta}] \end{aligned} \tag{2.45}$$

其中，$a_w = 2d\alpha_w = (4d \cdot \omega/c)b_i$ 是样品盒的两个窗口的吸收，而

$$n = \frac{1}{2}(n^+ + n^-), \quad \alpha = \frac{1}{2}(\alpha^+ + \alpha^-), \quad b = \frac{1}{2}(b^+ + b^-)$$

是相应物理量的平均值。相位因子

$$\Delta = \omega(L\Delta n + \Delta b_r)/2c - \mathrm{i}(L\Delta\alpha/4 + \Delta a_w/2)$$

依赖于

$$\Delta n = n^+ - n^-, \quad \Delta\alpha = \alpha^+ - \alpha^-, \quad \Delta b_r = b_r^+ - b_r^-, \quad \Delta b_i = b_i^+ - b_i^-$$

将偏振片 P_2 的透射轴绕着 y 方向转动很小的角度 $\theta \ll 1$ (图 2.22)，透射振幅就变为

$$E_t = E_x \sin\theta + E_y \cos\theta$$

在绝大多数的实际情况下，泵浦光引起的差别 $\Delta\alpha$ 和 Δn 非常小。样品盒窗口的双折射性也可以设法减到最小 (例如，在窗口边缘处施加力来补偿空气的压强)。利用

$$L\Delta\alpha \ll 1, \quad L\Delta k \ll 1, \quad \Delta b \ll 1$$

可以将式 (2.45) 中的 $\exp(\mathrm{i}\Delta)$ 展开。这样就可以得到，在小角度情况下，$\theta \ll 1$ ($\cos\theta \approx 1$，$\sin\theta \approx \theta$)，透射振幅为

$$E_t = E_0 \mathrm{e}^{\mathrm{i}\omega t} \exp\left[-\mathrm{i}\left\{\omega(nL + b_r)/c - \frac{\mathrm{i}}{2}(\alpha \cdot L + a_w)\right\}\right](\theta + \Delta) \tag{2.46}$$

探测器信号 $S(\omega)$ 正比于透射强度

$$S(\omega) \propto I_{\mathrm{T}}(\omega) = c\epsilon_0 E_t E_t^*$$

即使 $\theta = 0$，垂直的偏振片也会有一些残留的透射，$I_t = \xi I_0 (\xi \approx 10^{-6} \sim 10^{-8})$。考虑到这一点，由入射探测光的强度 I_0 以及缩写 $\theta' = \theta + \omega/(2c) \cdot \Delta b_r$ 和 $a_w = 2d\alpha_w = 4dkb_i$，可以得到透射光强度为

$$\begin{aligned} I_t &= I_0 \mathrm{e}^{-\alpha L - a_\omega}(\xi + |\theta + \Delta|^2) \\ &= I_0 \mathrm{e}^{-\alpha L - a_w}\left[\xi + \theta'^2 + \left(\frac{1}{2}\Delta a_\omega\right)^2 + \frac{1}{4}\Delta a_w L\Delta\alpha + \frac{\omega}{c}\theta' L\Delta n \right. \\ &\quad \left. + \left(\frac{\omega}{2c}L\Delta n\right)^2 + \left(\frac{L\Delta\alpha}{4}\right)^2\right] \end{aligned} \tag{2.47}$$

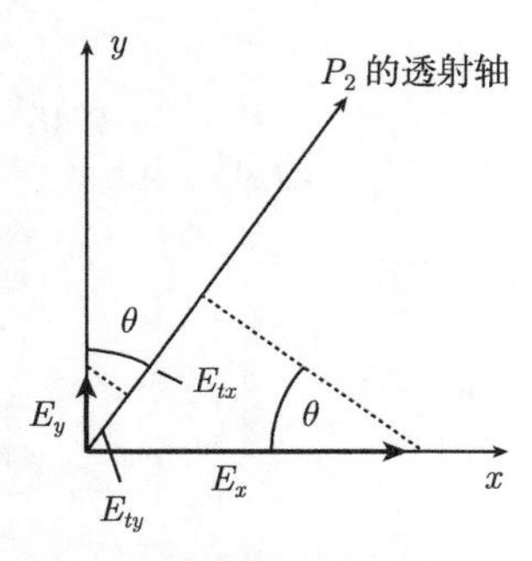

图 2.22 通过偏振片的椭偏探测光的透射，与垂直方向的偏离角度为 θ

吸收的变化 $\Delta\alpha$ 是由速度区间 $\Delta v_z = 0 \pm \gamma_s/k$ 内的分子引起的，它们同时与泵浦光和探测光发生相互作用。$\Delta\alpha(\omega)$ 的谱线线形就类似于饱和光谱学的情况 (第 2.2 节)，它是一个洛伦兹线形

$$\Delta\alpha(\omega) = \frac{\Delta\alpha_0}{1 + x^2}, \quad 其中 x = \frac{\omega_0 - \omega}{\gamma_{\mathrm{s}}/2}, \quad \alpha_0 = \alpha(\omega_0) \tag{2.48}$$

半高宽为 γ_{s}，对应于泵浦光引起的分子跃迁饱和效应的均匀展宽宽度。

克拉默斯–克勒尼希色散关系将吸收系数 $\alpha(\omega)$ 和折射率 $n(\omega)$ 联系起来，见第 1 卷第 3.1 节中的式 (3.36b) 和式 (3.37b)。

因此，可以得到 $\Delta n(\omega)$ 的色散曲线

$$\Delta n(\omega) = \frac{c}{\omega_0}\frac{\Delta\alpha_0 x}{1 + x^2} \tag{2.49}$$

将式 (2.48) 和式 (2.49) 代入式 (2.47) 可以得到，在圆偏振泵浦光束的情况下，探测器信号的谱线线形为

$$\begin{aligned}S^{\mathrm{cp}} = I_t(\omega) =& I_0 \mathrm{e}^{-\alpha L - a_w}\left\{\xi + \theta'^2 + \frac{1}{4}\Delta a_w^2 + \theta' \Delta\alpha_0 L \frac{x}{1+x^2}\right.\\&\left. + \left[\frac{1}{4}\Delta\alpha_0 \Delta a_w L + \left(\frac{\Delta\alpha_0 L}{4}\right)^2\right]\frac{1}{1+x^2} + \frac{3}{4}\left(\frac{\Delta\alpha_0 x}{(1+x^2)}\right)^2\right\}\end{aligned} \tag{2.50}$$

信号包括一个常数背景项 $\xi + \theta'^2 + \Delta a_w^2/4$，它不依赖于频率 ω。物理量 $\xi = I_{\mathrm{T}}/I_0$ ($\theta = 0$，$\Delta a_w = \Delta b_r = 0$，$\Delta\alpha_0 = 0$) 给出了完全垂直的偏振片 P_2 的残留透射。利用普通的格兰–汤姆孙偏振器，可以达到 $\xi < 10^{-6}$，利用特殊的器件，甚至可以达到 $\xi < 10^{-8}$。第三项是因为窗口双折射的吸收部分。所有这三项基本上都不依赖于频率 ω。

接下来的三项对偏振信号的谱线线形有贡献。当角度 $\theta' = \theta + (\omega/2c)\Delta b_r$ 不等于零的时候，式 (2.50) 中第一个依赖于频率的项带来了额外的透射光强。它具有色散线形。当 $\theta' = 0$ 的时候，色散项等于零。两个洛伦兹项依赖于 Δa_w 与 $\Delta\alpha_0 \cdot L$ 的乘积和 $(\Delta\alpha_0 L)^2$。挤压窗口可以增大它们的二色性 (也就是 Δa_w)，就可以增大第一个洛伦兹项的振幅。当然，背景项 Δa_w^2 也会增大，因此，必须找到最佳的信噪比。在绝大多数情况下，$\Delta\alpha_0 L \ll 1$，式 (2.50) 中的最后一项正比于 $\Delta\alpha_0^2 L^2$，因此，通常可以忽略不计。将 Δa_w 减到最小值，增大 θ' 直到达到最佳的信噪比，就可以得到接近于纯粹的色散信号。因此，通过控制窗口的双折射性，可以得到色散形式的信号，或者是洛伦兹线形的信号。

图 2.23(a) 比较了偏振光谱学与饱和光谱学的灵敏度，它给出的 $\mathrm{I_2}$ 分子的超精细结构跃迁与图 2.13 相同，实验条件也相似。图 2.23(b) 给出了同一个光谱的一部分，此时 $\theta' \neq 0$，它是按照色散谱线线形优化后的结果。

如果泵浦光是线偏振的，电场矢量与 x 轴的夹角为 45°，那么，类似于式 (2.50) 的推导过程，可以得到偏振信号的表达式

$$\begin{aligned}S^{\mathrm{LP}}(\omega) = I_0 \mathrm{e}^{-\alpha L - a_w}&\left(\xi + \frac{1}{4}\theta^2 \Delta a_w^2 + \left(\frac{\omega}{2c}\Delta b_r\right)^2 + \frac{\Delta b_r}{4}\frac{\omega}{c}\Delta\alpha_0 L \frac{x}{1+x^2}\right.\\&\left. + \left[-\frac{1}{4}\theta \Delta a_w \Delta\alpha_0 L + \left(\frac{\Delta\alpha_0 L}{4}\right)^2\right]\frac{1}{1+x^2}\right)\end{aligned} \tag{2.51}$$

其中，$\Delta\alpha = \alpha_\parallel - \alpha_\perp$ 和 $\Delta b = b_\parallel - b_\perp$ 是与泵浦光 $\boldsymbol{E}$ 矢量平行或垂直的分量的差别。与式 (2.50) 相比，色散项、洛伦兹项以及 $\Delta\alpha_w$ 和 Δb_r 都相互交换了位置。为了说明，在图 2.24 中给出了 $\mathrm{Cs_2}$ 偏振谱在 $\lambda = 627.8\mathrm{nm}$ 的两个完全相同的部分，分别使用的是线偏振泵浦光或圆偏振泵浦光束。如下文所述，对于 $\Delta J = 0$ 的跃迁来说，线偏振泵浦的偏振信号的幅度要大一些，而对于 $\Delta J = \pm 1$ 的跃迁，圆偏振

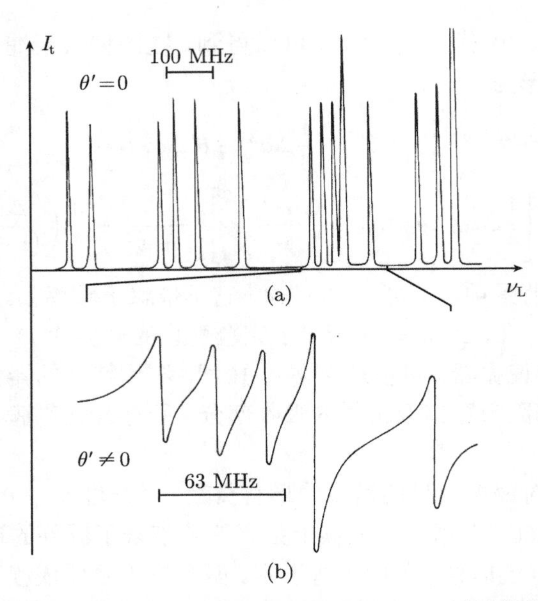

图 2.23　与图 2.13 相同的 I_2 分子的超精细结构跃迁，采用的是圆偏振泵浦光

(a)$\theta'=0$; (b) $\theta'\neq 0$

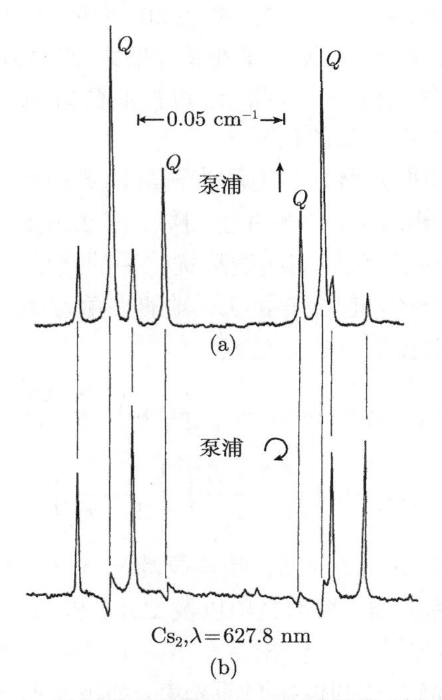

图 2.24　用线偏振泵浦光 (a) 和圆偏振泵浦光 (b)

得到的 Cs_2 偏振谱的同一部分

泵浦的偏振信号最大。在上方的谱线里，Q 谱线很明显，但是在下方谱线中，它们仅仅表现为非常小的色散型信号。

2.4.3 偏振信号的幅度

为了理解信号的幅度和谱线的线形，必须研究圆偏振光泵浦时 $\Delta\alpha_0 = \alpha^+ - \alpha^-$ 的大小、线偏振光泵浦时 $\Delta\alpha_0 = \alpha_\parallel - \alpha_\perp$ 的大小、以及它们与分子跃迁的吸收截面的关系。

将通过分子系综的线偏振弱探测光调节到分子跃迁 $|J, M\rangle \to |J_1, M \pm 1\rangle$ 上，左圆偏振分量和右圆偏振分量的吸收系数的差别 $\Delta\alpha = \alpha^+ - \alpha^-$ 为

$$\Delta\alpha(M) = N_M(\sigma^+_{JJ_1M} - \sigma^-_{JJ_1M}) \tag{2.52}$$

其中，$N_M = N_J/(2J+1)$ 表示低能态转动能级 $|J\rangle$ 的 $(2J+1)$ 个简并子能级 $|J, M\rangle$ 中的一个能级上的粒子数密度，$\sigma^\pm_{JJ_1M}$ 表示由能级 $|J, M\rangle$ 开始到 $|J_1, M \pm 1\rangle$ 结束的跃迁过程的吸收截面。

吸收截面

$$\sigma_{JJ_1M} = \sigma_{JJ_1}C(J, J_1, M, M_1) \tag{2.53}$$

可以分解为两个因子的乘积，第一个因子与分子取向无关，它只依赖于分子跃迁的内跃迁几率，对于 P、Q 和 R 谱线来说，它是不同的[2.27,2.28]。式 (2.53) 中的第二个因子是克莱布施–高登系数，它依赖于低能级和高能级的转动量子数 J 和 J_1 以及分子相对于量子化轴的取向。在 σ^+ 泵浦光的情况下，量子化轴是光传播方向 k_p；在 π 泵浦光的情况下，它是电矢量 E 的方向，如图 2.25 所示。

转动跃迁 $J \to J_1$ 上的总变化 $\Delta\alpha(J \to J_1) = \alpha^+(J \to J_1) - \alpha^-(J \to J_1)$ 来自于所有允许跃迁的饱和效应。跃迁过程发生于下能级 J 的 $(2J+1)$ 个简并子能级 M 和上能级 J_1 的 $(2J_1+1)$ 子能级之间，$M_J \to M_{J_1}$，对于圆偏振泵浦光，$\Delta M = \pm 1$，对于线偏振泵浦光，$\Delta M = 0$

$$\Delta\alpha(J, J_1) = \sum_M N_M(\sigma^+_{JJ_1M} - \sigma^-_{JJ_1M}) \tag{2.54}$$

泵浦光引起的饱和效应使得粒子数 N_M 由非饱和值 N^0_M 减小为

$$N^S_M = \frac{N^0_M}{1+S}$$

其中，饱和参数

$$S = \frac{B_{12}\rho_2}{R^*} = \frac{8\sigma_{JJ_1M}}{\gamma_s R^*}\frac{I_2}{\hbar\omega} \tag{2.55}$$

依赖于泵浦跃迁的吸收截面、饱和均匀展宽线宽 γ_s、平均弛豫速率 R^*(对饱和能级进行粒子数再填充，例如通过碰撞过程) 以及每秒每平方厘米上的泵浦光子数 $I_2/\hbar\omega$[2.26]。

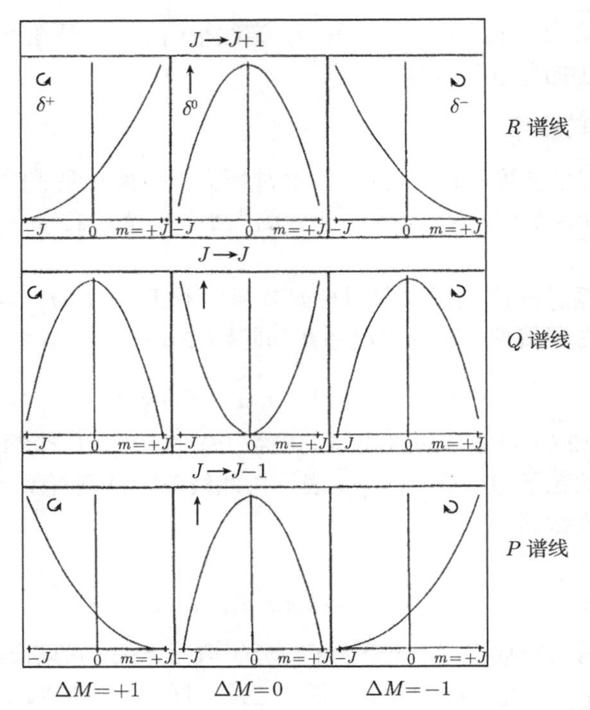

图 2.25　在 $\Delta M=0,\pm 1$ 的跃迁中，σ_{JJ_1M} 对取向量子数 M 的依赖关系

由式 (2.52)～ 式 (2.54)，我们可以得到式 (2.50), 式 (2.51) 中的物理量 $\Delta\alpha_0$

$$\Delta\alpha_0=\alpha_0 S_0 \Delta C^*_{JJ_1} \tag{2.56}$$

其中，$\alpha_0=N_J\sigma_{JJ_1}$ 是位于谱线中央的探测光的非饱和吸收系数，$\Delta C^*_{JJ_1}$ 是一个数值因子，它正比于 $\sum\Delta\sigma_{JJ_1M}C(_{JJ_1MM_1})$，其中，$\Delta\sigma=\sigma^+-\sigma^-$。表 2.1 给出了 P、Q 和 R 跃迁中的 $\Delta C^*_{JJ_1}$ 数值。它们对转动量子数 J 的依赖关系如图 2.26 所示。

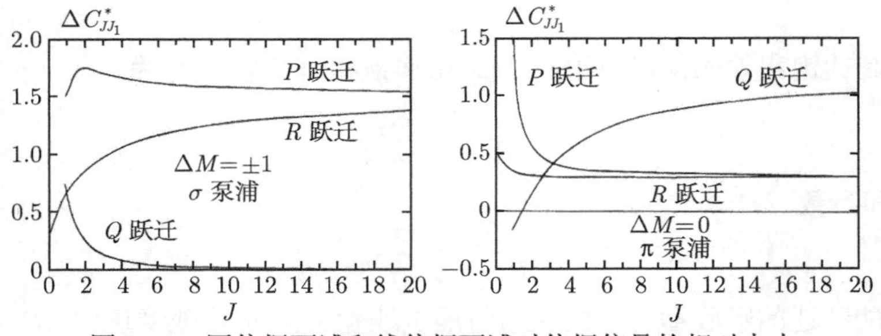

图 2.26　圆偏振泵浦和线偏振泵浦时偏振信号的相对大小

用因子 $\Delta C^*_{JJ_1}$ 对转动量子数 J 的依赖关系表示

表 2.1 $2/3\Delta C^*_{J_1J_2}$ 的数值

	$J_2=J+1$	$J_2=J$	$J_2=J-1$
(a) 线偏振泵浦			
$J_1=J+1$	$\dfrac{2J^2+J(4+5r)+5+5r}{5(J+1)(2J+3)}$	$\dfrac{-(2J-1)}{5(J+1)}$	$\dfrac{1}{5}$
$J_1=J$	$\dfrac{-(2J-1)}{5(J+1)}$	$\dfrac{(2J-3)(2J-1)}{5J(J+1)}$	$-\dfrac{2J+3}{5J}$
$J_1=J-1$	$\dfrac{1}{5}$	$-\dfrac{2J+3}{5J}$	$\dfrac{2J^2-5rJ+3}{5J(2J-1)}$
(b) 圆偏振泵浦			
$J_1=J+1$	$\dfrac{2J^2+J(4+r)+r+1}{(2J+3)(J+1)}$	$\dfrac{-1}{J+1}$	-1
$J_1=J$	$\dfrac{-1}{J+1}$	$\dfrac{1}{J(J+1)}$	$\dfrac{1}{J}$
$J_1=J-1$	-1	$\dfrac{1}{J}$	$\dfrac{2J^2-rJ-1}{J(2J-1)}$

(a) 线偏振光泵浦；(b) 圆偏振光泵浦。在双能级系统中，$J_1=J_2$，$r=(\gamma_J-\gamma_{J_2})/(\gamma_J+\gamma_{J_2})$。在三能级系统中，$J$ 是共有能级的转动量子数，$r=-1$

2.4.4 偏振光谱学的灵敏度

下面简要地讨论偏振光谱学的灵敏度和信噪比。当 $\theta'\neq 0$ 的时候，式 (2.50) 中色散信号的振幅大约是色散曲线的极大值和极小值的差别 $\Delta I_{\mathrm{T}}=I_{\mathrm{T}}(x=+1)-I_{\mathrm{T}}(x=-1)$。由式 (2.50) 可以得到 (图 2.27)

$$\Delta S_{\max}=I_0\mathrm{e}^{-(\alpha L+a_w)}\cdot\theta'\Delta\alpha_0 L \tag{2.57a}$$

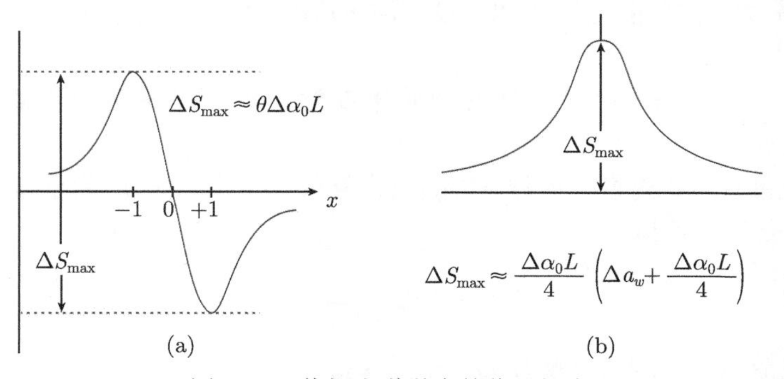

图 2.27 偏振光谱学中的信号幅度

(a) 色散信号；(b) 洛伦兹信号

而对于洛伦兹线形 $(I_{\mathrm{T}}(x=0)-I_{\mathrm{T}}(x=\infty),\theta'=0)$，由式 (2.50) 可以得到

$$\Delta S_{\max} = I_0 \mathrm{e}^{-(\alpha L + a_w)} \cdot \frac{\Delta\alpha_0 L}{4}\left(\Delta a_w + \frac{1}{4}\Delta\alpha_0 L\right) \tag{2.57b}$$

在一般实验室条件下，噪声主要来自于探测光强的涨落，很少能够达到散射噪声设定的理论极限 (第 4 章)。因此，噪声水平基本上正比于透射光强，由式 (2.50) 中的背景项决定。

因为相互垂直的偏振片极大地减小了背景噪声水平，可以期待，它的信噪比要好于饱和光谱学，后者测量的是探测光的总强度。

在没有窗口双折射的时候 (即 $\Delta b_r = \Delta b_i = 0$，$\theta \neq 0$)，除了一个常数因子 a 以外，信噪比等于信号与背景的比值，由式 (2.56) 和式 (2.57a) 可以知道，对于色散信号

$$\frac{S}{N} = a\frac{\theta\alpha_0 L S_0}{\xi + \theta^2}\Delta C^*_{JJ_1} \tag{2.58}$$

其中，a 度量的是探测光的强度稳定性，也就是说，I_1/a 是强度为 I_1 的入射光的平均噪声，S_0 是 $\omega = \omega_0$ 处的饱和参数。

该比值依赖于两个偏振片相对于彼此垂直位置的偏离角度 θ(图 2.22)，当 $\mathrm{d}(S/N)/\mathrm{d}\theta = 0$ 的时候，它达到极大值，由此条件可以得到 $\theta^2 = \xi$ 以及

$$\left(\frac{S}{N}\right)_{\max} = a\frac{\alpha_0 L S_0 \Delta C^*_{JJ_1}}{2\sqrt{\xi}} \tag{2.59}$$

在理想窗口的情况下 ($b_r = b_i = 0$)，两个偏振片的质量限制了信噪比，可以用完全垂直 ($\theta = 0$) 时的残留透射 ξ 来衡量。

作为对比，根据式 (2.37) 可知，饱和光谱的信噪比为

$$\frac{S}{N} = \frac{\alpha_0 S_0 L I_0 a}{2I_0} = \frac{1}{2}a\alpha_0 L S_0 \tag{2.60}$$

因此，对于最优化的色散型信号，偏振光谱学的信噪比增大了一个因子 $\Delta C^*_{JJ_1}/2\sqrt{\xi}$。

例 2.7

$\Delta C^*_{JJ_1} = 0.5$，$\xi = 10^{-6}$，对于理想的样品盒窗口，偏振光谱的信噪比是饱和光谱的信噪比的 500 倍。

当窗口带有双折射性的时候，情况更为复杂。对于 $b_r = 0$，为了得到色散信号的最佳值，交叉偏角为

$$\theta' = \sqrt{\xi + \left(\frac{1}{2}\Delta a_w\right)^2} \tag{2.61}$$

它给出了色散信号的最大信噪比为

$$\left(\frac{S}{N}\right)^{\mathrm{disp}}_{\max} = a\alpha_0 L S_0 \Delta C^*_{JJ_1}\frac{1}{2\sqrt{\xi + \left(\frac{1}{2}\Delta a_w\right)^2}} \tag{2.62}$$

当 $\Delta a_w = 0$ 的时候，它就转化为式 (2.59)。

例 2.8

当 $\xi = 10^{-6}$ 和 $\Delta a_w = 10^{-5}$ 的时候，与例 2.7 相比，信噪比减小了一个因子 0.4。当 $\xi = 10^{-8}$ 的时候，与饱和光谱学相比，如果 $\Delta\alpha_w = 0$，那么，信噪比增加了一个因子 5000，如果 $\Delta a_w = 10^{-5}$，那么信噪比的增大因子就只有 150。

当式 (2.50) 中的 $\theta' = 0$ 的时候，洛伦兹谱线的信噪比为

$$\left(\frac{S}{N}\right)_{\max} = \frac{a}{4}\frac{\Delta\alpha_0 L(\Delta a_w + \Delta\alpha_0 L/4)}{\xi + (\Delta a_w/2)^2} \tag{2.63}$$

此时，必须优化 Δa_w 以便达到最佳的信噪比。将式 (2.63) 对 Δa_w 进行微分，可以得到，当 $\xi \ll \Delta\alpha L$ 的时候，最佳的窗口双折射为

$$\Delta a_w \approx \frac{4\xi}{\Delta\alpha_0 L} \tag{2.64}$$

它给出了洛伦兹信号的最佳信噪比

$$\boxed{\left(\frac{S}{N}\right)_{\max} \approx a\alpha_0 L S_0 \Delta C^*_{JJ_1} \cdot \frac{\Delta\alpha_0 L}{4\xi}\left(1 + \frac{12\xi}{(\Delta\alpha_0 L)^2} - \frac{64\xi^2}{(\Delta\alpha_0 L)^3}\right)} \tag{2.65}$$

例 2.9

$a = 10^2$，$\xi = 10^{-6}$，$\Delta C^*_{JJ_1} = 0.5$，$\alpha_0 L = 10^{-2}$，$S_0 = 0.1$，不用锁相探测技术，用图 2.10 中的实验装置测量得到的饱和光谱学信号的信噪比为 $5\alpha_0 L = 5 \times 10^{-2}$，而在偏振光谱学中，对于色散信号或者优化的洛伦兹线形，信噪比为 $S/N = 2.5 \times 10^3 \alpha_0 L = 25$。实际上，因为 $\Delta a_w \neq 0$，这些数值还会更小一些。还必须考虑到，图 2.21 中的相互作用区的长度 L 小于饱和光谱学中的相应长度，因为前者的泵浦光和探测光有一个很小的夹角，而后者的泵浦光和探测光完全重合(图 4.11)。当 $\alpha_0 L = 10^{-3}$ 和 $\xi = 10^{-6}$ 的时候，对于色散曲线和洛伦兹信号，仍然可以达到 $S/N \approx 2.5$。当 $\xi = 10^{-8}$ 和 $\Delta a_w = 10^{-4}$ 的时候，对于色散信号，相对于饱和光谱学的改善因子是 70。对于洛伦兹信号，如果 $\Delta\alpha_0 L = 10^{-2}$，那么 Δa_w 的最佳值是 4×10^{-6}。利用这些数值，由式 (2.65) 可以得到，改善因子为 1.2×10^4。

一个重要的噪声源是干涉噪声，它是由样品盒窗口散射回来的泵浦光与信号光的叠加产生的。因为这两束光在空气中的光程差很大，空气密度的涨落使得两束光的相位差产生了相应的涨落，从而给探测器上的信号幅度带来了额外的涨落。即使没有涨落，在调节波长的时候，也会产生这种干涉振幅的周期性变化。

快速、周期性地改变泵浦光的相位，可以平均掉这些涨落，从而显著地减小这种噪声和周期性的伪信号。为了实现这一目标，图 2.21 中将泵浦光反射到样品盒中的反射镜 M_2 放置在一个压电陶瓷元件上，在该器件上施加频率 f 的交流电压，可以周期性地改变路径长度，从而改变了泵浦光的相位，$\Delta\varphi > 2\pi$。如果 f 远大于锁相频率，锁相放大器就会平均掉所有的相位涨落。

2.4.5　偏振光谱学的优点

简要地总结一下前面几节中讨论的偏振光谱学的优点。

(a) 与其他亚多普勒技术一样，它的光谱分辨率很高，主要受限于泵浦光束和探测光束之间的有限夹角引起的残留的多普勒宽度。这一限制对应于准直分子束线性光谱学中分子束发散角的限制。泵浦光和探测光不要聚焦得太小，就可以减小渡越时间展宽。

(b) 灵敏度比饱和光谱学高 $2\sim3$ 个数量级。只有气压非常低的样品中的双调制荧光技术才比它的灵敏度高 (第 2.3.1 节)。

(c) 它的特长是区分 P、R 和 Q 谱线，可以用来指认复杂的分子光谱。

(d) 利用偏振信号的色散线形，可以将激光频率稳定到谱线的中心而无须任何频率调制。能够达到很高的信噪比，可以保证非常好的频率稳定性。

现在，偏振光谱学已经用于测量许多高精度的原子光谱和分子光谱。在参考文献 [2.3], [2.29]~[2.35] 中，可以找到许多例子。

2.5　多光子光谱学

本节考虑分子同时吸收两个或更多光子的跃迁过程 $E_i \rightarrow E_f$，其中，$(E_f - E_i) = \hbar\sum\limits_i \omega_i$。光子既可以来自于经过吸收样品的单个激光光束，也可以来自于一个或几个激光器的两束或多个光束。

1929 年，Göppert-Mayer 首次详细地从理论上处理了双光子过程[2.36]，但是，实验的实现必须等待出现足够强的光源，现在使用的是激光器[2.37,2.38]。

2.5.1　双光子吸收

利用两步过程，可以形象地描述双光子吸收：从初始能级 $|i\rangle$ 经由一个“虚能级”$|v\rangle$ 跃迁到最终能级 $|f\rangle$ (图 2.28(b))。这个虚能级是所有可以通过单光子跃迁与

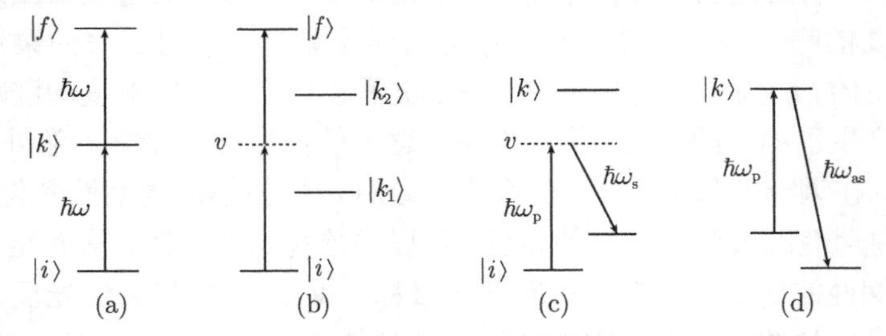

图 2.28　不同的双光子跃迁过程的能级示意图

(a) 带有一个真实的中间能级 $|k\rangle$ 的共振双光子吸收；(b) 非共振双光子吸收；(c) 拉曼跃迁；(d) 共振反斯托克斯拉曼散射

$|i\rangle$ 和 $|f\rangle$ 联系起来的真实分子能级 $|k_n\rangle$ 的线性组合。激发 $|v\rangle$ 等价于这些真实能级 $|k_n\rangle$ 的非共振激发之和。跃迁 $|i\rangle \to |v\rangle$ 的几率振幅就是所有允许跃迁 $|i\rangle \to |k\rangle$ 的几率振幅之和，这些跃迁的失谐为 $(\omega - \omega_{ik})$。对于跃迁过程的第二步 $|v\rangle \to |f\rangle$，这些论证同样成立。

对于速度为 v 的分子，两束光的波矢为 $\boldsymbol{k}_1$ 和 $\boldsymbol{k}_2$，偏振单位矢量为 $\hat{\boldsymbol{e}}_1$ 和 $\hat{\boldsymbol{e}}_2$，强度为 I_1 和 I_2，那么，光子 $\hbar\omega_1$ 和 $\hbar\omega_2$ 在基态 E_i 和激发态 E_f 之间诱导出双光子跃迁过程的几率 A_{if} 为

$$A_{if} \propto \frac{\gamma_{if} I_1 I_2}{[\omega_{if} - \omega_1 - \omega_2 - \boldsymbol{v}\cdot(\boldsymbol{k}_1 + \boldsymbol{k}_2)]^2 + (\gamma_{if}/2)^2} \cdot \left| \sum_k \frac{\boldsymbol{D}_{ik}\cdot\hat{\boldsymbol{e}}_1 \cdot \boldsymbol{D}_{kf}\cdot\hat{\boldsymbol{e}}_2}{\omega_{ki} - \omega_1 - \boldsymbol{v}\cdot\boldsymbol{k}_1} + \frac{\boldsymbol{D}_{ik}\cdot\hat{\boldsymbol{e}}_2 \cdot \boldsymbol{D}_{kf}\cdot\hat{\boldsymbol{e}}_1}{\omega_{ki} - \omega_2 - \boldsymbol{v}\cdot\boldsymbol{k}_2} \right|^2 \tag{2.66}$$

第一个因子给出了单分子的双光子跃迁的谱线线形，它精确地对应于中心频率为 $\omega_{if} = \omega_1 + \omega_2 + \boldsymbol{v}\cdot(\boldsymbol{k}_1 + \boldsymbol{k}_2)$、均匀展宽线宽 γ_{if} 的一个运动分子的单光子跃迁过程的谱线线形 (第 1 卷第 3.1 节和第 3.6 节)。对所有的分子速度 v 进行积分，可以得到佛赫特线形，它的半高宽依赖于 $\boldsymbol{k}_1$ 和 $\boldsymbol{k}_2$ 的相对取向。如果两束光彼此平行，正比于 $|\boldsymbol{k}_1 + \boldsymbol{k}_2|$ 的多普勒宽度就达到极大值，一般来说，它远大于均匀展宽宽度 γ_{if}。当 $\boldsymbol{k}_1 = -\boldsymbol{k}_2$ 的时候，多普勒展宽消失了，只要激光线宽远小于 γ_{if}，得到的就是纯粹的洛伦兹线形，它的均匀展宽宽度是 γ_{if}。第 2.5.2 节将讨论这种没有多普勒效应的双光子光谱学。

因为跃迁几率式 (2.66) 正比于光强的乘积 I_1I_2 (在只有一束激光的时候，必须用 I^2 代替)，通常使用脉冲激光，因为它可以提供足够大的峰值功率。这些激光的谱线线宽通常与多普勒宽度相仿，甚至要更大一些。对于非共振跃迁，$|\omega_{ki} - \omega_i| \gg \boldsymbol{v}\cdot\boldsymbol{k}_i$，式 (2.66) 中分子上的求和项中的 $(\omega_{ki} - \omega - \boldsymbol{k}\cdot\boldsymbol{v})$ 可以用 $(\omega_{ki} - \omega_i)$ 近似。

式 (2.66) 中的第二个因子描述了双光子跃迁的跃迁几率。它可以用量子力学的二阶微扰理论[2.39,2.40] 推导出来。这个因子包含有矩阵元乘积 $\boldsymbol{D}_{ik}\boldsymbol{D}_{kf}$ 之和，它们是初始能级 i 到中间能级 k 之间的跃迁过程，或者是由中间能级 k 到最终能级 f 的跃迁过程 (第 1 卷式 (2.110))。由初始态 $|i\rangle$ 出发通过单光子跃迁过程到达的所有分子能级 k 都应该求和。然而，分母表明，主要贡献来自于那些与多普勒频移的激光频率 $\omega_n' = \omega_n - \boldsymbol{v}\cdot\boldsymbol{k}_n (n = 1, 2)$ 相差不大的能级 k。

通常，选择频率 ω_1 和 ω_2 使得虚能级非常接近于一个真实的分子本征态，这样就可以显著地增大跃迁几率。因此，用两个不同的光子 $\omega_1 + \omega_2 = (E_f - E_i)/\hbar$ 将分子激发到最终能级 E_f 上，要优于用同一束激光的两个光子来激发，$2\omega = (E_f - E_i)/\hbar$。

式 (2.66) 中的第二个因子描述了所有可能的双光子跃迁过程的跃迁几率，它非常具有普遍性，例如拉曼散射或双光子的吸收和发射。图 2.28 示意地给出了三

个不同的双光子过程。要点在于，所有这些双光子过程的选择定则都是完全相同的。式 (2.66) 说明，两个矩阵元 $\boldsymbol{D}_{ik}$ 和 $\boldsymbol{D}_{kf}$ 必须都不等于零，才有可能给出非零的跃迁几率 A_{if}。只有当两个态 $|i\rangle$ 和 $|f\rangle$ 都可以通过单光子跃迁过程与中间能级 $|k\rangle$ 相联系的时候，才有可能发生双光子跃迁过程。单光子跃迁的选择定则要求，能级 $|i\rangle$ 和 $|k\rangle$ 以及 $|k\rangle$ 和 $|f\rangle$ 必须具有相反的宇称，因此，双光子跃迁过程联系的两个能级 $|i\rangle$ 和 $|f\rangle$ 必须具有相同的宇称。在原子的双光子光谱学中，$s \to s$ 或 $s \to d$ 跃迁是允许的，而在原子核相同的双原子分子中，$\Sigma_g \to \Sigma_g$ 跃迁是允许的。

因此，那些不可能由基态通过单光子跃迁到达的分子态，就可以用双光子跃迁来实现粒子数占据。从这个方面来说，双光子吸收光谱学是单光子吸收光谱学的补充，它的结果特别有趣，因为它们可以给出以前不能得到的一些能级信息[2.41]。通常，可以由基态通过单光子跃迁到达的分子激发态会被附近具有相反宇称的态扰动，而后者是不能够用单光子光谱学观测的。一般来说，很难根据扰动的大小推断这些扰动态的结构，但是双光子光谱可以直接测量这些态。

因为矩阵元 $\boldsymbol{D}_{ik} \cdot \hat{\boldsymbol{e}}_1$ 和 $\boldsymbol{D}_{kf} \cdot \hat{\boldsymbol{e}}_2$ 依赖于入射光的偏振特性，所以恰当地选择偏振，就可以选择可以到达的上能级。对于单光子跃迁来说，总跃迁几率 (对所有的 M 子能级进行求和) 不依赖于入射光的偏振，但是，多光子跃迁有着非常明显的偏振效应，将已知的选择定则应用于式 (2.66) 中的两个矩阵元，就可以理解这一点。例如，都是右圆偏振的彼此平行的两束激光光束可以在 $\Delta L = 2$ 的原子中诱导出双光子跃迁过程。这样就可以允许 $s \to d$ 跃迁，但是不允许 $s \to s$ 的跃迁。当圆偏振光被垂直反射回来的时候，右圆偏振就变为左圆偏振，如果每束光都给出一个光子来诱发双光子跃迁，那么就只能选择 $\Delta L = 0$ 的跃迁。图 2.29 给出了多光子吸收可能导致的几种原子跃迁过程。既可以是线偏振光，也可以是左圆偏振光或右圆偏振光。

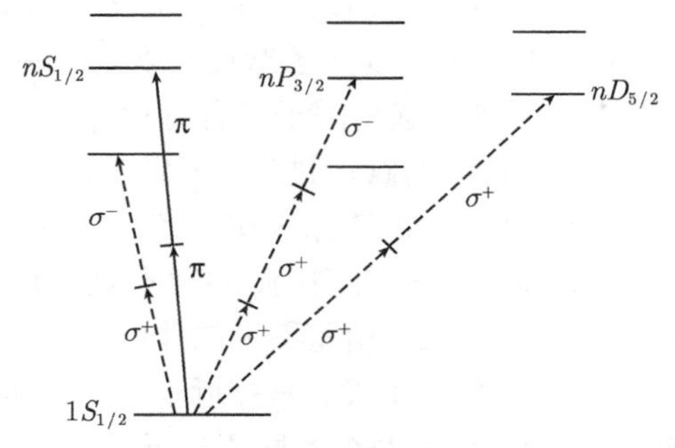

图 2.29　原子中的几种双光子跃迁过程，它们依赖于两个激光场的偏振特性 $\hat{\boldsymbol{e}}_1$ 和 $\hat{\boldsymbol{e}}_2$

因此，恰当地选择偏振，就可以选定不同的上能级。在许多情况下，根据已知的基态对称性和两束光的偏振特性，就有可能了解上能级的对称性信息。因为双光子吸收和拉曼跃迁的选择定则完全相同，本来为分析拉曼散射而发展出来的群论技术就可以用来分析各种双光子技术实现的激发态的对称性[2.42,2.43]。

2.5.2 没有多普勒效应的多光子光谱学

在第 2.3 节和第 2.4 节的讨论中，利用选择性饱和效应恰当地选择速度分量为 $v_z = 0 \pm \Delta v_z$ 的分子，可以缩减甚至完全消除多普勒宽度。没有多普勒效应的多光子光谱学技术不需要进行这种速度选择，不管它们的速度是多少，吸收态中的所有分子都对没有多普勒效应的跃迁过程有贡献。

第 2.5.1 节讨论了多光子跃迁过程的一般概念和跃迁几率，本小节将集中讨论没有多普勒效应的多光子光谱学[2.44~2.48]。

假定一个分子以速度 v 在实验室坐标系中运动。在运动分子的参考系中，多普勒效应将频率为 ω、波矢为 $\boldsymbol{k}$ 的电磁波移动到 (第 1 卷第 3.2 节)

$$\omega' = \omega - \boldsymbol{k} \cdot \boldsymbol{v} \tag{2.67}$$

同时吸收两个光子的共振条件是

$$(E_f - E_i)/\hbar = (\omega_1' + \omega_2') = \omega_1 + \omega_2 - \boldsymbol{v} \cdot (\boldsymbol{k}_1 + \boldsymbol{k}_2) \tag{2.68}$$

如果被吸收的两个光子来自于频率相同的两束光，$\omega_1 = \omega_2 = \omega$，它们沿着相反的方向传播，就可以得到 $\boldsymbol{k}_1 = -\boldsymbol{k}_2$，式 (2.68) 表明，双光子跃迁过程的多普勒位移等于零，因此，对于所有的分子来说，无论它们的速度是多少，都会在相同的和频处发生吸收，$\omega_1 + \omega_2 = 2\omega$。

虽然双光子跃迁过程的几率通常远小于单光子跃迁，但是，因为吸收态上的所有分子都对信号有贡献，所以就有可能克服跃迁几率低的不利影响，信号幅度可以接近于饱和信号的大小，在条件有利的时候，甚至可能大于饱和信号。

上述讨论可以推广到多光子跃迁过程。当运动分子同时与波矢为 $\boldsymbol{k}_i$ 的几束平面波同时发生相互作用、并且从每束光中吸收一个光子的时候，如果 $\sum \boldsymbol{k}_i = 0$，那么多普勒位移 $\boldsymbol{v} \cdot \sum\limits_i \boldsymbol{k}_i$ 就等于零。

没有多普勒效应的双光子吸收的实验装置如图 2.30 所示。反射单模可调谐染

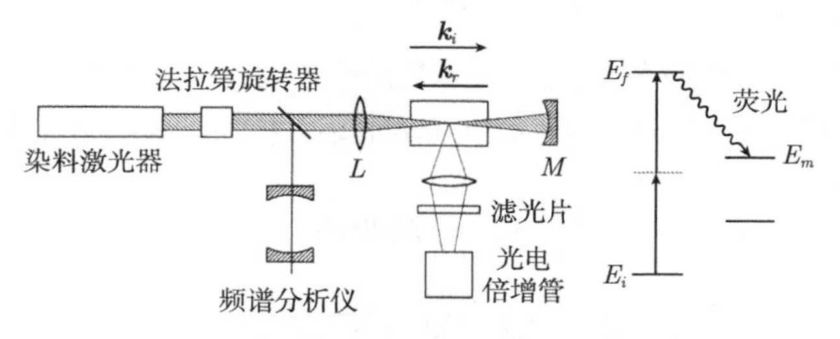

图 2.30 没有多普勒效应的双光子光谱学的实验装置

料激光器的输出光，可以得到两束传播方向相反的光。法拉第旋转器用于防止光反馈回到激光器中。利用终态 E_f 到其他态 E_m 上的荧光来检测双光子吸收。由式 (2.66) 可以得到，双光子吸收过程的几率正比于激光强度的平方值 I^2。因此，用透镜 L 和球面反射镜 M 将两束光聚焦到样品上。

为了说明这一点，图 2.31 中的例子给出了钠原子的没有多普勒效应的双光子光谱，对应的跃迁是 $3S \rightarrow 5S$，超精细结构清晰可见[2.44]。

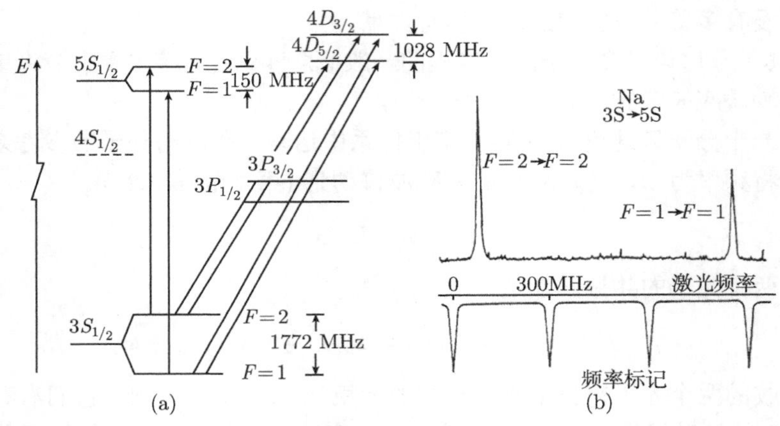

图 2.31　Na 原子的没有多普勒效应的双光子光谱

(a) $3S \rightarrow 5S$ 和 $3S \rightarrow 4D$ 跃迁的能级示意图；(b) $\Delta F = 0$ 时的 $3S \rightarrow 5S$ 跃迁，可以看到超精细结构 [2.44]

双光子跃迁的谱线线形可以由下述考虑得到。假定图 2.30 中的反射光束与入射光束的强度相同。在这种情况下，式 (2.66) 中第二个因子中的两项变得完全相同；而对于描述谱线结构的第一个因子来说，被吸收的两个光子来自同一个光束的情况与它们来自于两个不同光束的情况是不同的。后者的几率是前者的两倍。原因如下：

假定两个光子都来自于入射光束的几率为 (a,a)，而它们都来自于反射光束的几率为 (b,b)。两个光子都来自于同一束光的几率就是 $(a,a)^2+(b,b)^2$，它贡献的是多普勒展宽的信号。

没有多普勒效应的吸收的几率振幅是两个不可区分事件的振幅之和 $(a,b)+(b,a)$。这种情况的总几率就是 $|(a,b)+(b,a)|^2$。当两个光束的强度相等的时候，它是几率 $(a,a)^2+(b,b)^2$ 的两倍。

因此，由式 (2.66) 可以得到，双光子吸收的几率为

$$W_{if} \propto \left| \sum_m \frac{(\boldsymbol{D}_{im} \cdot \hat{e}_1)(\boldsymbol{D}_{mf} \cdot \hat{e}_2)}{\omega - \omega_{im} - \boldsymbol{k}_1 \cdot \boldsymbol{v}} + \sum_m \frac{(\boldsymbol{D}_{im} \cdot \hat{e}_2)(\boldsymbol{D}_{mf} \cdot \hat{e}_1)}{\omega - \omega_{im} - \boldsymbol{k}_2 \cdot \boldsymbol{v}} \right|^2 I^2$$

$$
\cdot \left[\frac{4\gamma_{if}}{(\omega_{if}-2\omega)^2+(\gamma_{if}/2)^2} + \frac{\gamma_{if}}{(\omega_{if}-2\omega-2\boldsymbol{k}\cdot\boldsymbol{v})^2+(\gamma_{if}/2)^2} + \frac{\gamma_{if}}{(\omega_{if}-2\omega+2\boldsymbol{k}\cdot\boldsymbol{v})^2+(\gamma_{if}/2)^2} \right] \tag{2.69}
$$

对速度分布进行积分，可以得到吸收线形

$$
\alpha(\omega) \propto \Delta N^0 I^2 \left| \sum_m \frac{(\boldsymbol{D}_{im}\cdot\hat{e})(\boldsymbol{D}_{mf}\cdot\hat{e})}{\omega-\omega_{im}} \right|^2 \cdot \left\{ \exp\left[-\left(\frac{\omega_{if}-2\omega}{2kv_{\mathrm{p}}} \right)^2 \right] + \frac{kv_{\mathrm{p}}}{\sqrt{\pi}} \frac{\gamma_{if}/2}{(\omega_{if}-2\omega)^2+(\gamma_{if}/2)^2} \right\} \tag{2.70}
$$

其中，$v_{\mathrm{p}}=(2kT/m)^{1/2}$ 是最可几速度，$\Delta N^0=N_i^0-N_f$ 是非饱和的粒子数差别。吸收线形 (式 (2.70)) 是多普勒展宽的背景与线宽为 $\gamma_{if}=\gamma_i+\gamma_f$ 的窄洛伦兹线形的叠加 (图 2.32)。

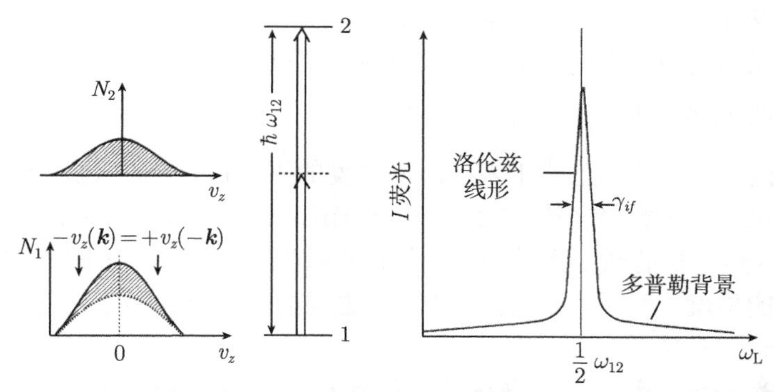

图 2.32 没有多普勒效应的双光子信号的谱线结构示意图，多普勒展宽的背景被显著夸大了

如上所述，半高宽为 $\Delta\omega_{\mathrm{D}}$ 的多普勒线形下面的面积是半高宽为 γ_{if} 的洛伦兹线形面积的一半。然而，因为它的线宽更大，它的峰高要远小于洛伦兹线形的峰高，二者的比值为

$$
\epsilon = \frac{\gamma_{if}\sqrt{\pi}}{2kv_{\mathrm{p}}} \approx \frac{\gamma_{if}}{2\Delta\omega_{\mathrm{D}}}
$$

例 2.10

$\gamma_{if}=20\mathrm{MHz}$，$\Delta\omega_{\mathrm{D}}=2\mathrm{GHz}$，图 2.32 中没有多普勒效应的信号大约是多普勒展宽的背景信号最大值的 200 倍。

恰当地选择两束激光的偏振态，通常可以将背景完全抑制掉。例如，如果入射激光光束是 σ^+ 偏振，在图 2.30 中的反射镜 M 和样品之间放置一个 $\lambda/4$ 波片，就可以将反射光束变为 σ^- 偏振。来自于同一光束的两个光子诱发的跃迁为 $\Delta M=\pm2$，因此，只有当一个光子来自于入射光而另一个光子来自于反射光的时候，$\Delta M=0$ 的 $S\to S$ 跃迁的双光子吸收才有可能发生。

对于共振情况，$2\omega = \omega_{if}$，式 (2.69) 中的第二项变为 $2kv_{\mathrm{p}}/(\gamma_{if}\sqrt{\pi}) \gg 1$。可以忽略多普勒项的贡献，从而得到双光子吸收的最大值

$$\alpha\left(\omega = \frac{1}{2}\omega_{if}\right) \propto I^2 \frac{\Delta N^0 k v_{\mathrm{p}}}{\sqrt{\pi}\gamma_{if}} \left| \sum_m \frac{(\boldsymbol{D}_{im} \cdot \hat{\boldsymbol{e}}) \cdot (\boldsymbol{D}_{mf} \cdot \hat{\boldsymbol{e}})}{\omega - \omega_{im}} \right|^2 \tag{2.71}$$

注：虽然式 (2.71) 中的矩阵元乘积通常远小于相应的单光子矩阵元，但是没有多普勒效应的双光子信号 (式 (2.68)) 可以大于没有多普勒效应的饱和信号。原因在于，能级 $|i\rangle$ 上的所有分子都对双光子吸收有贡献，而没有多普勒效应的饱和光谱学信号仅仅来自于很小一部分的分子，它们的速度位于 $\Delta v_z = 0 \pm \gamma/k$。当 $\gamma = 0.01\Delta\omega_{\mathrm{D}}$ 的时候，这些分子大约只占全部分子的 1%。

对于分子跃迁来说，矩阵元 $\boldsymbol{D}_{im}$ 和 $\boldsymbol{D}_{mf}$ 由三个因子组成：电子跃迁偶极矩阵元、弗兰克–康登因子和洪恩–伦敦因子 (第 1.7 节)。在双光子偶极近似的条件下，如果这些因子中的一个等于零，那么 $\alpha(\omega)$ 就等于零。双原子分子中的双光子或三光子跃迁的谱线强度的计算，可以在参考文献 [2.42]，[2.43] 中找到。

2.5.3　聚焦对双光子信号幅度的影响

因为双光子吸收几率正比于入射激光强度的平方值，一般来说，聚焦样品盒里的入射激光束，可以增大信号。然而，信号还正比于相互作用区内的吸收分子的数目，它随着聚焦体积的减小而减少。对于脉冲激光来说，在一定的入射光强下，双光子跃迁可能早就饱和了。在这种情况下，更强的聚焦只会减小信号。下述估计可以用来优化聚焦条件。

假定激光光束沿着 $\pm z$ 方向传播。利用上能级 $|f\rangle$ 发出的荧光检测双光子吸收，荧光信号来自于样品体积 $V = \pi \int_{z_1}^{z_2} r^2(z)\mathrm{d}z$ (图 2.33)，其中，$r(z)$ 是光束半径 (第 1 卷第 5.3 节)，Δz 是光学收集系统看到的相互作用体积的最大长度。当 $N_f \ll N_i$ 即 $\Delta N \approx N_i$ 的时候，根据式 (2.71)，双光子信号就是

$$S\left(\frac{1}{2}\omega_{if}\right) \propto N_i \left| \sum_m \frac{(\boldsymbol{D}_{im} \cdot \hat{\boldsymbol{e}} \cdot (D_{m\cdot f}\hat{\boldsymbol{e}}))}{\omega - \omega_{im}} \right|^2 \int_z \int_r I^2(r,z) 2\pi r \mathrm{d}r \mathrm{d}z \tag{2.72}$$

其中，N_i 是吸收能级 $|i\rangle$ 上的分子密度，

$$I(r,z) = \frac{2P_0}{\pi w^2} \mathrm{e}^{-2r^2/w^2} \tag{2.73}$$

是功率为 P_0 模式为 TEM_{00} 的高斯型激光光束的径向强度分布。光束束腰

$$w(z) = w_0 \sqrt{1 + \frac{\lambda z}{\pi w_0^2}} \tag{2.74}$$

给出了高斯光束在焦点附近 $z=0$ 的半径 (第 1 卷第 5.4 节)。在离焦点 $z=0$ 的距离为瑞利长度 $L=\pi w_0^2/\lambda$ 的位置上，光束截面 $\pi w^2(L)=2\pi w_0^2$ 比 $z=0$ 处的面积 πw_0^2 增大了一倍。

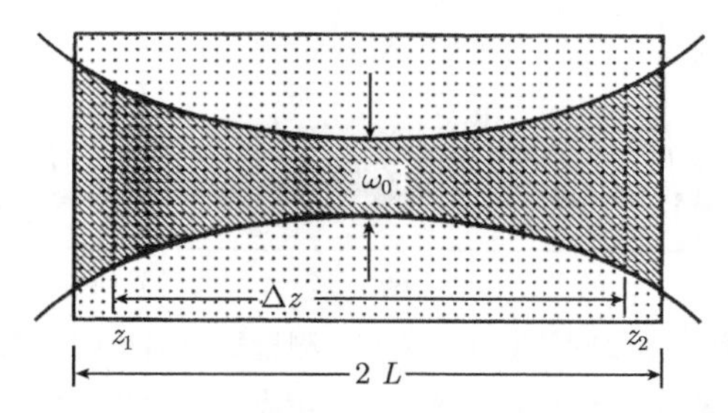

图 2.33 束腰 w_0 和瑞利长度 L，用于说明双光子光谱学的最佳聚焦条件

将式 (2.73), 式 (2.74) 代入式 (2.72)，可以发现，信号 S_{if} 正比于

$$S_{if} \propto \int_0^{\infty}\int_{z_1}^{z_2}\frac{1}{w^4}\mathrm{e}^{-4r^2/w^2}r\mathrm{d}r\mathrm{d}z = 4\int_{z_1}^{z_2}\frac{\mathrm{d}z}{w^2} \tag{2.75a}$$

如果积分

$$\int_{-\Delta z/2}^{+\Delta z/2}\frac{\mathrm{d}z}{1+(\lambda z/\pi w_0^2)^2} = 2L\arctan[\Delta z/(2L)] \tag{2.75}$$

达到极大值，其中 $\Delta z = z_2 - z_1$，那么，S_{if} 就达到极大值。式 (2.75) 表明，当瑞利长度 L 小于收集荧光的空间距离 Δz 的时候，进一步聚焦并不能够增大信号。

将样品置于激光共振腔内，可以显著地增大双光子信号。也可以将样品放在一个外共振腔里，此时必须与激光波长同步地调节腔长 (第 1.4 节)。

2.5.4 没有多普勒效应的双光子光谱学的一些例子

没有多普勒效应的双光子光谱学的早期实验是在碱金属原子上进行的[2.44~2.48]，利用连续染料激光器或二极管激光器，可以在方便的光谱范围内产生这些原子的双光子跃迁。此外，第一个 P 激发态与图 2.28(b) 中的虚能级的距离并不太远，从而增大了这种“近共振”跃迁过程的双光子跃迁几率。现在，这种亚多普勒技术在原子和分子物理学中有着大量的应用。下面用几个例子来说明它们。

各种稳定的铅同位素之间的同位素位移如图 2.34 所示，它们是用没有多普勒效应的双光子吸收谱测量的，实验装置如图 2.30 所示，利用 $\lambda = 450.4\mathrm{nm}$ 的连续染料激光激发跃迁 $6p^2\ {}^3P_0 \to 7p\ {}^3P_0$[2.49]。

到原子里德伯能级的没有多普勒效应的双光子跃迁[2.50] 可以在外场中精确地确定量子亏损数和能级的位移。双电子原子的里德伯态的超精细结构，例如钙原子，以及价态 $4s$ 与里德伯能级 ${}^1D$ 和 ${}^3D$ 的单态–三重态的混合，都已经用没有多普勒效应的双光子光谱进行了详细的研究[2.51]。

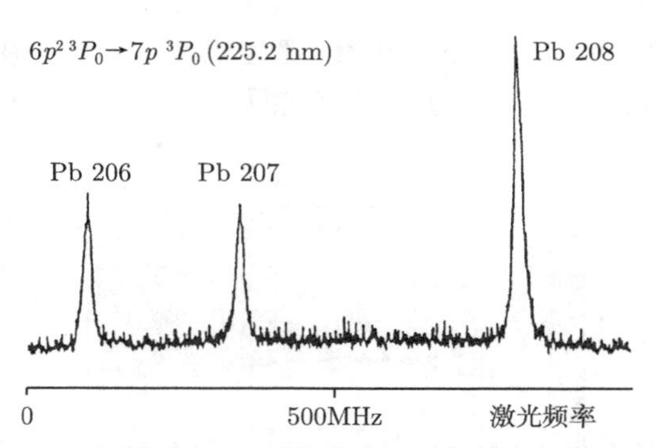

图 2.34　利用没有多普勒效应的双光子光谱，测量稳定的铅同位素的同位素位移，在 $\lambda_{exc} = 450$nm 处激发，用荧光进行检测[2.49]

双光子光谱学在分子中的应用深化了人们对分子激发态的认识。一个例子是用窄带的倍频的染料激光脉冲测量 CO 分子第四个正系统中的双光子激发 $A^1\Pi \leftarrow X^1\Sigma_g$，以及 N_2 分子 Lyman-Birge-Hopfield 系统中的双光子激发。利用这种技术，可以测量激发能量介于 $8 \sim 12$eV 的能态的没有多普勒效应的光谱[2.52]。

终于可以测量更大分子的转动分辨吸收光谱了，例如，苯分子 (C_6H_6) 的 UV 光谱。以前它的光谱结构被认为是真正的连续谱，现在可以完全地分辨出来 (图 2.35)，它们是非常密集而又分立的转动谱线[2.53,2.54]。根据这些跃迁过程的自然线宽，可以确定上能级的寿命[2.55]。已经证明，这些寿命随着电子激发态上的振动–转动能量的增加而迅速减小，因为无辐射跃迁的速率增大了[2.56]。

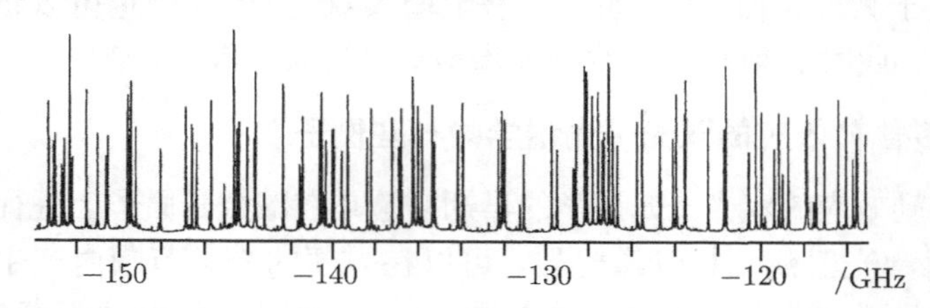

图 2.35　C_6H_6 的 $14_0^1 Q_Q$ 带的没有多普勒效应的双光子激发谱[2.54]

分子双光子光谱也可以应用于红外光谱区，在电子基态的转动–振动能级之间产生跃迁。一个例子是 NH_3 分子在 ν_2 振动带的没有多普勒效应的光谱[2.57]。根据它的压强展宽和位移 (第 1 卷第 3.3 节) 以及斯塔克位移，可以研究 ν_2 振动带的碰撞性质。

Winnewisser 等报道了 NH_3 的近共振双光子光谱[2.58]。利用频率 ν_1 可调谐的二极管激光器，可以观测 NH_3 的 $2v_2(1,1)$ 能级的 $\nu_1 + \nu_2$ 双光子激发，第二个光子 $h\nu_2$ 来自于固定频率的 CO_2 激光器。

氢原子的 $1S \to 2S$ 跃迁的精确测量已经证明了[2.59~2.62] 没有多普勒效应的双

光子光谱学在精密测量和基本物理学研究中的应用可能性，令人印象深刻。这种单光子禁戒的跃迁过程的自然线宽非常窄 (1.3Hz)，它的精密测量给出了基本常数的精确数值，可以用来严格地检验量子电动力学理论 (第 9.7 节)。将 $1S \to 2S$ 跃迁频率与 $2S \to 3P$ 频率进行比较，可以精确地得到 $1S$ 基态的兰姆位移[2.60]，在很久以前，著名的兰姆–卢瑟福实验就已经测量了 $2S$ 态的兰姆位移，它观测的是 $2S_{1/2}$ 和 $2P_{1/2}$ 能级之间的射频跃迁。因为同位素位移，^{1}H 和 $^2\text{H} = ^2_1\text{D}$ 的 $1S \to 2S$ 跃迁的差别是 $2 \times 335.497\,167\,32\text{GHz} = 670.994\,334\,64\text{GHz}$ (图 2.36)。根据这一测量，可以得到质子和氘原子核的平均电荷半径平方值的差别 $r_\text{D}^2 - r_\text{P}^2 = 3.821\,2\text{fm}^2$。里德伯常数的相对不确定性已经达到了 10^{-10}[2.61~2.63]。

利用光学频率梳，可以达到更高的精度 (第 9.7 节)。

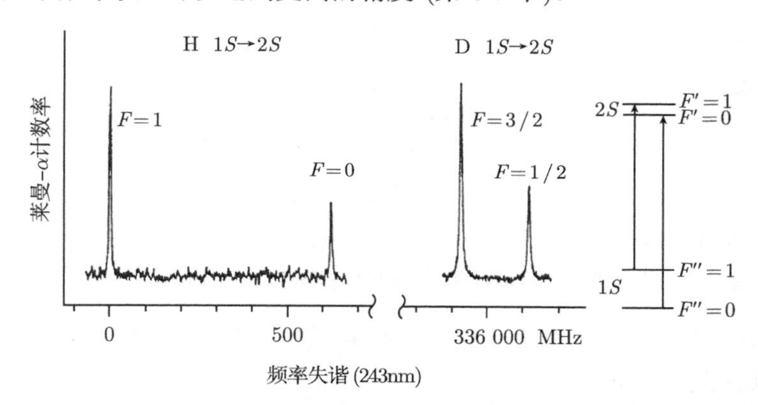

图 2.36 氢原子和氘原子的没有多普勒效应的 $1S \to 2S$ 双光子跃迁[2.59]。两个光子分别来自于方向相反的两束激光光束，只允许 $\Delta F = 0$ 的跃迁

2.5.5 多光子光谱学

如果入射光强度足够大，分子就可能同时吸收几个光子。在 $E_f - E_i = \hbar\omega_k$ 的跃迁 $|i\rangle \to |f\rangle$ 上，吸收一个光子 $\hbar\omega_k$ 的几率可以由式 (2.66) 的推广式得到。此时，式 (2.66) 中的第一个因子包括不同光束的强度 I_k 的乘积 $\prod_k I_k$。在从一束激光中吸收 n 个光子的时候，这个乘积变为 I^n。式 (2.66) 的推广式中的第二个因子包括对 n 个单光子矩阵元乘积的求和。

可以用三光子吸收过程来激发与单光子跃迁具有相同宇称的高能量的分子能级。然而，对于单光子吸收过程，为了达到相同的激发能量，必须使用波长为 $\lambda/3$ 的激光。多普勒限制的共线式三光子光谱学的一个例子是：利用 $\lambda = 440\text{nm}$ 的窄带脉冲染料激光来激发 Xe 原子和 CO 的高能量能级 (图 2.37)。对于单光子跃迁，必须使用 $\lambda = 146.7\text{nm}$ 的深紫外 VUV 区的光源。

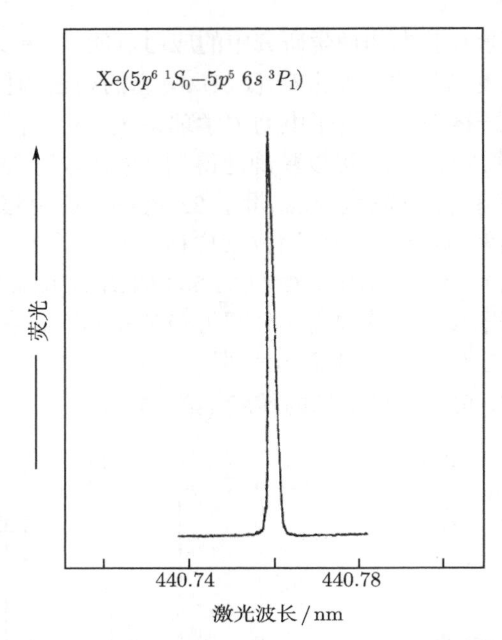

图 2.37　Xe 原子在 $\lambda = 147$nm 处的三光子激发共振荧光，用脉冲染料激光在 $\lambda = 440.76$nm 处进行激发，峰值功率为 80kW。Xe 气压为 8mtorr[2.64]

在没有多普勒效应的多光子吸收过程中，除了能量守恒 $\sum \hbar\omega_k = E_f - E_i$ 之外，还必须满足动量守恒

$$\sum_k \boldsymbol{p}_k = \hbar \sum_k \boldsymbol{k}_k = 0 \tag{2.76}$$

每个被吸收的光子将其动量 $\hbar\boldsymbol{k}_k$ 传递给分子。如果满足式 (2.76)，总动量等于零，也就是说，吸收分子的速度不会发生变化。这就意味着光子能量 $\hbar\omega_k$ 完全转化为分子的激发能量，并不会改变分子的动能。它与分子的初速度无关，因此跃迁没有多普勒效应。

没有多普勒效应的三光子吸收光谱的实验装置如图 2.38 所示。将一束染料激光束劈裂为三束光，让它们以 120° 角交叉通过吸收样品。

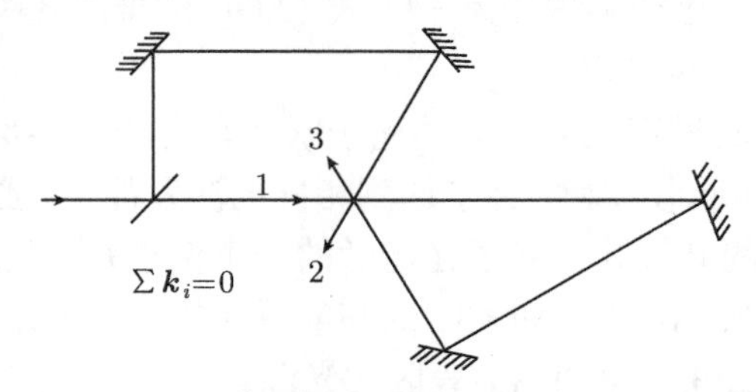

图 2.38　用于没有多普勒效应的三光子光谱学的实验装置示意图

如果可以找到一个双光子共振过程，吸收几率就会增加。一个例子如图 2.39(a) 所示，其中 $\lambda = 578.7\text{nm}$ 的染料激光的双光子过程激发了 Na 原子的 $4D$ 能级，第三个光子将它进一步激发到高指数的里德伯能级 nP 或 nF 上，它们的电子轨道量子数为 $l = 1$ 或 $l = 3$。对于没有多普勒效应的激发过程，利用了图 2.38 中的波矢图[2.65]。

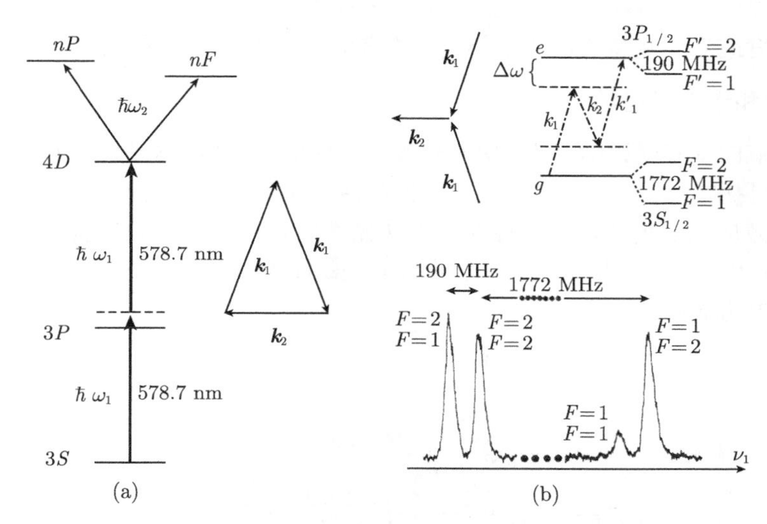

图 2.39 Na 原子的没有多普勒效应的三光子光谱的能级结构示意图

(a) 里德伯态的分步激发；(b) 拉曼型过程：以 Na 原子的 $3S3P$ 激发为例。调节 L_1，并将 L_2 保持在 Na 原子 D_1 谱线之下 30GHz[2.65]

三光子激发也可以用于拉曼型的过程，通过两个虚能级来实现，如图 2.39(b) 所示。这种没有多普勒效应的技术在 Na 原子的 $3^2S_{1/2} \to 3^2P_{1/2}$ 跃迁中得到了验证，其中，动量为 $\hbar\boldsymbol{k}_1$ 和 $\hbar\boldsymbol{k}'_1$ 的光子被吸收，发射出动量为 $\hbar\boldsymbol{k}_2$ 的光子。上能级和下能级的超精细结构可以很好地分辨出来[2.65]。

吸收多个可见光光子，可以引起原子或分子的电离。在给定的激光强度下，电离速率 $N_{\text{ion}}(\lambda_{\text{L}})$ 随着激光波长的变化关系在单光子、双光子和三光子共振处出现很窄的极大值。例如，如果电离势能 (IP) 小于 $3\hbar\omega$，电离率的共振就会出现，可以是激光频率 ω 与能级 $|i\rangle$ 和 $|f\rangle$ 之间的双光子跃迁过程共振，即 $(E_f - E_i = 2\hbar\omega)$，也可以是三光子跃迁达到了自电离的里德伯态[2.66]。

在分子电子基态中，也观测到了多光子吸收过程，它是由 CO_2 激光的红外光子诱导产生的[2.67,2.68]。当强度足够大的时候，高指数振动–转动态的多光子激发可以引起分子的分解[2.69]。

如果多光子激发的第一步可以选择特定的同位素，使得所需要的同位素分子的吸收几率大于其他的同位素分子，就可以实现选择性的分解[2.69]，利用化学反应，可以对选择性分解的同位素产物进行同位素分离 (第 10.2 节)。

2.6　非线性光谱学的特殊技术

本节简要论述饱和光谱学、偏振光谱学和多光子光谱学的一些变种，它们可以提高灵敏度或者解决特殊的光谱问题，通常是几种非线性技术的组合。

2.6.1　饱和干涉光谱学

与传统的饱和光谱学相比，偏振光谱学的灵敏度更高，这是因为它探测的是相位差而不是振幅差。这一优点也被用于检测两束探测光束之间的干涉，其中一束光带有饱和效应诱导的相移。这种饱和干涉光谱学是在几个不同的实验室中独立发展起来的[2.70,2.71]。它的基本原理非常简单，如图 2.40 所示。下面我们沿用参考文献 [2.70] 中的描述。

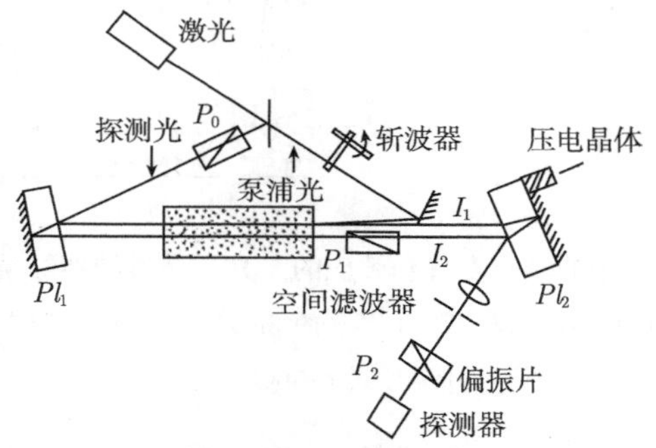

图 2.40　饱和干涉光谱学的实验装置示意图

用两面平行的玻璃片 Pl_1 将探测光束分为两束。一束光通过吸收样品中被泵浦激光饱和的区域，另一束光通过同一样品上的非饱和区域。用另一块两面平行的玻璃片 Pl_2 将两束光重新组合在一起。这两个仔细安置的平行玻璃片构成了一个 Jamin 干涉仪[2.72]，可以用压电元件进行调节，使得这两束强度为 I_1 和 I_2 的探测光在没有饱和泵浦光的情况下发生相消干涉。

如果泵浦光的饱和效应引起了相位变化 φ，探测器上的相应强度就变为

$$I = I_1 + I_2 - 2\sqrt{I_1 I_2}\cos\varphi \tag{2.77}$$

将一个偏振片 P_1 放在某一束探测光路上，另一个偏振片 P_2 放在探测器前面，可以使得两束干涉的探测光的强度 I_1 和 I_2 相等。因为样品分子使得两束光的吸收有微小差异 δ，它们在探测器上的强度具有如下关系

$$I_1 = I_2(1+\delta), \quad \delta \ll 1$$

当相移很小的时候，$\varphi\left(\varphi \ll 1 \to \cos\varphi \approx 1 - \frac{1}{2}\varphi^2\right)$，可以将式 (2.77) 近似为

$$I \approx \left(\frac{1}{4}\delta^2 + \varphi^2\right) I_2 \tag{2.78}$$

此处忽略了高阶项 $\delta\varphi^2$ 和 $\delta^2\varphi^2$。振幅差 δ 和相移 φ 都来自于沿着相反方向传播的单色泵浦光在样品中的选择性饱和效应。因此，类似于偏振光谱学中的情况，可以得到这两个量对频率的洛伦兹型和色散型依赖关系

$$\delta(\omega) = \frac{\delta_0}{1+x^2}, \quad \varphi(\omega) = \frac{1}{2}\delta_0 \frac{x}{1+x^2} \tag{2.79}$$

其中，$\delta_0 = \delta(\omega_0)$，$x = 2(\omega - \omega_0)/\gamma$，$\gamma$ 是均匀线宽 (FWHM)。

将式 (2.79) 代入式 (2.78) 可以得到，在干涉条纹的极小值处，总强度 I 的洛伦兹线形为

$$I = \frac{1}{4}\frac{I_2\delta_0^2}{1+x^2} \tag{2.80}$$

根据式 (2.79)，相位差 $\varphi(\omega)$ 依赖于激光频率 ω。然而，在扫描激光频率的时候，总是可以将相位差调节到零。可以在压电元件上施加一个正弦电压，该电压产生了一个调制

$$\varphi(\omega) = \varphi_0(\omega) + a\sin(2\pi f_1 t)$$

将探测器信号送到调制频率为 f_1 的锁相放大器上，锁相放大器的输出可以驱动一个伺服电路，将相位差 φ_0 调节到零。当 $\varphi(\omega) \equiv 0$ 的时候，由式 (2.78)、式 (2.79) 可以得到

$$I(\omega) = \frac{1}{4}\delta(\omega)^2 I_2 = \frac{1}{4}\frac{\delta_0^2 I_2}{(1+x^2)^2} \tag{2.81}$$

这个信号的半高宽由 γ 减小为 $(\sqrt{2}-1)^{1/2}\gamma \approx 0.64\gamma$。

在偏振光谱学中，在偏振片略微偏离垂直的情况下，偏振信号的谱线形状是洛伦兹线形和色散线形的叠加，而在饱和干涉光谱学中，因为反馈控制补偿了相移，得到的是纯洛伦兹线形。测量谱线的一阶微分，可以得到纯色散型的信号。为了实现这一点，将控制相位的锁相放大器的输出送到另一个频率为 f_2 ($f_2 \ll f_1$) 的锁相放大器中，同时以频率 f_2 对饱和泵浦光束进行斩波。

这种方法已经用来测量 Na_2[2.70] 和 I_2[2.71] 的光谱。利用传统的饱和光谱学技术测量得到的 I_2 中的饱和吸收信号如图 2.41(a) 所示，使用的是染料激光器，波长为 $\lambda = 600$nm，泵浦功率为 10mW，探测功率 1mW。图 2.41(b) 是图 2.41(a) 中的光谱的一阶微分，而图 2.41(c) 是饱和干涉信号的一阶微分。

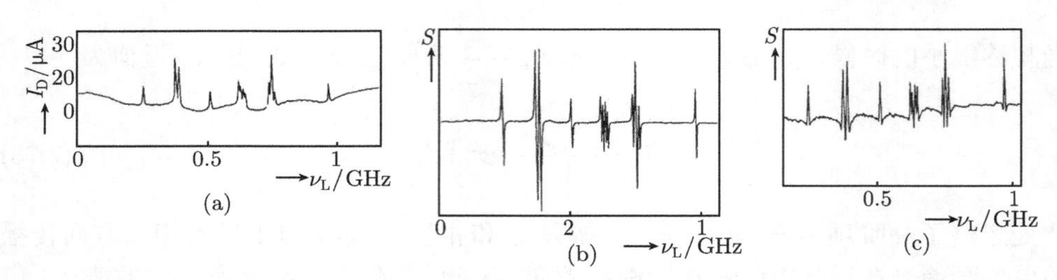

图 2.41　I_2 在 $\lambda = 600$nm 处的饱和干涉谱

(a) 超精细结构分量的饱和吸收信号；(b) 图 (a) 数据的一阶微分；(c) 饱和色散信号的一阶微分 [2.71]

饱和干涉技术的灵敏度与偏振光谱学相仿。后者只能应用于从转动量子数 $J \geqslant 1$ 的能级上出发的跃迁，而前者还可以应用于 $J = 0$ 的跃迁。实验的缺点是，Jamin 干涉仪的调整以及测量过程稳定性的要求非常高。

2.6.2　没有多普勒效应的激光诱导二色性和双折射

对偏振光谱学的实验装置进行一些改动，就可以同时测量饱和吸收和色散[2.73]。在图 2.21 所示的实验装置中，探测光束是线偏振的，而此处使用的是圆偏振探测光和线偏振的泵浦光 (图 2.42)。探测光束可以分解为偏振平行和垂直于泵浦光偏振的两个分量。因为泵浦光引起的各向异性饱和效应，探测光束感受到的吸收系数 $\alpha_{\parallel}$ 和 $\alpha_{\perp}$ 以及折射率 $n_{\parallel}$ 和 $n_{\perp}$ 对于平行偏振和垂直偏振是不同的。这样就改变了探测光束的偏振，在一个线偏振片后面进行探测，该偏振片与参考方向的夹角 β

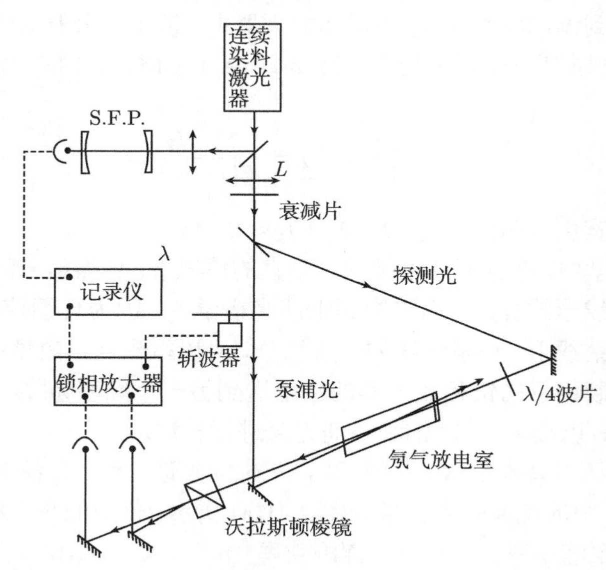

图 2.42　用于观测没有多普勒效应的激光诱导二色性和双折射的实验装置[2.73]

等于 π。类似于第 2.4.2 节的推导过程，可以证明，当 $\alpha L \ll 1$ 和 $\Delta n(L/\lambda) \ll 1$ 的时候，入射强度为 I 的圆偏振探测光的透射强度为

$$I_{\mathrm{t}}(\beta)=\frac{I}{2}\left(1-\frac{\alpha_{\|}+\alpha_{\perp}}{2}L-\frac{L}{2}\Delta\alpha\cos 2\beta-\frac{\omega L}{c}\Delta n\sin 2\beta\right) \tag{2.82}$$

其中，$\Delta\alpha=\alpha_{\|}-\alpha_{\perp}$，$\Delta n=n_{\|}-n_{\perp}$。

透射光强之差

$$\varDelta_1=I_t(\beta=0°)-I_t(\beta=90°)=IL\Delta\alpha/2 \tag{2.83}$$

给出了纯二色性信号 (各向异性饱和吸收)，而差别

$$\varDelta_2=I_t(45°)-I_t(-45°)=I(\omega L/c)\Delta n \tag{2.84}$$

给出的是纯双折射信号 (饱和色散)。位于相互作用区后方的双折射沃拉斯顿棱镜可以将探测光束的偏振相互垂直的两个分量在空间分开。用完全相同的两个光二极管来探测这两束光。适当地选择双折射棱镜的光轴、对输出信号进行恰当的平衡之后，用一个差分放大器直接记录差别 $\varDelta_1$ 和 $\varDelta_2$。

这种技术的优点如图 2.43 所示。光谱表示 $\lambda=588.2$nm 的氖谱线 $(1s\rightarrow 2p)$ 的共振腔内饱和谱的兰姆峰 (第 2.3.3 节)。因为碰撞使得原子速度重新分布，除了窄峰之外还有一个相当强的宽背景。在二色性和双折射曲线中没有这个宽背景 (图 2.43(b),(c))。这就提高了信噪比和光谱精度。

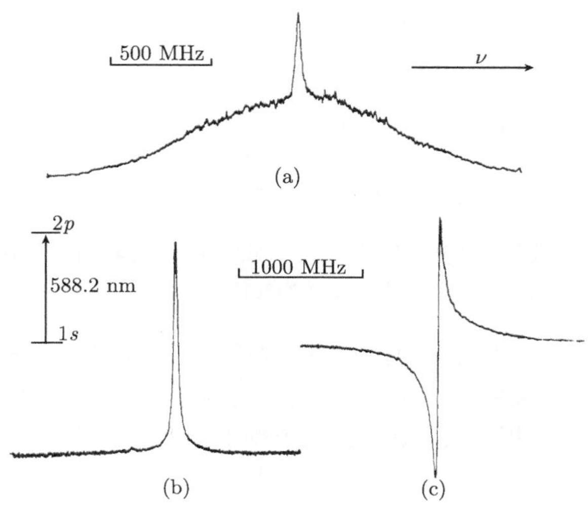

图 2.43 测量 $\lambda=588.2$nm 处的氖谱线跃迁 $1s\rightarrow 2p$ 的几种不同方法

(a) 共振腔内饱和光谱 (激光输出的兰姆峰 $I_L(\omega)$ 以及多普勒展宽的背景)；(b) 激光诱导二色性；(c) 激光诱导的双折射性[2.73]

2.6.3　外差偏振光谱学

在饱和或偏振光谱学的大多数测量模式中，探测光的强度涨落是噪声的主要来源。一般来说，噪声功率谱 $P_{\text{noise}}(f)$ 具有频率依赖关系，随着频率的增大，噪声功率密度减小 (即 $1/f$ 噪声)。在高频率 f 处用锁相放大器来探测信号，有利于获得高信噪比。

这是外差偏振光谱学的基本想法[2.74,2.75]，其中，频率为 ω_{p} 的泵浦光通过调制频率为 f 的声光调制器，在 $\omega=\omega_{\text{p}}\pm 2\pi f$ 处产生侧带 (图 2.44)。$\omega_t=\omega_{\text{p}}+2\pi f$ 的侧带作为泵浦光束通过样品盒，而频率为 ω_{p} 的探测光束在声光调制器之前就从激光光束中分离出去。除此之外，整个实验装置与图 2.21 类似。

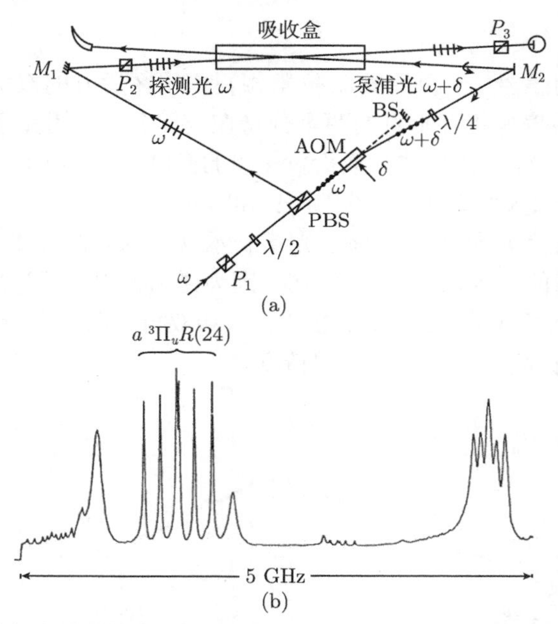

图 2.44　(a) 外差偏振光谱学的实验装置；(b) 一段 Na_2 偏振谱，带有 $R(24)$ 转动谱线的超精细劈裂，它是自旋禁戒的跃迁 $X^1\Sigma_g\rightarrow{}^3\Pi_u$[2.75]

透过偏振片 P_3 的信号强度由式 (2.50) 描述。然而，物理量 $x=2(\omega-\omega_0-2\pi f)/\gamma$ 与式 (2.48) 相差一个频率位移 f，偏振信号的振幅调制频率是泵浦和探测光的差频 f。因此，可以将锁相放大器调节到这个频率上进行测量，调制频率为 MHz 量级。不需要对泵浦光进行斩波。

2.6.4　不同非线性技术的组合

Grützmacher 等将没有多普勒效应的双光子光谱学和偏振光谱学结合起来[2.76]，测量了低压强下氢等离子体中的莱曼 $-\lambda$ 谱线线形。

这种组合的一个著名例子是，汉施等首次精确地测量了氢原子 $1S$ 基态的兰姆位移[2.60]。虽然汉施及其合作者已经发展出更为精确的新技术 (第 9.7 节)，“老”技术仍然非常有启发性，在此对它进行简要的介绍。

实验装置如图 2.45 所示。可调谐染料激光器的输出为 $\lambda = 486\text{nm}$，经过非线性晶体产生倍频。486nm 的基频光用于没有多普勒效应的巴耳末 (Balmer) 跃迁 $2S_{1/2} - 4P_{1/2}$ 的饱和光谱[2.60] 或偏振光谱[2.77]，它在 $\lambda = 243\text{nm}$ 处的倍频光引起了没有多普勒效应的双光子跃迁 $1S_{1/2} - 2S_{1/2}$。在简单的玻尔 (Bohr) 模型中[2.78]，这两种跃迁的频率应该完全相同，因为在这个模型中，$\nu(1S - 2S) = 4\nu(2S - 4P)$。测量得到的频率差 $\Delta\nu = \nu(1S - 2S) - 4\nu(2S - 4P)$ 给出了兰姆位移 $\delta\nu_{\text{L}}(1S) = \Delta\nu - \delta\nu_{\text{L}}(2S) - \Delta\nu_{fs}(4S_{1/2} - 4P_{1/2}) - \delta\nu_{\text{L}}(4S)$。兰姆位移 $\delta\nu_L(2S)$ 是已知的，利用狄拉克理论可以计算出 $\Delta\nu_{fs}(4S_{1/2} - 4P_{1/2})$。法布里–珀罗干涉仪的频率标记可以精确地确定 $1S$ 态的超精细结构劈裂，以及氢原子 ^1H 和氘原子 ^2H 的 $1S - 2S$ 跃迁之间的同位素位移 $\Delta\nu_{Is}(^1\text{H} -^2 H)$(图 2.36)。

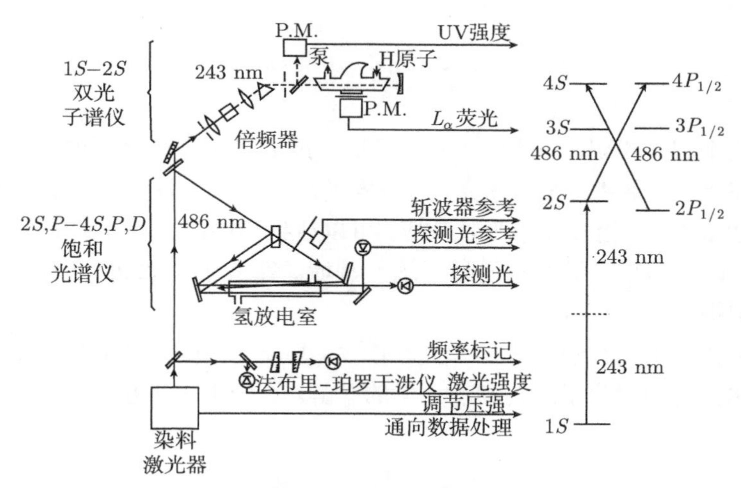

图 2.45 测量氢原子 $1S$ 态中的兰姆位移和 $^2P_{1/2}$ 的精细结构的早期实验装置，它把没有多普勒效应的双光子光谱学和饱和光谱学技术结合在一起[2.60]

这种精确测量 $1S - 2S$ 跃迁的最新装置如图 2.46 所示。氢原子由微波放电室产生，通过一个冷喷嘴进入到真空中，形成了准直原子束。激光光束照射到喷嘴上并反射回来，与原子束的运动方向相反。亚稳态 $2S$ 上的原子通过一个电场，在那里 $2S$ 态和 $2P$ 态发生混合。$2P$ 原子发射出莱曼 $-\alpha$ 荧光，用一个对日光不敏感的光电倍增管进行探测。能够实现的 $1S - 2S$ 线宽大约是 1kHz，它受限于渡越时间展宽。谱线中心位置的不确定度小于 30Hz!

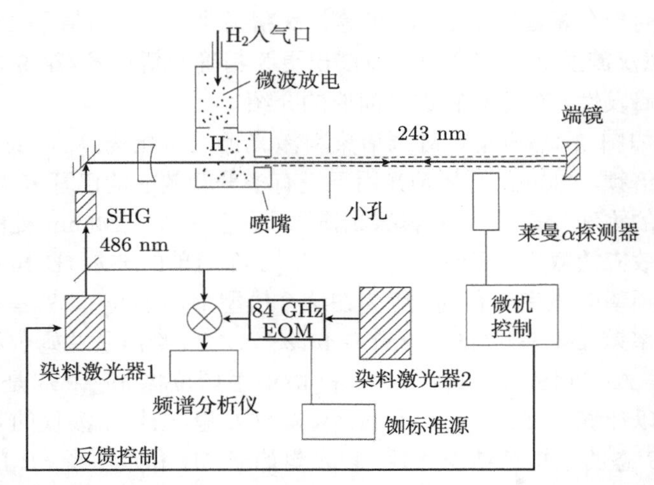

图 2.46　用于精确测量 H(1S − 2S) 跃迁频率的实验装置[2.79]

2.7 结　　论

上面几个例子说明，非线性光谱学是原子或分子激光光谱学的一个重要分支。它的优点在于：如果使用窄带激光，可以实现没有多普勒效应的光谱分辨率；使用脉冲或连续激光，利用多光子吸收效应，可以达到高能级。因为它在分子物理学中的重要性，许多书籍和综述都讲述了这一领域。参考文献 [2.2], [2.4], [2.80]~[2.88] 仅仅是其中很小的一部分。

与双共振技术结合起来，非线性光谱学为复杂光谱的指认做出了重大的贡献，极大地深化了我们对分子结构和动力学的了解。这一主题将在第 5 章中讨论。

2.8 习　　题

2.1　(a) 单模连续染料激光束聚焦后 (焦区面积为 $A = 0.2 \times 0.01\text{cm}^2$) 穿过一束准直的钠原子束，激光频率调节到钠原子 D_2 跃迁 $3^2P_{3/2} \leftarrow 3^2S_{1/2}$ 的超精细分量上 ($F' = 2 \leftarrow F'' = 1$)。如果钠原子的平均速度为 $v = 5 \times 10^4\text{cm/s}$，计算饱和强度 I_s。上能级的寿命为 $\tau_K = 16\text{ns}$，残余的多普勒宽度可以忽略不计。

(b) 在钠原子气体盒中，$P_\text{Na} = 10^{-6}\text{mbar}$，氩气气压为 $P_\text{Ar} = 10\text{mbar}$，饱和强度 I_s 是多大? Na-Ar 碰撞过程引起的压强展宽为 25MHz/mbar。

2.2　一束脉冲染料激光的脉冲宽度为 $\Delta T = 10^{-8}\text{s}$，峰值功率为 $P = 1\text{kW}$，波长为 $\lambda = 600\text{nm}$，它照射在 $p = 1\text{mbar}$ 和 $T = 300\text{K}$ 的样品气体盒上。假设激光束具有矩形强度分布，激光束的截面为 1cm^2。将激光调节到弱吸收跃迁上 $|i\rangle \rightarrow |k\rangle$，其吸收截面为 $\sigma_{ik} = 10^{-18}\text{cm}^2$，

那么，较低能级 $|i\rangle$ 上的原子有多少会被激发？假定激光的带宽为多普勒宽度的 3 倍。

2.3 在一个偏振光谱学实验中，圆偏振泵浦光改变了吸收系数，$\Delta\alpha = \alpha^+ - \alpha^- = 10^{-2}\alpha_0$。泵浦区的长度为 L，没有泵浦激光的时候，吸收为 $\alpha_0 L = 5\times 10^{-2}$，线偏振探测光的波长为 $\lambda = 600\mu\text{m}$，在通过泵浦区后，偏振面转动了多大的角度？

2.4 在图 2.30 所示的没有多普勒效应的自由光子实验中，钠原子气体盒中的钠原子密度为 $n = 10^{12}\text{cm}^{-3}$，将单模染料激光的频率调谐到跃迁 $3s \to 5s(\nu = 1\times 10^{15}\text{s}^{-1})$ 的一半 $\nu/2$ 时，估计 Na 跃迁 $5s \to 3p$ 的荧光探测率 (每秒钟内探测的荧光光子数)。激光功率为 $P = 100\text{mW}$，光束聚焦后的束腰为 $w_0 = 10^{-2}\text{cm}$，焦点附近长度为 $L = 1\text{cm}$ 的部分成像于荧光探测器上，收集效率为 5%。吸收截面为 $\sigma = a\cdot I$，其中 $a = 10^{-10}\text{W}^{-1}$，$5s \to 3p$ 跃迁过程的跃迁几率为 $A_{ki} = 0.2(A_k + R_{\text{coll}})$。

2.5 在钠原子 D_1 跃迁 $3^2S_{1/2} \to 3^2P_{1/2}$ 的饱和光谱上，可以清楚地分辨超精细分量。有两个跃迁共用同一个较低的能级，$3^2S_{1/2}(F'' = 1) \to 3^2P_{1/2}(F' = 1$ 和 $F' = 2)$，如果激光强度是到 $F' = 1$ 的跃迁过程的饱和强度 I_s 的两倍，估计这两个跃迁的交叉信号的相对强度。

2.6 激光垂直穿过速度为 $\bar{v} = 10^3\text{m/s}$ 的准直原子束，激光强度为 $I = 10^3\text{W/cm}^2$，矩形光束截面的面积为 $1\times 1\text{mm}^2$，吸收几率为 $P_{if} = (\sigma_0\cdot I)^2/(\gamma\cdot h\nu)^2$，其中，$\sigma_0 = 10^{-18}\text{cm}^2$，$\gamma$ 是线宽。没有多普勒效应的双光子跃迁过程将氢原子由基态 $1^2S_{1/2}$ 激发到 $2^2S_{1/2}$ 态上，计算氢原子被激发的比率。

第 3 章　激光拉曼光谱学

多年以来，拉曼光谱一直是研究分子振动和转动的有力工具。然而，在激光出现之前，它的主要缺点是没有足够强的光源。因此，激光的出现在这个光谱学的经典领域中引发了革命。激光不仅极大地增强了自发拉曼光谱的灵敏度，而且引入了基于受激拉曼效应的新型光谱技术，例如，相干反斯托克斯拉曼散射或超拉曼光谱学。近来，激光拉曼光谱学的研究活动有了显著的拓展，这一领域中出现了大量的文献。本章简要介绍拉曼效应的一些基本知识以及气体介质拉曼光谱学中的一些实验技术。关于这一领域中更为深入的研究，我们推荐参考文献 [3.1]~[3.12] 以及会议论文集 [3.13]，[3.14] 中的教科书和综述文章。关于液体和固体拉曼光谱学的更多信息，可以参考文献 [3.11]，[3.15]~[3.18]。

3.1　基 本 知 识

可以将拉曼散射视为初始能级 E_i 上的分子与入射光子 $\hbar\omega_i$ 发生的非弹性散射过程 (图 3.1(a))。在碰撞之后，探测到的是一个能量变小了的光子 $\hbar\omega_\mathrm{s}$，而分子位于更高的能级 E_f 上

$$\hbar\omega_i + M(E_i) \rightarrow M^*(E_f) + \hbar\omega_\mathrm{s}, \quad \hbar(\omega_i - \omega_\mathrm{s}) = E_f - E_i > 0 \tag{3.1a}$$

能量差 $\Delta E = E_f - E_i$ 可以表现为分子的振动能、转动能或电子能量。

如果光子 $\hbar\omega_i$ 被振动激发态中的分子散射，它可能获得能量，从而使得散射后的光子具有更高的频率 ω_as (图 3.1(c))，其中

$$\hbar\omega_\mathrm{as} = \hbar\omega_i + E_i - E_f, \quad E_i > E_f \tag{3.1b}$$

这种“超弹性散射的”光子散射称为反斯托克斯辐射 (anti-Stocks radiation)。

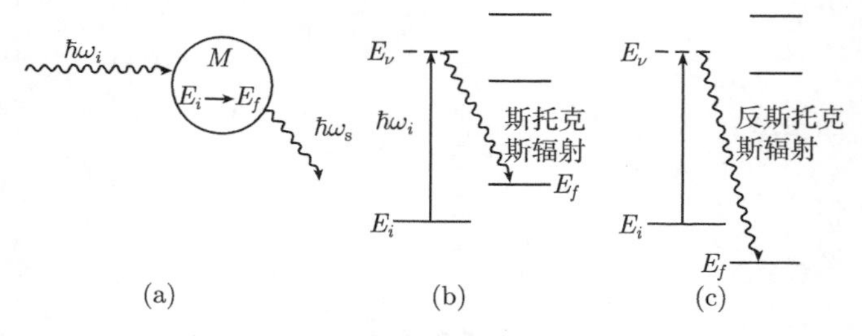

图 3.1　拉曼散射的能级结构示意图

在能级结构示意图中 (图 3.1(b))，散射过程中的系统中间态 $E_v = E_i + \hbar\omega_i$ 通常被形式化地描述为一个虚能级，然而，这个虚能级并不一定是分子的“真实的”稳态本征态。如果虚能级与分子的一个本征态相符，这就是共振拉曼效应。

振动拉曼效应是激光出现之前研究的主要效应，Placek 创立了经典描述[3.8]。它由关系式

$$\boldsymbol{p} = \boldsymbol{\mu}_0 + \tilde{\alpha}\boldsymbol{E} \tag{3.2}$$

出发，描述的是入射光电场振幅 $\boldsymbol{E} = \boldsymbol{E}_0 \cos\omega t$ 和分子偶极距 $\boldsymbol{p}$ 之间的关系。第一项 $\boldsymbol{\mu}_0$ 表示一个可能的恒常电偶极矩，而 $\tilde{\alpha}\boldsymbol{E}$ 是诱导产生的电偶极矩。通常用二阶张量 (α_{ij}) 表示极化，它依赖于分子对称性。电偶极矩和电极化是原子核与电子坐标的函数。然而，只要入射光的频率远离于电子跃迁或振动跃迁的共振频率，电子云极化导致的原子核位移就非常小。因为电子电荷的分布决定于原子核的位置，它可以随着原子核位置的变化而“瞬时”调节，所以，可以用原子核位移的正则坐标 q_n 来将电偶极矩和电极化展开为泰勒级数

$$\begin{aligned} \boldsymbol{\mu} &= \boldsymbol{\mu}(0) + \sum_{n=1}^{Q} \left(\frac{\partial \boldsymbol{\mu}}{\partial q_n}\right)_0 q_n + \cdots \\ \alpha_{ij}(q) &= \alpha_{ij}(0) + \sum_{n=1}^{Q} \left(\frac{\partial \alpha_{ij}}{\partial q_n}\right)_0 q_n + \cdots \end{aligned} \tag{3.3}$$

其中，$Q = 3N - 6$(对于直线形分子是 $3N - 5$) 给出了带有 N 个原子核的分子的正则振动模式的数目，$\boldsymbol{\mu}(0) = \boldsymbol{\mu}_0$ 和 $\alpha_{ij}(0)$ 是平衡构型 $q_n = 0$ 中的电偶极矩和电极化。对于小振幅的振动，振动分子的正则坐标 $q_n(t)$ 近似成

$$q_n(t) = q_{n0}\cos(\omega_n t) \tag{3.4}$$

其中，q_{n0} 和 ω_n 分别是第 n 个正则模式的振幅和振动频率。将式 (3.4) 和式 (3.3) 代入式 (3.2)，可以得到总的电偶极矩为

$$\begin{aligned} \boldsymbol{p} =& \boldsymbol{\mu}_0 + \sum_{n=1}^{Q} \left(\frac{\partial \boldsymbol{\mu}}{\partial q_n}\right)_0 q_{n0}\cos(\omega_n t) + \alpha_{ij}(0)E_0\cos(\omega t) \\ &+ \frac{1}{2}\boldsymbol{E}_0 \sum_{n=1}^{Q} \left(\frac{\partial \alpha_{ij}}{\partial q_n}\right)_0 q_{n0}[\cos(\omega + \omega_n)t + \cos(\omega - \omega_n)t] \end{aligned} \tag{3.5}$$

其中，第二项描述的是红外谱，第三项是瑞利散射，最后一项是拉曼散射。在图 3.2 中，给出了 CO_2 分子的三种正则振动的 $\partial\boldsymbol{\mu}/\partial q$ 和 $\partial\alpha/\partial q$ 的依赖关系。该图说明：弯折振动 ν_2 和非对称拉伸 ν_3 的 $\partial\boldsymbol{\mu}/\partial q \neq 0$，这两种振动模式被称为“具有红外活性”；对称拉伸 ν_1 的电极化的改变 $\partial\alpha/\partial q \neq 0$，它被称为“具有拉曼活性”。

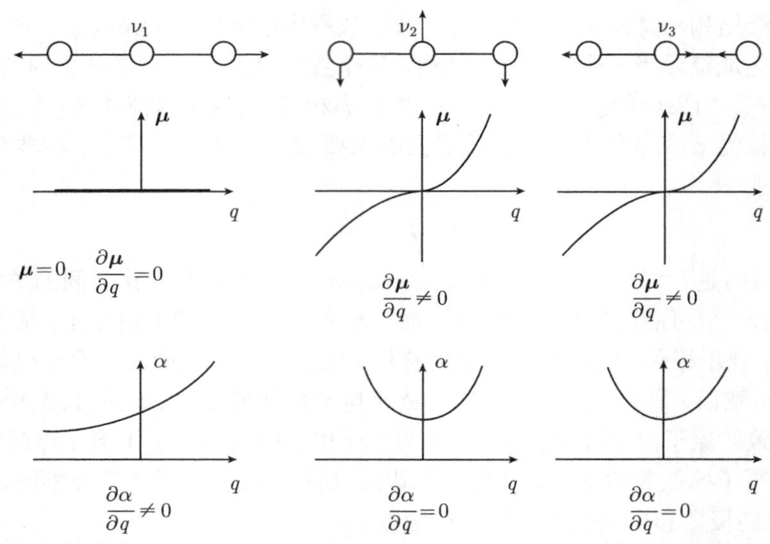

图 3.2　电偶极矩 $\partial\boldsymbol{\mu}/\partial q$ 和电极化 $\partial\alpha/\partial q$ 随着 CO_2 分子正则振动的变化关系

因为一个振动的电偶极矩是每个分子产生新光波的光源，式 (3.5) 表明，与入射光频率 ω 相同的弹性散射光 (瑞利散射)、频率为 $\omega-\omega_n$ 的非弹性散射光 (斯托克斯光) 以及频率为 $\omega+\omega_n$ 的超弹性散射光 (反斯托克斯光)。每个分子的微观贡献叠加起来就构成了宏观的光，它的强度依赖于初始能级 E_i 上的分子数 $N(E_i)$、入射光的强度以及表达式 $(\partial\alpha_{ij}/\partial q_n)q_n$，后者描述的是电极化分量对原子核位移的依赖关系。

虽然经典理论正确地描述了拉曼谱线的频率 $\omega\pm\omega_n$，但是，它给不出正确的强度值，必须使用量子力学来处理。偏振张量的分量 α_{ij} 的期望值为

$$\langle\alpha_{ij}\rangle_{ab}=\int u_b^*(q)\alpha_{ij}u_a(q)\mathrm{d}q \tag{3.6}$$

其中，函数 $u(q)$ 表示初能级 a 和终能级 b 的分子本征波函数。对所有的原子核坐标进行积分。这就说明，计算拉曼谱线的强度基于的是初态和终态的分子波函数。在振动–转动拉曼散射的情况下，它们是电子基态的转动–振动本征波函数。

当位移 q_n 很小的时候，分子势能可以用一个谐振子势来近似，不同的正则振动模式之间的耦合可以忽略不计。函数 $u(q)$ 可以分解为振动本征函数的乘积

$$u(q)=\prod_{n=1}^{Q}w_n(q_n,v_n) \tag{3.7}$$

其中，第 n 个正则模式带有 v_n 个振动量子。利用函数 $w_n(q_n)$ 的正交关系式

$$\int w_nw_m\mathrm{d}q=\delta_{nm} \tag{3.8}$$

可以由式 (3.6) 和式 (3.3) 得到

$$\langle\alpha_{ij}\rangle_{ab}=(\alpha_{ij})_0+\sum_{n=1}^{Q}\left(\frac{\partial\alpha_{ij}}{\partial q_n}\right)_0\int w_n(q_n,v_a)q_n w_n(q_n,v_b)\mathrm{d}q_n \tag{3.9}$$

第一项是常数，对应于瑞利散射。对于非简并振动，第二项中的振动积分等于零 —— 除非 $v_a=v_b\pm 1$，此时，它的数值[3.18] 是 $\left[\frac{1}{2}(v_a+1)\right]^{1/2}$。振动拉曼光谱学的基本强度参数是导数 $(\partial\alpha_{ij}/\partial q)$，可以用拉曼光谱确定。

斯托克斯或反斯托克斯频率 $\omega_\mathrm{s}=\omega\pm\omega_n$ 处的拉曼谱线的强度决定于初始能级 $E_i(v,J)$ 上的粒子数 $N_i(E_i)$、入射泵浦激光的强度 I_L 以及拉曼跃迁 $E_i\to E_f$ 的拉曼散射截面 $\sigma_\mathrm{R}(i\to f)$:

$$I_\mathrm{s}=N_i(E_i)\sigma_\mathrm{R}(i\to f)I_\mathrm{L} \tag{3.10}$$

在热平衡态中，粒子数密度 $N_i(E_i)$ 服从玻耳兹曼分布

$$N_i(E_i,v,J)=\frac{N}{Z}g_i\mathrm{e}^{-E_i/kT},\quad \text{其中,}N=\sum N_i \tag{3.11a}$$

统计权重因子 g_i 依赖于振动态 $v=(n_1v_1,n_2v_2,\cdots)$、转动量子数 J 的转动态、(在对称陀螺的情况下) 对称轴上的投影 K 以及 N 个原子核的核自旋 I。配分函数

$$Z=\sum_i g_i\mathrm{e}^{-E_i/kT} \tag{3.11b}$$

是归一化因子，它使得 $\sum N_i(v,J)=N$，将式 (3.11b) 代入式 (3.11a) 可以验证这一点。

对于斯托克斯辐射，分子的初始态可以是振动基态，而对于反斯托克斯谱线，分子必须具有初始的激发能量。因为这些激发能级上的粒子占据数很小，反斯托克斯谱线的强度要小上一个因子 $\exp(-\hbar\omega_\nu/kT)$。

例 3.1

$\hbar\omega_\nu=1000\mathrm{cm}^{-1}$, $T=300\mathrm{K}\to kT\sim 250\mathrm{cm}^{-1}\to\exp(-E_i/kT)\approx\mathrm{e}^{-4}\approx 0.018$。对于大小相仿的截面 σ_R，反斯托克斯谱线的强度要比斯托克斯谱线的强度小两个数量级。

由经典的光散射理论可以得到，散射截面依赖于电极化张量式 (3.9) 的矩阵元，还包含有 ω^4 的频率依赖关系。类似于双光子的截面 (第 2.5 节)，可以得到[3.19]

$$\sigma_\mathrm{R}(i\to f)=\frac{8\pi\omega_\mathrm{s}^4}{9\hbar c^4}\left|\sum_j\frac{\langle\alpha_{ij}\rangle\hat{\boldsymbol{e}}_\mathrm{L}\langle\alpha_{jf}\rangle\hat{\boldsymbol{e}}_\mathrm{s}}{\omega_{ij}-\omega_\mathrm{L}-i\gamma_j}+\frac{\langle\alpha_{ji}\rangle\hat{\boldsymbol{e}}_\mathrm{L}\langle\alpha_{jf}\rangle\hat{\boldsymbol{e}}_\mathrm{s}}{\omega_{jf}-\omega_\mathrm{L}-i\gamma_j}\right|^2 \tag{3.12}$$

其中，$\hat{e}_L$ 和 $\hat{e}_s$ 分别是入射激光和散射光的偏振单位矢量。对所有由初态 i 通过单光子跃迁可以到达的分子能级 j 进行求和，它们的均匀宽度为 γ_j。由式 (3.12) 可以看出，初态和终态通过双光子跃迁过程联系起来，所以，这两个态具有相同的宇称。例如，原子核相同的双原子分子中的振动跃迁对于单光子的红外跃迁来说是禁戒的，但是对于拉曼跃迁来说是允许的。

矩阵元 $\langle\alpha_{ij}\rangle$ 依赖于分子态的对称性质。虽然从理论上计算 $\langle\alpha_{ij}\rangle$ 的大小需要知道对应的波函数，但是 $\langle\alpha_{ij}\rangle$ 是否等于零这个问题依赖于 $|i\rangle$ 和 $|f\rangle$ 的分子波函数的对称性质，因此，群论方法可以回答这个问题而无须计算矩阵元 (式 (3.9))。

根据式 (3.12)，如果激光频率 ω_L 与分子跃迁频率 ω_{ij} 相符，拉曼散射截面就会显著地增大 (共振拉曼效应)[3.20,3.21]。通常可以利用可调谐染料激光器和光学倍频来实现这种共振条件。共振拉曼散射的高灵敏度可以用来测量非常微小的样品，或者溶液中浓度非常低的分子，其中，泵浦光的吸收非常弱，尽管它与分子跃迁共振。

如果频率差 $\omega_L-\omega_s$ 对应于分子的电子跃迁过程，就称之为电子拉曼散射[3.22,3.23]，它给出了电子吸收光谱的互补信息。原因在于，初态和终态的宇称一定是完全相同的，所以，不可能有直接的偶极电子跃迁 $|i\rangle\rightarrow|f\rangle$。

在顺磁分子中，不同精细结构分量之间可以发生拉曼跃迁 (自旋翻转拉曼跃迁)[3.9]。如果将分子放在与激光光束平行的纵向磁场中，拉曼光就是圆偏振的，$\Delta M=+1$ 的跃迁是 σ^+ 光，而 $\Delta M=-1$ 的跃迁是 σ^- 光。

3.2　线性激光拉曼光谱学的实验技术

自发拉曼光谱的散射截面非常小，典型量级是 $10^{-30}\mathrm{cm}^2$。当背景辐射很强的时候，在实验上探测微弱信号绝不是一件简单的事情。可以实现的信噪比既依赖于泵浦强度，也依赖于探测器的灵敏度。近年来，在光源和探测器方面都有了非常巨大的进展[3.24]。利用多次反射样品盒、共振腔内技术 (第 1.2.2 节) 或者二者的结合，可以显著地增大入射光的强度。图 3.3 给出了这种先进仪器的一个例子，带有位于氩离子激光器的共振腔内的多次反射拉曼样品盒的拉曼光谱仪。可以用带有不同的反射侧面的布儒斯特棱镜 (LP + M) 将激光调节到不同的激光谱线上[3.25]。一个复杂的反射镜系统 CM 收集散射光，进一步用透镜 L_1 将它成像在光谱仪的入射狭缝 S 上。一个 Dove 棱镜 DP[3.26] 将谱线的像转动 90° 使之与入射狭缝平行。图 3.4 给出的是 C_2N_2 的纯转动拉曼谱，它说明了这种实验装置所能够达到的灵敏度[3.25]。

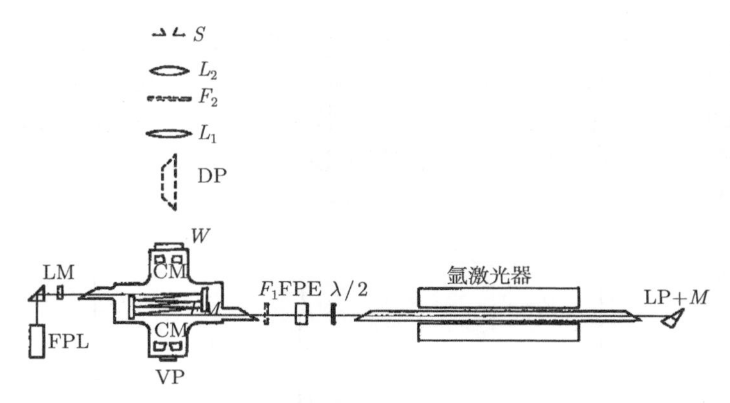

图 3.3 氩激光的共振腔内拉曼光谱学的实验装置

CM，带有四个反射镜的多次反射系统，用来有效地收集散射光；LM，激光共振腔端镜；DP，Dove 棱镜，将水平的相互作用平面的像旋转 90°，使之与光谱仪的垂直入射狭缝 S 相匹配；FPE, 法布里–珀罗标准具，用来让氩离子激光器工作在单模模式；LP, 里特罗棱镜，用来选择谱线[3.25]

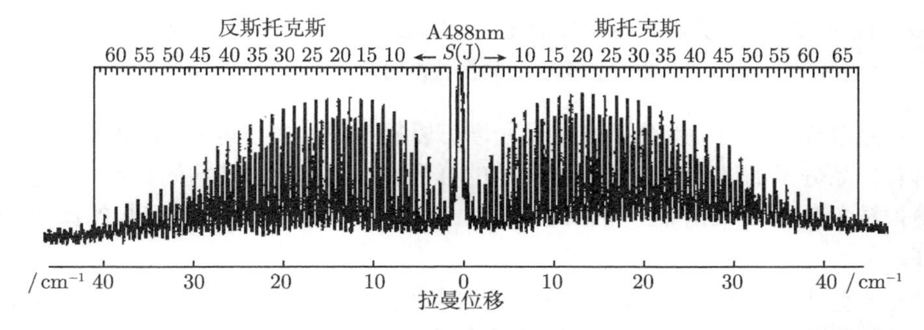

图 3.4 C_2N_2 的转动拉曼谱，用图 3.3 实验装置中的氩激光器的 488nm 谱线激发，用光学底片记录，曝光时间为 10 分钟[3.25]

在早期的拉曼光谱学研究中，用来记录拉曼光谱的探测器只是感光板。通过引入灵敏的光电倍增管，特别是随着带有冷却的光阴极的影像增强器和光学多通道分析仪的发展 (第 1 卷第 4.5 节)，探测灵敏度提高了很多。影像增强器、光学多通道分析仪或 CCD 阵列 (第 1 卷第 4.5.3 节) 可以同时记录扩展的光谱，其灵敏度与光电倍增管相仿[3.26]。

进一步改善拉曼光谱质量的另一个实验要素是，引入计算机来控制实验过程、校准拉曼谱以及分析数据。它大大地减少了为解释结果而准备数据所花费的时间[3.27]。

因为这种共振腔内的配置增大了灵敏度，甚至可以用转动分辨的精度测量得到微弱的 $\Delta v > 1$ 的振动谐波带，它的精度可以分辨出转动谱。为了说明这一点，

图 3.5 给出了 D_2 分子的转动分辨 Q 分支，它对应于跃迁 $(v' = 2 \leftarrow v'' = 0)$[3.28]。谐波跃迁的光子计数率大约比基带 $(v' = 1 \leftarrow v'' = 0)$ 的数值小 5000 倍。这种谐波拉曼光谱学也可以应用于大分子，例如，CH_3CD_3 和 C_2H_6 的扭转振动的谐波谱，其中，可以测量到第 5 个扭转能级的扭转劈裂[3.29]。

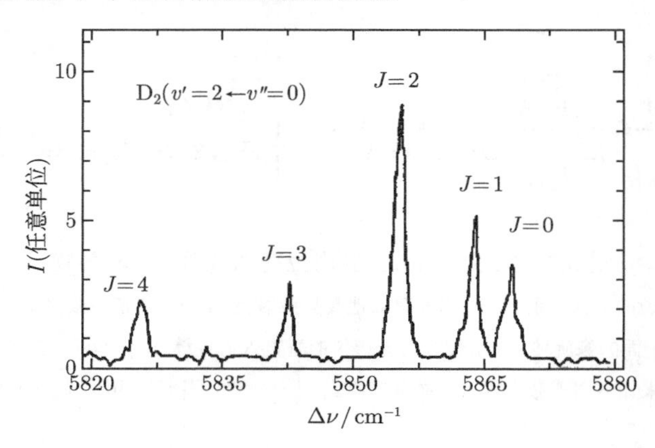

图 3.5　D_2 分子的转动分辨的 Q 分支谐波谱 $(v' = 2 \leftarrow v'' = 0)$, 用 $\lambda = 488\mathrm{nm}$ 的 250W 氩激光测量位于共振腔内的样品[3.28]

和吸收光谱一样，差分激光拉曼光谱可以提高灵敏度，其中，泵浦激光交替通过溶有样品分子的样品盒与只包含液体的样品盒。这种差分技术的优点是，它可以抵消掉溶剂的拉曼光谱带，精确地确定因为溶质分子的相互作用引起的微小频率位移。

对于强吸收的拉曼样品，入射激光焦点处产生的热有可能大得足以使得被研究的分子发生热分解。解决这一问题的方法是旋转样品技术[3.30]，即用角速度 Ω 来旋转样品。如果激光光束的相互作用点到旋转轴的距离是 R 厘米，直径为 d[cm] 的焦点范围内的分子受光照射的时间 T 就是 $T = d/(R\Omega)$。这种技术可以利用的入射光功率更大，因此信噪比更高，将圆柱形的样品盒放置在旋转轴上，就可以和差分技术结合起来。样品盒中的一半装有溶液拉曼样品，而另一半只有溶剂 (图 3.6)。

光纤拉曼光谱学极大地提高了液体线性拉曼光谱学的灵敏度。这一技术使用一根折射率为 n_f 的毛细管光纤，其中填充有折射率为 $n_e > n_f$ 的液体。如果将入射激光光束聚焦到光纤里，因为内反射效应，激光和拉曼光就会束缚在中心孔中，从而沿着毛细管传输。使用低损耗的足够长的毛细管 $(1 \sim 30\mathrm{m})$，就可以产生非常大的自发拉曼强度，可以比传统的技术高出 10^3 倍[3.31]。其实验装置如图 3.7 所示，光纤绕在一个转轴上。因为这种光纤技术的灵敏度很大，它还可以记录二阶或三阶的拉曼带，有助于完整地指认振动光谱[3.32]。

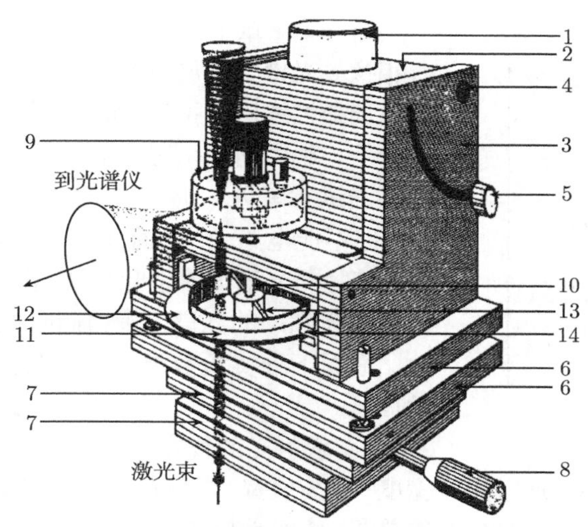

图 3.6 用于差分拉曼光谱学的旋转样品盒

1. 马达；2. 马达部分；3. 侧面部分；4. 马达轴；5. 调节螺丝；6. 运动装置板；7. x-y 精密球式滑动器；8. 调节螺丝；9. 用于差分拉曼光谱学的分立溶液盒；10. 触发轮的轴；11. 触发轮；12. 触发孔；13. 棒；14. 由光二极管和晶体管构成的光电阵列[3.30]

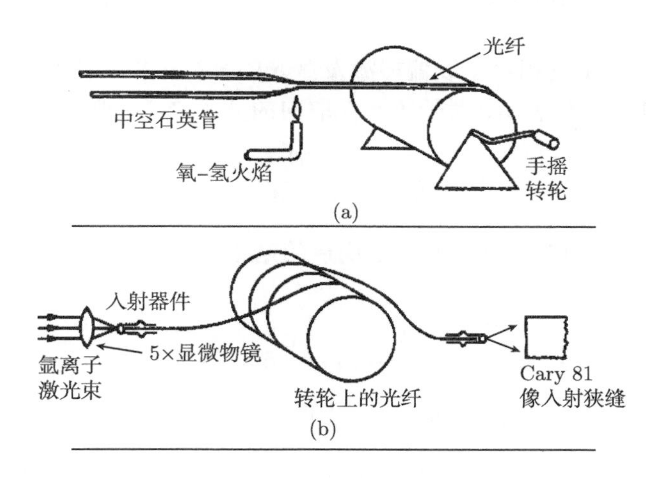

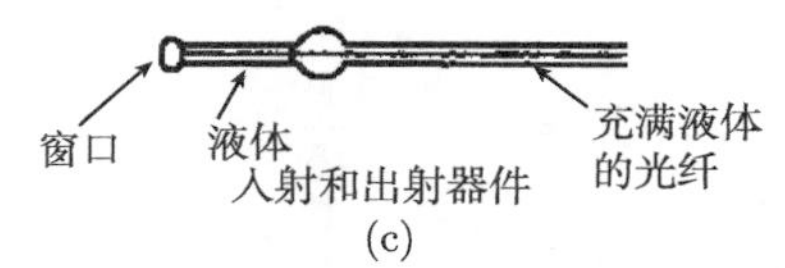

图 3.7 毛细管光纤中液体样品的拉曼光谱学

(a) 毛细管光纤的制作；(b) 用显微物镜将氩激光光束耦合到毛细管光纤中，并将输出光成像到光谱仪上；(c) 装有液体的毛细管光纤[3.30]

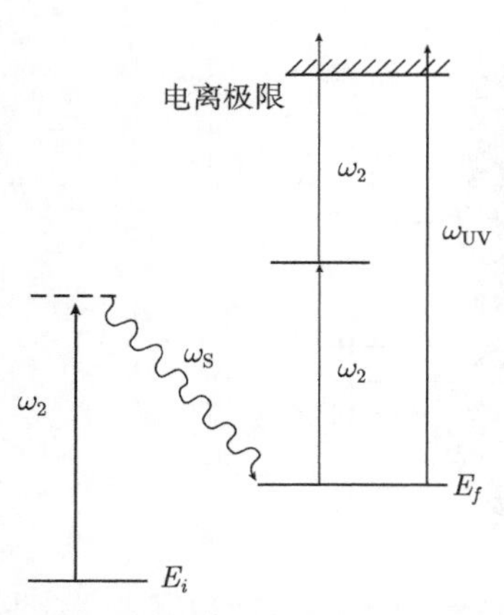

图 3.8　利用激发能级 E_f 的光电离来探测拉曼–斯托克斯散射，可以用一个 UV 光子 $(IP(E_f) < \hbar\omega_{\mathrm{UV}} < IP(E_i))$ 实现，或者用共振双光子电离实现

结合第 1 章中讨论的探测技术，可以很大地提高气相拉曼光谱学的灵敏度。例如，可以用共振双光子电离选择性地探测拉曼–斯托克斯散射产生的振动激发分子，利用两束可见光激光或用一束频率为 ω_{UV} 的激光进行紫外电离，它可以电离能级 E_f 上的分子，但不能电离 E_i 上的分子 (图 3.8)。

将拉曼光谱与傅里叶变换光谱结合起来[3.33]，可以在更为宽广的光谱范围内同时探测拉曼光谱。

根据下列实验数据，可以获得线性拉曼光谱学的信息。

(a) 散射光的线宽，对于气体样品，它是多普勒宽度、碰撞展宽、激发激光的谱线宽度以及自然线宽的总和，依赖于拉曼跃迁所涉及的分子能级的寿命。

(b) 散射光的偏振度 ρ，它的定义是

$$\rho = \frac{I_{\|} - I_{\perp}}{I_{\|} + I_{\perp}} \tag{3.13}$$

其中，$I_{\|}$ 和 $I_{\perp}$ 分别是相对于线偏振激发激光的平行偏振和垂直偏振的散射光的强度。更为仔细的计算表明，对于统计性取向的分子来说，偏振度

$$\rho = \frac{3\beta^2}{45\bar{\alpha}^2 + 4\beta^2} \tag{3.14}$$

依赖于极化张量 $\bar{\alpha}$ 的对角分量经过平均后的结果 $\bar{\alpha} = (\alpha_{xx} + \alpha_{yy} + \alpha_{zz})/3$，还依赖于各向异性

$$\begin{aligned}\beta^2 =& \frac{1}{2}\big[(\alpha_{xx} - \alpha_{yy})^2 + (\alpha_{yy} - \alpha_{zz})^2 + (\alpha_{zz} - \alpha_{xx})^2 \\ &+ 6(\alpha_{xy}^2 + \alpha_{xz}^2 + \alpha_{zx}^2)\big]\end{aligned} \tag{3.15}$$

因此，测量 ρ 和 β 就可以确定极化张量[3.34]。

可以得到

$$\begin{aligned}&\overline{\alpha_{xx}^2} = \overline{\alpha_{yy}^2} = \overline{\alpha_{zz}^2} = \frac{1}{45}(45\overline{\alpha^2} + 4\beta^2) \\ &\overline{\alpha_{xy}^2} = \overline{\alpha_{xz}^2} = \overline{\alpha_{yz}^2} = \frac{1}{15}\beta^2\end{aligned} \tag{3.16}$$

在图 3.9 中的实验装置里，激发激光沿 x 方向偏振，在 y 方向上不用偏振片来观测拉曼光 $(\mu_x + \mu_z)$，测量得到的强度是

$$I_{x,(x+z)} = \frac{\omega^4 \cdot I_0}{16\pi^2\varepsilon_0^2 c^4}(\alpha_{xx}^2 + \alpha_{zx}^2) \tag{3.17}$$

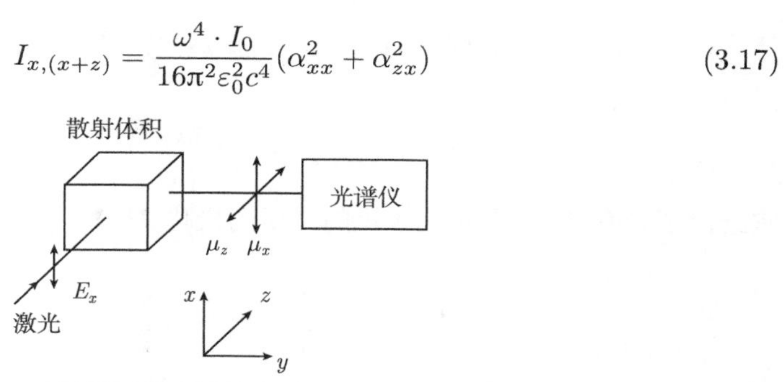

图 3.9 一种可以测量极化张量的分量 α_{xx} 和 α_{zx} 的散射构型

(c) 拉曼谱线强度正比于拉曼散射截面 σ_{R} 和初始态上的分子数密度 N_i 的乘积，根据式 (3.12)，散射截面依赖于极化张量的矩阵元 $\langle\alpha_{ij}\rangle$。如果已经用其他方法确定了截面 σ_{R} 的大小，就可以利用拉曼谱线的强度来测量粒子数密度 $N(v,J)$。假定它满足玻耳兹曼分布 (式 (3.11a))，就可以从测量得到的 $N(v,J)$ 数值推断出样品的温度。经常用这种方法确定火焰的未知温度分布[3.35]，或者是已知温度下的液体流或气体流中的空间密度分布[3.36](第 3.5 节)。一个例子就是 van Helvoort 等演示的超声分子喷流中的共振腔内拉曼光谱[3.37]。如果将共振腔内的氩离子激光光束的束腰移动到分子喷流的不同位置上 (图 3.10)，就可以由拉曼光谱得到分子的振动和转动温度 (第 4.2 节) 以及它们的局域变化。

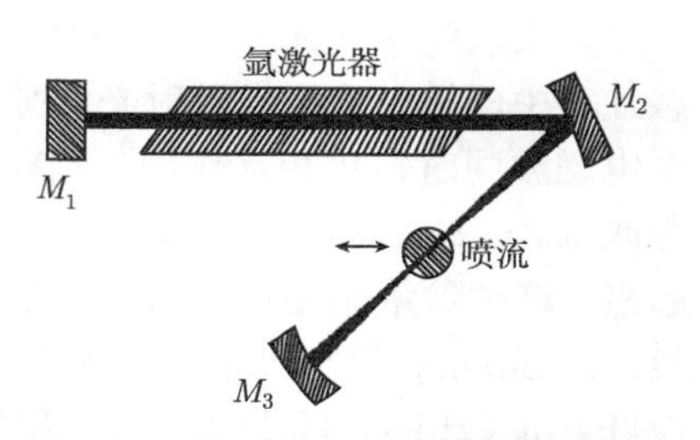

图 3.10 冷喷流中分子的共振腔内拉曼光谱，它具有空间分辨本领

线性激光拉曼光谱学中最新技术的更多细节，请参考文献 [3.11]，[3.38]。

3.3 非线性拉曼光谱学

当入射光的强度足够大的时候，电子云的诱导振荡超出了第 3.1 节假定的线性范围。也就是说，诱导出来的分子电偶极矩 p 不再正比于电场 $\boldsymbol{E}$，必须将式 (3.2) 推广。函数 $\boldsymbol{p}(\boldsymbol{E})$ 可以展开为幂级数 $E^n(n=0,1,2,\cdots)$，可以一般性地写为

$$\boldsymbol{p}(\boldsymbol{E}) = \boldsymbol{\mu} + \tilde{\alpha}\boldsymbol{E} + \tilde{\beta}\boldsymbol{E}\cdot\boldsymbol{E} + \tilde{\gamma}\boldsymbol{E}\cdot\boldsymbol{E}\cdot\boldsymbol{E} \tag{3.18a}$$

其中，$\tilde{\alpha}$ 是极化率张量，$\tilde{\beta}$ 称为超极化率，$\tilde{\gamma}$ 称为第二阶超极化率。α、β 和 γ 分别是二阶张量、三阶张量和四阶张量。

式 (3.18a) 可以写为分量表示 $(i=x,y,z)$

$$
\begin{aligned}
p_i(\boldsymbol{E}) =& \mu_i + \sum_k \alpha_{ik} E_k + \sum_k \sum_j \beta_{ikj} E_k E_j \\
&+ \sum_k \sum_j \sum_l \gamma_{ikjl} E_k E_j E_l
\end{aligned} \tag{3.18b}
$$

它给出了带有 N 个定向偶极矩的介质的极化 $\boldsymbol{P} = N\boldsymbol{p}$

$$
P_i(\boldsymbol{E}) = \epsilon_0 \left(\chi_i + \sum_k \chi_{ik} E_k + \sum_{k,j} \chi_{ikj} E_k E_j + \cdots \right) \tag{3.18c}
$$

如果定义响应率 $\chi_i = N\mu_i/\epsilon_0$，$\chi_{ik} = N\alpha_{ik}/\epsilon_0$ 等等，上式就对应于第 1 卷中讨论非线性光学和频率转换时的式 (5.114)。

当电场振幅 E 足够小的时候，式 (3.18a) 中的非线性项可以忽略不计，就得到了线性拉曼光谱学的式 (3.2)。

3.3.1 受激拉曼散射

如果入射激光强度 I_{L} 非常大，初态 E_i 中分子的相当大一部分都被激发到终态 E_f 中，相应的拉曼散射光的强度就很大。在这种条件下，必须考虑分子与两个电磁波同时发生相互作用：频率 ω_{L} 的激光和频率 $\omega_{\mathrm{S}} = \omega_{\mathrm{L}} - \omega_{\mathrm{V}}$ 的斯托克斯光或 $\omega_{\mathrm{a}} = \omega_{\mathrm{L}} + \omega_{\mathrm{V}}$ 的反斯托克斯光。这两束光都通过分子振动与频率 ω_{V} 耦合起来。这种参量相互作用引起了泵浦光与斯托克斯或反斯托克斯光之间的能量交换。Woodbury 等[3.39] 首次观测到这种受激拉曼散射的现象，然后，Woodbury 和 Eckhardt 做出了解释[3.40]，可以用经典的方法描述它[3.41,3.42]。

可以认为拉曼介质是由单位体积内的 N 个彼此无关的谐振子构成的。因为入射激光和斯托克斯光之间的相互作用，这些振子受到了一个驱动力 $\boldsymbol{F}$，它依赖于电场的总振幅 $\boldsymbol{E}$

$$
\boldsymbol{E}(z,t) = \boldsymbol{E}_{\mathrm{L}} \mathrm{e}^{\mathrm{i}(\omega_{\mathrm{L}} t - k_{\mathrm{L}} z)} + \boldsymbol{E}_{\mathrm{S}} \mathrm{e}^{\mathrm{i}(\omega_{\mathrm{S}} t - k_{\mathrm{S}} z)} \tag{3.19}
$$

在这里假定它是沿着 z 方向传播的平面波。根据式 (3.2)，式 (3.3) 和 $\mu = 0$，带有诱导电偶极矩 $\boldsymbol{p} = \alpha \boldsymbol{E}$ 的分子在振幅为 E 的电磁场中的势能 W_{pot} 是

$$
W_{\mathrm{pot}} = -\boldsymbol{p} \cdot \boldsymbol{E} = -\alpha(q) E^2 \tag{3.20}
$$

作用在分子上的力 $\boldsymbol{F} = -\mathrm{grad}\, W_{\mathrm{pot}}$ 就是

$$
F(z,t) = +\frac{\partial}{\partial q}\{[\alpha(q)]E^2\} = \left(\frac{\partial \alpha}{\partial q}\right)_0 E^2(z,t) \tag{3.21}
$$

对于振幅 q、质量 m 和振动本征频率 ω_{v} 的振动来说，分子谐振子的运动方程就是

$$
\frac{\partial^2 q}{\partial t^2} - \gamma \frac{\partial q}{\partial t} + \omega_{\mathrm{v}}^2 q = \left(\frac{\partial \alpha}{\partial q}\right)_0 E^2/m \tag{3.22}
$$

其中，γ 是阻尼常数，它对应于自发拉曼散射的线宽 $\Delta\omega=\gamma$。将复数量

$$q=\frac{1}{2}(q_{\mathrm{v}}\mathrm{e}^{\mathrm{i}\omega t}+q_{\mathrm{v}}^{*}\mathrm{e}^{-\mathrm{i}\omega t}) \tag{3.23}$$

代入到式 (3.22) 中，由式 (3.19) 中的场振幅可以得到

$$(\omega_{\mathrm{v}}^{2}-\omega^{2}+i\gamma\omega)q_{\mathrm{v}}\mathrm{e}^{\mathrm{i}\omega t}=\frac{1}{2m}\left(\frac{\partial\alpha}{\partial q}\right)_{0}E_{\mathrm{L}}E_{\mathrm{S}}\mathrm{e}^{\mathrm{i}[(\omega_{\mathrm{L}}-\omega_{\mathrm{S}})t-(k_{\mathrm{L}}-k_{\mathrm{S}})z]} \tag{3.24}$$

比较式 (3.24) 两侧与时间相关的项，可以发现 $\omega=\omega_{\mathrm{L}}-\omega_{\mathrm{S}}$。因此，分子振动的驱动频率为差频 $\omega_{\mathrm{v}}=\omega_{\mathrm{L}}-\omega_{\mathrm{S}}$。由式 (3.24) 解出 q_{v} 可以得到

$$q_{\mathrm{v}}=\frac{(\partial\alpha/\partial q)_{0}E_{\mathrm{L}}E_{\mathrm{S}}}{2m[\omega_{\mathrm{v}}^{2}-(\omega_{\mathrm{L}}-\omega_{\mathrm{S}})^{2}+\mathrm{i}(\omega_{\mathrm{L}}-\omega_{\mathrm{S}})\gamma]}\mathrm{e}^{-\mathrm{i}(k_{\mathrm{L}}-k_{\mathrm{S}})z} \tag{3.25}$$

这种诱导的振动分子电偶极矩 $\boldsymbol{p}(\omega,z,t)$ 就引起了宏观极化 $P=Np$。根据式 (3.5)，斯托克斯频率 ω_{S} 处的极化 $P_{\mathrm{S}}=P(\omega_{\mathrm{S}})$ 对应着拉曼散射，它的表达式是

$$P_{\mathrm{S}}=\frac{1}{2}N\left(\frac{\partial\alpha}{\partial q}\right)_{0}qE \tag{3.26}$$

将式 (3.23)，式 (3.25) 中的 q 和式 (3.19) 中的 E 代入，就可以得到非线性极化

$$P_{\mathrm{S}}^{\mathrm{NL}}(\omega_{\mathrm{S}})=N\frac{(\partial\alpha/\partial q)_{0}^{2}E_{\mathrm{L}}^{2}E_{\mathrm{S}}}{4m[\omega_{\mathrm{v}}^{2}-(\omega_{\mathrm{L}}-\omega_{\mathrm{S}})^{2}+i\gamma(\omega_{\mathrm{L}}-\omega_{\mathrm{S}})]}\mathrm{e}^{-\mathrm{i}(\omega_{\mathrm{S}}t-k_{\mathrm{S}}z)} \tag{3.27}$$

这就说明，穿过介质的极化波振幅正比于乘积 $E_{\mathrm{L}}^{2}E_{\mathrm{S}}$。它和斯托克斯光的波矢相同，因此可以放大斯托克斯光。放大可以由导电率为 σ 的介质中的波动方程得出

$$\Delta E=\mu_{0}\sigma\frac{\partial}{\partial t}E+\mu_{0}\epsilon\frac{\partial^{2}}{\partial t^{2}}E+\mu_{0}\frac{\partial^{2}}{\partial t^{2}}(P_{\mathrm{S}}^{\mathrm{NL}}) \tag{3.28}$$

其中，$P_{\mathrm{S}}^{\mathrm{NL}}$ 是驱动项。

对于一维问题 ($\partial/\partial y=\partial/\partial x=0$)，由近似条件 $\mathrm{d}^{2}E/\mathrm{d}z^{2}\ll k\mathrm{d}E/\mathrm{d}z$ 和式 (3.26)，斯托克斯波的方程是

$$\frac{\mathrm{d}E_{\mathrm{S}}}{\mathrm{d}z}=-\frac{\sigma}{2}\sqrt{\mu_{0}/\epsilon}E_{\mathrm{S}}+N\frac{k_{\mathrm{S}}}{2\epsilon}\left(\frac{\partial\alpha}{\partial q}\right)_{0}q_{\mathrm{v}}E_{\mathrm{L}} \tag{3.29}$$

将式 (3.25) 中的 q_{v} 代入，可以得到 $\omega_{\mathrm{v}}=\omega_{\mathrm{L}}-\omega_{\mathrm{S}}$ 时的最终结果

$$\frac{\mathrm{d}E_{\mathrm{S}}}{\mathrm{d}z}=\left[-\frac{\sigma}{2}\sqrt{\mu_{0}/\epsilon}+N\frac{(\partial\alpha/\partial q)_{0}^{2}E_{\mathrm{L}}^{2}}{4m\epsilon i\gamma(\omega_{\mathrm{L}}-\omega_{\mathrm{S}})}\right]E_{\mathrm{S}}=(-f+g)E_{\mathrm{S}} \tag{3.30}$$

对式 (3.30) 进行积分就可以得到

$$E_{\mathrm{S}}=E_{\mathrm{S}}(0)\mathrm{e}^{(g-f)z} \tag{3.31a}$$

如果增益 g 大于损耗 f，斯托克斯光就被放大了。放大因子 g 依赖于激光振幅 $E_{\rm L}$ 的平方以及 $(\partial\alpha/\partial q)_0^2$。因此，只有当入射激光强度超过一定阈值之后，才有可能观测到受激拉曼散射，该阈值决定于具有拉曼活性的正则振动的极化张量的非线性项 $(\partial\alpha_{ij}/\partial q)_0$，还依赖于损耗因子 $f=\dfrac{1}{2}\sigma(\mu_0/\epsilon)^{1/2}$。

根据式 (3.31), 斯托克斯光的强度随着相互作用区的长度 z 而指数地增长。然而，如果泵浦光被介质吸收，位置 z 处的泵浦光强度就减小为

$$I_{\rm L}(z)=I_{\rm L}(0)\cdot{\rm e}^{-\alpha\cdot z}$$

因此，式 (3.30) 中的增益因子 g 就会小一些。斯托克斯光的最佳强度要求有效长度 $z=L_{\rm eff}$，可以由下式给出

$$L_{\rm eff}=(1/\alpha_{\rm L})[1-{\rm e}^{-\alpha\cdot L}]$$

对于长度为 L 的材料来说，斯托克斯光的强度为

$$E_{\rm S}=E_{\rm S}(0)\cdot{\rm e}^{(g\cdot L_{\rm eff}-f\cdot L)} \tag{3.31b}$$

因为分子激发能级中的热粒子密度非常小 (第 3.1 节)，自发拉曼散射的反斯托克斯光的强度非常小，但是，对于受激拉曼散射来说，并非一定如此。因为入射的泵浦光强度很大，很大一部分相互作用的分子都被激发到更高的振动能级上，在频率 $\omega_{\rm L}+\omega_{\rm v}$ 处，可以观察到很强的反斯托克斯辐射。

根据式 (3.26)，$\omega_{\rm a}=\omega_{\rm L}+\omega_{\rm V}$ 的反斯托克斯光的波动方程式 (3.28) 中的驱动项为

$$P_{\omega_{\rm a}}^{\rm NL}=\frac{1}{2}N\left(\frac{\partial\alpha}{\partial q}\right)_0 q_{\rm v}E_{\rm L}{\rm e}^{{\rm i}[(\omega_{\rm L}+\omega_{\rm v})t-k_{\rm L}z]} \tag{3.32}$$

对于小振幅的反斯托克斯光，$E_{\rm a}\ll E_{\rm L}$，可以假定分子振动不依赖于 $E_{\rm a}$，可以用式 (3.25) 的解代替 $q_{\rm v}$。类似于 $E_{\rm S}$ 的式 (3.29)，可以得到 $E_{\rm a}$ 的放大过程方程

$$\begin{aligned}\frac{{\rm d}E_{\rm a}}{{\rm d}z}=&-\frac{f}{2}E_{\rm a}{\rm e}^{{\rm i}(\omega_{\rm a}t-k_{\rm a}z)}\\&+N_{\rm v}\left[\frac{\omega_{\rm a}\sqrt{\mu_0/\epsilon}}{8m_{\rm v}}\left(\frac{\partial\alpha}{\partial q}\right)_0^2\right]E_{\rm L}^2E_{\rm S}^*{\rm e}^{{\rm i}(2k_{\rm L}-k_{\rm S}-k_{\rm a})z}\end{aligned} \tag{3.33}$$

其中，$N_{\rm v}$ 是被激发分子的密度。这就表明，类似于和频或差频的产生 (第 1 卷第 5.8 节)，如果想产生一个宏观的波，就必须满足相位匹配条件

$$\boldsymbol{k}_{\rm a}=2\boldsymbol{k}_{\rm L}-\boldsymbol{k}_{\rm S} \tag{3.34}$$

在具有正常色散关系的媒质中，对于共线运动的波来说，这一条件不能满足。然而，根据三维情况的分析，可以得到矢量方程

$$2\boldsymbol{k}_{\mathrm{L}}=\boldsymbol{k}_{\mathrm{S}}+\boldsymbol{k}_{\mathrm{a}} \tag{3.35}$$

它表明反斯托克斯辐射的光锥体的轴平行于光束传播的方向 (图 3.11)。用 $\boldsymbol{k}_{\mathrm{a}}$ 乘以式 (3.35)，可以得到这个锥体的顶角 β

$$2\boldsymbol{k}_{\mathrm{L}}\cdot\boldsymbol{k}_{\mathrm{a}}=2k_{\mathrm{L}}k_{\mathrm{a}}\cos\beta=k_{\mathrm{S}}k_{\mathrm{a}}\cos\alpha+k_{\mathrm{a}}^{2} \tag{3.36a}$$

利用 $k=n\omega/c$，可以将此写为

$$\cos\beta=\frac{n(\omega_{\mathrm{S}})\omega_{\mathrm{S}}\cos\alpha+n(\omega_{\mathrm{a}})\omega_{\mathrm{a}}}{2n(\omega_{\mathrm{L}})\omega_{\mathrm{L}}} \tag{3.36b}$$

当 $n(\omega_{\mathrm{S}})=n(\omega_{\mathrm{a}})=n(\omega_{\mathrm{L}})$ 的时候，可以实现共线的情况 $(\alpha=\beta=0)$。这正好是观测到的结果[3.39,3.42]。

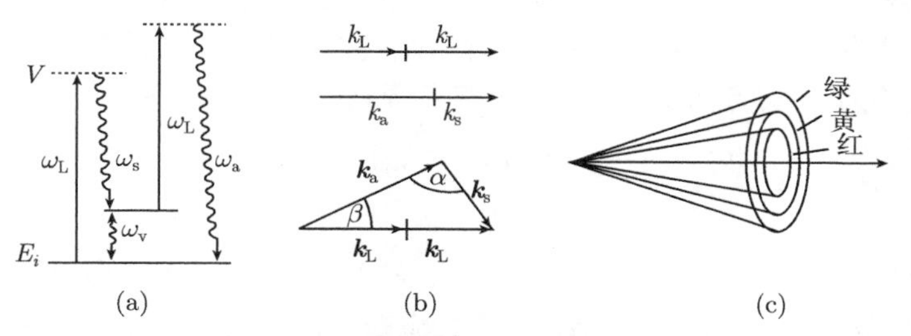

图 3.11 受激反斯托克斯辐射的产生

(a) 表明能量守恒的能级结构示意图；(b) 共线和非共线情况下的动量守恒的矢量示意图；(c) 不同 $\boldsymbol{k}_{\mathrm{S}}$ 值的反斯托克斯辐射的光锥，分别用红色、黄色和绿色标记，用 694nm 的红宝石激光器激发

简要总结一下线性 (自发) 拉曼效应和非线性 (受激) 拉曼效应之间的差别：

(a) 虽然自发拉曼谱线的强度正比于入射泵浦光的强度，但是它要比泵浦强度小好几个数量级，而受激斯托克斯或反斯托克斯辐射以非线性的形式依赖于 I_p，它的强度与泵浦光的强度相仿。

(b) 只有当泵浦强度高于某个阈值的时候，才能够观测到受激拉曼效应，它依赖于拉曼介质的增益和泵浦区的长度。

(c) 在受激发射的时候，大多数具有拉曼活性的物质只有一个或两个斯托克斯谱线，其频率为 $\omega_{\mathrm{S}}=\omega_{\mathrm{L}}-\omega_{\mathrm{v}}$。然而，当泵浦强度很大的时候，还能够观察到频率为 $\omega=\omega_{\mathrm{L}}-n\omega_{\mathrm{v}}(n=1,2,3)$ 的谱线，它们并不对应于振动频率的谐波。因为分子振动的非简谐特性，位于非简谐势阱中的振动能级的能量为 $E_{\mathrm{v}}=\hbar\omega_{\mathrm{v}}\left(n+\dfrac{1}{2}\right)-x_k\hbar\left(n+\dfrac{1}{2}\right)^2$，因此，振动谐波引起的自发拉曼谱线与 ω_{L} 的偏移就是 $\Delta\omega=n\omega_{\mathrm{v}}-(n^2+n)x_k$，其中，$x_k$ 表示非简谐特性常数。如图 3.12 所示，这些高阶斯托克斯谱线是由泵浦光或斯托克斯光等引起的级联拉曼过程产生的。

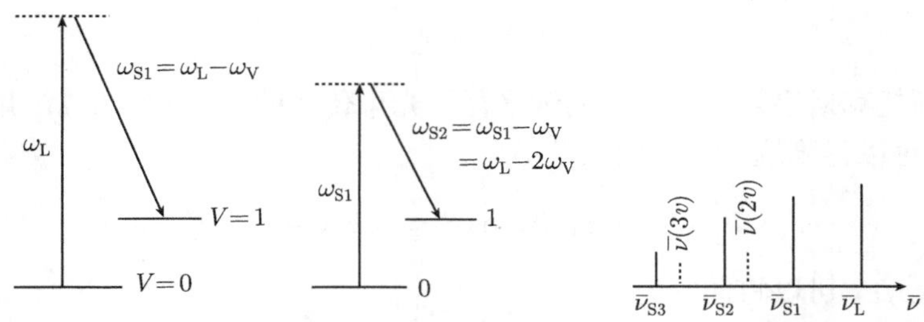

图 3.12　产生高阶斯托克斯侧带的能级结构示意图

它的频率不同于振动谐波的频率

(d) 自发和受激拉曼谱线的线宽依赖于泵浦激光的线宽。然而，对于窄线宽来说，受激拉曼谱线的线宽会小于自发拉曼谱线的线宽，后者因为散射分子的热运动而发生了多普勒展宽。如果斯托克斯光子 $\hbar\omega_s$ 被速度为 $\boldsymbol{v}$ 的的分子散射到与入射激光光束夹角为 ϕ 的方向上，那么，它的多普勒移动的频率为

$$\begin{aligned}\omega_s &= \omega_L - \omega_v - (\boldsymbol{k}_L - \boldsymbol{k}_S)\cdot\boldsymbol{v} \\ &= \omega_L - \omega_v - [1-(k_S/k_L)\cos\phi]\boldsymbol{k}_L\cdot\boldsymbol{v}\end{aligned} \tag{3.37}$$

对于自发拉曼散射，我们有 $0\leqslant\phi\leqslant 2\pi$，自发拉曼谱线的多普勒宽度就是 ω_L 处的荧光谱线的 $(k_S/k_L)=(\omega_S/\omega_L)$ 倍。对于受激拉曼散射，$\boldsymbol{k}_S \parallel k_L \rightarrow \cos\phi = 1$，如果 $\omega_v \ll \omega_L$，式 (3.37) 的括号中的数值为 $(1-k_S/k_L)\ll 1$。

(e) 对于分子光谱学来说，受激拉曼效应的主要优点是受激拉曼谱线的强度要大得多。因此，在同样的测量时间里，它的信噪比远大于线性拉曼光谱。受激拉曼光谱学的实现基于两种不同的技术：

(1) 受激拉曼增益光谱学，此时，根据式 (3.31)，频率为 ω_L 的一束强泵浦激光用来为频率为 ω_S 的斯托克斯光产生足够的增益。用一束波长等于斯托克斯波长的弱探测激光束来测量该增益[3.43] (图 3.13)。

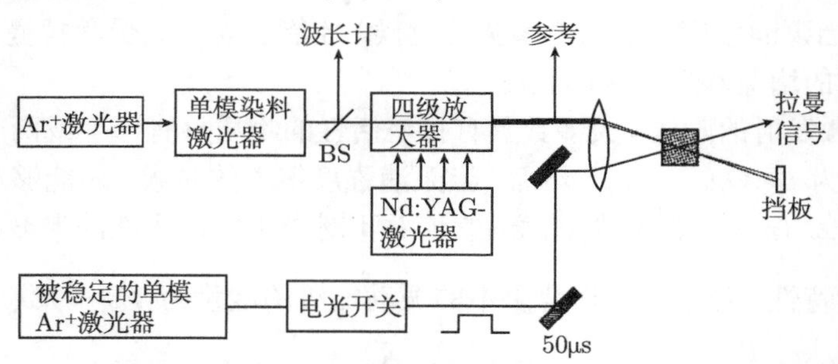

图 3.13　受激拉曼光谱仪的示意图，它使用了脉冲的、放大的连续泵浦激光和一个单模连续探测激光[3.47]

(2) 逆拉曼光谱学，将频率为 ω_2 的强泵浦激光调节到斯托克斯或反斯托克斯

跃迁上，测量频率为 ω_1 的弱探测激光的衰减[3.44]。

已经建造了几台高分辨率的受激拉曼光谱仪[3.43~3.45]，用来测量拉曼谱线的位置和线宽，以便获得关于分子结构和动力学的信息。为了获得高分辨率和大信噪比，使用了脉冲泵浦激光和单模连续探测激光 (准连续光谱仪[3.45])。可以利用单模连续激光的脉冲式放大实现窄带脉冲激光 (第 1 卷第 5.7 节)。一个典型的准连续受激拉曼光谱仪如图 3.13 所示，用行波迈克耳孙波长计测量可调谐染料激光器的波长 (第 1 卷第 4.4 节)。

受激拉曼散射的另一个重要应用是拉曼激光。利用频率 ω_L 的可调谐泵浦激光，可以产生频率为 $\omega_L \pm n\omega_v (n = 1, 2, 3, \cdots)$ 的强相干辐射源。使用可见光泵浦激光器，可以覆盖紫外和红外光谱区 (第 1 卷第 5.8 节)。

关于受激拉曼效应的更多细节以及这一领域内的实验文献，可以在参考文献 [3.11], [3.46]~[3.52] 中找到。

3.3.2 相干反斯托克斯拉曼光谱学

第 3.3.1 节指出频率为 ω_L 的足够强的入射泵浦光可以在频率 $\omega_S = \omega_L - \omega_v$ 处产生强斯托克斯光。在两个光的共同作用下，就会在介质中产生非线性极化 P_{NL}，它包括频率 $\omega_v = \omega_L - \omega_S$，$\omega_S = \omega_L - \omega_v$ 和 $\omega_a = \omega_L + \omega_v$ 的贡献。这些贡献作为驱动力，可以产生新的波。只要满足相位匹配条件 $2\boldsymbol{k}_L = \boldsymbol{k}_S + \boldsymbol{k}_a$，就可以在 $\boldsymbol{k}_a$ 方向观测到很强的反斯托克斯光 $E_a \cos(\omega_a t - \boldsymbol{k}_a \cdot \boldsymbol{r})$。

虽然受激的斯托克斯光和反斯托克斯光的强度很大，但是受激拉曼光谱学在分子光谱学中的用途很少。它的阈值很高，根据式 (3.30)，它依赖于分子密度 N、入射光强度 $I \propto E_L^2$ 和式 (3.27) 中的小极化项 $(\partial\alpha_{ij}/\partial q)$ 的平方值，因此，受激辐射只能发生在高密度材料中的最强的拉曼谱线上。

然而，最近发展起来的相干反斯托克斯拉曼光谱学 (CARS) 技术将受激拉曼光谱学信号很强的优点与自发拉曼光谱学应用广泛的优点结合到了一起[3.46~3.57]。这种技术需要两束激光。选择频率 ω_1 和 ω_2 的两束入射激光，使得它们的频率差等于待研究分子的拉曼活性的振动 $\omega_1 - \omega_2 = \omega_v$。这两个入射光对应于受激拉曼散射的泵浦光 ($\omega_1 = \omega_L$) 和斯托克斯光 ($\omega_2 = \omega_S$)。它的优点是，已经存在了 ω_2 的斯托克斯光，不再需要在介质中产生它。式 (3.19) 考虑了这两种光。

因为第 3.3.1 节中讨论过的非线性相互作用，就会产生新的斯托克斯光和反斯托克斯光 (图 3.14(d))。ω_1 和 ω_2 的光通过受激拉曼散射产生了粒子数密度很大的振动激发态分子。作为非线性介质，这些激发态分子利用频率 ω_1 的入射光产生 $\omega_a = 2\omega_1 - \omega_2$ 的反斯托克斯光。以类似的方式，ω_1 和 ω_2 的入射光可以产生频率 $\omega_S = 2\omega_2 - \omega_1$ 的斯托克斯光。相干反斯托克斯拉曼光谱被称为四波参量混合过程 (图 3.15)。

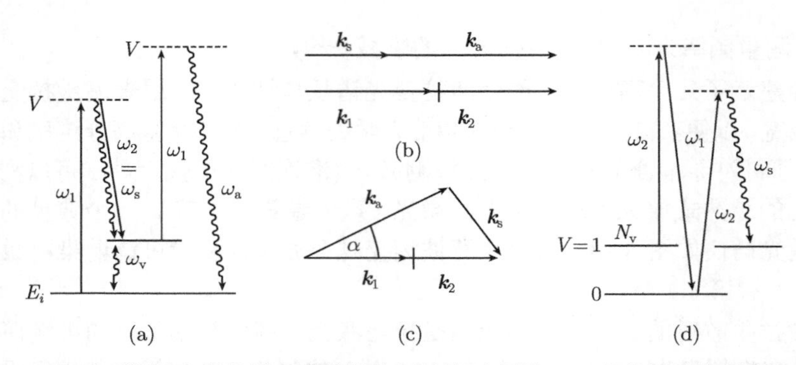

图 3.14　(a) 相干反斯托克斯拉曼光谱学的能级结构示意图；(b) 相位匹配矢量图：在气体中，色散可以忽略不计；(c) 色散很大的液体或固体中的相位匹配矢量图；(d) $\omega_S = 2\omega_2 - \omega_1$ 处的相干斯托克斯辐射

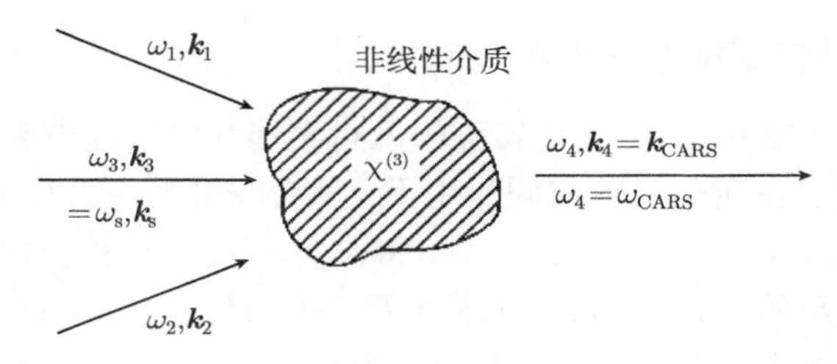

图 3.15　CARS 是一种四波混频过程

由式 (3.33) 可以得到，正比于振幅 E_a 的平方值的 CARS 信号的功率 S

$$S \propto N^2 I_1^2 I_2 \tag{3.38}$$

它随着分子密度的平方值 N^2 的增大而增大，还正比于泵浦激光强度的乘积 $I_1(\omega_1)^2 I_2(\omega_2)$。因此，必须使用高密度 N 或大强度 I。如果两束泵浦光聚焦在样品上，那么绝大部分 CARS 信号是在非常局域的体积内产生的，那里的光强是极大值。因此，CARS 光谱具有很高的空间分辨率。

如果入射光位于光学频率区，那么对于转动–振动频率 ω_R，差频 $\omega_R = \omega_1 - \omega_2$ 远小于频率 ω_1。在气态拉曼样品中，在小范围 $\Delta\omega = \omega_1 - \omega_2$ 内，色散通常可以忽略不计，对于共线光束来说，可以满足相位匹配条件。在与入射光完全相同的方向上，产生了 $\omega_S = 2\omega_2 - \omega_1$ 的斯托克斯光和 $\omega_a = 2\omega_1 - \omega_2$ 的反斯托克斯光 (图 3.14(b))。在液体中，色散效应要严重得多，只有相干长度很长、而且两束入射光以相位匹配角交叉的时候，才能满足相位匹配条件 (图 3.14(c))。

在共线配置下，利用滤光片探测 $\omega_a = 2\omega_1 - \omega_2$ 的反斯托克斯光 ($\omega_a > \omega_1$)，它去除了入射激光束以及样品中产生的荧光。图 3.16 给出了一个用于气体转动–振动 CARS 光谱学的早期实验装置[3.58]。两束入射激光光束分别由 Q 开关的红宝石激光器及其泵浦的可调谐染料激光器来提供。因为反斯托克斯光的增益依赖于分子密度 N 的平方值 (3.38)，对于气体样品，入射光的功率需要达到兆瓦的量级，而对于液体样品，千瓦级的功率就足够了[3.59]。

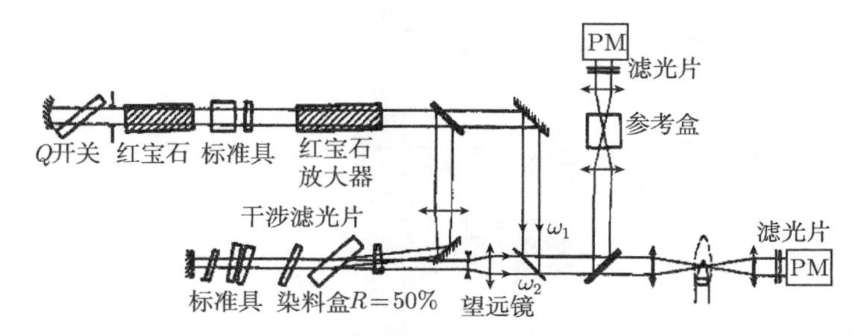

图 3.16 气态样品 CARS 实验的早期实验装置，使用了红宝石激光器及其泵浦的一个染料激光器[3.58]

脉冲 CARS 实验中最常用的泵浦系统是由同一台泵浦激光 (N_2 激光器、准分子激光器或倍频的 Nd:YAG 激光器) 泵浦的两台染料激光器。因为可以在很宽的光谱范围内调谐两个频率 ω_1 和 ω_2，这个系统的灵活性非常高。因为染料激光的频率涨落和强度涨落使得 CARS 信号产生了很大的强度涨落，必须非常注意染料激光器的稳定性。利用紧凑稳定的系统，可以将信号涨落降低到 10% 以下[3.60]。

此外，已经用连续染料激光器在液氮中进行了许多 CARS 实验，如图 3.17 所示，其中，两束共线的入射泵浦光由 514.5nm 氩离子激光谱线 (ω_1) 和该氩离子激光泵浦的连续染料激光 (ω_2) 提供[3.59]。

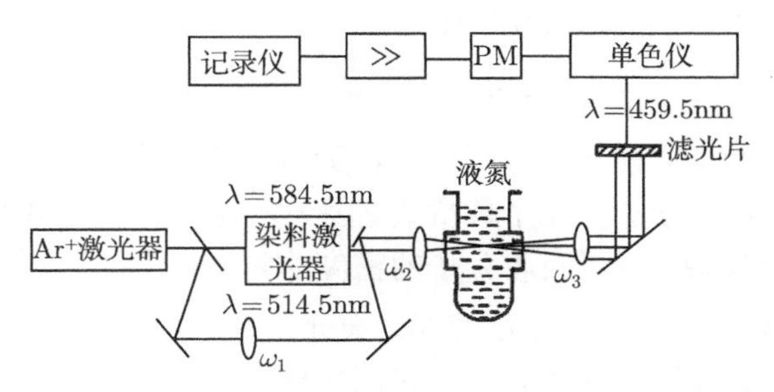

图 3.17 液体中连续 CARS 测量的实验装置[3.59]

连续 CARS 测量的优点是它的光谱分辨率比较高，因为单模连续激光的带宽 $\Delta\nu$ 比脉冲激光小好几个数量级。为了得到足够高的强度，需要使用共振腔内激发。一种可能的实验装置如图 3.18 所示，样品盒位于一个氩离子激光器的环形共振腔中，利用棱镜将连续染料激光耦合到共振腔里[3.44]。

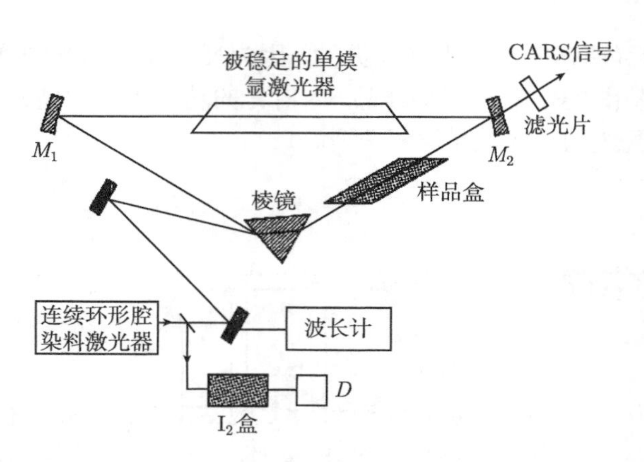

图 3.18　连续 CARS 光谱仪的示意图，其中样品位于共振腔内[3.44]

位于共振腔内光束束腰的样品盒中产生的 CARS 信号经过双色镜 M_2 传递出来，再利用滤光片、棱镜或者单色仪对光谱进行纯化之后，到达光电倍增管。

也可以用注入种子式的脉冲染料激光实现高分辨率 CARS[3.44,3.61]。如果将频率为 ω 的单模连续染料激光注入到一个脉冲染料激光器的共振腔内，该激光器与连续激光器的高斯光束是模式匹配的 (第 1 卷第 5.8 节)，就可以显著提高增益介质在频率 ω 处的放大率，脉冲激光在频率为 ω 的单个共振腔模处振荡。只要注入几毫瓦的连续激光，单模脉冲激光的输出就可以达到几千瓦，而且还可以进一步放大 (第 1 卷第 5.5 节)。延续时间为 Δt 的脉冲的带宽 $\Delta\nu$ 仅仅受限于傅里叶极限，$\Delta\nu = 1/(2\pi\Delta t)$。

3.3.3　共振 CARS 和 BOX CARS

恰当地选择两束入射激光的频率 ω_1 和 ω_2，让它们与一个分子跃迁匹配，图 3.14 中的一个甚至两个虚能级可以与一个真实的分子能级契合。在这种共振 CARS 的情况下，灵敏度可以增加好几个数量级。因为入射光的吸收更大了，所以，吸收路径的长度必须足够短，或者吸收分子的密度非常小[3.62,3.63]。

气体中的共线 CARS 的一个缺点是：彼此平行的两束入射光束和信号光束在空间上是重叠的，必须用光谱滤光片将它们区分开来。可以用 BOX CARS 技术克服这一缺点[3.64]，将激光 $L_1(k_1, \omega_1)$ 的泵浦光束分为两束平行光束，用透镜将它们聚焦到样品上 (图 3.19(b))，此时，三束入射光束的方向满足图 3.19(a) 中的矢量图。CARS 信号光束可以用几何方法分离 (即利用挡光板和小孔)。为了便于比较，图 3.20 给出了相位匹配条件 (式 (3.35)) 的矢量图，包括一般情况 ($\boldsymbol{k}_1 \neq \boldsymbol{k}_2$)、共线 CARS 配置和 BOX CARS 配置，在最后一种配置中，矢量图构成了一个盒子。由图 3.19(a) 和关系式 $|\boldsymbol{k}| = n\omega/c$，可以得到相位匹配条件

$$
\begin{aligned}
n_2\omega_2\sin\theta &= n_3\omega_3\sin\varphi \\
n_2\omega_2\cos\theta + n_3\omega_3\cos\varphi &= 2n_1\omega_1\cos\alpha
\end{aligned}
\tag{3.39}
$$

当 $\theta=\alpha$ 的时候，上式给出

$$
\sin\varphi = \frac{n_2\omega_2}{n_3\omega_3}\sin\alpha \tag{3.40}
$$

其中，φ 是 CARS 信号光束 $\boldsymbol{k}_a=\boldsymbol{k}_3$ 与 z 方向的夹角，α 是入射角。

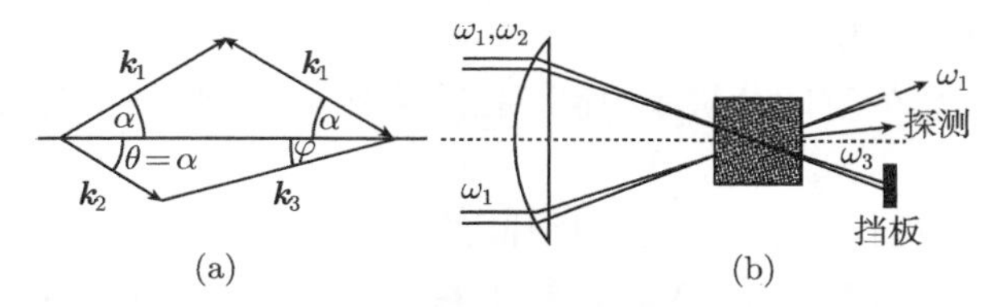

图 3.19 BOX CARS 的波矢示意图 (a) 和实验装置示意图 (b)

CARS 信号是在三束入射光的共同重叠区内产生的。这种 BOX CARS 技术显著地增大了空间分辨率，可以达到 1mm 以下。

在另一种光束构型中 (折叠式 BOX CARS)，频率为 ω_1 的泵浦光束被分为两束平行光束，用透镜将它们聚焦，使得波矢 $\boldsymbol{k}_2$ 和 $\boldsymbol{k}_3=\boldsymbol{k}_{\rm as}$ 处在与两个 $\boldsymbol{k}_1$ 矢量垂直的平面内 (图 3.20(d))。它的优点是，两个泵浦光束都不会在探测器上与信号光束重叠[3.65]。如果拉曼位移很小的话，光谱滤波就非常困难，此时，这种折叠式的 BOX CARS 技术的优点就显而易见。

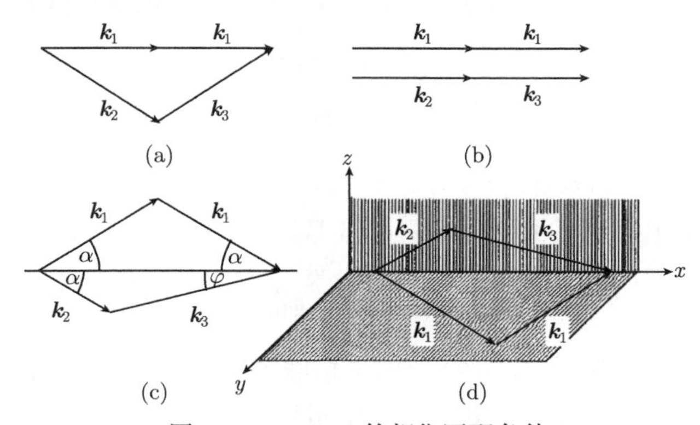

图 3.20 CARS 的相位匹配条件

(a) 一般情况，$\boldsymbol{k}_1 \nparallel \boldsymbol{k}_2$；(b) 共线情况，$\boldsymbol{k}_1 \parallel \boldsymbol{k}_2$；(c) BOX CARS；(d) 折叠式 BOX CARS

总结 CARS 的优点如下：

(a) CARS 信号可以比自发拉曼光谱信号大 $10^4\sim10^5$ 倍。

(b) 反斯托克斯光的频率更大一些，$\omega_3>\omega_1,\omega_2$，这样就可以用滤光片来同时去除入射光和荧光。

(c) 光束发散角很小，这样就可以将探测器放在远离样品的地方，从而在空间上将它与荧光或热光背景 (如火焰、放电或化学荧光) 很好地区分开来。

(d) 反斯托克斯光的主要贡献来自于两束入射光束的聚焦点附近。因此，只需要很小的样品量，微升量级的液体样品或毫巴压强的气体样品就足够了。而且，它可以获得很高的空间分辨率，这样就可以探测确定的转动–振动能级上的分子的空间分布。利用这一优点的一个例子是，利用 CARS 中的反斯托克斯谱线的强度，可以测量火焰中的局部温度变化。

(e) CARS 显微术的空间分辨率很高，主要用来研究生物分子及其组成 (第 3.4.3 节)。

(f) 无需使用单色仪，就可以实现很高的光谱分辨率。在 90° 的自发拉曼散射中，主要限制是多普勒宽度 $\Delta\omega_{\mathrm{D}}$，利用共线配置的 CARS，可以将它减小到 $[(\omega_2-\omega_1)/\omega_1]\Delta\omega_{\mathrm{D}}$。用脉冲激光可以实现的精度为 0.3 到 $0.03\mathrm{cm}^{-1}$，利用单模激光，可以将线宽减小到 $0.001\mathrm{cm}^{-1}$。

CARS 的主要缺点是仪器昂贵、信号涨落很大，后者的原因是入射激光束的准直和强度的起伏。相对浓度很小的特定样品分子的探测灵敏度主要受限于样品中其他分子引起的非共振背景的干扰。然而，共振 CARS 可以克服这一限制。

3.3.4 超拉曼效应

在 $\boldsymbol{p}(E)$ 的展开式 (3.18a) 中，高阶项 $\beta\boldsymbol{EE}$ 和 $\gamma\boldsymbol{EEE}$ 表示超拉曼效应。类似于式 (3.3)，可以将 β 展开为正则坐标 $q_n=q_{n0}\cos(\omega_n t)$ 的泰勒级数

$$\beta=\beta_0+\sum_{n=1}^{2Q}\left(\frac{\partial\beta}{\partial q_n}\right)_0 q_n+\cdots \tag{3.41}$$

假定两束激光 $E_1=E_{01}\cos(\omega_1 t-k_1 z)$ 和 $E_2=E_{02}\cos(\omega_2 t-k_2 t)$ 照射在拉曼样品上。由式 (3.18a) 中的第三项，可以用式 (3.41) 得到 β_0 对 $p(E)$ 的贡献

$$\beta_0 E_{01}^2\cos(2\omega_1 t),\quad \beta_0 E_{02}^2\cos(2\omega_2 t) \tag{3.42}$$

它们在频率 $2\omega_1$、$2\omega_2$ 和 $\omega_1+\omega_2$ 处给出了超瑞利散射 (图 3.21(a))。将式 (3.41) 中的 $(\partial\beta/\partial q_n)q_{n0}\cos(\omega_n t)$ 项代入式 (3.18a)，可以得到

$$p^{\mathrm{HR}}\propto\left(\frac{\partial\beta}{\partial q}\right)_0 q_{n0}[\cos(2\omega_1\pm\omega_n)t+\cos(2\omega_2\pm\omega_n)t] \tag{3.43}$$

它引起了超拉曼散射 (图 3.21(b)，(c))[3.66]。

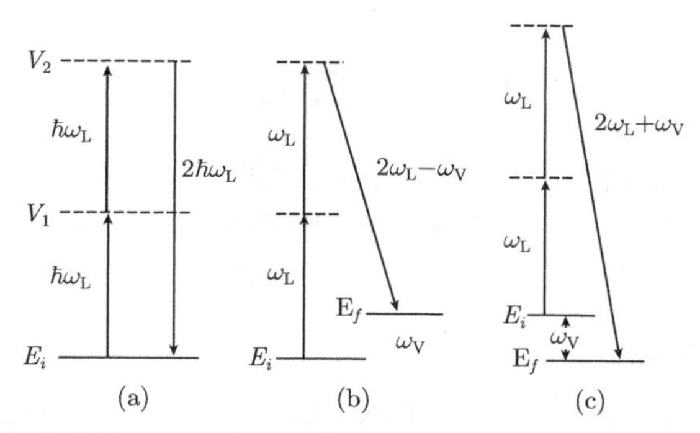

图 3.21 (a) 超瑞利散射；(b) 斯托克斯超拉曼散射；(c) 反斯托克斯超拉曼散射

因为系数 $(\partial\beta/\partial q)_0$ 非常小，所以，需要很强的入射光，才能观测到超拉曼散射。与二次谐波的产生类似 (第 1 卷第 5.8 节)，超瑞利散射对于有反演中心的分子是禁戒的。超拉曼效应服从的选择定则不同于线性拉曼效应的选择定则。因此，分子光谱研究者对它很感兴趣，因为可以在超拉曼光谱中观测到红外跃迁和线性拉曼跃迁禁戒的分子振动。例如，像 CH_4 这样的球形分子没有纯转动的拉曼谱，但是，Maker 发现，它具有超拉曼谱[3.67]。Altmann 和 Strey 提出了转动和转动–振动超拉曼散射的一般性理论[3.68]。

将分子吸附在表面上，可以降低对称性、增大诱导出来的电偶极矩，从而显著地增强超拉曼谱线的强度[3.69]。

类似于受激拉曼效应，在没有强激光的光谱区内，也可以用超拉曼效应产生相干辐射。一个例子是，用受激超拉曼效应在铯蒸气中产生 16μm 附近的可调节的相干辐射[3.70]。

3.3.5 非线性拉曼光谱学的小结

上面几节简要介绍了拉曼光谱学的一些非线性技术。除了受激拉曼光谱学、拉曼增益光谱学、逆拉曼光谱学和 CARS 技术之外，还有其他几种特殊的技术，例如拉曼诱导克尔效应[3.71] 或相干拉曼椭偏测量术[3.72]，它们也为传统的拉曼光谱学提供了有希望的替代技术。

所有这些非线性技术都是相干的三阶过程，与饱和光谱学、偏振光谱学或双光子吸收 (第 2 章) 类似，非线性信号的大小正比于场振幅的三阶项 (式 (3.18))。

这些非线性拉曼技术的优点在于，它们显著地提高了信噪比、从而增大了灵敏度，光谱分辨率和空间分辨率更高，在超拉曼光谱学中，还可以测量气体、液体和固体样品分子对响应率的高阶贡献。

此外，还有一些关于拉曼光谱学的优秀著作和综述文章。更为详尽的信息可以参见文献 [3.11]，[3.38]，[3.44]，[3.48]，[3.49]，[3.55]，[3.57]，[3.73]。

3.4 特殊技术

本节简要讨论线性和非线性拉曼光谱学中的一些特殊技术，它们对于不同的应用特别有益。它们是共振拉曼效应、表面增强拉曼效应、拉曼显微术和时间分辨拉曼光谱学.

3.4.1 共振拉曼效应

如果激发波长与分子的电子跃迁匹配，也就是说，它等于或接近于电子吸收带中的一个谱线，那么，拉曼散射截面就可以增大好几个数量级。在这种情况下，对于这个带中的相邻谱线来说，式 (3.12) 中的分母就变得非常小，式 (3.12) 中的好几项对信号的贡献都很大。

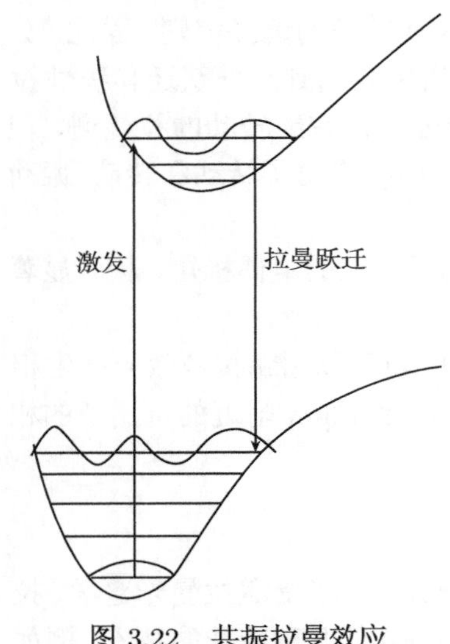

图 3.22　共振拉曼效应

拉曼谱线主要出现在那些弗兰克–康登因子最大的向下跃迁中，即上能级和下能级的振动波函数重叠最大的跃迁 (图 3.22)。与非共振情况不同，在自发共振拉曼散射中，会出现更多数目的与激发谱线相差几个量子的拉曼谱线。它们对应的拉曼跃迁终止在基态电子能级的较高的振动能级上。这非常类似于激光激发的荧光，可以用来确定分子势能曲线的非简谐特性常数，或者低电子能级的势能表面。

在受激拉曼散射中，最强的拉曼跃迁具有最大的增益，它会在其他跃迁之前达到阈值。因此，在刚刚超过阈值的时候，受激拉曼谱中只有一根拉曼谱线，当泵浦功率增大的时候，就会出现更多的谱线。

共振拉曼散射在研究低密度样品的时候特别有用，如低压气体，此时，入射光的吸收并不严重，非共振拉曼光谱的灵敏度不够高。

如果激发态位于高电子能级的分解极限以上，拉曼光散射就表现出连续谱。这个光谱的线形可以给出高能级的排斥势。

3.4.2 表面增强的拉曼散射

将分子吸附在表面上，可以把拉曼散射光的强度提高好几个数量级[3.74]。好几种机制对这种增强效应有贡献。因为散射光的振幅正比于诱导的电偶极矩

$$\boldsymbol{p}_{\text{ind}} = \alpha \cdot \boldsymbol{E}$$

分子与表面的相互作用增大了极化率 α，这是增强效应的一个原因。在金属表面的情况下，表面的电场 $\boldsymbol{E}$ 可能远大于入射光的电场，它也会增大诱导的电偶极矩。这两个效应都依赖于分子与表面法线的相对取向、分子到表面的距离以及表面的形貌，特别是表面的粗糙程度。表面上的微小金属颗粒可以增大分子拉曼谱线的强度。激发光的频率对增强因子的影响也很大。在金属表面的情况下，如果入射光频率接近于金属的等离子频率，增强因子就会达到极大值。

因为这些因素，表面增强拉曼光谱已经成功地应用于表面分析以及小浓度吸附分子的示踪分析[3.74]。

3.4.3 拉曼显微术

为了无损地研究非常微小的样品，例如研究活细胞的成分或晶体中的包容物，将显微术和拉曼光谱学结合起来是非常有用的技术。将激光光束聚焦到样品上，通过显微镜和光谱仪来检测很小的焦点中发射出来的拉曼光谱。它也可以用来测量高压下的分子晶体中的相变。稍微努力一下就可以在金刚石砧室中实现几个吉帕的压强，施加在面积为 A 的两个金刚石上的力为 F，产生的压强就是 $p=F/A$。例如，$F=10^3\text{N}$ 和 $A=10^{-6}\text{cm}^2$，就可以得到 10^9Pa 的压强。相变使得分子振动的频率发生变化，这可以用相应的拉曼谱线的位移监测它[3.75]。

应用这种技术的一个例子是，研究在瑞士阿尔卑斯山上发现的石英晶体中“液体包容物”的不同物相。利用它们的拉曼光谱，可以确定气体包容物是 CO_2，而液体包容物是水，以前认为是 $CaSO_4$ 的矿物质实际上是 $CaCO_3$[3.76]。

拉曼显微术的典型实验装置如图 3.23 所示。用显微物镜将氩激光或染料激光聚焦在微小的样品上。将背向散射的拉曼光成像到双光栅或三光栅单色仪的入射狭缝上，就可以有效地抑制散射激光。在单色仪的出射狭缝上，用 CCD 相机记录拉曼光谱[3.74,3.77,3.78]。

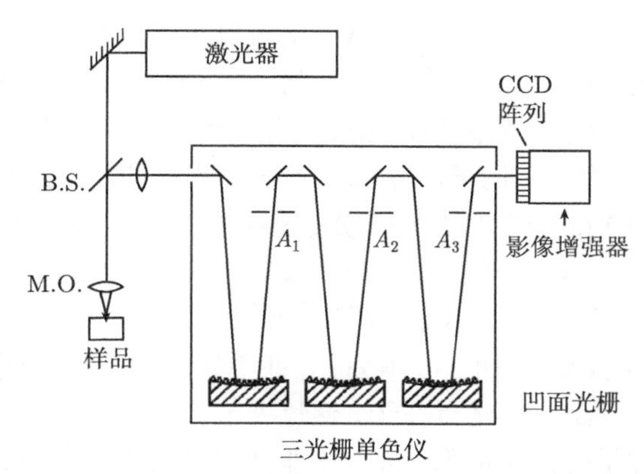

图 3.23 拉曼显微术，用带有三个小孔 A_i 的三光栅单色仪抑制散射激光

3.4.4 时间分辨拉曼光谱学

用短脉冲激光进行泵浦，可以将线性和非线性拉曼光谱学与时间分辨探测技术结合起来[3.79]。拉曼光谱学可以通过测量频率和振动和转动能量能级上的粒子数确定分子的参数，而时间分辨技术可以给出化学反应的短寿命中间产物的振动能级之间的能量传递或者结构变化的信息。一个例子是液体分子中的振动激发，碰撞能量由振动激发态转移到其他能级上或者转化为碰撞体的平动能。这些过程的时间尺度位于皮秒到飞秒的范围[3.78,3.80]。

时间分辨拉曼光谱学是研究生物分子中的快速过程的有力工具，例如，可以研究视觉过程中的快速结构相变，在光激发视紫红质分子之后，会发生一系列涉及异构化过程的能量传输以及质子的传输过程。第 6 章将更为详细地处理这一问题，并与其他的时间分辨技术进行比较。

3.5 激光拉曼光谱学的应用

拉曼光谱学的主要目标是确定红外光谱学不能测量的分子跃迁的分子能级和跃迁几率。线性激光拉曼光谱学、CARS 和超拉曼散射已经成功地采集了许多其他技术不能够得到的光谱数据。除了这些非常基本的分子光谱学方面的应用之外，拉曼光谱学在其他领域也有着大量的科学和技术上的应用，可以用前面几节讨论的新方法来实现。这里只给出几个例子。

因为自发拉曼谱线的强度正比于初态 (v_i, J_i) 中的分子密度 $N(v_i, J_i)$，拉曼光谱学可以提供粒子数分布 $N(v_i, J_i)$ 的信息，包括它的局部变化以及对样品中分子成分的浓度。例如，可以用转动拉曼光谱来测量火焰或者炙热气体中的温度[3.81~3.84]，探测与热平衡态的偏离。

通常，利用 CARS、特别是 BOX CARS，可以提高空间分辨率。产生信号光的焦点区域的体积可以小于 0.1mm^3[3.54]。因此，无需改变样品条件，就可以精确地确定火焰或放电中的反应产物的局部密度变化。受激反斯托克斯辐射的强度正比于 N^2 (式 (3.31))。作为一个例子，图 3.24 给出了水平的本生灯火焰中的 H_2 分子分布，这是通过 H_2 的 Q 分支的 CARS 光谱得到的。H_2 分子是由碳氢化合物分子高温分解产生的[3.58]。另一个例子是用 CARS 光谱测量火焰中的水蒸气，可以探测预混合的 CH_4 和空气火焰区后面的温度[3.82]。

CARS 的探测灵敏度为 $10 \sim 100$ppm，并不像其他一些探测低浓度空气污染物的技术那么灵敏，但是它的优点在于，通过调节染料激光，可以快速地测量大量数目的样品。它对背景的抑制很强，可以在非常明亮的背景光下进行测量，这是其他方法做不到的[3.83]。例如，测量温度高达 2000K 的高温熔炉中的氮分子、氧分子和

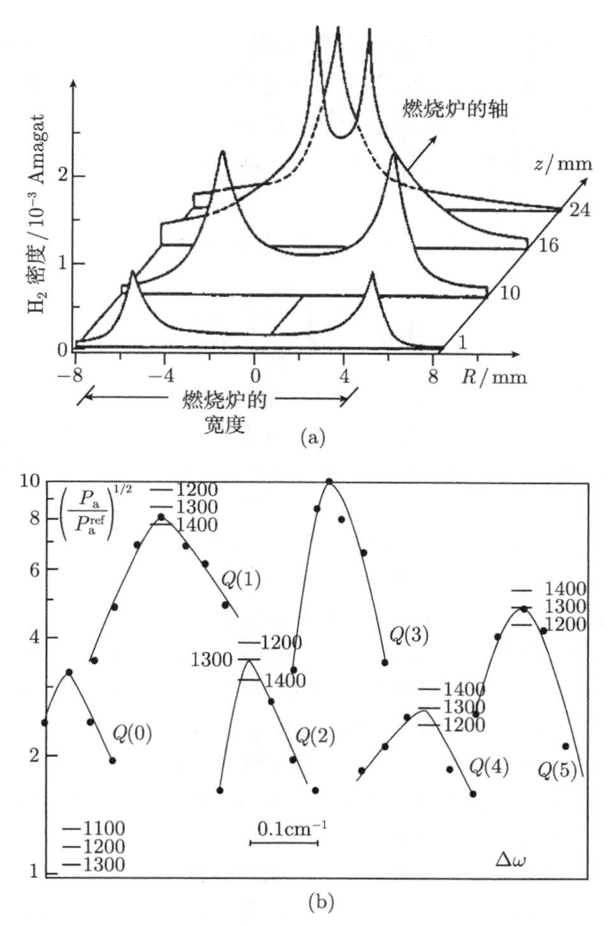

图 3.24 确定火焰中 H_2 分子的密度分布。R 是到本生灯的距离，z 是轴上的距离

(a) 中的分布是由 Q 谱线强度和线形的空间变化得到的，如图 (b) 所示。$Q(J)$ 的相对强度进一步给出了温度的变化。水平谱线的数值给出了期待的信号大小，用温度 T 来标记，单位为 K[3.58]

甲烷分子的浓度和温度[3.84]，其中的热辐射要远大于激光诱导产生的荧光。因为探测器可以放在距离熔炉很远的地方，所以，CARS 是最佳选择。

另一个 CARS 科学应用的例子是研究超声束中团簇的形成过程 (第 4.3 节)，可以确定转动和振动温度在绝热膨胀过程中的降低 (第 4.2 节)，以及团簇形成率与它们到喷嘴的距离之间的依赖关系[3.85]。

CARS 已经成功地用于研究化学反应光谱 (第 8.4 节)。使用脉冲激光的 BOX CARS 技术，可以对碰撞过程和化学反应进行光谱分辨、空间分辨和时间分辨的研究，不仅可以在实验室中进行，还可以在工厂、汽车引擎的反应区以及大气研究的的恶劣环境中进行 (第 10.2 节和参考文献 [3.86]，[3.87])。

CARS 的探测灵敏度依赖于拉曼散射截面，大致为 $0.1 \sim 100$ppm (相对浓度为 $10^{-7} \sim 10^{-4}$)。虽然其他光谱技术可以达到更高的灵敏度，例如激光诱导荧光或共振双光子电离 (第 1.2 节)，在很多研究中，CARS 是最佳方法，甚至可能是唯一的选择，例如，被研究的分子不具有红外活性，或者在可用的激光光谱范围内没有电子跃迁。

在参考文献 [3.88]~[3.91] 中，可以找到更多关于激光拉曼光谱学的信息。

3.6 习　题

3.1 拉曼散射截面为 $\sigma = 10^{-30}\mathrm{cm}^2$，如果入射激光的功率为 10W，波长为 $\lambda = 500\mathrm{nm}$，聚焦体积为 $5\mathrm{mm} \times 1\mathrm{mm}^2$，以 10% 的收集效率在量子效率为 $\eta = 25\%$ 的光电倍增管上成像，那么，可以探测到的最小分子浓度 N_i 是多少？光电倍增管的暗电流为每秒钟 10 个光生电子，信噪比大于 $3:1$。

3.2 弯曲的水分子 (H_2O) 有三种正则振动模式，其中哪些具有拉曼活性，哪些具有红外活性？有没有同时具有拉曼活性和红外活性的振动？

3.3 波长为 $\lambda = 488\mathrm{nm}$ 的 10W 氩激光照射在小分子样品上，其中包含 10^{21} 个分子，体积为 $5\mathrm{mm} \times 1\mathrm{mm}^2$。拉曼散射截面为 $\sigma = 10^{-29}\mathrm{cm}^2$，斯托克斯位移为 $1000\mathrm{cm}^{-1}$。如果分子不吸收激光辐射和斯托克斯辐射，计算样品中每秒钟产生的热能 $\mathrm{d}W_{\mathrm{H}}/\mathrm{d}t$。如果激光波长接近于吸收跃迁，吸收系数为 $\alpha = 10^{-1}\mathrm{cm}^{-1}$，那么，$\mathrm{d}W_{\mathrm{H}}/\mathrm{d}t$ 是多大？

3.4 光纤的长度为 100m，直径为 0.1mm，充满了分子密度为 $N_i = 10^{21}\mathrm{cm}^{-3}$ 的拉曼活性介质，拉曼散射截面为 $\phi_{\mathrm{R}} = 10^{-30}\mathrm{cm}^2$，如果激光 (1W) 和拉曼辐射都被全内反射限制在光纤中，估计光纤输出端的拉曼散射的强度。

3.5 在 BOX CARS 实验配置下，用 $f = 5\mathrm{cm}$ 的透镜将强度为高斯线形的两束平行入射的激光束聚焦在样品上。当两个光束的直径为 3mm，光束间距离为 20mm 时，空间分辨率定义为 CARS 信号的半高宽 $S_A(z)$，估计它的数值。

第 4 章　分子束的激光光谱学

在很长时间里，分子束主要用于散射实验。将新光谱方法与分子束技术结合起来，可以得到关于原子和分子的结构、碰撞过程的细节、量子光学的基础以及光与物质的相互作用等方面的大量新信息。

分子束的激光光谱学为这些组合技术带来了成功。首先，利用横向速度分量很小的准直分子束，可以提高吸收谱和荧光谱的光谱分辨率 (第 4.1 节)。其次，超声速分子束在绝热膨胀过程中的内部冷却将它们的粒子数分布压缩到最低的振动–转动能级上，从而极大地减少了吸收能级的数目，显著地简化了吸收谱 (第 4.2 节)。

超声分子束的平动温度很低，这样就可以产生和观测弱束缚的范德瓦耳斯复合体和团簇 (第 4.3 节)。在分子束膨胀并进入真空室之后，因为没有碰撞过程来再次填充被光学泵浦耗尽的能级，无碰撞条件使得吸收能级饱和了。这样就可以用低强度的连续激光进行没有多普勒效应的饱和光谱学研究 (第 4.4 节)。

用于正离子束和负离子束的高精度激光光谱学技术已经开发出来了。第 4.5 节和第 4.6 节将讨论这些技术。

一些例子说明了用分子束进行光谱研究的优点。交叉分子束中碰撞过程的激光光谱学是一个广阔而新颖的领域，第 8 章将对此进行讨论。

4.1　缩减多普勒宽度

假定分子炉中充满了压强为 p 的气体或蒸气，分子通过一个小孔 A 泄露到真空室中 (图 4.1)。A 后面的分子密度和真空室中的背景压强都低得足以保证泄露进来的分子具有很大的平均自由程，可以忽略碰撞过程。沿着与对称轴 (将它定为 z 轴) 成 θ 角的方向，位于锥体 $\theta \pm \mathrm{d}\theta$ 之内运动的分子的数目 $N(\theta)$ 正比于 $\cos\theta$。在到点源 A 的距离为 d 的位置上，放置一个宽度为 b 的狭缝 B，在 $\theta = 0$ 附近选择出很小的角间隔 $-\epsilon \leqslant \theta \leqslant +\epsilon$ (图 4.1)。狭缝 B 平行于 y 轴，通过它的分子在 z 方向形成了一个分子束，它相对于 x 方向是准直的。准直比的定义是 (图 4.1(b))

$$\frac{v_x}{v_z} = \tan\epsilon = \frac{b}{2d} \tag{4.1}$$

如果源的直径小于狭缝宽度 b，而且 $b \ll d$ (即 $\epsilon \ll 1$)，狭缝 B 后面的流密度在分子束的直径上就近似为一个常数，因为对于 $\theta \ll 1$，有 $\cos\theta \approx 1$。在这种情况下，分子束的密度分布如图 4.1(c) 所示。

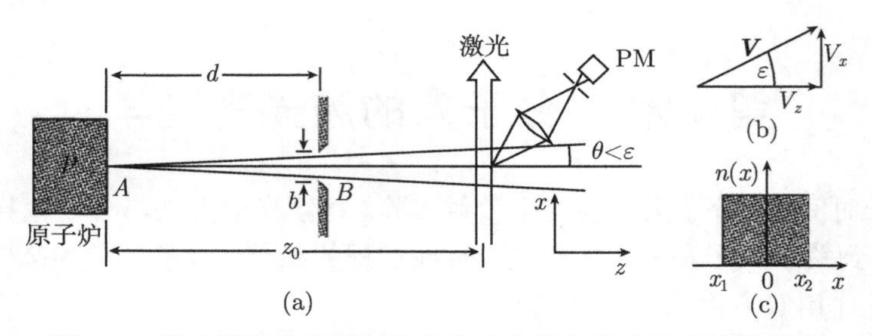

图 4.1　激光激发光谱学，准直分子束具有缩减的多普勒宽度

(a) 实验装置示意图；点源 A 发射的准直分子束的 (b) 准直比和 (c) 密度线形 $n(x)$

在处于热平衡态的分子中，速度为 $v=|\boldsymbol{v}|$、位于 v 到 $v+\mathrm{d}v$ 之间的分子的密度为 $n(v)\mathrm{d}v$，它们以最可几速度 $v_{\mathrm{p}}=(2kT/m)^{1/2}$ 沿着 z 方向泄露进来，在到源 A 距离为 $r=(z^2+x^2)^{1/2}$ 的位置上，可以描述为

$$n(v,r,\theta)\mathrm{d}v=C\frac{\cos\theta}{r^2}nv^2\mathrm{e}^{-(v/v_{\mathrm{p}})^2}\mathrm{d}v \tag{4.2}$$

其中，归一化因子 $C=(4/\sqrt{\pi})v_{\mathrm{p}}^{-3}$ 保证了分子的总密度 n 为 $n=\int n(v)\mathrm{d}v$。

注：平均流密度为 $N=n\bar{v}=\int vn(v)\mathrm{d}v$。

如果准直分子束与沿着 x 轴方向传播的频率为 ω 的单色激光光束垂直交叉，每个分子的吸收几率依赖于它的速度分量 v_x。在第 1 卷第 3.2 节中已经证明，在运动分子的静止坐标系中，分子跃迁的中心频率为 ω_0，在实验室坐标系中，由于多普勒位移改变到 ω_0'，其中

$$\omega_0'=\omega_0-\boldsymbol{k}\cdot\boldsymbol{v}=\omega_0-kv_x,\quad k=|\boldsymbol{k}| \tag{4.3}$$

只有那些速度分量 v_x 位于 $v_x=(\omega-\omega_0)/k$ 附近的间隔 $\mathrm{d}v_x=\delta\omega_{\mathrm{n}}/k$ 内的分子才有可能对单色激光的吸收有贡献，因为这些分子的频率与激光频率 ω 共振，位于吸收跃迁的自然线宽 $\delta\omega_{\mathrm{n}}$ 之内。

当位于 x-z 平面 $(y=0)$ 内的激光光束沿着 x 方向穿过分子束的时候，它的功率逐渐减小

$$P(\omega)=P_0\exp\left[-\int_{x_1}^{x_2}\alpha(\omega,x)\mathrm{d}x\right] \tag{4.4}$$

在分子束里 $\Delta x=x_2-x_1$ 的距离上的吸收通常是非常小的。$\Delta P(\omega)=P_0-P(x_2,\omega)$ 的典型数值是入射功率的 10^{-4} 到 10^{-15} 之间。因此，利用近似关系式 $\mathrm{e}^{-x}\approx1-x$，可以得到吸收系数

$$\alpha(\omega,x)=\int n(v_x,x)\sigma(\omega,v_x)\mathrm{d}v_x \tag{4.5}$$

吸收功率的谱线线形为

$$\Delta P(\omega)=P_0\int_{-\infty}^{+\infty}\left[\int_{x_1}^{x_2}n(v_x,x)\sigma(\omega,v_x)\mathrm{d}x\right]\mathrm{d}v_x \tag{4.6}$$

由 $v_x=(x/r)v\rightarrow \mathrm{d}v_x=(x/r)\mathrm{d}v$ 和 $\cos\theta=z/r$，可以由式 (4.2) 推导出分子密度

$$n(v_x,x)\mathrm{d}v_x=Cn\frac{z}{x^3}v_x^2\exp[-(rv_x/xv_\mathrm{p})^2]\mathrm{d}v_x \tag{4.7}$$

吸收截面 $\sigma(\omega,v_x)$ 描述的是速度分量为 v_x 的分子对频率为 ω 的单色光的吸收。它的谱线线形是洛伦兹线形 (第 1 卷第 3.6 节)，即

$$\sigma(\omega,v_x)=\sigma_0\frac{(\gamma/2)^2}{(\omega-\omega_0-kv_x)^2+(\gamma/2)^2}=\sigma_0L(\omega-\omega_0,\gamma) \tag{4.8}$$

将式 (4.7) 和式 (4.8) 代入式 (4.6) 可以得到吸收线形

$$\Delta P(\omega)=a_1\int_{-\infty}^{+\infty}\left[\int_{x_1}^{x_2}\Delta\omega_0^2\frac{\exp[-c^2\Delta\omega_0^2(1+z^2/x^2)/\omega_0^2v_\mathrm{p}^2]}{(\omega-\omega_0-kv_x)^2+(\gamma/2)^2}\mathrm{d}x\right]\mathrm{d}\Delta\omega_0$$

其中，$a_1=P_0n\sigma_0\gamma c^3z/(\sqrt{\pi}v_\mathrm{p}^3\omega_0^3)$，和 $\Delta\omega_0=\omega_0'-\omega_0=v_x\omega_0/c$，其中，$\omega_0'=\omega_0+kv_x$ 是本征频率 ω_0 的多普勒频移。对 $\Delta\omega_0$ 的积分从 $-\infty$ 到 $+\infty$，因为速度 v 的分布是从 0 到 ∞。

可以直接得到对 x 的积分，由 $x_1=-r\sin\epsilon$，$x_2=+r\sin\epsilon$ 可以知道

$$\Delta P(\omega)=a_2\int_{-\infty}^{+\infty}\frac{\exp\left[-\left(\dfrac{c(\omega-\omega_0')}{\omega_0'v_\mathrm{p}\sin\epsilon}\right)^2\right]}{(\omega-\omega_0')^2+(\gamma/2)^2}\mathrm{d}\omega_0',\quad \text{其中}, a_2=a_1\left(\frac{c\gamma}{2z\omega_0}\right)^2 \tag{4.9}$$

它表示的是佛赫特线形，是半高宽为 γ 的洛伦兹函数与多普勒函数的卷积。然而，与第 1 卷的式 (3.33) 比较可知，多普勒宽度减小了一个因子 $\sin\epsilon=v_x/v=b/2d$，它等于分子束的准直比。因此，准直分子束使得吸收谱线的多普勒宽度 $\Delta\omega_0$ 减小为

$$\boxed{\Delta\omega_\mathrm{D}^*=\Delta\omega_\mathrm{D}\sin\epsilon,} \tag{4.10}$$

其中，$\Delta\omega_\mathrm{D}=2\omega_0(v_\mathrm{p}/c)\sqrt{\ln 2}$ 是热平衡气体的多普勒宽度。

例 4.1

典型数值 $b=1\mathrm{mm}$ 和 $d=5\mathrm{cm}$ 给出了准直比 $b/2d=1/100$。这就将多普勒宽度 $\Delta\nu_0=\Delta\omega_0/2\pi\approx1500\mathrm{MHz}$ 减小为 $\Delta\nu_\mathrm{D}^*=\Delta\omega_\mathrm{D}^*/2\pi\approx15\mathrm{MHz}$，它与许多分子跃迁的自然线宽 γ 具有相同的数量级。

注：当分子炉孔 A 的直径更大的时候，分子束的密度分布 $n(x)$ 就不再是方形的，而是在极限角 $\theta=\pm\epsilon$ 之外逐渐减小的。当 $\Delta\omega_\mathrm{D}^*>\gamma$ 的时候，吸收线形就不再是

式 (4.9) 中的形式，而当 $\Delta\omega_D^* \ll \gamma$ 的时候，差异可以忽略不计，此时，洛伦兹线形占据主导地位[4.1]。

在激光发明之前，使用准直分子束减小多普勒宽度的技术，可以产生发射谱线非常窄的光源[4.2]。用电子碰撞激发准直束中的原子，在垂直于原子束的方向上观察，激发原子发射的荧光谱线的多普勒宽度就减小了。然而，这些原子束光源的强度非常弱，只有使用单色可调谐的强激光，才有可能发挥这种没有多普勒效应的光谱的全部优点。

用于准直分子束亚多普勒激发光谱的典型激光光谱仪如图 4.2 所示。一台计算机控制激光波长 λ_L，同时记录激光诱导产生的荧光 $I_{Fl}(\lambda_L)$。利用非线性晶体 (例如 $LiIO_3$)，可以将可见光范围内的激光频率进行倍频，从而覆盖紫外光谱区。为了有效地收集荧光，可以采用图 1.21 中的光学系统。一个很长的法布里–珀罗干涉仪的透射峰给出了频标，频标之间的距离是法布里–珀罗干涉仪的自由光谱区 $\delta\nu = c/2d$ (第 4.3 节)。用第 4.4 节中的波长计测量激光的绝对波长。

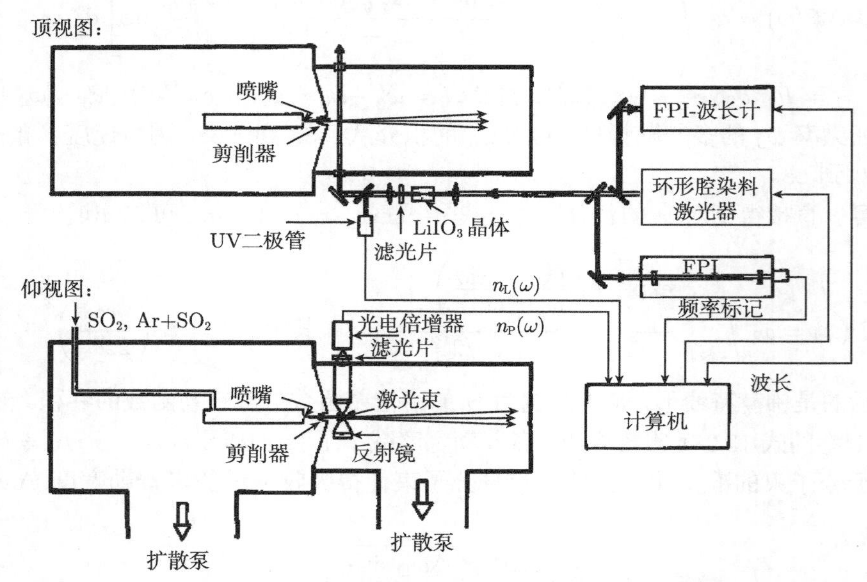

图 4.2 用于准直分子束的亚多普勒激发光谱的激光光谱仪

光谱分辨精度如图 4.3 所示，它给出了 Na_2 分子的 $A^1\Sigma_u \leftarrow X^1\Sigma_g$ 的一小部分光谱。因为与 $a^3\Pi_u$ 态的自旋轨道耦合，$A^1\Sigma_u$ 态的一些转动能级与 $a^3\Pi_u$ 态的能级混合起来，从而表现出超精细劈裂[4.3]。

在可见光区域，多原子分子的吸收谱很复杂，为了分辨单根谱线，必须减小多普勒宽度[4.5]。可以用 SO_2 分子的一部分激发谱来说明这一点，它是用单模倍频的染料激光器激发的，可以在 $\lambda = 304\text{nm}$ 附近调谐 (图 4.4(b))。为了比较，在

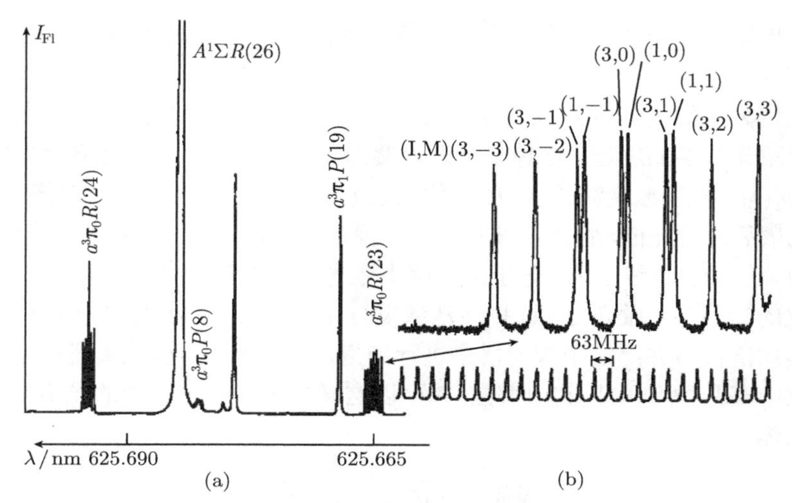

图 4.3 (a) Na_2 分子 $A^1\Sigma_u \leftarrow X^1\Sigma_g^+$ 中转动谱线的超精细结构，它是由 $A^1\Sigma_u$ 和 $a^3\Pi_u$ 之间的自旋轨道耦合引起的[4.3]；(b) 放大之后的 $R(23)$ 谱线中的超精细多重态

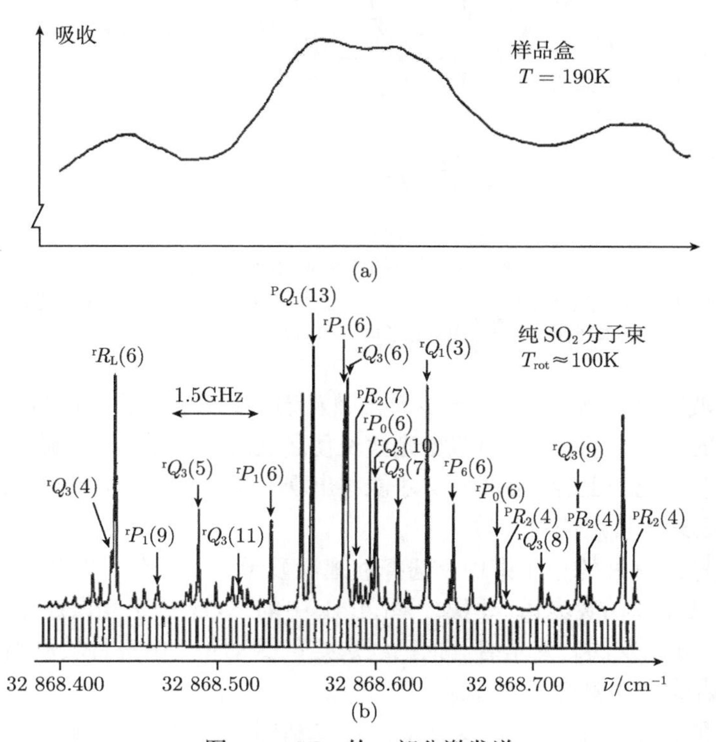

图 4.4 SO_2 的一部分激发谱

(a) 在 0.1mbar 的 SO_2 样品盒中测量得到的结果，具有多普勒限制的分辨率；

(b) 在准直的 SO_2 分子束中测量得到的结果[4.4]

图 4.4(a) 中给出了多普勒限制的激光光谱技术在 SO_2 样品盒中测量得到的同一段光谱[4.4]。

将光谱分辨的荧光探测或共振双光子电离与质谱仪结合起来，有可能进一步扩大分子束光谱学的用途。这种分子束仪器如图 4.5 所示。光电倍增管 PM1 监视总荧光 $I_{\mathrm{Fl}}(\lambda_{\mathrm{L}})$ 随着激光波长 λ_{L} 的变化关系 (激发谱，第 1.3 节)。光电倍增管 PM2 记录了色散后的荧光谱，它是用波长固定不变的激光激发的，该激光被稳定在一个选择好的分子吸收谱线上。在分子束与两束激光光束的第二个交叉点上，是一个四极质谱仪的离子腔，激光 L_1 选择性地激发分子，而 L_2 将激发态分子电离。将离子引入到质谱仪中并用粒子探测器来进行测量，例如微通道板或离子倍增放大器。当分子束中有几种不同成分的时候，就可以这样来选择特定分子的光谱 (例如，同位素异构体)。

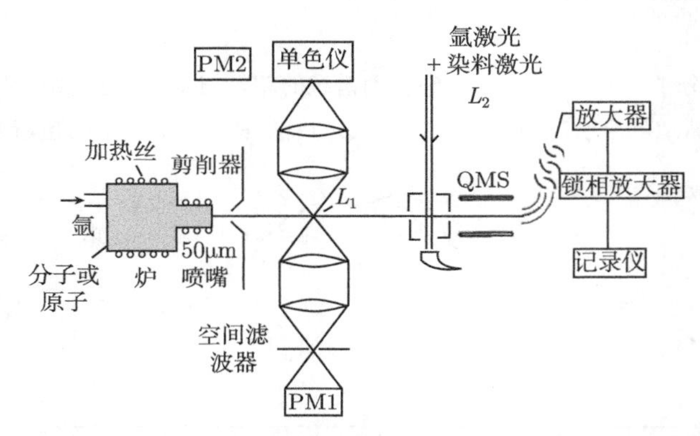

图 4.5　用于准直分子束的亚多普勒光谱学的实验装置

光电倍增管 PM1 监视总的非色散的荧光，而位于单色仪后面的 PM2 测量的是色散后的荧光谱。利用质谱仪的离子源的共振双色双光子电离，可以测量依赖于质量的吸收

记录滤波的激发谱，可以进一步简化激发谱及其分析 (图 4.6(b))。将单色仪设置到荧光谱的特定振动带上，调节激光波长使之通过吸收谱。只有那些可以在选定的荧光带发射荧光的上能级的跃迁，才能够出现在激发谱中。依赖于所选择的荧光带，这些能级具有特定的对称性。

在准直性足够好的分子束中，选择性地激发单个上能级，即使是多原子分子也表现出非常简单的荧光谱。例如，图 1.51 中的 NO_2 分子光谱就是在固定波长 $\lambda_{\mathrm{L}} = 592\mathrm{nm}$ 处激发的。荧光谱包括已经选定的振动带，由三种转动谱线构成 (强的 P 和 R 谱线以及弱的 Q 谱线)。

除了测量荧光强度 $I_{\mathrm{Fl}}(\lambda_{\mathrm{L}})$ 之外，还可以利用共振双光子电离 (RTPI) 来探测激发谱。如图 4.7 所示，利用图 4.5 中的实验装置，用可调谐续染料激光器激发 Cs_2 分子并用连续氩激光进行电离，可以得到共振双光子电离谱[4.7]。

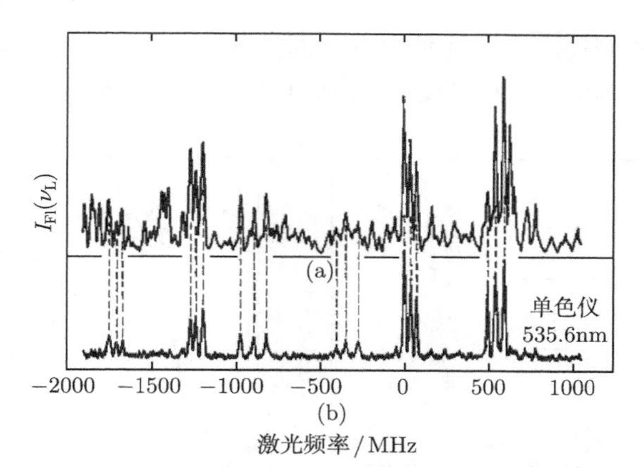

图 4.6 在准直比为 $\sin\epsilon = 1/80$ 的 NO_2 分子束中，在 $\lambda_{ex} = 488$nm 处激发得到的 NO_2 光谱

(a) 探测得到的总荧光；(b) 滤光后的激发谱，此时测量的不是总荧光，而是用 PM2 在一个单色仪后面测量 $\lambda = 535.6$nm 处的荧光带，它对应于较低的振动能级 $(0, 10)$[4.6]

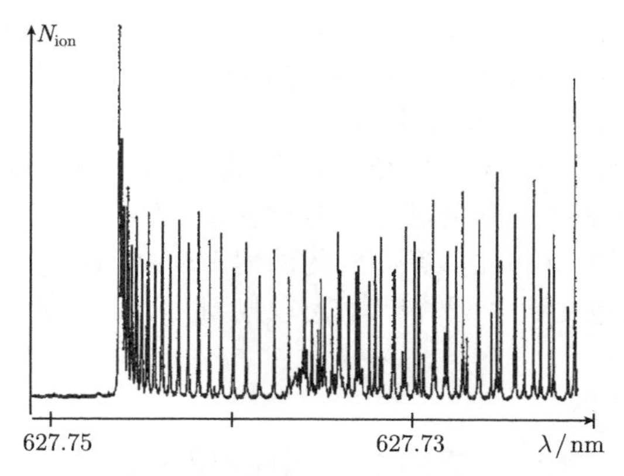

图 4.7 在一个混有铯原子的准直 Ar 冷分子束中，Cs_2 的 $C^1\Pi_u \leftarrow X^1\Sigma_g^+$ 谱系的 $(0-0)$ 带的吸收谱，用共振双光子电离光谱技术测量

除了这三个例子之外，还用分子束方法研究了大量的原子和分子，具有很高的谱分辨精度。对于原子来说，这种技术主要用于研究超精细结构劈裂、同位素位移和塞曼劈裂。这些劈裂很小，通常都被多普勒限制的光谱掩盖了[4.6,4.7]。这种技术的灵敏度令人印象深刻，例如，通过高精度地测量光学超精细结构劈裂和同位素位移，几个研究小组得到了稳定同位素和放射性不稳定同位素的原子核电荷半径和原子核的电极矩[4.8,4.9]。与“在线”质量分离器结合起来，甚至可以测量短寿命放射性同位素的瞬态浓度。根据超精细结构劈裂，可以推断出放射性原子核的性质，例如电荷半径、原子核自旋和中子空间分布等。E. Otten 和 H. J. Kluge 以及他们

的研究小组已经精密地测量了几种短寿命同位素。一个例子如图 4.8 所示，它是放射性同位素 ^{8}Li 和 ^{9}Li 的超精细结构，由此可以推断出额外中子的空间分布[4.10]。

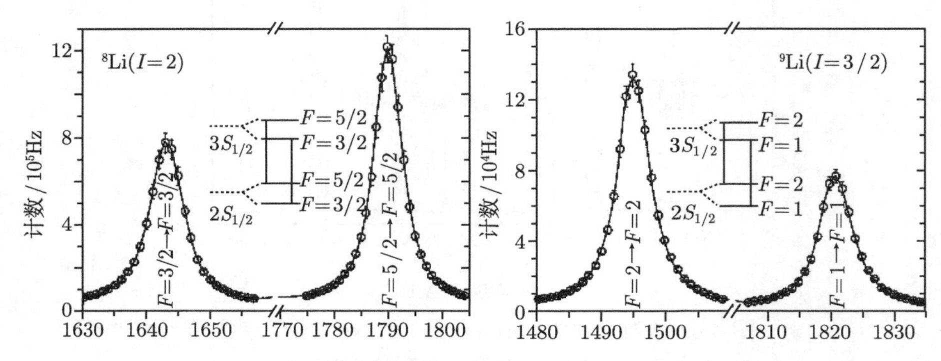

图 4.8　放射性同位素 ^{8}Li 和 ^{9}Li 的超精细结构[4.11]

分子的谱线密度要高得多，通常只能用亚多普勒光谱学来分辨转动结构。将分子束的准直角限制在 2×10^{-3}rad 以下，残余多普勒宽度可以缩减到 500kHz 以下。可以在碘分子束中实现线宽小于 150kHz 的高精度光谱，因为重的 I_2 分子的残余多普勒宽度正比于 $m^{-1/2}$，当准直比为 $\epsilon\leqslant4\times10^{-4}$ 的时候，远小于 150kHz[4.12]。当线宽如此窄的时候，自发寿命已经大于渡越时间分子与聚焦的激光束之间的有限相互作用时间引起的渡越时间展宽不再能够忽略不计。

在 Jacquinot[4.13] 和 Lange 等[4.14] 的综述文章中，在 Scoles 关于分子束的两本著作[4.15] 以及其他文献中[4.16~4.19]，可以找到关于原子或分子束中的亚多普勒光谱学的更多例子。

4.2　超声分子束的绝热冷却

对于上一节中讨论的逸出分子束来说，容器中的压强很低，分子的平均自由程 Λ 远大于小孔 A 的直径 a。也就是说，膨胀过程中的碰撞可以忽略不计。现在我们讨论 $\Lambda\ll a$ 的情况。也就是说，分子在通过 A 以及它后面的空间的时候，经历了很多的碰撞过程。在这种情况下，可以用流体力学模型描述膨胀的气体[4.20]：膨胀发生得很快以至于在气体与器壁之间没有发生热交换，即膨胀是绝热的过程，每单位摩尔的膨胀气体的焓是守恒的。

质量为 M 的一摩尔分子的总能量 E 是容器中静止气体的内能 $U=U_{\text{trans}}+U_{\text{rot}}+U_{\text{vib}}$、势能 pV 和动能 $\frac{1}{2}Mu^2$ 之和，$u(z)$ 是膨胀气体进入真空时的 z 方向平均流速。能量守恒律要求膨胀前后的总能量保持不变

$$U_0 + p_0 V_0 + \frac{1}{2}Mu_0^2 = U + pV + \frac{1}{2}Mu^2 \tag{4.11}$$

如果通过 A 的质量流 $\mathrm{d}M/\mathrm{d}t$ 远小于容器中的气体总质量，那么就可以假定容器内部处于热平衡状态，即 $u_0 = 0$。因为气体膨胀到真空腔中，膨胀后的压强很小，所以，可以用 $p = 0$ 来近似式 (4.11)，得到

$$U_0 + p_0 V_0 = U + \frac{1}{2}Mu^2 \tag{4.12}$$

这个式子表明，如果初始能量 $U_0 + p_0 V_0$ 的绝大部分转化为动能的话，得到的是内能很小的"冷分子束"。流速度 u 可以超过该处的声速 $c(p, T)$。在这种情况下，产生的就是超声分子束。在完全转化的极限情况下，可以期待 $U = 0$，即 $T = 0$。在现实世界中，并不能实现这一理想情况，后面再讨论它的原因。

内能的减少还意味着分子的相对速度降低了。可以用一个微观模型理解这一点 (图 4.9)，在膨胀过程中，较快的粒子与跑在前面的较慢的粒子发生碰撞，并将动能传递给它。

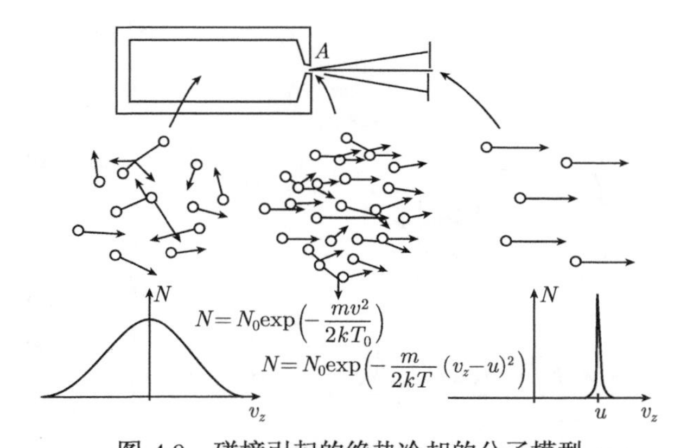

图 4.9 碰撞引起的绝热冷却的分子模型

从容器中膨胀出来的时候，分子具有麦克斯韦速度分布，进入到真空以后，它们在流速度 u 附近具有很窄的速度分布[4.22]

随着相对速度的下降和密度的减少，能量传递速率下降，因此，它只有在膨胀初期才重要。碰撞参数为零的正面碰撞使得平行于 z 方向的流速度 u 的速度分量 $v_{\|} = v_z$ 的速度分布 $n(v_{\|})$ 变窄。这就使得位于流速度 u 附近的麦克斯韦分布发生变化

$$n(v_z) = C_1 \exp\left[-\frac{m(v_z - u)^2}{2kT_{\|}}\right] \tag{4.13}$$

可以用平动温度 $T_{\|}$ 表征这种分布，它量度的是分布的宽度[4.13]。

对于非零碰撞参数的碰撞过程，两个碰撞体都会发生偏转。如果偏转角大于准直角 ϵ，这些分子就不能够通过图 4.1 中的准直小孔。小孔缩减了扩散束和超声束

的横向速度分量。沿着分子束轴向 z，在激光诱导荧光探测光学系统所确定的固定空间间隔处，测量得到的分布 $n(v_x)$ 的宽度 Δx 按照 $\Delta x/z$ 成比例地减小。这通常被称为几何冷却，因为 $n(v_x)$ 宽度的减小并非由于碰撞过程，它是一个纯粹的几何效应。横向速度分布

$$n(v_x) = C_2 \exp\left(-\frac{mv_x^2}{2kT_\perp}\right) = C_2 \exp\left(-\frac{mv^2 \sin^2 \epsilon}{2kT_\perp}\right) \tag{4.14}$$

通常用横向温度 $T_\perp$ 来表征，它决定于速度分布 $n(v)$、准直比 $\tan\epsilon = v_x/v_z = b/2d$ (或 $\sin\epsilon = v_x/v$) 以及到喷嘴的距离 z。

可以用不同的光谱技术来测量速度分布 $n(v_x)$ 和 $n(v_z)$ 的缩减。第一种方法基于的是测量吸收谱线的多普勒线形 (图 4.10)。将单模染料激光器发出的光分为两束，一束光垂直地通过分子束，另一束光与分子束逆向而行。发生多普勒位移的吸收谱线的极大值 ω_m 给出了最可几速度 $v_\mathrm{p} = (\omega_0 - \omega_\mathrm{m})/k$，两种构型的吸收线形给出了分布 $n(v_\parallel)$ 和 $n(v_\perp)$[4.21,4.22]。

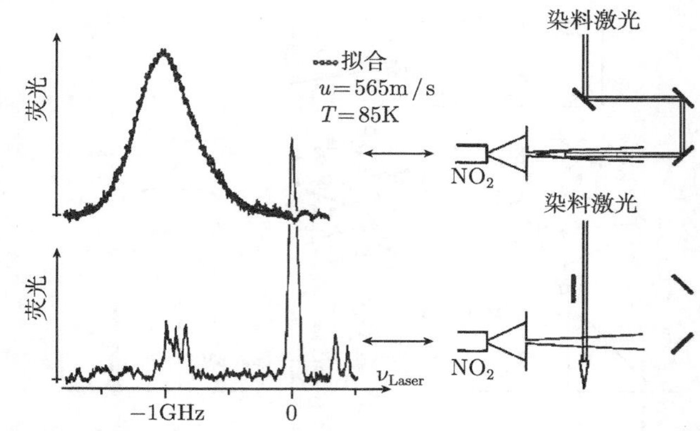

图 4.10 在扩散的热 NO_2 分子束中，通过测量吸收谱线的多普勒线形，可以确定速度分布 $n(v_\parallel)$ 和 $n(v_\perp)$[4.22]

另一种方法是基于飞行时间测量。仍然将激光光束分为两束，但是，这两束光在两个不同的位置 z_1 和 z_2 处垂直穿过分子束 (图 4.11)。将激光调节到分子跃迁 $|i\rangle \to |k\rangle$ 上，光学泵浦部分地耗尽了下能级 $|i\rangle = (v_i, J_i)$。因此，第二束激光光束的吸收就变小了，它产生的荧光信号也就变小了。在分子情况下，很小的强度就足以使得跃迁饱和，并完全耗尽了下能级 (第 2.1 节)。

在 t_0 时刻，将第一束激光终止一段时间 Δt，该时间远小于渡越时间 $T = (z_2 - z_1)/v$ (可以利用泡克耳斯盒或高速机械斩波器实现)，能级 $|i\rangle$ 上的分子就会脉冲式地无耗尽地通过泵浦区。因为它们的速度分布不同，不同的分子在不同的时刻 $t = t_0 + T$ 到达 z_2。时间分辨地探测另一束没有中断的激光所引起的荧光强度

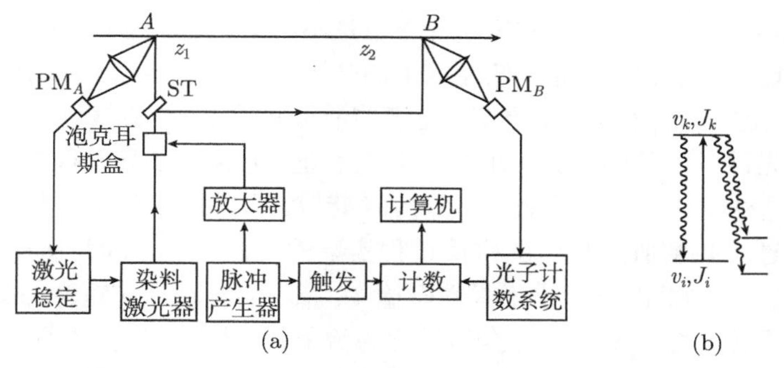

图 4.11 利用飞行时间测量，可以确定吸收能级 $|i\rangle = (v_i, J_i)$ 上的分子的速度分布，它依赖于量子态

$I_{\mathrm{Fl}}(t)$，就可以得到分布 $n(T) = n(\Delta z/v)$，利用傅里叶变换，可以将它转换为速度分布 $n(v)$。图 4.12 给出了钠原子束中 Na 原子和 Na_2 分子的速度分布，该原子束位于扩散条件和超声条件之间的区域。如果 Na_2 分子在膨胀之前就在容器中形成了，那么就可以期待 $v_{\mathrm{p}}(\mathrm{Na}) = \sqrt{2}v_{\mathrm{p}}(\mathrm{Na_2})$，因为 $m(\mathrm{Na_2}) = 2m(\mathrm{Na})$。图 4.12 的结果证明，$Na_2$ 分子具有更大的最可几速度 v_{p}。这就说明，绝大多数双原子分子是在绝热膨胀的过程中形成的[4.23]。

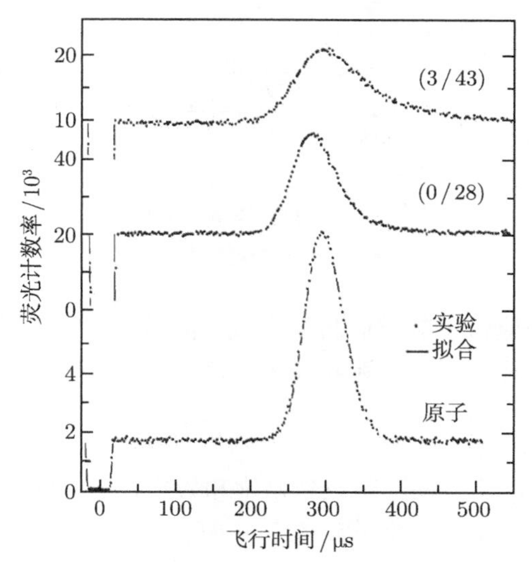

图 4.12 在两个不同的振动–转动能级 $(v'' = 3, J'' = 43)$ 和 $(v'' = 0, J'' = 28)$Na 原子和 Na_2 分子的飞行时间分布[4.23]

与机械速度选择器相比，激光光谱技术提供了依赖于态的速度分布的更为详细的信息。注意，在图 4.12 中，不仅有 $v_{\mathrm{p}}(\mathrm{Na_2}) > v_{\mathrm{p}}(\mathrm{Na})$，而且，对于不同的振

动–转动能级 (v, J)，Na_2 分子的速度分布也是不同的。这是因为，分子是在绝热膨胀过程中通过稳定碰撞形成的。低能级上的分子与“冷浴”(cold bath) 中的原子碰撞更多。它们的分布 $n(v)$ 变得更窄，它们的最可几速度 v_p 更接近于流速度 u。

在分子光谱学中使用冷分子束的主要优点是，它减小了转动能量 U_{rot} 和振动能量 U_{vib}，这样就将粒子数分布 $n(v,J)$ 压缩到最低的振动和转动能级上。这种能量传递是通过绝热膨胀过程中的碰撞过程实现的 (图 4.13)。因为碰撞能量传递过程 $U_{rot} \to U_{trans}$ 的截面一般小于弹性碰撞 $U_{trans} \to U_{trans}$，在短暂的膨胀过程中，膨胀前的分子转动能量不能够完全地转变为流能量，此时，碰撞占据主导地位。这就是说，在膨胀之后，$U_{rot} > U_{trans}$，即相对速度的平动能量 (内动能) 比转动能冷却得快。转动自由度没有和平动自由度处于热平衡态。然而，对于转动常数足够小的分子来说，碰撞引起的转动能级子空间内的再分布的截面 $\sigma_{rot\text{-}rot}$ 大于 $\sigma_{rot\text{-}trans}$。在这种情况下，通常可以用玻耳兹曼分布描述转动粒子数 $n(J)$

$$n(J) = C_2(2J+1)\exp\left(-\frac{E_{rot}}{kT_{rot}}\right) \tag{4.15}$$

其中，$C_2 = n_v/Z$ 是常数，它依赖于配分函数 Z 和振动能级上的粒子数总密度 n_v。这就定义了转动温度 T_{rot}，它大于式 (4.13) 定义的平动温度 $T_{\|}$。

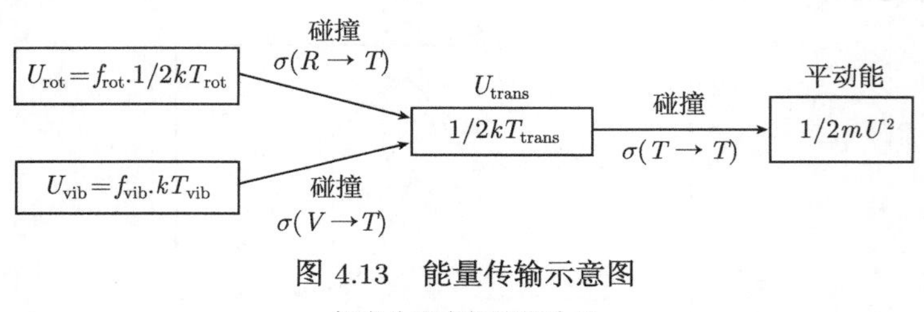

图 4.13　能量传输示意图

超声分子束的绝热冷却

对于同一个振动能带中的不同转动谱线，测量来自于低能级上不同的转动能级 $|J_i\rangle$ 的吸收谱线的相对强度，就可以从实验上确定转动温度

$$I_{abs} = C_1 n_i(v_i, J_i) B_{ik} \rho_L \tag{4.16a}$$

如果激光强度 $I_L = \rho_L c$ 足够弱，可以忽略饱和效应，谱线强度 (可以用激光诱导荧光 LIF 来测量) 正比于非饱和粒子数密度 $n_i(v_i, J_i)$。

对于没有被扰动的跃迁，同一个振动带上的不同转动谱线的相对跃迁几率由相应的 Hönl-London 因子[4.24] 确定，可以计算出来。在受扰动的光谱中，情况可能就不同了。此时可以利用下述方法：

(a) 如果激光强度足够大，分子跃迁就被饱和了。在完全饱和的情况下 ($S \gg 1$，第 2.1 节)，在通过激光束的时候，吸收能级 $|i\rangle$ 上的每个分子都会吸收一个光子。

吸收谱线的强度不依赖于跃迁几率 B_{ik}，它只依赖于分子流 $N(v_i, J_i) = u(v_i, J_i) \times n(v_i, J_i)$。此时得到的不是式 (4.16a)，而是

$$I_{\text{abs}} = C_2 u(v_i, J_i) n(v_i, J_i) \tag{4.16b}$$

(b) 在受扰动的光谱中，确定 T_{rot} 的另一种方法基于如下过程。首先，测量容器内压强 p_0 足够低的扩散热分子束中的相对强度 $I_{\text{th}}(v, J)$。此时，仍然可以用玻耳兹曼分布描述总密度 n 的粒子数分布 $n(v, J)$

$$n_{\text{th}}(v_i, J_i) = (g_i/Z) \cdot n \exp(-E_i/kT_0)$$

其中，$Z = \sum\limits_i g_i \mathrm{e}^{-E_i/kT_0}$ 是配分函数，T_0 是容器温度，冷却可以忽略不计。然后，增加压强 p_0，开始绝热冷却，测量相对强度的变化。这就给出了超声束中转动温度 $T_{\text{rot}}(p_0, T_0)$ 对容器参数 p_0 和 T_0 的依赖关系。如果超声束中的强度是 $I_{\text{s}}(v, J)$，可以得到

$$\frac{I_{\text{s}}(v_i, J_i)/I_{\text{s}}(v_k, J_k)}{I_{\text{th}}(v_i, J_i)/I_{\text{th}}(v_k, J_k)} = \frac{n_{\text{s}}(v_i, J_i)/n_{\text{s}}(v_k, J_k)}{n_{\text{th}}(v_i, J_i)/n_{\text{th}}(v_k, J_k)} \tag{4.17}$$

因为热分子束中的相对玻耳兹曼分布为

$$\frac{n_{\text{th}}(v_i, J_i)}{n_{\text{th}}(v_k, J_k)} = \frac{g_i}{g_k} \mathrm{e}^{-(E_i - E_k)/kT_0} \tag{4.18}$$

利用式 (4.15)~ 式 (4.18)，可以从下式确定转动和振动温度 T_{rot} 和 T_{vib}

$$n(v_i J_i) = (g_i/Z) \cdot n \mathrm{e}^{-E_{\text{vib}}/kT_{\text{vib}}} \mathrm{e}^{-E_{\text{rot}}/kT_{\text{rot}}} \tag{4.19}$$

其中，$g_i = g_{\text{vib}} g_{\text{rot}}$ 是统计权重因子。

一般来说，截面 $\sigma_{\text{vib-trans}}$ 或 $\sigma_{\text{vib-rot}}$ 远小于 $\sigma_{\text{rot-trans}}$。也就是说，振动能量的冷却没有转动能量 E_{rot} 的冷却那样有效。虽然粒子数分布 $n(v)$ 或多或少地偏离于玻耳兹曼分布，通常还是用振动温度 T_{vib} 来描述它。由上述讨论可以得到关系式

$$T_{\text{trans}} < T_{\text{rot}} < T_{\text{vib}} \tag{4.20}$$

用惰性气体原子可以达到的最低平动温度为 $T_{\parallel} < 1\text{K}$。其原因如下：

如果两个原子 A 在扩散过程中复合起来形成二聚物分子 A_2，束缚能就会传递给第三个碰撞体。这样就会加热冷分子束，平动温度就不能够达到最小可能值。因为惰性气体原子的束缚能非常小，在惰性气体原子束中，这种加热效应通常可以忽略不计。

为了使得分子达到很低的温度 T_{rot}，最好是用掺杂有百分之几的待测分子的惰性气体原子束。原子冷浴起到热沉的作用，将分子的转动能量传递给原子的平动

能。这一效应如图 4.14 所示，对于纯 NO_2 束和掺有 5% NO_2 分子的氩原子束，它给出了转动温度 T_{rot} 随着容器内压强 p_0 的变化关系。

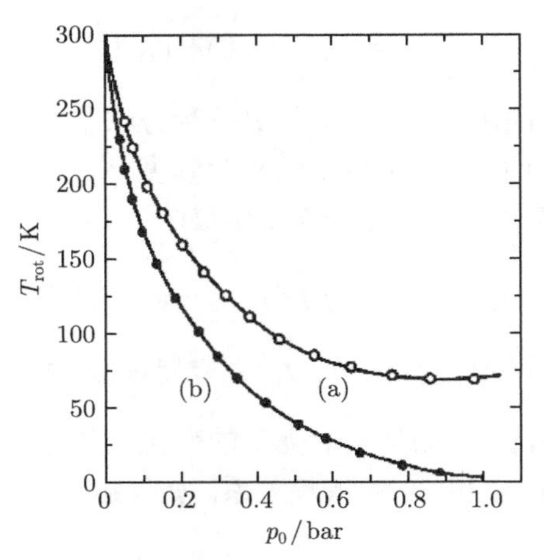

图 4.14 NO_2 分子的转动温度 T_{rot} 随着容器内压强 p_0 的变化关系

(a) 纯 NO_2 分子束；(b) 在氩原子束中掺有 5% 的 NO_2 分子

例 4.2

3% 的 NO_2 稀释在氩原子束中，容器中的总压强为 $p_0 = 1\text{bar}$，喷嘴直径为 $a = 100\mu\text{m}$，$T_{trans} \approx 1\text{K}$，$T_{rot} \approx 5 \sim 10\text{K}$，$T_{vib} \approx 50 \sim 100\text{K}$。

因为截面 $\sigma_{vib\text{-}trans}$ 很小，掺杂的惰性气体原子束的振动冷却不是很有效。将待测分子 M 掺入 N_2 或 SF_6 冷分子束中，可以通过振动–振动能量传递更为有效地冷却 T_{vib}[4.25]。

减小 T_{rot} 和 T_{vib}，可以显著地简化分子吸收谱，因为只有最低的被占据能级对吸收有贡献。来自于低转动能级的跃迁变强，来自于高转动能级的跃迁几乎被完全消除了。即使是室温下有多个带重叠的非常复杂的光谱，在温度足够低的冷分子束中，每个带都会简化为几根谱线，位于带头附近。这就非常有助于指认谱线，可以更为可靠地确定带的来源。为了说明，图 4.15 给出了不同实验条件下 NO_2 可见光光谱的同一部分。室温下的光谱非常复杂，不能够分辨出任何谱线，而在 $T_{rot} = 3\text{K}$ 的位于 He 冷原子喷流中的 NO_2 的光谱[4.26] 明确地证明了冷却效应，展示出分得很开的振动带。图 4.15(d) 中的光谱给出了 $T_{rot} = 80\text{K}$ 时具有亚多普勒分辨率的光谱，高达 $J = 12$ 的转动能级都被占据了。

此外，已经研究了许多冷分子束中的分子，甚至可以用激光光谱技术研究大生物分子[4.26~4.31]。

脉冲超声束已经实现了 $T_{rot} < 1\text{K}$ 的转动温度。在容器和喷嘴之间的阀门以激光脉冲的重复频率 f 打开 $\Delta t \approx 0.1 \sim 1\text{ms}$ 的时间。使用的压强 p_0 达到 100bar，只

需要普通的泵浦速度，因为占空比很小，$\Delta t \cdot f \ll 1$。

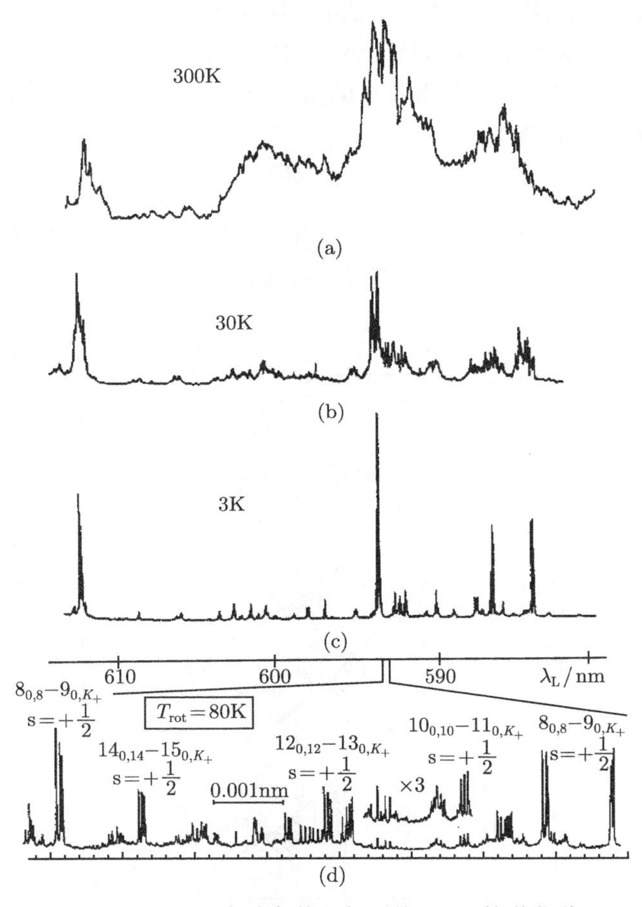

图 4.15 不同实验条件下得到的 NO_2 的激发谱

(a) 在蒸气盒中，$T = 300\text{K}$，$p(NO_2) = 0.05\text{mbar}$；(b) 在纯 NO_2 分子束中，$T_{\text{rot}} = 30\text{K}$；(c) 在超声氩原子束中掺有 5% 的 NO_2 分子，$T_{\text{rot}} = 3\text{K}$；在 (a-c) 中，用 0.05nm 带宽的染料激光进行[4.26]；(d) 用单模染料激光 (1MHz 带宽) 测量光谱 (b) 中范围为 0.01nm 的一部分光谱[4.27]

4.3 冷分子束中的团簇和范德瓦耳斯分子的形成以及它们的光谱

因为质量为 m 的原子 A 或分子 M 的相对速度 Δv 很小 (图 4.9)，它们的相对运动的平动能量 $\frac{1}{2}m\overline{\Delta v^2}$ 很小，如果这个能量可以传递给第三个碰撞体 (可以是另一个原子或分子，也可以是喷嘴壁)，就能够形成束缚系统 A_n 或 $M_n(n=2,3,4,\cdots)$，从而形成了松散地束缚在一起的原子或分子复合物 (如 NaHe 或 I_2He_4) 或团簇，即 n 个相同原子或分子构成的束缚系统，例如，Na_n，Ar_n，$(H_2O)_n$，其中，$n=2,3,\cdots$。

在热动力学模型中，当待凝聚物质的蒸气压小于局部总压强的时候，就会发生凝聚。膨胀分子束中的蒸气压

$$p_s = A\mathrm{e}^{-B/T}$$

随着温度 T 的下降而指数性地减小，总压强 p_t 则因为膨胀束中的密度下降和温度降低而减小 (图 4.16)。在 $p_s \leqslant p_t$ 的区域内，如果发生足够多的三体碰撞，分子就会重新组合。

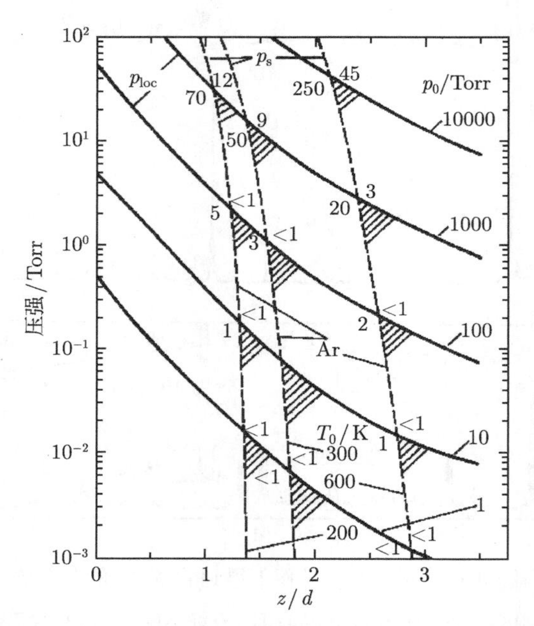

图 4.16 对于不同的容器压强 p_0，氩原子的蒸气压 p_s 和局部的总压强 p_{loc} 随着到喷嘴的约化距离 $z^*=z/d$ 的变化关系，即距离的单位是喷嘴直径 d。在阴影区可以发生凝聚。同时给出了 $p_s=p_{loc}$ 处发生三体碰撞的数目[4.32]

团簇是分子与小液滴或固体小颗粒之间的过渡区域，人们对它的兴趣日益增加[4.33~4.36]。激光光谱学对团簇结构和动力学的研究做出了重要贡献。研究小金属团簇的典型实验装置如图 4.5 所示。在高温炉中产生金属蒸气并与氩气混合，混合物经过小喷嘴 ($\sim 50\mu m$ 直径) 发生膨胀，其转动温度冷却到几个开尔文。用可调谐共振染料激光器和氩离子激光器进行双光子电离，将特定能级 $|i\rangle$ 上的团簇 $A_n(i)$ 转变为离子，并用四极质谱仪检测，以便选出想要的团簇成分 A_n[4.37]。恰当地选

择电离激光的波长，可以让被电离的团簇 A_n^+ 不至于碎裂，至少使得碎裂尽可能地小，这样一来，测量得到的质量分布 $N(A_n^+)$ 就代表了中性团簇的分布 $N(A_n)$，可以研究它随着炉参数 (p_0, T_0)、掺杂气体浓度和喷嘴直径的变化关系[4.38]，从而给出了超声束膨胀过程中团簇成核过程的信息。

光激发后团簇离子的单分子脱离可以用来确定它们的束缚能量随着团簇尺寸的变化关系[4.39]，相应装置如图 4.17 所示。在通过喷嘴绝热膨胀的过程中形成的团簇在 1 区被脉冲 UV 激光 L_1 电离。经过加速后，离子飞过没有场的 2 区，在时刻 t 通过偏转片，该时刻依赖于它们的质量。当想要的团簇质量到达偏转区的时候，关掉偏转电压，让此成分直接沿直线飞过。在 3 区里，用另一束可调谐激光 L_2 来激发相关的团簇离子，引起它们的碎裂。用飞行时间质谱仪来探测碎片。

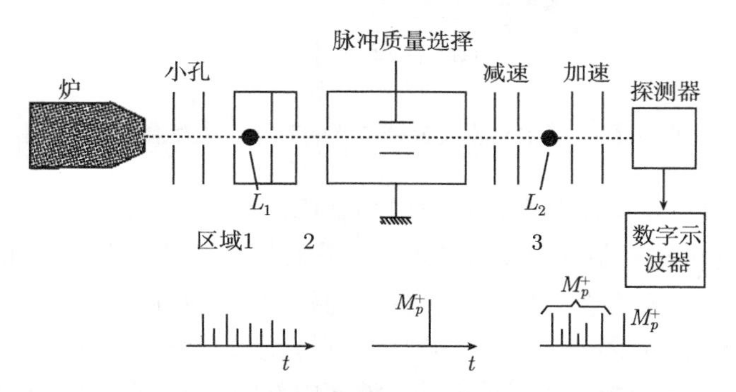

图 4.17 用于测量团簇碎片的飞行时间分子束装置

团簇通常是松散的系统，它没有严格的分子结构。因此，它们的光谱可以用来研究介于正则振动的、规则的、“行为恰当的”分子的量子系统和原子核不规则运动的经典混沌系统之间的新行为[4.40]。

研究得最多的团簇是碱金属团簇[4.41~4.44]，已经测量了它们的稳定性和电离能，电子能谱及其由局域化的分子轨道到非局域化的固体能带结构之间的过渡过程[4.45,4.46]。

分子团簇也可以在自由喷流的绝热膨胀过程中形成。例如，苯团簇 $(C_6H_6)_n$ 的产生以及用质量选择反射器 (reflectron) 中的双光子电离对它们进行分析[4.47]，或者用双色共振增强的双光子电离技术来确定苯–氩离子复合物的结构和电离势[4.48]。

利用脉冲式超声喷流膨胀的直接红外激光吸收光谱，可以得到位于电子基态上的分子复合体的结构[4.49]。这样就可以在绝热膨胀过程中测量团簇和复合体的形成速率[4.51]。用红外激光选择性地光分解范德瓦耳斯团簇，可以分离同位素[4.52]。

Smalley 等发明了一种有趣的技术，可以产生金属团簇[4.53]。用 Nd:YAG 激光器的脉冲辐照一个缓慢转动的金属棒 (图 4.18)。棒表面焦点处材料蒸发产生的金属蒸气与惰性气体进行混合，该气体通过与激光脉冲同步的脉冲式喷嘴进入到蒸发腔中。金属蒸气和惰性气体的混合物经过狭窄的喷嘴膨胀，产生超声脉冲流并形成了金属团簇，利用激光 L_1 诱导产生的荧光或者 L_2 导致的双光子电离，可以对它们进行分析。可以用飞行时间质谱仪测量质量的分布。

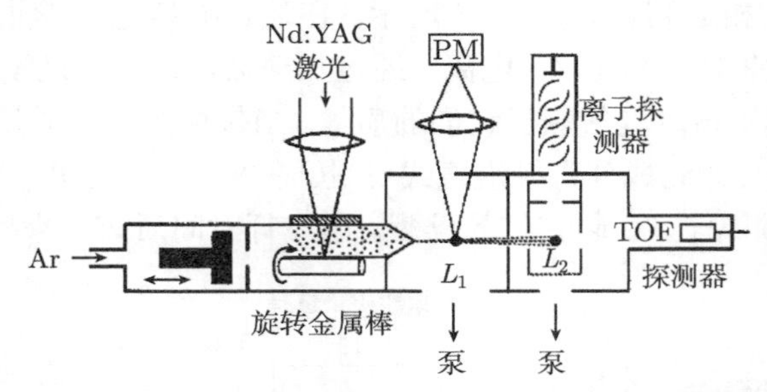

图 4.18　用激光蒸发金属蒸气的方法产生冷金属团簇

这一技术可以用来制备高熔点材料的金属团簇，它们很难用热熔炉蒸发法制备。第一次用这种技术制备的碳原子团簇是著名的富勒烯分子 C_{60} 和 C_{70} 等[4.54]。

Toennies 及其合作者开发了一种精巧的技术，用来研究低温下的范德瓦耳斯复合体[4.55]。大的 He 团簇 ($10^4 \sim 10^5$ He 原子) 通过蒸气压足够高的原子或分子区域。俘获粘在 He 液滴表面上或扩散进入液滴内部的分子，将它冷却到 100mK 或几 K (图 4.19)。因为 He 原子之间的相互作用很小，束缚分子的光谱与自由冷分子的光

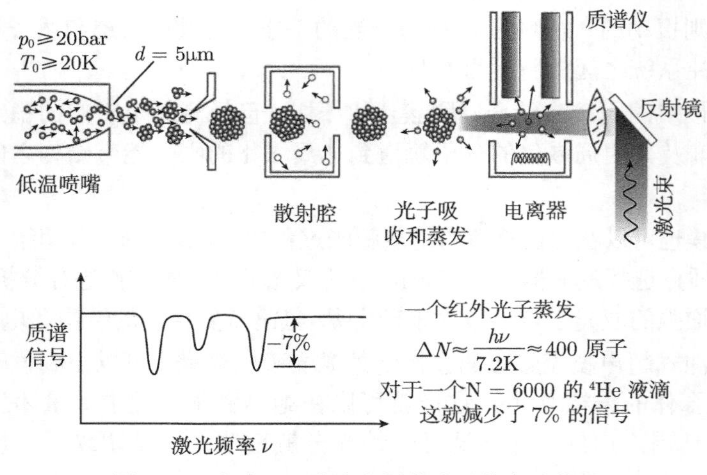

图 4.19　产生 He 液滴和俘获分子的实验装置

利用耗尽光谱学得到的氦液滴中的分子的红外光谱 [P. Toennies, http://www.user.gwdg.de/mpisfto/]

谱没有太大的差别。在超声束中绝热膨胀导致的冷却中，$T_{\text{vib}} > T_{\text{rot}} > T_{\text{trans}}$，而在这种情况下，$T_{\text{rot}} = T_{\text{vib}} = T_{\text{He}}$[4.56~4.58]。这意味着所有的分子都处于最低的振动转动能级上，显著地简化了吸收谱。

当温度低于 2K 的时候，氦液滴的内部变成超流体。在这种情况下，液滴中的分子可以自由地旋转，其性质表现在转动吸收谱中。为了说明，图 4.20 给出了甲酸分子及其双聚物的一部分红外光谱[4.59]。已经用氦液滴法研究了诸如 NO 这样的小分子的高分辨率光谱，可以分辨出超精细结构[4.60]。

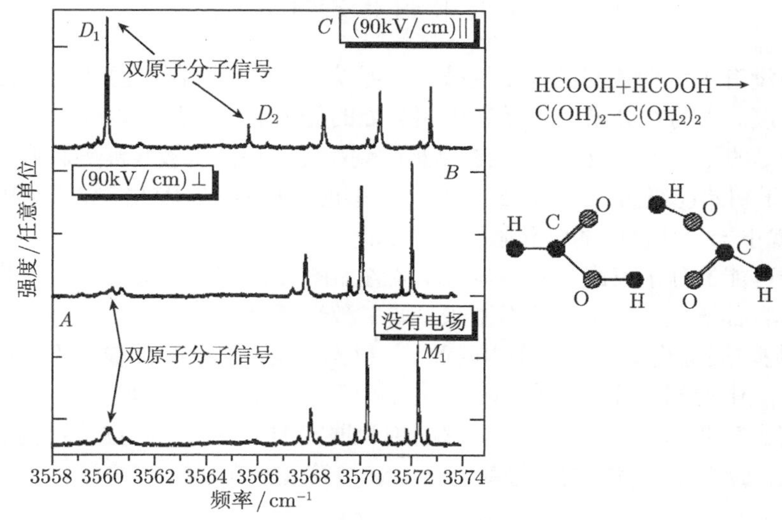

图 4.20 在有电场和没有电场的时候，位于冷的氦液滴中的甲酸 HCOOH 及其双聚物的部分光谱[4.59]

几个小组研究了附着在 He 液滴上的高自旋态的碱金属原子团簇[4.61]。冷的 He 液滴通过碱金属蒸气，在那里俘获碱金属原子。原子可以在液滴表面扩散并组合成双原子分子、三原子分子和大分子团簇。如果它们组合后处于电子基态，就会释放出大量的束缚能，对应于很大的复合能，这样就加热了液滴，引起了碱金属原子的蒸发。因此只有那些在高自旋态上组合的分子才可以被吸附在表面上，因为它们的束缚能小得多。

这种技术可以测量高自旋态的光谱，这些态通常并不能够在气相中形成，此外，通过观测它们的能级位移，可以研究位于氦液滴中的团簇。

Scoles 及其合作者发明了一种类似的技术，可以产生高自旋态的碱金属分子和团簇[4.63]。将 He 团簇通过碱金属原子气压高的区域，碱金属原子沉积在 He 团簇的表面，它们在氦液滴表面移动、相遇并组合在一起。因为碱金属双原子分子的单态具有很大的束缚能，该能量传递给了 He 团簇，从而蒸发了很多 He 原子，这有可能破坏该团簇。然而，三重态的束缚能很小，形成它只会蒸发一些 He 原子。处于高自旋态的碱金属双原子分子和多原子分子将它们的温度快速地调节到氦团簇的温度。可以用激光光谱学研究它们，这些态在通常的气相光谱学中是非常难以产生的[4.64]。

在掺有碱金属蒸气的惰性气体原子束中，通过惰性气体原子和碱金属原子之间的弱相互作用形成的范德瓦耳斯双原子也已经研究过了[4.65]。

4.4　分子束的非线性光谱学

使用没有多普勒效应的非线性技术，可以完全消除有限准直比 ϵ 引起的残余多普勒宽度。因为在分子束和激光束相交处的碰撞通常可以忽略不计，吸收激光光子所耗尽的低分子能级 $|i\rangle$ 只能够由扩散到相互作用区未被泵浦的新原子再次填充，终止于初始能级 $|i\rangle$ 的一小部分荧光过程也有些贡献。因此，分子束中的饱和强度 I_s 就小于气体盒中的饱和强度 (例 2.3)。

一种可能的分子束饱和光谱学实验装置如图 4.21 所示。激光光束垂直地穿过分子束，然后被反射镜 M_1 反射回来。如果激光频率 $\omega_L = \omega_0 \pm \gamma$ 与分子吸收频率 ω_0 在均匀展宽线宽 γ 的范围内匹配，入射光和反射光就只能被位于横向速度群 $v_x = 0 \pm \gamma_k$ 中的相同分子吸收。调节激光频率 ω_L，就可以在准直比 $\epsilon \ll 1$ 的分子束中观察到窄兰姆凹坑 (图 4.22)，它的饱和展宽的宽度为 γ_s，位于更宽的线形的中央位置，后者具有缩减的多普勒宽度 $\epsilon\Delta\omega_D$(第 4.1 节)。

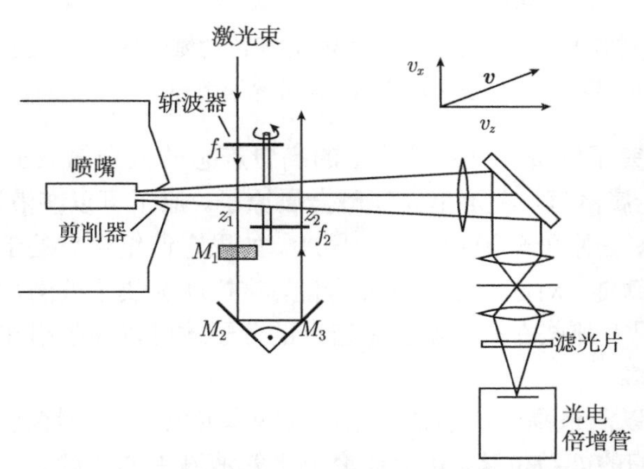

图 4.21　用于准直分子束饱和光谱学的实验装置

这两束激光必须精确地垂直穿过分子束；否则，在 $2\delta\omega_D \leqslant \gamma$ 的时候，两束光的相反的多普勒位移 $\pm\delta\omega_D$ 就会展宽兰姆凹坑，当 $2\delta\omega_D \gg \gamma$ 的时候，根本就观测不到兰姆凹坑!

例 4.3

在 $u=10^3\text{m/s}$ 和 $\epsilon=10^{-2}$ 的超声束中，$\nu=6\times10^{14}$ 处的可见光跃迁的残余多普勒宽度是 $\epsilon\Delta\omega_\text{D}\sim2\pi\cdot20\text{MHz}$。当夹角为 89° 的时候，两束光之间的多普勒位移是 $2\delta\omega_\text{D}=2\pi\cdot60\text{MHz}$。在这种情况下，多普勒位移 $2\delta\omega_\text{D}$ 大于残余的多普勒宽度，即使在具有缩减的多普勒宽度的线性谱中，谱线宽度也会加倍。在相对行进的激光束中观察不到兰姆凹坑。

如果兰姆凹坑的宽度 γ_s 非常窄，对精确垂直交叉的要求就非常苛刻。在这种情况下，有一种实验配置更为方便，即去掉反射镜 M_1，用直方反射镜 M_2 和 M_3 替代，如图 4.21 所示。两束激光与分子束在非常靠近的两个空间位置 z_1 和 z_2 处相交。这种构型可以防止激光光束反射回激光器里。

多普勒展宽的背景具有残余的多普勒宽度，它来自于分子束的发散。用两种不同的频率 f_1 和 f_2 斩波这两束激光，并在和频 f_1+f_2 处检测信号 (交叉调制荧光，第 2.3.1 节)，可以消除这一背景，如图 4.22 中的插图所示。图 4.22 中的兰姆凹坑的线宽小于 1MHz，主要受限于连续单模染料激光器的频率涨落[4.66]。

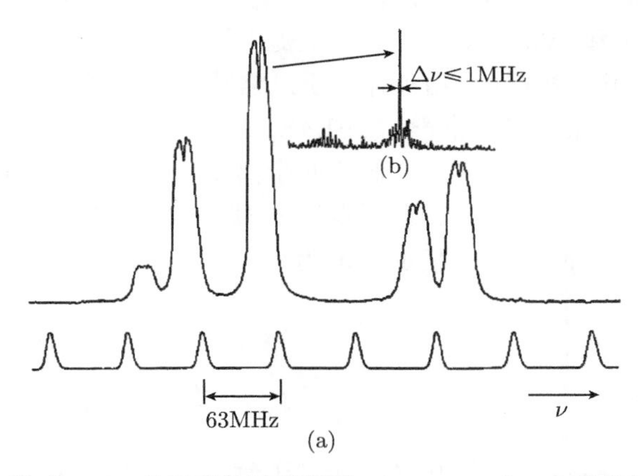

图 4.22 (a) 准直 NO_2 分子束的转动跃迁 $J'=1\leftarrow J''=0$ 的超精细分量上的兰姆凹坑。残余多普勒宽度是 15MHz；(b) 插图表明，利用斩波激光和锁相技术，可以消除多普勒展宽的背景[4.66]

此外，已经报道了一些关于分子束中的分子和自由基的饱和光谱学实验结果[4.67~4.68]，可以分辨出复杂分子谱的更为精细的细节，如超精细结构或 Λ 双谱线。另一种方法是没有多普勒效应的分子束双光子光谱学，它可以探测与吸收基态能级宇称相同的高分子能级[4.69]。

CARS (第 3.3 节) 灵敏度的改进已经让这种非线性技术成为研究分子束的一种诱人方法。它的光谱分辨率和空间分辨率足以确定扩散分子束或超声分子束中分子的内态分布，以及分子与喷嘴之间的相对位置对它们的影响 (第 3.5 节)。分析转动分辨的 CARS 光谱及其随着到喷嘴距离 z 的变化关系，可以确定转动温度 $T_{\mathrm{rot}}(z)$ 和振动温度 $T_{\mathrm{vib}}(z)$，从而得到冷却速率[4.70]。用聚焦的连续激光光束实现的连续 CARS 中，信号的主要贡献来自于很小的聚焦体积，可以达到的空间分辨率小于 $1\mathrm{mm}^3$[4.71]。

应用 CARS 的另一个例子是研究超声分子束中的团簇形成。团簇形成的速率可以由 CARS 的特征团簇带的强度 $I(z)$ 推算出来。

与红外吸收离子光谱学相比，CARS 的优点是灵敏度更高，而且可以研究诸如 N_2 这样的非极化分子[4.72]。利用脉冲 CARS，还可以研究分子束光分解过程中的短寿命瞬态产物[4.73,4.74]。

4.5 快离子束中的激光光谱学

在上述例子中，激光光束都垂直于分子束，多普勒宽度的缩减是通过几何光阑限制横向速度分量 v_x 极大值实现的。因此，通常将它称为横向速度分量的几何冷却。Kaufmann[4.75] 和 Wing 等[4.76] 独立地提出了另一种构型，其中，激光光束与高速离子或原子束共线传播，利用加速电压来缩减纵向速度分布 (加速冷却)。可以这样理解这种快离子束激光光谱学 (FIBLAS)：

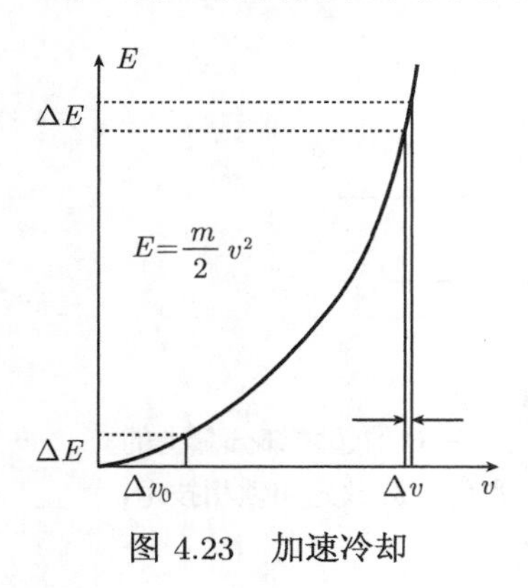

图 4.23　加速冷却

假定两个离子以不同的热速度 $v_1(0)$ 和 $v_2(0)$ 由离子源出发 (图 4.23)。经过电压 U 加速之后，它们的动能为

$$E_1 = \frac{m}{2}v_1^2 = \frac{1}{2}mv_1^2(0) + eU$$
$$E_2 = \frac{m}{2}v_2^2 = \frac{1}{2}mv_2^2(0) + eU$$

用第二式减去第一式可以得到

$$v_2^2 - v_1^2 = v_2^2(0) - v_1^2(0) \Rightarrow \Delta v = v_1 - v_2 = \frac{v_0}{v}\Delta v_0$$

其中，

$$v = \frac{1}{2}(v_1 + v_2), \quad v_0 = \frac{1}{2}\left[v_1(0) + v_2(0)\right]$$

因为 $E_{\mathrm{th}} = (m/2)v_0^2$ 和 $v = (2eU/m)^{1/2}$，可以得到最终的速度展宽为

$$\Delta v = \Delta v_0\sqrt{E_{\mathrm{th}}/eU} \tag{4.21}$$

$E_{\mathrm{th}} \ll eU \Rightarrow \Delta v \ll \Delta v_0$。

例 4.4

$\Delta E_{\text{th}} = 0.1\text{eV}$, $eU = 10\text{keV} \to \Delta v = 3\times10^{-3}\Delta v_0$。这意味着加速冷却将离子源中的离子的多普勒宽度减小了 300 倍! 如果激光垂直地通过离子束, $v = 3\times10^5\text{m/s}$、准直比 $\epsilon = 10^{-2}$ 的离子的横向速度分量为 $v_x = v_y \leqslant 3\times10^3\text{m/s}$。这样一来, 残余的多普勒宽度为 $\Delta\nu \sim 3\text{GHz}$, 这就说明, 对于快速分子束来说, 纵向构型优于横向构型。

速度分布的缩减来自于如下事实，即相加的是能量而非速度 (图 4.23)。如果能量 $eU \gg E_{\text{th}}$，速度的变化主要决定于 U，几乎不受初始热速度涨落的影响。然而，这意味着加速电压必须非常稳定，才能够发挥这种加速冷却的优势。

电压变化 ΔU 引起了速度 v 的变化 Δv。由 $(m/2)v^2 = eU$ 可以得到

$$\Delta v = (e/(m\cdot v))\Delta U$$

因为 $\nu = \nu_0(1+v/c)$，频率的变化就是

$$\Delta\nu = \frac{\nu_0}{c}\Delta v = \frac{\nu_0}{c}\frac{e}{mv}\Delta U = \nu_0\sqrt{\frac{eU}{2mc^2}}\frac{\Delta U}{U} \tag{4.22}$$

例 4.5

加速电压为 $U = 10\text{kV}$, 稳定在 $\pm1\text{V}$ 的范围内, 根据式 (4.22), 氖离子 ($m = 21\text{AMU}$) 在 $\nu_0 = 5\times10^{14}$ 处的一条吸收谱线因为电压不稳定性带来的多普勒展宽是 $\Delta\nu \approx 25\text{MHz}$。

图 4.24 中激光束和离子束同轴安置的一个优点是，两者之间的相互作用时间更长，可以用一个透镜在几厘米长的路径 Δz 上收集激光诱导荧光，而在垂直构型中此路径只有几个毫米。因为吸收路径更长，所以，灵敏度相应增加了。此外，10cm 的相互作用长度 L 的渡越时间展宽是 $\delta\nu_{\text{tr}} \approx 0.4v/L \approx 2\text{MHz}$，在直径 $2w = 1\text{mm}$ 的激光光束垂直交叉的情况下，渡越时间展宽是 $\delta\nu_{\text{tr}} = 400\text{MHz}$，与此相比，前者的贡献可以忽略不计。

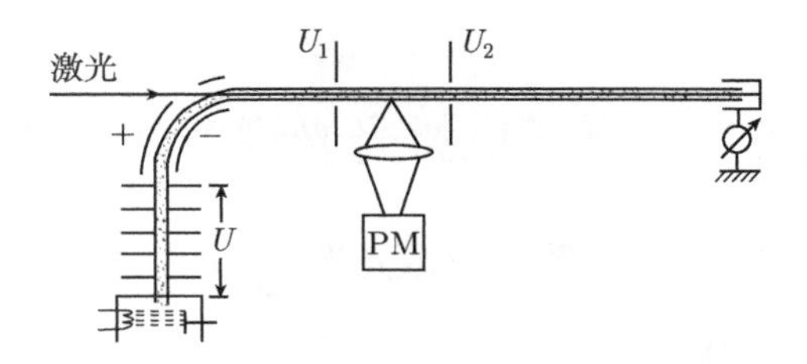

图 4.24 离子束的共线激光光谱学

共线激光光谱学的另一个优点是可以“电调节多普勒效应”。简单地调节加速电压 U，就可以让离子的吸收谱扫描通过固定不变的激光频率 ν_0。这样就可以使

用固定频率的大功率激光器，例如氩离子激光器，它们的增益很大，甚至可以将相互作用区置于激光共振腔之内。此时调节的不是加速电压 U(它会影响离子束的准直)，而是用减速电势 U_1 或加速电势 U_2 调节激光–离子相互作用区里的离子速度(图 4.25)。

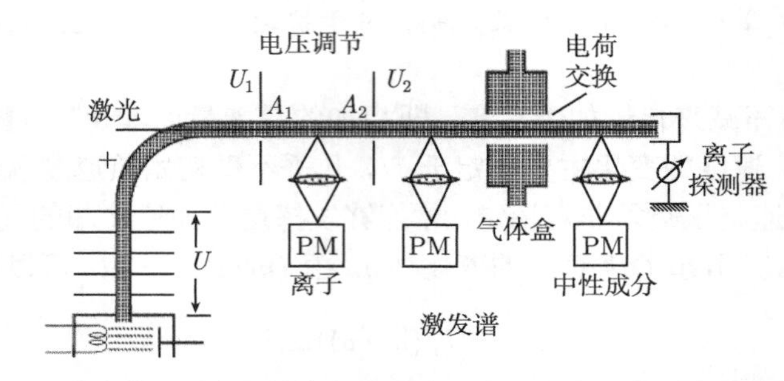

图 4.25 “电调节多普勒效应”的实验装置，用来研究高速的电离或中性成分的光谱

例 4.6

在 $U = 10\text{kV}$ 处的电压变化 $\Delta U = 100\text{V}$ 使得 H_2^+ 产生相对的频率位移 $\Delta\nu/\nu \approx 1.5 \times 10^{-5}$。在吸收频率 $\nu = 6 \times 10^{14}\text{s}^{-1}$ 处，它对应的绝对变化为 $\Delta\nu \approx 10\text{GHz}$。

如果离子束通过一个差分泵浦的碱金属蒸气盒，离子就会经历交换电荷的碰撞过程，其中，碱金属原子将一个电子传递给了离子。因为这种交换电荷的碰撞过程的截面非常大，它们主要发生在大碰撞参数的情况下，能量和动量的传递是很小的。也就是说，中性的高速原子束具有的窄分布与碰撞前的离子几乎完全一样。电荷交换过程产生了高激发态的中性原子或分子，这样就可以研究电子激发的原子或中性分子，研究它们的结构和动力学。

利用这种技术可以更加仔细地研究原子或分子里德伯态和准分子 (激发态稳定但基态不稳定的双原子分子，第 1 卷第 5.7 节)，如高精度地研究 He_2 中的激发三重态的精细结构和势垒隧穿[4.77,4.78]。

4.6 快离子束激光光谱学的应用

用四组不同的实验来说明快离子束激光光谱学的一些特殊技术和可能应用。

4.6.1 放射性元素的光谱

第一组是寿命在毫秒范围内的短寿命放射性同位素的高分辨率激光光谱。用中子、质子、γ 光子或质谱仪离子源中的其他粒子轰击薄箔产生的原子核反应来生成离子。它们经过蒸发、质量选择后进入到共线激光束的反应区[4.79]。

精密测量超精细结构和同位素位移，可以得到原子核自旋、四极矩和原子核的形变。这些实验结果可以检验高度变形的原子核中质子和中子的空间分布的原子核模型[4.80]。不同的 Na 原子同位素的超精细光谱如图 4.26 所示，它们是通过质子轰击铝原子核产生的，反应式为 $^{27}\mathrm{Al}(\mathrm{p}, 3\mathrm{p}, x\mathrm{n})^{25-x}\mathrm{Na}$[4.81]。已经有几个实验室对几类不同元素的同位素进行了这种精密的测量[4.79~4.82]。

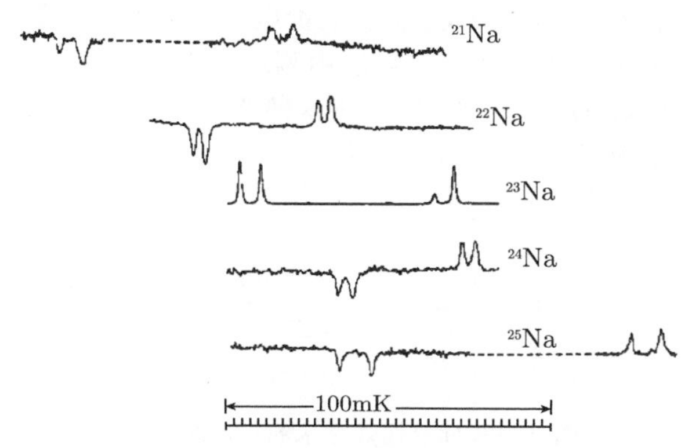

图 4.26 Na 放射性同位素的 D 谱线的超精细结构和同位素位移[4.81]

4.6.2 分子离子的光致碎裂谱

除了束缚态到束缚态的激发光谱之外，光致碎裂光谱赢得了日益广泛的关注。此时激发的是分子离子 M^+ 的预分解上能级，它衰变为中性碎片和电离碎片。可以用质谱仪检测电离碎片，需要用激光光子或电子碰撞来电离中性碎片。

为了说明，在图 4.27 给出了光分解反应中 O^+ 数目随着吸收波长 $\lambda = c/\nu$ 的变化关系[4.83]

$$\mathrm{O}^{+2} + h\nu \rightarrow \mathrm{O}_2^{+*} \rightarrow \mathrm{O}^+ + \mathrm{O}$$

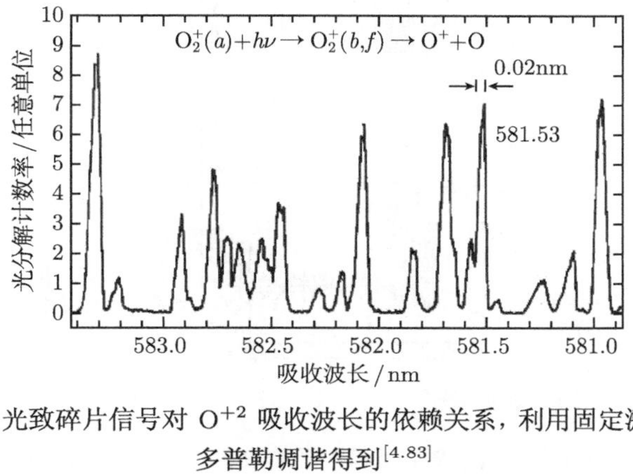

图 4.27 O^+ 光致碎片信号对 O^{+2} 吸收波长的依赖关系，利用固定激光波长处的多普勒调谐得到[4.83]

恰当地选择激光的偏振，可以将光生碎片投射到与离子束垂直的方向上。利用对位置敏感的探测器，可以测量它们的横向能量分布，因为探测器在离子束中的位置是 $x=y=0$，离子在探测器上的碰撞位置 x 和 y 是 $x=(v_x/v_z)z$，其中，z 是激发区和探测器之间的距离[4.84,4.85]。

一种特殊的离子光谱学技术是库仑爆炸技术 (图 4.28)。动能为几个 MeV 的分子离子束通过薄金属箔，剥离了那里所有的价电子。通过库仑爆炸，所有的碎片都弹向一个位置灵敏探测器并被探测。可以由测量结果得到位于电子基态的初始离子 M^+ 的几何与结构。在离子 M^+ 刚要进入薄箔之前用激光来激发它们，就可以确定激发态的分子结构[4.86]。

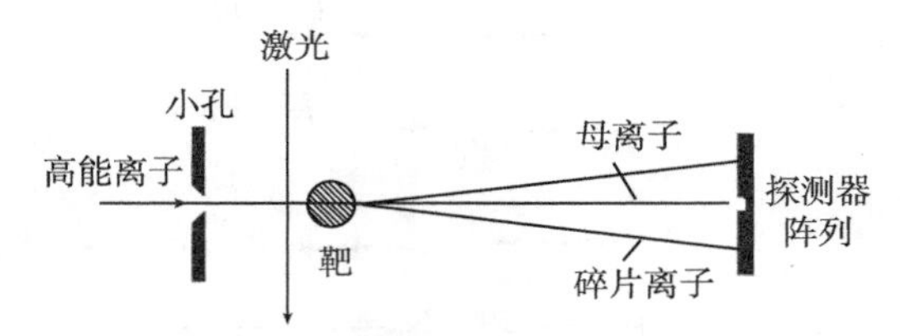

图 4.28　库仑爆炸技术的示意图[4.86]

测量直接光分解分子离子后的碎片的动能分布，就可以推断出排斥势的形式。可以用如图 4.29 所示的装置实现。在准直激光束的长相互作用区内，一部分母离

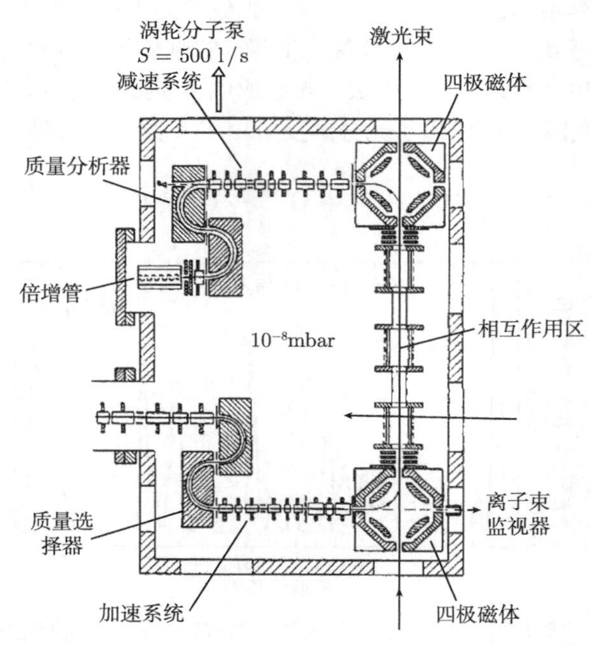

图 4.29　光碎裂光谱学的实验装置，可以根据能量和质量来选择母离子和碎片离子[4.87]

子被光分解。用一个四极场偏折母离子及其碎片离子，将碎片分离出来，用两个 180° 能量分析器测量它们的能量。在母离子 M^+ 进入相互作用区之前，就根据质量和能量将它们选择出来[4.87,4.88]。

人们特别感兴趣的是红外激光引起的多光子分解，可以用这种装置更为仔细地研究。一个例子是吸收多个 CO_2 激光光子引起的 SO_2^+ 的分解。两个通道

$$SO_2^+ \begin{cases} \to SO^+ + O \\ \to S^+ + O_2 \end{cases}$$

的相对几率依赖于 CO_2 激光的波长和强度[4.89]。

将快离子束光碎裂技术与场分解光谱学结合起来，可以研究离子原子的长程相互作用。Bjerre 和 Keiding 演示了这一方法[4.90]，用激光选择性地激发快离子束中的 O_2^+，使之发生电场诱导的分解，他们测量了原子核间距为 $1 \sim 2$nm 时的 O^+-O 势。

4.6.3 激光光致脱离光谱学

另一类实验采用共轴构型测量带负电的分子离子的光致脱离光谱学[4.91]。在大气层的上部和许多化学反应中，带负电的分子离子起着重要的作用。虽然已经知道有几百种束缚分子的负电离子，但是已经用转动精度测量的还非常少。

因为额外电子的束缚能通常很小，绝大多数负电离子可以用可见光或红外激光电离 (光致脱离)。可以用偏转电场将剩下的离子与光致脱离过程中产生的中性分子区分开来。文献 [4.92] 中 C_2^- 的亚多普勒光致脱离光谱可以作为一个例子。

4.6.4 高速分子束的饱和光谱学

为了消除残余多普勒宽度，利用单个固定频率激光的快离子束激光光谱学技术，可以精巧地测量饱和光谱学 (图 4.30)。离子被电压 U 加速，在相互作用区的第一段内，频率固定不变的激光被跃迁 $|i\rangle \leftarrow |k\rangle$ 吸收

$$\nu_L = \nu_0\sqrt{1 + (2eU)/(mc^2)} \tag{4.23}$$

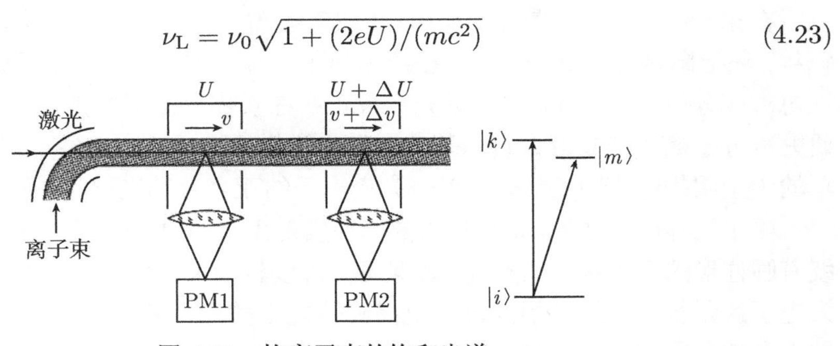

图 4.30 快离子束的饱和光谱

在相互作用区的第二段内，施加一个额外的电压 ΔU，用来改变离子的速度。用 PM 2 检测激光诱导荧光随着 ΔU 的变化关系，就会在 $\Delta U = 0$ 处观测到一个兰姆凹坑，因为吸收能级 $|i\rangle$ 已经在第一段里部分耗尽了。

在多普勒调谐范围内

$$\Delta\nu(\Delta U) = \nu_0(1 \pm \sqrt{1 + \Delta U/U}) \tag{4.24}$$

如果从能级 $|i\rangle$ 出发可以有几个频率 ω 的跃迁，那么，保持 U 不变并调节 ΔU，就可以得到从能级 $|i\rangle$ 出发的跃迁的兰姆凹坑谱[4.93]。

对于测量高激发的离子和中性分子能级的寿命来说，高速离子和中性粒子束非常有用 (第 6.3 节)。

4.7 冷离子束中的光谱学

虽然加速冷却降低了快离子束中的离子速度，但是它们在离子源中获得的内能 ($E_{\rm vib}$，$E_{\rm rot}$ 和 $E_{\rm e}$) 通常并不会减小，除非在从离子源到激光相互作用区的运动过程中，离子能够通过辐射跃迁到达更低的能级上。因此，开发了其他一些技术产生低内能的“冷离子”。其中的三种如图 4.31 所示。

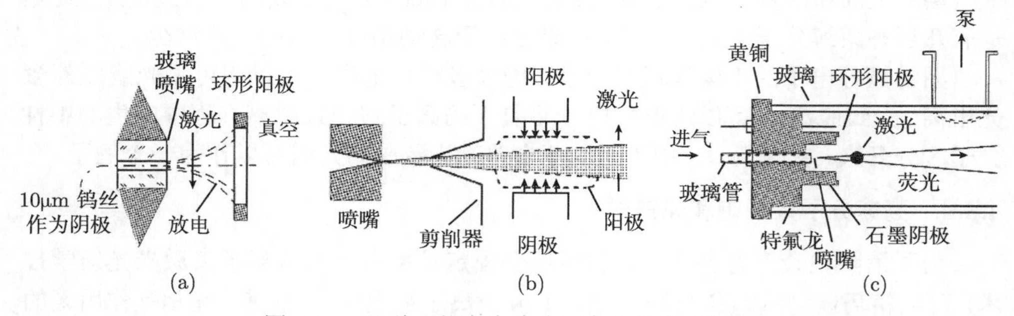

图 4.31 三种可能产生冷分子离子的实验装置

在第一种方法中 (图 4.31(a))，在玻璃喷嘴处维持低电流放电，阴极是一根细钨丝，环形阳极位于真空一侧。在绝热膨胀到真空的过程中，分子被放电过程部分地电离或分解[4.94]。如果一束激光光束正好在喷嘴后面穿过扩展的分子束，就可以研究冷分子离子或短寿命自由基的激发光谱学[4.95]。Erman 等[4.96] 开发了一种简单的中空阴极超声束装置，可以研究冷离子的亚多普勒光谱学 (图 4.31(b))。

除了气体电离之外，也可以用热阴极发射出来的电子进行电离 (图 4.31(c))。环绕着圆柱形的阳极对称地安置几个阴极，可以将很大的电流聚焦在冷分子束上。因为电子质量很小，能量刚好位于电离阈值之上的电子的碰撞电离不会显著地增加被电离的分子的转动能量，可以在冷的中性分子中形成冷分子离子。例如，当超声氦喷流中的冷中性三乙炔分子被 200eV 电子电离的时候，转动温度大约可以达到 20K[4.97]。振动能量依赖于离子跃迁的弗兰克–康登因子。调制电子束，就可以利用锁相测量区中性成分和电离成分的光谱[4.98]。当使用脉冲激光的时候，为了达到高峰值电流，电子枪也可以是脉冲式的。

也可以用双光子电离的方法在超声中性分子束的喷嘴后面直接形成冷离子[4.99]。下面用上述激光光谱技术进一步研究这些冷离子，将脉冲激光和脉冲喷嘴与飞行时间质谱仪结合起来，能够得到足够大的信号，不仅可以研究分子的激发，还可以研究分子的各种碎裂过程[4.100~4.102]。

4.8 分子束激光光谱学和质谱学的结合

将脉冲激光、脉冲分子束和飞行时间质谱仪结合起来，就成为一种非常强大的技术，在包含很多种不同分子或成分的分子束中，可以研究特定分子的选择性激发、电离和碎裂[4.100~4.107]。Boesl 等开发的技术[4.100] 如图 4.32 所示，超声分子束中的转动和振动的冷中性母分子 M 通过一个飞行时间质谱仪的离子源，脉冲激光 L_1 通过共振增强的多光子电离产生分子离子 M^+。选择特定的 M 中间态，通常可以将分子离子 M^+ 制备到选定的振动能级上。

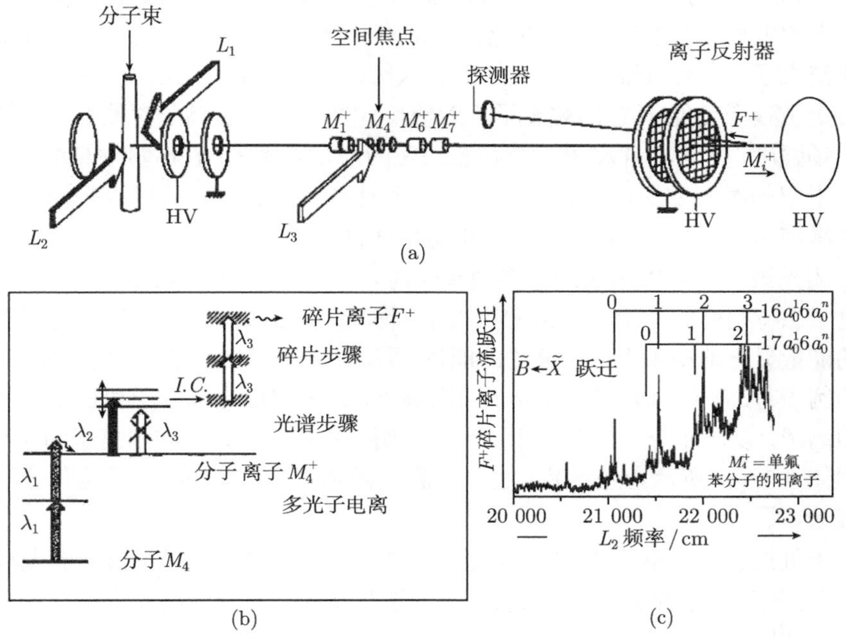

图 4.32 大分子的光电离和激发的碎裂产物的光谱学

(a) 实验装置；(b) 能级结构；(c) 碎裂离子的光谱[4.100]

在第二步中，经过一段延迟 Δt 之后，该时间长于 M^+ 激发态的典型寿命，但是小于它逃离激发区域的飞行时间，用一束可调谐的脉冲染料激光 L_2 将分子离子 M^+ 从它的电子基态激发到选定的电子态上。

利用脉冲激光 L_3 通过分解过程

$$(M^+)^* + h\nu_3 \rightarrow \sum_i M_i^+ + \sum_k M_k$$

引起 $(M^+)^*$ 的光碎裂，可以探测光谱激发，在分解过程中，既产生了电离碎片，也产生了中性碎片。为了选择性地激发目标成分并将二次碎片离子 F^+ 与激光 L_1 产生的不想要的分子离子和其他碎片离子区分开来，激光 L_3 在没有外场的漂移区内的空间焦点处穿过飞行时间质谱仪[4.104]，在那里，相同质量的离子 (如图 4.32(b) 中的 M_4^+) 被压缩在一起，因为质量不同的离子的飞行时间不同，它们之间相差了几个微秒。正确地选择 L_3 的延迟时间，可以根据质量在空间焦点处选择性地激发 M_4^+。

恰当地选择激光 L_3 的波长 λ_3，当离子 M_4^+ 处于电子基态的时候，L_3 就不能够让它们碎裂。因此，可以利用 L_3 检测 L_2 的激发。

在空间焦点之后，所有的初级离子和次级离子都通过一个没有电场的漂移区，然后进入到质量选择反射器的离子反射镜。该反射镜有两个功能: 设定反射镜末端电极板上的电势，使之小于产生初级离子的离子源的电势，这些初级离子撞击电极板后就消亡了；在空间焦点处产生的所有次级碎片离子 F_i^+ 的动能要小得多 (中性碎片带走了残余动能)。它们被离子反射镜反射回来并到达离子探测器。选择适当的反射场强度，次级碎片离子 F_i^+(在感兴趣的质量范围内) 在时域中聚集起来，并在一个很窄的时间窗口内 (如 $\Delta t = 10\text{ns}$) 到达探测器。这就可以很好地消除绝大多数的噪声源，后者在不同的时刻或很宽的时间窗口内产生噪声。

上述光谱技术可以用于绝大多数离子态，对于不发射荧光或不发生预离解的分子离子态特别有用，例如许多反应中间产物阳离子的离子态。它们的电子第一激发态的能量显著地小于中性母分子的能量，因此，内转换增强了，从而抑制了荧光。典型的例子有，所有的单卤化苯分子的阳离子，许多双卤化苯分子和三联卤化苯分子的阳离子，以及苯分子的阳离子。为了说明，单氟化苯分子的阳离子的 UV/VIS 光谱如图 4.32(c) 所示，它是用上述方法测量得到的，首次分辨出了这种分子阳离子的振动。

因为机械装置并不复杂，整个实验装置非常便利。除了上述的激光激发模式之外，还可以进行其他的离子光谱测量，为中性分子的电离分子的光谱测量和分析提供了新方法[4.100]。

利用前后两个飞行时间质谱仪，已经研究了特定质量的亚稳态碱金属原子团簇被光电离分解的详细过程[4.106]。实验发现，离子团簇通过蒸发掉一个中性原子或双原子分子来分解。在从喷嘴到真空的绝热膨胀过程中形成的中性团簇通过一个剪削器准直，它们被激光 L_1 电离之后，按照选定的时间延迟通过碎裂激光 L_2 的光束。一个脉冲质量选择器使得特定质量的离子通过 (图 4.33)。

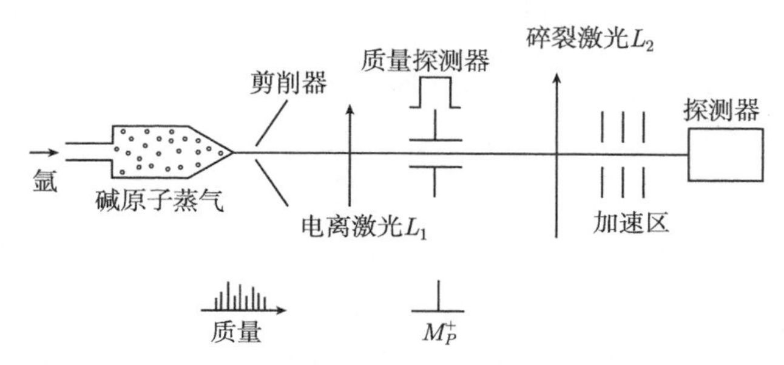

图 4.33　用于研究按质量选择出来的团簇离子的实验装置

关于分子的多光子电离和离子碎片光谱学的进一步信息，可以参考文献 [4.107]。

4.9 习　　题

4.1 准直小孔后的逸出分子束的密度分布是长方形，具有 $T = 500\text{K}$ 的热速度分布。当分子静止的时候，中心频率为 ω_0，如果分子束以 45° 与一束微弱可调谐激光交叉，计算吸收谱线的强度线形 $\alpha(\omega)$，

(a) 分子束的发散可以忽略不计；

(b) 分子束的准直角为 $\epsilon = 5°$。

4.2 单色激光束 ($\lambda = 500\text{nm}$) 沿 x 方向与一束超声速发散原子束垂直交叉，交叉点到喷嘴的距离为 $d = 10\text{cm}$。如果激光频率位于均匀线宽为 $\Delta\nu_\text{h} = 10\text{MHz}$ 的原子跃迁的中心处 (饱和效应可以忽略不计)，计算荧光空间分布 $I(x)$ 的半宽度 Δx。

4.3 可调谐单色激光束沿着 z 轴迎面照射到一束具有麦克斯韦–玻耳兹曼速度分布的准直热分子束上。计算下列情况中的吸收谱线形 $\alpha(\omega)$，

(a) 弱激光 (没有饱和)；

(b) 强激光 (完全饱和 $s \gg 1$)，其中，饱和的均匀线宽仍然小于多普勒宽度。

4.4 将一束单色连续激光分为两束，它们与一束原子束垂直交叉于 z_1 和 $z_2 = z_1 + d$ 两处。激光频率位于吸收跃迁 $|k\rangle \leftarrow |i\rangle$ 的中心位置，该激光耗尽了能级 $|i\rangle$。如果 z_1 处的第一束激光被挡住 $\Delta t = 10^{-7}\text{s}$，当 $d = 0.4\text{m}$ 时，这一时间间隔小于平均渡越时间 $\bar{t} = d/\bar{v}$，超声原子束的速度分布，

(a) 等于 $N(v) = C \cdot \text{e}^{-\frac{m}{2kT}(v-u)^2}$；

(b) 近似为 $N(v) = a(u - 10|u - v|)$，$u = \hat{v} = 10^3\text{m/s}$，$0.9u \leqslant v \leqslant 1.1u$。

计算 z_2 处测量的 LIF 信号的时间线形 $I(z_2, t)$。

4.5 在一束超声 Na_2 分子束中，$T_{\mathrm{vib}} = 100\mathrm{K}$，$T_{\mathrm{rot}} = 10\mathrm{K}$，转动常数为 $B_{\mathrm{e}} = 0.15\mathrm{cm}^{-1}$，振动常数为 $\omega_{\mathrm{e}} = 150\mathrm{cm}^{-1}$。计算振动能级和转动能级上的粒子数分布 $N(v'')$ 和 $N(J'')$。在能级 $(v'' = 0, J'' = 20)$ 和 $(v'' = 1, J'' = 20)$ 上的分子占全体分子的比重是多少？$N(J'')$ 最大值对应的 J'' 是多少？

第 5 章　光学泵浦和双共振技术

光学泵浦指的是，利用光吸收来选择性地增加或减少原子或分子能级上的粒子数，从而改变这些能级上的占据数 ΔN，使之显著地偏离热平衡下的占据数。即使在激光发明之前，利用中空阴极灯或微波放电灯中的很强的原子共振谱线，光学泵浦就已经成功地用于研究原子光谱[5.1,5.2]。然而，引入激光器作为窄线宽的高功率泵浦源，显著地扩大了光学泵浦的应用范围，特别是激光帮助这一成熟的技术应用于分子光谱学。早期的分子光学泵浦实验[5.3,5.4] 仅限于分子吸收线与非相干光源的原子共振线偶然相同的情况，然而，激光可以调节到想要的分子跃迁处，从而提供了选择性更多、也更为有效的泵浦过程。因为强度更大，激光能够在选中的能级 $|i\rangle$ 上产生更大的粒子数的变化，$\Delta N_i = N_{i0} - N_i$，其中 N_{i0} 为热平衡下的非饱和值，而 N_i 为非平衡值。

可以用另一束电磁波来探测占据数密度的变化 ΔN_i，它可以是射频场、微波或者另一束激光。如果与这束“探测波”共振的分子跃迁涉及了泵浦跃迁的两个能级 $|i\rangle$ 和 $|k\rangle$ 中的一个，那么泵浦激光和探测波就与这个耦合的原子或分子跃迁同时共振起来 (图 5.1)。因此，这种情况称为光学–射频双共振、光学–微波双共振或光学–光学双共振。

在激光出现之前，这种双共振光谱就已经用于原子跃迁的研究了。在激光出现之前的实验中，非相干的原子共振灯作为泵浦源，射频场探测光激发的原子态的塞曼能级之间的跃迁[5.5]。然而，使用可调谐激光作为泵浦源，这些技术就不再仅限于一些特别的有利情况，双共振信号的信噪比可以增加好几个数量级[5.6]。

本章将用几个例子来说明最重要的激光双共振技术。虽然泵浦跃迁总是由脉冲激光或者连续激光产生的，探测光可以由从射频区到紫外区的任何相干源提供。

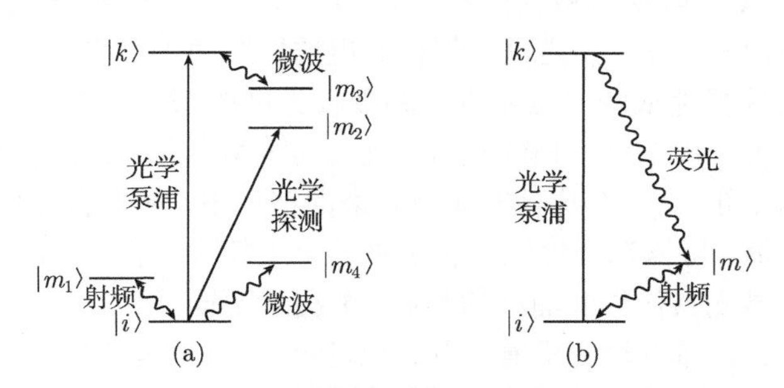

图 5.1　光学泵浦和双共振跃迁的能级结构示意图

5.1 光学泵浦

光学泵浦对分子系统的影响依赖于泵浦激光的特性，例如强度、谱宽和偏振，此外还依赖于吸收跃迁的线宽和跃迁几率。如果泵浦激光的带宽 $\Delta\omega_{\mathrm{L}}$ 大于分子跃迁的线宽 $\Delta\omega$，吸收能级 $|i\rangle$ 上的所有分子都会被泵浦。在多普勒线宽占据主导地位的时候，这意味着各种速度的分子可以被同时泵浦到高能级 $|k\rangle$。如果激光带宽 $\Delta\omega_{\mathrm{L}}$ 小于分子跃迁的非均匀线宽 $\Delta\omega$，只有满足条件 $\omega=\omega_0-\boldsymbol{k}\cdot\boldsymbol{v}=\omega_{\mathrm{L}}\pm\Delta\omega_{\mathrm{L}}/2$ 的那些分子才会被泵浦上去 (第 2.2 节)。

光学泵浦的几个特点与许多基于光学泵浦的光谱学技术有关。第一个特点与所选能级上的粒子数增减有关。当激光强度足够大的时候，分子跃迁可以饱和。也就是说，能够实现的粒子数密度变化 $\Delta N=N_{is}-N_{i0}$ 有一个最大值，其中，ΔN 对于跃迁的下能级是负数，而对于跃迁的上能级是正数 (第 2.1 节)。在分子跃迁的情况下，在全部激发态分子中，只有一小部分通过荧光返回到初始能级 $|i\rangle$，该能级有可能耗尽得相当干净。

因为荧光跃迁必须遵循特定的选择定则，通常利用激光泵浦更高的能级产生荧光，有可能选择性地占据某一能级 $|m\rangle$ (图 5.1(b))。即使泵浦光强很弱，也有可能在 $|m\rangle$ 上产生很大的占据数。在激光出现之前，“光学泵浦”这个词只用于这种特殊情况，因为这是利用非相干泵浦源实现可观的粒子数变化的唯一方式。

在热平衡的情况下，$E_k\gg kT$ 的分子激发态能级 $|k\rangle$ 基本不被占据。利用激光作为泵浦源，可以实现很大的粒子数密度 N_k，它可能与基态上的粒子数相仿。这就为新实验技术提供了几种可能性。

(a) 在气体放电的时候，有许多上能级被占据，与气体放电时发出的荧光谱相比，选择性激发的分子能级发射出的荧光谱简单得多，因此，这些激光诱导的荧光谱更容易辨认，能够确定荧光跃迁的所有低能级上的分子常数 (第 1.8 节)。

(b) 当上能级的粒子数足够大的时候，可以测量由此能级向更高能级跃迁的吸收光谱 (激发态光谱，阶梯式激发) (第 5.4 节)。因为所有的吸收跃迁都从这个被选择性占据的能级出发，吸收光谱也比气体放电的情况简单得多。

光学泵浦的选择性依赖于激光带宽和吸收光谱的谱线密度。如果几个吸收谱线在其多普勒宽度之内与激光谱线重叠，就会同时激发几个跃迁，也就是说，有几个上能级被占据 (图 5.2)。在这种密集吸收谱的情况下，在准直冷分子束中用窄带激光进行光学泵浦，可以选择性地占据单独一个上能级 (第 4.3 节，第 5.5 节)。

在使用窄带激光器作为泵浦源的时候，情况就不同了。

如果频率为 ω 的单模激光沿着 z 方向通过吸收盒，只有速度 $v_z=(\omega-\omega_0\pm\gamma)/k$ 的分子能够吸收激光光子 $\hbar\omega$ (第 2.2 节)，跃迁过程为 $|i\rangle\rightarrow|k\rangle$，其中，$E_k-E_i=$

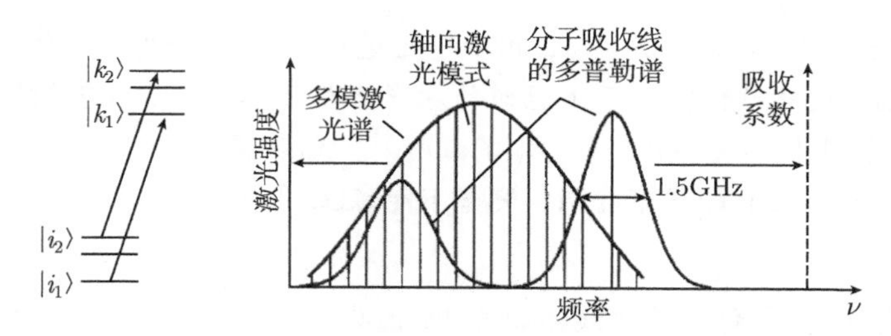

图 5.2 几个多普勒展宽的吸收谱线与激光线形重合，从而导致几个能级同时被光学泵浦

$\hbar\omega_0$，均匀线宽为 γ。因此，只能激发位于此速度范围内的分子。也就是说，这些激发态分子吸收可调谐窄带探测激光，给出了没有多普勒效应的双共振信号。

用偏振激光进行光学泵浦的另一个更重要的特点是，它选择性地占据或耗尽角动量为 $\boldsymbol{J}$ 的能级的 M 个简并子能级 $|J, M\rangle$。这些子能级的差别在于 $\boldsymbol{J}$ 在量子化轴上的投影 $M\hbar$。在这些子能级上具有不同粒子数密度 $N(J, M)$ 的原子或分子是有取向的，因为它们的角动量 $\boldsymbol{J}$ 有一个特定的空间取向，而在热平衡情况下，$\boldsymbol{J}$ 指向任意方向的几率都是相同的，也就是说，取向分布是均匀一致的。如果在 $(2J+1)$ 个可能的 M 子能级中，只有一个被选择性地占据，那么，取向达到最大值。

恰当地选择泵浦激光的偏振，可以在相同 $|M|$ 值的两个子能级 $|\pm M\rangle$ 上实现相同的粒子数占据，不同 $|M|$ 的子能级上的占据数可以不同。这种情况称为准直。

注意，在泵浦跃迁的上能级和下能级中，都可以产生取向和准直，上能级是因为选择性的占据，而下能级是因为选择性的耗尽 (图 5.3)。

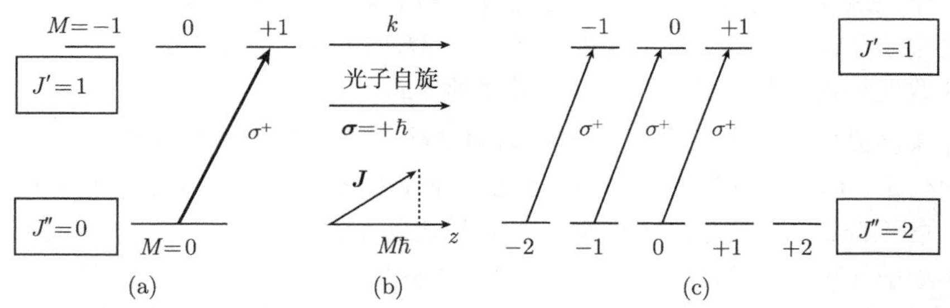

图 5.3 (a) 用 σ^+ 光来泵浦 R 跃迁 $J''=0\to J'=1$，可以在上能级产生分子取向；(b) 分子取向的经典模型，J 绕着 z 轴进动，其投影为 $M\hbar$；(c) 部分耗尽过程在低能级上产生分子取向，例如，泵浦一个 P 跃迁 $J''=2\to J'=1$

例 5.1

用一些具体的例子阐明上述说法。如果沿着 z 方向传输的泵浦光具有 σ^+ 偏振 (左圆偏振光引起 $\Delta M=+1$ 的跃迁)，选择 $\boldsymbol{k}$ 矢量的方向 (即 z 轴) 作为量子化轴。光子自旋 $\sigma=+\hbar\boldsymbol{k}/k$ 指向传播方向，吸收这些光子会引起 $\Delta M=+1$ 的跃迁

过程。对于跃迁 $J''=0\to J'=1$，用 σ^+ 光进行光学泵浦使得上能级的 $M=+1$ 子能级被占据。这样就使得位于上能级的原子产生了取向，因为它们的角动量绕着 $+z$ 方向进动，其投影为 $+\hbar$ (图 5.3(a))。用 σ^+ 光泵浦 P 跃迁 $J''=2\to J'=1$，就会根据 M 选择性地耗尽下能级，使得下能级上的分子产生取向 (图 5.3(c))。

例 5.2

可以将沿着 z 方向传播的线偏振光 (π 偏振) 视为 σ^+ 和 σ^- 光的叠加 (第 2.4 节)。这意味着它能够以相同的几率同时激发 $\Delta M=\pm1$ 的跃迁。上能级准直了，因为两个子能级 $M=\pm1$ 的填充数目相等 (图 5.4)。

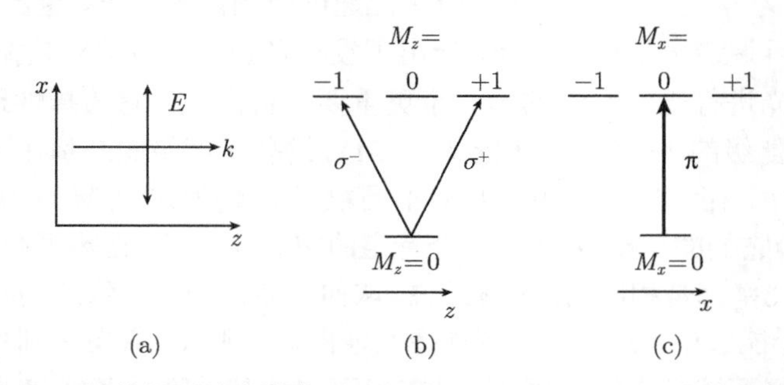

图 5.4 线偏振泵浦光准直了 R- 跃迁 $J''=0\to J'=1$ 的上能级

(a) E 和 k 的方向；(b) z 轴为量子化轴时的能级结构示意图；(c) x 轴为量子化轴时的能级结构示意图

注：如果选择线偏振光的 $\boldsymbol{E}$ 矢量方向作为量子化轴 (将其定义为 x 轴)，$M_z=\pm1$ 的两个子能级就都变成 $M_x=0$ 的子能级 (图 5.4)。线偏振光引起了 $\Delta M_x=0$ 的跃迁过程，而且产生了准直，因其只占据了 $M_x=0$ 的分量。当然，选择量子轴并不能够改变物理条件，它只是改变了描述的方式。

如果激光的带宽窄得足以分辨超精细结构，就可以选择性地激发某一特定的超精细分量。这有可能导致原子核自旋的取向，如图 5.5 所示的核自旋为 $I=3/2\hbar$ 的 Na 原子的情况。激光选择性地泵浦了上能级 $3\,^2P_{1/2}$ 的 $F'=2$ 分量。该能级的荧光终结于 $3\,^2S_{1/2}$ 能级的 $F''=1$ 和 $F''=2$ 分量。$F''=1$ 分量又被激发到 $3\,^2P_{1/2}$ 能级上。经过几次吸收–发射循环之后，$F''=1$ 分量就被完全耗尽了，而 $F''=2$ 分量则被选择性地占据了。

为了定量地处理光学泵浦，考虑一个泵浦跃迁 $|J_1M_1\rangle\to|J_2M_2\rangle$。没有外磁场的时候，所有 $(2J+1)$ 个子能级 $|M\rangle$ 都是简并的，在没有泵浦激光的时候，它们在热平衡状态下的粒子数密度为

$$N^0(J,M)=\frac{N^0(J)}{2J+1}\tag{5.1}$$

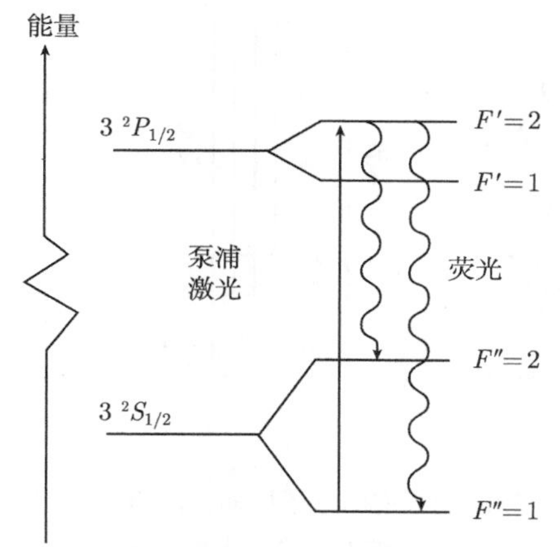

图 5.5 光学泵浦使得 Na 原子产生了原子核自旋极化，它的原子核自旋为 $I=\dfrac{3}{2}\hbar$

其中，$N^0(J)=\sum\limits_{M=-J}^{+J}N^0(M,J)$。光学泵浦 $P_{12}=P(|J_1M_1\rangle\rightarrow|J_2M_2\rangle)$ 减少了 $N_1^0(J,M)$，可以用速率方程描述这个过程

$$\frac{\mathrm{d}}{\mathrm{d}t}N_1(J_1,M_1)=\sum_{M_2}P_{12}(N_2-N_1)+\sum_k(R_{k1}N_k-R_{1k}N_1) \tag{5.2}$$

它包括了光学泵浦 (受激吸收和受激发射)、耗尽能级 $|1\rangle$ 以及从其他能级 $|k\rangle$ 来再填充 $|1\rangle$ 能级的所有弛豫过程。光学泵浦几率

$$P_{12}\propto|\langle J_1M_1|\boldsymbol{D}\cdot\boldsymbol{E}|J_2M_2\rangle|^2 \tag{5.3}$$

正比于跃迁矩阵元的平方 (第 2.7 节)，它依赖于跃迁偶极矩 $\boldsymbol{D}$ 和电场矢量 $\boldsymbol{E}$ 的标量积 $\boldsymbol{D}\cdot\boldsymbol{E}$，也就是说，它依赖于激光的偏振。跃迁矩阵元平行于电场矢量的分子的泵浦几率最高。

当激光强度足够高的时候，粒子数差 ΔN^0 按照式 (2.10) 减小到它的饱和值

$$\Delta N_{\mathrm{s}}=\frac{\Delta N^0}{1+S}$$

因为 $\boldsymbol{D}\parallel\boldsymbol{E}$ 的分子具有最大的跃迁几率和饱和参数 S，粒子数密度 N 将随着激光强度的增加而减小，$\boldsymbol{D}\parallel\boldsymbol{E}$ 的分子比 $\boldsymbol{D}\perp\boldsymbol{E}$ 的分子更为明显。也就是说，取向的程度随着饱和的增强而减弱 (图 5.6)。

泵浦速率

$$P_{12}(N_2-N_1)=\sigma_{12}N_{\mathrm{ph}}(N_2-N_1) \tag{5.4}$$

正比于光学吸收截面 σ_{12} 和光子流速率 N_{ph} [光子数/$\mathrm{cm}^2\cdot\mathrm{s}$]。吸收截面可以写为两个因子的乘积

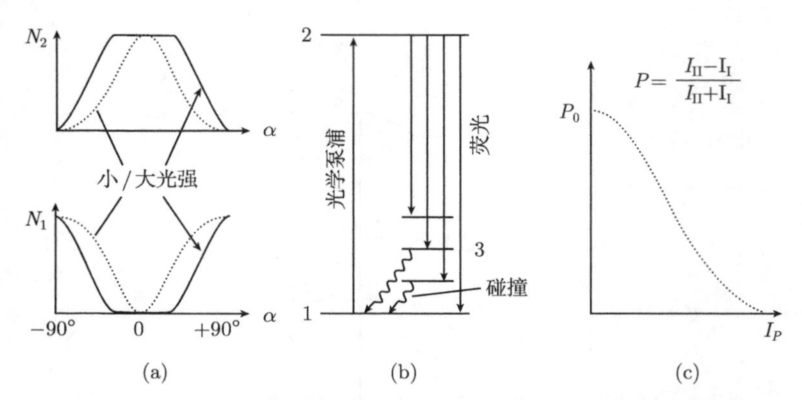

图 5.6 (a) 低能级和高能级中的分子取向都随着泵浦强度的增加而减小；(b) 能级结构示意图，可以从激光诱导产生的荧光的偏振 P_0 变化 (c) 得到

$$\sigma(J_1M_1, J_2M_2) = \sigma_{J_1J_2} \cdot C(J_1M_1, J_2M_2) \tag{5.5}$$

截面 $\sigma_{J_1J_2}$ 与分子取向无关，它实际上等于电子跃迁几率乘以弗兰克–康登因子再乘以洪恩–伦敦因子。第二个因子是克莱布施–高登系数 $C(J_1M_1, J_2M_2)$，它依赖于泵浦跃迁的两个能级的转动量子数和分子取向[5.7]。在分子情况下，转动抵消了 y 一部分取向。光学泵浦能够达到的最大取向度依赖于跃迁偶极矢量相对于分子转动轴的方向，对于 P、Q 和 R 跃迁各不相同[5.8]。因此，分子的最大取向通常小于原子。

分子角动量 $\boldsymbol{J}$ 与原子核自旋 $\boldsymbol{I}$ 的耦合使得 $\boldsymbol{J}$ 绕着总角动量 $\boldsymbol{F} = \boldsymbol{J} + \boldsymbol{I}$ 进动，从而进一步减小了分子取向[5.9]。仔细地分析分子的光学泵浦实验，可以得到给定分子能级的不同角动量之间的不同耦合机制的详细信息[5.10]。

光学泵浦的第三个特点与两个或多个分子能级的相干激发有关。这意味着光学激发在这些能级的波函数之间产生了确定的相位，从而产生了干涉效应，影响了激光诱导荧光的空间分布和时间依赖关系。第 7 章将讨论相干光谱学的这一主题。

Happer 的综述文章 [5.11], [5.12] 对光学泵浦进行了非常详尽的理论处理。参考文献 [5.13], [5.14] 讨论了用激光来进行光学泵浦的一些特殊问题，特别是泵浦激光的谱强度分布和饱和效应引起的问题。参考文献 [5.4] 讨论了光学泵浦方法在小分子研究中的应用。

5.2 光学–射频双共振技术

将分子束的激光光谱学技术和射频光谱学结合起来，显著地扩大了光学–射频双共振技术的应用范围。光学–射频双共振方法已经成为一种非常有力的工具，可以高精度地测量电偶极矩或磁偶极矩、朗德因子以及原子与分子的精细和超精细劈裂。许多实验室中都使用它。

5.2.1 基本考虑

通过光学跃迁联系的两个不同能级 $|i\rangle$ 和 $|k\rangle$ 可以劈裂为间距很小的子能级 $|i_n\rangle$ 和 $|k_m\rangle$。将窄带激光调谐到特定子能级之间的跃迁 $|i_n\rangle \to |k_m\rangle$ ，可以选择性地耗尽 $|i_n\rangle$，增加能级 $|k_m\rangle$ 上的粒子数 (图 5.7)。分子的两个不同电子态上的两个转动–振动能级的超精细分量，或者原子电子态的塞曼子能级，都属于这种情况。

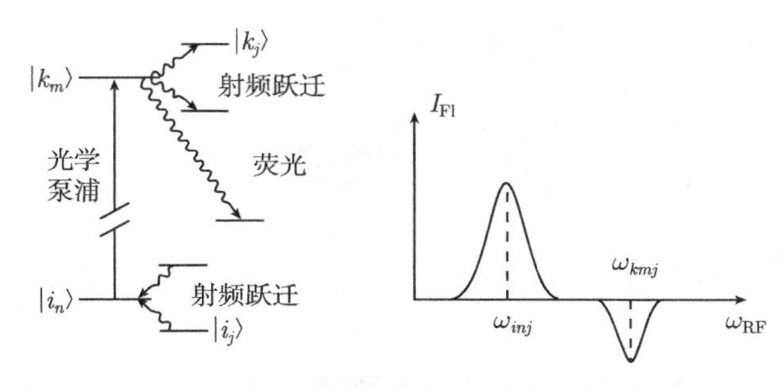

图 5.7 光学跃迁的低能级和高能级上的光学–射频双共振

将光学泵浦的样品放在射频场中，调整射频频率 ω_{RF} 使得它与低能级上的两个子能级之间的跃迁 $|i_j\rangle \to |i_n\rangle$ 共振，被光学泵浦耗尽的能级粒子数 $N(i_n)$ 就再次增大。这就增大了对光学泵浦束的吸收，可以用激光诱导荧光的响应增强来监视。在调节 ω_{RF} 的同时，测量 $I_{\mathrm{Fl}}(\omega_{\mathrm{RF}})$ ，可以在 $\omega_{\mathrm{RF}} = \omega_{inj} = [E(i_n) - E(i_j)]/\hbar$ 处得到双共振信号 (图 5.7)。

额外吸收的每一个射频光子，都会使得被吸收的泵浦光子增加一个。因此，光学–射频双共振就为射频跃迁的探测提供了一个内能量放大因子 $V = \omega_{\mathrm{opt}}/\omega_{\mathrm{RF}}$。利用 $\omega_{\mathrm{opt}} = 3 \times 10^{15}\mathrm{Hz}$ 和 $\omega_{\mathrm{RF}} = 10^7\mathrm{Hz}$，可以得到 $V = 3 \times 10^8$! 因为光学光子的探测效率要比射频量子大得多，这种内能量放大就会相应地提高探测灵敏度。

上能级的子能级之间的射频跃迁改变了激光诱导荧光的偏振和空间分布，可以在光电倍增管之前放置偏振片来检测它们。因为射频跃迁耗尽了光学泵浦的上能级，$\omega_2 = \omega_{kmj} = [E(k_j) - E(k_m)]/\hbar$ 处的双共振信号与低能级 $\omega_1 = \omega_{inj}$ 处的信号具有相反的符号 (图 5.7)。

在塞曼子能级或超精细能级中，允许的射频跃迁是磁偶极跃迁。因此，将样品放置在射频场的磁场振幅最大值的位置上，就可以达到最优条件。例如，可以将样品放在提供射频电流的线圈的内部。对于电偶极跃迁来说 (例如，在直流外电场的斯塔克分量之间的跃迁)，光学泵浦区域内的射频场的电场振幅分量应该达到最大值。

典型的实验装置如图 5.8 所示，它可以测量光学跃迁上能级的塞曼能级之间的射频跃迁。缠绕在样品盒上的线圈提供了射频场，一对亥姆霍兹线圈提供了直流磁场。通过一个偏振片，用光电倍增管测量由偏振的染料激光束引起的荧光随着射频 ω_{RF} 的变化关系[5.10]。

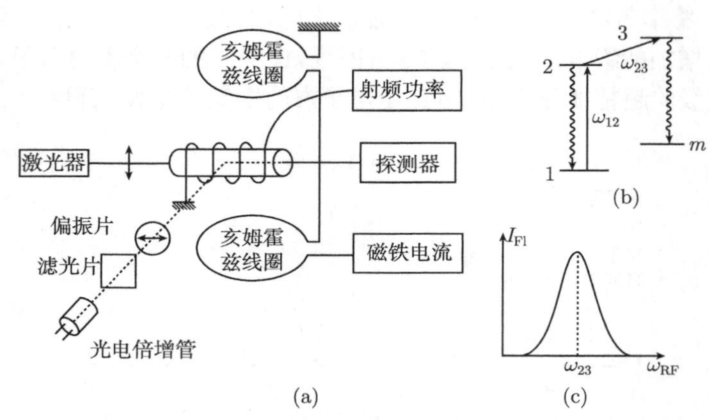

图 5.8　(a) 光学–射频双共振光谱学的实验装置；(b) 能级结构示意图；(c) 利用激光诱导荧光检测的双共振信号

除了改变 ω_{RF} 之外，也可以改变直流磁场或直流电场而保持 ω_{RF} 不变，这样能够让塞曼劈裂或斯塔克劈裂与固定不变的射频发生共振 (第 1.7 节)。这种方法在实验上的优点是，射频线圈能够更好地与射频发生器实现阻抗匹配。

光学–射频双共振技术的根本优点是其高分辨的谱精度，它不受光学多普勒宽度的限制。虽然光学激发可以发生在多普勒展宽的跃迁上，光学–射频双共振信号 $I_{\mathrm{Fl}}(\omega_{\mathrm{RF}})$ 是在频率很低的射频 ω_{RF} 上测量的，根据第 1 卷式 (3.43)，多普勒宽度正比于频率，它被减小了一个因子 $\omega_{\mathrm{RF}}/\omega_{\mathrm{opt}}$。这样一来，与其他展宽效应，如碰撞展宽或饱和展宽相比，双共振信号的残余多普勒宽度完全可以忽略不计。当这些额外的谱线展宽效应不存在的时候，射频跃迁 $|2\rangle \rightarrow |3\rangle$

$$\Delta\omega_{23} = (\Delta E_2 + \Delta E_3)/\hbar \tag{5.6}$$

的双共振信号的半高宽实际上取决于相应能级 $|2\rangle$ 和 $|3\rangle$ 的能级宽度 ΔE_i，它与自发寿命 τ_i 的关系为 $\Delta E_i = \hbar/\tau_i$。对于基态子能级之间的跃迁来说，辐射寿命可以非常长，线宽只取决于分子穿越射频场的渡越时间。在稀土离子的射频–光学双共振光谱中，已经观察到了线宽低于千赫兹的共振信号[5.15]。

增加射频场的强度，就会观察到吸收展宽 (第 1 卷第 3.6 节)，在双共振信号的中心频率 ω_{23} 处，甚至可以出现一个最小值 (图 5.9)。利用第 1 卷第 2.7 节的半经典模型，可以很好地理解这一现象。当射频场振幅 E_{RF} 很大的时候，第 1 卷式 (2.90) 的拉比翻转频率

$$\Omega=\sqrt{(\omega_{23}-\omega_{\mathrm{RF}})^2+D_{23}^2E_{\mathrm{RF}}^2/\hbar^2}$$

变得接近于射频跃迁的自然线宽 $\delta\omega_{\mathrm{n}}$。这样就调制了与时间有关的粒子数密度 $N_2(t)$ 和 $N_3(t)$，使得谱线劈裂为 $\omega=\omega_{23}\pm\Omega$ 的两个分量，当 $\Omega>\delta\omega_{\mathrm{n}}$ 的时候，就可以观察到它们 (图 5.9)。如果给出双共振信号的半宽 Δ_{23} 随着射频功率 P_{RF} 的依赖关系，将其外推至 $P_{\mathrm{RF}}=0$，就可以确定那些能级宽度决定于自然线宽的能级的线宽 $\gamma=1/\tau$，利用它可以确定自然寿命 τ。

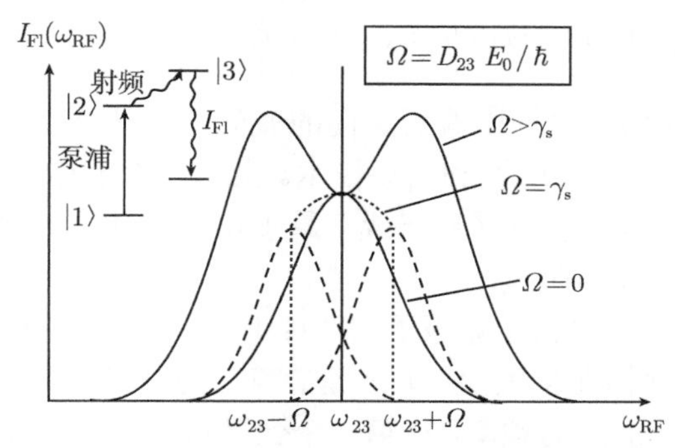

图 5.9 双共振信号的饱和展宽和拉比劈裂对射频功率 P_{RF} 的依赖关系

能够达到的精度主要取决于双共振信号的信噪比，它限制了中心频率 ω_{23} 的测量精度。然而，射频频率 ω_{23} 的绝对精度通常要比传统的光学光谱高好几个数量级，后者直接测量两个波长 $\lambda_{31}=c/\nu_{31}$ 和 $\lambda_{21}=c/\nu_{21}$，再根据它们的之间的微小差别 $\Delta\lambda$ 间接地得到能级劈裂 $\Delta E=\hbar\omega_{23}=h(\nu_{31}-\nu_{21})$。

5.2.2 分子束中的激光–射频双共振光谱学

原子束或分子束的射频或微波光谱学中的拉比技术[5.16~5.19] 已经为精确测量基态参数做出了突出贡献，如原子和分子的超精细劈裂，转动和振动分子的 Coriolis 劈裂，或者弱耦合的范德瓦耳斯复合体的窄转动结构[5.20]。它的基本原理如图 5.10 所示。具有永久偶极矩的准直分子束在静态非均匀磁场 A 中发生折射，到达另外一个静磁场中的探测器 D 上，后面这个磁场具有相反的磁场梯度。射频场 C 在 A 和 B 之间发生作用，它引起了分子能级 $|i_n\rangle$ 和 $|i_j\rangle$ 之间的跃迁。因为两个能级的磁矩一般是不同的，经过这样的射频跃迁之后，它们在磁场 B 中的偏折就会改变，探测器的输出 $S(\omega_{\mathrm{RF}})$ 就会在共振射频频率 $\omega_{\mathrm{RF}}=[E(i_n)-E(i_j)]/\hbar$ 处出现共振信号。为了测量塞曼分量或者斯塔克分量，在射频区 C 里施加一个额外的直流磁场或电场。这种装置的一个著名例子就是铯原子钟[5.21]。

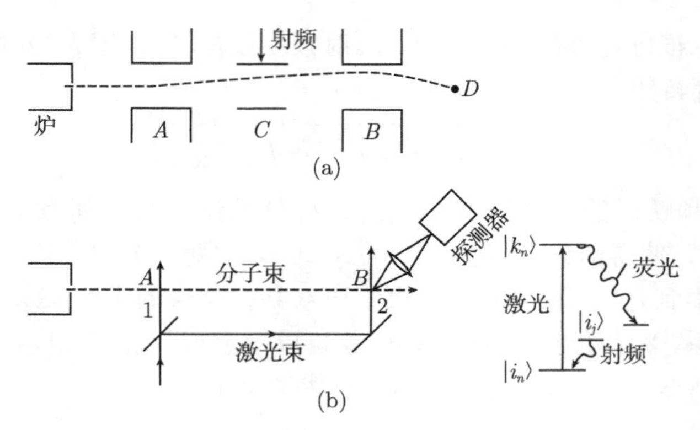

图 5.10　传统拉比方法 (a) 和激光拉比方法 (b) 的比较

因为必须探测非均匀磁场中偏折方向的变化，原子或分子在两个能级上的偶极矩的差别必须足够大，才能够利用该技术。此外，除了那些能够用朗缪尔–泰勒探测器探测的分子 (例如，碱金属原子或双原子)，通常使用的电离探测器对中性粒子的探测灵敏度并不怎么高。

激光拉比方法 (图 5.10(b)) 克服了这两种困难。用激光的两个分束 1 和 2 替代 A 和 B 两个磁场，它们在位置 A 和 B 垂直穿过分子束。如果将激光频率 ω_{L} 调节到分子跃迁 $|i_n\rangle \to |k_n\rangle$ 的频率，在第一个交叉点 A 处，光学泵浦部分地耗尽了低能级 $|i_n\rangle$。因此，在第二个交叉点 B 处，第二束激光的吸收就减弱了，这可以用激光诱导荧光来监测。在 C 区的射频跃迁 $|i_j\rangle \to |i_n\rangle$ 又增大了粒子数密度 $N(i_n)$，从而增大了 B 处的荧光信号。

这种激光拉比技术的优点如下：

(a) 它不仅能够用于具有永久偶极矩的分子，还可以用于所有能够被激光激发的分子。

(b) 普通的激光功率也能够让光学跃迁达到饱和 (第 2.1 节)，可以显著地耗尽低能级 $|i_n\rangle$，从而显著地增大粒子数差别 $\Delta N = N(i_j) - N(i_n)$，也就增大了跃迁 $|i_j\rangle \to |i_n\rangle$ 的吸收，后者正比于 ΔN。在传统的拉比技术中，粒子数 $N(E)$ 服从玻耳兹曼分布，当 $\Delta E \ll kT$ 时，差别 ΔN 变得非常小。

(c) 通过激光诱导荧光的强度变化来探测射频跃迁，其灵敏度远高于通常的电离探测器。利用双光子电离 (第 1.3 节)，还可以进一步提高探测灵敏度。

(d) 此外，只有能级 $|i_n\rangle$ 上的分子对射频双共振信号有贡献，而在传统的拉比技术中，偏转的差别通常非常小，其他能级的分子也可以到达探测器上，测量信号是两个大背景电流的微小差别，因此，前者的信噪比更高。

这些优点使得激光拉比技术可以用来研究更多的问题 [5.22]，用三个例子进行说明。

例 5.3

测量 Na_2 的 $^1\Sigma_g^+$ 态的超精细劈裂

在原子核相同的双原子分子的 $^1\Sigma$ 态中，原子核自旋 I 与分子转动产生的微弱磁场之间的相互作用引起了很小的磁超精细劈裂。Na_2 分子基态的超精细劈裂小于光学跃迁的自然线宽，但是激光拉比技术仍然可以测量它们[5.23]。波长为 $\lambda=476.5\text{nm}$ 的偏振氩激光束穿过钠原子束，激发了 Na_2 的跃迁 $X^1\Sigma_g^+(v''=0,J''=28)\rightarrow B^1\Pi_u(v'=3,J'=27)$。超精细劈裂远小于激光线宽，因此，激光泵浦了所有的超精细分量。然而，光学跃迁几率依赖于低能级和高能级的超精细分量，因此，低能级上 $|i_n\rangle$ 不同的超精细分量的耗尽程度也就不同。射频跃迁改变了粒子数分布，从而也就改变了激光诱导荧光的信号强度。能级 $(v''=0,J''=28)$ 的超精细劈裂常数被确定为 $(0.17\pm0.03)\text{kHz}$，四极矩耦合常数为 $eQq=(463.7\pm0.9)\text{kHz}$。

利用可调谐的单模连续染料激光器，可以选择任何所需的跃迁过程，得到任意转动能级的超精细劈裂常数[5.24]。光学跃迁 $X^1\Sigma_g\rightarrow B^1\Pi_u$ 的自然线宽大约是 20MHz，因为它的上能级寿命非常短 $(\tau=7\text{ ns})$，与此相比，超精细劈裂非常小。当激光强度更大的时候，对重叠的超精细劈裂进行的光学泵浦，就可以让低能级上的超精细分量发生相干叠加。这样一来，随着激光强度的增加，射频双共振信号的线形和中心频率就会发生显著的改变。因此，必须在不同激光强度 I_L 下的进行测量，并将结果外推到 $I_L\rightarrow0$ 的情况。

例 5.4

高激发原子能级的超精细结构

将激光拉比技术与电子碰撞激发相结合，能够测量高激发态的超精细劈裂。Penselin 等[5.25,5.27] 制备了如图 5.11 所示的原子束射频共振装置。用电子枪加热

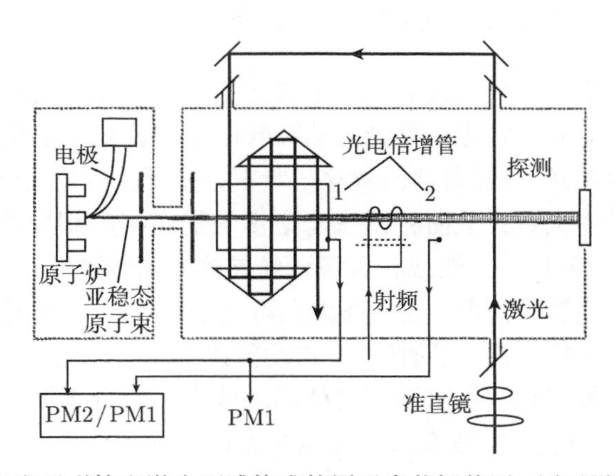

图 5.11 由电子碰撞和激光泵浦构成的原子束共振装置，用于灵敏地探测高激发态中的光学–射频双共振[5.25]

炉中熔点很高的金属使之蒸发，然后再用电子碰撞使之跃迁到亚稳态。在一个准直孔后面，用多路径构型的单模染料激光进行光学泵浦，从而选择性地耗尽亚稳态上的超精细子能级，而射频跃迁再对它们进行重新填充。为了提高灵敏度，用棱镜使得激光束来回几次地穿过原子束。利用差分和比率测量，可以尽量减小激光强度起伏或原子束强度起伏带来的影响。即使亚稳态上的粒子数密度只有基态粒子数密度的 1%，这种高灵敏度也能够实现非常高的信噪比。

光学–射频双共振的一个有趣应用是制作灵敏的磁探测计。将室温下的铷原子蒸气盒置于磁场中，射频场被调节到 $2S_{1/2}$ 态的塞曼跃迁。因为朗德因子是已知的，测量射频频率就可以得到磁场强度[5.26]。

5.3 光学–微波双共振

微波光谱学已经在精确测量分子参数方面做出了杰出的贡献，例如，键长和键角，多原子分子的原子核平衡构型，精细劈裂和超精细劈裂，或者转动分子中的 Coriolis 相互作用。然而，它的应用局限于热占据的能级之间的跃迁，通常是电子基态内的能级跃迁[5.29]。

在室温下 ($T = 300\text{K} \to kT \sim 250\text{cm}^{-1}$)，对于典型的微波频率来说，$\nu \sim 10^{10}\text{Hz}$ $(= 0.3\text{cm}^{-1})$，比值 $h\nu/kT$ 非常小，对于热平衡分布

$$N_k/N_i = (g_k/g_i)\mathrm{e}^{-h\nu_{ik}/kT}$$

在样品内长度为 Δx 的路径上，被吸收的微波功率为

$$\Delta P = -P_0\sigma_{ik}[N_i - (g_i/g_k)N_k]\Delta x \approx -P_0 N_i \sigma_{ik} \Delta x h\nu_{ik}/kT \tag{5.7}$$

因为 $h\nu/kT \ll 1$，受激吸收和发射基本上彼此抵消，吸收的微波功率很小。此外，吸收截面 σ_{ik} 正比于 ν^3，它比可见光区的吸收截面小许多个数量级。

光学–微波双共振能够显著地改善这一状况，它可以通过光学泵浦来选择性地提高某一能级上的占据数，从而将微波光谱学的优点拓展到被激发的振动能级或电子能级上。通常用染料激光器或者可调谐半导体激光器进行光学泵浦，但是有时也使用频率固定不变的激光器。强红外激光器 (例如，CO_2 、N_2O、CO、HF 和 DF 激光) 的许多谱线与多原子分子的转动–振动能级重合。即使对于那些只是非常接近于分子跃迁的谱线来说，也可以利用外磁场或电场将分子跃迁调节得与分子谱线共振 (第 1.6 节)。光学–微波双共振方法的优点如下：

(a) 对能级 $|i\rangle$ 进行光学泵浦，可以增大微波跃迁的粒子数差别 $\Delta N = N_i - N_k$，要比式 (5.7) 中的 $N_i h\nu/kT$ 大好几个数量级。

(b) 选择性地填充或耗尽某一个能级，可以显著地简化微波谱。光学泵浦的微波谱与没有光学泵浦的微波谱的差别直接依赖于从泵浦跃迁的两个能级之一开始的微波跃迁。

(c) 微波跃迁的探测并不依赖于非常微弱的微波吸收，而是利用更为灵敏的光探测器或红外探测器。

用一些例子说明这些优点。

例 5.5 激光版的铯原子钟

铯原子钟是当前的时间或频率标准，它利用了铯原子电子基态的超精细结构跃迁 $7\,^2S_{1/2}(F=3\rightarrow F=4)$。频率标准的精确度依赖于能够达到的信噪比和微波跃迁频率的谱线对称性。利用光学泵浦和探测(图 5.10(b))，可以将信噪比提高不止一个数量级。另一个优点是，它不需要两个不均匀磁场，后者有可能会在微波区内产生泄露磁场[5.28]。

例 5.6

用 N_2O 激光谱线红外泵浦 NH_3 的振动基态和激发态 $\nu_2=1$ 的转动能级的反转对称性双能级之间的跃迁，从而增强了微波信号，跃迁能级如图 5.12 所示。该泵浦过程选择性地耗尽了 $(J''=8, K''=7)$ 能级的上反转分量，增大了高振动能级的下反转分量上的粒子数。碰撞过程将选择性改变的粒子数差异 ΔN 部分地转移到相邻能级上(第 8.2 节)，从而引起了二次过程的双共振信号[5.30]。

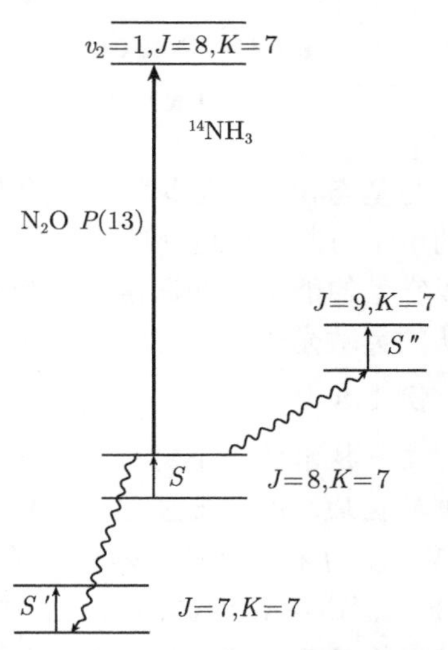

图 5.12 NH_3 的红外–微波双共振

反转对称性双能级之间的微波跃迁可以始于激光泵浦的能级 (信号 S)，也可以始于因碰撞过程而被粒子占据的能级 (二次过程的双共振信号 S' 和 S'')[5.30]

例 5.7

图 5.13 给出了一个被激发的振动能级上的微波光谱学的例子，用 HeXe 激光选择地红外泵浦 DCCCHO 分子的 $\nu_2=1$ 激发振动态的 $(N_{\mathrm{Ka,Kc}}=2_{1,2})$ 转动能级[5.31]。实线箭头表示被泵浦能级的直接微波跃迁，而波浪线箭头表示“三共振跃迁”，这种跃迁来自于第一个微波量子占据的能级，或者是碰撞引起的由激光泵浦能级而来的跃迁。

在参考文献 [5.32]~[5.35] 中，可以找到红外–微波双共振光谱学的更多例子和更多的实验细节。

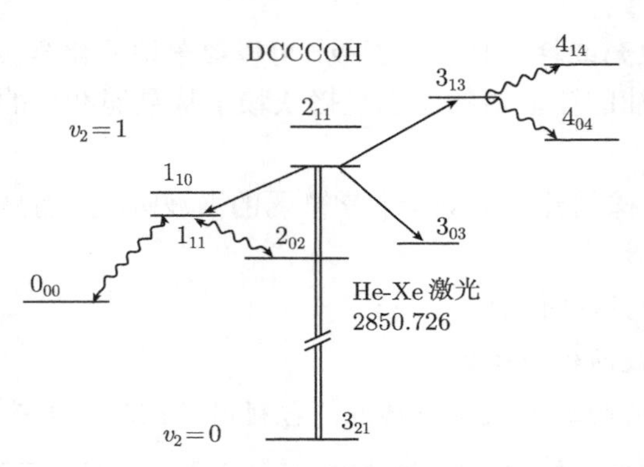

图 5.13 DCCCOH 分子的 $v_2=1$ 振动激发态的红外–微波双共振

实线表示微波跃迁，波浪线表示二次过程的微波跃迁[5.31]

与基态相比，大多数分子的电子激发态的研究都很少。另一方面，因为激发态中的电子与原子核运动的相互作用更为复杂 (玻恩–奥本海默近似不再适用，微扰)，所以它们的能级结构通常也更为复杂。因此，非常希望能够利用有选择性的、便于指认的灵敏光谱技术。光学–微波双共振技术正好能够做到这一点。

例 5.8

这一技术的一个例子是 BaO 分子的激发态光谱[5.36]。在钡原子束和氧分子束交汇的区域，化学反应 $Ba + O_2 \to BaO + O$ 形成了 BaO 分子，它们位于电子基态 $X^1\Sigma_g$ 的不同转动振动能级 (v'', J'') 上 (图 5.14)。将染料激光频率调谐到跃迁 $A^1\Sigma(v', J') \leftarrow X^1\Sigma(v'', J'')$ 上，可以选择性地占据激发态 A 上的不同能级 (v', J')。利用激光诱导的荧光谱，可以确定它们的量子数 (v', J') (第 1.7 节)。

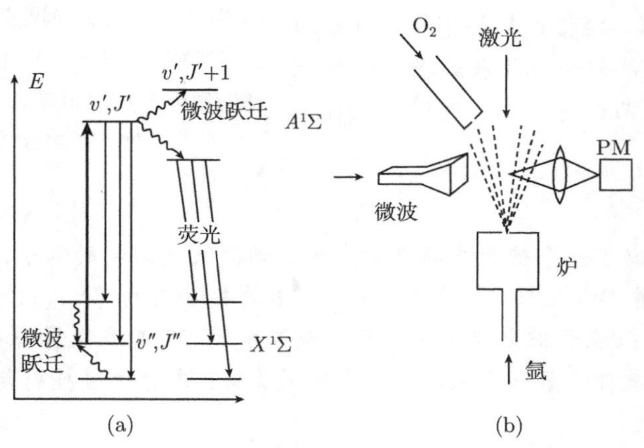

图 5.14 探测 BaO 分子的光学–微波双共振

(a) 能级示意图；(b) 实验装置[5.36]

用速调管产生的微波照射交汇区域，将微波调节到相应的频率，可以激发 X 态或 A 态中相邻转动能级之间的跃迁 $J'' \to J'' \pm 1$ 或 $J' \to J' \pm 1$。

因为激光泵浦使得粒子数 $N(v'', J'')$ 低于其热平衡值，微波跃迁 $J'' \to J'' \pm 1$ 增加了 $N(v'', J'')$，从而增强了整体荧光强度。另一方面，跃迁 $J' \to J' \pm 1$ 减少了被光学激发的能级上的粒子数 $N(v', J')$，因此，它们减小了 (v', J') 发出的荧光强度，但是在荧光谱上产生了能级 $(J' \pm 1)$ 的新谱线。可以用单色仪或干涉滤光片分离它们。

光学–微波双共振光谱可以精确地测量电子基态和激发态中转动能级之间的能量间隔[5.37]。其灵敏度足以测量化学反应中形成浓度非常低的中间产物分子或原子团。这一点已经得到了证明，例如，在放电气流系统中 NH_2 原子团的情况中[5.38]。

例 5.9

下面是光学–微波双共振的拉比技术的一个令人印象深刻的例子，它测量了 $CaCl_2$ 分子的电子基态中的超精细劈裂 [5.39]，光学–微波双共振信号的线宽只有 15kHz，仅仅受限于分子穿越微波区的渡越时间。在微波区内施加一个直流电场，就可以观察到光学–微波双共振信号的斯塔克劈裂，从而精确地确定电偶极矩[5.40,5.41]。

除了可以精确地确定激发态中转动能级之间的能级间距之外，光学–微波双共振技术的另外一个应用是研究原子或分子的里德伯量子态。如果一个 UV 光子或两个可见光光子激发了主量子数为 n 的量子态，就可以引起到邻近的里德伯态上的微波跃迁。外场、不同里德伯能级之间的相互作用或自电离过程引起的微扰改变了这些能级的能量，可以高精度地测量这一能量位移[5.42]。

5.4 光学–光学双共振

光学–光学双共振 (OODR) 技术利用了分子与两个光波同时发生的相互作用，这两个光波被调谐到具有一个共同能级的两个分子跃迁上，这个能级既可以是泵浦跃迁中的低能级，也可以是泵浦跃迁中的高能级。光学–光学双共振有三种可能的能级结构，如图 5.15 所示 *。图 5.15(a) 中的“V 型”双共振方法可以视为激光诱导荧光的逆过程 (图 5.16)，该方法以能级图中的 V 形状命名。利用激光诱导荧光技术，可以选择性地激发能级 $|2\rangle$。由此产生的荧光光谱对应于由该能级到所有更低能级 $|M\rangle$ 上的所有可能的光学跃迁。分析激光诱导的荧光光谱，可以得到更低能级的信息。另一方面，利用 V 型的光学–光学双共振技术，可以选择性地耗尽某一个更低的能级 $|i\rangle$。这些光学–光学双共振跃迁由较低的能级 $|1\rangle$ 出发，到达探测跃迁涉及到的所有更高能级 $|M\rangle$，可以根据探测光在有、无泵浦光时的吸收差别来监测它们，主要给出的是上能级的信息。

*图 5.15 ~ 图 5.17 与正文中的相应描述不太一致，请读者注意。—— 译者注

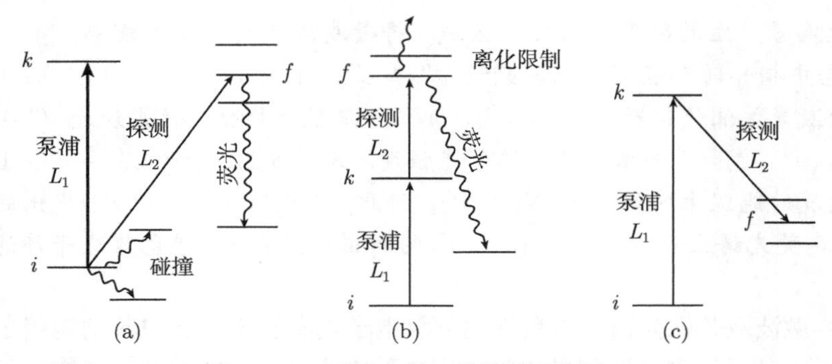

图 5.15　光学–光学双共振的不同模式

(a) V 型；(b) 阶梯式激发：(c) Λ 型

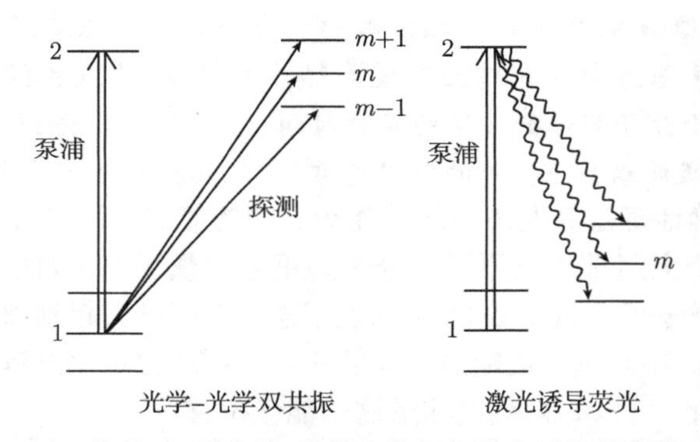

图 5.16　比较 V 型光学–光学双共振与激光诱导的荧光过程

光学–光学双共振的第二种模式 (图 5.15(b)) 利用一个共同的中间能级 $|k\rangle$ 阶梯式地激发更高的能级，中间能级是泵浦跃迁的高能级，同时也是探测跃迁的低能级。这一模式可以研究更高的能级 (如里德伯态)，利用这些能级上的激光诱导荧光谱或因为吸收第三个光子引起的离子，可以监视探测光的吸收。

图 5.15(c) 中的最后一种模式是 Λ 型光学–光学双共振，它是一种受激共振的拉曼过程，泵浦激光的吸收和探测激光引起的受激辐射将能级 $|i\rangle$ 上的分子相干地转移到能级 $|f\rangle$ 上。

我们将更为仔细地讨论这三种模式。

5.4.1　复杂吸收谱的简化

V 型光学–光学双共振方法可以用来简化和分析红外、可见光或紫外的分子光谱。如果光谱的变化很小，甚至可能没有任何通常的形状，这种方法就特别有用。将强度为 I_1 的泵浦激光 L_1 的频率调节到跃迁 $|1\rangle \rightarrow |2\rangle$ 处，用频率 f_1 来斩波。此

时，粒子数密度 N_1 和 N_2 就会表现出相应的调制

$$\begin{aligned} N_1(t) &= N_1^0\{1 - aI_1[1 + \cos(2\pi f_1 t)]\} \\ N_2(t) &= N_2^0\{1 + bI_1[1 + \cos(2\pi f_1 t)]\} \end{aligned} \tag{5.8}$$

这两个能级上的粒子数变化具有相反的符号。调制振幅 a 和 b 依赖于泵浦跃迁的跃迁几率和可能的弛豫过程，如自发辐射、碰撞弛豫或分子扩散地进出泵浦区 (第 2.1 节)。

如果波长 λ_2 与吸收跃迁 $|1\rangle \to |M\rangle$ 或一个向下的跃迁 $|2\rangle \to |M\rangle$ 相同，前者是由光学泵浦的低能级 $|1\rangle$ 到上能级 $|M\rangle$ 的跃迁，而后者是由泵浦的高能级 $|2\rangle$ 到下低能级 $|M\rangle$ 的跃迁，那么，可调谐的探测激光产生的的荧光强度 $I_{\mathrm{Fl}}(\lambda_2)$ 将以频率 f_1 变化。如果用锁相放大器在频率 f_1 处测量探测激光产生的荧光 $I_{\mathrm{Fl}}(\lambda_2)$，那么，对于所有的跃迁过程 $|1\rangle \to |M\rangle$，信号都是负值，对于所有的跃迁过程 $|2\rangle \to |M\rangle$，信号都是正值 (图 5.17)。因此，原则上，根据锁相信号的相位，就可以确定探测的是哪一种跃迁过程。因为这种双共振技术选择性地探测了由泵浦过程标定的能级上的跃迁，所以通常称之为标定光谱。

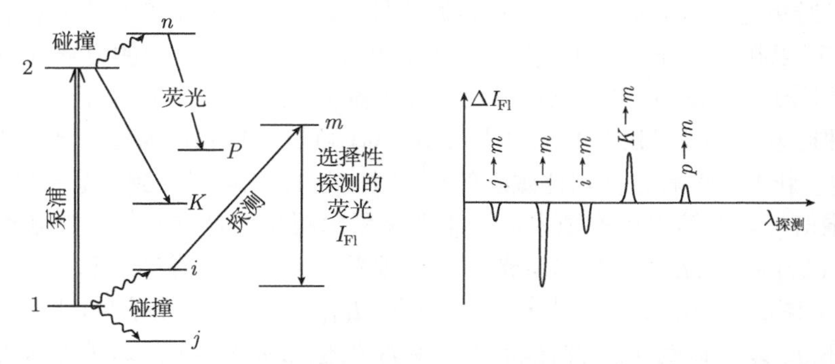

图 5.17　对于从泵浦的低能级开始的探测跃迁和从泵浦的高能级开始的探测跃迁来说，二者的光学–光学双共振信号具有相反的符号

现实情况通常更为复杂。如果用于光学–光学双共振实验的分子具有热运动速度分布，而且还会发生碰撞，那么，还会观察到探测跃迁引起的双共振信号，该跃迁出发的能级不同于 $|1\rangle$ 或 $|2\rangle$。原因如下：

(a) 即使是窄带激光也有可能同时激发几个不同的吸收跃迁，只要吸收谱线在其多普勒宽度内有重叠即可 (图 5.2)。

(b) 碰撞过程可以将粒子数密度 N_1 的调制传递到相邻能级上，只要碰撞时间小于泵浦光的斩波周期 $1/f_1$(第 8.3 节)。这就引起了额外的双共振信号，它们可能会妨碍分析 (图 5.18)。另一方面，它们也给出了碰撞截面和能量传递的许多信息 (第 8 章)。

(c) 由能级 $|2\rangle$ 向允许的更低能级 $|M\rangle$ 上的跃迁所产生的荧光也以频率 f_1 变化，从而调制了粒子数密度 N_m。

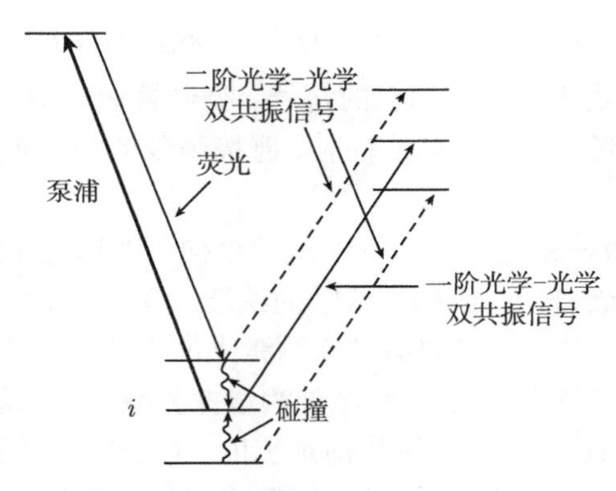

图 5.18　二阶光学–光学双共振信号

它们由碰撞过程或者光学泵浦的能级上的荧光产生

为了避免这种二阶光学–光学双共振信号，必须采用无碰撞条件下的亚多普勒激发。这可以在准直原子束中实现，两束激光 L_1 和 L_2 在不同的位置 z_1 和 z_2 上穿过准直原子束 (图 5.19)，也可以让相互重叠的两束激光穿过原子束 (图 5.20)。在第一种构型中，探测激光引起的荧光 $I_{\rm Fl}(\lambda_2)$ 可以被单独成像在探测器上，对泵浦激光 L_1 斩波，然后进行相位敏感的探测 $I_{\rm Fl}(\lambda_2)$，就可以得到所想要的光学–光学双共振信号。在第二种构型中，泵浦光束和探测光束是重叠的，探测到的荧光 $I_{\rm Fl} = I_{\rm Fl}(L_1) + I_{\rm Fl}(L_2)$ 是泵浦激光和探测激光引起的荧光强度之和，二者都以斩波频率 f_1 调制。利用双调制技术，可以消除 $I_{\rm Fl}(L_1)$ 的大背景信号，用 f_1 频率调制 L_1，用 f_2 频率调制 L_2，并在和频 $f_1 + f_2$ 处检测荧光信号。这种方法可以将光学–光学双共振信号从背景信号中选择出来，原因如下。

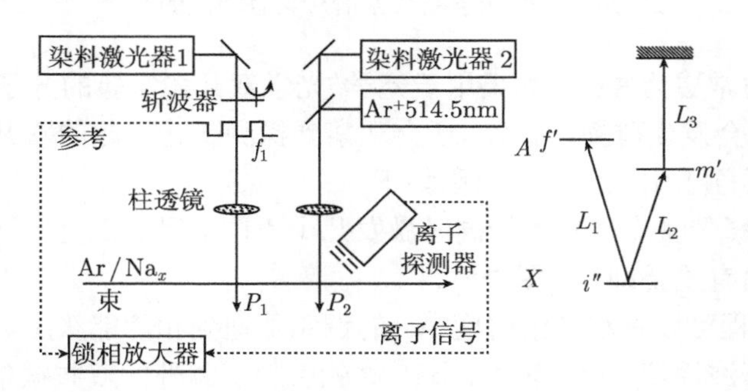

图 5.19　利用空间分离的泵浦光束和探测光束，在分子束中测量光学–光学双共振光谱。利用跃迁过程 L_3 电离激发态能级 m'，可以监视探测跃迁 L_2

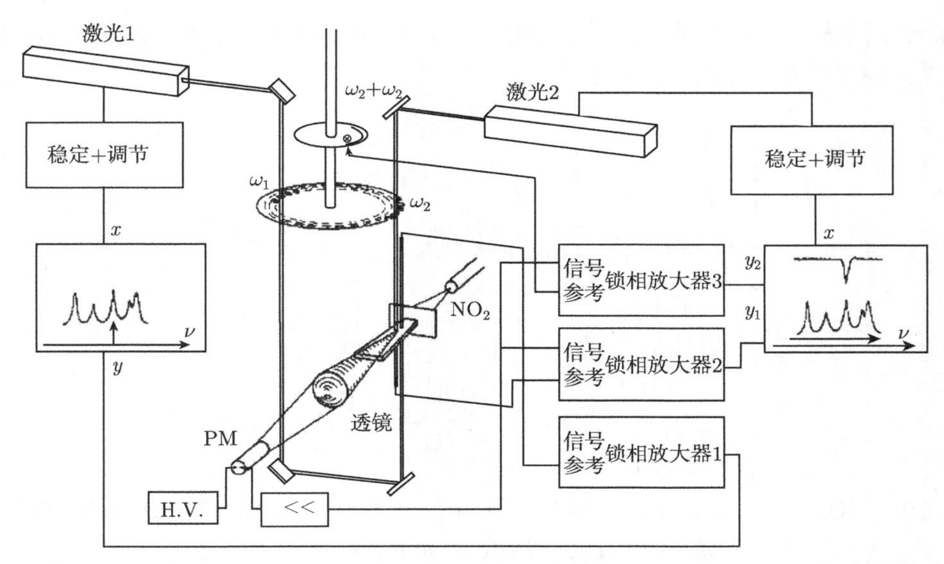

图 5.20 利用重叠的泵浦光束和探测光束，在和频处测量准直分子束的光学–光学双共振光谱

探测激光引起的跃迁开始于泵浦跃迁的低能级 $|i\rangle$，其荧光 $I_{\text{Fl}}(\lambda_2)$ 的强度为 $I_2 = I_{20}(1 + \cos 2\pi f_2 t)$

$$I_{\text{Fl}}(\lambda_2) \propto N_i \text{I}_2 = N_{i0}\{1 - aI_{10}[1 + \cos(2\pi f_1 t)]\}I_{20}[1 + \cos(2\pi f_2 t)] \tag{5.9}$$

其中的非线性项

$$\begin{aligned} &I_{10}I_{20}\cos(2\pi f_1 t)\cos(2\pi f_2 t) \\ =&\frac{1}{2}I_{10}I_{20}[\cos 2\pi(f_1 + f_2)t + \cos 2\pi(f_1 - f_2)t] \end{aligned} \tag{5.10}$$

表示光学–光学双共振信号，调制频率为 $(f_1 + f_2)$ 和 $(f_1 - f_2)$，线性项表示泵浦激光或探测激光诱导的荧光信号，它们来自于非调制的能级，仅仅包含频率 f_1 和 f_2。

将光学–光学双共振方法应该用到分子束中，可以分析复杂的扰动光谱，如图 5.21 所示，它给出了 NO_2 分子在 $\lambda = 488\text{nm}$ 附近的可见光谱。尽管残存的多普勒线宽很窄，只有 15MHz，但是，谱线的分析非常困难，并不能分辨出所有的谱线，因为上能级受到了严重的扰动。在光学–光学双共振实验中，如果将泵浦激光 L_1 保持在谱线 1 上，就可以得到如图 5.21 中左上部分所示的两条光学–光学双共振信号。它们表明，在下方的光谱中，谱线 1 和谱线 4 拥有一个共同的低能级。图 5.21 的右侧部分表明，谱线 2 和谱线 5 都是从同一个低能级开始的，谱线 3 和谱线 6 也是如此。下方的整个光谱包含两个转动振动跃迁 $(J'', K'') = (10, 5) \rightarrow (J', K') = (11, 5)$ (每个跃迁都有三个超精细结构分量)，它们都终结在两个能量相差很小的转动能级上，这两个转动能级具有相同的量子数 (J', K')，分别属于两个不同的振动态，彼此之间通过相互作用耦合在一起[5.43]。

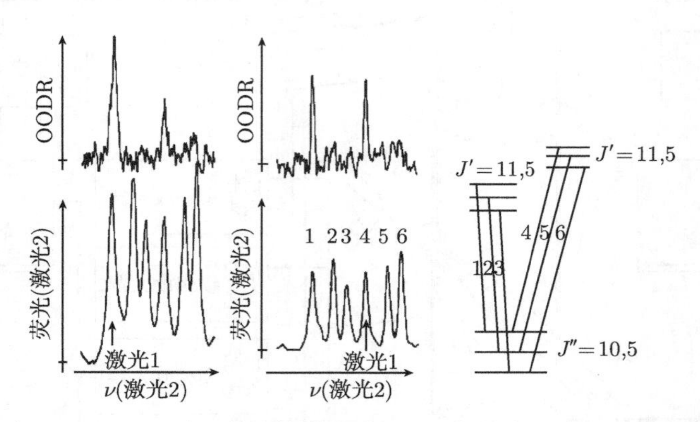

图 5.21 NO_2 在 $\lambda = 488$nm 附近的线性激发谱 (下方的谱线)，将泵浦激光分别保持在跃迁 1 或 4 的位置上，得到光学–光学双共振信号[5.43]

许多实验室都已经使用了这种 V 型的光学–光学双共振方法。更多的例子参考文献 [5.44~5.48]。

5.4.2 阶梯式激发和里德伯态的光谱

利用激光 L_1 光学泵浦选择性地占据激发态 $|2\rangle$ 的时候，再利用另一束可调谐激光 L_2，就能够占据更高的能级 $|m\rangle$ (图 5.15(b))。可以将这种两步式的激发看作是两个不同光子 $\hbar\omega_1$ 和 $\hbar\omega_2$ 的双光子激发的一种特殊共振形式 (第 2.5 节)。因为上能级 $|m\rangle$ 必须和初始能级 $|1\rangle$ 具有相同的宇称，它们之间的单光子跃迁过程是禁戒的。因此，用光子能量为 $2\hbar\omega = \hbar(\omega_1 + \omega_2)$ 的倍频激光进行一步式激发，在相同的能量范围内，它激发的能级与两步式激发的能级具有相反的宇称。

利用两束可见光激光，能够到达激发能量高达 6eV 的能级 $|m\rangle$ 上。将两束激光进行光学频率倍频，还可以占据能量高达 12eV 的能级。这样就可以详细地研究绝大多数原子和分子的里德伯能级。M 的里德伯能级上的占据可以用该能级的荧光进行检测，也可以利用各种电离过程产生的离子 M^+ 或电子 e^-，如里德伯能原子的光电离过程、场致电离过程或自电离过程。

里德伯态有一些非常特殊的性质 (表 5.1)。利用它们的光谱，可以研究量子光学 (第 9.5 节)、非线性动力学和量子系统的混沌行为 (见下文) 中的一些基本问题。因此，对原子和分子里德伯态的详细研究吸引了越来越多的关注[5.49~5.62]。

里德伯公式

$$T_n = IP - \frac{R}{(n-\delta)^2} = IP - \frac{R}{n^{*\,2}} \tag{5.11}$$

表 5.1 里德伯原子的典型性质

性质	对 n 的依赖关系	H($n=2$)	数值例子 H($n=50$)	Na(10d)
束缚能	$-R\cdot n^{-2}$	4eV	5.4meV	0.14eV
$E_{(n+1)}-E_n$	$\frac{R}{n^2}-\frac{R}{(n+1)^2}\propto\frac{1}{n^3}$	$\frac{5}{36}R\hat{=}2\text{eV}$	$0.2\text{meV}\approx 2\text{cm}^{-1}$	$\approx 1.5\text{meV}$
平均半径	a_0n^2	$4a_0\approx 0.2\text{nm}$	132 nm	7 nm
几何截面	$\pi a_0^2n^4$	$\approx 1.2\times10^{-16}$	5×10^{-10}	$\approx 10^{-12}[\text{cm}^2]$
自发寿命	$\propto n^3$	5×10^{-9}	1.5×10^{-4}	$\approx 10^{-6}[\text{s}]$
临界场	$E_\text{c}=\pi\epsilon_0R^2\text{e}^{-3}n^{-4}$	5×10^9	5×10^3	$3\times10^6[\text{V/m}]$
轨道周期	$T_n\propto n^3$	10^{-15}	2×10^{-11}	$2\times10^{-13}[\text{s}]$
极化度	$\alpha\propto n^7$	10^{-6}	10^4	$20[\text{s}^{-1}\text{V}^{-2}\text{m}^2]$

给出了主量子数为 n 的里德伯能级的 T_n 值，其中 IP 是电离势，R 是里德伯常数，$\delta(n,l)$ 是量子亏损，它依赖于 n 和里德伯电子的角动量 l。量子亏损描述的是 (原子核的) 真实势 (包括来自于原子实电子的屏蔽作用) 与纯粹库仑势 $V=-Z_{\text{eff}}e^2/(4\pi\epsilon_0r)$ 之间的差别。利用有效量子数 $n^*=n-\delta$，式 (5.11) 就可以形式化地写成库仑势中的里德伯能级。

原子里德伯态的研究开始于碱金属原子，因为它们能够方便地制备到气体盒中或制备成原子束。它们的电离能相对比较低，因此，可以用可见光区的两束染料激光的阶梯式激发来制备它们的里德伯原子态。第一步通常利用共振跃迁 $nS\to nP$ 到达第一激发态，它的跃迁几率很大，光强为 $I(L_1)\leqslant 0.1\text{W/cm}^2$ 的激光就可以让它饱和！第二步需要更大的激光光强 $I(L_2)\approx 1\sim 100\text{W/cm}^2$(因为跃迁几率以 n^{-3} 的形式衰减[5.55])，可以用连续染料激光实现。图 5.22 给出了能级图以及测量得到的 Na 原子的里德伯序列，通过 $3p^2P_{3/2}$ 态激发的跃迁 $3p\,^2P_{3/2}\to nS$ 和 $3p\,^2P_{3/2}\to nD$。

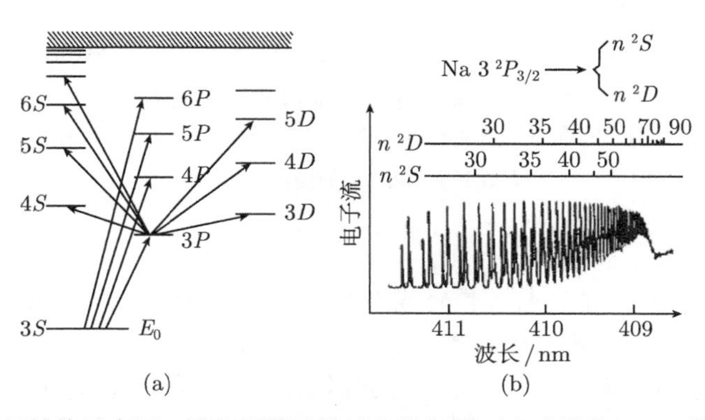

图 5.22 (a) 能级结构示意图：碱金属原子里德伯能级的两步式激发；(b) 利用里德伯态的场致电离测量得到的里德伯序列 Na $3\,^2P_{3/2}\to n^2S, n^2D$[5.53]

例 5.10

根据式 (5.11) 可以计算出 $Na^*(n=40)$ 的能量，它仅比电离极限低 0.005eV，图 5.24 表明，$E=100\text{V/cm}$ 的外电场就足以使之电离。

外电场 $E[\text{V/m}]$ 将里德伯态的电离阈值减小到离子的“表观电势”AP(图 5.23):

$$AP = IP - \sqrt{e^3 E/\pi\epsilon_0} \tag{5.12}$$

根据库仑势和沿 x 方向电场的外电势 $V_{\text{ext}} = Ex$ 叠加后的最大值，就可以得到 AP。

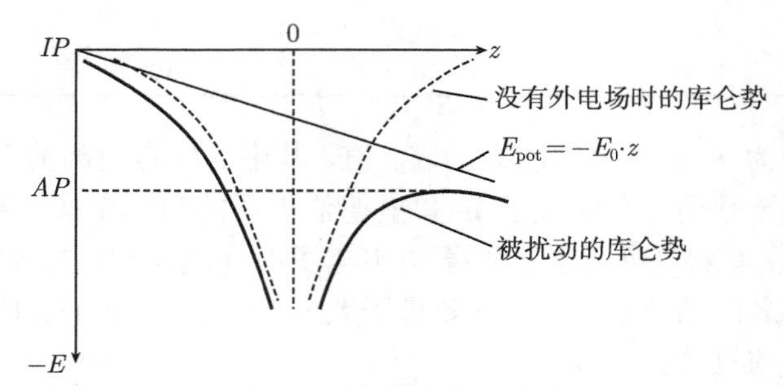

图 5.23　外场中的库仑势

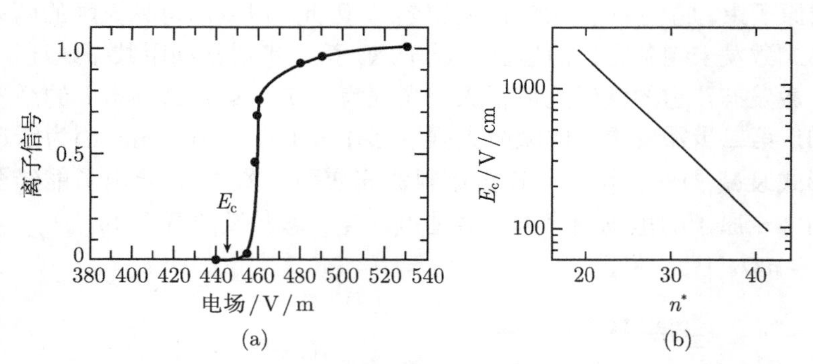

图 5.24　原子里德伯能级的场致电离

(a) $Na(31^2S)$ 能级的电离率；(b) $Na(n^*S)$ 里德伯能级的阈值电场 E_c 随有效主量子数 n^* 的变化关系[5.53]

例 5.11

$E=1000\text{V/cm}$，有效电离势的减小量 $\Delta IP = IP - AP$ 为 $\Delta IP = 20\text{meV} \hat{=} 194\text{cm}^{-1}$。$n^* \geqslant 24$ 的里德伯能级都已经被场致电离了。

利用场致电离几率对主量子数 n 的强依赖关系，可以检测位于特定里德伯态 n 上的原子。原子束中的里德伯原子先经过一个电场为 E_1 的区域，再穿过一个电场 $E_2 > E_1$ 的区域，所有 $n > n_1$ 的里德伯原子都在第一区内被电离了，而 $n_1 - 1$

能级上的原子，在通过第一区的时候并不受影响，恰当地选择 E_2，可以将它们在第二区内电离 (图 5.25)。

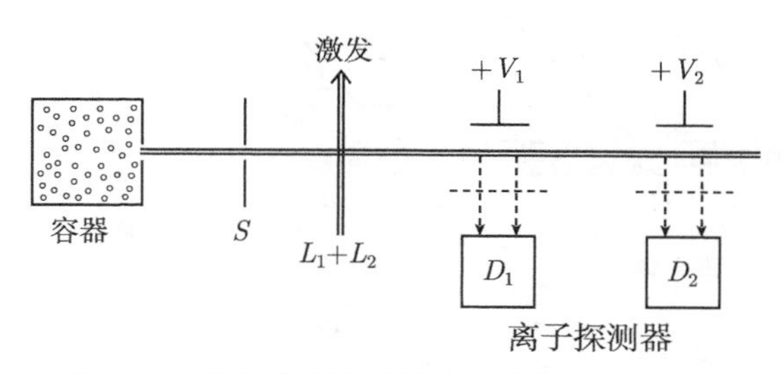

图 5.25 选择性地探测特定里德伯态上的原子

利用屏蔽网或屏蔽线，可以用热离子加热管 (第 1.4.5 节) 研究“无电场”条件下因碰撞过程引起的里德伯能级的退激发[5.57]。因为激发过程发生在没有电场的区域，所以，能够在非常大的量子数下分别研究碰撞展宽和能量位移的影响 (第 1 卷第 3.3 节)[5.56~5.58]。此外，可以利用热管研究原子实中电子的超精细能量对 Sr 原子里德伯项的影响，量子数可以高达 $n = 300$[5.59]。

在原子束中没有碰撞过程的条件下，选择性地激发里德伯原子，经过一段时间之后，相邻里德伯能级上的粒子数增大了，该时间小于自发寿命。这一奇怪结果的原因如下：里德伯原子的偶极矩很大，仪器内壁发出的热辐射就足以引起光学泵浦能级 $|n, l\rangle$ 和相邻里德伯能级 $|n+\Delta n, l\pm 1\rangle$ 之间的跃迁[5.60]。

里德伯原子和热辐射场之间的相互作用引起了里德伯能级的微小变化 (兰姆位移)，对于铷原子来说，只有 $\Delta\nu/\nu \approx 2\times 10^{-12}$。最近，已经用非常稳定的激光测量了它[5.61]。为了消除热辐射场的影响，必须用温度只有几个开尔文的腔壁将激光与原子束的相互作用区包围起来。

另一方面，利用里德伯原子的大电偶极矩，可以灵敏地探测微波和亚毫米波辐射[5.62]。为了探测频率为 ω 的辐射，利用激光在外电场中选择性地分步激发里德伯能级 $|n\rangle$。恰当地调节电场强度，使得里德伯能级 $|n\rangle$ 的能量 E_n 刚好低于场致电离的临界值 E_c，而 $E_n + \hbar\omega$ 恰好位于电离阈值之上。每吸收一个微波光子 $\hbar\omega$，就可以产生一个离子，其探测效率可以达到 100%(图 5.26)。

里德伯能级的另一个有趣性质是：原子实电场使得能级 $|n\rangle$ 上的里德伯原子的库仑能以 $1/n^{*\,2}$ 的形式减小。当主量子数 n^* 足够大的时候，外磁场 $\boldsymbol{B}$ 中的塞曼能可能会大于库仑能。

洛伦兹力 $\boldsymbol{F} = q(\boldsymbol{v}\times\boldsymbol{B})$ 使得电子绕着磁场方向 $\boldsymbol{B}$ 进动，即使电子的总能量高于无外场时的电离极限，该电子也不可能逃脱 (除了 $\boldsymbol{B}$ 方向之外)。这就使得这种自电离态具有相对较长的寿命。电子在这些量子态上的经典对应轨道非常复杂，

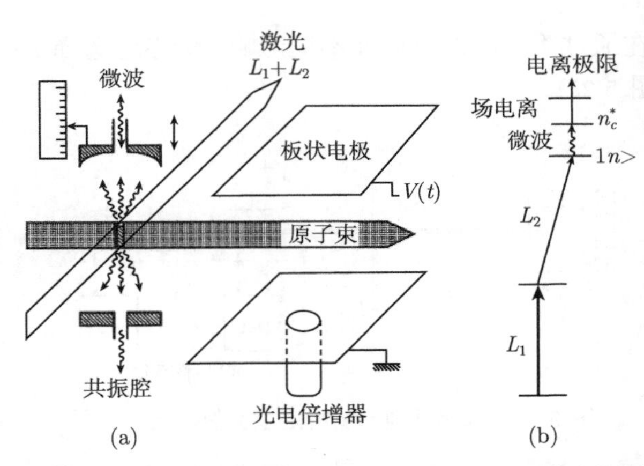

图 5.26 利用里德伯能级的微波光子电离过程，可以灵敏地探测微波辐射

甚至有可能是混沌的。目前，几个实验室的研究工作正在试图确定经典模型中的混沌行为与量子态结构之间的相互联系[5.63]。是否真的存在"量子混沌"，这仍然是一个有争议的问题[5.65~5.68]。

例 5.12

在氢原子的里德伯原子 ($n=100$) 中，电子和质子之间的库仑束缚能为 $E_{\text{coul}}=Ry/n^2=1.3\times10^{-3}\text{eV}$。在 $B=1\text{T}$ 的外磁场中，平均轨道角动量为 $50\hbar$ 的电子的磁能量为 $E_{\text{mag}}=\hbar\mu_{\text{B}}=2.8\times10^{-3}\text{eV}$，其中，$\mu_{\text{B}}=5.6\times10^{-5}\text{eV/T}$ 是玻尔磁子。

迄今为止，已经对位于交叉电场和磁场中的碱金属里德伯原子[5.64] 和氢原子的里德伯态[5.69] 进行了详细的实验研究，利用了直接的双光子跃迁过程或者借助于 2^2p 态的阶梯式激发。因为氢原子的电离能为 13.6eV，光子能量需要大于 6.7eV (即 $\lambda\leqslant 190\text{nm}$)，对气体或金属蒸气中的紫外激光进行倍频，就可以产生这样的光子[5.70,5.71]。

在迄今为止的例子中，激发的仅仅是单独一个里德伯电子。特殊的激发技术可以同时将两个电子激发到大量子数的里德伯态上[5.72]。这种双激发系统的总能量远大于电离能。两个电子之间的相互关联可以产生能量交换、从而导致自电离 (图 5.27)。利用两个光子的跃迁过程来实现双激发里德伯态的占据，首先利用可见激光的双光子跃迁激发一个电子的里德伯态，接着用紫外光子的双光子跃迁将另一个电子由原子实中激发到另一个里德伯态上[5.73,5.74]。这种双激发的里德伯原子被称为平面原子[5.75]，对于特定里德伯轨道 (n_1,l_1,S_1) 和 (n_2,l_2,S_2) 上的两个电子，测量对应的自电离时间，就能够研究它们之间的关联作用。

分子的里德伯序列要比原子的复杂得多。原因在于，分子中存在的分子态要多得多，每一个分子态还包含许多振动转动能级。通常，不同电子里德伯态的振动能级通过几种相互作用 (振动、自旋–轨道或 Colioris 相互作用等) 耦合在一起。这些

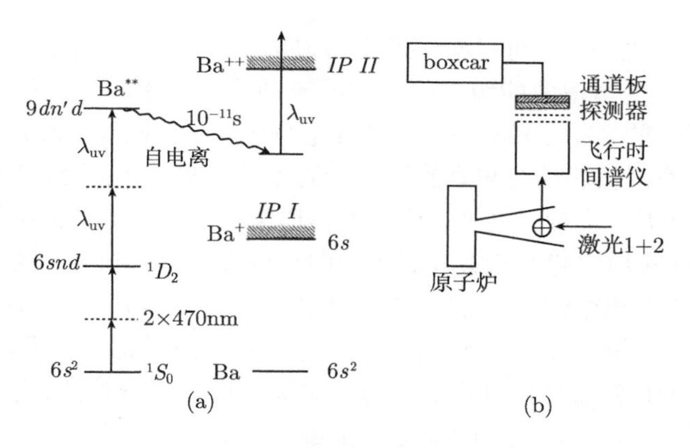

图 5.27 双激发的平面原子

(a) 能级示意图：Ba 原子中的两个电子被两步激发，随后自电离为 Ba^{++}；(b) 实验装置[5.70]

相互作用改变了它们的能量，这些被扰动的里德伯序列具有非规则性的结构，很不容易分析[5.76]。

此时，阶梯式激发特别有效，因为只有那些与已知的、泵浦引起了粒子占据的电偶极矩跃迁的中间态有关的里德伯能级才能够被激发。用一个相对简单的例子 —— 锂的双原子分子 Li_2—— 来说明这一点[5.77,5.78]。当泵浦激光选择性地激发 $B^1\Pi_u$ 态中的 (v_k, J_k') 的时候，在 $l=0$ 的里德伯态 $ns^1\Sigma$ 或 $l=2$ 而 $\lambda=2,1,0$ 的里德伯态 $nd^1\Delta$、$nd^1\Pi$ 或 $nd^1\Sigma$ 中，所有能级 (v^*，$J^*=J_k'\pm 1$ 或 $J^*=J_k'$) 都可以通过探测激光跃迁到达，$\Delta J=+1$ (R- 谱线)，$\Delta J=0$ (Q 谱线) 或 $\Delta J=-1$ (P 谱线)。图 5.28 给出了从 $B^1\Pi_u$ 态的宇称为 -1 和 $+1$ 的两个 Λ 分量到不同里德伯态上的所有可能的跃迁过程。

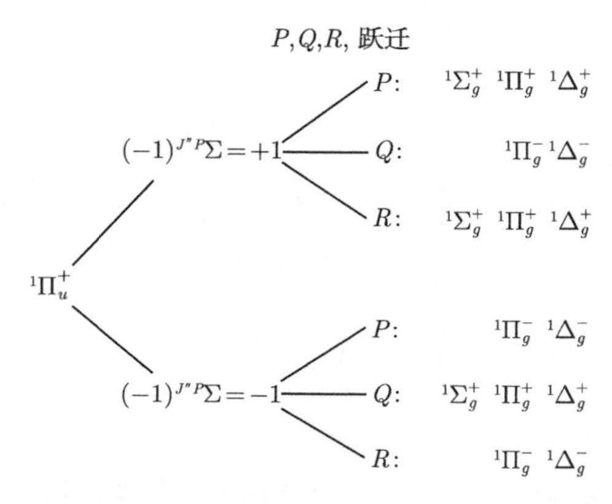

图 5.28 在原子核相同的碱金属双原子分子中，通过中间态 $B^1\Pi_u$ 的单光子电离过程，可以获得分子里德伯态

探测激光诱导的荧光，可以检测低于电离势 IP 的里德伯能级的激发。然而，还有许多高于 IP 的里德伯能级中的振动或转动能级被激发了 (图 5.29)。如果里德伯电子从分子实的振动或转动中获取了足够的能量，它就能够离开分子实。这种自电离过程要求原子核的动能与里德伯电子的能量之间存在耦合，也就是说，绝热的玻恩–奥本海默近似失效了[5.76]。这种耦合通常很弱，因此，这种自电离过程要比电子–电子关联作用引起的双激发原子中的自电离过程慢得多。这种自电离态的“寿命”很长，它对应的跃迁谱线非常窄。因为自发寿命以正比于 n^3 的形式增加，自电离过程仍然有可能比这些能级的辐射跃迁要快一些。因此，利用自电离产生的离子，可以灵敏地探测那些跃迁到高于分子电离极限的里德伯能级上的跃迁过程。令第一束激光的 λ_1 保持不变，改变第二束激光 $\lambda(L_2)$，就可以观察到产生的离子数目 $N_{\mathrm{ion}}(\lambda_2)$ 有着尖锐的共振峰，它们位于直接光电离的连续背景之上 (图 5.30)。

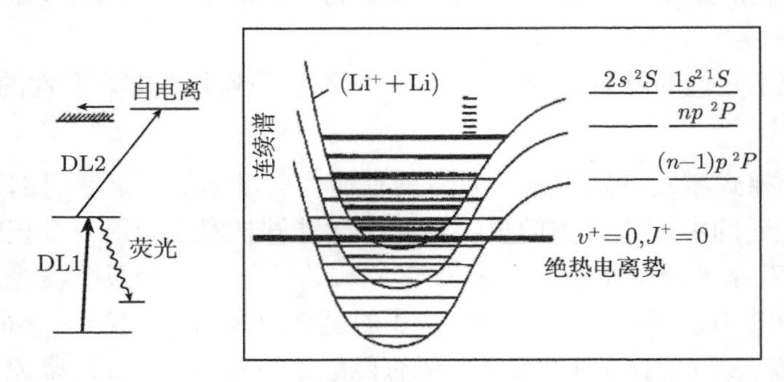

图 5.29 能量高于分子离子 M^+ 的最低能级的分子里德伯能级 (n^*, v^*, J^*) 的自电离过程

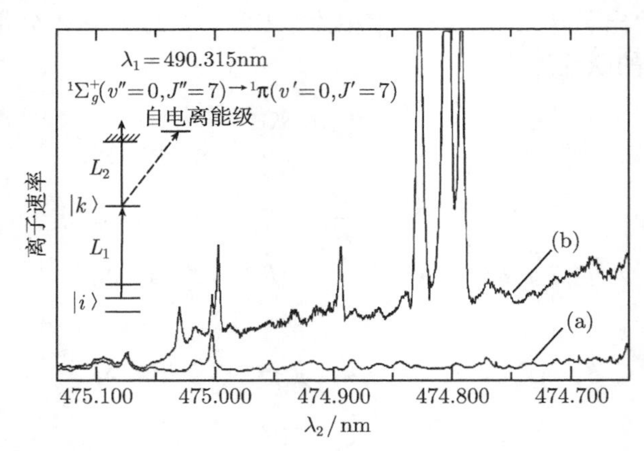

图 5.30 在双原子分子 Li_2 中，用第一束激光激发 $B^1\Pi_u$ 态上的 $|k\rangle = (v' = 2, J' = 7)$ 能级，测量产生的离子数 $N_{\mathrm{ion}}(\lambda_2)$，可以探测直接电离过程以及恰好位于电离阈值之上的自电离共振过程

(a) 关闭激光 L_1；(b) 打开激光 L_1

分析这些光谱需要利用量子亏损理论[5.79~5.81]。

用于研究分子里德伯态的实验装置如图 5.31 所示。用同一台准分子激光器泵浦两台脉冲窄带激光器，后者的输出光束叠加在一起垂直地穿过分子束。用光电倍增管检测中间能级 (v', J') 或里德伯能级 (v^*, J^*) 发出的荧光。自电离过程 (或者能量略低于 IP 的能级的场致电离过程) 产生的离子被电场捕获、加速撞击到离子光电倍增管或多通道板上，这样就可以探测单个离子。为了避免激发过程中的电学斯塔克位移，只有在激光脉冲的快要结束的时候，才打开捕获电场。关于实验细节以及分子里德伯光谱的结构和分析，请参考文献 [5.78]~[5.82]。

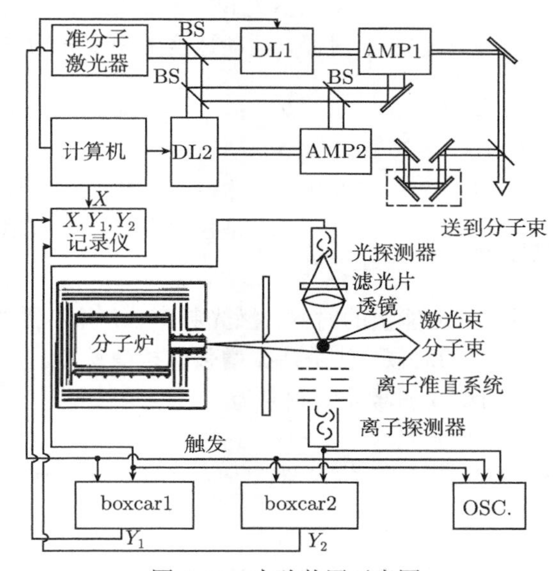

图 5.31 实验装置示意图

在分子束中，利用两步式激发过程测量分子里德伯能级[5.78]

研究分子的离子态和分子的电离势的一种重要技术是零动能电子光谱学，用激光在电离极限处激发离子态，从而产生动能非常小的光电子，然后再进行选择性的探测[5.84]。在感兴趣的光谱范围内调节激光频率，零动能电子的出现就标志着新量子态的激发阈值。因为光生电子的动能非常小，很小的电场就可以将它们高效地汇集到探测器上。将这种零动能电子光谱学与激光激发和分子束技术结合起来，就是分子里德伯态光谱学，它是一个正在飞速发展的新领域[5.83~5.87]。

如前文所述，通过微波跃迁可以从光学泵浦的原子或分子里德伯能级跃迁到相邻的能级上去。这种“三重共振”(两步式激光激发再加上微波跃迁) 是一种非常精确的实验方法，可以测量量子亏损、精细结构劈裂以及里德伯态的塞曼劈裂和斯塔克劈裂[5.88]。

量子数非常大的里德伯能级的斯塔克劈裂和场致电离可以用来灵敏地探测微弱电场。这些例子证明，从里德伯态光谱中能够得到各种不同的信息。在第 9.5 节以及关于里德伯态激光光谱学的文献中[5.89~5.93]，可以找到更多的例子。

5.4.3 受激发射泵浦

在 Λ 型的光学–光学双共振模式中 (图 5.32)，探测激光引起了由泵浦跃迁的上能级 $k=|2\rangle$ 到较低能级 $f=|m\rangle$ 上的跃迁。这一过程称为受激发射泵浦，可以将它看作是一种共振引起的拉曼跃迁。当单色的泵浦激光和探测激光的频率分别为 ω_1 和 ω_2 的时候，运动速度为 $\boldsymbol{v}$ 的分子的共振条件为

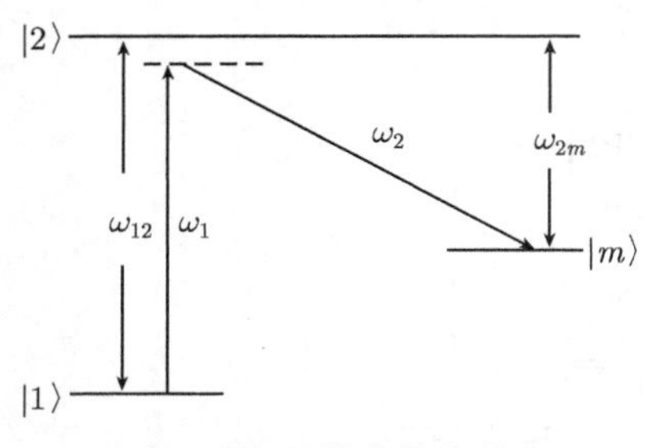

图 5.32 受激发射光谱学

$$\omega_1-\boldsymbol{k}_1\cdot\boldsymbol{v}-(\omega_2-\boldsymbol{k}_2\cdot\boldsymbol{v})=(E_m-E_1)/\hbar\pm\varGamma_{m1} \tag{5.13}$$

其中，ω_i 和 k_i 是激光 i 的频率和波矢，$\varGamma_{m1}=\gamma_1+\gamma_m$ 是拉曼跃迁的初态和终态的均匀宽度之和。

注意，当 L_1 达到一个虚能级的时候，激光频率 ω_1 并不需要正好等于 $\omega_{12}=(E_2-E_1)/\hbar$。当 $\omega_1=\omega_{12}$ 的时候，就是共振增强的拉曼跃迁。

无论是哪种情况，如果探测激光的频率为

$$\omega_2=\omega_1+(\boldsymbol{k}_2-\boldsymbol{k}_1)\cdot\boldsymbol{v}-(E_m-E_1)/\hbar\pm\varGamma_{m1} \tag{5.14}$$

那么，它就处于共振。

当两个激光束是共线构型的时候，$\boldsymbol{k}_1\parallel\boldsymbol{k}_2$，如果 $|k_1|-|k_2|\ll|k_1|$，那么多普勒频移就非常小，光学–光学双共振信号 $S(\omega_2)$ 的宽度就仅取决于初态和终态能级的宽度之和，上能级 $|2\rangle$ 并不会影响信号的宽度。如果两个能级 $|1\rangle$ 和 $|m\rangle$ 是分子的电子基态上的振动转动能级，它们的自发寿命非常长 (对于原子核相同的双原子分子来说，它的寿命是无限长)，能级宽度仅仅取决于分子穿越激光束的渡越时间。在这种情况下，光学–光学双共振信号的线宽可以小于光学跃迁 $|1\rangle\to|2\rangle$ 的线宽 (第 9.4 节)。

类似于第 2.2 节中关于饱和激光光谱学的讨论，可以从探测光的吸收系数

$$\alpha(\omega)=\int_{-\infty}^{+\infty}\sigma(v_z,\omega)\Delta N(v_z)\mathrm{d}v_z \tag{5.15}$$

出发，进行更为彻底的考虑，其中，$\Delta N=(N_m-\mathrm{N}_2)$。由于激光 L_1 的光学泵浦，共同的上能级 $|2\rangle$ 中的粒子数密度 $N_2(v_z)$ 由热平衡值 $N_2^0(v_z)$ 变为

$$N_2^s(v_z) = N_2^0(v_z) + \frac{1}{2}\frac{[N_1(v_z) - N_2(v_z)]\gamma_2 S_0}{(\omega - \omega_{12} - k_1 v_z)^2 + (\varGamma_{12}/2)^2(1+S)} \tag{5.16}$$

其中，S 是泵浦跃迁的饱和参数，见式 (2.7)。将式 (5.16) 代入式 (5.15) 并对所有的速度分量 v_z 进行积分，可以得到[5.94]

$$\alpha(\omega) = \alpha_0(\omega)\left(1 - \frac{1}{2}\frac{N_2^0 - N_1^0}{N_2^0 - N_m^0}\frac{k_2 S}{k_1\sqrt{1+S}}\frac{\gamma_1 \Delta\varGamma}{[\varOmega_2 \pm (k_2/k_1)\varOmega_1]^2 + (\Delta\varGamma)^2}\right) \tag{5.17}$$

其中，$\varOmega_1 = \omega_1 - \omega_2$，$\varOmega_2 = \omega_{2m}$，$\Delta\varGamma = \varGamma_{2m} + (k_2/k_1)\varGamma_{12}\sqrt{1+S}$。

上式表明，多普勒谱线 $\alpha_0(\omega)$ 在频率

$$\omega_2 = (k_2/k_1)(\omega_1 - \omega_{12}) + \omega_{2m}$$

处有一个凹坑。如果式 (5.17) 中括号内的第二项变得大于 1，那么，$\alpha(\omega)$ 就变为负值，也就是说，探测光被放大了，而不是被减弱了 (拉曼增益，第 1 卷第 5.7 节)。

对泵浦激光进行斩波，用锁相放大器测量探测激光的拉曼信号，可以得到很窄的光学–光学双共振信号，其线宽为

$$\Delta\varGamma = \gamma_m + [(k_2/k_1)\gamma_1 + (1 \mp k_2/k_1)\gamma_2]\sqrt{1+S} \tag{5.18}$$

其中，式 (5.18) 中括号里面的负号表示两束激光是共线同向传播的，正号表示两束激光是共线反向传播的。对于共线构型来说，共同的上能级的线宽 γ_2 只有 $(1 - k_2/k_1)$ 的部分发生作用，当 $k_2/k_1 \sim 1$ 的时候，它就变得非常小[5.95]。

这种 Λ 型的光学–光学双共振方法可以用来探测靠近电子基态的电离极限的高振动–转动能级。例如，图 5.33 给出了 Cs_2 分子的能级示意图，其中 $D^1\Sigma_u$ 态上的高振动能级 $(v' = 50, J' = 48)$ 在振动分子的内折返点处被光学泵浦，探测激光引起的向下跃迁具有很大的弗兰克–康登因子，从外折返点跃迁到能级 (v_3, J_3) 上，后者非常靠近基态 $X_1\Sigma_g^+$ 的离解能量。这些能级表现出三重态能级的超精细混合引起的微扰，这种微扰来自于电子自旋引起的原子核自旋与原子核自旋之间的间接相互作用。这种光学–光学双共振技术可以给出原子核间距很大时的原子相互作用的详细信息，在实现了碱金属原子的玻色–爱因斯坦凝聚之后，这种相互作用引起了越来越多的兴趣，因为它引起了自旋翻转，从而减少了凝聚体中的原子 (第 9.1.9 节)。

在共线同向传播时，光学–光学双共振信号的线宽远小于接近于离解的上能级的能级宽度。

利用光学–光学双共振偏振光谱学或离子凹坑光谱学 (第 5.5.1 节) 来测量探测光的透射率变化，就可以检测向下的跃迁过程。

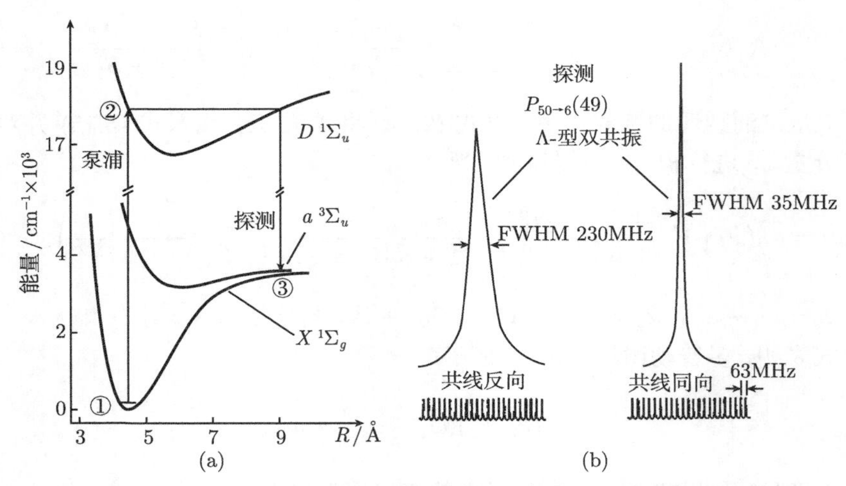

图 5.33　以 Cs_2 为例说明 Λ 型光学–光学双共振光谱学

(a) 能级结构示意图；(b) 当泵浦光和探测光同线同向传播和同线反向传播时，对同一个跃迁过程测量得到的光学–光学双共振信号。在此例中，(接近于离解的) 上能级的均匀线宽为 $\gamma_2 \sim 100\text{MHz}$[5.101]

通常，如果 $|m\rangle$ 能级之间的间距大于多普勒宽度，就不需要单模激光得到的共振拉曼跃迁的超高光谱分辨本领，这时可以利用脉冲激光进行受激发射泵浦[5.96]。迄今为止，关于多原子分子的电子基态上的高振动能级的许多实验都是用脉冲激光进行受激发射泵浦。在文献 [5.97]~[5.100] 中，可以找到许多相应的工作。

受激发射泵浦技术可以选择性地占据分子的高振动能级，该分子将会与其他原子或分子碰撞。测量引起化学反应的碰撞过程的截面随着激发能量的变化关系，可以得到关于化学反应机制和分子间势场的非常有用的信息 (第 8 章)。因此，受激发射泵浦是一种非常有用的技术，可以将粒子选择性地传递到高振动能级之上，利用基态的直接吸收过程不可能做到这一点。

迄今为止，我们仅仅考虑了受激泵浦跃迁引起的粒子数变化 ΔN_i。然而，还存在着相干效应，利用相干激发的快速绝热传递 (即受激拉曼绝热传递 STIRAP, 见第 7.3 节) 方法，可以实现另一种更为有效的测量模式，如第七章所述。

5.5　双共振光谱学的特殊探测模式

因为双共振光谱学在分子光谱的分析方面具有很大的优势，已经发展了许多不同的探测模式。本节将给出四个例子。

5.5.1　光学–光学双共振偏振光谱学

类似于利用单个可调谐激光器的偏振光谱学 (第 2.4 节)，在光学–光学双共振偏振光谱学中，样品室位于两片正交的偏振片之间，测量透射的探测光强度 $I_{\mathrm{T}}(\lambda_2)$ 随着探测光波长 λ_2 的变化关系。

用一束分立的激光对分子进行光学泵浦，在 V 型的光学–光学双共振测量中，泵浦光束与探测光束反向共线地穿过样品盒，在 Λ 型测量中，两束激光同向共线传播 (图 5.34)。为了让泵浦跃迁保持在预先选定的跃迁上，必须先测量泵浦激光的无多普勒效应的偏振光谱。因此，将泵浦激光分成一束泵浦光和一束探测光，在激光 L_2 关闭的时候测量光谱。利用选定的跃迁过程来稳定泵浦激光，同时让第二束 (弱) 探测激光 L_2 穿过样品盒。

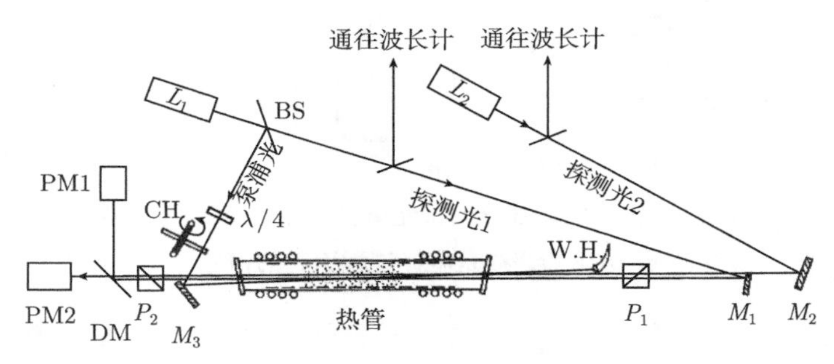

图 5.34　Λ 型光学–光学双共振测量的实验装置示意图

有几种实验窍门可以分开两束探测光 L_1 和 L_2：在 Λ 型光学–光学双共振测量中，两束探测光沿着相反方向传播，因此可以用两个不同的探测器检测。在 V 型光学–光学双共振测量中，泵浦光束 L_1 和探测光束 L_2 反向共线传播，也就是说，两束探测光束是同向共线的。如果它们的波长差别足够大，在偏振片后面放置一个棱镜，就可以分离它们。这种方法足以分离两束探测光束，但缺点是：棱镜的折射角随着波长而改变，当探测波长需要在较大的光谱范围内变化的时候，就必须重新调整探测器的位置。如果两束探测光束的波长 λ_1 和 λ_2 的差别足够大，就可以用两色镜分离它们 (图 5.34)。

合频方法的光学配置更简单一些，但是需要更多的电子线路。用同一个斩波器以不同的频率来斩波泵浦光束 L_1 和探测光束 L_2 (图 5.20)。用同一个探测器检测两个探测光束。输出信号同时输入到两个锁相探测器中，其频率分别为 f_1 和 f_1+f_2。当调节 λ_1 的时候，频率为 f_1 的锁相探测器记录的是 L_1 的偏振光谱，保持波长 λ_1 不变的同时调节波长 λ_2，频率为 (f_1+f_2) 的锁相探测器记录的是激光 L_1 和 L_2 共同引起的光学–光学双共振光谱。

例如，图 5.35 给出了 Cs_2 分子的 V 型和 Λ 型光学–光学双共振信号的一部分偏振光谱，Cs_2 分子的跃迁过程分别具有一个共同的上能级或下能级[5.101,5.102]。

在指认较大分子的复杂光谱方面，光学–光学双共振光谱特别有用。许多的有

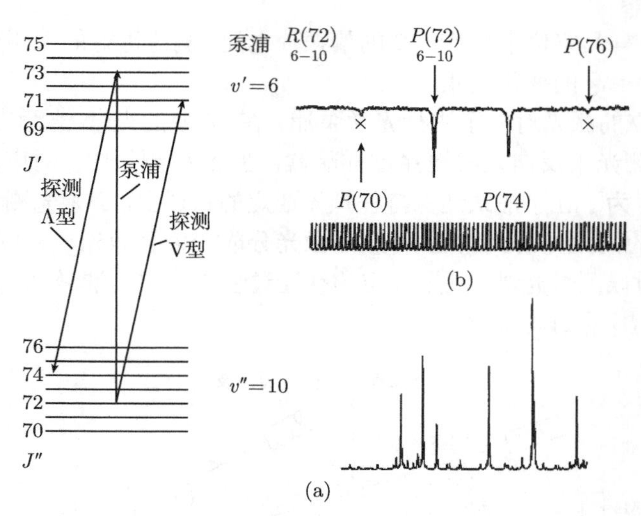

图 5.35　Cs_2 分子的一部分偏振光谱以及光学–光学双共振信号
× 标出的谱线是碰撞过程引起的信号

机分子在可见光区内没有吸收带，例如苯分子和萘分子，它们只在紫外区间才开始吸收，因此，必须对光学–光学双共振测量使用的两束可见激光进行倍频。为了达到非线性光谱学测量所需要的高光强，需要在外腔中进行倍频。在紫外波段用于光学–光学双共振偏振光谱学测量的全部实验装置如图 5.36 所示[5.103]，光学–光学双共振的优点如图 5.37 所示。下方的曲线给出的是萘分子在 310nm 附近的没有多普勒效应的偏振光谱。上方曲线给出的是一些光学–光学双共振谱线及其能级结

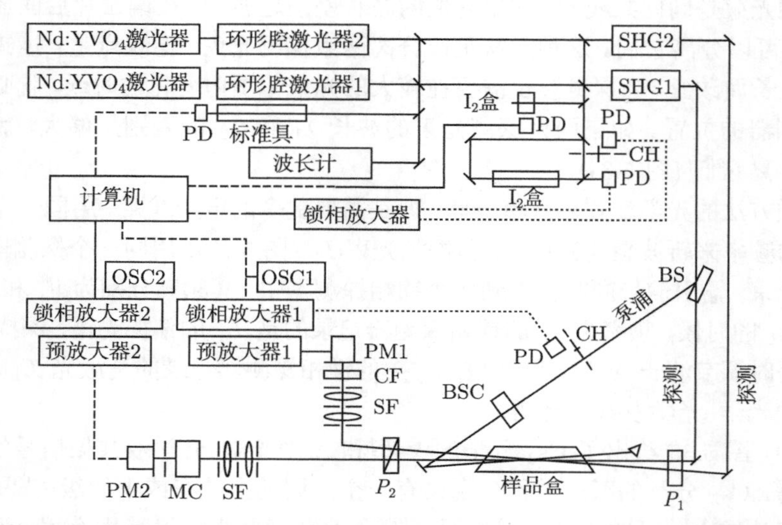

图 5.36　紫外光区的光学–光学双共振偏振光谱学的实验装置示意图[5.103]

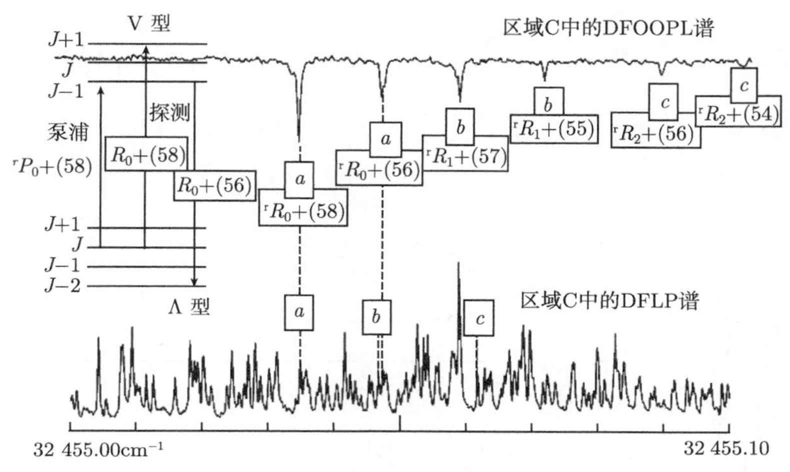

图 5.37 萘分子的光学–光学双共振光谱 (上方的曲线) 和偏振光谱 (下方的曲线)

构示意图以及相应的指认。用 $^rP_0+(58)$ 跃迁过程来稳定泵浦激光，同时调节探测激光。V 型和 Λ 型的双共振信号都能够被指认出来。原则上说，V 型信号和 Λ 型信号应该具有相反的符号，但是此时的锁相探测器处于正交模式，探测是信号的幅度而不是符号，这样得到的信噪比更高。

5.5.2 偏振标记

通常来说，在对选中的光谱区间进行没有多普勒效应的扫描之前，先在更宽的光谱区间上以较低的分辨率测量光学–光学双共振谱，这是有好处的。此时，肖洛及其小组首先引入的偏振标记技术[5.104,5.105] 非常有用。偏振的泵浦激光 L_1 使得某个选定的低能级 $|i\rangle$ 或高能级 $|k\rangle$ 上的分子进行取向，从而标记了这些能级。让偏振连续光束而非单模探测激光穿过样品，该样品位于彼此正交的两个偏振片之间。由标记能级 $|i\rangle$ 或 $|k\rangle$ 出发的跃迁过程影响了光波 λ_{im} 或 λ_{km} 的偏振特性。只有这些光才能穿过正交的偏振片，在经过光谱仪之后，用光学多通道分析仪或 CCD 照相机 (第 4.5 节) 记录下来。此时，光谱分辨率受限于光谱仪的分辨率，光谱范围受限于光谱仪的色散以及光学多通道分析仪上的二极管阵列的长度。

我们实验室里用来研究分子里德伯态的典型实验装置如图 5.38 所示。泵浦激光是单模连续染料激光，用氮分子激光或准分子激光泵浦的两个脉冲放大器进行放大。连续谱由染料池的宽带荧光提供，染料池由准分子激光束的一部分来激发。因为这个连续谱只能够在染料池的很小的泵浦范围内产生，可以用透镜将它准直为平行光束，然后让它与泵浦光束反平行地穿过包含有锂原子蒸气的热管道。位于光谱仪之后的光学多通道分析仪是栅极控制的，因此探测器只对时间很短的探测脉冲有响应。

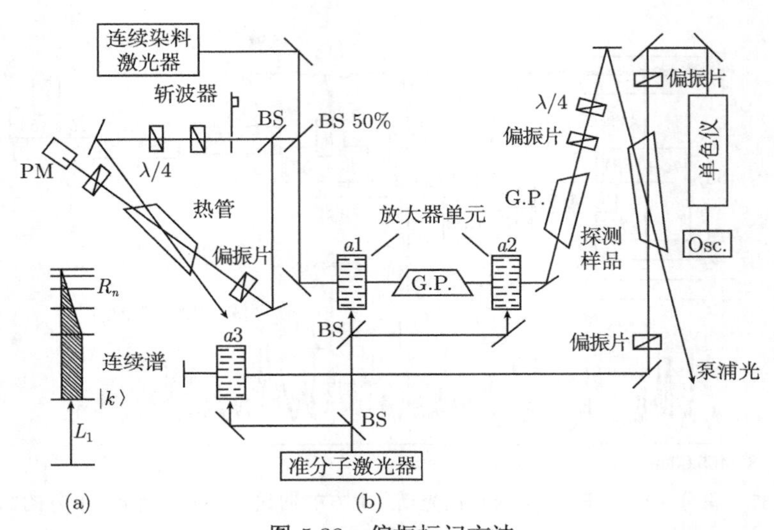

图 5.38 偏振标记方法

(a) 能级结构示意图；(b) 实验装置示意图

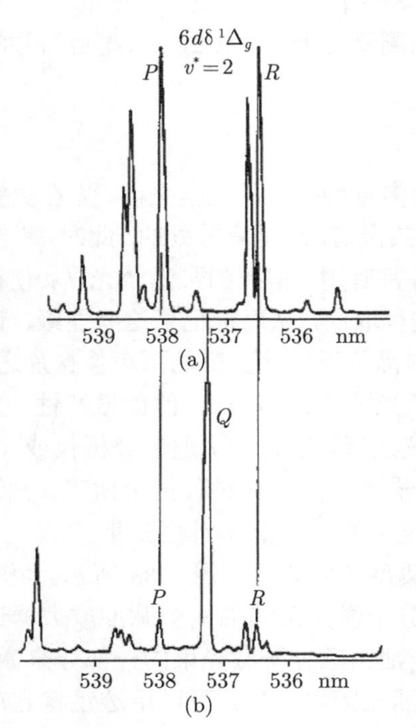

图 5.39 Li_2 分子里德伯跃迁的偏振标记光谱

泵浦激光分别是 (a) 圆偏振光和 (b) 线偏振光。注意，两个光谱中 Q 跃迁和 P、R 跃迁的强度差别

图 5.39 给出了 Li_2 分子里德伯跃迁的一部分偏振标记光谱[5.106]，该跃迁始于泵浦激光标记的中间能级 $B^1\Pi_u(v'=1, J'=27)$。在上方的光谱中，泵浦激光是圆偏振的，增强的是 P 跃迁和 R 跃迁；而在下方的光谱中，泵浦激光是线偏振的，泵浦光和探测光的电场矢量的夹角为 45°，此时的 Q 谱线非常明显，P 谱线和 R 谱线则减弱了许多 (第 2.4 节)。这就证明了偏振标记技术在光谱分析中的优点。

5.5.3 微波–光学双共振偏振光谱

一种非常灵敏而又精确的双共振技术是 Ernst 等 [5.107] 发展起来的微波–光学双共振偏振光谱学 (MOPS)。这种技术利用偏振光的透射率变化探测位于两个正交的偏振片之间样品中的微波跃迁。这种方法测量了 CaCl 分子的电子基态上的转动能级之间的跃迁过程的超精细结构，证明它是一种非常灵敏的方法。CaCl 分子是由氯气流中的化学反应 $2\text{Ca} + \text{Cl}_2 \rightarrow 2\text{CaCl}$ 生成的。虽然反应产物 CaCl 分子的浓度非常低，反应区内的吸收长度非常小，在线宽 1～2MHz 处还是实现了的很好的信噪比[5.108]。更近一些的例子是将这种技术应用到冷分子束中的 Na_3 团簇，测量了 Na_3 团簇的电子基态的超精细结构[5.109]。

5.5.4 烧孔和离子凹坑的双共振光谱

除了保持激光波长 λ_1 不变、调节探测激光的波长 λ_2 以外，也可以在保持探测光跃迁过程 $|i\rangle \rightarrow |k\rangle$ 的同时扫描泵浦激光。当泵浦激光引起的跃迁过程与探测激光具有相同的下能级 $|i\rangle$ 或上能级 $|k\rangle$ 的时候 (V 型或 Λ 型光学–光学双共振过程)，在 λ_2 处由探测激光引起的荧光强度 I_{Fl} 就会出现一个凹坑 (图 5.40)。利用脉冲激光，可以改变泵浦激光和脉冲激光之间的时间延迟 Δt，从而研究由泵浦激光 (或倒空激光) 在粒子数密度 N_i(或 N_k) 上产生的烧孔的弛豫过程[5.110]。

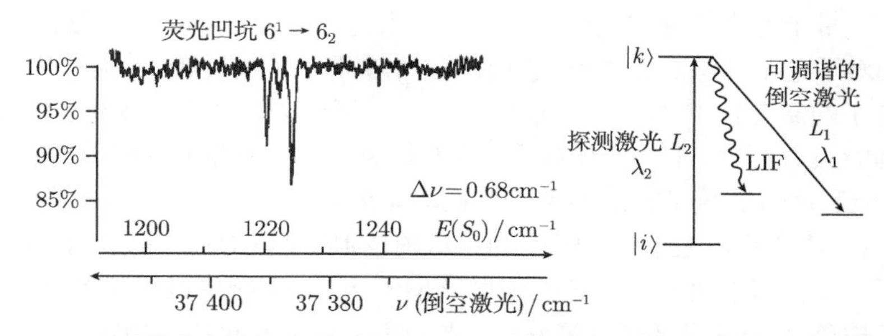

图 5.40 C_6H_6 分子的荧光凹坑光谱。激光 L_2 选择性地激发了上方的 6^1v 振动态的转动能级 $J' = 6, K' = 6, l_6' = -1$，测量荧光随着倒空激光 L_1 波长 λ_1 的变化关系[5.110]

如果用探测光跃迁的上能级 (图 5.41(a)) 的单光子或双光子电离过程来监测探测激光束的吸收，当可调谐泵浦光束在共同的下能级的粒子数 N_i 上产生烧孔的时候，离子信号就会出现一个凹坑 (离子凹坑光谱学)。这就给出了另一种探测受激辐射泵浦的方法，它利用了三束激光 (图 5.41(b))。第一束激光 L_1 保持在跃迁过程

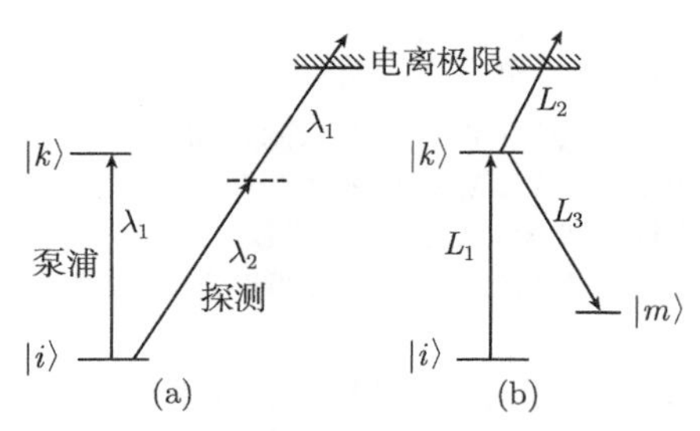

图 5.41 离子凹坑光谱学

(a) 耗尽下能级 $|i\rangle$，从而检测离子凹坑；(b) 受激辐射泵浦上能级 $|k\rangle$

$|i\rangle \to |k\rangle$ 上不变。位于激发态 $|k\rangle$ 上的分子被第二束激光 L_2 电离。如果条件允许的话，可以利用 L_1 激光的光子进行电离，这样就不需要 L_2 激光。

第三束可调谐激光 L_3 引起了向下的跃迁过程 $|k\rangle \to |m\rangle$，从而减少了能级 $|k\rangle$ 上的粒子数。当受激辐射激光的波长 λ_3 与跃迁过程 $|k\rangle \to |m\rangle$ 重合的时候，在离子信号 $S(\lambda_3)$ 上就会观察到一个凹坑[5.110,5.111]。

5.5.5　三重共振光谱学

在一些光谱学问题中，一些分子态或原子态不能用两步式的激发占据，因此，有必要使用三束激光来占据它们。一个例子是研究电子激发态上的高量子数的振动能级，它可以给出原子核间距很大时的激发态原子的相互作用势。这种作用势 $V(R)$ 可以表现为一个势垒，位于能量大于离解能 $V(R=\infty)$ 的能级上的分子可以隧穿式地通过该势垒。Na_2 分子的三重共振模式如图 5.42(a) 所示。用染料激光 L_1 激发 $A^1\Sigma_u$ 量子态上的选定能级 (v', J')。如果能够实现足够大的占据数 $N(v', J')$，就可以相对于电子基态的高振动能级 (v'', J'') 实现粒子数反转，从而产生激光 (Na_2 双原子分子的激光)，使得下方的能级 (v'', J'') 被占据。第三束激光引发了一个由此能级到能级 (v^*, J^*) 上的跃迁过程，后者是 $A^1\Sigma_u$ 量子态中接近于离解极限的能级。不可能利用特殊量子态的小量子数振动能级 (v'', J'') 来占据这些能级，因为相应的弗兰克–康登系数太小了[5.112]。利用这种技术，可以测量 Na_2 分子的 $X^1\Sigma_g^+$ 基态的最后一个束缚能级[5.113]。这些测量给出了 Na–Na 碰撞过程的散射长度[5.114]，为了实现玻色–爱因斯坦凝聚 (第 9.1.9 节)，这是一个非常重要的物理量。

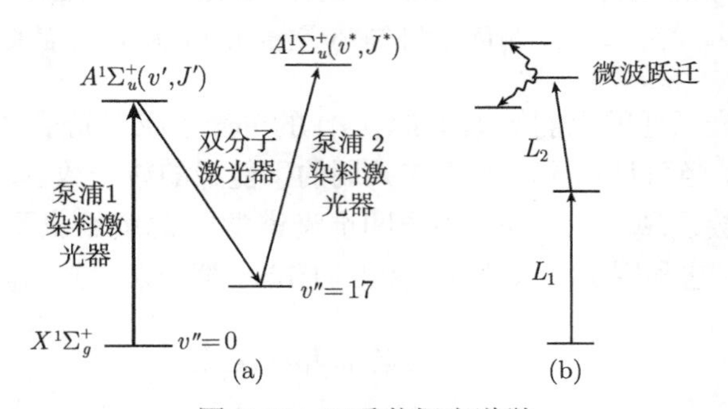

图 5.42　三重共振光谱学

(a) 利用受激辐射泵浦在基态中量子数很大的振动能级上产生粒子占据，再吸收第三束激光之后就可以在 Na_2 分子的激发态 $A^1\Sigma_u$ 的离解能附近的能级上产生粒子数占据[5.113]；(b) 利用光学–光学双共振方法和微波诱导的到邻近能级的跃迁过程，就可以分步式地激发里德伯能级

前面已经提到过了另一个例子，它就是用两束染料激光通过两步式共振吸收过程激发的里德伯能级的微波光谱 (图 5.41(b))。高精度的微波光谱学能够准确地给出更为详细的信息，例如里德伯能级的场致能量位移，黑体辐射引起的里德伯跃

迁的展宽，以及其他一些用光波光谱学方法无法看到的效应。

5.5.6 光结合光谱

近期发展起来的光结合光谱技术是受激发射光谱 (第 5.4.3 节) 的变种，应用于冷的碰撞原子系统中。它的原理如图 5.43 所示。在冷原子气体 (例如，玻色–爱因斯坦凝聚体，第 9.1.9 节) 中，一对彼此接近的碰撞冷原子 $A+A$ 或 $A+B$ 被一束窄带激光 L_1 激发到双原子分子 A_2 或 AB 的一个稳定电子态上，两个原子间的距离对应于激发态中大量子数的振动能级 $|v'\rangle$ 的外折返点。另一束激光 L_2 引发了由内折返点到电子基态的束缚振动能级 $|v'',J''\rangle$ 上的跃迁过程。调节激光 L_1 的波长 λ_1，就可以在很宽的范围内选择高能量电子态中的振动能级，从而优化了向下跃迁到基态中选定的振动能级 $|v''\rangle$ 上的跃迁过程的弗兰克–康登因子。在非常低的温度下，基态中最高的振动能级 $|v''_{\max}\rangle$ 也是稳定的。测量这些非常靠近离解极限的转动结构和精细结构的精密光谱学，有助于深入理解原子核间距 R 很大时的电子与原子核之间的极为复杂的相互作用，此时必须考虑反冲效应，而转动能级的间距、超精细结构和精细结构的大小都具有相同的数量级。考虑所有这些效应，就能够构建出 R 值很大时的势能曲线 $E_{\text{pot}}(R)$。

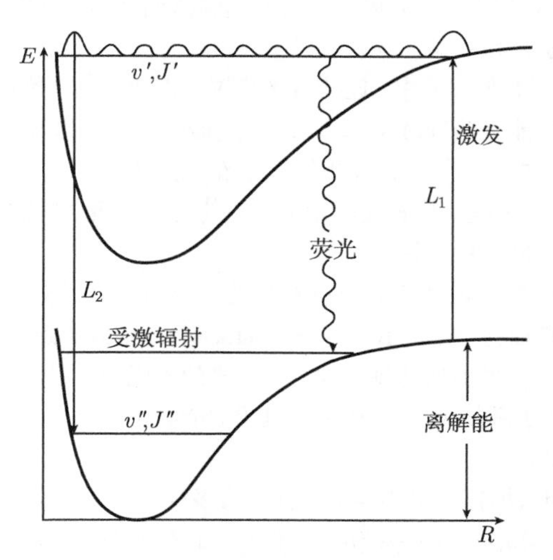

图 5.43 光结合光谱学的能级示意图

利用波长为 $\lambda = 1083\text{nm}$ 的窄带激光激发一对位于亚稳态 $2\,^3S_1$ 中的 He* 原子，在磁陷阱中可以产生占据了电子 O_u^+ 量子态 $(2\,^3S_1+2\,^3P_0)$ 的束缚振动能级上的 $He\text{e}_2^*$ 双原子分子[5.115]。内折返点位于 $R_1 = 150a_0$，外折返点位于 $1150a_0 = 57.5\text{nm}$，这就表明，就其尺寸来说，这些激发态的双原子分子的确是非常巨大的分子。

进一步的信息请参考文献 [5.116]~[5.118]。

5.6 习 题

5.1 一束线偏振激光束沿 z 方向穿过一个样品盒。将波长调节到跃迁 $|1\rangle \to |2\rangle$ 上，其中 $J_1 = 0$，$J_2 = 1$。当关掉激光的时候，上能级 $|2\rangle$ 是空的。如果激发速率为 10^7s^{-1}，有效寿命为 $\tau_2 = 10^{-8}\text{s}$，碰撞引起的 $(M_2 = \pm 1) \leftarrow M_2 = 0$ 混合速率为 $5\times 10^6\text{s}^{-1}$，那么，$M_2$ 能级的相对粒子数 $N_{21}(M_2 = \pm 1)/N_{20}(M_2 = 0)$ 是多少？相应的准直度是多少？

5.2 假定线偏振激光的吸收截面为 $\sigma = 10^{-13}\text{cm}^2$，$\boldsymbol{E} \parallel \boldsymbol{D}$，$\lambda = 500\text{nm}$。偶极跃迁矩为 $\boldsymbol{D}$ 的激发态原子与电场 $\boldsymbol{E}$ 形成的角度为 α，当激光光强为 I 的时候，对于跃迁 $J_1 = 0 \to J_2 = 1$，求激发原子的角分布 $\mathrm{N}_2(\alpha)$。当 $I = 10^4\text{W/m}^2$ 的时候，自发跃迁几率为 $A_{21} = 5\times 10^6\text{s}^{-1}$，计算饱和参数 $S(\alpha = 0)$。

5.3 (a) 在一个拉比分子束实验装置中，磁矩为 $\mu = 0.8\mu_\text{B}(\mu_\text{B} = 9.27\times 10^{-24}\text{J/T})$ 的分子以速度 $v = 500\text{m/s}$ 沿 z 方向穿过非均匀磁场，$\mathrm{d}B/\mathrm{d}x = 1\text{T/cm}$，$L_\text{B} = 0.1\text{m}$。分子质量为 $m = 50\text{AMU}(1\text{AMU} = 1.66\times 10^{-27}\text{kg})$，计算分子的偏转角。

(b) 如果进入磁场的分子束接近于平行，发散角为 $\epsilon = 1^\circ$，均匀密度为 $N_0(x)$，到达 50cm 之外的位于磁场尽头的探测器上的横向密度分布为 $N(x)$。$N(x)$ 的近似线形是什么？

(c) 假定 60% 的分子位于能级 $|1\rangle$，$\mu_1 = 0.8\mu_\text{B}$，而 40% 的分子位于能级 $|2\rangle$，$\mu_2 = 0.9\mu_\text{B}$。$N = N_1 + \mathrm{N}_2$ 的线形 $N(x)$ 是怎样的？如果在到达非均匀磁场之前，利用微波跃迁使得 N_1 等于 N_2，那么，$N(x)$ 将如何变化？

5.4 在一个光学–微波双共振实验中，连续激光将粒子由能级 $|i\rangle$ 激发到能级 $|k\rangle$ 上，使得粒子数 N_i 减少了 20%。上能级的寿命为 $\tau_k = 10^{-8}\text{s}$，碰撞引起的退激发率为 $5\times 10^7\text{s}^{-1}$。能级 $|i\rangle$ 的碰撞再填充速率为 $5\times 10^7\text{s}^{-1}$。如果在没有光学泵浦的时候，基态满足热平衡分布，微波跃迁的截面 σ_{km} 和 σ_in 相等，比较高能量电子态的转动能级之间的微波信号 $|k\rangle \to |m\rangle$ 与基态上的跃迁 $|i\rangle \to |n\rangle$ 的幅度大小。

5.5 样品盒中是具有 V 型光学–光学双共振构型的分子，用斩波的 $\lambda = 500\text{nm}$ 泵浦激光来激发跃迁 $|i\rangle \to |k\rangle$，吸收截面为 $\sigma_{ik} = 10^{-14}\text{cm}^2$。如果到 $|i\rangle$ 的弛豫速率为 $10^7 \cdot (N_{10} - N_1)\text{s}^{-1}$，为了使得低能级粒子数 N_i 的调制达到 50%，泵浦光的光强应该是多大？

5.6 钾原子被激发到量子亏损为 $\delta = 2.18$ 的里德伯能级 $(n = 50, l = 0)$ 上，

(a) 计算该能级的电离能。

(b) 忽略隧穿效应，场电离所需的最小奥电场强度为多少？

(c) 共振射频跃迁 $(n = 50, l = 0) \to (n = 50, l = 1, \delta = 1.71)$ 所需要的射频频率 ω_{RF} 是多少？

5.7 在 Λ 型的光学–光学双共振中，Cs_2 分子的基态 $|1\rangle$ 和能级 $|3\rangle$ 之间存在跃迁。这些能级的辐射寿命为 $\tau_1 = \tau_3 = \infty$。上能级 $|2\rangle$ 的寿命为 $\tau_2 = 10\text{ns}$。激光线宽 $\delta\upsilon_\text{L} \leqslant 1\text{MHz}$，分子穿越聚焦激光束的渡越时间为 30ns，波长为 $\lambda_\text{pump} = 580\text{nm}$，$\lambda_\text{probe} = 680\text{nm}$。计算光学–光学双共振信号的线宽：

(a) 泵浦光和探测光同向传播;

(b) 泵浦光和探测光反向传播。

第 6 章　时间分辨的激光光谱学

研究快速过程，可以详细地了解激发态原子和分子的动力学性质。这些快速过程包括：原子或分子中的电子运动，由辐射过程或碰撞过程引起的激发态能级的衰变过程，激发态分子的异构化过程，以及系统被光学泵浦后向热平衡态弛豫的过程。对于物理学、化学或生物学的许多分支来说，深入地理解动力学过程是非常重要的。例如，激发态分子的预离解率，飞秒化学，或者视觉过程中的不同步骤，从光激发视网膜上的视紫红质分子到神经电脉冲抵达大脑。

为了从实验上研究这些过程，必须有足够高的时间分辨率，也就是说，能够分辨的最小时间间隔 Δt 必须小于所研究的物理过程的时间尺度 T。前面各章强调的是光谱的高分辨率，而本章的重点在于实现高时间分辨率的实验技术。

超快激光脉冲和新型探测技术能够达到很高的时间分辨率，它们的发展为高速过程的研究带来了引人注目的进展。最近，已经实现了阿秒范围 (1as= 10^{-18}s) 的时间分辨精度。那些十年前还不能分辨的超快过程，光谱学工作者现在已能够定量地研究了。原则上说，绝大多数时间分辨技术的光谱分辨率 $\Delta\nu$ 受制于傅里叶极限 $\Delta\nu = a/\Delta T$，其中，ΔT 是光脉冲的持续时间，因子 $a \approx 1$ 依赖于脉冲的形状 $I(t)$。这种傅里叶限制的光脉冲光的谱宽度 $\Delta\nu$ 仍然远远小于闪光灯或电火花这种非相干光源所发出的光脉冲的谱宽。利用规则分布的光脉冲序列，一些相干的时间分辨技术甚至可以超越单个脉冲的傅里叶极限 $\Delta\nu$，能够同时实现非常高的光谱分辨精度和时间分辨精度 (第 7.4 节)。

我们首先讨论激光短脉冲的产生和探测技术，然后再利用一些例子说明它们在应用中的重要性。然后介绍了一些方法，可以用它们来测量激发态原子或分子的寿命以及快速弛豫过程的寿命。这些应用表明，为了深入理解分子中的基本动力学过程，皮秒或飞秒分子物理学和分子化学是非常重要的。

第 7.2 节和第 7.4 节介绍了相干的时间分辨光谱学的特性。关于时间分辨光谱学这一引人入胜的研究领域的更为广泛的描述，请参阅一些单行本 [6.1]~[6.4]、综述文章 [6.5]~[6.8] 和会议文集 [6.9]~[6.11]。

6.1　激光短脉冲的产生

对于非相干的脉冲光源 (例如闪光灯和电火花) 来说，光脉冲的持续时间决定于放电过程的时间。在很长一段时期里，最短的光脉冲时间是微秒。直到最近，利用电感很小的带有脉冲整形网络的特殊放电电路，才能够达到纳秒尺度[6.12,6.13]。

另一方面，激光脉冲的持续时间并不一定受限于泵浦脉冲光的持续时间，它可以更短。在介绍超短激光脉冲的各种技术之前，我们先讨论决定激光脉冲形状的相关参数。

6.1.1 脉冲激光的时域波形

在脉冲源 (如闪光灯、电脉冲或脉冲激光) 泵浦的激光增益介质中，激射阈值所要求的粒子数反转只能够维持一段时间 ΔT，该时间依赖于泵浦脉冲光的持续时间和功率。泵浦脉冲、粒子数反转和激光输出的时域波形如图 6.1 所示。一旦达到了阈值，激光就开始发射了。如果进一步增大泵浦功率，增益就会变大，激光功率的增加要快于粒子数反转的增加，直到受激辐射将反转粒子数降低到阈值。

激光脉冲的时域波形不仅取决于每次往返的放大倍数 $G(t)$ (第 1 卷第 5.2 节)，还取决于激光跃迁的上能级和下能级的弛豫时间 τ_i 和 τ_k。如果这些时间小于泵浦脉冲的上升时间，就可以实现准稳态的激光发射，反转粒子数 $\Delta N(t)$ 和输出功率 $P_L(t)$ 都表现为光滑的时间波形，它取决于泵浦功率 $P_p(t)$ 与激光输出功率 $P_L(t)$ 之间的平衡，前者产生了粒子数反转，后者减少了粒子数反转。这种时间行为如图 6.1(a) 所示，存在于诸如准分子激光器 (第 1 卷第 5.7 节) 等许多气体脉冲激光器中。

在一些脉冲激光器 (如 N_2 分子激光器) 中，激光下能级的有效寿命比上能级长[6.14]。增加激光功率 $P_L(t)$，受激发射就会减少反转的粒子数。因为低能级的清空速度不够快，它就成为维持反转阈值的瓶颈。激光脉冲本身限制了它的持续时间，在泵浦脉冲停止之前就自我终结了 (自终止的激光器，图 6.1(b))。

如果弛豫时间 τ_i 和 τ_k 比泵浦脉冲的上升时间长，在受激辐射足以耗尽上能

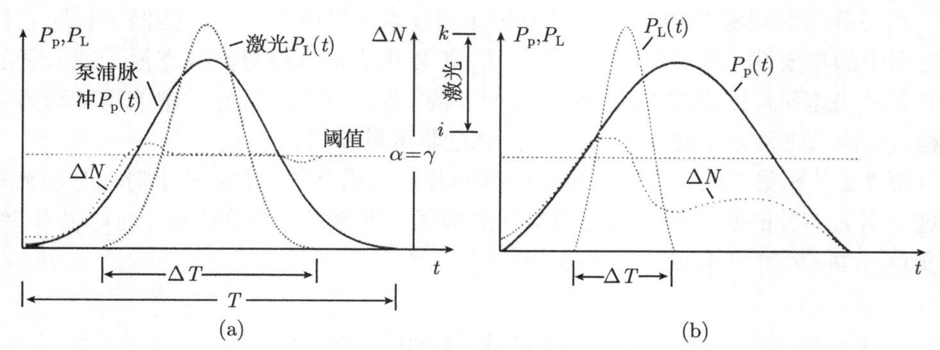

图 6.1 泵浦功率 $P_p(t)$、反转粒子数密度 $\Delta N(t)$ 和激光输出功率 $P_L(t)$ 随时间的变化关系

(a) 激光的下能级寿命 τ_i 非常短；(b) 自终止的激光，$\tau_i^{\text{eff}} > \tau_k^{\text{eff}}$

级之前，就已经建立起很大的反转粒子数 ΔN。相应的高增益强烈地放大了受激辐射，激光功率 P_L 变得非常大，它清空激光上能级的速度超过了泵浦光再填充的速度。反转粒子数 ΔN 降低到阈值以下，激光振荡在泵浦脉冲停止之前很久就停止了。当泵浦光再次建立起足够大的反转粒子数的时候，激光就重新开始振荡了。在这种情况下，或多或少不太规则的"尖峰"序列构成了激光输出 (图 6.2)，例如，在闪光灯泵浦的红宝石激光器中就是如此，每一个尖峰的持续时间 ($\Delta T \ll 1\mu s$) 远小于泵浦脉冲的持续时间 (从 $T \approx 100\mu s$ 到 1ms)[6.15,6.16]。

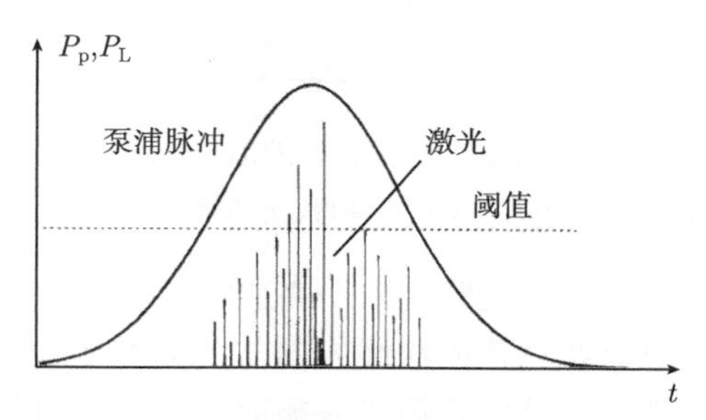

图 6.2 固态激光器的尖峰发射谱的示意图

它是用闪光灯泵浦的，弛豫时间 τ_i 和 τ_k 很长

对于时间分辨的激光光谱学来说，脉冲染料激光器非常重要，因为它们的波长连续可调。可以用闪光灯 ($T \approx 1\mu s \sim 1ms$) 泵浦它们，也可以用其他的脉冲激光器，例如，铜蒸气激光器 ($T \approx 50ns$)，准分子激光器 ($T \approx 15ns$)，氮分子激光器 ($T = 2 \sim 10ns$)，或者倍频的 Nd:YAG 激光器 ($T = 5 \sim 15ns$)。因为弛豫时间 τ_i 和 τ_k 很短 ($\approx 10^{-11}s$)，所以不会出现尖峰，而是如图 6.1a 所示 (第 1 卷第 5.7 节)。依赖于泵浦脉冲，染料激光脉冲的弛豫时间介于 1ns 到 500μs 之间；典型的峰值功率介于 1kW 到 10MW 之间，脉冲重复速率介于 1Hz 到 15kHz 之间[6.17]。

6.1.2 Q-开关激光

用闪光灯进行泵浦的时候，为了得到单个激光强脉冲而非多个尖峰的不规则序列，发明了 Q-开关技术。Q-开关的原理如下：

在泵浦脉冲开始时刻 ($t = 0$) 之后的一个选定时间 t_0 之前，利用激光共振腔内的一个关闭的"光开关"使得激光器的腔损耗保持在很高的数值，从而不能够达到激射阈值。因此，泵浦过程就产生了很大的反转粒子数 ΔN (图 6.3)。在 $t = t_0$ 时刻打开光开关，损耗就会突然降低，即共振腔的品质因子即 Q 值 (第 1 卷第 5.1 节) 由小变大。因为受激辐射的放大因子 $G \propto B_{ik}\rho\Delta N$ 很大，所以就会产生一个快速上升的激光强脉冲，在非常短的时间内清空了在时间 t_0 内产生的所有反转粒子数。这样就将存储在增益介质中的能量转变为一个巨大的光脉冲[6.16,6.18,6.19]。脉冲的时域波形依赖于 Q-开关的上升时间。这些巨脉冲的典型持续时间为 $1 \sim 20\text{ns}$，峰值功率可以达到 10^9W，利用后续的放大过程，还可以进一步增大峰值功率。

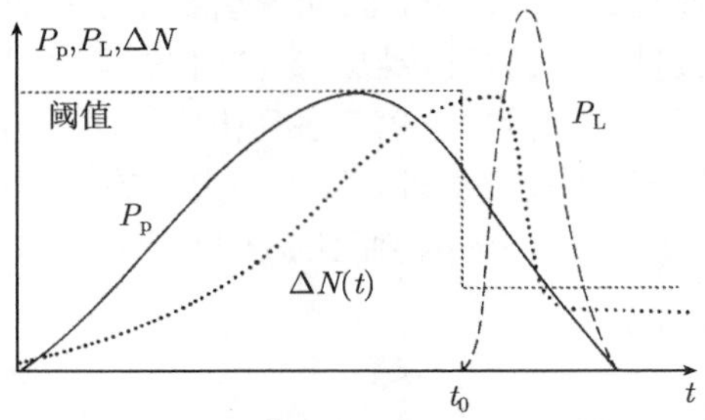

图 6.3　Q-开关激光器的泵浦功率 $P_\text{p}(t)$、共振腔损耗 $\gamma(t)$、反转粒子数密度 $\Delta N(t)$ 和激光的输出功率 $P_\text{L}(t)$

例如，将共振腔的一个端镜放置在一个高速转动的马达转动杆上 (图 6.4)，就可以实现这种光开关。只有在端镜的法线方向与共振腔光轴重合的 t_0 时刻，入射光才能够被反射回共振腔里，从而让激光共振腔的 Q 值变得很大[6.20]。发光二极管的光束经过转动端镜反射后，成像在探测器 D 上，它提供了闪光灯泵浦 Q-开关激光器所需的触发信号，从而选择到最佳的时刻 t_0。然而，这种技术有一些缺点，转镜不是很稳定，开关时间不够短。因此，开发了利用电光调制器或声光调制器的 Q-开关技术[6.21]。

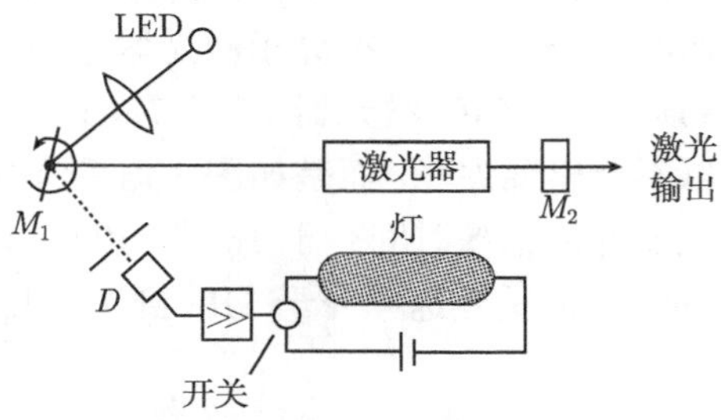

图 6.4　在实验中，利用快速转动的共振腔端镜 M_1，可以实现 Q-开关

在图 6.5 所示的例子中，位于两个彼此正交的偏振片之间的泡克耳斯盒充当了 Q-开关[6.22]。泡克耳斯盒由光学各向异性的晶体构成，当施加外电场 $\boldsymbol{E}$ 的时候，它可以将透射的线偏振光转动一定的角度 $\theta \propto |E|$。因为系统的透射率为 $T = T_0(1-\cos^2\theta)$，在泡克耳斯盒的两端电极上施加电压 U 就可以改变透射率。如果在 $t < t_0$ 时刻的电压为 $U = 0$，则 $\theta = 0$，正交的偏振片的透射率为 $T = 0$。在 $t = t_0$ 时刻，在泡克耳斯盒上施加高速的电压脉冲 $U(t)$，将偏振面转动 $\theta = 90°$，透射率就增大到其最大值 T_0。线偏振光就可以通过开关，在共振腔的端镜 M_1 和 M_2 之间来回反射并被放大，直到反转粒子数 ΔN 降低到阈值以下。图 6.5(d) 所示的实

验装置与此不同，它只需要一个偏振分光器 P_1。当 $t < t_0$ 的时候，保持泡克耳斯盒上的电压为 U，它使得透射光束变为圆偏振光。光束被端镜 M_1 反射并再次穿过泡克耳斯盒之后，它就变成线偏振光，偏振面转动了 $\theta = 90°$，P_1 完全反射，因此就不能进一步放大了。当 $t > t_0$ 的时候，撤掉电压 U，P_1 就可以透光，激光通过 M_2 耦合出去。

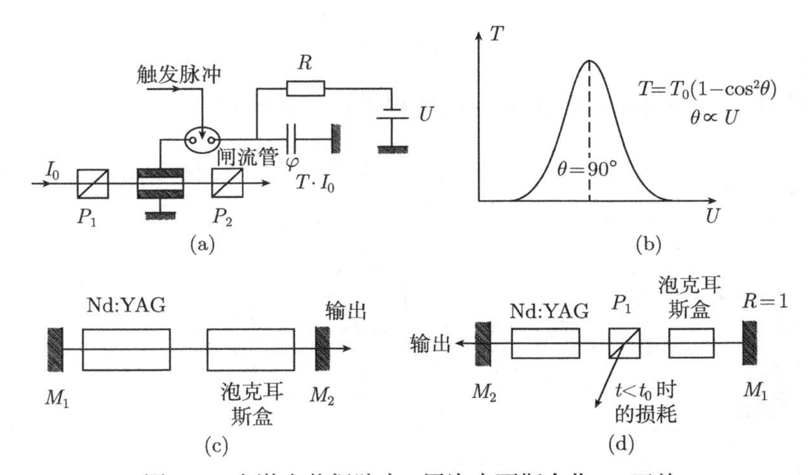

图 6.5 在激光共振腔中，用泡克耳斯盒作 Q-开关

(a) 泡克耳斯盒位于两个正交的偏振片之间；(b) 透射率 $T(\theta) \propto U$；(c), (d) 可能的实验构型示意图

t_0 的最佳值依赖于泵浦脉冲 $P_\mathrm{p}(t)$ 的持续时间 T 和激光上能级的有效寿命 τ_k。如果 $\tau_k \gg T \approx t_0$，那么存储在上能级里的能量就只有很小一部分由于弛豫过程而损耗，因此激光巨脉冲可以得到几乎全部的能量。例如，在红宝石激光器中，$\tau_k \approx 3\mathrm{ms}$，开关时刻可以选择到接近于泵浦脉冲的结束时刻 $t_0 = 0.1 \sim 1\mathrm{ms}$，而对于 Nd:YAG 激光来说，$\tau_k \approx 0.2\mathrm{ms}$，最佳的开关时间 t_0 位于泵浦脉冲结束之前。因此，只有一部分泵浦能量可以转换为巨脉冲[6.16,6.19,6.23]。

6.1.3 腔倒空

Q-开关的原理也可以用于连续激光器。然而，这里使用的是一种称为腔倒空的逆向技术。激光腔由高反射率的反射镜构成，以便保持低损耗和高 Q 值。因此，腔内的连续功率很高，几乎没有什么功率能够泄露到腔外。在 $t = t_0$ 时刻，打开光学开关，让大部分存储能量耦合到共振腔之外。这也可以用泡克耳斯盒 (图 6.5(d)) 来实现，此时 M_1 和 M_2 的反射率很高，当 $t < t_0$ 的时候，P_1 的透射率很大，在 $t = t_0$ 时刻，它用很短的时间 Δt 将激光反射到共振腔之外。

通常使用的是声光开关，如在氩激光器和连续染料激光器中[6.24]。其基本原理如图 6.6 所示。在 $t=t_0$ 时刻，一束频率 f_s、持续时间 $T \gg 1/f_s$ 的声波穿过位于激光共振腔内的熔融石英片，从而使得折射率 $n(t,z)$ 产生了随时间变化的周期性空间调制，这个石英片就变成了布拉格光栅，光栅常数 $\Lambda = c_s/f_s$ 等于声波的波长 Λ，其中，c_s 是声速。当波长为 $\lambda = 2\pi/k$ 的光波 $E_0 \cos(\omega t - \boldsymbol{k}\cdot\boldsymbol{r})$ 穿过这个布拉格石英片的时候，入射光强 I_0 的一部分 η 发生衍射，其角度 θ 由布拉格关系确定

$$2\Lambda \sin\theta = \lambda/n \tag{6.1}$$

η 依赖于折射率的调制幅度，因此也就依赖于超声波的功率。

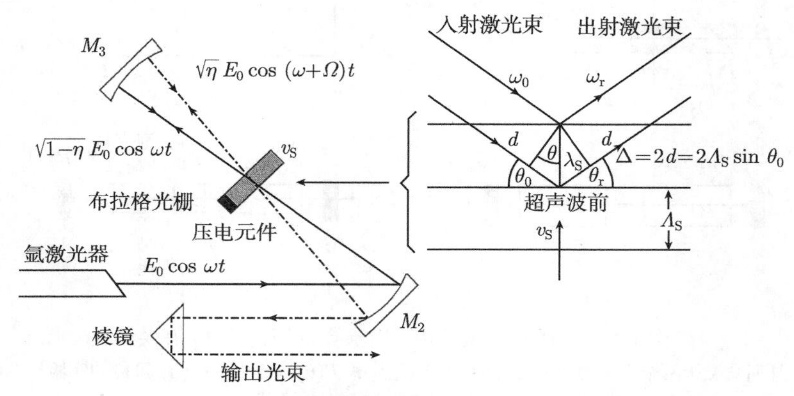

图 6.6 利用脉冲声波实现氩连续激光器的腔倒空

插图：光波在波长为 Λ_s 的超声行波场中的布拉格反射

当光波被速度为 v_s 的前行声波的波前反射的时候，频率会发生多普勒移动，根据式 (6.1)，利用 $c=\lambda\omega/2\pi$ 和 $v_s = \Lambda\Omega/2\pi$，可以得到

$$\Delta\omega = 2\frac{nv_s}{c}\omega\sin\theta = 2n\frac{\Lambda\Omega}{\lambda\omega}\omega\sin\theta = \Omega \tag{6.2}$$

它等于声波频率 $\Omega = 2\pi f_s$。这部分偏转光的振幅为 $E_1 = \sqrt{\eta}E_0\cos(\omega+\Omega)t$，而透射光的振幅为 $E_2 = \sqrt{1-\eta}E_0\cos\omega t$。被 M_3 镜反射之后，$\sqrt{1-\eta}E_1$ 的部分透射，而 $\sqrt{\eta}E_2$ 的部分被布拉格石英片偏转到输出光束的方向。然而，此时的反射发生在倒退的声波波前上，多普勒频率为 $-\Omega$ 而非 $+\Omega$。因此，输出光的总振幅为

$$\begin{aligned} E_c &= \sqrt{\eta}\sqrt{1-\eta}E_0[\cos(\omega+\Omega)t + \cos(\omega-\Omega)t] \\ &= 2\sqrt{\eta(1-\eta)}E_0\cos\Omega t\cos\omega t \end{aligned} \tag{6.3}$$

利用 $\omega \gg \Omega$ 和 $\langle\cos^2\omega t\rangle = 0.5$，可以得到，光脉冲的平均输出功率 $P_c \propto E_c^2$ 为

$$P_c(t) = \eta(t)[1-\eta(t)]P_0\cos^2\Omega t \tag{6.4}$$

其中，效率 $\eta(t)$ 随时间变化，它决定于超声脉冲的时域波形 (图 6.7)，P_0 是共振腔内的功率。在超声脉冲期间，储存在激光共振腔内的光功率 $\frac{1}{2}\epsilon_0 E_0^2$ 的一部分即 $2\eta(1-\eta)$ 可以输出为一束激光短脉冲，它的调制频率是声波频率 Ω 的两倍。若 $\eta = 0.3$，则输出效率为 $2\eta(1-\eta) = 0.42$。

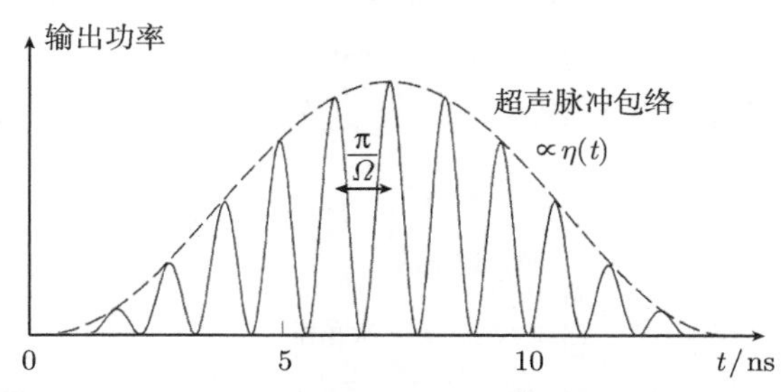

图 6.7 腔倒空激光脉冲的强度波形，其调制频率为超声频率 Ω 的两倍

适当地选择超声脉冲的重复频率，可以在很大范围内改变输出光脉冲的重复频率 f。在某个临界频率 f_c 之上 (该频率依赖于激光器的类型)，两个相邻脉冲的间隔时间不足以恢复反转粒子数并达到足够大的腔内功率，输出脉冲的峰值功率就会减小。

腔倒空技术主要应用于气体激光器和连续染料激光器。脉冲宽度为 $\Delta T = 10 \sim 100$ns，脉冲重复频率为 $0 \sim 4$MHz，峰值功率为连续工作模式下的最大输出功率的 $10 \sim 100$ 倍。平均功率依赖于重复频率 f。对于典型的重复频率值 $f = 10^4 \sim 4\times10^6$Hz，平均功率为连续输出功率的 $0.1\% \sim 40\%$。与图 6.5 所示的泡克耳斯盒相比，声学方法的腔倒空技术的缺点在于光脉冲是被调制的，其调制频率为 2Ω。

例 6.1

一台氩激光器在 $\lambda = 514.5$nm 处的连续输出功率为 3W，腔倒空技术得到的脉冲宽度为 $\Delta T = 10$ns。当重复频率为 $f = 1$MHz 的时候，能够达到的峰值功率为 60W。占空比为 $f\Delta T = 10^{-2}$，平均功率为 $P \approx 0.6$W，是连续功率的 20%。

6.1.4 激光的模式锁定

如果激光共振腔中没有模式选择器件，那么，激光通常就会在增益介质的增益谱范围内的许多共振腔模式中同时振荡 (第 1 卷第 5.3 节)。在这种“多模式运行”的情况下，不同的振荡模式之间没有确定的相位关系，激光的输出等于所有振荡模式的强度 I_k 之和 $\sum_k I_k$，这些模式随着时间或多或少都是随机涨落的 (第 1 卷第 5.3.4 节)。

如果能够在这些同时振荡的激光模式的相位之间建立起耦合，就可以实现模式振幅的相干叠加，从而产生皮秒范围内的输出短脉冲。这种模式耦合或者说模式锁定已经实现了，利用的是激光共振腔内的光学调制 (主动锁模) 或饱和吸收 (被动锁模)，也可以综合利用上述两种锁模技术[6.16,6.25~6.29]。

1) 主动锁模

用频率 $f = \Omega/2\pi$ (例如，泡克耳斯盒或声光调制器) 调制单色光

$$E = A_0 \cos(\omega_0 t - kx)$$

那么，光波的频谱除了载波频率 $\omega = \omega_0$ 之外，还包含侧带 $\omega = \omega_0 \pm \Omega$(亦即 $\nu = \nu_0 \pm f$) (图 6.8)。

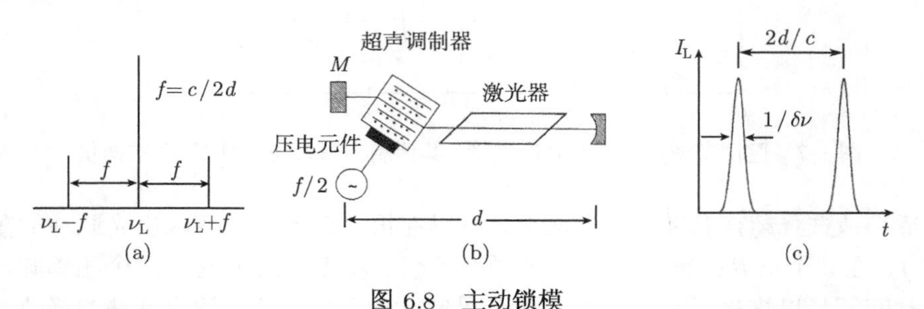

图 6.8 主动锁模

(a) 侧带的产生；(b) 实验装置示意图，激光共振腔内存在超声驻波；(c) 理想情况下的输出脉冲

将调制器置于端镜间距为 d 和模式频率为 $\nu_m = \nu_0 \pm mc/2d(m = 0, 1, 2, \cdots)$ 的激光共振腔内，如果调制频率 f 等于模式间隔 $\Delta\nu = c/2d$，侧带就会与共振腔模重合。因为它们经过了腔内的调制器，所以也会被调制，从而产生新的侧带 $\nu = \nu_0 \pm 2f$。这一过程不断地持续下去直到增益曲线下的所有模式都参与到激光振荡过程中。然而，与通常的多模式工作情况非常不同的是，这些模式并不是彼此无关地振荡，调制器将它们的相位耦合了起来。在某个时刻 t_0，所有模式的振幅都在调制器所在位置处达到最大值，每经过一次腔内往返时间 $T = 2d/c$，这一情况就会再次出现 (图 6.8(c))。我们将更为仔细地讨论这一点。

调制器的透射率依赖于时间

$$T = T_0[1 - \delta(1 - \cos \Omega t)] = T_0[1 - 2\delta \sin^2(\Omega/2)t] \tag{6.5}$$

其调制频率为 $f = \Omega/2\pi$，调制振幅 $2\delta \leqslant 1$。在经过调制器之后，第 k 阶模式的场振幅 A_k 变为

$$A_k(t) = TA_{k0} \cos \omega_k t = T_0 A_{k0}[1 - 2\delta \sin^2(\Omega/2)t] \cos \omega_k t \tag{6.6}$$

利用 $\sin^2 x/2 = \dfrac{1}{2}(1 - \cos x)$，可以将它写为

$$A_k(t) = T_0 A_{k0} \left[(1 - \delta) \cos \omega_k t + \frac{1}{2}\delta[\cos(\omega_k + \Omega)t + \cos(\omega_k - \Omega)t]\right] \tag{6.7}$$

当 $\Omega = \pi c/d$ 的时候，侧带 $\omega_k + \Omega$ 对应于下一个共振腔模式，它产生的振幅为

$$A_{k+1} = \frac{1}{2} A_0 T_0 \delta \cos \omega_{k+1}$$

只要 ω_{k+1} 位于阈值之上的增益曲线之内，受激辐射就会进一步将它放大。因为式 (6.7) 中所有三个模式的振幅都在时刻 $t = q2d/c(q = 0, 1, 2, \cdots)$ 达到最大值，它们的相位通过调制而耦合起来。也可以相应地考虑由于调制式 (6.7) 中的侧带而产生的所有其他侧带。

在增益曲线的谱宽 $\delta\nu$ 之内，可以将

$$N = \frac{\delta\nu}{\Delta\nu} = 2\delta\nu\frac{d}{c}$$

个振荡腔模锁定在一起，它们的模式间距为 $\Delta\nu = c/2d$。这 N 个相位锁定的模式叠加起来就会产生总振幅

$$A(t) = \sum_{k=-m}^{+m} A_k \cos(\omega_0 + k\Omega)t, \quad N = 2m + 1 \tag{6.8}$$

当模式振幅相等的时候，$A_k = A_0$，式 (6.8) 给出了依赖于时间的光强

$$I(t) \propto A_0^2 \sin^2\left(\frac{1}{2}N\Omega t\right) / \sin^2\left(\frac{1}{2}\Omega t\right) \cos^2 \omega_0 t \tag{6.9}$$

如果振幅 A_0 不依赖于时间 (连续激光)，这就表示一个等间距的脉冲序列，其时间间隔为

$$T = \frac{2d}{c} = \frac{1}{\Delta\nu} \tag{6.10}$$

它等于激光腔内的往返时间。脉冲宽度

$$\Delta T = \frac{2\pi}{(2m+1)\Omega} = \frac{2\pi}{N\Omega} = \frac{1}{\delta\nu} \tag{6.11}$$

决定于相位锁定的模式数目 N，反比于阈值之上的增益曲线的谱宽 $\delta\nu$ (图 6.9)。

根据式 (6.9) 在时刻 $t = 2\pi q/\Omega = q(2d/c)(q = 0, 1, 2, \cdots)$ 的最大值，可以得到脉冲的峰值功率，它正比于 N^2。因此，脉冲能量正比于 $N^2\Delta T \propto N$。在两个主脉冲之间，存在着 $(N-2)$ 个小的极大值，它们的强度随着 N 的增大而减小。

注：在等振幅情况下，$A_k = A_0$，式 (6.9) 中的振幅 $I(t)$ 依赖于时间，它精确地对应于平面波照射具有 N 个沟槽的光栅时产生的衍射光的空间强度分布 $I(x)$。需要用 Ωt 代替彼此干涉的相邻分波之间的相位差 ϕ，见第 1 卷第 4.1.3 节中的式 (4.28)，并可以将图 6.9 与第 1 卷中的图 4.21 作比较。

在真实的锁模激光器中，振幅 A_k 通常并不相等。它们的振幅分布 A_k 依赖于

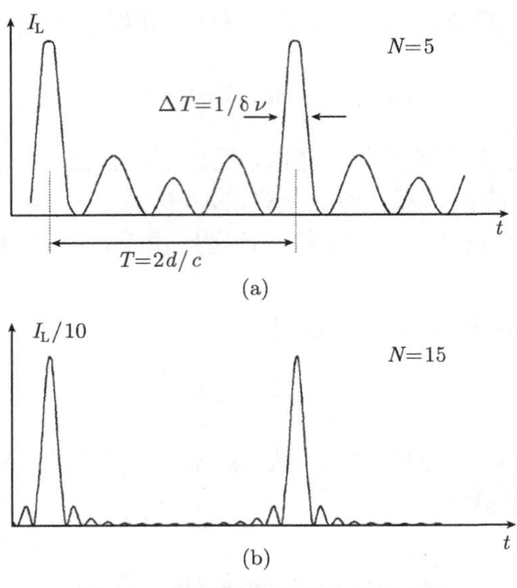

图 6.9 锁模激光器的输出示意图

(a) 锁定了 5 个模式；(b) 锁定了 15 个模式

谱增益曲线的形状。这样就修改了式 (6.9)，给出的锁模脉冲略有不同，但是并不会影响主旨。

对于脉冲锁模激光器来说，脉冲高度的包络依赖于粒子数反转 $\Delta N(t)$ 的时间线形，而后者取决于泵浦功率 $P_p(t)$。得到的不是等脉冲的连续序列而是有限的脉冲序列 (图 6.10)。

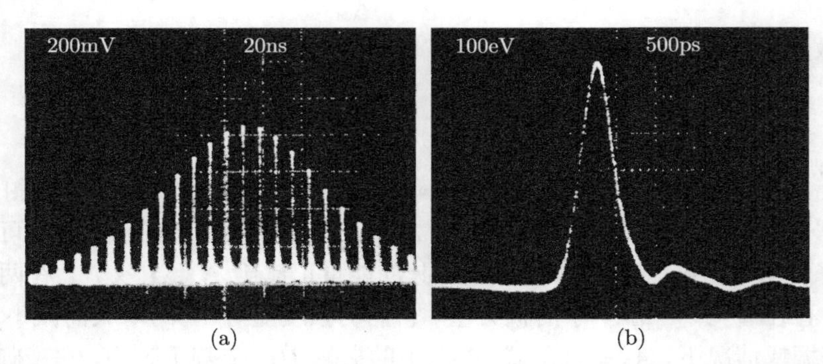

图 6.10 (a) Nd:YAG 激光器的脉冲序列；(b) 泡克耳斯盒选择出来的单个脉冲

注意，(a) (2 ns/div) 和 (b) (500 ps/div) 中的时间尺度是不同的[6.30]

许多应用需要单一的激光脉冲而非脉冲序列。可以用位于激光共振腔外的同步触发的泡克耳斯盒来实现，它从脉冲序列中选出单独一个脉冲。在锁模脉冲达到脉冲序列包络的最大值之前触发泡克耳斯盒，使之开启一段时间 $\Delta t < 2d/c$，从而让紧随着触发脉冲的下一个光脉冲通过[6.30]。另一种选择单一脉冲的方法是锁模激光的腔倒空[6.31]，此时共振腔内的泡克耳斯盒的触发信号来自于锁模激光脉冲，仅有一个锁模脉冲能够耦合到共振腔外。

例 6.2

(a) 氦氖激光器在 $\lambda = 633\text{nm}$ 处的多普勒展宽的增益曲线的谱宽度为 $\delta\nu \approx 1.5\text{GHz}$。因此，可以产生持续时间为 $\Delta T \approx 500\text{ps}$ 的锁模脉冲。

(b) 因为氩离子激光器中放电室的温度比较高，$\lambda = 514.5\text{nm}$ 处的谱宽为 $\delta\nu = 5 \sim 7\text{GHz}$，脉冲宽度可以达到 150ps。已经实现了 200ps 的脉冲。图 6.11 中的脉冲宽度显然要长得多，它受限于探测器的时间精度。

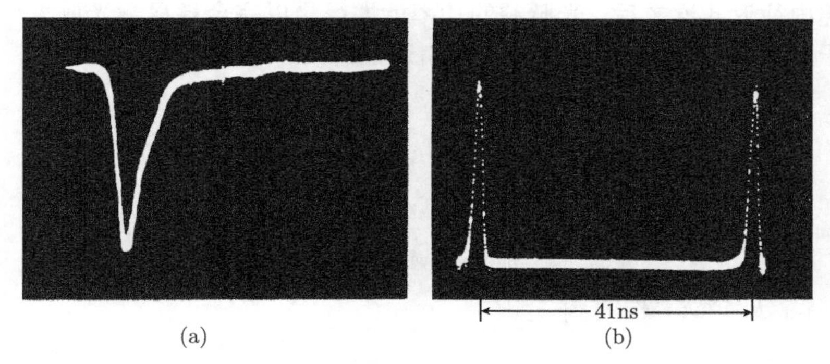

图 6.11　锁模氩激光器在 $\lambda = 488\text{nm}$ 处测量得到的脉冲序列

(a) 用高速光电二极管和取样示波器 (500ps/div) 测量得到的结果。脉冲之后的小振荡来自于线缆的整流效应；(b) 衰减的杂散激光可以用光电倍增管检测 (单光子计数) 并储存在多通道分析仪中。时间分辨精度分别受限于光电二极管和光电倍增管的脉冲上升时间[6.32]。

(c) Nd:glass 锁模激光器[6.27,6.28] 在 $\lambda = 1.06\mu\text{m}$ 处发出的序列脉冲激光的宽度低于 5ps，峰值功率很大 ($\geqslant 10^{10}\text{W}$)，可以用非线性晶体高效率地倍频或三倍频，在绿光或紫外波段产生高强度的短脉冲。

(d) 因为谱增益曲线的带宽 $\delta\nu$ 很大，染料激光器、掺钛蓝宝石激光器和色心激光器 (第 5.7 节) 最适于产生超短光脉冲。当 $\delta\nu = 3\times10^{13}\text{Hz}$ 的时候 (在 $\lambda = 600\text{nm}$ 处，这对应着 $\delta\lambda \sim 30\text{nm}$)，应该可以实现 $\Delta T = 3\times10^{-14}\text{s}$ 的脉冲宽度。这的确可以用特殊技术实现 (第 6.1.5 节)。然而，主动锁模只能够达到 $\Delta T \geqslant 10 \sim 50\text{ps}$[6.29]。这对应于光脉冲穿过调制器的渡越时间，它设定了一个下限，必须利用新技术才能超越它。

2) 被动锁模

被动锁模技术对实验条件的要求比主动锁模技术低一些，它可以用于脉冲激光器，也可以用于连续激光器。已经实现了小于 1ps 的脉冲宽度。它的基本原理如下：

将一个饱和吸收体而非主动调制器放在激光共振腔里，使其靠近一个端镜 (图 6.12)。吸收跃迁 $|k\rangle \leftarrow |i\rangle$ 发生在能级 $|i\rangle$ 和 $|k\rangle$ 之间，这两个能级的弛豫时间 τ_i 和 τ_k 都很短。为了在克服吸收损耗之后仍然可以达到振荡阈值，放大介质的增益必须很大。在脉冲泵浦源的情况下，达到激光阈值之前的很短一段时间内，激光放大介质发射的荧光光子被受激发射过程放大了。由此引起的光子雪崩 (第 1 卷第 5.2 节) 的峰值功率或多或少地随机涨落。因为吸收体的非线性饱和效应 (第 2.1 节)，最强的光子雪崩受到的吸收损耗最小，因此，净增益也就更大。与同它竞争的其他较弱的雪崩相比，它的增长也就更快。吸收体的饱和越强，它的净增益也就越大。在共振腔内往返几次之后，光脉冲的功率就大得足以完全耗尽激光放大介质中的反转粒子数，从而抑制了所有其他的雪崩过程。

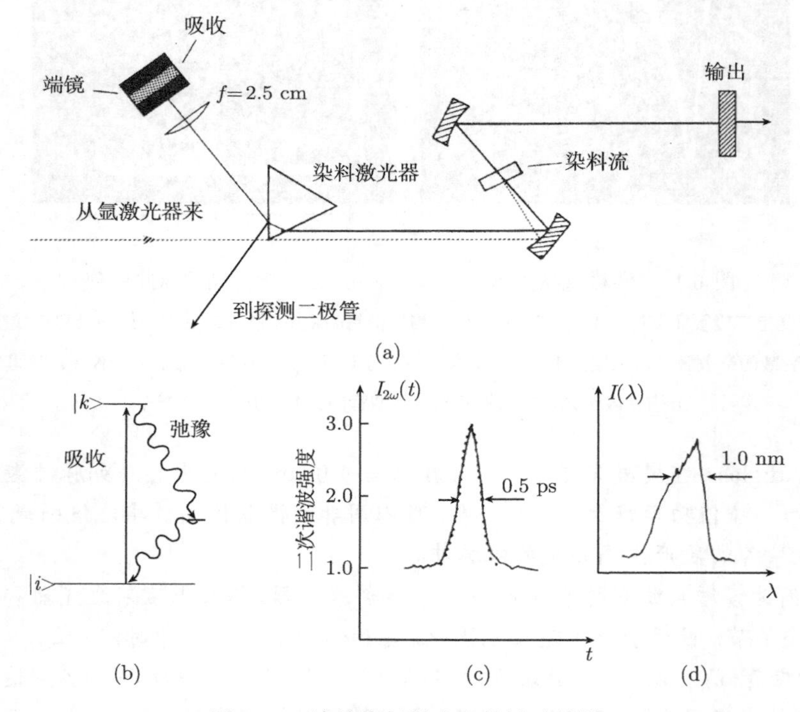

图 6.12　连续染料激光器的被动锁模

(a) 实验装置；(b) 吸收体的能级结构示意图；(c) 锁模脉冲的时域波形；(d) 锁模脉冲的谱线线形[6.28]

在条件有利的情况下，光子与吸收介质和放大介质之间的非线性相互作用，可以将激光器从统计涨落的不稳定的临界状态下引导到模式锁定的激光工作状态。在这个短时间的不稳定瞬态之后，只要泵浦功率保持在阈值之上 (因为吸收饱和效应，此时的功率比开始时刻小一些)，激光包含了一个稳定的规则的短脉冲序列，间隔时间为 $T = 2d/c$。

这个比较定性的描述说明，脉冲的时域线形和宽度 ΔT 决定于吸收体和放大介质的弛豫时间。为了可靠地抑制较弱的光子雪崩过程，吸收体的弛豫时间必须远小于共振腔的往返时间。否则，紧跟着较强的饱和脉冲之后通过吸收体的弱脉冲就会因为饱和效应而受到较小的损耗。另一方面，激光增益介质中的放大跃迁的恢复时间应该与往返时间相仿，这样才能对最强的脉冲给予最大程度的放大，而脉冲之间的增益最小。关于稳定被动锁模实现条件的更为详细的分析，请参考文献 [6.16], [6.33], [6.34]。

规则脉冲序列的傅里叶分析可以给出所有参与激光振荡的共振腔模式的模式谱。模式之间的耦合发生在饱和脉冲通过吸收体的时刻 $t = t_0 + q2d/c$。可以用不同的染料作为饱和吸收体，最佳选择依赖于波长。例如，亚甲基蓝，diethyloxadicarbocyanine iodide (DODCI) 或 polymethinpyrylin (两种染料分子)[6.35]，它们的弛豫时间大约是 $10^{-9} \sim 10^{-11}$s.

也可以在连续激光器中实现被动锁模。然而，因为放大率比较小，所以稳定输出的区域 (对应于吸收和放大的比值) 也比较小，对最佳条件的要求也比脉冲方式更为苛刻[6.36,6.37]。利用被动锁模的连续染料激光器，已经实现了脉冲宽度为 0.5ps 的脉冲[6.38]。

关于主动锁模和被动锁模的更为详细的描述，请参考文献 [6.16], [6.39], [6.40]。

3) 用锁模激光器进行同步泵浦

为了实现同步泵浦，用时间间隔为 $T = 2d_1/c$ 的短脉冲序列的锁模泵浦激光 L_1 泵浦另一个激光器 L_2，如一台连续染料激光器或色心激光器。激光器 L_2 就会以重复频率 $f = 1/T$ 脉冲式地工作。在图 6.13 所示的例子中，一台声光调制的锁

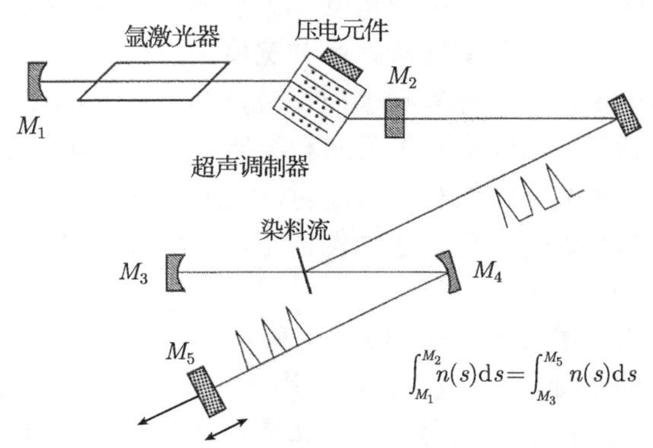

图 6.13 同步泵浦的连续染料激光器

模氩激光器泵浦了一台连续染料激光器。

如果激光脉冲到达增益介质 (染料流) 的时刻正好是反转数 $\Delta N(t)$ 达到最大值的时刻，那么染料激光脉冲就达到最佳增益 (图 6.14)。

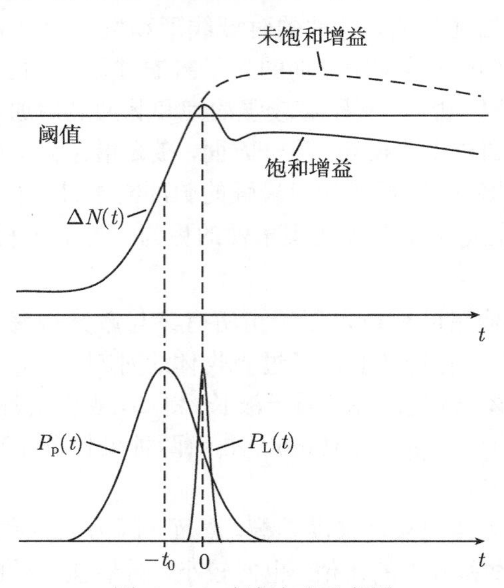

图 6.14　时域波形示意图

氩激光器的泵浦脉冲 $P_{\mathrm{p}}(t)$、染料流中的反转粒子数 $\Delta N(t)$ 以及被同步泵浦的连续染料激光器的染料激光脉冲 $P_{\mathrm{L}}(t)$

如果染料激光器的光学共振腔长度 d_2 恰好与泵浦激光共振腔的长度 d_1 匹配，脉冲在两个激光器内的往返时间相等，这两个脉冲到达放大染料流的时刻就同步。因为饱和效应，染料激光脉冲要远远短于泵浦脉冲，已经实现了宽度小于 1ps 的脉冲[6.41~6.43]。为了实现精确的同步，将染料激光器共振腔的一个端镜放置在微动平移台上，以便调节长度 d_2。脉冲宽度 ΔT 依赖于光学共振腔长度的匹配精度 $\Delta d = d_1 - d_2$。$\Delta d = 1\mu\mathrm{m}$ 的差别就会将脉冲宽度由 0.5ps 增大到 1ps[6.44]。

对于许多应用来说，脉冲重复频率 $f = c/2d$ 太大了，$d = 1\mathrm{m}$ 的时候，$f =$ 150MHz。在这种情况下，可以将同步泵浦和腔倒空结合起来 (第 6.1.2 节)，利用腔倒空设备中的超声脉冲波形成的布拉格反射，每次提取第 k 个脉冲 ($k \geqslant 10$)。超声脉冲必须与锁模光脉冲保持同步，才能保证正好在锁模脉冲通过腔倒空设备的时刻施加超声脉冲 (图 6.15(b))。

这种同步系统的技术实现如图 6.15(a) 所示。选择超声波的频率 $\nu_{\mathrm{s}} = \Omega/2\pi$，让它等于锁模频率的整数倍 $\nu_{\mathrm{s}} = qc/2d$。用一个高速二极管探测锁模光学脉冲，为超声波射频发生器提供触发信号。调节超声波的相位，使得锁模脉冲到达腔倒空设备的时刻正好是后者的提取效率最大的时刻。在超声脉冲持续的时间里，只提取一个锁模脉冲。选择超声脉冲的重复速率，可以选择提取光脉冲的重复频率 $\nu_{\mathrm{e}}=(c/2d)/k$，它位于 1Hz 到 4MHz 之间[6.45]。

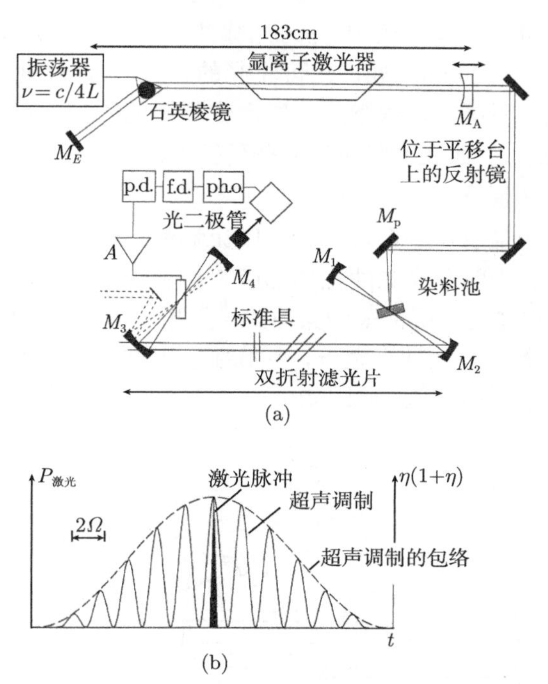

图 6.15 带有同步电路的腔倒空同步泵浦的染料激光系统

(a) 实验装置；(b) 正确地同步锁模脉冲时刻与腔倒空脉冲的最大值输出时刻

有几种实现锁模或同步泵浦激光器的方法。表 6.1 简要总结了不同技术的典型工作参数。关于这一主题的更为详细的描述，请参考文献 [6.39]~[6.46]。

表 6.1 锁模技术的总结

技术	模式锁定器件	激光	典型脉冲宽度	脉冲能量
主动锁模	声光调制器	氩激光器，连续	300ps	10nJ
	泡克耳斯盒	氦氖激光器，连续	500ps	0.1nJ
		Nd:YAG 激光器，脉冲	100ps	10μJ
被动锁模	饱和吸收体	染料激光器，连续	1ps	1nJ
		Nd:YAG 激光器	1~10ps	1nJ
同步泵浦	锁模泵浦激光和共振腔长的匹配	染料激光器，连续	1ps	10nJ
		色心激光器	1ps	10nJ
碰撞脉冲锁模 CPM	被动锁模和事实上的同步泵浦	环形腔染料激光器	<100fs	≈1nJ
克尔棱镜锁模	光学克尔效应	掺钛蓝宝石激光器	<10fs	≈ 1 ~ 10nJ

注：主动锁模的连续激光器的平均功率可以达到 1W。

6.1.5 飞秒脉冲的产生

上一节说明，被动锁模或同步泵浦可以产生脉冲宽度小于 1ps 的光脉冲。近年出现了一些新技术，可以产生更短的光脉冲。目前报道过的最短光脉冲只有 5fs[6.120]。在波长 $\lambda = 600\text{nm}$ 处，比可见光的 3 个振荡周期还要短！利用这种短脉冲的高次谐波，还可以在深紫外波段产生更短的脉冲，其脉冲宽度可以达到 100 阿秒左右 (0.1fs)。下面我们将讨论这些新技术。

1) 碰撞脉冲锁模激光器

在环形共振腔内放置一个吸收体，可以让氩激光泵浦的环形腔染料激光器实现被动锁模。锁模的染料激光脉冲在环形腔内沿着顺时针方向和逆时针方向传播 (图 6.16)。如果吸收体是一层薄薄的染料流，如果它与放大池的距离 $A_1 - A_2$ 正好等于整个环形腔全长 L 的四分之一，当相对运动的脉冲在吸收体内碰撞的时候，每次往返的净增益达到最大值。原因如下：

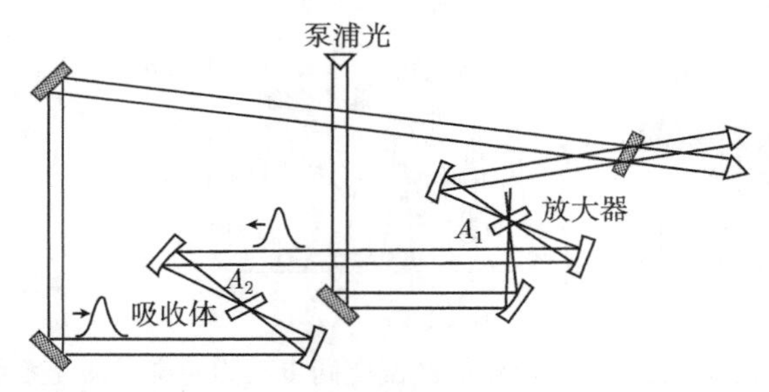

图 6.16 碰撞脉冲锁模环形腔染料激光器。距离 $A_1 - A_2$ 等于整个往返长度 L 的四分之一

在此情况下，接连通过放大器的两束脉冲 (一束顺时针传播，另一束逆时针传播) 之间的时间间隔 $\Delta t = T/2$ 是往返时间 T 的一半，这是它能够达到的最大值，也就是说，放大媒质在被上一束脉冲耗尽之后，有着最长的时间来恢复反转粒子数。

当两束脉冲相遇的时候，吸收体中的脉冲总强度是单个脉冲强度的两倍，所以饱和程度更大、吸收更少。因此，当两束脉冲在吸收体内相遇的时候，总的增益最大。

恰当地选择放大增益和吸收损耗，就可以在被动锁模环形腔染料激光器中自动实现这一情况。它能够产生能量上更为有利的稳定运行，称为碰撞脉冲模式锁定，整个系统称为碰撞脉冲锁模激光器。这种运行模式产生的脉冲特别短，达到了 50fs。脉冲很短的原因如下：

(a) 光脉冲穿过薄吸收体染料流 ($d < 100\mu\text{m}$) 的渡越时间大约只有 400fs。当它们在吸收体内叠加的时候，这两束光脉冲在很短的时间内形成了一个驻波，由于

饱和效应，该驻波在吸收体内产生了一个吸收密度的空间调制 $N_i(z)$，相应的折射率光栅的空间周期为 $\lambda/2$ (图 6.17)。这一光栅部分反射了两束入射光脉冲，一束脉冲的反射光部分与另一束相反方向传播的光脉冲发生重叠和干涉，将两束光耦合起来。在 $t=t_0$ 时刻，相长干涉达到最大值 (相加脉冲的模式锁定)。

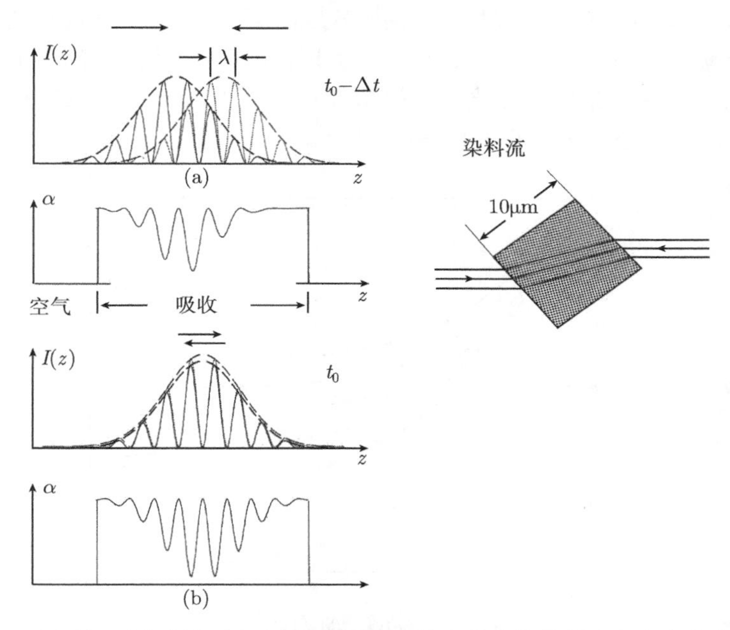

图 6.17　在两个不同时刻，相互碰撞的两束光波在吸收体染料流中产生的密度光栅

(a) 在 $t_0-\Delta t$ 时刻的部分重叠；(b) 在 $t=t_0$ 时刻的完全重叠

(b) 当两个脉冲的最大值正好重合的时候，对两个脉冲的吸收达到最小值。此时，光栅最为显著，两束光之间的耦合最强。因此，对每一个相继的回路来说，脉冲都被压缩了，直到展宽脉冲的其他效应抵消了这一压缩机制。一种效应来自于共振腔镜介质膜的色散，它使得短脉冲所包含的不同波长的往返时间有所差别。脉冲越短，它们的波谱 $I(\lambda)$ 就越宽，色散效应也就越严重。

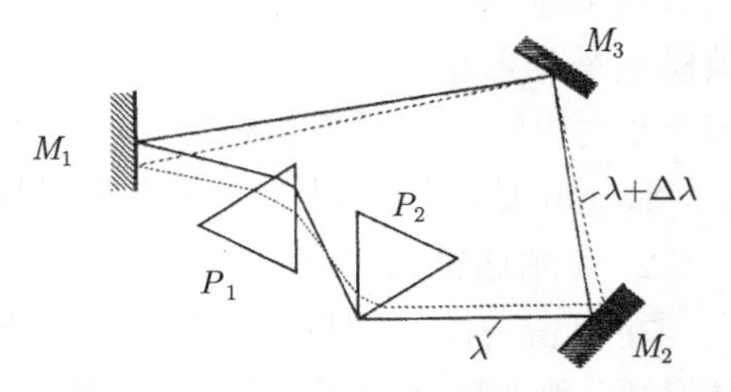

图 6.18　在共振腔内，用棱镜补偿端镜的色散效应

在环形共振腔中插入一个色散棱镜 (图 6.18)，可以引入不同的光程 $d_{\mathrm{p}}n(\lambda)$，从而在一阶近似的程度上补偿端镜的色散效应[6.48]。在与脉冲传播方向垂直的方向

上移动色散棱镜，就可以调节光脉冲穿过棱镜所获得的光程 $d_{\mathrm{p}}n(\lambda)$，从而使得这种色散补偿达到最优。

原则上来说，脉冲宽度的下限值 $\Delta T_{\min}$ 取决于傅里叶极限 $\Delta T_{\min}=a/\delta\nu$，其中 $a\sim1$ 是一个常数，它依赖于脉冲的时域波形 (第 6.2.2 节)。增益曲线的谱宽 $\delta\nu$ 越大，$\Delta T_{\min}$ 就越小。然而在实际中，色散效应随着 $\delta\nu$ 的增大而变得越来越重要，因此并不能够达到理论上的下限 $\Delta T_{\min}$。对于不同的色散情况 [fs/cm]，能够达到的极限值 $\Delta T_{\min}$ 随着谱宽的变化关系如图 6.19 所示，其中，虚线给出了没有色散效应时的脉冲宽度 ΔT 的傅里叶极限[6.48,6.49]。

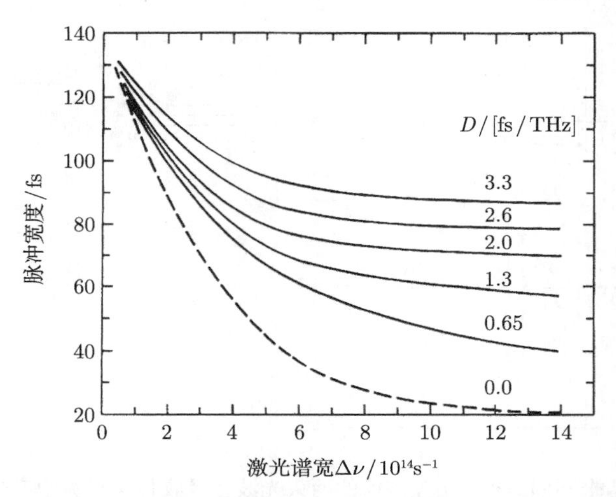

图 6.19 对于不同的色散参数 D[fs/THz]，脉冲宽度的理论下限 ΔT 随着锁模激光谱宽 $\Delta\nu$ 的变化关系[6.120]

利用碰撞脉冲锁模技术，可以实现宽度小于 100fs 的光脉冲[6.50,6.51]。如果用锁模氩激光器来同步地泵浦碰撞脉冲锁模环形腔染料激光器，能够稳定地工作许多个小时[6.52]。利用饱和染料吸收体和倍频的锁模 Nd:YAG 激光作为泵浦源，在 $\lambda=815\mathrm{nm}$ 处已经实现了 39fs 的脉冲宽度[6.53]。

2) 克尔透镜锁模

在很长一段时间里，染料溶液因为光谱增益区很宽而成为飞秒脉冲的最佳增益媒质。现在已经发现，许多固态增益材料具有非常宽的荧光带宽，将它们与新的非线性现象结合起来，可以实现 5fs 的光脉冲。

对于固态激光器来说，激光上能级的典型寿命范围是 10^{-6}s 到 10^{-3}s。这一时间远大于锁模脉冲序列中相继脉冲之间的时间间隔 (约为 $10\sim20$ns)。因此，在两个脉冲的间隔时间内，放大媒质不能够从饱和状态恢复回来，因此，不能像碰撞脉冲锁模那样利用动态饱和来产生模式锁定。需要快速饱和的吸收体，它能够跟得上锁模脉冲的短脉冲曲线。这种被动锁模的固态激光器的脉冲稳定性和脉冲强度有可能不是完全稳定的，而且一般来说，它们的脉冲宽度不可能小于 1ps。

脉冲宽度小于 100fs 的超快脉冲的关键性突破是 1991 年发现的快速脉冲整形机制，它被称为克尔透镜锁模，其工作原理如下：

当入射光强度 I 很大的时候，媒质的折射率 n 依赖于光强。可以将其写为

$$n(\omega, I) = n_0(\omega) + n_2(\omega)I$$

折射率变化依赖于强度的原因在于，光波的电场引起了电子壳层的非线性极化，因此称之为光学克尔效应。

因为高斯激光束的径向强度的变化，在激光的作用下，媒质的折射率产生径向梯度变化，n 的最大值位于中心轴线上。它表现为一个聚焦透镜，使得入射激光束发生汇聚，其焦长依赖于光强。因为脉冲的时域中心部分具有最大的光强，其汇聚作用也远大于强度较低的边缘部分。在激光共振腔内的适当位置上放置一个圆孔光阑，只让中央部分的脉冲透射，从而砍去脉冲的头和尾，因此，透射脉冲就比入射脉冲短 (图 6.20)。

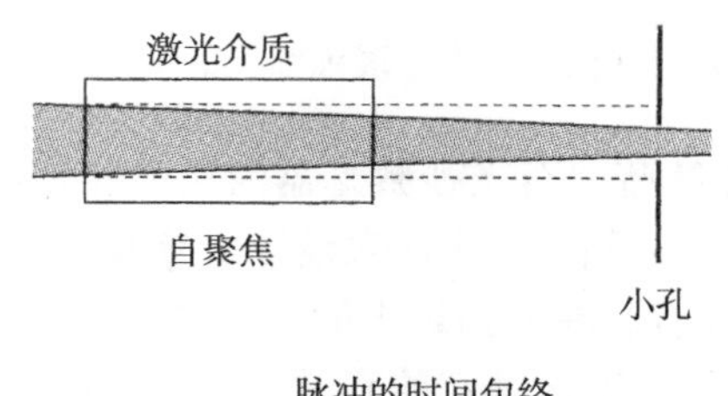

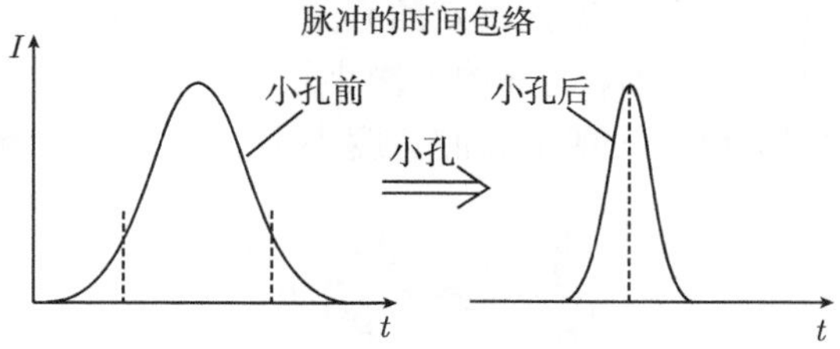

图 6.20 克尔透镜锁模

例 6.3

对于宝石 Al_2O_3 来说，$n_2 = 3 \times 10^{-16}\text{cm}^2/\text{W}$。当光强为 10^{14}W/cm^2 的时候，折射率的变化为 $\Delta n = 3 \times 10^{-2} n_0$。对于波长为 $\lambda = 1000\text{nm}$ 的光波来说，1cm 光程引起的相移为 $\Delta\Phi = (2\pi/\lambda)\Delta n = 300 \cdot 2\pi$，它引起的相位波前的曲率半径为 $R = 4\text{cm}$，等价于相应焦长的克尔透镜。

通常，激光媒质本身就是一个克尔媒质，它在激光共振腔内形成了一个额外的透镜。如图 6.21 所示，其中，焦长为 f_1 和 f_2 的透镜的实际作用是曲面镜[6.54]。当没有克尔透镜的时候，当两个透镜之间的距离为 $f_1 + f_2$ 的时候，共振腔是稳定的。

当存在克尔透镜的时候，必须将此距离变为 $f_1+f_2+\delta$，其中 δ 依赖于克尔透镜的焦长，因此也就依赖于脉冲强度。如果两个透镜之间的距离为 $f_1+f_2+\delta$，共振腔就只对位于

$$0<\delta<\delta_1 \quad \text{或者} \quad \delta_2<\delta<\delta_1+\delta_2$$

范围内的 δ 值来说是稳定的，其中

$$\delta_1=\frac{f_2^2}{d_2-f_2}, \quad \delta_2=\frac{f_1^2}{d_1-f_1} \tag{6.12}$$

恰当地选择 δ，可以使得共振腔仅在脉冲极大值附近的时间间隔内保持稳定。

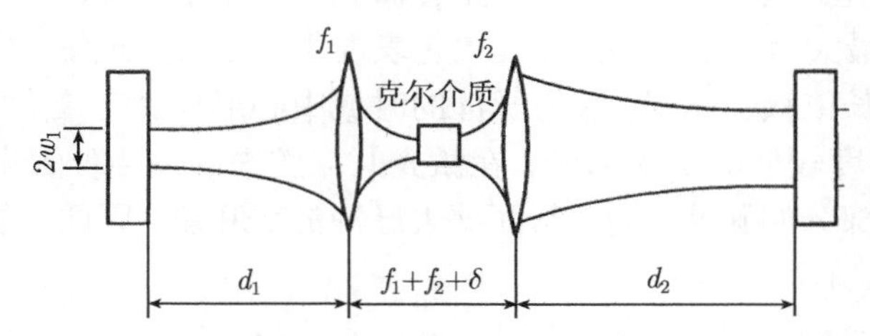

图 6.21 激光共振腔内克尔透镜锁模的示意图[6.54]

利用克尔透镜锁模的掺钛蓝宝石飞秒激光器的实验装置如图 6.22 所示，其中的激光增益媒质也同时作为克尔透镜。这样来设计折叠共振腔：克尔透镜将脉冲光聚焦，在每次往返的时候，只有脉冲光强最大的部分才能通过氩离子激光泵浦的空间受限的增益区。此时，由泵浦激光确定的有效增益媒质区扮演了空间“软光阑”的角色。在图 6.22 中，端镜 M_4 之前的机械小孔 A 用于实现“硬光阑”的克尔透镜锁模。利用这种设计，已经实现了脉冲宽度小于 10fs 的输出脉冲。

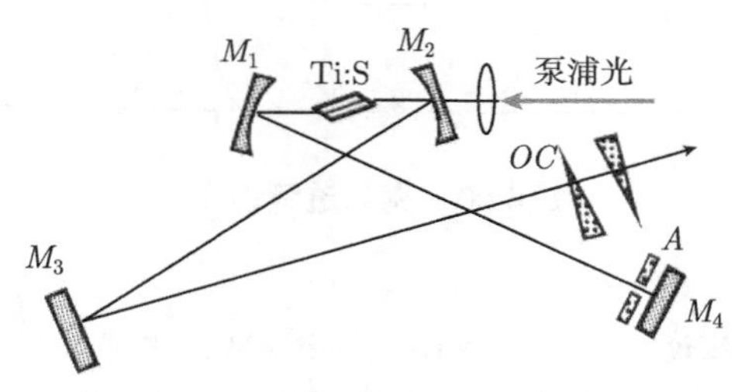

图 6.22 用于软光阑和硬光阑锁模的 MDC 掺钛蓝宝石振荡器的示意图[6.54]

Fujimoto 及其研究小组[6.54] 报道了克尔透镜锁模的掺钛蓝宝石激光器，它的阈值比传统的克尔透镜激光器小十倍。具有象散补偿的折叠共振腔的设计方案如图 6.23 所示。用一对棱镜补偿共振腔的色散，输出耦合镜的透射率为 1%。阈值很低，因此，可以使用不那么昂贵的低功率泵浦激光器。

另一种实现克尔透镜锁模的方法利用了克尔媒质的双折射性质，光通过克尔媒质的时候，偏振面会发生转动，如图 6.24 所示。入射光先穿过一个线偏振片，然后被一个 $\lambda/4$ 波片变成椭偏光。克尔媒质转动了偏振面，非线性的转动角度依赖于时间。在克尔媒质后面，安放一个 $\lambda/2$ 波片和一个线偏振片，使得脉冲透射率在入射脉冲的峰值处达到最大值，这样就可以缩短脉冲的宽度[6.56]。这种器件的工作方式类似于被动饱和吸收体，对于产生超短脉冲光的光纤激光器特别有用。

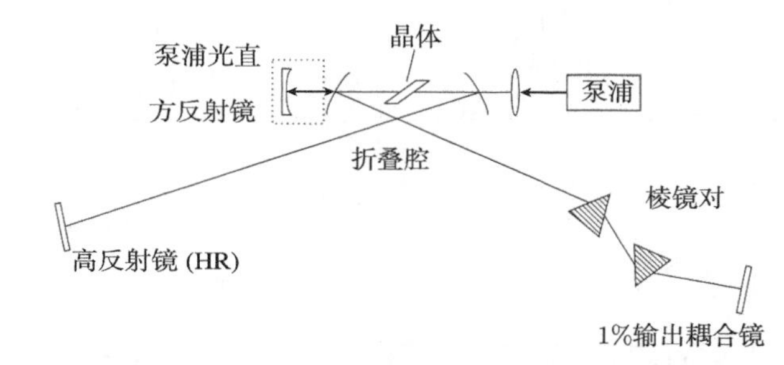

图 6.23 利用克尔透镜锁模的超低阈值掺钛红宝石激光器[6.55]

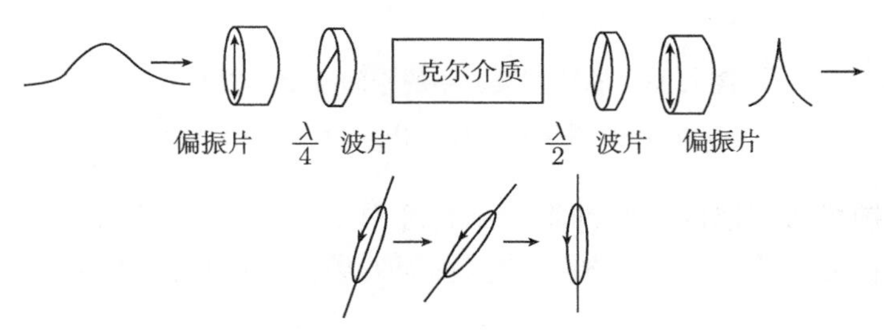

图 6.24 偏振相加的脉冲模式锁定[6.56]

6.1.6 光脉冲压缩

既然光脉冲的理论下限 $\Delta T_{\min} = 1/\delta\nu$ 取决于增益介质的谱宽 $\delta\nu$，那么，$\delta\nu$ 越大越好。利用光纤的自相位调制效应展宽光脉冲的光谱，从而压缩光脉冲，这是一个关键的想法，它实现了只有几个飞秒的脉冲宽度。该方法基于如下原理：

谱振幅分布为 $E(\omega)$ 的光脉冲在折射率为 $n(\omega)$ 中传播的时候，它的时域波形会发生变化，这是因为表征脉冲极大值运动速度的群速度

$$v_{\mathrm{g}} = \frac{\mathrm{d}\omega}{\mathrm{d}k} = \frac{\mathrm{d}}{\mathrm{d}k}(v_{\mathrm{ph}}k) = v_{\mathrm{ph}} + k\frac{\mathrm{d}v_{\mathrm{ph}}}{\mathrm{d}k} \tag{6.13}$$

有色散

$$\frac{\mathrm{d}v_{\mathrm{g}}}{\mathrm{d}\omega} = \frac{\mathrm{d}v_{\mathrm{g}}}{\mathrm{d}k}\Big/\frac{\mathrm{d}\omega}{\mathrm{d}k} = \frac{1}{v_{\mathrm{g}}}\frac{\mathrm{d}^2\omega}{\mathrm{d}k^2} \tag{6.14}$$

当 $\mathrm{d}^2\omega/\mathrm{d}k^2 \neq 0$ 的时候，脉冲中不同频率分量的速度是不同的，因此，随着脉冲在媒质中的传播，它的波形就会发生变化 (群速度色散，GVD) (图 6.25(a))。例如，对于负色散关系 ($\mathrm{d}n/\mathrm{d}\lambda < 0$)，长波的速度要大于短波，也就是说，脉冲在空间上变得更宽了。

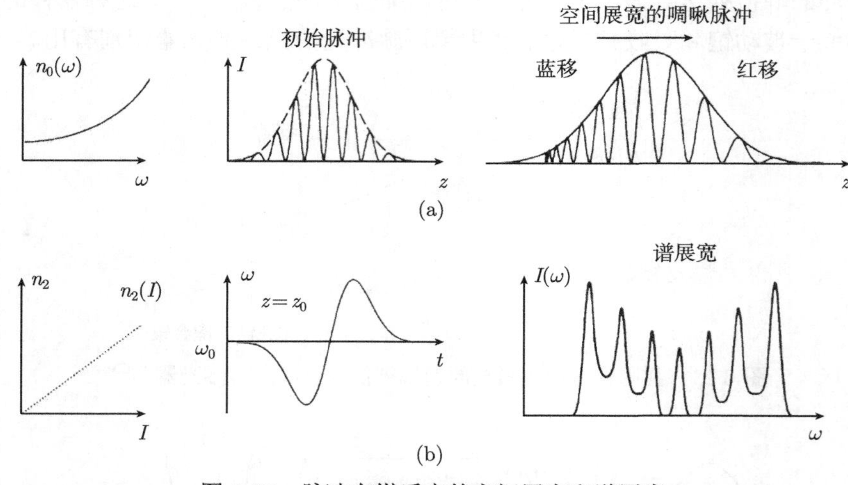

图 6.25　脉冲在媒质中的空间展宽和谱展宽

(a) 媒质的折射率是线性的；(b) 折射率是非线性的

如果将锁模激光器的光脉冲聚焦到光纤中，光强 I 就会变得非常大。光纤材料中的电子在光场作用下受迫振动的振幅随着场振幅的增大而增大，折射率依赖于光强

$$n(\omega, I) = n_0(\omega) + n_2 I(t) \tag{6.15}$$

其中，$n_0(\omega)$ 描述的是线性色散 (第 6.1.5 节)。$k = n\omega/c$ 的光波 $E = E_0\cos(\omega t - kz)$ 的相位 $\phi = \omega t - kz$ 为

$$\phi = \omega t - \omega n\frac{z}{c} = \omega\left(t - n_0\frac{z}{c}\right) - AI(t) \quad \text{其中}, A = n_2\omega\frac{z}{c} \tag{6.16}$$

此时，它就依赖于光强

$$I(t) = c\epsilon_0 \int |E_0(\omega, t)|^2 \cos^2(\omega t - kz)\mathrm{d}\omega \tag{6.17}$$

因为运动光频率

$$\omega = \frac{\mathrm{d}\phi}{\mathrm{d}t} = \omega_0 - A\frac{\mathrm{d}I}{\mathrm{d}t} \tag{6.18}$$

是时间导数 $\mathrm{d}I/\mathrm{d}t$ 的函数，式 (6.18) 表明，在脉冲的前沿 ($\mathrm{d}I/\mathrm{d}t > 0$)，频率是减小的，而在脉冲的后端 ($\mathrm{d}I/\mathrm{d}t < 0$)，$\omega$ 增加 (自相位调制)。前沿的频率发生红移，

后端的频率发生蓝移。在脉冲时间 τ 内的频率移动被称为“啁啾”。脉冲的谱线变宽了 (图 6.25(b))。

线性色散 $n_0(\lambda)$ 引起了空间上的展宽，而依赖于光强的折射率 $n_2I(t)$ 引起了谱展宽。脉冲的空间展宽对应于其时域波形的展宽，正比于光纤的长度，还依赖于脉冲的谱宽度 $\Delta\omega$ 和光强。

定量的描述从脉冲包络的波动方程开始[6.57,6.58]

$$\frac{\partial E}{\partial z}+\frac{1}{v_{\mathrm{g}}}\frac{\partial E}{\partial t}+\frac{i}{2v_{\mathrm{g}}^2}\frac{\partial v_{\mathrm{g}}}{\partial \omega}\frac{\partial^2 E}{\partial t^2}=0 \tag{6.19}$$

它可以利用缓变包络近似 $(\lambda\partial^2E/\partial z^2 \ll \partial E/\partial z)$ 从一般性波动方程推导出来[6.16]。

初始宽度为 τ 的脉冲以群速度 v_{g} 穿过长度为 L 的媒质，式 (6.19) 的解给出脉冲宽度[6.59]

$$\tau'=\tau\sqrt{1+(\tau_{\mathrm{c}}/\tau)^4},\quad \tau_{\mathrm{c}}=\sqrt{\frac{8L}{v_{\mathrm{g}}^2}\frac{\partial v_{\mathrm{g}}}{\partial\omega}} \tag{6.20}$$

当 $\tau=\tau_{\mathrm{c}}$ 的时候，初始脉冲宽度 τ 增大了一个因子 $\sqrt{2}$。宽度小于临界脉冲宽度 τ_{c} 的脉冲变得更宽了。经过长度

$$L=\frac{\sqrt{3}}{2}\frac{(\tau\cdot v_{\mathrm{g}}/2)^2}{\partial v_{\mathrm{g}}/\partial\omega} \tag{6.21}$$

之后，脉冲宽度加倍了。随着入射脉冲的宽度 τ 的减小，相对的脉冲展宽增加得很快。

现在，间距为 D 的一对光栅使得长波的光程大于短波的光程，让脉冲的长波部分相对于短波部分发生延迟，从而压缩了这种在光谱和空间上展宽了的脉冲。其原因如下[6.60]：根据图 6.26，在光栅之前和之后，平面波的相位波前的光程差 $S(\lambda)$ 为

$$S(\lambda)=S_1+S_2=\frac{D}{\cos\beta}(1+\sin\gamma),\quad \gamma=90^\circ-(\alpha+\beta) \tag{6.22}$$

利用 $\cos(\alpha+\beta)=\cos\alpha\cos\beta-\sin\alpha\sin\beta$，可以将它变换为

$$S(\lambda)=D\left[\frac{1}{\cos\beta}+\cos\alpha-\sin\alpha\tan\beta\right]$$

利用光栅方程 $d(\sin\alpha-\sin\beta)=\lambda$，对于给定的入射角 α，沟槽间距为 d 的光栅的色散关系为 $\mathrm{d}\beta/\mathrm{d}\lambda=-1/(\mathrm{d}\cos\beta)$ (第 1 卷第 4.1.3 节)，可以得到空间色散为

$$\frac{\mathrm{d}S}{\mathrm{d}\lambda}=\frac{\mathrm{d}S}{\mathrm{d}\beta}\frac{\mathrm{d}\beta}{\mathrm{d}\lambda}=\frac{-D\lambda}{d^2\cos^3\beta}=\frac{-D\lambda}{d^2[1-(\lambda/d-\sin\alpha)^2]^{3/2}} \tag{6.23}$$

这就表明，色散正比于光栅间距 D 并随着 λ 而增大。恰当地选择 D 值，就可以补偿脉冲在光纤中产生的啁啾并得到压缩了的脉冲。

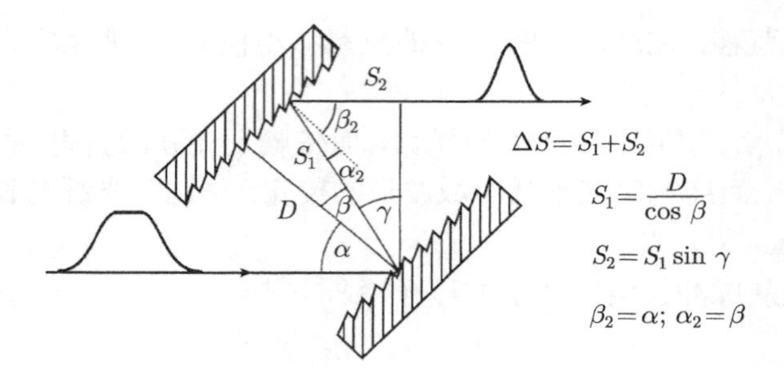

图 6.26 用一对光栅进行脉冲压缩

典型的实验装置如图 6.27 所示[6.61]。在光纤中，锁模激光器发出的光脉冲在空间上和频谱上都被展宽了，随后用一对光栅压缩这个光脉冲。如果用反射镜 M 反射脉冲并使之再次通过这对光栅，那么，产生的色散就会加倍。利用这一系统，已经获得了 16fs 的光脉冲[6.62]。

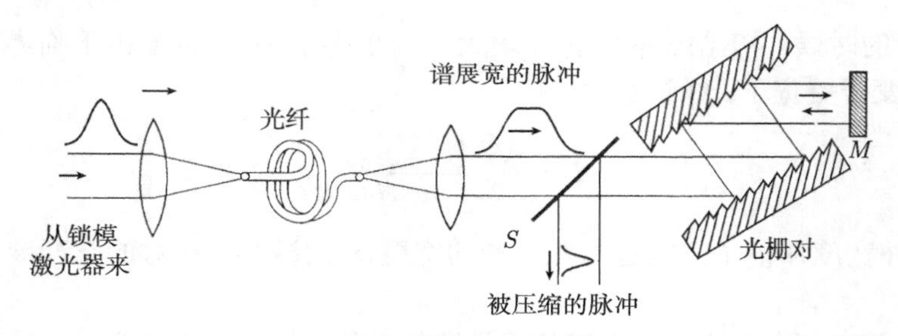

图 6.27 实验装置示意图

利用自相位调制和光栅对压缩脉冲，从而产生飞秒脉冲[6.61]

将棱镜和光栅组合起来 (图 6.28)，不仅能够补偿相位色散中的二阶项，还能够补偿三阶项[6.63]

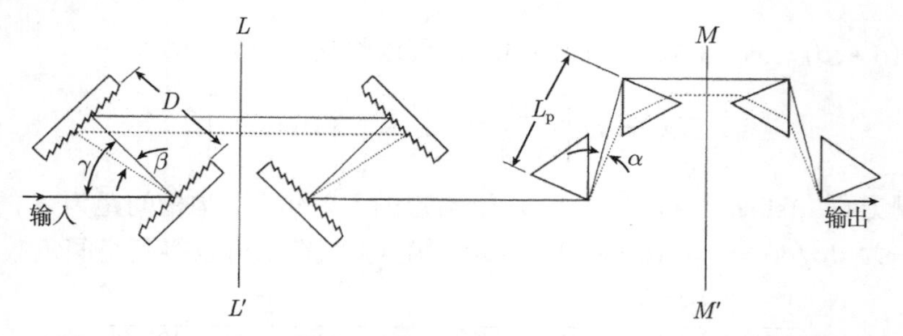

图 6.28 用于补偿相位色散的二阶项和三阶项的光栅对和棱镜对

LL' 和 MM' 是两个相位波前。实线表示参考路径，虚线表示波长 λ 光的路径，它在第一个光栅处以角度 β 衍射，再被棱镜以 α 角度相对于参考路径折射[6.63]

$$\begin{aligned}\phi(\omega) =& \phi(\omega_0) + \left(\frac{\partial \phi}{\partial \omega}\right)_{\omega_0} (\omega - \omega_0) + \frac{1}{2}\left(\frac{\partial^2 \phi}{\partial \omega^2}\right)_{\omega_0} (\omega - \omega_0)^2 \\ &+ \frac{1}{6}\left(\frac{\partial^3 \phi}{\partial \omega^3}\right)_{\omega_0} (\omega - \omega_0)^3\end{aligned} \tag{6.24}$$

这样就可以实现 6fs 的脉冲宽度。

关于压缩技术的更多信息和更为详细的讨论，请参考文献 [6.64]。

6.1.7 利用啁啾激光镜获得小于 10fs 的光脉冲

随着宽带的半导体饱和吸收镜和特殊设计的色散多层介质膜啁啾镜的发展，现在能够实现自启动的超短激光脉冲，它的脉冲宽度通常小于 10fs，峰值功率达到兆瓦水平。

飞秒脉冲的产生要求共振腔内的群延迟色散 (GDD) 是负值。因为固态增益介质引入了依赖于频率的正色散，所以，激光共振腔内的媒质必须具有更大的负值。在第 6.1.5 节中我们看到，共振腔内的棱镜可以作为补偿器。然而，此时的群延迟色散对波长的依赖性很大，对于非常短的脉冲来说，因为它的光谱范围很宽，时域中的波形会不对称，带有很宽的背景。低损耗的介质膜激光啁啾镜的发明带来了很大程度的改善[6.65]。

啁啾镜是由低折射率层和高折射率层交叠多层形成的介质膜镜。在每个界面处的反射率 r 为 $r = (n_{\rm r} - n_{\rm l})/(n_{\rm r} + n_{\rm l})$。如果这些层总是具有相同的光学厚度，那么它就是布拉格反射镜，如图 6.29(a) 所示。然而，在反射脉冲的时候，这种反射镜不会产生啁啾。为了实现啁啾，从第一层到最后一层，必须缓慢地改变光学层的厚度，如图 6.29(b) 所示。脉冲谱宽内的两种不同波长有着不同的穿透深度，从而具有不同的时间延迟 (群延迟色散为正)。当它们经过反射后再次叠加的时候，啁啾效应就让反射脉冲变得更宽了。恰当地设计啁啾反射镜，就可以很好地补偿激光共振腔的负的群色散。在图 6.29(b) 中的反射镜中，只有布拉格波长被线性地啁啾了。图 6.29(c) 中的双啁啾反射镜显著地增加了色散补偿的谱宽。也就是说，非常短的脉冲也可以被恰当地啁啾。为了避免位于反射镜表面或者前面部分给出不必要的反射所引起的群色散的振荡，在布拉格反射镜之间需要有增透膜和匹配层[6.68]。

不改变布拉格层的厚度，连续地改变反射率和它们之间的差别 $(n_{\rm r} - n_{\rm l})$，也可以制做啁啾镜 (图 6.30)。

可以将这些反射镜视为一维全息图，它是由相反方向传播的啁啾激光脉冲和非啁啾激光脉冲在媒质中叠加后生成的正比于总光强的折射率图案[6.66]。当啁啾脉冲被这个全息图反射的时候，就被压缩了，这与相位共轭反射镜的情况类似。

在实际中，使用计算机程序控制的蒸发沉积技术制备这种反射镜。用于产生负的群延迟色散的不同介电层的折射率变化如图 6.30 所示。在正的和负的折射率变

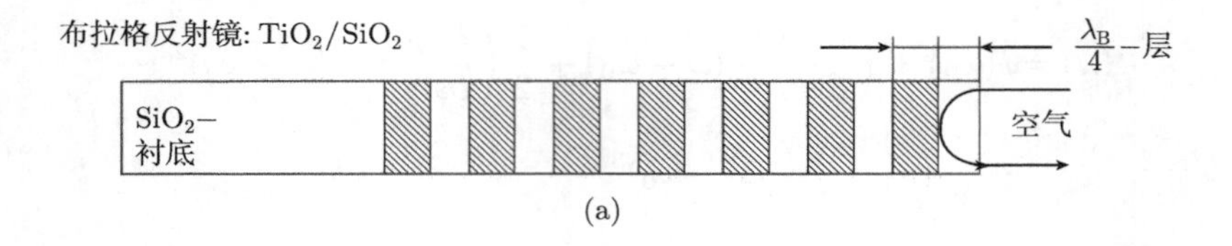

(a)

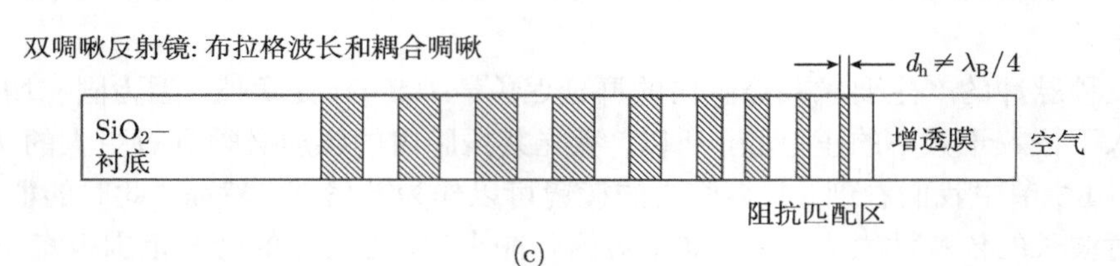

(b)

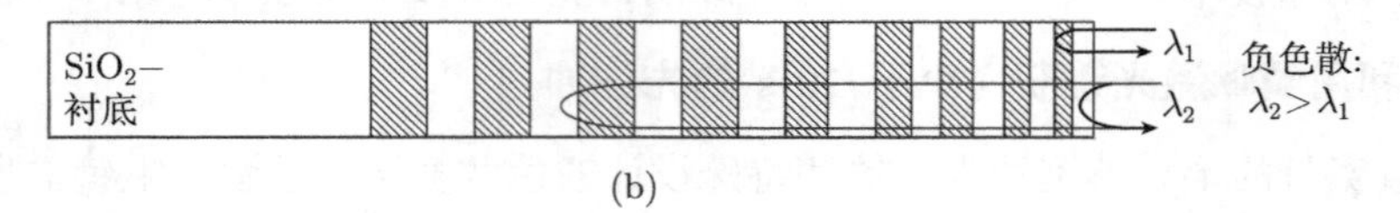

(c)

图 6.29 啁啾反射镜

(a) 没有啁啾效应的布拉格反射镜; (b) 用于一个波长的简单啁啾反射镜;
(c) 带有匹配层以避免残余反射的双啁啾反射镜[6.68]

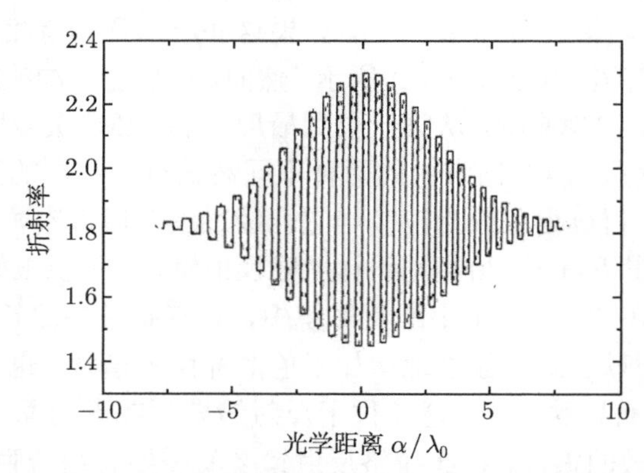

图 6.30 具有分立值的啁啾介质膜反射镜的折射率线形

化线形的反射镜中，反射率和群延迟随着波长的变化关系如图 6.31 所示。与克尔透镜锁模技术结合起来，这种啁啾反射镜可以产生宽度为 4fs 的飞秒光脉冲[6.54]。

另一种产生超快光脉冲的方法是，在啁啾反射镜前放置一个高速半导体饱和吸收体 (图 6.32)，并与克尔透镜锁模结合起来，从而实现被动锁模[6.67]。饱和吸收体的恢复时间必须短于激光脉冲的宽度。可以用克尔透镜锁模实现饱和吸收，可以将它视为人工制造的饱和吸收体，它的速度与激光强度引起的非线性克尔效应相同。因为半导体材料的恢复时间取决于被激发的电子返回到价带初始态上的弛豫过程，这些材料是亚皮秒区域的高速吸收体，并不能够达到 10fs 的极限。但已经实现了 13fs 的类孤立子光脉冲。

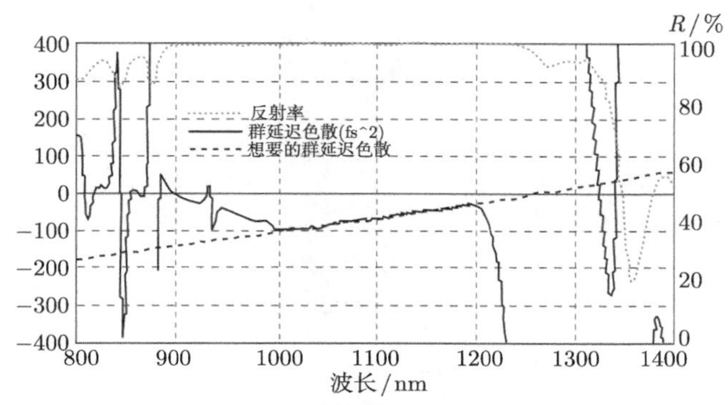

图 6.31 在一个啁啾反射镜中，反射率 R、设计和实现的群延迟色散随着 λ 的变化关系[6.66b]

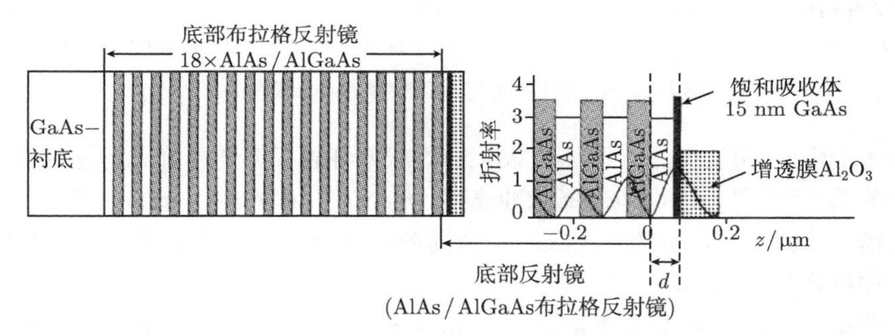

图 6.32 带有 15nm GaAs 饱和吸收层的半导体布拉格反射镜[6.67]

将置于啁啾反射镜之前的半导体饱和材料与克尔透镜锁模技术结合起来，能够可靠地产生小于 10fs 的光脉冲。

不用脉冲压缩技术，也可以产生最短的光脉冲，一种可能的实验装置如图 6.33 所示。它由 5 个啁啾反射镜 M_2-M_6 和两个棱镜 P_1 和 P_2 构成。这一装置由反射镜以及棱镜的色散补偿来提供平坦的色散关系。曲面镜将泵浦光束聚焦到激光晶体 X 中。位于第二个焦点处的玻璃片 P 引起了自相位调制，从而显著增宽了激光发射的光谱，因此就可以产生更短的脉冲[6.68]。

6.1.8 光纤激光器和光学孤立子

第 6.1.7 节讨论了光脉冲在光纤里的自相位调制效应，它的起因是折射率依赖于光强 $n=n_0+n_2I(t)$。在正常的负色散关系的媒质中，$\mathrm{d}n_0/\mathrm{d}\lambda<0$，这一效应导致的脉冲谱展宽引起了脉冲的空间展宽，而在奇异的正色散关系的媒质中，$\mathrm{d}n_0/\mathrm{d}\lambda>$

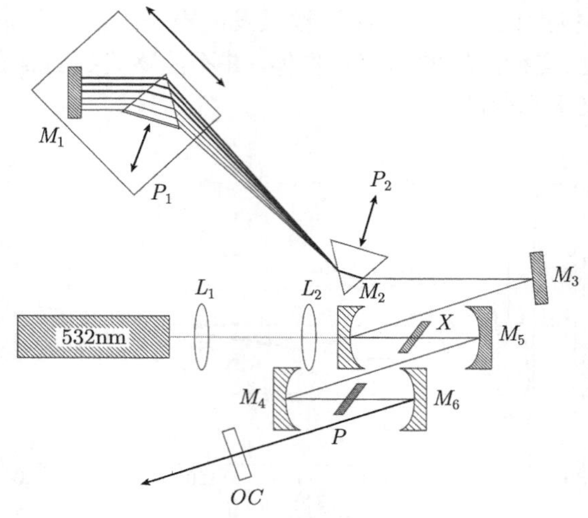

图 6.33　实验装置示意图

用于产生超短脉冲的掺钛蓝宝石激光器的双 Z 共振腔。两个棱镜 P_1 和 P_2 以及在双啁啾反射镜 M_2-M_6 上的八次反射提供了平直的色散关系。在 BK7 玻璃片 (P) 上的另一个焦点产生了增强的自相位调制，从而使得激光产生了更为宽广的光谱[6.68]

0，它会引起脉冲的压缩。当 $\lambda > 1.3\mu\mathrm{m}$ 的时候，熔融石英光纤就具有这种奇异的正色散关系[6.69,6.70]。恰当地选择脉冲光强，$n_0(\lambda)$ 和 $n_2I(t)$ 引起的色散关系就会彼此抵消，也就是说，光脉冲在媒质中传播的时候，它的时域波形不会发生变化。这种脉冲被称为基本孤立子[6.71,6.72]。

在波动式 (6.19) 中引入折射率 $n=n_0+n_2I$，可以得到稳定解，它被称为 N 阶孤立子。基本孤立子 ($N=1$) 的时域波形保持不变，而高阶孤立子的时域波形表现出振荡行为，脉冲宽度先是减小，然后再增大。经过路径长度 z_0 之后 (依赖于光纤的折射率和脉冲光强)，孤立子恢复到其初始形状 $I(t)$[6.73,6.74]。

可以用稳定的宽带红外激光飞秒脉冲在熔融石英光纤中产生光学孤立子，例如色心激光器或掺钛蓝宝石激光器。这一系统被称为孤立子激光器[6.75~6.82]，实验装置如图 6.34 所示。

用锁模 Nd:YAG 激光器同步泵浦一个带有端镜 M_0 和 M_1 的 KCl:Tl° 色心激光器。色心激光器波长为 $\lambda=1.5\mu\mathrm{m}$ 的输出脉冲通过分束器 S，后者反射了一部分光并将它们聚焦到光纤里，光脉冲以孤立子的形式在光纤中传播，因为光纤在 1.5μm 处的色散是 $\mathrm{d}n/\mathrm{d}\lambda > 0$。脉冲被压缩后经 M_5 反射后再次进入光纤并耦合到激光共振腔中。恰当地调整光纤的长度，使得路径 $M_0-S-M_5-S-M_0$ 的渡越时间正好等于激光共振腔内 $M_0-M_1-M_0$ 的往返时间 $T=2d/c$。在这种情况下，被压缩的脉冲总是在恰当的时刻 $t=t_0+q2d/c(q=1,2,\cdots)$ 注入到激光共振

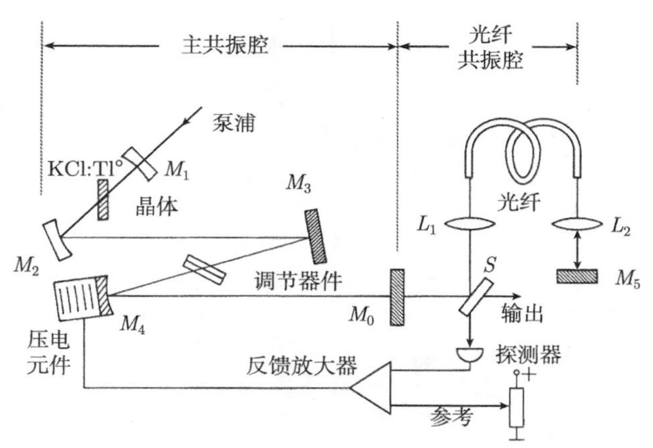

图 6.34 孤立子激光器[6.82]

腔内，与其中运转的脉冲叠加起来。通过注入被压缩的光脉冲，可以减小激光脉冲的宽度，直到其他的展宽机制抵消了脉冲的变窄为止。

为了使得从光纤反射回来的脉冲与共振腔内的脉冲在相位上匹配起来，两个共振腔的路径长度必须相等，差别远小于一个波长。由 S 传递到探测器上的输出功率强烈地依赖于两个共振腔长度的严格匹配，因此可以用作稳定激光共振腔长度的反馈控制，它控制着压电陶瓷柱上的 M_4 的位置。实验结果表明，利用 $N \geqslant 2$ 阶的孤立子可以实现最佳的稳定性[6.76]。

利用这种 KCl:T1° 色心孤立子激光器，已经演示了脉宽为 19fs 的稳定运行的飞秒激光脉冲[6.81]。当 $\lambda = 1.5\mu\text{m}$ 的时候，这对应于红外光波的四个振荡周期。在文献 [6.75]~[6.83] 中可以找到更多关于孤立子激光器的信息。

制作具有宽带增益谱的稀土元素掺杂的光纤，有力地推动了光纤放大器的发展。将大带宽和低泵浦功率结合起来，实现了被动锁模飞秒脉冲光纤激光器。这种光纤激光器的优点是，光学元件高度集成、结构紧凑、可靠性高、容易校准，因此，非常便于日常使用[6.78]。

光纤环形腔激光器的基本原理如图 6.35 所示。泵浦激光通过一段光纤耦合到光纤环形腔激光器中，而输出功率通过另一段光纤耦合出去。光纤环由负色散 $(-\beta_2)$ 和正色散 $(+\beta_2)$ 部分以及掺铒的放大媒质构成，后者的色散可以由掺杂物的微小浓度控制。隔离器确保了单向工作模式，光纤环保持了偏振态。除了环形腔光纤激光器，还实现了线性光纤激光器，如图 6.35(b) 所示。位于端镜前的饱和吸收体通过被动锁模实现飞秒工作模式。一个完全集成的光纤飞秒激光器如图 6.35(c) 所示，其中，饱和吸收体被直接粘在光纤的末端，用一个啁啾光纤布拉格光栅 (CFBG) 补偿色散。这种光纤激光器的输出脉冲能量大约为 70μJ，脉冲宽度小于 100fs[6.79]。

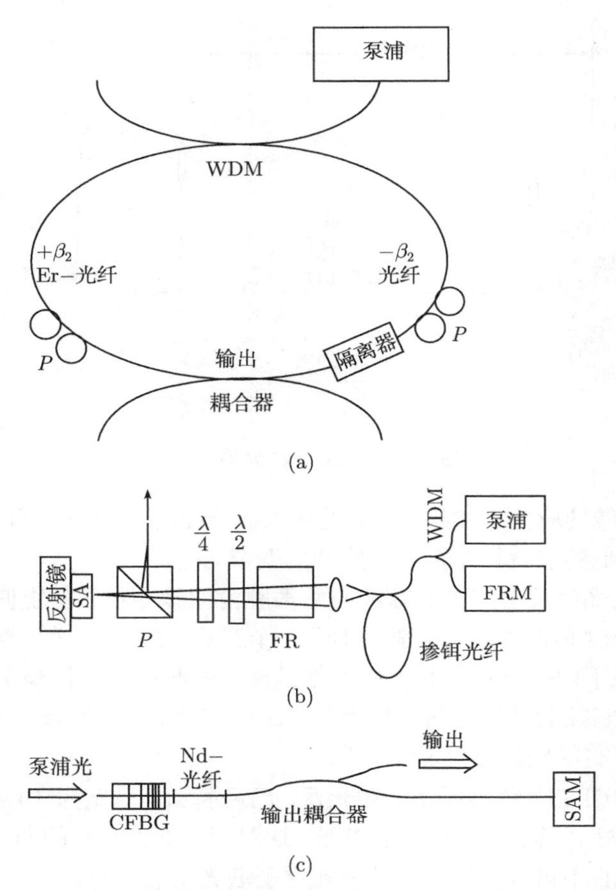

图 6.35　(a) 光纤环形腔激光器的原理，它带有正色散和负色散的光纤部分；(b) 线性光纤激光器 (FR，法拉第旋转器；FRM，法拉第旋转反射镜；SA，饱和吸收体)；(c) 完全集成的被动锁模 Nd 光纤激光器 (CFBG，用于色散补偿的啁啾布拉格光栅；SAM，饱和吸收体反射镜)[6.78]

孤立子环形腔光纤激光器也可以利用偏振调制[6.80] 或者相加脉冲锁模来实现主动锁模。后一技术将脉冲劈裂并使之分别进入一个干涉仪的两臂，自相位调制后的两束脉冲的相干叠加使得脉冲变短[6.56]。

通过拉曼位移可以显著地增大掺铒光纤孤立子激光器的可调范围[6.84]。这一系统能够给出 170fs 的激光脉冲，脉冲能量为 24pJ，波长可以从 1000nm 调节到 1070nm。经过一个掺铒光纤放大器的放大之后，可以得到脉宽为 74fs、脉冲能量为 8nJ 的脉冲。利用周期极化的铌化锂晶体进行倍频，可以将红外孤立子激光转化到可见光波段[6.85]。

6.1.9 波长可调的超短脉冲

迄今为止，我们只讨论了能够给出固定波长的短脉冲飞秒激光器。在时间分辨光谱学中，波长的可调谐性有许多优点，已经投入了许多精力来发展波长可调范围很宽的超短脉冲激光器。下面介绍几种不同的实现方法。

类似于连续激光器，可以将宽增益谱线的工作媒质用于脉冲激光器。利用激光共振腔内的选择波长的光学元件，可以在整个增益谱线范围内调节激光的波长。然而，它的缺点在于，因为傅里叶极限 $\Delta T > 2\pi/\Delta\nu$，随着谱宽 $\Delta\nu$ 的减小，脉冲宽度 ΔT 增大。

因此，基于参量振荡器和放大器 (第 1 卷第 5.8.8 节)，发展了一种新原理，用来产生波长可调的超短脉冲。

在参量振荡器中 (图 6.36(a))，一个泵浦光子 $\hbar\omega_{\mathrm{p}}$ 在非线性晶体中劈裂为一个信号光子 $\hbar\omega_{\mathrm{s}}$ 和一个闲置光子 $\hbar\omega_{\mathrm{i}}$，它们满足能量和动量守恒关系

$$\omega_{\mathrm{p}} = \omega_{\mathrm{s}} + \omega_{\mathrm{i}} \tag{6.25a}$$

$$k_{\mathrm{p}} = k_{\mathrm{s}} + k_{\mathrm{i}} \tag{6.25b}$$

在参量放大器中，激光束聚焦到非线性光学晶体上，种子激光束的频率为 ω_{s}，强泵浦激光束的频率为 ω_{p}。非线性晶体中的参数过程产生了一束频率等于差频 $\omega_{\mathrm{i}} = \omega_{\mathrm{p}} - \omega_{\mathrm{s}}$ 的新光束 (图 6.36(b))。绝大部分的泵浦光分裂为信号光和闲置光，信号光与种子光叠加起来，放大了微弱的种子光束。

在粒子数反转的媒质的放大过程中，增益依赖于粒子数反转能够保持的时间，

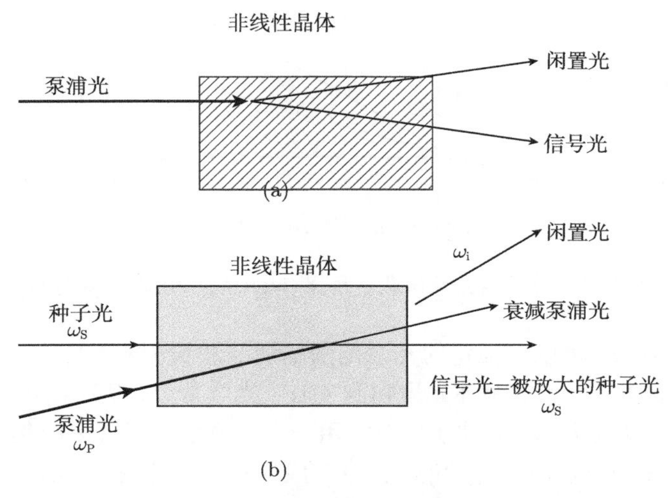

图 6.36 (a) 参数振荡器的示意图；(b) 非线性光学参数放大器 NOPA

这与参数放大过程有着非常重要的差别。对于传统的激光脉冲放大过程来说，虽然被放大的脉冲的波形并不一定与泵浦脉冲的波形完全一致，但是被放大的脉冲的宽度依赖于泵浦脉冲的宽度 (图 6.1)。而对于参数放大过程来说，在增益媒质中不存在反转粒子数，放大效应是由于泵浦脉冲和种子脉冲之间的非线性相互作用，被放大的种子脉冲信号是种子脉冲和泵浦脉冲的卷积。

为了确保这种叠加总是同相位的，相互作用的光波的相速度必须匹配。这对应于非线性晶体中倍频过程的相位匹配条件，等价于相互作用光子的动量守恒条件 (式 (6.25b))。这一条件可以在双折射晶体中实现。然而，还有一个条件：如果想要使得三束短脉冲在通过晶体的时候达到最大的重合从而达到最优的相互作用过程，它们的群速度也必须匹配。通常来说，在双折射晶体中，如果种子光和泵浦光是共线传播的话，并不能够满足这一条件。如果群速度不匹配，那么被放大的信号脉冲就会变得更宽，放大因子就低于最佳值。如图 6.37 所示的非共线配置解决了这一问题，它被称为非线性光学参量放大器 (NOPA)。当泵浦光束和探测光束之间的夹角为 ψ 的时候，动量守恒条件 (式 (6.25b)) 给出了信号光和闲置光的夹角 $\varOmega$

$$\varOmega = \psi(1 + \lambda_{\mathrm{i}}/\lambda_{\mathrm{s}}) \tag{6.26}$$

恰当地选择 ψ 的数值，信号光和闲置光的群速度为

$$v_{\mathrm{g}}^{\mathrm{idler}} = \cos\varOmega \cdot v_{\mathrm{g}}^{\mathrm{signal}} = \cos(\psi + \psi\lambda_{\mathrm{i}}/\lambda_{\mathrm{s}})v_{\mathrm{g}}^{\mathrm{signal}} \tag{6.27}$$

在选定方向上，二者就会相等。恰当地选择它们相对于非线性晶体光轴的角度，就可以满足相速度的相位匹配条件。

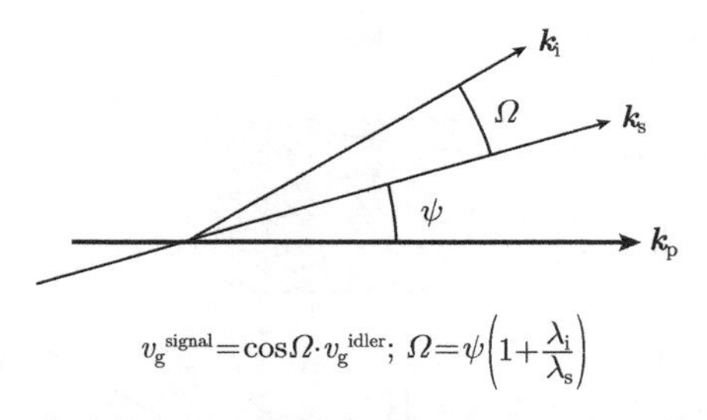

图 6.37　非线性光学参量放大器 (NOPA) 中的群速度匹配

利用下述方法，可以在很宽的光谱范围里调节波长 (图 6.38)。

将一部分波长为 λ_{p} 的泵浦光聚焦到 CaF_2 光学片上，从而在焦点处产生连续谱。用非线性晶体将大部分泵浦光倍频。用一个抛物面反射镜来收集从 CaF_2 光学片中的这个小亮斑里发出的连续谱，并将其成像在一个非线性 BBO 晶体上，与倍频后的波长为 $\lambda_{\mathrm{p}}/2$ 的泵浦光束重叠。光轴和种子光束之间的夹角保证了利用种子

光束中某一特定波长产生和频光或差频光所需要的相位匹配条件。当晶体这样取向的时候，相互作用的光波的相速度和群速度都必须相等。改变这一角度就可以连续地调节输出波长[6.85]。泵浦波长为 $\lambda_p/2 = 387\text{nm}$，种子连续谱介于 500nm 和 800nm 之间，输出波长可以在整个可见光范围内调节[6.87]。

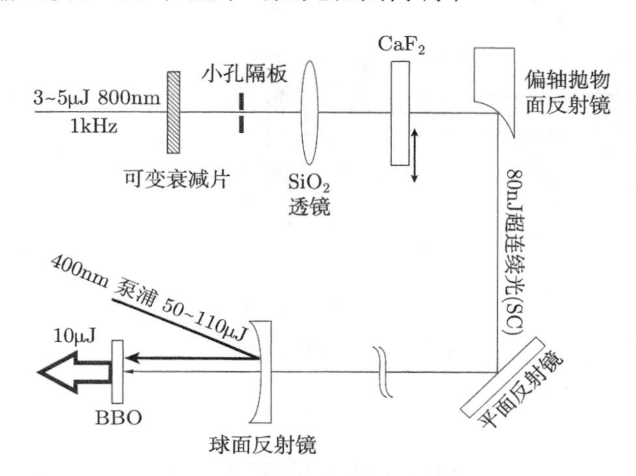

图 6.38 利用白光光源和蓝光泵浦激光器，可以制作波长可调谐的光学参量放大器[6.85]

这种波长调节范围很宽的非线性光学参量放大器实际上包含三个部分 (图 6.39)：

(a) 连续光谱：用来作为种子光束；

(b) 参量放大器：泵浦光束和种子光束重叠在非线性光学晶体上，利用参量相互作用产生放大和频或差频的输出光束；

(c) 脉冲压缩器：可以是棱镜构型，也可以是光栅构型 (第 6.1.10 节)。

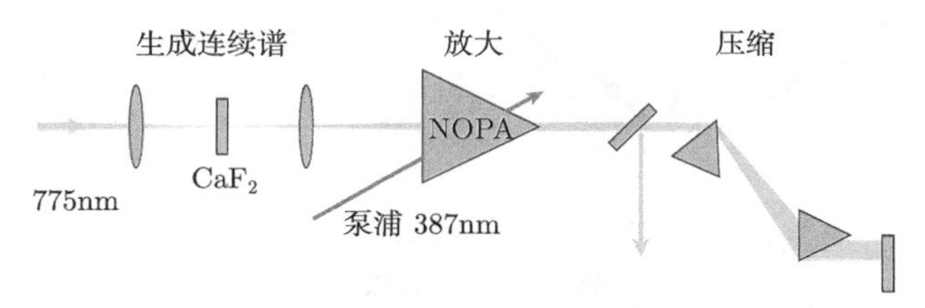

图 6.39 非线性光学参量放大器的主体结构[6.93]

利用这一系统，在可见光波段 470nm 到 750nm 之间，在近红外波段 865nm 和 1600nm 之间，能够产生波长连续可调的、脉宽小于 20fs 的脉冲[6.88]。

为了提高光束质量，需要很多透镜、反射镜、分束器和小孔，因此，真实的实验装置要复杂得多。在图 6.40 中，给出了在 Freiberg 制作的一台非线性光学参量放大器[6.89]。许多光谱学实验都需要不止一台激光器[6.90,6.91]。这里有三个独立可调的相位相干的激光源，这种设计是非常有用的[6.92]。其原理如图 6.41 所示。

泵浦光束的一小部分在蓝宝石片上产生了很宽的连续谱，大部分泵浦光被倍

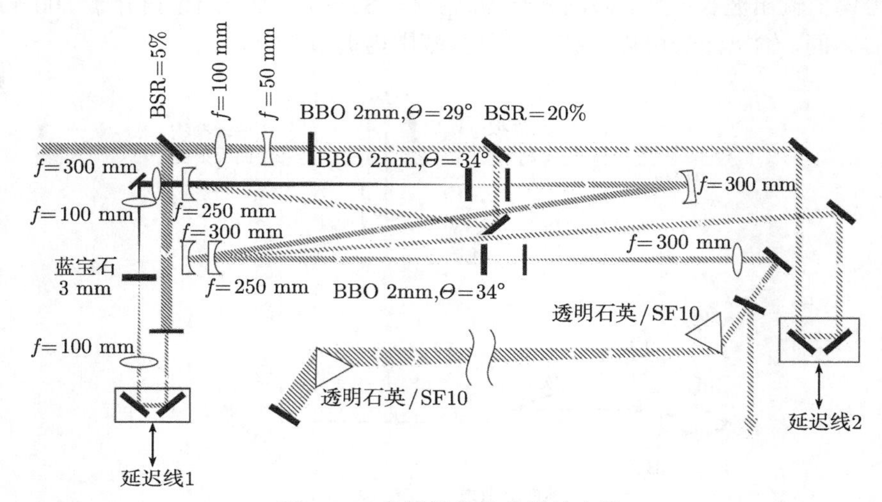

图 6.40 非线性光学参量放大器

更为详细的图示[6.89]

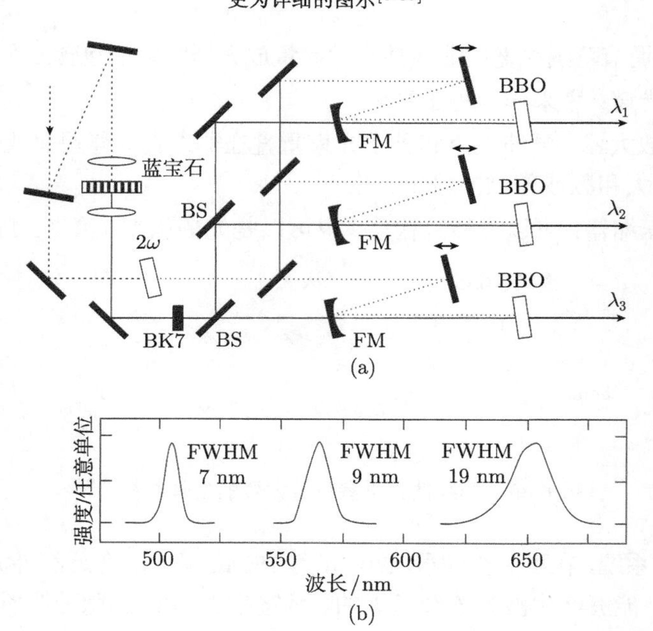

图 6.41 (a) 三个相位锁定的非线性光学参量放大器

虚线，775nm 泵浦光束；点状线，387nm 泵浦光束；实线，连续谱；Sa，蓝宝石；BK7，玻璃衬底；BS，宽带分束器[6.92]

频后通过分束器进入三个 BBO 晶体，用于参量放大过程。由蓝宝石片的焦点部分产生的种子光束经准直后也成像在三个 BBO 晶体上，与倍频后的泵浦光束叠加起来。通过调节晶体的方向，就可以独立地调节这三个参量放大器。总调谐范围仅仅受限于种子光的光谱宽度。

图 6.42 给出了用参量器件生成二次谐波与和频光的示意图以及它们的波长调节范围[6.93]。

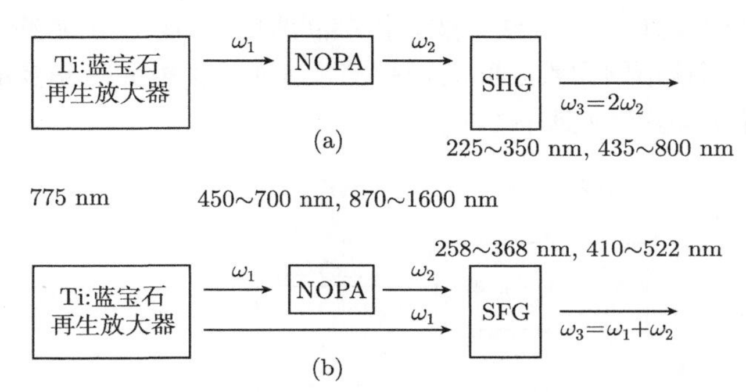

图 6.42 用掺钛蓝宝石再生放大器泵浦的非线性光学参量放大器的波长调节范围

利用非线性光学参量放大器生成 (a) 二次谐波与 (b) 和频光[6.85]

6.1.10 超短光脉冲的整形

许多应用要求脉冲激光具有特殊的时域波形，例如，化学反应的相干控制 (第 10.2 节)。近来已经发展了一些技术，用来为脉冲整形，其工作原理如下。

飞秒激光的输出脉冲照射到一个光学衍射光栅上。因为脉冲的谱宽很大，不同波长的光被衍射到不同的方向上 (图 6.43)。用一个透镜将发散的光束准直并使

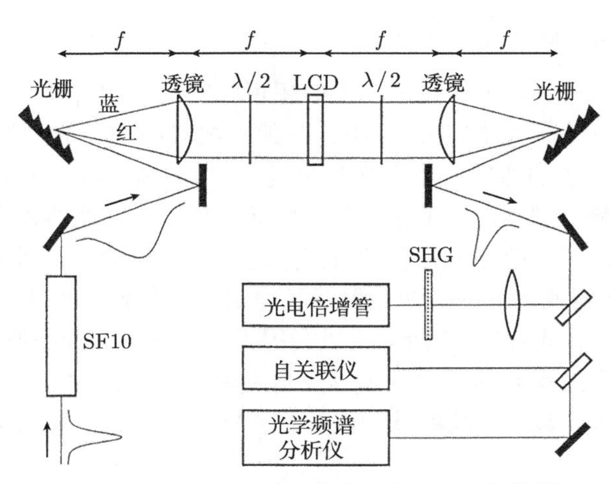

图 6.43 飞秒脉冲整形的实验装置示意图[6.96]

之通过一个液晶显示器，它是带有透明电极的液晶像素的二维阵列。此时，不同波长的光在空间上是彼此分离的。在像素上施加电压就会改变液晶的折射率，从而改变透射光的相位。因此，透射脉冲的相位波前就不同于入射脉冲的相位波前，而是依赖于不同像素单元上施加的电压。用另外一个透镜将色散了的分波汇集起来，并用另一块光栅将不同的波长重叠起来。这样产生的光脉冲的时域波形就依赖于不同光谱分量之间的相位差，而后者由特殊的计算机程序通过液晶显示器控制 (图 6.44)[6.94,6.95]。可以把自学习算法集成到控制回路中，比较输出脉冲与预期脉冲之间的差别，然后调整不同像素之间的位相差，从而近似得到所想要的脉冲时域波形[6.96]。更多细节请参考文献 [6.97]。

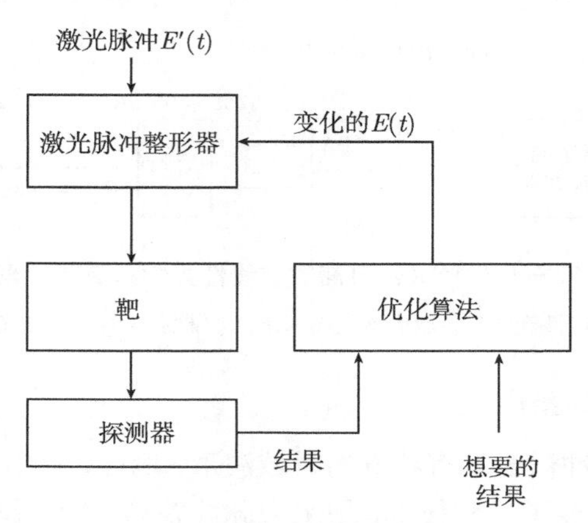

图 6.44 激光脉冲整形的控制回路

利用反馈的自学习算法进行优化[6.96]

6.1.11 高功率超短激光脉冲的产生

对于许多应用来说，上述技术产生的超短脉冲激光的峰值功率还不够高。需要更高功率的例子有：非线性光学和真空紫外波段的超短光脉冲的产生、多光子电离和多电荷离子的激发、用于光学泵浦 X 射线激光器的高温等离子体的产生以及短时间材料处理中的工业应用等。因此，必须找到能够提高超短脉冲能量和峰值功率的方法。一种方法是在染料流里对脉冲进行放大，用诸如准分子激光器、Nd:YAG 激光器或 Nd:glass 激光器等脉冲式大功率激光器进行泵浦 (图 6.45)。放大池的色散会展宽光脉冲，但是，可以利用光栅对压缩脉冲而补偿过来。为了抑制染料池窗口的反射引起的光学反馈以及自发辐射的放大过程，置于在放大池之间放置一个饱和吸收池，大功率脉冲能够将它饱和，但是微弱的荧光却会被它抑制[6.98~6.102]。

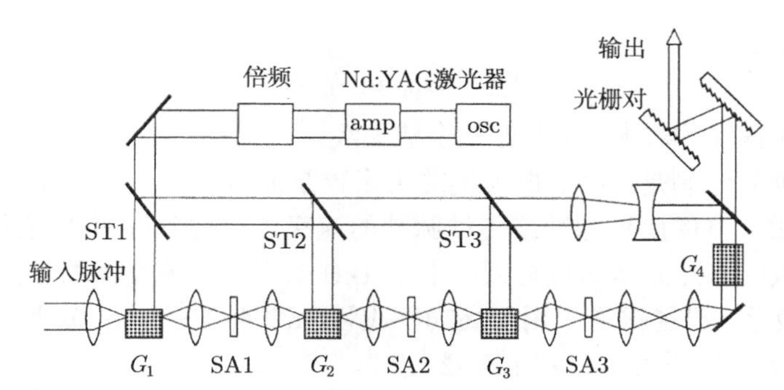

图 6.45 用倍频的脉冲 Nd:YAG 激光泵浦一串染料放大池 G_1-G_4，它们可以放大超短光脉冲。饱和吸收池 SA1-SA3 位于放大池之间，用来防止反射引起的反馈并抑制自发辐射的放大过程

强度为 I_0 的激光束通过一个长度为 L，增益系数为 $-\alpha(\alpha<0)$ 的放大池，则输出强度为

$$I_{\mathrm{out}}=I_0\mathrm{e}^{-\alpha L} \tag{6.28}$$

随着光强的增大，开始出现饱和，增益系数减小为

$$\alpha(I)=\alpha_0/(1+S)=\alpha_0/(1+I/I_{\mathrm{s}}) \tag{6.29}$$

其中，$\alpha_0=\alpha(I=0)$ 是 $I\to 0$ 时的小信号增益系数，I_{s} 是 $S=1$ 时的饱和强度 (第 2.1 节)。式 (6.28) 和式 (6.29) 给出了

$$\mathrm{d}I/\mathrm{d}z=I(z)\alpha_0/(I(z)/I_{\mathrm{s}}) \tag{6.30}$$

对其积分可以得到

$$\int(1/I+1/I_{\mathrm{s}})\mathrm{d}I=\alpha_0\int\mathrm{d}z \tag{6.31}$$

$$\ln\left(\frac{I_{\mathrm{out}}}{I_0}\right)+\frac{I_{\mathrm{out}}-I_0}{I_{\mathrm{s}}}=\alpha_0 L=\ln G_0 \tag{6.32}$$

利用 $I_0=I_{\mathrm{in}}$，可以得到放大因子

$$G=G_0\exp[-(I_{\mathrm{out}}-I_{\mathrm{in}})/I_{\mathrm{s}}] \tag{6.33}$$

从而得到输出光强

$$I_{\mathrm{out}}=I_0+I_{\mathrm{s}}\ln(G_0/G) \tag{6.34}$$

因此，被放大的光强就依赖于入射光强 I_{in}、小信号增益 G_0、饱和增益 G 和饱和光强 I_{s}。如果放大媒质被完全饱和，增益减小为 $G=1$，I_{out} 就达到最大值

$$I_{\mathrm{out}}^{\max}=I_{\mathrm{in}}+I_{\mathrm{s}}\ln G_0 \tag{6.35}$$

它还可以变形为

$$I_{\text{out}} = I_{\text{in}} \ln(G_0/G) \tag{6.36}$$

为了实现更大程度的放大，需要好几个放大级。

一个严重的限制是，用于放大链的大多数泵浦激光器的重复频率很低。虽然来自于锁模激光器的皮秒脉冲或飞秒脉冲的速率可以达到许多兆赫兹，但用来泵浦的绝大多数固态激光器的重复频率小于 1kHz。铜蒸气激光器的工作频率可以达到 20kHz。最近，已经报道了用于高功率飞秒脉冲的 $Ti{:}Al_2O_3$ 放大器，它工作在 $\lambda = 764$nm，工作频率达到好几千赫兹[6.103]。

过去十年提出的新概念已经将短脉冲的峰值功率提高了四个多数量级，达到了太瓦 (terawatt，10^{12}W) 甚至拍瓦 (petawatt，10^{15}W) 的区域[6.102,6.103~6.114]。其中一种方法采用了啁啾脉冲放大技术，其工作原理如下 (图 6.46)。

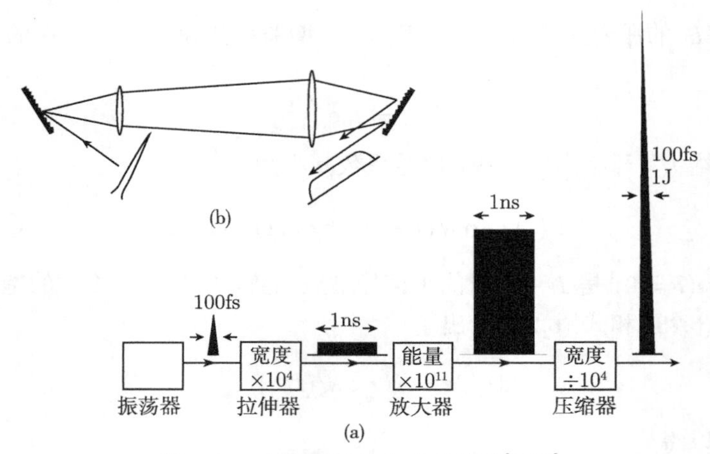

图 6.46　啁啾脉冲放大的示意图[6.114]

将激光振荡器的飞秒输出脉冲在时域上拉伸一个很大的因子，如说 10^4。这意味着 100fs 的脉冲变为 1ns 长，它的峰值功率也以同样的因子减小。将这个长脉冲放大很多倍 (可以是 10^{10} 倍)，这样就增大了它的能量，但是，因为脉冲拉伸了，峰值功率远小于初始脉冲被放大相同倍数时的数值。这样就防止了峰值功率超过损伤阈值从而损害光学元件。最后，再次压缩被放大的脉冲，然后将它送向目标。

我们将更仔细地讨论这一过程的各个方面。振荡器包括一个以前讨论过的飞秒器件。它给出啁啾脉冲，即光脉冲的频率在脉冲宽度 Δt 内发生变化。可以用一对光栅拉伸这种啁啾脉冲，与压缩脉冲的情况不同，这两个光栅并不是平行的，而是彼此倾斜 (图 6.47)。这样就增大了脉冲中蓝光和红光分量的光程差，从而拉伸了脉冲长度。文献 [6.102] 描述了无像差脉冲拉伸器的另一种设计方案，它带有两个曲面反射镜和一个光栅，如图 6.48 所示。

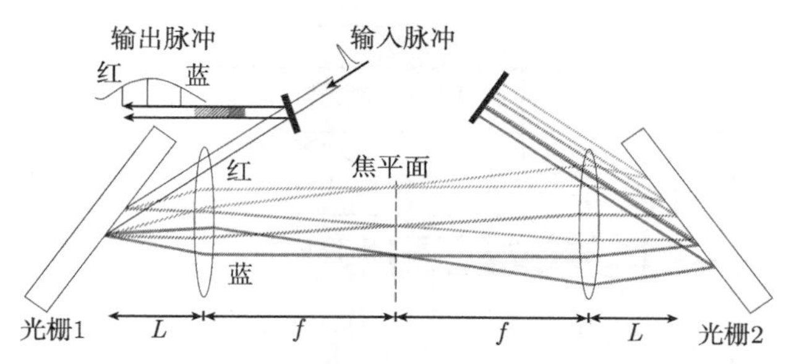

图 6.47 拉伸飞秒脉冲并产生频率啁啾的设计方案

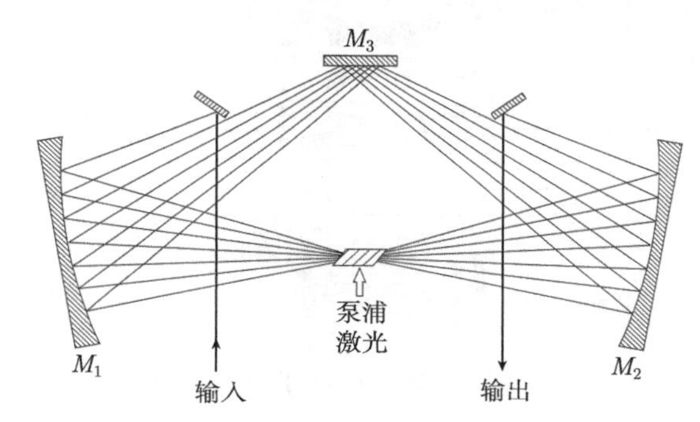

图 6.48 短光脉冲的再生放大器

放大是在一个多次通过的放大器系统中进行的。被拉伸的脉冲多次通过一个增益介质，后者被 Nd:YAG 激光器 (再生放大器，图 6.48) 的纳秒泵浦脉冲泵浦。为了放大掺钛蓝宝石激光器的脉冲，用一个高度掺杂的掺钛蓝宝石晶体作为增益介质。通过增益介质一次之后，被拉伸的脉冲耗尽了反转数，而泵浦脉冲再次产生粒子数反转。通常，设计系统使得不同的穿越经过放大介质中略微不同的区域。渡越的次数依赖于反射镜的几何配置，受限于泵浦脉冲的持续时间。

用另一级放大器进一步放大。不同级的放大器之间用光学二极管分隔开来，防止背向散射光返回到上一级中。泡克耳斯盒以几千赫兹的重复频率 (受制于泵浦激光) 从振荡器 (重复频率大约是 80MHz) 的未被放大的脉冲中选择出放大了的脉冲。能够从放大介质中提取出来的最大脉冲能量取决于饱和荧光，而后者又依赖于介质的发光截面。例如，对于掺钛蓝宝石，可以达到的最大光强是 100TW/cm^2。图 6.49 给出了用于脉冲拉伸、放大和压缩的整个系统。

在多次通过放大媒质的过程中，脉冲的空间模式质量可能会下降，也就是说，脉冲不能够很好地聚焦在目标上。如果多次通过的设计构成了一个很好的共振腔，泵浦激光器和振荡器的入射脉冲都与这个共振腔的高斯基模很好地模式匹配，共振腔就只支持 TEM$_{00}$ 模，系统的行为就像一个空间滤波器，因为所有其他的横

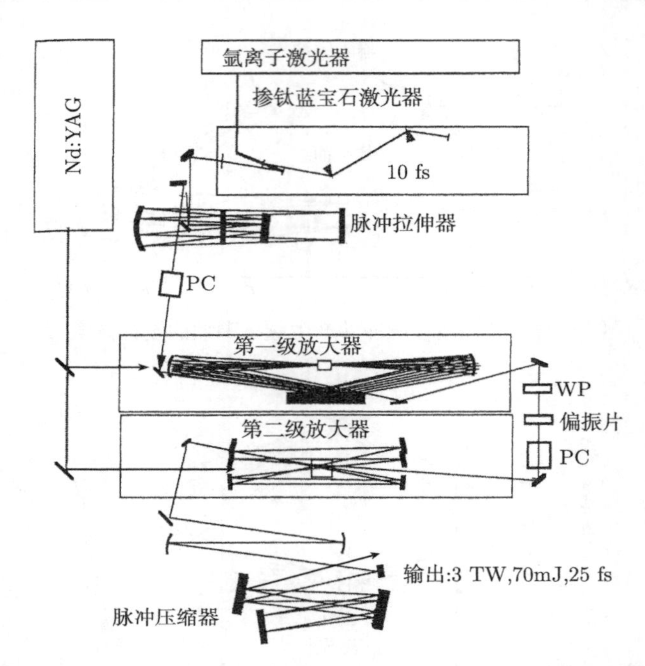

图 6.49　3TW、10Hz 的掺钛蓝宝石 CPA 激光的振荡器–放大器系统[6.102]

向模式都没有被放大。这样的再生放大器保持了空间高斯脉冲线形，聚焦程度可以达到衍射极限，在焦平面达到很高的光强。经过放大之后，能量为 W 的脉冲被再次压缩，产生的脉冲的持续时间为 $\tau = 20 \sim 100\text{fs}$，具有非常高的峰值功率 $P = W/\tau$，可以高达几太瓦。

例 6.4

假定激光振荡器发射出 $\Delta t = 20\text{fs}$ 和脉冲能量 1nJ 的脉冲。这些脉冲的峰值功率就是 50kW。当重复频率为 100MHz 的时候，平均功率是 0.1W。将脉冲宽度拉伸 10^4 倍，脉冲宽度就增大到 200ps，峰值功率减小为 5W。如果再生放大器内的反射镜间距为 10cm，那么该脉冲的往返时间就是 $T = 0.7\text{ns}$。如果泵浦脉冲的宽度是 7ns，那么就可以放大 10 次往返。也就是说，在泵浦脉冲持续的时间内，被放大的脉冲通过放大介质 20 次。如果放大因子为 10^4，被放大的脉冲的峰值功率就变为 50kW。在增益为 $G = 10^3$ 的第二个放大器级中，峰值功率增加到 50MW，脉冲能量增加到 10mJ。将这个脉冲压缩 10^4 倍，就得到脉冲的峰值功率为 $5 \times 10^{11}W = 0.5\text{TW}$。

迄今为止，大多数飞秒脉冲的实验使用的是染料激光器、掺钛蓝宝石激光器或色心激光器。光谱范围受限于增益介质的最佳增益区。光学混频技术可以覆盖新的光谱范围 (第 5.8 节)。一个例子是在中红外区 $\lambda = 5\mu\text{m}$ 附近产生 400fs 脉冲，这是碰撞脉冲锁模染料激光器在 620nm 处的输出脉冲与 700nm 处的脉冲在 $LiIO_3$ 晶体中混频的结果[6.106]。来自碰撞脉冲锁模激光器的脉冲六次通过染料放大器并被放大，后者被一台铜蒸气激光器泵浦，重复频率为 8kHz。一部分被放大的光束聚焦在一个行波染料盒里[6.107]，在那里产生了 $\lambda = 700\text{nm}$ 的强飞秒脉冲。这两束激光在聚焦在非线性 $LiIO_3$ 混频晶体中，给出的输出脉冲具有 10mJ 的能量和 400fs 的脉冲宽度。

另一种方法基于的是参量放大。这里用来放大激光脉冲的不是具有粒子数反转的增益介质，而是泵浦光和信号光在非线性光学晶体中的参量相互作用 (第 6.1.9 节)。这种技术的优点是增益更大。一个放大级就可以获得比再生放大器更大的放大，而再生放大器的增益受限于饱和效应。

然而，非线性介质不能像带有粒子数反转的常用增益介质那样存储能量。泵浦光、信号光和闲置光必须满足相位匹配条件，在通过非线性介质的相互作用区时，它们必须在时域上重叠。因此，它们应当具有相同的脉冲宽度。可以用皮秒泵浦激光器来放大飞秒脉冲。为了与泵浦脉冲的宽度匹配，拉伸飞秒信号脉冲，然后再进行参量放大 (图 6.50)，经过放大级之后再进行压缩[6.108]。

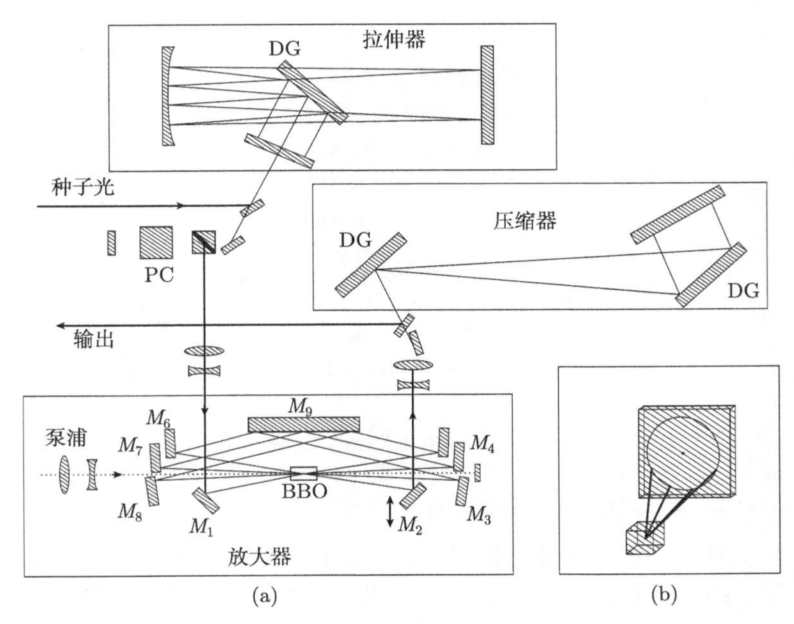

图 6.50 超短脉冲参量放大的实验装置，包括放大之前的脉冲拉伸器和放大之后的脉冲压缩器[6.108]

另一种方法使用纳秒泵浦脉冲。还是将飞秒信号脉冲拉伸到亚纳秒区域，然后通过几个放大级。这些放大级的泵浦脉冲之间具有特定的时间延迟，以便与信号脉冲达到最佳的重叠[6.109]。使用的不是几个非线性晶体，而是让信号脉冲多次通过同一个晶体，其装置类似于再生放大器。然而，此处的差别在于，使用的是参量相互作用，而不是带有粒子数反转的增益介质。因为放大程度更大，所以只需要更少的放大级，已经证明，只要一级这样的“再生参量放大级”，就可以使得峰值功率达到太瓦区域[6.110]。

6.1.12　通向阿秒区

在自然界中，许多过程的时间尺度都小于 1fs。例如，原子或分子中的电子运动，原子内壳层电子的激发，电子从较高能量态弛豫返回到内壳层的这个空洞上，同时发射出 X 射线或发生俄歇过程。这种弛豫可以发生在 10^{-16}s 的时间以内。更多的电子过程发生在阿秒的时间尺度上，如光学激发后电子壳层的重新安置。在激发原子核的过程中，有更短的弛豫时间。如果需要以高时间精度研究这些过程，探针就必须快于被研究的过程[6.111]。因此，在过去几年中发展了一些新技术 (图 6.51)，时间精度达到了阿秒区 (1attosecond = 10^{-18}s)[6.112,6.113]。

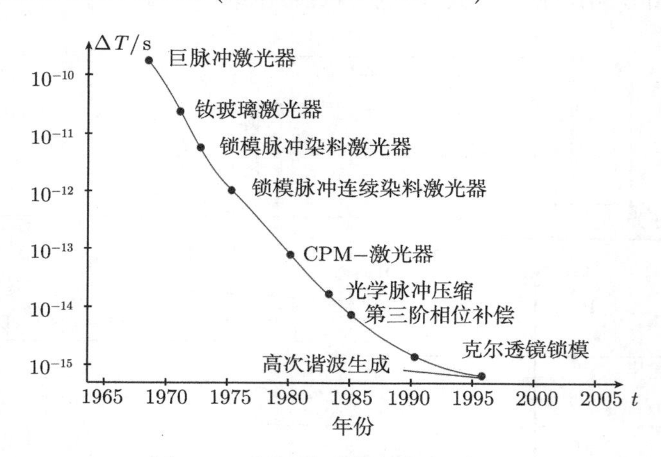

图 6.51　超短脉冲的历史发展进程

其中的一种技术利用大功率飞秒激光脉冲产生高次谐波[6.115]。

如果将大功率飞秒激光器的输出脉冲聚焦在惰性气体原子的喷流上，因为激光场与原子中的电子的非线性相互作用，可以产生激光基波的高次谐波。强激光场的强度可以比原子中的库仑场高几个数量级，导致电子的极端非简谐运动，激光场以光学频率来回地加速电子。因为加速运动的电荷会发出辐射，电子的周期性改变的加速就会在频率 $\omega_n = n\omega$ 处发出辐射，其中，整数 n 的数值可以达到 350！对于波长为 $\lambda = 700$nm 的基波，$n = 350$ 的谐波 $n\omega$ 的波长是 $\lambda = 2$nm，处于 X 射线区。它对应的光子能量是 500eV。更高阶的谐波的强度分布如图 6.52 所示，采用的是对数坐标，它是由 $\lambda = 720\text{nm}$、峰值输出功率为 0.2 太瓦的 5fs 脉冲产生的。可以看到，$n\omega$ 处的谐波强度随着 n 的增加而减小，直到 $n = 80$ (225eV)，而对于更高阶的谐波，它基本保持不变。因为 $\omega_n = n\omega$ 处的 n 次谐波的功率正比于 $I(\omega)^n$，谐波的脉冲宽度要比 ω 处的脉冲窄得多。只有峰值强度附近的脉冲 $I(\omega)$ 的中央部分才对更高阶的谐波生成有贡献。

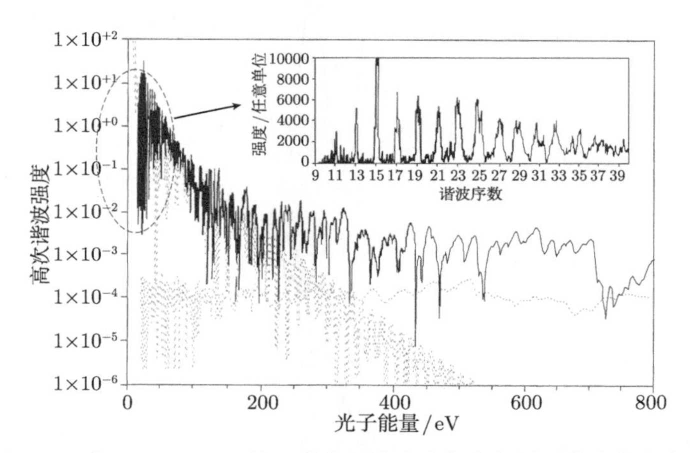

图 6.52 将 $\lambda = 720\text{nm}$ 的飞秒太瓦激光聚焦在氖原子喷流上产生的高次谐波的谱强度分布[6.118]

另一种产生高能量光子的阿秒脉冲的方法依赖于高强度激光光束聚焦在固体材料的表面时生成的等离子体。如果将波长为 $\lambda = 780\text{nm}$, 强度为 $I = 10^{21}\text{W/cm}^2$ 的 5fs 脉冲聚焦在固体靶材的表面，产生的等离子体中的自由电子发射出阿秒脉冲，其光子能量为 $20 \sim 70\text{eV}$[6.116]。

为了说明亚飞秒精度的原子动力学，图 6.53 给出了时间分辨的氖原子在 5fs 激光脉冲光场中的场电离，在脉冲半高宽内，它只有三个光学周期[6.119]。整个过程持续大约 6fs，但是可以清楚地看到在光场极大值时刻出现的电离几率峰，说明时间精度小于 1fs。

亚飞秒到阿秒的 X 射线脉冲可以用来产生振动的或者电子激发态的分子的劳厄图。为了弄清光学或 UV 飞秒脉冲激发的特定激发态上的分子的结构，曝光时间必须远小于振动周期。如果两个脉冲之间的时间延迟是可变的，就可以跟踪激发态分子在振动过程中或者激发后电子壳层的重新安置后的结构变化。

一个有趣的应用如图 6.54 所示，它可以测量光学场的绝对相位。在一束准直原子中，只有几个振荡周期的光脉冲电离原子、产生光电子[6.113,6.118]。在原子束与激光 (它们彼此垂直) 构成的平面的两侧，沿着光波交变电场矢量的方向检测光电子。因为光电子是由多光子吸收过程产生的 (如果 $h\nu = 1.8\text{eV}$，就必须吸收十个光子才能够电离氖原子)，光电子的数目强烈地依赖于电场强度。因此，几乎所有的光电子都是在周期性变化场 $E(t)$ 的极大值附近产生的。在只有几个振荡周期的脉冲里，$E(t)$ 依赖于光学场相对于脉冲包络的相位。如果 E 的极大值与脉冲包络的极大值重合，那么 $E(t)$ 达到最大值。

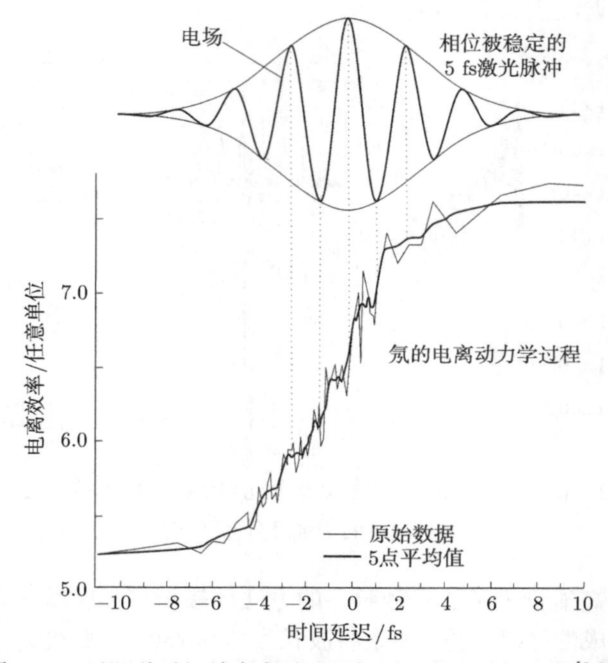

图 6.53　以阿秒时间精度实时观测氖原子的光学场电离[6.117]

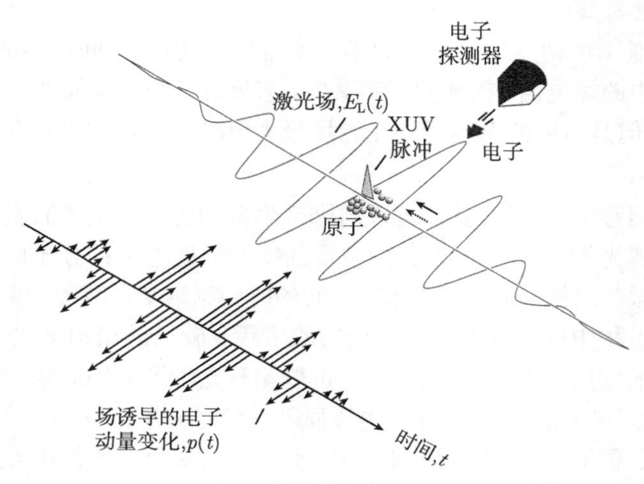

图 6.54　利用光电子光谱测量光场的绝对相位[6.118]

阿秒脉冲还有许多其他应用，例如，可以参见 NRC 在渥太华的 P. Corkum 小组和在亚琛的 MPI 量子光学研究所 F. Kraus 小组的研究论文[6.121]，他们开辟了这一领域[6.122]。关于产生飞秒和阿秒脉冲的更多实验细节和特殊实验装置，请参考文献 [6.118]~[6.123]。

6.1.13 产生短脉冲的小结

有几种方法可以产生短脉冲。一种方法基于的是锁模激光器，它的增益媒质具有很宽的光谱范围。早期的实验依赖于染料激光器或 Nd:YAG 激光器，现在，掺钛蓝宝石激光器是更有吸引力的选项。最为常用的一些材料列在表 6.1 和文献 [6.124] 中。已经用克尔透镜锁模和啁啾反射镜实现了 4fs 的激光脉冲。

另一种方法利用的是光纤中的光学脉冲压缩，其中，依赖于光强的折射率引起了频率啁啾，增大了脉冲的光谱线形和弛豫时间。然后再利用光学光栅或棱镜进行脉冲压缩，可以显著地缩短脉冲的持续时间。

第三种产生短脉冲的方法基于的是非线性晶体中信号脉冲与短泵浦脉冲之间的参量相互作用。如果信号脉冲来自于一个点状白光光源 (可以将大功率激光脉冲聚焦在玻璃或 CaF_2- 片产生)，这种短脉冲的中心波长的调节范围很宽。

在图 6.51 和图 6.55 中，用对数坐标给出了过去几十年来的进展情况, 脉冲越来越短, 功率越来越高。

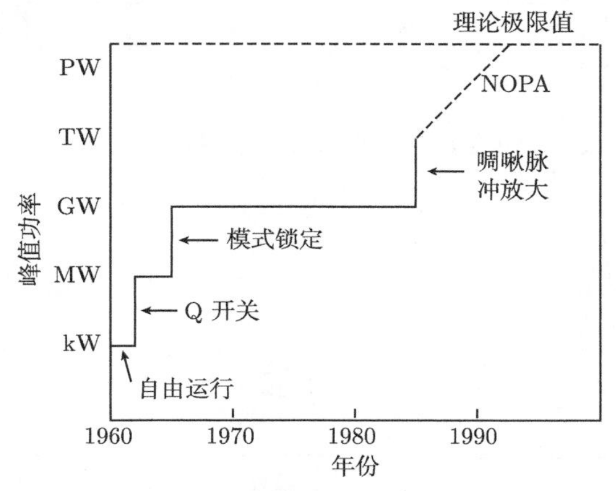

图 6.55 激光脉冲峰值功率随着各种技术发明的进展情况[6.114]

注：外推到未来的结果可能是错误的[6.120]。

6.2 超短脉冲的测量

最近几年以来，高速光电探测器的发展突飞猛进。例如，PIN 光二极管 (第 1

卷第 4.5 节) 的上升时间达到了 20ps[6.128]。对于 $\Delta T > 10^{-10}$s 的脉冲，最简单也最便宜的测量方法是利用光二极管、CCD 探测器或光电倍增管，如第 4.5 节所述。然而，迄今为止，时间分辨率达到 1ps 以下的探测器只有条纹相机[6.129]。可以用光学关联技术测量飞秒脉冲，即使探测器本身的响应慢得多，因为这种关联方法是测量超短脉冲的标准技术。下面我们将更为仔细地讨论它。

6.2.1　条纹相机

条纹相机的基本原理如图 6.56 所示。时域线形为 $I(t)$ 的光脉冲聚焦到光阴极上，在那里产生了一个光电子脉冲 $N_{\rm PE}(t) \propto I(t)$。施加在平面网格电极上的高电压 U 使得光电子沿着 z 方向运动，进一步地加速并在 $z = z_{\rm s}$ 处的荧光屏上成像。一对偏转电极可以使得电子沿着 y 方向发生偏转。在偏转电极上施加线性锯齿波电压 $U_y(t) = U_0(t - t_0)$，位于 $z = z_{\rm s}$ 处的荧光屏上的电子脉冲的焦点 $(y_{\rm s}(t), z_{\rm s})$ 就依赖于电子进入偏转电场的时刻 t。因此，空间分布 $N_{\rm PE}(y_{\rm s})$ 反映的就是入射光脉冲的时域线形 $I(t)$(图 6.56(b))。

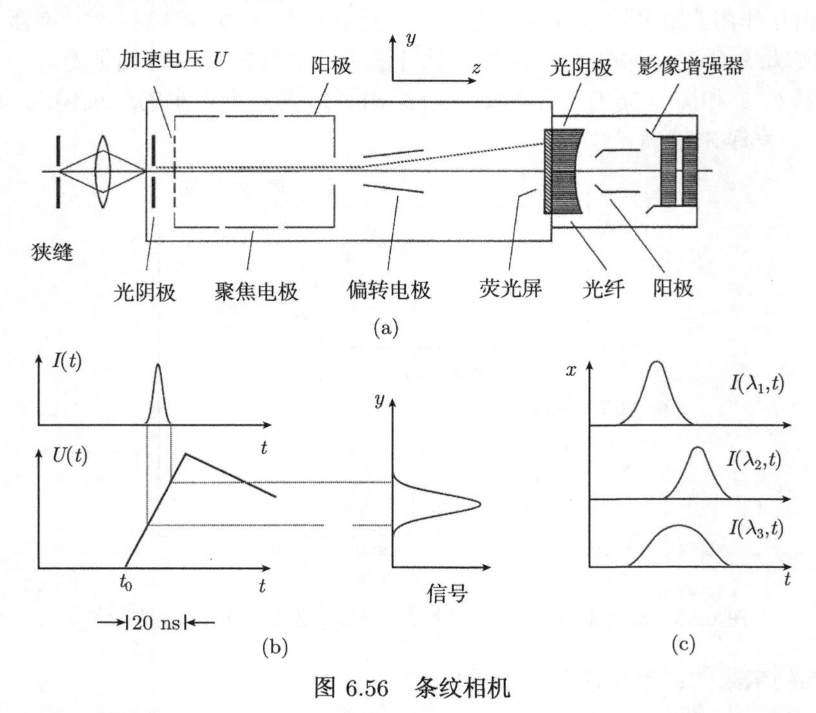

图 6.56　条纹相机

(a) 设计图；(b) 时域线形 $I(t)$ 和输出面上的空间分布 $S(y)$ 之间的关系；(c) 谱分辨的时域线形 $I(\lambda, t)$

当入射光成像在平行于 x 轴的狭缝上时，电子光学系统将狭缝成像到显示屏 S 上。这样就可以看到脉冲的强度–时间线形 $I(x, t)$，它有可能依赖于 x 方向。例如，如果光脉冲先是被送入一个色散为 $\mathrm{d}\lambda/\mathrm{d}x$ 的光谱仪，那么，对于不同的 x 值，强度线形 $I(x,t)$ 反映的就是脉冲的不同谱分量的时域线形 $I(\lambda,t)$。显示屏 S 上的分布 $N_{\mathrm{PE}}(x_{\mathrm{s}},y_{\mathrm{s}})$ 就给出了谱分量的时域线形 $I(\lambda,t)$ (图 6.56(c))。显示屏通常是一个荧光屏 (类似于示波器的显示屏)，可以直接用摄像机看，也可以经过影像增强器放大之后再看。经常用微通道板代替显示屏。

锯齿电压 $U_y=(t-t_0)U_0$ 的起始时刻 t_0 是由光脉冲触发的。因为用于产生锯齿电压的电子器件有一定的启动时间和上升时间，光脉冲在到达条纹相机的阴极之前必须有一定的延迟时间。这样就可以保证光电子在锯齿电压的线性区内通过偏转电场。光学延迟可以通过一段额外的光程实现，例如，利用光谱仪 (第 6.4.1 节)。

在商品化的条纹相机中，偏转速度可以在 1cm/100ps 到 1cm/10ns 之间选择。若空间分辨精度为 0.1mm，则时间分辨率为 1ps。已经制备出了飞秒条纹相机[6.129]，它的时间分辨精度可以在 400fs 到 8ps 之间选择，覆盖的光谱范围是 200 ~ 850nm。图 6.57 给出了条纹相机记录的两个飞秒脉冲的像，两个脉冲之间的间隔为 4ps，这个结果说明，时间分辨率非常惊人。可以在参考文献 [6.128]~[6.131] 中找到更多的细节。

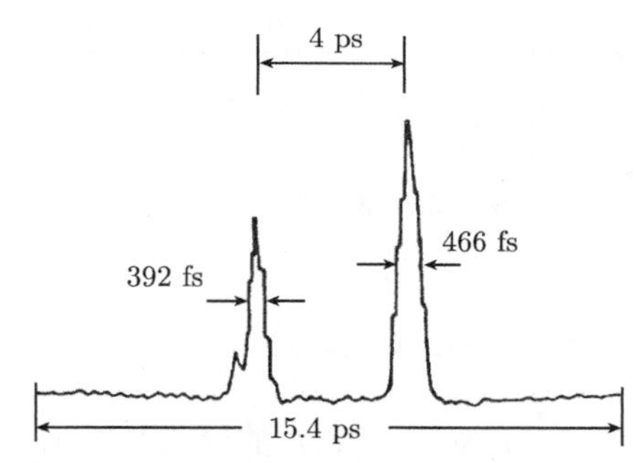

图 6.57 用飞秒条纹相机测量得到的间隔为 4ps 的两个亚皮秒脉冲的条纹相机像[6.129]

6.2.2 用于测量超短脉冲的光学关联器

为了测量脉冲宽度小于 1ps 的光脉冲，最好的方法是关联技术，它的原理如下：光学脉冲的强度线形为 $I(t)=c_0|E(t)|^2$，半高宽为 ΔT，将此脉冲分为两束脉冲 $I_1(t)$ 和 $I_2(t)$，让它们经过不同的距离 s_1 和 s_2，然后再将它们叠加起来 (图 6.58)。对于路程差 $\Delta s=s_1-s_2$，两个脉冲之间的时间间隔为 $\tau=\Delta s/c$，它们的振幅 $E_i(t)$ 的相干叠加给出了测量时刻 t 的总强度为

$$\begin{aligned}I(t,\tau)&=c\epsilon_0[E_1(t)+E_2(t-\tau)]^2\\&=I_1(t)+I_2(t-\tau)+2c\epsilon_0E_1(t)\cdot E_2(t-\tau)\end{aligned}\tag{6.37}$$

线性探测器的输出信号就是 $S_{\mathrm{L}}(t)=aI(t)$。如果探测器的时间常数 T 远大于脉冲宽度 ΔT，那么，输出信号就是

$$S_{\mathrm{L}}(\tau)=a\langle I(t,\tau)\rangle=\frac{a}{T}\int_{-T/2}^{+T/2}I(t,\tau)\mathrm{d}t \tag{6.38}$$

对于严格的单色连续光 ($E_0(t)=$ 常数) 和 $E_1=E_2=E_0\cos\omega t$，积分给出

$$S_{\mathrm{L}}(\tau)=2a\left\{\langle I_0\rangle+\frac{c\epsilon_0}{T}\int_{-T/2}^{+T/2}E_0^2\cos\omega t\cos\omega(t-\tau)\mathrm{d}t\right\} \tag{6.39}$$

$T\to\infty$ 时的信号就是

$$S_{\mathrm{L}}(\tau)=2aI_0(1+\cos\omega\tau) \tag{6.40}$$

它是延迟时间 τ 的振荡函数，振荡周期为 $\Delta\tau=\pi/\omega=\lambda/2c$ (双光束干涉，第 1 卷第 4.2 节)。

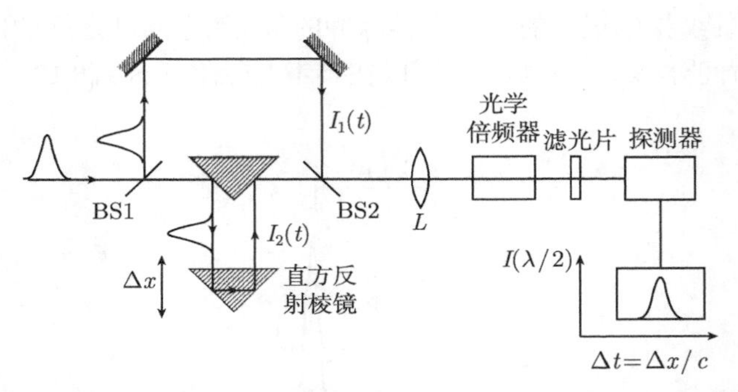

图 6.58　光学关联器，带有可以平移的直方反射棱镜和二次谐波产生器

脉冲宽度为 ΔT、谱宽度为 $\Delta\omega\approx 1/\Delta T$ 的锁模脉冲由许多不同频率 ω 的模式组成。这些模式的振荡具有不同的周期 $\Delta\tau(\omega)=\pi/\omega\ll\Delta T$，经过一段时间 $t\geqslant\tau_{\mathrm{c}}$ 之后，它们的相位差大于 π，振幅彼此抵消。换句话说，相干时间是 $\tau_{\mathrm{c}}\leqslant\Delta T$，只能在延迟时间 $\tau\leqslant\Delta T$ 内观测到干涉信号。

此时，线性探测器的输出信号是

$$S_{\mathrm{L}}=2a\left\{\langle I_0\rangle+\frac{c\epsilon_0}{\Delta\omega T}\int_{\omega_0-\Delta\omega/2}^{\omega_0+\Delta\omega/2}\int_{-T/2}^{+T/2}E^2(t)\cos\omega t\cos\omega(t-\tau)\mathrm{d}t\mathrm{d}\omega\right\} \tag{6.41}$$

当 $T>\Delta T=1/\Delta\omega$ 的时候，积分等于零，信号不依赖于 τ。

因此，时间常数 $T\gg\tau$ 的线性探测器的输出信号不依赖于 τ，它不能给出关于时域线形 $I(t)$ 的任何信息！这很显然，因为探测器测量的只是 $I_1(t)+I_2(t+\tau)$ 的积分。也就是说，两个脉冲的能量之和，只要 $T>\tau$，它就不依赖于延迟时间 τ。

因此，时间分辨率为 T 的线性探测器就不能用来测量 $\Delta T < T$ 的超短脉冲的时域线形。

然而，如果将两束非线性脉冲光聚焦到一个倍频的非线性光学晶体上，二次谐波的强度正比于入射光强的平方，$I(2\omega) \propto (I_1 + \mathrm{I}_2)^2$ (第 5.7 节)，那么，测量得到的平均信号 $S(2\omega,\tau) \propto I(2\omega,\tau)$ 就是

$$\langle S_{NL}(2\omega,\tau)\rangle \propto \frac{1}{T}\int_{-T/2}^{+T/2} \left|[E_1(t)+E_2(t-\tau)]^2\right|^2 \mathrm{d}t \tag{6.42}$$

根据

$$E_1 = E(t)\mathrm{e}^{\mathrm{i}[\omega t+\phi(t)]}, \quad E_2 = E(t-\tau)\mathrm{e}^{\mathrm{i}[\omega(t-\tau)+\phi(t-\tau)]}$$

其中，与光学频率的倒数相比，$E(t)$ 是缓慢变化的脉冲包络，ω 是它的中心频率，$\phi(t)$ 是缓慢变化的相位 (如啁啾脉冲)，可以得到倍频晶体后的探测器信号为

$$\begin{aligned} S_{\mathrm{NL}}(2\omega,\tau) &= C\int\left|\left\{E(t)\mathrm{e}^{\mathrm{i}[\omega t+\phi(t)]}+E(t-\tau)\mathrm{e}^{\mathrm{i}[\omega(t-\tau)+\phi(t-\tau)]}\right\}^2\right|^2 \mathrm{d}t \\ &= C[A_1+4A_2(\tau)+4A_3(\tau)\mathrm{Re}\{\mathrm{e}^{\mathrm{i}(\omega\tau+\Delta\phi)}\}+2A_4(\tau)\mathrm{Re}\{\mathrm{e}^{2\mathrm{i}(\omega\tau+\Delta\phi)}\}] \\ &= \sim A_1+4A_2+4A_3\cos\Delta\phi\cos\omega\tau+2A_4\cos(2\Delta\phi)\cos(2\omega\tau) \end{aligned} \tag{6.43}$$

利用 $\Delta\phi = \phi(t+\tau)-\phi(t)$ 和

$$\begin{aligned} A_1 &= \int_{-\infty}^{+\infty}[E^4(t)+E^4(t-\tau)]\mathrm{d}t \quad \text{(常数背景)} \\ A_2(\tau) &= \int_{-\infty}^{+\infty} E^2(t)\cdot E^2(t-\tau)\mathrm{d}t \quad \text{(脉冲包络)} \\ A_3(\tau) &= \int_{-\infty}^{+\infty} E(t)\cdot E(t-\tau)\cdot[E^2(t)+E^2(t-\tau)]\mathrm{d}t \quad (\omega\ \text{处的干涉项}) \\ A_4(\tau) &= \int_{-\infty}^{+\infty} E^2(t)\cdot E^2(t-\tau)\mathrm{d}t \quad (2\omega\ \text{处的干涉项}) \end{aligned}$$

如果探测器只测量强度，不测量相位，而且它的时间常数 T 远大于脉冲宽度 $\Delta T(T \gg \Delta T)$，那么，式 (6.43) 中的 $4A_3\cos\Delta\phi\cos\omega\tau$ 和 $2A_4\cos(2\Delta\phi)\cos(2\omega\tau)$ 的平均值就是零，而式 (6.43) 就约化为

$$S_{\mathrm{NL}}(2\omega,\tau) \approx 2\int I^2(t)\mathrm{d}t + 4\int I(t)\cdot I(t-\tau)\mathrm{d}t \tag{6.44}$$

第一个积分与 τ 无关，当延迟时间 τ 变化时，给出的是常数背景。然而，第二个积分的确依赖于 τ。它给出了脉冲的强度线形 $I(t)$ 的信息，因为它是强度线形 $I(t)$ 与同一个脉冲的延时线形 $I(t+\tau)$ 的关联积分 (强度自相关)。

注意线性探测式 (6.38) 和非线性探测式 (6.44) 的差别。线性探测测量的是 $I_1(t)+I_2(t-\tau)$，只要 $\tau<T$，它就与 τ 无关。非线性探测器测量的是信号 $S(2\omega,\tau)$，它包括乘积 $I_1(t)I_2(t-\tau)$，只要 τ 小于脉冲的最大宽度，它就依赖于 τ。

注：将时间由 t 移动到 $t+\tau$，乘积 $I(t)I(t-\tau)$ 就变为 $I(t+\tau)I(t)=I(t)I(t+\tau)$。

所有这些器件都被称为光学关联器，它们测量的是时刻 t 的电场振幅 $E(t)$ 或强度 $I(t)$ 与较迟时刻的 $E(t+\tau)$ 或 $I(t+\tau)$ 之间的关联。在数学上，可以用归一化的 k 阶关联函数来描述这些关联。归一化的一阶关联函数

$$G^{(1)}(\tau)=\frac{\displaystyle\int_{-\infty}^{+\infty}E(t)\cdot E(t+\tau)\mathrm{d}t}{\displaystyle\int_{-\infty}^{+\infty}E^2(t)\mathrm{d}t}=\frac{\langle E(t)\cdot E(t+\tau)\rangle}{\langle E^2(t)\rangle} \tag{6.45}$$

描述了时刻 t 和 $t+\tau$ 的电场振幅之间的关联。由式 (6.45) 可以得到，$G^{(1)}(0)=1$，对于有限大小的脉冲宽度 ΔT，式 (6.45) 给出，$G^{(1)}(\infty)=0$。

归一化的二阶关联函数

$$G^{(2)}(\tau)=\frac{\displaystyle\int I(t)I(t+\tau)\mathrm{d}t}{I^2(t)\mathrm{d}t}=\frac{\langle I(t)\cdot I(t+\tau)\rangle}{\langle I^2(t)\rangle} \tag{6.46}$$

描述了强度关联，其中，$G^{(2)}(0)=1$。当 $I_1=I_2=I$ 的时候，可以用 $G^{(2)}(\tau)$ 将倍频后的关联信号式 (6.42) 写为归一化的形式

$$S_{\mathrm{NL}}(2\omega,\tau)\propto 2A[G^{(2)}(0)+2G^{(2)}(\tau)]=[1+2G^{(2)}(\tau)] \tag{6.47}$$

注：$S_{\mathrm{NL}}(2\omega,\tau)$ 是对称的，也就是说，$S(\tau)=S(-\tau)$。这就意味着脉冲时域波形的可能的不对称性并不能表现在信号 S_{NL} 上。

有两种不同的技术可以测量超短脉冲的时域线形和光学振荡，即非共线强度关联和干涉自相关。前者测量的是脉冲的包络，而后者可以测量出脉冲包络内的光学振荡。与谱分辨精度结合起来，可以用 FROG 技术同时测量光学脉冲的不同谱分量的时域线形。可以用 SPIDER 技术测量这些谱分量的相对相位。

1) 非共线强度关联

可以用强度关联方法来测量脉冲的强度线形 $I(t)$。对于共线配置，强度关联式 (6.47) 给出，完全重叠的脉冲 ($\tau=0$) 是归一化的信号 $S(2\omega,\tau=0)=3$，完全分离的脉冲 $(\tau\gg\Delta T)$ 是背景信号 $S(2\omega,\tau=\infty)=1$。因此，信号与背景的比值是 $3:1$。

当两束光相对于 z 轴以不同的角度 $\pm\beta/2$ 聚焦在倍频晶体里的时候 (图 6.59)，沿着 z 轴测量信号 $S(2\omega)$，可以抑制式 (6.42) 中与 τ 无关的背景。如果选择倍频

晶体中的相位匹配条件 (第 5.7 节) 使得来自于同一束光的两个光子不满足相位匹配条件，只有每个光束各自贡献一个光子的时候才满足相位匹配条件，那么式 (6.43) 中的 A_1 项就对信号没有贡献 (无背景的探测)[6.132,6.133]。在另一种无背景脉冲测量的方法中，旋转其中一束光的偏振面，使得一个恰当取向的倍频晶体 (一般来说是 KDP 晶体) 只有在两束光各自贡献一个光子的时候才能够满足相位匹配条件[6.134]。在这种非共线方案中，不会出现干涉 ($A_3 = A_4 = 0$)，测量信号等于图 6.64 中的脉冲线形的包络。抑制背景的方法测量不到 $\tau \gg \Delta T$ 时的信号。

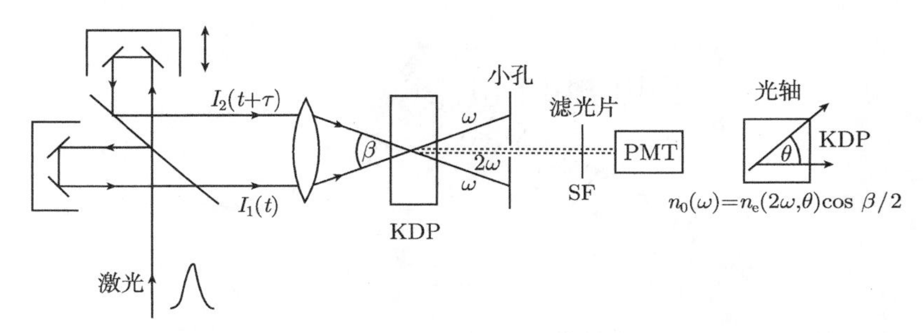

图 6.59 恰当地选择相位匹配条件，无背景地测量二阶关联函数 $G^{(2)}(\tau)$

SF：用于过滤 ω 基波的散射光的滤光片；KDP：用于倍频的磷酸二氢钾晶体

在上述方法中，直方反射镜位于步进马达驱动的平移台上，测量信号 $S(2\omega,\tau)$。因为 τ 必须大于 ΔT，平移距离至少是 $\Delta S = \frac{1}{2}c\tau \geqslant \frac{1}{2}c\Delta T$。对于 10ps 的脉冲，它意味着 $\Delta S \geqslant 1.5\text{mm}$。利用一个转动关联测量仪 (图 6.60)，可以直接在示波器上

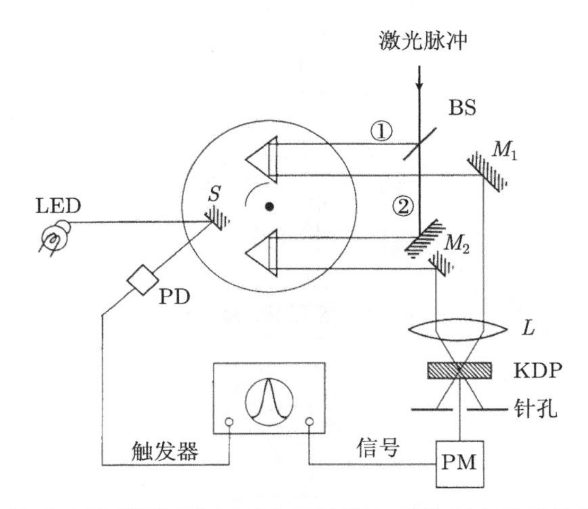

图 6.60 旋转式自关联测量仪可以在示波器上直接观察关联信号 $S(2\omega,\tau)$，用一个光二极管 PD 的信号进行触发

看到信号 $S(2\omega,\tau)$，在优化脉冲宽度的时候非常有用。两个直方反射棱镜放置在一个旋转台上。在旋转周期 T_{rot} 中的某个特定时段 ΔT_{rot} 内，反射光束到达反射镜 M_1 和 M_2 并聚焦在 KDP 晶体上。将发光二极管 LED 的光反射到光电探测器 PD 上，从而获得用于触发示波器的脉冲。一个紧凑的自关联测量仪如图 6.61 所示，它可以测量可调谐光源的飞秒脉冲的强度线形。该仪器可以在 420 ~ 1460nm 的波长范围内在线测量重复频率在 100Hz 到 10kHz 之间的脉冲。时间延迟由压电位移台控制[6.136]。

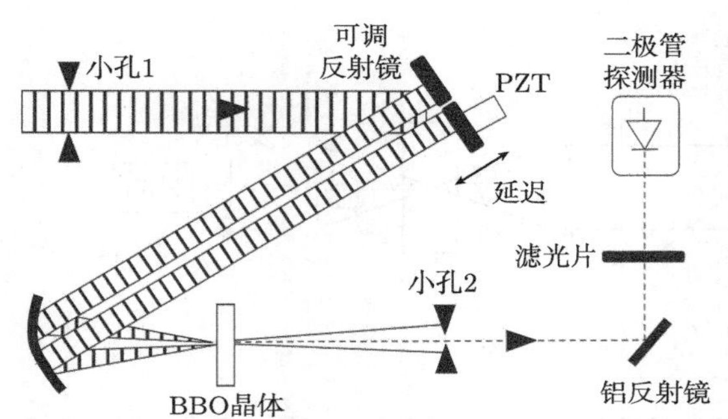

图 6.61　用于测量飞秒脉冲的紧凑的自关联测量仪[6.136]

除了使用光学频率倍频之外，还可以利用其他非线性效应，如液体或固体中的双光子吸收效应，用发射的荧光进行检测。将光学脉冲分为两束，分别沿着相反的方向 $\pm z$ 穿过样品盒 (图 6.62)，用光学放大系统将空间强度线形 $I_{\text{Fl}}(z) \propto I^2(\omega,\tau)$

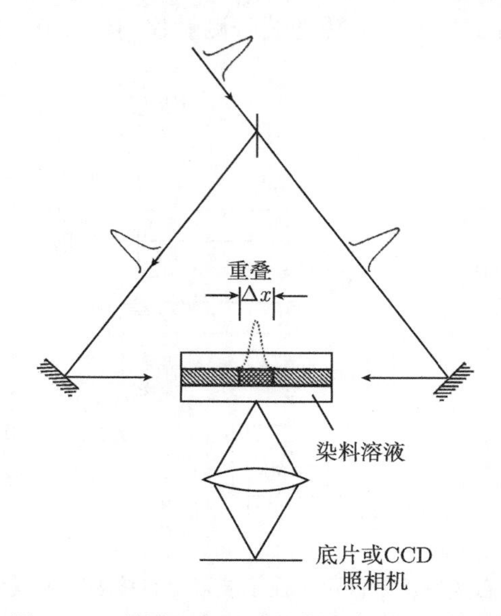

图 6.62　利用双光子诱导荧光来测量短脉冲

成像在一个光导摄像管或图像增强器上。因为脉冲宽度 $\Delta T = 1\text{ps}$ 对应于路径长度 0.3mm，这种技术基于的是荧光强度的空间分辨率，它受限于脉冲宽度 $\Delta T \geqslant 0.3\text{ps}$。对于更短的脉冲，必须改变脉冲之间的延迟时间 τ ，测量总荧光

$$I_{\text{Fl}}(\tau) = \int I(z,\tau)\mathrm{d}z \tag{6.48}$$

随着 τ 的变化关系[6.135,6.137]。

2) 干涉自相关

在干涉自相关测量中，将两个共线的分波相干地叠加在一起。其基本原理如图 6.58 所示。入射的激光脉冲经过分光镜 BS1 后分为两束，它们通过两个不同的路径长度后再于 BS2 处共线地叠加在一起。用透镜 L 将它们聚焦在一个非线性光学晶体上，就产生了 2ω 的输出信号 (式 6.42)。除了图 6.58 所示的延迟线之外，还可以使用图 6.63 中的迈克耳孙干涉仪。利用光电倍增管探测二次谐波，用滤光片去掉基波。

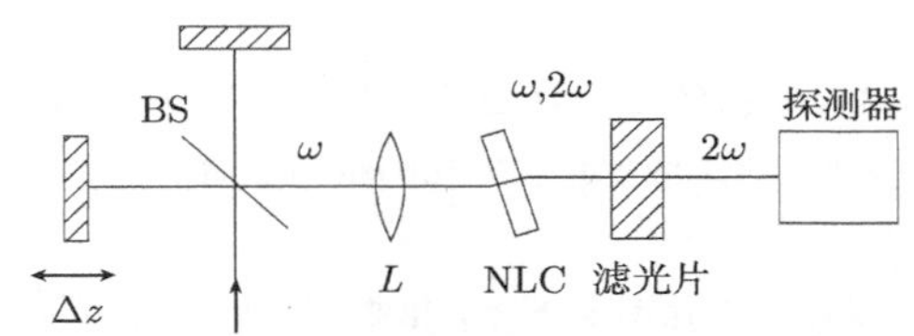

图 6.63 用于干涉自相关测量的迈克耳孙干涉仪

如果探测器本身具有非线性响应的话，就可以不用非线性晶体。例如，能隙 $\Delta E > h\nu$ 的半导体激光器就是如此，只有双光子吸收对信号有贡献。

在干涉自相关测量中，平均是不完全的 (这与强度关联不同)，必须考虑电场的相位。此时，式 (6.43) 中的所有项 A_1 A_4 都对信号有贡献。如果将一个滤光片放置在倍频晶体的后面，用它滤除基波频率 ω，只让倍频 2ω 通过，那么式 (6.43) 中带有 A_3 的第三项就被抑制了。

一个典型的信号是延迟时间 τ 的函数，如图 6.64 所示。

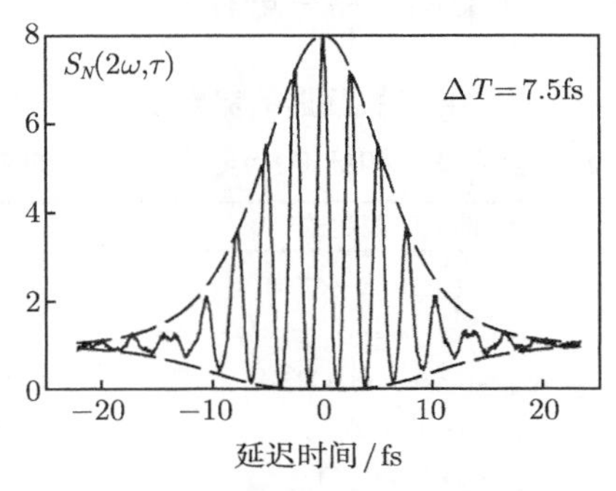

图 6.64 7.5fs 光脉冲的干涉自相关曲线，带有上包络和下包络[6.127]

如果用常数相位 2π 代替相位 $\omega_0\tau$，就可以得到这个干涉图案的上包络，当 $\omega_0\tau=\pi$ 的时候，得到的是下包络。根据式 (6.43)，极大值信号是 $S_N^{\max}(2\omega,\tau)=8$，而背景信号是 $S(2\omega,\infty)=1$。因此，信号与背景的比值就是 8 : 1，大于强度关联的情况。当 $\omega_0\tau=\pi$ 的时候，最小值是 $S_N^{\min}(2\omega,\tau)=0$ (图 6.64)。

为了说明这一点，图 6.65 给出了测量 12fs 脉冲所得到的强度关联 (a) 和干涉自相关 (b)。

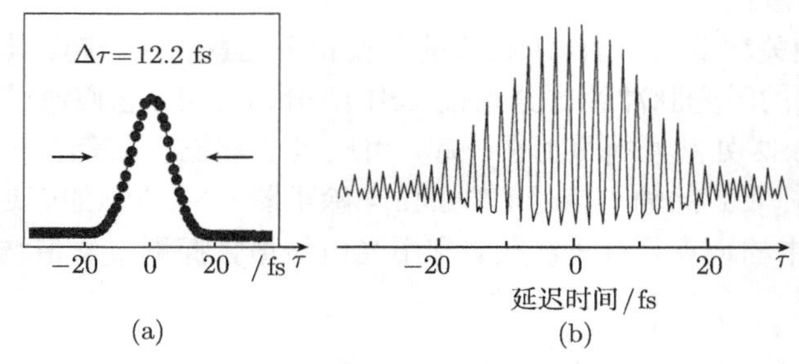

图 6.65 持续时间为 $\Delta T=12.2$fs 的飞秒脉冲

(a) 强度关联测量的结果；(b) 干涉自相关测量的结果[6.138]

值得指出的是，关联信号的线形 $S(\tau)$ 依赖光脉冲的时域线形 $I(t)$。只有对脉冲线形做出假设，才能够得到正确的脉冲宽度 ΔT。为了说明这一点，图 6.66(a) 给出了具有高斯线形 $I(t)=I_0\exp(-t^2/0.36\Delta T^2)$ 的傅里叶限制的脉冲在有背景抑制和没有背景抑制的信号 $S(2\omega,\tau)$。只有在脉冲线形 $I(t)$ 已知的时候，才能够由信号的半高宽 $\Delta\tau$ 得到脉冲的半高宽 ΔT。在表 6.2 中，给出了不同脉冲线形 $I(t)$ 的比值 $\Delta\tau/\Delta T$ 和乘积 $\Delta T\cdot\Delta\nu$，而图 6.66(a-c) 给出了相应的线形和 $G^{(2)}(\tau)$ 的对比度。噪声脉冲和连续的随机噪声使得关联函数 $G^{(2)}(\tau)$ 在 $\tau=0$ 出现极大值 (图 6.66(d))，对比度变为 $G^{(2)}(0)/G^{(1)}(\infty)=2$[6.132,6.140]。为了确定真实的脉冲线形，必须在更宽的延迟时间 τ 范围内测量 $G^{(2)}(\tau)$。一般需要假定模型线形，将计算得到的函数 $G^{(2)}(\tau)$ 甚至 $G^{(3)}(\tau)$ 与测量结果进行比较[6.141]。

表 6.2 对于不同的线形 $I(t)$，自相关线形的宽度 $\Delta\tau$ 与脉冲 $I(t)$ 的 ΔT 的比值 $\Delta\tau/\Delta T$，以及谱宽度 $\Delta\nu$ 和脉冲持续时间 ΔT 的乘积 $\Delta T\cdot\Delta\nu$

脉冲线形	$I(t)$ 的数学表达式	$\Delta\tau/\Delta T$	$\Delta\nu\cdot\Delta T$
方波	$\begin{cases} I_0 & 0\leqslant t\leqslant\Delta T \\ 0 & \end{cases}$	1	0.886
高斯线形	$I_0\exp[-t^2/(0.36\Delta T^2)]$	$\sqrt{2}$	0.441
sech^2	$\text{sech}^2(t/0.57\Delta T)$	1.55	0.315
洛伦兹线形	$[1+(2t/\Delta T)^2]$	2	0.221

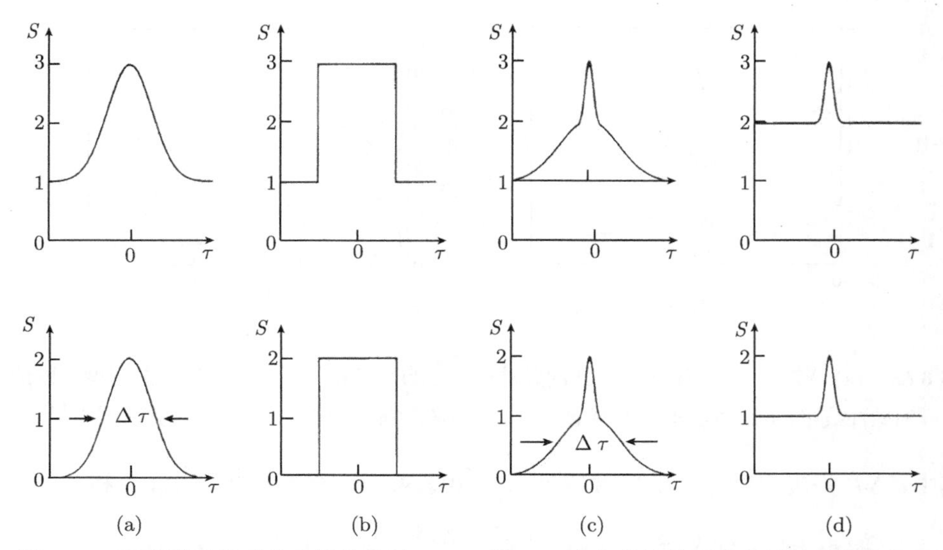

图 6.66 不同脉冲线形的自相关信号 $S \propto G^{(2)}(\tau)$，上方曲线是没有背景抑制的信号，下方曲线是有背景抑制的信号

(a) 傅里叶限制的高斯脉冲；(b) 直方脉冲；(c) 单个噪声脉冲；(d) 连续噪声

图 6.67 比较了飞秒激光脉冲的功率密度谱和干涉自相关信号。

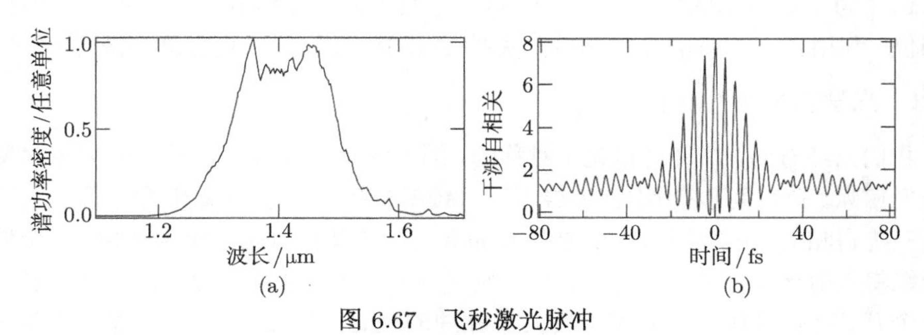

图 6.67 飞秒激光脉冲

(a) 光功率谱；(b) 同一脉冲的干涉自相关[6.183]

图 6.68 给出了一个啁啾的双曲反余弦脉冲

$$E(t) = [\mathrm{sech}(t/\Delta T)]^{(1-\mathrm{i}a)} = \left(\frac{2}{\mathrm{e}^{t/\Delta T} + \mathrm{e}^{-t/\Delta T}}\right)^{(1-\mathrm{i}a)} \tag{6.49}$$

其中，$a = 2$ 和 $\Delta T = 10\mathrm{fs}$。啁啾脉冲产生了更为复杂的自相关信号。

利用干涉自相关测量，可以确定脉冲的啁啾及其在时域波形上引起的变化。这可以用一个高斯线形的啁啾脉冲来说明

$$E(t) = E_0 \exp[-(1 + \mathrm{i}a)(t/\Delta T)^2] \tag{6.50}$$

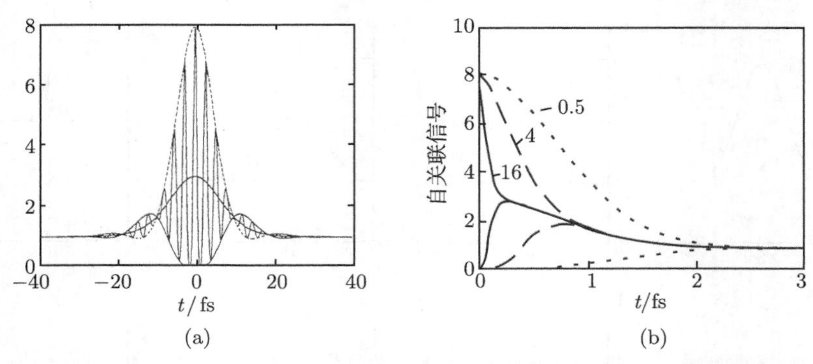

图 6.68　(a) $\Delta T = 10\text{fs}$、啁啾 $a = 2$ 的脉冲的干涉自相关信号 (虚线)，实线是强度关联给出的脉冲线形；(b) 对于不同的啁啾参数 a，啁啾高斯脉冲的上包络和下包络[6.50,6.142]

其中，ΔT 是没有啁啾时的脉冲宽度 ($a = 0$)。对于这样的脉冲，干涉自相关给出

$$G_2(\tau) = 1 + 2\mathrm{e}^{-(\tau/\Delta T)^2} + 4\mathrm{e}^{[-\frac{3+a^2}{4}(\tau/\Delta T)^2]} \cdot \cos\frac{a}{2}\left(\frac{\tau}{\Delta T}\right)^2 \cdot \cos\omega\tau + 2\mathrm{e}^{-(1+a^2)(\tau/\Delta T)^2} \cdot \cos 2\omega\tau \tag{6.51}$$

对于式 (6.50) 中不同的啁啾参数 a，自相关信号的上包络和下包络随着归一化的延迟时间 $\tau/\Delta T$ 的变化关系如图 6.68(b) 所示[6.142]。

迄今为止所讨论的技术有一个缺点，它们不能够测量脉冲谱线内不同谱分量的相位。利用频率分辨的光学栅极开关技术 (FROG)，可以克服这一缺点[6.143]。

6.2.3　光学栅极开关技术

我们已经看到，二阶自相关是对称的，因此它并不能够提供关于脉冲不对称性的任何信息。此时可以使用 FROG 技术 (频率分辨的光学栅极开关技术)，它可以测量三阶自相关。它的基本特点如图 6.69 所示，与其他自相关技术一样，一个偏振分光镜将入射光脉冲分为两束，振幅分别是 E_1 和 E_2。振幅为 $E_1(t)$ 的探测脉冲穿过一个开关 (克尔盒)，后者可以用同一脉冲的延时脉冲 $E_2(t-\tau)$ 开启。克尔开关

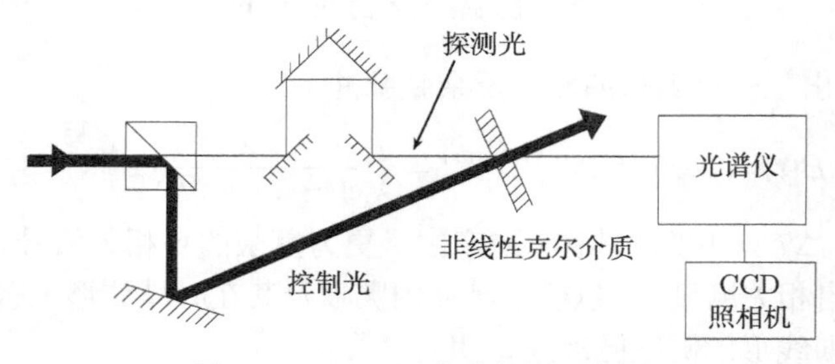

图 6.69　FROG 实验装置示意图

透过的信号光就是

$$E_{\mathrm{s}}(t,\tau)\propto E(t)\cdot g(t-\tau) \tag{6.52}$$

其中，g 是栅极函数 $g(t-\tau)\propto I_2(t-\tau)\propto E_2^2(t-\tau)$。

将透射光脉冲送入一个光谱仪中进行色散，并用 CCD 相机记录谱分量的时间变化，从而给出二维函数

$$I_t(\Omega,\tau)=\left|\int_{-\infty}^{+\infty}E(t)\cdot g(t-\tau)\mathrm{e}^{\mathrm{i}\Omega t}\right| \tag{6.53}$$

图 6.70 给出了没有频率啁啾和有频率啁啾的两个高斯线形的二维函数。

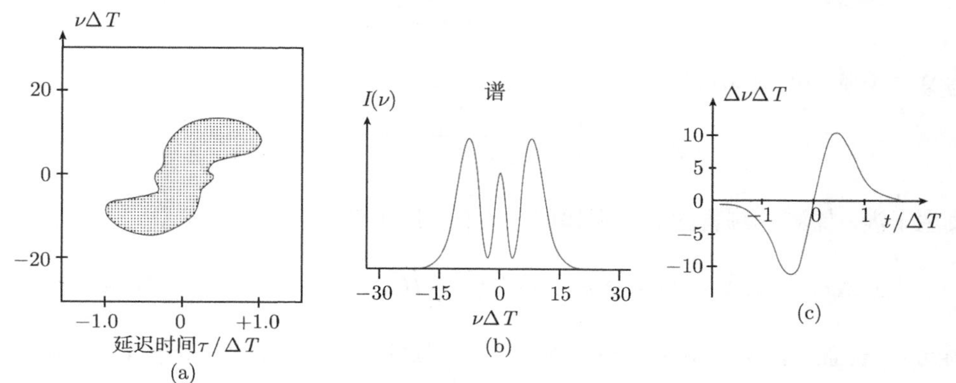

图 6.70 从 FROG 中得到的信息

(a) 测量得到的光频率随着延迟时间 τ 的变化关系，时间单位是脉冲长度 ΔT；

(b) (a) 的频谱；(c) 频率啁啾[6.144]

将式 (6.52) 对延迟时间进行积分，在实验中可以让栅极打开的时间大于所有相关的延迟时间，可以得到脉冲的时域线形

$$E(t)=\int_{-\infty}^{+\infty}E_{\mathrm{s}}(t,\tau)\mathrm{d}\tau \tag{6.54}$$

两个函数 $E_{\mathrm{s}}(t,\Omega)$ 和 $E_{\mathrm{s}}(t,\tau)$ 构成了一个傅里叶对子，它们之间的关系为

$$E_{\mathrm{s}}(t,\Omega\tau)=\frac{1}{2\pi}\int_{-\infty}^{+\infty}E_{\mathrm{s}}(t,\tau)\mathrm{e}^{-\mathrm{i}\Omega_\tau\cdot\tau}\mathrm{d}\tau \tag{6.55}$$

测量得到的 $S_E(\Omega,\tau)$ 可以表示为

$$I_E(\Omega,\tau)=\left|\int_{-\infty}^{+\infty}\int_{-\infty}^{+\infty}E_{\mathrm{s}}(t,\Omega_\tau)\mathrm{e}^{-\mathrm{i}\Omega t+\mathrm{i}\Omega_\tau\cdot\tau}\mathrm{d}\Omega_\tau\mathrm{d}t\right|^2 \tag{6.56}$$

通过一个二维相位恢复 (这两个维度是 t 和 τ)，可以提取出未知信号 $E(t,\Omega)$ 。脉冲 $E(t,\Omega)$ 的重构可以给出瞬态频率随着时间的变化关系以及脉冲谱，如图 6.70(b) 所示[6.145]。

关于 FROG 技术的更多信息以及关于这一主题的近期文献，请参考文献 [6.145]。

6.2.4　直接场重构的谱相位干涉技术

FROG 方法提供了短脉冲的依赖于时间的频谱信息，但是并不能测量这些谱分量的相位。为此发展了一种新技术，称为直接场重构的谱相位干涉术 (SPIDER)。它利用了两束空间分离的光脉冲在重新叠加时产生的干涉结构[6.146]。类似于自相关方法，这两束脉冲是用一个分束镜和时间延迟线从待测的入射脉冲中产生的，可以改变两束脉冲之间的延迟时间。因此，第二束脉冲就是第一个脉冲的延迟时间为 τ 的拷贝。第一个脉冲的电场振幅

$$E(x) = \sqrt{I(x)}\mathrm{e}^{\mathrm{i}\phi(x)}$$

与第二个脉冲的电场振幅

$$E(x+\Delta x) = \sqrt{I(x+\Delta x)}\mathrm{e}^{\mathrm{i}\phi(x+\Delta x)}$$

发生干涉。探测器测量的是总振幅的平方值，给出信号

$$S(x,\Delta x) = I(x) + I(x+\Delta x) + 2\sqrt{I(x)}\sqrt{I(x+\Delta x)}\cos[\phi(x) - \phi(x+\Delta x)]$$

因此，x 位置上的强度测量就与 x 和 $x+\Delta x$ 处的波前的相位差 $\Delta\phi = \phi(x) - \phi(x+\Delta x)$ 有关。

这两束脉冲在一个非线性晶体上与第三束脉冲叠加，后者有着很大的频率啁啾，从而产生和频 $\omega_1+\omega_3$ 和 $\omega_2+\omega_3$(图 6.71)。这个第三束脉冲是用分束镜从入射脉冲里分出来的，通过一个色散介质产生频率啁啾，从而使得它的脉冲宽度远大于其他两个脉冲。因为啁啾的缘故，第三束脉冲与第一束脉冲叠加就产生了另一个和频 $\omega_1+\omega_3$，然后与第二个延迟的脉冲产生 $\omega_2+\omega_3$。当啁啾脉冲的频率 ω_3 在延迟时间 Δt 内改变了 $\Delta\omega = \varOmega$ 的时候，探测器接收到的信号就是

$$\begin{aligned} S(\omega) =& I(\omega+\omega_3) + I(\omega+\omega_3+\varOmega) \\ &+ 2\sqrt{I(\omega+\omega_3)}\sqrt{I(\omega+\omega_3+\varOmega)}\cos\{\phi(\omega+\omega_3) - \phi(\omega+\omega_3+\varOmega)\} \end{aligned}$$

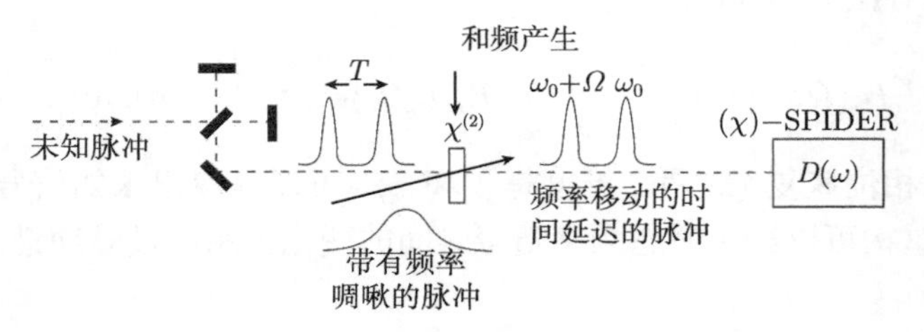

图 6.71　SPIDER 技术的示意图[6.147]

在光谱仪后面测量该信号随着脉冲 1 和 2 之间的时间延迟 Δt 的变化关系。测量和频的频率位移 $\Omega=\phi/\Delta t$，就可以得到待测输入脉冲的相位 $\phi(t)$ 和它的时域线形 $I(t)$。SPIDER 技术的原理如图 6.72 所示。

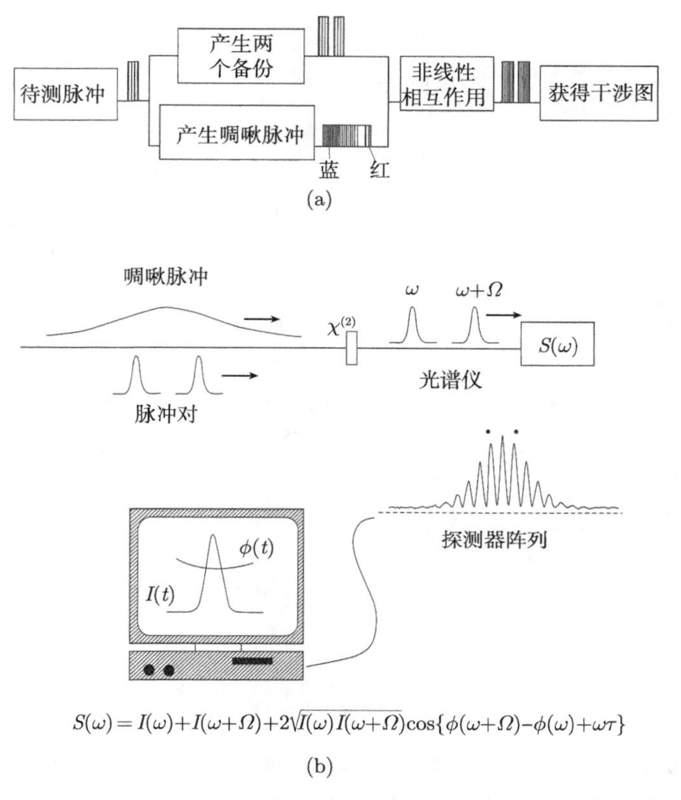

图 6.72 (a) SPIDER 的原理；(b) 脉冲序列、线形和被测的信号[6.139]

FROG 和 SPIDER 技术的缺点是，脉冲测量不是在样品所处的位置上。短脉冲用来研究原子或分子中依赖于时间的过程，那里才是需要确定脉冲线形和相位的地方。为了克服这一缺陷，E. Riedle 及其小组[6.147] 将 SPIDER 技术推广为 ZAP-SPIDER 方法 (零额外相位的 SPIDER)，如图 6.73 所示。此时，未知脉冲直接照射到非线性晶体上，与相对延迟为 Δt 的两束方向略有不同的啁啾脉冲叠加起来。由于和频生成的相位匹配条件，非线性晶体中产生的和频脉冲具有不同的频率 ω_s 和 $\omega_s+\Omega$，并朝着不同的方向传播。在这些和频脉冲中，一束脉冲通过可变延迟线后再与其他脉冲叠加起来，从而给出了一个干涉图案，它依赖于两束脉冲之间的相对相位，包含了未知脉冲的时域线形和相位的所有信息。可以用光谱仪测量两束脉冲的光谱。实验装置如图 6.74 所示，让一部分飞秒激光脉冲通过色散的 SF57 玻璃块，使得脉冲宽度拉伸到 2ps。利用平移台上的直方反射镜，可以控制延迟时间。这束脉冲又被分束镜 BS 分为两束，可以分别进行延迟并照射到 BBO 非线性晶体上，在那里，它们与未知脉冲叠加起来，产生了和频。

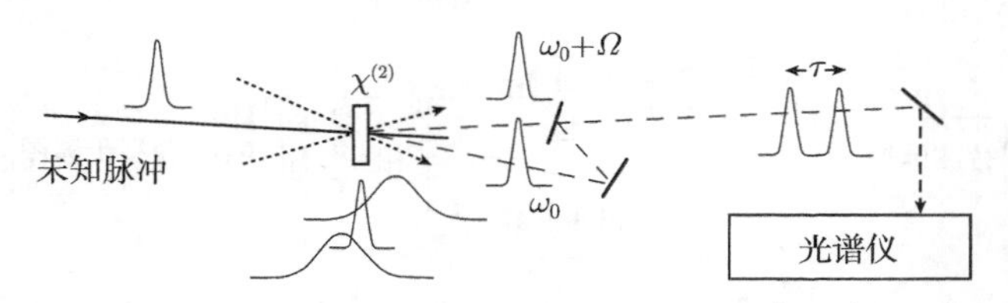

图 6.73　ZAP-SPIDER 的原理示意图[6.147]

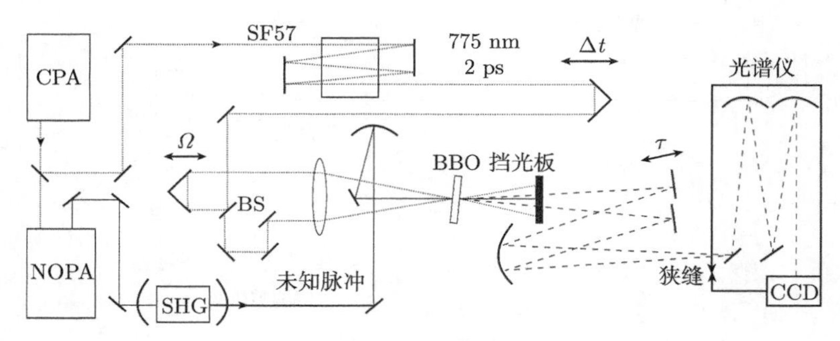

图 6.74　ZAP-SPIDER 技术的实验装置[6.147]

6.3　用激光测量寿命

对于许多原子、分子和太空物理学中的问题来说，激发态原子或分子能级的寿命测量非常有趣，可以从下面三个例子看出这一点。

(1) 能级 $|k\rangle$ 上的原子可以通过发射荧光而跃迁到较低的能级 $|m\rangle$ 上，测量寿命 $\tau_k = 1/A_k$，可以得到绝对跃迁几率 $A_k = \sum_m A_{km}$(第 1 卷第 2.7 节)。知道能级 $|k\rangle$ 的寿命，就可以用跃迁 $|k\rangle \to |m\rangle$ 的相对强度 I_{km} 确定绝对跃迁几率 A_{km}。这就给出了跃迁偶极矩阵元 $\langle k|r|m\rangle$ (第 1 卷第 2.7.4 节)。这些矩阵元的数值强烈地依赖于上能级和下能级的波函数。因此，寿命的测量对于检验计算得到的波函数的质量是非常重要的，可以用来优化复杂原子或分子中的电子分布的模型。

(2) 通过吸收样品后，光的强度衰减 $I(\omega,z) = I_0\mathrm{e}^{-\alpha(\omega)z}$ 依赖于吸收体密度 N_i 和吸收截面 σ_{ik} 的乘积 $\alpha(\omega)z = N_i\sigma_{ik}(\omega)z$ 。因为 σ_{ik} 正比于跃迁几率 A_{ik} (第 2.22 节，第 2.44 节)，可以通过测量寿命测量来得到它 (见 (1))。在测量吸收系数 $\alpha(\omega)$ 的同时，可以确定吸收体的密度 N_i。这一问题对于检验星际气体的模型是非常重要的[6.148]。一个著名的例子是测量太阳光谱中的夫琅禾费谱线的吸收线形。它们

给出了太阳大气 (光球和色球) 的密度分布、温度分布以及元素的丰度。知道了跃迁几率，就可以确定这些物理量的绝对数值。

(3) 寿命测量不仅对于获得激发态动力学的信息非常重要，对于确定淬灭碰撞的绝对截面也非常重要。在一个激发态原子或分子 A 中，碰撞诱导跃迁 $|k\rangle \to |n\rangle$ 在每秒钟内的几率 R_{kn} 为

$$R_{kn} = \frac{1}{\bar{v}} \int_0^\infty N_B(v)\sigma_{kn}(v)v\mathrm{d}v = N_B\langle\sigma_{kn}^{\mathrm{coll}} \cdot v\rangle \approx N_B\langle\sigma_{kn}^{\mathrm{coll}}\rangle \cdot \bar{v} \tag{6.57}$$

它依赖于碰撞体 B 的密度 N_B 、碰撞截面 $\sigma_{kn}^{\mathrm{coll}}$ 和平均相对速度 $\bar{v}$。一个激发能级 $|k\rangle$ 的总的退激发几率 P_k 是辐射几率 $A_k = \sum\limits_m A_{km} = 1/\tau^{\mathrm{rad}}$ 和碰撞退激发几率 R_k 之和。因为测量的有效寿命是 $\tau_k^{\mathrm{eff}} = 1/P_k$，可以得到方程

$$\frac{1}{\tau_k^{\mathrm{eff}}} = \frac{1}{\tau_k^{\mathrm{rad}}} + R_k \tag{6.58}$$

其中，$R_k = \sum\limits_n R_{kn}$ 求和遍及碰撞跃迁 $|k\rangle \to |n\rangle$ 涉及的所有能级 $|n\rangle$ 。

在温度为 T 的气体盒中，质量分别为 M_A 和 M_B 的碰撞体 A 和 B 之间的平均相对速度为

$$\bar{v} = \sqrt{8kT/\pi\mu}, \quad \mu = \frac{M_A M_B}{M_A + M_B} \tag{6.59}$$

利用热动力学物态方程 $p = NkT$，用压强 p 代替式 (6.57) 中的密度 N_B，就可以得到 Stern-Vollmer 公式

$$\frac{1}{\tau_k^{\mathrm{eff}}} = \frac{1}{\tau_k^{\mathrm{rad}}} + b\sigma_k p, \quad b = (8/\pi\mu kT)^{1/2} \tag{6.60}$$

上式表明，$1/\tau^{\mathrm{eff}}$ 和 p 的关系是一条直线 (图 6.75)。直线的斜率 $\tan\alpha = b\sigma_k$ 给出了总淬灭截面 σ_k，直线与纵轴 $p = 0$ 的交点给出了辐射寿命 $\tau_k^{\mathrm{rad}} = \tau_k^{\mathrm{eff}}(p = 0)$。

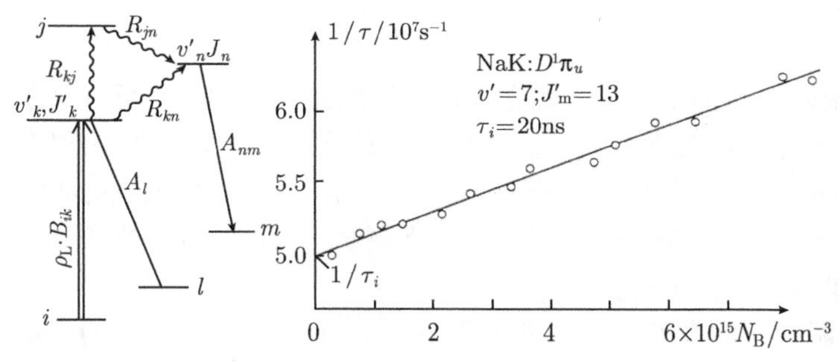

图 6.75 碰撞减少了分子的激发能级 (v'_k, J'_k) 上的粒子数, 如 Stern-Vollmer 图：与密度为 N_B 氩原子碰撞导致的 NaK 能级 $D^1\Pi_u(v' = 7, J' = 23)$ 上的粒子数的减少

下面几节将要讨论测量寿命的一些实验方法[6.149,6.150]。现在人们利用激光选择性地占据激发能级。在这种情况下，在测量荧光的时候，如果没有关掉激发激光的话，就必须考虑受激发射，它对耗尽激发能级有贡献。能级 $|k\rangle$ 的依赖于时间的粒子数密度的速率方程就是

$$\frac{\mathrm{d}N_k}{\mathrm{d}t} = +N_i B_{ik}\rho_{\mathrm{L}} - N_k(A_k + R_k + B_{ki}\rho_{\mathrm{L}}) \tag{6.61}$$

它给出了有效寿命 τ_k^{eff}，其中，ρ_{L} 是激发激光的谱能量密度，激光被调节到跃迁 $|i\rangle \to |k\rangle$ 上。式 (6.61) 的解 $N_k(t) \propto I_{\mathrm{Fl}}(t)$ 依赖于激发激光的时域线形 $I_{\mathrm{L}}(t) = c\rho_{\mathrm{L}}(t)$。

6.3.1 相移方法

如果将激光调节到一个吸收跃迁 $|i\rangle \to |k\rangle$ 的中心频率 ω_{ik} 上，只要可以忽略饱和效应，测量跃迁 $|k\rangle \to |m\rangle$ 上的荧光强度 I_{Fl} 就正比于激光强度 I_{L}。在相移方法中，按照下式以频率 $f = \Omega/2\pi$ 调制激光强度 (图 6.76(a))

$$I_{\mathrm{L}}(t) = \frac{1}{2} I_0(1 + a\sin\Omega t)\cos^2\omega_{ik}t, \quad |a| \leqslant 1 \tag{6.62}$$

将式 (6.62) 和 $I_{\mathrm{L}}(t) = c\rho_{\mathrm{L}}(t)$ 代入式 (6.61) 中，可以得到上能级中依赖于时间的粒子数密度 $N_k(t)$，从而得到跃迁 $|k\rangle \to |m\rangle$ 发射的荧光功率 $P_{\mathrm{Fl}}(t) = N_k(t)A_{km}$。结果是

$$P_{\mathrm{Fl}}(t) = b\left[1 + \frac{a\sin(\Omega t + \phi)}{[1 + (\Omega\tau_{\mathrm{eff}})^2]^{1/2}}\right]\cos^2\omega_{km}t \tag{6.63}$$

其中，常数 $b \propto N_i\sigma_{ik}I_{\mathrm{L}}V$ 依赖于吸收分子的密度 N_i、吸收截面 σ_{ik}、激光强度 I_{L} 和荧光探测器所看到的激发体积 V。因为探测器对光学振荡 ω_{km} 进行了平均，所以，$\langle\cos^2\omega_{km}\rangle = 1/2$，与式 (6.62) 类似，式 (6.63) 给出了正弦调制的函数，它具有衰减的振幅和相对于激发光强 $I_{\mathrm{L}}(t)$ 的相移 ϕ。这个相移依赖于调制频率 Ω 和有效寿命 τ_{eff}。计算给出

$$\tan\phi = \Omega\tau_{\mathrm{eff}} \tag{6.64}$$

根据式 (6.58)~ 式 (6.61)，有效寿命决定于激发态能级 $|k\rangle$ 的所有退激发过程之和的倒数。为了得到自发寿命 $\tau_{\mathrm{spont}} = 1/A_k$，必须测量不同压强 p 和不同激光光强 I_{L} 下的 $\tau_{\mathrm{eff}}(p, I_{\mathrm{L}})$，并将结果外推到 $p \to 0$ 和 $I_{\mathrm{L}} \to 0$ 的情况。受激辐射的影响是相移方法的一个缺点。在不同的强度 I_{L} 下测量 ϕ，并将结果外推到 $\phi(I_{\mathrm{L}} \to 0)$ 的情况，就可以克服这一缺点。

注：用正弦调制光激发原子，测量相移 ϕ 从而确定其指数衰减的平均寿命，在数学上，这一问题完全等价于一个著名的问题：用交流电压 $U_0(t) = U_1\sin\Omega t$ 通过电阻 R_1 对电容 C 进行充电，同时通过电阻 R_2 进行放电 (图 6.76(b))。对

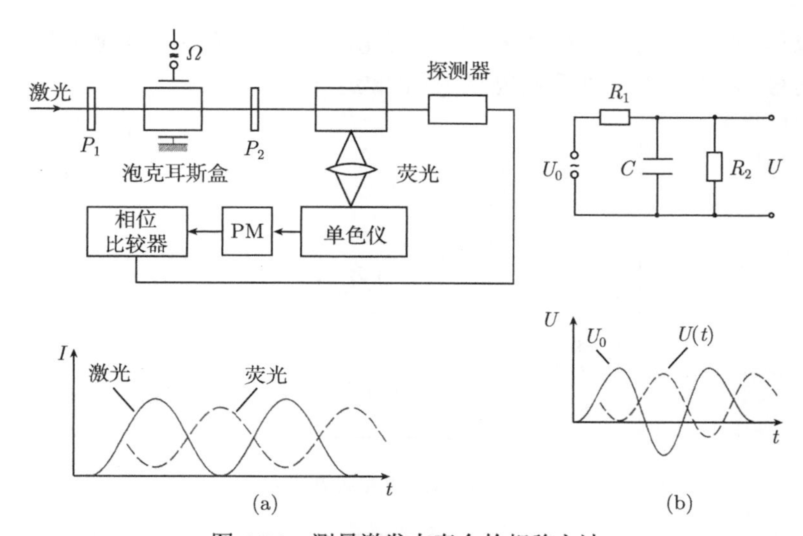

图 6.76 测量激发态寿命的相移方法

(a) 实验装置；(b) 等效电子线路

应于式 (6.61) 的公式是

$$C\frac{\mathrm{d}U}{\mathrm{d}t}=\frac{U_0-U}{R_1}-\frac{U}{R_2} \tag{6.65}$$

它的解是

$$U=U_2\sin(\varOmega t-\phi),\quad \tan\phi=\varOmega\frac{R_1R_2C}{R_1+R_2} \tag{6.66}$$

其中，

$$U_2=U_0\frac{R_2}{[(R_1+R_2)^2+(\varOmega CR_1R_2)^2]^{1/2}}$$

与式 (6.63) 进行比较，可以知道，平均寿命 τ 对应于时间常数 $\tau=RC$，其中，$R=R_1R_2/(R_1+R_2)$，激光强度对应于充电电流 $I(t)=(U_0-U)/R_1$。

式 (6.64) 给出的是一个纯粹的指数衰减过程。如果选择性地占据单个上能级 $|k\rangle$，那么，情况就是这样。如果同时激发了好几个能级，那么，荧光功率 $P_{\mathrm{Fl}}(t)$ 就是几个衰减函数的叠加，它们具有不同的衰减常数 τ_k。在这种情况下，必须测量不同调制频率 $\varOmega$ 时的相移 $\phi(\varOmega)$ 和振幅 $a/(1+\varOmega^2\tau^2)^{1/2}$。分析测量结果，可以区分同时激发的能级对衰减曲线的不同贡献，确定这些能级的不同寿命[6.151]。然而，一个更好的解决方法是，用单色仪使得荧光发生色散，并用探测器选择性地监测不同激发能级 $|k_n\rangle$ 的跃迁。

6.3.2 单脉冲激发

用激光短脉冲来激发分子。脉冲的升降沿应该远小于该激发能级的衰减时间，后者可以在激发脉冲结束之后直接测量 (图 6.77)。既可以探测向低能级 $|m\rangle$ 跃迁

的过程 $|k\rangle \to |m\rangle$ 的时间分辨的激光诱导荧光，也可以探测另一束激光的时间依赖的吸收信号，将激光设置在到高能级 $|j\rangle$ 的跃迁 $|k\rangle \to |j\rangle$ 上。

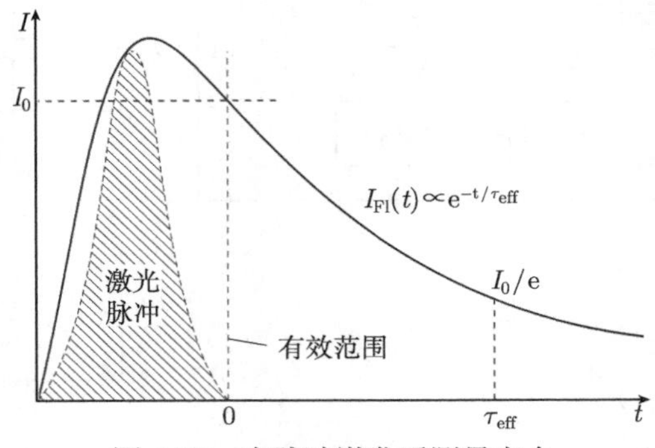

图 6.77　在脉冲激发后测量寿命

可以用示波器观测依赖于时间的荧光信号，也可以用瞬态记录仪来记录。另一种方法利用了 boxcar 积分器，只有在当栅极电压在选定的时间间隔 Δt 开启的时候，它才能传递信号。在每次激发脉冲之后，将栅极的延迟时间 ΔT 增加 T/m。经过 m 次激发之后，就覆盖了整个时间窗口 T (图 6.78)。在示波器上直接观测衰减曲线的优点是可以立刻看出非指数式的衰减。如果荧光足够强，就只需要一个激发脉冲，但一般来说，需要对许多个激发脉冲进行平均，这样可以提高信噪比。

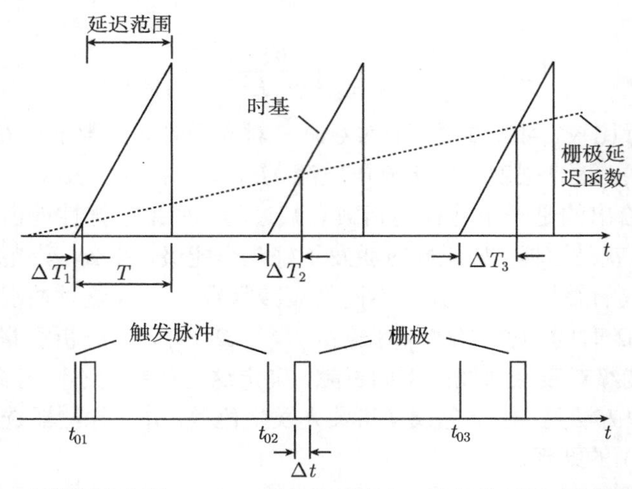

图 6.78　用栅极控制的 boxcar 系统测量寿命，栅极的延迟时间连续地增加

这种单脉冲激发技术对于低重复频率的情况非常有用。例如，用 Nd:YAG 激光器或准分子激光器泵浦的脉冲染料激光器来进行激发的时候[6.149,6.152]。

6.3.3 延时符合技术

与上述方法相同，延时符合技术也使用短脉冲激光来激发选定的能级。然而，此时的脉冲能量非常小，在每个激发激光脉冲中，探测到一个荧光光子的几率仍然很小 ($P_{\mathrm{D}} \leqslant 0.1$)。如果在激发之后 t 到 $t+\mathrm{d}t$ 的时间间隔内探测到一个荧光光子的几率是 $P_{\mathrm{D}}(t)\mathrm{d}t$，那么，在 N 次激发中 ($N \gg 1$)，在此时间间隔内探测到的荧光光子平均数目 $n_{\mathrm{Fl}}(t)$ 为

$$n_{\mathrm{Fl}}(t)\mathrm{d}t = NP_{\mathrm{D}}(t)\mathrm{d}t \tag{6.67}$$

实验装置如图 6.79 所示。一部分激光脉冲照射到一个高速光电二极管上。在 $t=t_0$ 时刻，二极管的输出脉冲启动了时间–振幅转换器 (TAC)，产生快速上升的锯齿电压 $U(t)=(t-t_0)U_0$。利用放大因子很大的光电倍增管，为每个探测到的荧光光子产生一个输出脉冲，它可以触发一个高速判别器。判别器的归一化后的输出脉冲在时刻 t 终止了时间–振幅转换器。该转换器的输出脉冲的振幅 $U(t)$ 正比于激发脉冲和荧光光子发射之间的延迟时间 $t-t_0$。这些脉冲存到多通道分析仪中，每个通道中的事件数就给出了相应延迟时间内发射出来的荧光光子的数目。

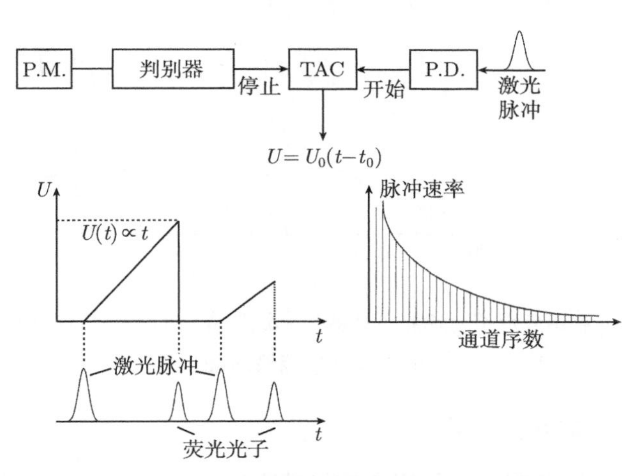

图 6.79 用延迟复合的单光子计数进行寿命测量的基本原理

激发脉冲的重复速率 f 应该尽可能高，因为对于给定的信噪比来说，测量时间正比于 $1/f$。f 的上限决定于如下事实，即两个相继的激光脉冲的间隔时间 $T=1/f$ 至少应该是待测能级 $|k\rangle$ 的寿命 τ_k 的三倍。因此，这种技术非常适用于锁模激光器或腔倒空激光器的激发。然而，存在一个电子学的瓶颈，时间–振幅转换器的输入脉冲频率受限于死区时间 τ_{D}，它应该小于 $1/\tau_{\mathrm{D}}$。因此，最好是将起始脉冲和停止脉冲的功能颠倒过来。用荧光脉冲 (速率远小于激发脉冲) 充当起始脉冲，而下一个激光脉冲使得时间–振幅转换器停止。也就是说，测量的是时间 $(T-t)$，而非 t。因

为锁模激光器的两个相继脉冲之间的时间 T 非常稳定，可以由锁模频率 $f = 1/T$ 精确地得到，相继脉冲之间的时间间隔可以被用来对探测系统进行时间校准[6.32]。在图 6.80 中给出了整个探测系统，同时给出了 Na_2 分子的一个激发能级的衰减曲线，测量时间为 10 分钟。关于延迟符合方法的更多信息，请参考文献[6.153]。

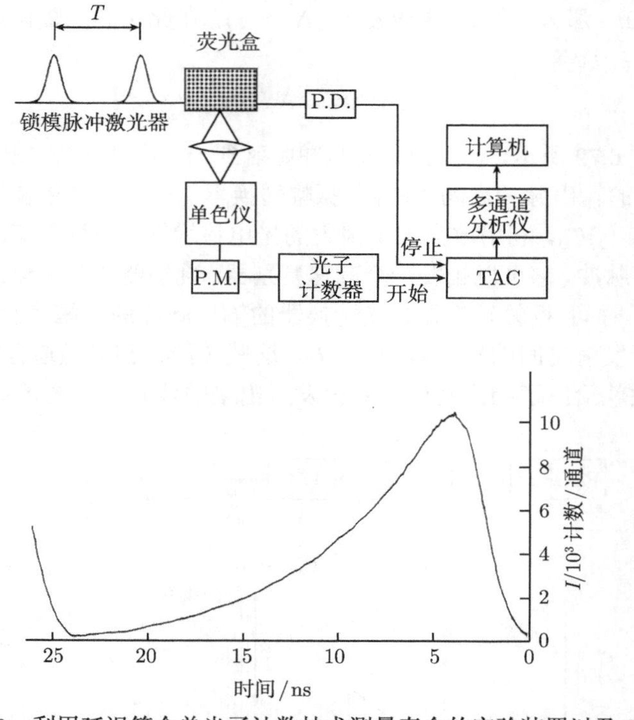

图 6.80　利用延迟符合单光子计数技术测量寿命的实验装置以及 Na_2 $(B^1\Pi_u \;\; v' = 6, J' = 27)$ 能级的衰减曲线[6.32]

6.3.4　快分子束中的寿命测量

在 $10^{-7} \sim 10^{-9}$s 范围内测量寿命的最精确方法利用了一项古老技术的现代版本，早在 1919 年，W. Wien 就用过这种方法[6.154]，将时间的测量归结为路径长度和速度的测量。

离子源产生的原子或分子离子被电压 U 加速并聚焦为一束离子束。用磁铁分离不同质量的离子 (图 6.81)，在位置 $x = 0$ 处用连续激光选择性地激发离子。监视激光诱导荧光随着探测器到激发区的距离 x 的变化关系，这个特殊设计的探测器位于精密平移台上。通过测量加速电压 U，可以知道速度 $v = (2eU/m)^{1/2}$，因此，测量位置 x，就可以确定时间 $t = x/v$。

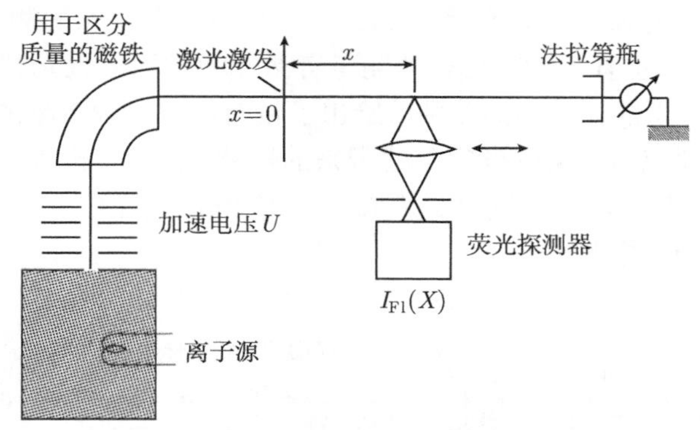

图 6.81 快分子束中的离子、中性原子或分子的高激发能级的寿命测量

如果将激发区放在连续染料激光器的共振腔内，就可以增大激发强度，将激光调节到选定的跃迁上。在到达激光光束之前，在一个差分泵浦的气体盒里，通过分子碰撞过程将这些离子预激发到长寿命能级上 (图 6.82(a))。这就为激光激发提供了新的跃迁过程，甚至可以利用可见光激光来测量高指数离子态的寿命[6.155]。

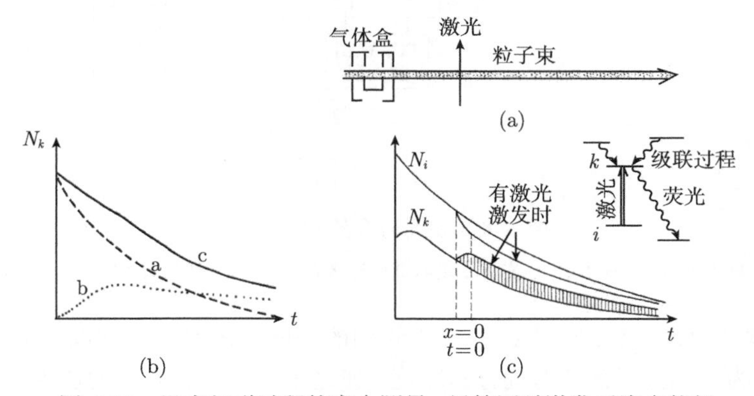

图 6.82 没有级联过程的寿命测量，尽管同时激发了许多能级

(a) 在气体盒中通过碰撞来进行预激发，然后用激光进行激发；(b) 能级 $|k\rangle$ 的弛豫，没有级联过程 (曲线 a)，有级联过程 (曲线 b)，级联和衰减导致的粒子数密度 $N_k(t)$ (曲线 c)；(c) 交替地测量有、无选择性激光激发时的荧光 $I(x,\lambda)$

在差分泵浦的碱金属蒸气盒中，交换电荷的碰撞过程可以使得离子不再带有电荷。在大碰撞参数的情况下 (掠入射式碰撞)，电荷交换过程具有很大的碰撞截面，动量转移非常小，因此，中性粒子的速度几乎与离子的速度相同。利用这一技术，可以高精度地测量高激发态的中性原子或分子的寿命。

碰撞预激发的缺点是，它同时激发了多个能级，寿命待测的级联荧光跃迁能级 $|k\rangle$ 可能会为它们提供粒子。这些级联过程改变了能级 $|k\rangle$ 的时域线形 $I_{\mathrm{Fl}}(t)$，

从而让测量的真实寿命 τ_k 失真 (图 6.82(b))。利用一个特殊的测量循环，可以解决这一问题，在每个位置 x 处，交替地测量有激光激发和无激光激发时的荧光 (图 6.82(c))。两种情况下的计数率的差别就给出了没有级联过程贡献的激光诱导荧光。为了消除激光强度或离子束强度的涨落带来的影响，在固定位置 x_0 处放置另一个探测器 (图 6.83)。归一化的比值 $S(x)/S(x_0)$ 与这些涨落无关，将它代入计算机，用理论衰减曲线拟合数据[6.156]。

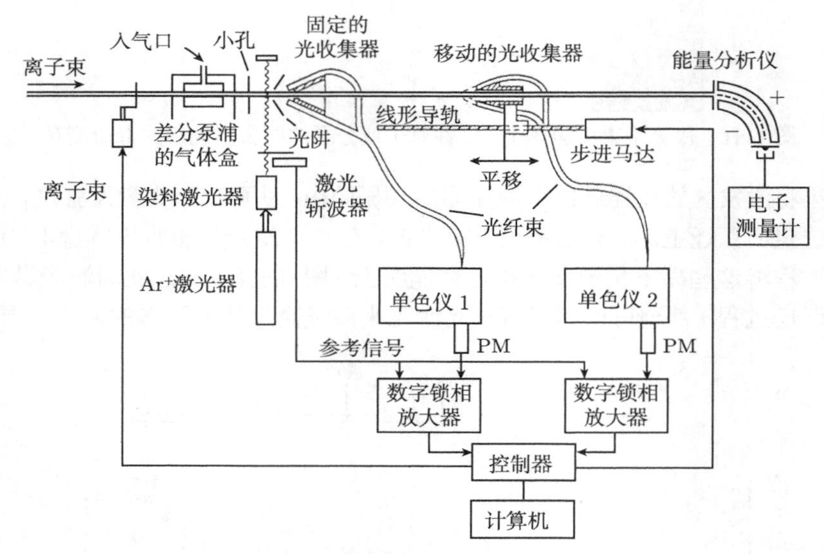

图 6.83　测量寿命的实验装置

在快离子束或中性粒子束中，消除了级联过程的影响，利用锥状排列的光纤束收集荧光

探测器的时间分辨精度 Δt 决定于它们的空间分辨率 Δx 和离子或中性原子的速度 v。为了达到很好的时间分辨精度，使之不依赖于探测器的位置 x，探测器必须只能够收集很小一段路径 Δx 内的荧光，但同时又能够看到略微有些发散的离子束的整个截面。这可以通过特殊设计的光纤束实现，将它们绕着光轴排列为一个锥体形状 (图 6.83)，光纤的输出端是一个长方形，与光谱仪的入射狭缝匹配。

利用这种技术，已经非常精确地测量了原子和离子的寿命。可以在许多文献中找到这种激光分子束方法的更多实验细节和不同版本[6.155~6.159]。

例 6.5

被 $U = 150\text{kV}$ 电压加速的 Ne 离子 (23 个原子质量单位，AMU) 的速度是 $v = 10^6\text{m/s}$。为了达到 1ns 的时间分辨精度，探测器的空间分辨率必须达到 $\Delta x = 1\text{mm}$。

在太空物理学中，原子和离子的高激发态很重要，可以用激光烧蚀表面的方法产生它们。扩散的等离子体云由热的原子和离子组成，用另一束激光照射它并测量激发态的时间分辨荧光。因为许多这样的态只能够用 VUV 激光激发，因此必须在一个真空腔体中激发，并使用对 VUV 敏感的探测器 (例如，日光盲的光电倍增管)[6.160]。一个典型的实验装置如图 6.84 所示。可以用一个电子延时装置改变激发激光相对于烧蚀激光的延迟时间，它可以达到 $\Delta\tau > 1\text{ns}$。

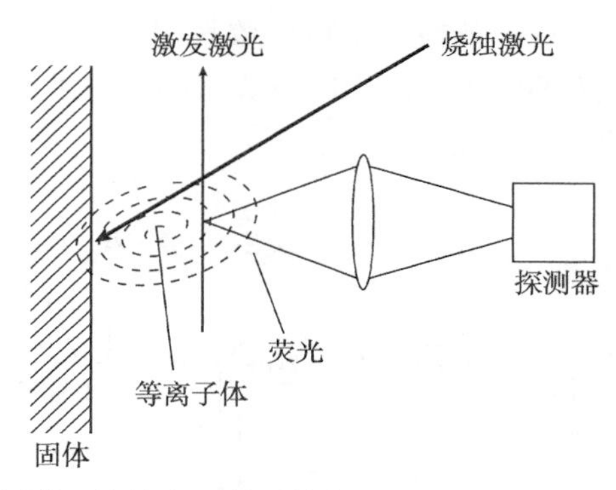

图 6.84　用激光烧蚀表面并对等离子体进行激发，同时探测荧光

6.4　皮秒到阿秒范围的光谱学

对于时间精度小于 10^{-10}s 的非常快速的弛豫过程来说，绝大多数探测器 (除了条纹相机) 都不够快。此时，泵浦/探测技术是最佳的选择，它的原理如图 6.85 所示。

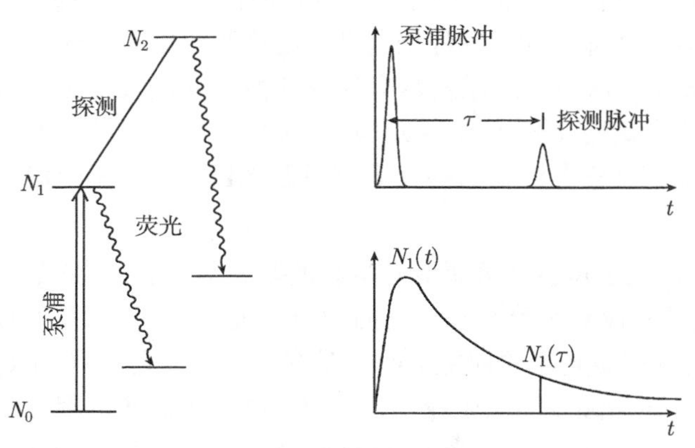

图 6.85　泵浦/探测技术

用高速激光脉冲激发待测分子的跃迁 $|0\rangle \to |1\rangle$。探测脉冲相对于泵浦脉冲的延迟时间 τ 可变，它可以检测粒子数密度的时间演化过程 $N_1(t)$。时间分辨率仅仅

受限于两束脉冲的脉冲宽度 ΔT，并不依赖于探测器的时间常数。

在早期的这类实验中，使用的是固定频率的锁模 Nd:glass 激光器或 Nd:YAG 激光器。两束脉冲来自于同一台激光器，还利用了碰巧与激光波长相等的分子跃迁过程[6.161]。利用分光镜和路程差可变的时间延迟线实现探测脉冲的时间延迟，如图 6.86 所示。因为泵浦和探测脉冲都作用于同一个跃迁 $|i\rangle \to |k\rangle$，探测脉冲的吸收随延迟时间 τ 的变化关系, 就检测了粒子数差别 $[N_k(t) - N_i(t)]$ 的时间演化过程。如果利用拉曼效应将 Nd:YAG 激光的波长移动到感兴趣的光谱范围内 (第 5.9 节)，就可以研究更多的分子跃迁[6.162]。

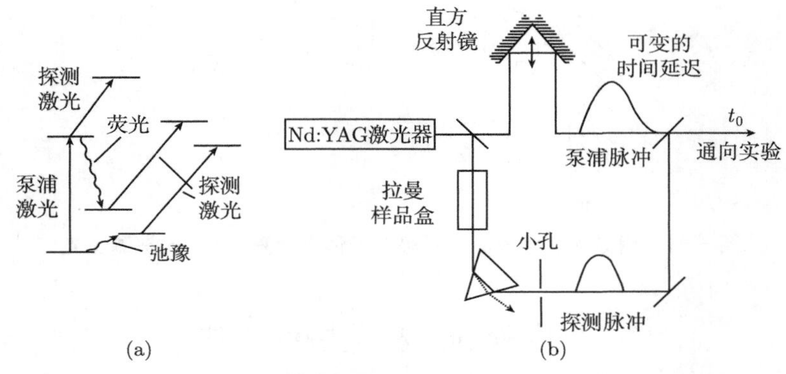

图 6.86　用于测量超快弛豫过程的泵浦/探测技术

两台独立可调谐的锁模染料激光器构成的系统可以用于更为广阔的范围，为了保持泵浦和探测脉冲之间的同步，二者必须使用同一台泵浦激光器[6.163]。为了研究分子的电子基态上的振动能级，可以用这两台染料激光器产生的差频作为可调谐的红外光源，从而直接激发具有红外活性的跃迁过程上的选定能级。可以用自发或受激拉曼跃迁 (第 3 章) 激发具有拉曼活性的振动。另一种用于这类实验的短脉冲光源是有三个波长的掺钛蓝宝石激光器，其中两个波长可以独立地调节[6.166]。

此外，已经出现了短脉冲可调谐光学参量振荡器，可以用它的泵浦光和信号光或闲置光进行泵浦/探测实验[6.164]。它的调谐范围很宽，因此就可以进行更加详细的研究，而固定频率激光器的使用范围非常有限[6.165]。用不同的飞秒 NOPA 激光器 (第 6.1.9 节) 与倍频或和频生成结合起来，可以在很宽范围内产生可调的超快强辐射源，可以从红外区经可见光区一直调节到紫外区。可以用来研究化学和生物学中的高速动力学过程 (第 10.3 节)。

最近，已经可以锁定两个不同的飞秒激光器的相位。这样就使得许多光谱应用成为可能。一个例子是利用红外飞秒脉冲激发分子的原子核振动，同时利用另一束

UV 飞秒脉冲激发电子。这样就可以研究电子云的快速变化对原子核振动周期的影响[6.167]。

这些进展显著地拓展了泵浦/探测技术的应用范围，下面给出一些例子。

6.4.1 液体中碰撞弛豫过程的泵浦/探测光谱

因为液体中的分子密度很大，选择性激发的分子 A 与同类的其他分子 A 或不同类的分子 B 之间的两次相继碰撞之间的平均时间 τ_{c} 非常短 ($10^{-12} \sim 10^{-11}$s)。如果 A 是通过吸收一个激光光子而被激发的，那么它的激发能量可以通过碰撞再重新分布到 A 的其他能级上，也可以转化为 B 的内能，或者是 A 和 B 的平动能 (样品的温度就升高了)。利用泵浦/探测技术测量 A 或 B 的相关能级上的粒子数密度 $N_{\mathrm{m}}(t)$ 的时间演化过程，可以研究这种能量传递过程。碰撞不仅改变了粒子数密度，而且改变了相干激发能级的波函数的相位 (第 2.9 节)。这些相位弛豫时间通常小于粒子数弛豫时间。

除了用红外激光脉冲激发和探测之外，CARS 技术 (第 3.5 节) 是研究这种弛豫过程的一种非常有希望的技术。一个例子是用 CARS 测量重水 D_2O 中 OD 拉伸振动的退相位过程[6.168]。碰撞脉冲锁模环形腔染料激光器发出的 80fs 染料激光脉冲经放大后作为 $\omega = \omega_{\mathrm{L}}$ 的泵浦脉冲。一台同步的可调谐皮秒染料激光器在 ω_{s} 处产生斯托克斯脉冲。测量 $\omega_{\mathrm{as}} = 2\omega_{\mathrm{L}} - \omega_{\mathrm{s}}$ 处的 CARS 信号随着泵浦和探测脉冲之间的时间延迟的变化关系。

另一个例子是用脉冲激光泵浦的有机液体中染料分子 S_0 和 S_1 单态的高振动能级的退激发 (图 6.87)。激光使得粒子占据了 S_1 激发单态上的许多振动能级，通过由电子基态 S_0 上热占据的能级出发的跃迁过程来到达。这些激发能级 $|v'\rangle$ 通过非弹性碰撞过程很快地弛豫到 S_1 的最低振动能级 $|v'\rangle = 0\rangle$ 上，它是染料激光跃迁的上能级。通过测量弱探测激光的时间依赖的吸收过程，即由这些能级到更高的激发单态上的跃迁过程，就可以探测这一弛豫过程。

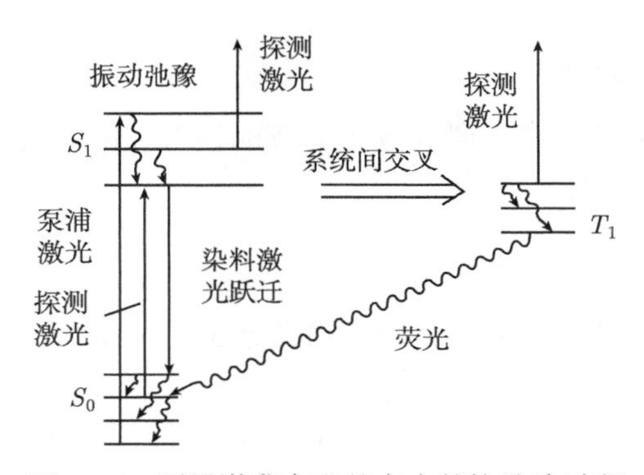

图 6.87 测量激发态和基态中的快弛豫过程

跃迁 ($v' = 0 \to v'' > 0$) 的荧光和受激发射使得 S_0 中的高振动能级上的粒子数密度 $N(v'')$ 迅速增多。如果不能够通过碰撞过程很快地清空这些能级，激光振荡就会自行停止。可以用一束弱可见光探测激光检测 $N(v'')$ 到热平衡粒子数 $N_0(v'')$ 的弛豫过程。飞秒脉冲的偏振光谱 (第 2.4 节) 可以区分出粒子数再分布的弛豫时间 τ_{vib} 和退相位时间[6.169]。

对于染料激光物理特别重要的是染料分子从 S_1 激发态到三重态 T_1 的系统内的交叉。因为到更高的三重态的电子跃迁引起的吸收，这些长寿命的三重态能级上的粒子数给染料激光辐射造成了严重的损失，通过添加可以淬灭三重态的添加物，已经详细地研究了三重态浓度的时间变化关系以及可能的淬灭过程[6.170]。此外，自旋交换相互作用和被激发的 S_1 染料分子和三重态 O_2 分子之间的碰撞或 T_1 染料分子和被激发的 $O_2(^1\Delta)$ 分子之间的碰撞所引起的跃迁过程，对于癌细胞中的光动力学过程非常重要 (第 10.5 节)。

6.4.2 半导体中的电子弛豫过程

一个非常有趣的问题与超高速电子计算机的物理极限有关。任何一个比特对应于半导体中非导电态到导电态的一个跃迁过程，反之亦然，因此，导带中的电子弛豫时间和复合时间就决定了最小开关时间的下限。可以用泵浦探测技术测量这种电子弛豫过程。用飞秒激光脉冲将价带顶的电子激发到导带中去，电子能量为 $E = \hbar\omega - \Delta E$ (ΔE 为能隙)，然后，在与价带空穴复合之前，电子就弛豫到导带底。因为半导体样品的光学反射率依赖于导带自由电子的能量分布 $N(E)$，可以用一束弱探测激光脉冲的反射率监视分布 $N(E)$[6.171]。因为弛豫过程很快，半导体可以用来作为被动锁模的飞秒激光器中的饱和吸收体[6.67]。在这种情况下，将一薄片半导体置于共振腔端镜之前 (第 6.1.11 节)。带间和带内的电子弛豫过程的特征时间尺度也是用泵浦探测技术测量的[6.172]。对于磁信息存储特别有用的是磁性薄膜的磁化和退磁化时间。将飞秒激光脉冲聚焦在薄膜上，可以在 100fs 的时间内让局部位置发生退磁[6.173]。

6.4.3 飞秒跃迁态动力学

泵浦/探测技术非常适合于研究分子系统的短寿命瞬时态，在它们分解之前用一束激光短脉冲激发它们

$$AB + h\nu \to [AB]^* \to A^* + B$$

一个说明性的例子是被激发的 NaI 分子的光分解，Zewail 等对此进行了详细的研究[6.174]。

NaI 的绝热势能图 (图 6.88) 的特征是：两个相互作用的中性原子 Na+I 的排斥势和离子 $Na^+ + I^-$ 的库仑势避免交叉，后者对于 NaI 在原子核间距 R 很小时的

强束缚起作用。如果用波长 λ_1 的激光短脉冲将 NaI 激发到一个排斥态中，被激发的分子就开始朝着 R 较大的位置运动，速度为 $v(R) = [(2/\mu)(E - E_{\text{pot}}(R)]^{1/2}$。

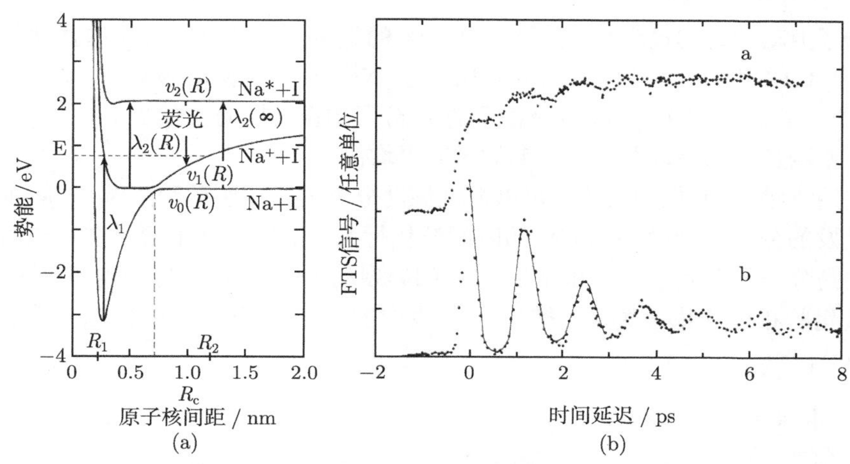

图 6.88 (a) NaI 的势能图，泵浦跃迁位于 λ_1，可调谐的探测脉冲位于 $\lambda_2(R)$；(b) 荧光强度 $I_{\text{Fl}}(\Delta t)$ 随着泵浦和探测脉冲之间的延迟时间 Δt 的变化关系：(曲线 a) λ_2 调节到原子 Na* 的跃迁上，(曲线 b) λ_2 调节到 $\lambda_2(R)$，其中，$R < R_c$[6.174]

例 6.6

$E - E_{\text{pot}} = 1000\text{cm}^{-1}$，$\mu = m_1m_2/(m_1+m_2) = 19.5\text{AMU} \rightarrow v \approx 10^3\text{m/s}$。通过间隔 $\Delta R = 0.1\text{nm}$ 的时间 $\Delta T = \Delta R/v$ 就是 $\Delta T = 10^{-13}\text{s} = 100\text{fs}$。

当被激发的系统 $[\text{NaI}]^*$ 到达 $R = R_c$ 处的规避交叉点的时候，它可以停留在势能 $V_1(R)$ 上，在 R_1 和 R_2 之间来回振荡，也可以隧穿到势能曲线 $V_0(R)$ 上，然后分裂为 Na+I。

将探测脉冲的波长 λ_2 调节到从 $V_1(R)$ 到激发态 $V_2(R)$ 的跃迁位置，该系统分解为 $\text{Na}^* + \text{I}$，这样就可以探测系统的时间演化行为。在固定波长 $\lambda_2 = 2\pi c/\omega_2$ 处，只有当距离 R 满足 $V_1(R) - V_2(R) = \hbar\omega_2$ 的时候，分解了的系统才能够吸收探测脉冲。如果将 λ_2 调节到钠原子共振谱线 $3s \rightarrow 3p$ 上，就会发生 $R = \infty$ 的跃迁。

因为分解时间远小于激发态钠原子 $\text{Na}^*(3p)$ 的寿命，正在分解的 $(\text{NaI})^*$ 几乎完全在原子共振荧光处发光。检测原子荧光强度 $I_{\text{Fl}}(\text{Na}^*, \Delta t)$ 随着泵浦和探测脉冲之间的延迟时间 Δt 的变化关系，就可以给出被激发的系统 $[\text{NaI}]^*$ 处于特定的原子核间距离 R 处的几率，其中，$V_1(R) - V_2(R) = \hbar\omega_2$ (图 6.88(b))。

实验结果[6.175] 如图 6.88(b) 所示，它给出了 $\text{Na}^*\text{I}(R)$ 在 R_1 和 R_2 之间的势能 $V_1(R)$ 上的振荡运动，它是在 $t = 0$ 时刻由泵浦脉冲在内折返点 R_1 处激发的。这对应于共价势能和离子势能之间的周期性变化。振幅变小的原因是粒子在 $R = R_c$ 的规避交叉点附近泄露到低量子态的势能上去了。如果将 λ_2 调节到原子共振谱线处，增大泵浦和探测脉冲之间的延迟时间，就可以测量 $Na^*(3p)$ 原子的堆积。

6.4.4 分子振动的实时观测

分子振动的时间尺度是 $10^{-13} \sim 10^{-15}$s 的量级。例如，H_2 分子的振动频率是 $\nu_{vib} = 1.3 \times 10^{14}s^{-1} \rightarrow T_{vib} = 7.6 \times 10^{-15}$s，$Na_2$ 分子的振动频率是 $\nu_{vib} = 4.5 \times 10^{12}s^{-1} \rightarrow T_{vib} = 2 \times 10^{-13}$s，甚至很重的 I_2 分子的振动周期也有 $T_{vib} = 5 \times 10^{-13}$s。传统技术测量的都是许多振动周期的时间平均值。

利用飞秒泵浦/探测实验，可以得到振动分子的“高速运动图像”，从而得出相干激发的分子振动叠加态波包的时间演化行为。用下面这个例子进行说明，它处理的是分子的多光子电离和 Na_2 分子的碎裂动力学过程，测量了它们对中间态振动波包的相位的依赖关系[6.176]。超声束中的 Na_2 冷分子有两种光电离的途径(图 6.89)。

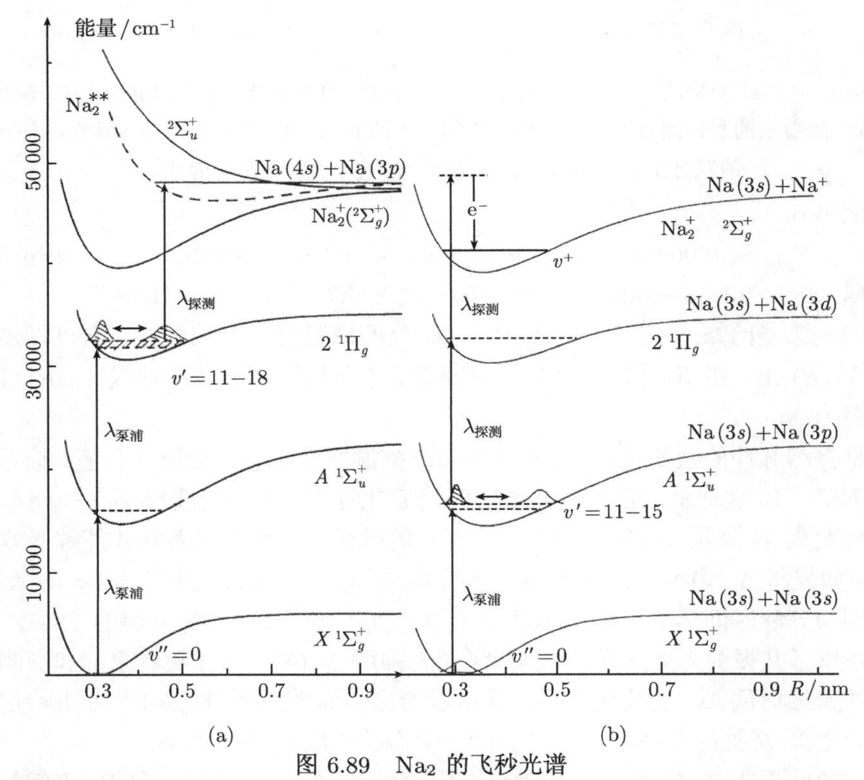

图 6.89 Na_2 的飞秒光谱

(a) 能级结构示意图，对振动能级 ($v' = 11 - 18$) 的同时进行相干的双光子激发，制备 Na_2 分子的 $2^1\Pi_g$ 态上的振动波包。再用第三个光子进一步激发，就会在波包的外折返点处产生 $Na_2^* \rightarrow Na^+ + Na^*$；

(b) 单光子激发 $A^1\Sigma_u$ 态的振动波包，随后在内折返点处进行双光子电离[6.177]

(1) 飞秒脉冲 ($\lambda = 672\text{nm}$，$\Delta T = 50\text{fs}$，$I = 50\text{GW/cm}^2$) 的单光子吸收，同时激发了 $V_1(R)$ 势内侧的 Na_2 分子 $A^1\Sigma_u$ 态上的振动能级 $v' = 11 - 15$，从而产生了一个振动波包, 它以频率 $3 \times 10^{12}\text{s}^{-1}$ 在内折返点和外折返点之间来回振荡。因为从 $A^1\Sigma_u$ 态到近共振中间态 $2^1\Pi_g$ 的跃迁具有较大的弗兰克–康登因子，探测脉冲引起的被激发分子的共振增强双光子电离几率在内折返点处的数值大于外折返点，从而增强了原子核间距 R 较小时的双光子电离跃迁 (图 6.89(b))。检测电离速率 $N(Na_2^+, \Delta t)$ 随着弱泵浦脉冲和强探测脉冲之间的延迟时间 Δt 的变化关系，可以得到图 6.90 中上方的振荡函数，它与 $A^1\Sigma_u$ 中振动波包的周期一致。

(2) 另一种可能的竞争过程是用泵浦脉冲对 Na_2 分子的 $2^1\Pi_g$ 态中 $v' = 11 - 18$ 的振动能级的波包进行双光子激发，然后用单光子将它们激发到 Na_2^{**} 的双共振态，后者再发生自电离

$$Na_2^{**} \to Na_2^+ + e^- \to Na^+ + Na^* + e^-$$

从而产生 Na^+ 离子。测量 Na^+ 离子的数目 $N(Na^+, \Delta t)$ 随着泵浦和探测脉冲之间的延迟时间 Δt 的变化关系，也可以得到振荡的结构 (图 6.90 中的下方曲线)，相对于上方曲线，它在时间上移动了半个周期。在这种情况下，电离开始于 $2^1\Pi_g$ 能级的外折返点，振荡结构表现出 180° 的位移和略微不同的振荡周期，它对应于 $2^1\Pi_g$ 态的振荡周期。

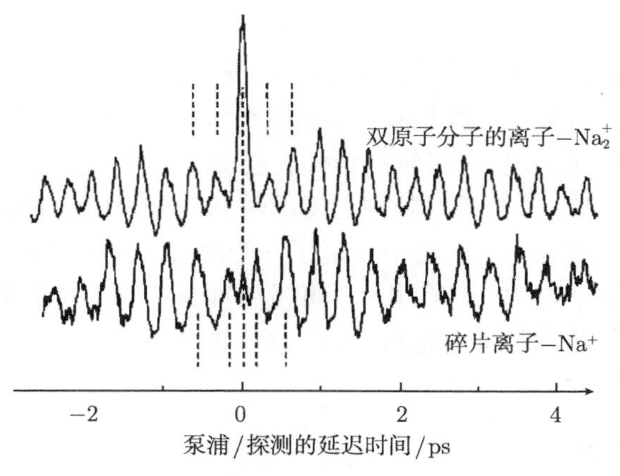

图 6.90 测量得到的离子产生率 $N(Na_2^+)$(上方曲线) 和 $N(Na^+)$(下方曲线) 随着泵浦和探测脉冲之间的延迟时间 Δt 的变化关系[6.177]

垂直于分子束和激光束相对地放置两个飞行时间质谱仪，可以测量光电子和离子以及它们的动能[6.178,6.179]。

6.4.5 原子内壳层过程的阿秒光谱学

在内壳层光谱学中，原子态之间的能量间隔在几百 eV 到几个 keV 之间变化，

可以用高强度飞秒脉冲产生更高阶的谐波[6.180]。不幸的是，这些脉冲宽度位于阿秒范围内的高次谐波脉冲序列的重复频率两倍于产生脉冲的光学频率，也就是说，时间间隔大约是 2.3fs。这种脉冲序列激发原子的时间分辨光谱实验结果并没有明确无疑的解释，因此，希望能够产生单个脉冲而非脉冲序列。如果使用短于 5fs 的脉冲产生高次谐波，就有可能做到这一点。对这种脉冲进行相位控制，可以将场振幅 $E(t)$ 的极大值移动到脉冲包络的极大值上。前一个极大值和后一个极大值就具有较小的振幅 (图 6.91)。因为 n 次谐波的强度正比于飞秒脉冲的光学电场的第 $2n$ 次幂 $E^{2n}(t)$，只有这个最大的场极大值 E_0 才对高次谐波的生成有贡献。例如，当 $n = 15$ 的时候，图 6.91 中相邻的场极值 E_{-1} 和 E_{+1} 只有中心极大值的 60%，它们产生 XUV 的几率只有中心极大值的 10^{-7} 倍。

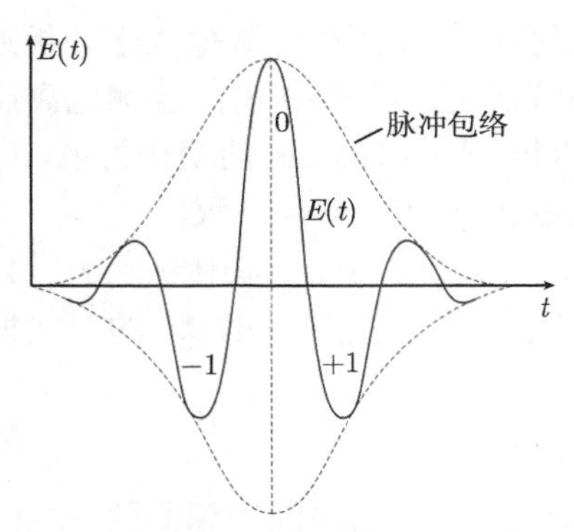

图 6.91 只有几次振荡的飞秒脉冲的电场振幅

利用这种阿秒 XUV 短脉冲，泵浦/探测技术可以测量内壳层激发之后的俄歇过程的时间演化。

一束 XUV 脉冲将电子从原子的内壳层 E_i 激发出来 (图 6.92)，在内壳层产生一个空位，外壳层的能量为 E_k 的电子很快地填充了这个空位。能量差 $\Delta E = E_k - E_i$ 可以产生一个 XUV 光子，也可以转移给外壳层 E_m 中的一个电子 ($IP - E_m < \Delta E$，俄歇电子)。这个俄歇电子与激发脉冲之间的时间间隔精确地对应于内壳层空位的寿命。俄歇电子发射以后，外壳层中出现了一个空位，利用可见光激发光电离的相应减小，可以探测这个空位。利用相对于激发脉冲具有可变延时的一部分可见光飞秒脉冲，可以以飞秒精度测量出延迟时间，这与第 6.1.12 节中用飞秒脉冲进行光电离的方法完全一样[6.181]。

6.4.6 瞬态光栅技术

如果传播方向不同的两束光脉冲在一个吸收样品上重叠，由于粒子数密度依赖于光强的饱和效应，就会产生干涉图案 (图 6.93)。当一束探测脉冲通过样品上的重叠区时，这种干涉图案就会表现为样品透射率的周期性变化，因此它就可以表现为一个光栅，使得探测光发生衍射。光栅矢量是 $k_G = k_2 - k_1$，光栅周期依赖于两束泵浦光之间的夹角 θ。根据不同衍射阶的相对强度，可以推算出光栅振幅，从而给出饱和强度的信息。如果延迟时间 τ_1 和 τ_2 大于样品分子的弛豫时间，光栅就会消失，因此，这种瞬态光栅技术给出了样品动力学的信息[6.182]。

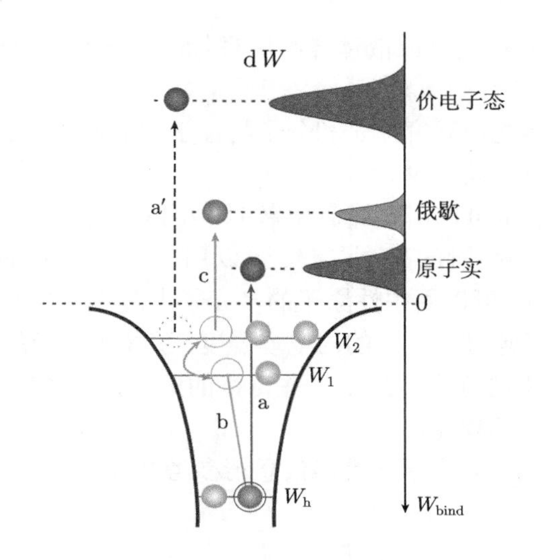

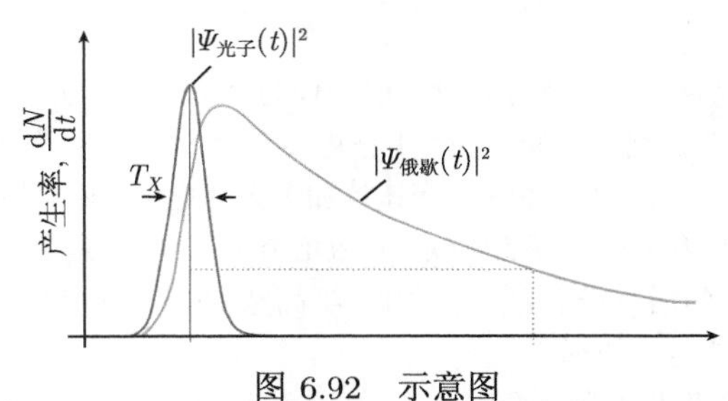

图 6.92 示意图

用 VUV 脉冲激发内壳层 (a)，到空位的弛豫 (b)，它引起了俄歇电子的发射 (c)，或者将电子激发到更高的能级中去 (a′)[6.181]

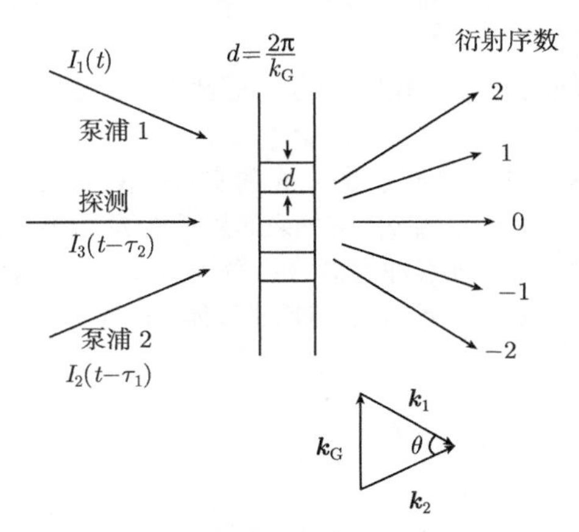

图 6.93 瞬态光栅实验的示意图

大多数实验都是在固体或液体样品中进行的，它们的弛豫时间是飞秒到皮秒范围[6.179]。

应用皮秒和飞秒光谱研究原子和分子物理学中的问题，还有其他许多例子，第 7.6 节和第 10.2 节有一些讨论。

特别的是，新技术可以用高峰值功率 (图 6.55) 进行非线性物理学的一类新实验。例如，产生高达 60 阶的高次谐波，可以用 $\lambda = 800\text{nm}$ 的基波产生 $\lambda = 13\text{nm}$ 的 XUV 频率的谐波，可以用中性原子的多光子电离产生高度电离的离子。这种高功率激光脉冲的电场超过了原子的内电场强度，引起了原子的场电离。原子和分子在这种强交流电场中的行为带来了一些奇怪的结果，许多理论工作者正致力于研究描述这种极端条件的模型。

关于飞秒激光及其光谱学的更多信息请参考文献 [6.2], [6.183]。

6.5 习 题

6.1 在激光共振腔内放置一个泡克耳斯盒，用来作为 Q-开关。当外加电压 $U = 0$ 时，它的透射率最大，达到 95%。泡克耳斯盒的“半波电压”为 2kV，为了防止在增益介质的增益 $G_\alpha = \exp(\alpha L)$ 大于 10 之前就发生激射，应该施加多大的电压？如果往返一次的腔内总损耗为 30%，那么在泡克耳斯盒刚刚打开的时候，有效增益因子 G_{eff} 是多大？

6.2 如果连续氩激光器的增益线形为高斯线形，半高宽 (FWHM) 为 8GHz，那么，它的锁模脉冲实际上具有什么样的时域线形？

6.3 一束光脉冲具有高斯型的强度线形 $I(t)$，中心波长为 $\lambda_0 = 600\text{nm}$，在它进入折射率为 $n = 1.5$ 的光纤之前，光脉冲的初始半宽为 $\tau = 500\text{fs}$。

(a) 此时，它的空间尺度是多大？

(b) 如果线性色散为 $\mathrm{d}n/\mathrm{d}\lambda = 10^3/\text{cm}$，那么，当脉冲的空间尺度两倍于初始值的时候，它传播了多长距离 z_1？

(c) 如果在 z_1 处的峰值光强为 $I_\text{p} = 10^{13}\text{W/m}^2$，折射率的非线性部分为 $n_2 = 10^{-20}\text{m}^2/\text{W}$，那么，光谱的展宽是多少？

6.4 一对光栅正好可以补偿中心波长为 600nm 的空间色散 $\mathrm{d}S/\mathrm{d}\lambda = 10^5$，光栅的沟槽间距为 $d = 1\mu\text{m}$，入射角度为 $\alpha = 30°$，那么，光栅之间的距离 D 应该是多少？

6.5 在 $T = 500\text{K}$ 的时候，氩原子缓冲气将 Na_2 分子的激发能级的辐射寿命 $\tau = 16\text{ns}$ 减小为 8ns，总淬灭截面为 $\sigma = 10^{-14}\text{cm}^2$，计算氩原子气体的压强 p。

第 7 章　相干光谱学

本章介绍相干光谱技术，它们基于的是原子和分子的相干激发，或者是分子和小粒子引起的散射光的相干叠加。相干激发在原子或分子波函数的振幅之间建立起确定的相位关系，从而决定了发射、散射或吸收辐射的总振幅。

用一束谱宽很宽的短激光脉冲相干地激发一个分子的两个或更多的分子能级 (能级交叉光谱学和量子拍光谱学)，或者将许多个原子或分子构成的整个系综同时激发到完全相同的能级上 (光子回声光谱学)。与非相干激发相比，这种相干激发改变了总光谱、发射光谱或吸收光谱的空间分布或者时间变化关系。非相干光谱学方法测量的只是总强度，它正比于粒子数密度即波函数 ψ 的平方值 $|\psi|^2$，而相干技术给出了 ψ 的振幅和相位。

在密度矩阵理论中 (第 1 卷第 2.9 节)，相干技术测量了密度矩阵的非对角元 ρ_{ab}(它被称为相干性)，而非相干光谱学只能给出对角元的信息 (它们表示的是随时间变化的粒子数密度)。非对角元描述辐射场诱导出来的、以电场频率 ω 振荡的原子偶极矩，它表示场振幅为振幅 $A_k(r,t)$ 的辐射源。在相干激发的时候，电偶极子以确定的相位关系振荡，辐射振幅 A_k 的相位敏感地叠加起来，产生了可以观测到的干涉现象 (量子拍，光子回声，自由感应衰减等)。

在关掉激发光源之后，不同的弛豫过程可以影响原子偶极矩，从而改变不同的振荡原子偶极矩之间的相位关系。这些弛豫过程可以分为两类：

(a) 改变粒子数的过程。激发态能级 $|2\rangle$ 中的粒子数密度减少了

$$N_2(t) = N_2(0)\mathrm{e}^{-t/\tau_{\mathrm{eff}}}$$

自发辐射或非弹性碰撞减少了辐射光的强度，它的时间常数为 $T_1 = \tau_{\mathrm{eff}}$，通常称为纵向弛豫时间。

(b) 扰动相位的碰撞 (第 1 卷第 3.3 节)，或者原子的不同速度 v_k 导致的原子发光频率的多普勒位移的差别，改变了原子偶极的相对相位，从而影响了分波叠加后的总振幅。这种相位衰减的时间常数 T_2 称为横向弛豫时间。一般来说，相位的衰减快于粒子数的衰减，因此，$T_2 < T_1$。虽然扰动相位的碰撞引起的是均匀谱线展宽 $\gamma_2^{\mathrm{hom}} = 1/T_2^{\mathrm{hom}}$，速度分布引起的是多普勒展宽，增加了谱线的非均匀展宽 $\gamma_2^{\mathrm{inhom}} = 1/T_2^{\mathrm{inhom}}$，谱线的总宽度为

$$\Delta\omega = 1/T_1 + 1/T_2^{\mathrm{hom}} + 1/T_2^{\mathrm{inhom}} \tag{7.1}$$

尽管相干激发可以使用宽谱光源，但下面讨论的相干光谱学技术能够消除非均匀展宽的贡献，因此，它们是“没有多普勒效应的”光谱学。第 2 章讨论的没有多普勒效应的非线性技术要求窄带单模激光器，相比之下，相干光谱技术更有优势。

将超快光脉冲与相干光谱学结合起来，首次能够直接测量相干激发的分子振动波包及其衰变过程 (第 7.4～7.7 节)。

相干光谱学的一个快速发展的领域是外差光谱学和关联光谱学，它们利用了两束相干光之间的干涉。这两束光可以来自于两台被稳定的激光器，也可以来自于一台激光器和由于运动粒子 (原子、分子、灰尘、微生物、活体细胞等) 散射而发生了多普勒移动的激光。测量拍谱的频率分布，频谱精度可以达到毫赫兹的量级 (第 7.7 节)。

关联荧光光谱学与共聚焦显微术结合起来，成为探测活体细胞中的生物分子、各种分子之间的相互作用的多功能工具，并可以在时域中研究它们。

为了更加定量地说明前面的陈述，我们在下一节中讨论最重要的相干光谱学技术。

7.1　能级交叉光谱学

能级交叉光谱学探测的是荧光的空间强度分布或偏振特性的变化，该荧光来自于相干激发的能级，它们在外磁场或外电场的作用下发生交叉。例如，塞曼位移不同的精细或超精细能级，它们可以在磁场的特定数值 B_c 处发生交叉 (图 7.1)。能级交叉的一种特殊情况是零场能级交叉 (图 7.1(b))，它发生于总角动量 $J>0$ 的简并能级中。当 $B\neq 0$ 的时候，$(2J+1)$ 个塞曼分量劈裂开来，从而改变了发射荧光的偏振特性。早在 1923 年，W. 汉勒就发现这种现象[7.1]，因此，它被称为汉勒效应。

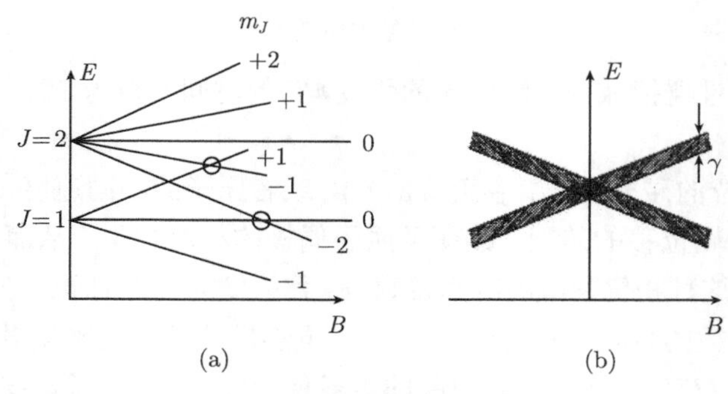

图 7.1　能级交叉的示意图

(a) 一般情况；(b) 汉勒效应

7.1.1 汉勒效应的经典模型

能级交叉光谱学的典型实验装置如图 7.2 所示。在一个均匀展宽的磁场 $B = \{0, 0, B_z\}$ 中，原子或分子被调节到跃迁 $|1\rangle \to |2\rangle$ 的偏振光 $E = E_y \cos(\omega t - kx)$ 激发。在偏振片后面检测激发态能级 $|2\rangle$ 沿着 y 方向发出的荧光 $I_{\rm Fl}(B)$ 随着磁场 B 的变化关系。

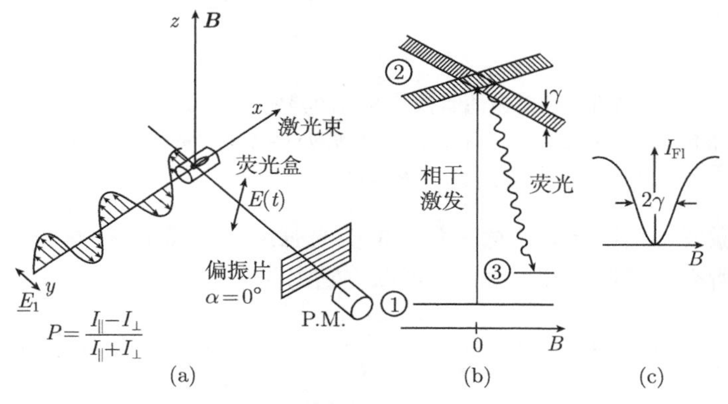

图 7.2 能级交叉光谱学

(a) 实验装置；(b) 能级结构；(c) 汉勒信号

一个生动的经典描述将激发态原子表示为一个 y 方向的阻尼谐振子，它的空间发射特征 $I(\vartheta) \propto \sin^2\vartheta$ 依赖于观测方向与偶极子轴的夹角 ϑ (图 7.3(a))。在 $t = t_0$ 时刻，用一束激光短脉冲激发原子，它的激发态寿命为 $\tau_2 = 1/\gamma_2$，当 $B = 0$ 的时候，发射光的振幅为

$$E(t) = E_0 {\rm e}^{-({\rm i}\omega + \gamma/2)(t - t_0)} \tag{7.2}$$

能级 $|2\rangle$ 的角动量为 $\boldsymbol{J}$，则原子偶极子带有磁偶极矩 $\mu = g_J \mu_0$ (g_J，朗德因子；μ_0，玻尔磁子)，在 $B \neq 0$ 的时候，它会沿着 z 轴进动，频率为

$$\varOmega_{\rm p} = g_J \mu_0 B/\hbar \tag{7.3}$$

发射光极大值的方向垂直于偶极子轴，它与偶极子轴一起以频率 $\varOmega_{\rm p}$ 绕着 z 轴进动，偶极子振荡的振幅以 $\exp[-(\gamma/2)t]$ 的形式减小 (图 7.3(b))。如果沿着 y 方向在偏振片后面观测荧光 (图 7.2(a))，偏振片的透射轴与 x 轴的夹角为 α，测量得到的强度 $I_{\rm Fl}(t)$ 为

$$I_{\rm Fl}(B, \alpha, t) = I_0 {\rm e}^{-\gamma(t - t_0)} \sin^2[\varOmega_{\rm p}(t - t_0)] \cos^2\alpha \tag{7.4}$$

在恒定磁场 B 中，在脉冲激发之后，用时间分辨的方式探测这个光强 (量子拍，第 7.2 节)。也可以测量时间积分的荧光强度随着 B 的变化关系 (能级交叉)，激发光既可以是脉冲的，也可以是连续的。

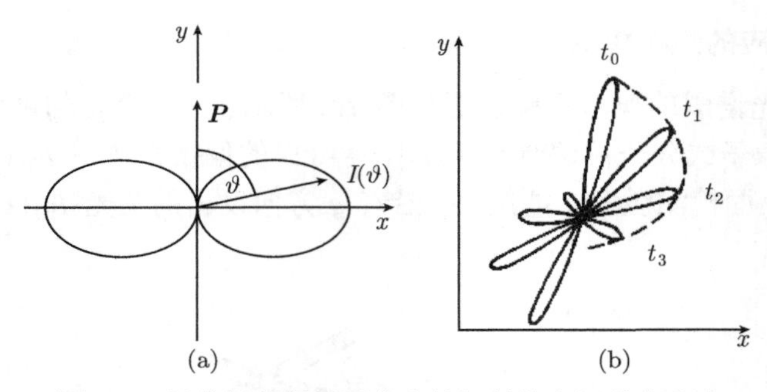

图 7.3　经典振荡偶极子发出的辐射的空间强度分布

(a) $B=0$ 的稳态情况；(b) 在磁场 $\boldsymbol{B}=\{0,0,B_z\}$ 中进动的电偶极子的强度分布的时间演化，它的衰减常数为 γ

在连续激发的情况下，任意时刻 t 的荧光强度 $I(t)$ 是时刻 $t_0=-\infty$ 和 $t_0=t$ 之间激发的所有原子的结果。因此，可以将它写为

$$I(t,B,\alpha)=CI_0\cos^2\alpha\int_{t_0=-\infty}^{t}\mathrm{e}^{-\gamma(t-t_0)}\sin^2[\Omega_\mathrm{p}(t-t_0)]\mathrm{d}t_0 \tag{7.5}$$

对变量 t_0 做变换 $(t-t_0)\to t'$，将积分区间移动到 $t'=\infty$ 和 $t'=0$ 之间，可以看出，该积分不依赖于时间 t。利用 $2\sin^2 x=1-\cos 2x$，可以得到，图 7.4(a) 中探测器 D_1 测量的汉勒信号为

$$I_1(B,\alpha)=C\frac{I_0\cos^2\alpha}{2\gamma}\left(1-\frac{\gamma^2}{\gamma^2+4\Omega_\mathrm{p}^2}\right) \tag{7.6a}$$

将式 (7.3) 代入式 (7.6a)，可以得到，当 $\alpha=0$ 的时候

$$I(B,\alpha=0)=C\frac{I_0}{2\gamma}\left(1-\frac{1}{1+(2g\mu_0B/\hbar\gamma)^2}\right) \tag{7.7}$$

强度是外加磁场的函数，它是洛伦兹型的信号 (图 7.2(c))，半高宽为

$$\Delta B_{1/2}=\frac{\hbar\gamma}{g\mu_0}=\frac{\hbar}{g\mu_0\tau_\mathrm{eff}} \tag{7.8}$$

其中，$\tau_\mathrm{eff}=1/\gamma$。根据测量的半高宽 $\Delta B_{1/2}$，可以得到激发态能级 $|2\rangle$ 的朗德因子 g_J 与有效寿命 τ_eff 的乘积 $g_J\tau_\mathrm{eff}$。因为原子态的朗德因子 g_J 通常是已知的，$\Delta B_{1/2}$ 的测量值就确定了寿命 τ_eff。测量 $\tau_\mathrm{eff}(p)$ 随着样品盒中压强的变化关系，可以外推得到 $p\to 0$ 时的辐射寿命 τ_n(第 6.3 节)。因此，类似于其他没有多普勒效应的技术，汉勒效应给出了另一种方法，利用信号的宽度 $\Delta B_{1/2}$ 测量原子寿命[7.2]。

在激发态分子中，角动量的耦合模式通常是未知的，当超精细结构或不同电子态之间的微扰影响不同角动量的耦合时，更是如此。总角动量 $F=N+S+L+I$ 包括分子转动角动量 N、总电子自旋 S、电子轨道角动量 L 和原子核自旋 I。如果能够用其他的独立测量得到寿命 τ，例如第 6.3 节中讨论的方法，那么，测量宽度 $\Delta B_{1/2}$ 就可以确定朗德因子 g 以及耦合模式[7.3]。

注意，虽然磁场改变了荧光的空间分布和偏振特性，但是，荧光的总强度并不依赖于磁场。因此，最好采用图 7.4(a) 中的实验装置，用两个探测器分别测量沿着 x 和 y 方向发射的荧光。在 x 方向上，利用一个与 y 轴夹角为 β 的偏振片测量荧光强度

$$\begin{aligned} I_2(B,\beta) &= CI_0\cos^2\beta\int_{t_0=-\infty}^{+t}\mathrm{e}^{-\gamma(t-t_0)}\cos^2[\Omega_p(t-t_0)]\mathrm{d}t_0 \\ &= C\frac{I_0\cos^2\beta}{2\gamma}\left(1+\frac{\gamma^2}{\gamma^2+4\Omega_\mathrm{p}^2}\right) \end{aligned} \tag{7.6b}$$

当 $\alpha=\beta=0$ 的时候，差分信号为

$$I_2-I_1=\frac{CI_0\gamma}{\gamma^2+4\Omega_\mathrm{p}^2}$$

它的信号增大到两倍，而且消除了常数背景。两个测量信号之和

$$I_1+I_2=C\frac{I_0}{\gamma}$$

与 B 无关，背景信号变为两倍。比值

$$R=(I_2-I_1)/(I_1+I_2)=\frac{1}{1+(2\Omega_\mathrm{p}/\gamma)^2}$$

不依赖于入射强度，因此也就不会受到强度涨落的影响。与单独一个方向的测量相比，它的信噪比更好。

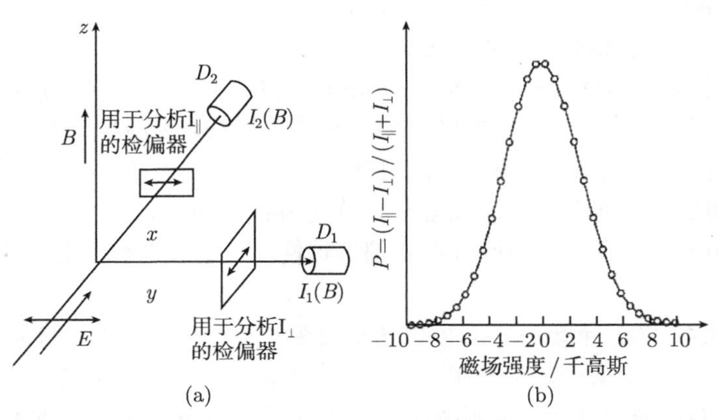

图 7.4 激光激发 $\mathrm{Na}_2^*(B^1\Pi_u, v'=10, J'=12)$ 分子产生的荧光汉勒信号 $I_{\mathrm{Fl}}(B)$

(a) 记录差别和比值的实验装置；(b) 测量得到的偏振度 $P(B)$[7.5]

为了说明这一点，图 7.4 给出了 Na_2 分子在磁场 B 中的汉勒信号，$\lambda = 475$nm 的氩激光将分子激发到上能级 $|2\rangle = B^1\Pi_u(v' = 10, J' = 12)$[7.5]。这个 Na_2 能级的 $S = 0$，适用洪德耦合模式 a_α ，朗德因子为

$$g_F = \frac{F(F+1) + J(J+1) - I(I+1)}{2J(J+1)F(F+1)} \tag{7.9}$$

它随着转动量子数 J 的增加而迅速减小[7.6]。因此，对于更大的 J 值，需要更强的磁场，才能实现原子能级交叉。

7.1.2　量子力学模型

能级交叉光谱学的量子力学方法[7.4, 7.7] 由布雷特公式出发

$$I_{\mathrm{Fl}}(2 \to 3) = C|\langle 1|\boldsymbol{\mu}_{12} \cdot \boldsymbol{E}_1|2\rangle|^2|\langle 2|\boldsymbol{\mu}_{23} \cdot \boldsymbol{E}_2|3\rangle|^2 \tag{7.10}$$

用电场矢量 $\boldsymbol{E}_1$ 的偏振光激发跃迁 $|1\rangle \to |2\rangle$，在光轴平行于 $\boldsymbol{E}_2$ 的偏振片后面，测量跃迁 $|2\rangle \to |3\rangle$ 发出的荧光强度[7.8]。该荧光的空间强度分布和偏振特性依赖于分子跃迁偶极 $\boldsymbol{\mu}_{12}$ 和 $\boldsymbol{\mu}_{23}$ 与吸收光和发射光的电矢量 $\boldsymbol{E}_1$ 和 $\boldsymbol{E}_2$ 之间的夹角。

总角动量为 $\boldsymbol{J}$ 的能级 $|2\rangle$ 有 $(2J+1)$ 个塞曼分量，它们的磁量子数为 M，在 $B = 0$ 的时刻是简并的。$|2\rangle$ 的波函数

$$\psi_2 = \sum_k c_k \psi_k \mathrm{e}^{-\mathrm{i}\omega_k t} \tag{7.11}$$

是所有相干激发的塞曼分量的波函数 $\psi_k \exp(-\mathrm{i}\omega_k t)$ 的线形叠加。式 (7.10) 中的矩阵元的乘积包含有干涉项 $c_{M_i} c_{M_k} \psi_i \psi_k \exp[\mathrm{i}(\omega_k - \omega_i)t]$。

当 $B = 0$ 的时候，所有的频率 ω_k 都相等。干涉项不依赖于时间，它们与式 (7.10) 中的其他常数项一道描写了 I_{Fl} 的空间分布。然而，当 $B \neq 0$ 的时候，相位因子 $\exp[\mathrm{i}(\omega_k - \omega_i)t]$ 依赖于时间。对于一个给定的 J ，即使在 $t = 0$ 时刻相干地激发了所有的能级 (J, M) ，而且它们的波函数 $\psi_k(t = 0)$ 都具有相同的相位，但是，因为频率 ω_k 不同，相位 ψ_k 随时间的演化也是不同的。干涉项的大小和符号随着时间发生变化，当 $(\omega_i - \omega_k) \gg 1/\tau$ 的时候 (等价于 $g_J \mu_0 B/\hbar \gg \gamma$)，干涉项就平均为零了，观测到的时间平均后的强度分布就变为各向同性。

注：虽然磁场改变了荧光的空间分布和偏振特性，但是它并不改变荧光的总强度！

例 7.1

可以用文献 [7.9] 中的一个具体例子说明量子力学方法，它利用偏振矢量位于 x-y 平面内、沿着 z 轴传播的线偏光对跃迁 $(J, M) \to (J', M')$ 进行光学泵浦 (图 7.5)。可以将线偏振光视为左圆偏振分量 σ^+ 和右圆偏振分量 σ^- 的叠加。x 方向偏振的光激发出来的激发态波函数为

$$|2\rangle_x = (-1/\sqrt{2})(a_{M+1}|M+1\rangle + a_{M-1}|M-1\rangle) \tag{7.12}$$

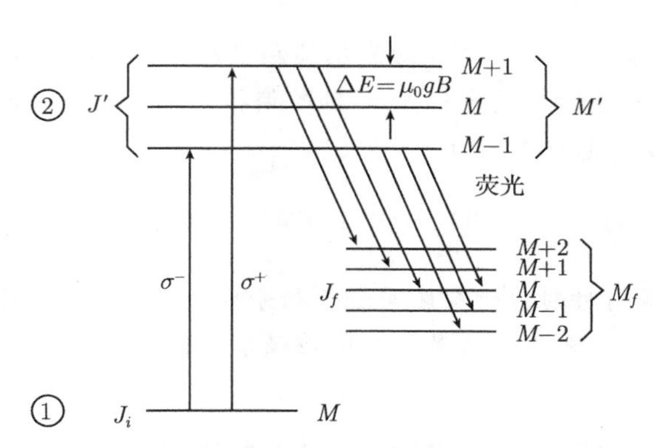

图 7.5 用沿着 y 方向偏振的线性光来对塞曼能级进行光学泵浦的能级结构示意图

两个被激发的塞曼能级都能够衰变到三个终态子能级上。两个不同的路径 $(J', M') \to (J_f, M_f)$ 叠加起来就产生了干涉效应[7.9]

而 y 方向偏振激发的结果是

$$|2\rangle_y = (-i/\sqrt{2})(a_{M+1}|M+1\rangle - a_{M-1}|M-1\rangle) \tag{7.13}$$

系数 a_M 正比于跃迁 $(J, M) \to (J', M')$ 的矩阵元。只要泵浦光的谱宽度大于能级劈裂，光学泵浦过程就产生了本征态 ($M' = M \pm 1$) 的相干叠加。激发态波函数的时间演化过程可以用依赖于时间的薛定谔方程描述

$$-\frac{\hbar}{i}\frac{\partial \psi_2}{\partial t} = H\psi_2 \tag{7.14}$$

其中，算符 H 具有本征值 $E_M = E_0 + \mu_0 g M_B$。用衰减常数 γ 将自发辐射过程半经典地包括进来 (第 2.7.5 节)，可以将式 (7.14) 的解写为

$$\psi_2(t) = \mathrm{e}^{-(\gamma/2)t}\exp(-\mathrm{i}Ht/\hbar)\psi_2(0) \tag{7.15}$$

其中，算符 $\exp(-\mathrm{i}Ht)$ 用它的幂级数展开式定义。由式 (7.12)~式 (7.15) 可以得到，对于 y 偏振的激发

$$\begin{aligned}
\psi_2(t) =& \frac{-i}{\sqrt{2}}\mathrm{e}^{-(\gamma/2)t}\exp(-\mathrm{i}Ht/\hbar)[a_{M+1}|M+1\rangle - a_{M-1}|M-1\rangle] \\
=& \frac{-i}{\sqrt{2}}\mathrm{e}^{-(\gamma/2)t}\mathrm{e}^{-\mathrm{i}(E_0+\mu_0 g M_B)t/\hbar} \\
&\cdot [a_{M+1}\mathrm{e}^{-\mathrm{i}\mu_0 gBt/\hbar}|M+1\rangle - a_{M-1}\mathrm{e}^{(\mathrm{i}\mu_0 gB)t/\hbar}|M-1\rangle] \\
=& \mathrm{e}^{-(\gamma/2)t}\mathrm{e}^{-\mathrm{i}(E_0+\mu_0 g MB)t/\hbar} \\
&\cdot [|\psi_2\rangle_x \sin(\mu_0 gBt/\hbar) + |\psi_2\rangle_y \cos(\mu_0 gBt/\hbar)]
\end{aligned} \tag{7.16}$$

上式表明，在外磁场 B 的作用下，激发态波函数从 $|\psi_2\rangle_x$ 连续地变到 $|\psi_2\rangle_y$，然后再变回来。利用一个透射光轴平行于 x 轴的偏振片测量荧光，只能探测到来自于 $|\psi_2\rangle_x$ 分量的光。该荧光的强度为

$$I(E_x, t) = C|\psi_2 x(t)|^2 = C\mathrm{e}^{-\gamma t}\sin^2(\mu_0 gBt/\hbar) \tag{7.17}$$

对 $t = -\infty$ 到 t_0 观测时刻的所有区间进行积分后可以得到，沿着 y 方向、在一个 x 方向的偏振片后面，测量的结果是洛伦兹强度线形 (式 (7.7))，线宽为 $\gamma = 1/\tau$ (图 7.2)

$$I_y(E_x) = \frac{C\tau I_0}{2}\frac{(2\mu_0 g\tau B/\hbar)^2}{1 + (2\mu_0 g\tau B/\hbar)^2} \tag{7.18}$$

它与经典结果式 (7.7) 完全相同。

7.1.3　实验装置

在激光发明之前，能级交叉光谱学就已经应用在原子物理学之中了[7.1,7.10~7.12]。然而，这些研究工作局限于那些可以被强的中空阴极灯或微波原子共振灯激发的原子共振跃迁上。只研究过非常少的分子，它们的分子跃迁碰巧等于某些原子共振谱线[7.6]。

利用可调谐激光器进行光学泵浦，甚至利用固定频率激光器的许多谱线之一进行光学泵浦，极大地提高了能级交叉光谱学在分子和复杂原子研究中的应用可能性。因为激光强度更大，所以激发态上的粒子数密度也大得多，信噪比也就更高。与两步式激发技术 (第 5.4 节) 结合起来，可以用来研究高指数里德伯能级的朗德因子和寿命。此外，激光也为这种技术引入了新的形式，如受激的能级交叉光谱学[7.13]。

使用激光的能级交叉光谱学在实验上有很多好处。与其他没有多普勒效应的技术相比，它的实验装置相对简单。既不需要单模激光器和稳频技术，也不需要准直分子束。可以用简单的蒸气盒进行实验，花费也不大。在许多情况下，不需要单色仪。因为激发过程的选择性非常好，可以避免同时激发不同的分子能级，从而避免了多个能级交叉信号的叠加。

当然，也有一些缺点。一个主要问题是，磁场改变了吸收线形。激光带宽必须足够大，才可以保证所有的塞曼分量都能够吸收辐射，而且不依赖于磁场强度 B。另一方面，激光带宽又不能太大，这样才能避免激发距离很近的不同跃迁。在分子能级交叉光谱学中，几个分子谱线通常会在多普勒宽度之内重叠，这一问题就更为严重。在这种情况下，必须选择一个中等程度的激光带宽，而且必须利用单色仪探测荧光，以便与其他跃迁区分开来。因为高转动量子数的分子能级的朗德因子小、

寿命短，所以汉勒信号需要很强的磁场，这就需要对光电倍增管进行仔细的磁屏蔽，避免光电倍增管的增益因子随着磁场强度而发生变化。

能级交叉信号可能只是与磁场无关的背景强度的百分之几。为了提高信噪比，可以调制磁场，或者转动探测器前的偏振片，用锁相方法进行测量。

因为总荧光强度与磁场无关，记录比值就可以消除可能与磁场有关的吸收效应。如果图 7.4 中的两个探测器 D_1 和 D_2 上的信号为 $S_1 = I_{\parallel}(B) \cdot f(B)$ 和 $S_2 = I_{\perp}(B) \cdot f(B)$，比值

$$R = \frac{S_1 - S_2}{S_1 + S_2} = \frac{I_{\parallel} - I_{\perp}}{I_{\parallel} + I_{\perp}}$$

就不依赖与磁场有关的吸收 $f(B)$[7.5]。

7.1.4 例子

已经用激光激发的能级交叉光谱学研究了许多原子和分子。截止到 1975 年的测量，可以在 Walther 的综述中[7.14] 查到；截止到 1990 年的测量，参见文献 [7.15]；截止到 1997 年的测量，参见文献 [7.16]。

已经用电和磁能级交叉光谱学详细地研究了碘分子。转动能级的超精细结构影响了能级交叉曲线的线形[7.17]。对不同超精细结构能级的所有汉勒曲线的非洛伦兹叠加进行计算机拟合，可以同时确定朗德因子 g 和寿命 τ[7.18]。因为不同的超精细结构能级的预分解速率不同，这些能级的有效寿命有着非常显著的差别。

在大分子中，因为不同电子态的近邻能级之间的相互影响，可以引起激发能级波函数的退相位，激发能级的相位相干时间可能会小于粒子数寿命。例如，在 NO_2 分子中，汉勒信号的宽度要比由独立的粒子寿命和朗德因子测量得到的期待值大一个数量级[7.19, 7.20]。可以这样来解释这一差别，即分子内的衰减时间 (退相位时间) 很短，但是辐射寿命要大得多[7.21]。

在外电场的作用下，被磁场劈裂的能级 $E_k(B)$ 可以在 $B \neq 0$ 处再次发生交叉。这种塞曼–斯塔克再交叉可以确定选择激发的转动能级的磁矩和电偶极矩。在微扰能级中，这些偶极矩可以发生变化，即使能级之间的能量差很小，不同能级的 g 数值也可能差别很大[7.22]。

外电场还可以阻止磁场引起能级交叉。在电场平行于磁场的时候，已经研究了 Li 原子里德伯态中的这种反交叉效应，其中，相邻主量子数 n 的斯塔克分量和塞曼分量相互重叠。实验结果给出了原子实效应和电子间耦合的信息[7.23, 7.24]。

用两束或三束激光进行分步式激发，可以研究原子和分子的高激发态和里德伯能级。这些技术可以测量高指数里德伯态的自然线宽、精细结构和超精细结构常数。绝大多数实验是在碱金属原子中进行的。例如，用倍频的脉冲式染料激光激发原子束中的 Li 原子，用场电离方法探测被激发的里德伯原子的能级交叉

信号[7.25]。

更新的实验例子是中性铜原子高激发能级的超精细结构的研究，给出了磁偶极矩和电四极矩的相互作用常数。实验结果可以与基于多构型哈特里–福克方法的理论计算结果[7.26] 进行比较。也可以用能级交叉技术测量寿命[7.27] 和量子态的多极点[7.28]。

7.1.5　受激的能级交叉光谱学

迄今为止，我们考虑的是用自发辐射检测能级交叉。能级交叉共振还可以表现为强单色光的吸收率的变化，将单色光的频率调节到分子跃迁能级上，而吸收能级在外电场的作用下与激光能量发生交叉。这种受激能级交叉光谱学的物理起源是饱和效应，可以用一个简单的例子来说明[7.13]。

考虑角动量为 $J=0$ 和 $J'=1$ 的两个能级 $|a\rangle$ 和 $|b\rangle$ 之间的分子跃迁过程 (图 7.6)。用 ω_+、ω_0 和 ω_- 描述 $\Delta M=+1,0,-1$ 的跃迁的中心频率，相应的矩阵元为 μ_+、μ_0 和 μ_-。在没有外磁场的时候，M 子能级是简并的，$\omega_+=\omega_-=\omega_0$。在没有外场的时候，沿着 y 方向偏振的单色光 $E=E_0\cos(\omega t-kx)$ 引发了 $\Delta M=0$ 的跃迁。根据式 (2.30)，激光光束的饱和吸收就是

$$\alpha_{\mathrm{s}}(\omega)=\frac{\alpha_0(\omega_0)}{\sqrt{1+S_0}}\mathrm{e}^{-[(\omega-\omega_0)/\Delta\omega_{\mathrm{D}}]^2} \tag{7.19}$$

其中，$\alpha_0=(N_a-N_b)|\mu|^2\omega/(\hbar\gamma^2)$ 是非饱和吸收系数，$S_0=E_0^2|\mu|^2/(\hbar^2\gamma_{\mathrm{s}})$ 是谱线中心处的饱和参数 (第 3.6 节)。沿 z 方向施加一个电场或磁场，简并能级就会劈裂，沿着 y 方向偏振的激光可以分解为 $\sigma^++\sigma^-$ 的成分 (第 7.1.4 节)，它可以诱发跃迁 $\Delta M=\pm1$ 。如果能级劈裂 $(\omega_+-\omega_-)\gg\gamma$ ，吸收系数就是两种贡献之和

$$\alpha_{\mathrm{s}}(\omega)=\frac{\alpha_0^+}{(1+S_0^+)^{1/2}}\mathrm{e}^{-[(\omega-\omega_+)/\Delta\omega_{\mathrm{D}}]^2}+\frac{\alpha_0^-}{(1+S_0^-)^{1/2}}\mathrm{e}^{-[(\omega-\omega_-)/\Delta\omega_{\mathrm{D}}]^2} \tag{7.20}$$

对于 $J=1\to0$ 的跃迁，$|\mu_+|^2=|\mu_-|^2=\frac{1}{2}|\mu_0|^2$。忽略吸收系数 $\alpha(\omega_+)$ 和 $\alpha(\omega_-)$ 之间的差别，$\omega_+-\omega_-\ll\Delta\omega_{\mathrm{D}}$，在 $\hbar(\omega_+-\omega_-)\gg\gamma$ 的时候，可以将式 (7.20) 近似为

$$\alpha_{\mathrm{s}}(\omega)=\frac{\alpha_0^0}{\left(1+\dfrac{1}{2}S_0\right)^{1/2}}\mathrm{e}^{-[(\omega-\omega_0)/\Delta\omega_{\mathrm{D}}]^2} \tag{7.21}$$

其中，$S_0^+\approx S_0^-=\dfrac{1}{2}S_0$ 和 $\alpha_0^0=\alpha_0^++\alpha_0^-$ ，它与式 (7.19) 在分母上相差一个因子 $\dfrac{1}{2}$。有场时和无场时 (即 $\omega^+=\omega^-$ 和 $\omega^+-\omega^->\gamma$ 这两种情况) 的吸收系数的差别为

$$\Delta\alpha(\omega)=\alpha_0^0\mathrm{e}^{-[(\omega-\omega_0)/\Delta\omega_{\mathrm{D}}]^2}\left(\frac{1}{\sqrt{1+\dfrac{1}{2}S^2}}-\frac{1}{\sqrt{1+S^2}}\right) \tag{7.22}$$

当 $S \ll 1$ 的时候，上式变为

$$\Delta\alpha(\omega) \approx \frac{1}{4} S^2 \alpha_0^0 \mathrm{e}^{-[(\omega-\omega_0)/\Delta\omega_\mathrm{D}]^2} \tag{7.23}$$

其中，饱和参数 $S(\omega)$ 具有洛伦兹线形，宽度为 γ (第 3.6 节)。

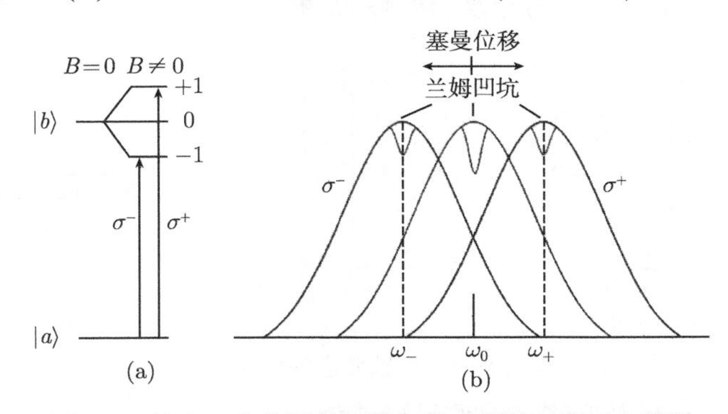

图 7.6 具有一个共同的下能级的受激能级交叉光谱学

(a) 能级结构示意图；(b) 在没有磁场和有磁场的时候，多普勒展宽的粒子数分布上的饱和烧孔

这就证明，能级劈裂对吸收的影响仅仅表现为饱和吸收，当 $S \to 0$ 的时候，它就消失了。变化磁场可以改变吸收频率。将激光频率保持在 ω_0，测量吸收系数 $\alpha_\mathrm{s}(\omega_0, B)$ 随着磁场 B 的变化关系，它在 $B = 0$ 处有极大值，透射的激光强度 $I_t(B)$ 相应地带有“兰姆凹坑”。虽然饱和效应可以影响能级交叉信号的谱线形状，在饱和很小的情况下，它实际上还是洛伦兹线形。与自发的能级交叉相比，受激能级交叉的优点是信噪比更大，还可以探测基态的能级交叉。

大多数受激能级交叉的实验利用了共振腔内吸收技术，因为它们增大了灵敏度 (第 1.2.2 节)。Luntz 和 Brewer[7.29] 证明，即使是分子 $^1\Sigma$ 基态中非常小的塞曼劈裂，也可以准确地测量出来。他们利用了单模氦氖激光器的 3.39μm 谱线，它与 CH_4 分子的 $^1\Sigma$ 基态上的振动转动跃迁相等。用外磁场调节 CH_4 跃迁的时候，激光会出现共振，说明发生了能级交叉。CH_4 分子的 $^1\Sigma$ 的转动磁矩的测量结果是 $0.36 \pm 0.07\mu\mathrm{N}$。此外，还用这种方法研究了 CH_4 分子的激发振动能级的斯塔克调制的能级交叉共振[7.30]。

已经对许多气体激光器的增益介质进行了受激能级交叉实验，当激光上能级或下能级的子能级彼此交叉的时候，激光跃迁的增益就会发生变化。例如，将整个增益管放在纵向磁场中，观察激光输出随着磁场的变化关系；观测 Xe 激光中的受激超精细能级交叉[7.31]，可以精确地得到超精细劈裂的数值；高精度地测量原子激光能级的朗德因子，Hermann 等在氖原子中得到 $g(^2P_4) = (1.300\,5 \pm 0.1)\%$[7.32]。$\lambda_1 = 632.8\mathrm{nm}$ 和 $\lambda_2 = 3.39\mu\mathrm{m}$ 处的两个氖原子跃迁具有相同的上能级 $3s_2$，利用它们已

经实现了双光子诱导能级交叉[7.33]，它依赖于拉曼型跃迁的光学–光学双共振模式(图 7.7)。上面使用的是氖原子能级的帕邢表示[7.34]。位于外磁场 B 中的氦氖激光器在两个跃迁上同时振荡。每个能级都劈裂为 $(2J+1)$ 个塞曼分量，其中，J 是总角动量量子数，它是原子实角动量和被激发的电子的角动量之和。利用 $2p_4$ 能级发出的 $\lambda=667.8\text{nm}$ 的荧光来检测汉勒信号 $S(B)$。

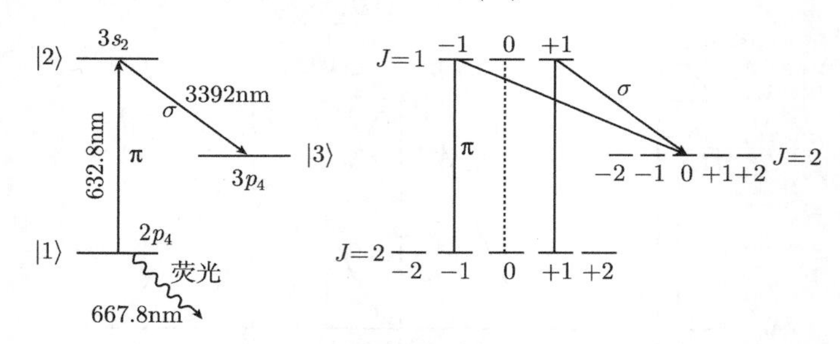

图 7.7　双光子受激汉勒效应的能级结构示意图

拉曼型跃迁选择性地泵浦了低能级 $|1\rangle$ 的子能级 $M=\pm1$

有一点需要注意。能级交叉信号的宽度 $\Delta B_{1/2}$ 反映的是两个交叉能级的平均宽度 $\gamma=\dfrac{1}{2}(\gamma_1+\gamma_2)$。如果这些能级的宽度小于光学跃迁过程的其他能级的宽度，能级交叉光谱学就具有更高的光谱分辨率，例如，在饱和光谱学中，极限线宽 $\gamma=\gamma_a+\gamma_b$ 决定于上能级和下能级的宽度之和。所有的连续激光跃迁的上能级的自发寿命总是比下能级长 (否则就不可能保持粒子数反转)，因此，上能级的能级交叉光谱学的谱精度就高于两个能级之间的荧光的自然线宽。电子基态中的能级交叉光谱学就更是如此，此时，自发寿命无限长，其他的展宽效应限制了分辨率，例如渡越时间展宽或激光的有限线宽[7.35]。

7.2　量子拍光谱

量子拍光谱不仅很好地验证了量子力学的基本原理，这种没有多普勒效应的光学技术在原子和分子光谱学中的作用也日益重要起来。通常使用的频域里的光谱给出的是原子和分子的稳态 $|k\rangle$ 的信息，它们是总哈密顿量的本征态

$$H\psi_k=E_k\psi_k \tag{7.24a}$$

激光脉冲足够短的时间分辨光谱表征的是非稳定态

$$|\psi(t)\rangle=\sum c_k|\psi_k\rangle\mathrm{e}^{-\mathrm{i}E_kt/\hbar} \tag{7.24b}$$

可以将它描述为稳态本征态的依赖于时间的相干叠加态。因为能量 E_k 不同，这个叠加态不再与时间无关。利用时间分辨光谱，可以从信号 $S(t)$ 得到 $|\psi(t)\rangle$ 的时间

依赖关系。这个信号 $S(t)$ 依赖于时间，它的傅里叶变换可以给出谱分量 $c_k|\psi_k\rangle$ 及其能量 E_k 的谱信息。以下各小节说明了这一点。

7.2.1 基本原理

在时刻 $t=0$，用一束短激光脉冲从共同的下能级 $|i\rangle$ 同时激发两个靠得很近的能级 $|1\rangle$ 和 $|2\rangle$，脉冲宽度为 $\Delta t<\hbar/(E_2-E_1)$ (图 7.8(a))，那么在 $t=0$ 的"相干叠加态 $|1\rangle+|2\rangle$"的波函数就是

$$\psi(t=0)=\sum_k c_k\psi_k(0)=c_1\psi_1(0)+c_2\psi_2(0) \tag{7.25a}$$

它是"没有被扰动的"能级 $|k\rangle$ 的波函数 $\psi_k(k=1,2)$ 的线性组合。能级 $|k\rangle$ 在 $t=0$ 时刻的占据几率是 $|c_k|^2$。如果占据数 N_k 以衰减常数 $\gamma_k=1/\tau_k$ 衰变到下能级 $|m\rangle$ 上，相干叠加态的与时间有关的波函数就是

$$\psi(t)=\sum_k c_k\psi_k(0)\mathrm{e}^{-(\mathrm{i}\omega_{km}+\gamma_k/2)t},\quad \omega_{km}=(E_k-E_m)/\hbar \tag{7.25b}$$

如果探测器测量两个能级 $|k\rangle$ 发出的总荧光，那么，与时间有关的信号 $S(t)$ 就是

$$S(t)\propto I(t)=C|\langle\psi_m|\boldsymbol{\epsilon}\cdot\boldsymbol{\mu}|\psi(t)\rangle|^2 \tag{7.26}$$

C 是一个依赖于实验构型的常数因子，$\boldsymbol{\mu}=e\cdot\boldsymbol{r}$ 是偶极算符，$\boldsymbol{\epsilon}$ 是发射光的偏振方向。如果两个能级的衰减常数相同，$\gamma_1=\gamma_2=\gamma$ ，将式 (7.25a) 代入式 (7.26)，可以得到

$$I(t)=C\mathrm{e}^{-\gamma t}(A+B\cos\omega_{21}t) \tag{7.27a}$$

其中，

$$\begin{aligned}A&=c_1^2|\langle\psi_m|\boldsymbol{\epsilon}\cdot\boldsymbol{\mu}|\psi_1\rangle|^2+c_2^2|\langle\psi_m|\boldsymbol{\epsilon}\cdot\boldsymbol{\mu}|\psi_2\rangle|^2\\B&=2c_1c_2|\langle\psi_m|\boldsymbol{\epsilon}\cdot\boldsymbol{\mu}|\psi_1\rangle|\cdot|\langle\psi_m|\boldsymbol{\epsilon}\cdot\boldsymbol{\mu}|\psi_2\rangle|\end{aligned} \tag{7.27b}$$

上式说明，在指数衰减的曲线 $\exp(-\gamma t)$ 上，叠加着一个频率为 $\omega_{21}=(E_2-E_1)/\hbar$ 的调制信号，后者依赖于两个相干激发能级的能量差 ΔE_{21}(图 7.8(b))。这种调制信号称为量子拍，它来自于两个相干激发能级的含时波函数的干涉。

量子拍的物理解释如下：

当分子再次发射一个光子之后，如果测量的是总荧光，那么就无法判断它是来自于跃迁 $1\to m$ 还是 $2\to m$。量子力学的一般性规律是，两个不可区分的过程的总几率振幅是两个相应振幅之和，而测量的信号是这个和的平方值。这种量子拍干

涉效应类似于杨氏双缝干涉实验。如果选择性地探测两个上能级之一所发出的荧光，量子拍就消失了。

对依赖于时间的信号 (式 (7.27)) 进行傅里叶分析可以得到没有多普勒效应的光谱 $I(\omega)$，从而得到两个能级 $|k\rangle$ 的能量差 ΔE 以及宽度 γ，即使 ΔE 小于探测荧光的多普勒宽度 (图 7.8(b))。因此，量子拍光谱可以达到没有多普勒效应的精度[7.36]。

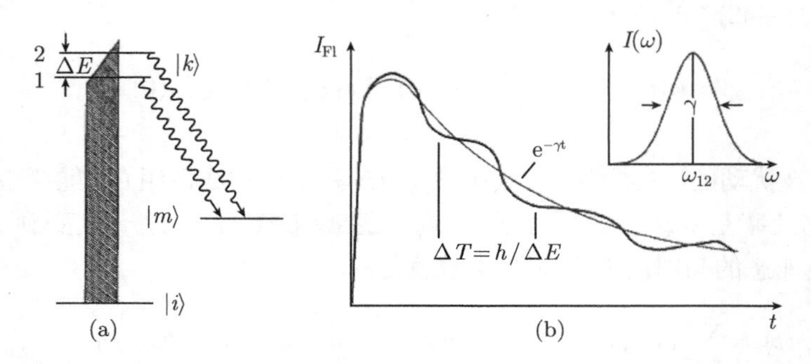

图 7.8　(a) 能级结构示意图：用一个短脉冲相干地激发能级 $|1\rangle$ 和 $|2\rangle$；(b) 两个相干激发能级的衰减荧光上的量子拍

插图：(b) 中曲线的傅里叶谱 $I(\omega)$，其中，$\omega_{12} = \Delta E/\hbar$

7.2.2　实验技术

实验通常使用脉冲激光器，例如脉冲染料激光器 (第 1 卷第 5.7 节) 或锁模激光器 (第 6.1 节)。探测系统的时间响应必须快得足以区分时间间隔 $\Delta t < \hbar/(E_2 - E_1)$。高速瞬态数字计或 boxcar 探测系统 (第 1 卷第 4.5 节) 满足这一要求。

激发快分子束中的原子、离子或分子，测量荧光强度随着到激发点的距离 z 的变化关系，时间分辨精度 $\Delta t = \Delta z/v$ 决定于粒子的速度 v 和荧光收集的空间分辨率 Δz[7.37]。在这种情况下，利用对强度积分的探测系统，可以测量物理量

$$I(z)\Delta z = \left[\int_{t=0}^{\infty} I(t,z)\mathrm{d}t\right]\Delta z$$

甚至可以用连续激光进行激发，因为相互作用时间很短，它是速度为 v 的分子穿过直径为 d 的激光束的时间 ($\Delta t = d/v$)，从而保证了相干激发两个能级所需要的带宽。

例 7.2

由 $d = 0.1\mathrm{cm}$ 和 $v = 10^8\mathrm{cm/s}$ 得到，$t \to 10^{-9}\mathrm{s}$。因此，可以相干地激发间距为 1000MHz 的两个能级。

图 7.9 给出了一个量子拍的例子，André等[7.37] 激发了 $^{137}\mathrm{Ba}^+$ 离子的 $6p\,^2P_{3/2}$

能级的三个超精细能级, 在荧光中测量得到了量子拍。激发光是一束与离子束垂直的可调谐的染料激光光束，或者是一束与离子束夹角为 θ 的固定频率的激光束，以倾角穿过离子束。在后一种情况下，因为吸收频率是 $\omega = \omega_{\mathrm{L}} - |k||v|\cos\theta$，可以实现离子跃迁的多普勒调谐。图 7.9 下方的谱线是量子拍的傅里叶变换谱，它给出了超精细结构跃迁，如能级结构示意图所示。

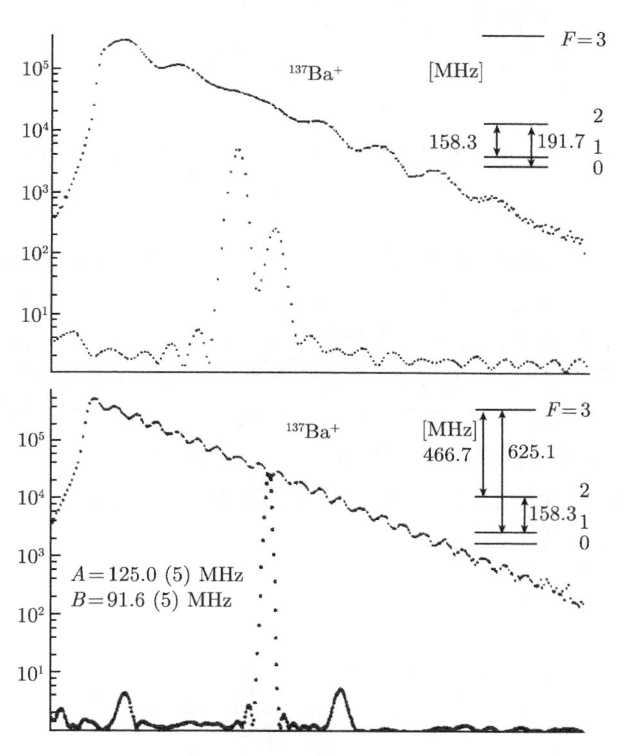

图 7.9 激发快离子束中 $\lambda = 455.4\mathrm{nm}$ 处的不同子能级组之后，在 $^{137}Ba^+$ 离子的荧光中观察到的量子拍及其相应的傅里叶变换谱。能级结构示意图给出了发光的上能级 $6p\,^2P_{3/2}$ 的超精细结构，标出了测量得到的拍频[7.37]

选择正确的角度 θ_i，可以选择性地激发 $6s\,^2S_{1/2}(F''=1) \rightarrow 6p\,^2P_{3/2}(F'=0,1,2)$ (图 7.9 中的上图) 或 $F''=2 \rightarrow F'=1,2,3$(下图)。

因为它的亚多普勒精度，量子拍光谱学也可以用来测量中性的原子和离子激发态的精细或超精细结构和兰姆位移[7.38]。

用脉冲激光相干地激发 $J=1$ 的原子能级的塞曼子能级 $|J, M=\pm1\rangle$，跃迁 $(J=1, M=+1 \rightarrow J=0)$ 的荧光振幅就和 $(J=1, M=-1 \rightarrow J=0)$ 相等。因此，可以观测到 100% 调制的荧光衰减的量子拍 (图 7.10)。

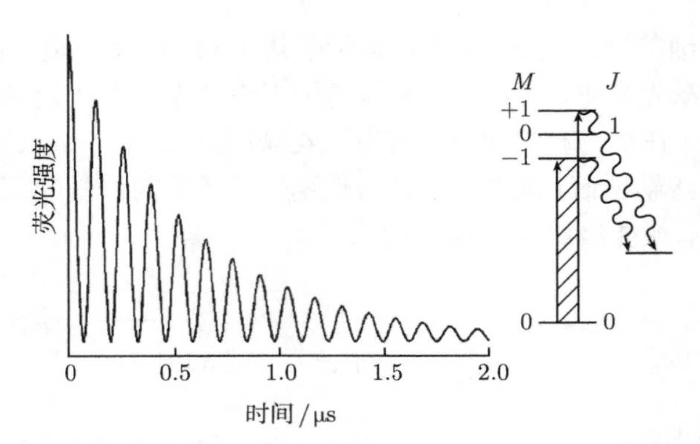

图 7.10　用 $\lambda = 555.6\text{nm}$ 的脉冲激发之后，在位于磁场中的 Yb 原子的荧光中可以观测到量子拍[7.39]

不仅可以在发光谱中观测到量子拍，让激光光束通过相干制备的吸收样品并测量它的透射强度，也可以在透射谱中观测到量子拍。Lange 等首次证明了这一方法[7.40, 7.41]。该方法基于的是时间分辨偏振光谱学 (第 2.4 节)，并且使用了第 6.4 节讨论的泵浦/探测技术。一束偏振泵浦光将两片相互垂直的偏振片之间的样品盒中的分子取向 (图 7.11)，与泵浦跃迁有关的能级发生了相干叠加。这样就产生了与时间有关的振荡跃迁偶极矩，振荡周期 $\Delta T = 1/\Delta\nu$ 决定于子能级的劈裂 $\Delta\nu$。当一束延迟时间 Δt 可变的探测脉冲通过样品的时候，它通过相互垂直的偏振片的透射率 $I_{\mathrm{T}}(\Delta t)$ 就表现出这种振荡。

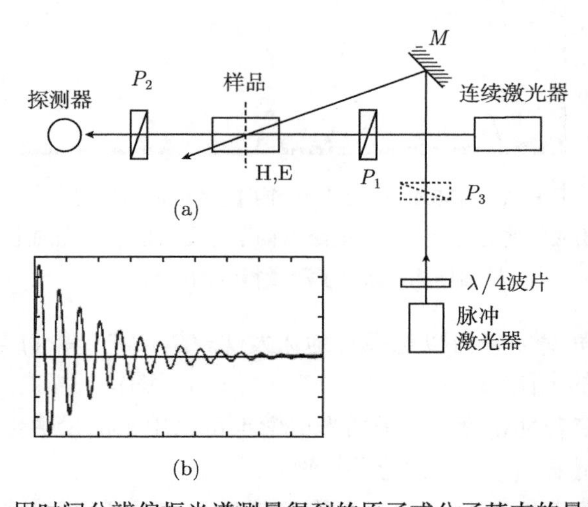

图 7.11　用时间分辨偏振光谱测量得到的原子或分子基态的量子拍光谱

(a) 实验装置；(b) Na $3\,^2S_{1/2}$ 基态的塞曼量子拍信号，用一个时间分辨精度为 100ns 的瞬态数字计测量 (单个泵浦脉冲，时间尺度为 1μs/div，磁场 $B = 1.63 \times 10^{-4}\text{T}$)[7.40]

这种时间分辨偏振光谱非常类似于偏振连续光谱，它的优点是没有背景信号，避免了在大背景上寻找小信号的困难。与偏振连续光谱不同的是，它并不需要窄带单频激光器，使用的是宽带激光光源，对于实验装置要求不太高。泵浦/探测技术的时间分辨精度并不受限于探测器 (第 6.4 节)。用锁模连续染料激光器，可以实现皮秒的时间精度[7.42]。

傅里叶变换谱的谱分辨精度不受激光带宽的限制，也不受吸收跃迁的多普勒宽度限制，它只受限于能级的均匀展宽宽度。由于碰撞过程和取向原子扩散到相互作用区之外，量子拍信号的振幅逐渐减小。如果扩散时间是限制因素，加入惰性气体可以减缓扩散，从而减小阻尼。这样就减小了傅里叶变换谱的谱线宽度，直到碰撞展宽占据主导地位。量子拍信号的衰减时间给出了相位弛豫时间 T_2[7.43]。

受激量子拍在发射谱或吸收谱上的根本差别如图 7.12 所示。图 7.12(a) 中的 V 型结构产生了激发态的相干性，可以在受激辐射中观测到。另一方面，图 7.12(b) 中的 Λ 型结构描述的是基态中的相干性，可以用吸收来检测[7.41]。

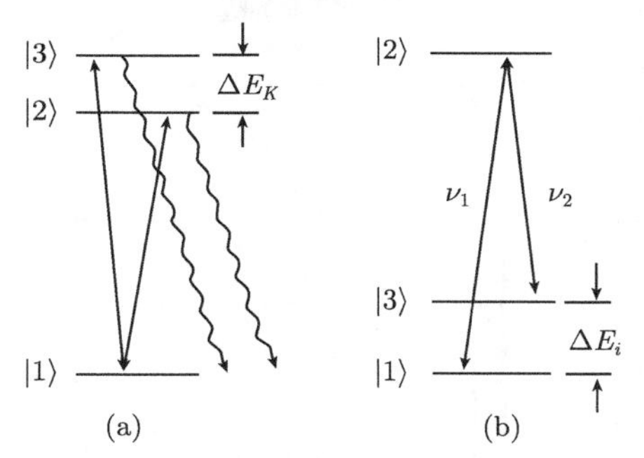

图 7.12 在原子系统的 (a) 激发态和 (b) 基态中制备相干性

这些相干性的时间演化过程对应样品的依赖于时间的响应率 $\chi(t)$，它可以影响探测脉冲的偏振特性，表现为探测脉冲的透射强度上的量子拍。

Leuchs 等报道了一种有趣的技术，用量子拍光谱学测量激发态原子能级的超精细劈裂[7.44]。在可变延迟的第二束激光引起的光电离产生的激发态上，用泵浦激光产生超精细结构子能级的相干叠加。测量光电子的角分布随着劈裂的变化关系，可以发现量子拍引起的周期性变化，反映出中间态的超精细结构劈裂。

7.2.3 分子量子拍光谱学

因为量子拍光谱学提供了没有多普勒限制的光谱分辨率，在分子物理学测量塞曼劈裂和斯塔克劈裂或激发分子的精细结构和微扰的研究中，它的作用越来越大。时间分辨测量的信号不仅给出了激发态的动力学和相位演变的信息，还可以确定磁偶极矩、电偶极矩和朗德 g 因子。

例如，Huber 等测量了多原子分子丙炔醛 HC≡CCHO 的超精细量子拍[7.45]。

为了简化吸收谱，减小吸收跃迁和其他较低能级之间的交叠，用超声膨胀技术将分子冷却 (第 4.2 节)。复杂量子拍结构的傅里叶分析结果 (图 7.13) 表明，好几个上能级被相干地激发了。在有外磁场和没有外磁场的情况下，用线偏振光和圆偏振光进行激发，可以分析这种复杂的构型，它们来自于激发态能级中单重态和三重态的混合[7.45, 7.46]。

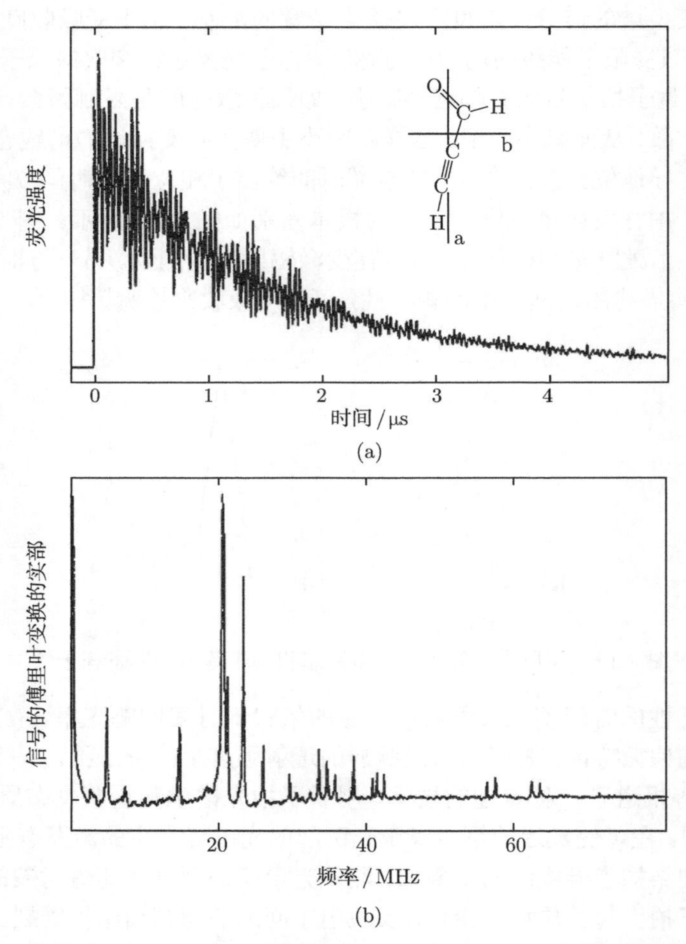

图 7.13　(a) 丙炔醛中至少 7 个相干激发能级的复杂量子拍；(b) 相应的傅里叶变换谱[7.45]

已经研究了其他许多分子，如 SO_2[7.48]、NO_2[7.49] 或 CS_2[7.50]。一个很好的例子显示了分子量子拍光谱学的威力，它确定了平面丙炔醛的无振动 S_1 态的激发态电偶极矩的大小和取向[7.51]。

关于量子拍光谱学的更多例子以及实验和理论细节，请参见一些综述 [7.36]、[7.46]、[7.52]，论文 [7.39]~[7.53]、[7.55] 和书籍 [7.54]。

7.3 受激拉曼绝热传递技术

缩写 STIRAP 表示受激拉曼绝热传递[7.56]。其原理如图 7.14 所示。用两束激

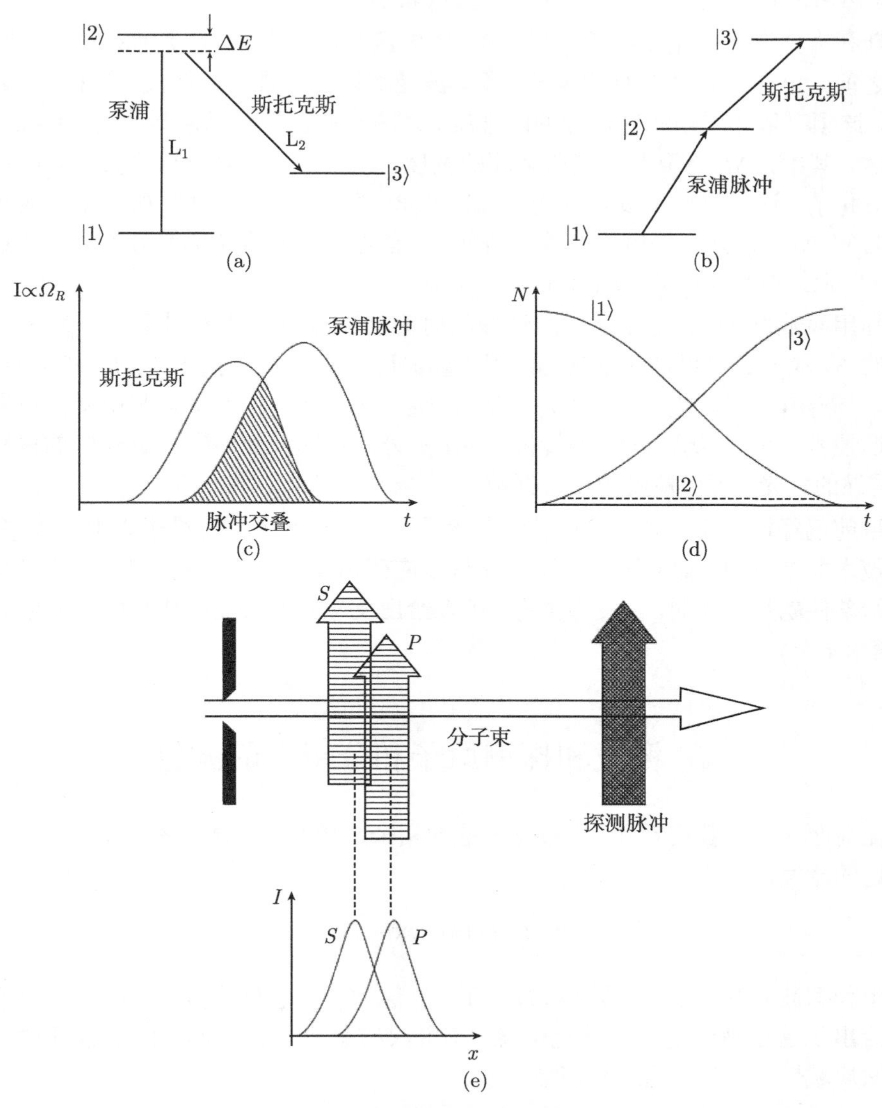

图 7.14 受激拉曼绝热传递

(a) Λ 能级构型；(b) 高能级的相干激发；(c) 泵浦脉冲和斯托克斯脉冲在空间上重叠；(d) 三个能级上的粒子数 $N(t)$；(e) 实验装置[7.56]

光脉冲照射待研究的分子，泵浦激光 L_1 和斯托克斯激光 L_2，它们产生了一个受激拉曼过程，将分子由能级 $|1\rangle$ 转移到能级 $|3\rangle$ (图 7.14(a))。泵浦激光的频率 ν_1 略微与共振跃迁 $|1\rangle \to |2\rangle$ 失谐，然而，差频 $\nu_1 - \nu_2$ 正好等于能量差 $E_3 - E_1$。两束脉冲的时间序列不同于通常的双共振过程，正好与直觉相反，先施加斯托克斯激光脉冲，然后才是泵浦激光。这种安排的优点如下。

斯托克斯激光产生了能级 $|2\rangle$ 和 $|3\rangle$ 的波函数的相干叠加。然而，在泵浦脉冲到达之前，$|2\rangle$ 和 $|3\rangle$ 并没有被粒子占据。波函数以拉比频率在能级 $|2\rangle$ 和 $|3\rangle$ 之间振荡，该频率依赖于斯托克斯脉冲的强度。泵浦脉冲在斯托克斯脉冲之后的 Δt 时刻到达，其中，Δt 小于斯托克斯脉冲的宽度，也就是说，两个脉冲仍然有所重叠 (图 7.14(c))。这就将分子设置到能级 $|2\rangle$ 和 $|3\rangle$ 的相干叠加态上。如果正确地选择延迟时间 Δt、失谐 $\Delta\nu$ 和两束激光的强度，能级 $|1\rangle$ 上的粒子就可以全部传递到能级 $|3\rangle$ 上，并不会占据能级 $|2\rangle$(图 7.14(d))。

利用泵浦脉冲–斯托克斯脉冲这样的时间序列进行受激发射泵浦，最多只有 50% 的 N_1 粒子数可以被转移到 $|3\rangle$ (因为能够达到的最大粒子数差别是 $N_2 - N_1 = 0 \to N_2 = N_1(0)/2$ 和 $N_3 - N_2 = 0 \to N_3 = N_2 = N_1(0)/2$)，但是，利用受激拉曼绝热传递技术，可以实现 100% 的转移。利用另外一束弱激光 (图 7.14(e) 中的探测激光) 诱导的荧光，可以检测粒子占据数 N_3。

目前已经检验了几种分子的传递效率[7.57]。对于产生特定量子态上分子来说，这种技术非常有用。如果这些分子是化学反应碰撞过程的反应物，那么，化学反应的初始条件就是已知的。改变占据态，可以给出反应几率对反应物初始态的依赖关系 (第 8.4 节)。

7.4　激发和探测原子和分子中的波包

在前面几节中我们看到，用激光短脉冲相干地激发几个本征态，可以产生一个非稳定的激发态

$$|\psi(t)\rangle = \sum c_k |\psi_k\rangle \exp(-\mathrm{i}E_k t/\hbar)$$

可以用稳态波函数 $|\psi_k\rangle$ 的线性组合表示它，这种叠加态称为波包。虽然量子拍光谱学给出了这个波包的时间演化信息，但并没有谈到波包 $|\psi(x,t)\rangle$ 所描述的系统的空间局域性。本节讨论这种局域性质。

我们将从原子里德伯态的波包谈起[7.58]，用持续时间为 τ 的激光短脉冲将自由原子由共同的低能级激发到高里德伯态上 (第 5.4 节)，就能够同时激发位于能量间隔 $\Delta E = \hbar/\tau$ 之内的所有能级。描述被激发的里德伯能级的相干叠加的总波

函数是稳态里德伯态的类氢波函数的线性组合

$$\psi(r,t)=\sum_{nlm}a_{nlm}R_{nl}(r)Y_{lm}(\theta)\exp(-\mathrm{i}E_nt/\hbar) \tag{7.28}$$

n 是里德伯态的主量子数，l 是角动量量子数，m 是磁量子数。这种叠加 (式 (7.28)) 表示一个局域的非稳态的波包。

依赖于制备的条件，可以形成不同类型的里德伯波包。

径向波包只是相对于径向电子坐标 r 是局域化的。它们是叠加的结果 (式 (7.28))，具有一些不同的 n 值，但只有几个 l 或 m 的数值。

另一方面，角向里德伯波包是不同的叠加结果 (式 (7.28))，它有许多不同的 l 和 m 值，但是只有一个确定的 n 值。

用一束持续时间为 τ 的激光短脉冲将原子从基态 $|i\rangle$ 激发到里德伯能级 $|nlm\rangle$ 上，其中，基态中的电子位于原子核附近几个玻尔半径的范围内，与径向里德伯波包的振荡周期相比，只要 $\tau \ll \hbar/(E_n-E_{n-1})$，激发过程就快得多。这种快速激发对应于图 7.15(a) 中势能图里的垂直跃迁。一个延迟的探测脉冲将里德伯电子转移到电离连续谱 (图 7.15(b))。光电离几率强烈地依赖于径向坐标 r。只有在靠近原子实的地方 (r 很小)，里德伯电子才能够吸收一个光子，因为它与原子核的耦合可以让它反冲从而有助于满足能量和角动量守恒。对于很大的 r，电子的运动类似于自由粒子，它吸收可见光光子的几率非常小。因此，探测光电子的数目随着泵浦和探测脉冲之间的延迟时间 Δt 的变化关系，就会看到，每当里德伯电子靠近原子核的时候，就会出现一个极大值，也就是说，Δt 是经典轨道平均时间的整数倍。钠的里德伯原子上的实验证明，光电离粒子数 $N_{\mathrm{PE}}(\Delta t)$ 具有这种振荡形式[7.59]。

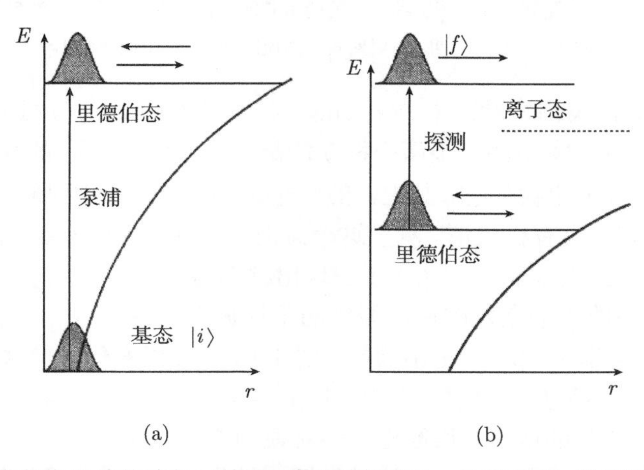

图 7.15　(a) 激发径向里德伯波包：利用一束泵浦短脉冲，从基态 $|i\rangle$ 激发到里德伯态的内折返点；(b) 检测径向里德伯波包：利用一束延迟的光电离探测脉冲[7.58]

第 6.4.4 节讨论过另一个例子，以飞秒时间精度研究分子振动的波包[6.177]。用窄带激光将分子激发到振动本征态，此时的稳态光谱学对应于许多振动周期的时间平均值，用短脉冲产生的非稳态波包包含了能量范围 $\Delta E = h/\tau$ 内的所有振动本征波函数。对于高振动能级，这些波包表示振动原子核的经典运动。如第 6.4.4 节所述，飞秒精度的泵浦/探测技术可以实时地观测振动波包的运动。I_2 分子的能级结构如图 7.16 所示。

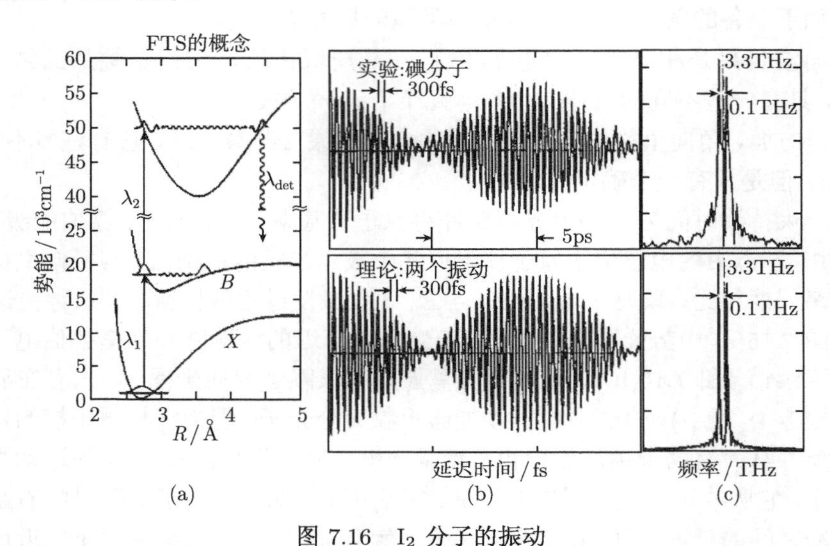

图 7.16 I_2 分子的振动

(a) 基态的势能曲线，泵浦激光产生了激发态 $^3\Pi_{ou}$，探测激光让粒子占据 I_2 更高的激发态。用探测激光诱导荧光来检测 I_2 分子在 $B^3\Pi_{ou}$ 态中的振动，用一个超位置振动能级 v' 中的几率 $P(R)$ 来描述；(b) 探测激光诱导荧光强度随着探测脉冲和泵浦脉冲之间的能量差的变化关系，它给出了波包的振荡。短周期给出了两个态的平均振动周期，长周期表示再现时间；(c) (b) 的傅里叶谱[7.62]

$\lambda_1 = 620\text{nm}$ 的泵浦短脉冲 ($\Delta T \approx 70\text{fs}$) 从 X-基态的 $v'' = 0$ 振动能级同时 (相干地) 激发了 $B^3\Pi_{ou}$ 态中的至少两个振动能级 v'。$\lambda_2 = 310\text{nm}$ 的探测脉冲将分子进一步激发到更高的里德伯态，其中，在内折返点处的几率达到最大值，因为此处的弗兰克–康登因子具有极大值。测量这个态的荧光随着泵浦和探测脉冲之间的延迟时间 Δt 的变化关系。信号 $I_{\text{Fl}}(\Delta t)$ 表现出频率为 $\nu = (\nu_1 + \nu_2)/2$ 的快速振荡，它等于 $B^3\Pi_{ou}$ 态的相干激发的振动能级的平均振动频率。因为 $^3\Pi_{ou}$ 势能的非简谐性，两个振动频率 ν_1 和 ν_2 是不同的。图 7.16 中缓慢变化的信号包络反映的是频率之差 $\nu_1 - \nu_2$。经过再现时间 $\Delta T = 1/(\nu_1 - \nu_2)$ 之后，两个相干激发的振动就再次“同相”。拍信号的傅里叶谱给出了绝对振动能量 E_{vib} 和两个相干激发的能级之间的能量差 ΔE_{vib} (图 7.16(c))。这就证明，利用这种“频闪观测”方法，可以观察分子的“实时”振动。更多的例子请参考文献 [7.60]~[7.64]。

7.5 光学脉冲序列的干涉光谱学

考虑一个原子的光学跃迁，它发生在单能级 $|i\rangle$ 和能级 $|k\rangle$ 之间，后者劈裂为两个子能级 $|k_1\rangle$ 和 $|k_2\rangle$ (图 7.8)。脉冲激光的脉冲持续时间为 $\tau < \hbar/\Delta E = \hbar/(E_{k1} - E_{k2})$，平均光学频率为 $\omega = (E_i - E_k)/\hbar$。用它照射这个原子，就会诱导出一个以频率 ω 振荡的偶极矩。阻尼振荡的包络表现出一个拍频为 $\Delta\omega = \Delta E/\hbar$ 的调制 (量子拍，第 7.2 节)。

用一个规则的脉冲序列而不是单个脉冲照射原子，脉冲的重复频率 f 满足 $\Delta\omega = q \cdot 2\pi f\ (q \in N)$，即激光脉冲总是与振荡偶极矩保持“同相”。在满足这种同步条件的时候，规则脉冲序列中的相继脉冲的贡献就会相干同相地相加，从而在样品中产生一个宏观振荡的电偶极矩，下一个脉冲补偿了相继脉冲之间的阻尼[7.65]。

锁模激光器规则脉冲序列的脉冲重复频率为 f，它在频域上的对应频谱包括载波频率 $\nu_0 = \omega/2\pi$ 和 $\nu_0 \pm qf\ (q \in N)$ 的侧带 (第 6.1.4 节)。分子样品的能级结构如图 7.12(b) 所示，用这种脉冲序列照射低能级上的子能级劈裂 $\Delta\nu = 2qf$，选择频率 ν_0 使得 $\nu_0 = (\nu_1 + \nu_2)/2$，分子跃迁的吸收频率 ν_1 和 ν_2 是 $\nu_{1,2} = \nu_0 \pm qf$。可以将它看作是两个拉曼过程的叠加：$|1\rangle \to |2\rangle \to |3\rangle$(斯托克斯过程) 和 $|3\rangle \to |2\rangle \to |1\rangle$(反斯托克斯过程)，其中，两个子能级 $|1\rangle$ 和 $|3\rangle$ 上的粒子数以频率 $\Delta\nu = \Delta E/h$ 发生周期性的变化。根据这个振荡频率，可以得到能级劈裂 ΔE，与两个光学频率 ν_1 和 ν_2 的差相比，它要精确得多。

实验装置如图 7.17 所示，它类似于时间分辨偏振光谱学的实验装置 (图 7.11)。脉冲序列来自于一台同步泵浦的锁模连续染料激光器。每个脉冲都被分光镜 BS 分

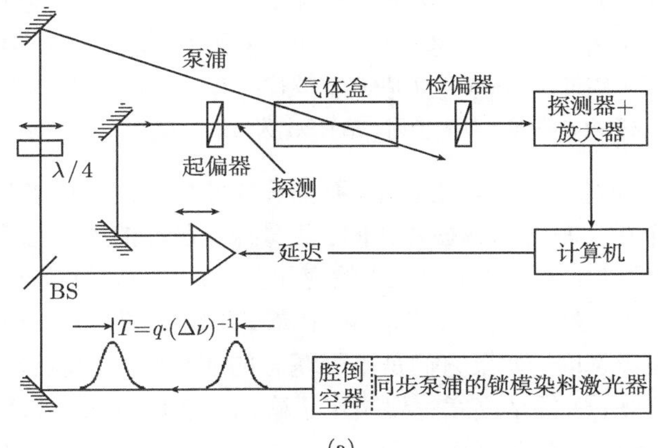

(a)

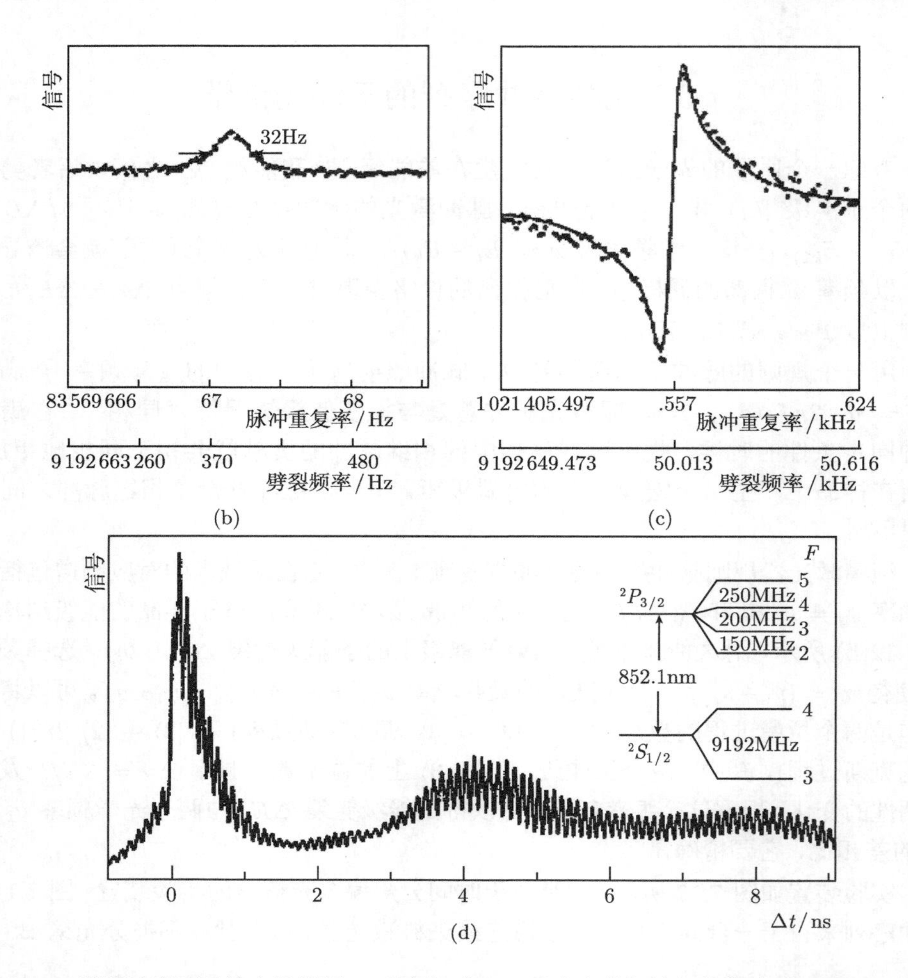

图 7.17　用脉冲序列干涉方法测量 Cs 原子 $7^2S_{1/2}$ 基态中的超精细结构劈裂。用重复速率 $f = \Delta\nu/q$ 的激光激发 $\lambda = 852.1\text{nm}$ 处的 D_2 谱线，$q = 110$

(a) 实验装置；(b) 探测脉冲的透射率随着 f 的变化关系；(c) 在一个受到调制的弱外磁场中，荧光强度 $I_{\text{Fl}}(f)$ 随着 f 的变化关系；(d) 在重复频率 f 固定的时候，荧光强度 $I_{\text{Fl}}(f)$ 随着劈裂 Δt 的变化关系[7.66]

出一部分，然后再通过一个光学延迟线。泵浦和探测脉冲同向或者反向地通过样品盒，后者位于两个相互垂直的偏振片之间。测量探测脉冲的透射强度或激光诱导荧光随着脉冲重复频率 f 和延迟时间 Δt 的变化关系。在共振情况下，$f = \Delta\nu/q$，信号 $S(f)$ 达到极大值 (图 7.17(d))。$S(f)$ 的半高宽决定于图 7.12(b) 中的能级 $|1\rangle$ 和 $|3\rangle$ 的均匀展宽能级宽度。如果它们是电子基态的超精细结构能级，自发寿命就非常长 (习题 3.2b)，$S(f)$ 的半高宽主要决定于碰撞展宽以及原子和激光的相互作用时间。加入惰性气体作为缓冲气，可以延长被泵浦的原子扩散出激光光束所需要

的时间，从而增大原子与激光的相互作用时间。如图 7.17(e) 所示，可以实现只有几赫兹的线宽。因为可以用数字计数器非常准确地得到重复频率，所以，这些信号 $S(f)$ 的中心频率的测量精度可以达到 1Hz 以下[7.66]。精度主要受限于信噪比和谱线形状 $S(f)$ 的不对称性。

利用这种方法对脉冲重复频率进行电子计数，就可以测量原子能级的劈裂！按照固定的重复频率 f 连续地改变探测脉冲的延迟时间 Δt ，振荡的原子偶极矩就可以通过时间依赖的探测脉冲透射率 $I_{\mathrm{T}}(\Delta t)$ 明显地表现出来，铯原子的结果如图 7.17(d) 所示。快速振荡对应于 $7\,^2S_{1/2}$ 基态的超精细结构，缓慢的衰减振荡对应于激发态的超精细结构 (透射率中的量子拍，第 7.2.2 节)。对这个量子拍信号进行傅里叶变换，可以得到 D_2 谱线的没有多普勒效应的吸收谱，它的上能级和下能级中带有超精细劈裂，还可以得到 $^2P_{3/2}$ 态的衰减时间。

7.6 光子回声

假定短脉冲激光将 N 个原子同时从下能级 $|1\rangle$ 激发到上能级 $|2\rangle$。跃迁 $|2\rangle \rightarrow |1\rangle$ 发射的总荧光强度由下式给出 (第 1 卷第 2.7.4 节)

$$I_{\mathrm{Fl}} = \sum_N \hbar\omega A_{21} = \frac{\omega^4}{3\pi\epsilon_0 c^3}\frac{g_1}{g_2}\left|\sum_N \langle D_{21}\rangle\right|^2 \tag{7.29}$$

其中，D_{21} 是跃迁 $|2\rangle \rightarrow |1\rangle$ 的偶极矩阵元，g_1 和 g_2 分别是能级 $|1\rangle$ 和 $|2\rangle$ 的权重因子，见第 1 卷式 (2.50) 和表 2.2。对所有 N 个原子进行求和。

如果非相干地激发原子，那么，N 个激发态原子的波函数之间就没有确定的相位关系。式 (7.29) 中的平方项产生的交叉项的平均值就等于零，在全同原子的情况下，可以得到

$$\left|\sum_N \langle D_{12}\rangle\right|^2 = \sum_N \left|\langle D_{12}\rangle\right|^2 = N|\langle D_{12}\rangle|^2 \rightarrow I_{\mathrm{Fl}}^{\mathrm{incoh}} = N\hbar\omega A_{21} \tag{7.30}$$

然而，在相干激发的时候，情况就发生了显著的变化，在激发时刻 $t=0$，N 个激发态原子的波函数之间具有确定的相位关系。如果所有 N 个原子激发态都是同相的，就可以得到

$$\left|\sum_N \langle D_{12}\rangle\right|^2 = |N\langle D_{12}\rangle|^2 \rightarrow I_{\mathrm{Fl}}^{\mathrm{coh}} = N^2|\langle D_{12}\rangle|^2 = N I_{\mathrm{Fl}}^{\mathrm{incoh}} \tag{7.31}$$

也就是说，$t \leqslant T_{\mathrm{c}}$ 时刻的荧光强度 $I_{\mathrm{Fl}}(t)$ 是非相干情况下荧光强度的 N 倍 (Dicke 超辐射)，此时，所有的激发原子仍然是同相地振荡[7.67]。

光子回声技术利用这种超辐射现象测量高分辨率光谱，从而得到粒子数和相位的衰减时间，分别用纵向和横向弛豫时间按 T_1 和 T_2 来表示 (式 (7.1))。这一技术类似于原子核磁共振 (NMR) 中的自旋回声技术[7.68]。将核磁共振区领域的一个简单模型移植到光学区域，可以理解光子回声技术的基本原理[7.69]。

对应于核磁共振光谱学中的磁化矢量 $\boldsymbol{M}=\{M_x,M_y,M_z\}$，在光学双能级系统中引入赝极化矢量

$$\boldsymbol{P}=\{P_x,P_y,P_3\},\quad P_3=D_{12}\Delta N \tag{7.32}$$

两个分量 P_x 和 P_y 是原子极化，第三个分量 P_3 是跃迁偶极矩 D_{12} 和粒子数密度差 $\Delta N=N_1-N_2$ 的乘积。在核磁共振中，布洛赫方程

$$\frac{\mathrm{d}\boldsymbol{M}}{\mathrm{d}t}=\boldsymbol{M}\times\boldsymbol{\Omega} \tag{7.33a}$$

描述了磁化 $\boldsymbol{M}$ 在频率为 $\boldsymbol{\Omega}$ 的射频磁场作用下的时间变化过程，从第 1 卷式 (2.80)~式 (2.85) 可以得到光学布洛赫方程

$$\frac{\mathrm{d}\boldsymbol{P}}{\mathrm{d}t}=\boldsymbol{P}\times\boldsymbol{\Omega}-\{P_x/T_2,P_y/T_2,P_3/T_1\} \tag{7.33b}$$

它描述了光场对赝极化矢量的影响。括号中包括了来自于相位弛豫和粒子数弛豫的衰减项，它们在式 (7.33a) 中被忽略了。矢量

$$\boldsymbol{\Omega}=\{(D_{12}/2\hbar),A_0,\Delta\omega\} \tag{7.34}$$

被称为光学章动。它的分量表示跃迁偶极 D_{12}、光场的振幅 A_0 以及原子共振频率 $\omega_{12}=(E_2-E_1/\hbar)$ 和光场频率 ω 之间的频率差 $\Delta\omega=\omega_{12}-\omega$。$\boldsymbol{P}$ 的时间演化描述了随时间变化的原子极化。在 $\{x,y,3\}$ 坐标系中，$\boldsymbol{P}$ 如图 7.18 所示，其中，轴 3 表示粒子数之差 $\Delta N=N_1-N_2$。对于 $t\leqslant 0$ 的时刻，所有原子都处于基态，它们是随机取向的。这意味着 $P_x=P_y=0$ 和 $\Delta N=N_1$。在 $t=0$ 时刻，一个光学脉冲将原子激发到能级 $|2\rangle$ 上。恰当地选择脉冲强度和脉冲持续时间 τ，可以在泵浦脉冲结束的时刻 $(t=\tau)$ 得到相等的粒子数 $N_1=N_2$，因此，$\Delta N(t=\tau)=0$。也就是说，发现系统处于能级 $|i\rangle$ 的几率 $|a_i|^2$ 由脉冲前的 $|a_1|^2=1$ 和 $|a_2|^2=0$ 变化为脉冲后的 $|a_1|^2=|a_2|^2=1/2$。它表明 $P_3(t=0)=0$，即赝极化矢量现在位于 x-y 平面。因为这个脉冲将几率振幅 $a_i(t)$ 的相位改变了 $\pi/2$，所以被称为 $\pi/2$ 脉冲 (第 1 卷第 2.7.6 节)。在 $t=\tau$ 时刻，所有的被诱导出来的原子偶极矩都以相同的相位振荡，从而引起宏观极化 $\boldsymbol{P}$，我们已经假定它指向 y 方向 (图 7.18(b))。

因为跃迁 $|1\rangle\to|2\rangle$ 具有有限的线宽 $\Delta\omega$(例如，气体样品中的多普勒宽度)，N 个偶极矩的原子跃迁的频率 $\omega_{12}=(E_1-E_2)/\hbar$ 分布在一定的间隔 $\Delta\omega$ 中。在 $t>\tau$ 时刻、$\pi/2$ 脉冲结束以后，N 个振荡偶极子的相位以不同的速度进行时间

演化。在 $t > T_2$ 以后，即大于相位弛豫时间 T_2 的时刻，相位又变成随机分布 (图 7.18(c), (d))。

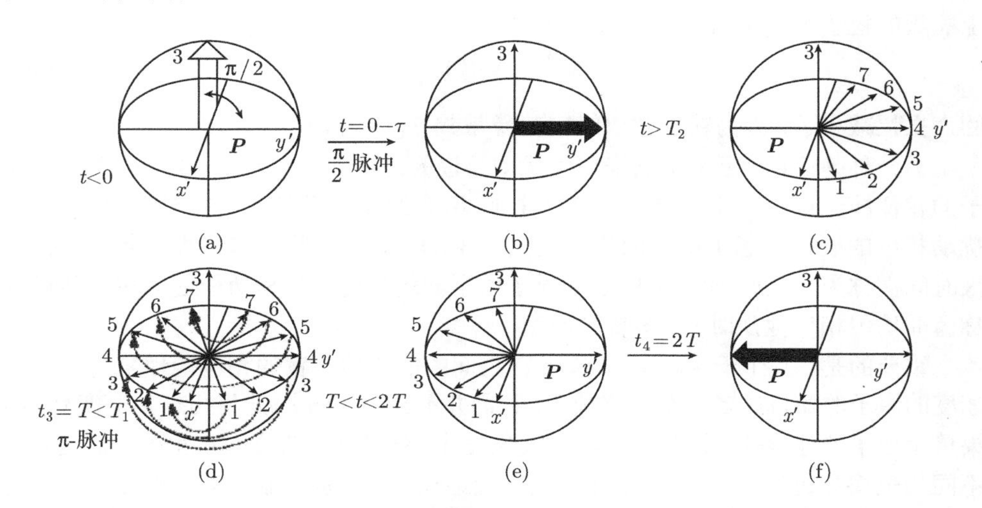

图 7.18 赝极化矢量的时间演化以及光子回声的产生，在 $t = 0$ 时刻施加一个 $\pi/2$ 脉冲，在 $t = T$ 时刻施加一个 π 脉冲，在 $t = 2T$ 时刻观测

如果第二束激光脉冲具有恰当的强度和持续时间，可以将诱导极化反号 (π 脉冲)，在 $t_3 = T < T_1$ 时刻，将它施加在样品上，就会逆转每个偶极子的相位演化过程 (图 7.18(d)-(f))。也就是说，经过一段时间 $t_4 = 2T$ 之后，所有的偶极子的相位又变得相等了 (图 7.18(f))。如上所述，这些激发态原子具有相同的相位，在 $t = 2T$ 时刻，它们发射出超辐射信号，即光子回声 (图 7.19)。

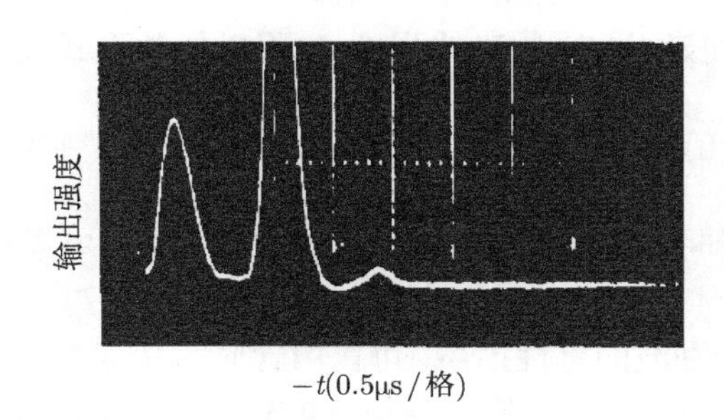

图 7.19 用两束 CO_2 激光脉冲激发 SF_6 分子，在示波器上观测到的 $\pi/2$ 脉冲、π 脉冲和光子回声的轨迹[7.71]

在理想情况下，光子回声的大小比非相干荧光 (在所有 $t > 0$ 时刻都发射) 大 $N_2(2T)$ 倍其中，$N_2(2T)$ 是 $t = 2T$ 时刻的激发态原子的粒子数密度。

然而，有两种弛豫过程可以阻止它们在回声时刻 $t = 2T$ 完全地返回初始态，即 $t = 0$ 第一个 $\pi/2$ 脉冲所制备的那个态。因为自发衰变或者是碰撞诱导的衰变，上能级的粒子数减小为

$$N_2(2T) = N_2(0)\mathrm{e}^{-2T/T_1} \tag{7.35}$$

回声振幅减小了，因为粒子数以纵向弛豫常数 T_1 衰减。

另一种弛豫通常更快，它来自于扰动相位的碰撞 (第 1 卷第 3.3 节)，改变了原子的相位演化过程，因此，在 $t = 2T$ 时刻，所有的原子不能够完全同相。因为这种扰动相位的碰撞引起了谱线的均匀展宽 (第 3.5 节)，这些碰撞过程引起的相位弛豫时间被称为 T_2^{hom}，而气体中运动原子的不同的多普勒位移所引起的相位弛豫被称为非均匀相位弛豫时间 (多普勒展宽)。

重要的是，发生于 $t = 0$ 和 $t = 2T$ 之间的非均匀展宽的相位弛豫来自于不同速度的原子的随机的多普勒位移频率，它们并不会阻止 π 脉冲将初态完全恢复。如果单个原子的速度在 $2T$ 时间内没有发生变化，每个原子在 $t = 0$ 和 $t = T$ 之间的不同相位演化过程就会被 π 脉冲完全精确地反转。也就是说，即使存在非均匀的谱线展宽，利用光子回声方法也可以测量均匀展宽弛豫过程 (即谱线展宽中的均匀展宽部分)。因此，这种技术可以得到没有多普勒效应的光谱。

当然，第一个脉冲产生相干态的过程必须快于这些均匀展宽弛豫过程。也就是说，激光脉冲必须足够强。从式 (2.93) 可以得到激光场振幅 E_0 和跃迁矩阵元 D_{12} 的乘积所满足的条件

$$D_{12}E_0 > \pi\hbar(1/T_1 + 1/T_2^{\mathrm{hom}}) \tag{7.36}$$

典型的弛豫时间为 $10^{-6} \sim 10^{-9}$s，条件式 (7.36) 要求功率密度位于 kW/cm^2 到 MW/cm^2 的范围内，这可以用脉冲或锁模激光实现。增大第一束 $\pi/2$ 脉冲和第二束 π 脉冲之间的时间延迟 T，回声的强度 I_{e} 将以指数形式衰减

$$I_{\mathrm{e}}(2T) = I_{\mathrm{e}}(0)\exp(-2T/T^{\mathrm{hom}}), \quad 1/T^{\mathrm{hom}} = (1/T_1 + 1/T_2^{\mathrm{hom}}) \tag{7.37}$$

根据 $I_{\mathrm{e}}(2T)$ 的对数随着延迟时间 T 的变化关系的斜率，可以得到均匀展宽的弛豫时间。

上面给出了光子回波的定性描述，可以用含时微扰理论更为定量地描述它。我们大致给出基本的想法，可以用第 1 卷第 2.9 节中的方法理解。至于更为仔细的处理方法，请参考文献 [7.69]。

可以用含时波函数 (式 (2.58)) 表示双能级系统

$$\psi(t) = \sum_{n=1}^{2} a_n(t)u_n\mathrm{e}^{-E_n t/\hbar} \tag{7.38}$$

在第一束光脉冲到来之前，系统处于下能级 $|1\rangle$，即 $|a_1| = 1$，$|a_2| = 0$。谐振微扰

$$V = -D_{12}E_0 \cos \omega t, \quad \hbar\omega = E_2 - E_1 \tag{7.39}$$

产生了一个线性叠加

$$\psi(t) = \cos\left(\frac{D_{12}E_0}{2\hbar}t\right) u_1 \mathrm{e}^{-\mathrm{i}E_1 t/\hbar} + \sin\left(\frac{D_{12}E_0}{2\hbar}t\right) u_2 \mathrm{e}^{-\mathrm{i}E_2 t/\hbar} \tag{7.40}$$

如果这个微扰包含一个延续时间为 τ 的短的强脉冲，满足

$$(D_{12}E_0/\hbar)\tau = \pi/2 \tag{7.41}$$

由于 $\cos(\pi/4) = \sin(\pi/4) = 1/\sqrt{2}$，总的波函数变为

$$\psi(t) = \frac{1}{\sqrt{2}}\left(u_1 \mathrm{e}^{-\mathrm{i}E_1 t/\hbar} + u_2 \mathrm{e}^{-\mathrm{i}E_2 t/\hbar}\right) \tag{7.42}$$

经过时间 T 之后，相位演化为 $E_n T/\hbar$。如果施加第二束 π 脉冲，$|(D_{12}E_0/\hbar)|\tau = \pi$，上能级和下能级的波函数正好交换了，在时刻 $t = T$

$$\begin{aligned} &\mathrm{e}^{-\mathrm{i}E_1 T/\hbar} u_1 \to \mathrm{e}^{-\mathrm{i}E_1 T/\hbar} u_2 \mathrm{e}^{-\mathrm{i}E_2(t-T)/\hbar} \\ &\mathrm{e}^{-\mathrm{i}E_2 T/\hbar} u_2 \to \mathrm{e}^{-\mathrm{i}E_2 T/\hbar} u_1 \mathrm{e}^{-\mathrm{i}E_1(t-T)/\hbar} \end{aligned} \tag{7.43}$$

因此，总的波函数就变为

$$\psi(t, T) = \frac{1}{\sqrt{2}}\left(u_2 \mathrm{e}^{-\mathrm{i}\omega_k(t-2T)/2} - u_1 \mathrm{e}^{+\mathrm{i}\omega_k(t-2T)/2}\right) \tag{7.44}$$

每个原子的电偶极矩为

$$D_{12} = \langle\psi^*|e\boldsymbol{r}|\psi\rangle = -\langle u_2^*|e\boldsymbol{r}|u_1\rangle \mathrm{e}^{-\mathrm{i}\omega_k(t-2T)} \tag{7.45}$$

如果不同原子的吸收频率 $\omega = (E_2 - E_1)/\hbar$ 略有不同 (例如，因为气体中的速度不同)，当 $t \neq 2T$ 的时候，不同原子的相因子就不同，宏观的荧光强度就是所有原子贡献的非相干叠加 (式 (7.30))。然而，当 $t = 2T$ 的时候，所有原子的相因子都等于零，也就是说，所有原子的电偶极矩都是同相位的，这样就可以观测到超辐射。

利用延时可变的两束红宝石激光脉冲，首先在红宝石晶体中观测到了光子回声[7.70]。这种技术在气体中的最早应用是：将 CO_2 激光脉冲照射到 SF_6 样品上，通过测量回声振幅随着时间延迟的衰减，得到了碰撞诱导的均匀展宽弛豫时间 T_2^{hom}。图 7.19 给出了示波器上测量得到的 π/2 脉冲和 π 脉冲的轨迹，压强为 0.01mb 的 SF_6 样品盒给出的回声信号是幅度很小的第三个脉冲[7.71]。

当跃迁偶极矩阵元 D_{12} 足够大的时候，如果能够在很短的时间间隔内将分子调节得与激光频率共振，那么，使用连续激光器也可以观测到光子回声。有两种可能的实验方法: 第一种方法使用激光共振腔内的电光脉冲调制器，可以在很短的时间间隔 τ 内将激光频率 $\omega \neq \omega_{12}$ 改变为与分子共振的频率 $(\omega = \omega_{12})$；第二种方法用一个脉冲电场来改变分子的吸收频率 ω_{12}，使之与固定不变的激光频率 ω_L 共振 (斯塔克位移)。一种实验装置如图 7.20 所示[7.72]，它使用了一台稳定的可调谐连续染料激光器，利用小电压脉冲序列驱动的磷酸二氢铵 (ADP) 晶体来改变频率。它可以改变折射率 n，从而改变端镜间距为 d 的共振腔中的激光波长 $\lambda = c/(2nd)$。

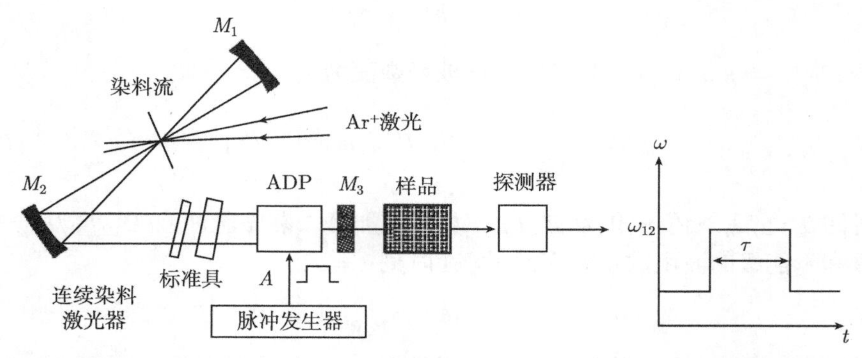

图 7.20 改变激光频率的仪器，用来观测光子回声和相干光瞬态。共振腔内的 ADP 晶体的取向使得它可以在施加电压的时候改变折射率 n 和激光频率，但不会改变激光光束的偏振特性

斯塔克开关技术如图 7.21 所示，它可以应用于斯塔克位移足够大的分子[7.72]。对于多普勒展宽的吸收谱线，频率固定不变的激光首先激发速度为 v_z 的分子。斯

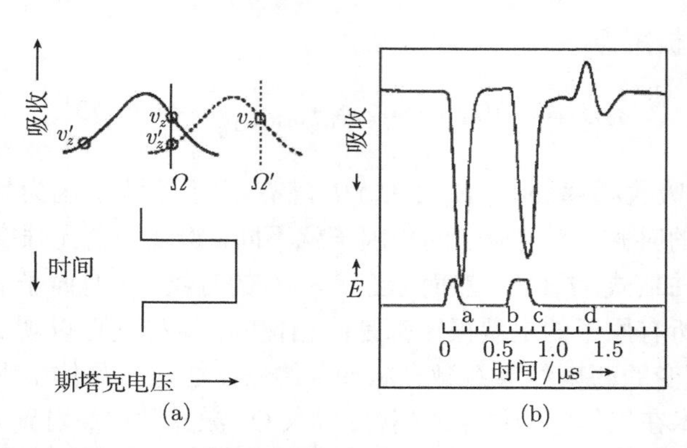

图 7.21 (a) 斯塔克开关技术，用于多普勒展宽的分子跃迁；(b) $^{13}CH_3F$ 分子的振动–转动跃迁的红外光子回声，下方的两个斯塔克脉冲让分子两次与连续 CO_2 激光发生共振，第三个脉冲是光子回声[7.72]

塔克脉冲突然将分子吸收线形由实线变为虚线，使得速度为 v_z 的分子与激光频率 Ω 发生共振。假定分子本征频率的斯塔克位移大于均匀展宽线宽，但是小于多普勒宽度。经过两个斯塔克脉冲之后，速度为 v_z 的分子发射出回波，如图 7.21(b) 所示，60V/cm 斯塔克脉冲使得 CH_3F 分子两次与连续 CO_2 激光发生共振[7.73]。关于光子回波的更为仔细的讨论，请参考文献 [7.69]，[7.74]~[7.76]。

7.7 光学章动和自由感应衰减

如果施加在样品分子上的激光脉冲的持续时间足够长、强度足够大，就会驱动分子 (用一个双能级系统来表示) 以拉比翻转频率在两个能级之间来回运动 (第 1 卷式 (2.96))。几率振幅 $a_1(t)$ 和 $a_2(t)$ 是时间的周期函数，如第 1 卷图 2.23 所示。因为激光光束被交替地吸收 (受激吸收 $E_1 \to E_2$) 和放大 (受激发射 $E_2 \to E_1$)，透射光的强度就表现出振荡。由于弛豫效应，这种振荡是衰减的，透射强度最终达到稳态值，它取决于受激跃迁与弛豫跃迁的比值。根据第 1 卷式 (2.96)，翻转频率依赖于激光强度，还依赖于分子本征频率 ω_{12} 与激光频率 ω 之间的失谐 $(\omega_{12}-\omega)$。改变激光频率 ω (图 7.20) 或对分子本征频率 ω_{12} 进行斯塔克调节，可以改变这种失谐 (图 7.21)。

气体样品具有多普勒展宽的跃迁[7.76]，可以用脉冲电场改变分子能级。分子本征频率的斯塔克位移大于均匀展宽线宽，但是小于多普勒宽度 (图 7.21(a))。在斯塔克脉冲到来之前的稳态吸收过程中，单模连续激光只激发了速度分量 v_{z1} 附近很窄范围内的分子，它们的速度分布是多普勒线形。突然施加的斯塔克场改变了这群分子的跃迁频率 ω_{12}，使之不再与激光场共振，而与速度为 v_{z2} 的另一群分子共振了。在斯塔克脉冲结束的时候，第一群分子又共振了。现在可以有两种不同的情况：

(1) 用两个斯塔克脉冲进行光学激发，它们分别是 $\pi/2$ 和 π 脉冲。这就产生了光子回声 (图 7.21(b))。

(2) 脉冲长于拉比振荡周期。在激发开始的时候，每群分子都以拉比频率 $\Omega = D_{12}E_0/\hbar$ 开始阻尼振荡，图 7.22 中给出光学章动曲线。斯塔克脉冲在 $t=\tau$ 时刻停止，初始速度群重新共振起来，产生了图 7.22(a) 中的第二个章动曲线。

这种延迟章动的振幅 $A(t)$ 依赖于斯塔克脉冲结束时刻 τ 的第一个小组 v_{z1} 中的粒子数。这个粒子数在 $t=0$ 时刻之前被部分饱和了，但是，时间 τ 内的碰撞过程对它进行了再填充。Berman 等[7.77] 证明，

$$A(\tau) \propto N_1(\tau) - N_2(\tau) = \Delta N_0 + [\Delta N_0 - \Delta N(0)]\mathrm{e}^{-\tau/T_1} \tag{7.46}$$

其中，ΔN_0 是没有光的时候的非饱和粒子数差别，$\Delta N(0)$ 是 $t=0$ 时刻的饱和粒子数差别，$\Delta N(\tau)$ 是 $t=\tau$ 时刻被部分地再填充之后的饱和粒子数差别。$A(\tau)$ 对

斯塔克脉冲长度 τ 的依赖关系给出了填充下能级、消耗上能级的弛豫时间 T_1。

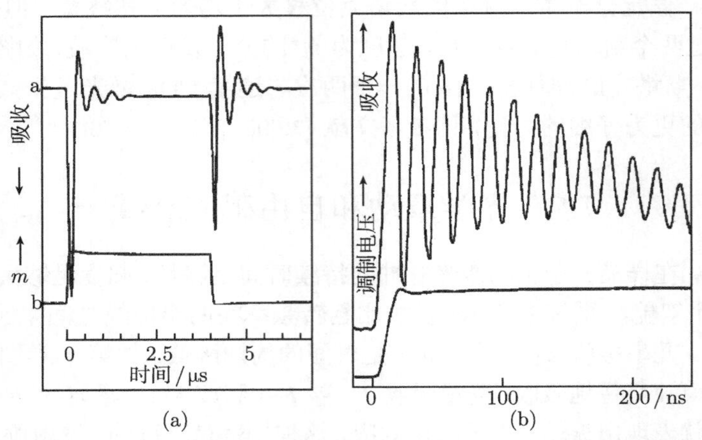

图 7.22　(a) $^{13}CH_3F$ 中的光学章动，用 $\lambda = 9.7\mu m$ 的 CO_2 激光激发。出现拉比振荡的原因是斯塔克脉冲 (下方曲线) 比图 7.21 中的脉冲长; (b) I_2 蒸气中的光学自由感应衰减，用 $\lambda = 589.6nm$ 的连续染料激光共振激发。在 $t = 0$ 时刻，用图 7.20 所示的装置改变激光的频率 $\Delta\omega = 54MHz$ 使之不再与 I_2 跃迁共振。缓慢变化的包络来自于速度群 $v_z = (\omega - \omega_0)/k$ 中的分子的光学章动的叠加，它们现在与激光频率 ω 共振

注意: (a) 和 (b) 中的时间尺度是不同的[6.74]

激光脉冲结束之后，相干制备的分子系统的诱导偶极矩就会以频率 ω_{12} 进行阻尼振荡，它的阻尼取决于所有影响振荡偶极子相位的弛豫过程之和 (自发辐射、碰撞等)。

可以用拍频技术来测量这种光学感应的自由衰减，在 $t = 0$ 时刻，连续激光的频率 ω 由 $\omega = \omega_{12}$ 变为 $\omega' \neq \omega_{12}$，不再与分子共振。相干制备的分子在 ω_{12} 处发射的衰减波与 ω' 的光叠加起来，在差频 $\Delta\omega = \omega_{12} - \omega'$ 处产生拍频信号，探测的就是差频[7.73]。如果 $\Delta\omega$ 小于多普勒宽度，ω' 处的激光就会与分子的其他速度群发生相互作用，从而产生光学章动，它与自由感应衰减叠加，这也是图 7.22(b) 中包络缓慢变化的原因。

这些实验给出了激发态分子的极化信息 (从振荡的振幅得到)，横向相位弛豫时间 T_2 (它依赖于扰动相位的碰撞截面，第 1 卷第 3.3 节)，以及粒子数弛豫时间 T_1。更多的细节，请参考文献 [7.75]，[7.77]。

7.8　外差光谱学

外差光谱学使用了频率为 ω_1 和 ω_2 ($\Delta\omega = \omega_1 - \omega_2 \ll \omega_1, \omega_2$) 的两束连续激光，这两束激光被稳定在两个分子跃迁上，它们具有一个公共能级 (图 7.23)。测

量这两个激光的差频，立刻就可以得到分子能级 $|1\rangle$ 和 $|2\rangle$ 之间的能级劈裂 $\Delta E = E_1 - E_2 = \hbar\Delta\omega$。

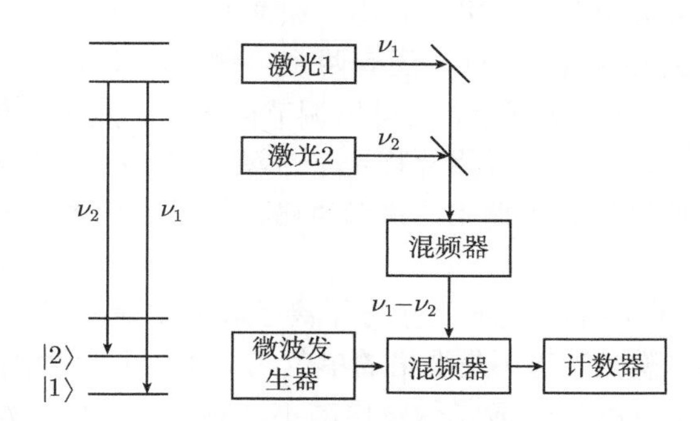

图 7.23 稳定在两个分子跃迁上的两束激光的外差光谱。非线性晶体产生的差频，可以直接测量，也可以将它与微波进行混频、实现下转换

当差频足够小的时候 ($\Delta\nu = \Delta\omega/2\pi \leqslant 10^9\text{Hz}$)，可以用高速光二极管或光电倍增管来测量 $\Delta\omega$。两束激光光束在探测器的光敏面上叠加起来。在探测器的时间常数 τ 上进行平均以后，光电探测器的输出信号 S 正比于入射强度。当 $\Delta\omega \ll 2\pi/\tau \ll \omega = (\omega_1 + \omega_2)/2$ 的时候，时间平均后的输出信号为

$$\langle S\rangle \propto \langle(E_1\cos\omega_1 t + E_2\cos\omega_2 t)^2\rangle = \frac{1}{2}(E_1^2 + E_2^2) + E_1E_2\cos(\omega_1 - \omega_2)t \tag{7.47}$$

除了常数项 $(E_1^2 + E_2^2)/2$ 之外，它还包括差频 $\Delta\omega$ 的交流项。高速电子计数器可以直接计数高达 $\Delta\nu \approx 10^9\text{Hz}$ 的频率。对于更高的频率，需要使用混频技术。将叠加后的两束激光聚焦到一个非线性晶体上，就会产生差频 $\Delta\omega = \omega_1 - \omega_2$ (第 5.8 节)。然后，在一个肖特基二极管或点接触 MIM 二极管中，将晶体的输出与微波 ω_{MW} 进行混频 (第 1 卷第 4.5.2c 节和第 5.8.5 节)。恰当地选择 ω_{MW}，可以让差频 $\Delta\omega - \omega_{\text{MW}}$ 位于频率范围 $< 10^9\text{Hz}$ 之内，这样就可以直接计数了。通常可以在同一个器件中对两束激光和微波进行混频[7.78]。

随着线宽的减小，将两束激光稳定在分子跃迁上的精度也随之增加。因此，饱和光谱学 (第 2.2 节) 测量的多普勒展宽的分子跃迁上的窄兰姆凹坑就非常适用[7.79]。Bridges 和 Chang 证明了这一点[7.80]，他们将两束 CO_2 激光稳定在振动跃迁的两个不同的转动谱线的兰姆凹坑上，即 10.4μm 处的跃迁 $(00^\circ1) \to (10^\circ0)$ 和 9.4μm 处的 $(00^\circ1) \to (02^\circ0)$ 。将两束激光叠加后的光束聚焦在 GaAs 晶体上，从而产生差频。

利用准直分子束中缩减的多普勒宽度 (第 4.1 节)，Ezekiel 等[7.81] 精确地测量了外差光谱。两束氩激光与 I_2 分子准直束垂直交叉。利用激光诱导荧光，将激光

稳定在可见光转动跃迁的两个超精细结构分量的中心位置上。这两束激光的差频就给出了超精细结构劈裂。

除了使用两束激光以外，也可以利用一束激光，用可变的频率 f 对它的振幅进行调制。除了载波频率 ν_0 之外，还有两个可调节的侧带 $\nu_0 \pm f$。如果将载波频率 ν_0 稳定在选好的分子谱线上，就可以调节侧带使之越过其他的分子跃迁 (侧带光谱学)[7.82, 7.83]。这种实验只需要稳定一台激光器，所以开支比较小，采用比较小的射频功率就可以让声光调制器调节侧带。然而，差频 $\Delta\omega$ 受限于调制频率 $(\Delta\omega \leqslant 2\pi f_{\max})$。

利用这种技术，已经成功地研究了分子离子和短寿命的自由基[7.84~7.85]。

即使被稳定的单模激光也不是严格的单色光，因为频率和相位涨落，它具有有限的谱宽 (第 1 卷第 5.6 节)，激光带宽内的不同频率分量可以发生干涉并产生拍频信号 $S(\nu - \nu_0)$，也可以用频谱分析仪监视它。这样就能够以非常高的精度确定激光谱线线形[7.86]。

7.9 关联光谱学

关联光谱学基于的是光电探测器输出的频谱 $S(\omega)$ 与入射光强度的频谱 $I(\omega)$ 之间的关联。这个光可以直接来自于激光，也可以是被运动粒子散射的光，如分子、灰尘或微生物 (零差光谱学)。在许多情况下，激光和散射光叠加在光电探测器上，探测的是相干叠加的量子拍的光谱 (外差光谱学)[7.87, 7.88]。

通常测量脉冲激光或连续激光激发的分子的荧光之间的关联，因为它们可以提供分子动力学过程的信息。荧光关联动力学这个分支发展很快[7.89]，与传统光谱学相比，它具有很多优点。例如，它的动态范围很大，恢复速率为 μs^{-1} 到 s^{-1}。第 7.9.4 节将对此进行讨论。

7.9.1 基本考虑

假定入射光的振幅为 $E(\boldsymbol{r}, t)$，在光阴极上保持不变。单位时间内发射一个光电子的几率为

$$P^{(1)}(t) = c\epsilon_0 \eta E^*(t)E(t) = \eta I(t) \tag{7.48}$$

其中，$\eta(\lambda)$ 是光阴极的量子效率，$I(t) = c_0 E^*(t)E(t)$ 是入射强度。每秒钟 $n(t)$ 个光电子在探测器输出端产生的光电流 $i(t)$ 就是

$$i(t) = e\,a\,n(t) = e\,a\,P^{(1)}(t) = e\,a\,\eta I(t) \tag{7.49}$$

其中，a 是探测器的放大因子，对于真空光电池来说，$a = 1$，而对于光电倍增管来说，$a \approx 10^6 \sim 10^8$。

在时刻 t 发射一个光电子，在时刻 $t+\tau$ 发射另一个光电子，可以用乘积表示这类事件在单位时间内发生的联合几率

$$P^{(2)}(t,t+\tau)=P^{(1)}(t)\cdot P^{(1)}(t+\tau)=\eta^2 I(t)\cdot I(t+\tau) \tag{7.50}$$

绝大多数的实验构型测量的是时间平均的光电流。因此，为了描述测量得到的信号，引入归一化的一阶和二阶关联函数

$$G^{(1)}(\tau)=\frac{\langle E^*(t)\cdot E(t+\tau)\rangle}{\langle E^*(t)\cdot E(t)\rangle} \tag{7.51}$$

$$G^{(2)}(\tau)=\frac{\langle E^*(t)\cdot E(t)E^*(t+\tau)\cdot E(t+\tau)\rangle}{[\langle E^*(t)\cdot E(t)\rangle]^2}=\frac{\langle I(t)\cdot I(t+\tau)\rangle}{\langle I\rangle^2} \tag{7.52}$$

它们分别描述了 t 和 $t+\tau$ 时刻的场振幅与强度之间的关联。一阶关联函数 $G^{(1)}(t)$ 与式 (2.119) 定义的归一化的互相干函数完全一样。

将式 (7.51) 代入式 (7.53)，可以得到 $G^{(1)}(\tau)$ 的傅里叶变换

$$F(\omega)=\frac{1}{2\pi}\int_{-\infty}^{\infty}G^{(1)}(\tau)\mathrm{e}^{\mathrm{i}\omega\tau}\mathrm{d}\tau \tag{7.53}$$

Wiener 首先证明[7.90]

$$F(\omega)=\frac{E^*(\omega)\cdot E(\omega)}{\langle E^*\cdot E\rangle}=\frac{I(\omega)}{\langle I\rangle} \tag{7.54}$$

一阶关联函数 $G^{(1)}(\tau)$ 的傅里叶变换表示入射光强度 $I(\omega)$ 的归一化频谱 (Wiener-Khintchine 定理)[7.88, 7.90]。

例 7.3

对于完全不相关的光来说，$G^{(1)}(\tau)=\delta(0-\tau)$，其中，$\delta$ 是 Kronnecker 符号，当 $x=0$ 的时候，$\delta(x)=1$，其他的时候等于 0。对于严格的单色光 $E=E_0\cos\omega t$ 来说，一阶关联函数 $G^{(1)}(\tau)=\cos(\omega t)$ 是时间 τ 的周期函数，在 $+1$ 和 -1 之间振荡，振动周期为 $\Delta\tau=2\pi/\omega$ (第 1 卷第 2.8.4 节)。

对于完全不相关的光和严格的单色光来说，它们的二阶关联函数都是一个常数 $G^{(2)}(\tau)=1$。

将 $G^{(1)}(\tau)=\delta(0-\tau)$ 代入式 (7.53) 可以得到，$F(\omega)=1$，因此，对于完全没有关联的光来说，强度是常数 $I(\omega)=\langle I\rangle$(白噪声)，由 $G^{(1)}(\tau)=\cos(\omega\tau)$ 得到，$F(\omega)=\cos^2\omega t+\dfrac{1}{2}$，因此，$I(\omega)=\langle I\rangle\left(\cos^2\omega t+\dfrac{1}{2}\right)$。

现在讨论光电流 i 的频谱 $i(\omega)$ 与入射光的频谱 $I(\omega)$ 之间的关系。

注意，光电流 $i=ne=e\eta I$ 正比于入射强度 I，其中，n 是光电子速率，η 是光阴极的量子效率。

类似于式 (7.51)，光电流 $i(t)$ 的关联函数的定义是

$$C(\tau) = \frac{\langle i(t) \cdot i(t+\tau) \rangle}{\langle i^2 \rangle} \tag{7.55}$$

类似于式 (7.53)，对式 (7.55) 进行傅里叶变换，可以得到光电流的功率谱 $P(\omega)$

$$P(\omega) = \frac{1}{2\pi} \int_{-\infty}^{\infty} C(\tau) e^{i\omega\tau} d\tau \tag{7.56}$$

光电流的关联函数式 (7.55) 取决于两种贡献：

(1) 光阴极发射的光电子的统计过程，即使入射光是完全均匀、毫无噪声的光子流，也会引起光电流的统计涨落。

(2) 入射光振幅的涨落，它来自于光源的特性，或者是由探测器上的散射光引起的。

在两种不同的情况下考虑这些贡献：

(1) 光的强度 I 保持不变，用几率函数描述

$$P(I) = \delta(I - \langle I \rangle) \tag{7.57}$$

来描绘，其中，单位时间内的平均光子数目是 $\langle n \rangle$。因此，在每秒钟内探测到 n 个光电子的几率 $P(n, dt)$ 满足泊松分布

$$P(n) = \frac{1}{n!} \langle n \rangle^n e^{-\langle n \rangle} \tag{7.58}$$

光电子发射率 $n = i_{ph}/e$ 的平均涨落[7.91, 7.92] 为

$$\langle (\Delta n)^2 \rangle = \langle n \rangle \tag{7.59}$$

此时，涨落仅仅来自于光电子发射的统计性质，而不是来自于入射光的涨落。

(2) 统计涨落的粒子所散射的光强度，通常可以用高斯型强度分布来描述[7.93]

$$P(I) dI = \frac{1}{\langle I \rangle} e^{-I/\langle I \rangle} dI \tag{7.60}$$

如果统计涨落的强度分布如式 (7.60) 所述的准单色光 $I(\omega)$ 照射到光阴极上，在时间间隔 dt 内探测到 n 个光电子的几率不再由式 (7.58) 描述，而是满足玻色–爱因斯坦分布

$$P(n) = \frac{1}{1 + \langle n \rangle (1 + 1/\langle n \rangle)^n} \tag{7.61}$$

它引起的光电子速率平方平均值的偏差是 $\langle (\Delta n)^2 \rangle = \langle n \rangle^2$，而不是式 (7.59)。

将两种贡献 (1) 和 (2) 都考虑进来，光电子速率的平方平均值的偏差为[7.87]

$$\langle(\Delta n)^2\rangle = \langle n\rangle + \langle n\rangle^2 \tag{7.62}$$

光电子反射的关联函数 n 为

$$\begin{aligned} C(\tau) &= e\langle n\rangle\delta(0-\tau) + \langle en\rangle^2 = \langle i\rangle\delta(0-\tau) + i(t)\cdot i(t+\tau) \\ &= \langle i\rangle\delta(0-\tau) + \langle i\rangle^2 G^{(2)}(\tau) \\ &= e\eta I\delta(0-\tau) + e^2\eta^2\langle I\rangle^2 G^{(2)}(\tau) \end{aligned} \tag{7.63}$$

这就说明，光电流的自关联函数 $C(\tau)$ 与光场的二阶关联函数 $G^{(2)}(\tau)$ 直接相关。

和 Siegert[7.94] 对高斯型强度分布的光场 (式 (7.60)) 的证明一样，二阶关联函数 $G^{(2)}(\tau)$ 与 $G^{(1)}(\tau)$ 之间存在着 Siegert 关系

$$G^{(2)}(\tau) = [G^{(2)}(0)]^2 + \left|G^{(1)}(\tau)\right|^2 = 1 + \left|G^{(1)}(\tau)\right|^2 \tag{7.64}$$

可以由下述方式获得探测器上入射光的谱分布：根据测量得到的时间分辨的光电流 $i(t)$ ，可以得到关联函数 $C(\tau)$(式 (7.63))，它给出了 $G^{(2)}(\tau)$，由式 (7.64) 得到 $G^{(1)}(\tau)$。根据式 (7.53) 和式 (7.54)，$G^{(1)}(\tau)$ 的傅里叶变换给出 $I(\omega)$ 强度的频谱。

例 7.4

根据式 (7.51)，振幅为

$$A(t) = A_0 \mathrm{e}^{-\mathrm{i}\omega_0 t - (\gamma/2)t} \tag{7.65}$$

的依赖于时间的光场的一阶自相关函数是

$$G^{(1)}(\tau) = \mathrm{e}^{-\mathrm{i}\omega_0\tau}\mathrm{e}^{-(\gamma/2)\tau} \tag{7.66}$$

傅里叶变换式 (7.53) 和式 (7.54) 给出谱分布

$$I(\omega) = \frac{\langle I\rangle}{2\pi}\int_{-\infty}^{+\infty} \mathrm{e}^{\mathrm{i}(\omega-\omega_0)\tau - (\gamma/2)\tau}\mathrm{d}\tau = \frac{\langle I\rangle\gamma/2\pi}{(\omega-\omega_0)^2 + (\gamma/2)^2} \tag{7.67}$$

它是洛伦兹线形 (第 1 卷第 3.1 节)。将式 (7.66) 代入式 (7.63)，得到光电流的关联函数 $C(\tau)$，根据式 (7.56)，它与光电流的功率谱 $P_i(\omega)$ 有关

$$P_i(\omega \geqslant 0) = \frac{e}{\pi}\langle i\rangle + 2\langle i\rangle^2\delta(\omega) + 2\langle i\rangle^2\frac{\gamma/2\pi}{\omega^2 + (\gamma/2)^2} \tag{7.68}$$

式 (7.68) 表明，功率谱在 $\omega = 0$ $[\delta(\omega = 0) = 1]$ 处有峰值，给出的是直流成分 $2\langle i\rangle^2$。第一项 $(e/\pi)\langle i\rangle$ 表示散粒噪声，第三项描述峰值位于 $\omega = 0$ 的洛伦兹型频率分布，总功率为 $(2/\pi\gamma)\langle i\rangle^2$。它表示的是光学拍的频谱，给出了入射光的强度线形 $I(\omega)$。

更多的例子请参考文献 [7.87]，[7.88]。

可以用数字式关联计直接测量关联函数 $C(\tau)=\langle i(t)i(t+\tau)\rangle/\langle i\rangle^2$，它测量的是光电子的统计。有好几种实现的方法，一种简单的方式如图 7.24 所示。用内部时钟将时间分为等间隔的时段 Δt。如果在第 i 个时间间隔 Δt_i 内测量得到的光电子的数目 $N\cdot\Delta t_i$ 大于给定的数值 N_m，关联计就给出一个归一化的输出脉冲，计数为“1”，如果 $N_{\Delta t_i}<N_m$，就输出“0”。将输出脉冲传递给“移位寄存器”和“与门”，对于“1”开启，对于“0”则关闭，最后存储在计数器中 (Malvern 关联计[7.96, 7.97])。

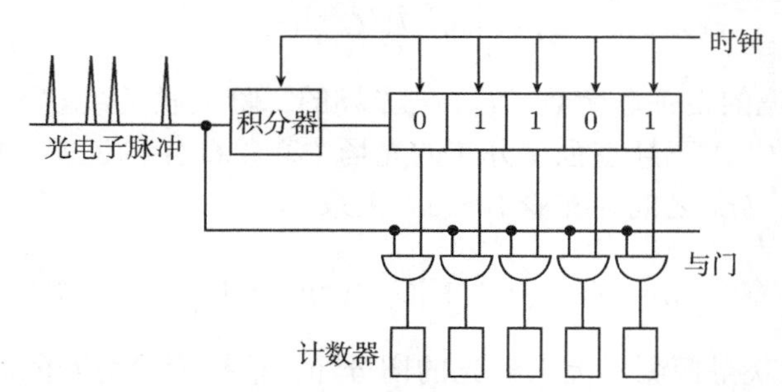

图 7.24　用数字式关联计测量光电子的统计信息[7.95]

7.9.2　零差光谱学

我们用一些例子来说明零差光谱学 (自拍频光谱学)。

(1) 激光器输出的并不是一个严格的单色光 (即使激光频率被稳定了)，总是有频率和相位涨落 (第 1 卷第 5.6 节)。可以用零差光谱学来测量它的强度线形 $I(\omega)$，线宽为 $\Delta\omega$。位于谱线线形 $I(\omega)$ 内的不同频率成分相互干涉，在许多不同的频率处 $\omega_i-\omega_k<\Delta\omega$ 给出了拍频信号[7.87]。如果用衰减后的激光照射光电探测器，就可以用电子频谱仪来测量光电流的频率分布 (式 (7.68))。根据上述讨论，可以得到入射光的谱线线形。当谱线很窄的时候，这种关联技术可以最为准确地测量谱线线形[7.95]。

(2) 被微小粒子弹性散射的光包含着粒子的大小、结构和运动的信息。理论处理上最简单的情况是均匀展宽的球粒子模型。我们区分三种不同的情况：

(a) 随机分布的静态球。在这种情况下，关联函数与时间无关，归一化的关联函数是

$$G^{(1)}=\frac{E(t)E(t+\tau)}{|E(t)|^2}=1$$

N 个散射体的弹性散射光的关联强度谱是

$$I(\omega)=N|E|^2\delta(\omega-\omega_0)$$

其中，ω_0 是激光频率。

(b) 以恒定速度 $\boldsymbol{v}$ 运动的球体

$$G^{(1)}(\tau)=\mathrm{e}^{\mathrm{i}\boldsymbol{q}\cdot\boldsymbol{v}\tau}$$

其中，$\boldsymbol{q}=\boldsymbol{k}_0-\boldsymbol{k}_{\mathrm{s}}$ 是入射光和散射光的波矢之差。散射光的强度是

$$I(\omega)=N|E|^2\delta(\omega-\omega_0+\boldsymbol{q}\cdot\boldsymbol{v})$$

其中，$\boldsymbol{q}\cdot\boldsymbol{v}$ 表示运动粒子引起的散射光的多普勒位移 (图 7.25)。

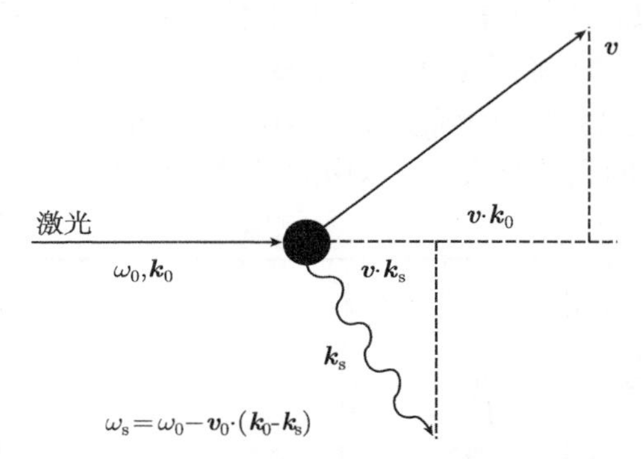

图 7.25 运动粒子引起的散射光的多普勒位移

(c) 扩散运动中的球形散射体

$$G^{(1)}(\tau)=\mathrm{e}^{\mathrm{i}D_{\mathrm{T}}q^2|\tau|}$$

$$I(\omega)=N|E|^2\frac{D_{\mathrm{T}}q^2/\pi}{(\omega-\omega_0)^2+(D_{\mathrm{T}}q^2)^2}$$

其中，D_{T} 是扩散系数 (第 1 卷第 5.6 节)。

当单色光被热运动粒子散射的时候，场振幅 $E(\omega)$ 表现为高斯分布。测量零差谱的实验装置如图 7.26 所示。光电流 (式 (7.68)) 的功率谱 $P(\omega)$ 与谱分布 $I(\omega)$ 有

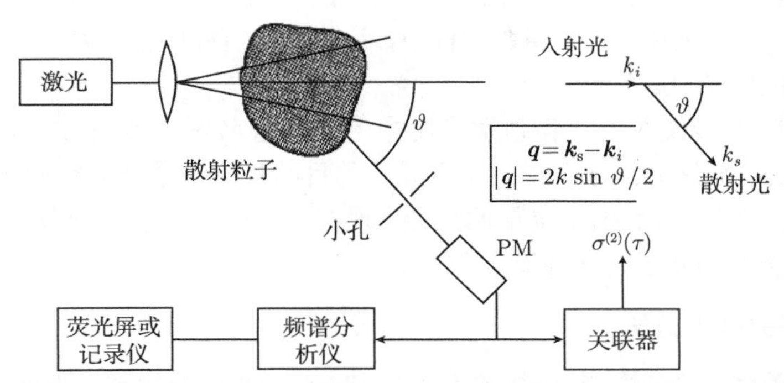

图 7.26 测量散射光自关联函数 (零差光谱) 的实验装置，用关联器代替电子频谱分析仪

关，可以用电子频谱仪直接测量，也可以用关联器来测量，后者给出了自相关函数 $C(\tau) \propto \langle i(t)\rangle\langle i(t+\tau)\rangle$ 的傅里叶变换。根据式 (7.63)，$C(\tau)$ 与强度关联函数 $G^{(2)}(\tau)$ 有关，它给出了 $G^{(1)}(\tau)$(式 (7.64)) 和 $I(\omega)$。

(3) 应用零差光谱学的另一个例子是测量纳米尺度的小粒子的尺寸分布，它们浸在液体或气体中，穿过一束激光。散射光的强度 I_s 以非线性的形式依赖于粒子的大小和折射率。对于直径为 d 的均匀展宽的球形粒子，如果它的直径远小于波长 ($d \ll \lambda$)，因为振幅是所有原子贡献的相干叠加，所以它正比于 d^3，散射光的强度就满足关系式 $I_s \propto d^6$。将直径为 $d=22.8$nm 和 $d=57$nm 的两种塑料小球混合在一起，它们引起的散射激光的强度分布 (小方块) 如在图 7.27 所示，同时给出了电子显微镜测量得到的尺寸分布，可以用后者进行校准[7.98]。

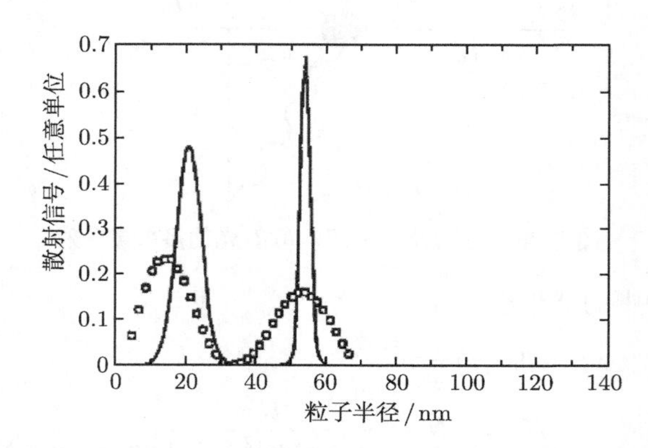

图 7.27　两种均匀小塑料球的混合物引起的散射光的强度分布 (方块)，和电子显微镜测量得到的小球尺寸分布 (实线)

小球直径分别为 $d=22.8$nm 和 $d=57$nm[7.98]

(4) 还有一个例子是液体在临界温度附近的光散射，此时液体正在经历一个相变过程[7.99]。一般来说，在此相变过程中，长程序和短程序都会发生变化。这就影响了分子之间的关联。

强度关联干涉仪在天文物理学应用中的一个著名例子就是 Hanbury Brown-Twiss 干涉仪，如图 7.28 所示。最初设计它的目的是测量星光的空间相干度 (第 1 卷第 2.8 节)[7.100]，从而确定星星的直径。现在，用它来测量邻近激光阈值时的激光辐射的相干度和光子统计性质[7.101]。

7.9.3　外差关联光谱学

在外差关联光谱学中，待分析的散射光与一部分激光叠加在光阴极上 (图 7.29)。假定探测器上的散射光的振幅为 E_s，频率分布在 ω_s 附近，激光 $E_L = E_0 \exp(-i\omega_0 t)$

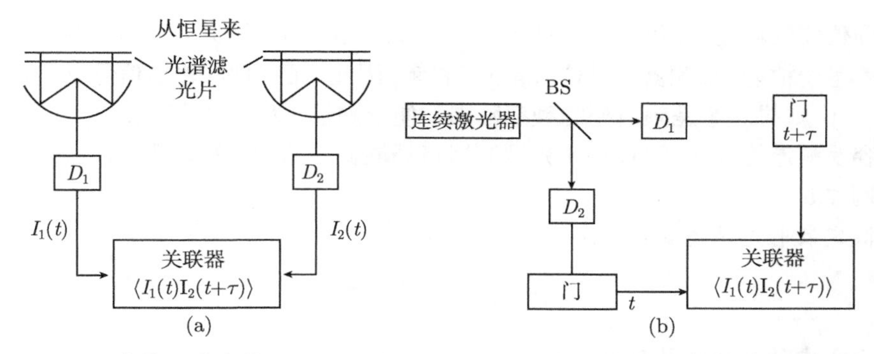

图 7.28 (a) 天文物理学中的 Hanbury Brown-Twiss 强度关联干涉仪的基本原理；(b) 用它测量激光的谱特性和统计特性

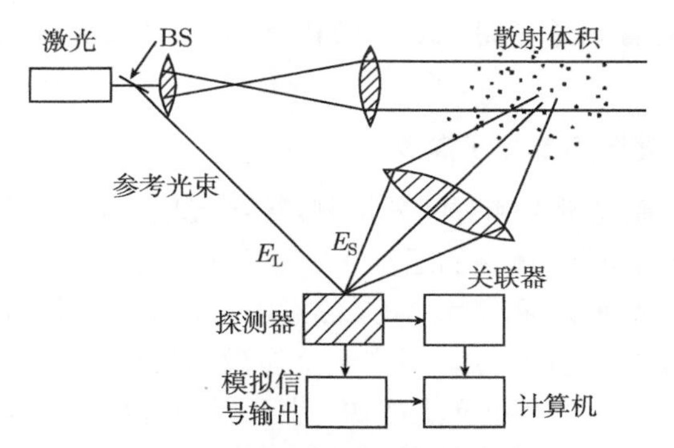

图 7.29 外差关联光谱的实验装置示意图

扮演了单色局域振子的角色，它的振幅 E_0 不变。总振幅就是

$$E(t) = E_0 \exp(-\mathrm{i}\omega_0 t) + E_\mathrm{s}(t) \tag{7.69}$$

根据式 (7.55) 和式 (7.63)，光电流的自关联函数是

$$C(\tau) = e\eta\delta(0-\tau)\langle E^*(t)\cdot E(t)\rangle + e^2\eta^2 E^*(t)E(t)E^*(t+\tau)E(t+\tau) \tag{7.70a}$$

将式 (7.69) 代入式 (7.70a)，可以得到 16 项，其中的三项不依赖于时间。然而，需要注意的是，当 $E_\mathrm{s} \ll E_0$ 的时候，带有 E_s^2 的项可以忽略不计。另外，时间平均值 $\langle E_\mathrm{L} E_\mathrm{s}\rangle$ 等于零。因此式 (7.70a) 缩减为

$$C(\tau) = e\eta I_\mathrm{L}\delta(0-\tau) + e^2\eta^2 I_\mathrm{L}^2 + e^2\eta^2 I_\mathrm{L}\langle I_\mathrm{S}\rangle(\mathrm{e}^{\mathrm{i}\omega_0\tau}G^{(1)} + c.c.) \tag{7.70b}$$

这样就可以由式 (7.56) 得到光电流 i 的功率谱

$$P_i(\omega) = \frac{e}{2\pi}i_\mathrm{L} + i_\mathrm{L}^2\delta(0-\omega) + \frac{i_\mathrm{L}}{2\pi}\langle i_\mathrm{s}\rangle\int_{+\infty}^{-\infty}\mathrm{e}^{\mathrm{i}\omega\tau}[\mathrm{e}^{\mathrm{i}\omega_0\tau}G_\mathrm{s}^{(1)}(\tau) + c.c.]\mathrm{d}\tau \tag{7.71}$$

第一项代表散粒噪声，第二项是直流项，第三项给出了差频 $(\omega-\omega_0)$ 与和频 $(\omega+\omega_0)$ 的外差量子拍谱。探测器不够快，测不了和频。因此，第三项的输出信号就只有差频 $(\omega-\omega_0)$。如果这个差频所处的频率范围不便于测量，为了将差频 $\omega_{\rm L}\pm\Delta\omega-\omega_{\rm s}$ 设置到容易测量的区域，可以用声光调制器将局域振子的频率移动到 $\omega_{\rm L}\pm\Delta\omega$[7.102]。

例 7.5

假定散射光的关联函数是

$$G_{\rm s}^{(1)}(\tau)={\rm e}^{-({\rm i}\omega_{\rm s}+\gamma)\tau}$$

式 (7.71) 中的功率谱就变为

$$P_i(\omega)=\frac{ei_{\rm L}}{\pi}+i_{\rm L}^2\delta(0-\omega)+\frac{(\gamma/\pi)\langle i_{\rm s}\rangle}{(\omega_{\rm s}-\omega_{\rm L})^2+\gamma^2} \tag{7.72}$$

这个外差谱是类洛伦兹的零差谱 (式 (7.67))，但是它的极大值从 $\omega_{\rm L}$ 移动到了 $\omega=(\omega_{\rm s}-\omega_{\rm L})$。

7.9.4 荧光关联光谱学和单分子探测

将共焦显微术、激光激发和时间分辨测量结合起来，可以探测单个分子或微小粒子，研究它们在气体或液体中的运动[7.103](第 10.1.2 节)。用气体或液体稀释分子，用显微镜将激光聚焦到样品上。如果焦点的直径小于待测分子之间的距离，那么就可以激发单个分子 (图 10.5)。用同一个显微镜收集激光引起的荧光或者微小粒子引起的散射光，并在一个小孔上成像，小孔后面就是探测器。这个小孔决定了光的探测体积 (图 7.30)。激发态的寿命通常远小于分子穿过激光焦点所需的扩散时间。在微小粒子的情况下，散射光和激发光之间没有任何时间延迟。此时，散射光子数依赖于粒子穿过激光焦点的渡越时间。每个粒子穿过激发区的时候，就会给出一个小的散射光脉冲。

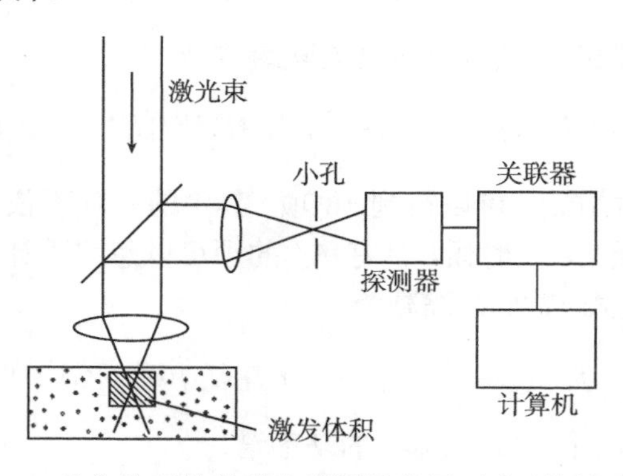

图 7.30 共焦构型的关联光谱测量装置，用于单粒子探测

这些脉冲的随机序列给出的信息包括扩散时间、传输系数以及不同粒子的运动之间的关联。测量荧光强度信号 $F(t)$ 和 $F(t+\tau)$，就可以确定一阶关联函数。

将 z 方向的激光光束聚焦在样品上，假定在观测体积 $V_o = w^2\Delta z$ 内有 N 个扩散粒子，其中，w 是激光束腰，Δz 是焦区的瑞利长度。在这种情况下，强度关联函数

$$G(\tau) = \langle I(t) \cdot I(t+\tau) \rangle / I^2$$

就变为

$$G(\tau) = \frac{\tau_D}{N(\tau+\tau_D)} \sqrt{\frac{1}{1+\frac{\tau w^2}{\tau_D \Delta z^2}}}$$

其中，扩散时间为

$$\tau_D = w^2/4D$$

其中，D 是扩散常数。选择实验条件使得 $N \ll 1$，即在观测体积里，在观测时间内发现不止一个粒子的几率 P 满足 $P \ll 1$。对于这些很小的数值，泊松分布 $P_p(N)$ 是有效的。

例 7.6

发现一个粒子的几率是 $P(1) = (P/1)e^{-1}$，发现两个粒子的几率是 $(P^2/2)e^{-2}$；由 $P = 10^{-2}$ 可以得到，$P(1) = 3.7 \times 10^{-3}$ ，$P(2) = 6.8 \times 10^{-6}$。

每测量到 550 个单粒子，才有可能有一次测量到两个粒子。

单个若丹明 6G 分子扩散通过观测体积的时候，被它散射的光子的典型数据如图 7.31(a) 所示[7.104]。小信号是暗电流脉冲。真实信号的大小有些差别，原因在于分子扩散地通过径向高斯型激光光束的不同位置。相应的自相关函数如图 7.31(b) 所示，它给出 $N = 5 \times 10^{-3}$，扩散时间为 $\tau_D = 40\mu s$。

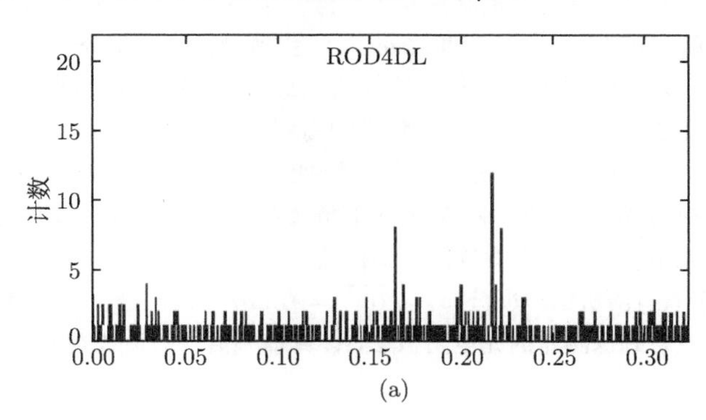

(a)

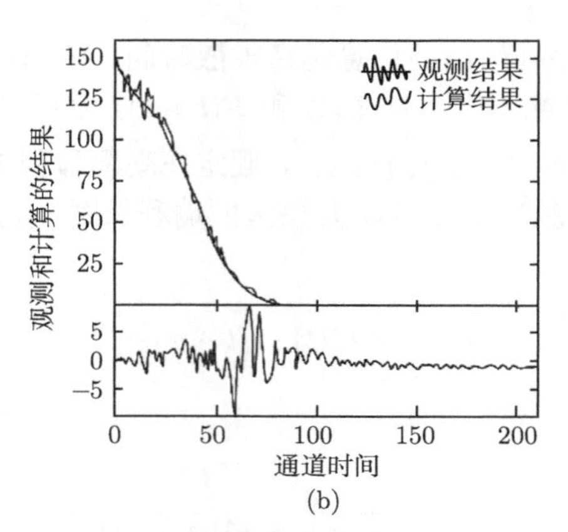

图 7.31 (a) 扩散通过观测体积的单个若丹明 6G 分子的荧光信号；(b) (a) 中数据的自相关函数[7.104]

本章非常简要地介绍了相干光谱学。读者请参阅相关文献以了解更多的细节。一些教科书 [7.88]，[7.105]~[7.107] 和会议论文集 [7.109] 详细介绍了相干光谱学的基础知识和各种应用。

7.10 习　　题

7.1 原子激发能级的量子数为 $(J=1, S=0, L=1, I=0)$，辐射寿命为 $\tau=15\text{ns}$，该能级的塞曼分量在零磁场下交叉。计算朗德 g 因子以及汉勒信号的半宽 (HWHM) $\Delta B_{1/2}$。如果分子能级为 $(J=20, \Lambda=1, F=21, S=0, I=0, \tau=15\text{ns})$，那么它的半宽是多少？

7.2 原子核自旋为 $I=5/2$ 的铷原子 ${}^{85}_{37}\text{Rb}$ 的基态 $5^2S_{1/2}$ 的超精细能级 $F=3$ 或 $F=2$ 的两个塞曼分量交叉产生汉勒信号，如果铷原子在缓冲气体中穿过激发区的渡越时间为 $T=0.1\text{s}$，计算汉勒信号的宽度。如何利用这种方法制作灵敏的磁强计 (参见 [7.35])？

7.3 一束短脉冲激光相干地激发了原子能级 $(L=1, S=1/2, J=1/2)$ 的两个塞曼分量。磁场为 10^{-2} 特斯拉，计算荧光量子拍的周期。

7.4 在飞秒泵浦/探测实验中，泵浦脉冲相干地激发了 Na_2 分子 $A^1\Sigma_u$ 态的振动能级 $v'=10-12$。振动能级的间距为 109cm^{-1} 和 108cm^{-1}。探测脉冲只是将分子从内折返点激发到更高的里德伯态上。可以观测到该能级上的荧光 $I_{\text{Fl}}(\Delta t)$ 对泵浦和探测脉冲之间时间延迟的依赖关系，计算振荡信号的周期 ΔT_1 和调制包络的周期 ΔT_2。

7.5 两束激光被稳定在两个分子跃迁的兰姆凹坑处。兰姆凹坑的宽度 $\Delta\nu$ 等于 10MHz，两束激光涨落的方均根为 $\delta\nu=0.5\text{MHz}$。如果两束激光叠加后的差频信号的信噪比为 50，那么，这两个跃迁的频率差 $\nu_1-\nu_2$ 可以测量到什么精度？

7.6 液体中的粒子具有随机的速度分布，$\sqrt{\langle v^2\rangle}=1\text{mm/s}$。$\lambda=630\text{nm}$ 的氦氖激光和运动粒子的散射光叠加后照射到探测器的光电阴极上，计算拍频信号的谱线宽度。

第 8 章　碰撞过程的激光光谱学

原子和分子结构以及原子间相互作用这两个主要信息的来源是光谱测量以及对弹性、非弹性或反应式碰撞过程的研究。在很长时间里，这两个实验研究分支独立地发展，没有太多的相互交流。经典光谱学对碰撞过程研究的主要贡献在于研究碰撞诱导的谱线展宽和谱线位移 (第 1 卷第 3.3 节)。

自激光进入这一领域以来，形势发生了很大的变化。实际上，激光光谱学已经成为详细研究各种碰撞过程的有力工具。本章描述的各种光谱技术说明了激光在碰撞物理学中的广泛应用。这些技术能够让我们更加深入地认识相互作用势和原子分子碰撞过程中的各种能量传输通道，没有激光的经典散射实验通常不能得到这类信息。

第 2~4 章中讨论的没有多普勒效应的各种高分辨率光谱技术，为测量碰撞谱线展宽开辟了新方向。在多普勒限制的光谱中，低气压下的微小谱线展宽效应被大得多的多普勒宽度完全掩盖住了，没有多普勒效应的光谱学非常适于测量千赫兹范围内的谱线展宽效应和谱线位移。这样就可以探测碰撞体在大碰撞参数下的软碰撞，测量原子核间距很大时的相互作用势，它们对谱线展宽的贡献很小。

一些激光光谱学技术可以区分改变相位的碰撞、改变速度的碰撞和改变方向的碰撞，例如，分离场光谱学 (光学拉姆齐条纹，第 9.4 节)，相干瞬态光谱学 (第 7.5 节) 或偏振光谱学 (第 2.4 节)。

脉冲激光器或锁模激光器 (第 6 章) 的时间分辨率很高，可以用来研究碰撞过程和弛豫现象的动力学。激发能量如何通过吸收激光光子而被选择性地泵浦到多原子分子中，如何通过分子间或分子内能量传输而分布到不同的自由度上，这些过程有多快 —— 可以用飞秒激光光谱研究这些有趣的问题。

反应碰撞过程激光光谱学的一个吸引人的目标是对化学反应的基本理解。反应物的激发能量如何影响反应几率和反应产物的内态分布这个基本问题，至少可以部分地由详细的激光光谱研究来回答。第 8.4 节介绍了这一领域的一些实验技术。

交叉分子束激光光谱学标记碰撞体在碰撞之前的量子态，测量反应物的散射角和内能，可以获得碰撞过程的绝大多数详细信息。在这种“理想的散射实验”中，所有相关的参数都是已知的 (第 8.5 节)。

一个新的有趣领域是光辅助的碰撞 (通常称为光学碰撞)，一对碰撞粒子吸收激光光子，从而有效地激发了其中一个碰撞体。本章最后一节将简要介绍这个有趣的新领域。为了进一步研究本章介绍的新主题，请参考图书 [8.1]~[8.3]、综述文章 [8.4]~[8.10] 和会议论文集 [8.11]~[8.14]。

8.1　碰撞谱线展宽和谱线位移的高分辨率的激光光谱学

第 1 卷第 3.3 节讨论了弹性和非弹性碰撞如何影响谱线的展宽和位移。在物体 A 和 B 碰撞的半经典模型中，在以 A 为原点的坐标系中，粒子 B 沿着确定的路径 $\boldsymbol{r}(t)$ 运动。路径 $\boldsymbol{r}(t)$ 完全决定于初始条件 $\boldsymbol{r}(0)$ 和 $(\mathrm{d}\boldsymbol{r}/\mathrm{d}t)_0$ 以及相互作用势 $V(\boldsymbol{r}, E_A, E_B)$，后者可能依赖于碰撞体的内能 E_A 和 E_B。绝大多数的模型假定了球对称势能 $V(r)$，它在 $r = r_0$ 具有极小值 (图 8.1)。如果碰撞参数 b 远大于 r_0，碰撞就是软碰撞；如果 $b \leqslant r_0$，发生的是硬碰撞。

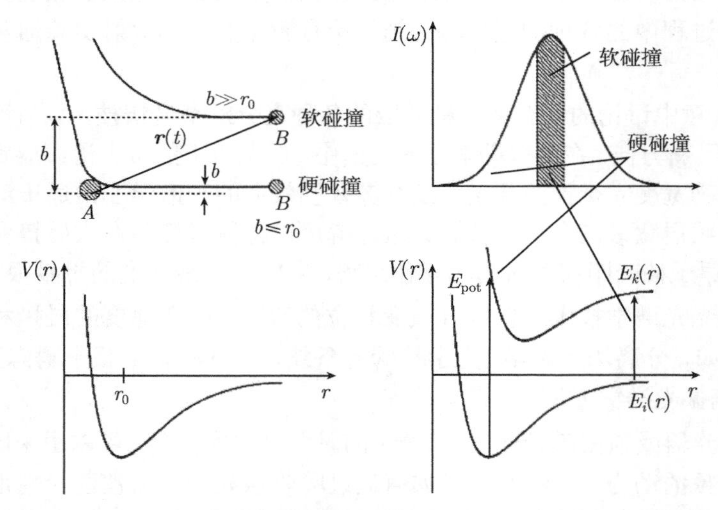

图 8.1　相互作用势 $V(\boldsymbol{r})$ 以及软碰撞 (碰撞参数 $b \gg r_0$) 和硬碰撞 ($b \leqslant r_0$) 的半经典模型

在软碰撞中，B 只通过作用势的长程部分，散射角 θ 很小。能级 A 或 B 在碰撞过程中的变化 ΔE 也就很小。如果一个碰撞物在软碰撞过程中吸收或发射光的话，A 和 B 之间的相互作用只能轻微地改变光的频率。因此，软碰撞对碰撞展宽谱线的核心 (即谱线中心附近的区域) 有贡献。

另一方面，在硬碰撞中，碰撞体通过相互作用势的短程部分，碰撞过程中的能级变化 ΔE 就相应增大，因此硬碰撞就对谱线的翼有贡献 (第 1 卷图 3.1)。

8.1.1　碰撞过程的亚多普勒光谱学

碰撞过程的多普勒限制的光谱学效应对谱线核的影响通常被更大的多普勒宽

度完全掩盖。因此，关于碰撞的任何信息都只能从佛赫特线形的谱线翼中提取 (第 1 卷第 3.2 节)，对多普勒展宽的高斯线形和碰撞展宽的洛伦兹线形进行退卷积[8.15]。因为碰撞线宽的增长正比于压强，所以只能在比较高的压强下得到可靠的测量，那时的碰撞展宽与多普勒宽度相仿。然而，在这样高的压强下，发现 N 个原子同时处于体积 $V \approx r^3$ 的几率正比于密度的 N 次方，因此，不能够忽略多体碰撞效应。也就是说，不仅 A 和 B 之间的两体碰撞过程对 A 中的跃迁过程的谱线线形和谱线位移有贡献，多体碰撞过程 $A + N \cdot B$ 也有贡献。在这种情况下，谱线线形不再能够确切无疑地给出相互作用势 $V(A, B)$ 的信息[8.16]。

利用亚多普勒光谱学技术，可以高精度地研究非常小的碰撞展宽效应。一个例子是测量原子和分子跃迁的窄兰姆凹坑的压强展宽和位移 (第 2.2 节)，如果使用稳定的激光器，可以达到千赫兹的精度。已经做过的最精确的实验利用了在 633nm 处[8.17] 和 3.39μm 处[8.18] 稳定的氦氖激光器。调节激光频率 ω 使之通过激光共振腔内的吸收样品的吸收线形，激光的输出功率 $P_{\mathrm{L}}(\omega)$ 在吸收跃迁的谱线中央处表现出尖锐的兰姆峰 (逆兰姆凹坑，第 2.3 节)。这些峰的线形决定于吸收盒内的压强、饱和展宽以及渡越时间展宽 (第 1 卷第 3.4 节)。

可以测量中心频率 ω_0、线宽 $\Delta\omega$ 和谱线线形 $P_{\mathrm{L}}(\omega)$ 随着压强 p 的变化关系 (图 8.2)。谱线的斜率 $\Delta\omega(p)$ 给出了谱线展宽系数[8.19]，测量 $\omega_0(p)$ 可以给出碰撞

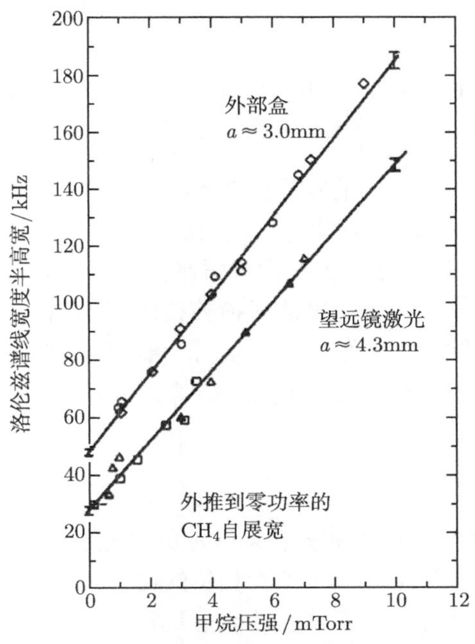

图 8.2 $\lambda = 3.39$μm 的氦氖激光器的输出功率上的兰姆峰的谱线宽度，CH_4 吸收盒位于共振腔内。如果扩束后的激光的光束束腰不同，那么，渡越时间展宽也不同[8.18]

诱导的谱线位移。

为了更加详细地研究兰姆凹坑或兰姆峰的碰撞展宽，必须考虑速度变化的碰撞过程。在第 2.2 节中指出，只有速度分量为 $v_z = 0 \pm \gamma/k$ 的分子可以同时吸收两束反向传播的光。这些分子的速度矢量 $\boldsymbol{v}$ 被限制在一个很小的锥体中，与平面 $v_z = 0$ 的夹角为 $\beta \leqslant \pm\epsilon$ (图 8.3(a))，其中

$$\sin\beta = v_z/|v| \Rightarrow \sin\varepsilon \leqslant \gamma/(k\cdot v), \quad v = |\boldsymbol{v}| \tag{8.1}$$

在碰撞过程中，分子偏转了一个角度 $\theta = \beta'' - \beta$ (图 8.3(c))。如果 $v\cdot\sin\theta < \gamma/k$，碰撞后的分子仍然与激光共振腔内的驻波光场保持共振。因此，这种偏转角 $\theta < \epsilon$ 的软碰撞就不会显著地改变分子的吸收几率。然而，因为它们的随机相位变化 (第 3.3 节)，它们的确对线宽有贡献。由软碰撞过程展宽的兰姆凹坑仍然保持洛伦兹线形。

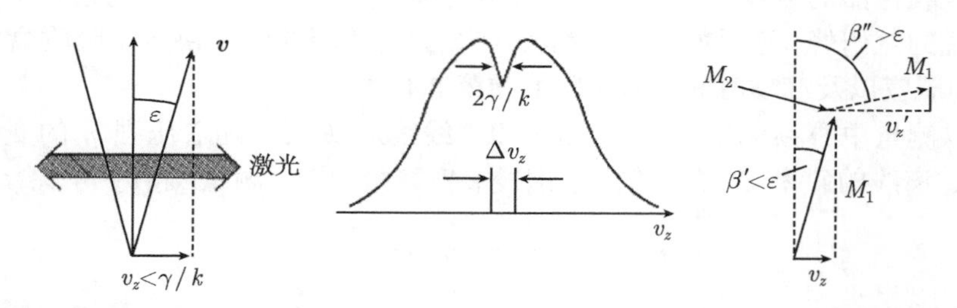

图 8.3 只有当速度矢量位于平面 $z = 0$ 附近的 $\beta \leqslant \epsilon$ 角度范围内的时候，分子才对谱线的兰姆凹坑有贡献。改变速度的碰撞过程使得 β 值增大到 $\beta > \epsilon$，分子不再与激光场共振

$\theta > \epsilon$ 的碰撞可以使得分子的吸收频率不再与激光场共振。因此，经过一次硬碰撞之后，分子只能对谱线侧翼的吸收有贡献。

这两种碰撞过程的组合效应使得谱线线形的核可以表示为软碰撞引起的略微展宽的洛伦兹线形。然而，改变速度的碰撞使得侧翼形成了一个宽广的背景。整个线形不再能够用单个洛伦兹函数描述。这样的谱线线形如图 8.4 所示，它是 $\lambda = 3.39\mu\text{m}$ 的激光器的输出功率 $P_\text{L}(\omega)$ 上的兰姆峰，不同压强的 CH_4 和 He 的甲烷样品盒位于激光共振腔内[8.20]。

8.1.2 结合不同的技术

通常可以同时测量兰姆凹坑和多普勒线形的碰撞展宽。比较这两种展宽，可以分别确定谱线展宽的不同贡献。对于改变相位的碰撞过程，这两个不同的谱线线形的展宽之间没有差别。然而，改变速度的碰撞过程的确影响兰姆凹坑的形状 (见上文)，但是它很少影响多普勒线形，因为它们主要引起了速度的再分布，但不会改变温度。

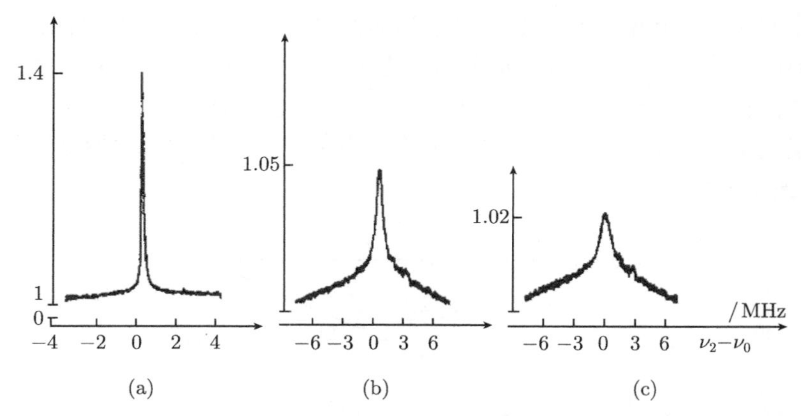

图 8.4 CH_4 吸收盒位于共振腔内，$\lambda = 3.39\mu m$ 的氦氖激光的兰姆峰的谱线线形

(a) 纯 CH_4 分子，压强为 1.4mbar；(b) 加入 30mbar 的 He；(c) 加入 79mbar 的 He[8.20]

因为兰姆凹坑的均匀展宽宽度 γ 随着压强 p 而增加，式 (8.1) 中的偏转角 ϵ 的极大值也随着 p 而增加。比较压强对兰姆凹坑和多普勒线形的核心与背景的影响，就可以给出碰撞过程的更多信息。在速度变化的全部热运动区域内，速度选择性的光学泵浦可以测量改变速度的碰撞的谱线核心的形状[8.21]。

碰撞也可以改变原子和分子的取向 (第 5.1 节)，也就是说，改变了光学泵浦的分子的取向量子数 M (第 2.4 节)。频率为 ω_p 的偏振泵浦光引起的速度间隔 $\Delta v_z = (\omega_\mathrm{p} \pm \gamma)/k$ 内的分子的取向决定了透射的频率为 ω 的探测激光的偏振特性，因此也就确定了探测信号 $S(\omega)$ 的偏振特性。任何碰撞过程只要改变吸收能级 $|i\rangle$ 上的分子取向、粒子数密度 N_i 或吸收分子的速度 v，就会影响偏振信号的谱线线形 $S(\omega)$。改变速度的碰撞对 $S(\omega)$ 的影响与它对饱和光谱中的兰姆凹坑的影响相同。改变取向的碰撞减小了信号 $S(\omega)$ 的大小，而非弹性碰撞产生了邻近的分子跃迁的偏振信号的卫星峰 (第 8.2 节)。对于线偏振泵浦和探测光的各种偏振面夹角 α，测量兰姆凹坑形状对压强的依赖关系，就可以用光学–光学双共振饱和光谱 (第 5.4 节) 测量改变取向的碰撞。

研究激发态的退偏振碰撞的一种常用技术基于的是光学泵浦引起的原子或分子的取向，利用偏振激光测量光泵浦或碰撞过程占据的能级所发射的荧光的偏振度 $P = (I_\parallel - I_\perp)/(I_\parallel + I_\perp)$ (第 8.2 节)。

因为里德伯电子的平均半径很大，$\langle r_n \rangle \propto n^2$，里德伯原子或分子的碰撞截面很大。因此，里德伯态的光学跃迁的碰撞展宽就很大，可以用消除了多普勒效应的双光子光谱学来研究，也可以利用两步式激发来研究 (第 5.4 节)。为了说明，图 8.5 给出了 Li_2 分子的一个跃迁到里德伯能级上的转动跃迁的压强展宽和位移，它是在锂/氩热管道中用没有多普勒效应的光学–光学双共振偏振光谱测量得到的 (第 5.5

节)[8.22]。其中，用圆偏振泵浦激光对中间能级 $B(\nu', J')$ 进行光学泵浦。对于给定的温度和压强条件，氩原子被限制在热管的被冷却的外部区域，而热管的中心部分包含着纯的锂蒸气 (98%Li 原子和 2% Li_2 分子)，它的总蒸气压 $p(\mathrm{Li}) = p(\mathrm{Ar})$ 可以达到氩气压 0.7mbar。在 $p < 0.7$mbar 的范围内，观测到的压强展宽和位移是由 Li_2^*+Li 碰撞过程引起的。

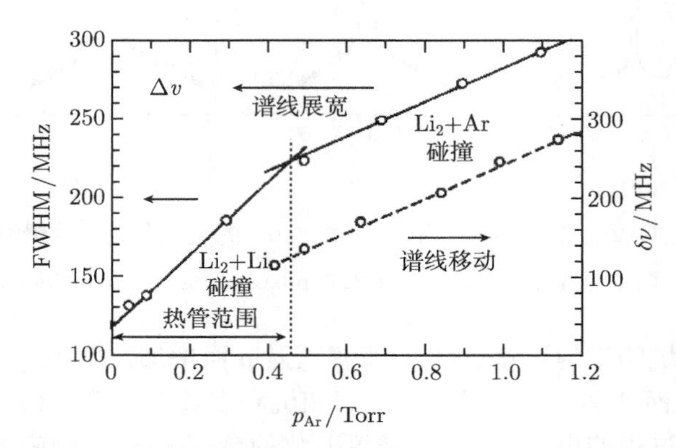

图 8.5　在热管道中的 Li_2 分子的里德伯系统 $B^1\Sigma_u \to 6d\delta^1\Delta_g$ 中，$p < 0.4$mbar 时的 Li_2^*+Li 碰撞和 $p > 0.4$mbar 时的 Li_2^*+Ar 碰撞，没有多普勒效应的转动谱线的压强展宽 (左侧坐标) 和位移 (右侧坐标)[8.23]

如果温度也就是锂蒸气压强保持不变，增加 $p(Ar)$，当 $p(Ar) > 0.7$mbar(0.5torr) 的时候，氩原子开始扩散到中心区域。曲线的斜率 $\Delta\omega(p)$ 给出了 $p > 0.7$mbar 时的 Li_2^*+Ar 碰撞的截面。如图 8.5 所示，对于 Li_2^*+Ar 碰撞，谱线展宽过程的截面是 $\sigma(\mathrm{Li}_2^*\text{+Li}) = 60\mathrm{nm}^2$ 和 $\sigma(\mathrm{Li}_2^*\text{+Ar}) = 41\mathrm{nm}^2$，而谱线位移则是 $\partial\nu/\partial p = -26\mathrm{MHz/mbar}$[8.23]。在 Sr 原子的里德伯原子中已经进行了类似的测量[8.24]，对于 $8 \leqslant n \leqslant 35$ 范围内的主量子数 n，观测到了里德伯能级 $R(n)$ 的压强位移和展宽。

8.2　测量激发态原子和分子的碰撞截面

非弹性碰撞将原子或分子 A 的内能转化为碰撞体 B 的内能或者两个碰撞体的动能。在原子的情况下，电子内能可以传递给碰撞体，或者转化为自旋轨道相互作用的磁能量。在第一种情况下，它会引起不同原子态之间的碰撞诱导跃迁，而在第二种情况下，则会引起不同的原子精细结构分量之间的跃迁[8.24]。对于分子来说，非弹性碰撞引起能量转移的可能性多得多，例如，转动–振动能量转移、电子能量转移和碰撞诱导分解。

已经发展了许多不同的光谱技术，用来详细地研究这些非弹性碰撞过程，下面几节将描述它们。

8.2.1 测量绝对淬灭截面

在第 6.3 节中我们看到，原子或分子 A 的激发能级 $|k\rangle$ 的有效寿命 $\tau_k^{\text{eff}}(N_B)$ 依赖于碰撞体 B 的密度 N_B。由 Stern-Volmer 曲线的斜率

$$1/\tau_k^{\text{eff}} = 1/\tau_k^{\text{rad}} + \sigma_k^{\text{total}}\bar{v}N_B \tag{8.2}$$

可以得到总的退激发截面 σ_k^{total}(式 (6.60))。因为碰撞退激发过程减小了 $|k\rangle$ 发射的荧光强度，非弹性碰撞称为淬灭碰撞，σ_k^{total} 称为淬灭截面。

有几种不同的衰变通道可以减少能级 $|k\rangle$ 上的粒子数，淬灭截面可以写为

$$\sigma_k^{\text{total}} = \sum_m \sigma_{km} = \sigma_k^{\text{rot}} + \sigma_k^{\text{vib}} + \sigma_k^{\text{el}} \tag{8.3}$$

对到达其他能级 $|m\rangle$ 上的所有碰撞诱导跃迁 $|k\rangle \to |m\rangle$ 进行求和，它们可能是转动跃迁、振动跃迁或电子跃迁 (图 8.6)。

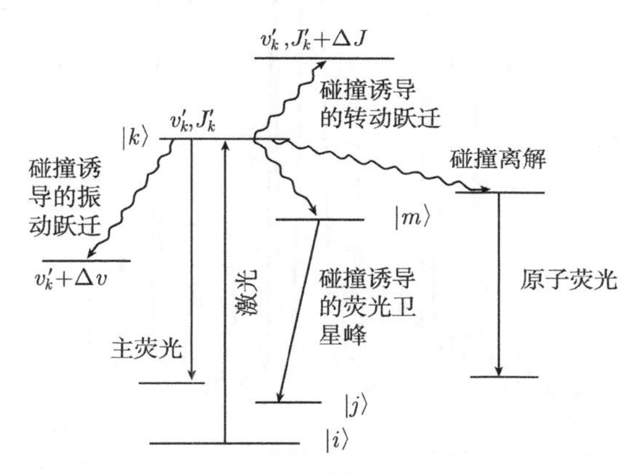

图 8.6 能级结构示意图

分子 M^* 中被光学泵浦的能级 $|k\rangle = (v_k', J_k')$ 的各种非弹性碰撞跃迁

虽然测量有效寿命 $\tau_k^{\text{eff}}(N_B)$ 可以得到总淬灭截面 σ_k^{total} 的绝对数值，但是必须用其他技术确定式 (8.3) 中的各项贡献，例如激光诱导荧光光谱。即使只能够测量它们的相对大小，利用 σ^{total} 的绝对数值，也足以得到各项的绝对大小。

8.2.2 碰撞诱导的激发态的转动振动跃迁

当激发态分子 M^* 的能级 $|k\rangle = |v', J_k'\rangle$ 被光学泵浦选择性地占据之后，在寿命 τ_k 之内发生的非弹性碰撞 $M^* + B$ 会将 $M^*(k)$ 传递到同一个电子态或另一个电子态的其他能级 $|m\rangle = |v_{k'}' + \Delta v, J_k' + \Delta J\rangle$

$$M^*(v_k', J_k') + B \to M^*(v_k' + \Delta v, J_k' + \Delta J) + B^* + \Delta E_{\text{kin}} \tag{8.4}$$

非弹性碰撞前后的内能量之差 $\Delta E = E_k - E_m$ 转变为 B 的内能量，或者是碰撞体的平动能量。

碰撞占据的能级 $|m\rangle$ 上的分子可以发射荧光或再次碰撞而衰减。除了母分子的谱线之外，在激光诱导荧光谱中还会出现新的谱线，它们来自于光学泵浦的能级 (图 8.7)。这些新谱线被称为碰撞诱导的卫星峰，它们包含着产生它们的碰撞过程的全部信息。根据它们的波长 λ，可以指认上能级 $|m\rangle = (v_k' + \Delta v, J_k' + \Delta J)$；根据它们的强度，可以得到碰撞截面 σ_{km}；与母分子谱线的偏振度进行比较，可以给出退极化的截面，也就是说，改变取向的碰撞截面。方法如下：

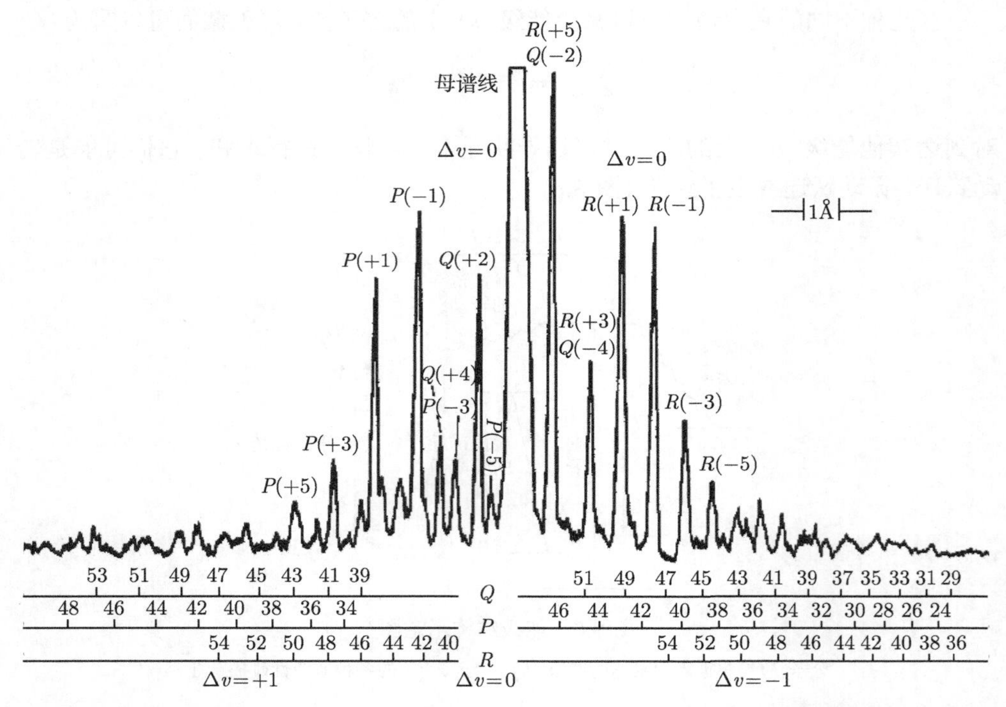

图 8.7　激发 Na_2 分子的转动能级 $B^1\Pi_u(v'=6, J'=43)$，在它的激光诱导荧光谱中，可以看到碰撞诱导的卫星谱线 $Q(\Delta J')$，$R(\Delta J')$ 和 $P(\Delta J')$ 。测量母谱线时使用了二十分之一的灵敏度。强的卫星峰谱线与跃迁 $\Delta v = 0$ 相关，弱的卫星峰与 $\Delta v = \pm 1$ 的碰撞诱导跃迁相关，它们有所重叠[8.29]

假定上能级 $|k\rangle$ 涉及泵浦速率为 $N_i P_{ik}$ 的光学泵浦跃迁 $|i\rangle \to |k\rangle$ (图 8.6)，以及碰撞诱导的跃迁 $|k\rangle \to |m\rangle$。粒子数密度 N_k 和 N_m 的速率方程可以写为

$$\frac{\mathrm{d}N_k}{\mathrm{d}t} = N_i P_{ik} - N_k \left(A_k + \sum_m R_{km} \right) + \sum_n N_n R_{nk} \tag{8.5a}$$

$$\frac{\mathrm{d}N_m}{\mathrm{d}t} = N_k R_{km} - N_m\left(A_m + \sum_m R_{mn}\right) + \sum_n N_n R_{nm} \tag{8.5b}$$

其中，最后两项描述的是碰撞引起的粒子数减少过程 $|m\rangle \to |n\rangle$ 和来自于其他能级 $|n\rangle$ 的再填充过程 $|n\rangle \to |k\rangle$ 或 $|n\rangle \to |m\rangle$。

在连续激光进行光学泵浦的稳态条件下，$(\mathrm{d}N_k/\mathrm{d}t) = (\mathrm{d}N_m/\mathrm{d}t) = 0$。如果热占据数 N_n 很小 $(E_n \ll kT)$，式 (8.5) 的最后几项要求，在寿命 τ 之内至少有两次接连的碰撞跃迁 $|k\rangle \to |n\rangle \to |k\rangle$ 或 $|k\rangle \to |n\rangle \to |m\rangle$，碰撞率必须很高。当压强足够小的时候，可以忽略不计。

由式 (8.5) 可以得到，稳态条件下的粒子数密度 N_k 和 N_m 是

$$\begin{aligned} N_k &= \frac{N_i P_{ik}}{A_k + \sum R_{km}} \\ N_m &= \frac{N_k R_{km} + \sum N_n R_{nm}}{A_m + \sum R_{mn}} \approx N_k \frac{R_{km}}{A_m} \end{aligned} \tag{8.6}$$

卫星峰谱线 $|m\rangle \to |j\rangle$ 和母分子谱线 $|k\rangle \to |i\rangle$ 的荧光强度之比为

$$\frac{I_{mj}}{I_{ki}} = \frac{N_m A_{mj} h\nu_{mj}}{N_k A_{ki} h\nu_{ki}} = R_{km}\frac{A_{mj}\nu_{mj}}{A_m A_{ki}\nu_{ki}} \tag{8.7}$$

如果知道辐射跃迁的相对几率 A_{mj}/A_m 和 A_{ki}/A_k ，就可以直接给出碰撞诱导跃迁 $|k\rangle \to |m\rangle$ 的几率 R_{km}。测量自发寿命 τ_k 和 τ_m (第 6.3 节)，可以确定 $A_k = 1/\tau_k$ 和 $A_m = 1/\tau_m$。在无碰撞条件下测量 $|m\rangle$ 和 $|k\rangle$ 发出的所有荧光谱线的相对强度，就可以得到 A_{mj} 和 A_{ki} 的绝对数值。

几率 R_{km} 与碰撞截面 σ_{km} 的关系是

$$R_{km} = (N_B/\bar{v})\int \sigma_{km}(v_{\mathrm{rel}})v_{\mathrm{rel}}\mathrm{d}v \tag{8.8}$$

其中，N_B 是碰撞体 B 的密度，v_{rel} 是 M 和 B 之间的相对速度。

在温度 T 的样品盒中进行实验，速度服从麦克斯韦分布，式 (8.8) 变为

$$R_{km} = N_B\left(\frac{8kT}{\pi\mu}\right)^{-1/2}\langle\sigma_{km}\rangle \tag{8.9}$$

其中，$\mu = m_M m_B/(m_M + m_B)$ 是约化质量，$\langle\sigma_{km}\rangle$ 是 $\sigma_{km}(v)$ 对速度分布求平均的结果。这种方法得到的截面 σ_{km} 是积分截面，对所有的散射角 θ 进行积分。

通过测量荧光谱的卫星峰，可以确定激发态分子中转动诱导跃迁的转动非弹性积分截面 σ_{km}，已经测量了许多不同的分子，例如 I_2[8.25, 8.26]，Li_2[8.27, 8.28]，Na_2[8.29]

或 NaK[8.30]。为了说明，图 8.8 给出了碰撞 Na_2^*+He 诱导产生的激发态 Na_2^* 分子的跃迁过程 $J \to J+\Delta J$ 的截面 $\sigma(\Delta J)$。它们的数值由 $\sigma(\Delta J=\pm 1)\approx 0.3\text{nm}^2$ 快速地减小到 $\sigma(\Delta J=\pm 8)\approx 0.02\text{nm}^2$。这实际上是由于能量和动量守恒，因为能量差 $\Delta E = E(J\pm\Delta J)-E(J)$ 必须转化为碰撞体的动能。这种能量传输的几率正比于玻耳兹曼因子 $\exp[-\Delta E/(kT)]$[8.31]。

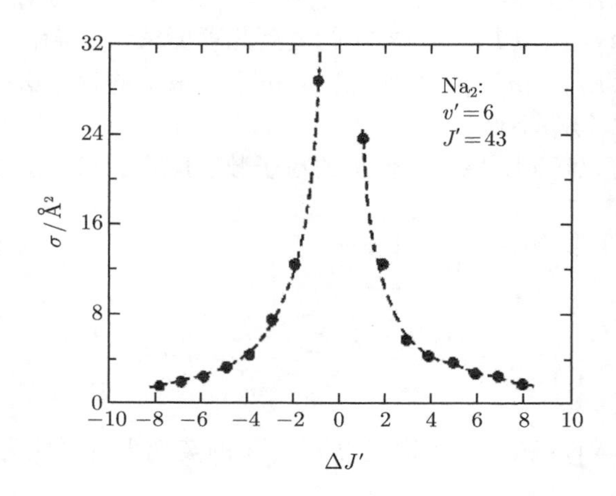

图 8.8 $Na_2^*(B^1\Pi_u, v'=6, J'=43)$ 与 He 原子的碰撞产生转动跃迁的绝对积分截面 $\sigma(\Delta J')$。$T=500\text{K}$[8.29]

如果碰撞粒子 $M+B$ 的相互作用势 $V(R)$ 具有球型对称性，它就只依赖于原子核之间的距离 R，不能够传递角动量 M。因此，截面 $\sigma(\Delta J)$ 的绝对数值就量度了势场 $V(M,B)$ 的非球形部分。这个势场可以用展开式来表示

$$V(R,\theta,\phi)=V_0(R)+\sum_{l,m} a_{lm}Y_l^m(\phi) \tag{8.10}$$

其中，Y_l^m 是球面函数。在原子核相同的双原子分子 M 中，Σ 态的电子云分布是柱状对称的。它的相互作用势必然与 ϕ 无关，对称性平面垂直于原子核之间连线。对于这种对称态，式 (8.10) 约化为

$$V(R,\theta)=a_0V_0(R)+a_2P_2(\cos\theta)+\cdots \tag{8.11}$$

其中，勒让德多项式 $P_2(\cos\theta)$ 的系数 a_2 可以由 $\sigma(\Delta J)$ 确定，a_0 依赖于弹性截面的数值[8.32, 8.33]。

然而，在 Π 态里，电子云具有电子角动量，电荷的分布不再具有柱状对称性 (图 8.9(b))。相互作用势 $V(R,\theta,\phi)$ 依赖于所有的三个变量。因为 Π 态 $(\Lambda=1)$ 的转动能级的两个 Λ 分量对应于不同的电荷分布，对于同一个转动能级 $|J\rangle$ 的两个

Λ 分量，碰撞诱导转动跃迁的截面 $\sigma(J, \pm\Delta J)$ 就会不同[8.34, 8.35]。的确观察到了这种对称性，如图 8.7 所示 (ΔJ 为偶数的跃迁可以到达的 Λ 分量不同于 ΔJ 为奇数的跃迁)[8.28, 8.34, 8.36]。

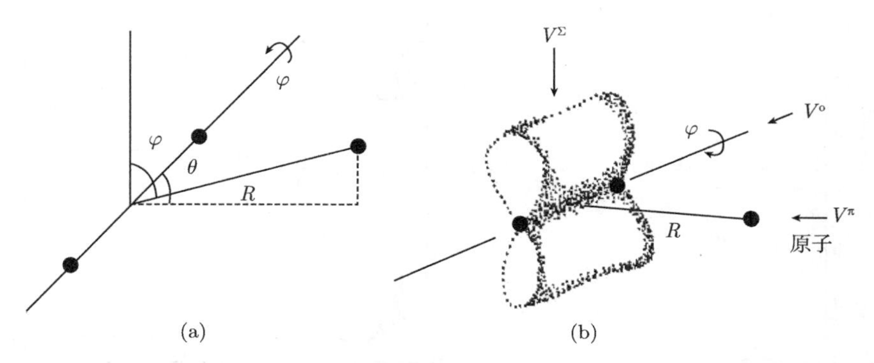

图 8.9 (a) 相互作用势 $V(R,\theta,\varphi)$ 中的变量 R，θ 和 φ；(b) 在原子核相同的双原子分子中，Π 的电子云分布的示意图。同时还给出了 Σ 型相互作用势和 Π 型相互作用势中 φ 的两个方向

除了激光诱导荧光之外，共振双光子电离 (第 1.4 节) 也可以灵敏地探测碰撞诱导的转动跃迁。对于那些不能够光学跃迁到低能级上，从而不能发射荧光的电子态来说，这种方法可以有效地替代激光诱导荧光。一个有说服力的例子详细研究了被激发的 N_2 分子与不同碰撞体之间的非弹性碰撞过程[8.37]。用双光子吸收选择性地激发 N_2 分子 $^1\Pi_g$ 态中的一个振动转动能级 (v', J') (图 8.10)。用共振双光子电离 (共振增强多光子电离，第 1.2 节) 检测碰撞引起的到其他能级 $(v'+\Delta v, J'+\Delta J)$ 的跃迁。能够达到的最佳信噪比可以由图 8.10(b) 中的碰撞卫星峰看出来，其中，光学泵浦的能级是 $(v'=2, J'=7)$。这个能级是由光谱中的 $P(7)$ 母谱线被电离而来的，在图 8.10(b) 的尺度里，它的信号高度是 7.25。

如果用偏振光泵浦的分子的母能级 $|k\rangle = (v_k, J_k)$ 获得了取向，这个取向就会通过碰撞部分地传递给能级 $(v_k+\Delta v, J_k+\Delta J)$。测量荧光的碰撞卫星谱线的偏振比 $R_\mathrm{p} = (I_\parallel - I_\perp)/(I_\parallel + I_\perp)$，就可以检测它[8.38]。

碰撞诱导的振动跃迁截面通常远小于转动跃迁的截面。这是由于能量守恒 (如果 $\Delta E_\mathrm{vib} \gg kT$) 和动力学的缘故 (碰撞的非绝热性必须足够大，即碰撞时间必须与振动周期相仿，甚至更小)[8.33]。光谱探测完全类似于转动跃迁的情况。在激光诱导荧光谱中，出现了碰撞诱导带 $(v_k+\Delta k) \to (v_m)$ (图 8.7)，它的转动分布反映了碰撞诱导跃迁 $(v_k, J_k) \to (v_k+\Delta v, J_k+\Delta J)$ 的几率[8.27, 8.29, 8.39, 8.40]。

可以用时间分辨红外光谱学或泵浦/探测测量研究电子基态中的振动跃迁 (第 8.3.1 节)。

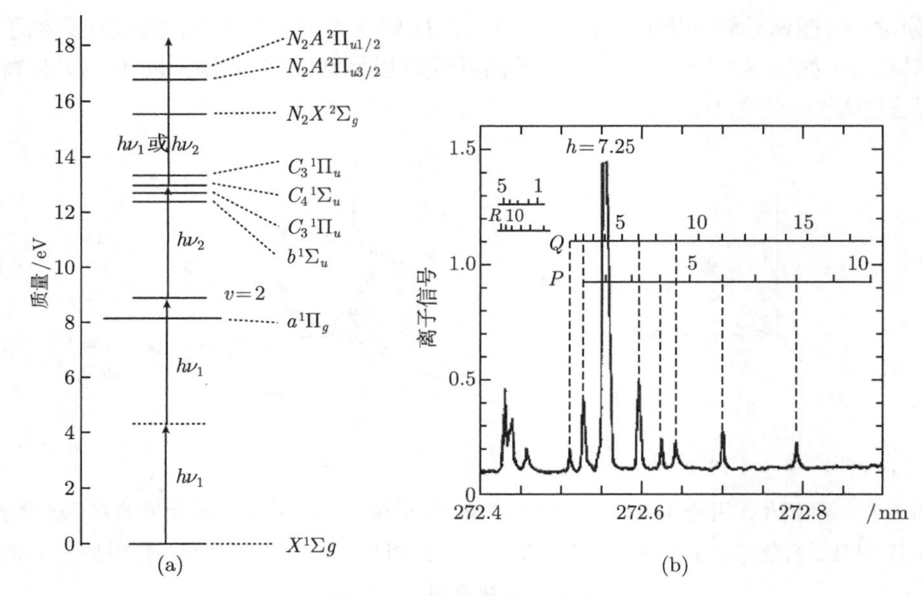

图 8.10　能级结构示意图

选择性地激发 N_2 分子的 $^1\Pi_g$ 态中的能级 ($v'=2, J'=7$)，用共振双光子电离来探测碰撞跃迁[8.37]

8.2.3　电子能量的碰撞传递

碰撞还可以传递电子能量。例如，在与 B 碰撞的过程中，被激发的原子 A^* 或分子 M^* 可以将自己的电子能量转换为 B 的动能 E_{kin} 或者内能，后者的几率更高一些[8.8]。

对于热能量范围的碰撞来说，碰撞时间 $T_{\text{coll}}=d/v$ 大于电子跃迁的时间。因此，可以用一个势来描述相互作用 $V(A^*,B)$ 或 $V(M^*,B)$。假定两个势能曲线 $V(A_i,B)$ 和 $V(A_k,B)$ 在能量 $E(R_c)$ 处相交 (图 8.11)。如果碰撞体的相对动能大得足以到达交叉点的话，这对碰撞粒子就可以跳到另一条势能曲线上去[8.41]。例如，在图 8.11 中，如果 $E_{\text{kin}}>E_2$，碰撞 A_i+B 可以产生电子型的激发 $|i\rangle\to|k\rangle$，而对于碰撞引起的退激发过程 $|k\rangle\to|i\rangle$，只要求动能 $E_{\text{kin}}>E_1$。

电子能量转移过程 $A^*+B\to A+B^*+\Delta E_k$ 的截面在能量共振的时候特别大，即 $\Delta E(A^*-A)\approx\Delta E(B^*-B)\to\Delta E_{\text{kin}}\leqslant kT$。一个众所周知的例子是亚稳态 He* 原子引起的 Ne 原子的碰撞激发，它是氦氖激光器的主要激发机制。

为了验证这种电子能量转移 ($E\to E$ 转移)，用激光选择性地激发 A，然后探测 B^* 的荧光光谱[8.42, 8.43]。

在激发态原子和分子的碰撞过程中，可以用电子激发原子 A^* 或分子 M^*。虽然两种情况

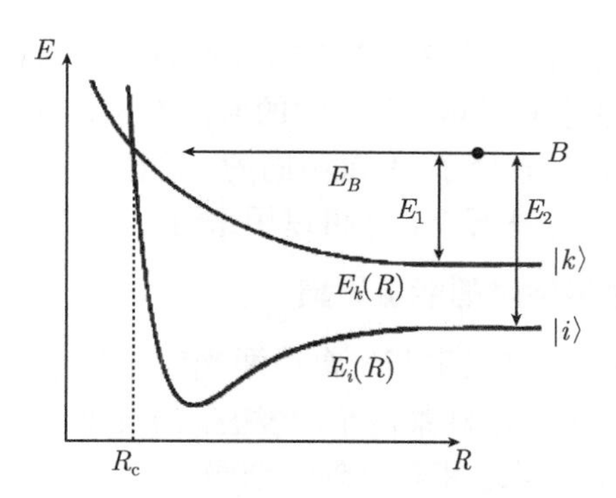

图 8.11 碰撞诱导的两个电子态 $|i\rangle$ 和 $|k\rangle$ 之间的跃迁的势能曲线，在两个势能曲线 $E_i(R) = M_i + B$ 和 $E_k(R) = M_k + B$ 的交叉点 $R = R_c$ 处，可以发生碰撞过程

$$M(v_i'', J_i'') + A^* \rightarrow M^*(v', J') + A \tag{8.12a}$$

和

$$M^*(v_k', J_k') + A \rightarrow M(v'', J'') + A^* \tag{8.12b}$$

表示的是互逆的过程，它们的碰撞截面可以有很大的差别。可以用粒子 M =Na_2 和 A =Na 证明这一点。可以将 Na 原子选择性地激发到 $3P$ 态，然后测量 Na_2^* 的时间分辨的荧光光谱[8.44]；也可以将 Na_2 激发到 $^1A\Sigma_u$ 态的一个确定能级 (v_k', J_k') 上，然后测量原子荧光的时间分辨光谱，得到变短了的寿命 $\tau_k(v_k', J_k')$ 和 $Na^*(3P)$ 能级上的粒子数 $N_{3p}(t)$[8.45]。有两种不同的过程可以产生 Na^*：

(a) 按照式 (8.12b) 进行的直接能量转移；

(b) 碰撞诱导分解 Na_2^*+Na→Na^*+Na+Na。

碰撞可以分解电子激发的分子，在化学反应中扮演着重要的角色，因此，已经研究了许多分子[8.46~8.48]。这一过程的碰撞截面可能大得足以产生原子能级间的粒子数反转。已经演示了基于分解泵浦的激光过程，例如大功率的碘激光器[8.49] 和 Cs 激光器[8.50]。

将电子能量转移给转动振动能的截面远大于电子能到动能 $(E \rightarrow T)$ 的转移截面[8.51]。这些过程在大分子的光化学反应中非常重要，详细的时间分辨激光光谱学研究已经深化了人们对许多生化过程的认识[8.52~8.54]。

态选择实验技术的一个例子利用了 CARS 技术 (第 4.4 节)，它很适合于研究电子到振动 $(E \rightarrow V)$ 的转移过程。Hering 等演示了这一技术[8.55]，他们研究了化学反应

$$Na^*(3P) + H_2(v'' = 0) \rightarrow Na(3S) + H_2(v'' = 1, 2, 3) \tag{8.13}$$

他们用染料激光器激发 Na^*，用 CARS 测量 $H_2(v'', J'')$ 的内部态分布。

有一种有趣的现象利用了激发态原子和基态原子之间的碰撞，这就是光学活塞，即光学泵浦的原子的宏观扩散[8.56]。它的原因在于，改变速度的碰撞过程的截面对于激发态原子 A^* 和基态原子 A 是不同的，这样就可以让光学泵浦的原子与未被泵浦的原子在空间上分离开来，它可以用来进行同位素分离[8.57]。

8.2.4　激发态原子发生碰撞时的能量聚集

用激光进行光学泵浦，可以将蒸气盒内激光束中的全部原子的相当一部分泵浦到电子激发态上，这样就可以观察两个激发态原子之间的碰撞过程。有许多可能的激发通道，可以将激发能量之和聚集到一个碰撞体上。已经在 Na*+Na* 体系中验证过这种能量聚集过程，观测到了下述反应[8.58]

$$\mathrm{Na}^*(3P) + \mathrm{Na}^*(3P) \to \mathrm{Na}^{**}(nL) + \mathrm{Na}(3S) \tag{8.14}$$

它导致了高能级 $|n, L\rangle$ 的激发 (图 8.12)。

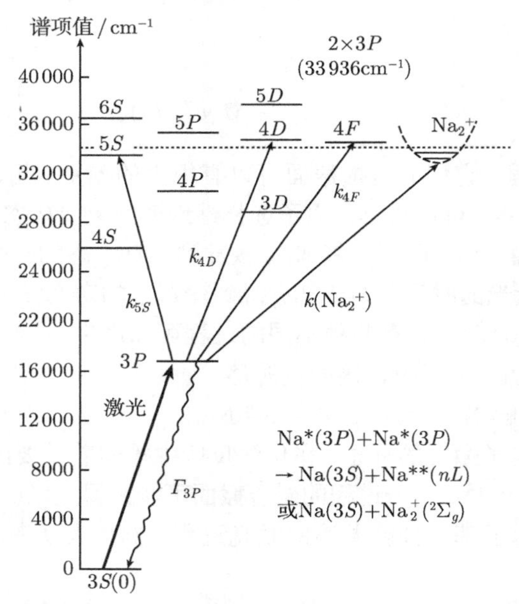

图 8.12　Na 原子的能级示意图，它给出了碰撞过程 Na*(3P)+Na*(3P) 的不同激发通道[8.60]

测量能级 $\mathrm{Na}^{**}(n,\ L = 4D$ 或 $5S)$ 发射的荧光强度 $I_{\mathrm{Fl}}(n, L)$，可以得到光学泵浦的 Na 原子的碰撞速率

$$k_{n,L} = N^2(\mathrm{Na}^*3p) \cdot \sigma_{n,L}\bar{v}[1/\mathrm{s\ cm}^3]$$

它随着激发态原子 Na* 的密度的平方值 N^2 而增大。该密度并不能够由测量得到的 Na*(3P) 荧光确定出来，因为辐射陷俘让结果失真了[8.59]。测量透射激光束的衰减是一种更好的方法，因为每吸收一个光子，就会产生一个 Na*(3P) 原子。

因为两个碰撞的 $Na^*(3P)$ 原子的激发能量之和要高于 Na_2 分子的电离限，可以观测到结合型的电离过程

$$Na^*(3P) + Na^*(3P) \underset{k_{Na_2^+}}{\longrightarrow} Na_2^+ + e^- \tag{8.15}$$

测量 Na_2^+ 离子，就可以得到这一过程的反应速率 $k(Na_2^+)$[8.60]。

为了扩大应用范围，下一步是用两束染料激光激发两种不同的成分 A_1 和 A_2。一个例子是同时激发样品盒中的钠原子和钾原子蒸气混合物 $Na^*(3P)$ 和 $K^*(4P)$。能量聚集可以激发高指数的 Na^{**} 或 K^{**} 能级，可以用它们的荧光进行检测[8.61]。用两种不同的频率 f_1 和 f_2 来斩波两束激光，$1/f$ 远大于碰撞转移时间，在 f_1、f_2 或 $f_1 + f_2$ 处锁相探测高激发能级发出的荧光，可以区分 Na^*+Na^*、K^*+K^* 和 Na^*+K^* 的能量聚集过程，它们都可以激发 Na^{**} 或 K^{**} 的能级 $|n, L\rangle$。更多的例子请参考文献 [8.62]，[8.63]。

8.2.5 自旋翻转跃迁的光谱学

碰撞诱导的精细结构分量之间的跃迁改变了电子自旋相对于轨道角动量的取向，已经用激光光谱技术对它进行了详细的研究[8.64]。经常使用的一种方法是灵敏的荧光，即选择性地激发一个精细结构分量，同时探测另一个分量随着压强的变化关系[8.65]。可以在脉冲激发下进行时间分辨测量[8.66]，也可以在连续激光下测量两个精细结构分量的强度比[8.67]。

特别有趣的问题是：在被激发到预分解态之后，双原子分子将会分解到原子的哪个精细结构分量上？研究这一问题，可以给出分子间距很大时分子角动量之间再耦合的信息，以及势曲线交叉点处的信息[8.68]。对样品盒中的这些过程的早期研究通常给出了错误的答案，因为碰撞诱导的精细结构跃迁和辐射陷俘已经改变了分解过程产生的精细结构分量上的粒子数。因此，为了测量特定精细结构分量的初始粒子数，必须用激光激发分子束[8.69]。

分子中碰撞诱导的自旋翻转跃迁将光学激发的分子从一个单态转移到一个三重态，这有可能显著地改变它的化学反应活性[8.70]。在染料激光器中，这种过程非常重要，已经进行了深入的研究[8.71]。因为最低的三重态 T_0 的寿命很长，可以将染料激光调节到跃迁 $T_0 \to T_1$ 上，对激光吸收进行时间分辨测量，就可以得到三重态 T_0 的粒子数 $N(t)$。

为了研究电子碰撞激发 Na 原子时的自旋翻转跃迁，采用图 8.13 所示的激光光谱技术[8.72]。在弱外磁场中，用 σ^+ 光在 $3S_{1/2} \to 3P_{1/2}$ 跃迁上进行光学泵浦，将 Na 原子激发到 $3S_{1/2}(m_s = +1/2)$ 能级。从这个能级出发，电子碰撞使得塞曼分量 $3P_{3/2}(M_J)$ 被占据。将连续染料激光调节到 $3\,^2P_{3/2}(M_J) \to 5\,^2S_{1/2}(M_s = \pm 1/2)$ 上，测量级联荧光 $5S_{1/2} \to 4P \to 3S_{1/2}$，就可以得到粒子数 N_M。

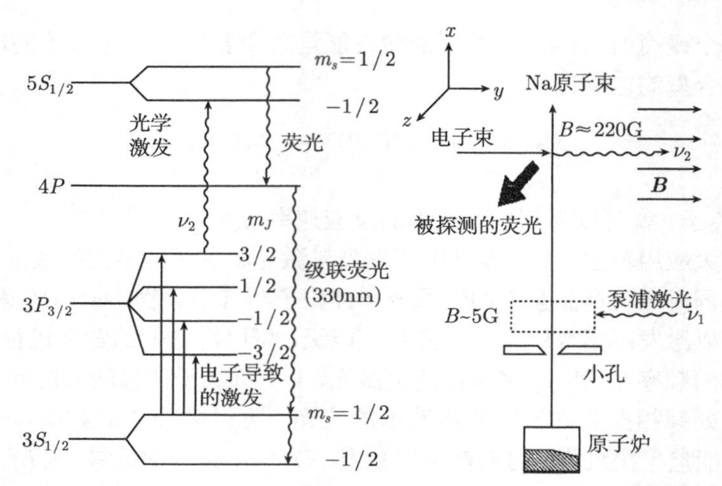

图 8.13 测量 Na 原子 $3\,^2P_{3/2}$ 态中的塞曼能级 $|M_J\rangle$ 上的相对粒子数

用激光激发 $5\,^2S_{1/2}$ 态，然后测量到 $3S_{1/2}$ 态的级联荧光[8.72]

图 8.14 总结了从一个选择激发的分子能级 $|v'_k, J'_k\rangle$ 到其他分子或原子能级的所有可能的碰撞诱导跃迁。

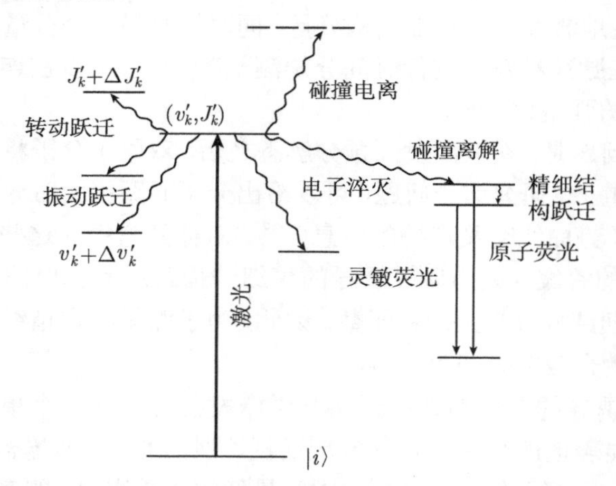

图 8.14 从分子能级 (v'_k, J'_k) 出发的所有可能的碰撞诱导跃迁，用光学泵浦选择性地占据这个电子激发态

8.3 测量分子的电子基态中的碰撞诱导跃迁的光谱技术

在大多数实验条件下，在分子的电子基态中，辐射过程通常很慢，因此，碰撞诱导跃迁是能量再分布的主要机制。在产生非平衡分布的时候 (比如通过化学反应

或光学泵浦)，这些碰撞过程试图恢复热平衡。系统的弛豫时间决定于碰撞截面的绝对数值。

对于大多数红外分子激光器，如 CO_2 和 CO 激光器，或者对于化学激光器，如 HF 或 HCl 激光器，用于发射激光的分子的振动–转动能级之间的碰撞能量转移对产生和维持粒子数反转和增益是非常重要的。因此，这些激光器被称为能量转移激光器[8.73]。在许多可见光分子激光器中，激光在被光学泵浦的电子激发态能级 (ν', J') 和电子基态的高振动能级之间的跃迁上振荡，因为辐射跃迁通常很小，必须对低激光能级进行碰撞退激发。例子有染料激光器[8.74] 或二聚物分子激光器，例如 Na_2 激光器或 I_2 激光器[8.75]。

在与另一个分子 AB 碰撞的过程中

$$M(E_i) + AB(E_m) \rightarrow M(E_i - \Delta E_1) + AB^*(E_m + \Delta E_2) + \Delta E_{\text{kin}} \tag{8.16}$$

位于电子基态上的分子 $M(v_i, J_i)$ 的内能量 $E_i = E_{\text{vib}} + E_{\text{rot}}$ 可以转化为 AB^* 的振动能量 ($V \rightarrow V$ 转移)、转动能量 ($V \rightarrow R$ 转移)、电子能量 ($V \rightarrow E$ 转移) 或平动能量 ($V \rightarrow T$ 转移)。在 M 和原子 A 的碰撞过程中，只能有后面两种过程。

实验表明，$V \rightarrow V$ 或 $V \rightarrow R$ 转移的截面远大于 $V \rightarrow T$ 转移。当两个碰撞体的振动能量接近共振的时候，更是如此。

这种近共振 $V \rightarrow V$ 转移的著名例子是用 N_2 分子来碰撞激发 CO_2 分子

$$CO_2(0,0,0) + N_2(v=1) \rightarrow CO_2(0,0,1) + N_2(v=0) \tag{8.17}$$

它是 CO_2 激光器中激光上能级的主要激发机制 (图 8.15)[8.76]。

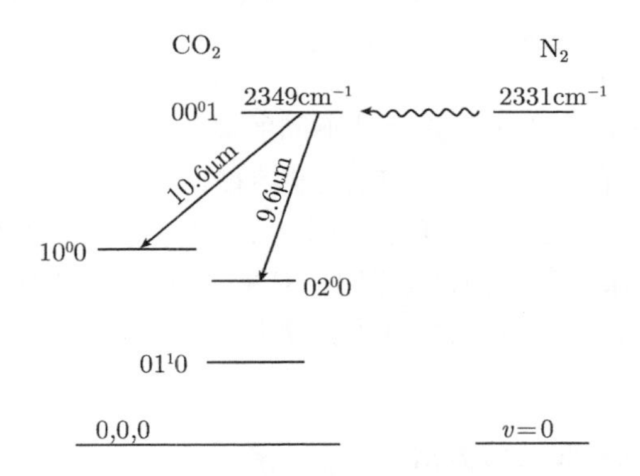

图 8.15　振动能量转移：从 $N_2(v=1)$ 到 CO_2 激光跃迁的上振动能级 $(v_1=0, v_2=0, l_{\text{vib}}=0, v_3=1)$

用来研究位于电子基态分子的非弹性碰撞的实验技术通常不同于第 8.2 节讨论的技术。原因在于，基态能级的自发寿命很长，与可见光或紫外光相比，红外辐射的探测灵敏度小得多。虽然已经使用了红外荧光探测，但是绝大多数方法仍然使用吸收测量和双共振技术。

8.3.1 时间分辨红外荧光探测

用红外激光短脉冲激发 M^*，用时间分辨率足够高的低温高速红外探测器 (第 4.5 节) 测量 AB^* 的荧光，就可以监视式 (8.16) 描述的能量转移过程。已经有许多实验室进行了这种测量[8.6]。用 Green 和 Hancock 的实验[8.77] 进行说明，如图 8.16(a) 所示：一束 HF 脉冲激光将 HF 分子激发到振动能级 $v=1$ 上。与其他分子 $AB(AB=\mathrm{CO,N_2})$ 的碰撞将能量传递给 AB^* 的激发振动能级。用光谱滤光片将 AB^* 和 HF* 发出的红外荧光区分开来。如果使用两个探测器，就可以同时检测振动激发的 HF 分子的粒子数密度 $N(\mathrm{HF}^*)$ 的减少以及 $N(AB^*)$ 的累积和衰减。

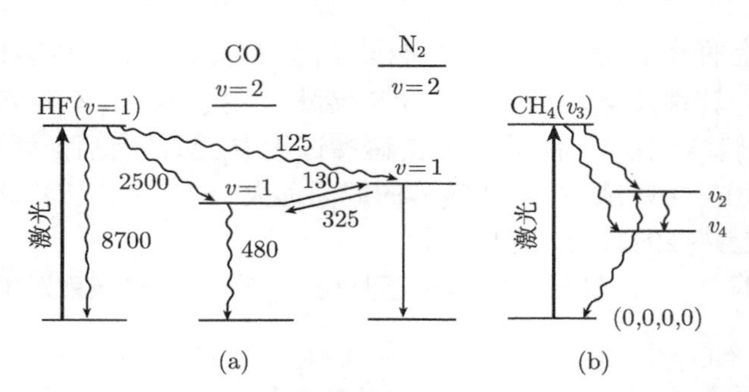

图 8.16 用荧光探测光学泵浦的分子能级上的振动能量转移

(a) 分子之间的能量转移 $\mathrm{HF}^* \to \mathrm{CO,N_2}$。给出了不同的碰撞诱导跃迁的平均碰撞次数；(b) 分子内的能量转移 $\mathrm{CH}_4^*(v_3) \to \mathrm{CH}_4^*(v_2) + \Delta E_{\mathrm{kin}}$[8.77]

对于更大的分子 M，必须区分两种不同的碰撞弛豫过程：碰撞 M^*+AB 可以将 M^* 的内能量转移给 AB^*(分子间的能量转移)，也可以在 M^* 的不同振动模式之间重新分配能量 (分子内的能量转移)(图 8.16(b))。一个例子是分子 $M=\mathrm{C_2H_4O}$，可以用 $3000\mathrm{cm}^{-1}$ 的脉冲参量振荡器在 C−H 拉伸振动上激发它[8.78]。碰撞诱导跃迁占据的其他振动能级上的荧光可以用光谱滤光片检测。可以在一些综述文章中找到更多的例子[8.79∼8.81]。

8.3.2 时间分辨吸收和双共振方法

利用荧光谱中的卫星峰，可以检测电子激发态中的碰撞诱导跃迁 (第 8.2.2 节)；利用吸收谱的变化，可以研究分子的电子基态中的非弹性碰撞导致的能量转移过程。如果被研究的转动–振动能级的辐射寿命非常长，荧光探测就会因为强度的问题而失效，此时，吸收谱技术就特别有用。

研究电子基态中的碰撞诱导跃迁的一种成功技术是时间分辨双共振技术[8.82]。该方法如图 8.17 所示。将一束脉冲激光 L_1 调节到红外或光学跃迁 $|i\rangle \to |k\rangle$ 上，用来耗尽下能级 $|1\rangle = (v_i'', J_i'')$。其他能级通过碰撞跃迁再次填充这个被耗尽的能级。将另一束弱探测激光 L_2 调节到另一个由被耗尽的下能级 $|i\rangle$ 开始的跃迁上 $|1\rangle \to |3\rangle = (v_j', J_j')$ 。如果泵浦和探测激光光束在吸收样品中的重叠长度为 Δz，测量透射的探测激光的强度，就可以检测样品对探测激光的吸收

$$I(\Delta z, t) = I_0 \mathrm{e}^{-\alpha \Delta z} \approx I_0[1 - N_i(t)\sigma_{ij}^{\mathrm{abs}} \Delta z] \tag{8.18}$$

$I(\Delta z, t)$ 的时间分辨测量给出了粒子数密度 $N_i(t)$ 的时间依赖关系。利用连续的探测激光，可以用透射强度 $I(\Delta z, t)$ 来测量吸收，也可以用探测激光引起的时间分辨

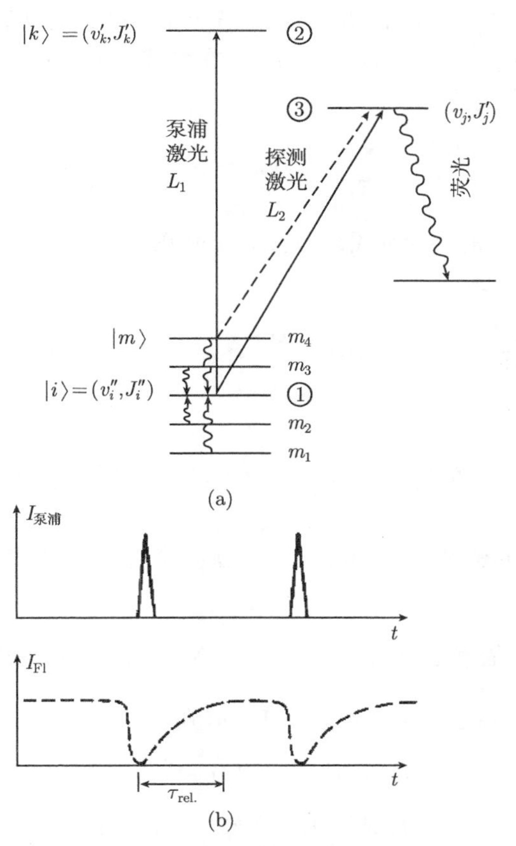

图 8.17　监视探测激光吸收的时间依赖关系，可以确定被泵浦激光脉冲耗尽的下能级 (v_i'', J_i'') 的再填充速率

(a) 能级示意图；(b) 泵浦脉冲的时间依赖关系，以及通过探测激光诱导的荧光得到的能级上的粒子数密度 $N_i(t)$

荧光来进行测量，它正比于 $N_j(t) \propto N_i(t)P(L_2)$。如果使用脉冲探测激光，改变泵浦光和探测光之间的延迟时间 Δt 并测量 $\alpha(\Delta t)$ 的数值，就可以得到能级 $|1\rangle$ 的再填充时间。

在没有光学泵浦的时候，热平衡态中的粒子数密度与时间无关。由速率方程

$$\frac{\mathrm{d}N_i^0}{\mathrm{d}t} = 0 = -N_i^0 \sum_m R_{im} + \sum_m N_m^0 R_{mi} \tag{8.19}$$

可以得到精细平衡条件

$$N_i^0 \sum_m R_{im} = \sum_m N_m^0 R_{mi} \tag{8.20}$$

其中，R_{im} 是跃迁 $|i\rangle \to |m\rangle$ 的弛豫几率。如果 $t=0$ 时刻的光学泵浦将粒子数 N_i^0 减小为饱和值 $N_i^s < N_i^0$，式 (8.20) 的右侧就大于左侧，来自于相邻能级 $|m\rangle$ 的碰撞诱导跃迁 $|m\rangle \to |i\rangle$ 就会重新填充 $N_i(t)$。在泵浦脉冲结束之后，$N_i(t)$ 的时间依赖关系可以由下式得到

$$\frac{\mathrm{d}N_i}{\mathrm{d}t} = \sum_m N_m R_{mi} - N_i(t) \sum_m R_{im} \tag{8.21a}$$

假定能级 $|i\rangle$ 的光学泵浦不会显著地改变粒子数密度 $N_m (m \neq i)$，那么就可以由式 (8.20) 和式 (8.21a) 得到

$$\frac{\mathrm{d}N_i}{\mathrm{d}t} = [N_i^0 - N_i(t)] \sum_m R_{im} = [N_i^0 - N_i(t)] K_i \tag{8.21b}$$

弛豫速率为

$$K_i = \sum_m R_{im} = N_B \bar{v} \sigma_i^{\text{total}} = N_B \sqrt{\frac{8kT}{\pi\mu}} \langle \sigma_i^{\text{total}} \rangle \tag{8.22}$$

其中，N_B 是碰撞体的密度，$\mu = M_A \cdot M_B/(M_A + M_B)$ 是约化质量，$\sigma_i^{\text{total}} = \sum_m \sigma_{im}$ 是总碰撞截面。

弛豫常数 K_i 既依赖于总截面 $\langle \sigma_i^{\text{total}} \rangle = \sum_m \langle \sigma_{im} \rangle$ 对热速度分布的平均值，也依赖于温度 T。对式 (8.21) 进行积分，可以得到

$$N_i(t) = N_i^0 + [N_i^{\mathrm{s}}(0) - N_i^0] \mathrm{e}^{-K_i t} \tag{8.23}$$

这就说明，在 $t=0$ 时刻的泵浦脉冲结束之后，粒子数密度 $N_i(t)$ 由其饱和值 $N_i^{\mathrm{s}}(0)$ 以指数的形式返回到平衡值 N_i^0，时间常数为

$$\tau = (K_i)^{-1} = (\bar{v}_{\text{rel}} \langle \sigma_i^{\text{total}} \rangle N_B]^{-1} \tag{8.24}$$

它既依赖于总填充截面 $\langle \sigma_i^{\text{total}} \rangle$ 的平均值，也依赖于碰撞体的粒子数密度 N_B。

这种泵浦/探测技术的一个例子是：用红外–紫外双共振方法来研究甲醛的同位素分子 HDCO 和 D_2CO 中的碰撞诱导的振动–转动跃迁[8.83]。一台 CO_2 激光器泵浦了分子的 v_6 振动能级 (图 8.18)。用时间延迟可变的可调谐 UV 染料激光产生荧光，测量荧光强度的变化，可以监测碰撞引起的到其他振动模式的能量转移。

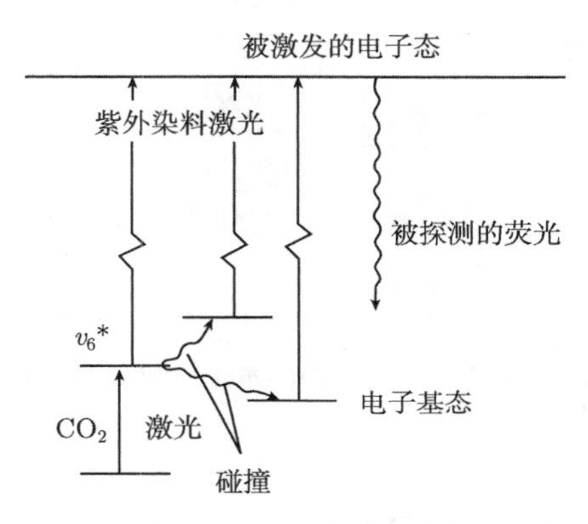

图 8.18 IR-UV 双共振方法的能级结构示意图

用于测量 D_2CO 分子中碰撞诱导的分子内振动跃迁[8.83]

泵浦/探测技术的时间分辨精度并不受制于探测器的上升时间。因此，可以用于皮秒和飞秒区 (第 6.4 节)，对于研究超快弛豫现象非常有利，例如液体和固体中的碰撞弛豫过程[8.84, 8.85]。它对于实时地研究分子的形成和分解也非常有用，可以在化学键形成或断裂的极短时间间隔内观测碰撞体[8.86]。

8.3.3 使用连续激光的碰撞光谱学

如果已经利用上一节讨论的时间分辨研究知道了 $\sigma_i^{\text{total}} = \sum \sigma_{im}$，那么，对式 (8.3) 和式 (8.22) 中的各种贡献 R_{im} 进行的量子态选择性测量就没有必要具有时间精度。泵浦激光可以是一台连续染料激光器，将它调节到想要的跃迁上 $|i\rangle \to |k\rangle$(图 8.19)，并以频率 $f \ll 1/\tau_i = K_i$ 进行斩波。这样就可以保证，在与泵浦激光同相位时，准稳态粒子数密度为 N_i^{s}，反相时为 N_i^0。

在这种情况下，同相位时粒子数与热平衡态时的偏离 $N_i^{\text{s}} - N_i^0$ 就会通过碰撞转移来影响邻近能级 $|m\rangle$ 上的粒子数密度 N_m(式 (8.21a))。在稳态条件下，类似于式 (8.19) 和式 (8.21)，在与泵浦激光同相位的时候，可以得到

$$\frac{\mathrm{d}N_m}{\mathrm{d}t} = 0 = \sum_j (N_j R_{jm} - N_m R_{mj}) - (N_m - N_m^0) K_m \tag{8.25a}$$

当相位相反的时候

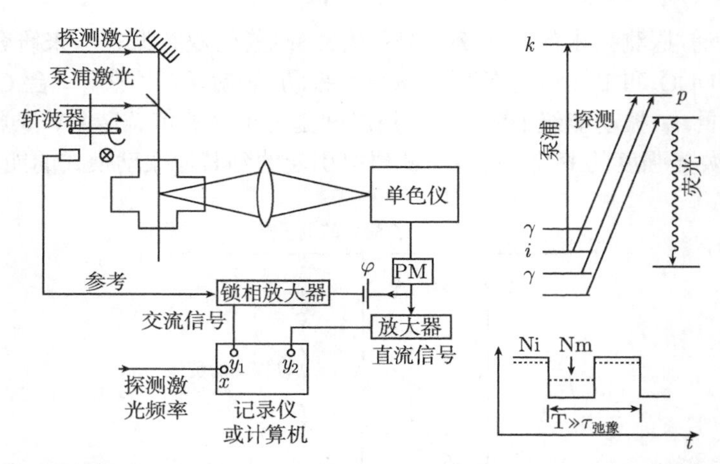

图 8.19 用连续激光测量位分子的电子基态中的单个碰撞诱导跃迁：实验装置和能级结构示意图

$$\frac{\mathrm{d}N_m^0}{\mathrm{d}t} = \sum_j N_j^0 R_{jm} - N_m^0 R_{mj} = 0 \tag{8.25b}$$

其中，式 (8.25) 的右侧表示 N_m 向平衡粒子数 N_m^0 的弛豫过程。将偏离差 $\Delta N = N - N^0$ 代入式 (8.25)，由式 (8.19) 可以得到

$$0 = \sum_j (\Delta N_j R_{jm} - \Delta N_m R_{mj}) - \Delta N_m K_m \Rightarrow \Delta N_m = \frac{\sum \Delta N_j R_{jm}}{\sum R_{mj} + K_m} \tag{8.26}$$

这个式子将粒子数的变化 ΔN_m 与其他所有能级 $|j\rangle$ 上的粒子数变化联系了起来，其中，对 j 的求和也包括光学泵浦的能级 $|i\rangle$。当 $j \neq i$ 的时候，物理量 ΔN_j 和 R_{jm} 正比于碰撞体的密度 N_B。当压强足够低的时候，可以忽略式 (8.26) 中 $j \neq i$ 的所有项 $\Delta N_j R_{jm}$，得到 $p \to 0$ 极限情况下的关系式

$$\frac{\Delta N_m}{\Delta N_i} = \frac{R_{im}}{\sum_j R_{mj} + K_m} \tag{8.27}$$

弛豫常数 K_m 可以由时间分辨测量的结果得到 (第 8.3.2 节)。由斩波的连续激光实验的信号可以得到如下信息：比值 $\Delta N_m/\Delta N_i$ 与分别调节到 $|i\rangle \to |p\rangle$ 和 $|m\rangle \to |p\rangle$ 的探测激光的交流吸收信号的比值直接相关，此时锁相探测器的频率被调节到泵浦激光的斩波频率 f。也就是说，交流信号的比值

$$\frac{S_m^{\mathrm{ac}}}{S_i^{\mathrm{ac}}} = \frac{B_{mp}\Delta N_m}{B_{ip}\Delta N_i} \tag{8.28}$$

正比于粒子数变化的比值，它还依赖于爱因斯坦系数 B_{mp} 和 B_{ip}。

在对泵浦激光进行方波调制的时候，如果测量探测光信号的时间平均后的直流部分

$$S_m^{\mathrm{dc}} = CB_{mp}\frac{N_m^{\mathrm{s}} + N_m^0}{2} \tag{8.29}$$

可以由下述关系式得到粒子数密度 N_m 的相对变化 $\Delta N_m/N_m$

$$\frac{\Delta N_m/N_m^0}{\Delta N_i/N_i^0} = \frac{S_m^{\mathrm{ac}}}{S_m^{\mathrm{dc}}}\frac{S_i^{\mathrm{dc}}}{S_i^{\mathrm{ac}}} \tag{8.30}$$

利用 $N_i^0/N_m^0 = (g_i/g_m)\exp(-\Delta E/kT)$，可以用式 (8.30) 确定 ΔN_m 的绝对数值。

8.3.4　涉及高振动态分子的碰撞过程

电子基态的高振动能级 $|v\rangle$ 上的分子通常具有更大的碰撞截面。如果碰撞体的动能 E_{k} 大于分解能量 E_{D} 和振动能量 E_{v} 的差别 $(E_{\mathrm{D}} - E_{\mathrm{v}})$，就可以发生分解 (图 8.20(a))。这样产生的碎片的反应活性通常大于分子，因此，引发化学反应的几率通常随着振动能量的增大而增加。这样研究设计到振动激发分子的碰撞就非常重要。已经发展了几种光谱方法以便让高振动能级上的占据数足够大，对于具有红外活性的振动跃迁来说，用红外激光的单光子或多光子吸收进行光学泵浦是一种可能的方法[8.87]。对于原子核相同的双原子分子或红外非活性模式，这种方法无效。

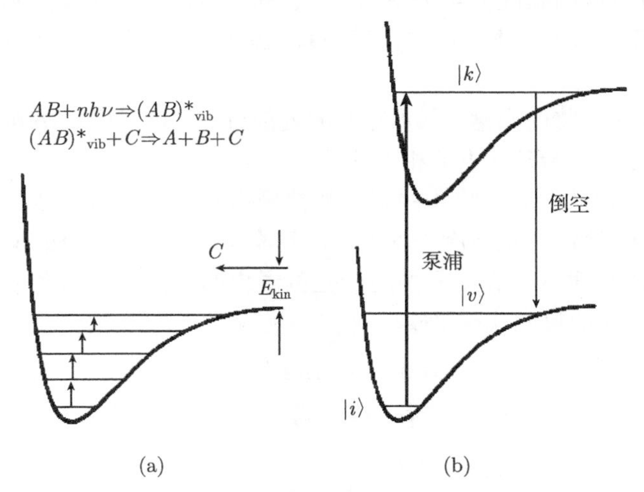

图 8.20　碰撞诱导分解

高振动能级占据数由 (a) 多个红外光子吸收或 (b) 受激辐射泵浦产生

受激辐射泵浦是一种强有力的技术，可以在选定的振动能级上产生很大的占据数[8.88, 8.89]。将泵浦激光固定在跃迁 $|i\rangle \to |k\rangle$ 上，将探测激光则调节到向下的跃迁 $|k\rangle \to |v\rangle$ (图 8.20(b))。恰当地选择上能级 $|k\rangle$，可以让跃迁 $|k\rangle \to |v\rangle$ 的弗兰

克–康登因子足够大。利用脉冲激光可以将能级 $|i\rangle$ 上相当一部分的初始占据数 N_i 转移到最终能级 $|v\rangle$ 上。

利用相干受激拉曼过程 (第 7.3 节)，可以将几乎全部的初始占据数 N_i 转移到最终能级 $|v\rangle$ 上[8.90]。此时，为了避免能级 $|k\rangle$ 的自发辐射引起的转移损耗，不要与中间激发能级 $|k\rangle$ 精确共振。利用缀饰态 (即分子态加上辐射场) 之间的绝热过渡，可以解释占据数的转移[8.91, 8.92]。

对于碰撞诱导的分解来说，对于能量向分子其他束缚能级上的转移来说，研究选择性占据的能级 $|v\rangle$ 上的分子的碰撞过程，可以给出碰撞截面对振动能量的依赖关系。了解这些依赖关系对于深入地理解碰撞动力学非常重要，因此，已经发表了许多关于这一主题的理论和实验文章。更多的信息请参见综述文章 [8.81], [8.87], [8.93]~[8.95] 及其中的文献。

8.4 化学反应碰撞的光谱学

为了不仅仅依赖于“试错法”来对化学反应进行优化，必须深入地理解化学反应碰撞。为了实现这一目标，激光光谱技术提供了许多可能的方法[8.96]。反应式碰撞的光谱研究有两个值得强调的方面。

(a) 与测量反应的温度依赖关系相比，选择性地激发一个反应物，可以更为精确地确定反应几率对反应物内能的依赖关系。原因在于，内能和平动能都会随着温度而发生变化。

(b) 指认反应产物的光谱，测量它们的内能分布，可以确认不同的反应途径及其在确定的反应物初始条件下的相对几率。

反应式碰撞光谱学的实验条件与非弹性碰撞光谱学非常类似，从选择性地激发样品盒中的反应物、确定速度平均的反应速率，到交叉分子束的反应碰撞中的详细的态–态光谱学 (第 8.5 节)。下面用一些例子说明当前的研究水平。

第一个态选择的反应式碰撞实验是化学反应

$$\begin{aligned}&\mathrm{Ba} + \mathrm{HF}(v=0,1) \rightarrow \mathrm{BaF}(v=0-12) + \mathrm{H}\\&\mathrm{Ba} + \mathrm{CO_2} \rightarrow \mathrm{BaO} + \mathrm{CO}\\&\mathrm{Ba} + \mathrm{O_2} \rightarrow \mathrm{BaO} + \mathrm{O}\end{aligned} \tag{8.31}$$

用激光诱导荧光测量反应产物的内态分布 $N(v'', J'')$ 及其对卤化物分子振动能量的依赖关系[8.97, 8.98]。

随着新红外激光器和灵敏的红外探测器的发展，已经能够研究反应产物的红外光谱已知，但是不吸收可见光的化学反应。一个例子是吸热反应

$$\mathrm{Br} + \mathrm{CH_3F}(v_3) \rightarrow \mathrm{HBr} + \mathrm{CH_2F} \tag{8.32}$$

其中，用 CO_2 激光激发 CH_3F 的 CF 拉伸振动 v_3[8.99]。反应几率随着 CH_3F 内能量的增加而显著增加。如果激发态 $CH_3F(v_3)$ 分子的浓度足够大，能量聚集碰撞过程

$$CH_3F^*(v_3) + CH_3F^*(v_3) \rightarrow CH_3F^{**}(2v_3) + CH_3F \tag{8.33}$$

就增大了一个碰撞分子的 E_{vib} 。与式 (8.32) 有关的能级结构如图 8.21 所示。如果内能与动能之和大于反应势垒，就可能出现激发态产物分子，可以用它们的红外荧光来检测。

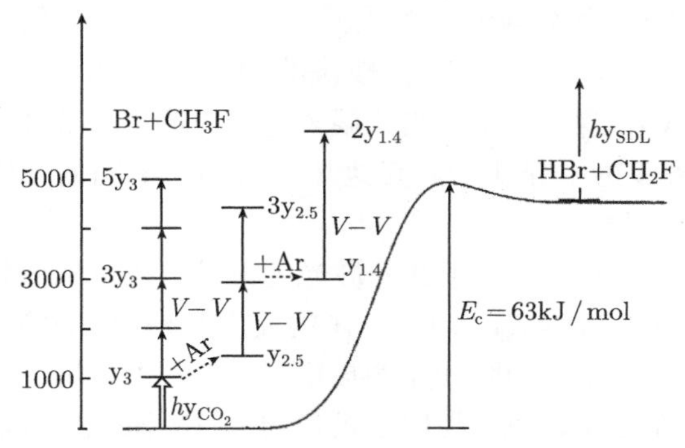

图 8.21 吸热反应 $Br + CH_3F^*(v_3) \rightarrow HBr + CH_2F$ 的能级结构示意图[8.99]

这类研究的典型实验装置如图 8.22 所示。在一个流系统中发射反应式碰撞，用脉冲式红外激光选择性地激发反应物分子的能级 (v, J)。用高速、冷却的探测器探测荧光，从而获得反应物或反应产物分子的激发态能级上依赖于时间的粒子占据数 (第 4.5 节)。

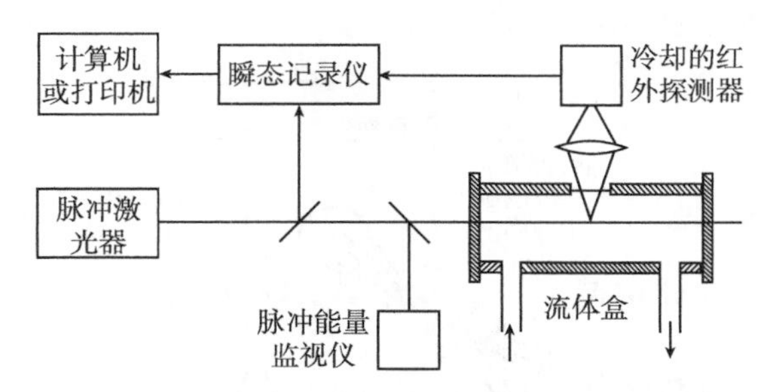

图 8.22 用光谱精度和时间精度来研究化学反应中的红外激光诱导荧光的实验装置

关于氢的基本交换反应的详细机制，有一个长久以来争论不清的话题

$$H_a + H_bH_c \rightarrow H_aH_b + H_c \tag{8.34a}$$

已经对 H_3 的势表面进行了精确的从头计算，然而，仍然需要对理论预言进行实验验证。首先，为了区分弹性散射和非弹性散射，必须进行同位素替代。此时研究的

反应不再是式 (8.34a)，而是

$$H + D_2 \rightarrow HD + D \tag{8.34b}$$

其次，所有的电子跃迁都处于真空紫外区。H 或 D_2 的激发和 HD 或 D 的探测都需要真空紫外激光器。第三，必须生成氢原子，因为买不到氢原子。

1983 年进行了首次实验[8.100, 8.101]。利用 Nd:YAG 激光的四次谐波分解泄露分子束中的 HI 分子，从而产生 H 原子。因为分解后的碘原子位于两个精细结构能级 $I(P_{1/2})$ 和 $I(P_{3/2})$ 上，在质心系 $H + D_2$ 中产生了两种 H 原子，平动能分别是 $E_{\text{kin}} = 0.55\text{eV}$ 和 1.3eV。如果较慢的 H 原子碰撞了 D_2，可以到达产物分子的振动–转动激发能量，直至 $(v = 1, J = 3)$，而较快的 H 原子可以占据 HD 能级，直到 $(v = 3, J = 8)$。利用 CARS(第 3.3 节) 或共振多光子电离，可以检测 HD 分子的内态分布[8.100]。因为这种反应非常重要，其他几个组利用不同的光谱技术重复了这些测量，提高了信噪比[8.102]。

D. J. Nesbit 小组使用了一种基于红外激光的方法，在单次碰撞条件下，研究了交叉分子束中的化学反应 $F + H_2 \rightarrow HF + H$ 的反应产物 HF 的新生态分布[8.103]。实验装置 (图 8.23) 包括 F 原子的脉冲超声放电源，F 原子与另一个脉冲喷射源中的 H_2 分子发生碰撞。在交叉区里，利用单模可调谐 IR 激光的吸收，可以检测产物 $HF(v, J)$，能够完全地分辨振动–转动过程 (图 8.24)。

在星际气体和许多化学、生物学过程中，离子和分子的化学反应都非常重要，光谱工作者对它们的兴趣日益增长。近来研究的一个例子是交换电荷的化学反应

$$N^+ + CO \rightarrow CO^+ + N$$

其中，通过测量红外荧光谱对 N^+ 离子动能的依赖关系，得到了不同振动能级 v 的 CO^+ 的转动分布 $N(v, J)$(图 8.25)[8.104]。

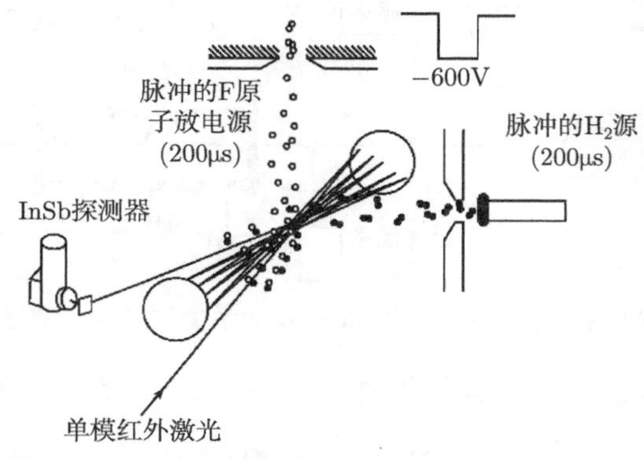

图 8.23　示意图：交叉喷流的直接吸收的反应式散射实验

脉冲放电喷流扩散中产生的氟原子在行走了 904.5cm 后与超声冷却的 H_2 分子脉冲交叉。可调谐的单模 IR 激光多次垂直地通过碰撞面，通过直接吸收来探测 $HF(v, J)$ 产物[8.103]

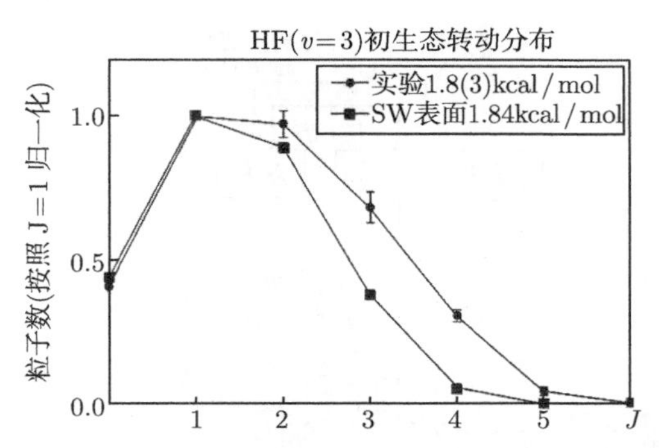

图 8.24　化学反应 $F + H_2 \rightarrow HF + H$ 的反应产物 $HF(v = 3)$ 的转动分布[8.103]

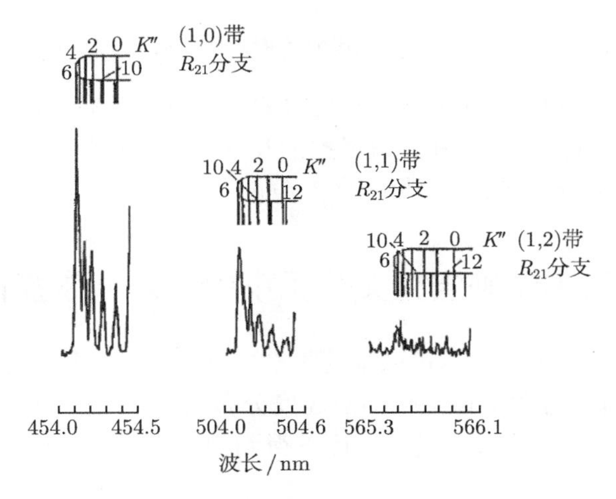

图 8.25　激光诱导荧光谱：通过电荷交换反应 $N^+ + CO \rightarrow N + CO^+$ 形成的 $CO^+(v = 0, 1, 2)$ 的 R_{21} 能带头[8.104]

光化学反应通常始于直接光分解，也可能始于被激光激发的分子的碰撞诱导分解，后者的中间产物是自由基，通过碰撞再进一步发生反应。已经深入地研究了母分子被 UV 激光激发后的光分解的动力学[8.105]。虽然早期的实验只限于测量分解产物的内态和分布，后来的更为精细的装置可以测量不同偏振的光分解激光的反应产物的取向角分布[8.106~8.108]。用下述例子说明这一技术

$$\mathrm{ICN} \xrightarrow[248\mathrm{nm}]{h\nu} \mathrm{CN} + \mathrm{I}$$

实验装置如图 8.26 所示。用 $\lambda = 248$nm 的 KrF 激光的圆偏振光来激发 ICN 分子。利用一束偏振染料激光所诱导的荧光，可以检测 CN 碎片的取向。该染料激光可以在 CN 的 $B^2\Sigma \leftarrow X^2\Sigma^+$ 系中扫描。利用光弹调制器让圆偏振态从 σ^+ 到 σ^- 周期性地变化。荧光强度的相应变化给出了 CN 碎片的取向[8.109]。

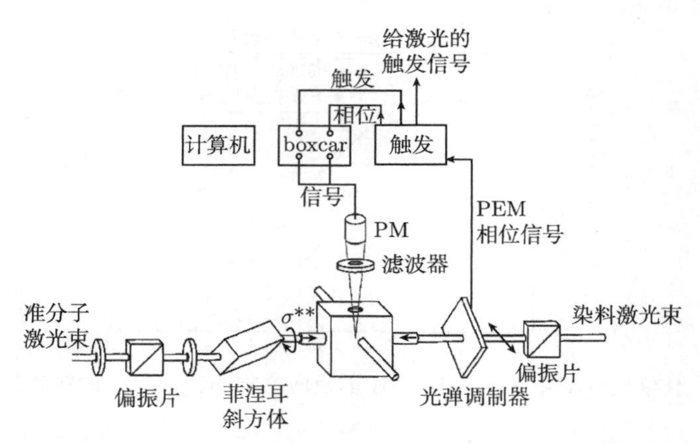

图 8.26 实验装置示意图：用于测量母分子被光分解后产生的碎片的取向[8.109]

一个著名的例子是，H_2O 的光分解使得 OH 碎片更倾向于占据 Λ 分量，它是在星际云雾中观测到的太空 OH 微波激射的基础[8.110]。化学反应的激光光谱学还有更多的例子，可以参考文献[8.111~8.115]。

8.5 用光谱确定交叉分子束中的差分碰撞截面

第 8.2~8.4 节中讨论的技术可以测量选定的碰撞诱导跃迁的绝对速率常数，它们是对角分布进行积分并对碰撞体的热速度分布进行平均后的积分非弹性截面。测量交叉分子束实验中的微分截面，可以得到相互作用势的更多、更详细的信息[8.1, 8.116, 8.117]。

假定准直束中的分子 A 在两束分子交叉区内与分子 B 发生碰撞 (图 8.27)，相互作用体积为 V。每秒钟内以角度 θ 散射到探测器 D 所覆盖的固体角 $\mathrm{d}\Omega$ 内的粒子 A 的数目为

$$\frac{\mathrm{d}N_A(\theta)}{\mathrm{d}t}\mathrm{d}\Omega = n_A v_\mathrm{r} n_B V \frac{\mathrm{d}\sigma(\theta)}{\mathrm{d}\Omega}\mathrm{d}\Omega \tag{8.35}$$

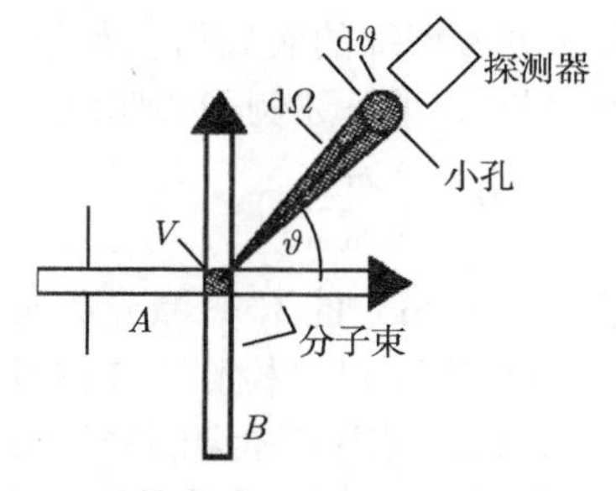

图 8.27 测量交叉分子束中的微分截面

其中，n_A 是入射粒子 A 的密度，n_B 是粒子 B 的密度，$v_{\rm r}$ 是相对速度，$({\rm d}\sigma(\theta)/{\rm d}\Omega)$ 是微分散射截面。散射角 ϑ 与碰撞参数 b 以及相互作用势有关。对于给定的势场 $V(r)$，可以计算出它的数值[8.118]。微分截面探测了势场的特定部分，而积分截面只给出了势场对偏折粒子的总效应，它是对所有碰撞参数进行平均之后的结果。我们将讨论何种技术可以用来测量弹性、非弹性和反应式碰撞过程的微分截面。

经典技术利用速度选择器或飞行时间测量确定离子在碰撞前后的速度，由此得到粒子 A 在碰撞过程中的能量损失[8.33]。速度测量的精度 $\Delta v/v$ 受限于技术极限，最小可探测的能量损失 $\Delta E_{\rm kin}$ 也是如此，因此，这种方法只能用于数量有限的实际问题。

对于带有电偶极矩的极性分子，带有静电四极偏转场的拉比光谱仪可以测量转动的非弹性碰撞过程，因为四极场的聚焦和偏折性质依赖于极性分子的量子态 $|J,M\rangle$。然而，这种技术只能用于电偶极矩很大的分子，或转动量子数 J 很小的情况[8.118]。

利用激光光谱技术，可以克服很多种限制。能量分辨率比飞行时间测量技术高好几个数量级。原则上说，可以研究任意能级 $|v,J\rangle$ 的分子，只要它们在激光器的光谱范围内有吸收跃迁。然而，激光光谱学的这一重要进展的原因在于，除了散射角 θ 以外，还可以测量散射粒子 A 的量子初态和终态。在这一方面，交叉束中碰撞过程的激光光谱学是一个理想的完全的散射实验，其中的所有相关参数都可以测量。

该技术如图 8.28 所示。一束准直的氩原子超声束包含有 Na 原子和 $\rm Na_2$ 分子，垂直地通过一束惰性气体原子束[8.119]。对量子态敏感的探测器检测散射角度为 ϑ 的能级 $|v''_m,J''_m\rangle$ 的 $\rm Na_2$ 分子。将一束连续染料激光聚焦在小孔 A 后面的一个点上，并调节到跃迁 $|v''_m,J''_m\rangle\to|v'_j,J'_j\rangle$ 上，反射镜和透镜构成了一个光学系统，通过光纤束将激光诱导产生的荧光收集到光电倍增管上。整个探测器可以绕着散射中心旋转。

我们将 θ 定义为质心坐标系中的散射角，而 ϑ 是实验室坐标系中的散射角。探测到的激光诱导荧光给出了散射速率 $[{\rm d}N((v''_m,J''_m,\theta)/{\rm d}t]{\rm d}\Omega$，它有两种贡献：

(a) 弹性散射的分子 $(v''_m,J''_m)\to(v''_m,J''_m,\theta)$；

(b) 经历了碰撞诱导跃迁的所有非弹性散射分子之和 $\sum\limits_n[(v''_n,J''_n)\to(v''_m,J''_m)]$。

利用光学–光学双共振方法选择出具有确定的初态和终态的分子 (第 5.4 节)。在它们即将到达散射区之前，一束泵浦激光穿过了这些分子，诱发了跃迁 $(v''_i,J''_i)\to(v'_k,J'_k)$，并利用光学泵浦耗尽了下能级 (v''_i,J''_i)(图 8.29)。用探测器交替地测量泵浦光开启和关闭时的散射速率，两个信号的差值就给出了初态为 (v''_i,J''_i)、终态为 (v''_m,J''_m)、散射角为 θ 的那些分子的贡献[8.120]。

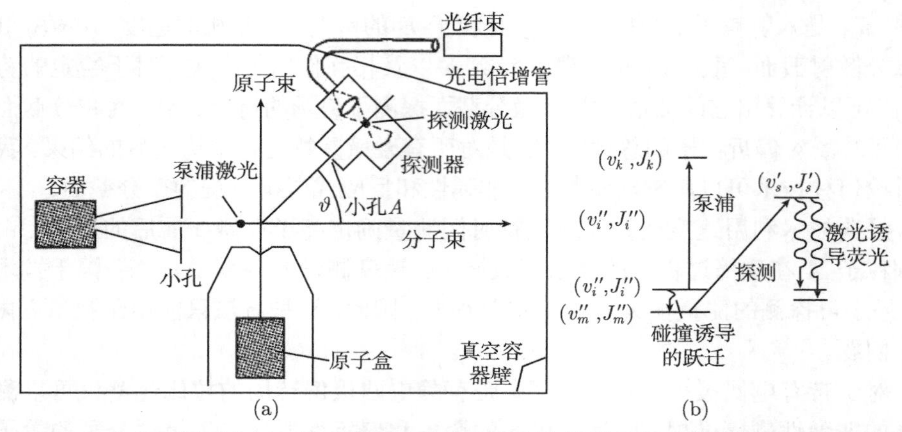

图 8.28　(a) 实验装置示意图：用光谱方法来确定态到态的微分截面[8.120]；(b) 泵浦/探测实验的能级结构示意图

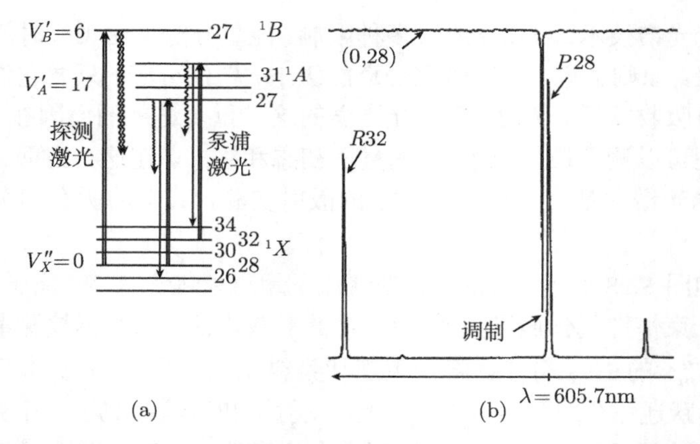

图 8.29　(a) Na_2 分子的能级结构示意图：能级 $(v'', J'')=(0,28)$ 的光学耗尽和碰撞占据的能级 $(v'', J''+\Delta J)$ 的光学探测；(b) 右侧的光谱证明，光学泵浦可以完全地耗尽能级 (v'', J'')。下方的光谱给出了泵浦激光诱导的荧光 $I_{\rm Fl}(L_1)$，调节的是激光 L_1，上方曲线是探测激光诱导的荧光，其中，探测激光被稳定在跃迁 $X(v''=0, J''=28)\to B(v'=6, J'=27)$ 上。调节泵浦激光使之通过由 $X(v''=0, J''=28)$ 出发的跃迁时，探测激光诱导的荧光下降到几乎为零。下方的光谱向右移动了 2mm[8.121]

因为散射角 θ 与碰撞参数 b 有关，这个实验指出了哪一种碰撞参数对碰撞诱导的振动或转动跃迁的贡献更大，给出了转移的角动量 ΔJ 对碰撞参数、初态 (v_i'', J_i'') 和碰撞体 B 的依赖关系[8.121]。在非弹性 Na_2+Ne 碰撞中，一些微分截面 $\sigma(\theta)$ 对散射角 θ 的依赖关系如图 8.30 所示。注意，已经观测到的角动量转移高达 $\Delta J=55\hbar$。分析测量数据，可以得到非常精确的相互作用势。

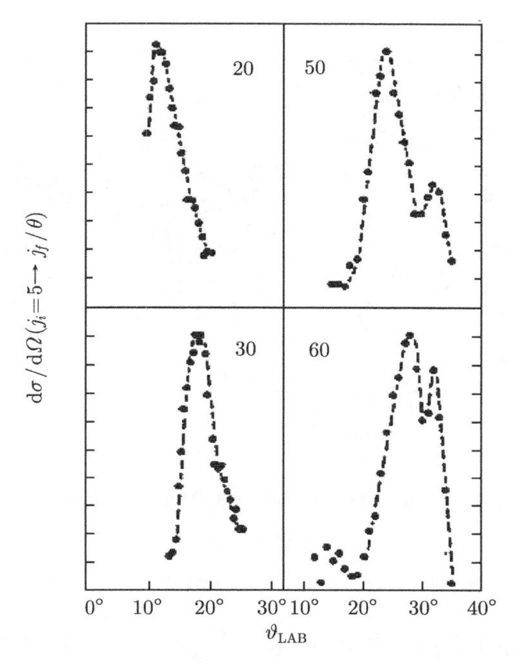

图 8.30 在 Na_2+Ne 碰撞过程中，对于不同的 J_f 值，碰撞诱导的转动跃迁 $[J_i = 5 \rightarrow J_f = J_i + \Delta J]$ 的微分截面随着实验室坐标系中的散射角 ϑ 的变化关系[8.121]

特别有趣的是碰撞截面对振动态的依赖关系，因为非弹性碰撞和反应式碰撞的几率随着振动激发的增强而增大[8.122]。在散射中心之前的受激辐射泵浦 (即受激拉曼绝热传递 STIRAP，第 7.3 节) 可以将很多粒子转移到电子基态中的选定的高振动能级上。对于一些分子来说，例如 Na_2 或 I_2，这一技术的一种精巧实现方案利用了分子束双原子分子激光器[8.123]，它利用一台氩激光器或染料激光器泵浦主分子束中的分子，用它作为增益介质 (图 8.31)。泵浦的阈值功率低于 1mW!

光学泵浦还可以测量两个碰撞粒子中的一个原子被电子激发的碰撞微分截面。利用这种方法，可以确定碱金属原子与惰性气体原子的相互作用势 $V(A^*, B)$，它一种准分子，因为它的一个激发态是束缚态，而基态不稳定，将会分解。一个例子是对 K+Ar 碰撞体的研究[8.124]。在钾原子束和氩原子束的交叉区里，一束连续染料激光将钾原子激发到 $4P_{3/2}$ 态。开启和关闭泵浦激光，测量 K 原子的散射速率随散射角 θ 的变化关系。如果可以确定激发态原子的比率 (这需要考虑超精细结构)，就可以根据信号差得到激发态原子对弹性散射的贡献。为了让激发态 K 原子的浓度达到最大值，必须使用单模圆偏振染料激光，将它调节到选定的超精细结构分量之间的跃迁 $F'' = 2 \rightarrow F' = 3$ 上；也可以利用宽带激光，同时泵浦所有允许的超精细结构跃迁。

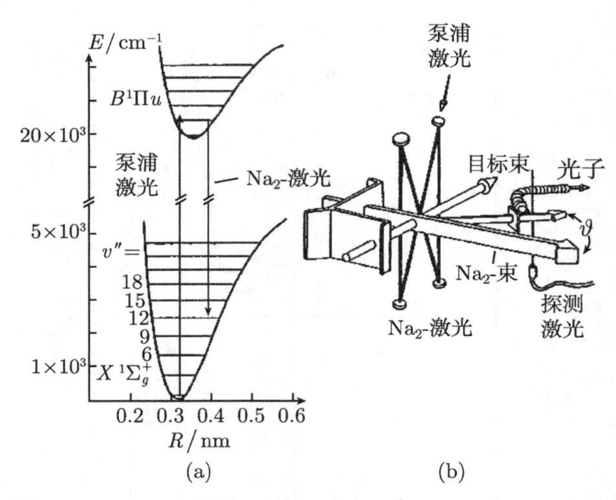

图 8.31　使用 Na_2 双原子分子激光器，利用受激发射泵浦选择性地泵浦 Na_2 分子的高振动能级 (v, J)

(a) 能级结构示意图；(b) 实验装置示意图[8.123]

测量交叉分子束中激发态原子 A^* 和分子 M 之间的非弹性碰撞的一个例子是 Hertel 等的实验[8.125]，激光激发的 $Na^*(3P)$ 原子与 N_2 或 CO 分子碰撞并发生能量转移

$$A^*M(v''=0) \rightarrow A + M(v''>0) + \Delta E_{\rm kin} \tag{8.36}$$

如果测量被散射的 Na 原子的散射角 θ 和速度，根据能量和动量守恒定律，可以确定激发能量转化为 M 的内能和传递给动能 $\Delta E_{\rm kin}$ 的比率。对于从头计算方法得到的 $Na^*-N_2(v=1,2,3,\cdots)$ 相互作用势的势能曲面 $V(r,\theta,\phi)$，这些实验结果是一种关键的检验[8.126]。

电子、快原子或离子与激光激发的原子 A^* 之间发生散射，可以引起弹性、非弹性或超弹性碰撞。在后一种情况中，A^* 的激发能部分地转化为散射粒子的动能。偏振激光泵浦引起了被激发原子的取向，可以用来研究原子取向对 A^*+B 碰撞的微分截面的影响，电子或离子的碰撞不同于中性原子的碰撞[8.127]。参考文献 [8.128] 中给出了一个例子，它测量了反应式碰撞过程 Na^*+HF 的微分截面。

测量反应式碰撞的微分截面，可以确定反应速率和反应产物的内态分布及其对反应过程中散射角和原子核间距的依赖关系。这样就可以更为深入地认识反应物在接近过程中的反应时间序列。因此，已经做了很多实验，利用激光激发来选定反应物的量子态，利用激光诱导荧光来测量反应产物的态分布，利用交叉分子束配置和角分辨探测来测量散射角。一个例子是，在化学反应 F+HD→FH+D 或 FD+H 中，观测到了界面的共振，其中，一个跃迁态的虚能级开启了一个特定的反应通道，用来形成特定量子态中的 HF($v=3$) 分子[8.129]。

测量化学反应 F+C_2H_5I→IF+C_2H_5 中反应产物的角分布，可以得到如下结论：这一反应中的跃迁复合体的寿命至少是 $2\sim3$ 个转动周期[8.130]。

8.6 光子辅助的碰撞能量转移

如果两个碰撞体 A 和 M 在相对距离 R_c 处吸收了一个光子 $h\nu$，在碰撞之后，一个碰撞体可能仍然处于激发态

$$A+M+h\nu\rightarrow A^*+M \tag{8.37}$$

可以将这一反应分为三步过程

$$A+M\rightarrow(AM) \tag{8.38}$$

$$(AM)+h\nu\rightarrow(AM)^* \tag{8.39}$$

$$(AM)^*\rightarrow A^*+M \tag{8.40}$$

两个碰撞体形成了一个碰撞复合体，在相对距离 R_c 处吸收了一个光子 $h\nu$ 而被激发，此时，两个势能曲线之间的能量差 $\Delta E=E(AM)^*-E(AM)$ 正好等于光子能量 $h\cdot\nu$(图 8.32(a))，而且弗兰克–康登因子具有极大值[8.131]。经过一个短暂的时间，这个复合体衰变为 A^*+M。

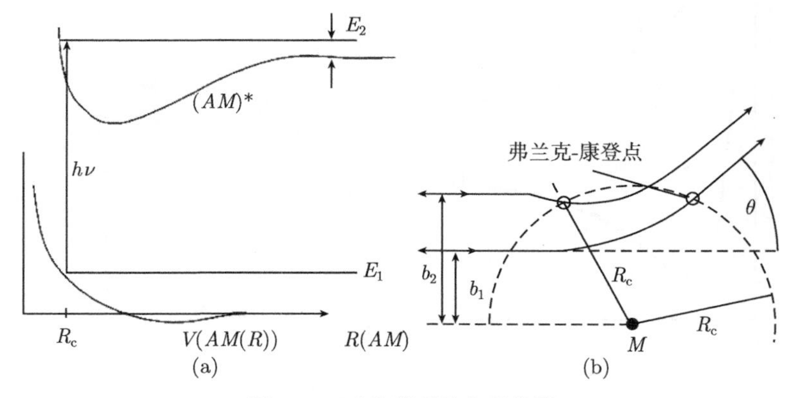

图 8.32 “光学碰撞”示意图

(a) 碰撞复合体的基态和激发态的势能曲线；(b) 对于两个不同的碰撞参数 b_1 和 b_2，质心系中的经典轨道

如果势能不是单调的，通常会有碰撞参数不同的两个轨道，它们在质心系中具有相同的偏转角 θ (图 8.32(b))。

利用类似的方法，可以研究激发态原子的碰撞。非弹性碰撞引起的激发态原子 A^* 和基态原子 B 之间的能量转移

$$A^* + B \to B^* + A + \Delta E_{\mathrm{kin}} \tag{8.41}$$

受制于能量和动量守恒定律。能量差 $\Delta E_{\mathrm{int}} = E(A^*) - E(B^*)$ 转化为碰撞体的动能 ΔE_{kin}。当 $\Delta E_{\mathrm{kin}} \gg KT$ 的时候，反应式 (8.41) 的截面 σ 非常小，而对于近共振碰撞 ($\Delta E_{\mathrm{kin}} \ll KT$)，$\sigma$ 可以比气体输运截面大几个数量级。

如果在激光的强辐射场中进行这种反应 (式 (8.41))，在碰撞过程中可能吸收或发射一个光子，即使 ΔE_{int} 很大，也可以帮助满足小 ΔE_{kin} 情况下的能量守恒。此时的反应不再是式 (8.41)，而是

$$A^* + B \pm \hbar\omega \to B^* + A + \Delta E_{\mathrm{kin}} \tag{8.42}$$

恰当地选择光子能量 $\hbar\omega$，可以利用光子使得这个过程接近于共振，从而将非共振反应式 (8.41) 的截面增大许多个数量级。本节将讨论这种光子辅助的碰撞过程。

在图 8.33(a) 中的分子模型中，给出了碰撞对子 A^*+B 和 $A+B^*$ 的势能曲线 $V(R)$。在临界距离 R_{c} 处，能量差 $\Delta E = V(AB^*) - V(A^*B)$ 可以等于 $\hbar\omega$。碰撞对子 A^*+B 在距离 R_{c} 处共振地吸收一个光子，可以跃迁到上方的势能曲线 $V(AB^*)$ 上，然后分解为 $A + B^*$。整个过程 (式 (8.42)) 就将能量从 A^* 转移给了 B^*，其中，碰撞对子的初始能量和最终能量依赖于势能曲线的斜率 $\mathrm{d}V/\mathrm{d}R$ 和吸收光子时的原子核间距 R_{c} 。

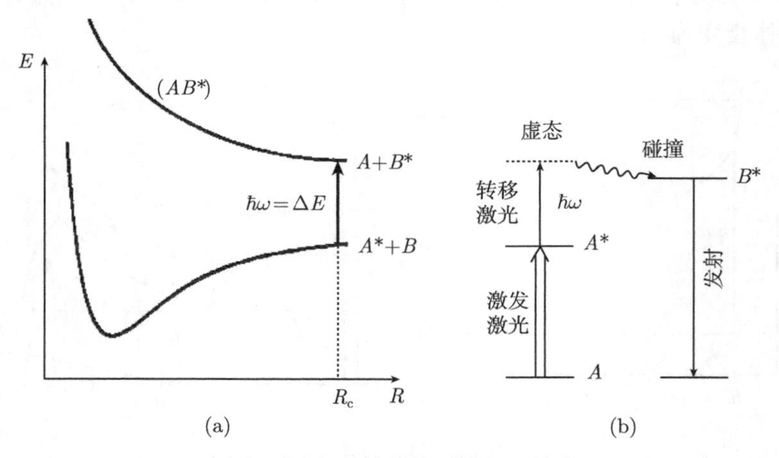

图 8.33　光子辅助的碰撞能量转移

(a) 分子模型；(b) 缀饰原子模型

如果从 $A + B^*$ 开始，受激光子发射的逆过程就会让它们上方势能曲线跃迁到下方势能曲线，即能量从 B^* 转移到 A^*。

为了实现这种光子辅助的碰撞能量传递过程，需要有两束激光，泵浦激光 L_1 将原子 A 激发到激发态 A^*，转移激光 L_2 引起了两个势能曲线之间的跃迁 $V(A^*B) \to$

$V(AB^*)$。

在一种原子模型中 (图 8.33(b)，通常称之为缀饰原子模型)[8.132]，激发态原子 A^* 吸收一个激光光子 $\hbar\omega$，从而被进一步激发到一个虚量子态 $A^*+\hbar\omega$，它与 B^* 的激发态接近共振。碰撞能量转移 $A^*+\hbar\omega \to B^*+\Delta E_{\text{kin}}$ 的几率远大于没有光子吸收的非共振过程，其中，$\Delta E_{\text{kin}} \ll \hbar\omega$[8.133]。

Harris 及其合作者首次报道了光子辅助的碰撞能量转移[8.134]，他们研究了下述过程

$$\begin{aligned}\text{Sr}^*(5\,^1P)+\text{Ca}(4\,^1S)+\hbar\omega &\to \text{Sr}(5\,^1S)+\text{Ca}(5\,^1D)\\ &\to \text{Sr}(5\,^1S)+\text{Ca}(4p^2\,^1S)\end{aligned} \tag{8.43}$$

相应的能级如图 8.34 所示。$\lambda=460.7\text{nm}$ 的脉冲泵浦激光将 Sr 原子激发到能级 $5s5p\,^1P_1^0$ 上。在与基态 Ca 原子的碰撞过程中，碰撞对子 $\text{Sr}(5\,^1P_1^0)\text{–Ca}(4\,^1S)$ 从 $\lambda=497.9\text{nm}$ 的转移激光中吸收了一个光子 $\hbar\omega$。碰撞发生之后，利用 $\lambda=551.3\text{nm}$ 的荧光探测被激发的 $\text{Ca}^*(4p^2\,^1S)$ 原子。

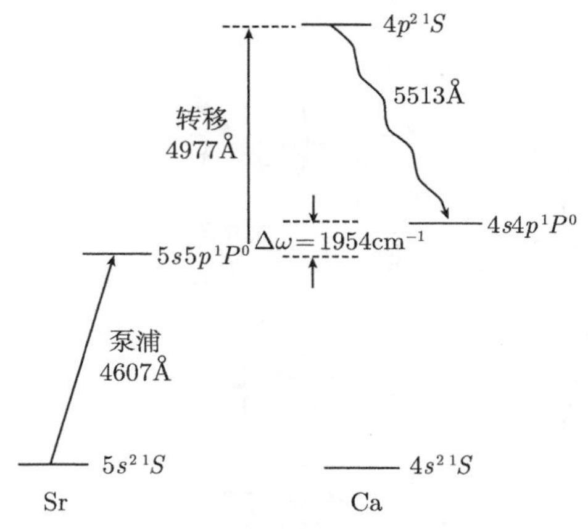

图 8.34 能级结构示意图：从 $\text{Sr}^*(^1P^0)$ 到 $\text{Ca}(4p^2\,^1S)$ 的光子辅助的碰撞能量转移[8.134]

引人注目的是，Ca 原子的跃迁 $4s^2\,^1S_1 \to 4p^2\,^1S$ 和 $4s^2\,^1S \to 4p^2\,^1D$ 并不是允许跃迁，对于孤立原子来说，它们是禁戒的。至于光子吸收几率，碰撞粒子对的吸收以及相应的能量转移被称为碰撞诱导吸收或碰撞辅助的辐射激发[8.135]，此时，分子碰撞对 A^*B 或 AB^* 发生了一个偶极允许的跃迁。分子跃迁的偶极跃迁矩 $\mu(R)$ 依赖于原子核间距 $R(A-B)$，当 $R\to\infty$ 的时候，它趋于零[8.136]。它来自于碰撞体的极化所诱导的偶极–偶极相互作用。

辐射的这种碰撞诱导吸收启动了化学反应 (第 10.2 节)，非常重要。在行星大气和星际气体空间中的红外辐射的吸收中，它也扮演了非常重要的角色。例如，通

过形成碰撞对 H_2-H_2，H_2 分子的电子基态中的振动–转动跃迁就可以发生了，虽然在孤立的原子核相同的 H_2 分子中它们是禁戒的跃迁[8.137, 8.138]。

碰撞辅助的辐射激发的一个有趣之处在于，它有可能用于蒸气的光学冷却。因为每个吸收光子引起的碰撞体动能的变化可以远大于光子反冲能量 (第 9.1 节)，几次碰撞就可以将原子冷却到低温，而反冲式冷却则需要几千次碰撞[8.135]。

Toschek 及其合作者详细地研究了能量转移截面及其对转移激光 L_2 波长 λ_2 的依赖关系[8.139]，他们研究了反应 $\mathrm{Sr}(5s5p)+\mathrm{Li}(2s)+\hbar\omega\rightarrow\mathrm{Sr}(5s^2)+\mathrm{Li}(4d)$。实验装置如图 8.35 所示。在热管道中产生锶原子和锂原子的混合蒸气[8.22]。同一台 N_2 激光器泵浦的两台染料激光器的光束叠加起来，聚焦在热管的中央。$\lambda_1 = 407\mathrm{nm}$ 的第一束激光 L_1 激发了 Sr 原子。第二束激光脉冲 L_2 具有可变的时间延迟 Δt，它的波长 λ_2 可以在 $\lambda_1 = 700\mathrm{nm}$ 附近调节。在 $\lambda = 610\mathrm{nm}$ 的跃迁 $\mathrm{Li}(d\,^2D\rightarrow 2p\,^2P)$ 处检测激发态 Li^* 原子发射的荧光的强度 $I_{\mathrm{Fl}}(\lambda_2,\Delta t)$ 随着波长 λ_2 和延迟 Δt 的变化关系。在共振情况下，λ_2^{res}(即式 (8.42) 中的 $\Delta E_{\mathrm{kin}}=0$)，得到的能量传递截面高达 $\sigma_{\mathrm{T}} > 2\times10^{-13}I\cdot\mathrm{cm}^2$(其中，$I$ 的单位是 $\mathrm{MW/cm^2}$)。当转移激光的强度 I 足够高的时候，光子辅助碰撞传递的截面 σ_{T} 比气体输运截面 $\sigma\approx10^{-15}\mathrm{cm}^2$ 大上 $2\sim3$ 个数量级。

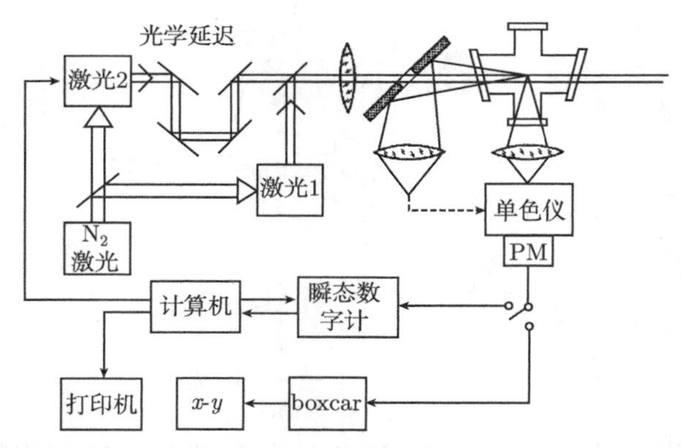

图 8.35　用于研究光子辅助的碰撞能量转移的实验装置[8.139]

利用光学碰撞

$$\mathrm{K}((4s)^2\ ^2P)+\mathrm{Ar}+h\nu\rightarrow\mathrm{K}((4p)^2\ ^2P)+\mathrm{Ar}$$

形成的 $\mathrm{K}(^2P)$ 原子的角动量分布，可以得到不稳定分子 $\mathrm{KAr}(X\,^2\Sigma)$ 和 $\mathrm{KAr}(B\,^2\Sigma)$ 的排斥势曲线，其精度大约是 1%[8.140]。

例 8.1

一般的强度 ($I_{\mathrm{p}} < 10^3\mathrm{kW/cm^2}$) 就足以让泵浦跃迁饱和 (第 2.1 节)。假定转移激光 L_2 的输出功率为 50kW，焦平面处的光束直径为 1mm，可以得到，$I_{\mathrm{transf}} =$

6.7MW/cm^2，能量转移截面 $\sigma_{\mathrm{T}} \approx 1.3\times10^{-12}\mathrm{cm}^2$，它比气体输运截面大 1000 倍。能量转移率 $R_{\mathrm{T}}=\sigma n\bar{v}h\nu_{\mathrm{T}}$，其中，$n$ 是与激发态原子碰撞的碰撞体的密度。由 $n=10^{16}\mathrm{cm}^3$，$v=10^5\mathrm{cm/s}$ 和 $h\nu_{\mathrm{T}}=2\mathrm{eV}$，可以得到 $R_{\mathrm{T}}=10^9\mathrm{eV/s}$。

关于这个有趣的领域及其潜在应用的进一步信息，请参考文献 [8.141]，[8.142]。文献 [8.143] 汇集了直到 1994 年的《原子碰撞》(*Atomic Collisions*) 的数据概要。文献 [8.144] 给出了五十年来分子过程动力学研究的编年史。

8.7 习　题

8.1　激发态原子 A^* 和碰撞粒子 B 的碰撞过程的非弹性散射截面为 $\sigma_{\mathrm{inel}}=10^{-15}\mathrm{cm}^2$，原子 A 的速度变化 Δv 的变化截面为 $\sigma_v(\Delta v)=\sigma_0\exp(-\Delta v^2/\langle v^2\rangle)$。辐射寿命为 $\tau_{\mathrm{rad}}=10^{-8}\mathrm{s}$，碰撞粒子 B 的气压为 1mbar，温度为 $T=300\mathrm{K}$，饱和参数 $S=1$，约化质量为 $\mu(AB)=40\mathrm{AMU}$。当 $\sigma_0=10^{-14}\mathrm{cm}^2$ 的时候，跃迁 $A\to A^*$ 的兰姆凹坑具有怎样的线形？

8.2　一个分子激发能级的有效寿命为 $\tau_{\mathrm{eff}}(p=5\mathrm{mbar})=8\times10^{-9}\mathrm{s}$ 和 $\tau_{\mathrm{eff}}(p=1\mathrm{mbar})=12\times10^{-9}\mathrm{s}$，分子质量为 $M=43\mathrm{AMU}$，气体盒中充有氩原子缓冲气，$T=500\mathrm{K}$。计算辐射寿命、碰撞淬灭截面和均匀线宽 $\Delta\nu(p)$。

8.3　高斯线形 ($w=1\mathrm{mm}$) 的单模激光束的功率为 10mW，频率位于钠原子谱线 ($3\,^2S_{1/2}\to 3\,^2P_{1/2}$) 的中心频率 ω_0 处，该激光穿过温度为 450K、钠原子气压为 $p=10^{-3}\mathrm{mbar}$ 的气体盒。吸收截面为 $\sigma_{\mathrm{abs}}=5\times10^{-11}\mathrm{cm}^2$，自然线宽为 $\delta\nu_{\mathrm{n}}=10\mathrm{MHz}$，碰撞截面为 $\sigma_{\mathrm{col}}=10^{-12}\mathrm{cm}^2$，多普勒宽度为 $\delta\nu_{\mathrm{D}}=1\mathrm{GHz}$。基态和激发态原子的能量聚集碰撞的截面为 $\sigma_{\mathrm{ep}}=3\times10^{-14}\mathrm{cm}^2$。计算饱和参数 S、吸收系数 $\alpha_{\mathrm{s}}(\omega_0)$ 以及基态和激发态原子的平均密度。如果相对动能 $E_{\mathrm{kin}}\leqslant 0.1\mathrm{eV}$，能量聚集碰撞过程 $\mathrm{Na}^*(3P)+\mathrm{Na}^*(3P)$ 能够达到哪些里德伯能级？

8.4　方波斩波的连续激光减少了分子 M 的电子基态的振动能级 (v_i'', J_i'') 上的粒子数，分子质量为 $m=40\mathrm{AMU}$。在 1mbar 气压和 300K 温度下，能级 $|i\rangle$ 的再填充总截面为 $\sigma=10^{-14}\mathrm{cm}^2$，相同振动能级的相邻能级 $|J\rangle$ 和 $|J\pm\Delta J\rangle$ 之间的跃迁的单独截面为 $\sigma_{ik}=(3\times10^{-16}\Delta J)\mathrm{cm}^2$，为了保证能级 $|i\rangle$ 及其相邻能级 $|J_i\pm\Delta J\rangle$ 上的准稳态条件，斩波周期 T 的最小值是多少？

第 9 章　激光光谱学的新进展

在过去几年中，出现了一些新想法，发展了一些新的光谱技术，在研究单原子的时候，不仅提高了谱线精度、增强了探测灵敏度，还能够用一些有趣的实验来检验物理学的基本概念。在科学的历史发展过程中，测量精度的提高往往会推动理论模型的发展，甚至会引入新的概念[9.1]。例如，基于迈克耳孙和莫雷的干涉实验，爱因斯坦提出了狭义相对论[9.2]；为了解释实验得到的黑体辐射光谱，普朗克引入了量子物理学；在发现原子光谱的精细结构之后，引入了电子自旋的概念[9.3]；精确测量兰姆位移，检验了量子电动力学[9.4]；以及基本物理常数可能随时间变化的问题，极端精确地测量光学频率，有可能解决这个问题。在本章中，我们将介绍一些激动人心的新进展。

9.1　原子的光学冷却和俘获

为了提高原子能级的光谱测量精度，必须消除可能导致原子能级展宽或移动的所有扰动，或者充分了解这些扰动以便引入恰当的修正。一个最大的扰动效应就是原子的热运动。在第 4 章中我们看到，在准直的原子束中，准直小孔可以显著地减小与原子束垂直的速度分量 v_x 和 v_y(几何冷却)。利用绝热冷却，可以将速度分量 v_z 压缩到原子束的流速度 u 附近的一个小区间内 $v_z = u \pm \Delta v_z$。如果用平动温度 T_{trans} 描述这一速度，可以达到 $T_{\text{trans}} < 1\text{K}$。然而，这些原子仍然具有几乎一致但数值很大的速度 u，并不能消除二阶多普勒效应引起的渡越时间展宽或能级移动。

本节讨论光学冷却这种新技术，它可以将原子的速度减小到 $v = 0$ 附近的一个小区间。已经用光学冷却实现了几个微开的“温度”，发现了非常新颖的现象，例如，玻色–爱因斯坦凝聚、原子激光和原子喷泉等。

9.1.1　光子反冲

考虑一个静质量为 M 的原子，它位于能级 E_i 上，运动速度为 $\boldsymbol{v}_i$。如果这个原子吸收了一个能量为 $\hbar\omega_{ik} \approx E_k - E_i$、动量为 $\hbar\boldsymbol{k}$ 的光子，这个原子就被激发到能级 E_k 上。它的动量由吸收之前的 $\boldsymbol{p}_i = M\boldsymbol{v}_i$ 变为吸收之后的

$$\boldsymbol{p}_k = \boldsymbol{p}_i + \hbar\boldsymbol{k} \tag{9.1}$$

这就是反冲效应，如图 9.1 所示。

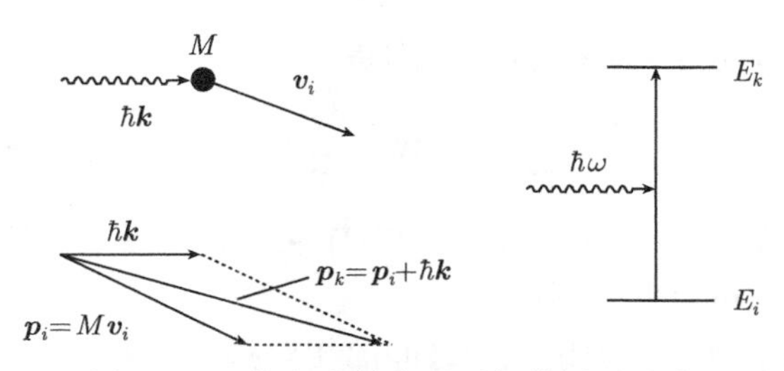

图 9.1 吸收和发射光子引起的原子反冲

相对论能量守恒定律要求

$$\hbar\omega_{ik}=\sqrt{p_k^2c^2+(M_0c^2+E_k)^2}-\sqrt{p_i^2c^2+(M_0c^2+E_i)^2} \tag{9.2}$$

从第一个平方根中提取出 $(M_0c^2+E_k)$，从第二个平方根中提取出 $(M_0c^2+E_i)$，可以得到共振吸收频率的泰勒展开级数

$$\omega_{ik}=\omega_0+kv_i-\omega_0\frac{v_i^2}{2c^2}+\frac{\hbar\omega_0^2}{2Mc^2}+\cdots \tag{9.3}$$

第一项表示忽略反冲时的静止原子的吸收频率 $\omega_0=(E_k-E_i/\hbar)$。第二项描述了吸收光子后原子运动引起的线性多普勒移动 (一阶多普勒效应)。第三项表达的是二次方项的多普勒效应 (二阶多普勒效应)，注意，它与运动速度 v 的方向无关，因此，第 2~5 章描述的"没有多普勒效应的"技术并不能消除这一项，它们只能消除线性多普勒效应。

例 9.1

一束被加速到 10 keV 的氖离子以速度 $v_z=3\times10^5\text{m/s}$ 运动。一束单模激光对应于跃迁 $\lambda=500\text{nm}$，当它垂直穿过这束离子的时候，$v_x=v_y=0$ 的离子也表现出二次方项的相对论多普勒位移 $\Delta\nu/\nu=5\times10^{-7}$，它的绝对位移为 $\Delta\nu=250\text{MHz}$。当激光束平行于离子束的时候，线性多普勒位移的大小为 600GHz(例 4.6)。

式 (9.3) 中的最后一项表示动量守恒导致的原子反冲能量。被吸收的光子能量 $\hbar\omega$ 必须大于无反冲吸收的能量

$$\Delta E=\frac{\hbar^2\omega_0^2}{2Mc^2}\Rightarrow\frac{\Delta E}{\hbar\omega}=\frac{1}{2}\frac{\hbar\omega}{Mc^2} \tag{9.4}$$

当动量为 $\boldsymbol{p}_k=M\boldsymbol{v}_k$ 的位于能级 E_k 上的激发态原子发射一个光子之后，它的动量变为

$$\boldsymbol{p}_i=\boldsymbol{p}_k-\hbar\boldsymbol{k}$$

类似于式 (9.3)，发射频率变为

$$\omega_{ik}=\omega_0+kv_k-\frac{\omega_0v_k^2}{k^2c^2}-\frac{\hbar\omega_0^2}{2Mc^2} \tag{9.5}$$

共振吸收频率和共振发射频率之间的差别是

$$\Delta\omega = \omega_{ik}^{\mathrm{abs}} - \omega_{ki}^{\mathrm{em}} = \frac{\hbar\omega_0^2}{Mc^2} + \frac{\omega_0}{2c^2}(v_k^2 - v_i^2) \approx \frac{\hbar\omega_0^2}{Mc^2} \tag{9.6}$$

因为第二项可以写为 $(\omega_0/Mc^2)\cdot(E_k^{\mathrm{kin}} - E_i^{\mathrm{kin}})$ 和 $\Delta E^{\mathrm{kin}} \ll \omega$。因此，对于热运动的原子来说，这一差别可以忽略不计。

反冲引起的吸收光子和发射光子之间的相对频率差为

$$\frac{\Delta\omega}{\omega} = \frac{\hbar\omega_0}{Mc^2} \tag{9.7}$$

它等于光子能量和原子的静止质量能的比值。

对于能量在 MeV 范围内的 γ 光子来说，这个比值可能大得足以让 $\Delta\omega$ 大于吸收跃迁的线宽。也就是说，原子核发射的 γ 光子不能够被另一个静止的全同原子核吸收。如果将原子安置在温度低于德拜温度的晶体中，那么反冲就会很小。γ 光子的无反冲的吸收和发射就是穆斯堡尔效应[9.8]。

在光学区间，反冲引起的变化 $\Delta\omega$ 非常小，远远小于大多数光学跃迁的自然线宽。但是，仍然测量了反冲引起的一些窄跃迁[9.9,9.10]。

9.1.2　测量反冲引起的频率变化

将共振吸收频率为 ω_0 的分子置于激光共振腔内，频率 $\omega \neq \omega_0$ 的激光驻波会在粒子数分布 $N_i(v_z)$ 上烧出两个凹坑 (图 9.2(b) 和第 2.2 节)，根据式 (9.3)，它们出现的位置为

$$v_{zi} = \pm[\omega' - \hbar\omega_0^2/(2Mc^2)]/k \tag{9.8}$$

其中，$\omega' = \omega - \omega_0(1 - v^2/2c^2)$。上能级 $|k\rangle$ 的粒子数分布 $N_k(v_z)$ 所对应的峰因为光子反冲而移动 (图 9.2(a))。根据式 (9.5)，它们出现的位置为

$$v_{zk} = \pm[\omega' + \hbar\omega_0^2/(2Mc^2)]/k \tag{9.9}$$

如图 9.2 所示，选择

$$\omega < \omega_0$$

基态粒子数的两个凹坑在 $v_{zi} = 0$ 处重合，由此可以得到，$\omega' = \hbar\omega_0^2/2Mc^2$。根据式 (9.8)，此时的激光频率为

$$\omega = \omega_1 = \omega_0[(1 - v^2/2c^2) + \hbar\omega_0/(2Mc^2)] \tag{9.10a}$$

上能级粒子数的两个峰对应的激光频率为

$$\omega = \omega_2 = \omega_0[(1 - v^2/2c^2) - \hbar\omega_0/(2Mc^2)] \tag{9.10b}$$

激光的吸收正比于粒子数之差 $\Delta N = N_i - N_k$，后者在 ω_1 和 ω_2 两处具有最大值，因此，激光输出在 ω_1 和 ω_2 处有两个兰姆峰 (兰姆凹坑的逆效应)(图 9.2(c))，它们的频率差对应于两倍的光子反冲能量

$$\Delta\omega = \omega_1 - \omega_2 = \frac{\frac{h}{2\pi}\omega_0^2}{Mc^2} \tag{9.11}$$

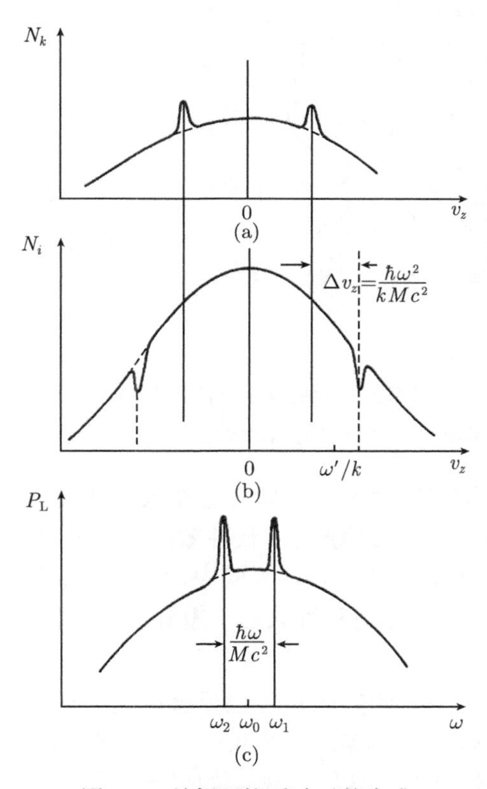

图 9.2 兰姆凹坑反冲对的生成

(a) $\omega \neq \omega_0$ 时上能级的粒子数分布峰；(b) 下能级粒子数的 Bennet 凹坑；(c) 激光输出功率 $P_L(\omega)$ 上的反冲对

例 9.2

(a) 对于 CH_4 分子 ($M = 16$AMU) 在 $\lambda = 3.39\mu$m 处的跃迁来说，反冲劈裂为 $\Delta\omega = 2\pi \cdot 2.16$kHz，仍然大于这一跃迁的自然线宽[9.10,9.11]。

(b) 对于 Ca 原子在 $\lambda = 657$nm 的复合谱线 $^1S_0 \rightarrow {}^3P_1$ 来说，由 $M = 40$AMU，可以得到，劈裂为 $\Delta\omega = 2\pi \cdot 23.1$kHz[9.12]。

(c) 对于 SF_6 在 $\lambda = 10\mu$m 处的转动–振动跃迁来说，频率 ω 是 CH_4 分子的三

分之一，但是质量要比 CH_4 大 10 倍。因此，反冲劈裂只有 0.02kHz，这是无法测量的[9.14]。

因为劈裂非常小，只有当兰姆峰的宽度小于反冲位移时，并且仔细地将所有可能的展宽效应减到最小，例如压强展宽和渡越时间展宽等，才能够观测到它。在低压实验中，将激光束扩束，可以实现这一点。图 9.3 给出了一个实验的例子。

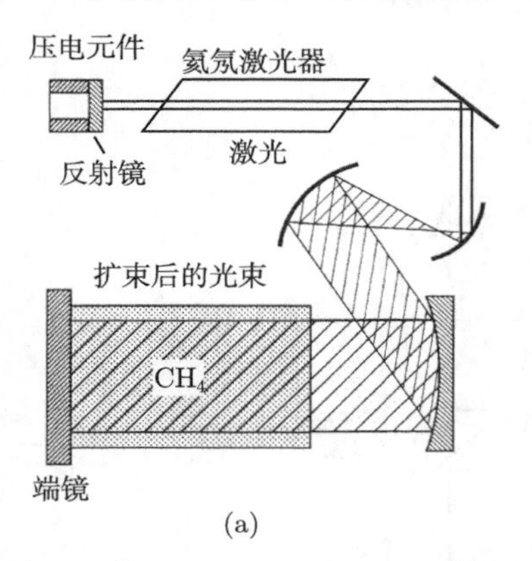

(a)

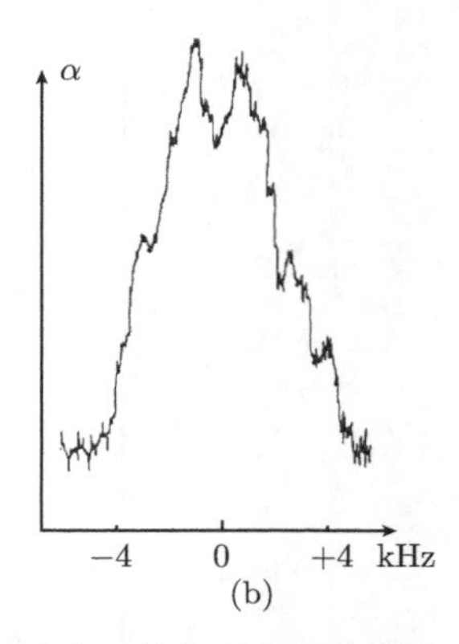

(b)

图 9.3 (a) 测量反冲引起的劈裂的实验装置示意图；(b) 反冲对的信号，它对应于甲烷分子在 $\lambda = 3.39\mu m$ 处的 $(P(7), \nu_3)$ 跃迁中的超精细分量 $8 \to 7$[9.11]

极冷原子的速度非常低，线性和二阶多普勒效应都很小，反冲项的作用变得显著起来。对于 $T = 10\mu K$ 的 Ca 冷原子，反冲效应使得窄脉冲测量的吸收谱的兰姆凹坑变得不对称[9.15]。在室温下进行的实验中，没有观察到它，宽广的多普勒背景掩盖了这种不对称性。这种不对称性来自于短脉冲的吸收和受激发射之间的基本的不对称性。

利用分离磁场的光学拉姆齐方法，可以显著地减小渡越时间展宽。利用这种技术，的确实现了反冲劈裂的最佳精度 (第 9.4 节)。如果只有横向速度很小的分子对兰姆凹坑有贡献，渡越时间也可以大一些。如果激光强度很小，只有那些在激光束中停留时间足够长的分子的横向速度分量 v_x 和 v_y 非常小，只有它们才能够达到分子跃迁的饱和，那么，就可以显著地减小渡越时间展宽[9.11]。

9.1.3 用光子反冲实现光学冷却

虽然吸收单个光子所引起的反冲效应非常弱，但是，利用吸收多个光子的累积效应，可以对原子进行有效的光学冷却。这个问题可以这样看：

A 原子停留在与跃迁 $|i\rangle \to |k\rangle$ 共振的激光场中，只要光学泵浦循环时间小于原子停留时间 T，而且原子的行为如同一个真正的二能级系统，即，被激发到能级 $|k\rangle$ 的原子只能发射一个 $\hbar\omega$ 的光子返回到初始能级 $|i\rangle$，并不会跑到其他能

级上，那么，在时间 T 之内，原子可以多次地吸收并发射光子 $\hbar\omega$。利用饱和参数 $S=B_{ik}\rho(\omega_{ik})/A_{ik}$ 可以得到，被激发原子的比率为

$$\frac{N_k}{N}=\frac{S}{1+2S}$$

荧光速率为 $N_kA_k=N_k/\tau_k$。因为 N_k 不可能大于饱和值 $N_k=(N_i+N_k)/2=N/2$，所以，饱和参数 $S\to\infty$ 时对应的最小循环时间为 $\Delta T=2\tau_k$(第 3.6 节)。

例 9.3

原子以热运动速度 $v=500\mathrm{m/s}$ 穿过一束直径为 2mm 的激光束，渡越时间为 $T=4\mu\mathrm{s}$。在此时间内，自发寿命为 $\tau_k=10^{-8}\mathrm{s}$ 的原子可以发生 $q\leqslant(T/2)/\tau_k=200$ 次吸收–发射循环。

当激光束穿过吸收原子的时候，激光引起的光致荧光通常是各向同性的，也就是说，自发辐射的光子随机分布在所有的空间方向上。虽然每个发射光子都会将动量 $\hbar\boldsymbol{k}$ 转移给原子，但是，当 $q=T/2\tau_k$ 足够大的时候，动量转移的时间平均结果趋近于零。

然而，吸收光子都来自于同一个方向。因此，q 次吸收的动量转移结果为一个总的反冲动量 $\boldsymbol{p}=q\hbar\boldsymbol{k}$ (图 9.4)。这就减小了运动方向与光束传播方向相反的原子的速度，每次吸收过程将速度减小了 $\Delta v=\hbar k/M$ 。在 q 次吸收–发射循环之后

$$\Delta v=q\frac{\hbar k}{M}=q\frac{\hbar\omega}{Mc}\tag{9.12a}$$

因此，相对于准直原子束反向传播的激光束减慢了原子的运动[9.16]。可以用“冷却力”来表示

$$\boldsymbol{F}=M\frac{\Delta\boldsymbol{v}}{\Delta T}=\frac{\hbar\boldsymbol{k}}{\tau_k}\frac{S}{1+2S}\tag{9.12b}$$

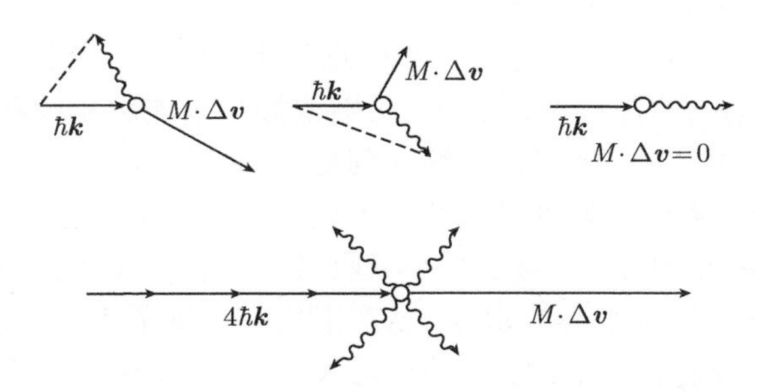

图 9.4　原子的反冲动量：吸收光子的方向固定不变，反射光子可以是各种方向

注：传递给原子的反冲能量仍然很小。

$$\Delta E_{\mathrm{recoil}} = q\frac{\hbar^2\omega^2}{2Mc^2} \tag{9.13}$$

例 9.4

(a) 质量为 $M = 23\mathrm{AMU}$ 的 Na 原子可以吸收 $\hbar\omega \approx 2\mathrm{eV}$ 的光子，对应着跃迁 $3\ ^2S_{1/2} \to 3\ ^2P_{3/2}$，式 (9.12) 给出，每吸收一个光子，速度改变了 $\Delta v = 3\mathrm{cm/s}$。为了将 $T = 500\mathrm{K}$ 时的初始热速度 $v = 600\mathrm{m/s}$ 降低到 $20\mathrm{m/s}$(对应的温度是 $T = 0.6\mathrm{K}$)，需要 $q = 2 \times 10^4$ 次吸收–发射循环。当自发辐射寿命为 $\tau_k = 16\mathrm{ns}$ 时，需要的冷却时间最短为 $T = 2 \times 10^4 \cdot 2 \cdot 16 \times 10^{-9}\mathrm{s} \approx 600\mu\mathrm{s}$。它给出了一个负加速度 $a = -10^6\mathrm{m/s}^2$，这是地球引力加速度 $g = 9.81\mathrm{m/s}^2$ 的 10^5 倍！在此时间内，原子移动的距离为 $\Delta z = v_0T - \frac{1}{2}aT^2 \approx 18\mathrm{cm}$。在减速过程中，原子必须始终位于激光束中。通过反冲过程传递给原子的能量只有 $\sim 2 \times 10^{-2}\mathrm{eV}$，它对应于原子的动能 $\frac{1}{2}Mv^2$，与 $\hbar\omega = 2\mathrm{eV}$ 相比，它非常小。

(b) Mg 原子的质量为 $M = 24\mathrm{AMU}$，它在 $\lambda = 285.2\mathrm{nm}$ 处的共振单态吸收更为有利，因为光子能量更大，$\hbar\omega \approx 3.7\mathrm{eV}$，而且上能级的寿命更短，$\tau_k = 2\mathrm{ns}$。可以得到，每吸收一个光子，$\Delta v = -6\mathrm{cm/s}$，因此，$q = 1.3 \times 10^4$。冷却所需要的最短时间为 $T = 3 \times 10^{-5}\mathrm{s}$，减速路程的长度为 $\Delta z \approx 1\mathrm{cm}$。

(c) 文献 [9.17] 给出了可以用于光学制冷的候选原子的清单。已经成功地冷却了其中的一些原子。

以下是一些有益的评论：

(1) 如果不使用其他诀窍的话，这种光学冷却的方法只能用于真正的二能级系统。因此，这种技术不能够冷却分子，当分子被激发到高能级 $|k\rangle$ 上之后，它们可以通过发射荧光光子落入许多更低的振动–转动能级上，只有一小部分回到初始能级 $|i\rangle$，因此，光学泵浦循环只能进行一次。然而，已经提出了一些方案，用来光学冷却分子，并且已经部分地实现了。

(2) 钠原子跃迁 $3S \to 3P$ 是光学冷却的标准模型，实际上，它具有超精细结构，是一个多能级系统 (图 9.5)。然而，用圆偏振光泵浦超精细跃迁 $3\ ^2S_{1/2}(F'' = 2) \to 3\ ^2P_{3/2}(F' = 3)$ 之后，荧光只能够回到初始的低能级 $F'' = 2$ 上。如果可以避免泵浦其他的超精细跃迁，就可以实现一个真正的二能级系统。

(3) 增大泵浦激光的强度，可以减小吸收–发射循环的时间 ΔT。然而，当饱和参数 $S > 1$ 的时候，它减小得非常少，ΔT 很快就达到了极限 $2\tau_k$。另一方面，增大受激辐射，就会减弱自发辐射。因为受激发射的光子的 $\boldsymbol{k}$ 动量与受激吸收的光子相同，总的动量转移等于零。因此，在最佳饱和参数 $S \approx 1$ 处，总的减速度达到最大值。

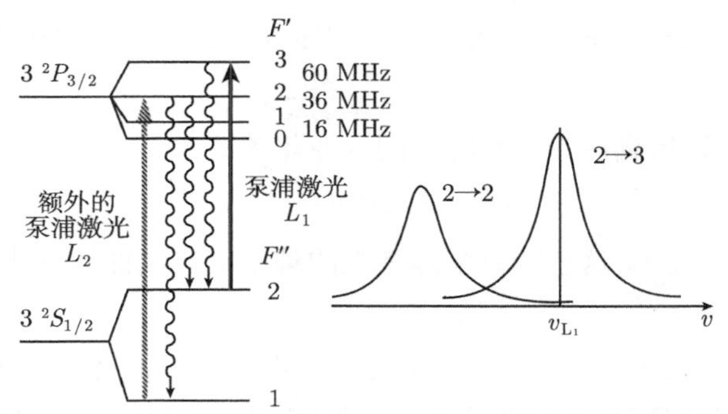

图 9.5 Na 原子跃迁 $3\ ^2S_{1/2} \to 3\ ^2P_{3/2}$ 的能级结构示意图

带有超精细劈裂结构。只要能够避免超精细分量之间的重叠，超精细分量 $F''=2 \to F'=3$ 上的光学泵浦就是一个真正的二能级系统。另一束泵浦激光 L_2 与分量 $2\to3$ 和 $2\to2$ 在光谱上重叠，它把跑到能级 $F''=1$ 上的原子泵浦回到能级 $F''=2$ 上

9.1.4 实验装置

在实验中，为了实现光学冷却，需要使用准直原子束和反向传播的连续激光(染料激光或者二极管激光，图 9.6)，必须克服如下困难：在减速时间内，随着速度 $\boldsymbol{v}$ 减小，多普勒位移的吸收频率 $\omega(t)=\omega_0+\boldsymbol{k}\cdot\boldsymbol{v}(t)$ 也会改变，以及原子有可能不再与单色激光共振。有三种成功的解决方案，与变化的速度 $\boldsymbol{v}(t)$ 同步地调节激光频率

$$\omega(t)=\omega_0+\boldsymbol{k}\cdot\boldsymbol{v}(t)\pm\gamma \tag{9.14}$$

让它始终保持在原子跃迁的线宽 γ 之内[9.18,9.19]，或者沿着减速路径恰当地改变吸收频率[9.20,9.21]。第三种方案利用一束宽带激光进行冷却。下面简要地讨论这几种方法：

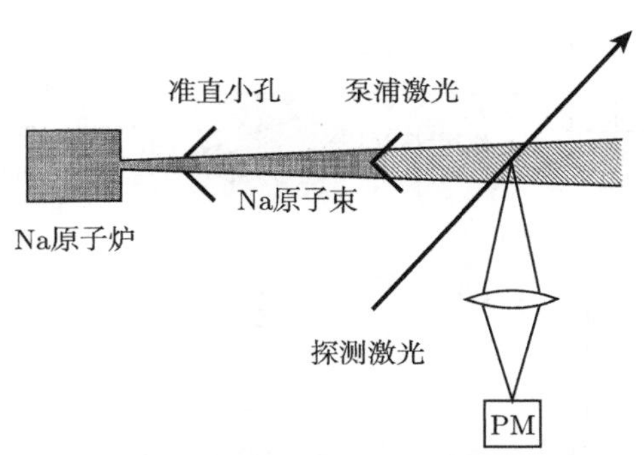

图 9.6 用光子反冲减速准直原子束的简化实验构型

为了保持激光频率 ω 与原子频率为 ω_0 的反向运动原子束 ($\boldsymbol{k}$ 与 $\boldsymbol{v}$ 反平行) 保持共振，激光频率对时间的依赖关系必须是

$$\omega(t)=\omega_0\left(1-\frac{v(t)}{c}\right)\Rightarrow\frac{\mathrm{d}\omega}{\mathrm{d}t}=-\frac{\omega_0}{c}\frac{\mathrm{d}v}{\mathrm{d}t} \tag{9.15}$$

在泵浦周期为 $T=2\tau$ 的最优减速过程中，根据式 (9.12)，每秒钟的速度变化为

$$\frac{\mathrm{d}v}{\mathrm{d}t}=\frac{\hbar\omega_0}{2Mc\tau} \tag{9.16}$$

代入式 (9.15)，可以得到激光频率随时间的变化关系为

$$\omega_{\mathrm{L}}(t)=\omega(0)(1+\alpha t) \tag{9.17}$$

其中，$\alpha=\dfrac{\hbar\omega_0}{2Mc^2\tau}\ll 1$。这意味着泵浦激光的频率应该线性地变化。

例 9.5

对于 $v(0)=1000\mathrm{m/s}$ 的 Na 原子来说，将相应的数值代入式 (9.17) 可以得到，$\mathrm{d}\omega/\mathrm{d}t=2\pi\cdot 1.7\ \mathrm{GHz/ms}$，也就是说，为了满足式 (9.17)，必须可控地快速调节频率。

在实验中，对激光振幅进行频率为 Ω_1 的调制，可以实现可控的频率调节。改变 $\Omega_1(t)$，可以将位于 $\omega_{\mathrm{L}}-\Omega_1$ 的侧带调节到原子跃迁的频率, 并且与依赖于时间的多普勒频移保持匹配。因为激光与超精细分量有重合，这样光学泵浦就会将一些原子泵浦到不同于 $F''=2$ 的能级上，为了补偿这一效应，需要同时对跃迁 $F''=1\to F'=2$ 同时进行泵浦 (图 9.5)。同时用另一个频率 Ω_2 来调制泵浦激光，使得侧带的频率 $\omega_{\mathrm{L}}+\Omega_2$ 与跃迁 $F''=1\to F'=2$ 重合，就可以实现这一目的[9.19,9.22]。

在第二种方法中，激光频率 ω_{L} 保持不变，所以必须在原子减速的过程中改变原子的吸收频率。这可以用塞曼调谐来实现 (图 9.7)。为了使得塞曼频移与多普勒频移 $\Delta\omega(z)$ 保持匹配，必须让纵向磁场具有如下的 z 依赖关系

$$B=B_0\sqrt{1-2az/v_0^2} \tag{9.18}$$

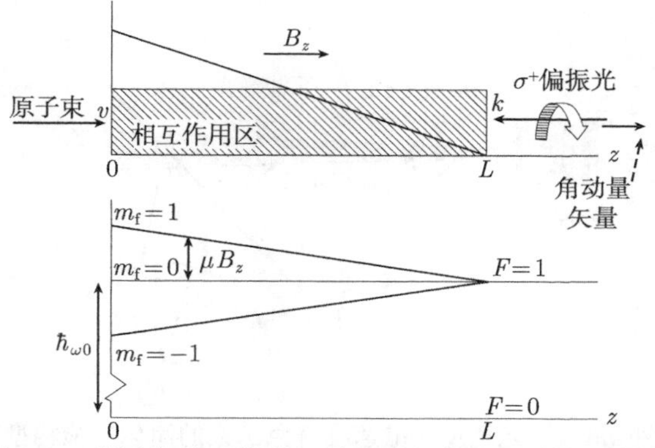

图 9.7 利用塞曼调谐进行激光冷却的能级结构示意图

此时，原子以速度 v_0 在 $z=0$ 处进入磁场，因为光子反冲效应，它的加速度 $a[\mathrm{m/s^2}]$ 是负的[9.21]。恰当地选择每厘米长度上的磁场线圈匝数 $NW(z)$，可以实现所需要的磁场变化关系 $B(z)$(图 9.8)。

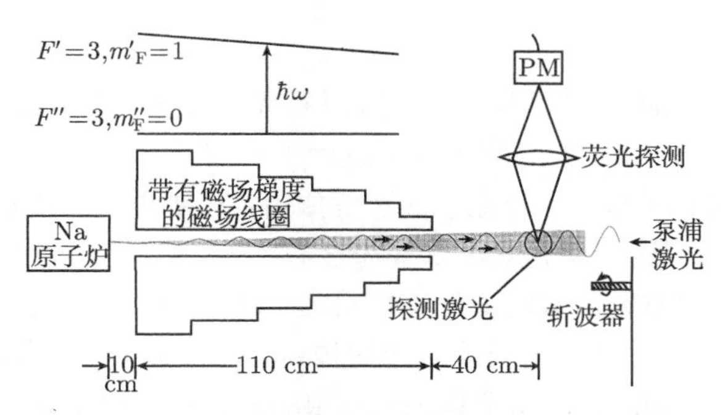

图 9.8 激光频率不变，利用原子吸收频率的塞曼调谐对一束准直的原子束进行激光冷却[9.21]

迄今为止，绝大多数光学冷却实验利用单模染料激光来冷却碱金属原子，如 Na 原子或 Rb 原子。利用一束可调谐的探测激光 L_2，可以监测原子速度的减小，探测激光非常弱，不足以影响速度分布。测量探测激光引起的荧光 $I_{\mathrm{Fl}}(\omega_2)$ 随多普勒频移的变化关系。实验表明，能够将原子完全停住，甚至可以逆转它们的速度[9.18]。图 9.9 给出了一个 Na 原子的例子，它们的速度分布由热速度分布压缩至 $v=200\mathrm{m/s}$ 附近的一个很窄的区间之内。

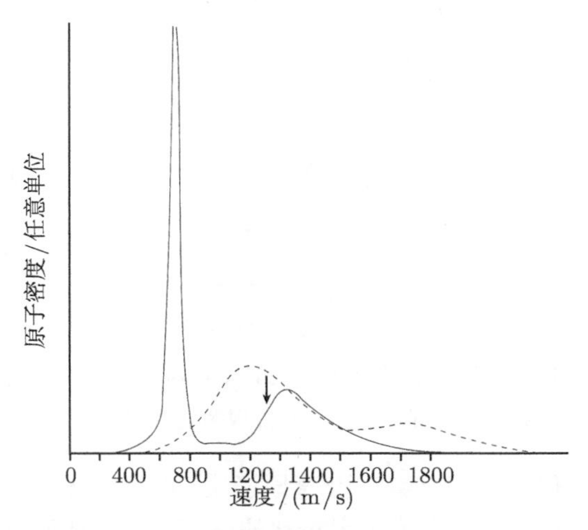

图 9.9 塞曼冷却之前 (虚线) 和之后 (实线) 的速度分布

箭头标出了与减速激光共振的最大速度 (在 1700m/s 处的小包来自于 $F=1$ 的原子，它们在冷却过程中被光学泵浦到 $F=2$) [W. Phillips, Nobel Lecture 1995]

也可以用 GaAs 二极管激光器代替染料激光器，可以冷却 Rb 或 Ce 原子[9.23~9.25]，也可以冷却亚稳定的惰性气体原子，如 He* 原子或 Ar* 原子[9.26]。与氩激光器加上染料激光器这种组合相比，GaAs 激光器便宜得多，因此就可以大幅度地减少实验的开销。此外，与染料激光器相比，二极管激光器更容易实现频率调制。

也可以用无模式激光器对准直原子束进行光学冷却[9.27]，无模式激光器的发射谱非常宽，在 $T > 10\text{ns}$ 的时间尺度上进行平均的话，它没有任何模式结构，带宽和中心频率都可以调节。无论原子的速度如何，只要激光的谱宽 $\Delta\omega_\text{L}$ 大于多普勒频移 $\Delta\omega_\text{D} = v_0 k$ ，这种激光就可以冷却它们[9.28]。

利用下述实验诀窍，可以将原子速度分布 $N(v_z)$ 压缩到任意设定的终速度 v_f 附近的很小区间 Δv_z 之内。无模式激光的传播方向与原子束的运动方向相反，它用来冷却原子 (图 9.10)。另一束单模激光以很小的角度与原子束相交，将这束激光的频率设置为

$$\omega_2 = \omega_0 + k v_\text{f} \cos\alpha$$

一旦原子的速度达到 v_f，这束激光就会加速原子。因此，这束激光就为冷原子的速度设定了下限[9.29]。

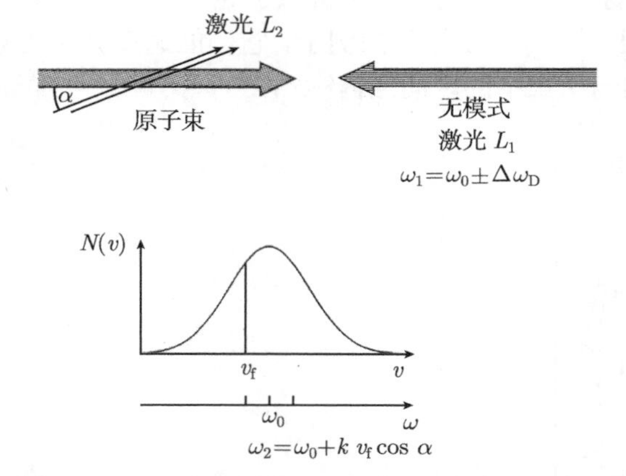

图 9.10　利用反向传播的无模式激光冷却所有的原子。利用另一束同向传播的单模激光，可以在选定的速度 v_f 处实现激光冷却[9.29]

光子反冲效应不仅可以用来减速准直原子束，如果激光束与原子束垂直，还可以用来让原子转向[9.30~9.32]。为了增大转移的光子动量、从而增大偏转角，选择实验构型使得激光束沿着同一方向多次穿过原子束 (图 9.11)。每吸收一个光子，偏转角就改变了 δ，其中，$\tan\delta = \hbar k/(m v_z)$，原子速度 v_z 越小，偏转角越大。因此，可以将光学冷却的原子偏转到很大的角度上。因为不同的同位素原子的吸收频率不同，在没有其他可行方法的时候，利用这种偏转效应，可以对同位素进行空间分离[9.33](第 10.1.6 节)。

利用光子反冲效应偏转原子的一个有趣应用是，用激光准直和聚焦原子束[9.34]。假设速度为 $\boldsymbol{v} = \{v_x \ll v_z, 0, v_z\}$ 的原子穿过一个激光共振腔，在共振腔的 $\pm x$ 方向

上存在激光驻波。如果保持激光频率 ω_{L} 略低于原子共振频率 $\omega_0(\gamma > \omega_0 - \omega_{\mathrm{L}} > 0)$，因为 $\boldsymbol{k}$ 波矢与 v_x 反平行的激光的吸收几率总是要大于 $\boldsymbol{k}$ 平行于 v_x 的激光，横向速度为 v_x 的原子总是被光子反冲效应推回到 z 轴上。这样就减小了速度分量 v_x，准直了原子束。

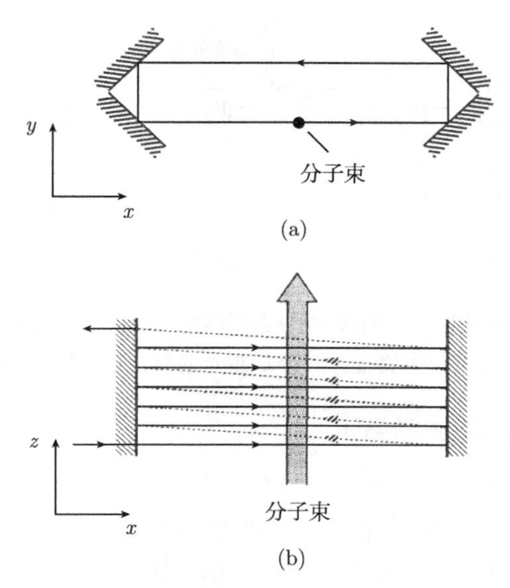

图 9.11 用多路径构型偏转准直原子束，原子束沿着 z 方向运动

(a) z 方向的视图；(b) y 方向的视图。在虚线表示的返回路径上，激光束和原子束并不交叉

如果原子在通过激光驻波之前就已经被光学冷却了，那么它们就会在驻波的极大值处达到最大程度的准直，而在驻波的节点处不受影响。就像透射光栅一样，激光驻波对通过的原子进行分组处理，将偏转的原子聚焦 (图 9.12)[9.35]。

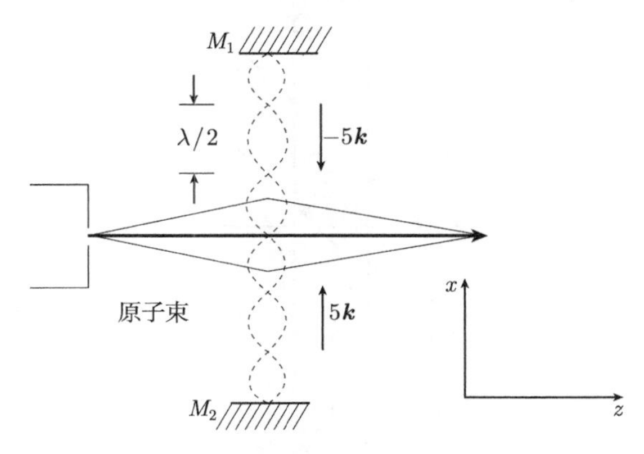

图 9.12 激光驻波可以让发散的原子束变得准直

图 9.13 给出了原子冷却、偏转和聚焦的实验装置示意图。

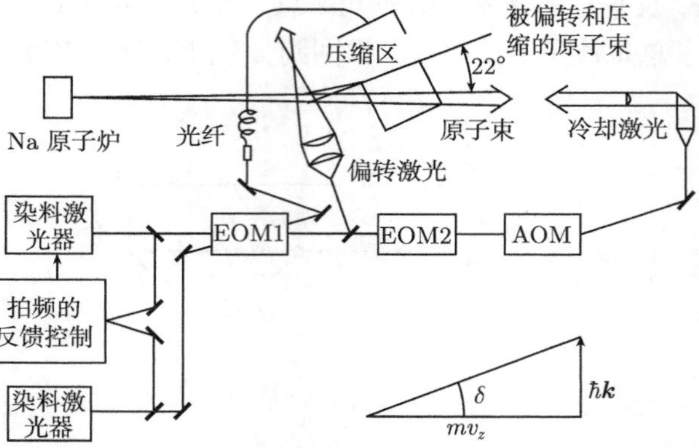

图 9.13　利用光子反冲效应冷却、偏转并压缩原子。利用电光调制器 (EOM) 和声光调制器 (AOM)，可以产生侧带并对冷却激光的侧带进行频率调节[9.32]

9.1.5　原子的三维冷却；光学黏团

迄今为止，我们只考虑了如何冷却在一个方向上运动的原子。因此，光子反冲效应只减小了速度的一个分量。为了冷却热原子气体，必须减小速度的所有三个分量 $\pm v_x$，$\pm v_y$ 和 $\pm v_z$，需要六束分别沿着 $\pm x$，$\pm y$ 和 $\pm z$ 方向传播的激光[9.36]。这六束激光都来自于同一束激光 (图 9.14)。将激光频率调节得小于原子共振的频率 ($\Delta\omega = \omega - \omega_0 < 0$)，原子就总是受到一个排斥力：当原子迎着激光运动的时候 ($\boldsymbol{k}\cdot\boldsymbol{v} < 0$)，多普勒频移使得吸收频率移向共振频率 ω_0；当原子沿着激光传播方向运动的时候 ($\boldsymbol{k}\cdot\boldsymbol{v} > 0$)，多普勒频移使得吸收频率进一步偏离共振 (图 9.15)。

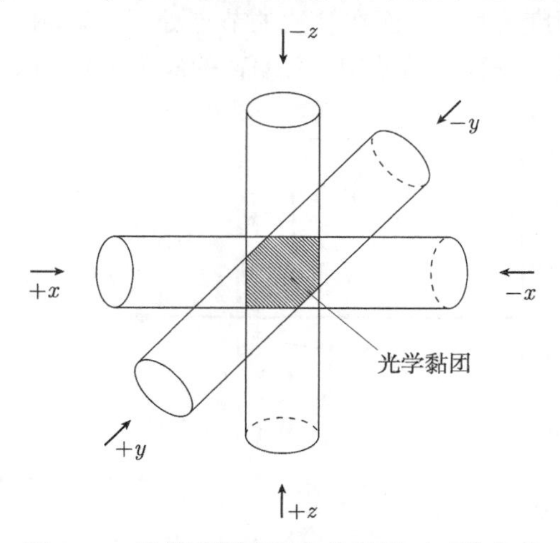

图 9.14　光学黏团和反向传输的三对激光束

为了进行定量的描述，用 $R^{+}(v)$ 描述 $\boldsymbol{k}\cdot\boldsymbol{v}>0$ 的原子的吸收速率 $R\propto\sigma(\omega)$，用 $R^{-}(v)$ 描述 $\boldsymbol{k}\cdot\boldsymbol{v}<0$ 的原子的吸收速率。

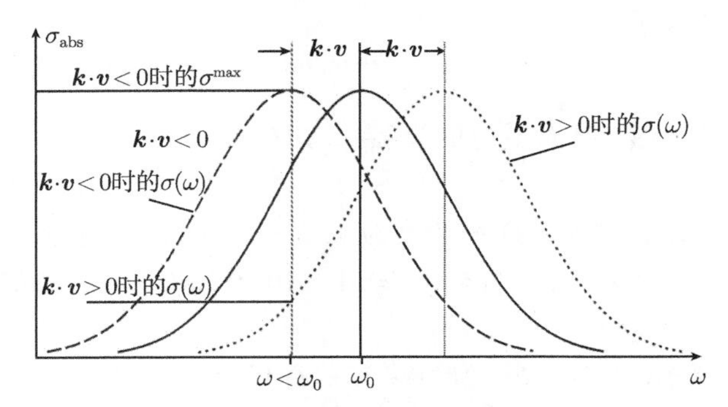

图 9.15 当 $\omega<\omega_0$ 的时候，$\boldsymbol{k}\cdot\boldsymbol{v}<0$ 的原子的吸收速率要大于 $\boldsymbol{k}\cdot\boldsymbol{v}>0$ 的原子

净反冲力的分量 $F_i(i=x,y,z)$ 为

$$F_i=[R^{+}(v_i)-R^{-}(v_i)]\cdot\hbar k \tag{9.19}$$

对于半高宽为 γ 的洛伦兹吸收线形来说，吸收速率的频率依赖关系为 (图 9.15)

$$R^{\pm}(v)=\frac{R_0}{1+\left(\dfrac{\omega_{\mathrm{L}}-\omega_0\mp kv}{\gamma/2}\right)^2} \tag{9.20}$$

将式 (9.20) 代入式 (9.19) 可以得到，当 $\boldsymbol{k}\cdot\boldsymbol{v}\ll\omega_{\mathrm{L}}-\omega_0=\delta$ 的时候，总力为 (图 9.16)

$$F_i=-a\cdot v_i \tag{9.21}$$

其中，$a=R_0\dfrac{16\delta\hbar k^2}{\gamma^2[1+(2\delta/\gamma)^2]^2}$。

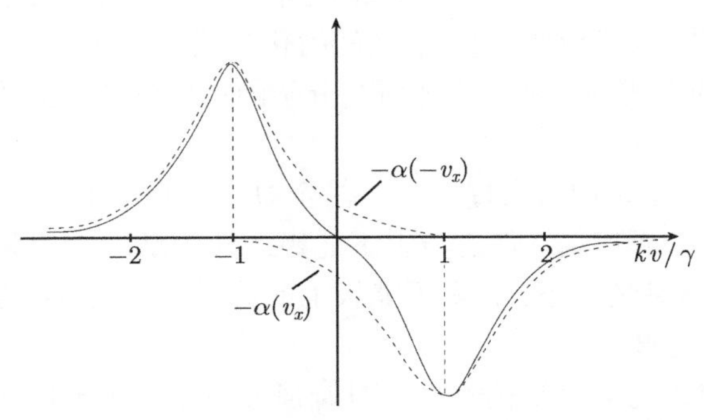

图 9.16 在负失谐 $\delta=-\gamma$ 情况下，光学黏团中的摩擦力

当一束激光沿着 x 方向运动的时候，以速度 $v_x=\pm\gamma/k$ 运动的单个原子的吸收曲线如点状线所示

因此，在六束激光的重叠区域内，原子就会受到力 $F_i(v_i) = -av_i(i = x, y, z)$ 的作用，因此速度变慢。根据关系式 $\mathrm{d}v/\mathrm{d}t = F/m \Rightarrow \mathrm{d}v/v = -a/m\mathrm{d}t$，可以得到速度随时间的变化关系

$$v = v_0 \mathrm{e}^{-(a/m)t} \tag{9.22}$$

速度以指数的形式衰减，其衰减时间为 $t_\mathrm{D} = m/a$。

例 9.6

(a) Rb 原子 ($M = 85\mathrm{AMU}$) 的波数为 $k = 8 \times 10^6 \mathrm{m}^{-1}$。当失谐为 $\delta = \gamma$、吸收速率为 $R_0 = \gamma/2$ 的时候，可以得到：$a = 4 \times 10^{-21} \mathrm{Ns/m}$。这样就可以得出，衰减时间为 $t = 35\mathrm{\mu s}$。

(b) 对于 Na 原子，当 $\delta = 2\gamma$ 的时候，可以得到，$a = 1\times10^{-20}\mathrm{Ns/m}$, $t_\mathrm{D} = 2.3\mathrm{\mu s}$。原子在这个光学陷阱中的运动就像粒子在黏稠的糖浆中运动一样，因此，这种被俘获的原子集合通常被称为光学黏团。

注：这种光学俘获方法将速度分量 (v_x, v_y, v_z) 减小到 $v = 0$ 附近的一个很小的区间内。然而，它并不会将原子压缩到空间中的一个小区域之内，除非光场梯度 $\nabla I \neq 0$ 的色散力非常大。可以用电磁或磁场的梯度实现这一点，第 9.1.7 节对此进行了讨论。

9.1.6 分子的冷却

刚才讨论的光学冷却技术只能够用于真正的两能级系统，因为需要经过多次的吸收和自发辐射的冷却循环，原子才能够静止下来。在分子中，来自于上能级激发态的荧光有许多不同于初态的终态，它们是电子基态的转动–振动能级。因此，大多数分子不再能够被同一束激光激发，无法进入下一个冷却循环。

对于一些科学技术应用来说，冷分子非常有趣。例如，在碰撞时间非常长的冷分子之间，由碰撞引起的化学反应的反应几率可能会增大几个数量级。此外，冷分子和表面的相互作用可以使得黏附系数达到 100%，有助于我们深刻地认识和理解分子–表面相互作用和冷吸附的分子之间的化学反应。最后，如果可以实现分子气体的玻色–爱因斯坦凝聚，就有可能研究分子的集体量子现象的引人入胜的新性质。

尽管有上述困难，仍旧有人提出了一些冷却分子的方案[9.37~9.39]。其中的一种光学方法采用激光的频率梳，使之与上下能级之间的跃迁的相关频率达到最大几率的匹配[9.39]。在这种情况下，许多下能级上的分子可以被再次泵浦到上能级，至少可以进行几次泵浦循环。

一种非常有趣的光学冷却技术将一对碰撞的冷原子选择性地激发到高能级电子态的一个束缚能级之中 (图 9.17)。虽然这种激发发生在上能级束缚势的外折返点上，但是第二束激光可以通过受激发射泵浦使得处于激发态的分子到达电子基

态的一个低振动能级上，这就是光子引起的分子结合。在条件有利的情况下，可以到达 $v=0$ 的能级。如果发生碰撞的原子足够冷，它们相对运动的角动量等于零 (S 波散射)。如果两束激光没有将角动量传递给分子 (有两种可能：或者这两个跃迁都有 $\Delta J=0$，或者吸收和发射跃迁是 R 跃迁，吸收为 $\Delta J=+1$，发射为 $\Delta J=-1$) 最终的基态的转动量子数就是 $J=0$[9.40]。因为动量守恒，光子引起的分子结合所得到的分子的动能总是小于碰撞原子的动能[5.116]。

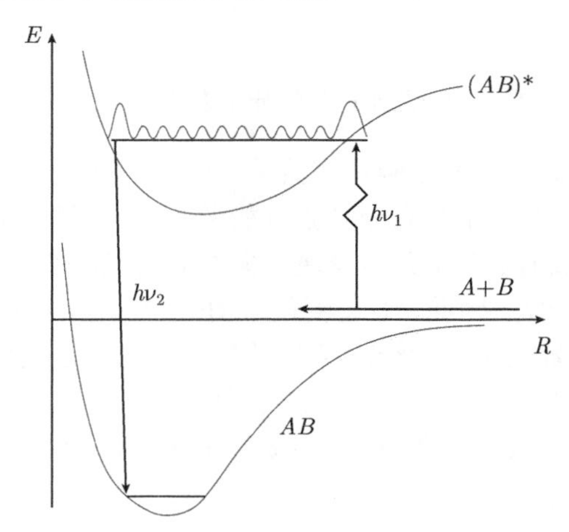

图 9.17 一对碰撞原子 $A+B$ 通过光子结合形成了冷分子

一种很有希望的非光学冷却技术利用冷原子的碰撞来冷却分子。如果在足够长的时间里将原子和分子的气态混合物束缚在足够小的空间内，那么原子和分子之间就可以达到热平衡，光学冷却的原子就成为分子的热沉，就会将分子冷却到与原子相同的温度，这被称为同情式冷却 (sympathetic cooling)[9.41]。

另一种可能实现的方案利用了转动喷嘴喷出来的流速为 u 的超声冷分子 (图 9.18)。在第 4 章中我们看到，超声分子束的速度分布位于流速 u 附近的很小区间里。在以速度为 u 的运动参考系中，分子束的温度可以低至 0.1K。如果喷嘴以速度 $-v$ 运动，那么，在实验室参考系中，分子的运动速度为 $u-v$。喷嘴位于半径为 R 的圆周上，调节其角速度 ω，就可以在实验室坐标系中使得分子的速度 $v_{\rm m}=u-\omega R$ 达到 u 和 0 之间的任意数值。这种分子束必须是准直的，才能够减小其他的速度分量，因此，在每一个转动周期内，只有在很小的一段时间间隔内，喷嘴与准直的分子束共线，冷分子以脉冲的形式在小孔后面出现。

几个实验室已经发展了一种漂亮的实验技术，用冷的氦液滴穿过原子或分子的气体室，就可以带上一些分子，这些分子可以扩散到氦液滴里面。这样一来，分子就达到与液滴相同的温度。让氦原子从液滴表面蒸发，就可以带走结合能[9.42,9.43]。

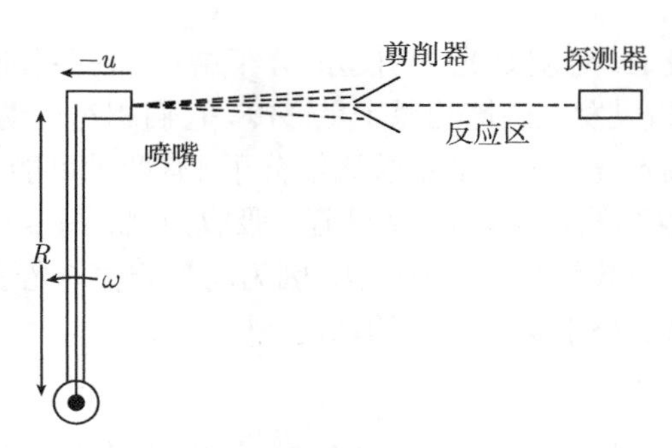

图 9.18 用于产生慢分子束的转动喷嘴

当温度足够低的时候，氦液滴是超流体[9.42]，氦液滴内的分子可以自由地转动。因为超流的氦液滴是一个具有分立激发能量的量子流体，它限制了分子和周围的超流体之间的能量传递，分子光谱表现出尖锐的谱线。在正常流体和超流体的转变温度处，谱线开始变宽。因此，通过测量自由分子和液滴中的分子的转动谱之间的差别，这些分子的激光光谱就给出了分子与周围流体之间的相互作用的直接信息，M. Havenith 及其实验小组证实了这一点[9.42,9.43]。

将不同的分子置入氦液滴之中，可以研究非常冷的分子之间的化学反应。

9.1.7 原子的光学俘获

为了用光学黏团有效地冷却原子，需要在足够长的时间内将原子束缚在六束激光的重叠区里，这就要求原子的势能在束缚区的中心具有足够深的极小值，也就是说，必须存在一个恢复力，将逃离的原子重新驱回束缚中心。

我们简要地讨论两种最常用的原子束缚装置。第一种基于非均匀电场中的电偶极矩力，第二种基于磁四极场中的磁偶极矩力。Letokhov 提出[9.46,9.47]，用三束相互垂直的驻波光场的三维势能极小值将冷却原子束缚在空间上。后来发现，的确能够用这种方法束缚原子，但是必须先把原子冷却到非常低的温度。然而，Ashkin 和 Gordon 用计算表明[9.48]，可以用聚焦高斯束的色散力束缚原子。

1) 辐射场诱导的电偶极力

在非均匀电场中，极化率为 α 的原子会产生一个电偶极矩 $\boldsymbol{p}=\alpha\boldsymbol{E}$，作用在这个电偶极矩上的力为

$$\boldsymbol{F}=-(\boldsymbol{p}\cdot\mathrm{grad})\boldsymbol{E}=-\alpha(\boldsymbol{E}\cdot\nabla)\boldsymbol{E}=-\alpha\left[\left(\nabla\frac{1}{2}E^2\right)-\boldsymbol{E}\times(\nabla\times\boldsymbol{E})\right] \tag{9.23}$$

位于光场中的原子满足相同的关系式。然而，在一个光振荡周期上进行平均之后，式 (9.23) 中的最后一项变为零，这样一来，平均的电偶极力就等于[9.49]

$$\langle\boldsymbol{F}_{\mathrm{D}}\rangle=-\frac{1}{2}\alpha\nabla(E^2) \tag{9.24}$$

极化率 $\alpha(\omega)$ 依赖于光场的频率 ω，它与原子密度为 N 的气体的折射率 $n(\omega)$ 之间的关系为 $\alpha \approx \epsilon_0(\epsilon-1)/N$，(第 1 卷第 3.1.3 节)。利用 $(\epsilon-1) = n^2-1 \approx 2(n-1)$，可以得到

$$\alpha(\omega) = \frac{2\epsilon_0[n(\omega)-1]}{N} \tag{9.25}$$

将式 (3.37b) 中的 $n(\omega)$ 代入上式，可以得到极化率 $\alpha(\omega)$ 为

$$\alpha(\omega) = \frac{e^2}{2m_e\omega_0}\frac{\Delta\omega}{\Delta\omega^2+(\gamma_s/2)^2} \tag{9.26}$$

其中，m_e 为电子质量，$\Delta\omega = \omega - (\omega_0 + \boldsymbol{k}\cdot\boldsymbol{v})$ 是光场频率 ω 与多普勒频移后的原子频率 $\omega_0 + \boldsymbol{k}\cdot\boldsymbol{v}$ 的差别，$\gamma_s = \delta\omega_n\sqrt{1+S}$ 是用饱和参数 S 表征的饱和展宽的线宽 (第 1 卷第 3.6 节)。

当 $\Delta\omega \ll \gamma_s$ 的时候，极化率 $\alpha(\omega)$ 基本上随着频率差 $\Delta\omega$ 线性地增加。根据式 (9.24) 和式 (9.26) 可以得出，在强度为 $I = \epsilon_0 cE^2$ 的强激光束中 $(S \gg 1)$，作用在原子电偶极矩上的力 $\boldsymbol{F}_D$ 为

$$\boldsymbol{F}_D = -a\Delta\omega\nabla\boldsymbol{I} \tag{9.27}$$

其中，$a = \dfrac{e^2}{M\epsilon_0 c\gamma^2\omega_0 S}$。这一式子表明，在均匀场 (如扩展平面波) 中，$\nabla I = 0$，电偶极力等于零。在沿着 z 方向传输的束腰为 w 的高斯光束中，根据第 1 卷式 (5.32)，在 x-y 平面内的强度分布 $I(r)$ 为

$$I(r) = I_0 e^{-2r^2/w^2}$$

其中，$r^2 = x^2 + y^2$。强度的梯度 $\nabla I = -(4r/w^2)I(r)\hat{\boldsymbol{r}}$ 沿着径向，因此，当 $\Delta\omega < 0$ 的时候，电偶极力指向 $r = 0$，当 $\Delta\omega > 0$ 的时候，电偶极力沿着径向朝外。

当 $\Delta\omega < 0$ 的时候，$I(r=0) = I_0$ 的强高斯光束的 z 轴是势能的极小值

$$E_{pot} = \int_0^\infty F_D dr = +a\Delta\omega I_0 \tag{9.28}$$

它可以束缚径向动能足够小的原子。在高斯光束的焦点处，强度在 r 方向和 z 方向都有梯度。如果这两种力都足够强的话，就可以将原子束缚在焦点区域。

除了 r 方向和 z 方向的电偶极力之外，还有沿着 $+z$ 方向作用在原子上的反冲力 (图 9.19)。在驻波场中，$\pm z$ 方向的径向力和反冲力可能就足以在所有的方向上束缚住原子。更多细节请参考文献 [9.50]~[9.52]。

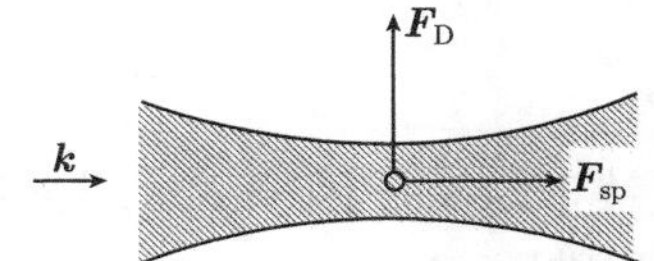

图 9.19 在高斯光束焦点处，作用在原子上的纵向力和横向力

例 9.7

功率 $P_{\mathrm{L}}=200\mathrm{mW}$ 的高斯光束聚焦在焦平面上，它的束腰为 $w=10\mu\mathrm{m}(I_0=1.2\times10^9\mathrm{W/m^2})$，径向的强度梯度为 $\partial I/\partial r=2r/w^2I_0\mathrm{e}^{-2r^2/w^2}$，因此，当 $r=w$ 的时候，$(\partial I/\partial r)_{r=w}=2I_0/w\mathrm{e}^2$。利用上面给出的数值，可以得到：$(\partial I/\partial r)_{r=w}=2.4\times10^{13}\mathrm{W/m^3}$。当 $\Delta\omega=-|\gamma|=-2\pi\cdot10^7\mathrm{s^{-1}}$、$S=0$ 和 $r=w$ 的时候，作用在 Na 原子上的径向电偶极力等于

$$F_{\mathrm{D}}=+a\Delta\omega\frac{4r}{w^2}I_0\hat{\boldsymbol{r}}_0=1.5\times10^{-16}\mathrm{N}$$

如果透镜的焦距为 $f=5\mathrm{cm}$，轴向的强度梯度就是 $\partial I/\partial z=4.5\times10^5\mathrm{W/m^3}$。这时的轴向偶极力为 $F_{\mathrm{D}}(z)=3\times10^{-24}\mathrm{N}$，反冲力等于

$$F_{\mathrm{recoil}}=3.4\times10^{-20}\mathrm{N}$$

在轴向上，反冲力要比轴向偶极力大好几个数量级。径向偶极力对应的势能极小值为 $E_{\mathrm{pot}}\approx-5\times10^{-7}\mathrm{eV}$。为了将原子束缚在这个极小值处，原子的径向动能必须小于 $5\times10^{-7}\mathrm{eV}$，它对应着温度 $T\approx5\times10^{-3}\mathrm{K}$。

例 9.8

假定驻波激光的波长为 $\lambda=600\mathrm{nm}$，平均强度为 $I=10\mathrm{W/cm^2}$，频率失谐为 $\Delta\omega=\gamma=60\mathrm{MHz}$。在光场最大值和节点之间的强度梯度为 $\nabla I=6\times10^{11}\mathrm{W/m^3}$，根据式 (9.27) 和饱和参数 $S=10$，可以得到，作用在原子上的最大力为 $F_{\mathrm{D}}=10^{-17}\mathrm{N}$。因此，束缚能量为 $1.5\times10^{-5}\mathrm{eV}\approx T=0.15\mathrm{K}$。

例 9.8 表明，在势阱的极小值处 (对于 $\Delta\omega>0$ 的驻波来说，它是节点位置)，负势能非常小。只有将原子冷却到 1K，才有可能束缚住它们。

束缚冷原子的另一种方法基于三维光阱中的净反冲力，可以在六束沿着 $\pm x$, $\pm y,\pm z$ 方向传播的激光束的重叠区内实现。

2) 磁光陷阱

磁光陷阱 (MOT) 将光学黏团和非均匀的磁四极场结合起来，非常精巧地实现了原子的冷却和陷俘 (图 9.21)。其原理如下：

在磁场中，原子能级 E_i 发生了塞曼移动

$$\Delta E_i=-\boldsymbol{\mu}_i\cdot\boldsymbol{B}=-\mu_{\mathrm{B}}\cdot g_F\cdot m_F\cdot B \tag{9.29}$$

它依赖于朗德 g 因子 g_F、玻尔磁子 μ_{B}、总角动量 $\boldsymbol{F}$ 沿着磁场方向的投影量子数 m_F 和磁场 $\boldsymbol{B}$。

在磁光陷阱中，非均匀场由电流相等、方向相反的两个线圈产生，线圈的半径为 R，距离为 $D=R$ (反亥姆霍兹线圈，图 9.20)。如果选择通过线圈中心的对称

轴作为 z 轴，那么就可以用线性依赖关系来描述线圈中心 $z=0$ 附近的磁场

$$B = bz \tag{9.30}$$

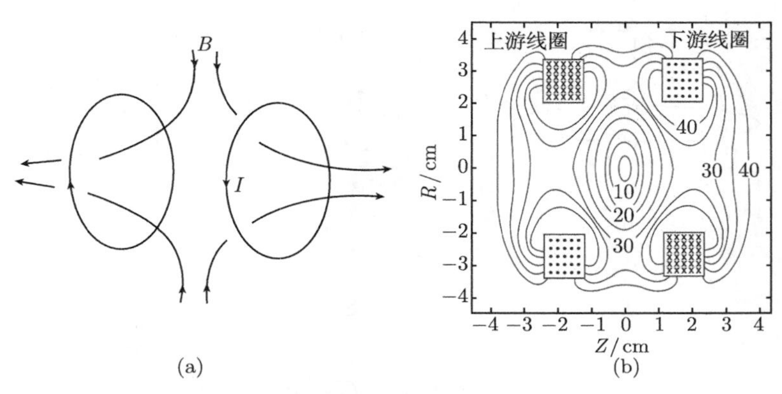

图 9.20 磁光陷阱的磁场

(a) 磁力线；(b) 等势线

其中，常数 b 依赖于线圈中的电流和反亥姆霍兹线圈的尺寸。从 $F=0$ 到 $F=1$ 的塞曼劈裂如图 9.21(c) 所示。位于磁光陷阱中心的原子处于六束激光的交叠区，激光的频率略低于光学黏团的频率 (图 9.21(e))。首先，只考虑 $\pm z$ 方向上的两束激光，其中，沿着 $+z$ 方向的激光是 σ^+ 偏振，因此，沿着 $-z$ 方向反射的激光是 σ^- 偏振。对于 $z=0$ 处的原子来说，磁场等于零，两束激光的吸收率相同，因此，传递给原子的平均动量为零。然而，$z>0$ 处的原子更倾向于吸收 σ^- 激光，因为它的频率差 $\omega_{\mathrm{L}}-\omega_0$ 要小于 σ^+ 激光束。因此，原子得到了沿着 $-z$ 方向的净动量，被推回中心。

类似地，$z<0$ 处的原子倾向于吸收 σ^+ 光，获得 $+z$ 方向的净动量。因此，磁光陷阱中的原子就被推向势阱的中央。

现在，我们更加定量地讨论这种依赖于空间坐标的回复力。

根据上面的讨论，总力等于

$$\boldsymbol{F}(z) = R_{\sigma^+}(z)\hbar\boldsymbol{k}_{\sigma^+} + R_{\sigma^-}(z)\hbar\boldsymbol{k}_{\sigma^-} \tag{9.31}$$

它取决于吸收率 R_{σ^+} 与 R_{σ^-} 的差别。注意，这两个波矢是反平行的。对于半高宽为 γ 洛伦兹吸收线形来说，吸收率为

$$R_{\sigma^\pm} = \frac{R_0}{1+\left[\dfrac{\omega_{\mathrm{L}}-\omega_0 \pm \mu b z/\hbar}{\gamma/2}\right]} \tag{9.32}$$

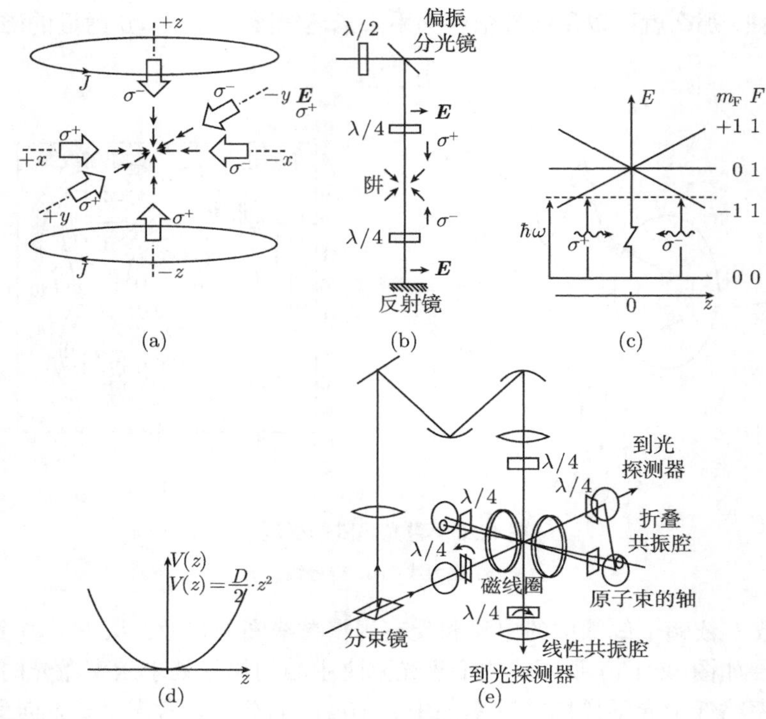

图 9.21　磁光陷阱

(a) 非均匀磁场中心处的光学黏团；(b) 三束激光中的一束；(c) 磁光陷阱的原理示意图；(d) 磁光陷阱的势场；(e) 实验装置示意图

在 $z=0$ 附近 $(\mu bz \ll \gamma)$，可以将对这个表达式展开为 $\mu bz/\hbar\gamma$ 的级数。

只考虑线性项，利用 $\delta=\omega_{\mathrm{L}}-\omega_0$，可以得到：

$$F_z=-D\cdot z \tag{9.33}$$

其中，$D=R_0\mu\cdot b\dfrac{16k\cdot\delta}{\gamma^2(1+(2\delta/\gamma)^2)^2}$。因此，我们就得到了一个随着 z 线性增长的回复力。因为 $F_z=-\partial V/\partial z$，所以，可以用简谐势描述磁光陷阱中心处的势场

$$V(z)=\frac{1}{2}Dz^2 \tag{9.34}$$

在 $z=0$ 附近，原子像简谐振子一样振动，它们在空间上是稳定的。

注：还有一种力

$$F_\mu=-\boldsymbol{\mu}\cdot\mathrm{grad}\boldsymbol{B}$$

在非均匀磁场中，它作用在带有磁矩的原子上。

代入 Na 原子的数值，可以发现，当激光功率为毫瓦量级的时候，与反冲力相比，这种力非常小，可以忽略不计。然而，在非常低的温度下，在关掉激光之后，必

须用这种力束缚原子 (第 9.1.9 节)。

在上述讨论中，我们忽略了光学黏团里依赖于速度的力 (第 9.1.5 节)。

在磁光陷阱中，作用在原子上的总力等于

$$F_z = -Dz - av$$

在中心附近，它产生了一个阻尼振荡，振荡频率为

$$\Omega_0 = \sqrt{D/m} \tag{9.35}$$

阻尼常数为

$$\beta = a/m$$

迄今为止，我们只考虑了 z 方向的运动。反亥姆霍兹线圈产生了一个带有 3 个分量的磁四极场。根据麦克斯韦方程 $\text{div}\,\boldsymbol{B} = 0$ 和实验装置的转动对称性条件 $\partial B_x/\partial x = \partial B_y/\partial y$，可以得到如下关系式

$$\frac{\partial B_x}{\partial x} = \frac{\partial B_y}{\partial y} = -\frac{1}{2}\frac{\partial B_z}{\partial z}$$

因此，x 方向和 y 方向的力是 z 方向力的一半。被束缚的热原子云团是一个椭球体。

不用反向传播的 σ^+ 和 σ^- 偏振的激光束，利用两束偏振相同但频率略有差异的激光束，也可以冷却原子。激光频率为 $\omega^+ = \omega_0 + \Delta\omega$ 和 $\omega^- = \omega_0 - \Delta\omega$，它们可以把朝着陷阱外运动的原子推回去。把入射激光束的频率调到原子跃迁的中心频率 ω_0，再使用声光调制器产生两个侧带，用来作为这两束激光。

例 9.9

磁场梯度为 0.04T/m，*两束在* $\pm z$ *方向传播的* σ^+ *偏振的激光束* L^+ *和* L^- *构成了一个光阱*，$I_+ = 0.8I_{\text{sat}}$，$\omega_+ = \omega_0 - \gamma/2$，$I_- = 0.15I_{\text{sat}}$，$\omega_- = \omega_0 + \gamma/10$。*一个* Na *原子位于磁光陷阱中的* $z = 0$ *处，当它离开* $z = 0$ *的时候，它受到的负加速度可以达到* $a = -3 \times 10^4 \text{m/s}^2 = -3 \times 10^3 \text{g}$!

通常，对原子束中的原子进行减速从而填充磁光陷阱 (第 9.1.3 节)。在一个普通的蒸汽盒中，利用光学泵浦的方法，还可以产生自旋极化的原子并将它们束缚在磁光陷阱中。Wieman 及其合作者证明了这一点[9.54b]，在低压蒸汽盒中，利用六束垂直交叉的激光束，他们捕获并冷却了 10^7 个 Cs 原子。一个弱磁场梯度与激光频率的失谐一起调节了光压，使得原子在势能最小值附近进行有阻尼的简谐振动。这种构型要比原子束简单得多。Cs 原子的运动学温度已经达到了 1μK。关于磁光陷阱的更多细节，请见参考文献 [9.6], [9.7] 和 [9.56]。

9.1.8 光学冷却的极限

利用下述方法，可以估计束缚原子所能达到的最低温度。因为光子在吸收反射过程中的反冲效应，每个原子像布朗运动那样进行统计运动。如果将激光频率 ω_{L}

调节到原子跃迁的共振频率 ω_0，那么，净阻尼力等于零。虽然原子的时间平均速度 $\langle v \rangle$ 接近于零，$\langle v^2 \rangle$ 的平均值却增加了，这与随机行走问题类似[9.58,9.59]。必须用光学冷却 $\omega - \omega_0 < 0$ 补偿这种光子的统计性散射引起的“统计加热”。如果原子的速度已经减小为 $v < \gamma/k$，为了保持共振，激光频率的失谐 $\omega - \omega_0$ 必须小于原子跃迁的均匀线宽 γ。这就给出了一个下限 $\hbar\Delta\omega < k_B T_{\min}$，利用 $\Delta\omega = \gamma/2$，如果反冲能量 $E_r = \hbar\omega^2(2Mc^2)^{-1}$ 小于均匀线宽的不确定度 $\hbar\gamma$，那么

$$T_{\min} = T_D = \hbar\gamma/2k_B = \hbar/(2\tau \cdot k_B) \tag{9.36}$$

这就是多普勒极限。

例 9.10

(a) 对于 Mg^+ 离子，$\tau = 2\text{ns} \to \gamma/2\pi = 80\text{MHz}$，式 (9.36) 给出，$T_D = 2\text{mK}$；

(b) 对于 Na 原子，$\gamma/2\pi = 10\text{MHz} \to T_D = 240\mu\text{K}$；

(c) 对于 Rb 原子，$\gamma/2\pi = 5.6\text{MHz} \to T_D = 140\mu\text{K}$；

(d) 对于 Cs 原子，$\gamma/2\pi = 5.0\text{MHz} \to T_D = 125\mu\text{K}$；

(e) Ca 原子在窄谱线 $\lambda = 657\text{nm}$ 处的 $\gamma/2\pi = 20\text{kHz}$，根据式 (9.36) 计算的多普勒极限为 $T_D = 480\text{nK}$。

然而，实验表明，已经达到了比多普勒极限还要低的温度[9.60~9.62]。这怎么可能呢？

下述的偏振梯度冷却模型可以解释这种实验结果[9.61~9.63]。如果偏振相互垂直的两束光沿着 $\pm z$ 方向相向传播，穿过位于磁场中的光学黏团原子，作用在原子上的总的场振幅为

$$\boldsymbol{E}(z,t) = E_1\hat{\boldsymbol{e}}_x\cos(\omega t - kz) + E_2\hat{\boldsymbol{e}}_y\cos(\omega t + kz) \tag{9.37}$$

这个光场的椭偏度依赖于 z：当 $z = 0$ 的时候，它是线偏振的，偏振方向沿着 $\hat{\boldsymbol{e}}_1 = (\hat{\boldsymbol{e}}_x + \hat{\boldsymbol{e}}_y)$(假定 $E_1 = E_2$)，当 $z = \lambda/8$ 的时候，它是 σ^- 圆偏振，当 $z = \lambda/4$，它又是线偏振的，偏振方向沿着 $\hat{\boldsymbol{e}}_2 = (\hat{\boldsymbol{e}}_x - \hat{\boldsymbol{e}}_y)$，当 $z = 3\lambda/8$ 的时候，它是 σ^+ 圆偏振，等等 (图 9.22(a))。

对于一个能级如图 9.22(b) 所示的静止原子来说，两个基态子能级 $g_{-1/2}$ 和 $g_{+1/2}$ 的能量和占据数依赖于空间位置 z。例如，在 $z = \lambda/8$ 的位置上，原子位于 σ^- 光场中，因此，它们被泵浦到 $g_{-1/2}$ 能级，其稳态分布为 $|(g_{-1/2})|^2 = 1$ 和 $|(g_{+1/2})|^2 = 0$，而在 $z = (3/8)\lambda$ 的位置上，原子被 σ^+ 光泵浦到 $g_{+1/2}$ 能级上。

驻波光场的电场 $\boldsymbol{E}(z,t)$ 移动并展宽了原子的塞曼能级 (交流斯塔克效应)，这一效应依赖于饱和参数，而饱和参数又依赖于跃迁几率、$\boldsymbol{E}$ 的偏振以及频率失谐 $\omega_L - \omega_0$。对于不同的塞曼跃迁，它也是不同的。因为来自于 $g_{-1/2}$ 能级的 σ^- 跃迁几率是 $g_{+1/2}$ 能级的三倍 (图 9.22(b))，所以，光引起的 $g_{-1/2}$ 能级移动 Δ_- 就是

$g_{+1/2}$ 的能级移动 Δ_+ 的三倍。将原子移动到 $z=(3/8)\lambda$ 处，泵浦的就是 σ^+ 跃迁，所以，情况就反了过来。

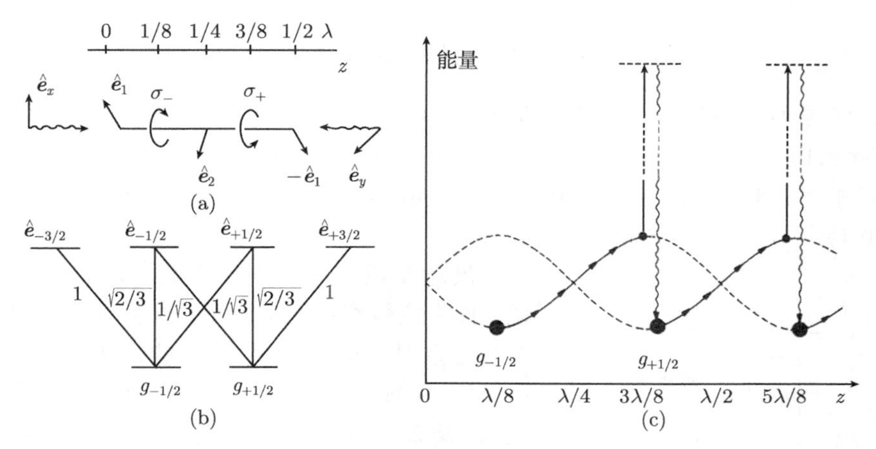

图 9.22 偏振梯度冷却 (西西弗斯冷却) 的示意图

(a) 相向传输的偏振相互垂直的两束偏振光产生了驻波，其偏振依赖于 z；(b) $J'g=1/2\leftrightarrow J'e=3/2$ 跃迁的能级示意图和克莱布施–高登系数；(c) 在 $lin\perp lin$ 构型中原子的西西弗斯效应[9.61]

因此，基态子能级的能量变化就依赖于 z，如图 9.22(c) 所示。在线偏振光的位置上，两个子能级的跃迁几率和光致能级移动都相等。

冷却过程的要点在于，子能级之间的光学跃迁需要一定的时间 $\tau_{\rm p}$，它依赖于上能级的吸收几率和自发辐射寿命。假定原子开始时位于 $z=\lambda/8$ 处，它向右运动，在时间 $\tau_{\rm p}$ 内移动了 $\lambda/4$ 的距离。那么，它就总是在势场 $E_{\rm pot}^-(g_{-1/2})$ 中爬坡。当光学泵浦发生在 $z=3\lambda/8$ 处的时候 (σ^+ 圆偏振光的跃迁几率在该处最大)，原子就运动到 $g_{+1/2}$ 势场的最小值 $E_{\rm pot}^+(g_{+1/2})$ 处，它又要在这个势场中爬坡了。在光学泵浦循环中，原子吸收的光子能量小于发射的光子能量，必须用自己的动能补偿这一能量差，所以，它的速度减小了。这一过程让人想起希腊神话中的西西弗斯，他是科林斯的国王，众神惩罚他，让他推石头上山。刚要到达山顶的时候，石头就会脱手、滚下山去，他就不得不重新开始。这是西西弗斯的厄运，他注定要重复这一艰巨的任务，永不停息。因此，偏振梯度冷却也称为西西弗斯冷却[9.64]。

在势场 $E_{\rm pot}(z)$ 中，极小值处的粒子数密度要大于极大值处的粒子数密度，如图 9.22(c) 所示，点的大小代表了粒子数密度，所以，平均来说，原子爬山的时候要比下山的时候多。它将一部分动能传给光子，所以就冷下来了。

依赖于相向传播的两束光的偏振，可以采用 $lin\perp lin$ 构型，即两束偏振彼此垂直的线偏振光，也可以采用 $\sigma^+-\sigma^-$ 构型，即 σ^+ 圆偏振光和反射回来的 σ^- 圆偏振光。利用西西弗斯冷却，温度可以达到 $5\sim10\mu$K。

原子发射或吸收光子时的反冲能量决定了温度的下限。当热运动能 kT 等于反冲能量 $p^2/2M = \hbar^2k^2/2M$ 的时候，就达到了反冲极限

$$k_{\mathrm{B}}T_{\mathrm{recoil}} = \hbar^2k^2/2M = h^2/(\lambda^2 \cdot 2M) \tag{9.38}$$

其中，M 是原子质量，$\hbar k$ 是光子动量。

例 9.11

对于 Na 原子，$M = 23\mathrm{AMU}$，$\lambda = 589\mathrm{nm} \to T_{\mathrm{recoil}} = 1.1\mu\mathrm{K}$。它比多普勒极限小 220 倍。

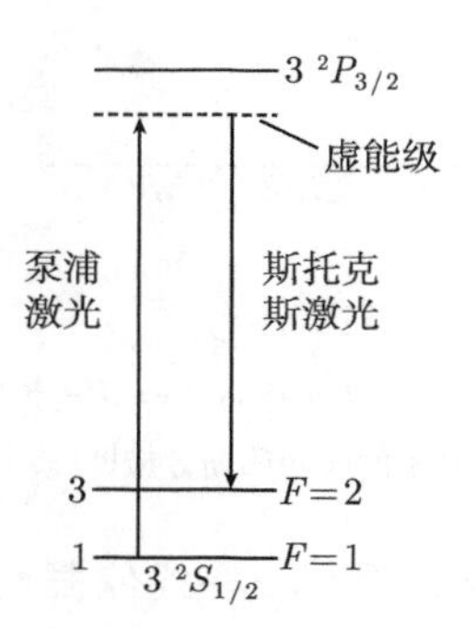

图 9.23　拉曼冷却的能级示意图

最近发现的一种冷却方案可以克服反冲极限，称为拉曼冷却 (图 9.23)。这种方法利用了受激拉曼散射过程，通过一个虚能级从能级 1 跃迁到能级 3。如果能级 1 和 3 是电子基态的超精细能级，那么，1 和 3 之间的能量差就要比 $h\nu$ 小得多。因为激发光子和拉曼光子的能量基本相同，它们沿着同一方向传播，所以，吸收和发射光子引起的反冲就彼此抵消了。因为斯托克斯光子的动量略小于入射光子的动量，这一微小的差异减小了原子的动能。因为没有发射荧光光子，西西弗斯冷却中统计变化的反冲并不存在，因此，冷却极限就变得更低了。

关于激光冷却的综述文章，可以在参考文献 [9.65]~[9.67] 中找到。

9.1.9　玻色–爱因斯坦凝聚

当温度足够低的时候，德布罗意波长

$$\lambda_{\mathrm{DB}} = \frac{h}{mv} \tag{9.39}$$

大于密度为 n 的冷原子气中的原子间平均距离 $d = n^{-1/3}$，整数自旋的玻色粒子就会发生相变。越来越多的粒子占据到势阱中能量最低的能级上，它们变得不可区分了，也就是说，所有这些原子都位于同一个能级上，由同一个波函数描述 (注意，对于玻色子来说，泡利不相容原理不适用)。许多不可区分的粒子占据一个宏观物态，它被称为玻色–爱因斯坦凝聚体 (BEC，2001 年诺贝尔物理学奖授予给 E. Cornell，W. Ketterle 和 C. Wiemann)。

更为仔细的计算表明，如果

$$n \cdot \lambda_{\mathrm{DB}}^3 > 2.612 \tag{9.40}$$

那么，就会发生玻色–爱因斯坦凝聚。利用 $v^2 = 3k_{\mathrm{B}}T/m$，可以得到德布罗意波长

$$\lambda_{\mathrm{DB}} = \frac{h}{\sqrt{3mk_{\mathrm{B}}T}} \tag{9.41}$$

由此可以得到临界密度为

$$n > 13.57(mk_{\mathrm{B}}T)^{3/2}/h^3$$

玻色–爱因斯坦凝聚体的最小密度依赖于原子质量和温度，以 $T^{3/2}$ 的形式减小[9.6,9.68]。

例 9.12

对于温度为 10μK 的 Na 原子来说，临界密度为 $n = 6 \times 10^{14}/\mathrm{cm}^3$，现在还不能达到这一密度。实验中能够达到的密度是 $10^{12}\mathrm{cm}^{-3}$，为了实现玻色–爱因斯坦凝聚，原子必须被冷却到 100nK 以下。对于铷原子，观测到玻色–爱因斯坦凝聚的时候，温度为 $T = 170\mathrm{nK}$，密度为 $3 \times 10^{12}\mathrm{cm}^{-3}$。

9.1.10 蒸发冷却

上面讨论过的光学冷却方法能够达到的温度还不够低，不能够用来制备玻色–爱因斯坦凝聚体。非常古老、众所周知的蒸发冷却技术可以实现这一目标, 它的原理如下[9.69]：

将磁光陷阱中的用光学方法冷却的原子传输到一个纯粹的磁陷阱中 (图 9.24)，

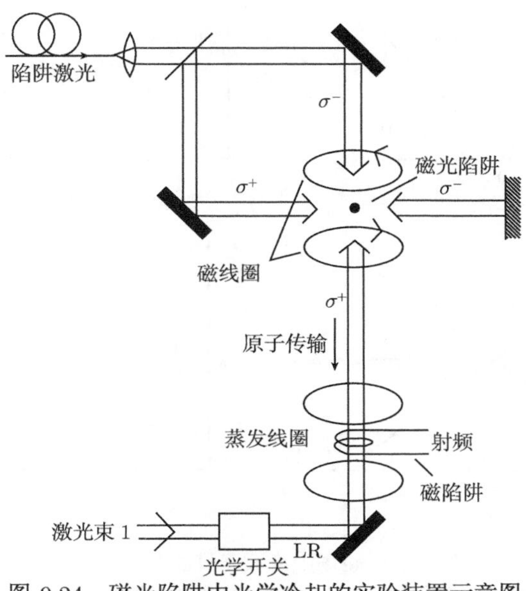

图 9.24 磁光陷阱中光学冷却的实验装置示意图

在磁光陷阱中，通过关掉激光束，可以实现原子的输运

其中的回复力

$$\boldsymbol{F} = \mu \ \mathrm{grad}\boldsymbol{B}$$

使得冷原子位于磁势阱的中心，势能 $W = -\mu B$ 的极小值处。原子的总能量为 $W = W_{\mathrm{pot}} + W_{\mathrm{kin}}$。动能最大的原子占据了势阱中能量最高的能级。从势阱中移走能量最大的粒子，就可以改变平衡的速度分布。利用一个射频场来翻转自旋，从而改变力的符号，使得它由回复力变为排斥力。图 9.25(b) 中的势能图描绘了这一点。

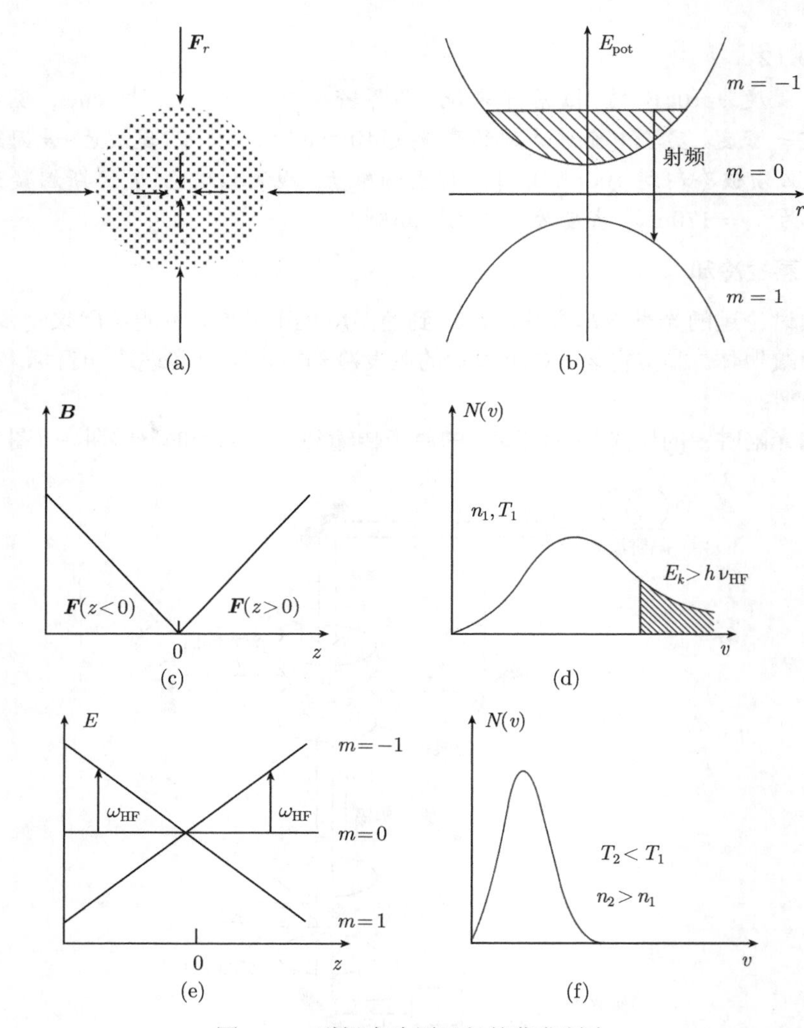

图 9.25 磁场中冷原子气的蒸发制冷

(a) 光学黏团；(b) 束缚势；(c) 磁场 $B(z)$；(d) 蒸发制冷之前的玻耳兹曼分布；(e) 超精细 (HF) 跃迁；(f) 蒸发制冷之后的粒子数分布 $N(v)$

如果剩余原子之间的碰撞足够频繁的话，就可以达到一个温度更低的新平衡态。麦克斯韦速度分布中速度大的原子被抛出了势阱。连续地减小射频频率，失去的总是动能最大的原子，它们距离势阱中心最远，因此，它们的塞曼劈裂最大。

为了保持热平衡，冷却过程必须足够慢，但是，为了保证粒子不会因为碰撞引起的自旋翻转而逃离陷阱，冷却过程又必须足够快。

玻色–爱因斯坦凝聚相变的证据是原子密度突然增大 (图 9.26)，通过测量一束探测激光的宽光束的吸收，可以检测原子的密度 (图 9.27)。

玻色–爱因斯坦凝聚体只能保持一段时间。几种损耗机制可以减小束缚粒子的密度。它们是自旋翻转碰撞、三体复合 (此时形成了分子)、与激发态原子发生碰撞 (激发能转化为动能) 以及与残余气体原子或分子的碰撞。因此，背景气压必须尽可能低 (典型气压为 10^{-10} 到 10^{-11}mbar)。

玻色–爱因斯坦凝聚体中原子的散射长度 a 决定了弹性散射截面 $\sigma_{\mathrm{el}} = 8\pi a^2$。如果平均来说，凝聚体是排斥势，那么 a 是正值。如果散射长度是负值，那么凝聚体最终就会崩溃。

有趣的是，利用激光光谱测量分子 A_2 的基态势中能量最高的束缚振动能级的能量和振动波函数，可以得到原子 A 的散射长度[9.70]。

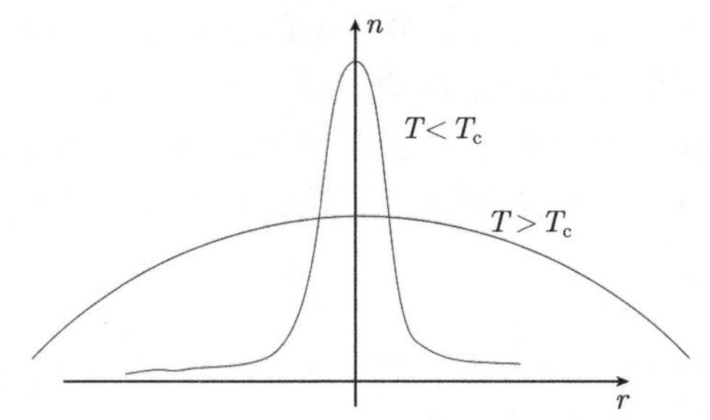

图 9.26 在相变临界温度 T_{c} 之上和之下，磁势阱中冷原子的径向密度分布

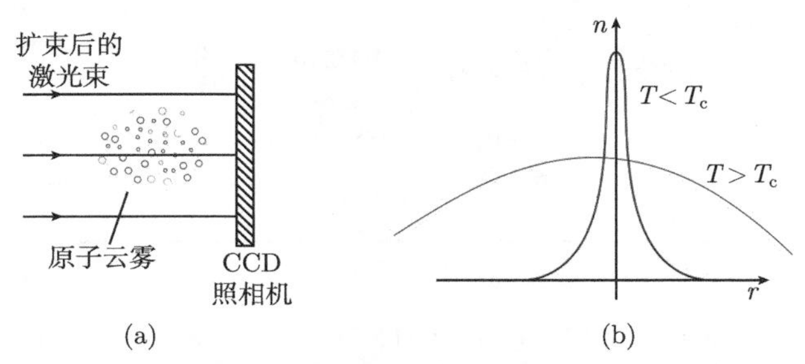

图 9.27 (a) 测量一束展宽了的弱激光束的吸收，可以检测冷原子气的径向密度和空间尺寸；(b) 在相变临界温度 T_{c} 上下的径向密度分布

9.1.11 分子的玻色–爱因斯坦凝聚

最近报道了双原子分子的玻色–爱因斯坦凝聚[9.71]。乍一看，很让人吃惊，因为分子并不是一个二能级系统，不能够像原子那样进行光学冷却，必须使用其他的冷却方案。我们将讨论其中的一些方案。

产生冷分子的一种很有希望的方法是，通过光子结合的方法让玻色–爱因斯坦凝聚体中的冷原子形成分子，第 5.5.6 节讨论过这一方法。产生的冷分子位于电子基态稳定的高振动能级上，它的动能可以非常小。

另一种方法是用冷原子气来冷却其中的分子，冷原子气不与分子发生反应，但是可以将分子的动能冷却到原子的温度。

在磁场中，带有电子自旋的原子和分子的势能有些差别，一种漂亮的方法利用了这一差别，成功地产生了分子的玻色–爱因斯坦凝聚体[9.71]。电子自旋平行的一对碰撞原子 Cs+Cs 的能量和 Cs_2 分子的能量随磁场强度 B 的变化关系如图 9.28 所示。对位于量子数为 $F=3$，$M_F=3$，$L=0$ 而磁矩 $\mu=1.5\mu_B$ 的超精细能级上的原子所构成的碰撞对来说，它对磁场的依赖关系 $E(B)$ 强于量子数为 $F=4$ 和 $\mu=0.93\mu_B$ 的 $4g$ 超精细能级上的分子。在临界磁场强度 B_c 处，这两条线交叉。这就说明，存在一个能量与碰撞原子对完全相同的分子能级 (费希巴赫共振，图 9.28 中的插图)。在费希巴赫共振的左侧，分子态的能量较低，因此可以形成稳定的分子。如果缓慢地 (绝热地) 将磁场由高降到低、穿过费希巴赫共振，就可以产生稳定的分子。相应地可以看到，玻色–爱因斯坦凝聚体中的原子密度减小了。将磁场强度增大到 B_c 之上，原子的密度增大了，这就说明分子分解了。

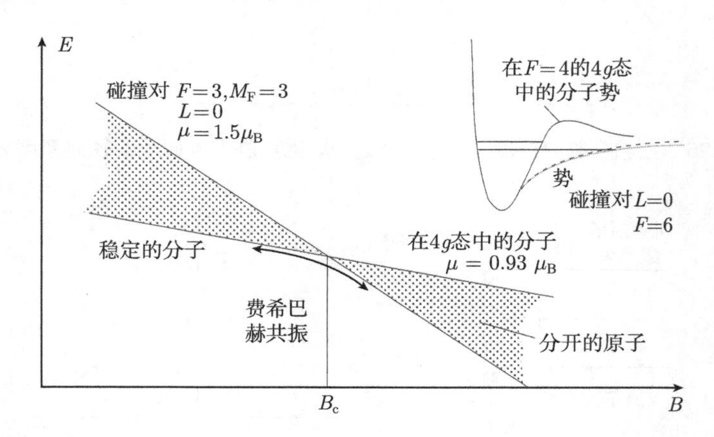

图 9.28　碰撞原子对 $Cs(F=3, M_F=3)+Cs(F=3, M_F=3)$ 和 Cs_2 分子的能量随外磁场的变化关系[9.73]

因为双原子分子 Cs_2 的自旋是整数，所以它是玻色子，可以形成玻色–爱因斯坦坦凝聚体[9.72]。这些双原子分子是巨大的分子，原子核间的距离大约是 100nm! 它们的光谱给出了刚刚低于离解能的最后一个分子束缚能级的能量信息。这些能级能够稳定通常是因为转动量子数 $J > 0$ 的态具有向心力势垒。利用这些能级的束缚能，可以更加仔细地分析弱束缚系统中不同长程力的贡献[9.73]。

Cs 分子的玻色–爱因斯坦凝聚体中的类费希巴赫贡献表明，将磁场调节得高于分子共振，甚至可以用双原子分子 Cs_2 生成双分子 $(Cs_2)_2$[9.74a]。

9.1.12 冷原子和冷分子的应用

原子的光学冷却和光学偏转开辟了原子分子物理学的新领域。它们可以用来研究相对速度非常小的碰撞，此时，德布罗意波长 $\lambda_{\mathrm{DB}} = h/(mv)$ 很大。它们可以给出相互作用势中长程部分的信息，那里出现了新现象，例如，迟滞效应、电子或原子核自旋的磁相互作用[9.74b,c]。一个例子是研究位于 $3\ ^2S_{1/2}$ 基态上的 Na 原子之间的碰撞。相互作用能依赖于两个电子自旋 $S = \dfrac{1}{2}$ 的相对取向。自旋平行的原子形成了 $^3\Sigma_u$ 态的 Na_2 原子，而自旋反平行的原子形成了 $Na_2(^1\Sigma_{+g})$ 分子。当原子间距很大的时候 ($r > 1.5$nm)，$^3\Sigma_u$ 和 $^1\Sigma_g$ 之间的能量差与 $Na(3\ ^2S_{1/2})$ 原子的超精细劈裂能相仿[9.75]。原子核自旋和电子自旋之间的相互作用混合了 $^3\Sigma_u$ 态和 $^1\Sigma_u$ 态，它对应于原子碰撞模型中的自旋翻转碰撞 (图 9.29)。

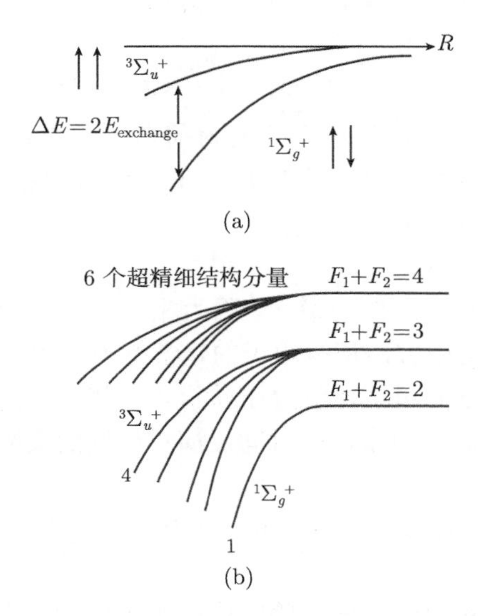

图 9.29 当原子间距 R 很大时，在不同的自旋取向构型中，两个 Na 原子之间的相互作用

(a) 没有超精细结构；(b) 包括原子核自旋 $I = (3/2)\hbar$，产生了三种分解极限

在不同的势阱条件下 (温度、磁场梯度、光强等)，测量束缚原子的损失速率，可以实验地研究势阱中冷原子之间的碰撞过程。实验表明，与基态原子的密度相比，激发态原子的密度不能忽略不计，激发态原子和基态原子之间的相互作用很重要。对于极低温度下的碰撞来说，当相对速度 v 很小的时候，碰撞时间 $\tau_c = R_c/v$ 变得很长，因此，碰撞过程中的光子吸收和发射非常重要。两个主要的能量转移过程是碰撞引起的激发态中的超精细能级跃迁，以及辐射再分配过程，光子在势阱 $V(\boldsymbol{r})$ 中的 $\boldsymbol{r}_1$ 位置处吸收了一个光子，当原子移动到另外一个位置 $\boldsymbol{r}_2$ 的时候，它又发射出一个能量略微不同的光子。

另一类应用是光子反冲引起的原子变向运动。利用准直度非常的高原子束，可以探测到单个光子引起的偏转。横向速度分布包含着光子吸收的统计信息[9.76]。这类实验已经成功地证明了光子吸收的反聚集特性[9.77]。偏转原子的动量分布直接反映了光子的统计性质[9.78]。利用径向反冲的光学准直，可以在相当大程度上减小原子束的发散，从而增大原子束的强度。以前由于强度太弱而做不了的实验，现在就可以做了。

一种非常有趣的应用是冷原子在光学频率标准中的应用[9.79]。它有两大优点：减小了多普勒效应；延长了相互作用时间，达到了 1s 或更长的时间。利用光学陷阱或原子喷泉，可以实现光学频率标准[9.80]。

为了实现原子喷泉，在原子陷阱的垂直方向上释放原子。它们在重力场中减速运动，在最高点处的速度为 $v_z = 0$，然后再返回来。

例 9.13

假设原子的初始速度为 $v_{0z} = 5\text{m/s}$，向上飞行的时间就是 $t = v_{0z}/g = 0.5\text{s}$，路程长度为 $z = v_0t - gt^2/2 = 1.25\text{m}$，总飞行时间是 1s。在最高点处，原子穿越直径为 $d = 1\text{cm}$ 的激光束的渡越时间接近于 $T_{\text{tr}} = 90\text{ms}$，最大横向速度为 $v \leqslant 0.45\text{m/s}$。因此，渡越时间展宽要小于 10Hz。

冷分子有许多可能的应用。

一个例子是高度禁戒跃迁的光谱学，因为相互作用时间很长，禁戒被解除了。另一个例子是更加仔细地研究冷束缚原子的化学行为，此时，隧穿过程主导了反应速率和分子动力学，似乎有可能操纵分子轨道。当使用冷分子的时候[9.82,9.83]，通过寻找质子或电子的电偶极矩来检验时间反演对称性的实验[9.81] 变得更加灵敏。

9.2 单个离子的光谱学

近年来，已经能够对束缚在电磁陷阱中的激光冷却的单个离子进行详细的光谱研究。这样就可以测量量子力学和电动力学的基本问题，还有可能建立精确的频率标准。

9.2.1 离子的俘获

电中性的原子只是因为极化才与电磁场有些微弱的相互作用，相比之下，离子和电磁场之间的相互作用强得多，电磁陷阱可以更为有效地束缚住它们。因此，在俘获中性原子之前很久，就可以俘获离子了[9.84,9.85]。已经发展了两种技术，将离子束缚在很小的体积之内：在射频四极矩陷阱中[9.85,9.86,9.111]，将离子束缚在射频场产生的双曲型的直流电场中；在彭宁陷阱中[9.89]，用直流磁场和双曲型电场束缚离子。

电磁四极矩陷阱 (Paul 陷阱，Wolfgang Paul 因之获得 1989 年的诺贝尔物理学奖) 由两个电极构成，一个电极是双曲型表面的环状电极，环半径为 r_0，另一个电极由两个双曲型的帽构成，如图 9.30 所示。整个系统具有绕 z 轴的圆柱形对称性。两个电极帽上的电势相等，它们之间的距离为 $2z_0$，满足条件 $2z_0 = r_0\sqrt{2}$。

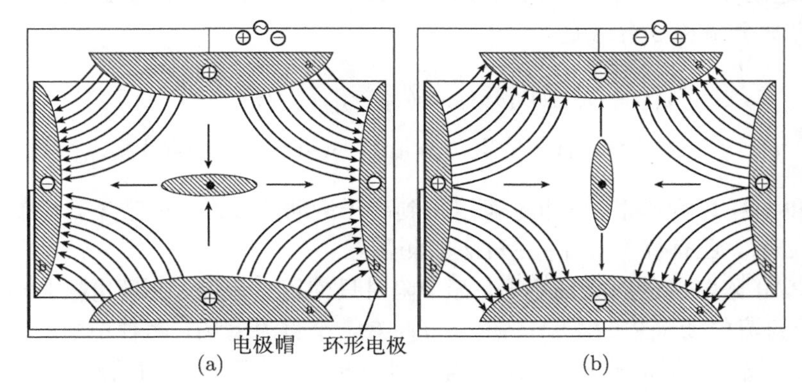

图 9.30 Paul 陷阱：在两个相位相反的射频电场中的电力线和离子云

电极帽和环状电极之间的电势差为 U，势阱中的电势 $\phi(r,z)$ 为[9.86]

$$\phi = \frac{U}{2r_0^2}(r^2 - 2z^2) \tag{9.42}$$

其中，$r^2 = x^2 + y^2$。外加电压为 $U = U_0 + V_0\cos(\omega_{\mathrm{RF}}t)$，是直流电压 U_0 和射频电压 $V_0\cos(\omega_{\mathrm{RF}}t)$ 之和。图 9.30 给出了电压 U 相位相反的两个射频电场中的电力线和离子云。由式 (9.42) 可以得到，电荷为 q 的离子在陷阱中的运动方程是

$$m\ddot{\boldsymbol{r}} = -q \cdot \mathrm{grad}\phi \tag{9.43}$$

可以得到

$$\frac{\mathrm{d}^2}{\mathrm{d}t^2}\begin{pmatrix} x \\ y \\ z \end{pmatrix} + \frac{\omega_{\mathrm{RF}}^2}{4}(a + b\cos\omega_{\mathrm{RF}}t)\begin{pmatrix} x \\ y \\ -2z \end{pmatrix} = 0 \tag{9.44}$$

两个参数

$$a=\frac{4qU_0}{mr_0^2\omega_{\mathrm{RF}}^2},\quad b=\frac{4qV_0}{mr_0^2\omega_{\mathrm{RF}}^2} \tag{9.45}$$

取决于直流电压 U_0、射频电压的振幅 V_0 和角频率 ω_{RF}。因为圆柱形对称性，x 分量和 y 分量适用于同样的方程，而对于 z 方向的运动来说，因为 $r_0^2=2z_0^2$，所以，在式 (9.44) 中出现 $-2z$。

运动方程式 (9.44) 是 Mathieu 型微分方程。只有特定的参数 a 和 b 才能让方程具有稳定解[9.90]。陷阱并不能束缚住从外界进来的带电粒子，因此，必须在陷阱中产生离子。通常，利用电子撞击中性原子使之电离，从而产生离子。

式 (9.44) 的稳定解是两个分量的叠加：离子的周期性“微运动”，以频率 ω_{RF} 跟随射频场在“运动中心”附近振荡；而“运动中心”本身也进行着缓慢的简谐振动 (久期运动)，在 $x-y$ 平面内的频率为 Ω，在 z 方向的频率为 $\omega_z=2\Omega$[9.86]。离子运动的 x 分量和 z 分量是

$$x(t)=x_0[1+(b/4)\cos(\omega_{\mathrm{RF}}t)]\cos\Omega t \tag{9.46a}$$

$$z(t)=z_0[1+\sqrt{2(\omega_z/\omega_{\mathrm{RF}})}\cos(\omega_{\mathrm{RF}}t)]\cos(2\Omega t) \tag{9.46b}$$

对 $x(t)$ 和 $z(t)$ 进行傅里叶分析，可以得到离子运动的频谱，它包含了基频 ω_{RF} 及其谐波 $n\omega_{\mathrm{RF}}$，还有位于 $n\omega_{\mathrm{RF}}\pm m\Omega$ 的侧带。

与 Paul 陷阱中的射频场不同，彭宁陷阱只使用直流场，在环电极和电极帽之间有一个直流电场 (图 9.31(a))，在 z 方向有一个直流磁场。两种不同的设计如图 9.31 所示。离子的运动非常复杂，包含三种分量。有圆形轨道的回旋共振运动，其圆心沿着磁电子的轨迹绕着磁力线进行圆周运动 (图 9.31(c))。与此同时，它还在 z 方向进行轴向振荡。所有这三种分量叠加起来，就产生了如图 9.31(d) 所示的离子路径。

射频四极矩陷阱和彭宁陷阱不仅可以用来束缚离子，还可以精确地测量离子的质量[9.88]。与其他质谱仪不同的是，信号不是由撞击到探测器上的质量合适的离子产生的，而是离子运动在外电路上诱导产生的电压。对这一信号进行傅里叶分析，可以得到这三种分量的频率。因为回旋共振频率

$$\omega_{\mathrm{c}}=qB/m$$

依赖于离子的质量，如果磁场 B 是已知的话，测量了频率 ω_{c}，就可以直接给出离子的质量 m。

利用激光诱导的荧光[9.91,9.92]，或者利用离子在外部射频电路中诱导出来的射频电压[9.86]，可以监测被束缚的离子。对于真正的双能级系统，荧光探测非常灵敏，上能级寿命为 τ_k 的单个离子的荧光光子速率 R 可以达到 $R=(2\tau_k)^{-1}[\mathrm{s}^{-1}]$(第

9.1.4 节)。即使是三能级系统，用另一束激光对光学泵浦耗尽了的基态能级进行再填充，也可以实现这一目标 (图 9.5)。当 $\tau_k = 10^{-8}$s 的时候，如果激光强度足够大，单个离子可以在每秒钟内发出 5×10^7 个荧光光子，从而可以探测单个被束缚的离子[9.94,9.95]。

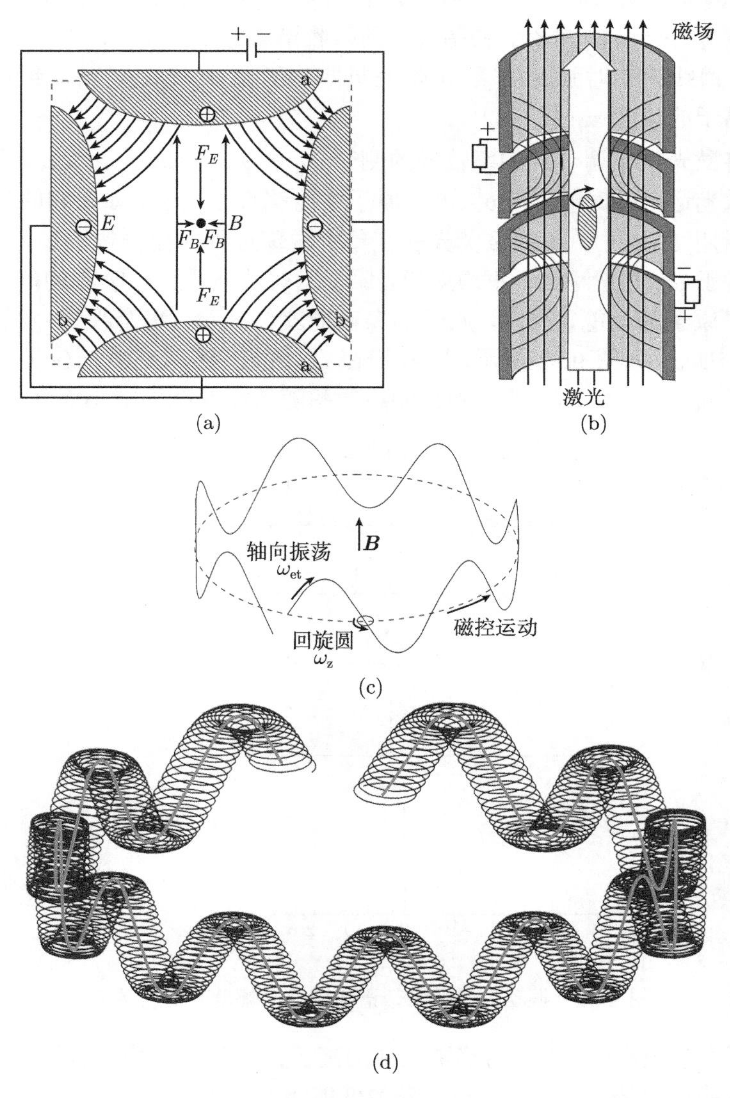

图 9.31 彭宁陷阱

(a) 电力线、磁场以及作用在离子上的力；(b) 实验装置示意图；(c) 彭宁陷阱中离子的简化路径；(d) 一个离子的真实路径 [G. Werth, Mainz]

9.2.2　侧带的光学冷却

在 Paul 陷阱中，假定一个离子 ($v=0$ 时的吸收频率为 ω_0) 沿 x 方向做简谐振动，速度为 $v_x=v_0\cos\omega_{\mathrm{v}}t$，用一束沿着 x 方向传播的单色光照射它。在振动离子的坐标系中，因为振荡引起的多普勒位移，激光频率受到振荡频率的调制。如果吸收跃迁的线宽 γ 小于 ω_{v}，那么，振荡离子的吸收谱就包含频率 $\omega_m=\omega_0\pm m\omega_{\mathrm{v}}$ 处的分立谱线。谱线的相对强度由第 m 阶的贝塞尔函数 $J'_{\mathrm{m}}(v_0\omega_0/c\omega_m)$ 给出[9.96,9.97]，它依赖于离子的速度 v_0(图 9.32)。

如果将激光频率调节到频率较低的侧带 $\omega_{\mathrm{L}}=\omega_0-m\omega_{\mathrm{v}}$ 上，那么，只有当振荡原子朝着激光运动的时候 ($\boldsymbol{k}\cdot\boldsymbol{v}<0$)，原子才能够吸收光子。如果它的自发寿命远大于振荡周期 $T=2\pi/\omega_{\mathrm{v}}$，那么荧光就在整个振荡过程中被一致地平均了，它的频率分布相对于 ω_0 是对称的。平均来说，原子发射的能量大于吸收的能量。这个能量差来自于原子的动能，因此，原子的振动能就会减小，每个吸收–发射循环减少的能量为 $m\hbar\omega_{\mathrm{v}}$。如图 9.32 所示，吸收谱在 ω_0 附近变窄。这就产生了一个不想要的效应，在 $\omega_{\mathrm{L}}=\omega_0-m\omega_{\mathrm{v}}$ 处的侧带制冷效率随着振动能的减小而降低。

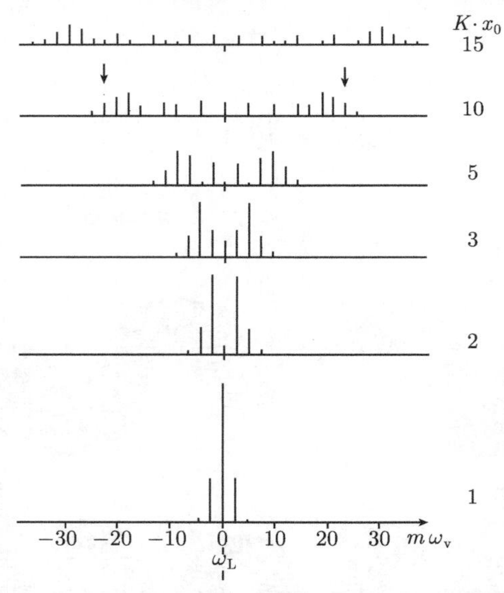

图 9.32　振动离子的侧带谱随着振动幅度的变化关系

在量子力学模型中，可以将陷阱束缚的离子描述为一个简谐振子，其振动能级决定于陷阱的束缚势。光学冷却对应着最低能级的占据几率增大。

光学侧带冷却非常类似于第 9.1 节中讨论过的光子反冲引起的多普勒冷却。唯一的差别在于，陷阱对离子的束缚效应产生了振荡离子的分立能级，而自由原子的平动能对应于多普勒线宽内的一个连续吸收谱。

光学侧带冷却在彭宁陷阱中的 Mg^+ 离子实验[9.96,9.97] 和射频四极矩陷阱中的 Ba^+ 离子实验[9.98] 中得到了验证。在 $3s\ ^2S_{1/2}-3p\ ^2P_{3/2}$ 跃迁上，利用 $\lambda=560.2\text{nm}$ 的倍频染料激光将 Mg^+ 离子冷却到 0.5K 以下。振动离子的振幅减小至几个微米。随着温度的降低，陷阱中心处的离子束缚体积越来越小。

将一束弱探测光调节到吸收线形上，可以监视冷却过程。因为频率 $\omega_{\text{probe}}>\omega_0$，激光强度必须足够小，才能够避免加热离子。

近来，可以将单个 Ba^+ 离子束缚在 Paul 陷阱中，冷却到毫开尔文，并利用显微镜测量激光诱导的荧光来进行观测。因为 Ba^+ 是一个三能级系统 (图 9.33)，必须使用两束激光，一束激光调节到跃迁 $6p\ ^2S_{1/2}\to 6p\ ^2P_{1/2}$ 上 (用于冷却的泵浦跃迁)，另一束激光调节到 $5d\ ^2D_{3/2}\to 6p\ ^2P_{1/2}$(用于再泵浦，从而避免对 $5d\ ^2D_{3/2}$ 能级的光学泵浦)。

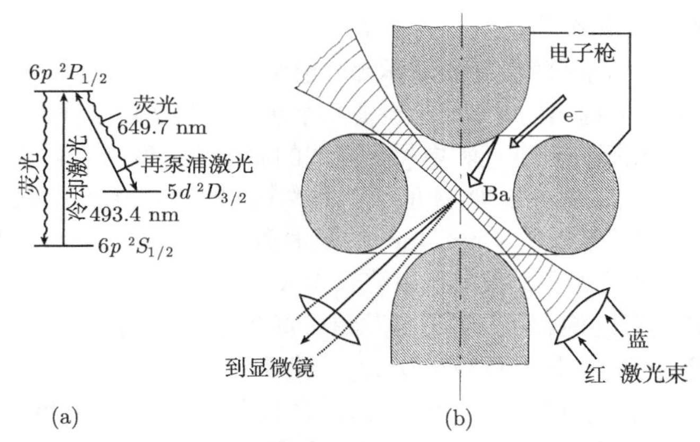

图 9.33 (a) Ba^+ 离子是一个三能级系统，波长为 $\lambda=649.7\text{nm}$ 的第二束激光将 $5d\ ^2D_{3/2}$ 能级上的原子泵浦回到 $6p\ ^2P_{1/2}$ 能级；(b) 在 Paul 陷阱中束缚和冷却 Ba^+ 的实验装置[9.92]

束缚离子数目的任何变化表现为荧光信号上的台阶 (图 9.34)，这种变化可能

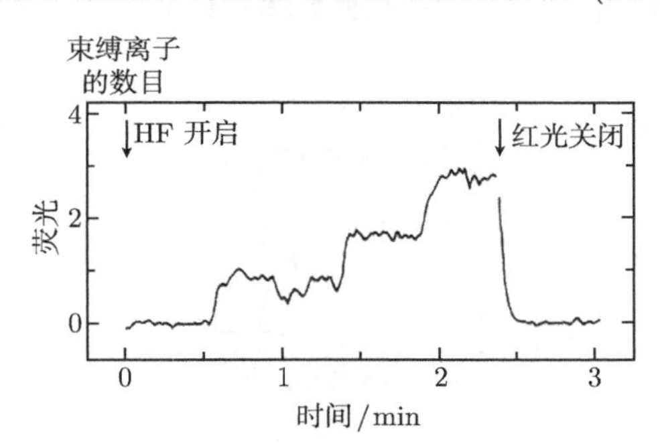

图 9.34 当离子数目改变了一个的时候，几个束缚离子的荧光强度上出现了台阶。关掉红色泵浦激光，离子被光学泵浦到亚稳定的 $5D_{3/2}$ 能级上，泵浦激光引起的荧光就消失了[9.94]

来自于电子碰撞引起的电离，也可能是因为残余气体分子的碰撞使得离子逃离了陷阱。

利用显微镜和影像增强器，对激光诱导的荧光进行空间成像 (第 4.5 节)，可以测量单个离子空间分布的平均几率随“温度”的变化关系[9.92]。最近观测到了陷阱中单个离子的光谱[9.93]。

9.2.3 量子跃迁的直接观测

在量子力学中，用依赖于时间的波函数描述原子系统在 t 时刻处于量子态 $|1\rangle$ 上的几率 $P_1(t)$。如果想确定系统是否处于一个定义得很好的量子态 $|1\rangle$ 上，必须进行测量，但是，测量又会改变系统的状态。如果用单独一个原子进行实验，是否能够毫不含糊地确定初态和可能的跃迁终态？这是一个争议颇多的问题，已经发表的观点多种多样，争执不休。

陷阱束缚的单个离子的激光光谱学实验已经证明，可以得到这样的信息。原始的想法是由 Dehmelt 提出的[9.99]，已经被几个研究小组实现了[9.100~9.102]。利用一个共同能级，可以在强允许跃迁和电偶极禁戒的弱跃迁之间产生耦合。在 Ba^+ 离子的例子中 (图 9.35)，亚稳态 $5\ ^2D_{5/2}$ 能级就是“中间的共同能级”，它的自发寿命是 $\tau = (32 \pm 5)\text{s}$。假定用波长 $\lambda = 493.4\text{nm}$ 的泵浦激光冷却 Ba^+ 离子，发射荧光后泄漏到 $5\ ^2D_{3/2}$ 能级上的离子又被另一束波长为 $\lambda = 649.7\text{nm}$ 的激光泵浦回到 $6\ ^2P_{1/2}$ 能级上。如果泵浦跃迁饱和了，由于自发辐射寿命是 $\tau(6\ ^2P_{1/2}) = 8\text{ns}$，荧光速率大约是每秒钟 10^8 个光子。如果亚稳态 $5\ ^2D_{5/2}$ 能级被占据了 (如用波长为 $\lambda = 455\text{nm}$ 的弱激光激发 $6\ ^2P_{3/2}$ 能级，它再通过发射荧光衰变到 $5\ ^2D_{5/2}$ 能级；也可以不利用任何其他激光，只用冷却激光引起的非共振拉曼跃迁)，因为 $\tau(5\ ^2D_{5/2}) = 32\text{s}$，平均来说，离子不会处于基态 $6\ ^2S_{1/2}$ 上，所以，离子并不能吸收波长为 $\lambda = 493\text{nm}$ 的泵浦光。荧光速率变为零，但是，一旦离子发射一个 $\lambda = 1.762\mu\text{m}$ 的光子、从 $5\ ^2D_{5/2}$ 能级跳回到 $6\ ^2S_{1/2}$ 能级，荧光速率就立刻变成了每秒钟 10^8 个光子。

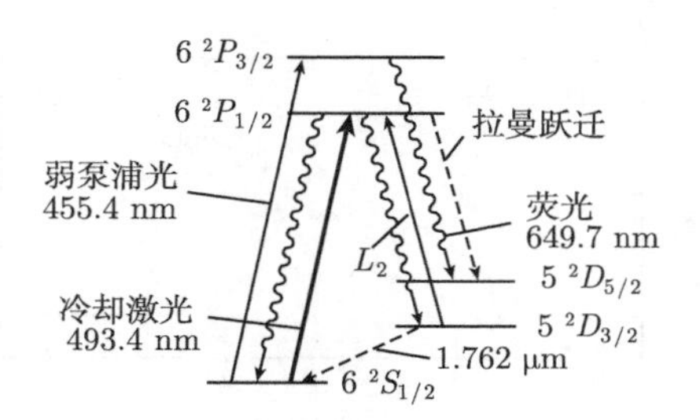

图 9.35 更加详细的 Ba^+ 离子能级示意图，包含有精细结构劈裂。用于冷却的激光可以引起非共振的拉曼跃迁 $6\ ^2S_{1/2} \to 6\ ^2P_{3/2} \to 5\ ^2P_{5/2}$，从而占据了“暗能级”$5\ ^2D_{5/2}$

允许跃迁 $6\ ^2S_{1/2} \to 6\ ^2P_{1/2}$ 是一个放大探测器，用于检测电偶极禁戒的跃迁 $5\ ^2D_{5/2} \to 6\ ^2S_{1/2}$ 上的单个量子跃迁[9.101]。在图 9.36 中，统计性出现的量子跃迁表现为荧光的开启和关闭。用第三束波长为 $\lambda = 614.2\text{nm}$ 的激光照射 Ba^+ 离子，可以产生跃迁 $5\ ^2D_{5/2} \to 6\ ^2P_{3/2}$，然后，上能级就会衰变到 $6\ ^2S_{1/2}$ 基态上——这样就可以减小 $5\ ^2D_{5/2}$ 能级的有效寿命。

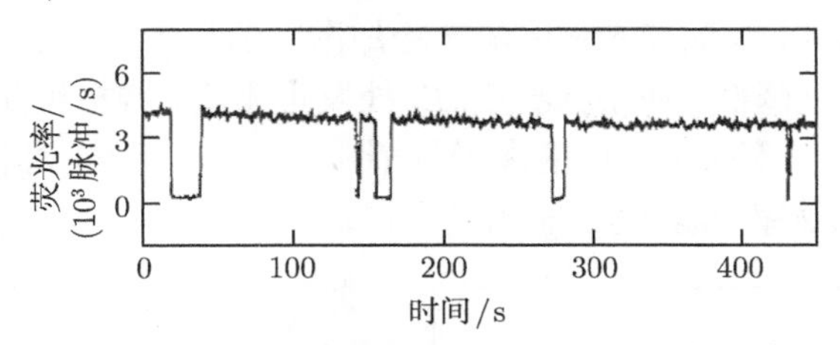

图 9.36 实验演示单个离子的量子跃迁[9.101]

在彭宁陷阱中的 Hg^+ 上，观测到了类似的量子跃迁[9.102]。

非常有趣的是，通过观察量子跃迁的统计，可以测量三能级系统中的光子统计。虽然“关闭状态”或“开启状态”的持续时间 Δt_i 是指数分布的，每秒钟内发生 m 次量子跃迁的几率 $P(m)$ 满足泊松分布 (图 9.37)。在双能级系统中，情况并非如此，在第一个荧光光子发射之后，只有在吸收了一个光子，系统再次被激发到上能级以后，才能够发射第二个荧光光子。相继两次发射荧光光子之间的时间间隔 ΔT 的分布 $P(\Delta T)$ 是亚泊松分布，当 $\Delta T \to 0$ 的时候，它趋近于零 (光子反集聚)，在发射了一个光子之后，至少要经过半个拉比周期，才有可能发射第二个光子[9.103]。

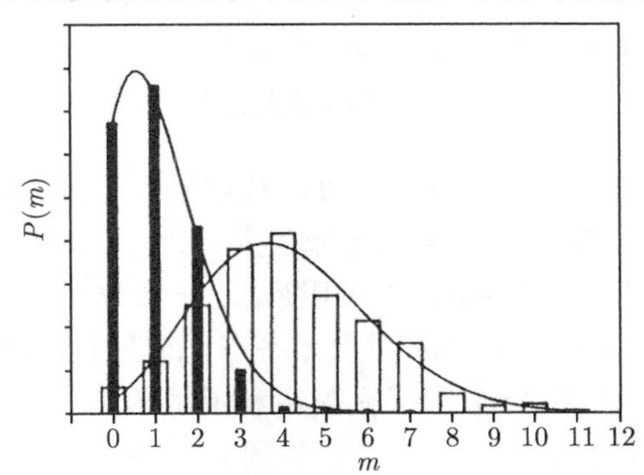

图 9.37 在 150s 时间内 (黑色棒) 和 600s 时间内 (空心棒)，每秒钟发生 m 次量子跃迁的分布直方图 $P(m)$

曲线是用两个不同的参数来进行泊松拟合的结果[9.101]

9.2.4 在离子陷阱中形成维格纳晶格

如果离子陷阱束缚了几个离子并用光学侧带冷却离子，那么，在温度 T_c 处可能发生“相变”，离子们排成了稳定的、空间对称的构型，就像晶体一样[9.104~9.107]。与通常的离子晶体如 NaCl 相比，维格纳晶体中的离子间距比前者大 $10^3 \sim 10^4$ 倍。在 1934 年，E. 维格纳最先提出了电子维格纳晶格的概念，在外场中，电子处在一些规则的位置上。

从统计分布的“气体状”离子到规则分布的维格纳晶体之间的相变，可以用荧光强度的变化来监测，观测荧光强度随着冷却激光的失谐 $\Delta\omega$ 的变化关系。随着失谐的减小，离子温度降低，在临界温度 T_c 处发生相变。维格纳晶体的有序态的荧光分布 $I_{Fl}(\Delta\omega)$ 完全不同于无序的离子气 (图 9.38(a))。当失调非常小的时候，冷却速率小于比加热速率，晶体就“融化”了。

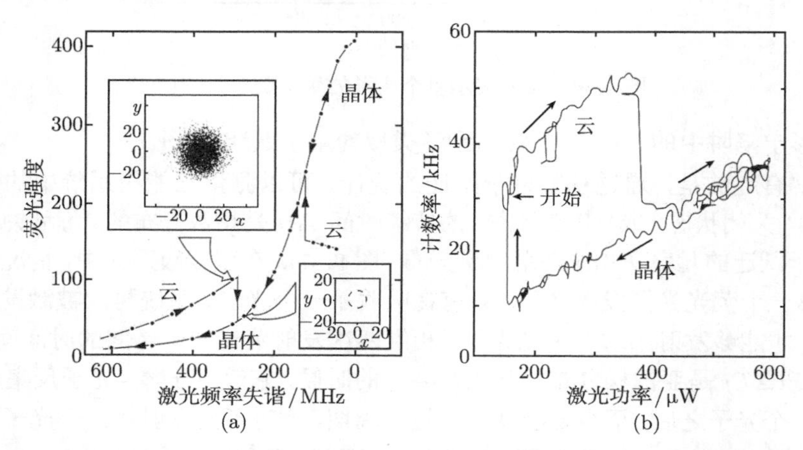

图 9.38　(a) 荧光强度随着激光频率失谐的变化关系；(b) 离子气和有序维格纳晶格之间的相变区附近的回滞曲线[9.104]

改变冷却激光的失谐 $\Delta\omega$ 或强度，可以观察到典型的回滞行为 (图 9.38(b))。保持失谐 ~ 120MHz 固定不变，当激光强度大约为 160μW 的时候，荧光强度增大到 4 倍，发生了到有序维格纳晶体的相变。进一步增大激光功率，当激光功率 $P_L \approx 400\mu W$ 的时候，系统突然又跳回到无序态。改变陷阱射频电压的幅度 b，也可以发现类似的回滞曲线[9.107]。利用显微镜和灵敏的放大成像系统，可以在屏幕上看到离子所处的位置 (图 9.39)，直接观测到从无序态离子气体到有序态维格纳晶体的相变[9.104,9.106]。

与耦合摆的情况类似，在维格纳晶体中，可以激发出正则振动。例如，两个离子的晶体有两个正则振动，离子陷阱中的两个离子既可以同相振动，也可以反相振动。对于同相振动来说，离子之间的距离并不改变，所以，离子之间的库仑排斥力并不影响振动频率，只有束缚势场提供了回复力。x 方向和 y 方向的振动是简并的，频率 $\Omega_x = \Omega_y$(式 (9.46a))，z 方向的振动频率 $\Omega_z \neq \Omega_x$。对于反相振动来说，振动频率还依赖于库仑排斥力。对于三个振动分量，有 $\Omega_{2x}=\sqrt{3}\Omega_{1x}=\Omega_{2y}$ 和 $\Omega_{2z}=\sqrt{3}\Omega_{1z}$[9.108]。

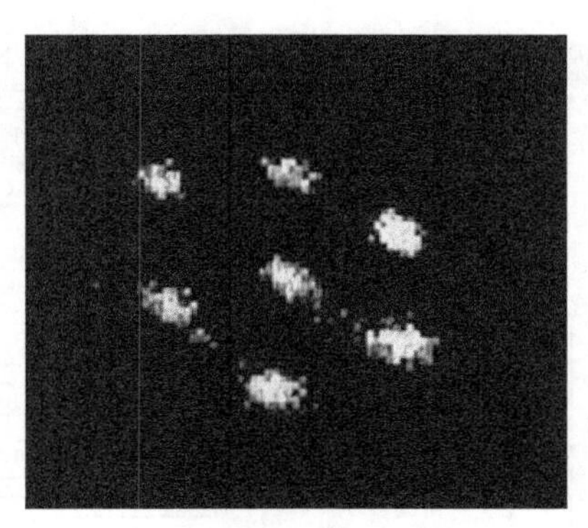

图 9.39 维格纳晶体的照片

由七个束缚离子构成，用显微镜和影像增强器拍摄，离子之间的距离大约是 20μm[9.105]

在陷阱电极上加上适当频率的交流电压，就可以激发这些振动模式。这些激发可以加热维格纳晶体，从而减小了激光诱导的荧光强度。适当地选择冷却激光的失谐 $\Delta\omega$ 和功率，可以让这一加热保持稳定。选定少数几个离子, 这种测量可以研究多粒子效应。它们给出的信息对于固体问题非常有用[9.109]。

因为维格纳晶体中的离子形成了规则的晶格，所以，能够观测到入射波的布拉格反射。在固体晶格中，相邻原子之间的距离为几个Å，只有 X 射线才能发生布拉格反射。与此不同的是，在包含少数几个离子的维格纳晶体中，可以观测到激光的布拉格衍射和布拉格反射。在多达 5×10^4 个离子构成的离子气体中，观测到了长程有序；在更大数目的 2.7×10^5 个离子中，观察到了材料的体行为[9.110]。

9.2.5 储存环中的离子激光光谱学

近年来，将激光光谱学技术应用到储存环中的高能离子上的工作越来越多 (图 9.40)[9.111]。这些离子的激光冷却已经成为电子冷却或随机冷却之外的一种有效技术[9.112]。在中性原子束的光学冷却中，原子能够被完全停住，而在离子冷却中，被压缩的是离子在平均速度 v_m 附近的速度分布，被“冷却”的离子以相同的速度 v_m 运动 (第 4.2 节)。激光冷却可以将相对运动速度所对应的运动温度由 300K 降低到 5 K 以下。储存环中的离子束冷却不仅可以提高束流的质量，还可以引起离子束的凝聚、实现一维的维格纳晶体[9.113a]。这种冷却实验的可能候选者是亚稳态的 Li^+ 离子，用于冷却的跃迁 $1s2s\ ^3S_1\rightarrow1s2p\ ^3P_1$ 的波长为 $\lambda=548.5$nm，正好位于连续染料激光器的可调节范围内。被激发的 Li^+ 离子位于 $2p\ ^3P_1$ 能级上，自发寿命为 $\tau=43$ns，在此时间内，动能为 100keV 的离子移动了大约 8cm。激光束和离子束的相互作用长度为 8m，因此，离子每往返一次就会发生 100 次吸收–发射循环。

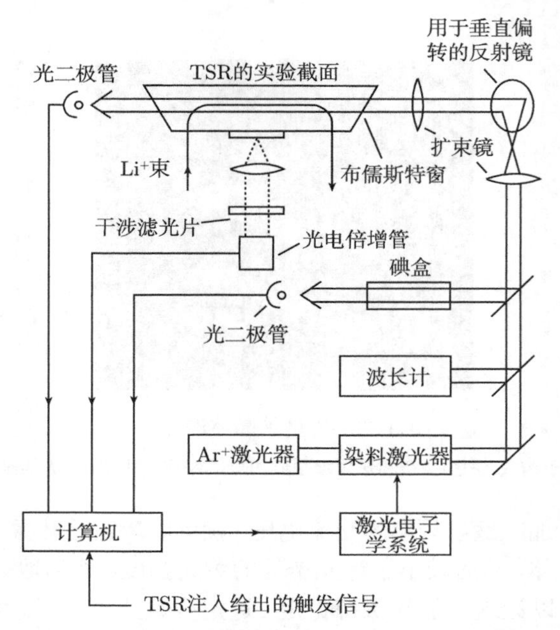

图 9.40　位于 Heidelberg 的离子测试储存环 TSR 中用于激光光谱学的实验装置[9.115]

虽然已经付出了很大的努力，但是，仍然不能够在高能储存环中产生一维的维格纳晶体。最近，在一个直径为 115mm 的射频四极矩的小储存环中，观察到了激光冷却的 Mg^+ 离子的相变和有序结构[9.113b]。沿着四极矩场的中心线，离子的激光冷却产生了线性结构或螺旋结构的离子。

然而，还有其他一些有趣的实验成功了。例如，在电子冷阱中，离子和原子以近乎相同的速度运动，形成了一种非同寻常的等离子体。激光光谱学可能有助于更好地理解高度电离的等离子体中的物理过程[9.114]。

一个有趣的方面是电子和离子的自发辐射复合，它可以被共振激光增强。在 Heidelberg 的试验储存环中，已经证明了这一点[9.115]。将一束冷电子束注入到动能为 $E_\mathrm{k} = 21\mathrm{MeV}$ 的质子束中。在储存环的直线部分，一束波长可调的脉冲染料激光迎着离子束传播，由于多普勒频移，激光波长 450.5nm 和从电离极限到 $2s$ 态的向下跃迁 $\mathrm{H}^+ + \mathrm{e}^- \to \mathrm{H}(2s)$ 发生共振。用增强因子 G 来表示受激复合和自发复合的比值，它依赖于激光波长，在共振波长 $\lambda = 450.5\mathrm{nm}$ 处，$G \approx 50$。

进一步的有趣实验是精密地测量高速离子的跃迁频率，可以用来检验狭义相对论。

9.3 光学拉姆齐条纹

在前面几节中，我们讨论了如何利用冷却和束缚显著地增大原子或离子与激光的相互作用时间。分子不是双能级系统，因此，光学冷却并不能用于分子。已发展了另外一种技术，可以增大相互作用的空间范围、减小吸收谱线的渡越时间展宽(第 1 卷第 3.4 节)，从而增加原子或分子与电磁场的相互作用时间。

9.3.1 基本考虑

许多年前，在分子束的电或磁共振光谱学中，就已经认识到渡越时间展宽的问题[9.116]。在这些拉比实验中[9.117]，射频或微波跃迁的自然线宽非常小，因为根据式 (2.22)，自发跃迁几率正比于 ω^3。因此，微波或射频谱线的宽度主要决定于渡越时间 $\Delta T = d/\bar{v}$，分子以平均速度 $\bar{v}$ 穿过长度为 d 的 C 场相互作用区 (图 5.10(a))。

拉姆齐(Ramsey)关于分立场的天才想法可以显著地减小飞行时间的展宽[9.118]。束流中的分子穿过两个空间分离的相位相干场，两个场之间的距离 L_{d} 远大于每个场的空间尺度 d(图 9.41)。分子与第一个场的相互作用使得每个分子产生了一个偶极矩，它的振荡相位依赖于相互作用时间 $\tau = d/v$ 和射频 ω 与分子跃迁的中心频率 ω_0 之间的失谐 $\Omega = \omega_0 - \omega$(第 1 卷第 2.8 节)。通过第一个相互作用区以后，分子偶极矩在没有场的区域里以本征频率 ω_0 进动。当它进入第二个场的时候，累积的相位角为 $\Delta\varphi = \omega_0 T = \omega_0 L/v$。在相同的时间 T 里，场相位的变化是 ωT。因此，在穿越零场区域的飞行时间 T 里，偶极矩和场之间的相对相位改变了 $(\omega_0 - \omega)T$。

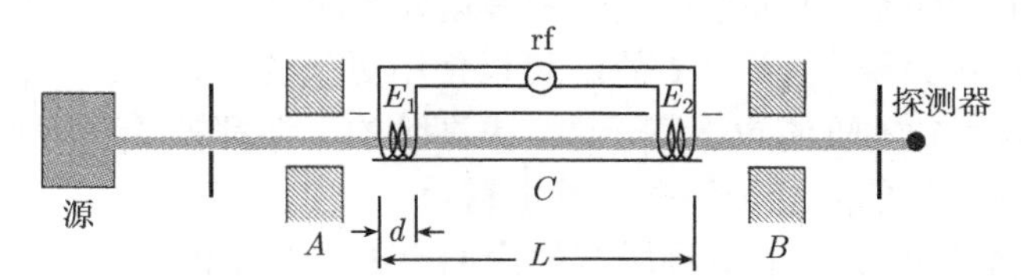

图 9.41 带有拉姆齐分立场的拉比分子束装置

第二个场的振幅为 $E_2 = E_0 \cos\omega t$，它和偶极矩之间的相互作用依赖于它们之间的相对相位。观测到的信号与分子偶极矩在第二个场中吸收的功率有关，正比于 $E_2^2 \cos[(\omega - \omega_0)T]$。假设每秒钟里所有 N 个穿过场的分子都具有相同的速度 v，那么，信号就是

$$S(\omega) = aNE_2^2 \cos[(\omega_0 - \omega)L/v] \tag{9.47}$$

其中，常数 a 依赖于分子束和场的几何形状。

随着场频率 ω 的变化，这一信号表现出振荡的形式，它被称为拉姆齐条纹 (图 9.42)。随着分立场之间距离的增大，中心条纹的半高宽 $\delta\omega = \pi(v/L)$ 减小。

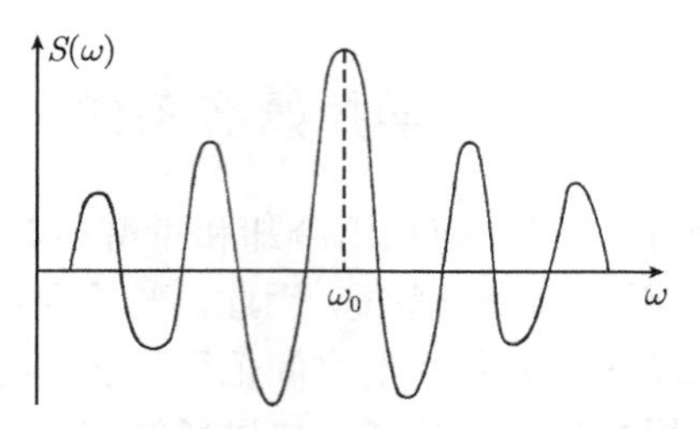

图 9.42　当速度分布 $N(v)$ 很窄的时候，在第二个场中，分子吸收的功率随着失谐 $\Omega=\omega-\omega_0$ 的变化关系（拉姆齐条纹）

这种干涉现象非常类似于著名的杨氏干涉实验 (第 2.8.2 节)，用相干光照射两个狭缝，随着光程差 Δs 的变化，两个狭缝中出来的光的叠加也发生振荡。在双缝干涉图案中，极大值的数目依赖于入射光的相干长度 l_c 和狭缝之间的距离。如果 $\Delta s\leqslant l_\text{c}$，就可以观测到干涉条纹。

在拉姆齐条纹中观测到了类似的情况。因为束流中分子的速度并不相同，而是服从麦克斯韦分布，所以，相位差 $(\omega_0-\omega)L/v$ 也有类似的分布。干涉图案是所有分子贡献的总和

$$S=C\int N(v)E^2\cos[(\omega_0-\omega)L/v]\mathrm{d}v \tag{9.48}$$

与部分相干光的杨氏干涉类似，速度分布会让干涉图案中的高阶条纹 (即 $(\omega_0-\omega)$ 很大) 变得模糊、消失，同时使得小 $(\omega_0-\omega)$ 的中心条纹变窄。如果速度分布 $N(v)$ 的半宽为 Δv，那么，这个效应使得分立场之间的距离不能大于 $L\leqslant v^2/(\omega_0\Delta v)$，否则的话，快速分子的高阶干涉条纹就会和慢速分子的第一阶干涉条纹重叠。利用速度分布很窄的超声分子束 (第 4.1 节)，可以使用更长的间距 L。一般来说，在高精度光谱学中，只用到零阶的拉姆齐干涉，更高阶的干涉都被“速度平均”掉了，这样就可以避免不同阶的分子干涉条纹发生重叠。

如果能够将图 9.41 中的射频场替换为两束相位相干的激光，那么，将拉姆齐的想法拓展到光学区域似乎是显而易见的。然而，在射频区域，波长 λ 大于分立场的空间尺寸 d，而在光学区中，$\lambda\ll d$，这种拓展有一些困难[9.119]。在通过驻波光场后，运动方向略有倾斜的分子得到不同的相位 (图 9.43)。考虑在第一个场中由位置 $x=0, z=0$ 出发的分子。只有当运动方向位于 z 轴附近角度很小的锥体内的时候，$\delta\theta\leqslant\lambda/2d$，分子到达第一区末端时的相位差才会小于 π。然而，这些分子在经过距离 L 之后到达第二个场的时候，它们在空间上的延展为 $\Delta x=L\delta\theta\leqslant L\lambda/2d$，其中，光场相位 φ 的空间变化为 $\Delta\varphi\leqslant L\pi/d$。如果用分立场的方法增大光谱的分辨度，$L$ 就必须远大于 d，因此，$\Delta\varphi\gg\pi$。虽然这些分子在第一个场中的相位基本相同，但是，当它们与第二个场相互作用的时候，相互作用产生的相位都是不同的，总的信号是对第二个场中在时刻 t 的所有分子进行求和，因此，通常并不会产生可

以观测到的拉姆齐条纹。也就是说，对不同的相位进行平均，就抹掉了拉姆齐条纹。对于在第一区中由不同位置出发 $(x_1, z=0)$、到达第二区中同一个位置 $(x_2, z=L)$ 的分子来说，也是如此 (图 9.43(b))。这些分子的相位差 $\Delta\varphi \gg \pi$，而且，对于在不同位置 x_1 出发的分子来说，它们的相位是随机分布的，因此，在 (x_2, L) 处并不能观测到宏观的干涉条纹。

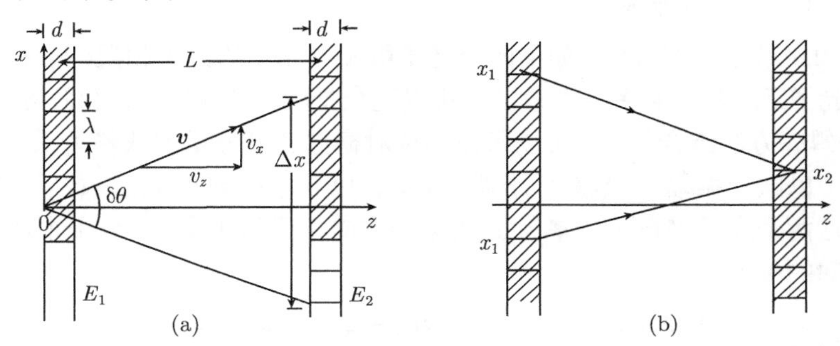

图 9.43 在第一区中，从同一个位置以不同的 v_x 出发的分子 (a)，或者从不同位置 x_1 和 x_2 出发的分子 (b) 在到达第二个场以后，将会得到不同的相位

注：分子在第一区中的相位相等这个条件，$\delta\theta < \lambda/2d$，等价于下述条件，即垂直于束流轴激光的吸收谱线的残余多普勒宽度 $\delta\omega_{\mathrm{D}}$ 应该小于渡越时间展宽 $\delta\omega_{\mathrm{t}} = \pi v/d$。从关系式 $v_x = v_z\delta\theta$ 和 $\delta\omega_{\mathrm{D}} = \omega v_x/c = \omega\delta\theta v_z/c = \delta\theta v_z 2\pi/\lambda$ 中，可以立刻看出这一点。因为

$$\delta\theta < \lambda/2d \Rightarrow \delta\omega_{\mathrm{D}} < \pi v_z/d = \delta\omega_{\mathrm{t}} \tag{9.49}$$

在第一区中从位置 $(x_1, 0)$ 出发的分子偶极矩的相位差 $\Delta\varphi(v_x)$ 是横向速度 v_x 的函数，如图 9.44 所示。虽然 $\Delta\varphi(v_x, z_1 = d)$ 在第一束激光的末端表现为平坦的分布，但是它在第二区却表现出振荡调制的行为，周期为 $\Delta v_x = \lambda/2T = \lambda v_z/2L$。然而，这种调制并不能够检测出来，因为从不同起始点 x_1 出发的分子到达 (x_2, L) 处的速度 v_x 是不同的，对它们的贡献进行求和，就抹掉了干涉条调制的信息。

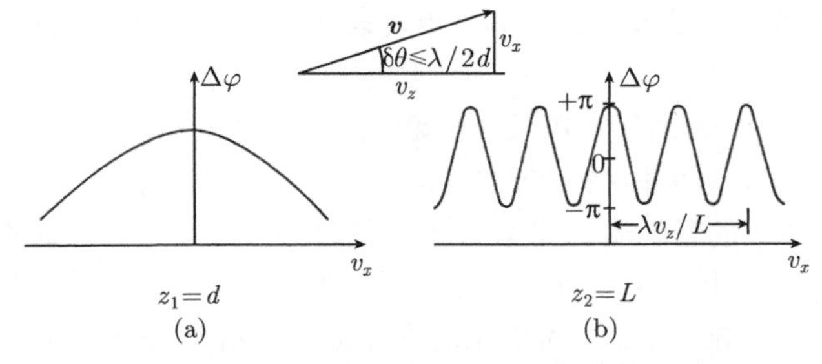

图 9.44 振荡的偶极矩分子和电磁场之间的相位差 $\Delta\varphi(v_x)$

(a) 在第一区的末端 $z = d$; (b) 在第二区 $z = L \gg d$

幸运的是，已经发展了几种方法克服这些困难，得到了非常窄的拉姆齐共振。一种方法利用了没有多普勒效应的双光子光谱；另一种方法使用了饱和光谱，但是在距离第一区 $z=2L$ 处引入了第三个相互作用区，用来恢复拉姆齐条纹[9.120~9.122]。下面我们简单地讨论一下这两种方法。

9.3.2 双光子拉姆齐共振

在第 2.4 节中我们看到，如果两个光子 $\hbar\omega_1=\hbar\omega_2$ 的波矢相反，即 $\boldsymbol{k}_1=-\boldsymbol{k}_2$，那么，双光子跃迁的一阶多普勒效应就可以完全抵消。将没有多普勒效应的双光子吸收和拉姆齐方法结合起来，可以避免相位对横向速度分量的依赖关系 $\varphi(v_x)$。在第一区中，以跃迁振幅 a_1 激发分子偶极矩，它以其本征频率 $\omega_{12}=(E_2-E_1)/\hbar$ 进动。如果这两个光子来自于频率为 ω 的运动方向相反的两束光，分子本征频率 ω_{12} 与 2ω 之间的失谐

$$\varOmega=\omega+kv_x+\omega-kv_x-\omega_{12}=2\omega-\omega_{12} \tag{9.50}$$

与 v_x 无关。相位因子 $\cos(\varOmega T)$ 出现在渡越时间 $T=L/v_z$ 之后、分子偶极矩进入第二个场区的时候，它可以写为 $\cos(\varphi_2^-+\varphi_2^+-\varphi_1^--\varphi_1^+)$，其中 φ 分别来自于四个场的贡献 (在每个场区中都有传播方向相反的两束光)。用 c_1 和 c_2 分别描述第一个场和第二个场中的双光子跃迁振幅，可以得到总的跃迁几率

$$P_{12}=|c_1|^2+|c_2|^2+2|c_1||c_2|\cos\varOmega T \tag{9.51}$$

前两项描述的是第一区和第二区里的通常的双光子跃迁过程，第三项是干涉项，它带来了拉姆齐共振。由于纵向的热速度分布 $f(v_z)$，只能够观测到拉姆齐共振的中央极大值，如果自然线宽可以忽略不计，半宽的理论值就是

$$\Delta\varOmega=(2/3)\pi/T=2\pi v/3L\Rightarrow\Delta\nu=\frac{1}{3T} \tag{9.52}$$

其中，$T=L/v$。更高阶的干涉条纹都被抹掉了。

例 9.14

场之间的距离为 $L=2.5\mathrm{mm}$, 400 K 时的平均速度为 $\bar{v}=270\mathrm{m/s}$, 如果可以忽略线宽的其他贡献，那么就可以得到，中央拉姆齐条纹的半高宽为 $\Delta\nu=1/3T=36\mathrm{kHz}$。

实验装置如图 9.45 所示。单独一束激光经过共振腔镜 M_1、M_2 和 M_3 反射，在两个场区中产生了两束传播方向相反的光。一束准直的铷原子横穿过这两束激光。原子的激发能级的辐射寿命必须大于渡越时间 $T=L/v$，否则的话，在第二区中就会丢失掉第一区里的相位信息。因此，这种方法可以应用于寿命长的态，如里德伯态或电子基态的振动能级。可以用场离子激发来探测被激发的里德伯原子。可以用亥姆霍兹线圈研究里德伯跃迁的塞曼劈裂。

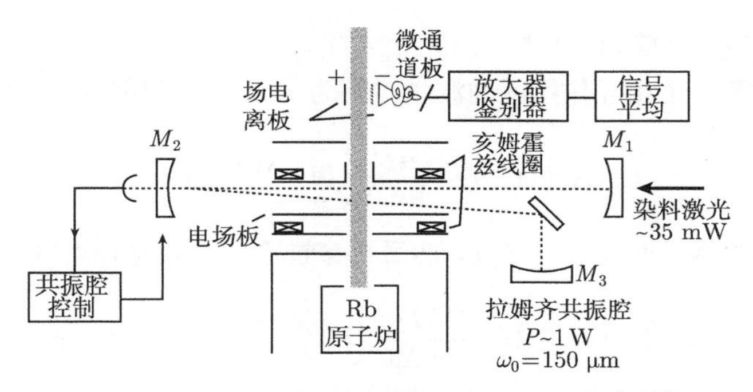

图 9.45 观测双光子拉姆齐条纹的实验装置[9.124]

谱分辨精度如图 9.46 所示，它是铷原子 ^{86}Rb 的双光子拉姆齐共振，来自于双光子里德伯跃迁 32 $^2S \leftarrow 5\ ^2S$ 的超精细分量[9.123,9.124]，用图 9.45 中的实验装置测量得到。拉姆齐共振腔的长度必须总是与激光频率保持共振。这是通过压电控制的元件和反馈系统实现的 (第 5.4.5 节)。当场间距为 2.5mm 的时候，测量得到的拉姆齐中央条纹的半高宽为 $\Delta\nu = 37$kHz，非常接近于理论极限。采用 $L = 4.5$mm，可以得到更窄的信号，$\Delta\nu = 18$kHz，对于束腰为 $w_0 = 150$μm 的单区的双光子共振来说，其半高宽受限于渡越时间展宽，大约是 600kHz[9.124]。

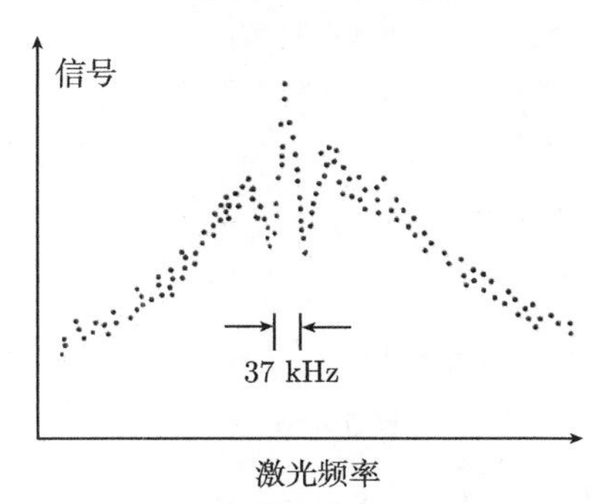

图 9.46 铷原子 ^{86}Rb 跃迁 32 $^2S \leftarrow 5\ ^2S, F = 3$ 的双光子光学拉姆齐共振，场间距为 $L = 2.5$mm[9.124]

双光子拉姆齐共振的定量描述[9.125] 从每秒钟的跃迁振幅出发，对于双光子跃迁 $|i\rangle \to |f\rangle$，失谐为 $\Delta\omega = 2\omega - (\omega_{ik} + \omega_{kf}) = 2\omega - \omega_{if}$，激光强度为 I，则

$$c_{if}(t) = \frac{D_{if} I}{4\hbar^2 \Delta\omega}(\mathrm{e}^{-\mathrm{i}\Delta\omega t} - 1) \tag{9.53}$$

双光子跃迁的偶极矩阵元为

$$D_{if} = \sum_k \frac{R_{ik} R_{kf}}{\omega - \omega_{ki}} \tag{9.54}$$

其中，R_{ik} 和 R_{kf} 是单光子矩阵元 (式 (2.67))。

分子经过第一个相互作用区的渡越时间为 $\tau = d/v$，跃迁 $|i\rangle \to |f\rangle$ 的振幅为

$$c_{if}(1) \cdot \tau = \frac{D_{if} I_1 \tau}{4\hbar^2 \Delta\omega}(\mathrm{e}^{-\mathrm{i}\Delta\omega\tau} - 1) \tag{9.55}$$

穿过零场区的渡越时间为 $T = L/v$，然后再穿过第二个相互作用区，跃迁振幅为

$$c_{if}(2) = c_{if}(1) + \frac{D_{if} I_2 \tau}{4\hbar^2 \Delta\omega}\left(\mathrm{e}^{-\mathrm{i}\Delta\omega(T+\tau)} - \mathrm{e}^{-\mathrm{i}\Delta\omega T}\right) \tag{9.56}$$

它给出了跃迁几率

$$\begin{aligned} P_{if}^{(2)}(2) &= |c_{if}(1)|^2 + |c_{if}(2)|^2 + 2c_{if}(1)c_{if}(2)\cos\Delta\omega T \\ &= \frac{|D_{if}|^2\tau^2}{\hbar^2}[I_1^2 + I_2^2 + 2I_1 I_2 \cos(\Delta\omega T)] \end{aligned} \tag{9.57}$$

这与式 (9.51) 完全相同。这一信号正比于分子在第二区中吸收的功率 $S(\Omega)$(图 9.47)。

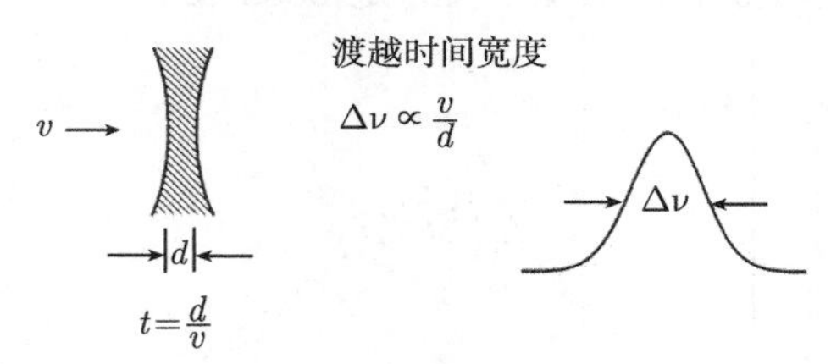

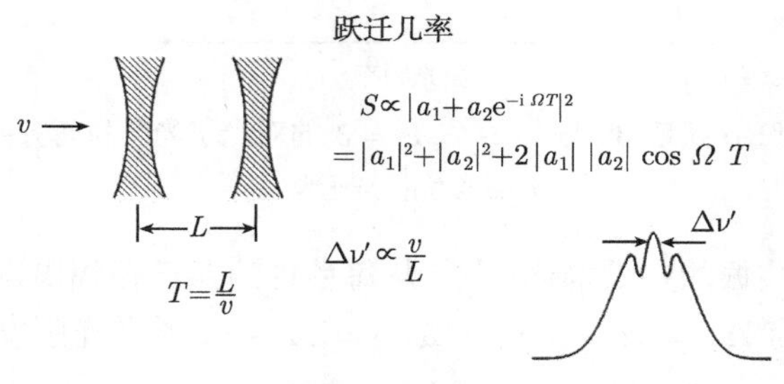

图 9.47　双光子共振的示意图[9.124]

当上能级 $|f\rangle$ 的自发寿命为 $\tau_f = 1/\gamma_f$ 的时候，一部分被激发的分子在到达第二区之前就衰变了，跃迁几率变为

$$c_{if}(2) = c_{if}(1)(\mathrm{e}^{-\gamma_f T} + \mathrm{e}^{-\mathrm{i}\Delta\omega T}) \tag{9.58}$$

当 $I_1 = I_2 = I$ 的时候，信号变小了

$$S(\Delta\omega) \propto P^{(2)}(2) = \frac{|D_{if}|^2 I^2 \tau^2}{\hbar^2}[1 + \mathrm{e}^{-2\gamma_f T} + 2\mathrm{e}^{-\gamma_f T} \cos \Delta\omega T] \tag{9.59}$$

9.3.3 利用三个分立场的非线性拉姆齐条纹

拉姆齐条纹通常在第二个场中就被抹掉了，为了恢复它，一种方法是在距离第一个场 $2L$ 的地方引入第三个场。Chebotayev 及其合作者首先提出了这种想法 [9.120]。其要点如下：在第 2.2 节中详细讨论过，在多普勒展宽的吸收谱线的中央位置 ω_0 处，分子在单色驻波场中的吸收形成了一个很窄的兰姆凹坑 (图 2.7)。可以将兰姆凹坑的形成过程看作两个步骤，泵浦光耗尽了速度为 $v_x = 0 \pm \Delta v_x$ 的一小部分分子，然后用另一束光来探测这个耗尽。在第二区的驻波光场中，非线性饱和依赖于分子偶极矩与光场的相对相位。这个相位决定于第一个场中的出发位置 $(x_1, z = 0)$ 和横向速度分量 v_x。图 9.48(a) 给出了无碰撞分子的直线路径，分子的横向速度分量为 v_x，起始位置为第一个场中的 $(x_1, z = 0)$，在 $x_2 = x_1 + v_x T = x_1 + v_x L/v_z$ 处通过第二个场，到达第三个场的位置为 $x_3 = x_1 + 2v_x T$。在进入第二个场时的位置 (L, x_2) 上，分子和场的相对相位是

$$\Delta\varphi = \varphi_1(x_1) + \Delta\omega \cdot T - \varphi_2(x_2)$$

其中，$\Delta\omega = \omega_{12} - \omega$。$(L, x_2)$ 处的宏观极化等于被诱导产生的所有的原子偶极矩之和，它的平均值等于零，因为到达 x_2 的分子从不同的位置 $(0, x_1)$ 出发，速度分量 v_x 各不相同。注意，在第二个场中的粒子数耗尽 ΔN_a 依赖于相对相位 $\Delta\varphi$，因此也就依赖于 v_x。如果让两个场的相位 $\varphi(x_1)$ 和 $\varphi(x_2)$ 在 $x_1 = x_2$ 时相等，那么，在两个场的交叉点上，相位差 $\varphi(x_1) - \varphi(x_2) = \varphi(x_1 - x_2) = \varphi(v_x T)$ 只依赖于 v_x 而不依赖于 x_1。与第二个场发生非线性相互作用之后，分子偶极矩的数目 $n(v_x)$ 表现出特征性的调制 (图 9.48(b))。在第二个场中并不能探测到这种调制，因为它表现在 v_x 上，而不是 x。因为全部分子与 $z = z_2$ 处的探测光束的相互作用带有随着空间位置变化的相位 $\varphi(x_2)$，这种调制完全被抹掉了。然而，在第三个场中，并非如此。因为交叉点 x_1，x_2 和 x_3 之间通过横向速度 v_x 彼此关联，第二个 场区中的调制 $N(v_x)$ 在第三个场区内引起了非零的宏观极化，它等于

$$P(\Delta\omega) = 2\mathrm{Re}\left\{E_3 \int_{x=0}^{x_0} \int_{t=2T}^{2T+\tau} \left[P^0(z,t)\cos(kx + \varphi_3)\mathrm{e}^{\mathrm{i}\omega t}\right] \mathrm{d}x\mathrm{d}t\right\} \tag{9.60}$$

三阶微扰理论 [9.120,9.126] 的详细计算表明，在第三个场中被吸收的能量产生了信号

$$S(\Delta\omega) = \frac{\hbar\omega}{2}|G_1 G_2^2 G_3|\tau^2 \cos^2(\Delta\omega T)\cos(2\varphi_2 - \varphi_1 - \varphi_3) \tag{9.61}$$

其中，$G_n = \mathrm{i}D_{21}E_n/\hbar (n = 1, 2, 3)$，$\varphi_1$，$\varphi_2$ 和 φ_3 是三个场

$$E_n(x,z,t) = 2E_n(z)\cos(k_n x + \varphi_n)\cos\omega t \tag{9.62}$$

的空间相位。适当地调节相位 φ_n，使得 $2\varphi_2 = \varphi_1 + \varphi_3$，可以优化第三个场区中的信号。利用密度矩阵方法，Bordé 仔细地计算了非线性拉姆齐共振[9.127]。

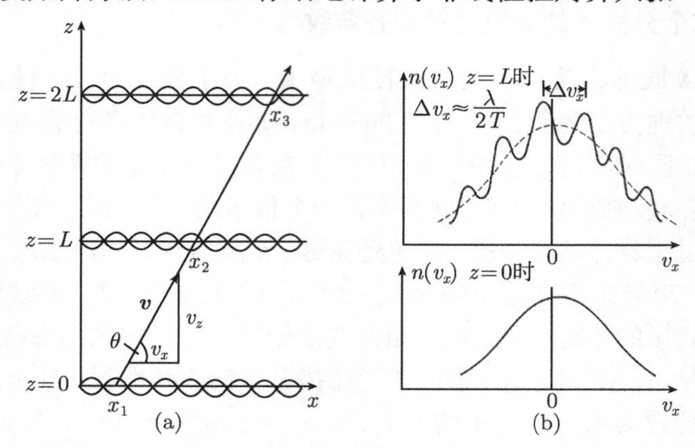

图 9.48　(a) 穿过三个分立场的分子的直线路径，三个场分别位于 $z=0$，$z=L$ 和 $z=2L$；(b) 与第二个场发生相互作用之后，粒子数密度 $N(v_x)$ 的调制[9.120]

利用氖原子在 $\lambda = 588.2\text{nm}$ 处的跃迁 $1s_5 \to 2p_2$，Bergquist 等[9.128] 证明，可以将饱和光谱学与光学拉姆齐条纹结合起来 (图 9.49)。当相互作用区之间的距离为 $L = 0.5\text{cm}$ 的时候，兰姆凹坑的线宽为 4.3MHz。这对应于氖原子跃迁的自然线宽。

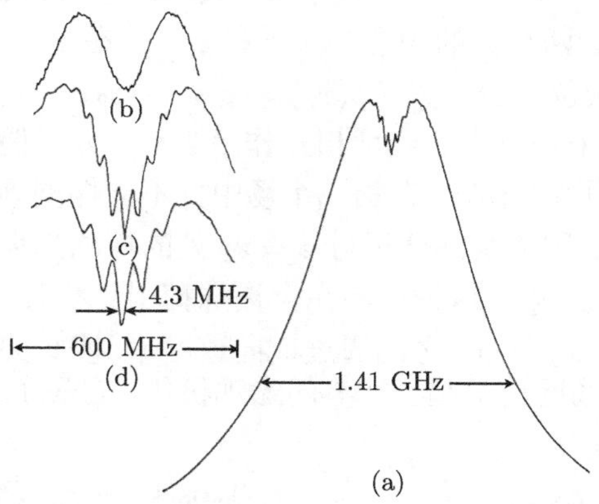

图 9.49　利用氖原子在 $\lambda = 588.2\text{nm}$ 处的跃迁 $1s_5 \to 2p_2$，在亚稳态的氖原子快速流中测量得到的非线性拉姆齐共振的兰姆凹坑

(a) 用三束激光在准直分子束中得到的带有兰姆凹坑的多普勒线形；(b) ～ (d) 三种不同构型的兰姆凹坑的放大图：(b) 原子只与两个驻波发生相互作用，(c) 三个等间距的相互作用区，(d) 四个等间距的相互作用区[9.128]

利用四个相互作用区，可以进一步提高拉姆齐共振的对比度[9.129]。这也是由Bordé及其合作者证明的[9.130]，他们让四束行波而非三束驻波垂直地穿过超声速的SF_6 分子束。用一个光热探测器来监测 SF_6 分子在 $\lambda = 10\mu m$ 处的振动–转动跃迁的拉姆齐信号 (第 1.3.3 节)。

对于自然线宽很小的跃迁来说，拉姆齐共振可以非常窄。例如，在气压为 2mbar 的甲烷气体盒中，将非线性拉姆齐技术应用于 CH_4 分子的振动–转动跃迁，在激光束间距为 $L = 7mm$ 的时候，可以得到共振宽度为 35kHz。当距离为 $L = 3.5cm$ 的时候，共振宽度减小为 2.5kHz，能够测量到 $\lambda = 3.39\mu m$ 处的 CH_4 分子跃迁的超精细分量的拉姆齐共振[9.126]。

不用第三束激光，也可以在 $z = 2L$ 处观测到拉姆齐共振。如果 $z = 0$ 和 $z = L$ 处的两束驻波与分子发生相互作用，这种情况就类似于光子回波。在通过第一个场区的渡越时间 τ 内，相干地激发分子，在 $t = T$ 时刻，在第二个场区中，分子的相位发生了跳变，因为它们和第二束激光发生了非线性相互作用，逆转了振荡偶极矩的相位的时间演化过程。在 $t = 2T$ 时刻，偶极矩的相位再次相等，在 $\omega = \omega_{ik}$ 处发出了强度增大了的相干辐射 (光子回波)[9.121,9.126]。

9.3.4 反冲双谱线的观测和单反冲分量的抑制

拉姆齐技术增加了相互作用时间，提高了光谱分辨率，从而可以直接观测原子

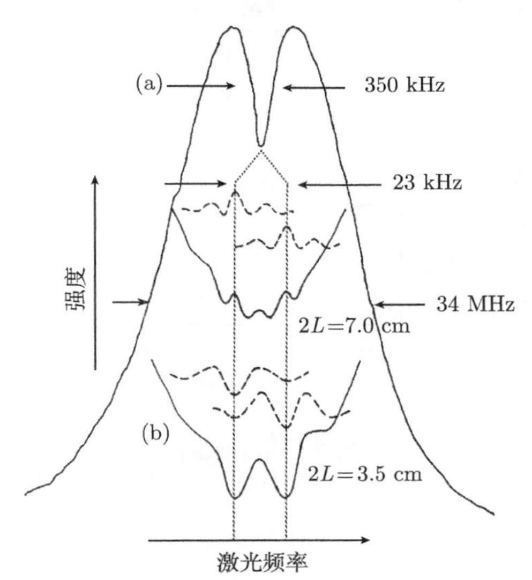

图 9.50 在准直的钙原子束中测量得到的钙原子在 $\lambda = 657nm$ 处谱线的拉姆齐共振

(a) 如果只使用一个相互作用区，线形的多普勒宽度减小了，中央处还有一个兰姆凹坑；(b) 兰姆凹坑的放大图，可以看到两个反冲分量，利用了三个相互作用区进行测量，它们之间的距离为 $L = 3.5cm$ 和 $L = 1.7cm$。虚线给出了一个反冲分量被部分抑制的结果[9.131]

或分子跃迁中的反冲双谱线 (第 9.1.1 节)。例如，钙原子在 $\lambda = 657\text{nm}$ 附近的 $^1S_0 \rightarrow {}^3P_1$ 跃迁谱线的拉姆齐光谱[9.131]，在拉姆齐中央最大值的谱线宽度为 3kHz，可以清晰地分辨出间距为 23kHz 的反冲双谱线 (图 9.50)。

虽然拉姆齐技术显著地减小了渡越时间展宽，二阶多普勒效应仍然存在，可能使得反冲分量不能够被完全地分辨出来。有可能产生非对称的谱线线形，从而不能够精确地得到中心频率。Helmcke 等[9.132,9.133] 的工作表明，如果用另一束激光去除钙原子跃迁的上能级 $^3P_1$ 上的粒子，就可以消除两个反冲分量中的一个。图 9.51 给出了相应的能级结构示意图，实验装置以及剩余的反冲分量的拉姆齐中央最大值。

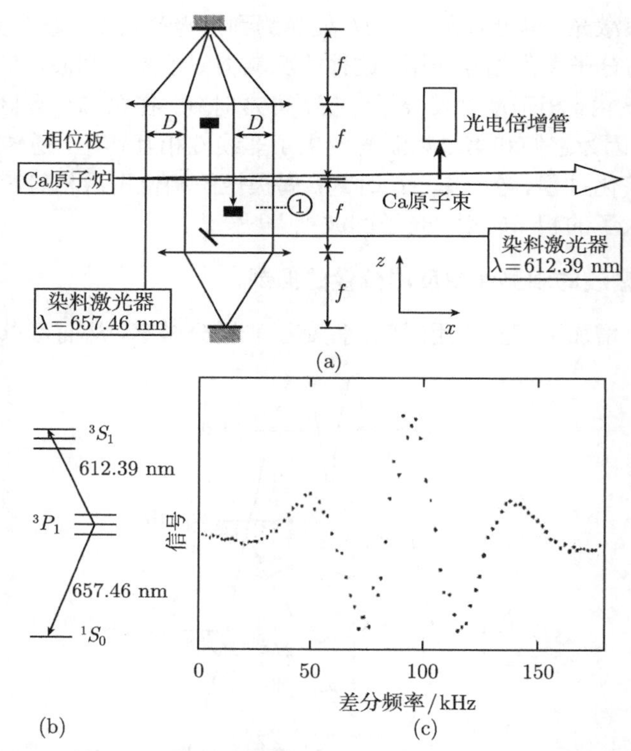

图 9.51 利用另一束激光来进行光学泵浦，可以抑制一个反冲分量

(a) 实验装置图；(b) 能级结构示意图；(c) 留下来的反冲分量的拉姆齐共振[9.132]

9.4 原子的干涉

以动量 p 运动的原子可以用它们的德布罗意波长 $\lambda = h/p$ 表征。将这种粒子束劈裂为几束相干的粒子束，在经过不同长度的路径之后，再将它们汇合起来，就

有可能出现物质波的干涉。许多电子和中子的实验已经证实了这一点，最近，中性原子实验也证实了它[9.134,9.135]。

9.4.1 马赫–曾德尔原子干涉仪

利用两个狭缝[9.136]、微加工的光栅[9.137]或者激光束的光子反冲效应，都可以将一束中性原子束相干地劈裂为几束。前两种方法类似于光学现象 (杨氏双缝实验)，只是它们的波长 λ 要小得多，最后一种技术并没有光学干涉的对照物。因此，我们将简要地讨论这一方法，它利用四区拉姆齐激发作为原子干涉仪。Borde[9.138]提出了方案，几个研究小组进行了实验验证。如 Helmcke 及其合作者[9.139]所述，其解释如下：

准直束中的原子穿过拉姆齐构型的四个相互作用区，如图 9.51 和图 9.52 所示。原子态 $|a\rangle$ 中的原子在相互作用区 1 中吸收了一个激光光子，被激发到原子态 $|b\rangle$ 上，它损失了反冲动量 $\hbar k$，从而偏离了直线路径。如果这些被激发的原子在第二区里发生受激发射，它们就回到了原子态 $|a\rangle$，运动方向平行于那些在 1 区和 2 区都没有吸收光子的原子。在图 9.52 中，不同区的原子用它们的内原子态 $|a\rangle$ 或 $|b\rangle$ 以及横向动量 $m\hbar k$ 的整数 m 来表征。该图表明，在第四区有两对输出端口，在每一对输出端口里，有两个分量穿过同一空间位置，因此可以发生干涉。相应物质波的相位差依赖于路程差和内原子态。利用荧光测量，可以探测到达第四区的位于原子态 $|b\rangle$ 上的激发态原子。这些原子在两个干涉端口的差别在于它们的横向动量 $\pm\hbar k$，因此，它们的跃迁频率也就表现出反冲劈裂 (第 4.1.1 节)。第四区的出射端口的信号强烈地依赖于激光频率 ω_L 与原子共振频率 ω_0 之差 $\Omega=\omega_L-\omega_0$。图 9.52 中的两个梯形区分别由两条干涉路径确定，可以将它们视为两个反冲分量的分立的马赫–曾德尔干涉仪 (第 1 卷第 4.2 节)。

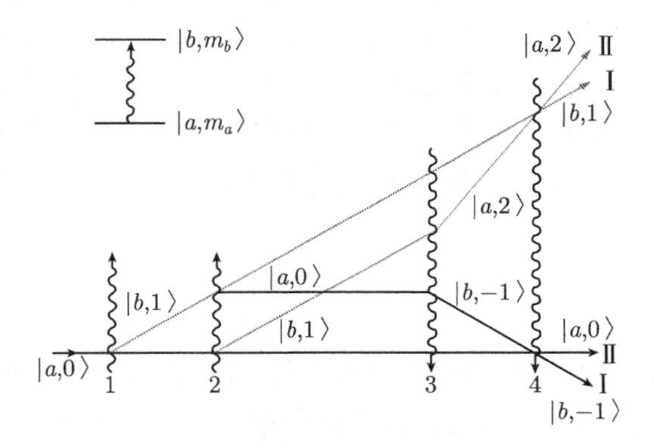

图 9.52 物质波干涉仪：原子束通过四个激光行波场的光学拉姆齐实验示意图

实线表示高频的反冲分量，点状线表示低频分量 (在第四区里，只给出了与拉姆齐共振有关的轨迹)[9.139]

物质波干涉术广泛地用于检验物理学的基本定律。例如，可以用重粒子干涉术研究引力效应。与中子干涉仪相比，原子干涉术的束流强度要比核反应堆提供的热中子束流高许多个数量级。此外，激光诱导荧光的探测灵敏度也比中子高许多。因此，探测灵敏度高得多，而费用却低得多。

一种应用是测量地球引力加速度 g，光脉冲原子干涉仪的测量精度可以达到 $3\times10^{-8}g$[9.140]。恰当地选择三束光脉冲的强度，用它们照射原子喷泉中激光冷却的钠原子波包 (第 9.1.8 节)。第一束光脉冲是 $\pi/2$ 脉冲，用来产生两个原子态 $|1\rangle$ 和 $|2\rangle$ 的叠加，光子反冲效应使得喷泉原子束在图 9.53 中的位置 1 处分裂为两束。第二束脉冲是 π 脉冲，使得两个分束中的原子朝相反的方向偏折。第三束脉冲又是 $\pi/2$ 脉冲，使得这两束原子重新汇合，引起了物质波的干涉。利用上能级 $|2\rangle$ 原子的荧光, 可以检测这种干涉效应。

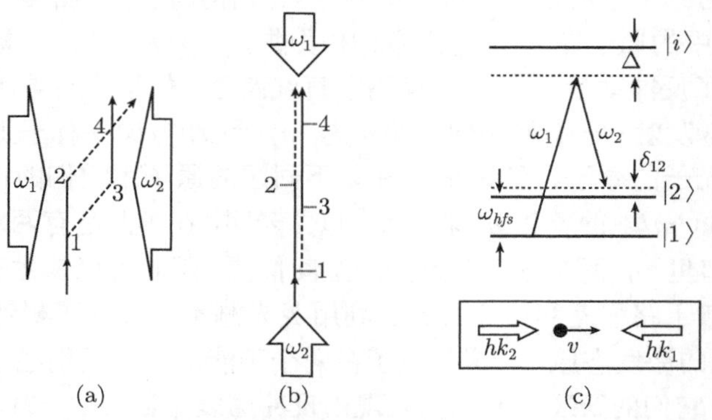

图 9.53 (a) 马赫–曾德尔原子干涉仪中的原子轨迹；(b) 在原子喷泉中，受激拉曼跃迁改变了铷原子的动量，原子的运动方向平行于激光束[9.140]；(c) 拉曼跃迁的能级结构示意图

$Na(3\ ^2S_{1/2})$ 原子态的两个超精细能级 $|1\rangle$ 和 $|2\rangle$ 之间的受激拉曼跃迁被用于动量转移，光频率分别为 ω_1 和 $\omega_2(\omega_1-\omega_2=\omega_{hfs})$ 的两束激光沿相反方向行进 (图 9.53(b))。每次引起的动量变化为 $\Delta p\approx 2\hbar k$。引力场使得喷泉中向上运动的原子减速，利用拉曼跃迁的多普勒频移，可以检测它们的速度变化。因为拉曼共振 $\omega_1-\omega_2=\omega_{hfs}$ 的线宽非常窄 (第 9.6 节)，很小的多普勒频移也可以非常精确地测量出来。

9.4.2 原子激光

玻色–爱因斯坦凝聚体中的原子是相干的，因为它们都用同一个波函数描述。如果从陷阱中释放这些原子 (如利用射频场 (图 9.54)，或者关掉用于形成陷阱的磁场)，在引力的作用下，原子就会沿着 z 方向下落，平行原子束中的所有原子都处于同一个相干态。因为它类似于激光中的相干光子束，所以这束相干的原子束被称为“原子激光”。首先实现的是脉冲式的原子激光，利用了射频脉冲释放出来的部分 BEC 原子[9.141]。准连续的原子激光也已经实现了[9.142]。用弱射频场作为耦合强度很弱的输出耦合器，在长达 100ms 的时间里，可以从 BEC 中连续地抽取原子。持续时间的限制在于玻色–爱因斯坦凝聚体中原子的有限数目。一直在尝试连续地装填玻色–爱因斯坦凝聚体和连续地抽取原子，从而得到连续的原子激光。

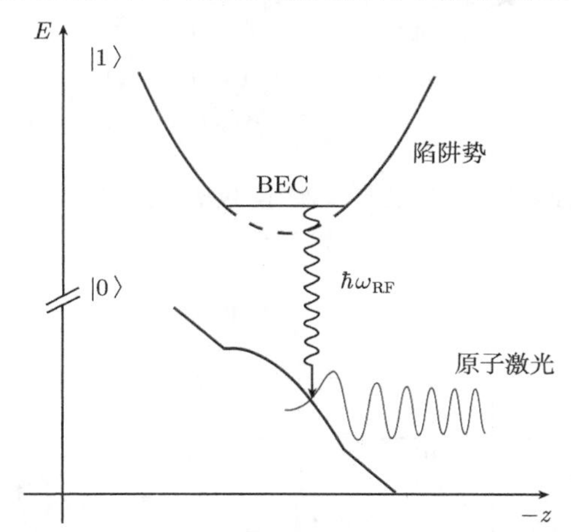

图 9.54 从玻色–爱因斯坦凝聚体中抽取原子，形成原子激光

这种原子激光的发散度非常小、非常冷、亮度非常大，比塞曼减速（第 9.1.4 节）的亮度大好几个数量级。原子激光束亮度的定义是，单位源面积上的原子束流除以速度的发散量 $\Delta v_x \Delta v_y \Delta v_z$，大约等于 2×10^{24} 个原子 $(\mathrm{s^2m^{-5}})$[9.143]。

这种原子束的准直性非常好，亮度非常高，可以用来研究散射，研究相对速度非常小的化学反应以及表面散射实验。

9.5 单原子微波激射

在第 9.3 节中，我们讨论了储存和观测陷阱中单个离子的技术。现在我们将介绍一些近期的实验，用于研究单个原子及其与微波共振腔中的弱辐射场的相互作用[9.144]。这些实验检验了量子力学和量子电动力学（通常被称为“腔量子电动力学”）中的基本问题。许多实验使用的都是碱金属原子。实验装置如图 9.55 和图 9.56 所示。

在选定速度的准直原子束中，用两个二极管激光或者单一的倍频染料激光将碱金属原子分步激发到主量子数 n 很大的里德伯能级上。自发寿命 $\tau(n)$ 以 n^3 的形式增长，对于足够大的 n 值，自发寿命大于原子从激发处到探测处的渡越时间。当激发态的原子通过与里德伯跃迁频率 $\nu=(E_n-E_{n-1})/h$ 共振的微波共振腔的时候，里德伯原子发出的荧光光子就有可能激发出一个腔模[9.145]。

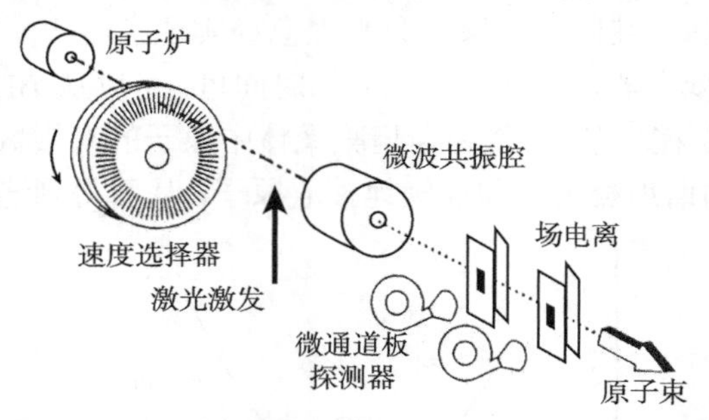

图 9.55　“单原子微波激射”的实验装置示意图，包括共振腔和里德伯原子的原子态选择探测[9.144]

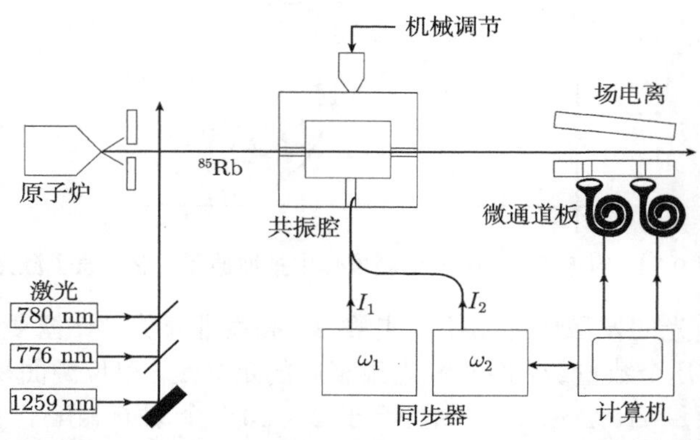

图 9.56　单原子微波激射的实验装置示意图，包括三束激发激光、腔共振微波发生系统和原子态选择的探测系统

如果将共振腔的温度冷却到几个开尔文，腔壁就变为超导体，损耗显著降低。腔的 Q 值可以大于 5×10^{10}，在共振频率 $\nu=21\text{GHz}$ 处，激发模式的弛豫时间为 $T_{\text{R}}>1\text{s}$。这个弛豫时间远大于原子通过共振腔的渡越时间。降低原子束中的原子密度，在渡越时间 $T=d/c\approx100\mu\text{s}$ 内，共振腔中只存在一个原子。这样就可以研究单个原子与共振腔中电磁场之间的相互作用 (图 9.57)。通过腔壁的力学变形，可以在一定范围内连续地调节腔的共振频率[9.146]。

因为原子的跃迁偶极矩很大，$D_{n,n-1}\propto n^2$，发射荧光光子，从而激发了共振腔模的原子可以从腔中的电磁场里再次吸收一个光子，返回到它的初始态 $|n\rangle$。里德伯原子通过共振腔后面的两个静电场的时候，就可以被检测出来 (图 9.55)。第一个电场的强度可以电离 $|n\rangle$ 能级上的里德伯原子，但是不能够电离 $|n-1\rangle$ 能级上的原子；第二个电场略微强一些，它可以电离 $|n-1\rangle$ 能级上的原子。这样就可以确定离开微波共振腔的里德伯原子处在这两个能级中的哪一个能级上。

如果共振腔与原子跃迁 $|n\rangle \to |n-1\rangle$ 的频率 ω_0 共振，里德伯能级的自发寿命 τ_n 就会变短。如果没有与 ω_0 相符的腔模，寿命就会延长[9.147]。可以直观地理解量子电动力学预言的这种效应，在共振情况下，与腔模共振的那一部分热辐射场对跃迁 $|n\rangle \to |n-1\rangle$ 的受激辐射有贡献，从而减短了寿命 (第 6.3 节)；对于失谐的共振腔，荧光光子不能够“嵌入”共振腔，边界条件妨碍了光子的发射。在共振腔后面，测量能级 $|n\rangle$ 上原子的速率 $\mathrm{d}N/\mathrm{d}t$ 随着腔共振频率 ω 的变化关系，在共振情况下 $\omega=\omega_0$，速率最小 (图 9.57)。

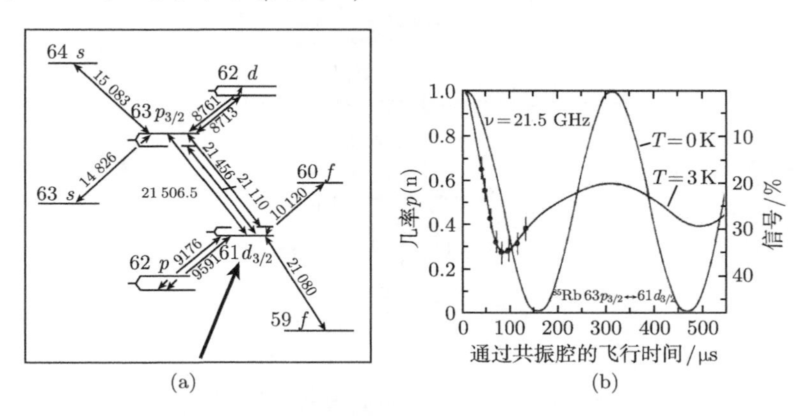

图 9.57 (a) 铷原子微波激射跃迁的能级结构示意图，跃迁频率的单位是 MHz；(b) 腔场中原子拉比振荡的测量值 (点) 和计算值 (实线)，$T=0\mathrm{K}$ 和 $T=3\mathrm{K}$，热辐射场的统计涨落引起了衰减。测量实验点的时候，由速度选择器决定的渡越时间为 $30\sim140\mu\mathrm{s}$[9.147,9.149]

如果共振腔中没有热辐射场，里德伯能级 $N(n,T)$ 和 $N(n-1,T)$ 上的粒子数应该是渡越时间 $T=d/v$ 的周期函数，周期 T_R 对应于拉比振荡周期。非相干的热辐射场使得受激辐射和受激吸收的相位具有统计分布，从而引起了拉比振荡的衰减 (图 9.57(b))。在共振腔前面放置速度选择器，连续地改变原子的速度和渡越时间 $T=d/v$，就可以实验验证这一点。实验装置如图 9.58 所示，包括微波共振腔、原子源和探测器。

单原子微波激射可以用来研究非经典光的统计性质[9.148,9.149]。如果共振腔的温度 $T\leqslant0.5\mathrm{K}$，热光子的数目就非常少，可以忽略不计。根据离开共振腔后位于下能级 $|n-1\rangle$ 上的原子数目的涨落，就可以测量原子荧光光子的数目。实验结果发现，这一统计分布并不是泊松分布 (激光在每个模式上有许多光子，它的分布就是泊松分布)，而是亚泊松分布，光子数的涨落是真空态极限的 30%[9.150]。在低损耗腔中，光子的寿命高达 0.2s，可以观测到辐射场的纯光子数态 (福克态)(图 9.59)[9.151]。当共振腔的温度非常低的时候 ($T<0.2\mathrm{K}$)，热光子的数目很少，可以忽略不计。在这些条件下，可以实现束缚态，即一个原子经历了整数次拉比振荡，在离开共振腔

的时候，其状态与进入共振腔时的初始状态完全相同。

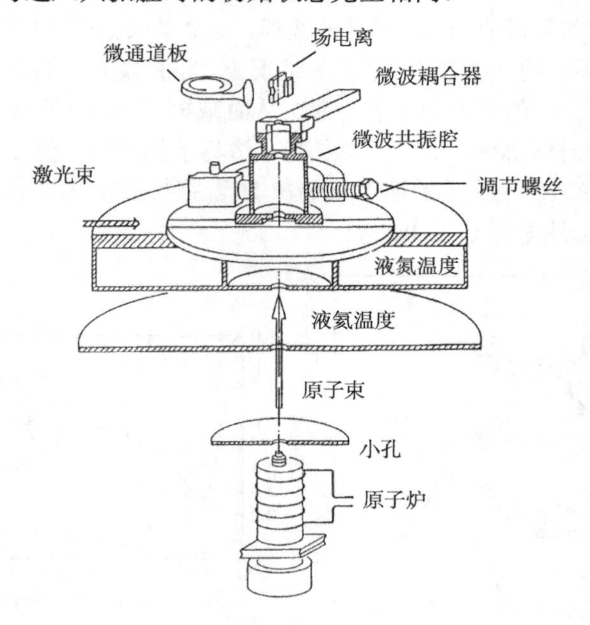

图 9.58 冷腔、原子源和场电离探测器

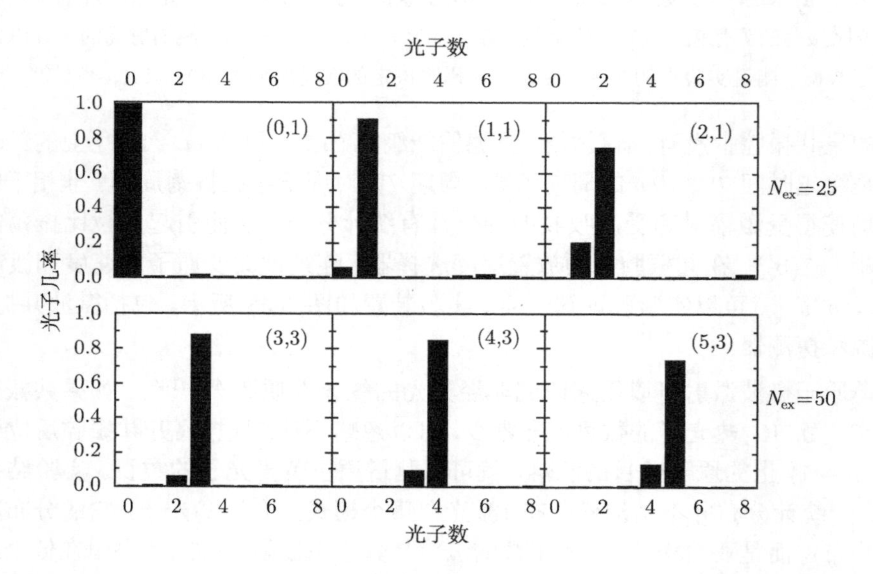

图 9.59 在共振腔中光子数 N_{ex} 不同的情况下，不同束缚态中的光子数 (nq) 分布

n 是与原子相互作用的光子的数目，q 是拉比振荡周期的数目 [S.St. Brattke; 博士学位论文，LMU Munich 2000]

当原子通过两个平行金属板的时候，原子能级会因为量子电动力学而发生能量变化 (卡西米尔–泡德尔效应)，这是另一个可以测量的有趣效应[9.152]。

9.6 在自然线宽内的光谱分辨率

假定除了自然线宽之外，已经用前几章里的技术消除了所有的线宽展宽效应，那么就出现一个问题，即自然线宽是否是光谱分辨本领的不可逾越的自然极限？乍一看，海森伯测不准关系似乎并不允许突破自然线宽 (第 1 卷第 3.1 节)。为了证明事实并非如此，在本节中，我们将用一些例子来说明，一些技术可以用来观测自然线宽之内的光谱结构。然而，并不确定这些方法是否都能够真正增加关于分子结构的信息，因为它们不可避免地会损失一定的光强，从而有可能抵消了分辨率方面的增益。我们将讨论自然线宽内的光谱学能够真正提高光谱信息质量的条件。

9.6.1 时间选择测量的相干光谱学

第一种技术是选择性地探测那些在激发态上的存活时间 $t \gg \tau$ 的原子，即存活时间大于自然寿命 τ 的原子。

在 $t = 0$ 时刻，一束光脉冲将分子激发到自发寿命为 $\tau = 1/\gamma$ 的高能级上，时间分辨荧光的幅度为

$$A(t) = A(0)\mathrm{e}^{-(\gamma/2)t}\cos\omega_0 t \tag{9.63}$$

如果观测时间由 $t = 0$ 延伸至 $t = \infty$，那么，对测量得到的强度 $I(t) \propto A^2(t)$ 进行傅里叶变换，可以发现，静止原子发出的荧光是洛伦兹线形 (第 1 卷第 3.1 节)

$$I(\omega) = \frac{I_0}{(\omega - \omega_0)^2 + (\gamma/2)^2} \tag{9.64}$$

其中，$I_0 = \dfrac{\gamma}{2\pi}\displaystyle\int I(\omega)\mathrm{d}\omega$。如果 $I(t)$ 的探测几率并非恒定不变，而是随着时间而改变，$f(t)$，那么，探测的光强 $I_g(t)$ 决定于函数 $f(t)$

$$I_g(t) = I(t)f(t)$$

$I_g(t)$ 的傅里叶变换就依赖于 $f(t)$ 的形式，它可能不再是洛伦兹线形。假定探测几率是一个阶梯函数

$$f(t) = \begin{cases} 0, & t < T \\ 1, & t \geqslant T \end{cases}$$

在探测器前面安置一个光阀，仅当 $t \geqslant T$ 时才打开 (图 9.60)，就可以实现这一点。

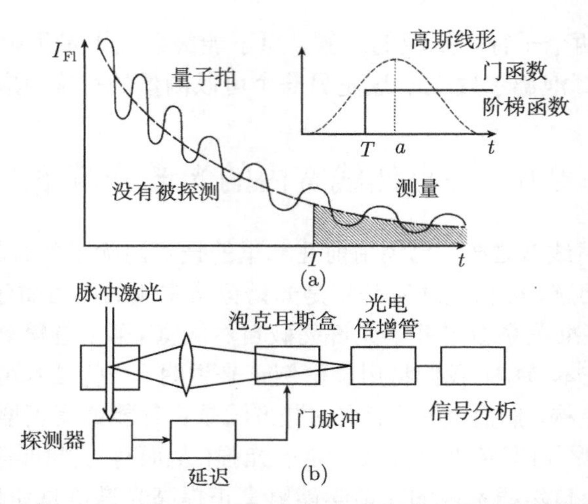

图 9.60　利用选择函数 $f(t)$ 来对指数衰减的荧光信号进行选择性探测

(a) 示意图；(b) 实验装置

式 (9.63) 中振幅 $A(t)$ 的傅里叶变换是

$$A(\omega)=\int_T^\infty A(0)\mathrm{e}^{-\gamma/2t}\cos(\omega_0 t)\mathrm{e}^{-\mathrm{i}\omega t}\mathrm{d}t$$

在近似条件 $\Omega=|\omega-\omega_0|\ll\omega_0$ 的情况下，利用 $\exp(-\mathrm{i}\omega t)=\cos(\omega t)-\mathrm{i}\sin(\omega t)$，可以得到余弦和正弦傅里叶变换的结果

$$\begin{aligned}A_{\mathrm{c}}(\omega)&=\frac{A_0}{2}\frac{\mathrm{e}^{-(\gamma/2)T}}{\Omega^2+(\gamma/2)^2}\left[\frac{\gamma}{2}\cos(\Omega T)-\Omega\sin(\Omega T)\right]\\A_{\mathrm{s}}(\omega)&=\frac{A_0}{2}\frac{\mathrm{e}^{-(\gamma/2)T}}{\Omega^2+(\gamma/2)^2}\left[\frac{\gamma}{2}\sin(\Omega T)+\Omega\cos(\Omega T)\right]\end{aligned}\tag{9.65}$$

如果仅仅观测到非相干的荧光强度，并没有得到关于激发态波函数的任何相位信息，则强度为

$$I(\omega)\propto|A_{\mathrm{c}}(\omega)-\mathrm{i}A_{\mathrm{s}}(\omega)|^2=A_{\mathrm{c}}^2+A_{\mathrm{s}}^2=\frac{A_0^2}{2}\frac{\mathrm{e}^{-\gamma T}}{\Omega^2+(\gamma/2)^2}\tag{9.66}$$

它仍然是一个半高宽 (FWHM) 为 $\gamma=1/\tau$ 的洛伦兹线形，与开启时间 T 无关！延迟探测不能够测量 $t<T$ 时间内的荧光事件，因此，光强减小了一个因子 $\exp(-T/\tau)$。这就说明，即使非相干技术只选择 $t>T\gg\tau$ 的长寿命原子，它也不能让自然线宽变窄[9.153]。

然而，如果测量的不是强度 (式 (9.66))，而是振幅 (式 (9.63)) 或者是代表振幅的相干叠加的强度，保存了相位信息及其随时间的变化过程，那么，情况就不同了。利用第 7 章中的相干技术，可以进行这种测量。

量子拍技术就是一个例子。根据式 (7.27a)，在 $t=0$ 时刻相干地激发衰减时间 $\tau=1/\gamma$ 相同、间距为 $\Delta\omega$ 的两个近邻能级，那么，t 时刻的荧光信号就是

$$I(t)=I(0)\mathrm{e}^{-\gamma t}(1+a\cos\Delta\omega t) \tag{9.67}$$

其中，$\cos(\Delta\omega t)$ 项包含了两个能级 $|i\rangle$ 和 $|k\rangle$ 的波函数 $\psi_n(t)=\psi_n(0)\mathrm{e}^{-\mathrm{i}E_nt/\hbar}(n=i,k)$ 之间的相位差的信息

$$\Delta\varphi(t)=\Delta\omega t=(E_i-E_k)t/\hbar$$

如果探测器仅仅响应 $t>T$ 时的荧光信号，那么，式 (9.67) 的傅里叶变换就是

$$I(\omega)=\int_T^{\infty}I(0)\cdot\mathrm{e}^{-\gamma t}(1+a\cos\Delta\omega t)\mathrm{e}^{-\mathrm{i}\omega t}\mathrm{d}t \tag{9.68}$$

其中，$\omega\gg\Delta\omega$ 是荧光频率的平均值。计算这个积分，可以得到余弦傅里叶变换

$$I_{\mathrm{c}}(\omega)=\frac{I_0}{2}\frac{\mathrm{e}^{-\gamma T}}{(\Delta\omega-\omega)^2+\gamma^2}[\gamma\cos(\Delta\omega-\omega)T-(\Delta\omega-\omega)\sin(\Delta\omega-\omega)T] \tag{9.69}$$

对于 $T>0$，强度 $I_{\mathrm{c}}(\omega)$ 具有振荡结构 (图 9.61)，中央最大值位于 $\omega\approx\Delta\omega$ (因为式 (9.69) 中的最后两项的中心并不精确地位于 $\omega=\Delta\omega$)，半宽为

$$\Delta\omega_{12}=\frac{2\gamma}{\sqrt{1+\gamma^2T^2}} \tag{9.70}$$

当 $T=0$ 的时候，量子拍信号的宽度是产生拍信号的两个相干激发的能级的宽度之和。

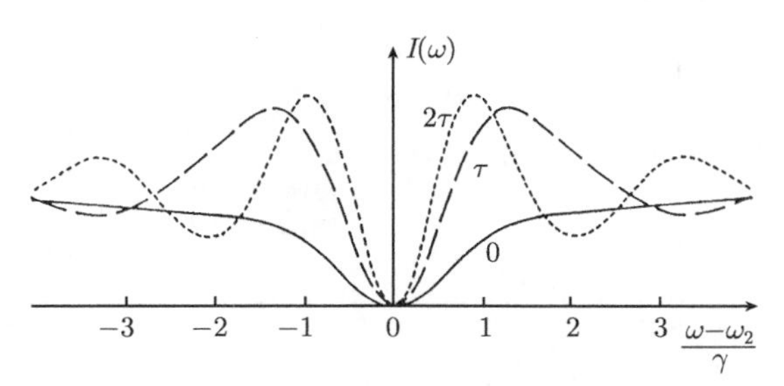

图 9.61 余弦傅里叶变换的振荡结构，随着栅极延迟时间的增大，$T=0$、τ 和 2τ，中央最大值的宽度变窄了

峰值强度已经被归一化

例 9.15

当 $T=5\tau=5/\gamma$ 的时候，中央峰的半宽由 γ 减小至 0.4γ。然而，峰值强度显著地减小了，缩减因子为 $\exp(-\gamma T)=\exp(-5)\approx10^{-2}$，它比 $T=0$ 时数值的 1% 还要小。

峰值强度的减弱严重地降低了信噪比，因此，更难确定谱线的中心。

如果选择函数 $f(t)$ 不是一个阶跃函数，而是一个高斯型函数，$f(t)=\exp[-(t-T)^2/b^2]$，其中 $b=(2T/\gamma)^{1/2}$，就不会出现振荡结构[9.154]。

可以与选择性探测相结合的另一种相干测量技术是能级交叉光谱学 (第 7.1 节)。用一束脉冲激光激发原子上的能级，增加探测器的栅极延迟时间 $\Delta t=T$，观测荧光强度 $I_{\mathrm{Fl}}(B,t\geqslant\tau)$ 随着磁场的变化关系，汉勒信号的中央最大值就随着 Δt 的增大而变窄。对于不同的栅极延迟时间 Δ，$\mathrm{Ba}(6s6p\ ^1P_1)$ 能级的汉勒测量实验值与计算曲线如图 9.62 所示[9.155]。对 $\mathrm{Na}(3P)$ 能级也进行了类似的测量[9.156]。

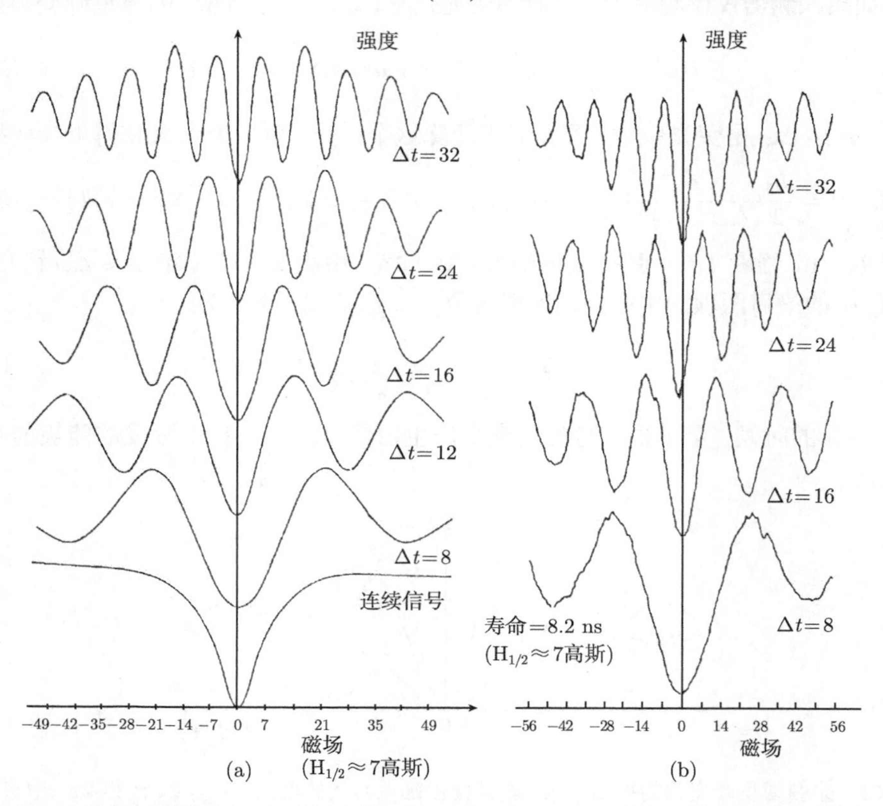

图 9.62　对于不同的栅极延迟时间 (单位为 ns)，能级交叉信号的计算值 (a) 和测量值 (b)

不同的曲线被归一化了，从而使得它们的中央峰值相等[9.156]

需要强调的是，只有在能够测量上能级波函数的相位随时间的变化关系的时候，才能够观测到谱线的变窄。对于利用荧光不同谱分量的叠加所引起的干涉效应的所有测量方法来说，情况都是如此。因此，也可以利用光谱分辨率优于自然线宽的干涉仪。然而，为了使得观测到的荧光线宽随着栅极延迟时间的增长而变窄，必须将这个选择器件置于干涉仪和探测器之间；将选择器件置于发射源和干涉仪之间，并不能够观测到这一效应[9.153]。

除了对脉冲式激发选择性地开关荧光探测器之外，也可以用连续激光进行激发，只要对它进行幅度为 π 的相位调制即可 (图 9.63)。在一束准直的原子束中，在很短的时间间隔 Δt 内观测亚多普勒激发产生的荧光信号，它们随着相对于相位突变时间 t_0 的时间延迟而改变。如果测量强度 $I_{\mathrm{Fl}}(\omega, T)$ 随着激光频率 ω 的变化关系，就可以发现，谱线宽度随着 T 的增大而变窄[9.157]。

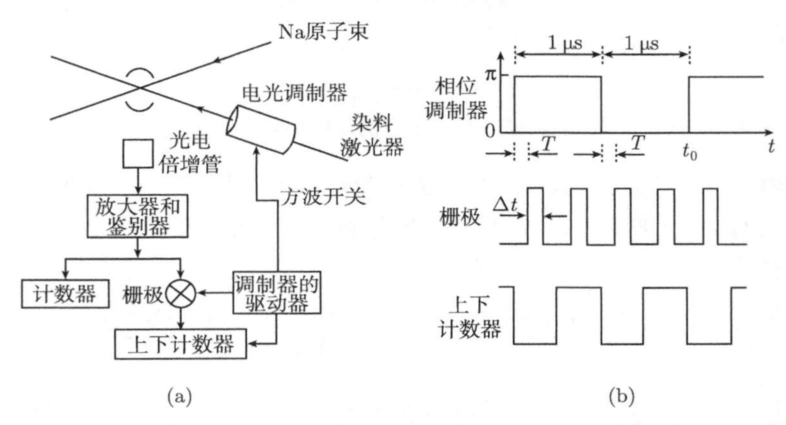

图 9.63 在连续光激发的情况下，为了获得低于自然线宽的宽度，激光的相位调制和栅极电压所需要的时间序列[9.157]

9.6.2 相干性和渡越窄化效应

当寿命 $\tau_a \ll \tau_b$ 的两个原子能级 $|a\rangle$ 和 $|b\rangle$ 之间发生跃迁的时候，跃迁的自然线宽为 $\gamma_{ab} = (\gamma_a + \gamma_b)$，将能级交叉光谱学和饱和效应结合起来，可以使得光谱分辨率对应于宽度 $\gamma_b \ll \gamma_a$，即寿命较长的能级 $|b\rangle$ 的宽度。Bertucelli 等[9.158] 用 $\mathrm{Ca}(^3P_1 - {}^3S_1)$ 跃迁证明了这一点。准直原子束中亚稳态 $^3P_1$ 能级上的钙原子穿过位于均匀磁场 $\boldsymbol{B}$ 中的扩束后的激光束。激光束的电场矢量 $\boldsymbol{E}$ 垂直于 $\boldsymbol{B}$，因此，可以发生 $\Delta M = \pm 1$ 的跃迁。当 $B = 0$ 的时候，所有的 M 子能级都是简并的，光学跃迁的饱和决定于塞曼分量 $|a, M_a\rangle$ 和 $|b, M_b\rangle$ 之间的跃迁矩阵元 $D_{M_a M_b}$ 之和 $\sum D_{M_a M_b}$ 的平方。如果 $B \neq 0$ 时的塞曼劈裂大于 ^3P 态亚稳态能级的自然线宽，不同的塞曼分量就会分别饱和，饱和值正比于 $\sum |D_{M_a M_b}|^2$，而不是简并情况下的 $\left|\sum D_{M_a M_b}\right|^2$。测量激光引起的荧光强度 $I_{\mathrm{Fl}}(B)$ 随着磁场 B 的变化关系，得到的汉勒信号与激光强度的依赖关系是非线性的，其半宽为 $\gamma_{\mathrm{B}}(I_{\mathrm{L}}) = \gamma_{\mathrm{B}} \times \sqrt{1+S}$，其中，$S = I_{\mathrm{L}}/I_{\mathrm{S}}$ 是饱和参数 (第 2.2 节)。

另一种亚自然线宽光谱学的技术依赖于二能级系统与连续激光器的单色波相

互作用时的瞬态效应。假定一束连续的单色光 $E = E_0 \cos\omega t$ 照射在系统上，频率与能级 $|a\rangle$ 和 $|b\rangle$ 之间的能量差 $\omega_{ab} = (E_a - E_b)/\hbar$ 共振，这两个能级的衰变常数为 γ_a 和 γ_b (图 9.64)。

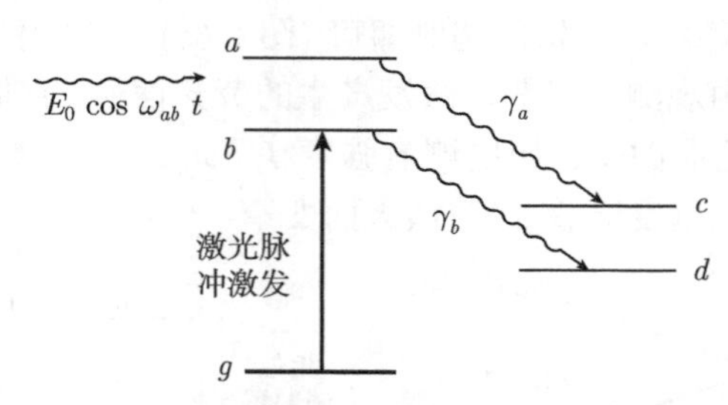

图 9.64 瞬态谱线窄化效应的能级结构示意图[9.159]

如果在 $t = 0$ 时刻，一束短脉冲激光使得能级 $|b\rangle$ 被占据，计算可知，系统在 t 时刻位于能级 $|a\rangle$ 上的几率为 $P_a(\Delta, t)$，它依赖于连续激光的失谐 $\Delta = \omega - \omega_{ab}$。利用含时微扰理论可以得到[9.159,9.160]

$$P(\Delta, t) = \left(\frac{D_{ab}E_0}{\hbar}\right)^2 \frac{\mathrm{e}^{-\gamma_a t} + \mathrm{e}^{-\gamma_b t} - 2\cos(t \cdot \Delta)\mathrm{e}^{-\gamma_{ab} t}}{\Delta^2 + (\delta_{ab}/2)^2} \tag{9.71}$$

其中，洛伦兹因子中包含了能级宽度之差 $\delta_{ab} = (\gamma_a - \gamma_b)/2$，而非二者之和 $\gamma_{ab} = (\gamma_a + \gamma_b)$。

如果只在 $t \geqslant T$ 的时刻观测 $|a\rangle$ 能级发出的荧光，就需要对式 (9.71) 进行积分。由此得到信号

$$\begin{aligned} S(\Delta, T) \sim \gamma_a \int_T^\infty P(\Delta, t)\mathrm{d}t = &\frac{\gamma_a (D_{ab}E_0/\hbar)^2}{\Delta^2 + (\delta_{ab}/2)^2} \\ &\cdot \left(\frac{\mathrm{e}^{-\gamma_a T}}{\gamma_a} + \frac{\mathrm{e}^{-\gamma_b T}}{\gamma_b} + \frac{2\mathrm{e}^{-\gamma_{ab} T}}{\Delta^2 + (\gamma_{ab}/2)^2}[\Delta \sin(\Delta \cdot T) - \gamma_{ab}\cos(\Delta \cdot T)]\right) \end{aligned} \tag{9.72}$$

它是一个中央峰变窄了的振荡结构。当 $T \to 0$ 时，又变为洛伦兹形式

$$S(\Delta, T = 0) = \frac{\gamma_{ab}}{\gamma_b} \frac{(D_{ab}E_0/\hbar)^2}{\Delta^2 + (\gamma_{ab}/2)^2} \tag{9.73}$$

9.6.3 亚自然线宽的拉曼光谱学

一种可以让光学跃迁具有亚自然线宽的有趣方法是受激共振拉曼光谱学，它是一种特殊形式的光学–光学双共振方法 (第 5.4 节)。泵浦激光 L_1 始终保持与分子跃迁 $|1\rangle \to |2\rangle$ 共振 (图 9.65)，而可调谐的探测激光 L_2 诱发了向下的跃迁过程。如果探测激光的频率 ω_{s} 与跃迁 $|2\rangle \to |3\rangle$ 共振，就可以得到一个双共振信号。监视透射的探测激光的吸收或偏振的变化就可以检测这个信号。

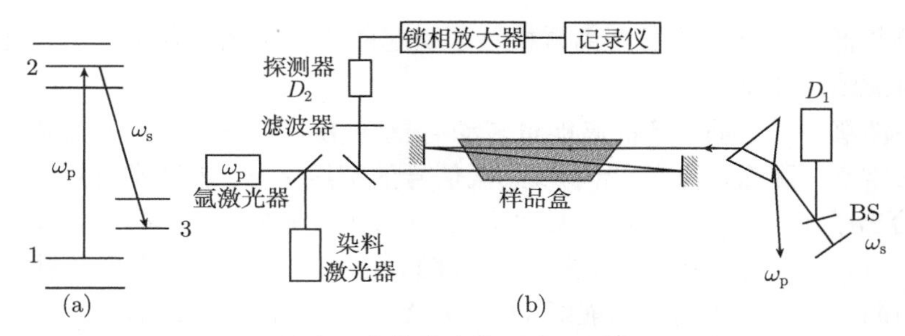

图 9.65 具有亚自然线宽的受激拉曼跃迁光谱学

(a) 能级结构示意图；(b) 实验装置示意图

当波矢为 $\boldsymbol{k}_\mathrm{p}$ 和 $\boldsymbol{k}_\mathrm{s}$ 的两束激光共线地穿过样品的时候，以速度 $\boldsymbol{v}$ 运动的分子吸收一个光子 $\hbar\omega_\mathrm{p}$，然后再发射一个光子 ω_s，能量守恒要求

$$(\omega_\mathrm{p} - \boldsymbol{k}_\mathrm{p}\cdot\boldsymbol{v}) - (\omega_\mathrm{s} - \boldsymbol{k}_\mathrm{s}\cdot\boldsymbol{v}) = (\omega_{12} - \omega_{23}) \pm (\gamma_1 + \gamma_3) \tag{9.74}$$

其中，γ_i 是 $|i\rangle$ 能级的均匀线宽。在式 (9.74) 中，忽略了二阶多普勒效应和光子反冲效应。然而，即使考虑这些效应，也没有什么实质影响。

将式 (9.74) 对吸收分子的速度分布 $N(v_z)$ 进行积分，就可以得到双共振信号的宽度 γ_s[9.161]

$$\gamma_\mathrm{s} = \gamma_3 + \gamma_1(\omega_\mathrm{s}/\omega_\mathrm{p}) + \gamma_2(1 \mp \omega_\mathrm{s}/\omega_\mathrm{p}) \tag{9.75}$$

其中，负号用于两束激光同向传输的情况，正号用于反向传输的情况。如果 $|1\rangle$ 和 $|3\rangle$ 描述的是原子核相同的双原子分子的电子基态的振动–转动能级，这些能级的辐射寿命很短，那么，γ_1 和 γ_2 在高气压下主要受制于碰撞展宽，在低气压下主要受制于渡越时间展宽 (第 1 卷第 3.4 节)。当 $\omega_\mathrm{s} \approx \omega_\mathrm{p}$ 的时候，在同向传输的时候，能级宽度 γ_2 对 γ_s 的贡献就变得非常小，信号的半宽 γ_s 可以远小于跃迁 $|1\rangle \to |2\rangle$ 或 $|2\rangle \to |3\rangle$ 的自然线宽。

当然，除非清楚地知道 γ_s 的所有各项贡献，从式 (9.75) 中并不能得到关于能级宽度 γ_2 的精确信息。线宽 γ_s 与直接跃迁 $|1\rangle \to |3\rangle$ 的宽度相仿。然而，如果 $|1\rangle \to |2\rangle$ 和 $|2\rangle \to |3\rangle$ 都是电偶极允许的跃迁，那么，直接跃迁 $|1\rangle \to |3\rangle$ 就是偶极禁戒的跃迁。

Ezekiel 等[9.162] 用于测量 I_2 蒸汽中的亚自然线宽的实验装置如图 9.65 所示。强度调制的泵浦光和连续染料激光探测束三次穿过了碘气体盒。透射的探测光给出了前向散射的信号 (探测器 D_1)，反射的探测光给出了背向散射的信号 (探测器 D_2)。用锁相放大器来监视透射的泵浦光束的变化，给出了宽度为 γ_s 的探测信号。在自然线宽为 $\gamma_\mathrm{n} = 141\mathrm{kHz}$ 的跃迁上，Ezekiel 等实现了 80kHz 的线宽。因为染料激光的起伏噪声，并没有能够达到理论极限值 $\gamma_\mathrm{s} = 16.5\mathrm{kHz}$。这种非常高的精度可以用来测量低气压下由于长距离碰撞过程引起的碰撞展宽 (第 8.1 节)，确定相关能级的碰撞弛豫速率。

如果能级 $|3\rangle$ 是重分子的高能量转动–振动能级，恰好位于分裂极限之下，能级密度非常高，那么，光学–光学双共振信号的窄线宽 γ_s 就非常有用。例如，图 9.66 就给出了 Cs_2 分子的转动–振动跃迁 $D^1\Sigma_u(v'=50,J'=48) \to X^2\Sigma_g(v''=125,J''=49)$ 的光学–光学双共振信号。将跃迁 $1\rangle \to |2\rangle$ 的没有多普勒效应的偏振信号与高能量的即将离解的能级 $|2\rangle = D^1\Sigma_u(v'=50,J'=48)$(由于接近于离解，其有效寿命为 $\tau_{\text{eff}} \approx 800\text{ps}$) 进行比较，可以看出，光学–光学双共振信号不受 γ_2 的影响[9.163]。

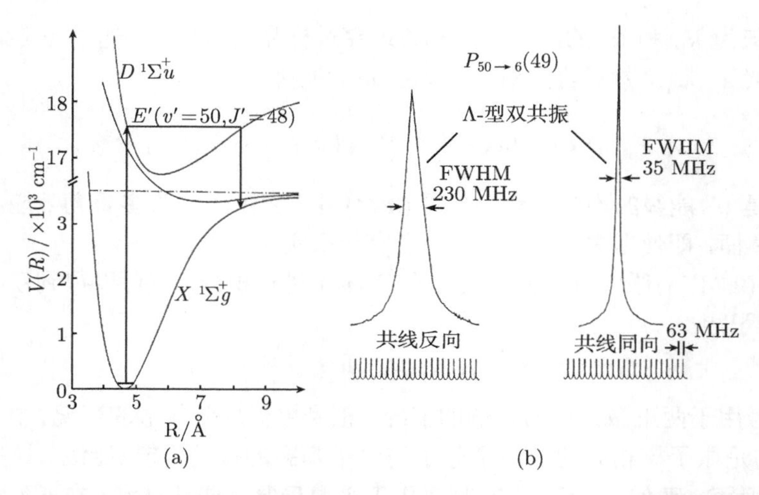

图 9.66　(a) Cs_2 分子的势能图：到基态 $X\,^1\Sigma_g^+$ 的高指数振动–转动能级的受激共振拉曼跃迁；(b) 线宽的比较：没有多普勒效应的跃迁 $|1\rangle \to |2\rangle$ 的线宽、有效寿命为 $\tau_{\text{eff}} \approx 800\text{ps}$ 的接近于离解的上能级 $|2\rangle$ 的线宽，以及线宽更窄的拉曼信号 $S(\omega_s)$[9.163]

9.7　绝对光学频率的测量和光学频率标准

一般来说，测量频率要比波长准确得多，因为衍射效应和折射率的不均匀性会使得光波偏离完美的平面波。波长的定义是两个相位波前相差 2π 的距离，因为相位波前不是完美的平面，在测量波长 λ 的时候就会出现不确定性。虽然电磁波的波长 $\lambda = c/\nu = c_0/(n\nu)$ 依赖于折射率 n，但是频率 ν 与 n 无关。

在测量与原子跃迁的波长 λ 或频率 ν 有关的物理量的时候，为了达到最高精度，最好是测量光学频率 ν 而不是波长 λ。根据关系式 $\lambda_0 = c_0/\nu$，就可以得到真空中的波长 λ_0，因为真空中的光速

$$c_0 = 299\ 792\ 458\text{m/s}$$

是一个确定值，它是根据几种最精确的测量的加权平均值定义出来的[9.164,9.165]。在本节中，我们将介绍一些测量红外和可见光区里电磁波频率的实验技术。

9.7.1 微波-光学频率链

利用最快的电子计数器，可以直接测量高达几个 GHz 的频率，将它们与校准过的频率标准作比较，铯原子钟仍然是基本的频率标准 [9.166]。对于更高的频率，需要使用外差检测技术，将未知频率 ν_x 与参考频率 ν_R 的某个恰当的整数倍频率 $m\nu_\text{R}(m = 1, 2, 3, \cdots)$ 进行混频。选择整数 m 使得混频器输出端上的差频 $\Delta\nu = \nu_x - m\nu_\text{R}$ 位于可以直接计数的频率范围之内。

利用适当的非线性混频元件，可以构建由铯原子频率标准到可见光区激光器的光学频率之间的频率链。混频器的最佳选择依赖于被混频的频率所处的光谱范围。已知频率为 ν_1 和 ν_2 的两束红外激光束与频率 ν_x 未知的另外一束激光聚焦在一起发生干涉，探测器输出的频谱包含频率

$$\nu = \pm\nu_x \pm m\nu_1 \pm n\nu_2 \tag{9.76}$$

其中，m 和 n 是整数，如果频率适当的话，就可以用电子频谱分析仪测量它们。

美国国家标准技术研究所 (National Institute of Standards and Technology，NIST，前身是美国国家标准计量局，National Bureau of Standards，NBS) 建立了如图 9.67 所示的频率链[9.167]，由铯原子的超精细跃迁频率 $\nu = 9.192\ 631\ 770\ 0\text{GHz}$ 开始，这是目前的基本频率标准。一个速调管被频率偏置地锁定于 (第 2.3.4 节) 铯原子钟，速调管的频率以铯原子钟的精度稳定在 $\nu_0 = 10.600\ 363\ 690\text{GHz}$。用一个非线性二极管将 ν_0 的第七次谐波与另一个速调管的频率 ν_1 进行混频，而 ν_1 又锁定为 $\nu_1 = 7\nu_0 + \nu_{1B}$，其中 ν_{1B} 由一个射频发生器提供，可以对它直接计数。ν_1 的第 12 次谐波与一个 HCN 激光 $\nu = 890\text{GHz}$ ($\lambda = 337\mu\text{m}$) 进行混频。该激光的第 12 次谐波再与 H_2O 激光 10.7THz($\lambda = 28\mu\text{m}$) 进行混频，等等。这个频率链直到可见光区的氦氖激光的频率，该激光器用 I_2 分子的一个可见光跃迁的超精细分量稳频 (第 1 卷第 5 章)。金属–绝缘体–金属 (MIM) 混频二极管 (第 1 卷图 5.134) 带有一个尖锐的钨丝针尖，它靠近一个带有薄氧化层的镍金属表面[9.168]，能够对大于 1THz 的频率进行混频[9.169]。肖特基二极管也被成功地用于对频率高达 900GHz 的光学频率进行混频[9.170]。与如此高速的肖特基二极管有关的物理过程，直到最近才搞清楚[9.171]。

还有一些其他的频率链，以类似的方法将稳定的 CO_2 激光锁定到铯原子频率标准，然后用红外色心激光与 I_2 稳定的氦氖激光联系起来[9.172a]。

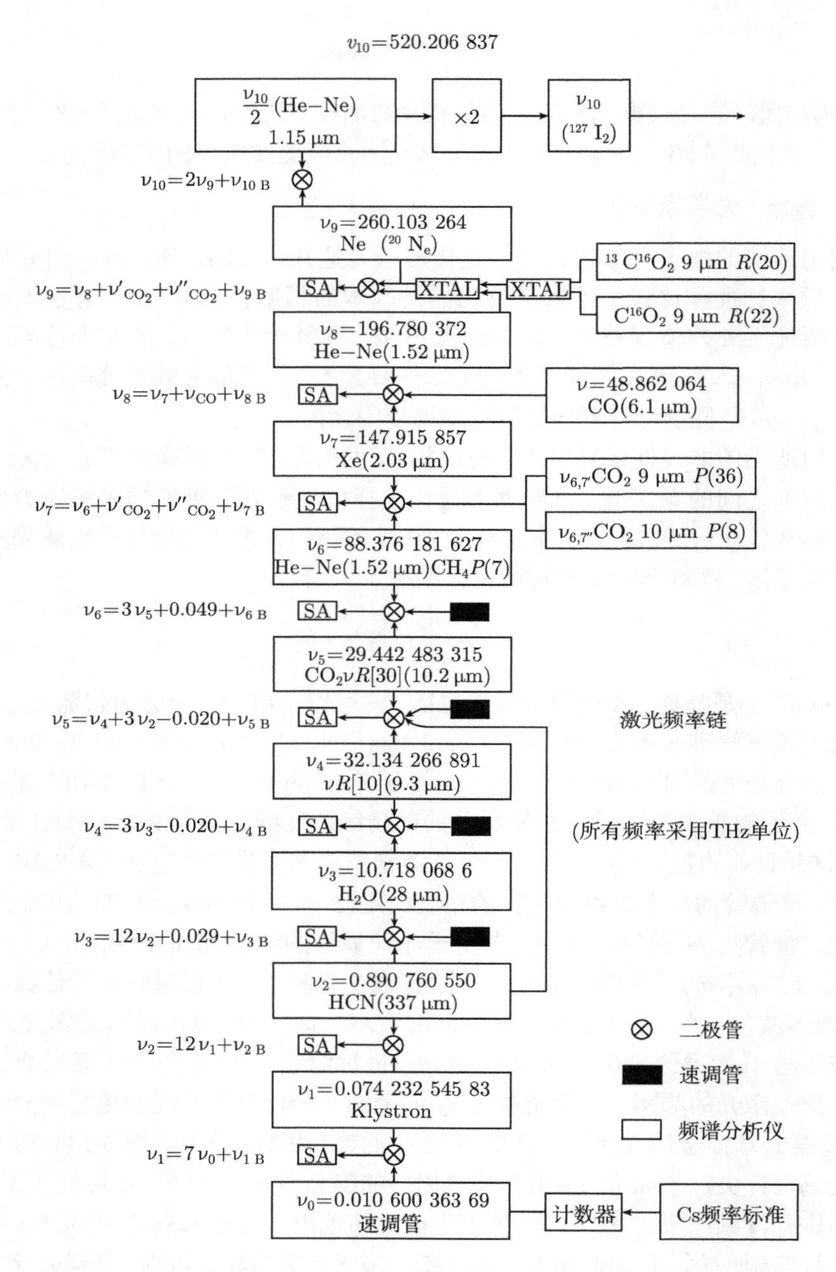

图 9.67　光学频率链将激光频率和铯原子频率标准联系起来[9.167]

汉施提出了一个非常有趣的频率链方案[9.172b]，利用的是氢原子的跃迁频率，基本想法如图 9.68 所示。利用氢原子的两个跃迁，将两台激光器的频率稳定在频

率 f_1 和 f_2 上。将它们的输出光束叠加起来，聚焦在一个非线性晶体上，产生和频 f_1+f_2。频率为 f_3 的另外一束激光的二次谐波与频率 f_1+f_2 发生相位锁定。这样就可以利用一个控制环路将频率 f_3 锁定在 $(f_2+f_1)/2$。因此，起初的频率差 f_1-f_2 就减半为 $f_1-f_3=(f_1-f_2)/2$。将几个这样的装置串联起来，直到可以用计数器来测量频率差为止，频率差 f_1-f_2 可以与铯原子钟直接联系起来。如果用激光频率 f 和它的二次谐波作为初始的两个频率，那么，经过 n 阶之后，就可以在 $f/2^n$ 处测量拍频信号。为了用这种方法将波长 $\lambda=486\text{nm}$ 处的氢原子跃迁 $2s-4s$ 与 9GHz 的铯原子频率标准联系起来，需要使用 16 阶级联[9.172c]。

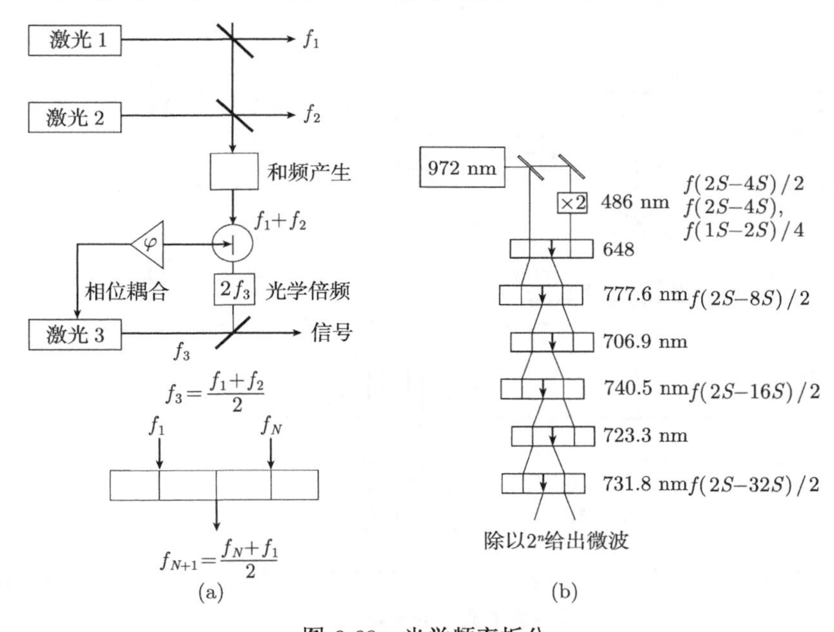

图 9.68　光学频率拆分

(a) 实验装置示意图；(b) 与氢原子跃迁频率耦合[9.172c]

9.7.2　光学频率梳

上节中讨论的光学频率链非常难于构建。需要对许多激光器和谐波发生器进行相位锁定和稳频，整套系统可以轻易地填满一大间实验室。而且，每个光学频率链仅限于单一的光学频率，与铯原子钟联系起来，就像现在的频率标准一样。

近来发展了一种新技术[9.173]，可以直接比较差别很大的参考频率，极大地简化了频率链，仅需一步就可以将铯原子钟联系到光学频率。其基本原理如下 (图 9.69)。

锁模连续激光器等时间间隔地发射一列短脉冲，频谱由梳状的等间距频率分

量 (激光共振腔的模式) 构成。梳状频谱的宽度依赖于激光脉冲的时间宽度 (傅里叶理论)。利用掺钛蓝宝石克尔锁模激光器发出的飞秒脉冲，梳状频谱的宽度超过了 30THz。将激光脉冲聚焦到一根光纤上，可以进一步增大频谱的宽度，自相位调制效应显著地展宽了频谱，其频谱覆盖范围超过了一个数量级 (如从 1064nm 到 532nm)。这对应于 300THz 的频谱宽度[9.175]！

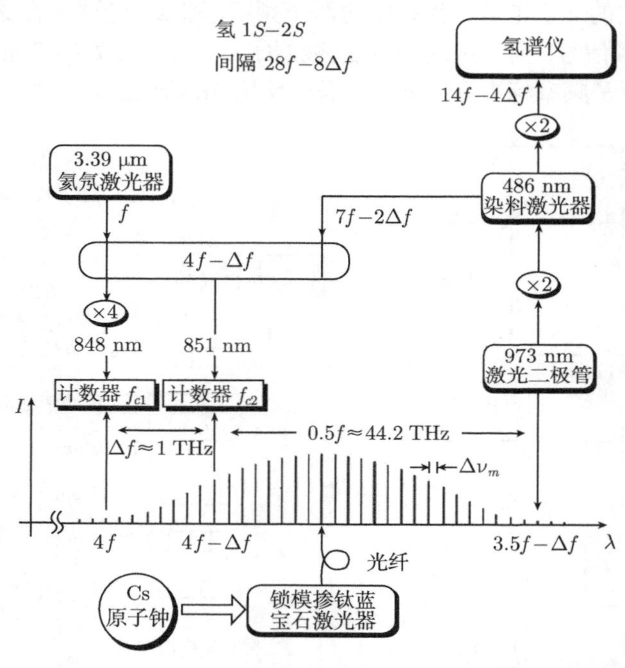

图 9.69 用于测量氢原子 $1S-2S$ 跃迁频率的新型频率链，锁模激光的频率梳被用来测量两个非常大的光学频率的差别[9.175]

即使在光梳的远端，光梳的谱模式也是精确地等间距的[9.174]。在利用自相位调制效应来展宽光谱的时候，情况也是如此。这些严格相等的频率间距对于光学频率测量是非常重要的[9.174]。光学频率 ω_n 可以表示为

$$\omega_n = n\omega_{\mathrm{r}} + \omega_{\mathrm{offs}} \tag{9.77}$$

其中，n 是一个非常大的整数 (如 $n = 10^5$)，$\omega_{\mathrm{r}} = 2\pi/T$ 是激光共振腔的模式间距，精确地决定于锁模飞秒激光脉冲的重复时间 T，等于激光在共振腔中往返一次的时间 $T = c/L$，L 为往返长度。偏移频率 ω_{offs} 考虑的是 ω_n 可能并不精确地等于频率梳的模式频率的整数倍，它的数值位于 0 和 ω_{r} 之间。式 (9.77) 将两个射频频率 ω_{r} 和 ω_{offs} 与待测的光学频率 ω_n 联系起来。

飞秒脉冲的电场如图 9.70 所示。如果没有相位变化的话，每一个脉冲都精确地

复制了前一个脉冲，即 $E(t)=E(t-T)$。然而，因为激光共振腔的腔内色散，群速度可以不同于相速度，从而使得载波 $E(t)$ 相对于脉冲包络有一个相移 $\Delta\phi=T\cdot\omega_{\rm offs}$。

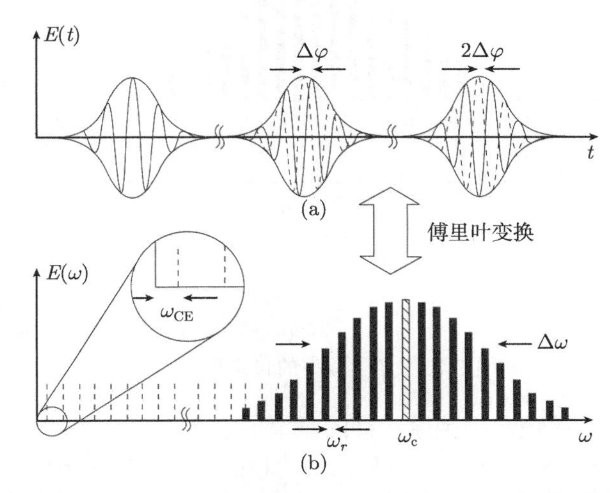

图 9.70 (a) 等时间间隔的飞秒脉冲的电场振幅及其相对于包络最大值的相移；(b) 频谱 $E(\omega)$ 是 $E(t)$ 的傅里叶变换[9.174]

$E(t)$ 的傅里叶变换给出了频谱 $E(\omega)$，如图 9.70 下方所示。

如果频率梳的覆盖范围超过了一个八音区，就可以精确地得到偏移频率，如图 9.71 所示。在频率梳的红端，用频率为 $\omega_1=n_1\omega_{\rm r}+\omega_{\rm offs}$ 的模式稳定一束激光。用非线性晶体将频率 ω_1 倍频至 $2\omega_1$，将此频率与频率梳蓝端的频率 $\omega_2=n_2\omega_{\rm r}+\omega_{\rm offs}$ 进行比较。最小的拍频频率

$$\Delta\omega=2\omega_1-\omega_2=(2n_1-n_2)\omega_{\rm r}+\omega_{\rm offs}=\omega_{\rm offs} \tag{9.78}$$

出现在 $2n_1=n_2$ 的位置。此时，拍频 $\Delta\omega$ 直接给出了偏移频率 $\omega_{\rm offs}$。

利用下述方法，可以测量未知激光的绝对光学频率 $\omega_{\rm L}$。

因为 $\omega_{\rm L}$ 并不一定与频率梳的一个模式重合，有可能产生拍频 ω_b，可以将 $\omega_{\rm L}$ 表示为

$$\omega_{\rm L}=n\omega_{\rm r}+\omega_{\rm offs}+\omega_b \tag{9.79}$$

用波长计大致地测量 $\omega_{\rm L}$(第 1 卷第 4.4 节)，或者用不同的 $\omega_{\rm r}$(改变激光共振腔的长度 L) 测量拍频[9.175]，就可以得到整数 n。

一种方法将紫外区的氢原子双光子跃迁 $1S-2S$ 与微波波段的铯原子钟直接联系起来，如图 9.69 所示。

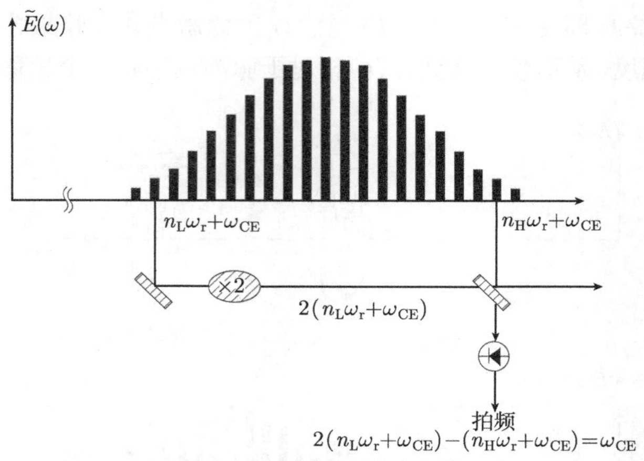

图 9.71　光学频率的自定标[9.174]

模式间距 $\Delta\nu_{\rm m}$ 被锁定到铯原子钟的频率 $\nu_{\rm Cs}$ 上，$\nu_{\rm Cs}=m\cdot\Delta\nu_{\rm m}$，因此，$N$ 个频率梳模式之间的频率差 $N\cdot\Delta\nu_{\rm m}$ 是已知的精确值。将频率梳的一个模式与被稳定的氦氖激光的第四个谐波 ($\lambda=3.39\mu{\rm m}$) 进行比较。用频率计数器测量 $4f_{\rm HeNe}$ 和模式频率 f_1 之间的拍频 f_{c1} 。486nm 的染料激光被倍频并用来激发氢原子的双光子跃迁 $1S-2S$。其频率锁定于一台二极管激光器的倍频光，这个二极管激光器又锁定在频率梳的一个模式上。染料激光的频率并不精确地等于氦氖激光频率 f 的 7 倍，它与 $7f$ 的差别是 $-2\Delta f$。一个频率拆分链 (图 9.68) 由 f 和 $7f-2\Delta f$ 生成了频率 $4f-\Delta f$，它正好是 $f+7f-2\Delta f$ 的一半。这一频率对应的波长是 851nm，将它与频率梳的一个模式进行比较，用计数器来测量频率差 f_{c2}。

根据用于稳定氦氖激光器和二极管激光器的两个选定模式之间的模式数目，以及两个射频频率 f_{c1} 和 f_{c2}，就可以确定氢原子跃迁频率 $28f-8\Delta f$。这就给出关系式

$$f_{1S-2S}=-8f_{c1}-64f_{c2}+2\,466.063\,84{\rm THz}$$

其中，最后一项给出了两个选定模式的频率差。

利用这一技术，可以使得绝对频率测量的相对不确定性小于 10^{-13}。测量频率为 $2.4\times10^{15}{\rm s}^{-1}$ 的 $1S-2S$ 跃迁，精度可以优于 300Hz!

9.8　压　　缩

当光强非常弱的时候，光的量子特性就显现出来，表现为探测到的光子数的统计涨落，对应于探测到的光电子速率的涨落 (第 7.7 节)。这种光子噪声正比于单位时间内探测到的光电子数 N 的平方根 $\sqrt{N}$，是弱光探测中主要的探测极限[9.176]。

此外，用于激发电子反馈回路的探测器的光子噪声，也限制了激光频率在毫赫兹的尺度上稳定程度[9.177]。

因此，希望能够进一步降低光子噪声极限。乍一看来，这似乎是不可能的，因为它是非常基本的限制。然而，已经证明，在特定条件下，无需违反一般性的物理定律，也可以突破光子噪声极限。我们将对此进行更为详细的讨论，部分按照参考文献 [9.178]，[9.179] 中的陈述。

例 9.16

每秒钟内有 N 个光子照射到量子效率为 $\eta < 1$ 的光学探测器上，探测器的散粒噪声使得探测信号 S 的相对起伏 $\Delta S/S$ 有一个最小值，当探测带宽为 Δf 时

$$\frac{\Delta S}{S} = \frac{\sqrt{N\eta\Delta f}}{N\eta} = \sqrt{\frac{\Delta f}{\eta N}} \tag{9.80}$$

对于波长为 $\lambda = 600\mu\text{m}$ 的 100mW 的光，$N = 3 \times 10^{17}\text{s}^{-1}$。带宽为 $\Delta f = 100\text{Hz}$(时间常数 $\approx 10\text{ms}$)，量子效率 $\eta = 0.2$，涨落的最小值为 $\Delta S/S \geqslant 4 \times 10^{-8}$。

9.8.1 光波的振幅涨落和相位涨落

单模激光的电场可以表示为

$$\begin{aligned} E_{\text{L}}(t) &= E_0(t)\cos[\omega_{\text{L}}t + k_{\text{L}}r + \phi(t)] \\ &= E_1(t)\cos(\omega_{\text{L}}t + k_{\text{L}}r) + E_2(t)\sin(\omega_{\text{L}}t + k_{\text{L}}r) \end{aligned} \tag{9.81}$$

其中，$\tan\phi = E_2/E_1$。

即使是稳频做得非常好的激光器，已经消除了所有的“技术噪声”(第 1 卷第 5.6 节)，由于量子涨落，它的振幅和相位还是会有微小的涨落 ΔE_0 和 $\Delta\phi$(第 1 卷第 5.6 节)。虽然差分探测器 (第 1 卷图 5.46) 可以部分地消除“技术噪声”，但是，经典方法并不能消除非相关量子涨落引起的光子噪声。

图 9.72 用两种不同的方式描述了这些涨落，在振幅 $E(t)$–时间图中和坐标轴为 E_1 和 E_2 的极坐标相位图中，给出了含时电场 $E(t)$ 的振幅 E_0 和相位 ϕ 的平均涨落。在极坐标中，振幅涨落造成了半径 $r = |E_0|$ 的不确定性，而相位涨落引起了相位角 ϕ 的不确定性 (图 9.72(b))。因为海森伯测不准关系，振幅和相位的不确定性不可能同时等于零。

为了更加深入地理解这些量子涨落的性质，让我们从不同的角度来认识它们：可以用相干态 (称为格劳伯态[9.180]) 描述非常稳定的单模激光的电磁场

$$|\alpha_k\rangle = \exp(-|\alpha_k|^2/2)\sum_{N=0}^{\infty}\frac{\alpha_k^N}{\sqrt{N!}}|N_k\rangle \tag{9.82}$$

它是光子占据数态 $|N_k\rangle$ 的线性组合。在这个态中发现 N_k 个光子的几率为泊松分布，平均值为 $N=\langle N_k\rangle=\alpha_k^2$，宽度为 $\langle\Delta N_k\rangle=\sqrt{\langle N_k\rangle}=|\alpha_k|$。

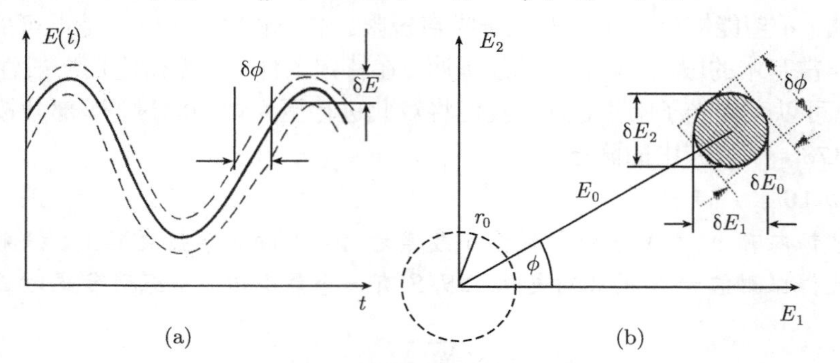

图 9.72　激光振幅和相位的不确定性

(a) 振幅–时间图；(b) 极坐标相位图

虽然激光场都集中在单独一个模式之中，但是真空中具有不同频率 ω 和波矢 k 的所有其他模式仍然具有平均占据数 $N=1/2$，对应于一个谐振子的零点能 $\hbar\omega/2$。当激光照射到光探测器上的时候，所有的其他模式依然存在 (真空零场涨落)，这些真空涨落与激光叠加起来，产生了不同频率的拍频信号，它们的振幅正比于两个干涉波振幅的乘积。因为激光模式的振幅正比于 $\sqrt{N}$，真空模式的振幅正比于 $\sqrt{1/2}$，所以拍频信号的强度正比于 $\sqrt{N/2}$。对探测器带宽的频率范围 Δf 内的所有拍频信号求和，就给出了例 9.15 中的散粒噪声。在此模型中，散粒噪声被看作是激光模式和所有其他真空模式之间的拍频信号。对于理解压缩实验中的干涉器件来说，这种观点是非常重要的。

如果将式 (9.81) 中的场振幅 E 归一化，使得

$$\langle E^2\rangle=\langle E_1^2\rangle+\langle E_2^2\rangle=\frac{\hbar\omega}{2\epsilon_0 V} \tag{9.83}$$

其中，V 是模式的体积，ϵ_0 是介电常数，那么，测不准关系就可以写为[9.176,9.180]

$$\Delta E_1\cdot\Delta E_2\geqslant 1 \tag{9.84a}$$

对于辐射场的相干态式 (9.82) 和热平衡辐射场，可以得到对称的关系式

$$\Delta E_1=\Delta E_2=1 \tag{9.84b}$$

从而得到乘积 $\Delta E_1\cdot\Delta E_2$ 的最小可能值。在图 9.72(b) 所示的相位图中，式 (9.84b) 给出的不确定性区域为一个圆形。

相干光给出了与相位无关的噪声，可以用双光束干涉仪证明这一点，例如图 9.73 中的马赫–曾德尔干涉仪。用分束器 BS1 将平均光强为 I_0 的一束单色激光分

为两束光 b_1 和 b_2，振幅分别是 E_1 和 E_2，另一个分束器 BS2 又将它们叠加起来。光束 b_2 经过一个可移动的光楔，从而在两束光之间产生了可以变化的相位差 ϕ。探测器 PD1 和 PD2 上的强度是

$$\langle I\rangle = \frac{1}{2}c\epsilon_0[\langle E_1^2\rangle + \langle E_2^2\rangle \pm 2E_1E_2\cos\phi] \tag{9.85}$$

这是在频率为 ω 的光场的多个周期内的平均值。在式 (9.85) 中，两个探测器的符号是不同的，原因在于光波被分束器反射后的相位差：探测器 PD1 上的两束光都经过了一次反射，而在探测器 PD2 上，b_1 经历了一次反射，b_2 经历了三次反射。当振幅相等的时候，$E_1 = E_2$，探测强度为

$$\langle I_1\rangle = \langle I_0\rangle\cos^2\phi/2, \quad \langle I_2\rangle = \langle I_0\rangle\sin^2\phi/2 \Rightarrow \langle I_1\rangle + \langle I_2\rangle = \langle I_0\rangle$$

利用干涉仪的一个分支上的光楔改变相位 ϕ，这就对应着图 9.72(b) 中相位图里矢量 E 的转动。图 9.73(a) 中的两个探测器测量的是 E 在两个坐标轴上的投影 E_1 和 E_2。因此，适当地选择相位 ϕ，图 9.73(a) 中的构型就可以用来独立地测量涨落 $\langle\delta E_1\rangle$ 和 $\langle\delta E_2\rangle$。

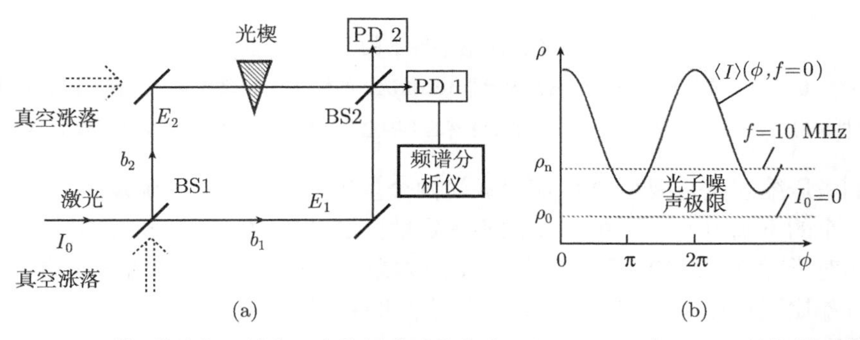

图 9.73　(a) 马赫–曾德尔干涉仪，光楔用来改变相位延迟 ϕ；(b) 在 $f = 0$ 处探测到的平均光强 $\langle I\rangle$，在 $f = 10$MHz 处得到的与相位无关的光子噪声谱密度

当频率 f 足够高的时候，技术噪声可以忽略不计，用频谱分析仪测量探测器的频谱 $I(f)$，可以得到噪声的功率谱 $\rho_{\rm n}(f)$，它实际上不依赖于相位 ϕ(图 9.73(b) 中的点状线)，仅仅依赖于进入干涉仪的光子数目，正比于 $\sqrt{N}$。令人吃惊的是，每个探测器上的噪声谱功率 $\rho_{\rm n}(f)$ 与相位 ϕ 无关。可以这样来理解，因为光子的发射是统计性的，两个分波光束中的强度涨落之间没有关联。虽然平均强度 $\langle I_1\rangle$ 和 $\langle I_2\rangle$ 依赖于 ϕ，它们的涨落却与 ϕ 无关！探测得到的噪声谱 $\rho_{\rm n} \propto \sqrt{N}$ 表明，$I(\phi)$ 最小值处的噪声水平 $\rho_{\rm n} \propto \sqrt{I_0}$ 与最大值处完全相同。

在图 9.73(a) 中，如果挡住入射激光束，则平均光强 $\langle I\rangle$ 变为零。然而，测量得到的噪声谱密度 $\rho_{\rm n}(f)$ 并不等于零，而是接近一个很小的极限值 ρ_0，其原因在于

真空场的零点涨落，即使在暗室中，也仍然存在真空涨落。图 9.73(a) 中的干涉仪有两个输入，相干光场和另一个场，对于暗输入来说，后者就是真空场。因为这两个输入的起伏彼此无关，它们的噪声功率是相加的。增加输入光强 I_0，可以增大信噪比

$$\frac{S}{\rho_{\mathrm{n}}} \propto \frac{N}{\sqrt{N}+\rho_0/h\nu} \tag{9.86}$$

其中，量子噪声 ρ_0 确定了最基本的限制。

在图 9.74 的相位图中，在 $E_1 = E_2 = 0$ 附近的圆形不确定性区域的半径 $r=\sqrt{\rho_0}$ 对应于真空涨落的噪声谱密度 ρ_0。

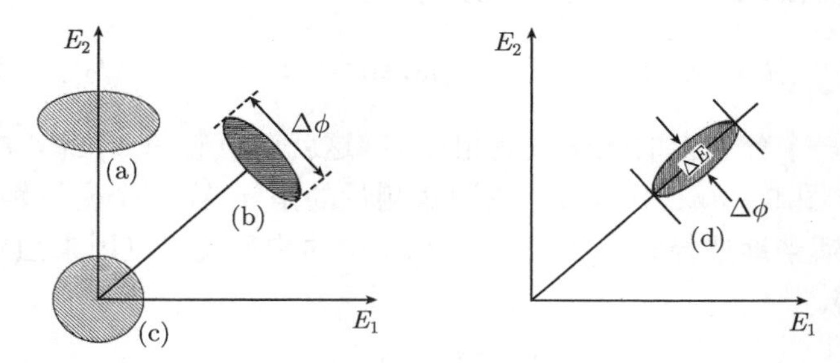

图 9.74 不同压缩条件下的不确定性区域

(a) $\langle E_1\rangle = 0$，ΔE_2 被压缩了，然而，$\Delta\phi$ 大于非压缩情况下的数值；(b) 增大 $\Delta\phi$ 从而压缩 ΔE 的一般性情况；(c) $\langle E_1\rangle = \langle E_2\rangle = 0$ 时，零点涨落的不确定性区域；(d) 增大 ΔE，从而减小 $\Delta\phi$

制备压缩态就是减小 ΔE 和 $\Delta\phi$ 这两个量中的某一个的不确定性，代价是增大另一个的不确定性。图 9.74 中的不确定性区域被压成了一个椭圆形，虽然它的面积相对于对称情况增大了，但是，如果被减小的量决定了探测信号的噪声水平，那么信噪比还是提高了。我们将用一些例子来说明这一点。

9.8.2 压缩的实现

一种典型的压缩光实验采用了马赫–曾德尔干涉仪 (第 1 卷第 4.2.4 节)，如图 9.75 所示。将非常稳定的激光分为两束，即泵浦光束 b_1 和参考光束 b_2。通过与媒质的非线性相互作用 (例如，四波混频或参数相互作用)，频率为 ω_{L} 的泵浦光束产生了频率为 $\omega_{\mathrm{L}} \pm f$ 的新光。参考光束作为局部振荡器与新出现的光叠加之后，产生了频率为 f 的拍频，利用光探测器 D_1 和 D_2，检测拍频随相位差 $\Delta\phi$ 的变化关系，利用位于一个干涉臂上的光楔，可以控制相位差。监测两个探测器输出信号的差别随着相位差 $\Delta\phi$ 的变化关系。与图 9.73 中的情况不同，此时的噪声功率谱密度 $\rho_{\mathrm{n}}(f,\phi)$(即单位频率间隔 $\mathrm{d}f = 1\mathrm{s}^{-1}$ 上的噪声功率密度 P_{NEP}) 随着 ϕ 周期性地变化。这是由于其中一束光和非线性媒质的非线性相互作用，保持了相位关系。在某些特定的 ϕ 值处，噪声功率密度 $\rho_{\mathrm{n}}(f,\phi)$ 小于非压缩光测量的光子噪声极限

$\rho_0 = (nh\nu/\eta\Delta f)^{1/2}$。此时，$n$ 个光子照射在带宽 Δf 和量子效率 η 的探测器上，信噪比为

$$\mathrm{SNR_{sq}} = \mathrm{SNR_0}\frac{\rho_0}{\rho_\mathrm{n}} \tag{9.87}$$

远大于没有压缩时的信噪比 $\mathrm{SNR_0}$。

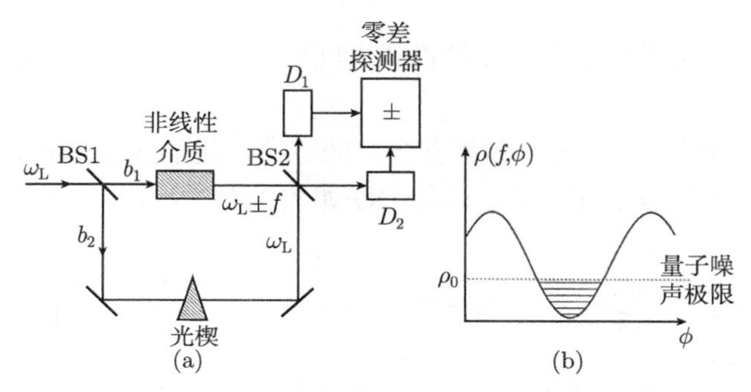

图 9.75　利用马赫–曾德尔干涉仪中非线性媒质的压缩光实验的示意图

(a) 实验装置示意图；(b) 噪声谱密度 $\rho(\phi)$ 和量子噪声极限 ρ_0，后者不依赖于相位 ϕ

压缩度 V_sq 的定义是

$$V_\mathrm{sq} = \frac{\rho_0 - \rho_\mathrm{min}(f)}{\rho_0} \tag{9.88}$$

Slusher 等[9.181] 首次成功地实现了压缩光，他们利用的非线性过程是 Na 原子束中的四波混频 (图 9.76)。用一束染料激光泵浦 Na 原子，频率为 $\omega_\mathrm{L} = \omega_0 + \delta$，与共振频率 ω_0 略有差异。为了增大泵浦功率，将 Na 原子束置于一个光学共振腔中，共振频率与泵浦频率 ω_L 相同。因为共振腔内两束泵浦光 ($\omega_\mathrm{L}, \pm\boldsymbol{k}_L$) 的参数过程 (第

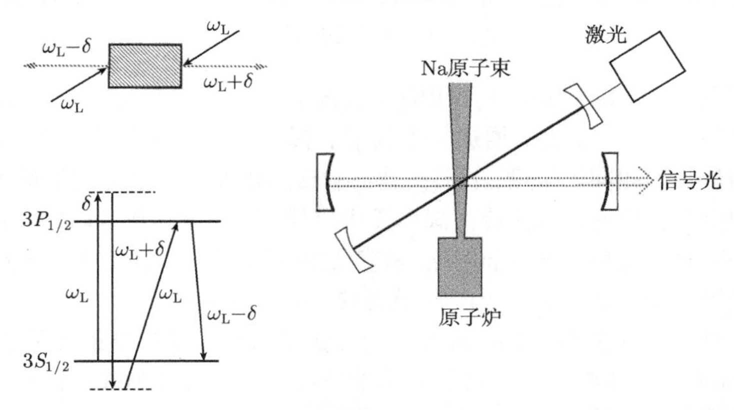

图 9.76　在 Na 原子束中，用四波混频来产生压缩态，两个光学共振腔共振增强了被泵浦的光以及信号光和闲置光[9.181]

1 卷第 5.8.8 节)，这个四波混频过程产生了两束新光 $\omega_L \pm \delta$(信号光和闲置光)。能量守恒和动量守恒要求

$$2\omega_L \to \omega_L + \delta + \omega_L - \delta \tag{9.89a}$$

$$\boldsymbol{k}_L + \boldsymbol{k}_i = \boldsymbol{k}_L + \boldsymbol{k}_s \tag{9.89b}$$

适当选择另一个共振腔的长度，使得模式之间的距离 $\Delta\nu = \delta$，可以增强信号光和闲置光。

要点在于，泵浦光与信号光和闲置光之间有着确定的相位关系，从而在信号光的振幅和相位之间建立起了关联。这种关联如图 9.77 所示。

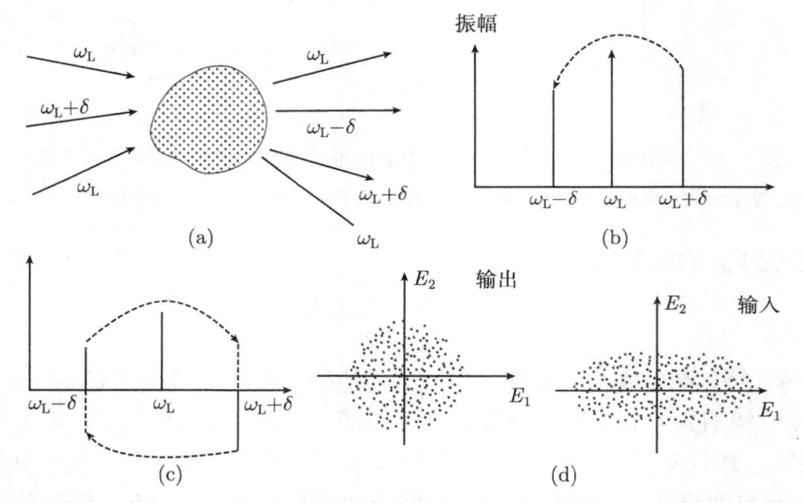

图 9.77 (a) 四波混频的示意图；(b) 振幅转移增大了振幅的调制；(c) 相位传递减小了相位调制；(d) 相位的示意图

四波混频产生了新的侧带。如果输入包含了频率 ω_L 和 $\omega_L + \delta$，那么输出就会有额外的侧带 $\omega_L - \delta$。因此，增加一个侧带的幅度就必须减小另一个侧带的幅度，直到两个侧带具有相同的幅度。这样一来，输出的幅度调制就达到了最大。因为两个侧带的相位是相反的，这种转移减小了相位调制。参考文献 [9.179] 详细地说明了这种关联引起的噪声，依赖于相位，在特定的相位区间，低于量子噪声功率 ρ_0。在这些实验中，压缩度达到了 0.1，也就是说，$\rho_{\min} = 0.9\rho_0$。

利用光学参数振荡器，Kimbel 等[9.182] 获得的噪声抑制结果比量子噪声极限 ρ_0 降低了 60%(约 −4dB)，这是最好的压缩结果，他们利用 MgO : LiNbO$_3$ 晶体中的参数相互作用来压缩光。

另一个例子是用单体共振腔中的连续光 Nd : YAG 激光来进行二次谐波生成，

从而实现了 3.2mW 的压缩光和 52% 的噪声抑制[9.183]。实验装置如图 9.78(a) 所示。

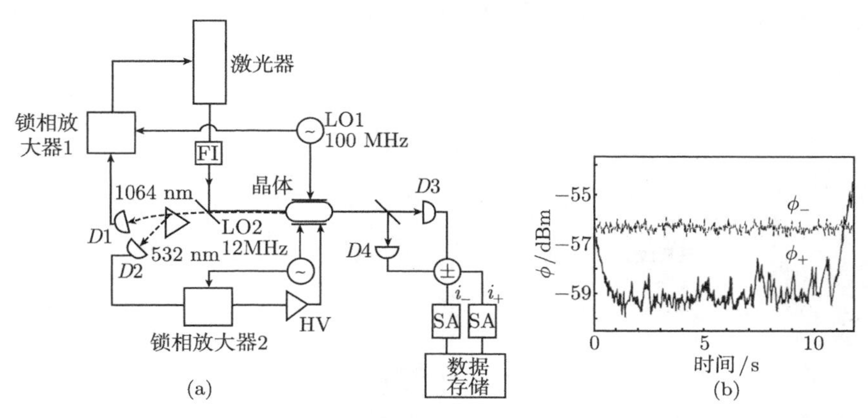

图 9.78 (a) 在单体共振腔中，用二次谐波产生明亮的压缩光；(b) 压缩光照射到平衡的零差探测器上产生的光电流涨落的功率谱密度，上方的曲线 ϕ_- 给出了散粒噪声水平[9.183]

连续光 Nd : YAG 激光在 MgO : $LiNbO_3$ 晶体中产生倍频。晶体的端面形成了共振腔的端镜，利用一种特殊的调制技术，使得共振腔与基模和二次谐波都保持共振。对基模的平衡零差干涉探测给出了这个光束的强度噪声 (由 D_1 探测到的 I_+) 和作为参考的散粒噪声水平 (由 D_2 探测到的 I_-)，如图 9.78(b) 所示。

9.8.3 压缩光在引力波探测器中的应用

现在最灵敏的引力波探测方法采用的是光学干涉术，检测引力波在干涉仪的一臂上引起的长度变化。迄今为止仍然没有能够探测到任何引力波信号，但是许多实验室都在非常努力地提高激光引力波探测器的灵敏度，以便发现引力波，它们可能来自于非常遥远的超新星或者是质量非常大的转动的双中子星系统[9.185−9.187]。

这种探测器的基本部分 (图 9.79) 包括干涉臂很长 (几公里长) 的迈克耳孙干涉仪和非常稳定的激光器。如果引力波在干涉仪的两臂上产生了长度差 ΔL，那么，在干涉仪的输出端上的两个分波就会产生相位差 $\Delta\phi = (4\pi/\lambda)\Delta L$ 。预期的典型相对变化大约是 $\Delta L/L = 10^{-21}$。了解一下 ΔL 的大小：为了探测近邻银河系中超新星爆发发射出的引力波，如果 $L = 2\text{km}$，长度差别 ΔL 将小于 10^{-17}m，比质子半径的 1% 还要小。为了提高灵敏度，可以在迈克耳孙干涉仪的两臂中使用多次反射装置或法布里–珀罗干涉仪，从而极大地增加干涉臂的长度 (图 9.79(b))。这种装置预期可以达到的极限是 $\Delta L \leqslant 10^{-11}\lambda_{\text{Laser}}$。

能够探测到的相位变化的最小值 $\Delta\phi$ 受限于相位噪声 $\delta\phi_{\text{n}}$。如果激光在每秒钟内发出 N 个光子 $h\nu$，量子效率为 η 的两个探测器测量得到的强度为

$$I_1(\phi) = \frac{1}{2}Nh\nu\eta[1 + \cos(\phi + \Delta\phi)] \tag{9.90a}$$

$$I_2(\phi) = \frac{1}{2}Nh\nu\eta[1 - \cos(\phi + \Delta\phi)] \tag{9.90b}$$

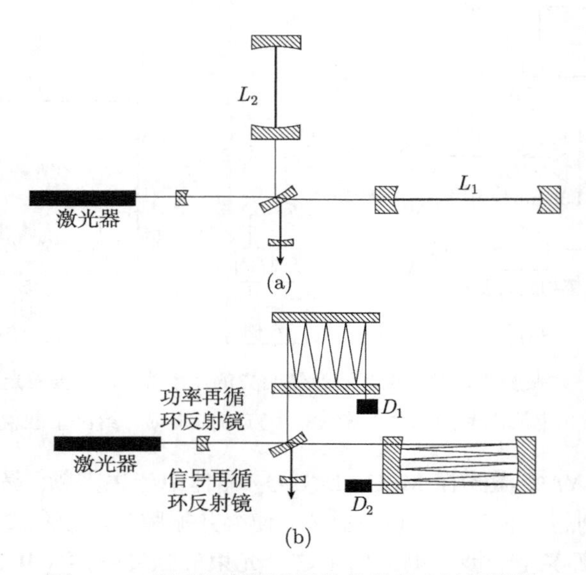

图 9.79　基于迈克耳孙干涉仪的引力波探测器

(a) 使用光学共振腔的基本构型；(b) 用于提高灵敏度的多光路构型

当 $\phi = \pi/2$ 的时候，上式给出差分信号

$$S = \Delta I \approx Nh\nu\eta\Delta\phi \tag{9.91}$$

两个探测器的噪声功率是平方相加的。探测带宽 Δf 的信噪比为

$$SNR = \frac{Nh\nu\Delta\phi}{\sqrt{Nh\nu\Delta f}} = \left(\frac{Nh\nu}{\Delta f}\right)^{1/2}\Delta\phi \tag{9.92}$$

当 $\Delta\phi > \sqrt{\Delta f/(Nh\nu)}$ 时，信噪比大于 1。能够探测到的相位变化最小值决定于能够得到的最大光子数 N，因此，需要使用高功率超稳定的固体激光器。

第 9.8.1 节说明，没有压缩光时的噪声极限来自于干涉仪第二个输入端口的零点场。如果将压缩光注入到这一输入端口，就可以降低噪声水平，从而进一步降低了能够探测到的长度变化 ΔL[9.185]。

关于压缩光的讨论和最近的实验，以及这一有趣技术的进一步应用，可以参考文献 [9.188]~[9.194]。

9.9 习　题

9.1 一个 Ca 原子位于半径为 $R = 1\text{cm}$ 的球形原子云的中心，$\lambda = 657\text{nm}$ 处的辐射复合谱线为 $^3P_1 \to ^1S_0$，自然线宽为 $\Delta\nu = 3\text{kHz}$，谱线中心处的吸收截面为 $\sigma(\omega_0) = 10^{-17}\text{cm}^2$，Ca 原子的密度为 $n = 10^{17}\text{cm}^{-3}$，碰撞截面为 $\sigma_{\text{coll}} = 10^{-16}\text{cm}^2$。请问，该原子发射出来的光子被另外一个 Ca 原子吸收的几率有多大？反冲劈裂有多大？

9.2 推导式 (9.12b)。

9.3 在图 9.5 中，单色激光的频率等于跃迁 $F'' = 2 \to F' = 3$ 的频率，上能级的寿命是 $\tau = 16\text{ns}$，饱和参数为 $S = 1$，跃迁 $F'' = 2 \to F' = 2$ 吸收了多大比例的光子？

9.4 $\lambda = 589\text{nm}$ 的固定频率激光器发出的光子令穿过磁场迎面运动的 Na 原子束减速。计算最佳减速所需要的磁场函数 $B(z)$。

9.5 对于 Li 原子 ($\tau(^3P_{3/2}) = 27\text{ns}$) 和 K 原子 ($\tau(^5P_{3/2}) = 137\text{ns}$)，计算多普勒限制的最小冷却温度。

9.6 当 $T = 1\mu\text{K}$ 时，Cs 原子实现玻色–爱因斯坦凝聚的临界密度是多少？

9.7 假定测量光梳间距 $\Delta\nu = 100\text{MHz}$ 的相对精度可以达到 10^{-16}。光梳的一个频率是 Cs 原子钟频率的 6×10^4 整数倍。$\lambda = 750\text{nm}$ 附近的分子跃迁频率的测量精度是多少？

9.8 位于 $3^2S_{1/2}$ 基态上的 Na 原子的磁矩为 $\mu = 2\mu_\text{B}$，为了将它们束缚在温度为 $T = 10\mu\text{K}$、体积为 1cm^3 的空间之内，非均匀磁场 $B = B_0r^2$ 的势阱深度应该是多少？

第 10 章　激光光谱学的应用

激光光谱学在物理学、化学、生物学、医药研究、环境研究和技术问题中的应用变得日益重要，迅速得到了广泛的关注。图书和综述日益增多，进一步证明了这一点。本章讨论的例子只是用来说明：激光光谱学已经有了许多引人入胜的应用，但仍然需要许多的研究和发展。更多、更详细的例子，请参考以下各节中的文献以及一些单行本和综述文章 [10.1]~[10.7]。

10.1　化学中的应用

在许多化学领域中，激光器是不可或缺的工具[10.8~10.13]。在分析化学中，它们用来非常灵敏地探测低浓度的污染物、痕量元素或化学反应中短寿命的中间产物。重要的分析学应用有：用激光诱导荧光 (第 1.3 节) 测量化学反应产物的内态分布，用光谱研究碰撞诱导的能量传递过程 (第 8.3~8.6 节)。这些技术有助于深入理解非弹性碰撞或化学反应碰撞的反应途径及其对反应物的相互作用势和初始能量的依赖关系。

超短激光脉冲的时间分辨光谱学首次让人直接看到了时间短暂的碰撞过程中分子的形成或分解。第 10.1.3 节将讨论这种飞秒化学。

选择性地激发反应物并相干地控制激发态波函数 (第 10.1.4 节)，有可能控制化学反应，从而开辟激光诱导化学这一引人入胜的新领域。

10.1.1　分析化学中的激光光谱学

激光在分析化学中的第一种应用是：灵敏地探测微小浓度的杂质原子或分子。利用第 1 章中介绍的激光光谱学技术，对分子的探测极限可以达到十亿分之一 (ppb)，对应于 10^{-9} 的相对浓度。对于原子以及一些特殊的分子来说，浓度的探测极限甚至可以达到万亿分之一 (ppt, $\hat{=}10^{-12}$)。近来，已经实现了固体、溶液和气体中的“单分子探测”。

一种非常灵敏的探测方案如图 10.1 所示，将光声方法与多次往返式光学共振腔结合起来。这一装置可以测量的吸收系数达到了 $\alpha = 10^{-10}\text{cm}^{-1}$。

例 10.1

利用一个二极管激光光谱仪和一个多次往返式吸收样品盒 (图 10.1)，在 1900cm^{-1} 的振动–转动跃迁处，可以探测到空气中低达 50ppt 的 NO_2 浓度，300ppt

的 NO 浓度，在 1335cm^{-1} 处，SO_2 的探测灵敏度可以达到 1ppb[10.14]。

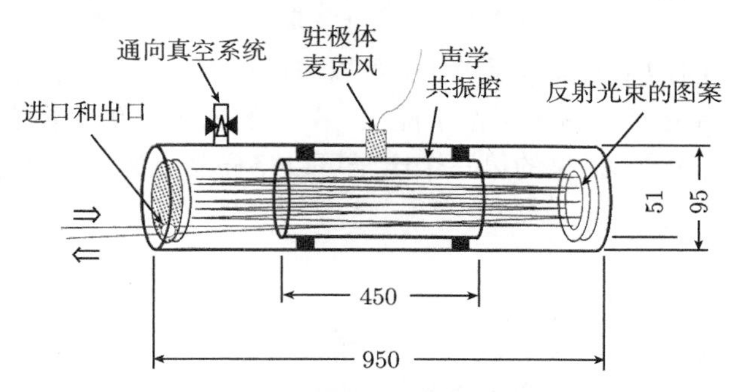

图 10.1 光声光谱仪的多次往返式样品盒

所有的激光光束都穿过声学共振腔中径向声学共振振幅最大的区域，测量单位为毫米

在一个真正的两能级系统的跃迁上，对原子进行光谱探测 (第 9.1.5 节)，在穿过激光光束的渡越时间 T 内，辐射寿命为 τ 的原子就会经历多达 $T/2\tau$ 次的吸收–发射过程 (光子爆发)。如果探测原子处于高气压的输运气体之中，那么平均自由程 Λ 就会变小 ($\Lambda \ll d$)，T 就仅仅受限于扩散时间。虽然碰撞可能会减弱荧光 (第 6.3 节)，量子效率降低了，但比值 $T/2\tau$ 变大了，光子爆发的强度仍然会增大。

例 10.2

低气压气体的平均自由程 Λ 大于激光光束的直径 d，当 $d = 5\text{mm}$ 而 $\bar{v} = 5\times10^2\text{m/s}$ 的时候，渡越时间的典型值为 $T = d/\bar{v} = 10\mu\text{s}$。高能级寿命为 $\tau = 10\text{ns}$ 的一个原子可以发出 500 个光子 (光子爆发)，这样就可以探测单个原子。在气压为 1mbar 的惰性稀有气体中，平均自由程约为 0.03mm，穿过激光光束的扩散时间将会增大一百倍。虽然寿命减小到了 5ns，即荧光的量子效率只有 0.5，光子爆发给出的光子数仍可以达到 5×10^4。

因为激发态上能级的荧光可以终止在电子基态的许多振动转动能级，所以，分子并不是一个二能级系统，但是，溶液中的单个分子可以给出许多荧光光子。通过与溶液分子的碰撞，最终能级上的粒子将会很快地进入临近的能级，被耗尽的初始能级将因为碰撞转移而被再次占据，在皮秒到纳秒的时间尺度内，就会回复到热平衡态 (图 10.2)。分子通过激光光束的渡越时间为 T，上能级寿命为 τ，如果激光强度足以达到饱和的话，那么单个分子发出的荧光光子数 N_{phot} 的最大值就是 $N_{\text{phot}} = T/2\tau$ 。

另一种非常灵敏的探测方案采用的是气相原子或分子的共振双光子或三光子电离 (第 1.3 节)。将液体或固体样品在熔炉中或热线上蒸发，就可以利用这种技术进行测量。例如，在真空系统中，在脉冲加热周期内，涂敷着样品的热线或热板蒸发出原子或分子，并使之飞过加热表面前方的叠加在一起的激光光束 $L_1+L_2(+L_3)$(图

10.3)。激光 L_1 调节到待测原子或分子的共振跃迁处 $|i\rangle \to |k\rangle$，而 L_2 进一步激发了跃迁 $|k\rangle \to |f\rangle$。如果 E_f 位于电离势 IP 之上，那么就会形成离子。这些离子加速飞向离子倍增管。如果 L_2 的强度足够大，可以将能级 $|k\rangle$ 上的所有激发态原子电离，就可以探测飞过激光光束的所有位于能级 $|i\rangle$ 上的原子 (单原子探测)[10.15~10.17]。如果 $E_\mathrm{f} < \mathrm{IP}$，$L_1$ 和 L_2 提供的第三个电子可以将样品电离，因为电离步骤并没有共振条件。

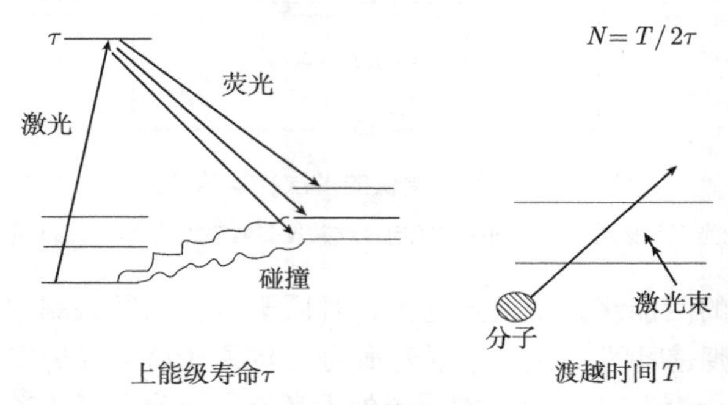

图 10.2 单分子探测

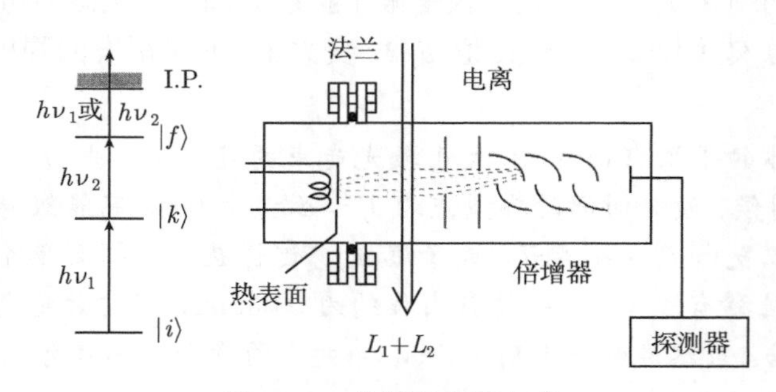

图 10.3 共振多光子电离

用于探测加热表面释放出来的少量原子或分子的灵敏探测技术

当痕量样品的吸收谱与丰度更高的分子或原子的吸收谱重叠的时候，将质谱仪和共振双光子电离结合起来，可以进一步增强选择性探测的灵敏度 (图 10.4)。这是非常重要的，例如，在丰度很大的同位素中探测稀少的同位素分量[10.17,10.18]。

10.1.2 单分子探测

用聚焦的强激光束照明样品，用共焦显微术观察激光诱导荧光或非共振散射激光，将这两者结合起来，就可以探测单个分子及其在液体中的扩散。每个分子可以发出 $N = T/2\tau$ 个光子 (图 10.2)，其中，T 是分子通过激光光束的扩散时间，τ 是上能级的寿命。

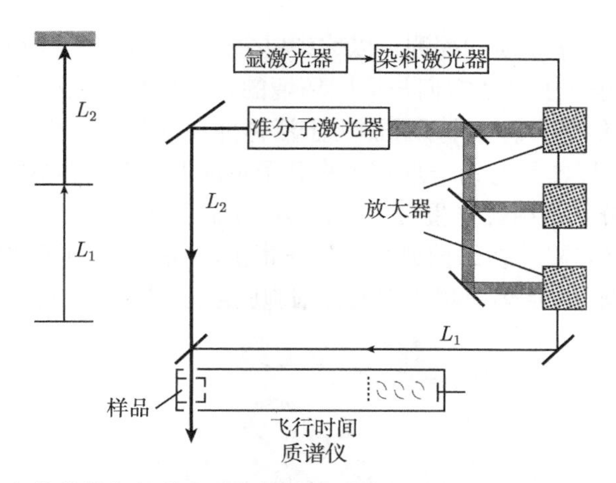

图 10.4 用脉冲放大的单模染料激光选择性地激发待测同位素，然后用准分子激光进行电离，并用飞行时间质谱仪进行质量选择性的探测

例 10.3

$$T = 1\text{ms}，\tau = 10\text{ns} \Rightarrow N = 5 \times 10^4。$$

实验装置如图 10.5 所示。稀溶液中的分子浓度是纳摩尔的范围，扩散到激光焦点里的分子散射的光被成像在探测器前的一个小针孔上。与入射激光束垂直的 x-y 平面内的空间分辨率可以达到 500nm。利用双光子激发，甚至可以将空间分辨率提高到大约 200nm。z 方向的分辨精度 (轴向精度) 依赖于聚焦的激光束的瑞利长度。典型数值是 10 ~ 30μm，而双光子激发可以将这个值减小到 1000nm 以下。这样一来，探测体积就非常小，小于 $10^{-15}l$。用高量子效率的雪崩二极管探测荧光[10.19]，当浓度很低、淬灭系数为 10^{-4} 的时候，仍然可以探测到。如果使用受激辐射泵浦，还可以进一步提高径向空间分辨率 (第 10.4.4 节)[10.20]。

利用时间分辨探测，可以研究单个分子的时域行为。在染料分子通过探测体积的扩散时间内，测量它从单重激发态到三重态的系统间交叉的弛豫时间常数，就是一个例子[10.23]。

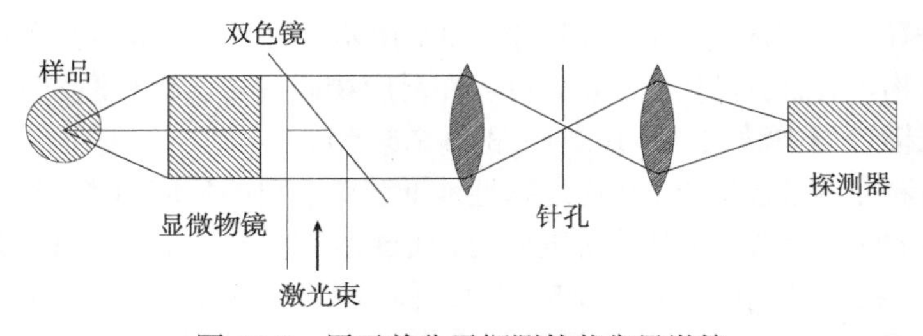

图 10.5 用于单分子探测的共焦显微镜

现在，固体中分子杂质的探测可以达到单分子的水平[10.24]。可以用高精度激光光谱学来探测这些分子以及它们与周围环境的相互作用。这种技术在生物学中的用途是显而易见的[10.25]。单分子探测用于活体外和活体内的生物分子动力学中的定量测量，它的发展非常有助于理解生物分子反应并推动了生物技术的进步[10.26]。一种重要的生物分子是绿荧光蛋白 (图 10.6)，在蓝色激光的激发下，可以高效率地发出绿色荧光。将它附着在细菌或特定的病毒上，利用单分子探测技术，就可以实时地观测这种细菌，在活体内跟随它们在细胞膜或细胞内部的运动路径[10.21,10.22]。

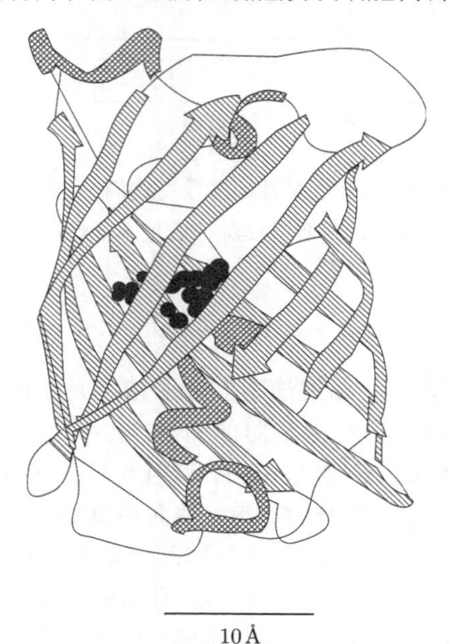

图 10.6 绿荧光蛋白

激光在分析化学中的更多例子，可以参考文献 [10.27]~[10.29]。

10.1.3 激光诱导的化学反应

激光诱导化学反应的基本原理如图 10.7 所示。用单光子或多光子激发一个或更多的反应物，从而引发化学反应。可以在反应物碰撞之前进行激发 (图 10.7(a))，也可以在碰撞过程中激发 (图 10.7(b) 和第 8.6 节)。

为了用激光激发反应物、从而选择性地增强所想要的反应通道，光子吸收与反应完成之间的时间间隔 Δt 是非常重要的。通过光子吸收将分子泵浦到选定的激发态分子能级，在系统到达想要的反应通道之前，激发能量 $n \cdot \hbar\omega(n = 1, 2, \cdots)$ 可以因为弛豫过程而再次分布到其他能级上。例如，它可以通过自发辐射而发射出去，也可以通过诸如振动或自旋轨道耦合分子内无辐射跃迁而重新分布到许多邻近的其他简并分子能级上。然而，这些能级可能并不会通向希望中的反应通道。在更高的压强下，在增强或抑制特定的反应通道方面，碰撞诱导的分子内或分子间能量转移也可能扮演重要的角色。

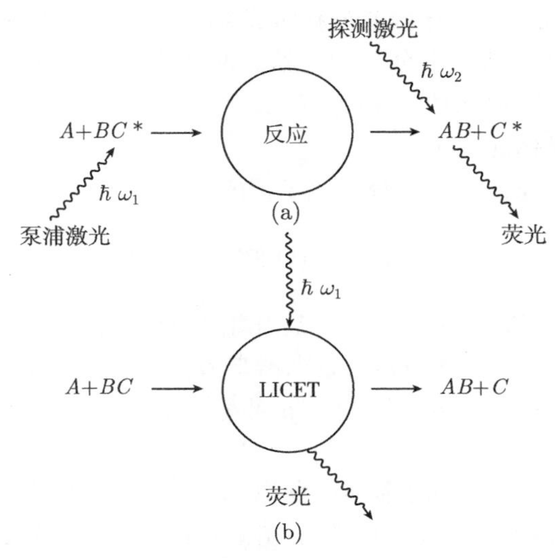

图 10.7 激光诱导化学反应的示意图，同时对反应产物进行态选择的探测

(a) 激发反应物；(b) 激发碰撞对 (ABC)

下面我们考虑三个不同的时间范围：

(a) 用泵浦激光激发和激光诱导化学反应的进行时间 Δt 非常短 (飞秒到皮秒范围)，短于荧光或非弹性无反应碰撞过程引起的能量再分布的弛豫时间。在这种情况下，上述的损耗机制并不重要，可以通过光学吸收将系统选择性地推向所希望的反应通道上。

(b) 在中等长度的时间范围内 (纳秒到微秒)，依赖于反应室的压强，在碰撞过程使得初始能量完全再分布之前，可以发生化学反应。如果被激发的反应物是一个大分子，分子内的能量可以在许多自由度上转移，其速度快得足以将激发能量再分布到许多激发能级上。被激发的分子发生化学反应的几率仍然大于基态，但是部分地丧失了反应控制的选择性。

(c) 对于更长的时间尺度 (微秒到连续波激发)，碰撞过程将激发能量统计性地再分布到所有可能到达的能级之上，最后转换为热平衡态下的平动能、振动能和转动能，这样就提高了样品的温度。对于所希望的反应通道来说，激光激发的效应与加热样品没有太大的区别。

(d) 最近发展了相干控制化学反应的新技术，使用了特定形状的飞秒脉冲 (第 6.1 节) 制备反应物分子的激发态相干波函数。选择这个波函数的相位和振幅，可以使得分子衰变到想要的反应通道中去。

在第一个时间范围内，需要锁模激光器产生的飞秒到皮秒范围内的超短激光脉冲 (第 6 章)，而对于第二类实验，可以使用纳秒到微秒范围内的脉冲激光 (Q 开关的 CO_2 激光器、准分子激光器或染料激光器)。迄今为止的大多数实验使用脉冲 CO_2 激光器、化学激光器或准分子激光器。带有放大级的克尔透镜锁模的掺钛蓝宝石激光器可以提供飞秒脉冲 (第 6.1 节)。

下面考虑几个具体的例子。

第一个例子是激光诱导的双分子化学反应

$$\mathrm{HCl}(v=1,2)+(\mathrm{O}^3\mathrm{P}) \longrightarrow \mathrm{OH}+\mathrm{Cl} \tag{10.1}$$

它在 HCl 激光器振动激发 HCl 分子之后开始[10.30]。用激光诱导荧光检测 OH 自由基的内态分布，用一个倍频的染料激光器来激发，它被调节到 OH 在 $\lambda=308$nm 处的 $^2\Pi \leftarrow {}^2\Sigma$ 系的 $(v'=0 \leftarrow v''=0)$ 带或者是 318nm 处的 $(1 \leftarrow 1)$ 带上的特定转动谱线上。

第二个例子是，在一个圆柱形样品盒中，时间和空间分辨地观测由 TEA CO_2 激光引发的 O_2/O_3 混合物的爆炸[10.31]。在 O_3 的 Hartley 连续谱处，对紫外吸收进行时间分辨测量，监测 O_3 浓度的降低, 从而测量反应的进程。将紫外探测光束分为几束空间分离的光束，用不同的探测器来测量，就可以在时域中观测爆炸波前的空间演化 (图 10 .8)。

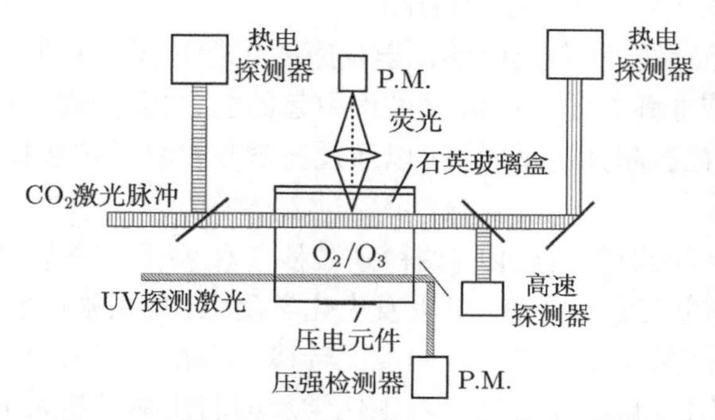

图 10.8　用 CO_2 激光引起 O_3 爆炸的实验装置

利用空间不同位置处的紫外探测激光束，测量时间分辨的 O_3 吸收谱，可以监测爆炸波前的扩张。利用压电陶瓷压强探测器，可以时间分辨地测量压强[10.31]

脉冲 CO_2 激光器的输出功率很高，可以通过多光子吸收过程来激发高振动能级，最终导致激发态分子的分解。在条件有利的情况下，激发态分子或分解后的碎片可以与其他添加物发生选择性的反应[10.32]。这类用 CO_2 激光选择性诱发的化学反应非常有优势，因为这些激光的效率很高，很容易得到 CO_2 光子。例如，用 CO_2

光子的多光子吸收过程来在 S_2F_{10} 和 N_2F_4 的混合物中合成 SF_5NF_2，以下述方式进行

$$\begin{aligned} &S_2F_{10} + nh\nu \longrightarrow 2SF_5 \\ &N_2F_4 + nh\nu \longrightarrow 2NF_2 \\ &SF_5 + NF_2 \longrightarrow SF_5NF_2 \end{aligned} \tag{10.2}$$

传统的合成方法不使用激光，需要在 425K 温度下进行大约 $10 \sim 20$ 小时，要求 S_2F_{10} 的压强很高。而激光驱动的化学反应则快得多，即使是在比较低的 350K 温度下[10.33,10.34]。

CO_2 激光诱发的化学反应的另一个例子是 C_2F_4 和 CF_3I 的气相聚合反应，是一个中间产物链的放热反应

$$\begin{aligned} &CF_3I + nh\nu \longrightarrow (CF_3I)^* \\ &(CF_3I)^* + nC_2F_4 \longrightarrow CF_3(C_2F_4)_nI, \quad (n = 1, 2, 3) \end{aligned} \tag{10.3}$$

生成 n 值很小的 $CF_3(C_2F_4)_nI$。CO_2 激光与 CF_3I 的 $\nu_2 + \nu_3$ 带接近共振。在被照射的反应盒中，反应 (10.3) 的量子产率随着压强的升高而增大[10.35]。

在许多情况下，紫外激光导致的电子激发对于许多激光照射的化学反应是必要的。一个例子是 XeCl 准分子激光引起的氯化乙烯的光致分解 (第 1 卷第 5.7 节)

$$C_2H_3Cl + h\nu \longrightarrow C_2H_3 + Cl \tag{10.4a}$$

$$\longrightarrow C_2H_2 + HCl \tag{10.4b}$$

尽管吸收截面很小 (在 $\lambda = 308\text{nm}$ 处，$\sigma = 10^{-24}\text{cm}^2$)，仍然可以精确地测量两个反应分支式 (10.4a), 式 (10.4b) 的产率比及其对温度的依赖关系[10.36]。

另一个例子是用 KrF 准基分子激光诱发的有机溴化物和烯烃的链式反应[10.37]，反应过程如下

$$\begin{aligned} &RBr + h\nu \longrightarrow R + Br && (\text{开始}) \\ &R_n + C_2H_4 \longrightarrow R_{n+2} && (\text{传播}) \\ &R_n + RBr \longrightarrow R_nBr + R && (\text{链式转移}) \\ &Br + Br \longrightarrow Br_2 && (\text{结束}) \end{aligned} \tag{10.5}$$

其中，R_n 描述的是任何带有 n 个碳原子的中间反应物。

固体表面的催化效应可以增强许多化学反应。用激光辐照表面来进一步提高这些催化增强效应的前景已经启动了大量的研究活动[10.38,10.39]。激光可以激发吸附在表面上的原子或分子，也可以激发刚好位于表面上方的脱附分子。在这两种情

况下，脱附过程或吸附过程都改变了，因为激发态分子 M^* 与表面的相互作用不同于基态分子与表面的相互作用。此外，激光可以蒸发表面材料，使之与分子发生反应。

10.1.4　化学反应的相干控制

相干控制是指通过相干光的吸收来相干地制备分子波函数。化学家的梦想是有目的地选择光诱导化学反应中期望的反应通道，同时抑制其他反应通道，如图 10.9 所示，三原子分子 ABC 的激发可以引起化学反应 $AB+C$ 或 $AC+B$，这依赖于 ABC 激发态的波函数，可以利用激发脉冲的波形来控制。

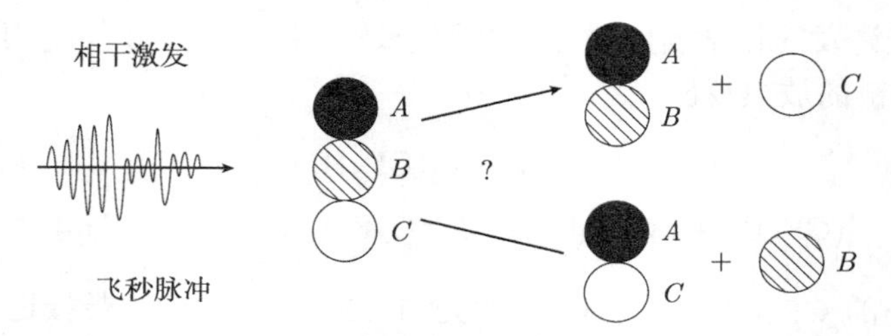

图 10.9　可控的相干激发分子，可以选择化学反应的通道

有几种方法都可以实现可控的相干激发。一种方法利用的是相干效应，如果有两个或更多激发路径可以导致激发态的占据，就会出现这一效应。粒子数占据的速率依赖于产生这些激发光之间的相位关系。为了不受退相干过程的影响，必须在非常短的时间尺度上进行相干控制，因此，通常需要飞秒激光器[10.42]。

目前已经提出了两种不同的方案[10.43,10.44]。P. Brummer 和 M. Shapiro 提出的第一种方案中 (图 10.10)，在两个不同的激发路径上同时激发两个耦合能级 $|a\rangle$ 和 $|b\rangle$。依赖于光场振幅之间的相对相位，可以产生相长干涉，此时混合态 $|a\rangle+|b\rangle$ 上的占据数达到极大值，也可以产生相消干涉，粒子数达到极小值。一个有指导性的例子是光激发导致的电离极限之上的量子态的自电离，它与电离连续谱发生相互作用 (图 10.10(b))。当调节光学频率通过吸收线形的时候，分立能级波函数的相位发生快速变化，而连续态的波函数的相位只发生微小的变化。因此，两个激发路径的相位差依赖于光学频率，在吸收接近于零的位置发生相长干涉 (极大值吸收) 或相消干涉。由此产生的非对称吸收线形被称为法诺线形。因此，激发频率的微小变化就可以控制离子的产生速率。

D.J. Tanner 和 A. Rice 提出了另一种相干控制方案，利用两束飞秒激光脉冲之间的时间差，在拥有共同能级的两个不同跃迁上，这两束脉冲与分子发生相互作用，类似于第 6.4.4 节中 Na_2 分子的例子。此时，第一个脉冲在激发态中产生波包的相位随着时间演化，第一束脉冲与第二束脉冲之间的受控时间延迟为第二束激光进一步地激发或退激发分子选定了适当的相位。

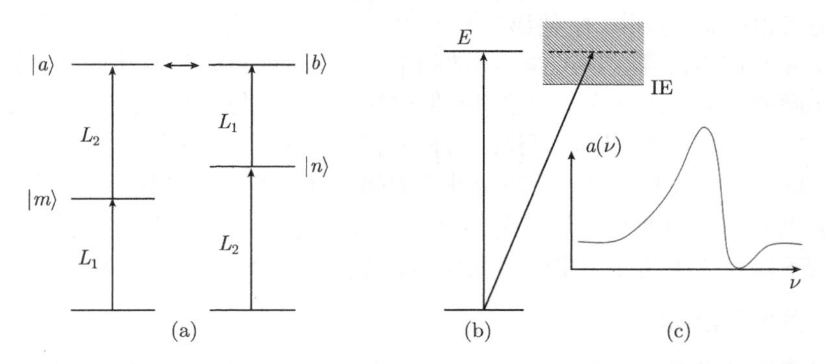

图 10.10 (a) 利用不同激发路径之间的干涉效应，相干地控制耦合能级 $|a\rangle$ 和 $|b\rangle$ 上的粒子数；(b) 自电离能级的激发；(c) 吸收谱线的法诺线形

在第一个方案中，如果用宽谱的飞秒激光脉冲进行激发，就不需要使用两束不同的激光。该脉冲的不同谱分量就给出了许多不同的激发路径。为了在激发态中实现最优的占据数，必须优化这些不同的谱分量之间的相对相位。可以用第 6.1.10 节中的脉冲整形技术来实现，利用带有学习算法的反馈回路，可以让希望的激发态弛豫通道达到最大或最小[10.45,10.46]。

一个例子是激光激发导致的碳酰铁 $Fe(CO)_5$ 的分解，可以相干地控制比值 $Fe(CO)_5/Fe$ 在 0.06 到 4.8 之间变化[10.47]。另一个例子是 $C_5H_5Fe(CO)_2Cl$ 通过光分解转换为选定的碎片。最佳形状的飞秒脉冲可以将比值 $C_5H_5COCl/FeCl$ 由 1 变到 5[10.48]，也可以选择性的分解 $(CH_3)_2CO$ 或 $C_6H_5COCH_3$ 的化学键[10.49]。气体和液体中的化学反应的相干控制的实验装置如图 10.11 所示[10.50]。用图 10.11 中右

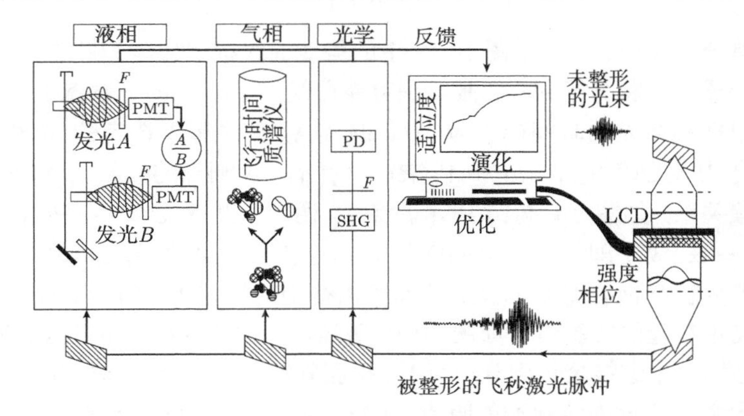

图 10.11 实验装置示意图：气相和液相中化学反应的相干控制[10.40]

[Prof. Gerber, homepage http://wep1101.physik.uni-wuerzburg.de]

侧的脉冲整形器对飞秒脉冲进行整形，整形后的脉冲通过分子束或液体样品。用质谱仪探测气相的反应产物，将输出信号送到一个学习算法中去优化脉冲形状，使得希望的反应产物的信号达到最佳。在液相中，激光脉冲被分为两部分，分别通过两个完全相同的样品盒。用滤光片选择反应产物 A 和 B 的荧光，监视荧光强度的比值 $I(A)/I(B)$，并用它作为学习算法的输入信号。对于需要用紫外光激发的分子，可以倍频整形后的飞秒脉冲，检测紫外光的强度并对荧光信号进行归一化。

计算机屏幕上的曲线演示了所想要的反应随着学习次数的演化 (优化) 过程。更多的例子以及关于这一技术的详细描述，请参考文献 [10.45]~[10.52]。

10.1.5 激光飞秒化学

化学反应的基础是原子或分子的碰撞，这些碰撞可以导致化学键的形成或断裂，它们的时间尺度是 $10^{-13} \sim 10^{-11}$s。以前，不能够在时域分辨反应物与反应产物之间的演化过程，只能够研究反应之前或之后的阶段[10.54]。

涉及化学键的形成或断裂的超短时间间隔的化学动力学被称为实时飞秒化学[10.55]。它依赖于具有飞秒分辨率的超快激光技术[10.56]。

例 10.4

假定正在分解的分子的碎片的速度为 10^3m/s。在 0.1ps 的时间间隔内，碎片之间的距离改变了

$$\Delta x = (10^3 \cdot 10^{-13} = 10^{-10})\text{m} = 0.1\text{nm}$$

若时间分辨精度为 10fs，则 Δx 的测量精度为 0.01nm = 10pm!

考虑光分解过程

$$ABC + h\nu \longrightarrow [ABC]^* \longrightarrow A + BC \tag{10.6}$$

它是一个单分子反应。可以用图 10.12 中的势能曲线描述化学键断裂的实时光谱。

泵浦光子 $h\nu_1$ 将分子 ABC 激发到势能曲线为 $V_1(R)$ 的分解态上。波长 λ_2 可调的另一束探测激光的时间延迟为 Δt。调节 λ_2 使之等于选定的 A 和 BC 中心之间的距离 R 处的势能差，$h\nu = V_2(R) - V_1(R)$，探测光的吸收 $\alpha(\lambda_2, \Delta t)$ 就表现出时间依赖关系，如图 10.12(b) 所示。将 λ_2 调节到跃迁 $BC \to (BC)^* = V_2(R = \infty) - V_1(R = \infty)$ 处，即完全分离的碎片 BC，预期的曲线如图 10.26(c) 所示。这些信号给出了分解产物的速度 $v(R)$，从而可以得到能量差 $V_2(R) - V_1(R)$。

这种飞秒实验的实验装置如图 10.13 所示。一台飞秒脉冲激光器的输出光 (第 6.1.5 节) 被同一个透镜聚焦到分子束上。探测脉冲通过一个可变的光学延迟线，利用激光诱导荧光测量探测脉冲的吸收 $\alpha(\Delta t)$ 随着延迟时间 Δt 的变化关系。用截止滤光片抑制激光的散射光。

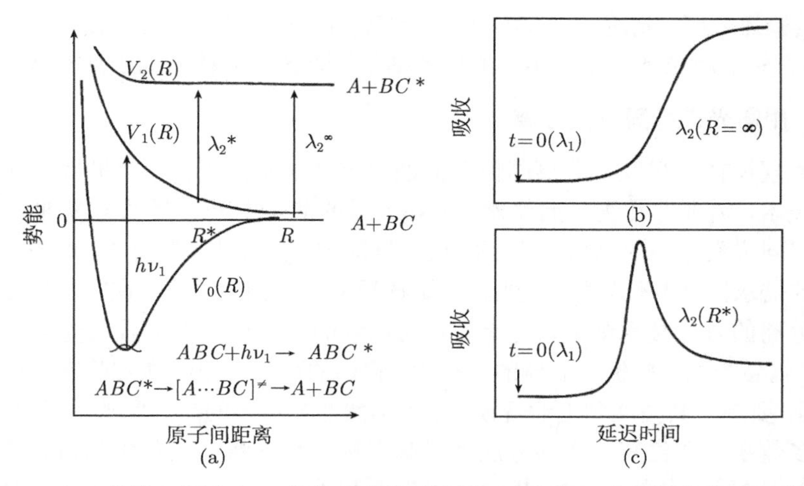

图 10.12 (a) 束缚态分子 (V_0) 的势能曲线以及第一个和第二个分解曲线，V_1 和 V_2；(b) $\lambda_2(R=\infty)$ 预期的飞秒瞬态信号 $S(\lambda_2,t)$ 随延迟时间的变化关系；(c) $\lambda_2(R^*)$[10.55]

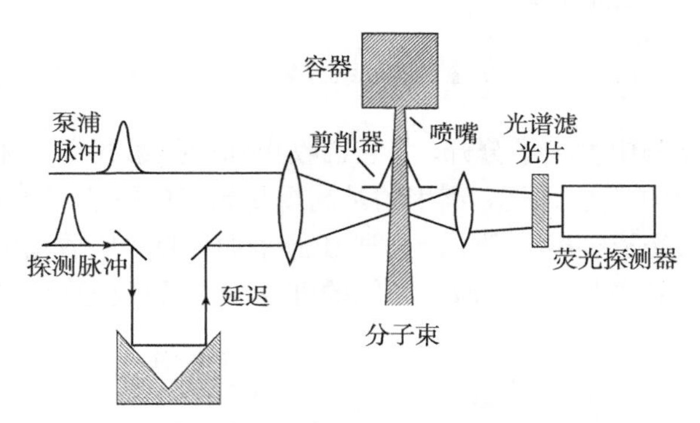

图 10.13 分子束飞秒光谱学的实验装置

另一个例子是用飞秒激光脉冲实时观测汞分子团簇 $(\mathrm{Hg})_n(n \leqslant 110)$ 的超快电离和碎裂。在泵浦–探测实验中，瞬态的 Hg_n^+ 和 Hg_n^{++} 信号的短时间振荡调制给出了所有尺寸的团簇所共有的一个中间态的动力学信息[10.57]。

碰撞过程对液相中的光诱导反应的影响要远大于气相反应。为了在小于平均碰撞时间的尺度上研究这类反应，需要飞秒光谱学。一个例子是研究乙醇溶液中碘化汞分子 $\mathrm{HgI_2}$ 的光分解碎片的跃迁态动力学和转动动力学[10.58,10.59]。

另一个例子是碳酰铁 $\mathrm{Fe(CO)_5}$ 飞秒动力学的详细研究[10.60]，用瞬态电离来研究 267nm 脉冲激发后的光分解过程。发现了五个相继过程，时间常数分别为 21、15、30、47 和 3300fs。前四个短时间过程表示不同激发构型上的电离，通过一串杨–特勒效应诱导的锥形交叉点，它们由初始激发的弗兰克–康登区到达另一个构型。实验还表明，到达 $Fe(CO)_4$ 和 $Fe(CO)_3$ 的三重态基态的系统间交叉时间大于 500ps。关于激光飞秒化学实验的更多细节，请参考文献 [10.61], [10.62]。

10.1.6　用激光进行同位素分离

在大规模技术尺度上分离同位素的经典方法非常昂贵，如热扩散方法或气体离心机技术，需要非常贵重的仪器，消耗大量的能量[10.65]。虽然分离铀 ^{235}U 的需求是发展同位素分离的高效新方法的最大推动力，在医药、生物学、地质学和水文学方面的需求同样与日俱增。因此，无论核反应堆的前景如何，在中等程度上进行同位素分离的有效技术都值得考虑。将同位素的激光选择性激发与光化学反应结合起来，就会产生一些价格低廉的新技术，它们的可行性已经在实验室中得到了证实。然而，要想将其拓展到工业规模上去，仍然需要更多的努力和改进[10.66~10.71]。

大多数激光同位素分离的方法都是基于选择性地激发气体中的原子或分子同位素。分离激发成分的一些可能方法如图 10.14 所示，其中，A 和 B 可以是原子或分子，例如自由基。如果选择性激发的同位素 A_1 在其激发态寿命之内被第二个光子照射，就有可能发生光电离或光分解，其条件是

$$E_0 + h\nu_1 + h\nu_2 > E(A^+) \text{ 或 } E_0 + h\nu_1 + h\nu_2 > E_{\text{Diss}} \tag{10.7}$$

可以用电场将离子与中性粒子分开，将它们收集到法拉第杯中。例如，这一技术已经用来分离气体中的 ^{235}U 原子，利用的是高重复频率的铜蒸气激光泵浦的染料激光器激发的共振双光子电离[10.72]。因为 ^{235}U 原子的可见光吸收谱的谱线密度很大，为了降低谱线密度和吸收线宽，激光与铀的准直冷原子束垂直交叉。

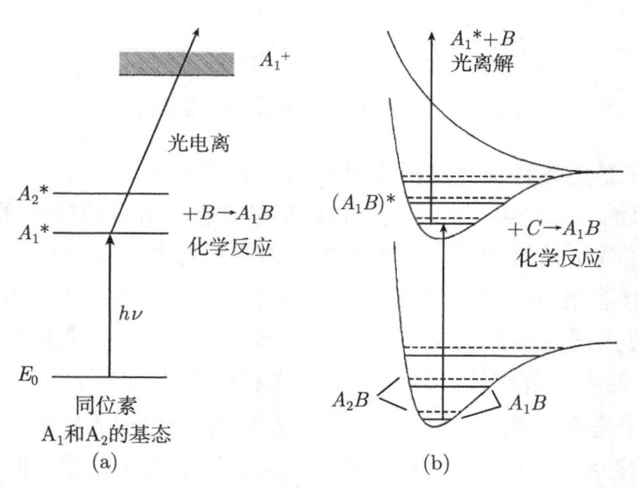

图 10.14　在选择性地激发所想要的同位素之后，有几种可能的方法来进行同位素分离

(a) 光电离；(b) 预分解的分子态的分解或激发

对于分子同位素来说，吸收第二个光子也有可能引起光分解。碎片 R 通常要比母分子的反应活性更大，与恰当添加的净化反应物 S 发生反应，可以形成新的化合物 RS，后者通常可以用化学方法来进行分离。

在条件合适的情况下，如果反应物可以与被激发的同位素 M^* 发生反应，而且其反应几率远大于它和基态分子 M 的反应几率，那么，就不需要第二个光子。这就是激光激发的同位素的化学分离，一个例子是下述反应

$$\begin{aligned}&\mathrm{I}\ {}^{37}\mathrm{Cl}+h\nu\longrightarrow(\mathrm{I}\ {}^{37}\mathrm{Cl}^*)\\&(\mathrm{I}\ {}^{37}\mathrm{Cl})^*+\mathrm{C_6H_5Br}\longrightarrow\ {}^{37}\mathrm{ClC_6H_5Br}+\mathrm{I}\\&{}^{37}\mathrm{ClC_6H_5Br}\longrightarrow\mathrm{C_6H_5}\ {}^{37}\mathrm{Cl}+\mathrm{Br}\end{aligned}\tag{10.8}$$

利用一台连续染料激光器，可以在 $\lambda=605\mathrm{nm}$ 处选择性地激发同位素 $\mathrm{I}\ {}^{37}\mathrm{Cl}$。被激发的分子与溴苯碰撞并发生反应，形成不稳定的反应物 ${}^{37}\mathrm{ClC_6H_5Br}$，很快它就可以分解为 $\mathrm{C_6H_5}\ {}^{37}\mathrm{Cl}+\mathrm{Br}$。在实验室中，在两个小时的时间里，产生了几毫克的 $\mathrm{C_6H_5Cl}$。浓缩倍数 $K={}^{37}\mathrm{Cl}/{}^{35}\mathrm{Cl}$ 已经达到了 $K=6$[10.69]。

在医疗诊断过程中，放射性同位素和原子核自旋 $I\neq0$ 的同位素的作用非常重要。例如，因为放射性同位素锝 (Tc) 的衰变时间更短，所以需要的剂量就更小，现在用它来替代碘 ${}^{137}\mathrm{I}$ 进行甲状腺癌的诊断和治疗。在核磁共振断面扫描，碳同位素 ${}^{13}\mathrm{C}$ 与氢原子 ${}^{1}\mathrm{H}$ 一道，用来检测大脑或者跟随代谢情况，以便发现可能的异常现象。用紫外激光对 ${}^{13}\mathrm{CH_2O}$ 进行同位素选择性的激发，使之进入一个预分解态，就可以分离同位素 ${}^{13}\mathrm{C}$[10.73]，也可以用 $\mathrm{CO_2}$ 激光对氟利昂进行多光子分解

$$\mathrm{CF_2HCl}+n\cdot h\nu\longrightarrow\mathrm{CF_2}+\mathrm{HCl}\tag{10.9}$$

从而浓缩 ${}^{13}\mathrm{CF_2}$[10.74]。通过增大反应碎片之间的碰撞，可以提高式 (10.9) 的反应效率

$$\begin{aligned}&{}^{13}\mathrm{CF_2}+{}^{13}\mathrm{CF_2}\longrightarrow\ {}^{13}\mathrm{C_2F_4}\\&{}^{13}\mathrm{C_2F_4HCl}\longrightarrow\ {}^{13}\mathrm{CF_2HCl}+{}^{13}\mathrm{CF_2}\end{aligned}$$

这个反应可以重复利用同位素浓缩了的母分子 (图 10.15)。这样就可以连续地重复这个浓缩过程[10.75]。

用 $\mathrm{CO_2}$ 激光对更大的分子如 $\mathrm{SF_6}$ 进行多光子分解，这也是同位素选择的过程[10.67]。对于更重的分子 $\mathrm{UF_6}$ 来说，为了在第一步中实现有效的选择，就必须使用 $\mathrm{UF_6}$ 准直冷分子束，在 $\lambda=16\mu\mathrm{m}$ 处激发。可以用 XeCl 激光在 $\lambda=308\mathrm{nm}$ 处电离振动激发的 $\mathrm{UF_6}$ 同位素[10.70a]。然而，用这种方法分离的同位素的绝对数量还非常少[10.70b]。

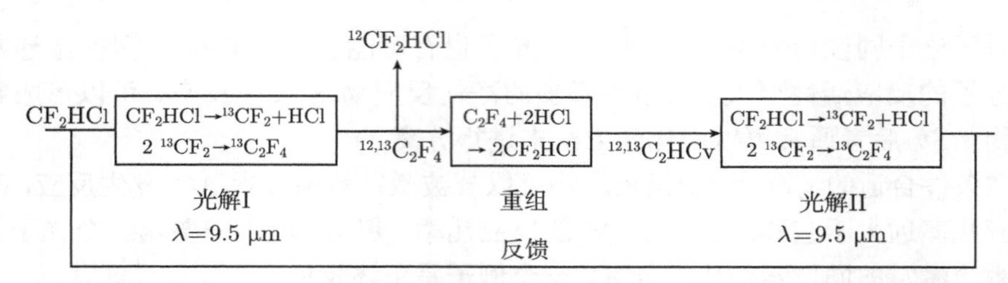

图 10.15 利用多光子分解过程，同位素增强地分解氟利昂 CF_2HCl，然后用循环过程浓缩 $^{13}CF_2$ 同位素 [10.75]

上面的例子说明，分离同位素的最有效的方法是把依赖于同位素的激发与选择性的化学反应结合起来。激光是化学反应的触发器，它选择性地依赖于同位素[10.76]。

10.1.7 激光化学小结

激光在化学应用中的优点如下：

(1) 激光光谱学为探测微小浓度的杂质、空气污染物或稀有同位素提供了灵敏度更高的技术，探测精度达到了单分子探测的水平。

(2) 将光谱分辨和时间分辨结合起来，可以详细地研究过渡态和化学反应的中间瞬态产物。飞秒光谱学可以直接给出碰撞过程中化学键的形成或断裂的“实时”信息。

(3) 对反应产物进行选择性的激发，可以 (在有利条件下) 增强所想要的反应通道。与提高温度来非选择性地提高反应速率相比，这种方法要优越得多，在采用相干控制技术的时候，更是如此[10.76]。

(4) 在选择好的态上准备 反应物，用激光诱导荧光或 REMPI 来研究反应产物在中间态上的分布，可以给出“态到态”分子动力学的完全信息[10.54]。

激光化学的更多内容以及激光光谱学应用于化学研究中的更多例子可以在参考文献 [10.1]~[10.9]、[10.76]~[10.89] 中找到。

10.2 用激光研究环境

深入地理解我们的环境，如大气、水资源和土壤，对人类非常重要。在人口稠密的工业化地区，空气和水的污染已经成为非常严重的问题，研究污染物以及它们与环境中自然成分的化学反应，这是非常迫切的需求[10.90]。激光光谱学的许多技术已经成功地应用于大气和环境研究中：直接的吸收测量、激光诱导荧光技术、光声探测、自发拉曼散射和 CARS(第 3 章)、共振双光子电离以及第 1 章中讨论过的其他灵敏探测技术，都可以应用于不同的环境问题。本节用一些例子说明激光光谱学在这一领域中的潜力。

10.2.1 吸收测量

测量大气中传播的激光光束的直接吸收，可以确定刚刚位于地面之上的大气层底部中的原子或分子污染物的浓度 N_i。探测器与光源的距离为 L，它接收到激光功率 P_0 的一部分

$$P(L)/P_0 = \mathrm{e}^{-a(\omega)L} \tag{10.10}$$

衰减系数是

$$a(\omega) = \alpha(\omega) + S = N_i\sigma_i(\omega, p, T) + \sum_k N_k\sigma_k^{\mathrm{scat}} \tag{10.11}$$

它是吸收系数 $\alpha(\omega) = N_i\sigma_i^{\mathrm{abs}}$ 与散射系数 $S = \sum N_k\sigma_k^{\mathrm{scat}}$ 之和，前者等于能级 $|i\rangle$ 上的吸收分子密度 N_i 与吸收截面 σ_i^{abs} 之和，后者则是来源于大气中所有粒子引起的光散射。散射的主要贡献来自于小粒子 (灰尘、水滴) 的米氏散射[10.91]，只有一小部分来自于原子和分子的瑞利散射。

假定吸收系数 $\alpha(\omega)$ 只在吸收谱线上的很小的光谱范围内 $\Delta\omega$ (在中心频率 ω_0 处几个 GHz 的范围内) 不为零。另一方面，瑞利散射的散射截面正比于 ω^4，它在这些小光谱范围 $\Delta\omega$ 内并不发生显著的变化。因此，在吸收线形的内外两个不同的频率 ω_1 和 ω_2 处测量激光光束的衰减，就可以得到两束透射激光的功率比值

$$\frac{P(\omega_1, L)}{P(\omega_2, L)} = \mathrm{e}^{-[a(\omega_1)-a(\omega_2)]L} \approx \mathrm{e}^{-N_i[\sigma_i(\omega_1)-\sigma_i(\omega_2)]L} \tag{10.12}$$

如果吸收截面 σ_i 已知的话，就可以得到吸收物质的浓度 N_i。一种可能的实验方法如图 10.16 所示。用望远镜扩束后的激光光束照射在距离 $L/2$ 处的猫眼反射镜，并被原路反射回去。反射光通过分束镜 BS 后照射在探测器上。对于更大的距离 L，空气折射率的空间非均匀涨落所引起的光束偏离是一个严重的问题。采取几种措施，可以部分地解决这个问题。按照统计序列来交替选择 ω_1 和 ω_2，交替频率尽可能地高，背向反射镜和探测器的面积足够大，在光束有些偏转的时候，探测器仍然可以接收到全部的光束[10.92]。

对于这种吸收测量，可以使用与待测分子的振动–转动跃迁共振的红外激光 (CO_2 激光，CO 激光，HF 或 DF 激光等)。特别有用的是可调谐的红外激光器 (二极管激光器，色心激光器或光学参量振荡器，第 1 卷第 5.7 节)，可以让它们通过选定的跃迁。许多例子都证明了二极管激光器的效用[10.93]。例如，近来发展的自动式二极管激光光谱仪利用计算机调节激光波长，使之通过感兴趣的光谱间隔，在无人照看的模式下，可以同时检测五种痕量气体。NO_2 的灵敏度已经达到了 50ppt，NO 的灵敏度达到了 300ppt[10.14]。

红外激光的优点是，散射损耗引起的光衰减远小于可见光区域。另一方面，为了测量非常低的浓度，可见光染料激光器可能更为有利，因为电子跃迁的吸收截面

更大，探测器的灵敏度也更高。

通常，宽带激光器 (如不带标准具的脉冲染料激光器) 或多谱线激光器 (如没有光栅的 CO_2 激光器或 CO 激光器) 可以同时覆盖不同分子的几个吸收谱线。在这种情况下，反射光束照射到带有二极管阵列或光学多通道分析仪 (第 1 卷第 4.5 节) 的多色谱仪上。如果一部分激光功率 $P_0(\omega)$ 成像在光学多通道分析仪的探测器的上半部分，而透射光照射在下半部分 (图 10.16 中的插图)，电子记录它们的差别和比值，就可以同时确定所有吸收成分的浓度 N_i。对于地面之上较低高度内的测量，可以使用背向反射器，利用建筑物或者烟囱来安放仪器。例如，测量铝厂里的氟浓度[10.94]，或者探测发电厂中烟囱排放物中的不同组分，如 NO_x 和 SO_x 分量[10.95]。通常，要在发电厂的废气中加入氨气，以便减少 NO_x 排放物的数量。在这种情况下，必须在位地控制 NH_3 的最佳浓度。近来以此为目的而开发的探测系统已经证明了它的灵敏度和可靠性[10.96]。

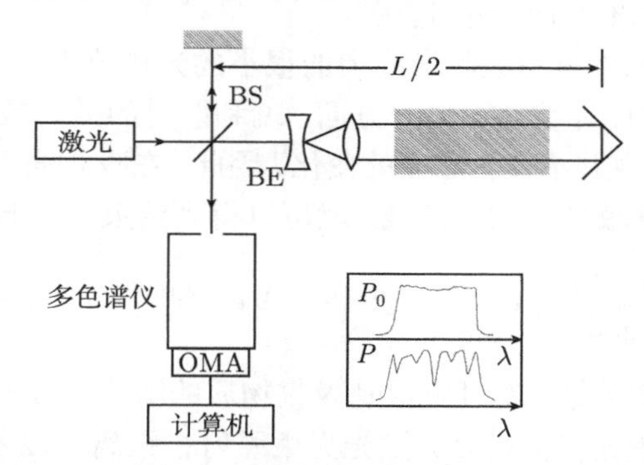

图 10.16　实验装置示意图，用于测量吸收成分在路径长度 L 上积分后的密度，带有光学多通道分析仪的多色谱仪可以同时确定几种吸收成分

在许多情况下，将带有污染物分子的气体样品收集到吸收盒里并进行测量。此时，可调谐的二极管激光器非常有用，它们可以在分子的振动能带上调谐。关于这一领域中的近期工作，请参考综述文献 [10.97]。

在更远的距离或者更高的高度上不能使用这种利用直方反射镜的吸收测量方法。此时，第 10.2.2 节讨论的 LIDAR 是最佳的选择。

10.2.2　用 LIDAR 进行大气测量

光探测与测距 (light detection and ranging, LIDAR) 的原理如图 10.17 所示。在 $t = 0$ 时刻，一束短脉冲激光 $P_0(\lambda)$ 通过扩束望远镜照射到大气中。由于液滴和尘粒的米氏散射以及大气分子的瑞利散射，一小部分 $P_0(\lambda)$ 经散射后回到望远镜里。这种背向散射的光产生了光电倍增管信号 $S(\lambda, t)$，可以进行光谱测量和时间分辨测量。时刻 $t_1 = 2R/c$ 的信号依赖于距离 R 处的粒子所引起的散射。如果探测

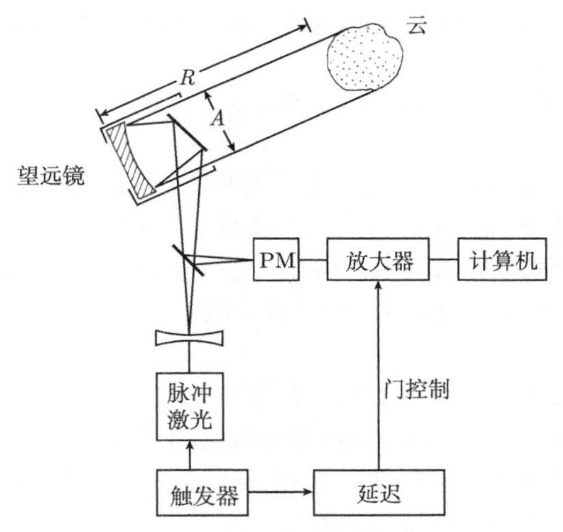

图 10.17 LIDAR 系统的示意图

器在时间间隔 $t_1 \pm \dfrac{1}{2}\Delta t$ 内开启，那么，时间积分的探测信号就是

$$S(\lambda, t_1) = \int_{t_1-\Delta t/2}^{t_1+\Delta t/2} S(\lambda, t)\mathrm{d}t$$

它正比于距离 $R \pm \dfrac{1}{2}\Delta R = \dfrac{1}{2}c(t_1 \pm \dfrac{1}{2}\Delta t)$ 处的粒子散射的光功率。接收到的信号大小 $S(\lambda, t)$ 既依赖于发射功率 $P_0(\lambda)$ 及其在往返路程上的衰减，也依赖于直径为 D 的望远镜所覆盖的立体角 $\mathrm{d}\Omega = D^2/R^2$，还依赖于散射粒子的浓度 N 和背向散射截面 σ^{scatt}

$$S(\lambda, t) = P_0(\lambda)\mathrm{e}^{-2a(\lambda)R} N\sigma^{\mathrm{scatt}}(\lambda)D^2/R^2 \tag{10.13}$$

感兴趣的量是因子 $\exp[-2a(\lambda)R]$，其中，a 是吸收系数和散射系数之和，根据式 (10.11)，它给出了吸收成分浓度的必要信息。类似于上一节描述的方法，激光波长 λ 交替地变为吸收谱线的波长 λ_1 和探测分子的吸收可以忽略不计的波长 λ_2。如果波长的变化量 $\Delta\lambda = \lambda_1 - \lambda_2$ 足够小，散射截面的变化就可以忽略不计。比值

$$\begin{aligned} Q(t) = \frac{S(\lambda_1, t)}{S(\lambda_2, t)} &= \exp\left\{2\int_0^R [\alpha(\lambda_2) - \alpha(\lambda_1)]\mathrm{d}R\right\} \\ &\approx \exp\left\{2\int_0^R N_i(R)\sigma(\lambda_1)\mathrm{d}R\right\} \end{aligned} \tag{10.14}$$

给出了在整个吸收路径上积分出来的浓度 $N_i(R)$。利用差分技术，交替地测量 $S(\lambda_1,t)$、$S(\lambda_2,t)$、$S(\lambda_1,t+\Delta t)$ 和 $S(\lambda_2,t+\Delta t)$，可以得到 $N_i(R)$ 对距离的依赖关系。比值

$$\frac{Q(t+\Delta t)}{Q(t)}=\mathrm{e}^{-[\alpha(\lambda_2)-\alpha(\lambda_1)]\Delta R}\approx 1-[\alpha(\lambda_2)-\alpha(\lambda_1)]\Delta R$$

给出了空间间隔 $(R+\Delta R)-R=c\Delta t/2$ 内的吸收。探测体积内 $\Delta V=\Delta R\cdot A$(其中 A 是激光光束在距离 R 处的面积) 的大气条件 (压强和温度) 下，如果吸收系数已知，就可以确定待测成分的浓度 $N_i=\alpha_i/\sigma_i$。下限 $\Delta R=c\Delta t/2$ 由 LIDAR 系统的时间分辨精度 Δt 和信噪比决定。这种差分吸收的 LIDAR(DIAL) 方法是大气研究中非常灵敏的技术。

用这种方法可以获得工业区和城区的空气污染物的完整分布图，确认污染源的位置。在 5km 的距离内，用脉冲染料激光可以测量百万分之几 (ppm) 的 NO_2 浓度[10.99]。近来，使用倍频激光的改进型 LIDAR 系统，极大地提高了灵敏度、空间分辨率和光谱范围[10.100~10.102]。

利用 LIDAR 技术的另一个例子是，测量大气中的臭氧浓度及其每天或每年随着高度和纬度的变化关系[10.103]。为了在非常不利的条件下 (在飞机上或轮船中) 做到可靠的波长交替、实现稳定而可靠的激光工作模式，利用波长为 $\lambda_1=308$nm 的 XeCl 准分子激光器而不是染料激光器，用高压氢气盒中的拉曼位移来产生第二个波长 $\lambda_2=353$nm。虽然 λ_1 处的光被 O_3 强烈地吸收，但是 353nm 的吸收却可以忽略不计[10.104,10.105a]。必须保证其他气体成分对两个波长的吸收都是零，或者至少要相等。否则的话，就会产生严重的错误[10.105b]。除了高度为 $30\sim60$km 范围内的臭氧层之外，地表附近的臭氧浓度也非常重要。LIDAR 测量可以给出城区和郊区的臭氧浓度的完整分布图，可以发现产生或消除臭氧的不同反应以及反应物的来源[10.106]。

差分 LIDAR 的有效性的另一个例子是：用光谱确定每天或每年的大气温度 $T(h)$ 随着距地高度 h 的变化关系。到处都有的 Na 原子可以作为痕量原子，从 Na-D 谱线的多普勒宽度可以得到温度，用脉冲、窄带和可调谐的染料激光器进行测量[10.107,10.108]。

在更高的大气层中，气溶胶的浓度随着高度的增加而迅速下降。因此，米氏散射就不那么有效了，需要使用其他技术来测量浓度分布 $N(h)$。UV 激光诱导的荧光或拉曼散射可以给出想要的信号。只有当淬灭碰撞不是激发能级主要的退激发过程的时候，荧光探测才足够灵敏。也就是说，激发能级的辐射寿命 τ^{rad} 必须足够短，或者压强 $p(h)$ 足够低，即高度 h 足够大。如果淬灭碰撞不能忽略不计，为了从荧光强度得到浓度分布 $N_i(h)$ 的定量数值，就必须知道有效寿命和淬灭截面。利用拉曼光谱，可以克服这一困难，但缺点是散射截面较小[10.109~10.111]。

在白天测量的时候，大气散射的太阳光的明亮连续背景限制了信噪比。用一个

与待测波长匹配的窄带滤光片，在 LIDAR 的情况下与激光波长匹配，就可以显著地抑制背景。LIDAR 测量的一个技术诀窍是交叉关联方法 (图 10.18)。将背向散射光分为两部分：一部分经过分束镜 BS 反射到探测器 D_1 上；透射部分通过一个长度为 l 的吸收盒，它包含有待测的分子成分，总压强和温度的条件与大气类似，但是，分压 N_i 非常大，在吸收谱线是中心位置，$\alpha(\omega_0)l \gg 1$。将激光带宽设置得略微大于吸收跃迁的线宽。调节 D_1 和 D_2 后面的两个放大器的放大系数，对于想要的浓度 N_i，差分信号 $S_1 - S_2 = 0$。$N_i(R)$ 与这一平衡值的任意偏差就是差分放大器的信号 $\Delta S(N_i)$，它实际上不依赖于激光强度和频率的涨落，因为它们同时影响差分探测的两臂[10.112]。

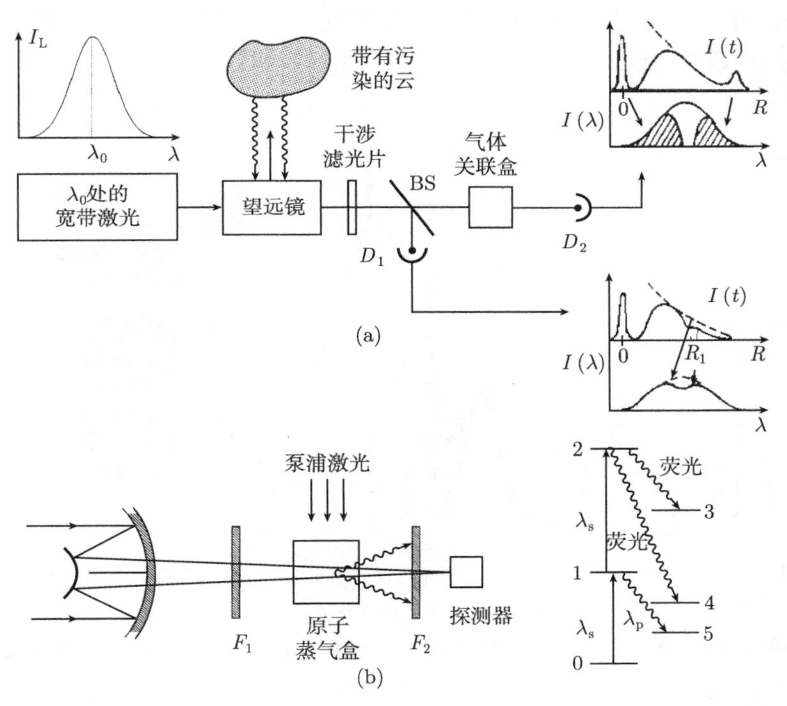

图 10.18 (a) 交叉关联 LIDAR 的主要装置示意图，用 D_1 和 D_2 控测依赖于时间的信号及基谱分布[10.112]；(b) 具有光学活性的原子滤波器[10.113]

交叉关联技术是一种特殊方法，在更一般性的方法中，用原子蒸气的吸收谱线作为窄带光学滤光片，根据特定的问题选择波长[10.113]。这种方法如图 10.18(b) 所示。用望远镜将波长 λ_L 的激光通过透射峰值为 λ_L 的窄带滤光片 F_1 照射到大气中，背向散射的激光再经过吸收峰为 λ_L 的原子或分子蒸气吸收盒并被同一个望远镜收集。吸收光子 $\hbar\omega_L$ 可以激发原子或分子使之发出波长为 $\lambda_{Fl} > \lambda_L$ 的荧光。在一个截止滤光片的后面进行探测，该滤光片高度吸收波长 $\lambda < \lambda_{Fl}$ 的光，从而有效

地消除了背景辐射。这些被动的原子滤光片只能吸收这样的一些波长 λ_L：它们与从热占据的基态出发的原子或分子共振跃迁匹配。如果可以利用原子或分子的激发态之间的跃迁进行滤光的话，可能匹配的数目就会增加许多。在吸收原子或分子的选定激发态上，利用可调谐的泵浦激光产生足够大的粒子数密度，就可以实现这一目标 (主动式的原子滤光片，图 10.18(b))。这种主动式滤光片的另一个优点是，信号光产生的荧光可以移动到更短的波长上去。这样就可以利用可见光或紫外光导致的荧光来探测红外辐射。

一种测量空气污染物的有趣方法基于的是射入到大气中的高功率太瓦飞秒激光脉冲[10.115]。实验装置如图 10.19 所示。在抛物镜望远镜的焦点区域内，因为自聚焦效应，可以达到很高的强度，从而击穿空气，产生高温等离子体 (图 10.20)。非线性折射率依赖于强度

$$n = n_0 + n_2 \cdot I, \quad n_2 = 3 \times 10^{-19} \mathrm{cm}^2 \mathrm{W}^{-1}$$

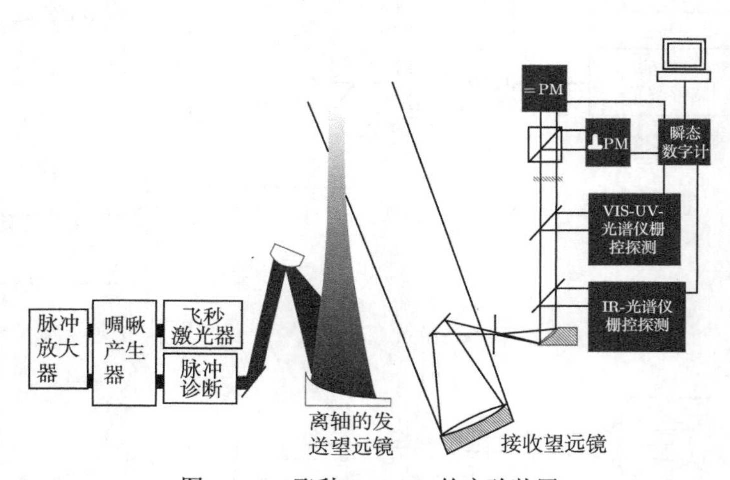

图 10.19　飞秒 LIDAR 的实验装置

激光光源和发送望远镜位于左侧，接收望远镜和时间分辨探测器件 (覆盖从紫外到红外的区域) 位于右侧[10.114]

折射率在高斯激光光束线形的中心轴处达到极大值。这就引起了激光光束的聚焦 (图 10.20(a))。在焦平面处，空气击穿产生的等离子体的密度为 $\rho(I)$。该等离子体引起了折射率的负变化

$$\Delta n = -\rho(I)/\rho_c, \quad \rho_c = 2 \times 10^{21} \mathrm{cm}^{-3}$$

它依赖于电子密度 ρ 与临界密度 ρ_c 的比值，表现得类似于发散透镜 (图 10.20b)。因此，沿着高功率飞秒脉冲的传播路径，就会出现一系列等离子体点，看起来就像一条绳子串起来的许多小香肠 (图 10.20(c))。

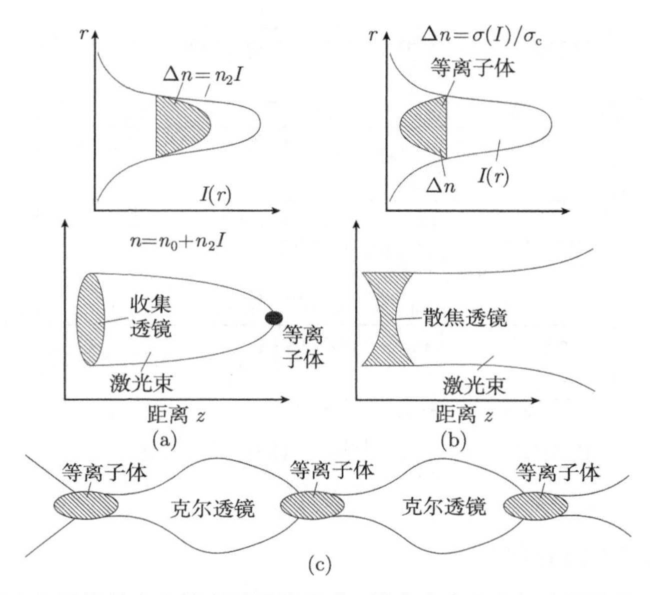

图 10.20 由于克尔透镜效应和等离子体的形成，激光光束在大气中的聚焦 (a) 和散焦 (b)，激光光束的截面看起来像是一串香肠

这些沿着激光光束的等离子体斑点可以延伸到 10km 的高度上。因为这些明亮的光点，可以用肉眼在几公里以外看到激光光束[10.114]。它们是从紫外到近红外区的连续谱白光光源 (图 10.21)。这些白色光点可以作为光谱光源，连续辐射通过大气到达探测器 (图 10.19)，从而可以检测光源和探测器之间的空气成分的吸收谱。图 10.22 就说明了这一点，它给出了 4km 高度上空气成分的白光吸收谱。

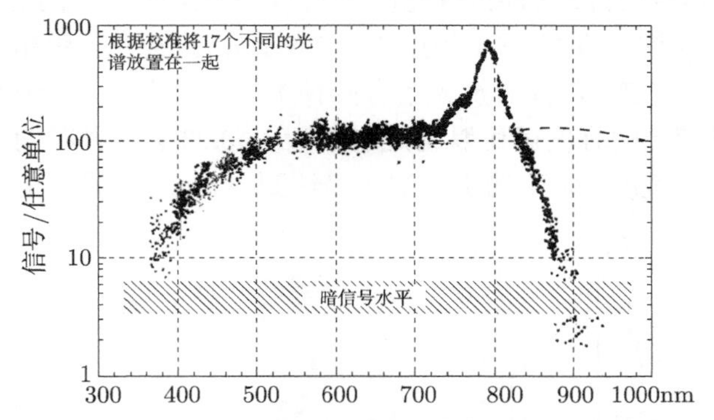

图 10.21 大气中沿着太瓦激光脉冲的传播路径中的等离子体光点发出的连续谱[10.114]

用于大气研究的各种 激光光谱技术的详细介绍，请参考文献 [10.110] 和 [10.116]。在文献 [10.116]~[10.120] 中，有许多例子。文献 [10.121] 和 [10.122] 讨论了激光光束在大气中传播的基本物理学。

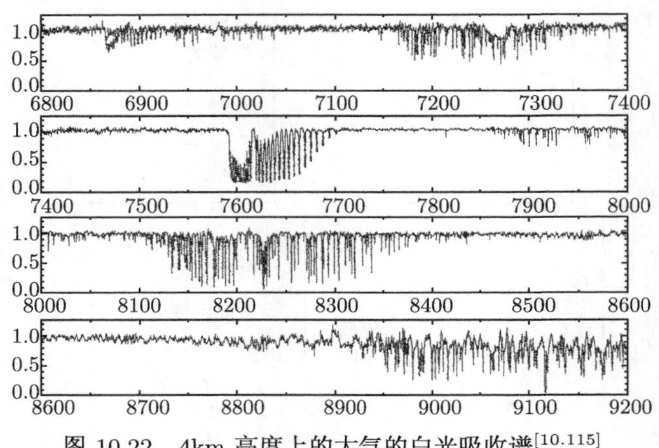

图 10.22　4km 高度上的大气的白光吸收谱[10.115]

10.2.3　水污染的光谱探测

不幸的是，油脂、汽油或其他污染物带来的水污染正在与日俱增。发展了几种光谱技术来测量特定污染物的浓度。这些技术不仅有利于发现污染源，还可以用来防止污染。

通常，几种污染物的吸收光谱是彼此重叠的。因此，在给定波长 λ 处的单一吸收测量并不能确定不同污染物的具体浓度。可以精心选择几种激发波长 λ_i (对于在位测量来说，这很花时间)，也可以使用时间分辨的荧光激发光谱学。如果不同污染物激发态的有效寿命的差别足够大，在激发脉冲之后的两个或三个时间延迟 Δt_i 处进行的固定时段开启的荧光测量，就可以清楚地区分不同的分量。

Schade 证明了这一点[10.123]，他用 $\lambda = 337.1\text{nm}$ 的氮分子激光测量了柴油和汽油的激光诱导荧光光谱。时间分辨光谱有两种不同的寿命，在两个不同的时间窗口处测量激光诱导荧光的强度就可以确定它们 (图 10.23)。这种时间分辨光谱提高了实地测量的探测灵敏度。水中的矿物油污染达到 0.5mg/l，或者土壤中的污染达到

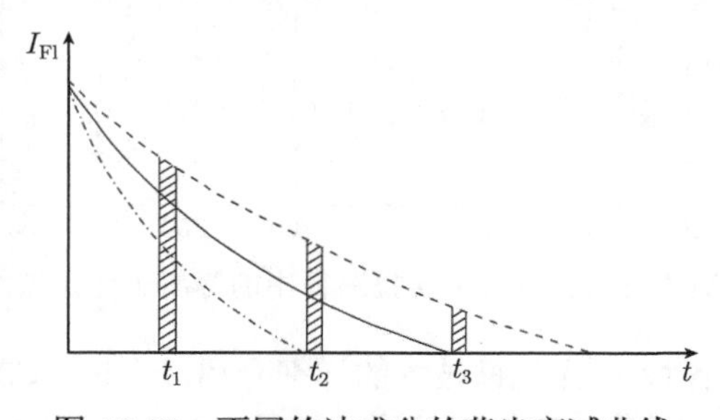

图 10.23　不同的油成分的荧光衰减曲线

0.5mg/kg，就可以被探测出来[10.123]。利用染料激光器进行光声光谱学测量，能够探测到地下水中浓度为 $10^{-9} \sim 10^{-6}$mol/l 的超铀元素的污染。对于军事测验基地和钚循环工厂的安全控制，这种技术是非常重要的。

10.3 在技术问题上的应用

虽然激光光谱学的主要应用范围与物理学、化学、生物学和医药等不同领域内的基础研究有关，但是，它也可以为一些非常有趣的技术问题提供精巧的解决方案。例如，火力发电站、汽车引擎和炼钢厂中的火焰和燃烧过程的优化和研究；表面的分析光谱学；用于生产高纯度固体的液态合金的分析光谱学；空气动力学和流体力学中湍流和流速的测量。

10.3.1 燃烧过程中的光谱学

详细了解燃烧过程中的化学反应和气体动力学过程，对于提高热动力学效率和减轻污染非常重要。空间和时间分辨光谱可以测量燃烧过程中不同反应产物的浓度，从而给出它的不同发展阶段的详细信息，以及它们对温度、压强以及燃烧室的几何形状的依赖关系。

在技术实践中，让一维、二维甚至三维的激光光束网格穿过燃烧室，调节激光波长使之扫过原子、分子或自由基的吸收谱线，就可以用摄像机来监视激光诱导荧光的空间分布。利用脉冲激光和电子探测系统适当选择的栅极电压，就可以测量时间分辨光谱。燃烧开始之后，在一个选定的时间间隔内，待研究的反应产物的空间分布可以在监视器上显示出来。这就给出了火焰发展过程的直接信息，可以在屏幕上看到它们的缓慢变化。

在许多燃烧过程中，都会有 OH 自由基这种中间产物。可以用 XeCl 激光在 308nm 处激发这些自由基。利用干涉滤光片，可以将 OH 自由基的 UV 荧光与火焰的明亮背景区分开来。一种可能的实验装置如图 10.24 所示。将 XeCl 激光成像在燃烧室中，它的截面是 $0.15 \times 25\text{mm}^2$。带有 UV 光学系统、栅极时间为 25ns 的 CCD 照相机 (第 1 卷第 4.5 节) 以空间精度和时间精度监视 OH 荧光[10.125]。

为了用激光诱导荧光定量地测量分子浓度，必须知道激发能级 $|i\rangle$ 的辐射几率和无辐射退激发几率的比值。在高气压下，$|i\rangle$ 碰撞猝灭变得重要起来，它可以在燃烧过程中显著地改变比值 A_i/R_i。然而，如果激光激发的是有效寿命非常短的预离解能级 (图 10.25)，预分解速率通常远远大于碰撞猝灭的速率。因为大多数分子都在发射荧光之前就预分解了，荧光强度下降了，但是，碰撞过程对荧光效率的影响并不是很大[10.126a]。与燃烧过程有关的大多数自由基的预分解能级都可以用可调谐的准分子激光来激发。准分子激光的强度很大，因此，它还有额外的优

点，可以使得吸收跃迁饱和。这样一来，激光诱导荧光的强度就不依赖于吸收几率，而是依赖于吸收成分的浓度[10.126b]。测量汽车引擎 (奥托发动机) 里的燃烧过程的 OH、NO、CO、DH 等自由基的实验装置如图 10.26 所示，放置在运动活塞上的反射镜将激光诱导荧光通过出口处的窗口反射到 CCD 相机上[10.127]。

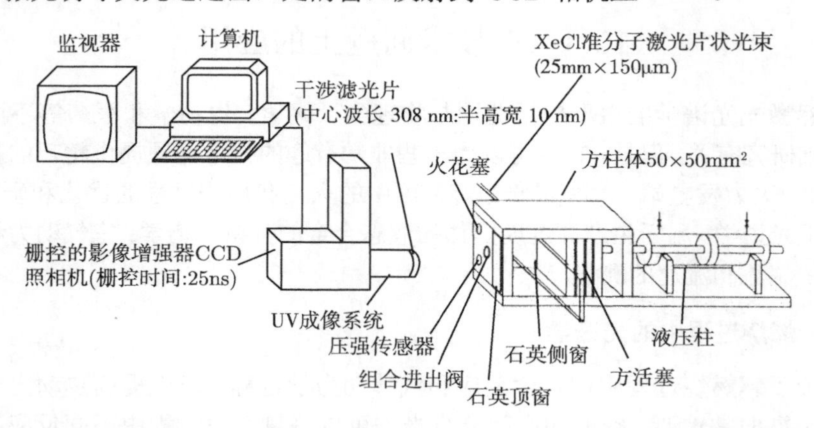

图 10.24　实验装置示意图：通过测量 OH 自由基的激光诱导荧光的空间分布，对燃烧过程进行二维分析[10.125]

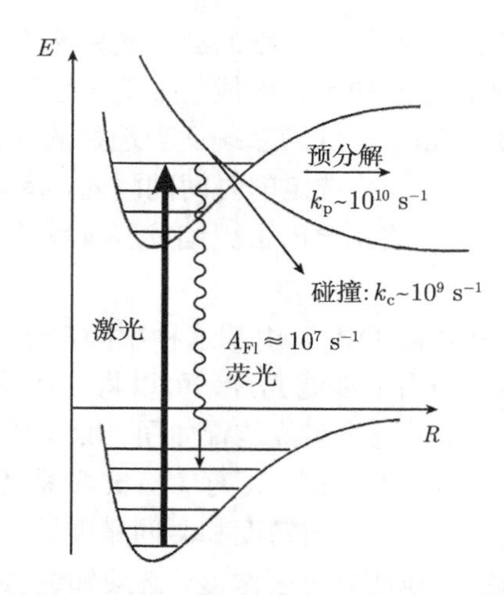

图 10.25　预分级能级的激光诱导荧光光谱，其中，预分解速率比碰撞淬灭速率快得多

A_{Fl}，每个分子的荧光速率；k_p，预分解速率；k_c，碰撞淬灭速率

利用皮秒或飞秒激光器，吸收能级的激发效率和饱和几乎不依赖于碰撞。在压强为 1bar 的时候，非弹性碰撞的平均时间间隔是 $10^{-10} \sim 10^{-9}$s，远大于激光脉冲的宽度。

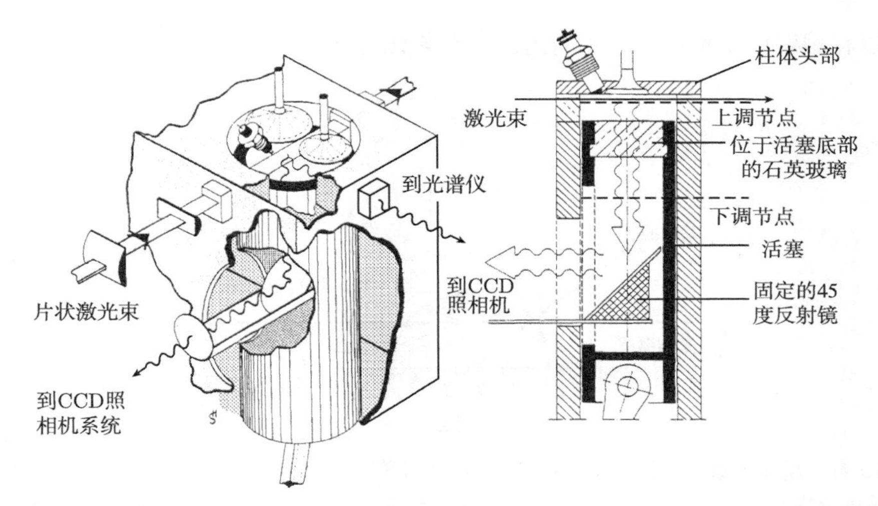

图 10.26 一个略微改造过的汽车引擎带有激光进入和荧光出射的窗口，可以用它测量燃烧过程中反应物的浓度[10.127]

也可以用 CARS(第 3.3 节) 来确定火焰和燃烧中的空间温度变化，它可以给出燃烧区内转动–振动能级上的粒子数分布[10.128,10.129]。计算机将空间分辨的 CARS 信号变换为屏幕上的伪彩色温度分布。

10.3.2 激光光谱学在材料科学中的应用

为了制作用于电子线路的材料，例如芯片，对材料的纯度、成分和生产过程的质量要求越来越高。随着芯片尺寸的减小和电子线路复杂度的提高，杂质和掺杂物的绝对浓度的测量变得非常重要。下面的两个例子说明了如何利用激光光谱学成功地解决这个领域的问题。

用激光照射固体的表面，通过优化激光的强度和脉冲持续时间，就能够可控地蒸发材料 (激光蒸发[10.130])。依赖于激光的波长，蒸发由热蒸发过程 (CO_2 激光器) 或光化学过程 (准分子激光器) 主导。激光光谱诊断术可以区分这两种过程。根据溅射出来的原子、分子或碎片的激发光谱或共振双光子电离谱，可以确定它们的成分 (图 10.27)。由吸收谱线的多普勒位移和展宽可以得到表面发射出来的粒子的速度分布，从不同振动–转动跃迁的强度比可以得到它们的内能分布[10.131]。利用脉冲蒸发激光，测量蒸发脉冲与探测激光脉冲之间的时间延迟，可以确定速度分布。

将共振双光子电离和飞行时间质谱仪结合起来可以得到质谱。在许多情况下，可以观察到很宽的团簇质量分布。问题在于：这些团簇是来自于固体表面，还是在发射后由蒸发气体中的碰撞过程形成的？测量振动–能量分布可以回答这一问题。如果平均振动能量远大于固体的温度，分子就是在气相中形成的，此时，碰撞次数不足以将溅射原子重组时产生的内能完全转化为动能[10.132]。

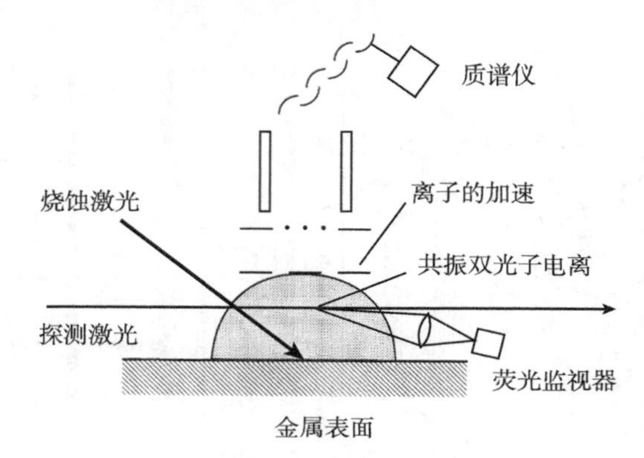

图 10.27 用离子轰击或激光蒸发固体表面，产生溅射原子和分子，测量它们的能量分布

虽然激光蒸发石墨给出了热化的 C_2 分子，它们的转动–振动能量分布满足固体温度 T 的玻耳兹曼分布，电绝缘物质的蒸发，例如 AlO，产生的是动能高达 1eV 的 AlO 分子，而它的“转动温度”只有 500K[10.133]。

为了产生很薄的非晶硅层 (如太阳能电池)，通常利用气相硅烷 (SiH_4) 或 Si_2H_6 的沉积，它们是在气体放电室中产生的。在形成 Si(H) 层的时候，中间产物 SiH_2 起着非常重要的作用，它的吸收带位于若丹明 6G 染料激光器的可调节范围之内。利用光谱分辨和时间分辨的激光光谱学，可以研究用 UV 激光光分解稳定的硅氢化合物形成 SiH_2 的效率，以及它和 H_2、SiH_4 或 Si_2H_6 的化学反应。这就可以了解 SiH_2 浓度对非晶硅表面悬挂键的形成或分解的影响[10.134]。

激光微光谱分析技术对于在位研究合金组分非常重要[10.135]，用激光脉冲蒸发材料表面的一个微小区域，测量蒸发出来的物质的荧光谱就可以确定它的成分。

表面科学是一个正在高速发展的领域，它从激光光谱学中获益匪浅[10.136,10.137]。表面增强拉曼光谱学的灵敏技术可以给出表面吸附分子的信息，如第 3.4.2 节所述。

10.3.3 激光诱导脱落光谱学

激光诱导脱落光谱学 (LIBS) 是分析固体或液体材料的化学或原子成分的灵敏技术[10.138]。此时，将激光脉冲聚焦在固体或液体材料的表面。因为峰值强度很高，在激光脉冲的焦点处，很小体积内发生了非常迅速的蒸发。表面蒸发出来的气相烟尘包含着焦点区域内的分子、原子和离子。用透镜收集被激发成分发出的荧光，将它们聚焦在光纤上并送到光谱仪的入射狭缝处 (图 10.28)。如果光谱仪的出射狭缝处的探测器是时间栅控的，就可以在烟尘产生之后的特定时刻测量光谱。因为烟尘在膨胀过程中冷却，离子重新组合成中性原子或分子的激发态，这些态的发光就可以量度样品中原子的浓度。

利用中等强度的激光功率，可以无损伤地蒸发分子。对于生物样品的研究或者在活体内观测组织来说，这是非常有用的。

利用另一束弱的探测激光，让它在不同的位置上穿过烟尘，产生空间分辨的激光诱导荧光，对它进行探测和分析。利用 REMPI 技术，然后再利用质谱仪进行质量选择的探测，可以将电中性成分电离。

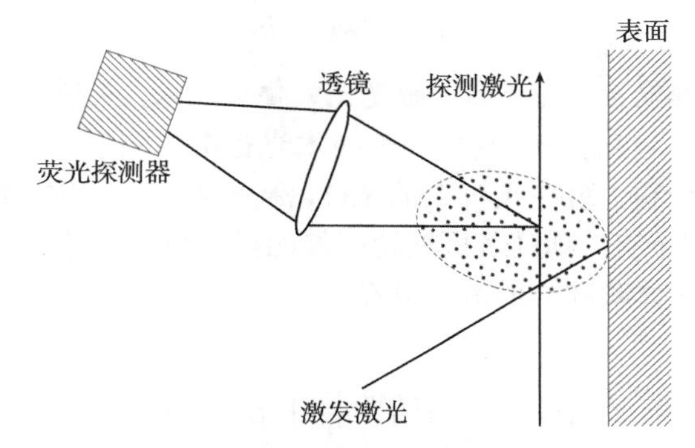

图 10.28 激光诱导脱落光谱学

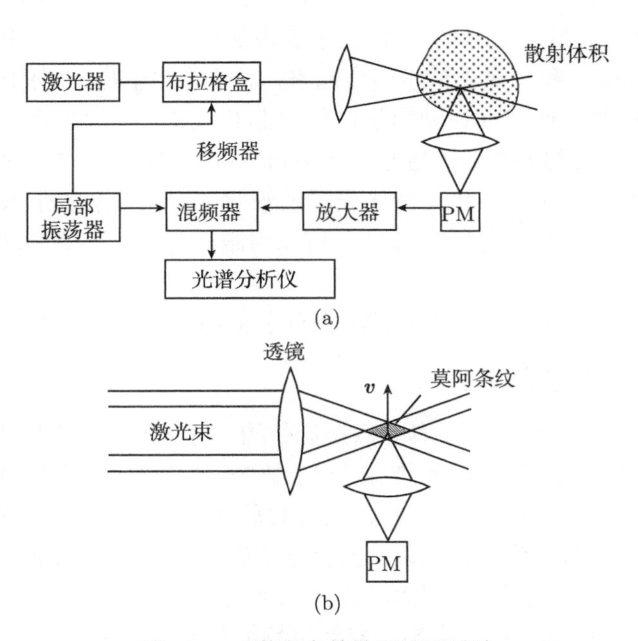

图 10.29 激光多普勒风速测量法

(a) 整个系统的示意图；(b) 莫阿条纹的产生

10.3.4　测量气体和液体中的流速

在流体力学或空气动力学的许多技术问题中，管道中或固体附近流体的速度分布 $\boldsymbol{v}(\boldsymbol{r},t)$ 是非常重要的。多普勒风速测量法 (第 7.9 节) 是一种外差激光光谱学技术，通过测量散射光的多普勒位移，可以确定速度分布[10.139−10.141]。波矢为 $\boldsymbol{k}_{\mathrm{L}}$ 的氦氖激光束或 Ar^+ 激光束通过流动介质的体积元 $\mathrm{d}V$。被速度为 $\boldsymbol{v}$ 的粒子散射到 $\boldsymbol{k}_{\mathrm{s}}$ 方向的光的频率 ω'(图 10.29) 发生了多普勒位移

$$\omega' = \omega_{\mathrm{L}} - (\boldsymbol{k}_{\mathrm{L}} - \boldsymbol{k}_{\mathrm{s}}) \cdot \boldsymbol{v}$$

将散射光成像在探测器上，与一部分激光光束叠加起来。探测器的输出包括差频谱 $\Delta\omega = \omega_{\mathrm{L}} - \omega' = (\boldsymbol{k}_{\mathrm{L}} + \boldsymbol{k}_{\mathrm{s}}) \cdot \boldsymbol{v}$，利用外差技术进行电子测量。一个例子是，为了改善长期天气预报，研制了装在飞机上的 $\mathrm{CO_2}$ 激光风速计，用来测量平流层中的风速[10.142]。其他的例子有，测量飞机涡轮引擎的排出气的速度分布，测量气体和液体的管道里、甚至人体动脉中的流速分布。

10.4　生物学中的应用

激光光谱学的三个特点对于生物学应用来说特别重要，它们是高光谱分辨率、高时间分辨率和高探测灵敏度。聚焦在细胞内的激光也可以提供很高的空间分辨率。将激光诱导荧光和拉曼光谱学结合起来，对于确定生物分子的结构非常有用，而时间分辨光谱学在研究高速动力学过程中非常重要，例如光合作用中的聚合反应，或者在视觉过程的初期形成触角分子 (antenna molecules) 的过程。这些光谱学技术有许多都是基于生物系统对激光光子的吸收，它们将系统带入到一个非平衡态。弛豫过程将该系统带回到热平衡态，可以用激光光谱学来研究这一过程的时间演化[10.143]。

我们将用一些例子说明激光光谱学在分子生物学研究中的可能应用[10.144]。

10.4.1　DNA 中的能量传递

脱氧核糖核酸 (DNA) 分子具有双螺旋结构，是遗传密码的基础。四种不同的碱基 (腺嘌呤、鸟嘌呤、胞嘧啶和胸腺嘧啶) 是 DNA 的构件，它们吸收的光位于近紫外波段，波长略有不同，但是吸收范围彼此重叠。将染料分子插入碱基之间，可以增强吸收并将其移动到可见光区。染料分子的吸收谱和荧光量子效率依赖于染料分子在 DNA 分子中的特定位置。染料分子吸收了一个光子之后，它可以把激发能量传递给邻近的碱基，后者再接着发射出特征荧光谱 (图 10.30)。

另一方面，用 UV 辐射激发 DNA，可以让能量逆向传递，即由 DNA 碱基传递给染料分子。

能量传输的效率依赖于染料分子及其与周围环境的耦合。测量不同碱基序列中的能量传递过程，可以研究耦合强度及其对不同碱基序列的依赖关系[10.145]。例如，可以用 $\lambda = 300\text{nm}$ 的光选择性地激发 DNA–染料复合物中的鸟嘌呤碱基而不会影响到其他的碱基。可见光激发下的量子效率 (激发的是 acridine 染料分子) 与 UV 光激发下的量子效率 (激发的是鸟嘌呤) 的比值可以确定能量传递速率[10.146]。

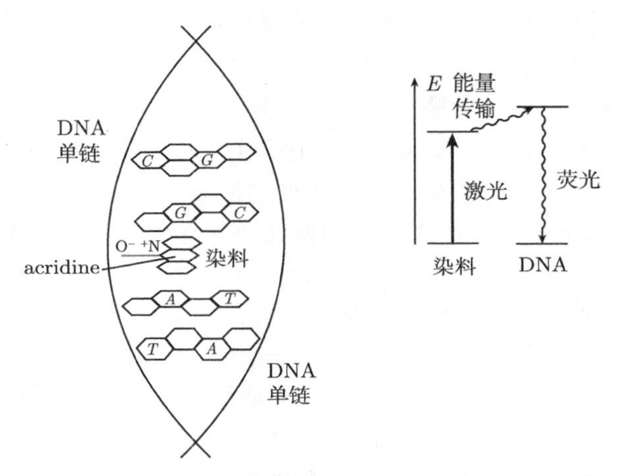

图 10.30 用激光激发 DNA- 染料复合分子后的能量传递过程，acridine 染料分子插在腺嘌呤和鸟嘌呤之间[10.146]

在癌症的诊断和治疗方面，在细胞中使用染料分子，有着非常重要的作用 (第 10.5 节)，因此，详细地了解相应的能量传输过程和不同染料分子的光激发过程，是至关重要的。

10.4.2 生物过程的时间分辨测量

在分子水平上详细地了解生物学过程的各个步骤，是分子生物学的一个宏伟目标。可以用一个例子说明这一领域的重要性，J. Deisenhofer、R. Huber 和 H. Michel 获得了 1988 年诺贝尔化学奖，因为他们阐明了光合作用以及视觉过程的主要步骤[10.147]。本节讲述时间分辨拉曼光谱学与泵浦/探测技术 (第 6.4 节) 的结合在研究快速生物学过程中的重要作用。

血红蛋白 (Hb) 是哺乳动物体内的一种蛋白质，用来在血液循环中传输 O_2 和 CO_2。虽然 X 射线衍射已经揭示了它的结构，但是当它吸附了氧气变为含氧血红蛋白 HbO_2 的时候，或者又释放掉 O_2 的时候，它的结构到底发生了什么变化，仍然了解得不多。利用激光拉曼光谱学 (第 3 章)，可以研究它的振动结构，给出力常数和分子动力学的信息。基于连续激光的高分辨率拉曼光谱学，已经得到了一些关于振动光谱与大分子的几何结构之间关系的实验规律。Hb 在吸附 O_2 前后的拉曼光谱变化反映了相应的结构变化。如果用一束短激光脉冲分解了 HbO_2，那么 Hb 分子就处于一个非稳态中。可以用时间分辨拉曼或激光诱导荧光光谱学监测这个非平衡态返回到 Hb 基态的弛豫过程[10.148]。

用偏振光进行激发，可以让选择性激发的分子产生部分取向。利用激发态分子对偏振光的时间分辨的吸收谱，可以研究这些激发分子的弛豫速率及其对取向度的依赖关系，也可以通过测量荧光的偏振及其时间依赖关系来研究它们[10.149]。

特别有趣的是研究视觉的主要过程。眼睛视网膜中的光敏层含有视紫红质蛋白质，它带有光活性分子视黄醛。视紫红质是一种细胞膜蛋白，其结构尚未完全研究。多分子视黄醛有几种同分异构体。因为这些同分异构体的振动光谱显著不同，拉曼光谱学给出了关于不同视黄醛构型的结果和动力学变化的最为精确的信息。特别是，它可以确定在吸收光之前视紫红质和异构视紫红质的同分异构体、以及在吸收光之后的深视紫红质的不同视黄醛构型。利用皮秒和飞秒拉曼光谱学，已经证明，深视紫红质的同分异构体在吸收光之后 1ps 的时间内形成。它在 50ns 的时间之内将其激发能量传递给转导蛋白 (transducin)，后者触发了一个酶的级联反应，经过几个较慢的过程，最后产生了信号，通过神经传递给大脑[10.150,10.151]。

地球上最重要的生化过程可能就是绿色植物中叶绿素细胞里的光合作用过程。叶绿素中的光合作用过程包括两部分。在初级过程中，具有很宽的可见光区吸收谱的光吸收分子从阳光中吸收光子，引起了分子的电子激发。反应中心附近的激发态分子 (图 10.31) 可以通过几个步骤将激发电子传递给反应中心的分子，在那里发生了次级过程，即化学反应

$$6H_2O + 6CO_2 \longrightarrow C_6H_{12}O_6 + 6O_2 \tag{10.15}$$

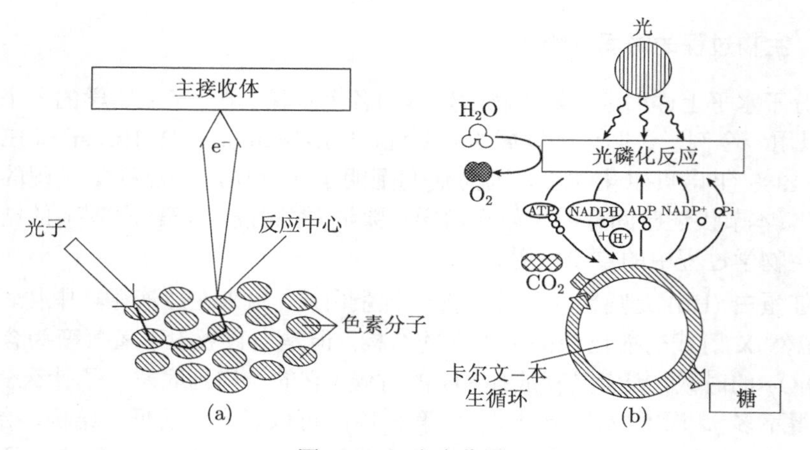

图 10.31 光合作用

(a) 主要过程；(b) 反应环[10.193]

在这个反应中，水和二氧化碳合成了葡萄糖和氧气。这一过程获得的能量足以在双磷酸腺苷 ADP 上合成一个磷基，从而生成三磷酸腺苷 ATP，后者是植物细胞中生化过程的能量提供者 (图 10.31(b))。近来发现，初级过程的时间尺度是 30 到 100fs。激发能量被用来转移，最后传递给光合作用所需的能量[10.153]。

另一个例子是用双光子激发类胡萝卜素分子后的飞秒瞬态吸收和荧光。被激发的 β 胡萝卜素的衰减时间常数为 (9 ± 0.2)ps。检测叶绿素荧光，就可以探测吸收光的蛋白质的激发态 S_1 的能量传递过程[10.169]。

分子结构在这些快速过程中的变化是非常重要的信息。时间分辨拉曼光谱学和利用飞秒激光产生的高亮度 X 射线源进行 X 射线衍射分析是非常重要的工具，它们在分子生物学中的应用越来越多。

这些例子表明，没有时间分辨激光光谱学，就不可能研究这些非常快速的生物化学过程。它不仅为这些研究提供了必要的光谱分辨率，还提供了必要的灵敏度。

超快生物学过程光谱学的更多例子和细节请参考文献 [10.154]~[10.158]。

10.4.3 微生物运动的关联光谱学

可以用显微镜来观测流体中微生物的运动。在几秒钟之内，它们沿着直线运动，但是突然就会改变方向。如果在流体中加入化学药品杀死这些微生物，它们的运动特性就会变化，在没有外部干扰的情况下，可以用布朗运动描述它们的运动。利用关联光谱学 (第 7.9 节)，可以测量微生物活体和死体的速度平方平均值 $\langle v^2 \rangle$ 和速度分布 $f(v)$。

用氦氖激光照射样品，散射光和一部分激光在光电倍增管的光阴极上叠加。散射光有多普勒位移 $\Delta\nu = \nu(v/c) \times (\cos\vartheta_1 - \cos\vartheta_2)$，其中，$\vartheta_1$ 和 ϑ_2 分别是速度矢量 v 与入射光束和散射光的夹角。这种外差谱的频率分布就给出了速度分布。

测量恒温液体中大肠杆菌 (E.Coli) 的速度分布，得到平均速度为 15μm/s(图 10.32)，其中，最大速度达到 80μm/s。因为大肠杆菌的尺寸大约只有 1μm，这一速度对应于每秒钟行走的距离为体长的 80 倍。作为对比，游泳世界冠军 Ian Thorpe 的速度只有 2m/s，每秒钟只有一个身长。在溶液中加入 $CuCl_2$，从而杀死细菌，速度分布就变为布朗运动的速度分布，它对应着不同的关联谱 $I(K,t) \propto \exp(-D\Delta K^2 t)$，其中，$\Delta \boldsymbol{K} = \boldsymbol{K}_0 - \boldsymbol{K}_\mathrm{s}$ 是入射光波矢和散射光波矢之差。由关联谱可以得到，扩散系数为 $D = 5 \times 10^{-9}\mathrm{cm}^2/\mathrm{s}$，斯托克斯直径为 1.0μm[10.159]。

另一种技术使用同一台激光器的两束倾斜光束产生的稳态莫阿条纹 (图 10.29(b))。干涉极大值之间的距离是 $\Delta = \lambda \sin\left(\frac{1}{2}\alpha\right)$，其中，$\alpha$ 是两个波矢量的夹角。如果粒子以速度 $\boldsymbol{v}$ 穿过极大值，散射光强度强度 $I_\mathrm{s}(t)$ 就会出现周期性的极大值，周期为 $\Delta t = \Delta/(v\cos\beta)$，其中，$\beta$ 是 $\boldsymbol{v}$ 和 $(\boldsymbol{k}_1 + \boldsymbol{k}_2)$ 之间的夹角。

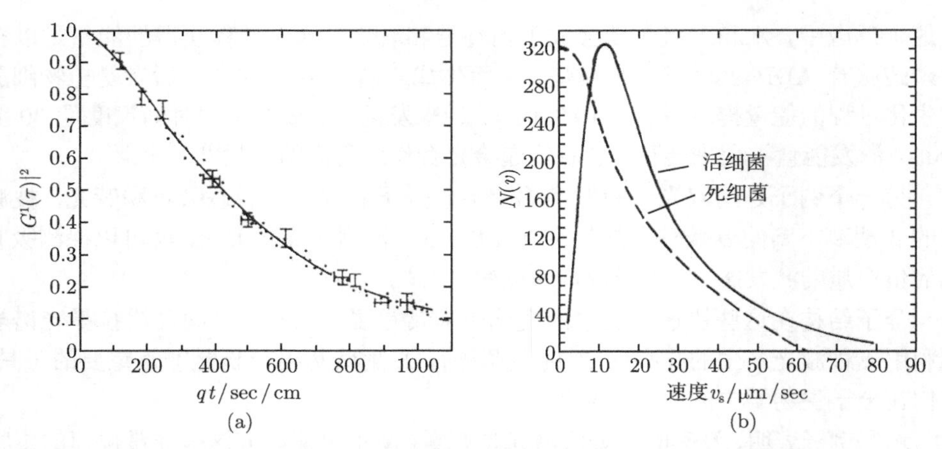

图 10.32　溶液中的活体 (实线) 和死体 (虚线) 大肠杆菌的测量得到的关联函数 $G^1(\tau)$ (a) 和由关联函数计算得出的速度分布 (b)

虚线对应的是随机行走 (布朗运动) 的泊松分布[10.159]

10.4.4　激光显微镜

用焦距为 f、限制光阑为 D 的自适应透镜系统将一束高斯强度线形的 TEM_{00} 模激光光束 (第 1 卷第 5.3 节) 聚焦在衍射限制的光点上，它的直径为 $d \sim 2\lambda f/D$。如在 $\lambda = 500$nm 处，若 $f/D = 1$，则一台校正过的显微透镜系统可以实现的焦斑直径为 $d \sim 1.0$μm。这样就可以在空间上分辨单个细胞，用激光对它们进行选择性的激发。

用激光激发细胞之后，可以用同一台显微镜收集细胞发射的荧光，然后在摄像机上成像，或者直接用眼睛观察。这种激光显微镜的商业产品如图 10.33 所示。可以用氮分子激光泵浦的染料激光器进行时间分辨测量，将波长 λ 调节到待研究的生物分子的吸收极大值上。为了研究紫外区的吸收带，可以将染料激光器的输出倍频。即使每个激光脉冲只能探测到不太多的荧光光子，影像增强探测和多脉冲信号平均技术仍然可以给出足够好的信噪比[10.160]。

上面讨论过的许多光谱技术可以与激光显微镜组合起来使用，从而利用后者的高空间分辨率。一个例子是光谱分辨和空间分辨的激光诱导荧光，由激光在活体细胞的一部分进行激发。已经观察到了激发能量在几秒钟内由细胞到细胞膜的转移。此外，也可以利用这种技术来研究接收体细胞通过细胞膜的转移[10.161]。一个例子是测量注射到细胞内的光敏卟啉的分布及其聚合[10.162]。卟啉发出的荧光局限在血浆细胞膜、细胞液、细胞核膜以及细胞核体上。随着潜伏时间的增加，可以观测卟啉分子从血浆细胞膜到细胞核膜及其相邻的细胞内位置上的再分布。

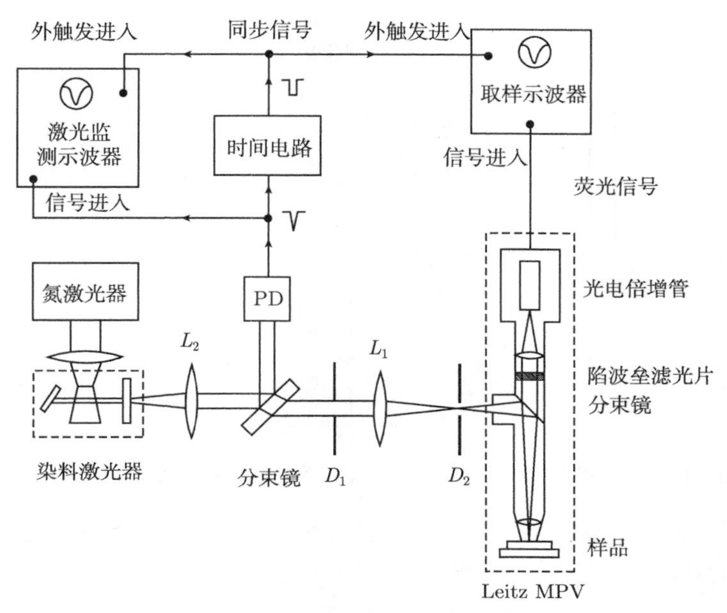

图 10.33 激光显微镜[10.160]

代谢链式反应的损伤与 ATP 产量的减少有关，也和特定的酶和生物色素的缺乏有关。利用先进的显微技术，测量未受损的和代谢受损的酵母分子的核黄素分子的自荧光，可以探测这些缺陷[10.163a]。

在垂直于激光的 x 方向和 y 方向上，任何显微镜的空间分辨率[10.164] 都受制于衍射

$$\Delta x = \Delta y = \lambda/(2n\sin\alpha)$$

其中，λ 是照明光的波长，n 是样品一侧的折射率，α 经过准直透镜之后的发射角 (图 10.34)。

在 z 方向上，空间分辨率受限于瑞利长度 (第 1 卷第 5.9 节)

$$\Delta z_{\mathrm{R}} = \pi w_0^2/\lambda$$

其中，w_0 是焦平面处的光束束腰。利用 St. Hell 首先提出的"4π 技术"[10.165]，可以显著地提高空间分辨率 Δz 。用聚焦的激光光束照明样品，光束经过焦点后被准直、在另一面被镜子反射、并再次聚焦到样品上 (图 10.35)。两束光的相干叠加产生了一个驻波场，其电场振幅为

$$E(x,y,z) = E_1(x,y)\cos(\omega t - kz) + E_2(x,y)\cos(\omega t + kz)$$

当 $E_1 = E_2 = E/\sqrt{2}$ 的时候，时间平均的驻波总强度为

$$I(x,y,z) = E^2\cos^2(kz)$$

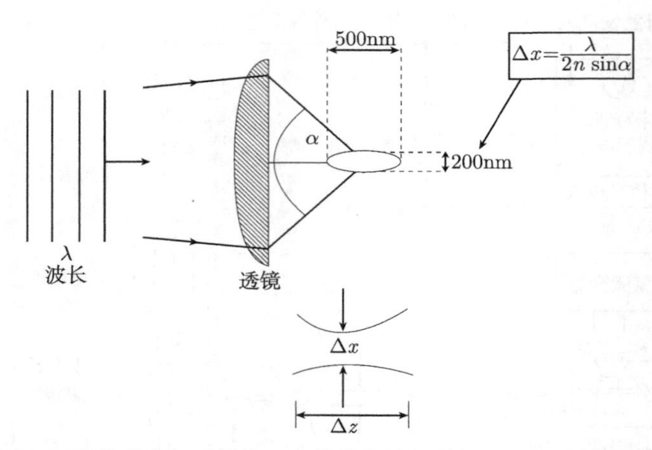

图 10.34　显微镜的空间分辨率：高斯光束的衍射极限 Δx 和瑞利长度 Δz

中央干涉极大值的半高宽Δz 小于 $\lambda/6$，因为电场振幅随着到焦平面的距离增大而快速地减小。因此，下一个干涉极大值到中央极大值的距离为 $\pm\lambda/2$，它的强度要小得多。

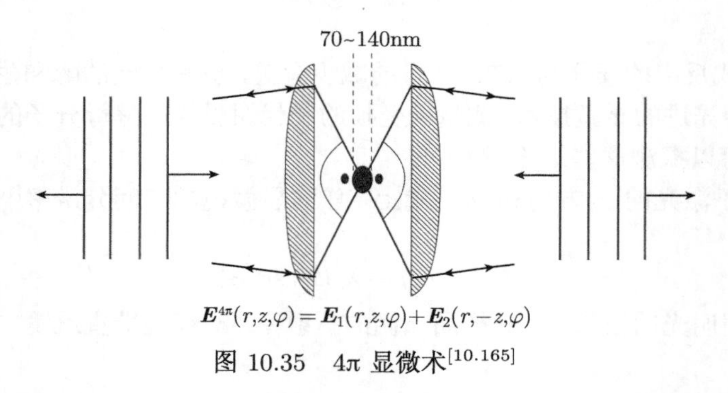

图 10.35　4π 显微术[10.165]

4π 技术并不能改善径向分辨率。可以用受激发射技术改善径向分辨率 (图 10.36)。诱发样品荧光的高斯型 TEM_{00}基模激光叠加在另一束 TEM_{11} 环形模式的激光之上，后者使得第一束激光激发的分子能级发生受激的向下跃迁。这就淬灭了中心部分的荧光，而且，依赖于激发激光的强度，只能在 $0 < r < r_{\max}$ 的径向范围内观测到荧光。这种方法可以将径向分辨率提高一个数量级[10.166]。

10.5　激光光谱学在医学中的应用

许多著作都描述了激光在医学研究和医疗实践中的应用[10.170~10.173]。在这些应用中，许多都依赖于高激光输出功率，它要被聚焦到很小的体积里。由于活体组

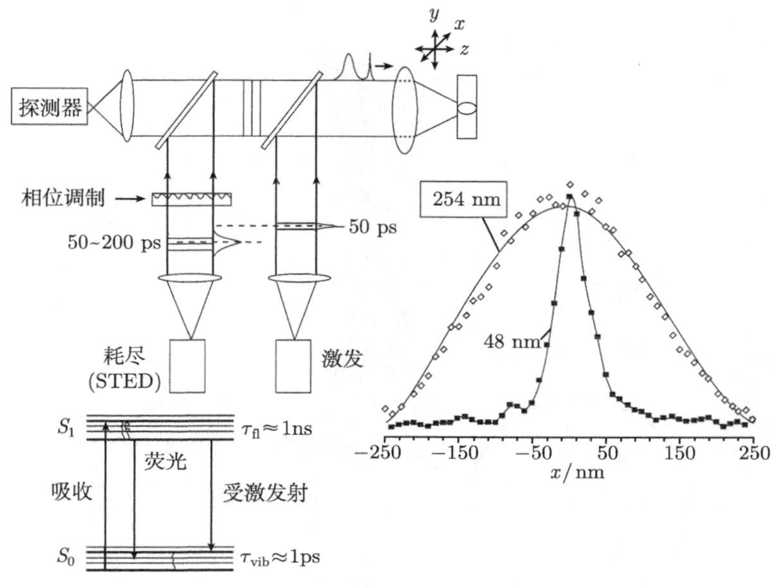

图 10.36 受激辐射显微镜[10.166]

织的吸收系数强烈地依赖于波长，选择适当的波长，就可以选择激光光束的穿透深度[10.172]。例如，为了防止表皮的深层受到伤害，应该用穿透深度小的波长处理皮肤癌或色斑；用激光切割骨头或者处理皮下癌变组织的时候，就应该用穿透深度大的波长。激光在医疗中的典型应用包括激光外科手术、皮肤病治疗、眼科治疗和牙医学方面。

然而，激光光谱学还有一些非常有希望的直接应用，可以解决医疗中的问题。它们基于的是新型的诊断技术，本节将对此进行讨论。

10.5.1 拉曼光谱学在药物研究中的应用

在对病人进行外科手术的时候，分析呼出气体的组分，可以检测麻醉气体的最佳浓度和组分，即 $N_2:O_2:CO_2$ 的浓度比。可以用拉曼光谱学在活体中测量这一比值[10.175]。气体流过氩离子激光光束路径上的一个多路径样品盒 (图 10.37)。带有特殊滤光片的几个探测器安置在与光束方向垂直的平面上。每个探测器监视一条选定的拉曼谱线，这样就可以同时测量气体中所有的分子成分。

这种方法的灵敏度如图 10.40 所示，它给出了一个病人的呼出气体中 CO_2、O_2 和 N_2 浓度随时间的变化关系。注意，随着呼吸周期的变化，浓度也发生变化。这种技术既可以在医疗实践中常规使用，用于手术过程中的麻醉剂控制，也可以用于对司机进行酒精检测。也可以使用红外吸收光谱代替拉曼光谱。

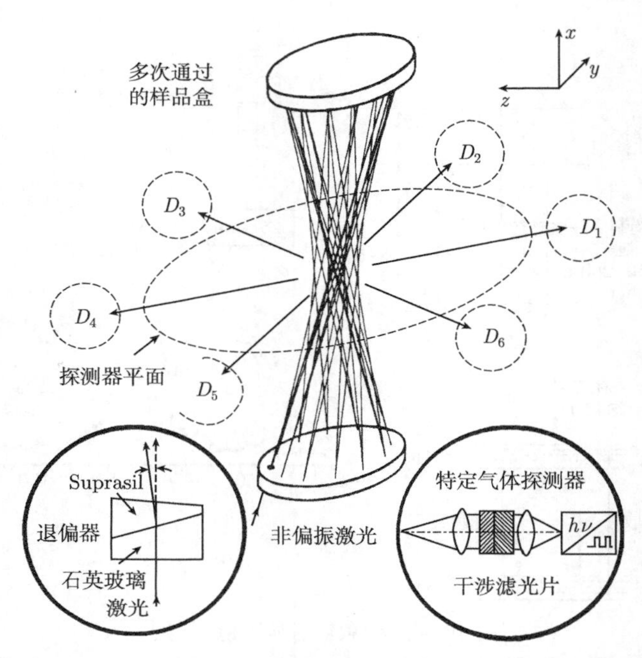

图 10.37　多路径样品盒和谱线分辨的探测器装置，用灵敏的拉曼光谱学来测量分子气体的成分[10.175]

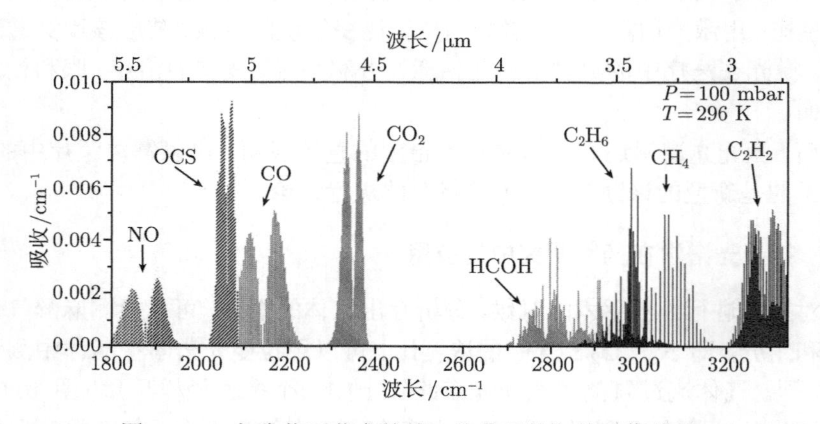

图 10.38　与生物医药有关的一些分子的红外吸收基带

[P. Hering, Institut für Medizinische Physik, Univ. Düsseldorf]

许多生物活性分子在红外区有吸收带，可以用红外激光或光学参量振荡器激发它们 (图 10.38)。当使用共振腔增强光谱、共振腔环路衰减光谱或共振腔泄漏光谱的时候，探测灵敏度可以达到 ppb 甚至 ppt 的水平[10.174]。对于呼吸气体的灵敏探测，这是非常重要的，呼出气体的组分可以给出疾病的信息。一个著名的例子是胃里的幽门螺旋杆菌，它可能引起胃炎甚至胃癌。先让患者喝一杯含有 $(NH_2)_2{}^{13}CO$ 的饮料，然后用光谱探测呼出气体中的一氧化碳 ^{13}CO 或甲烷 $^{13}CH_4$ 同位素的浓度。细胞分解了这个分子并产生 CO 和 CH_4，利用基带的激光吸收，可以灵敏地检测它们。

一种用于呼吸分析的实验装置如图 10.39 所示[10.176,10.177]。将烘干后的呼出气体与缓冲气体混合起来，然后将它注入到多路径吸收盒中。

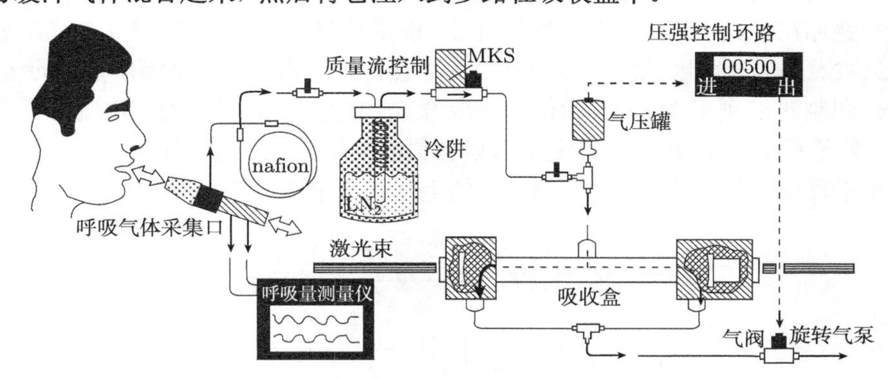

图 10.39　用于实时分析呼出气体的实验装置[10.176]

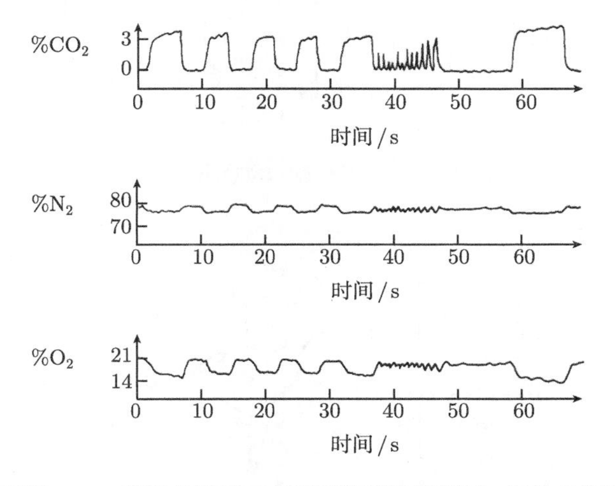

图 10.40　利用图 10.37 所示的装置，在不同的呼吸周期里，活体检测呼出气体中的 CO_2、N_2 和 O_2 的浓度[10.175]

这种灵敏的探测技术也可以定量地测量血液中的血红蛋白，从而能够检测运动员是否服用了兴奋剂。

10.5.2　耳鼓的外差测量

老年人的耳病有很多是因为耳鼓的频率响应发生了变化。迄今为止，研究这种变化仍然不得不依赖于病人的主观描述，但是，利用激光多普勒振动仪这种新型的激光光谱技术，能够客观地研究耳鼓的振幅随频率的变化关系，及其在耳鼓不同位置上的局域变化 (图 10.41)。实验装置如图 10.42 所示。二极管激光器的输出光经由一根光纤照射到耳鼓上。耳鼓反射的光经光纤末端的透镜收集后、回到光纤中，反射光经过分光器与一部分激光叠加并照射到光电探测器上。耳朵接收一个频率 f 可变的扬声器发出的声音。振动的耳鼓反射的光的频率 ω 会发生多普勒位移。反射光叠加在激光上，就会产生外差信号。根据外差信号的频谱 (第 7.8 节)，就可以得到被照明的耳鼓区域的振幅 $A(f)$。为了使得外差谱落在一个噪声较小的区域，用声光调制器以频率 $\Omega \approx 40\text{MHz}$ 来调制激光，使它在 $\omega \pm \Omega$ 处产生侧带[10.178]。所以，外差频率位于 40MHz 附近，可以被灵敏地探测。照射在耳鼓上的光强必须总是小于耳朵的损伤阈值，对于内耳中的毛发细胞来说，它是 160dB。

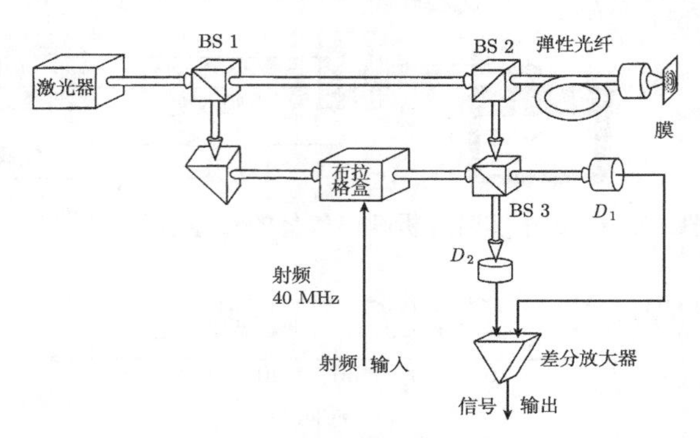

图 10.41　激光多普勒振动测量仪的原理

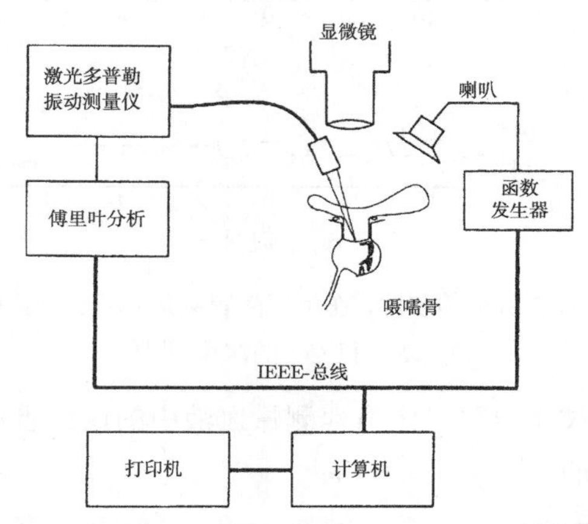

图 10.42　外差测量耳鼓振动对频率的依赖关系以及它们的局域变化[10.178]

10.5.3　利用 HPD 技术来诊断和治疗癌症

最近，基于荧光物质血卟啉衍生物 (hematoporphyrin derivative, HPD) 的光激发，发展出了一种可以诊断和治疗癌症的技术[10.179,10.180]。将这种物质的溶液注入静脉，经过几个小时或它就会分布到整个身体中去。正常细胞经过 2~4 天就会释放掉 HPD，而癌细胞可以将它保留更长的时间[10.181]。如果用 UV 激光照射带有 HPD 的组织，就会发出特殊的荧光，可以用它来诊断癌细胞。图 10.43 给出了带有 HPD 的组织和没有 HPD 组织的发射荧光谱，还给出了溶液中的纯 HPD 的荧光谱，都是用氮分子激光在 $\lambda = 337\text{nm}$ 处激发。用于探测带有癌细胞的实验鼠组织的实验装置如图 10.44 所示[10.182]。荧光经过光栅对不同波长进行分光后，再通过三个取向略有差异的反射镜将癌细胞区和正常细胞区成像在光学多通道分析仪 (第 1 卷第 4.5 节) 的二极管阵列的不同位置上。用计算机得到癌变组织和正常组织的荧光差别。

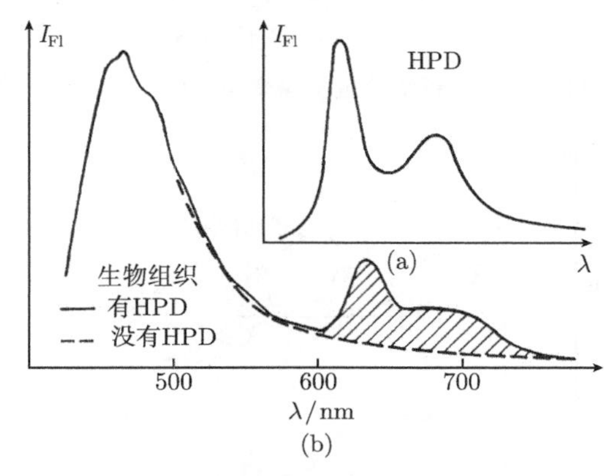

图 10.43　用氮分子激光激发溶液中 (a) 和生物组织中 (b) 的 HPD 得到的荧光谱，虚线是没有 HPD 的组织，实线是有 HPD 的组织，在注射两天之后进行测量。阴影部分表示 HPD 引起的额外吸收[10.182]

吸收 500 ~ 690nm 波长范围内的光子，可以使得 HPD 进入到激发态 S_1，它与 $\text{O}_2(^3\Sigma_g^-)$ 态上的氧分子发生反应并使之进入到 $\text{O}_2(^1\Delta)$ 态 (图 10.45)，后者显然与周围的细胞发生了反应并杀死了它们。虽然这些过程的具体机制尚未得到充分的理解，这种 HPD 方法似乎可以对癌细胞进行选择性很强的杀伤，而不会对健康细胞造成太大的伤害。这一技术由美国发明，在日本得到了广泛的应用[10.183]，并被成功地用于一些癌症患者，包括食道癌、宫颈癌以及其他一些组织上的癌变组织，利用光纤、无需外科手术就可以处理它们[10.184]。

10.5.4　激光碎石术

随着高辐射损伤阈值的、有弹性的微细光纤的发展[10.185,10.186]，可以用激光选择性地照射人体内部器官，如胃、膀胱、胆囊或肾脏。一种用脉冲激光粉碎肾结石的新技术 (激光碎石术) 日益引起关注，与传统的超声冲击波碎石术相比，它有许多优点[10.187~10.189]。

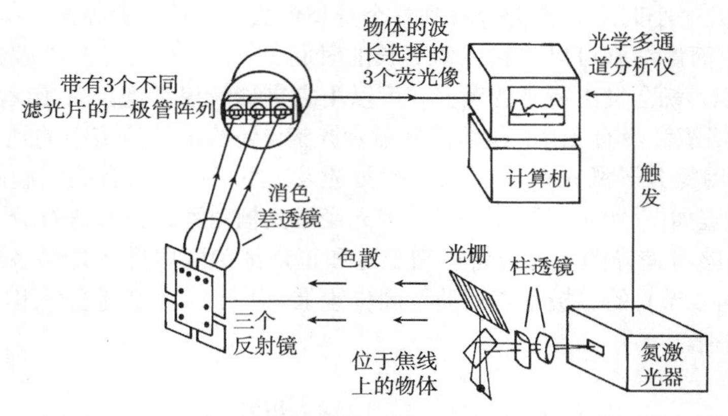

图 10.44 用于诊断实验鼠的癌变组织的实验装置[10.182]

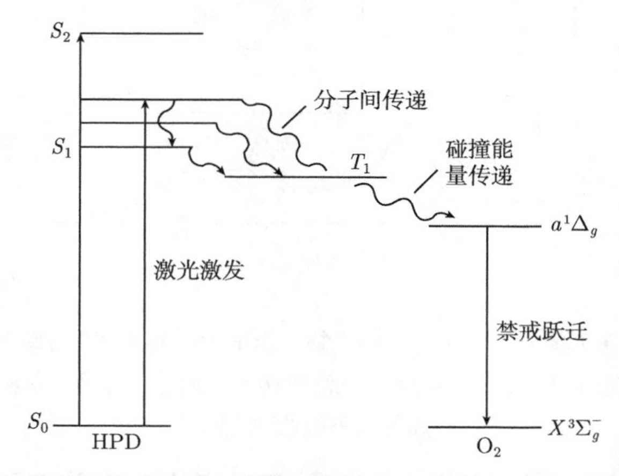

图 10.45 能级结构示意图：用激光激发 HPD 并将能量传递给 O_2 分子

将熔融石英制成的光纤由输尿管插入进去，让它非常接近等待粉碎的结石。可以通过 X 射线诊断装置来监视这一个过程，也可以用光纤内窥镜监视，除了用于传输激光光束的光纤之外，这个内窥镜还有其他一些光纤，用来照明、观察和检测激光诱导荧光 (图 10.46)。

通过光纤将闪光灯泵浦的染料激光脉冲传输并聚焦在肾结石上，结石材料的快速蒸发就会在周围液体中产生超声波，经过几次激光脉冲之后，结石就会破碎[10.188]。激光功率和最佳波长依赖于肾结石的化学组分，通常是因人而异的。因此，为了选择激光的最佳工作条件，在碎石之前，需要了解肾结石的组成成分。通过光纤来检测被蒸发的结石材料在低激光功率下的荧光，就可以得到这种信息 (图 10.46)。用光学多通道分析仪和计算机检测荧光谱，在几秒钟内就可以给出结石组分的信息[10.190]。

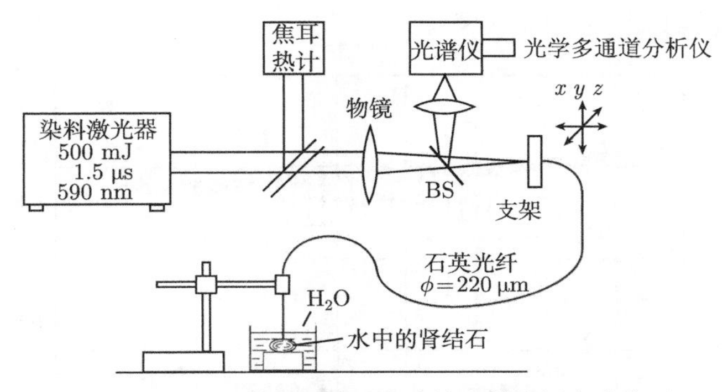

图 10.46 用于确定肾结石成分的光谱分析实验装置

能够对体内肾结石进行在位的光谱分析，如图 10.47 所示，其中，既有处于体外水环境中的肾结石被照射产生的荧光光谱，也有用图 10.44 中的装置探测的肾结石的荧光光谱[10.190]。

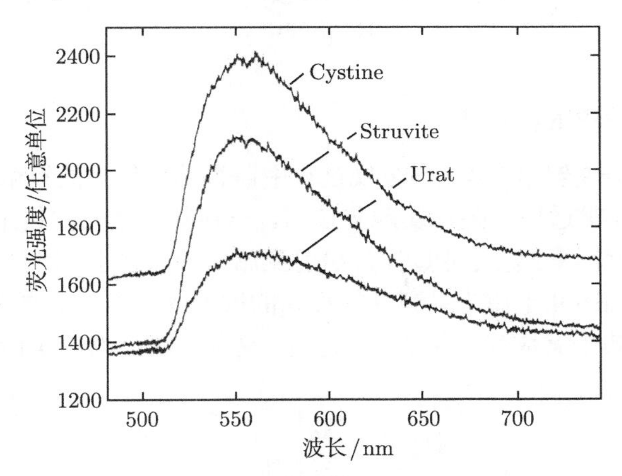

图 10.47 用波长为 $\lambda = 497$nm 的染料激光激发不同肾结石材料得到的荧光，激发强度很低，以免血浆脱落[10.190]

关于激光碎石术及其光谱控制的更多信息，请参考文献 [10.191], [10.192]。

10.5.5 脑癌的激光诱导热治疗

激光诱导热治疗是一种微创侵入式治疗方法，用光纤导入激光，让激光照射在癌变组织上。计划这种手术的时候，需要知道癌变组织的吸收和散射性质与健康组织的差别。已经开发了多种不同的光学和计算技术，用来定位癌变组织、优化光照强度。此时使用的吸收系数和散射系数的波长依赖关系是由以前的实验得到的。图 10.48 用于说明这两个系数的波长依赖关系，以及人类脑组织内光散射的各向异性，测量都是在活体中进行的[10.193]。

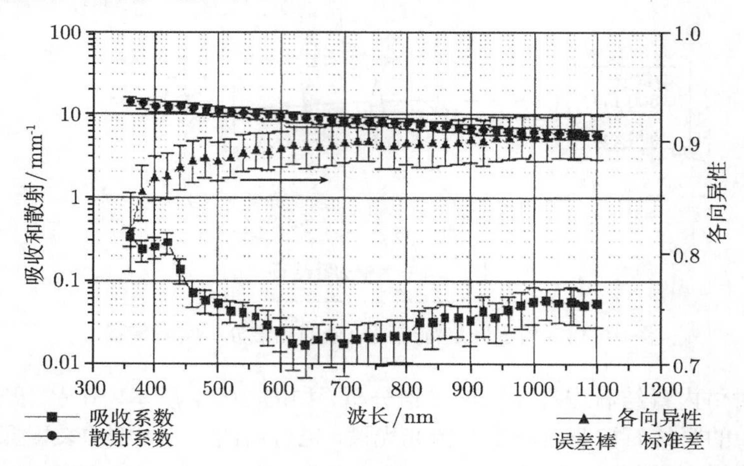

图 10.48 利用积分球实验装置和逆向蒙特卡罗技术，可以在活体中测量人类脑灰质的光学性质[10.193]

10.5.6 监视胚胎中的氧浓度

对于儿童的长期健康来说，在分娩过程中监视胎儿体内的氧浓度非常重要。直到最近，还没有非常适用于医疗实践的仪器。一种基于激光的技术看起来很成功，它利用光散射进行测量。激光通过光纤照射到胎儿的颅骨上，用另一根光纤收集散射光，两根光纤相距几个厘米。测量收集到的散射光随着波长的变化关系[10.194]。因为散射截面依赖于氧浓度，经过校准之后，这种方法能够确定所需要的氧浓度。

10.6 总 结

上文所选择的激光光谱学应用的例子或多或少有些随意，而且绝对谈不上完备。关于激光光谱学在科学技术中的应用的会议和研讨班日益增多，它们可以用来衡量这一领域中的进展。美国光学仪器与工程协会 (Society of Photo-Optical Instrumentation and Engineering , SPIE) 的会议论文集很好地汇集了许多工作[10.195]。各种应用发展迅猛，其原因是多方面的：

(1) 首先，在不同的光谱区域里，越来越多的可靠而又容易操作的激光器已经商品化了。

(2) 其次，光谱仪器在近年来有了显著的改善。

(3) 最后，但绝非最不重要的是，我们对许多分子能级过程的理解已经更加深刻。这样就可以更好地分析光谱信息，并将其转换为结构和过程的可靠模型。

飞秒激光和时间分辨探测技术的发展更是开辟了详细研究高速动力学过程的广阔领域[10.196]。

习题解答

第 1 章

1.1 **a)** $n_i = n \cdot \dfrac{(2J_i+1)}{Z_{\mathrm{rot}} \cdot Z_{\mathrm{vib}}} \cdot \mathrm{e}^{-E_{\mathrm{rot}}/kT} \cdot \mathrm{e}^{-E_{\mathrm{vib}}/kT}$

其中，$Z_{\mathrm{rot}} = \sum\limits_{J=0}^{\infty}(2J+1)\mathrm{e}^{-J(J+1)hcB/kT} \approx \dfrac{kT}{hcB}$ 是转动配分函数

$Z_{\mathrm{vib}} = \sum\limits_{v=0}^{\infty}\mathrm{e}^{-hc\omega_{\mathrm{e}}(v+\frac{1}{2})/kT}$ 是振动配分函数

$T = 300\mathrm{K} \Rightarrow kT = 4.1 \times 10^{-21}\mathrm{J}$

$J_i'' = 20 \Rightarrow E_{\mathrm{rot}} = hcBeJ_i''(J_i''+1) \approx 1.25 \times 10^{-20}\mathrm{J}$

$\Rightarrow \exp[-E_{\mathrm{rot}}/kT] = \exp[-3.05] = 4.7 \times 10^{-2}$

当 $v'' = 0$ 的时候，$\exp[-E_{\mathrm{vib}}/kT] = 0.617$

当 $v'' = 1$ 的时候，$\exp[-E_{\mathrm{vib}}/kT] = 0.235$。当 $v'' = 2$ 的时候，它等于 0.09

$\Rightarrow Z_{\mathrm{vib}} \approx 1.1; Z_{\mathrm{rot}} = \dfrac{4.1 \times 10^{-21}}{hcB} = 138$

$\Rightarrow \dfrac{n_i}{n} = \dfrac{41}{138 \cdot 1.1} \cdot 4.7 \times 10^{-2} \cdot 0.617 = 7.8 \times 10^{-3}$。

b) 吸收系数 α 是 $\alpha_{ik} = n_i \cdot \sigma_{ik}$

当 $p = 10\mathrm{mb}$ 的时候，$n \approx 2.5 \times 10^{19}/\mathrm{cm}^3$

$\Rightarrow n_i = 2 \times 10^{17}/\mathrm{cm}^3$

$\Rightarrow \alpha_{ik} = 2 \times 10^{17} \times 10^{-18}\mathrm{cm}^{-1} = 0.2\mathrm{cm}^{-1}$。

c) $P_{\mathrm{t}} = P_i\mathrm{e}^{-\alpha x} = 100 \cdot \mathrm{e}^{-2}\mathrm{mW} = 13.5\mathrm{mW}$。

1.2 光束中的分子密度为 $n_i = N_i/V = 10^{12}/(5 \times 10^4)\mathrm{cm}^{-3} = 2 \times 10^7/\mathrm{cm}^3$

吸收系数为 $\alpha_i = n_i\sigma_i = 2 \times 10^7 \times 10^{-16}\mathrm{cm}^{-1} = 2 \times 10^{-9}\mathrm{cm}^{-1}$

在 1mm 的光程上，吸收的功率为

$P_0 - P_{\mathrm{t}} = P_0(1-\mathrm{e}^{-\alpha x}) = P_0 \times 2 \times 10^{-10} = 2 \times 10^{-13}\mathrm{W}$

当 $\lambda = 623\mathrm{nm}$ 的时候，这对应着

$n_{\mathrm{ph}} = 2 \times 10^{-13}/(h\nu) = 2 \times 10^{-13}\lambda/(hc) = 6.3 \times 10^5$ 个吸收光子 /s

每个被吸收的光子都会产生一个荧光光子，如果收集效率为

$\delta = \left(\dfrac{1}{4}\pi D^2/L^2\right) \Big/ 4\pi = 1/64$，$\eta = 0.2$，那么，

$n_{\text{ph-el}}=0.2\times\dfrac{1}{64}\times 6.3\times 10^5=1.96\times 10^3/\text{s}$

也就是说，每秒钟大约产生 2000 个光电子。

1.3 在 ω_0 处的峰值透射功率为

$P_{\text{t}}(\omega_0)=P_0\cdot \text{e}^{-\alpha\cdot L}=P_0\cdot\text{e}^{-10^{-6}}\approx P_0(1-10^{-6})\approx P_0=1\text{mW}$

直流信号为 $S_{\text{DC}}=1\text{V}$

根据多普勒线线形 $\alpha(\omega)=\alpha(\omega_0)\cdot\text{e}^{-\left(\frac{\omega-\omega_0}{0.3\delta\omega_0}\right)^2}$

利用 $\delta\omega_0=2\pi\cdot 10^9\text{s}^{-1}$ 和 $(\omega-\omega_0)=2\pi\cdot 10^7\text{s}^{-1}$，可以得到 $\omega\neq\omega_0$ 处的吸收变化

$\alpha(\omega)=\alpha(\omega_0)\cdot\text{e}^{-(\frac{0.01}{0.3})^2}\approx\alpha(\omega_0)\cdot(1-0.11)=0.89\alpha(\omega_0)$

$\Rightarrow\alpha(\omega_0)-\alpha(\omega)=0.11\alpha(\omega_0)$

$\Rightarrow P_t(\omega)=P_0\cdot\text{e}^{-11\times 10^{-8}}\approx P_0(1-11\times 10^{-8})$

交流信号为 $S(\Delta\omega)=[P_t(\omega)-P_t(\omega_0)]=P_0(10^{-6}-8\times 10^{-8})\text{V}$

$=0.89\times 10^{-6}P_0=8.9\times 10^{-7}\text{V}=0.89\mu\text{V}$。

1.4 每秒钟的离子数目为 $N_{\text{ion}}=N_{\text{a}}\dfrac{10^7}{10^7+10^8}=0.091N_{\text{a}}$，其中 N_{a} 是吸收分子的速率。利用 $\text{d}N_i/\text{d}t=N_{\text{a}}=10^5\text{s}^{-1}$，可以得到 $N_{\text{ion}}=9.1\times 10^3\text{s}^{-1}$。

1.5 a) 每秒钟碰撞到光强计 (辐射热计) 上的分子的动能为

$E_{\text{kin}}=n\cdot v\cdot\dfrac{m}{2}v^2(0.3\times 0.3)$

$=28\times 10^8\times 4\times 10^4\times\dfrac{1}{2}\times 1.66\times 10^{-27}\times(4\times 10^4)^2\times 0.09\text{W}=4.8\times 10^{-7}\text{W}=1.34\times 10^{-9}P_0$。

b) $\Delta T=P_0/G=0.134\text{K}$ (直流温度升高了)。

c) 吸收的激光功率为

$\Delta P=P_0-P_{\text{t}}=P_0(1-\text{e}^{-\alpha L})=P_0(1-\text{e}^{-10^{-9}})\approx P_0\cdot 10^{-9}=10^{-8}\text{mW}$

吸收光子数的速率为 $N_{\text{ph}}=\Delta P/h\nu=\Delta P\cdot\lambda/hc=7.6\times 10^7\text{s}^{-1}$

交流温度升高了 $\Delta T=\Delta P/G=10^{-8}/10^{-8}\text{K}=1\text{mK}$。

1.6 磁量子数为 $M_J(-J\leqslant M_J\leqslant +J)$ 的项对应的塞曼位移为 $\Delta\nu=\mu\cdot M_J\cdot B/h$

利用 $\mu=0.5\mu_{\text{B}}$，可以得到，塞曼分量最大值 $M_J=+J=2$ 的频率移动为

$\Delta\nu=+0.5\mu_{\text{B}}\cdot J\cdot\text{B}/h=10^8\text{Hz}$

$\Rightarrow B=\dfrac{10^8h}{0.5\times 9.27\times 10^{-24}\times 2}$ 特斯拉 $=7.2\times 10^{-3}$ 特斯拉

将激光频率调节到与塞曼分量 $M_J'=2\leftarrow M_J''=1$ 所需要的磁场为 7.2mT

线偏振跃迁 $M_J'=1\leftarrow M_J''=1$ 所需要的磁场为上一数值的两倍

对于线偏振光，沿着垂直于磁场的方向，可以观察到三个塞曼分量。对于圆偏振光，σ^+ 偏振光有三个分量，σ^- 偏振光有三个分量。

1.7 a)对于均匀电场来说，电场强度为 $E = V/L = 2\text{kV/m}$。

b) 作用在离子上的力等于 $\boldsymbol{F} = q \cdot \boldsymbol{E}$

它们的加速度为 $a = F/m = \dfrac{2 \times 10^3 \times 1.6 \times 10^{-19}}{40 \times 1.66 \times 10^{-27}}\text{m/s}^2 = 4.8 \times 10^9\text{m/s}^2$

在下一次碰撞前，它们的速度为 $v = a \cdot \tau$，其中，τ 是两次碰撞之间的平均时间。平均自由程为 $\Lambda = \dfrac{1}{2}a\tau^2$，可以得到 $\tau = \sqrt{2\Lambda/a} = 6.4 \times 10^{-7}\text{s}$

$\Rightarrow v_{\max} = \sqrt{2a \cdot \Lambda} = 3.1 \times 10^3\text{m/s} = (\Delta v_z)_{\max}$

交流电压的频率为1kHz，这就说明，电场的周期要远大于 τ，离子的平均速度为 $v = \dfrac{1}{2}v_{\max} = 1.6 \times 10^3\text{m/s}$。

c) 最大调制频率为 $\Delta\nu = \nu_0 \cdot \Delta v_z/c \approx 10^9\text{s}^{-1}$。

它等于吸收谱线的多普勒线宽。

d) 当 $\alpha(\nu_0) = 10^{-6}\text{cm}^{-1}$ 的时候，谱线中心频率 ν_0 处的透射功率为

$P_{\text{t}} = P_0 \cdot \text{e}^{-\alpha z} = P_0 \cdot \text{e}^{-10^{-4}} \approx P_0(1 - 10^{-4})$

在距离 ν_0 为 1GHz 的频率 ν 处，$\alpha(\nu) = \alpha(\nu_0)\cdot\text{e}^{-\frac{1}{0.36}} = \alpha(\nu_0)\cdot\text{e}^{-2.78} \approx 0.06\alpha(\nu_0)$

交流调制功率为 $\Delta P_{\text{t}} = 10\text{mW} \times 0.94 \times 10^{-4} = 0.94\mu\text{W}$

所以，探测信号是 $S = 0.94\text{mV}$。

1.8 a)根据式 (1.19) 有 $\dfrac{\Delta P}{P_0} = \dfrac{g_0}{g_0 - \gamma} \cdot \dfrac{\Delta\gamma}{\gamma + \Delta\gamma}$

利用 $\Delta\gamma = 2L \times \alpha = 8 \times 5 \times 10^{-8} = 4 \times 10^{-7}$，$g_0 = 4 \times 10^{-2}$，$\gamma = 2 \times 10^{-2}$，$P_0 = 1\text{mW}$，可以得到 $\Delta P = 4 \times 10^{-8}\text{W} = 40\text{nW}$。

b) 共振腔内的功率为 $P_{\text{int}} = P_0/T = 10^{-3}/(5 \times 10^{-3})\text{W} = 200\text{mW}$

被吸收的激光功率为 $P_{\text{abs}} = 2L \cdot \alpha \cdot P_{\text{int}} = 4 \times 10^{-7} \times 0.2\text{W} = 8 \times 10^{-8}\text{W}$

每秒钟被吸收的光子数为 $n_{\text{a}} = P_{\text{abs}}/(h \cdot \nu) = 2 \times 10^{11}\text{s}^{-1}$

荧光光子数为 $n_{\text{fl}} = \dfrac{1}{2}n_{\text{a}} = 1 \times 10^{11}\text{s}^{-1}$。

c) 最好用柱状反射镜收集激光产生的荧光，激光束位于柱状反射镜的焦线上，柱状反射镜将线光源成像为一束平行光束，与激光束的方向相反。

可以用球面镜来将光束成像在光阴极上。利用这种构型，收集效率可以达到20% 。照射到光阴极上的荧光光子数为 $0.2 \times 10^{11}\text{s}^{-1} = 2 \times 10^{10}\text{s}^{-1}$，产生的光子的数目就是

$n_{\text{PE}} = 0.15 \times 2 \times 10^{10}\text{s}^{-1} = 3 \times 10^9$ 个光电子 /s。

d) 光电子产生率的统计涨落为 $\delta n_{\text{PE}} = \sqrt{n_{\text{PE}}} \approx 5.5 \times 10^4\text{s}^{-1}$

光电倍增管在阳极的暗电流为 10^{-9}A，对应的阴极电流为 $10^{-9}/G = 10^{-15}\text{A}$

这对应于 $n_{\text{D}} = I_\alpha/e = \dfrac{10^{-15}}{1.6 \times 10^{-19}} = 6.2 \times 10^3$ 个电子 /s

因此，信号电流的散粒噪声大约是暗电流的 9 倍。信噪比为

$n_{\mathrm{PE}}/\sqrt{n_{\mathrm{PE}}} \approx 5 \times 10^4$

如果用一个光电二极管来探测激光功率，信号为

$S = (10\mathrm{V/W}) \times 10^{-3}\mathrm{W} = 10\mathrm{mV}$

激光功率的变化 ΔP 引起的信号变化为

$\Delta S = (10\mathrm{V/W}) \times 4 \times 10^{-8}\mathrm{W} = 4 \times 10^{-7}\mathrm{V}$

如果激光功率可以稳定到 $10^{-3}P_0$，功率涨落为 1μW，相应的信号涨落为 $\delta S = 10\mu\mathrm{V}$，也就是说，它比信号 ΔS 大 25 倍。因此，需要使用锁相探测或者其他抑制噪声的探测技术。

1.9 总势能是库仑势与外电场 $\boldsymbol{E} = -E_0\hat{\boldsymbol{x}}$ 引起的势能 $-E_0 \cdot x$ 的和

$E_{\mathrm{pot}}^{\mathrm{eff}} = -\dfrac{Z_{\mathrm{eff}} \cdot \mathrm{e}^2}{4\pi\varepsilon_0 r} - \mathrm{e} \cdot E_0 \cdot x$。

利用 $x = r \cdot \cos\vartheta$，可以得到，当 $\vartheta = 0$ 的时候，

$E_{\mathrm{pot}}^{\mathrm{eff}} = -\dfrac{Z_{\mathrm{eff}} \cdot \mathrm{e}^2}{4\pi\varepsilon_0 r} - \mathrm{e} \cdot E_0 \cdot r$。

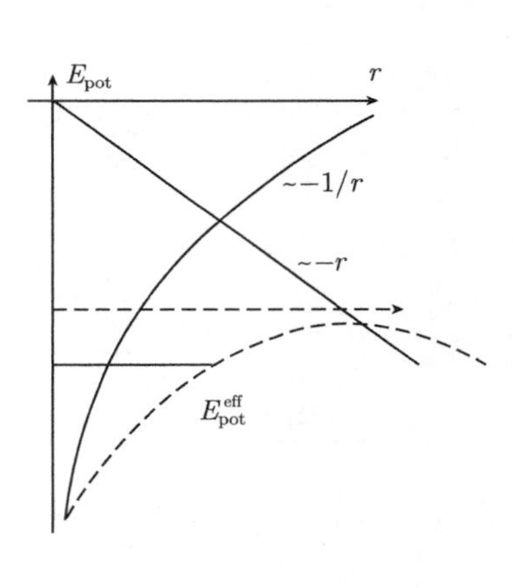

这个函数在 $r = r_{\mathrm{m}}$ 处具有极大值

由 $\mathrm{d}E_{\mathrm{pot}}^{\mathrm{eff}}/\mathrm{d}r = 0$ 可以得到

$$\frac{Z_{\mathrm{eff}} \cdot \mathrm{e}^2}{4\pi\varepsilon_0 r_{\mathrm{m}}^2} - \mathrm{e} \cdot E_0 = 0 \Rightarrow r_{\mathrm{m}} = \left(\frac{Z_{\mathrm{eff}} \cdot \mathrm{e}}{4\pi\varepsilon_0 E_0}\right)^{1/2}$$

$$\Rightarrow E_{\mathrm{pot}}^{\mathrm{eff}}(r_{\mathrm{m}}) = \sqrt{\frac{Z_{\mathrm{eff}} \cdot \mathrm{e}^3 E_0}{\pi\varepsilon_0}}$$

电离势 $IP = E_1 - E_{\mathrm{pot}}(\infty)$ 降低为

$$IP^{\mathrm{eff}} = IP - \sqrt{\frac{Z_{\mathrm{eff}} \cdot \mathrm{e}^3 E_0}{\pi\varepsilon_0}}。$$

第 2 章

2.1 **a)** $F' = 2$ 的上能级的寿命为 $\tau_K = 16\mathrm{ns}$，它的总跃迁几率为

$$A_K = A_{K1} + A_{K2} = \frac{1}{\tau_K} = 6.3 \times 10^7 \mathrm{s}^{-1}$$

两个超精细分量的强度比为 $\dfrac{I(F' = 2 \to F_1'' = 1)}{I(F' = 2 \to F_2'' = 2)} = \dfrac{2F_1'' + 1}{2F_2'' + 1} = \dfrac{3}{5}$

这就给出了爱因斯坦系数 $A_{K1} = \dfrac{3}{8}A_K; A_{K2} = \dfrac{5}{8}A_K$

Na 原子穿过 $d = 0.01\mathrm{cm}$ 的激光束的渡越时间为 $t_{\mathrm{T}} = d/\bar{v} = \dfrac{10^{-2}}{5 \times 10^4}\mathrm{s} = 2 \times 10^{-7}\mathrm{s}$

弛豫到下能级 $F''=1$ 的总弛豫速率为

$R(F''=1)=N\cdot A+n_K(F'=2)\cdot A\cdot d\cdot A_{K1}$

其中，$N\cdot A=n(F''=1)\cdot A\cdot v$ 是能级 $F''=1$ 能级上通过焦区面积 $A=0.2\times 0.01\text{cm}^2$ 的原子流，$n[\text{cm}^{-3}]$ 是原子密度，$d=0.01\text{cm}$ 是穿过聚焦激光束的路径长度。根据式 (2.20)，饱和强度为

$I_{\text{S}}=2\sqrt{2}\cdot h\nu(A_{K1}+1/t_{\text{T}})/\lambda^2=2.8hc(A_{K1}+1/t_{\text{T}})/\lambda^3=77\text{W/m}^2$

其中，$t_{\text{T}}=d/\bar{v}$

所需的激光功率为 $P=I\cdot A=15.4\mu\text{W}$。

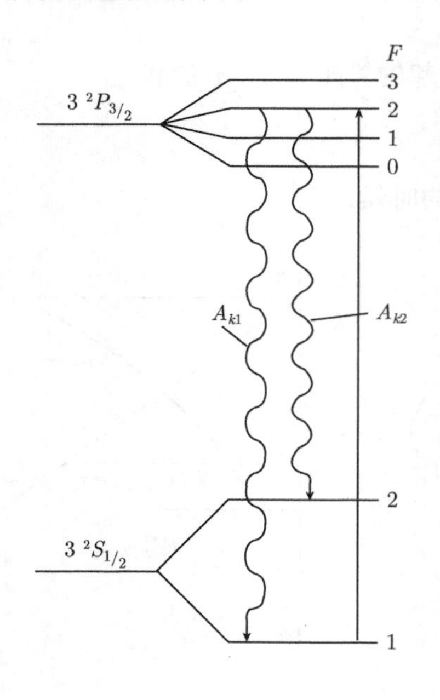

b) 此时，多普勒宽度要大于上能级的超精细劈裂。压强展宽为 250MHz。$F''=1$ 的超精细下能级可以被来自于 $F'=0,1,2$ 的超精细上能级的粒子填充，或者通过碰撞被这些能级以及 $F''=2$ 能级的粒子填充。能级 $F''=1$ 的总填充速率为辐射转移速率 $R_{\text{rad}}=N_2'A_{21}+N_1'A_{11}+N_0'A_{01}=(5A_{21}+3A_{11}+A_{01})N'/9\approx A_k\cdot N_K$ 与碰撞转移速率之和。

因为碰撞展宽要大于自然线宽和超精细劈裂，我们假设所有的超精细能级都是按照其统计权重 $(2F+1)$ 均匀占据的。碰撞再填充几率为

$R_{\text{coll}}=2\pi\times 2.5\times 10^8\text{s}^{-1}\approx 1.5\times 10^9\text{s}^{-1}$

这就给出了饱和强度

$$I_{\text{S}}=\frac{2.8hc}{\lambda^3}(A_K+R_{\text{coll}})=4.3\times 10^3\text{W/m}^2$$

激光功率为 $P=I\cdot A=8.6\times 10^{-4}\text{W}=0.86\text{mW}$。

2.2 透射功率为 $P_{\text{t}}=P_0\cdot \text{e}^{-N_i\sigma x}$

根据 $p=1\text{mbar}=10^2\text{Pa}$，可以得到 $n=p/kT=2.4\times 10^{22}\text{m}^{-3}$

吸收原子的密度为 $n_i=2.4\times 10^{16}\text{cm}^{-3}$

由此可以得到，当 $x=1\text{cm}$ 的时候，$P_{\text{t}}=P_0\cdot \text{e}^{0.024}$，所以

$$\frac{\Delta P}{P_0}=\frac{(P_{\text{t}}-P_0)}{P_0}\approx 0.024$$

被吸收的光子数为 $n_{\text{a}}=\dfrac{1}{3}\dfrac{\Delta P\cdot\Delta T}{h\nu}=3.6\times 10^{11}$ 个光子 $/\text{cm}^3$

因子 1/3 是因为激光带宽是吸收线宽的三倍

所以，被激发原子的比率就等于 $\dfrac{n_{\mathrm{a}}}{n_i}=\dfrac{3.6\times10^{11}}{2.4\times10^{17}}=9.5\times10^{-7}$。

2.3 因为克拉默斯–克勒尼希关系，折射率的变化 Δn 与吸收系数的变化 $\Delta\alpha$ 有关，$\Delta n=\dfrac{2c}{\omega_0}\Delta\alpha$

σ^+ 和 σ^- 分量之间的相移为 $\Delta\phi=\dfrac{\omega\cdot L}{c}\Delta n=2L\cdot\Delta\alpha=2\times10^{-2}\alpha_0\cdot L$

$\Rightarrow\Delta\phi=2\times10^{-2}\times5\times10^{-2}=10^{-3}$

偏振面的变化角度为 $\Delta\varphi=\dfrac{1}{2}\Delta\phi=\dfrac{1}{2}\times10^{-3}\mathrm{rad}\doteq0.03°$。

2.4 每秒钟探测到的荧光光子数为 $n_{\mathrm{fl}}=0.05\cdot0.2\cdot n_{\mathrm{a}}/2$

其中，n_{a} 为激光光子被吸收的速率

入射激光光子的速率为

$n_{\mathrm{ph}}=(I/h\nu)\cdot A=10^{-1}/(6.6\times10^{-34}\times5\times10^{14})\times\pi\times10^{-8}=3\times10^{12}\mathrm{s}^{-1}$

其中，$A=\pi w_0^2$ 是激光束的截面

每个原子的吸收几率为

$P_{\mathrm{if}}=\sigma\cdot n_{\mathrm{ph}}/A=a\cdot I\cdot n_{\mathrm{ph}}/A=a\cdot h\nu n_{\mathrm{ph}}^2/A^2=6\times10^{-4}$

这就给出，吸收光子数为激发原子数的一半

$n_{\mathrm{a}}=n\cdot A\cdot L\cdot P_{\mathrm{if}}=10^{12}\times\pi\times10^{-4}\times1\times6\times10^{-4}=1.9\times10^5\mathrm{s}^{-1}$

$\Rightarrow n_{Fl}=10^{-2}\times\dfrac{1}{2}\times1.9\times10^5=9.5\times10^2\mathrm{s}^{-1}$

如果光电阴极的探测效率为 20%，那么计数率为每秒钟 1.9×10^2 个计数。

2.5 饱和信号正比于 $\alpha^0-\alpha_S$，其中，α 是吸收系数

$(\alpha^0-\alpha_S)\propto S\cdot\alpha^0$

对于跃迁 $(F''=1\rightarrow F'=1)$ 来说，饱和参数为 $S_1=2$。

两个跃迁 $(F''=1\rightarrow F_1'=1)$ 和 $(F''=1\rightarrow F_2'=2)$ 的跃迁几率比 R 为

$R=\dfrac{2F_1'+1}{2F_2'+1}=\dfrac{3}{5}$

因此，饱和参数 $S_2=\dfrac{5}{3}\cdot S_1=3.3$

饱和信号幅度 A 为 $(\Delta N_0-\Delta N)\cdot I\propto\Delta N_0\cdot S\cdot I$

对于交叉穿过的信号来说，在每一个跃迁上，只有 $I/2$ 起作用。因此，饱和参数为 $S_1/2$ 和 $S_2/2$

$A_{\mathrm{co}}=\dfrac{\Delta N_0}{2}(S_1+S_2)\cdot I/2=\dfrac{\Delta N_0}{4}(2+3.3)I=\dfrac{5.3}{4}\Delta N_0I$

而饱和信号为 $A_1=2\Delta N_0I$ 和 $A_2=3.3\Delta N_0I$

$A_{\mathrm{co}}=\dfrac{1}{4}(A_1+A_2)$。

2.6 线宽 γ 主要决定于氢原子穿过激光束的渡越时间

$$t_{\rm T} = d/\bar{v} = \frac{10^{-3}}{10^3}{\rm s} = 10^{-6}{\rm s} \Rightarrow \gamma = \frac{1}{t_{\rm T}} = 10^6{\rm s}^{-1}$$

根据 $h\nu = \frac{1}{2}[E(2S_{1/2}) - E(1S_{1/2})]$，可以得到 $\nu = 1.23 \times 10^{15}{\rm s}^{-1}$

$$\Rightarrow P_{\rm if} = \sigma_0^2 \frac{I^2}{(\gamma \cdot h\nu)^2} = 1.5 \times 10^{-6}$$

所以，全部原子的 1.5×10^{-6} 部分被激发到 $2\ ^2S_{1/2}$ 能级。

第 3 章

3.1 激光的输出功率为 P，聚焦面积为 A, 入射光子流密度为

$$N_{\rm ph} = \frac{P}{h\nu \cdot A} = 2.5 \times 10^{21} \text{ 个光子 } /({\rm s\ cm^2})$$

体积 V 内的分子密度为 $N_{\rm i}$，光子散射的速率为

$$N_{\rm sc} = N_{\rm ph} \cdot N_{\rm i} \cdot V \cdot \sigma = 1.25 \times 10^{-11} N_{\rm i}$$

光电子的产生率为

$$N_{\rm PE} = \delta \cdot \eta \cdot N_{\rm sc} = 0.1 \times 0.25 \times 1.25 \times 10^{-11} N_{\rm i}/s = 3.1 \times 10^{-13} N_{\rm i}/s$$

这个数值应该大于 30，因此

$$N_{\rm i} > \frac{30}{3.1 \times 10^{-13}}{\rm cm}^{-3} = 9.7 \times 10^{13}{\rm cm}^{-3}$$

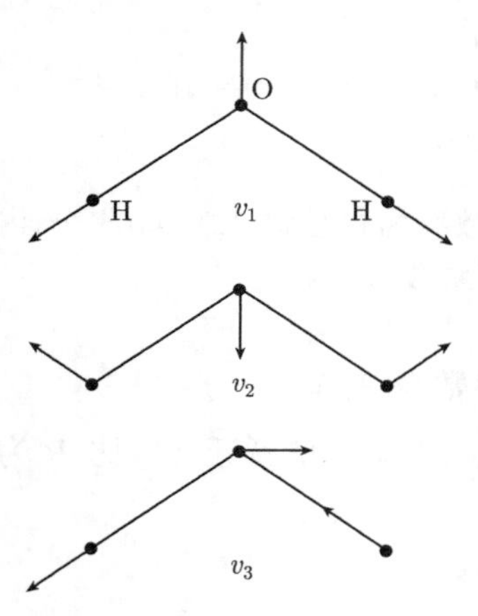

3.2 水分子 H_2O 的 $3N - 6 = 3$ 个正则模式为：对称的拉伸 v_1，弯曲振动 v_2 和非对称的拉伸 v_3。

这三种正则振动都会改变极化度，因此，它们都具有拉曼活性。因为 v_1 和 v_2 改变电偶极矩的大小而 v_3 改变电偶极矩的方向，振动 v_1、v_2 和 v_3 也都具有红外活性。

3.3 光子散射的速率为 (见习题 3.1)

$$N_{\rm sc} = N_{\rm ph} \cdot N_{\rm i} \cdot V \cdot \sigma$$

$$N_{\rm ph} = \frac{10{\rm W}}{h\nu \cdot A} = 2.4 \times 10^{21} \text{ 个光子 } /({\rm s\ cm^2})$$

$$N_{\rm i} \cdot V = 10^{21} \Rightarrow N_{\rm sc} = 2.4 \times 10^{21} \times 10^{21} \times 10^{-29}/{\rm s} = 2.4 \times 10^{13}/{\rm s}$$

每秒钟释放的能量为

$$dW_{\rm H}/dt = N_{\rm sc} \cdot h(\nu_{\rm i} - \nu_{\rm S}) = N_{\rm sc} \cdot h \cdot c \cdot (\bar{\nu}_{\rm i} - \bar{\nu}_{\rm S}) = N_{\rm sc} \cdot hc \cdot 10^5{\rm W} = 4.75 \times 10^{-7}{\rm W}$$

如果激光波长接近于共振吸收谱线，那么额外的热量为

$$\left(\frac{dW_{\rm H}}{dt}\right)_{\rm abs} = P_0(1 - {\rm e}^{-\alpha x}) \approx P_0(1 - {\rm e}^{-0.1 \cdot 0.5}) \approx P_0 \cdot 0.05 = 0.5{\rm W}。$$

3.4 拉曼光子数为 $N_{\mathrm{sc}} = N_{\mathrm{ph}} \cdot N_{\mathrm{i}} \cdot V \cdot \sigma$

$$N_{\mathrm{ph}} = \frac{P_{\mathrm{L}}}{h\nu \cdot A} = \frac{1}{1.6 \times 10^{-19} \times 2.2\pi \times 25 \times 10^{-4}}\mathrm{cm}^{-2} = 10^{18}\mathrm{s}^{-1}$$

$N_{\mathrm{i}} = 10^{21}\mathrm{cm}^{-3}; V = L \cdot \pi R^2 = 0.78\mathrm{cm}^3; \sigma = 10^{-30}\mathrm{cm}^2 \Rightarrow N_{\mathrm{sc}} = 7.8 \times 10^8/\mathrm{s}$

在光纤出口处，$\lambda_{\mathrm{S}} = 550\mathrm{nm}$ 的拉曼辐射强度为

$$I = \frac{N_{\mathrm{sc}} \cdot h\nu}{\pi R^2} = 3.2 \times 10^{-6} W/\mathrm{cm}^2 = 0.127\mathrm{W/cm}^2。$$

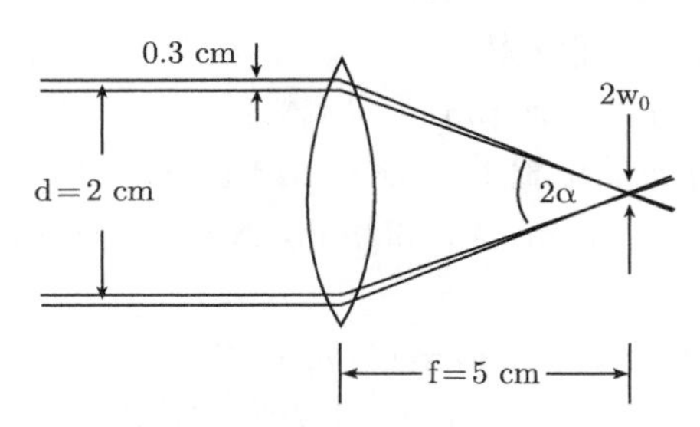

3.5 在焦平面处，衍射限制的入射光束的束腰为 $w_0 = \dfrac{f \cdot \lambda}{\pi w_{\mathrm{S}}}$

其中，$w_{\mathrm{S}} = \dfrac{1}{2} \times 3\mathrm{mm}$ 是透镜处的束腰

利用 $f = 5\mathrm{cm}$，可以得到 $w_0 = 5.3 \times 10^{-4}\mathrm{cm} = 5.3\mu\mathrm{m}$

角度 α 决定于 $\tan\alpha = \dfrac{d/2}{f} = \dfrac{1}{5} = 0.2$

$\Rightarrow \alpha = 11.31° t \leqslant 0.1\mathrm{mm}$

重叠区的长度由下式决定

$$l \cdot \tan\alpha \leqslant 4w_0 \Rightarrow l \leqslant \frac{4 \times 5.3 \times 10^{-4}}{0.1}\mathrm{cm} = 2 \times 10^{-2}\mathrm{cm} = 0.2\mathrm{mm}。$$

第 4 章

4.1 a) 只有 $v_{\parallel}$ 才能引起多普勒展宽和多普勒位移 $v_{\parallel} = v \cdot \cos\alpha$

谱线中心的多普勒位移

$$\omega' = \omega_0 + (v_{\parallel}/c)\omega_0 = \omega_0(1 + (v/c)\cos 45°) = \omega_0\left(1 + \frac{1}{2}\sqrt{2}v/c\right)$$

吸收线形为 $\alpha(\omega) = \alpha_0 \exp\{-[(\omega - \omega')/\delta\omega_{\mathrm{D}}]^2\}$

$\delta\omega_{\mathrm{D}} = 2\sqrt{\ln 2} \cdot \omega_0 \cdot \cos\alpha \cdot v_{\mathrm{p}}/c$

其中，v_{p} 是最可几速度

$\delta\omega_{\mathrm{D}} = \cos\alpha \cdot (\omega_0/c)\sqrt{8kT_{\mathrm{eff}}\ln 2/m}$。

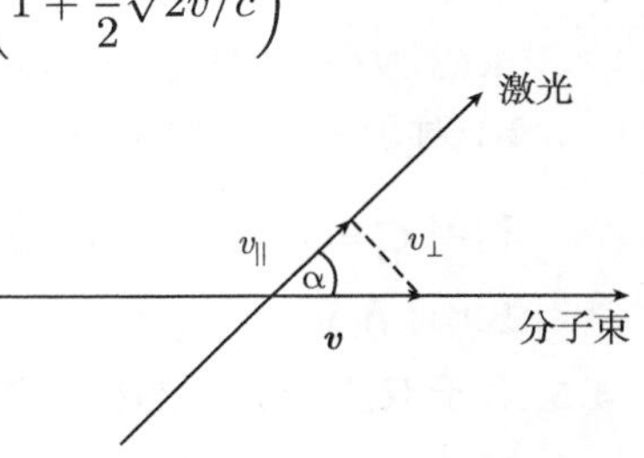

b) 对一束发散角为 $\varepsilon = 5°$ 的分子束来说，还有其他的展宽。速度分量 $v_{\parallel}$ 有两种贡献 $v_{\parallel} = v\cos\alpha + v_{\perp}\sin\alpha$

利用 $v_{\perp}=v\tan\varepsilon\Rightarrow v_{\parallel}=v(\cos\alpha+\sin\alpha\cdot\tan\varepsilon)=v\left(\frac{1}{2}\sqrt{2}\pm\frac{1}{2}\sqrt{2}\cdot 0.09\right)$

因为 ε 的变化范围是从 $-5°$ 到 $+5°$，平行分量 $v_{\parallel}$ 的变化范围是

$0.643v\leqslant v_{\parallel}\leqslant 0.771v$

谱线中心的额外位移可以忽略不计，额外的展宽为

$\delta\omega_0=2\sqrt{\ln 2}\omega_0\cos\alpha(v_{\rm p}/c)(1+\sqrt{2}\cdot 0.09)$。

4.2 只有速度分量 $v_x<\Delta\omega_h/k=2\pi\Delta\nu_h/k=\lambda\cdot\Delta\nu_h$

的分子才能够吸收单色激光辐射

利用 $v_x=v\tan\varepsilon$，可以得到 $\tan\varepsilon\leqslant\lambda\cdot\Delta\nu_h/v$

在到喷嘴的距离为 d 的位置上，$\Delta x=2d\cdot\tan\varepsilon\Rightarrow\Delta x\leqslant 2d\cdot\lambda\cdot\Delta\nu_h/v$

将下列数值代入，$d=10\text{cm}$，$\lambda=500\text{nm}$，$\Delta\nu_h=10\text{MHz}$，$v=500\text{m/s}$，可以得到，$\Delta x\leqslant 0.2\text{cm}$。

4.3 **a)** 热分子束的速度分布为 $n(v)=C\cdot v^2\cdot{\rm e}^{-mv^2/2kT}$

其中，$n(v)$ 是密度，$v=v_z$ 是沿分子束方向的速度分量，C 是一个常数因子。

$\omega_{\rm a}=\omega_0(1-v_z/c)\Rightarrow v=v_z=(\omega_0-\omega_{\rm a})\cdot c/\omega_0$

可以得到 ($\omega_{\rm a}=\omega$ 是运动速度为 v 的分子的吸收频率)

$\alpha(\omega)\propto n(\omega)=C^*(\omega_0-\omega)^2\cdot{\rm e}^{-\frac{m}{2kT}[(\omega_0-\omega)\cdot c/\omega_0]^2}$

它与高斯分布的差异在于因子 $(\omega_0-\omega)^2$。相对于静止分子的吸收频率 ω_0，它是不对称的。

b) 对于完全饱和来说，吸收正比于分子流 $N=n\cdot V$，而不是正比于观察区间内的分子密度 n。因此 $N(v)=C\cdot v^3{\rm e}^{-mv^2/2kT}$

$\alpha(\omega)=C^*(\omega_0-\omega)^3{\rm e}^{-\frac{m}{2kT}[(\omega_0-\omega)\cdot c/\omega_0]^2}$。

4.4 **a)** 从 z_1 到 z_2 的飞行时间为 $t=d/v\Rightarrow{\rm d}t=-(d/v^2){\rm d}v$

速度分布为 $N(v){\rm d}v=C\cdot u^3\cdot{\rm e}^{-m(v-u)^2/2kT}{\rm d}v$

其中，u 是流速度，$u=\bar{v}$

利用 $t_0=d/u$ 和 $t=d/v\Rightarrow{\rm d}t=-(d/v^2){\rm d}v$，可以得到

$$N(t){\rm d}t=C\left(\frac{d^3}{t_0^3}\cdot\frac{v^2}{d}\right)\cdot{\rm e}^{-\frac{m}{2kT}\left(\frac{d}{t}-\frac{d}{t_0}\right)^2}{\rm d}t=C\left(\frac{d^4}{t^2t_0^3}\right)\cdot{\rm e}^{-\frac{d^2\cdot m}{2kT}\left(\frac{t_0-t}{t_0\cdot t}\right)^2}{\rm d}t$$

虽然 $N(v)$ 相对于 u 是对称的，但是，因子 $1/t^2$ 使得 $N(t)$ 相对于 u 不对称。

b) 对于三角近似来说 $N(v)=a(u-10|u-v|)$，其中，$0.9u\leqslant v\leqslant 1.1u$

利用 $C=a\cdot d/t_0$ 可以得到 $N(t)/{\rm d}t=C\cdot\dfrac{t^2}{d}(1-10|1-\dfrac{t_0}{t}|){\rm d}t$

其中，$0.9t_0\leqslant t\leqslant 1.1t_0$，当 $t=0.9t_0$ 和 $t=1.1t_0$ 的时候，$N(t)=0$。

4.5 对于双原子分子的振动能级来说，$g_i=1$

因此，$N(v'')=(N/Z){\rm e}^{-E_{\rm vib}/kT_{\rm vib}}$

当 $v''=0$ 的时候，$N(v''=0)=(N/Z)\mathrm{e}^{-hc\omega_\mathrm{e}/(2kT_\mathrm{vib})}$

配分函数为 $Z=\sum \mathrm{e}^{-hc(n+1/2)\omega_\mathrm{e}/kT}=(1-\mathrm{e}^{-hc\omega_\mathrm{e}/kT})^{-1}$

$\Rightarrow \dfrac{1}{Z}=0.88 \Rightarrow N(v''=0)=0.88N\times 0.34=0.3N$

在 $T=100\mathrm{K}$ 的时候，全部分子的 30% 都位于最低的振动能级 $v''=0$ 上

当 $v''=1$ 的时候，$\mathrm{e}^{-hc\omega_\mathrm{e}\cdot 3/(2kT_\mathrm{vib})}=0.04\Rightarrow N(v''=1)=0.034N$

只有 3.4% 的分子位于 $v''=1$ 的振动能级之上

对于转动分布，我们假定 T_tot 不依赖于 v''。因此

$N(J''=20)=[(2J''+1)/Z_{rot}]\cdot N_\mathrm{rot}\cdot \mathrm{e}^{-E_\mathrm{rot}/kT_\mathrm{rot}}$

$\mathrm{e}^{-E_\mathrm{rot}/kT_\mathrm{rot}}=\mathrm{e}^{-J(J+1)\cdot hcBe/kT_\mathrm{rot}}=\mathrm{e}^{-20\cdot 21\cdot hc\cdot 0.15/k\cdot 10}=\mathrm{e}^{-9.04}=1.2\times 10^{-4}$

$\Rightarrow N(J''=20)=\dfrac{N_\mathrm{rot}\cdot 41}{46}\times 1.2\times 10^{-4}=1.07\times 10^{-4}N_\mathrm{rot}$

因为 $Z_\mathrm{rot}=\dfrac{kT_\mathrm{rot}}{hcB}=46$，所以

$N_i(v_i''=0,J_i''=20)=0.3\times 1.07\times 10^{-4}N=3.2\times 10^{-5}N$

根据 $\mathrm{d}N(J)/\mathrm{d}J=0$，可以得到占据数最大的转动能级为 $J(N_\mathrm{rot}^\mathrm{max})=4$

$N_i(J_i''=4,v_i''=0)=0.475N$。

第 5 章

5.1 线偏振激光只激发 $M=0$ 的能级 $|2\rangle$

$\dfrac{\mathrm{d}N_2}{\mathrm{d}t}=R_1N_1-(R_2+R_3)N_2=0$

其中，R_1 是激发速率，R_2 是碰撞诱导的混合速率，R_3 是自发衰变速率

$\Rightarrow \dfrac{N_2}{N_1}=\dfrac{R_1}{R_2+R_3}=\dfrac{10^7}{5\times 10^6+10^8}=9.5\times 10^{-2}$

$\dfrac{\mathrm{d}N_3}{\mathrm{d}t}=R_2N_2-R_3N_3=0\Rightarrow \dfrac{N_3}{N_2}=\dfrac{R_2}{R_3}=\dfrac{5\times 10^6}{10^8}=0.05$

这样一来，准直就等于

$A=\dfrac{N_2-N_3}{N_2+N_3}=\dfrac{1-N_3/N_2}{1+N_3/N_2}=\dfrac{1-2\times 0.05}{1+2\times 0.05}=\dfrac{0.9}{1.1}=0.82$

其中，因子 2 是因为能级 $M=+1$ 和 $M=-1$ 的占据数相同。

5.2 光学泵浦几率为

$P_{12}\propto |D\cdot E|^2=D^2E^2\cdot\cos^2\alpha$

只有 $M=0$ 的上能级能够被激发。在没有碰撞混合的情况下，因为 $N_3=0$，准直为 $A=1$ (见问题 5.1)

跃迁 $|1\rangle\to|2\rangle$ 的饱和参数为 $S=\dfrac{2\sigma_{12}\cdot I(\omega)}{\hbar\omega\cdot A_{12}}$

其中，$\sigma_{12}=10^{-13}\mathrm{cm}^2$，$I(\omega)=1\mathrm{W/cm}^2$，$\hbar\omega=4\times 10^{-19}\mathrm{Ws}$，$A_{21}=5\times 10^6\mathrm{s}^{-1}$，

由此可以得到 $S=0.1$。

5.3 **a)** 作用在分子上的力为 $F=\frac{\mathrm{d}\boldsymbol{B}}{\mathrm{d}x}\cdot\mu$

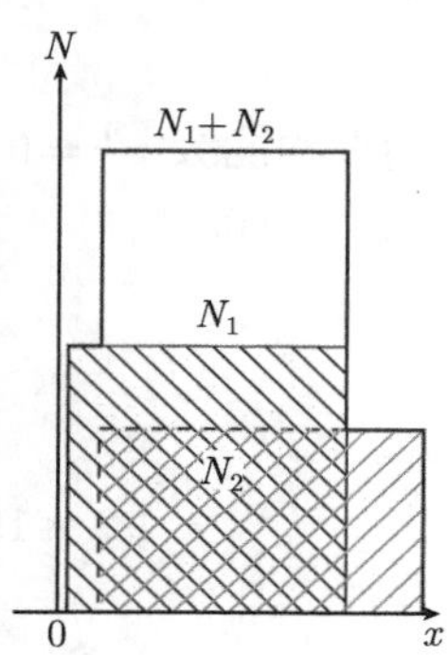

在 x 方向的加速度为 $a=F/m$。经过飞行时间 t 之后，偏移 Δx 等于

$$\Delta x=\frac{1}{2}at^2=\frac{1}{2}a\left(\frac{L}{v}\right)^2=\frac{1}{2m}\left(\frac{\mathrm{d}\boldsymbol{B}}{\mathrm{d}x}\right)\mu\cdot\frac{L^2}{v^2}$$

偏转角 θ 为 $\tan\theta=\frac{\Delta x}{L}=\frac{1}{2m}\left(\frac{\mathrm{d}\boldsymbol{B}}{\mathrm{d}x}\right)\mu\cdot\frac{L^2}{v^2}$

代入数值可以得到

$\tan\theta=1.76\times10^{-2}\Rightarrow\theta=1.04°$。

b) 磁场开始的位置与探测器之间的距离为 $d=(0.1+0.5)\mathrm{m}=0.6\mathrm{m}$

如果 $N_0(x=0)$ 为直方分布，那么 $N(x=d)$ 也是直方分布，只是在 x 方向偏转了一定角度 ϑ，也就是说，如果宽度 $\Delta x(d=0)$ 可以忽略不计的话，当 $-d\cdot(\varepsilon-\vartheta)\leqslant x\leqslant d(\varepsilon+\vartheta)$ 的时候，$N(x=d)=a\cdot N_0$，否则的话，$N=0$。分布的宽度为 $\Delta x=2d\cdot\varepsilon=120\cdot0.017=2.0\mathrm{cm}$。

c) $N_1(x)$ 的线形为

$-50\cdot(0.0175-0.0176)\leqslant x\leqslant 50\cdot(0.0175+0.0176)$

$\Rightarrow +5\times10^{-3}\leqslant x\leqslant 1.75\mathrm{cm}$

利用 $\tan\vartheta=1.98\times10^{-2}$，可以得到 N_2 的线形为

$10^{-2}\cdot50\cdot0.23\leqslant x\leqslant 50\cdot3.73\times10^{-2}\mathrm{cm}$

$\Rightarrow 0.115\mathrm{cm}\leqslant x\leqslant 1.86\mathrm{cm}$

当 $N_1=N_2$ 的时候，两个直方线形的高度相同。

5.4 在稳态条件下，可以得到

$$\frac{\mathrm{d}N_k}{\mathrm{d}t}=R_{ik}N_i-N_k\left(\frac{1}{\tau_k}+5\times10^7\mathrm{s}^{-1}\right)=0\Rightarrow\frac{N_k}{N_i}=\frac{R_{ik}}{10^8+5\times10^7}$$

$$\Rightarrow\frac{N_k}{N_i}=\frac{2}{3}\cdot10^{-8}R_{ik}$$

对于低能级 $|i\rangle$，可以得到

$$\frac{\mathrm{d}N_i}{\mathrm{d}t}=0=-R_{ik}\cdot N_i+R_{\mathrm{coll}}(N_{i0}-N_i)$$

其中，N_{i0} 是没有光学泵浦时的粒子数

$$\Rightarrow\frac{N_i}{N_{i0}}=\frac{R_{\mathrm{coll}}}{R_{ik}+R_{\mathrm{coll}}}=0.8\Rightarrow R_{ik}=0.25R_{\mathrm{coll}}=1.25\times10^7\mathrm{s}^{-1}$$

$$\Rightarrow\frac{N_k}{N_i}=\frac{2}{3}\times10^{-8}\times1.25\times10^7=8.3\times10^{-2}=0.083$$

在没有光学泵浦的时候，靠近基态 $|n\rangle$ 的能级 $|i\rangle$ 几乎具有相同的热占据粒子数。因此，在光学泵浦的时候，粒子数的差别为 $\Delta N = N_n - N_i = 0.2N_{i0}$。在没有光学泵浦的时候，所有的高能级都没有被占据。

在光学泵浦的时候，$N_k = 0.083N_i = 0.066N_{i0}$。因此，微波信号比基态增大了一个因子 $0.2/0.066 = 3$。

5.5 激发速率为 $R_{\text{exc}} = N_i \cdot (I/h\nu) \cdot \sigma_{ik}$

能级 $|i\rangle$ 的再填充速率为 $R_{\text{ref}} = 10^7(N_{i0} - N_i)$

其中，N_{i0} 是没有泵浦激光时的粒子数

在稳态条件下，可以得到

$$\frac{\mathrm{d}N_i}{\mathrm{d}t} = 0 = -R_{\text{exc}} + R_{\text{ref}} \Rightarrow N_i[(I/h\nu)\sigma_{ik} + 10^7\text{s}^{-1}] = 10^7\text{s}^{-1} \cdot N_{i0}$$

$$\Rightarrow \frac{N_i}{N_{i0}} = \frac{10^7}{(I/h\nu)\sigma_{ik} + 10^7\text{s}^{-1}} = \frac{1}{2}$$

$$\Rightarrow (I/h\nu)\sigma_{ik} = 10^7\text{s}^{-1}$$

$$\Rightarrow I = \frac{10^7 \times 6.6 \times 10^{-34} \times 3 \times 10^8}{10^{-18} \times 5 \times 10^{-7}}\text{W/m}^2 = 4 \times 10^6\text{W/m}^2 = 400\text{W/cm}^2。$$

5.6 a) 选择能量标尺使得 $E(r = \infty) = 0$，里德伯能级的能量为 $E_n = -\dfrac{Ry \cdot hc}{(n-\delta)^2}$

当 $n = 50$ 和 $\delta = 2.18$ 的时候，$E_n = -9.5 \times 10^{-22}J = 5.9 \times 10^{-3}\text{eV}$。

b) 根据式 (5.12)，在强度为 E_0的外电场中，原子的表观势为 $AP = +IP - \sqrt{\dfrac{\mathrm{e}^3 E_0}{\pi\varepsilon_0}}$

当 $AP = 0$ 的时候发生场电离 $\Rightarrow \sqrt{\dfrac{\mathrm{e}^3 E_0}{\pi\varepsilon_0}} = IP = 9.5 \times 10^{-22}\text{J}$

$$\Rightarrow E_0 = \frac{(IP)^2\pi\varepsilon_0}{\mathrm{e}^3} = 6.1 \times 10^3\text{V/m}。$$

c) $h \cdot \nu = Ry \cdot hc\left(\dfrac{1}{(n-\delta_1)^2} - \dfrac{1}{(n-\delta_2)^2}\right)$

$$\Rightarrow \omega_{\text{rf}} = 2\pi Ry \cdot c\left(\frac{1}{47.82^2} - \frac{1}{48.29^2}\right) = 2\pi \cdot 28 \times 10^9\text{s}^{-1}$$

$\nu_{\text{rf}} = 28\text{GHz}$

5.7 根据式 (5.18)，线宽为 $\Delta\Gamma = \gamma_3 + [(k_2/k_1)\gamma_1 + (1 \mp k_2/k_1)\gamma_2]\sqrt{1+S}$

当 $\lambda_1 = 580\text{nm}$，$\lambda_2 = 680\text{nm}$ 的时候，$k_2/k_1 = \lambda_1/\lambda_2 = 0.85$

能级的自然宽度为 $\gamma_{n1} = 0, \gamma_{n3} = 0, \gamma_2 = \dfrac{2\pi}{\tau_2} = 6.3 \times 10^8\text{s}^{-1}$

速度为 v 的分子穿过束腰为 w 的高斯光束，渡越时间导致的展宽为

$\delta\omega_{\mathrm{tr}} = 2(v/w)\cdot\sqrt{2\ln 2} \approx 2.4\cdot v/w$。渡越时间为 $t_{\mathrm{tr}} = w/v$。

能级宽度为 $\gamma_1 = \dfrac{2\pi}{\tau_1} + \delta\omega_{\mathrm{tr}} = 0 + 8\times 10^7\mathrm{s}^{-1}$

$\gamma_2 = \dfrac{2\pi}{\tau_2} + \delta\omega_{\mathrm{tr}} = (6.3\times 10^8 + 8\times 10^7)\mathrm{s}^{-1} = 7.1\times 10^8\mathrm{s}^{-1}$

$\gamma_3 = 0$，因为跃迁 $2\to 3$ 是一个受激拉曼过程，渡越时间导致的展宽没有影响

$\Rightarrow \Delta\varGamma = [0.85\times 8\times 10^7 + (1\mp 0.85)\times 7.1\times 10^8]\mathrm{s}^{-1}$，此时 $\mathrm{S}=0$

a)在共线同向传播的情况下，应该使用负号

$\Delta\varGamma_{\mathrm{coll}}/2\pi = 1.75\times 10^8\mathrm{s}^{-1} \Rightarrow \Delta\nu = \Delta F_{\mathrm{coll}}/2\pi = 2.78\times 10^7\mathrm{s}^{-1}$

信号的线宽为 27.8MHz。它比自然线宽大约小 4 倍

b)在反平行的时候，应该使用加号

$\Delta\varGamma_{\mathrm{anticoll}} = 1.38\times 10^9\mathrm{s}^{-1} \Rightarrow \Delta\nu_{\mathrm{anticoll}} = 220\mathrm{MHz}$。

第 6 章

6.1 当 $U=0$ 的时候，如果泡克耳斯盒的透射率达到最大值，那么透射率 $T(\theta)$ 为 $T = T_0\cos^2\theta$

偏振面的转动角 θ 正比于外加的电压

$\theta = a\cdot U \Rightarrow T = T_0\cos^2(a\cdot U)$

$U = 2k\mathrm{V} \Rightarrow T = 0 \to a\cdot U = \pi/2 \Rightarrow a = \dfrac{\pi}{2\cdot 2\times 10^3}V^{-1} = 7.8\times 10^{-4}V^{-1}$

为了防止激光振荡，总损耗必须大于增益

$\Rightarrow G_a\cdot T_0\cos^2 aU < 0.3$

$\Rightarrow \cos aU \leqslant 0.178$

$\Rightarrow a\cdot U = 1.4 \Rightarrow U = 1.8\mathrm{kV}$。

6.2 $f(x) = \mathrm{e}^{-ax^2}$ 的傅里叶变换为 $F(t) = \dfrac{1}{\sqrt{2a}}\mathrm{e}^{-t^2/4a}$

多普勒线形为 $f(v) = C\cdot\mathrm{e}^{-\frac{(\nu-\nu_0)^2}{0.36\delta\nu_{\mathrm{D}}^2}} \Rightarrow a = \dfrac{1}{0.36\delta\nu_{\mathrm{D}}^2}, x = (\nu-\nu_0)$

$\Rightarrow F(t) = \dfrac{\sqrt{0.36}\delta\nu_{\mathrm{D}}}{\sqrt{2}}\mathrm{e}^{-0.09\delta\nu_{\mathrm{D}}^2 t^2}$

利用 $\delta\nu_{\mathrm{D}} = 8\times 10^9\mathrm{s}^{-1}$，可以得到 $F(t) = C^*\cdot\mathrm{e}^{-5.76\times 10^{18}t^2}$

半高宽为 $\Delta t = 2\sqrt{\dfrac{\ln 2}{5.76\times 10^{18}}} = 0.7\times 10^{-9}\mathrm{s} = 0.7\mathrm{ns}$。

6.3 **a)** $\Delta z = \dfrac{c}{n}\cdot\tau = 10^{-4}\mathrm{m} = 100\mu\mathrm{m}$。

b) 脉冲的谱宽 $\Delta\nu$ 为 $\Delta\nu = \dfrac{1}{\tau} = 2\times 10^{12}\mathrm{s}^{-1}$

$\Rightarrow \Delta\lambda = -\dfrac{c}{\nu^2}\Delta\nu = -\dfrac{\lambda^2}{c}\Delta\nu = 2.4 \times 10^{-9}\text{m}$

$\Delta n = \dfrac{\mathrm{d}n}{\mathrm{d}\lambda}\Delta\lambda = 10^3 \cdot 2.4 \times 10^{-7} = 2.4 \times 10^{-4}$

色散引起的时间谱线的展宽为 $\Delta\tau = z_1\left(\dfrac{n+\Delta n}{c} - \dfrac{n}{c}\right) = z_1 \cdot \dfrac{\Delta n}{c}$

$\Rightarrow z_1 = c \cdot \dfrac{\Delta\tau}{\Delta n} = \dfrac{3 \times 10^8 \cdot 5 \times 10^{-13}}{2.4 \times 10^{-4}}\text{m} = 0.625\text{m}$

c) $\omega = \omega_0 - A\dfrac{\mathrm{d}I}{\mathrm{d}t}$

$A = n_2\omega \cdot \dfrac{z_1}{c} = n_2\dfrac{2\pi}{\lambda}z_1 = 6.54 \times 10^{-14}\text{m}^2/\text{W}$

$\dfrac{\mathrm{d}I}{\mathrm{d}t} \approx \dfrac{10^{13}}{5 \times 10^{-13}}\dfrac{\text{W}}{\text{m}^2\text{s}} = 2 \times 10^{25}\text{Wm}^{-2}\text{s}^{-1} \Rightarrow \omega_0 - \omega = A \cdot \dfrac{\mathrm{d}I}{\mathrm{d}t} = 1.3 \times 10^{12}\text{s}^{-1}$

在 z_1 处的频率展宽为 $2(\omega_0 - \omega) = 2.6 \times 10^{12}\text{s}^{-1}$

$\Rightarrow \Delta\nu = \dfrac{2.6}{2\pi} \times 10^{12} = 4.1 \times 10^{11}\text{Hz} = 410\text{GHz}$。

6.4 根据式 (6.23)，

$D = \dfrac{1}{\lambda}\dfrac{\mathrm{d}S}{d\lambda}d^2[1 - (\lambda/d - \sin\alpha)^2]^{3/2}$

代入数值，$\lambda = 600\text{nm}, \mathrm{d}S/\mathrm{d}\lambda = 10^5, d = 1\mu\text{m}, \sin 30° = \dfrac{1}{2} \Rightarrow D = 16.6\text{cm}$。

6.5 根据式 (6.60)，$\dfrac{1}{\tau_{\text{eff}}} = \dfrac{1}{\tau_{\text{rad}}} + \left(\dfrac{8}{\pi\mu kT}\right)^{1/2} \cdot \sigma \cdot p$

如果 $\left(\dfrac{8}{\pi\mu kT}\right)^{1/2} \cdot \sigma \cdot p = \dfrac{1}{\tau_{\text{rad}}} = 6.25 \times 10^7\text{s}^{-1}$

那么，寿命就会减小为辐射寿命的一半

$\Rightarrow p = 6.25 \times 10^7 \cdot \dfrac{1}{\sigma} \cdot \left(\dfrac{\pi\mu kT}{8}\right)^{1/2} = 613\text{Pa} = 6.13\text{mbar}$

其中，$\mu = \dfrac{m_{\text{Na}_2} \cdot m_{\text{Ar}}}{m_{\text{Na}_2} + m_{\text{Ar}}} = 21.4\text{AMU}$。

第 7 章

7.1 对于 $J = 1, L = 1, S = 0, I = 0$ 的能级来说，朗德因子 $g = 1$。塞曼位移为 $\Delta E = \mu_{\text{B}} \cdot m \cdot B$，其中，$-J \leqslant m \leqslant +J$

当 $m = 1$ 的能级和 $m = -1$ 的能级之间的能量差 $2\Delta E = \mu_{\text{B}}B - (-\mu_{\text{B}}B)$ 等于自然线宽 $\Delta\nu_n = \dfrac{1}{2\pi\tau}$ 的时候，就得到汉勒信号的半宽 $\Delta B_{1/2}$

$\Rightarrow 2\mu_{\text{B}}\Delta B_{1/2} = \dfrac{h}{2\pi\tau}$

$\Delta B_{1/2} = \dfrac{h}{2\mu_{\mathrm{B}} \cdot 2\pi\tau}[\mathrm{T}]$

$\Delta B_{1/2} = 3.8 \times 10^{-4}\mathrm{T}$

对于 $J = 20$、$L = 1$、$F = 21$、$I = 0$、$S = 0$ 的能级来说，朗德 g 因子为 $g = 1 \times 10^{-4}$。因此，$\Delta B_{1/2} = \dfrac{h}{2g\mu_{\mathrm{B}} \cdot 2\pi\tau} = 3.8\mathrm{T}$。

7.2 朗德 g 因子为 $g = g_J \cdot g_F$

其中，$g_F = \dfrac{F(F+1) + J(J+1) - I(I+1)}{2F(F+1)}$

对于 $5\,^2S_{1/2}$ 态，$g_J = 2$。对于 $F = 3$ 和 $I = 5/2$ 的超精细能级来说，$g_F = +\dfrac{1}{6}$，

对于 $F = 2$，$g_F(F = 2) = -\dfrac{1}{6}$

能级 $F = 2(M_F = -1$ 和 $M_F = +1)$ 的塞曼劈裂为

$\Delta E = g_J \cdot g_F \cdot \Delta M \cdot B \cdot \mu_{\mathrm{B}} = 2 \cdot \dfrac{1}{6} \cdot 2 \cdot \mu_{\mathrm{B}} \cdot B = \dfrac{2}{3}\mu_{\mathrm{B}} \cdot B$

从 $\dfrac{2}{3}\mu_{\mathrm{B}}\Delta B = \Delta\nu_{\mathrm{tr}} \cdot h = \dfrac{0.4h}{T}$(第 1 卷中的式 (3.63))，可以得到汉勒信号的宽度为 $\Delta B = 0.6\dfrac{h}{\mu_{\mathrm{B}}T} = 4.27 \times 10^{-10}\mathrm{T} = 4.27 \times 10^{-6}\mathrm{G}$

这个信号非常窄，原因在于能级寿命为 $\tau = \infty$，线宽只受到渡越时间 T 的影响，对激光进行扩束或者加入缓冲气体，都可以增大渡越时间。

7.3 $M_J = \pm\dfrac{1}{2}$ 的两个塞曼分量之间的能量差为 $\Delta E = g_J \cdot \mu_B \cdot B$

其中，$g_J = 1 + \dfrac{J(J+1) + S(S+1) - L(L+1)}{2J(J+1)} = \dfrac{2}{3}$

所以，量子拍的频率为 $\nu = \dfrac{\Delta E}{h} = \dfrac{2}{3} \cdot \dfrac{\mu_{\mathrm{B}} \cdot B}{h} = 9.4 \times 10^7\mathrm{s}^{-1} = 94\mathrm{MHz}$

$\Rightarrow T_{\mathrm{p}} = \dfrac{1}{\nu} = 1.06 \times 10^{-8}\mathrm{s}$。

7.4 振荡频率为 $\nu = (\nu_1 + \nu_2)/2$

$\nu = c \cdot \bar{\nu} = 3 \times 10^{10} \cdot 108.5\mathrm{s}^{-1} = 3.26 \times 10^{12}\mathrm{s}^{-1}$

其中，$\bar{\nu}$ 为波数

$T_1 = \dfrac{1}{\nu} = 3 \times 10^{-13}\mathrm{s} = 300\mathrm{fs}$

包络的周期为 $T_2 = \dfrac{2}{\nu_1 - \nu_2} = \dfrac{2}{c(\bar{\nu_1} - \bar{\nu_2})} = \dfrac{2}{3 \times 10^{10}\mathrm{s}} = 6.7 \times 10^{-11}\mathrm{s} = 67\mathrm{ps}$。

7.5 频率差的不确定性为

$\delta\nu = \sqrt{\delta\nu_1^2 + \delta\nu_2^2} = \sqrt{50 \times 10^{10}}\mathrm{s}^{-1} = 7.1 \times 10^5\mathrm{s}^{-1}$

当信噪比为 50 的时候，测量得到的频率差的不确定性为

$\delta\nu = 1.4\times10^4\text{s}^{-1} = 14\text{kHz}$。

7.6 差频信号谱是 $\omega = 0$ 附近的高斯分布，因为单色谱线和多普勒展宽谱线的叠加给出了一个 $\omega = 0$ 附近的高斯线形的差频信号。谱线宽度为

$$\delta\nu_{\text{D}} = \frac{\nu_0}{c}\cdot\sqrt{\frac{8kT\ln 2}{m}} = \frac{\nu_0}{c}\sqrt{\langle v^2\rangle}\cdot\sqrt{\frac{8}{3}\ln 2} = 1.36\frac{\nu_0}{c}\sqrt{\langle v^2\rangle} = \frac{1.36}{\lambda}\sqrt{\langle v^2\rangle}$$

$\Rightarrow \delta\nu_{\text{D}} = 2.2\times10^3\text{s}^{-1} = 2.2\text{kHz}$。

第 8 章

8.1 B 原子的密度为 $n = \dfrac{P}{kT} = 2.42\times10^{22}/\text{m}^3 = 2.42\times10^{16}\text{cm}^{-3}$

压强展宽为 $2\pi\Delta\nu_{\text{p}} = n\cdot\sigma_{\text{inel}}\bar{v}$，其中 $\bar{v} = \sqrt{8kT/\pi\cdot\mu} = 4.0\times10^2\text{m/s}$。

$\Delta\nu_{\text{p}} = 1.54\times10^5\text{s}^{-1}$

自然线宽为 $\Delta\nu_{\text{n}} = \dfrac{1}{2\pi\tau} \approx 1.6\times10^7\text{s}^{-1}$

因此，它比 $\Delta\nu_{\text{p}}$ 大两个数量级

饱和展宽为 $\Delta\nu_S \approx \Delta\nu_h\cdot\sqrt{1+S} = \sqrt{2}\cdot\Delta\nu_h$，其中，均匀线宽 $\Delta\nu_h = \sqrt{\Delta\nu_{\text{n}}^2 + \Delta\nu_{\text{p}}^2}$ $\approx \Delta\nu_{\text{n}} \Rightarrow \Delta\nu_{\text{S}} = 2.26\times10^7\text{s}^{-1}$

这样产生的是洛伦兹线形，它形成了一个核，位于改变速度的碰撞过程产生的更宽的背景之上

$\Delta v_z = \Delta v\cdot k = \Delta v\cdot\lambda\cos\vartheta > \lambda\Delta\nu_{\text{S}}$ 的碰撞能够使得分子不再与激光谱线共振。$\Delta v_z < \lambda\Delta\nu_{\text{S}}$ 的碰撞只能让速度重新分布，对谱线展宽并没有影响。

$\Delta v_z > \lambda\Delta\nu_{\text{S}}$ 的碰撞的散射截面为 $\sigma_v(\Delta v) \leqslant \sigma_0\exp[-(\lambda\Delta\nu_{\text{S}}/\bar{v})^2]$

代入数值 $\bar{v} = 4\times10^2\text{m/s}$，$\lambda = 600\text{nm}$，$\Delta\nu_{\text{S}} = 2.26\times10^7\text{s}^{-1}$，可以得到，

$\sigma_v(\Delta v) \leqslant 10^{-14}\text{cm}^2$。

8.2 $\dfrac{1}{\tau_{\text{eff}}} = \dfrac{1}{\tau_{\text{n}}} + \text{n}\cdot\sigma\cdot\bar{v} = \dfrac{1}{\tau_{\text{n}}} + p\cdot\sqrt{\dfrac{8}{\pi\mu kT}}\cdot\sigma$

$p_1 = 5\text{mbar} = 5\times10^2\text{Pa}$，$\tau_{1\text{eff}} = 8\times10^{-9}\text{s}$

$p_2 = 1\text{mbar} = 1\times10^2\text{Pa}$，$\tau_{2\text{eff}} = 12\times10^{-9}\text{s}$

两式相减可以得到 $\dfrac{1}{\tau_{1\text{eff}}} - \dfrac{1}{\tau_{2\text{eff}}} = (p_1 - p_2)\sqrt{\dfrac{8}{\pi\mu kT}}\cdot\sigma \Rightarrow \sigma = 2.1\times10^{-14}\text{cm}^2$

将此数值代入第一个等式可以得到自然寿命

$$\frac{1}{\tau_{\text{n}}} = \frac{1}{\tau_{1\text{eff}}} - p_1\sigma\sqrt{\frac{8}{\pi\mu kT}} = 7.25\times10^7\text{s}^{-1} \Rightarrow \tau_{\text{n}} = 17.2\times10^{-9}\text{s}$$

$$\Delta\nu_{\text{n}} = \frac{1}{2\pi\tau_{\text{n}}} = 9.25\times10^6\text{s}^{-1}$$

当 $p = 100\text{Pa}$ 的时候，$\Delta\nu_{\text{p}} = \dfrac{1}{2\pi\tau_{\text{eff}}} = 1.33\times10^7\text{s}^{-1}$

当 $p = 500\text{Pa}$ 的时候，$\Delta\nu_{\text{p}} = 2 \times 10^7\text{s}^{-1}$。

8.3 钠原子的密度为 $n = \dfrac{p}{kT} = 1.6 \times 10^{13}\text{cm}^{-3}$

每个钠原子的碰撞率为 $R_{\text{coll}} = n \cdot \sigma \cdot \bar{v} = 8 \times 10^5\text{s}^{-1} \Rightarrow \Delta\nu_{\text{coll}} = 1.3 \times 10^5\text{s}^{-1}$

因此，与自发衰变相比，可以忽略不计。饱和参数为 $S = \dfrac{B_{12} \cdot I}{c \cdot R}$

其中，$B_{12} = \dfrac{c}{h\nu}\displaystyle\int \sigma_{12}\text{d}\nu \approx \dfrac{c}{h\nu}\sigma_{12}\Delta\nu_{\text{n}} \Rightarrow S = \dfrac{\sigma_{12} \cdot \Delta\nu_{\text{n}} \cdot I}{h \cdot \nu R}$

其中，$R = \dfrac{1}{\tau_{\text{n}}} = 2\pi\Delta\nu_{\text{n}} = 6.3 \times 10^7\text{s}^{-1}$

如果光束的半径为 w，则强度为 $P/\pi w^2$

$\Delta\nu_{\text{n}} \cdot I = \dfrac{P}{\pi w^2} = \dfrac{10^{-2}}{\pi \cdot 10^{-6}}\dfrac{\text{W}}{\text{m}^2} = 3.15 \times 10^3\text{W/m}^2 \Rightarrow S = 0.74$

(注：$I[\text{Ws/m}^2]$ 是谱强度。)

饱和展宽的作用很小。只有位于自然线宽之内的原子才能决定吸收系数。

$\alpha_{\text{S}}(\omega_0) = \sigma_{\text{abs}} \cdot n \cdot \dfrac{\delta\omega_{\text{n}}}{\delta\omega_{\text{D}}} = 1.6 \times 10^{13} \cdot 5 \times 10^{-11} \cdot \dfrac{10}{10^3}\text{cm}^{-1} = 8\text{cm}^{-1}$

根据 $\dfrac{\text{d}N_2}{\text{d}t} = R_1N_1 - R_2N_2 = 0 \Rightarrow \dfrac{N_2}{N_1} = \dfrac{R_1}{R_2}$

可以估计被激发的原子密度 N_2，

其中，$R_1 = B_{12}\varrho = B_{12}(I/c)\Delta\nu_{\text{n}} = 5.3 \times 10^6\text{s}^{-1}$ 是激发几率，$R_2 = A_2 = \dfrac{1}{\tau_2} = 6.2 \times 10^7\text{s}^{-1}$ 是能级 $|2\rangle$ 的自发衰变几率。

$\dfrac{N_2}{N_1} = 0.085$，也就是说，N_2 是 N_1 的 8.5%。

能量汇集碰撞为 N_2 原子与 N_2 原子间的碰撞，其速率为

$\Rightarrow \dot{N}_{\text{EP}} = \sigma_{\text{EP}} \cdot N_2^2 \cdot \bar{v} \cdot V[\text{s}^{-1}]$ 其中，V 是激发体积。

$N_2 = 0.085 \cdot 1.6 \times 10^{13}\text{cm}^{-3} = 1.36 \times 10^{12}\text{cm}^{-3}$，$\bar{v} = 4 \times 10^4\text{cm/s}$

$\sigma_{\text{EP}} = 3 \times 10^{-14}\text{cm}^2$，$V = \pi w^2 \cdot L = 0.28\text{cm}^3$，其中，$L = 1\text{cm}$ 是观测区间的长度

$\Rightarrow \dot{N}_{\text{EP}} = 3 \times 10^{-14} \cdot 1.36^2 \times 10^{24} \times 4 \times 10^4 \times 0.28 = 6.2 \times 10^{14}\text{s}^{-1}$

$E(n) \leqslant 2E_2 = 2 \cdot 3.36 \times 10^{-19}\text{J} = 6.72 \times 10^{-19}\text{J}$ 的里德伯态可以被激发

$E(n) = IP - \dfrac{Ry \cdot hc}{(n-\delta)^2} < 6.72 \times 10^{-19}\text{J}$，其中，$IP = 5.138\text{eV} = 8.2 \times 10^{-19}\text{J}$，它是电离势

$\Rightarrow n - \delta < \sqrt{\dfrac{hc \cdot Ry}{IP - 6.72 \times 10^{-19}}} = \sqrt{12.2} = 3.49$

量子亏损为 $\delta = 0.5$，因此 $n \leqslant 4$。

8.4 当 $p = 1\text{mbar}$ 的时候，$n = 2.42 \times 10^{16}\text{cm}^{-3}$

再填充速率为 $R = n\cdot\sigma\cdot\bar{v} = 1.6\times10^{16}\cdot10^{-14}\cdot4\times10^{4}\text{s}^{-1} = 6.4\times10^{6}\text{s}^{-1}$

斩波周期 T 必须比 $1/R$ 长，因此 $T \gg \frac{1}{R} = 1.5\times10^{-7}\text{s}$

为了在所有的转动能级之间达到热平衡 (其截面为 $3\times10^{-16}\text{cm}^2$)，必须有 $T\gg4.5\times10^{-6}\text{s}$。

第 9 章

9.1 发射频率和吸收频率之差为 $\Delta\omega \approx \frac{\hbar\omega_2^2}{Mc^2}$

$\omega_0 = \frac{2\pi c}{\lambda_0} = 2.87\times10^{15}\text{s}^{-1}, M = 40\times1.66\times10^{-27}\text{kg} = 6.6\times10^{-26}\text{kg}$

$\Rightarrow \Delta\omega = 1.5\times10^{5}\text{s}^{-1} \Rightarrow \Delta\nu = 56\text{kHz}$

碰撞展宽为 $\Delta\nu_{\text{coll}} = \frac{1}{2\pi}\cdot(n\cdot\sigma_{\text{coll}}\cdot\bar{v}) = 8\times10^{4}\text{s}^{-1} = 80\text{kHz}$

与发射原子速度相同的另外一个原子吸收这个光子的几率为

$P = nR\cdot\sigma_{\text{abs}}(\omega_0)\cdot\frac{\gamma^2}{(\Delta\omega)^2+\gamma^2}$

其中，$\gamma = 2\pi\Delta\nu_{\text{coll}} = 5\times10^{5}\text{s}^{-1}$

$\Rightarrow P = 10^{17}\times1\times10^{-17}\cdot\frac{\gamma^2}{3.6^2\times10^{10}+25\times10^{10}} = 0.66$

因为多普勒展宽远大于反弹引起的能量变化和均匀线宽，反射出来的光子被某个原子吸收的几率为 $P_{\text{total}} = n\cdot R\cdot\sigma = 1$。

9.2 在质量为 M 的原子上，由于光子反弹引起的作用力为

$\boldsymbol{F} = M\cdot\boldsymbol{a} = M\frac{\mathrm{d}\boldsymbol{v}}{\boldsymbol{d}t} = \frac{\mathrm{d}\boldsymbol{p}}{\mathrm{d}t}$

n 个光子传送的动量为 $\mathrm{d}\boldsymbol{p} = n\hbar\boldsymbol{k}$

二能级系统的最大吸收速率 $\mathrm{d}n/\mathrm{d}t$ 等于吸收–发射这一循环过程的速率，它受限于上能级 $|k\rangle$ 的寿命 τ_K

荧光速率为 $N_k\cdot A_k = N_k/\tau_K$

当 $S\to\infty$ 的时候，N_K 取得其最大值

$N_k = (N_i + N_K)/2 = N/2$

因为当 $N_K > N_i$ 的时候，受激发射 (它补偿了吸收引起的反弹) 的速率变得比吸收速率大。对于任意的饱和参数 S，可以得到

$\frac{N_k}{N} = \frac{S}{1+2S} \Rightarrow N_k = N\cdot\frac{S}{1+2S}$

吸收光子的速率就是 $N_K/(N\cdot\tau_K) = \frac{1}{\tau_K}\frac{S}{1+2S}$，每秒钟传输的动量为

$F = \frac{\mathrm{d}p}{\mathrm{d}t} = \frac{\hbar k}{\tau_K}\frac{S}{1+2S}$。

9.3 光学跃迁的自然线宽为

$$\gamma = \frac{1}{\tau_K} = 6.25 \times 10^7 \mathrm{s}^{-1} = 2\pi\Delta\nu_{\mathrm{n}}$$

由饱和参数 $S = 1$ 可以得到，$\gamma_{\mathrm{S}} = \gamma \cdot \sqrt{2} = 8.8 \times 10^7 \mathrm{s}^{-1}$，因此，$\Delta\nu_{\mathrm{S}} = 14\mathrm{MHz}$

$F' = 2$ 和 $F' = 3$ 的能级之间的差别为 $\Delta\nu = 60\mathrm{MHz}$

频率为 ν_{L} 的激光被跃迁 $F'' = 2 \to F' = 2$ 吸收的几率为

$$P_{\mathrm{abs}} \propto \frac{\sigma(2 \to 2)}{(\nu - \nu_0)^2 + \Delta\nu_S^2} \cdot \frac{\Delta\nu_S^2}{\sigma(2 \to 3)}$$

$$\frac{\sigma(2 \to 2)}{\sigma(2 \to 3)} = \frac{2F_2' + 1}{2F_3' + 1} = \frac{5}{7}$$

对于 $\nu_0 = \nu(F'' = 2 \to F' = 3)$，有 $\nu - \nu_0 = 60\mathrm{MHz}$

$$\Rightarrow P_{\mathrm{abs}} = \frac{5}{7} \times \frac{14^2 \times 10^{12}}{60^2 \times 10^{12} + 14^2 \times 10^{12}} = 3.69 \times 10^{-2}。$$

9.4 最优减速时作用在原子上的反冲力为 (见问题 9.2)

$$F = \frac{\hbar k}{\tau_K} \frac{S}{2S + 1}$$

当 $S \to \infty$ 的时候，$F = \dfrac{\hbar k}{2\tau_K}$

减速度为 $a = F/m$

$$|a| = \frac{\hbar|k|}{2m\tau_K} \approx \frac{h}{2m\lambda \cdot \tau_K} = 1.47 \times 10^7 \mathrm{m/s^2} \Rightarrow B = B_0\sqrt{1 - 2a \cdot z/v_0^2}$$

由 $v_0 = 1000\mathrm{m/s}$，可以得到，$B = B_0\sqrt{1 - 29.4 \cdot z[\mathrm{m}]}$

在 $z = 3.4\mathrm{cm}$ 之后，磁场为零，原子速度非常小，多普勒位移小于自然线宽。

9.5 多普勒极限为 $T_{\mathrm{D}} = \dfrac{\hbar}{2\tau \cdot k_{\mathrm{B}}}$，对于 Li 原子 $(\tau(3\ ^2P_{3/2}) = 27\mathrm{ns})$

$T_{\mathrm{D}}(\mathrm{Li}) = 134\mu\mathrm{K}$

对于 K 原子 $(\tau(5\ ^2P_{3/2})) = 137\mathrm{ns}$

$T_{\mathrm{D}}(\mathrm{K}) = 26\mu\mathrm{K}$

9.6 根据式 (9.40)，临界密度为 $n_{\mathrm{c}} = 2.612/\lambda_{\mathrm{DB}}^3$

其中，德布罗意波长 $\lambda_{\mathrm{DB}} = \dfrac{h}{m \cdot v}$，$v = (3k_{\mathrm{B}}T/m)^{1/2}$

$n_{\mathrm{c}} = 13.57(m \cdot k_{\mathrm{B}}T)^{3/2}/h^3$

$T = 10^{-6}\mathrm{K}, m = 133\mathrm{AMU} = 133 \cdot 1.66 \times 10^{-27}\mathrm{kg} = 2.2 \times 10^{-25}\mathrm{kg}$

$\Rightarrow n_{\mathrm{c}} = 2.47 \times 10^{20}\mathrm{m}^{-3} = 2.47 \times 10^{14}/\mathrm{cm}^3$。

如果磁阱中束缚了 10^7 个铯原子，它们的体积为 $V = 5.5 \times 10^{-7}\mathrm{cm}^3$，在此密度下，碰撞实际上会毁掉玻色–爱因斯坦凝聚体。因此，温度必须低于 1μK

9.7 铯原子钟的频率为

$\nu_{\mathrm{Cs}} = 9.192631770 \times 10^9 \mathrm{s}^{-1}$

它的 6×10^4 倍数为 $\nu_1 = 5.51558\times10^{14}\mathrm{s}^{-1}$

在 $\lambda = 750\mathrm{nm}$ 处的跃迁频率为

$\nu_2 = \dfrac{c}{\lambda} = \dfrac{2.99792458\times10^8}{750\times10^{-9}}\mathrm{s}^{-1} = 3.99723\times10^{14}\mathrm{s}^{-1}$

频率差为 $\Delta\nu = \nu_1 - \nu_2 = 1.51835\times10^{14}\mathrm{s}^{-1}$

这对应于 $m = \Delta\nu/10^8 = 1.51835\times10^6$ 个梳齿间距。如果梳齿间距测量的不确定度为 10^{-16}，那么相对不确定度就是 $1.518\times10^6\times10^{-16} = 1.518\times10^{-10}$，它给出的绝对不确定度为

$\delta\nu = 1.518\times10^{-10}\times3.997\times10^{14} = 6.07\times10^4 = 60.7\mathrm{kHz}$。

9.8 假定磁场为 $B = B_0\cdot r^2$

磁矩为 μ 的原子的势能为 $E_{\mathrm{pot}} = -\mu\cdot B = -\mu B_0 r^2$

温度为 T 时的原子动能为 $E_{\mathrm{kin}} = \dfrac{3}{2}kT$

只有速度的径向分量受到了限制，因此 $E_{\mathrm{kin}}^{\mathrm{rad}} = \dfrac{1}{2}kT$

对于一个球体，$V = \dfrac{4}{3}\pi r_{\mathrm{c}}^3 = 1\mathrm{cm}^3 \Rightarrow r_{\mathrm{c}} = 0.62\mathrm{cm}$

$\Rightarrow \mu B_0 r_{\mathrm{c}}^2 = \dfrac{1}{2}kT \Rightarrow B_0 = \dfrac{kT}{2\mu r_{\mathrm{c}}^2}$

$\mu = 2\mu_{\mathrm{B}} \Rightarrow B_0 = \dfrac{kT}{4\mu_{\mathrm{B}} r_{\mathrm{c}}^2} = 9.6\times10^{-2}\mathrm{T/m^2}$

$r = 0.62\mathrm{cm} \Rightarrow B(r_{\mathrm{c}}) = 3.7\times10^{-6}\mathrm{T} = 37\mathrm{mG}$

参考文献

第1章

1.1 R.J. Bell: *Introductory Fourier Transform Spectroscopy* (Academic, New York 1972);
P. Griffiths, J.A. de Haset: *Fourier Transform Infrared Spectroscopy* (Wiley, New York 1986);
J. Kauppinen, J. Partanen: *Fourier Transforms in Spectroscopy* (Wiley, New York 2001)

1.2 D.G. Cameron, D.J. Moffat: A generalized approach to derivative spectroscopy. Appl. Spectrosc. **41**, 539 (1987);
G. Talsky: *Derivative Spectrophotometers* (VCH, Weinheim 1994)

1.3 G.C. Bjorklund: Frequency-modulation spectroscopy: A new method for measuring weak absorptions and dispersions. Opt. Lett. **5**, 15 (1980)

1.4 M. Gehrtz, G.C. Bjorklund, E. Whittaker: Quantum-limited laser frequency-modulation spectroscopy. J. Opt. Soc. Am. B **2**, 1510 (1985)

1.5 G.R. Janik, C.B. Carlisle, T.F. Gallagher: Two-tone frequency-modulation spectroscopy. J. Opt. Soc. Am. B **3**, 1070 (1986)

1.6 F.S. Pavone, M. Inguscio: Frequency- and wavelength-modulation spectroscopy: Comparison of experimental methods, using an AlGaAs diode laser. Appl. Phys. B **56**, 118 (1993)

1.7 R. Grosskloss, P. Kersten, W. Demtröder: Sensitive amplitude and phase-modulated absorption spectroscopy with a continuously tunable diode laser. Appl. Phys. B **58**, 137 (1994)

1.8 P.C.D. Hobbs: Ultrasensitive laser measurements without tears. Appl. Opt. **36**, 903 (1997)

1.9 P. Wehrle: A review of recent advances in semiconductor laser gas monitors. Spectrochim. Acta, Part A **54**, 197 (1998);
M.W. Sigrist (Ed.): Tunable Diode Laser Spectroscopy. Special Issue Appl. Phys. B (February 2008)

1.10 J.A. Silver: Frequency modulation spectroscopy for trace species detection. Appl. Opt. **31**, 707 (1992)

1.11 W. Brunner, H. Paul: On the theory of intracavity absorption. Opt. Commun. **12**, 252 (1974)

1.12 K. Tohama: A simple model for intracavity absorption. Opt. Commun. **15**, 17 (1975)

1.13 A. Campargue, F. Stoeckel, M. Chenevier: High sensitivity intracavity laser spectroscopy: applications to the study of overtone transitions in the visible range. Spectrochimica Acta Rev. **13**, 69 (1990)

1.14 A.A. Kaschanov, A. Charvat, F. Stoeckel: Intracavity laser spectroscopy with vibronic solid state lasers. J. Opt. Soc. Am. B **11**, 2412 (1994)

1.15 V.M. Baev, T. Latz, P.E. Toschek: Laser intracavity absorption spectroscopy. Appl. Phys. B **69**, 171 (1999);

V.M. Baev: Intracavity spectroscopy with diode lasers. Appl. Phys. B **55**, 463 (1992)

1.16 V.R. Mironenko, V.I. Yudson: Quantum noise in intracavity laser spectroscopy. Opt. Commun. **34**, 397 (1980);
V.R. Mironenko, V.I. Yudson: Sov. Phys. JETP **52**, 594 (1980)

1.17 P.E. Toschek, V.M. Baev: 'One is not enough: Intracavity laser spectroscopy with a multimode laser'. In: *Laser Spectroscopy and New Ideas*, ed. by W.M. Yen, M.D. Levenson, Springer Ser. Opt. Sci., Vol. 54 (Springer, Berlin, Heidelberg 1987)

1.18 E.M. Belenov, M.V. Danileiko, V.R. Kozuborskii, A.P. Nedavnii, M.T. Shpak: Ultrahigh resolution spectroscopy based on wave competition in a ring laser. Sov. Phys. JETP **44**, 40 (1976)

1.19 E.A. Sviridenko, M.P. Frolov: Possible investigations of absorption line profiles by intracavity laser spectroscopy. Sov. J. Quant. Electron. **7**, 576 (1977)

1.20 T.W. Hänsch, A.L. Schawlow, P. Toschek: Ultrasensitive response of a CW dye laser to selective extinction. IEEE J. Quantum Electron. **8**, 802 (1972)

1.21 R.N. Zare: Laser separation of isotopes. Sci. Am. **236**, 86 (February 1977)

1.22 R.G. Bray, W. Henke, S.K. Liu, R.V. Reddy, M.J. Berry: Measurement of highly forbidden optical transitions by intracavity dye laser spectroscopy. Chem. Phys. Lett. **47**, 213 (1977)

1.23 H. Atmanspacher, B. Baldus, C.C. Harb, T.G. Spence, B. Wilke, J. Xie, J.S. Harris, R.N. Zare: Cavity-locked ring-down spectroscopy. J. Appl. Phys. **83**, 3991 (1998)

1.24 W. Schrepp, H. Figger, H. Walther: Intracavity spectroscopy with a color-center laser. Lasers and Applications **77** (July 1984)

1.25 N. Picqé, F. Gueye, G. Guelachvili, E. Sorokin, I.T. Sorokina: Time-resolved Fourier-Transform Intracavity spectroscopy with a Cr^{2+}:ZnSe-laser. Opt. Lett. **30**, 24 (2005)

1.26 V.M. Baev, K.J. Boller, A. Weiler, P.E. Toschek: Detection of spectrally narrow light emission by laser intracavity spectroscopy. Opt. Commun. **62**, 380 (1987);
V.M. Baev: Intracavity spectroscopy with diode lasers. Appl. Phys. B **49**, 315 (1989), B **55**, 463 (1992) and B **69**, 171 (1999)

1.27 V.M. Baev, A. Weiler, P.E. Toschek: Ultrasensitive intracavity spectroscopy with multimode lasers. J. Phys. (Paris) **48**, C7, 701 (1987)

1.28 T.D. Harris: 'Laser intracavity-enhanced spectroscopy'. In: *Ultrasensitive Laser Spectroscopy*, ed. by D.S. Kliger (Academic, New York 1983)

1.29 E.H. Piepmeier (Ed.): *Analytical Applications of Lasers* (Wiley, New York 1986)

1.30 H. Atmanspacher, H. Scheingraber, C.R. Vidal: Dynamics of laser intracavity absorption. Phys. Rev. A **32**, 254 (1985);
H. Atmanspacher, H. Scheingraber, C.R. Vidal: Mode-correlation times and dynamical instabilities in a multimode CW dye laser. Phys. Rev. A **33**, 1052 (1986)

1.31 H. Atmanspacher, H. Scheingraber, V.M. Baev: Stimulated Brillouin scattering and dynamical instabilities in a multimode laser. Phys. Rev. A **35**, 142 (1987)

1.32 G. Stewart, K. Atherton, H. Yu, B. Culshaw: Cavity-Enhanced Spectroscopy in Fibre Cavities. Opt. Lett. **29**, 442 (2004)

1.33 A. Stark et al.: Intercavity Absorption Spectroscopy with Thulium-doped Fibre Laser. Opt. Commun. **215**, 113 (2003)

1.34 K. Strong, T.J. Johnson, G.W. Harris: Visible intracavity laser spectroscopy with a step-scan Fourier-transform interferometer. Appl. Opt. **36**, 8533 (1997)

1.35 P. Zalicki, R.N. Zare: Cavity ringdown spectroscopy for quantitative absorption measurements. J. Chem. Phys. **102**, 2708 (1995)

1.36 D. Romanini, K.K. Lehmann: Ring-down cavity absorption spectroscopy of the very weak HCN overtone bands with six, seven and eight stretching quanta. J. Chem. Phys. **99**, 6287 (1993)

1.37 M.D. Levenson, B.A. Paldus, T.G. Spence, C.C. Harb, J.S. Harris, R.N. Zare: Optical heterodyne detection in cavity ring-down spectroscopy. Chem. Phys. Lett. **290**, 335 (1998)

1.38 B.A. Baldus, R.N. Zare et al.: Cavity-locked ringdown spectroscopy. J. Appl. Phys. **83**, 3991 (1998)

1.39 J.J. Scherer, J.B. Paul, C.P. Collier, A. O'Keefe, R.J. Saykally: Cavity-ringdown laser absorption spectroscopy and time-of-flight mass spectroscopy of jet-cooled gold silicides. J. Chem. Phys. **103**, 9187 (1995)

1.40 K.H. Becker, D. Haaks, T. Tartarczyk: Measurements of C_2-radicals in flames with a tunable dye lasers. Z. Naturforsch. **29a**, 829 (1974)

1.41 A.O'Keefe: Integrated cavity output analysis of ultraweak absorption. Chem. Phys. Lett. **293**, 331 (1998)

1.42 A. Popp et al.: Ultrasensitive mid-infrared cavity leak-out spectroscopy using a cw optical parametric oscillator. Appl. Phys. B **75**, 751 (2003)

1.43 D. Halmer, G. von Basum, P. Hering, M. Mürtz: Mid-infrared cavity leak-out spectroscopy for ultrasensitive detection of carbonyl sulfide. Opt. Lett. **30**, 2314 (2005)

1.44 M. Mürtz, B. Frech, W. Urban: High-resolution cavity-leak-out absorption spectroscopy in the 10 μm region. Appl. Phys. B **68**, 243 (1999)

1.45 J.J. Scherer, J.B. Paul, C.P. Collier, A.O'Keefe, R.J. Saykally: Cavity ringdown laser absorption spectroscopy history, development and application to pulsed molecular beams. Chem. Rev. **97**, 25 (1997)

1.46 G. Berden, R. Peèters, G. Meijer: Cavity ringdown spectroscopy: experimental schemes and applications. Int. Rev. Phys. Chemistry **19**, 565 (2000)

1.47 K.W. Busch, M.A. Busch: *Cavity Ringdown Spectroscopy* (Oxford Univ. Press, Oxford 1999)

1.48 G. Berden, G. Meijer, W. Ubachs: Spectroscopic Applications using ring-down cavities. Exp. Methods in the Physical Sciences **40**, 49 (2002)

1.49 W.M. Fairbanks, T.W. Hänsch, A.L. Schawlow: Absolute measurement of very low sodium-vapor densities using laser resonance fluorescence. J. Opt. Soc. Am. **65**, 199 (1975)

1.50 H.G. Krämer, V. Beutel, K. Weyers, W. Demtröder: Sub-Doppler laser spectroscopy of silver dimers Ag_2 in a supersonic beam. Chem. Phys. Lett. **193**, 331 (1992)

1.51 P.J. Dagdigian, H.W. Cruse, R.N. Zare: Laser fluorescence study of AlO, formed in the reaction $Al + O_2$: Product state distribution, dissociation energy and radiative lifetime. J. Chem. Phys. **62**, 1824 (1975)

1.52 W.E. Moerner, L. Kador: Finding a single molecule in a haystack. Anal. Chem. **61**, 1217A (1989);
W.E. Moerner: Examining nanoenvironments in solids on the scale of a single, isolated impurity molecule. Science **265**, 46 (1994)

1.53 K. Kneipp, S.R. Emory, S. Nie: Single-molecule Raman-spectroscopy: Fact or fiction?. Chimica **53**, 35 (1999)

1.54 T. Plakbotnik, E.A. Donley, U.P. Wild: Single molecule spectroscopy. Ann. Rev. Phys. Chem. **48**, 181 (1997)

1.55 References to the historical development can be found in H.J. Bauer: Son et lumiere or the optoacoustic effect in multilevel systems. J. Chem. Phys. **57**, 3130 (1972)

1.56 Yoh-Han Pao (Ed.): *Optoacoustic Spectroscopy and Detection* (Academic, New York 1977)

1.57 A. Rosencwaig: *Photoacoustic Spectroscopy* (Wiley, New York 1980)

1.58 V.P. Zharov, V.S. Letokhov: *Laser Optoacoustic Spectroscopy*, Springer Ser. Opt. Sci., Vol. 37 (Springer, Berlin, Heidelberg 1986)

1.59 M.W. Sigrist (Ed.): *Air Monitoring by Spectroscopic Techniques*. (Wiley, New York 1994);
J. Xiu, R. Stroud: *Acousto-Optic Devices: Principles, Design and Applications*. (Wiley, New York 1992)

1.60 P. Hess, J. Pelzl (Eds.): *Photoacoustic and Photothermal Phenomena*, Springer Ser. Opt. Sci., Vol. 58 (Springer, Berlin, Heidelberg 1988)

1.61 P. Hess (Ed.): *Photoacoustic, Photothermal and Photochemical Processes in Gases*, Topics Curr. Phys., Vol. 46 (Springer, Berlin, Heidelberg 1989)

1.62 J.C. Murphy, J.W. Maclachlan Spicer, L.C. Aamodt, B.S.H. Royce (Eds.): *Photoacoustic and Photothermal Phenomena II*, Springer Ser. Opt. Sci., Vol. 62 (Springer, Berlin, Heidelberg 1990)

1.63 L.B. Kreutzer: Laser optoacoustic spectroscopy: A new technique of gas analysis. Anal. Chem. **46**, 239A (1974)

1.64 W. Schnell, G. Fischer: Spectraphone measurements of isotopes of water vapor and nitricoxyde and of phosgene at selected wavelengths in the CO- and CO_2-laser region. Opt. Lett. **2**, 67 (1978)

1.65 C. Hornberger, W. Demtröder: Photoacoustic overtone spectroscopy of acetylene in the visible and near infrared. Chem. Phys. Lett. **190**, 171 (1994)

1.66 C.K.N. Patel: Use of vibrational energy transfer for excited-state opto-acoustic spectroscopy of molecules. Phys. Rev. Lett. **40**, 535 (1978)

1.67 G. Stella, J. Gelfand, W.H. Smith: Photoacoustic detection spectroscopy with dye laser excitation. The 6190 Å CH_4 and the 6450 NH_3-bands. Chem. Phys. Lett. **39**, 146 (1976)

1.68 A.M. Angus, E.E. Marinero, M.J. Colles: Opto-acoustic spectroscopy with a visible CW dye laser. Opt. Commun. **14**, 223 (1975)

1.69 E.E. Marinero, M. Stuke: Quartz optoacoustic apparatus for highly corrosive gases. Rev. Sci. Instrum. **50**, 31 (1979)

1.70 A.C. Tam: 'Photoacoustic spectroscopy and other applications'. In: *Ultrasensitive Laser Spectroscopy*, ed. by D.S. Kliger (Academic, New York 1983) pp. 1–108

1.71 V.Z. Gusev, A.A. Karabutov: *Laser Optoacoustics*. (Springer, Berlin, Heidelberg, New York 1997)

1.72 A.C. Tam, C.K.N. Patel: High-resolution optoacoustic spectroscopy of rare-earth oxide powders. Appl. Phys. Lett. **35**, 843 (1979)

1.73 J.F. NcClelland et al.: 'Photoacoustic Spectroscopy'. In: *Modern Techniques in Applied Molecular Spectroscopy*, ed. by F.M. Mirabella (John Wiley & Sons, New York 1998)

1.74 K.H. Michaelian: *Photo-acoustic Infrared Spectroscopy* (Wiley Interscience, New York 2003)

1.75 T.E. Gough, G. Scoles: Optothermal infrared spectroscopy. In: *Laser Spectroscopy V*, ed. by A.R.W. McKeller, T. Oka, B.P. Stoicheff, Springer Ser. Opt. Sci., Vol. 30 (Springer, Berlin, Heidelberg 1981) p. 337
T.E. Gough, R.E. Miller, G. Scoles: Sub-Doppler resolution infrared molecular beam spectroscopy. Faraday Disc. **71**, 6 (1981)

1.76 M. Zen: 'Cyrogenic bolometers'. In: *Atomic and Molecular Beams Methods, Vol. 1* (Oxford Univ. Press, London 1988) Vol. 1

1.77 R.E. Miller: Infrared laser spectroscopy. In: *Atomic and Molecular Beam Methods*, ed. by G. Scoles, (Oxford Univ. Press, London 1992) pp. 192 ff.;
D. Bassi: Detection principles. In: *Atomic and Molecular Beam Methods*, ed. by G. Scoles (Oxford Univ. Press, London 1992) pp. 153 ff.

1.78 T.B. Platz, W. Demtröder: Sub-Doppler optothermal overtone spectroscopy of ethylene. Chem. Phys. Lett. **294**, 397 (1998)

1.79 K.K. Lehmann, G. Scoles: Intramolecular dynamics from Eigenstate-resolved infrared spectra. Ann. Rev. Phys. Chem. **45**, 241 (1994)

1.80 H. Coufal: Photothermal spectroscopy and its analytical application. Fresenius Z. Anal. Chem. **337**, 835 (1990)

1.81 F. Träger: Surface analysis by laser-induced thermal waves. Laser u. Optoelektronik **18**, 216 Sept. (1986);
H. Coufal, F. Träger, T.J. Chuang, A.C. Tam: High sensitivity photothermal surface spectroscopy with polarization modulation. Surf. Sci. **145**, L504 (1984)

1.82 P.E. Siska: Molecular-beam studies of Penning ionization. Rev. Mod. Phys. **65**, 337 (1993)

1.83 Y.Y. Kuzyakov, N.B. Zorov: Atomic ionization spectrometry. CRC Critical Rev. Anal. Chem. **20**, 221 (1988)

1.84 G.S. Hurst, M.G. Payne, S.P. Kramer, J.P. Young: Resonance ionization spectroscopy and single atom detection. Rev. Mod. Phys. **51**, 767 (1979)

1.85 G.S. Hurst, M.P. Payne, S.P. Kramer, C.H. Cheng: Counting the atoms. Physics Today **33**, 24 (September 1980)

1.86 M. Keil, H.G. Krämer, A. Kudell, M.A. Baig, J. Zhu, W. Demtröder, W. Meyer: Rovibrational structures of the pseudo-rotating lithium trimer Li_3. J. Chem. Phys. **113**, 7414 (2000)

1.87 L. Wöste: Zweiphotonen-Ionisation. Laser u. Optoelektronik **15**, 9 (February 1983)

1.88 G. Delacretaz, J.D. Garniere, R. Monot, L. Wöste: Photoionization and fragmentation of alkali metal clusters in supersonic molecular beams. Appl. Phys. B **29**, 55 (1982)

1.89 H.J. Foth, J.M. Gress, C. Hertzler, W. Demtröder: Sub-Doppler laser spectroscopy of Na_3. Z. Physik D **18**, 257 (1991)

1.90 V.S. Letokhov: *Laser Photoionization Spectroscopy* (Academic, Orlando 1987)

1.91 G. Hurst, M.G. Payne: *Principles and Applications of Resonance Ionization Spectroscopy*, ed. by D.S. Kliger (Academic, New York 1983)

1.92 D.H. Parker: 'Laser ionization spectroscopy and mass spectrometry'. In: *Ultrasensitive Laser Spectroscopy*, ed. by D.S. Kliger (Academic, New York 1983)

1.93 V. Beutel, G.L. Bhale, M. Kuhn, W. Demtröder: The ionization potential of Ag_2. Chem. Phys. Lett. **185**, 313 (1991)

1.94 H.J. Neusser, U. Boesl, R. Weinkauf, E.W. Schlag: High-resolution laser mass spectrometer. Int. J. Mass Spectrom. **60**, 147 (1984)

1.95 J.E. Parks, N. Omeneto (Eds.): *Resonance Ionization Spectroscopy*. Inst. Phys. Conf. Ser. **114** (1990);
D.M. Lübman (Ed.): *Lasers and Mass Spectrometry* (Oxford Univ. Press, London 1990)

1.96 P. Peuser, G. Herrmann, H. Rimke, P. Sattelberger, N. Trautmann, W. Ruster, F. Ames, J. Bonn, H.J. Kluge, V. Krönert, E.W. Otten: Trace detection of plutonium by three-step photoionization with a laser system pumped by a copper vapor laser. Appl. Phys. B **38**, 249 (1985)

1.97 D. Popescu, M.L. Pascu, C.B. Collins, B.W. Johnson, I. Popescu: Use of space charge amplification techniques in the absorption spectroscopy of Cs and Cs_2. Phys. Rev. A **8**, 1666 (1973)

1.98 K. Niemax: Spectroscopy using thermionic diode detectors. Appl. Phys. B **38**, 1 (1985)

1.99 R. Beigang, W. Makat, A. Timmermann: A thermionic ring diode for high resolution spectroscopy. Opt. Commun. **49**, 253 (1984)

1.100 R. Beigang, A. Timmermann: The thermionic annular diode: a sensitive detector for highly excited atoms and molecules. Laser u. Optoelektronik **4**, 252 (1984)

1.101 D.S. King, P.K. Schenck: Optogalvanic spectroscopy. Laser Focus **14**, 50 (March 1978)

1.102 J.E.M. Goldsmith, J.E. Lawler: Optogalvanic spectroscopy. Contemp. Phys. **22**, 235 (1981)

1.103 B. Barbieri, N. Beverini, A. Sasso: Optogalvanic spectroscopy. Rev. Mod. Phys. **62**, 603 (1990)

1.104 V.N. Ochkin, N.G. Preobrashensky, N.Y. Shaparev: *Opto-galvanic effect in ionized gases* (Chem. Rubber Company, Raton 1999)

1.105 M.A. Zia, B. Sulemar, M.A. Baig: Two-photon laser optogalvanic spectroscopy of the Rydberg states of Mercury by RF-discharge. J. Phys. B, At. Mol. Opt. Phys. **36**, 4631 (2003)

1.106 K. Narayanan, G. Ullas, S.B. Rai: A two step optical double resonance study of a Fe–Ne hollow cathode discharge using optogalvanic detection. Opt. Commun. **184**, 102 (1991)

1.107 C.R. Webster, C.T. Rettner: Laser optogalvanic spectroscopy of molecules. Laser Focus **19**, 41 (February 1983)
D. Feldmann: Optogalvanic spectroscopy of some molecules in discharges: NH_2, NO_2, A_2 and N_2. Opt. Commun. **29**, 67 (1979)

1.108 K. Kawakita, K. Fukada, K. Adachi, S. Maeda, C. Hirose: Doppler-free optogalvanic spectrum of $He_2(b^3\Pi_g - f^3\Delta_u)$ transitions. J. Chem. Phys. **82**, 653 (1985)

1.109 K. Myazaki, H. Scheingraber, C.R. Vidal: 'Optogalvanic double-resonance spectroscopy of atomic and molecular discharge'. In: *Laser Spectroscopy VI*, ed. by H.P. Weber, W. Lüthy, Springer Ser. Opt. Sci., Vol. 40 (Springer, Berlin, Heidelberg 1983) p. 93

1.110 J.C. Travis: 'Analytical optogalvanic spectroscopy in flames'. In: *Analytical Laser Spectroscopy*, ed. by S. Martellucci, A.N. Chester (Plenum, New York 1985) p. 213

1.111 D. King, P. Schenck, K. Smyth, J. Travis: Direct calibration of laser wavelength and bandwidth using the optogalvanic effect in hollow cathode lamps. Appl. Opt. **16**, 2617 (1977)

1.112 V. Kaufman, B. Edlen: Reference wavelength from atomic spectra in the range 15 Å to 25,000 Å. J. Phys. Chem. Ref. Data **3**, 825 (1974)

1.113 A. Giacchetti, R.W. Stanley, R. Zalubas: Proposed secondary standard wavelengths in the spectrum of thorium. J. Opt. Soc. Am. **60**, 474 (1969)

1.114 J.E. Lawler, A.I. Ferguson, J.E.M. Goldsmith, D.J. Jackson, A.L. Schawlow: 'Doppler-free optogalvanic spectroscopy'. In: *Laser Spectroscopy IV*, ed. by H. Walther, K.W. Rothe, Springer Ser. Opt. Sci., Vol. 21 (Springer, Berlin, Heidelberg 1979) p. 188;

1.115 W. Bridges: Characteristics of an optogalvanic effect in cesium and other gas discharge plasmas. J. Opt. Soc. Am. **68**, 352 (1978)

1.116 R.S. Stewart, J.E. Lawler (Eds.): *Optogalvanic Spectroscopy* (Hilger, London 1991)

1.117 R.J. Saykally, R.C. Woods: High resolution spectroscopy of molecular ions. Ann. Rev. Phys. Chem. **32**, 403 (1981)

1.118 C.S. Gudeman, R.J. Saykally: Velocity modulation infrared laser spectroscopy of molecular ions. Am. Rev. Phys. Chem. **35**, 387 (1984)

1.119 C.E. Blom, K. Müller, R.R. Filgueira: Gas discharge modulation using fast electronic switches. Chem. Phys. Lett. **140**, 489 (1987)

1.120 M. Gruebele, M. Polak, R. Saykally: Velocity modulation laser spectroscopy of negative ions: The infrared spectrum of SH^-. J. Chem. Phys. **86**, 1698 (1987)

1.121 J.W. Farley: Theory of the resonance lineshape in velocity-modulation spectroscopy J. Chem. Phys. **95**, 5590 (1991)

1.122 G. Lan, H.D. Tholl, J.W. Farley: Double-modulation spectroscopy of molecular ions: Eliminating the background in velocity-modulation spectroscopy. Rev. Sci. Instrum. **62**, 944 (1991)

1.123 M.B. Radunsky, R.J. Saykally: Electronic absorption spectroscopy of molecular ions in plasmas by dye laser velocity modulation spectroscopy. J. Chem. Phys. **87**, 898 (1987)

1.124 K.J. Button (Ed.): *Infrared and Submillimeter Waves* (Academic, New York 1979)

1.125 (a) Wikipedia: List of molecules in interstellar space. http://en.wikipedia.org/wiki/List_of_molecules_in_interstellar_space;
H.S.P. Müller, F. Schlöder, J. Stutzki, G. Winnewisser: The Cologne Database for Molecular Spectroscopy. J. Mol. Struct. **742**, 215 (2005);
(b) K.M. Evenson, R.J. Saykally, D.A. Jennings, R.E. Curl, J.M. Brown: 'Far infrared laser magnetic resonance'. In: *Chemical and Biochemical Applications of Lasers*, ed. by C.B. Moore (Academic, New York 1980) Chapt. V

1.126 P.B. Davies, K.M. Evenson: 'Laser magnetic resonance (LMR) spectroscopy of gaseous free radicals'. In: *Laser Spectroscopy II*, ed. by S. Haroche, J.C. Pebay-Peyroula, T.W. Hänsch, S.E. Harris, Lect. Notes Phys., Vol. 43 (Springer, Berlin, Heidelberg 1975)

1.127 W. Urban, W. Herrmann: Zeeman modulation spectroscopy with spin-flip Raman laser. Appl. Phys. **17**, 325 (1978)

1.128 K.M. Evenson, C.J. Howard: 'Laser Magnetic Resonance Spectroscopy'. In: *Laser Spectroscopy*. R.G. Brewer, ed. by A. Mooradian (Plenum, New York 1974)

1.129 A. Hinz, J. Pfeiffer, W. Bohle, W. Urban: Mid-infrared laser magnetic resonance using the Faraday and Voigt effects for sensitive detection. Mol. Phys. **45**, 1131 (1982)

1.130 Y. Ueda, K. Shimoda: 'Infrared laser Stark spectroscopy'. In: *Laser Spectroscopy II*, ed. by S. Haroche, J.C. Pebay-Peyroula, T.W. Hänsch, Lecture Notes Phys., Vol. 43 (Springer, Berlin, Heidelberg 1975) p. 186

1.131 K. Uehara, T. Shimiza, K. Shimoda: High resolution Stark spectroscopy of molecules by infrared and far infrared masers. IEEE J. Quantum Electron. **4**, 728 (1968)

1.132 K. Uehara, K. Takagi, T. Kasuya: Stark Modulation Spectrometer, Using a Wide-band Zeeman-Tuned He-Xe Laser. Appl. Phys. **24** (1981)

1.133 L.R. Zink, D.A. Jennings, K.M. Evenson, A. Sasso, M. Inguscio: New techniques in laser Stark spectroscopy. J. Opt. Soc. Am. B **4**, 1173 (1987)

1.134 K.M. Evenson, R.J. Saykally, D.A. Jennings, R.F. Curl, J.M. Brown: 'Far infrared laser magnetic resonance'. In: *Chemical and Biochemical Applications of Lasers*, Vol. V, ed. by C.B. Moore (Academic, New York 1980)

1.135 M. Inguscio: Coherent atomic and molecular spectroscopy in the far infrared. Phys. Scripta **37**, 699 (1989)

1.136 W.H. Weber, K. Tanaka, T. Kanaka (Eds.): Stark and Zeeman techniques in laser spectroscopy. J. Opt. Soc. Am. B **4**, 1141 (1987)

1.137 J.L. Kinsey: Laser-induced fluorescence. Ann. Rev. Phys. Chem. **28**, 349 (1977)

1.138 A. Delon, R. Jost: Laser-induced dispersed fluorescence spectroscopy of 107 vibronic levels of NO_2 ranging from 12,000 to 17,600 cm^{-1}. J. Chem. Phys. **114**, 331 (2001)

1.139 M.A. Clyne, I.S. McDermid: Laser-induced fluorescence: electronically excited states of small molecules. Adv. Chem. Phys. **50**, 1 (1982)

1.140 J.R. Lakowicz: *Topics in Fluorescence Spectroscopy* (Plenum, New York 1991);
J.N. Miller: *Fluorescence Spectroscopy* (Ellis Harwood, Singapore 1991);
O.S. Wolflich (Ed.): *Fluorescence Spectroscopy* (Springer, Berlin, Heidelberg 1992)

1.141 C. Schütte: *The Theory of Molecular Spectroscopy* (North-Holland, Amsterdam 1976)

1.142 G. Herzberg: *Molecular Spectra and Molecular Structure, Vol. I* (Van Nostrand, New York 1950)

1.143 G. Höning, M. Cjajkowski, M. Stock, W. Demtröder: High resolution laser spectroscopy of Cs_2. J. Chem. Phys. **71**, 2138 (1979)
1.144 C. Amiot, W. Demtröder, C.R. Vidal: High resolution Fourier-spectroscopy and laser spectroscopy of Cs_2. J. Chem. Phys. **88**, 5265 (1988)
1.145 C. Amiot: Laser-induced fluorescence of Rb_2. J. Chem. Phys. **93**, 8591 (1990)
1.146 R. Bacis, S. Chunassy, R.W. Fields, J.B. Koffend, J. Verges: High resolution and sub-Doppler Fourier transform spectroscopy. J. Chem. Phys. **72**, 34 (1980)
1.147 R. Rydberg: Graphische Darstellung einiger bandenspektroskopischer Ergebnisse. Z. Physik **73**, 376 (1932)
1.148 O. Klein: Zur Berechnung von Potentialkurven zweiatomiger Moleküle mit Hilfe von Spekraltermen. Z. Physik **76**, 226 (1938)
1.149 A.L.G. Rees: The calculation of potential-energy curves from band spectroscopic data. Proc. Phys. Soc. London, Sect. A **59**, 998 (1947)
1.150 R.N. Zare, A.L. Schmeltekopf, W.J. Harrop, D.L. Albritton: J. Mol. Spectrosc. **46**, 37 (1973)
1.151 G. Ennen, C. Ottinger: Laser fluorescence measurements of the $^7LiD(X\,^1\Sigma^+)$-potential up to high vibrational quantum numbers. Chem. Phys. Lett. **36**, 16 (1975)
1.152 M. Raab, H. Weickenmeier, W. Demtröder: The dissociation energy of the cesium dimer. Chem. Phys. Lett. **88**, 377 (1982)
1.153 C.E. Fellows: The NaLi $1\,^1\Sigma+(X)$ electronic ground state dissociation limit. J. Chem. Phys. **94**, 5855 (1991)
1.154 A.G. Gaydon: *Dissociation Energies and Spectra of Diatomic Molecules* (Chapman and Hall, London 1968)
1.155 H. Atmanspacher, H. Scheingraber, C.R. Vidal: Laser-induced fluorescence of the MgCa molecule. J. Chem. Phys. **82**, 3491 (1985)
1.156 R.J. LeRoy: *Molecular Spectroscopy, Specialist Periodical Reports, Vol. 1* (Chem. Soc., Burlington Hall, London 1973) p. 113
1.157 W. Demtröder, W. Stetzenbach, M. Stock, J. Witt: Lifetimes and Franck–Condon factors for the $B\,^1\Pi_u \to X\,^1\Sigma_g^+$-system of Na_2. J. Mol. Spectrosc. **61**, 382 (1976)
1.158 E.J. Breford, F. Engelke: Laser-induced fluorescence in supersonic nozzle beams: applications to the NaK $D\,^1\Pi \to X\,^1\Sigma$ and $D\,^1\Pi \to X\,^3\Sigma$ systems. Chem. Phys. Lett. **53**, 282 (1978);
E.J. Breford, F. Engelke: J. Chem. Phys. **71**, 1949 (1979)
1.159 J. Tellinghuisen, G. Pichler, W.L. Snow, M.E. Hillard, R.J. Exton: Analaysis of the diffuse bands near 6100 Å in the fluorescence spectrum of Cs_2. Chem. Phys. **50**, 313 (1980)
1.160 H. Scheingraber, C.R. Vidal: Discrete and continuous Franck–Condon factors of the Mg_2 $A\,^1\Sigma_u - X\,^1I_s$ system and their J dependence. J. Chem. Phys. **66**, 3694 (1977)
1.161 C.A. Brau, J.J. Ewing: 'Spectroscopy, kinetics and performance of rare-gas halide lasers'. In: *Electronic Transition Lasers*, ed. by J.I. Steinfeld (MIT Press, Cambridge, Mass. 1976)
1.162 D. Eisel, D. Zevgolis, W. Demtröder: Sub-Doppler laser spectroscopy of the NaK-molecule. J. Chem. Phys. **71**, 2005 (1979)
1.163 E.V. Condon: Nuclear motions associated with electronic transitions in diatomic molecules. Phys. Rev. **32**, 858 (1928)
1.164 J. Tellinghuisen: The McLennan bands of I_2: A highly structured continuum. Chem. Phys. Lett. **29**, 359 (1974)
1.165 H.J. Vedder, M. Schwarz, H.J. Foth, W. Demtröder: Analysis of the perturbed NO_2 $^2B_2 \to {}^2A_1$ system in the 591.4–592.9 nm region based on sub-Doppler laser spectroscopy. J. Mol. Spectrosc. **97**, 92 (1983)

1.166 A. Delon, R. Jost: Laser-induced dispersed fluorescence spectra of jet-cooled NO_2. J. Chem. Phys. **95**, 5686 (1991)
1.167 Th. Zimmermann, H.J. Köppel, L.S. Cederbaum, G. Persch, W. Demtröder: Confirmation of random-matrix fluctuations in molecular spectra. Phys. Rev. Lett. **61**, 3 (1988)
1.168 K.K. Lehmann, St.L. Coy: The optical spectrum of NO_2: Is it or isn't it chaotic? Ber. Bunsenges. Phys. Chem. **92**, 306 (1988)
1.169 J.M. Gomez-Llorentl, H. Taylor: Spectra in the chaotic region: A classical analysis for the sodium trimer. J. Chem. Phys. **91**, 953 (1989)
1.170 K.L. Kompa: *Chemical Lasers*, Topics Curr. Chem., Vol. 37 (Springer, Berlin, Heidelberg 1975)
1.171 R. Schnabel, M. Kock: Time-Resolved nonlinear LIF-techniques for a combined lifetime and branching fraction measurements. Phys. Rev. A **63**, 125 (2001)
1.172 P.J. Dagdigian, H.W. Cruse, A. Schultz, R.N. Zare: Product state analysis of BaO from the reactions $Ba+CO_2$ and $Ba+O_2$. J. Chem. Phys. **61**, 4450 (1974)
1.173 J.G. Pruett, R.N. Zare: State-to-state reaction rates: $Ba+HF(v=0) \rightarrow BaF(v=0-12)+H''$. J. Chem. Phys. **64**, 1774 (1976)
1.174 H.W. Cruse, P.J. Dagdigian, R.N. Zare: Crossed beam reactions of barium with hydrogen halides. Faraday Discuss. Chem. Soc. **55**, 277 (1973)
1.175 Y. Nozaki, et al.: Identification of Si and SiH. J. Appl. Phys. **88**, 5437 (2000)
1.176 V. Hefter, K. Bergmann: 'Spectroscopic detection methods'. In: *Atomic and Molecular Beam Methods, Vol. I*, ed. by G. Scoles (Oxford Univ. Press, New York 1988) p. 193
1.177 J.E.M. Goldsmith: 'Recent advances in flame diagnostics using fluorescence and ionisation techniques'. In: *Laser Spectroscopy VIII*, ed. by S. Svanberg, W. Persson, Springer Ser. Opt. Sci., Vol. 55 (Springer, Berlin, Heidelberg 1987) p. 337
1.178 J. Wolfrum (Ed.): Laser diagnostics in combustion. Appl. Phys. B **50**, 439 (1990)
1.179 T.P. Hughes: *Plasma and Laser Light* (Hilger, Bristol 1975)
1.180 J.R. Lakowicz: *Principles of Fluorescence Spectroscopy* (Springer, Berlin, Heidelberg 2006)
1.181 M. Bellini, P. DeNatale, G. DiLonardo, L. Fusina, M. Inguscio, M. Prevedelli: Tunable far infrared spectroscopy of $^{16}O_3$ ozone. J. Mol. Spectrosc. **152**, 256 (1992)

第2章

2.1 W.R. Bennet, Jr.: Hole-burning effects in a He-Ne-optical maser. Phys. Rev. **126**, 580 (1962)
2.2 V.S. Letokhov, V.P. Chebotayev: *Nonlinear Laser Spectroscopy*, Springer Ser. Opt. Sci., Vol. 4 (Springer, Berlin, Heidelberg 1977)
2.3 S. Mukamel: *Principles of nonlinear optical spectroscopy* (Oxford Univ. Press, Oxford 1999)
2.4 M.D. Levenson: *Introduction to Nonlinear Spectroscopy* (Academic, New York 1982)
2.5 W.E. Lamb: Theory of an optical maser. Phys. Rev. A **134**, 1429 (1964)
2.6 H. Gerhardt, E. Matthias, F. Schneider, A. Timmermann: Isotope shifts and hyperfine structure of the $6s-7p$-transitions in the cesium isotopes 133, 135 and 137. Z. Phys. A **288**, 327 (1978)

2.7 See, for instance: S.L. Chin: *Fundamentals of Laser Optoelectronics* (World Scientific, Singapore 1989) pp. 281ff.

2.8 M.S. Sorem, A.L. Schawlow: Saturation spectroscopy in molecular iodine by intermodulated fluorescence. Opt. Commun. **5**, 148 (1972)

2.9 M.D. Levenson, A.L. Shawlow: Hyperfine interactions in molecular iodine. Phys. Rev. A **6**, 10 (1972)

2.10 H.J. Foth: Sättigungsspektroskopie an Molekülen. Diplom thesis, University of Kaiserslautern, Germany (1976)

2.11 R.S. Lowe, H. Gerhardt, W. Dillenschneider, R.F. Curl, Jr., F.K. Tittel: Intermodulated fluorescence spectroscopy of BO_2 using a stabilized dye laser. J. Chem. Phys. **70**, 42 (1979)

2.12 A.S. Cheung, R.C. Hansen, A.J. Nerer: Laser spectroscopy of VO: analysis of the rotational and hyperfine structure. J. Mol. Spectrosc. **91**, 165 (1982)

2.13 L.A. Bloomfield, B. Couillard, Ph. Dabkiewicz, H. Gerhardt, T.W. Hänsch: Hyperfine structure of the 2^3S-5^3P transition in ^3He by high resolution UV laser spectroscopy. Opt. Commun. **42**, 247 (1982)

2.14 Ch. Hertzler, H.J. Foth: Sub-Doppler polarization spectra of He, N_2 and Ar^+ recorded in discharges. Chem. Phys. Lett. **166**, 551 (1990)

2.15 H.J. Foth, F. Spieweck. Hyperfine structure of the R(98), (58-1)-line of I_2 at $\lambda = 514.5$ nm. Chem. Phys. Lett. **65**, 347 (1979)

2.16 W.G. Schweitzer, E.G. Kessler, R.D. Deslattes, H.P. Layer, J.R. Whetstone: Description, performance and wavelength of iodine stabilised lasers. Appl. Opt. **12**, 2927 (1973)

2.17 R.L. Barger, J.B. West, T.C. English: Frequency stabilization of a CW dye laser. Appl. Phys. Lett. **27**, 31 (1975)

2.18 C. Salomon, D. Hills, J.L. Hall: Laser stabilization at the millihertz level. J. Opt. Soc. B **5**, 1576 (1988)

2.19 V. Bernard, et al.: CO_2-Laser stabilization to 0.1 Hz using external electro-optic modulation. IEEE J. Quantum Electron. **33**, 1288 (1997)

2.20 J.C. Hall, J.A. Magyar: 'High resolution saturation absorption studies of methane and some methyl-halides'. In: *High-Resolution Laser Spectroscopy*, ed. by K. Shimoda, Topics Appl. Phys., Vol. 13 (Springer, Berlin, Heidelberg 1976) p. 137

2.21 J.L. Hall: 'Sub-Doppler spectroscopy, methane hyperfine spectroscopy and the ultimate resolution limit'. In: *Colloq. Int. due CNRS, No. 217* (Edit. due CNRS, 15 quai Anatole France, Paris 1974) p. 105

2.22 B. Bobin, C.J. Bordé, J. Bordé, C. Bréant: Vibration-rotation molecular constants for the ground and ($\nu_3 = 1$) states of SF_6 from saturated absorption spectroscopy. J. Mol. Spectrosc. **121**, 91 (1987)

2.23 M. de Labachelerie, K. Nakagawa, M. Ohtsu: Ultranarrow $^{13}C_2H_2$ saturated absorption lines at 1.5 μm. Opt. Lett. **19**, 840 (1994)

2.24 C. Wieman, T.W. Hänsch: Doppler-free laser polarization spectroscopy. Phys. Rev. Lett. **36**, 1170 (1976)

2.25 R.E. Teets, F.V. Kowalski, W.T. Hill, N. Carlson, T.W. Hänsch: 'Laser polarization spectroscopy'. In: *Advances in Laser Spectroscopy*, SPIE Proc. **113**, 80 (1977)

2.26 R. Teets: Laser Polarisation Spectroscopy, PhD thesis, Physics Department, Stanford University (1978)

2.27 M.E. Rose: *Elementary Theory of Angular Momentum* (Wiley, New York 1957), reprint paperback: Dover Publications 1995;
A.R. Edmonds: *Angular Momentum in Quantum Mechanics* (Princeton Univ. Press 1996)

2.28 R.N. Zare: *Angular Momentum: Understanding Spatial Aspects in Chemistry and Physics* (Wiley, New York 1988)

2.29 V. Stert, R. Fischer: Doppler-free polarization spectroscopy using linear polarized light. Appl. Phys. **17**, 151 (1978)

2.30 H. Gerhardt, T. Huhle, J. Neukammer, P.J. West: High resolution polarization spectroscopy of the 557 nm transition of KrI. Opt. Commun. **26**, 58 (1978)

2.31 M. Raab, G. Höning, R. Castell, W. Demtröder: Doppler-free polarization spectroscopy of the Cs_2 molecule at $\lambda = 6270\,\text{Å}$. Chem. Phys. Lett. **66**, 307 (1979)

2.32 M. Raab, G. Höning, W. Demtröder, C.R. Vidal: High resolution laser spectroscopy of Cs_2. J. Chem. Phys. **76**, 4370 (1982)

2.33 W. Ernst: Doppler-free polarization spectroscopy of diatomic molecules in flame reactions. Opt. Commun. **44**, 159 (1983)

2.34 M. Francesconi, L. Gianfrani, M. Inguscio, P. Minutolo, A. Sasso: A new approach to impedance atomic spectroscopy. Appl. Phys. B **51**, 87 (1990)

2.35 L. Gianfrani, A. Sasso, G.M. Tino, F. Marin: Polarization spectroscopy of atomic oxygen by dye and semiconductor diode lasers. Il Nuovo Cimento **D10**, 941 (1988)

2.36 M. Göppert-Mayer: Über Elementarakte mit zwei Quantensprüngen. Ann. Physik **9**, 273 (1931)

2.37 W. Kaiser, C.G. Garret: Two-photon excitation in LLCA F_2: Eu^{2+}. Phys. Rev. Lett. **7**, 229 (1961)

2.38 J.J. Hopfield, J.M. Worlock, K. Park: Two-quantum absorption spectrum of KI. Phys. Rev. Lett. **11**, 414 (1963)

2.39 P. Bräunlich: 'Multiphoton spectroscopy'. In: *Progress in Atomic Spectroscopy*, ed. by W. Hanle, H. Kleinpoppen (Plenum, New York 1978)

2.40 J.M. Worlock: 'Two-photon spectroscopy'. In: *Laser Handbook*, ed. by F.T. Arrecchi, E.O. Schulz-Dubois (North-Holland, Amsterdam 1972)

2.41 B. Dick, G. Hohlneicher: Two-photon spectroscopy of dipole-forbidden transitions. Theor. Chim. Acta **53**, 221 (1979);
B. Dick, G. Hohlneicher: J. Chem. Phys. **70**, 5427 (1979)

2.42 J.B. Halpern, H. Zacharias, R. Wallenstein: Rotational line strengths in two- and three-photon transitions in diatomic molecules. J. Mol. Spectrosc. **79**, 1 (1980)

2.43 K.D. Bonin, T.J. McIlrath: Two-photon electric dipole selection rules. J. Opt. Soc. Am. B **1**, 52 (1984)

2.44 G. Grynberg, B. Cagnac: Doppler-free multiphoton spectroscopy. Rep. Progr. Phys. **40**, 791 (1977)

2.45 F. Biraben, B. Cagnac, G. Grynberg: Experimental evidence of two- photon transition without Doppler broadening. Phys. Rev. Lett. **32**, 643 (1974)

2.46 G. Grynberg, B. Cagnbac, F. Biraben: 'Multiphoton resonant processes in atoms'. In: *Coherent Nonlinear Optics*, ed. by M.S. Feld, V.S. Letokhov, Topics Curr. Phys., Vol. 21 (Springer, Berlin, Heidelberg 1980)

2.47 T.W. Hänsch, K. Harvey, G. Meisel, A.L. Shawlow: Two-photon spectroscopy of Na 3s-4d without Doppler-broadening using CW dye laser. Opt. Commun. **11**, 50 (1974)

2.48 M.D. Levenson, N. Bloembergen: Observation of two-photon absorption without Doppler-broadening on the $3s-5s$ transition in sodium vapor. Phys. Rev. Lett. **32**, 645 (1974)

2.49 A. Timmermann: High resolution two-photon spectroscopy of the $6p^{2\,3}P_0 - 7p^3P_0$ transition in stable lead isotopes. Z. Physik A **286**, 93 (1980)

2.50 S.A. Lee, J. Helmcke, J.L. Hall, P. Stoicheff: Doppler-free two-photon transitions to Rydberg levels. Opt. Lett. **3**, 141 (1978)

2.51 R. Beigang, K. Lücke, A. Timmermann: Singlet–Triplet mixing in $4s$ and Rydberg states of Ca. Phys. Rev. A **27**, 587 (1983)

2.52 S.V. Filseth, R. Wallenstein, H. Zacharias: Two-photon excitation of CO ($A^1\Pi$) and N_2 ($a^1\Pi_g$). Opt. Commun. **23**, 231 (1977)

2.53 E. Riedle, H.J. Neusser, E.W. Schlag: Electronic spectra of polyatomic molecules with resolved individual rotational transitions: benzene. J. Chem. Phys. **75**, 4231 (1981)

2.54 H. Sieber, E. Riedle, J.H. Neusser: Intensity distribution in rotational line spectra I: Experimental results for Doppler-free $S_1 \leftarrow S_0$ transitions in benzene. J. Chem. Phys. **89**, 4620 (1988);
E. Riedle: Doppler-freie Zweiphotonen-Spektroskopie an Benzol. Habilitation thesis, Inst. Physikalische Chemie, TU München, Germany (1990)

2.55 E. Riedle, H.J. Neusser: Homogeneous linewidths of single rotational lines in the "channel three" region of C_6H_6. J. Chem. Phys. **80**, 4686 (1984)

2.56 U. Schubert, E. Riedle, J.H. Neusser: Time evolution of individual rotational states after pulsed Doppler-free two-photon excitation. J. Chem. Phys. **84**, 5326 and **84**, 6182 (1986)

2.57 W. Bischel, P.J. Kelley, Ch.K. Rhodes: High-resolution Doppler-free two-photon spectroscopic studies of molecules. Phys. Rev. A **13**, 1817 and **13**, 1829 (1976)

2.58 R. Guccione-Gush, H.P. Gush, R. Schieder, K. Yamada, C. Winnewisser: Doppler-free two-photon absorption of NH_3 using a CO_2 and a diode laser. Phys. Rev. A **23**, 2740 (1981)

2.59 G.F. Bassani, M. Inguscio, T.W. Hänsch (Eds.): *The Hydrogen Atom* (Springer, Berlin, Heidelberg 1989)

2.60 M. Weitz, F. Schmidt-Kaler, T.W. Hänsch: Precise optical Lamb-shift measurements in atomic hydrogen. Phys. Rev. Lett. **68**, 1120 (1992);
S.A. Lee, R. Wallenstein, T.W. Hänsch: Hydrogen 1S-2S-isotope shift and 1S Lamb shift measured by laser spectroscopy. Phys. Rev. Lett. **35**, 1262 (1975)

2.61 J.R.M. Barr, J.M. Girkin, J.M. Tolchard, A.I. Ferguson: Interferometric measurement of the $1S_{1/2}-2S_{1/2}$ transition frequency in atomic hydrogen. Phys. Rev. Lett. **56**, 580 (1986)

2.62 M. Niering, et al.: Measurement of the hydrogen $1S-2S$ transition frequency by phase coherent comparison with a microwave cesium fountain clock. Phys. Rev. Lett. **84**, 5496 (2000)

2.63 F. Biraben, J.C. Garreau, L. Julien: Determination of the Rydberg constant by Doppler-free two-photon spectroscopy of hydrogen Rydberg states. Europhys. Lett. **2**, 925 (1986)

2.64 F.H.M. Faisal, R. Wallenstein, H. Zacharias: Three-photon excitation of xenon and carbon monoxide. Phys. Rev. Lett. **39**, 1138 (1977)

2.65 B. Cagnac: 'Multiphoton high resolution spectroscopy'. In: *Atomic Physics 5*, ed. by R. Marrus, M. Prior, H. Shugart (Plenum, New York 1977) p. 147

2.66 V.I. Lengyel, M.I. Haylak: Role of autoionizing states in multiphoton ionization of complex atoms. Adv. At. Mol. Phys. **27**, 245 (1990)

2.67 E.M. Alonso, A.L. Peuriot, V.B. Slezak: CO_2-laser-induced multiphoton absorption of CF_2Cl_2. Appl. Phys. B **40**, 39 (1986)

2.68 V.S. Lethokov: Multiphoton and multistep vibrational laser spectroscopy of molecules. Commen. At. Mol. Phys. **8**, 39 (1978)

2.69 W. Fuss, J. Hartmann: IR absorption of SF_6 excited up to the dissociation limit. J. Chem. Phys. **70**, 5468 (1979)

2.70 F.V. Kowalski, W.T. Hill, A.L. Schawlow: Saturated-interference spectroscopy. Opt. Lett. **2**, 112 (1978)

2.71 R. Schieder: Interferometric nonlinear spectroscopy. Opt. Commun. **26**, 113 (1978)

2.72 S. Tolanski: *An Introduction to Interferometry* (Longman, London 1973)

2.73 C. Delsart, J.C. Keller: 'Doppler-free laser induced dichroism and birefringence'. In: *Laser Spectroscopy of Atoms and Molecules*, ed. by H. Walther, Topics Appl. Phys., Vol. 2, (Springer, Berlin, Heidelberg 1976) p. 154

2.74 M.D. Levenson, G.L. Eesley: Polarization selective optical heterodyne detection for dramatically improved sensitivity in laser spectroscopy. Appl. Phys. **19**, 1 (1979)
2.75 M. Raab, A. Weber: Amplitude-modulated heterodyne polarization spectroscopy. J. Opt. Soc. Am. B **2**, 1476 (1985)
2.76 K. Danzmann, K. Grützmacher, B. Wende: Doppler-free two-photon polarization spectroscopy measurement of the Stark-broadened profile of the hydrogen H_α line in a dense plasma. Phys. Rev. Lett. **57**, 2151 (1986)
2.77 T.W. Hänsch, A.L. Schawlow, C.W. Series: The spectrum of atomic hydrogen. Sci. Am. **240**, 72 (1979)
2.78 R.S. Berry: How good is Niels Bohrs atomic model? Contemp. Phys. **30**, 1 (1989)
2.79 F. Schmidt-Kalen, D. Leibfried, M. Weitz, T.W. Hänsch: Precision measurement of the isotope shift of the 1S–2S transition of atomic hydrogen and deuterium. Phys. Rev. Lett. **70**, 2261 (1993)
2.80 V.S. Butylkin, A.E. Kaplan, Y.G. Khronopulo: *Resonant Nonlinear Interaction of Light with Matter* (Springer, Berlin, Heidelberg 1987)
2.81 J.J.H. Clark, R.E. Hester (Eds.): *Advances in Nonlinear Spectroscopy* (Wiley, New York 1988)
2.82 S.S. Kano: *Introduction to Nonlinear Laser Spectroscopy* (Academic, New York 1988)
2.83 T.W. Hänsch: 'Nonlinear high-resolution spectroscopy of atoms and molecules'. In: *Nonlinear Spectroscopy, Proc. Int. School of Physics "Enrico Fermi" Course LXIV* (North-Holland, Amsterdam 1977) p. 17
2.84 D.C. Hanna, M.Y. Yunatich, D. Cotter: *Nonlinear Optics of Free Atoms and Molecules*, Springer Ser. Opt. Sci., Vol. 17 (Springer, Berlin, Heidelberg 1979)
2.85 St. Stenholm: *Foundations of Laser Spectroscopy* (Wiley, New York 1984)
2.86 R. Altkorn, R.Z. Zare: Effects of saturation on laser-induced fluorescence measurements. Ann. Rev. Phys. Chem. **35**, 265 (1984)
2.87 B. Cagnac: 'Laser Doppler-free techniques in spectroscopy'. In: *Frontiers of Laser Spectroscopy of Gases*, ed. by A.C.P. Alves, J.M. Brown, J.H. Hollas, Nato ASO Series C, Vol. 234, (Kluwer, Dondrost 1988)
2.88 S.H. Lin (Ed.): *Advances in Multiphoton Processes and Spectroscopy* (World Scientific, Singapore 1985-1992)

第3章

3.1 A. Anderson: *The Raman Effect, Vols. 1, 2* (Dekker, New York 1971, 1973)
3.2 D.A. Long: *Raman Spectroscopy* (McGraw-Hill, New York 1977)
D.A. Long: *The Raman Effekt: A Unified Treatment of the Theory of Raman Scattering by Molecules* (Wiley, New York 2001)
E. Smth, G. Dent: *Modern Raman Spectroscopy* (John Wiley & Sons, New York 2005)
3.3 B. Schrader: *Infrared and Raman Spectroscopy* (Wiley VCH, Weinheim 1993); M.J. Pelletier (Ed.): *Analytical Applications of Raman Spectroscopy* (Blackwell Science, Oxford 1999)
J.R. Ferrano: *Introductory Raman Spectroscopy*, 2nd edn. (Academic Press, New York 2002)
3.4 J.R. Ferraro, K. Nakamato: *Introductory Raman Spectroscopy* (Academic, New York 1994)
3.5 I.R. Lewis, H.G.M. Edwards (Eds.): *Handbook of Raman Spectroscopy* (Dekker, New York 2001)

3.6 M.C. Tobin: *Laser Raman Spectroscopy* (Wiley Interscience, New York 1971)
3.7 A. Weber (Ed.): *Raman Spectroscopy of Gases and Liquids*, Topics Curr. Phys., Vol. 11 (Springer, Berlin, Heidelberg 1979)
3.8 G. Placzek: 'Rayleigh-Streuung und Raman Effekt'. In: *Handbuch der Radiologie, Vol. VI*, ed. by E. Marx (Akademische Verlagsgesellschaft, Leipzig 1934)
3.9 L.D. Barron: 'Laser Raman spectroscopy, in *Frontiers of Laser Spectroscopy of Gases*, ed. by A.C.P. Alves, J.M. Brown, J.M. Hollas, NATO ASI Series, Vol. 234 (Kluwer, Dordrecht 1988)
3.10 N.B. Colthup, L.H. Daly, S.E. Wiberley: *Introduction to Infrared and Raman Spectroscopy*, 3rd edn. (Academic, New York 1990)
3.11 R.J.H. Clark, R.E. Hester (Eds.): *Advances in Infrared and Raman Spectroscopy, Vols. 1–17* (Heyden, London 1975–1990)
3.12 J. Popp, W. Kiefer: 'Fundamentals of Raman spectroscopy'. In: *Encyclopedia of Analytical Chemistry* (Wiley, New York 2001)
3.13 P.P. Pashinin (Ed.): *Laser-Induced Raman Spectroscopy in Crystals and Gases* (Nova Science, Commack 1988)
3.14 J.R. Durig, J.F. Sullivan (Eds.): *XII Int. Conf. on Raman Spectroscopy* (Wiley, Chichester 1990)
3.15 H. Kuzmany: *Festkörperspektroskopie* (Springer, Berlin, Heidelberg 1989)
3.16 M. Cardona (Ed.): *Light Scattering in Solids*, 2nd edn., Topics Appl. Phys., Vol. 8 (Springer, Berlin, Heidelberg 1983);
M. Cardona, G. Güntherodt (Eds.): *Light Scattering in Solids II-VI*, Topics Appl. Phys., Vols. 50, 51, 54, 66, 68 (Springer, Berlin, Heidelberg 1982, 1984, 1989, 1991)
3.17 K.W. Szymanski: *Raman Spectroscopy I & II* (Plenum, New York 1970)
3.18 G. Herzberg: *Molecular Spectra and Molecular Structure, Vol. II, Infrared and Raman Spectra of Polyatomic Molecules* (van Nostrand Reinhold, New York 1945)
3.19 H.W. Schrötter, H.W. Klöckner: 'Raman scattering cross sections in gases and liquids'. In: *Raman Spectroscopy of Gases and Liquids*, ed. by A. Weber, Topics Curr. Phys., Vol. II (Springer, Berlin, Heidelberg 1979) pp. 123 ff.
3.20 D.L. Rousseau: 'The resonance Raman effect'. In: *Raman Spectroscopy of Gases and Liquids*, ed. by A. Weber, Topics Curr. Phys., Vol. II (Springer, Berlin, Heidelberg 1979) pp. 203 ff.
3.21 S.A. Acher: UV resonance Raman studies of molecular structures and dynamics. Ann. Rev. Phys. Chem. **39**, 537 (1988)
3.22 R.J.H. Clark, T.J. Dinev: 'Electronic Raman spectroscopy'. In: *Advances in Infrared and Raman Spectroscopy, Vol. 9*, ed. by R.J.H. Clark, R.E. Hester (Heyden, London 1982) p. 282
3.23 J.A. Koningstein: *Introduction to the theory of the Raman effect* (Reidel, Dordrecht 1972)
3.24 D.J. Gardner: *Practical Raman Spectroscopy* (Springer, Berlin, Heidelberg, New York 1989)
3.25 A. Weber: 'High-resolution rotational Raman spectra of gases'. In: *Advances in Infrared and Raman Spectroscopy, Vol. 9*, ed. by R.J.H. Clark, R.E. Hester (Heyden, London 1982) Chapt. 3
3.26 E.B. Brown: *Modern Optics* (Krieger, New York 1974) p. 251
3.27 J.R. Downey, G.J. Janz: 'Digital methods in Raman spectroscopy'. In: *XII Int. Conf. on Raman Spectroscopy*, ed. by J.R. Durig, J.F. Sullivan (Wiley, chichester 1990) pp. 1–34
3.28 W. Knippers, K. van Helvoort, S. Stolte: Vibrational overtones of the homonuclear diatomics N_2, O_2, D_2. Chem. Phys. Lett. **121**, 279 (1985)

3.29 K. van Helvoort, R. Fantoni, W.L. Meerts, J. Reuss: Internal rotation in CH_3CD_3: Raman spectroscopy of torsional overtones. Chem. Phys. Lett. **128**, 494 (1986);
K. van Helvoort, R. Fantoni, W.L. Meerts, J. Reuss: Chem. Phys. **110**, 1 (1986);

3.30 W. Kiefer: 'Recent techniques in Raman spectroscopy'. In: *Adv. Infrared and Raman Spectroscopy, Vol. 3*, ed. by R.J.H. Clark, R.E. Hester (Heyden, London 1977)

3.31 G.W. Walrafen, J. Stone: Intensification of spontaneous Raman spectra by use of liquid core optical fibers. Appl. Spectrosc. **26**, 585 (1972)

3.32 H.W. Schrötter, J. Bofilias: On the assignment of the second-order lines in the Raman spectrum of benzene. J. Mol. Struct. **3**, 242 (1969)

3.33 D.B. Chase, J.E. Rabolt: *Fourier-Transform Raman Spectroscopy* (Academic Press, New York 1994)

3.34 D.A. Long: 'The polarisability and hyperpolarisability tensors'. In: *Nonlinear Raman Spectroscopy and its Chemical Applications*, ed. by W. Kiefer, D.A. Long (Reidel, Dordrecht 1982)

3.35 L. Beardmore, H.G.M. Edwards, D.A. Long, T.K. Tan: 'Raman spectroscopic measurements of temperature in a natural gas laser flame'. In: *Lasers in Chemistry*, ed. by M.A. West (Elsevier, Amsterdam 1977)

3.36 A. Leipert: Laser Raman-Spectroskopie in der Wärme- und Strömungstechnik. Physik in unserer Zeit **12**, 107 (1981)

3.37 K. van Helvoort, W. Knippers, R. Fantoni, S. Stolte: The Raman spectrum of ethane from 600 to 6500 cm^{-1} Stokes shifts. Chem. Phys. **111**, 445 (1987)

3.38 J. Lascombe, P.V. Huong (Eds.): *Raman Spectroscopy: Linear and Nonlinear* (Wiley, New York 1982)

3.39 E.J. Woodbury, W.K. Ny: IRE Proc. **50**, 2367 (1962)

3.40 G. Eckardt: Selection of Raman laser materials. IEEE J. Quantum Electron. **2**, 1 (1966)

3.41 A. Yariv: *Quantum Electronics*, 3rd edn. (Wiley, New York 1989)

3.42 W. Kaiser, M. Maier: 'Stimulated Rayleigh, Brillouin and Raman spectroscopy'. In: *Laser Handbook*, ed. by F.T. Arrecchi, E.O. Schulz-Dubois (North-Holland, Amsterdam 1972) pp. 1077 ff.

3.43 E. Esherik, A. Owyoung: 'High resolution stimulated Raman spectroscopy'. In: *Adv. Infrared and Raman Spectroscopy Vol. 9* (Heyden, London 1982)

3.44 H.W. Schrötter, H. Frunder, H. Berger, J.P. Boquillon, B. Lavorel, G. Millet: 'High Resolution CARS and Inverse Raman spectroscopy'. In: *Adv. Nonlinear Spectroscopy* **3**, 97 (Wiley, New York 1987)

3.45 R.S. McDowell, C.W. Patterson, A. Owyoung: Quasi-CW inverse Raman spectroscopy of the ω_1 fundamental of $^{13}CH_4$. J. Chem. Phys. **72**, 1071 (1980)

3.46 E.K. Gustafson, J.C. McDaniel, R.L. Byer: CARS measurement of velocity in a supersonic jet. IEEE. J. Quantum Electron. **17**, 2258 (1981)

3.47 A. Owyoung: 'High resolution CARS of gases'. In: *Laser Spectroscopy IV*, ed. by H. Walther, K.W. Roth, Springer, Ser. Opt. Sci., Vol. 21 (Springer, Berlin, Heidelberg, 1979) p. 175

3.48 N. Bloembergen: *Nonlinear Optics*, 3rd ptg. (Benjamin, New York 1977);
D.L. Mills: *Nonlinear Optics* (Springer, Berlin, Heidelberg 1991)

3.49 C.S. Wang: 'The stimulated Raman process'. In: *Quantum Electronics: A Treatise, Vol. 1*, ed. by H. Rabin, C.L. Tang (Academic, New York 1975) Chapt. 7

3.50 M. Mayer: Applications of stimulated Raman scattering. Appl. Phys. **11**, 209 (1976)

3.51 G. Marowski, V.V. Smirnov (Eds.): *Coherent Raman Spectroscopy*. Springer Proc. Phys., Vol. 63 (Springer, Berlin, Heidelberg 1992)

3.52 W. Kiefer: 'Nonlinear Raman Spectroscopy: Applications'. In: *Encyclopedia of Spectroscopy and Spectrometry* (Academic, New York 2000) p. 1609

3.53 J.W. Nibler, G.V. Knighten: 'Coherent anti-Stokes Raman spectroscopy'. In: *Raman Spectroscopy of Gases and Liquids*, ed. by A. Weber, Topics Curr. Phys., Vol. II (Springer, Berlin, Heidelberg 1979) Chapt. 7

3.54 J.W. Nibler: 'Coherent Raman spectroscopy: Techniques and recent applications'. In: *Applied Laser Spectroscopy*, ed. by W. Demtröder, M. Inguscio, NATO ASI, Vol. 241 (Plenum, London 1990) p. 313

3.55 S.A.J. Druet, J.P.E. Taran: CARS spectroscopy. Progr. Quantum Electron. **7**, 1 (1981)

3.56 I.P.E. Taran: 'CARS spectroscopy and applications'. In: *Appl. Laser Spectroscopy*, ed. by W. Demtröder, M. Inguscio (Plenum, London 1990) pp. 313–328

3.57 W. Kiefer, D.A. Long (Eds.): *Nonlinear Raman Spectroscopy and its Chemical Applications* (Reidel, Dordrecht 1982)

3.58 F. Moya, S.A.J. Druet, J.P.E. Taran: 'Rotation-vibration spectroscopy of gases by CARS'. In: *Laser Spectroscopy II*, ed. by S. Haroche, J.C. Pebay-Peyroula, T.W. Hänsch, S.E. Harris, Springer Notes Phys., Vol. 34 (Springer, Berlin, Heidelberg 1975) p. 66

3.59 S.A. Akhmanov, A.F. Bunkin, S.G. Ivanov, N.I. Koroteev, A.I. Kourigin, I.L. Shumay: 'Development of CARS for measurement of molecular parameters'. In: *Tunable Lasers and Applications*, ed. by A. Mooradian, T. Jaeger, P. Stokseth, Springer Ser. Opt. Sci., Vol. 3 (Springer, Berlin, Heidelberg 1976)

3.60 J.P.E. Taran: 'Coherent anti-Stokes spectroscopy'. In: *Tunable Lasers and Applications*, ed. by A. Mooradian, T. Jaeger, P. Stokseth, Springer Ser. Opt. Sci., Vol. 3 (Springer, Berlin, Heidelberg 1976) p. 315

3.61 Q.H.F. Vremen, A.J. Breiner: Spectral properties of a pulsed dye laser with monochromatic injection. Opt. Commun. **4**, 416 (1972)

3.62 T.J. Vickers: Quantitative resonance Raman spectroscopy. Appl. Spectrosc. Rev. **26**, 341 (1991)

3.63 B. Attal, Debarré, K. Müller-Dethlets, J.P.E. Taran: Resonant coherent anti-Stokes Raman spectroscopy of C_2. Appl. Phys. B **28**, 221 (1982)

3.64 A.C. Eckbreth: BOX CARS: Crossed-beam phase matched CARS generation. Appl. Phys. Lett. **32**, 421 (1978)

3.65 Y. Prior: Three-dimensional phase matching in four-wave mixing. Appl. Opt. **19**, 1741 (1980)

3.66 S.J. Cyvin, J.E. Rauch, J.C. Decius: Theory of hyper-Raman effects. J. Chem. Phys. **43**, 4083 (1965)

3.67 P.D. Maker: 'Nonlinear light scattering in methane'. In: *Physics of Quantum Electronics*, ed. by P.L. Kelley, B. Lax, P.E. Tannenwaldt (McGraw-Hill, New York 1960) p. 60

3.68 K. Altmann, G. Strey: Enhancement of the scattering intensity for the hyper-Raman effect. Z. Naturforsch. **32a**, 307 (1977)

3.69 S. Nie, L.A. Lipscomb, N.T. Yu: Surface-enhanced hyper-Raman spectroscopy. Appl. Spectrosc. Rev. **26**, 203 (1991)

3.70 J. Reif, H. Walther: Generation of Tunable 16 μm radiation by stimulated hyper-Raman effect in strontium vapour. Appl. Phys. **15**, 361 (1978)

3.71 M.D. Levenson, J.J. Song: Raman-induced Kerr effect with elliptical polarization. J. Opt. Soc. Am. **66**, 641 (1976)

3.72 S.A. Akhmanov, A.F. Bunkin, S.G. Ivanov, N.I. Koroteev: Polarization active Raman spectroscopy and coherent Raman ellipsometry. Sov. Phys. JETP **47**, 667 (1978)

3.73 J.W. Nibler, J.J. Young: Nonlinear Raman spectroscopy of gases. Ann. Rev. Phys. Chem. **38**, 349 (1987)

3.74 Z.Q. Tian, B. Ren (Eds.): *Progress in Surface Raman Spectroscopy* (Xiaman Univ. Press, Xiaman, China 2000)

3.75 B. Eckert, H.D. Albert, H.J. Jodl: Raman studies of sulphur at high pressures and low temperatures. J. Phys. Chem. **100**, 8212 (1996)

3.76 P. Dhamelincourt: 'Laser molecular microprobe'. In: *Lasers in Chemistry*, ed. by M.A. West (Elsevier, Amsterdam 1977) p. 48

3.77 G. Mariotto, F. Ziglio, F.L. Freire, Jr.: Light-emitting porous silicon: a structural investigation by high spatial resolution Raman spectroscopy J. Non-Crystalline Solids **192**, 253 (1995)

3.78 L. Quin, Z.X. Shen, S.H. Tang, M.H. Kuck: The modification of a spex spectrometer into a micro-Raman spectrometer Asian J. Spectrosc. **1**, 121 (1997)

3.79 W. Kiefer: Femtosecond coherent Raman spectroscopy. J. Raman Spectrosc. **31**, 3 (2000)

3.80 M. Danfus, G. Roberts: Femtosecond transition state spectroscopy and chemical reaction dynamics. Commen. At. Mol. Phys. **26**, 131 (1991)

3.81 L. Beardmore, H.G.M. Edwards, D.A. Long, T.K. Tan: 'Raman spectroscopic measurements of temperature in a natural gas/air-flame'. In: *Lasers in Chemistry*, ed. by M.A. West (Elsevier, Amsterdam 1977) p. 79

3.82 M.A. Lapp, C.M. Penney: 'Raman measurements on flames'. In: *Advances in Infrared and Raman Specroscopy, Vol. 3*, ed. by R.S.H. Clark, R.E. Hester (Heyden, London 1977) p. 204

3.83 J.P. Taran: 'CARS: Techniques and applications'. In: *Tunable Lasers and Applications*, ed. by A. Mooradian, P. Jaeger, T. Stokseth, Springer Ser. Opt. Sci., Vol. 3 (Springer, Berlin, Heidelberg 1976) p. 378

3.84 T. Dreier, B. Lange, J. Wolfrum, M. Zahn: Determination of temperature and concentration of molecular nitrogen, oxygen and methane with CARS. Appl. Phys. B **45**, 183 (1988)

3.85 H.D. Barth, C. Jackschath, T. Persch, F. Huisken: CARS spectroscopy of molecules and clusters in supersonic jets. Appl. Phys. B **45**, 205 (1988)

3.86 F. Adar, J.E. Griffith (Eds.): Raman and luminescent spectroscopy in technology. SPIE Proc. **1336** (1990)

3.87 A.C. Eckbreth: 'Laser diagnostics for combustion temperature and species'. In: *Energy and Engineering Science*, ed. by A.K. Gupta, D.G. Lilley (Abacus Press, Cambridge 1988)

3.88 R. McCreery: *Raman Spectroscopy for Chemical Analysis* (Wiley Interscience, New York 2007)

3.89 I. Lewis, G. Howell, M. Edwards: *Handbook of Raman Spectroscopy* (Chem. Rubber Comp., Raton 2001)

3.90 G. Marowsky, V.V. Smirnov (Eds.): *Coherent Raman Spectroscopy* Springer Proc. Phys. Vol. 63 (Springer, Berlin, Heidelberg 1992)

3.91 M.D. Fayer: *Ultrafast Infrared and Raman Spectroscopy* (Chem. Rubber Comp., Raton 2001)

第 4 章

4.1 R. Abjean, M. Leriche: On the shapes of absorption lines in a divergent atomic beam. Opt. Commun. **15**, 121 (1975)

4.2 R.W. Stanley: Gaseous atomic beam light source. J. Opt. Soc. Am. **56**, 350 (1966)

4.3 J.B. Atkinson, J. Becker, W. Demtröder: Hyperfine structure of the 625 nm band in the $a^3\Pi_u \leftarrow X^1\Sigma_g$ transition for Na_2. Chem. Phys. Lett. **87**, 128 (1982); J.B. Atkinson, J. Becker, W. Demtröder: Chem. Phys. Lett. **87**, 92 (1982)

4.4 R. Kullmer, W. Demtröder: Sub-Doppler laser spectroscopy of SO_2 in a supersonic beam. J. Chem. Phys. **81**, 2919 (1984)

4.5 W. Demtröder, F. Paech, R. Schmiedle: Hyperfine-structure in the visible spectrum of NO_2. Chem. Phys. Lett. **26**, 381 (1974)
4.6 R. Schmiedel, I.R. Bonilla, F. Paech, W. Demtröder: Laser spectroscopy of NO_2 under very high resolution. J. Mol. Spectrosc. **8**, 236 (1977)
4.7 U. Diemer: Dissertation, Universität Kaiserslautern, Germany (1990);
U. Diemer, H.M. Greß, W. Demtröder: The $2\,^3\Pi_g \leftarrow X\,^3\Sigma_u$-triplet system of Cs_2. Chem. Phys. Lett. **178**, 330 (1991);
H. Bovensmann, H. Knöchel, E. Tiemann: Hyperfine structural investigations of the excited AO^+ state of TlI. Mol. Phys. **73**, 813 (1991)
4.8 C. Duke, H. Fischer, H.J. Kluge, H. Kremling, T. Kühl, E.W. Otten: Determination of the isotope shift of ^{190}Hg by on line laser spectroscopy. Phys. Lett. A **60**, 303 (1977)
4.9 G. Nowicki, K. Bekk, J. Göring, A. Hansen, H. Rebel, G. Schatz: Nuclear charge radii and nuclear moments of neutrons deficient Ba-isotopes from high resolution laser spectroscopy. Phys. Rev. C **18**, 2369 (1978)
4.10 G. Ewald et al.: Nuclear charge radii of $^{8,9}Li$ determinated by Laser Spectroscopy, Phys. Rev. Lett. **93**, 113002 (2004)
4.11 R. Sanchez et al.: The nuclear charge radii of the radioactive lithium isotopes, GSI report (2004)
4.12 L.A. Hackel, K.H. Casleton, S.G. Kukolich, S. Ezekiel: Observation of magnetic octople and scalar spin-spin interaction in I_2 using laser spectroscopy. Phys. Rev. Lett. **35**, 568 (1975);
L.A. Hackel, K.H. Casleton, S.G. Kukolich, S. Ezekiel: J. Opt. Soc. Am. **64**, 1387 (1974)
4.13 P. Jacquinot: 'Atomic beam spectroscopy'. In: *High-Resolution Laser Spectroscopy*, ed. by K. Shimoda, Topics Appl. Phys., Vol. 13 (Springer, Berlin, Heidelberg 1976) p. 51
4.14 W. Lange, J. Luther, A. Steudel: Dye lasers in atomic spectroscopy. In: *Adv. Atomic and Molecular Phys., Vol. 10* (Academic, New York 1974)
4.15 G. Scoles (Ed.): *Atomic and Molecular Beam Methods, Vols. I and II* (Oxford Univ. Press, New York 1988, 1992)
C. Whitehead: Molecular beam spectroscopy. Europ. Spectrosc. News **57**, 10 (1984)
4.16 J.P. Bekooij: High resolution molecular beam spectroscopy at microwave and optical frequencies. Dissertation, University of Nijmwegen, The Netherlands (1983)
4.17 W. Demtröder: 'Visible and ultraviolet spectroscopy'. In: *Atomic and Molecular Beam Methods II*, ed. by G. Scoles (Oxford Univ. Press, New York 1992);
W. Demtröder, H.J. Foth: Molekülspektroskopie in kalten Düsenstrahlen. Phys. Blätter **43**, 7 (1987)
4.18 S.A. Abmad, et al. (Eds.): *Atomic, Molecular and Cluster Physics* (Narosa Publ. House, New Delhi 1997)
4.19 R. Campargue (Ed.): *Atomic and Molecular Beams – The State of the Art 2000* (Springer, Berlin, Heidelberg, New York 2001)
4.20 P.W. Wegner (Ed.): *Molecular Beams and Low Density Gas Dynamics* (Dekker, New York 1974)
4.21 K. Bergmann, W. Demtröder, P. Hering: Laser diagnostics in molecular beams. Appl. Phys. **8**, 65 (1975)
4.22 H.-J. Foth: Hochauflösende Methoden der Laserspektroskopie zur Interpretation des NO_2-Moleküls. Dissertation, F.B. Physik, Universität Kaiserslautern, Germany (1981)
4.23 K. Bergmann, U. Hefter, P. Hering: Molecular beam diagnostics with internal state selection. Chem. Phys. **32**, 329 (1978);
K. Bergmann, U. Hefter, P. Hering: J. Chem. Phys. **65**, 488 (1976)

4.24 G. Herzberg: *Molecular Spectra and Molecular Structure* (van Nostrand, New York 1950)

4.25 N. Ochi, H. Watanabe, S. Tsuchiya: Rotationally resolved laser-induced fluorescence and Zeeman quantum beat spectroscopy of the V^1B state of jet-cooled CS_2. Chem. Phys. **113**, 271 (1987)

4.26 D.H. Levy, L. Wharton, R.E. Smalley: 'Laser spectroscopy in supersonic jets'. In: *Chemical and Biochenical Applications of Lasers, Vol. II*, ed. by C.B. Moore (Academic, New York 1977)

4.27 H.J. Foth, H.J. Vedder, W. Demtröder: Sub-Doppler laser spectroscopy of NO_2 in the $\lambda = 592-5$ nm region. J. Mol. Spectrosc. **88**, 109 (1981)

4.28 D.H. Levy: The spectroscopy of supercooled gases. Sci. Am. **251**, 86 (1984)

4.29 E. Pebay-Peyroula, R. Jost: S_1–S_0 laser excitation spectra of glyoxal in a supersonic jet. J. Mol. Spectr. **121**, 167 (1987)
B. Soep, R. Campargue: 'Laser spectroscopy of biacetyl in a supersonic jet and beam'. In: *Rarefied Gas Dynamics, Vol. II*, ed. by R. Campargue (Commissariat A L'Energie Atomique, Paris 1979)

4.30 M. Ito: 'Electronic spectra in a supersonic jet'. In: *Vibrational Spectra and Structure, Vol. 15*, ed. by J.R. Durig (Elsevier, Amsterdam 1986);
M. Ito, T. Ebata, N. Mikami: Laser spectroscopy of large polyatomic molecules in supersonic jets. Ann. Rev. Phys. Chem. **39**, 123 (1988)

4.31 W.R. Gentry: 'Low-energy pulsed beam sources'. In: *Atomic and Molecular Beam Methods I*, ed. by G. Scoles (Oxford Univ. Press, New York 1988) p. 54

4.32 S.B. Ryali, J.B. Fenn: Clustering in free jets. Ber. Bunsenges. Phys. Chem. **88**, 245 (1984)

4.33 P. Jena, B.K. Rao, S.N. Khanna (Eds.): *Physics and Chemistry of Small Clusters* (Plenum, New York 1987)

4.34 P.J. Sarre: Large gas phase clusters. Faraday Transactions **13**, 2343 (1990)

4.35 G. Benedek, T.P. Martin, G. Paccioni (Eds.): *Elemental and Molecular Clusters*, Springer Ser. Mater. Sci., Vol. 6 (Springer, Berlin, Heidelberg 1987);
U. Kreibig, M. Vollmer: *Optical Properties of Metal Clusters*, Springer Ser. Mater. Sci., Vol. 25 (Springer, Berlin, Heidelberg 1995)

4.36 M. Kappes, S. Leutwyler: 'Molecular beams of clusters'. In: *Atomic and Molecular Beam Methods, Vol. 1*, ed. by G. Scoles (Oxford Univ. Press, New York 1988) p. 380

4.37 H.J. Foth, J.M. Greß, C. Hertzler, W. Demtröder: Sub-Doppler spectroscopy of Na_3. Z. Physik D **18**, 257 (1991)

4.38 M.M. Kappes, M. Schär, U. Röthlisberger, C. Yeretzian, E. Schumacher: Sodium cluster ionization potentials revisited. Chem. Phys. Lett. **143**, 251 (1988)

4.39 C. Brechnignac, P. Cahuzac, J.P. Roux, D. Davolini, F. Spiegelmann: Adiabatic decomposition of mass-selected alkali clusters. J. Chem. Phys. **87**, 3694 (1987)

4.40 J.M. Gomes Llorente, H.S. Tylor: Spectra in the chaotic region: A classical analysis for the sodium trimer. J. Chem. Phys. **91**, 953 (1989)

4.41 M.M. Kappes: Experimental studies of gas-phase main-group metal clusters. Chem. Rev. **88**, 369 (1988)

4.42 M. Broyer, G. Delecretaz, P. Labastie, R.L. Whetten, J.P. Wolf, L. Wöste: Spectroscopy of Na_3. Z. Physik D **3**, 131 (1986)

4.43 C. Brechignac, P. Cahuzac, F. Carlier, M. de Frutos, J. Leygnier: Alkali-metal clusters as prototype of metal clusters. J. Chem. Soc. Faraday Trans. **86**, 2525 (1990)

4.44 J. Blanc, V. Boncic-Koutecky, M. Broyer, J. Chevaleyre, P. Dugourd, J. Koutecki, C. Scheuch, J.P. Wolf, L. Wöste: Evolution of the electronic structure of lithium clusters between four and eight atoms. J. Chem. Phys. **96**, 1793 (1992)

4.45 W.D. Knight, W.A. deHeer, W.A. Saunders, K. Clemenger, M.Y. Chou, M.L. Cohen: Alkali metal clusters and the jellium model. Chem. Phys. Lett. **134**, 1 (1987)

4.46 V. Bonacic-Koutecky, P. Fantucci, J. Koutecky: Systemic ab-initio configuration–interaction studies of alkali-metal clusters. Phys. Rev. B **37**, 4369 (1988)

4.47 A. Kiermeier, B. Ernstberger, H.J. Neusser, E.W. Schlag: Benzene clusters in a supersonic beam. Z. Physik D **10**, 311 (1988)

4.48 K.H. Fung, W.E. Henke, T.R. Hays, H.L. Selzle, E.W. Schlag: Ionization potential of the benzene–argon complex in a jet. J. Phys. Chem. **85**, 3560 (1981)

4.49 C.M. Lovejoy, M.D. Schuder, D.J. Nesbitt: Direct IR laser absorption spectroscopy of jet-cooled CO_2HF complexes. J. Chem. Phys. **86**, 5337 (1987)

4.50 L. Zhu, P. Johnson: Mass analyzed threshold ionization spectroscopy. J. Chem. Phys. **94**, 5769 (1991)

4.51 E.L. Knuth: Dimer-formation rate coefficients from measurements of terminal dimer concentrations in free-jet expansions. J. Chem. Phys. **66**, 3515 (1977)

4.52 J.M. Philippos, J.M. Hellweger, H. van den Bergh: Infrared vibrational predissociation of van der Waals clusters. J. Phys. Chem. **88**, 3936 (1984)

4.53 J.B. Hopkins, P.R. Langridge-Smith, M.D. Morse, R.E. Smalley: Supersonic metal cluster beams of refractory metals: Spectral investigations of ultracold Mo_2. J. Chem. Phys. **78**, 1627 (1983);
J.M. Hutson: Intermolecular forces and the spectroscopy of van der Waals molecules. Ann. Rev. Phys. Chem. **41**, 123 (1990)

4.54 H.W. Kroto, J.R. Heath, S.C. O'Brian, R.F. Curl, R.E. Smalley: C_{60}: Buckminsterfullerene. Nature **318**, 162 (1985)

4.55 S. Grebenev, M. Hartmann, M. Havenith, B. Sartakov, J.P. Toennies, A.F. Vilesov: The rotational spectrum of single OCS molecules in liquid ^4He droplets. J. Chem. Phys. **112**, 4485 (2000);
J.P. Toennies et al.: Superfluid Helium Droplets. Phys. Today **54(2)**, 31 (2001); Ann. Rev. Phys. Chem. **49**, 1 (1998)

4.56 S. Grebenev, et al.: Spectroscopy of molecules in helium droplets. Physica B **280**, 65 (2000)

4.57 S. Grebenev, et al.: Spectroscopy of OCS-hydrogen clusters in He-droplets. Proc. Nobel Symposium 117 (World Scientific, Singapore 2001) pp. 123 ff.

4.58 S. Grebenev, et al.: The structure of OCS-H_2 van der Waals complexes embedded in $^4He/^3He$-droplets. J. Chem. Phys. **114**, 617 (2001)

4.59 F. Madeja, M. Havenith et al.: Polar isomer of formic acid dimer formed in helium droplets. J. Chem. Phys. **120**, 10554 (2004)

4.60 K. von Haeften, A. Metzelthin, S. Rudolph, V. Staemmler, M. Havenith: High resolution spectroscopy of NO in helium droplets. Phys. Rev. Lett. **95**, 215301 (2005)

4.61 C.P. Schulz, P. Claus, D. Schumacher, F. Stienkemeier: Formation and Stability of High Spin Alkali Clusters. Phys. Rev. Lett. **92**, 013401 (2004)

4.62 F. Stienkemeyer, K. Lehmann: Spectroscopy and Dynamics in He-nano-droplets. J. Phys. B **39**, R127 (2006)

4.63 F. Stienkemeyer, W.E. Ernst, J. Higgins, G. Scoles: On the use of liquid He-cluster beams for the preparation and spectroscopy of alkali dimers and often weakly bound complexes. J. Chem. Phys. **102**, 615 (1995)

4.64 J. Higgins, et al.: Photo-induced chemical dynamics of high spin alkali trimers. Science **273**, 629 (1996)

4.65 R. Michalak, D. Zimmermann: Laser-spectroscopic investigation of higher excited electronic states of the KAr molecules. J. Mol. Spectrosc. **193**, 260 (1999)

4.66 F. Bylicki, G. Persch, E. Mehdizadeh, W. Demtröder: Saturation spectroscopy and OODR of NO_2 in a collimated molecular beam. Chem. Phys. **135**, 255 (1989)

4.67 T. Kröckertskothen, H. Knöckel, E. Tiemann: Molecular beam spectroscopy on FeO. Chem. Phys. **103**, 335 (1986)

4.68 G. Meijer, B. Janswen, J.J. ter Meulen, A. Dynamus: High resolution Lamb-dip spectroscopy on OD and SiCl in a molecular beam. Chem. Phys. Let. **136**, 519 (1987)

4.69 G. Meijer: Structure and dynamics of small molecules studied by UV laser spectroscopy. Dissertation, Katholicke Universiteit te Nijmegen, Holland (1988)

4.70 H.D. Barth, C. Jackschatz, T. Pertsch, F. Huisken: CARS spectroscopy of molecules and clusters in supersonic jets. Appl. Phys. B **45**, 205 (1988)

4.71 E.K. Gustavson, R.L. Byer: 'High resolution CW CARS spectroscopy in a supersonic expansion'. In: *Laser Spectroscopy VI*, ed. by H.P. Weber, W. Lüthy, Springer Ser. Opt. Sci., Vol. 40 (Springer, Berlin, Heidelberg 1983) p. 326

4.72 J.W. Nibler, J. Yang: Nonlinear Raman spectroscopy of gases. Ann. Rev. Phys. Chem. **38**, 349 (1987)

4.73 J.W. Nibler: 'Coherent Raman spectroscopy: techniques and recent applications'. In: *Applied Laser Spectroscopy*, ed. by W. Demtröder, M. Inguscio, NATO ASI Series B, Vol. 241 (Plenum, New York 1991) p. 313

4.74 J.W. Nibler, G.A. Puhanz: *Adv. Nonlinear Spectroscopy* **15**, 1 (Wiley, New York 1988)

4.75 S.L. Kaufman: High resolution laser spectroscopy in fast beams. Opt. Commun. **17**, 309 (1976)

4.76 W.H. Wing, G.A. Ruff, W.E. Lamb, J.J. Spezeski: Observation of the infrared spectrum of the hydrogen molecular ion HD^+. Phys. Rev. Lett. **36**, 1488 (1976)

4.77 M. Kristensen, N. Bjerre: Fine structure of the lowest triplet states in He_2. J. Chem. Phys. **93**, 983 (1990)

4.78 D.C. Lorents, S. Keiding, N. Bjerre: Barrier tunneling in the He_2 $c\,^3\Sigma_g^+$ state. J. Chem. Phys. **90**, 3096 (1989)

4.79 H.J. Kluge: 'Nuclear ground state properties from laser and mass spectroscopy'. In: *Applied Laser Spectroscopy*, ed. by W. Demtröder, M. Inguscio, NATO ASI Series B, Vol. 241 (Plenum, New York 1991)

4.80 E.W. Otten: 'Nuclei far from stability'. In: *Treatise on Heavy Ion Science, Vol. 8* (Plenum, New York 1989) p. 515

4.81 R. Jacquinot, R. Klapisch: Hyperfine spectroscopy of radioactive atoms. Rept. Progr. Phys. **42**, 773 (1979)

4.82 J. Eberz, et al.: Collinear laser spectroscopy of $^{108g108m}In$ using an ion source with bunched beam release. Z. Physik A **328**, 119 (1986)

4.83 B.A. Huber, T.M. Miller, P.C. Cosby, H.D. Zeman, R.L. Leon, J.T. Moseley, J.R. Peterson: Laser-ion coaxial beam spectroscopy. Rev. Sci. Instrum. **48**, 1306 (1977)

4.84 M. Dufay, M.L. Gaillard: 'High-resolution studies in fast ion beams', In: *Laser Spectroscopy III*, ed. by J.L. Hall, J.L. Carlsten, Springer Ser. Opt. Sci., Vol. 7 (Springer, Berlin, Heidelberg 1977) p. 231

4.85 S. Abed, M. Broyer, M. Carré, M.L. Gaillard, M. Larzilliere: High resolution spectroscopy of N_2O^+ in the near ultraviolet, using FIBLAS (Fast-Ion-Beam Laser Spectroscopy). Chem. Phys. **74**, 97 (1983)

4.86 D. Zajfman, Z. Vager, R. Naaman, et al.: The structure of C_2H^+ and $C_2H_2^+$ as measured by Coulomb explosion. J. Chem. Phys. **94**, 6379 (1991)

4.87 L. Andric, H. Bissantz, E. Solarte, F. Linder: Photogragment spectroscopy of molecular ions: design and performance of a new apparatus using coaxial beams. Z. Phys. D **8**, 371 (1988)

4.88 J. Lermé, S. Abed, R.A. Hold, M. Larzilliere, M. Carré: Measurement of the fragment kinetic energy distribution in laser photopredissociation of N_2O^+. Chem. Phys. Lett. **96**, 403 (1983)

4.89 H. Stein, M. Erben, K.L. Kompa: Infrared photodissociation of sulfur dioxide ions in a fast ion beam. J. Chem. Phys. **78**, 3774 (1983)
4.90 N.J. Bjerre, S.R. Keiding: Long-range ion-atom interactions studied by field dissociation spectroscopy of molecular ions. Phys. Rev. Lett. **56**, 1458 (1986)
4.91 D. Neumark: 'High resolution photodetachment studies of molecular negative ions'. In: *Ion and Cluster Ion Spectroscopy and Structure*, ed. by J.P. Maier (Elsevier, Amsterdam 1989) pp. 155 ff.
4.92 R.D. Mead, V. Hefter, P.A. Schulz, W.C. Lineberger: Ultrahigh resolution spectroscopy of C_2^-. J. Chem. Phys. **82**, 1723 (1985)
4.93 O. Poulsen: 'Resonant fast-beam interactions: saturated absorption and two-photon absorption'. In: *Atomic Physics 8*, ed. by I. Lindgren, S. Svanberg, A. Rosén (Plenum, New York 1983) p. 485
4.94 D. Klapstein, S. Leutwyler, J.P. Maier, C. Cossart-Magos, D. Cossart, S. Leach: The $B\,^2A_2'' \rightarrow \tilde{X}\,^2F''$ transition of 1,3,5-$C_6F_3H_3^+$ and 1,3,5-$C_6F_3D_3^+$ in discharge and supersonic free jet emission sources. Mol. Phys. **51**, 413 (1984)
4.95 S.C. Foster, R.A. Kennedy, T.A. Miller: 'Laser spectroscopy of chemical intermediates in supersonic free jet expansions'. In: *Frontiers of Laser Spectroscopy*, ed. by A.C.P. Alves, J.M. Brown, J.M. Hollas, NATO ASI Series C, Vol. 234 (Kluwer, Dordrecht 1988)
4.96 P. Erman, O. Gustafssosn, P. Lindblom: A simple supersonic jet discharge source for sub-Doppler spectroscopy. Phys. Scripta **38**, 789 (1988)
4.97 D. Pflüger, W.E. Sinclair, A. Linnartz, J.P. Maier: Rotationally resolved electronic absorption spectra of triacethylen cation in a supersonic jet
4.98 M.A. Johnson, R.N. Zare, J. Rostas, L. Leach: Resolution of the $\tilde{A}$ photoionization branching ratio paradox for the $^{12}CO_2$ state. J. Chem. Phys. **80**, 2407 (1984)
4.99 A. Kiermeyer, H. Kühlewind, H.J. Neusser, E.W. Schlag: Production and unimolecular decay of rotationally selected polyatomic molecular ions. J. Chem. Phys. **88**, 6182 (1988)
4.100 U. Boesl: Multiphoton excitation and mass-selective ion detection for neutral and ion spectroscopy. J. Phys. Chem. **95**, 2949 (1991)
4.101 K. Walter, R. Weinkauf, U. Boesl, E.W. Schlag: Molecular ion spectroscopy: mass-selected resonant two-photon dissociation spectra of CH^3I^+ and CD_3I^+. J. Chem. Phys. **89**, 1914 (1988)
4.102 J.P. Maier: 'Mass spectrometry and spectroscopy of ions and radicals'. In: *Encyclopedia of Spectroscopy and Spectrometry*, ed. by J.C. Lindon, G.E. Trauter, J.L. Holm (Academic, New York 1999) p. 2181
4.103 E.J. Bieske, M.W. Rainbird, A.E.W. Knight: Suppression of fragment contribution to mass-selected resonance enhanced multiphoton ionization spectra of van der Waals clusters. J. Chem. Phys. **90**, 2086 (1989);
E.J. Bieske, M.W. Rainbird, A.E.W. Knight: ibid. **94**, 7019 (1991)
4.104 U. Boesl, J. Grotemeyer, K. Walter, E.W. Schlag: Resonance ionization and time-of-flight mass spectroscopy. Anal. Instrum. **16**, 151 (1987)
4.105 C.W.S. Conover, Y.J. Twu, Y.A. Yang, L.A. Blomfield: A time-of-flight mass spectrometer for large molecular clusters produced in supersonic expansions. Rev. Scient. Instrum. **60**, 1065 (1989)
4.106 C. Brechignac, P. Cahuzac, R. Pflaum, J.P. Roux: Photodissociation of size-selected K_n^* clusters. J. Chem. Phys. **88**, 3022 (1988); Adiabatic decomposition of mass-selected alkali clusters. J. Chem. Phys. **87**, 5694 (1987)
4.107 J.A. Syage, J.E. Wessel: 'Molecular multiphoton ionization and ion fragmentation spectroscopy'. In: *Appl. Spectrosc. Rev.* **24**, 1 (Dekker, New York 1988)

第5章

5.1 R.A. Bernheim: *Optical Pumping, an Introduction* (Benjamin, New York 1965)

5.2 B. Budick: 'Optical pumping methods in atomic spectroscopy'. In: *Adv. At. Mol. Phys.* **3**, 73 (Academic, New York 1967)

5.3 R.N. Zare: 'Optical pumping of molecules'. In: *Int'l Colloquium on Doppler-Free Spectroscopic Methods for Simple Molecular Systems* (CNRS, Paris 1974) p. 29

5.4 M. Broyer, G. Gouedard, J.C. Lehmann, J. Vigue: 'Optical pumping of molecules'. In: *Adv. At. Mol. Phys.* **12**, 164 (Academic, New York 1976)

5.5 G. zu Putlitz: 'Determination of nuclear moments with optical double resonance'. *Springer Tracts Mod. Phys.* **37**, 105 (Springer, Berlin, Heidelberg 1965)

5.6 C. Cohen-Tannoudji: 'Optical pumping with lasers.' In: *Atomic Physics IV*, ed. by G. zu Putlitz, E.W. Weber, A. Winnacker (Plenum, New York 1975) p. 589

5.7 R.N. Zare: *Angular Momentum* (Wiley, New York 1988)

5.8 R.E. Drullinger, R.N. Zare: Optical pumping of molecules. J. Chem. Phys. **51**, 5532 (1969)

5.9 K. Bergmann: 'State selection via optical methods'. In: *Atomic and Molecular Beam Methods*, ed. by G. Scoles (Oxford Univ. Press, Oxford 1988) p. 293

5.10 H.G. Weber, P. Brucat, W. Demtröder, R.N. Zare: Measurement of NO_2 $^2B_2$ state *g*-values by optical radio frequency double-resonance. J. Mol. Spectrosc. **75**, 58 (1979)

5.11 W. Happer: Optical pumping. Rev. Mod. Phys. **44**, 168 (1972);
R.J. Knize, Z. Wu, W. Happer: Optical Pumping and Spin Exchange in Gas Cells. Adv. At. Mol. Phys. **24**, 223 (1987)

5.12 B. Budick: Optical Pumping Methods in Atomic Spectroscopy. Adv. At. Mol. Phys. **3**, 73 (1967);
M. Broyer et al.: Optical Pumping of Molecules. Adv. At. Mol. Phys. **12**, 165 (1976)

5.13 B. Decomps, M. Dumont, M. Ducloy: 'Linear and nonlinear phenomena in laser optical pumping'. In: *Laser Spectroscopy of Atoms and Molecules*, ed. by H. Walther, Topics Appl. Phys., Vol. 2 (Springer, Berlin, Heidelberg 1976) p. 284

5.14 G.W. Series: Thirty years of optical pumping. Contemp. Phys. **22**, 487 (1981)

5.15 P.R. Hemmer, M.K. Kim, M.S. Shahriar: Observation of sub-kilohertz resonances in RF-optical double resonance experiment in rare earth ions in solids. J. Mod. Opt. **47**, 1713 (2000)

5.16 I.I. Rabi: Zur Methode der Ablenkung von Molekularstrahlen. Z. Physik **54**, 190 (1929)

5.17 H. Kopfermann: *Kernmomente* (Akad. Verlagsanstalt, Frankfurt 1956)

5.18 N.F. Ramsay: *Molecular Beams*, 2nd edn. (Clarendon, Oxford 1989)

5.19 J.C. Zorn, T.C. English: 'Molecular beam electric resonance spectroscopy'. In: *Adv. At. Mol. Phys.* **9**, 243 (Academic, New York 1973)

5.20 D.D. Nelson, G.T. Fraser, K.I. Peterson, K. Zhao, W. Klemperer: The microwave spectrum of $K = O$ states of $Ar-NH_3$. J. Chem. Phys. **85**, 5512 (1986)

5.21 A.E. DeMarchi (Ed.): *Frequency Standards and Metrology* (Springer, Berlin, Heidelberg 1989) pp. 46 ff.

5.22 W.J. Childs: Use of atomic beam laser RF double resonance for interpretation of complex spectra. J. Opt. Soc. Am. B **9**, 191 (1992)

5.23 S.D. Rosner, R.A. Holt, T.D. Gaily: Measurement of the zero-field hyperfine structure of a single vibration-rotation level of Na_2 by a laser-fluorescence molecular-beam resonance. Phys. Rev. Lett. **35**, 785 (1975)

5.24 A.G. Adam: Laser-fluorescence molecular-beam-resonance studies of Na_2 line-shape due to HFS. PhD. thesis, Univ. of Western Ontario, London, Ontario (1981);

A.G. Adam, S.D. Rosner, T.D. Gaily, R.A. Holt: Coherence effects in laser-fluorescence molecular beam magnetic resonance. Phys. Rev. A **26**, 315 (1982)

5.25 W. Ertmer, B. Hofer: Zerofield hyperfine structure measurements of the metastable states $3d^2 4s^4 F_{3/2} 9/2$ of *SC using laser-fluorescence-atomic beam magnetic resonance technique. Z. Physik A **276**, 9 (1976)

5.26 G.D. Domenico et al.: Sensitivity of double resonance alignment magnetometers. arXiv 0706.0104vl [physics.atom-phy] 1. Juni 2007

5.27 J. Pembczynski, W. Ertmer, V. Johann, S. Penselin, P. Stinner: Measurement of the hyperfine structure of metastable atomic states of ^{55}Mm, using the ABMR-LIRF-method. Z. Physik A **291**, 207 (1979);
J. Pembczynski, W. Ertmer, V. Johann, S. Penselin, P. Stinner: Z. Physik A **294**, 313 (1980)

5.28 N. Dimarca, V. Giordano, G. Theobald, P. Cérez: Comparison of pumping a cesium beam tube with D_1 and D_2 lines. J. Appl. Phys. **69**, 1159 (1991)

5.29 G.W. Chantry (Ed.): *Modern Aspects of Microwave Spectroscopy* (Academic, London 1979)

5.30 K. Shimoda: 'Double resonance spectroscopy by means of a laser'. In: *Laser Spectroscopy of Atoms and Molecules*, ed. by H. Walther, Topics Appl. Phys., Vol. 2 (Springer, Berlin, Heidelberg 1976) p. 197

5.31 K. Shimoda: 'Infrared-microwave double resonance'. In: *Laser Spectroscopy III*, ed. by J.L. Hall, H.L. Carlsten, Springer Ser. Opt. Sci., Vol. 7 (Springer, Berlin, Heidelberg 1975) p. 279

5.32 H. Jones: Laser microwave-double-resonance and two-photon spectroscopy. Commen. At. Mol. Phys. **8**, 51 (1978)

5.33 F. Tang, A. Olafson, J.O. Henningsen: A study of the methanol laser with a 500 MHz tunable CO_2 laser. Appl. Phys. B **47**, 47 (1988)

5.34 R. Neumann, F. Träger, G. zu Putlitz: 'Laser microwave spectroscopy'. In: *Progress in Atomic Spectroscopy*, ed. by H.J. Byer, H. Kleinpoppen (Plenum, New York 1987)

5.35 J.C. Petersen, T. Amano, D.A. Ramsay: Microwave-optical double resonance of DND in the $A\,^1A''(000)$ state. J. Chem. Phys. **81**, 5449 (1984)

5.36 R.W. Field, A.D. English, T. Tanaka, D.O. Harris, P.A. Jennings: Microwave-optical double resonance with a CW dye laser, BaO $X\,^1\Sigma$ and $A\,^1\Sigma$. J. Chem. Phys. **59**, 2191 (1973)

5.37 R.A. Gottscho, J. Brooke-Koffend, R.W. Field, J.R. Lombardi: OODR spectroscopy of BaO. J. Chem. Phys. **68**, 4110 (1978); R.A. Gottscho, J. Brooke-Koffend, R.W. Field, J.R. Lombardi: J. Mol. Spectrosc. **82**, 283 (1980)

5.38 J.M. Cook, G.W. Hills, R.F. Curl: Microwave-optical double resonance spectrum of NH_2. J. Chem. Phys. **67**, 1450 (1977)

5.39 W.E. Ernst, S. Kindt: A molecular beam laser-microwave double resonance spectrometer for precise measurements of high temperature molecules. Appl. Phys. B **31**, 79 (1983)

5.40 W.J. Childs: The hyperfine structure of alkaline-earth monohalide radicals: New methods and new results 1980–82. Comments At. Mol. Phys. **13**, 37 (1983)

5.41 W.E. Ernst, S. Kindt, T. Törring: Precise Stark-effect measurements in the $^2\sigma$-ground state of CaCl. Phys. Rev. Phys. Lett. **51**, 979 (1983); W.E. Ernst, S. Kindt, T. Törring: Phys. Rev. A **29**, 1158 (1984)

5.42 M. Schäfer, M. Andrist, H. Schmutz, F. Lewen, G. Winnewisser, F. Merkt: A 240−380 GHz millimeter wave source for very high resolution spectroscopy of high Rydberg states. J. Phys. B: At. Mol. Opt. Phys. **39**, 831 (2006);
A. Osterwalder, A. Wuest, F. Merkt, C. Jungen: High resolution millimeter wave spectroscopy and MQDT of the hyperfinestructure in high Rydberg states of molecular hydrogen H_2. J. Chem. Phys. **121**, 11810 (2004)

5.43 W. Demtröder, D. Eisel, H.J. Foth, G. Höning, M. Raab, H.J. Vedder, D. Zevgolis: Sub-Doppler laser spectroscopy of small molecules. J. Mol. Structure **59**, 291 (1980)

5.44 F. Bylicki, G. Persch, E. Mehdizadeh, W. Demtröder: Saturation spectroscopy and OODR of NO_2 in a collimated molecular beam. Chem. Phys. **135**, 255 (1989)

5.45 M.A. Johnson, C.R. Webster, R.N. Zare: Rotational analysis of congested spectra: Application of population labelling to the BaI C-X system. J. Chem. Phys. **75**, 5575 (1981)

5.46 M.A. Kaminsky, R.T. Hawkins, F.V. Kowalski, A.L. Schawlow: Identifiction of absorption lines by modulated lower-level population: Spectrum of Na_2. Phys. Rev. Lett. **36**, 671 (1976)

5.47 A.L. Schawlow: Simplifying spectra by laser labelling. Phys. Scripta **25**, 333 (1982)

5.48 D.P. O'Brien, S. Swain: Theory of bandwidth induced asymmetry in optical double resonances. J. Phys. B **16**, 2499 (1983)

5.49 S.A. Edelstein, T.F. Gallagher: 'Rydberg atoms'. In: *Adv. At. Mol. Phys.* **14**, 365 (Academic, New York 1978)

5.50 I.I. Sobelman: *Atomic Spectra and Radiative Transitions*, 2nd edn., Springer Ser. Atoms and Plasmas, Vol. 12 (Springer, Berlin, Heidelberg 1992)

5.51 R.F. Stebbings, F.B. Dunnings (Eds.): *Rydberg States of Atoms and Molecules* (Cambridge Univ. Press, Cambridge 1983)

5.52 T. Gallagher: *Rydberg Atoms* (Cambridge Univ. Press, Cambridge 1994)

5.53 H. Figger: Experimente an Rydberg-Atomen und Molekülen. Phys. in unserer Zeit **15**, 2 (1984)

5.54 J.A.C. Gallas, H. Walther, E. Werner: Simple formula for the ionization rate of Rydberg states in static electric fields. Phys. Rev. Lett. **49**, 867 (1982)

5.55 C.E. Theodosiou: Lifetimes of alkali-metal-atom Rydberg states. Phys. Rev. A **30**, 2881 (1984)

5.56 J. Neukammer, H. Rinneberg, K. Vietzke, A. König, H. Hyronymus, M. Kohl, H.J. Grabka: Spectroscopy of Rydberg atoms at $n = 500$. Phys. Rev. Lett. **59**, 2847 (1987)

5.57 K.H. Weber, K. Niemax: Impact broadening of very high Rb Rydberg levels by Xe. Z. Physik A **312**, 339 (1983)

5.58 K. Heber, P.J. West, E. Matthias: Pressure shift and broadening of SnI Rydberg states in noble gases. Phys. Rev. A **37**, 1438 (1988)

5.59 R. Beigang, W. Makat, A. Timmermann, P.J. West: Hyperfine-induced n-mixing in high Rydberg states of ^{87}Sr. Phys. Rev. Lett. **51**, 771 (1983)

5.60 T.F. Gallagher, W.E. Cooke: Interaction of blackbody radiation with atoms. Phys. Rev. Lett. **42**, 835 (1979)

5.61 L. Holberg, J.L. Hall: Measurements of the shift of Rydberg energy levels induced by blackbody radiation. Phys. Rev. Lett. **53**, 230 (1984)

5.62 H. Figger, G. Leuchs, R. Strauchinger, H. Walther: A photon detector for submillimeter wavelengths using Rydberg atoms. Opt. Commun. **33**, 37 (1980)

5.63 D. Wintgen, H. Friedrich: Classical and quantum mechanical transition between regularity and irregularity. Phys. Rev. A **35** 1464 (1987)

5.64 G. Raithel, M. Fauth, H. Walther: Quasi-Landau resonances in the spectra of rubidium Rydberg atoms in crossed electric and magnetic fields. Phys. Rev. A **44**, 1898 (1991)

5.65 G. Wunner: Gibt es Chaos in der Quantenmechanik? Phys. Blätter **45**, 139 (Mai 1989);

M. Gutzwiller: *Chaos in Classical and Quantum Mechanics* (Springer, Berlin, Heidelberg 1990)

5.66 A. Holle, J. Main, G. Wiebusch, H. Rottke, K.H. Welge: 'Laser spectroscopy of the diamagnetic hydrogen atom in the chaotic region'. In: *Atomic Spectra and Collisions in External Fields*, ed. by K.T. Taylor, M.H. Nayfeh, C.W. Clark (Plenum, New York 1988)
5.67 P. Meystre, M. Sargent III: *Elements of Quantum Optics*, 2nd edn. (Springer, Berlin, Heidelberg 1991)
5.68 H. Held, J. Schlichter, H. Walther: Quantum chaos in Rydberg atoms. Lecture Notes in Physics **503**, 1 (1998)
5.69 A. Holle, G. Wiebusch, J. Main, K.H. Welge, G. Zeller, G. Wunner, T. Ertl, H. Ruder: Hydrogenic Rydberg atoms in strong magnetic fields. Z. Physik D **5**, 271 (1987)
5.70 H. Rottke, K.H. Welge: Photoionization of the hydrogen atom near the ionization limit in strong electric field. Phys. Rev. A **33**, 301 (1986)
5.71 R. Seiler, T. Paul, M. Andrist, F. Merkt: Generation of programmable near Fourier-limited pulses of narrow band laser radiation from the near infrared to the vacuum ultraviolet. Rev. Sci. Instrum. **76**, 103103 (2005)
5.72 C. Fahre, S. Haroche: 'Spectroscopy of one- and two-electron Rydberg atoms'. In: *Rydberg States of Atoms and Molecules*, ed. by R.F. Stebbings, F.B. Dunnings (Cambridge Univ. Press, Cambridge 1983)
5.73 J. Boulmer, P. Camus, P. Pillet: *Autoionizing Double Rydberg States in Barium*, ed. by H.B. Gilbody, W.R. Newell, F.H. Read, A.C. Smith (Elsevier, Amsterdam 1988)
5.74 J. Boulmer, P. Camus, P. Pillet: Double Rydberg spectroscopy of the barium atom. J. Opt. Soc. Am. B **4**, 805 (1987)
5.75 I.C. Percival: Planetary atoms. Proc. Roy. Soc. London A **353**, 289 (1977)
5.76 R.S. Freund: 'High Rydberg molecules'. In: *Rydberg States of Atoms and Molecules*, ed. by R.F. Stebbing, F.B. Dunning (Cambridge Univ. Press, Cambridge 1983);
G. Herzberg: Rydberg molecules. Ann. Rev. Phys. Chem. **38**, 27 (1987)
5.77 R.A. Bernheim, L.P. Gold, T. Tipton: Rydberg states of $^7Li_2$ by pulsed optical-optical double resonance spectroscopy. J. Chem. Phys. **78**, 3635 (1983);
D. Eisel, W. Demtröder, W. Müller, P. Botschwina: Autoionization spectra of Li_2 and the $X\,^2\Sigma_g^+$ ground state of Li_2^+. Chem. Phys. **80**, 329 (1983)
5.78 M. Schwarz, R. Duchowicz, W. Demtröder, C. Jungen: Autoionizing Rydberg states of Li_2: analysis of electronic-rotational interactions. J. Chem. Phys. **89**, 5460 (1988)
5.79 C.H. Greene, C. Jungen: 'Molecular applications of quantum defect theory'. In: *Adv. At. Mol. Phys.* **21**, 51 (Academic, New York 1985)
5.80 F. Merkt: Molecules in high Rydberg states. Ann. Rev. Phys. Chemistry **48**, 675 (1997)
5.81 A. Osterwalder, F. Merkt: High resolution spectroscopy of high Rydberg states. Chimica **54**, 89 (2000)
5.82 S. Fredin, D. Gauyacq, M. Horani, C. Jungen, G. Lefevre, F. Masnou-Seeuws: *S* and *d* Rydberg series of NO probed by double resonance multiphoton ionization. Mol. Phys. **60**, 825 (1987);
R. Zhao, I.M. Konen, R.N. Zare: Optical-optical double resonance photoionization spectroscopy of nf Rydberg states of nitric oxide. J. Chem. Phys. **121**, 9938 (2004)
5.83 U. Aigner, L.Y. Baranov, H.L. Selzle, E.W. Schlag: Lifetime enhancement of ZEKE-states in molecular clusters and cluster fragmentation. J. Electron. Spectrosc. Rel. Phenom. **112**, 175 (2000)
5.84 M. Sander, L.A. Chewter, K. Müller-Dethlefs, E.W. Schlag: High-resolution zero-kinetic-energy photoelectron spectroscopy of NO. Phys. Rev. A **36**, 4543 (1987)

5.85 K. Müller-Dethlefs, E.W. Schlag: High-resolution ZEKE photoelectron spectroscopy of molecular systems. Ann. Rev. Phys. Chem. **42**, 109 (1991);
E.R. Grant, M.G. White: ZEKE threshold photoelectron spectroscopy. Nature **354**, 249 (1991);
M.S. Ford, R. Lindner, K. Müller-Dethlefs: Fully Rotationally Resolved ZEKE Photoelectron Spectroscopy of C_6H_6 and C_6D_6. Mol. Phys. **101**, 705 (2003)

5.86 C.E.H. Descent, K. Müller-Dethlefs: Hydrogen-bonding and van der Waals Complexes Studies by ZEKE and REMP Spectroscopy. Chem. Rev. **100**, 3999 (2000)

5.87 R. Signorelli, U. Hollenstein, F. Merkt: PFI–ZEKE photo electron spectroscopy study of the first electronic states of Kr_2^+. J. Chem. Phys. **114**, 9840 (2001);
S. Willitsch, F. Innocenti, J.M. Dyke, F. Merkt: High resolution pulse-field-ionization ZEKE photoelectron spectroscopic study of the two lowest electronic states of the ozone cation O_3^+. J. Chem. Phys. **122**, 024311 (2005)

5.88 P. Goy, M. Bordas, M. Broyer, P. Labastie, B. Tribellet: Microwave transitions between molecular Rydberg states. Chem. Phys. Lett. **120**, 1 (1985)

5.89 P. Filipovicz, P. Meystere, G. Rempe, H. Walther: Rydberg atoms, a testing ground for quantum electrodynamics. Opt. Acta **32**, 1105 (1985)

5.90 C.J. Latimer: Recent experiments involving highly excited atoms. Contemp. Phys. **20**, 631 (1979)

5.91 J.C. Gallas, G. Leuchs, H. Walther, H. Figger: 'Rydberg atoms: High resolution spectroscopy'. In: *Adv. At. Mol. Phys.* **20**, 414 (Academic, New York 1985)

5.92 G. Alber, P. Zoller: Laser-induced excitation of electronic Rydberg wave packets. Contemp. Phys. **32**, 185 (1991)

5.93 K. Harth, M. Raab, H. Hotop: Odd Rydberg spectrum of ^{20}Ne: High resolution laser spectroscopy and MQDT analysis. Z. Physik D **7**, 219 (1987)

5.94 V.S. Letokhov, V.P. Chebotayev: *Nonlinear Laser Spectroscopy*, Springer Ser. Opt. Sci., Vol. 4 (Springer, Berlin, Heidelberg 1977) Chap. 5

5.95 T. Hänsch, P. Toschek: Theory of a three-level gas laser amplifier. Z. Physik **236**, 213 (1970)

5.96 C. Kitrell, E. Abramson, J.L. Kimsey, S.A. McDonald, D.E. Reisner, R.W. Field, D.H. Katayama: Selective vibrational excitation by stimulated emission pumping. J. Chem. Phys. **75**, 2056 (1981)

5.97 Hai-Lung Da (Guest Ed.): Molecular spectroscopy and dynamics by stimulated-emission pumpings. J. Opt. Soc. Am. B **7**, 1802 (1990)

5.98 G. Zhong He, A. Kuhn, S. Schiemann, K. Bergmann: Population transfer by stimulated Raman scattering with delayed pulses and by the stimulated-emission pumping method: A comperative study. J. Opt. Soc. Am. B **7**, 1960 (1990)

5.99 K. Yamanouchi, H. Yamada, S. Tsuciya: Vibrational levels structure of highly excited SO_2 in the electronic ground state as studied by stimulated emission pumping spectroscopy. J. Chem. Phys. **88**, 4664 (1988)

5.100 U. Brinkmann: Higher sensitivity and extended frequency range via stimulated emission pumping SEP. Lamda Physik Highlights (June 1990) p. 1

5.101 H. Weickenmeier, U. Diemer, M. Wahl, M. Raab, W. Demtröder, W. Müller: Accurate ground state potential of Cs_2 up to the dissociation limit. J. Chem. Phys. **82**, 5354 (1985)

5.102 H. Weickemeier, U. Diemer, W. Demtröder, M. Broyer: Hyperfine interaction between the singlet and triplet ground states of Cs_2. Chem. Phys. Lett. **124**, 470 (1986)

5.103 M. Kabir, S. Kasabara, W. Demtröder, A. Doi, H. Kato: Doppler-free laser polarization spectroscopy and optical-optical double resonance polarization spectroscopy of a large molecule: Naphthalene. J. Chem. Phys. **119**, 3691 (2003)

5.104 R. Teets, R. Feinberg, T.W. Hänsch, A.L. Schawlow: Simplification of spectra by polarization labelling. Phys. Rev. Lett. **37**, 683 (1976)

5.105 N.W. Carlson, A.J. Taylor, K.M. Jones, A.L. Schawlow: Two step polarization-labelling spectroscopy of excited states of Na_2. Phys. Rev. A **24**, 822 (1981)
5.106 B. Hemmerling, R. Bombach, W. Demtröder, N. Spies: Polarization labelling spectroscopy of molecular Li_2 Rydberg states. Z. Physik D **5**, 165 (1987)
5.107 W.E. Ernst: Microwave optical polarization spectroscopy of the $X\,^2S$ state of SrF. Appl. Phys. B **30**, 2378 (1983)
5.108 W.E. Ernst, T. Törring: Hyperfine Structure in the $X\,^2S$ state of CaCl, measured with microwave optical polarization spectroscopy. Phys. Rev. A **27**, 875 (1983)
5.109 W.E. Ernst, O. Golonska: Microwave transitions in the Na_3 cluster. Phys. Rev. Lett., submitted (2002)
5.110 Th. Weber, E. Riedle, H.J. Neusser: Rotationally resolved fluorescence dip and ion-dip spectra of single rovibronic states of benzene. J. Opt. Soc. Am. B **7**, 1875 (1990)
5.111 M. Takayanagi, I. Hanazaki: Fluorescence dip and stimulated emission-pumping laser-induced-fluorescence spectra of van der Waals molecules. J. Opt. Soc. Am. B **7**, 1878 (1990)
5.112 H.S. Schweda, G.K. Chawla, R.W. Field: Highly excited, normally inaccessible vibrational levels by sub-Doppler modulated gain spectroscopy. Opt. Commun. **42**, 165 (1982)
5.113 M. Elbs, H. Knöckel, T. Laue, C. Samuelis, E. Tiemann: Observation of the last bound levels near the Na_2 ground state asymptote. Phys. Rev. A **59**, 3665 (1999)
5.114 A. Crubellier, O. Dulieu, F. Masnou-Seeuws, M. Elbs, H. Knöckel, E. Tiemann: Simple determination of Na_2 scattering lengths using observed bound levels of the ground state asymptote. Eur. Phys. J. D **6**, 211 (1999)
5.115 J. Léonard et al.: Giant helium dimers produced by photoassociation of ultracold metastable atoms. Phys. Rev. Lett. **91**, 073203 (2003)
5.116 W.C. Stwalley, He Wang: Photoassociation of ultracold atoms: a new spectroscopic technique. J. Mol. Spectrosc. **194**, 228 (1999)
5.117 K.M. Jones, E. Tiesinger, P.D. Lett, P.J. Julienne: Ultracold Photoassociation Spectroscopy: Long Range Molecules and Atomic Scattering. Rev. Mod. Phys. **78**, 1041 (2006)
5.118 N. Vanhaecke et al.: Photoassociation Spectroscopy of ultracold long-range molecules. Compt. Rend. Physique **5**, 161 (2004)

第6章

6.1 J. Herrmann, B. Wilhelmi: *Lasers for Ultrashort Light Impulses* (North Holland, Amsterdam 1987)
6.2 J.C. Diels, W. Rudolph: *Ultrashort Laser Pulse Phenomena*, 2nd edn. (Academic Press, San Diego 2006);
C. Rulliere (Ed.): *Femtosecond Laser Pulses* (Springer, Berlin, Heidelberg, New York 1998)
6.3 S.A. Akhmanov, V.A. Vysloukhy, A.S. Chirikin: *Optics of Femtosecond Laser Pulses* (AIP, New York 1992)
6.4 V. Brückner, K.H. Felle, V.W. Grummt: *Application of Time-Resolved Optical Spectroscopy* (Elsevier, Amsterdam 1990)
6.5 J.G. Fujimoto (Ed.): Special issue on ultrafast phenomena. IEEE J. QE-**25**, 2415 (1989)
6.6 G.R. Fleming: Sub-picosecond spectroscopy. Ann. Rev. Phys. Chem. **37**, 81 (1986)
6.7 W.H. Lowdermilk: 'Technology of bandwidth-limited ultrashort pulse generation'. In: *Laser Handbook*, ed. by M.L. Stitch (North Holland, Amsterdam 1979) Vol. 3, Chapt. B1, pp. 361–420

6.8 L.P. Christov: 'Generation and propagation of ultrashort optical pulses'. In: *Progress in Optics* **24**, 201 (North Holland, Amsterdam 1991)

6.9 W. Kaiser (Ed.): *Ultrashort Laser Pulses*, 2nd edn., Topics Appl. Phys., Vol. 60 (Springer, Berlin, Heidelberg 1993);
S.L. Shapiro (Ed.): *Ultrashort Light Pulses*. Topics Appl. Phys., Vol. 18 (Springer, Berlin, Heidelberg 1977);

6.10 *Picosecond/Ultrashort Phenomena I–IX*, Proc. Int'l Confs. 1978–1994:
Picosecond Phenomena I, ed. by K.V. Shank, E.P. Ippen, S.L. Shapiro, Springer Ser. Chem. Phys., Vol. 4 (Springer, Berlin, Heidelberg 1978);
Picosecond Phenomena II, ed. by R.M. Hochstrasser, W. Kaiser, C.V. Shank, Springer Ser. Chem. Phys., Vol. 14 (Springer, Berlin, Heidelberg 1980);
Picosecond Phenomena III, ed. by K.B. Eisenthal, R.M. Hochstrasser, W. Kaiser, A. Laubereau, Springer Ser. Chem. Phys., Vol. 38 (Springer, Berlin, Heidelberg 1982);
Ultrashort Phenomena IV, ed. by D.H. Auston, K.B. Eisenthal, Springer Ser. Chem. Phys., Vol. 38 (Springer, Berlin, Heidelberg 1984);
Ultrashort Phenomena V, ed. by G.R. Fleming, A.E. Siegman, Springer Ser. Chem. Phys., Vol. 46 (Springer, Berlin, Heidelberg 1986);
Ultrashort Phenomena VI, ed. by T. Yajima, K. Yoshihara, C.B. Harris, S. Shionoya, Springer Ser. Chem. Phys., Vol. 48 (Springer, Berlin, Heidelberg 1988);
Ultrashort Phenomena VII, ed. by E. Ippen, C.B. Harris, A. Zewail, Springer Ser. Chem. Phys., Vol. 53 (Springer, Berlin, Heidelberg 1990);
Ultrafast Phenomena VIII, ed. by J.-L. Martin, A. Migus, G.A. Mourou, A.H. Zewail, Springer Ser. Chem. Phys., Vol. 55 (Springer, Berlin, Heidelberg 1993);
Ultrafast Phenomena IX, ed. by P.F. Barbara, W.H. Knox, G.A. Mourou, A.H. Zewail, Springer Ser. Chem. Phys., Vol. 60 (Springer, Berlin, Heidelberg 1994);
Ultrafast Phenomena X, ed. by P.F. Barbard, J.G. Fujimoto, Springer Ser. Chem. Phys. (Springer, Berlin, Heidelberg 1996);
Ultrafast Phenomena XI, ed. by T. Elsaesser, J.G. Fujimoto, D.A. Wiersma, W. Zinth, Springer Ser. Chem. Phys. (Springer, Berlin, Heidelberg 1998);
Ultrafast Phenomena XII, ed. by T. Elsaesser, S. Mukamel, M.M. Murnane, Springer Ser. Chem. Phys. (Springer, Berlin, Heidelberg 2000);
Ultrafast Phenomena XIII, ed. by D.R. Miller et al., Springer Ser. Chem. Phys., Vol. 71 (Springer, Heidelberg 2003);
Ultrafast Phenomena XIV, ed. by T. Kobayashi et al., Springer Ser. Chem. Phys., Vol. 79 (Springer, Berlin, Heidelberg 2005);
Ultrafast Phenomena XV, ed. by P. Corkum, D. Jonas et al., Springer Ser. Chem. Phys., Vol. 88 (Springer, Berlin, Heidelberg 2007)

6.11 T.R. Gosnel, A.J. Taylor (Eds.): *Ultrafast Laser Technology*. SPIE Proc. **44** (1991)

6.12 E. Niemann, M. Klenert: A fast high-intensity-pulse light source for flash-photolysis. Appl. Opt. **7**, 295 (1968)

6.13 L.S. Marshak: *Pulsed Light Sources* (Consultants Bureau, New York 1984)

6.14 P. Richter, J.D. Kimel, G.C. Moulton: Pulsed nitrogen laser: dynamical UV behaviour. Appl. Opt. **15**, 756 (1976)

6.15 D. Röss: *Lasers, Light Amplifiers and Oscillators* (Academic, London 1969)

6.16 A.E. Siegman: *Lasers* (University Science Books, Mill Valey, CA 1986)

6.17 F.P. Schäfer (Ed.): *Dye Lasers*, 3rd edn., Topics Appl. Phys., Vol. 1 (Springer, Berlin, Heidelberg 1990);
F.J. Duarte (Ed.): *High Power Dye Lasers*, Springer Ser. Opt. Sci., Vol. 65 (Springer Berlin, Heidelberg 1991)

6.18 F.J. McClung, R.W. Hellwarth: Characteristics of giant optical pulsation from ruby. IEEE Proc. **51**, 46 (1963)
6.19 R.B. Kay, G.S. Waldman: Complete solutions to the rate equations describing Q-spoiled and PTM laser operation. J. Appl. Phys. **36**, 1319 (1965)
6.20 O. Kafri, S. Speiser, S. Kimel: Doppler effect mechanism for laser Q-switching with a rotating mirror. IEEE J. QE-**7**, 122 (1971)
6.21 G.H.C. New: The generation of ultrashort light pulses. Rpt. Progr. Phys. **46**, 877 (1983)
6.22 E. Hartfield, B.J. Thompson: 'Optical modulators'. In: *Handbook of Optics*, ed. by W. Driscal, W. Vaughan (McGraw Hill, New York 1974)
6.23 W.E. Schmidt: Pulse stretching in a Q-switched Nd:YAG laser. IEEE J. QE-**16**, 790 (1980)
6.24 Spectra Physics: Instruction Manual on Model 344S Cavity Dumper
6.25 A. Yariv: *Quantum Electronics* (Wiley, New York 1975)
6.26 P.W. Smith, M.A. Duguay, E.P. Ippen: 'Mode-locking of lasers'. In: *Progr. Quantum Electron.*, Vol. 3 (Pergamon, Oxford 1974)
6.27 M.S. Demokan: *Mode-Locking in Solid State and Semiconductor-Lasers* (Wiley, New York 1982)
6.28 W. Koechner: *Solid-State Laser Engineering*, 4th edn, Springer Ser. Opti. Sci, Vol. 1 (Springer, Berlin, Heidelberg 1996)
6.29 C.V. Shank, E.P. Ippen: 'Mode-locking of dye lasers'. In: *Dye Lasers*, 3rd edn., ed. by F.P. Schäfer (Springer, Berlin, Heidelberg 1990) Chap. 4
6.30 W. Rudolf: Die zeitliche Entwicklung von Mode-Locking-Pulsen aus dem Rauschen. Dissertation, Fachbereich Physik, Universität Kaiserslautern (1980)
6.31 P. Heinz, M. Fickenscher, A. Lauberau: Electro-optic gain control and cavity dumping of a Nd:glass laser with active passive mode-locking. Opt. Commun. **62**, 343 (1987)
6.32 W. Demtröder, W. Stetzenbach, M. Stock, J. Witt: Lifetimes and Franck–Condon-factors for the BÔX system of Na_2. J. Mol. Spectrosc. **61**, 382 (1976)
6.33 H.A. Haus: *Waves and Fields in Optoelectronics* (Prentice Hall, New York 1982)
6.34 R. Wilbrandt, H. Weber: Fluctuations in mode-locking threshold due to statistics of spontaneous emission. IEEE J. QE-**11**, 186 (1975)
6.35 B. Kopnarsky, W. Kaiser, K.H. Drexhage: New ultrafast saturable absorbers for Nd:lasers. Opt. Commun. **32**, 451 (1980)
6.36 E.P. Ippen, C.V. Shank, A. Dienes: Passive mode-locking of the cw dye laser. Appl. Phys. Lett. **21**, 348 (1972)
6.37 G.R. Flemming, G.S. Beddard: CW mode-locked dye lasers for ultrashort spectroscopic studies. Opt. Laser Technol. **10**, 257 (1978)
6.38 D.J. Bradley: 'Methods of generations'. In: *Ultrashort Light Pulses*, ed. by S.L. Shapiro, Topics Appl. Phys., Vol. 18 (Springer, Berlin, Heidelberg 1977) Chap. 2
6.39 P.W. Smith: Mode-locking of lasers. Proc. IEEE **58**, 1342 (1970)
6.40 L. Allen, D.G.C. Jones: 'Mode-locking of gas lasers'. In: *Progress in Optics* **9**, 179 (North-Holland, Amsterdam 1971)
6.41 C.K. Chan: Synchronously pumped dye lasers. Laser Techn. Bulletin **8**, Spectra Physics (June 1978)
6.42 J. Kühl, H. Klingenberg, D. von der Linde: Picosecond and subpicosecond pulse generation in synchroneously pumped mode-locked CW dye lasers. Appl. Phys. **18**, 279 (1979)
6.43 G.W. Fehrenbach, K.J. Gruntz, R.G. Ulbrich: Subpicosecond light pulses from synchronously pumped mode-locked dye lasers with composite gain and absorber medium. Appl. Phys. Lett. **33**, 159 (1978)
6.44 D. Kühlke, V. Herpers, D. von der Linde: Characteristics of a hybridly mode-locked CW dye lasers. Appl. Phys. B **38**, 159 (1978)

6.45 R.H. Johnson: Characteristics of acousto-optic cavity dumping in a mode-locked laser. IEEE J. QE-**9**, 255 (1973)

6.46 B. Couillaud, V. Fossati-Bellani: Mode locked lasers and ultrashort pulses I and II. Laser and Applications **4**, 79 (January 1985) and 91 (February 1985)

6.47 See, for instance, the special issue on "Ultrashort pulse generation" in: Appl. Phys. B 65 (August 1997) and Claude Rulliere: *Femtosecond Laser pulses*, 2nd edn. (Springer, Heidelberg 2004)

6.48 R.L. Fork, O.E. Martinez, J.P. Gordon: Negative dispersion using pairs of prisms. Opt. Lett. **9**, 150 (1984);
D. Kühlke: Calculation of the colliding pulse mode locking in CW dye ring lasers. IEEE J. QE-**19**, 526 (1983)

6.49 S. DeSilvestri, P. Laporta, V. Magni: Generation and applications of femtosecond laser-pulses. Europhys. News **17**, 105 (Sept. 1986)

6.50 R.L. Fork, B.T. Greene, V.C. Shank: Generation of optical pulses shorter than 0.1 ps by colliding pulse mode locking. Appl. Phys. Lett. **38**, 671 (1981)

6.51 K. Naganuma, K. Mogi: 50 fs pulse generation directly from a colliding-pulse mode-locked Ti:sapphire laser using an antiresonant ring mirror. Opt. Lett. **16**, 738 (1991)

6.52 M.C. Nuss, R. Leonhardt, W. Zinth: Stable operation of a synchronously pumped colliding pulse mode-locking ring dye laser. Opt. Lett. **10**, 16 (1985)

6.53 P.K. Benicewicz, J.P. Roberts, A.J. Taylor: Generation of 39 fs pulses and 815 nm with a synchronously pumped mode-locked dye laser. Opt. Lett. **16**, 925 (1991)

6.54 L. Xu, G. Tempea, A. Poppe, M. Lenzner, C. Spielmann, F. Krausz, A. Stingl, K. Ferencz: High-power sub-10-fs Ti:Sapphire oscillators. Appl. Phys. B **65**, 151 (1997);
A. Poppe, A. Führbach, C. Spielmann, F. Krausz: 'Electronics on the time scale of the light oscillation period'. In: *OSA Trends in Optics and Photonics*, Vol. 28 (Opt. Soc. Am., Washington 1999)

6.55 A.M. Kovalevicz Jr., T.R. Schihli, F.X. Kärtner, J.G. Fujiimoto: Ultralow-threshold Kerr-lens mode-locked Ti:Al_2O_3 laser. Opt. Lett. **27**, 2037 (2002)

6.56 L.E. Nelson, D.J. Jones, K. Tamura, H.A. Haus, E.P. Ippen: Ultrashort-pulse fiber ring lasers. Appl. Phys. B **65**, 277 (1997)

6.57 G.P. Agrawal: *Nonlinear Fiber Optics* (Academic, London 1989)

6.58 S.A. Akhmanov, A.P. Sukhonukov, A.S. Chirkin: Nonstationary nonlinear optical effects and ultrashort light pulse formation. IEEE J. QE-**4**, 578 (1968);
W.J. Tomlinson, R.H. Stollen, C.V. Shank: Compression of optical pulses chirped by self-phase modulation in fibers. J. Opt. Soc. Am. B **1**, 139 (1984)

6.59 D. Marcuse: Pulse duration in single-mode fibers. Appl. Opt. **19**, 1653 (1980)

6.60 E.B. Treacy: Optical pulse compression with diffraction gratings. IEEE J. QE-**5**, 454 (1969)

6.61 C.V. Shank, R.L. Fork, R. Yen, R.H. Stolen, W.J. Tomlinson: Compression of femtosecond optical pulses. Appl. Phys. Lett. **40**, 761 (1982)

6.62 J.G. Fujiimoto, A.M. Weiners, E.P. Ippen: Generation and measurement of optical pulses as short as 16 fs. Appl. Phys. Lett. **44**, 832 (1984)

6.63 R.L. Fork, C.H. BritoCruz, P.C. Becker, C.V. Shank: Compression of optical pulses to six femtoseconds by using cubic phase compensation. Opt. Lett. **12**, 483 (1987)

6.64 S. DeSilvestri et al.: 'Few-cycle Pulses by External Compression'. In: *Few-Cycle Laser Pulses Generation and its Application* ed. by F.X. Kärtner, Topics Appl. Phys., Vol. 95 (Springer, Berlin, Heidelberg 2004)

6.65 R. Szipöcs, K. Ferencz, C. Spielmann, F. Krausz: Chirped multilayer coatings for broadband dispersion control in femtosecond lasers. Opt. Lett. **19**, 201 (1994)

6.66 (a) R. Szipöcz, A. Köbázi-Kis: Theory and designs of chirped dielectric laser mirrors. Appl. Phys. B **65**, 115 (1997);
(b) R. Paschotta: *Encyclopedia for Photonics and Laser Technology* (Photonics Consulting GmbH, www.rp-photonics.com/encyclopedia.html)

6.67 I.D. Jung, F.X. Kärtner, N. Matuschek, D.H. Sutter, F. Morier-Genoud, Z. Shi, V. Scheuer, M. Milsch, T. Tschudi, U. Keller: Semiconductor saturable absorber mirrors supporting sub 10-fs pulses. Appl. Phys. B **65**, 137 (1997)

6.68 F.X. Kärtner et al.: Ultra broadband double-chirped mirror pairs for generation of octave spectrum. J. Opt. Soc. Am. B **19**, 302 (2001) and Topics Appl. Phys., Vol. 95, p. 73 (Springer, Berlin, Heidelberg 2004);
E.R. Morgner et al.: Octave spanning spectra directly from a two-foci Ti:sapphire laser with enhanced self-phase modulation. Laser and Electrooptics Vol. 2001, p. 26 (CLEO 2001)

6.69 J.E. Midwinter: *Optical Fibers for Transmission* (Wiley, New York 1979)

6.70 E.G. Neumann: *Single-Mode Fibers*, Springer Ser. Opt. Sci., Vol. 57 (Springer, Berlin, Heidelberg 1988)

6.71 V.E. Zakharov, A.B. Shabat: Exact theory of two-dimensional self-focussing and one-dimensional self-modulation of waves in nonlinear media. Sov. Phys. JETP **37**, 823 (1973)

6.72 A. Hasegawa: *Optical Solitons in Fibers*, 2nd edn. (Springer, Berlin, Heidelberg 1990)

6.73 J.R. Taylor: *Optical Solitons – Theory and Experiment* (Cambridge Univ. Press, Cambridge 1992)

6.74 G.P. Agrawal: *Nonlinear Fiber Optics* (Academic Press, San Diego 1989)

6.75 L.F. Mollenauer, R.H. Stolen: The soliton laser. Opt. Lett. **9**, 13 (1984)

6.76 F.M. Mitschke, L.F. Mollenauer: Stabilizing the soliton laser. IEEE J. QE-**22**, 2242 (1986)

6.77 E. Dusuvire: *Erbium-doped Fiber Amplifiers* (Wiley, New York 1994)

6.78 M.E. Fermann, A. Galvanauskas, G. Sucha, D. Harter: Fiber-lasers for ultrafast optics. Appl. Phys. B **65**, 259 (1997);
U. Keller: Ultrafast all solid-state laser technology. Appl. Phys. B **58**, 349 (1994)

6.79 K. Tamura, H.A. Haus, E.P. Ippen: Self-starting additive pulse mode-locked erbium fiber ring laser. Electron. Lett. **28**, 2226 (1992)

6.80 E.P. Ippen, D.J. Jones, L.E. Nelson, H.A. Haus: 'Ultrafast fiber lasers'. In: T. Elsaesser et al. (Ed.): *Ultrafast Phenomena XI*, (Springer, Berlin, Heidelberg 1998) p. 30

6.81 F.M. Mitschke, L.F. Mollenauer: Ultrashort pulses from the soliton laser. Opt. Lett. **12**, 407 (1987)

6.82 F.M. Mitschke: Solitonen in Glasfasern. Laser und Optoelektronik **4**, 393 (1987)

6.83 B. Wilhelmi, W. Rudolph (Eds.): *Light Pulse Compression* (Harwood Academic, Chur 1989)

6.84 M.E. Fermann et al.: Ultrawide tunable Er soliton fibre laser amplifier in Yb-doped fibre. Opt. Lett. **24**, 1428 (1999)

6.85 R. Huber, H. Satzger, W. Zinth, J. Wachtveitl: Noncollinear optical parametric amplifiers with output parameters improved by the application of a white light continuum generated in CaF_2. Opt. Commun. **194**, 443 (2001);
M.A. Arbore et al.: Frequency doubling of femtosecond erbium fiber soliton lasers in periodically poled lithium niobate. Opt. Lett. **22**, 13 (1997)

6.86 E. Riedle: www.bmo.physik.uni-muenchen.de

6.87 T. Wilhelm, E. Riedle: 20 femtosecond visible pulses go tunable by noncollinear parametric amplification. Opt. Phot. News **8**, 50 (1997);
E. Riedle et al.: Generation of 10 to 50 fs pulses tunable through all of the visible and the NIR. Appl. Phys. B **71**, 457 (2000)

6.88 T. Wilhelm, J. Piel, E. Riedle: Sub-20-fs pulses tunable across the visible from a blue-pumped single-pass noncollinear parametric converter. Opt. Lett. **22**, 1414 (1997);
J. Piel, M. Beutter, E. Riedle: 20−50 fs pulses tunable across the near infrared from a blue-pumped noncollinear parametric amplifier. Opt. Lett. **25**, 180 (2000)

6.89 www.physik.uni-freiburg.de/terahertz/graphics/nopa-setup.gif

6.90 P. Baum, S. Lochbrunner, E. Riedle: Generation of tunable 7-fs ultraviolet pulses. Appl. Phys. B **79**, 1027 (2004)

6.91 P. Matousek, A.W. Parker, P.F. Taday, W.T. Toner, T. Towrie: Two independently tunable and synchronized femtosecond pulses generated in the visible at the repetition rate 40 kHz using optical parametric amplifiers. Opt. Commun. **127**, 307 (1996)

6.92 P. Baum, E. Riedle, M. Greve, H.R. Telle: Phase-locked ultrashort pulse trains at separate and independently tunable wavelengths. Opt. Lett. **30**, 2028 (2005)

6.93 E. Riedle: www.bmo.physik.uni-muenchen.de/~wwwriedle/projects/NOPA_overview (homepage);
I.Z. Kozma, P. Baum, S. Lochbrenner, E. Riedle: Widely tunable sub-30-fs ultraviolet pulses by chirped sum-frequency mixing. Opt. Express **11**, 3110 (2003)

6.94 T. Brixner, M. Strehle, G. Gerber: Feedback-controlled optimization of amplified femtosecond laser pulses. Appl. Phys. B **68**, 281 (1999)

6.95 T. Hornung, R. Meier, M. Motzkus: Optimal control of molecular states in a learning loop with a parametrization in frequency and time domain. Chem. Phys. Lett. **326**, 445 (2000)

6.96 T. Baumert, T. Brixner, V. Seyfried, M. Strehle, G. Gerber: Femtosecond pulse shaping by an evolutionary algorithm with feedback. Appl. Phys. B **65**, 779 (1997)

6.97 A. Pierce, M.A. Dahleh, H. Rubitz: Optimal control of quantum-mechanical systems. Phys. Rev. A **37**, 4950 (1988)

6.98 R.W. Schoenlein, J.Y. Gigot, M.T. Portella, C.V. Shank: Generation of blue-green 10 fs pulses using an excimer pumped dye amplifier. Appl. Phys. Lett. **58**, 801 (1991)

6.99 C.V. Shank, E.P. Ippen: Subpicosecond kilowatt pulses from a mode-locked CW dye laser. Sov. Phys. JETP **34**, 62 (1972)

6.100 R.L. Fork, C.V. Shank, R.T. Yen: Amplification of 70-fs optical pulses to gigawatt powers. Appl. Phys. Lett. **41**, 233 (1982)

6.101 S.R. Rotman, C. Roxlo, D. Bebelaar, T.K. Yee, M.M. Salour: Generation, stabilization and amplification of subpicosecond pulses. Appl. Phys. B **28**, 319 (1982)

6.102 A. Rundquist, et al.: Ultrafast laser and amplifier sources. Appl. Phys. B **65**, 161 (1997)

6.103 E. Salin, J. Squier, G. Mourov, G. Vaillancourt: Multi-kilohertz Ti:Al_20_3 amplifier for high power femtosecond pulses: Opt. Lett. **16**, 1964 (1991)

6.104 G. Sucha, D.S. Chenla: Kilohertz-rate continuum generation by amplification of femtosecond pulses near 1.5 μm. Opt. Lett. **16**, 1177 (1991)

6.105 A. Sullivan, H. Hamster, H.C. Kapteyn, S. Gordon, W. White, H. Nathel, R.J. Blair, R.W. Falcow: Multiterawatt, 100 fs laser. Opt. Lett. **16**, 1406 (1991)

6.106 T. Elsässer, M.C. Nuss: Femtosecond pulses in the mid-infrared generated by downconversion of a travelling-wave dye laser. Opt. Lett. **16**, 411 (1991)

6.107 J. Heling, J. Kuhl: Generation of femtosecond pulses by travelling-wave amplified spontaneous emission. Opt. Lett. **14**, 278 (1991)

6.108 Y. Stepanenko, C. Radzewicz: Multipass noncollinear optical parametric amplifier for femtosecond pulses. Opt. Express **14**, 779 (2006)

6.109 U. Keller: Ultrafast solid-state laser technology. Appl. Phys. B **58**, 347 (1994)

6.110 N. Ishii, L. Tuni, F. Krause et al.: Multi-millijoule chirped parametric amplification of few-cycle pulses. Opt. Lett. **30**, 562 (2005)

6.111 M. Drescher et al.: Time-resolved atomic innershell spectroscopy. Nature **419**, 803 (2001)

6.112 M. Wickenhauser, J. Burgdörfer, F. Krausz, M. Drescher: Time Resolved Fano Resonance. Phys. Rev. Lett. **94**, 023002-1 (Jan. 2005)

6.113 E. Goulielmakis et al.: Direct Measurement of Light Waves. Science **305**, 1267 (2004)

6.114 G.A. Mourou, C.P.J. Barty, M.D. Pery: Ultrahigh-intensity lasers: physics of the extreme on a tabletop. Physics Today, Jan. 1998, p. 22

6.115 E. Seres, I. Seres, F. Krausz, C. Spielmann: Generation of soft X-ray radiation. Phys. Rev. Lett. **92**, 163002-1 (2004)

6.116 J. Seres et al.: Source of kiloelectron X-rays. Nature **433**, 596 (2005)

6.117 F. Krausz: Progress Report MPQ Garching 2005/2006, p. 195 (2007);
R. Kienberger et al.: Single sub-fs soft-X-ray pulses: generation and measurement with the atomic transient recorder. J. Modern Opt. **52**, 261 (2005)

6.118 M. Drescher, F. Krausz: Attosecond Physics: Facing the wave-particle duality. J. Phys. B **38**, 727 (2005);
F. Krausz: Report of MPQ Garching 2005

6.119 D.B. Milosevic, G.G. Paulus, W. Becker: Ionization by few-cycle pulses. Phys. Rev. A **71**, 061404(R) (2005);
G.G. Paulus et al.: Measurement of the phase of few-cycle laser pulses. Phys. Rev. Lett. **91**, 253004 (2003)

6.120 W.H. Knox, R.S. Knox, J.F. Hoose, R.N. Zare: Observation of the O-fs pulse. Opt. & Photon. News **1**, 44 (April 1990)

6.121 H. Niikura, D.M. Villeneuve, P.B. Corkum: Mapping Attosecond Electron Wave Packet Motion. Phys. Rev. Lett. **94**, 083003 (2005);
P. Corkum: 'Attosecond Imaging'. In: *Max Born, A Celebration* (Max Born Institut Berlin, December 2004);
J. Levesque: P.B. Corkum: Attosecond Science and Technology. Can. J. Phys. **84**, 1 (2006);
D.M. Villeneuve: Attoseconds: At a Glance. Nature **449**, 997 (2007)

6.122 M.F. Kling et al.: Control of Electron Localization in Molecular Dissociation. Science **312**, 246 (2006);
P.B. Corkum, F. Krausz: Attosecond Science. Nature Phys. **3**, 381 (2007);
H. Niikura, P.B. Corkum: Attosecond and Angström Science. Adv. At. Mol. Opt. Phys. **54**, 511 (2007)

6.123 T. Fuji et al.: Attosecond control of optical waveforms. New Journal of Physics **7**, 116 (2005);
S. Chelkowski, G.L. Kudin, A.D. Bandrauk: Observing electron motions in molecules. J. Phys. B **39**, S409 (2006);
J. Levesque et al.: Probing the electronic structure of molecules with high harmonics. J. Mod. Opt. **53**, 182 (2006)

6.124 E. Sorokin: 'Solid-State Materials for Few-Cycle Pulse Generation and Amplification'. In: *Few Cycle Laser Pulses Generation and Its Applications*, ed. by F.X. Kärtner, Topics Appl. Phys., Vol. 95, p. 3–72 (Springer, Berlin, Heidelberg 2004)

6.125 S. Svanberg, et al.: 'Applications of terrawatt lasers'. In: *Laser Spectroscopy XI*, ed. by L. Bloomfield, T. Gallagher, D. Lanson (AIP, New York 1993)

6.126 R.R. Alfano (Ed.): *The Supercontinuum Laser Source* (Springer, New York 1989);
J.D. Kmetec, J.I. MacKlin, J.F. Young: 0.5 TW, 125 fs Ti:sapphire laser. Opt. Lett. **16**, 1001 (1991)

6.127 L. Xu et al.: High-power sub-10-fs Ti:sapphire oscillators. Appl. Phys. B **65**, 151 (1997);

T. Brabec, F. Krausz: Intense few cycle laser fields: frontiers of nonlinear optics. Rev. Mod. Phys. **77**, 545 (2000)

6.128 C.H. Lee: *Picosecond Optoelectronic Devices* (Academic, New York 1984)

6.129 Hamamatsu: FESCA (Femtosecond Streak camera 2908, information sheet, August 1988) and actual information under http://usa.hamamatsu.com/sys-streak/guide.htm

6.130 F.J. Leonberger, C.H. Lee, F. Capasso. H. Morkoc (Eds.): *Picosecond Electronics and Optoelectronics II*, Springer Ser. Electron. Photon., Vol. 28 (Springer, Berlin, Heidelberg 1987)

6.131 D.J. Bradley: 'Methods of generation'. In: *Ultrashort Light Pulses*, ed. by S.L. Shapiro, Topics Appl. Phys., Vol. 18 (Springer, Berlin, Heidelberg 1977) Chap. 2

6.132 D.J. Bowley: Measuring ultrafast pulses. Laser and Optoelectronics **6**, 81 (1987)

6.133 H.E. Rowe, T. Li: Theory of two-photon measurement of laser output. IEEE J. QE-**6**, 49 (1970)

6.134 H.P. Weber: Method for pulsewidth measurement of ultrashort light pulses, using nonlinear optics. J. Appl. Phys. **38**, 2231 (1967)

6.135 J.A. Giordmaine, P.M. Rentze, S.L. Shapiro, K.W. Wecht: Two-photon Excitation of fluorescence by picosecond light pulses. Appl. Phys. Lett. **11**, 216 (1967); see also [11.26]

6.136 I.Z. Kozma, P. Baum, U. Schmidhammer, S. Lochbrunnen, E. Riedle: Compact autocorrelator for the online measurement of tunable 10 femtosecond pulses. Rev. Sci. Instrum. **75**, 2323 (2004)

6.137 W.H. Glenn: Theory of the two-photon absorption-fluorescence method of pulsewidth measurement. IEEE J. QE-**6**, 510 (1970)

6.138 E. Riedle: Lectures, Winterschool on Laser Spectroscopy, Trieste 2001

6.139 C. Iaconis, I.A. Walmsley: Spectral phase interferometry for direct electric-field reconstruction of ultrashort optical pulses. Opt. Lett. **23**, 792 (1998)

6.140 E.P. Ippen, C.V. Shank: 'Techniques for measurement'. In: *Ultrashort Light Pulses*, ed. by S.L. Shapiro, Topics Appl. Phys., Vol. 18 (Springer, Berlin, Heidelberg 1977) Chap. 3

6.141 D.H. Auston: Higher order intensity correlation of optical pulses. IEEE J. QE-**7**, 465 (1971)

6.142 J.C. Diels, W. Rudolph: *Ultrashort Laser Pulse Phenomena*, 2nd edn. (Academic Press, New York 2006)

6.143 R. Trebino, D.J. Kane: Using phase retrieval to measure the intensity and phase of ultrashort pulses: frequency resolved optical gating. J. Opt. Soc. Am. A **11**, 2429 (1993);

6.144 D.J. Kane, R. Trebino: Single-shot measurement of the intensity and phase of an arbitrary ultrashort pulse using frequency-resolved optical gating. Opt. Lett. **18**, 823 (1993)

6.145 F. Trebino, A. Baltuska, M.S. Pshenichnikov, D.A. Wiersma: 'Measuring Ultrashort Pulses in the Single-Cycle Regime: Frequency-Resolved Optical Gating'. In: *Few-Cycle Laser Pulse Generation and its Application*, ed. by F.X. Kärtner (Springer, Heidelberg 2004) p. 231

6.146 I.A. Walmsley: 'Characterization of Ultrashort Optical Pulses in the Few-Cycle Regime Using Spectral Phase Interferometry for Direct Electric Field Reconstruction'. In: *Few Cycle Laser Pulse Generation and its Applications*, ed. by F.X. Kärtner (Springer, Heidelberg 2004) p. 265

6.147 P. Baum, E. Riedle: Design and calibration of zero-additional-phase SPIDER. J. Opt. Soc. Am. B **22**, 1875 (2005)

6.148 A. Unsöld, B. Baschek: *The New Cosmos*, 5th edn. (Springer, Berlin, Heidelberg 1991)

6.149 R.E. Imhoff, F.H. Read: Measurements of lifetimes of atoms, molecules. Rep. Progr. Phys. **40**, 1 (1977)

6.150 M.C.E. Huber, R.J. Sandeman: The measurement of oscillator strengths. Rpt. Progr. Phys. **49**, 397 (1986)

6.151 J.R. Lakowvicz, B.P. Malivatt: Construction and performance of a variable-frequency phase-modulation fluorometer. Biophys. Chemistry **19**, 13 (1984) and Biophys. J. **46**, 397 (1986)

6.152 J. Carlson: Accurate time resolved laser spectroscopy on sodium and bismuth atoms. Z. Physik D **9**, 147 (1988)

6.153 D.V. O'Connor, D. Phillips: *Time Correlated Single Photon Counting* (Academic, New York 1984)

6.154 W. Wien: Über Messungen der Leuchtdauer der Atome und der Dämpfung der Spektrallinien. Ann. Physik **60**, 597 (1919)

6.155 P. Hartmetz, H. Schmoranzer: Lifetime and absolute transition probabilities of the $^2P_{10}$ ($^3S_1$) level of NeI by beam-gas-dye laser spectroscopy. Z. Physik A **317**, 1 (1984)

6.156 D. Schulze-Hagenest, H. Harde, W. Brandt, W. Demtröder: Fast beam-spectroscopy by combined gas-cell laser excitation for cascade free measurements of highly excited states. Z. Physik A **282**, 149 (1977)

6.157 L. Ward, O. Vogel, A. Arnesen, R. Hallin, A. Wännström: Accurate experimental lifetimes of excited levels in NaII, SdII. Phys. Scripta **31**, 149 (1985)

6.158 H. Schmoranzer, P. Hartmetz, D. Marger, J. Dudda: Lifetime measurement of the $B\,^2\Sigma_u^+$ $(v=0)$ state of $^{14}N_2^+$ by the beam-dye-laser method. J. Phys. B **22**, 1761 (1989)

6.159 A. Arnesen, A. Wännström, R. Hallin, C. Nordling, O. Vogel: Lifetime in KII with the beam-laser method. J. Opt. Soc. Am. B **5**, 2204 (1988)

6.160 Z.G. Zhang, S. Svanberg, P. Quinet, P. Palmeri, E. Biemont: Time-resolved laser spectroscopy of multiple ionized atoms. Phys. Rev. Lett. **87**, 27 (2001);
E. Biemont, P. Palmeri, P. Quinet, Z. Zhang, S. Svanberg: Doubly Ionized Thorium: Laser Lifetime Measurements and Transition Probability Determination of Intersection Cosmochronology. Astrophys. J. **567**, 54602 (2002)

6.161 A. Lauberau, W. Kaiser: 'Picosecond investigations of dynamic processes in polyatomic molecules and liquids'. In: *Chemical and Biochemical Applications of Lasers II*, ed. by C.B. Moore (Academic, New York 1977)

6.162 W. Zinth, M.C. Nuss, W. Kaiser: 'A picosecond Raman technique with resolution four times better than obtained by spontaneous Raman spectroscopy'. In: *Picosecond Phenomena III*, ed. by K.B. Eisenthal, R.M. Hochstrasser, W. Kaiser, A. Laubereau, Springer Ser. Chem. Phys., Vol. 38 (Springer, Berlin, Heidelberg 1982) p. 279

6.163 A. Seilmeier, W. Kaiser: 'Ultrashort intramolecular and intermolecular vibrational energy transfer of polyatomic molecules in liquids'. In: *Picosecond Phenomena III*, ed. by K.B. Eisenthal, R.M. Hochstrasser, W. Kaiser, A. Laubereau, Springer Ser. Chem. Phys., Vol. 38 (Springer, Berlin, Heidelberg 1982) p. 279

6.164 M. Nisoli, et al.: Highly efficient parametric conversion of femtosecond Ti:Sapphire laser pulses at 1 kHz. Opt. Lett. **19**, 1973 (1994)

6.165 E. Riedle, M. Beutter, S. Lochbrunner, J. Piel, S. Schenkl, S. Spörlein, W. Zinth: Generation of 10 to 50 fs pulses, tunable through all of the visible and the NIR. Appl. Phys. B **71**, 457 (2000)

6.166 W. Shuicai, H. Junfang, X. Dong, Z. Changjun, H. Xun: A three-wavelength Ti:sapphire femtosecond laser for use with the multi-excited photosystem II. Appl. Phys. B **72**, 819 (2001)

6.167 Long-Sheng Ma, et al.: Synchronization and phase-locking of two independent femtosecond lasers. Conference Proceedings of ICOLS 2001 (Snowbird, Utah 2001) p. 2–26

6.168 W. Zinth, W. Holzapfel, R. Leonhardt: Femtosecond dephasing processes of molecular vibrations, in [Ref.11.10, VI, p. 401 (1988)]

6.169 G. Angel, R. Gagel, A. Lauberau: Vibrational dynamics in the S_1 and S_0 states of dye molecules studied separately by femtosecond polarization spectroscopy, in [Ref.11.10, VI, p. 467 (1988)]

6.170 F.J. Duarte (Ed.): *High-Power Dye Lasers*, Springer Ser. Opt. Sci., Vol. 65 (Springer, Berlin, Heidelberg 1991)

6.171 W. Kütt, K. Seibert, H. Kurz: High density femtosecond excitation of hot carrier distributions in InP and InGaAs, in [Ref.11.10, VI, p. 233 (1988)]

6.172 W.Z. Lin, R.W. Schoenlein, M.J. LaGasse, B. Zysset, E.P. Ippen, J.G. Fujimoto: Ultrafast scattering and energy relaxation of optically excited carriers in GaAs and AlGaAs, in [Ref.11.10, VI, p. 210 (1988)]

6.173 M. Chinchetti, M. Aschlimann et al.: Spin-flop processes and ultrafast magnetization dynamics in Co: Unifying the microscopic and macroscopic view of femtosecond magnetism. Phys. Rev. Lett. **97**, 177201 (2006)

6.174 L.R. Khundkar, A.H. Zewail: Ultrafast molecular reaction dynamics in real-time. Ann. Rev. Phys. Chem. **41**, 15 (1990);
A.H. Zewail (Ed.): *Femtochemistry: Ultrafast Dynamics of the Chemical Bond, I and II* (World Scientific, Singapore 1994)

6.175 A.H. Zewail: Femtosecond transition-state dynamics. Faraday Discuss. Chem. Soc. **91**, 207 (1991)

6.176 T. Baumert, M. Grosser, R. Thalweiser, G. Gerber: Femtosecond time-resolved molecular multiphoton ionisation: The Na_2 system. Phys. Rev. Lett. **67**, 3753 (1991)

6.177 T. Baumert, B. Bühler, M. Grosser, R. Thalweiser, V. Weiss, E. Wiedemann, R. Gerber: Femtosecond time-resolved wave packet motion in molecular multiphoton ionization and fragmentation. J. Phys. Chem. **95**, 8103 (1991)

6.178 E. Schreiber: *Femtosecond Real Time Spectroscopy of Small Molecules and Clusters* (Springer, Berlin, Heidelberg, New York 1998)

6.179 O. Svelto, S. DeSilvestry, G. Denardo (Eds.): *Ultrafast Processes in Spectroscopy* (Plenum, New York 1997);
T. Brixner, N.H. Damrauer, G. Gerber: Femtosecond quantum control. Adv. At. Mol. Phys. **46**, 1 (2001)

6.180 R. Kienberger, F. Krausz: *Sub-femtosecond XUV Pulses: Attosecond Metrology and Spectroscopy*, Topics Appl. Phys., Vol. 95 (Springer, Berlin, Heidelberg 2004) p. 343

6.181 M. Drescher et al.: Time-resolved atomic inner shell spectroscopy. Nature **419**, 803 (2001)

6.182 H.J. Eichler, P. Günther, D.W. Pohl: *Laser-Induced Dynamic Gratings*. Springer Series in Optical Sciences Vol. 50 (Springer 1986)

6.183 F.X. Kärtner (Ed.): *Few Cycle Laser Pulse Generation and its Application*, Topics Appl. Phys., Vol. 95 (Springer, Berlin, Heidelberg 2004)

6.184 F. Krausz, G. Korn, P. Corkum, I.A. Walmsley (Eds.): *Ultrafast Optics IV*, Springer Ser. Opt. Sci., Vol. 95 (Springer, Berlin, Heidelberg 2004)

6.185 S. Watanabe, K. Midorikawa (Eds.): *Ultrafast Optics V*, Springer Ser. Opt. Sci., Vol. 132 (Springer, Berlin, Heidelberg 2007)

第7章

7.1 W. Hanle: Über magnetische Beeinflussung der Polarisation der Resonanzfluoreszenz. Z. Physik **30**, 93 (1924)

7.2 M. Norton, A. Gallagher: Measurements of lowest-*S*-state lifetimes of gallium, indium and thallium. Phys. Rev. A **3**, 915 (1971)

7.3 F. Bylicki, H.G. Weber, H. Zscheeg, M. Arnold: On NO_2 excited state lifetime and g-factors in the 593 nm band. J. Chem. Phys. **80**, 1791 (1984)

7.4 H.H. Stroke, G. Fulop, S. Klepner: Level crossing signal line shapes and ordering of energy levels. Phys. Rev. Lett. **21**, 61 (1968)

7.5 M. McClintock, W. Demtröder, R.N. Zare: Level crossing studies of Na_2, using laser-induced fluorescence. J. Chem. Phys. **51**, 5509 (1969)

7.6 R.N. Zare: Molecular level crossing spectroscopy. J. Chem. Phys. **45**, 4510 (1966)

7.7 P. Franken: Interference effects in the resonance fluorescence of "crossed" excited states. Phys. Rev. **121**, 508 (1961)

7.8 G. Breit: Quantum theory of dispersion. Rev. Mod. Phys. **5**, 91 (1933)

7.9 R.N. Zare: Interference effects in molecular fluorescence. Accounts Chem. Res. **4**, 361 (November 1971)

7.10 G.W. Series: 'Coherence effects in the interaction of radiation with atoms'. In: *Physics of the One- and Two-Electron Atoms*, ed. by F. Bopp, H. Kleinpoppen (North-Holland, Amsterdam 1969) p. 268

7.11 W. Happer: Optical pumping. Rev. Mod. Phys. **44**, 168 (1972)

7.12 J.N. Dodd, R.D. Kaul, D.M. Warrington: The modulation of resonance fluorescence excited by pulsed light. Proc. Phys. Soc. **84**, 176 (1964)

7.13 M.S. Feld. A. Sanchez, A. Javan: 'Theory of stimulated level crossing'. In: *Int'l Colloq. on Doppler-Free Spectroscopic Methods for Single Molecular Systems*, ed. by J.C. Lehmann, J.C. Pebay-Peyroula (Ed. du Centre National Res. Scient., Paris 1974) p. 87

7.14 H. Walther (Ed.): *Laser Spectroscopy of Atoms and Molecules*, Topics Appl. Phys., Vol. 2 (Springer, Berlin, Heidelberg 1976)

7.15 G. Moruzzi, F. Strumia (Eds.): *The Hanle Effect and Level Crossing Spectroscopy* (Plenum, New York 1992);
M. Auzinsky et al.: Level-Crossing Spectroscopy of the 7, 9 and $10D_{5/2}$ states of ^{133}Cs. Phys. Rev. A **75**, 022502 (2007)

7.16 P. Hannaford: Oriented atoms in weak magnetic fields. Physica Scripta T **70**, 117 (1997)

7.17 J.C. Lehmann: 'Probing small molecules with lasers'. In: *Frontiers of Laser Spectroscopy, Vol. 1*, ed. by R. Balian, S. Haroche, S. Liberman (North-Holland, Amsterdam 1977)

7.18 M. Broyer, J.C. Lehmann, J. Vigue: G-factors and lifetimes in the B-state of molecular iodine. J. Phys. **36**, 235 (1975)

7.19 H. Figger, D.L. Monts, R.N. Zare: Anomalous magnetic depolarization of fluorescence from the NO_2 $^2B_2$-state. J. Mol. Spectrosc. **68**, 388 (1977)

7.20 J.R. Bonilla, W. Demtröder: Level crossing spectroscopy of NO_2 using Doppler-reduced laser excitation in molecular beams. Chem. Phys. Lett. **53**, 223 (1978)

7.21 H.G. Weber, F. Bylicki: NO_2 lifetimes by Hanle effect measurements. Chem. Phys. **116**, 133 (1987)

7.22 F. Bylicki, H.G. Weber, G. Persch, W. Demtröder: On g factors and hyperfine structure in electronically excited states of NO_2. J. Chem. Phys. **88**, 3532 (1988)

7.23 H.J. Beyer, H. Kleinpoppen: 'Anticrossing spectroscopy'. In: *Progr. Atomic Spectroscopy*, ed. by W. Hanle, H. Kleinpoppen (Plenum, New York 1978) p. 607

7.24 P. Cacciani, S. Liberman, E. Luc-Koenig, J. Pinard, C. Thomas: Anticrossing effects in Rydberg states of lithium in the presence of parallel magnetic and electric fields. Phys. Rev. A **40**, 3026 (1989)

7.25 G. Raithel, M. Fauth, H. Walther: Quasi-Landau resonances in the spectra of rubidium Rydberg atoms in crossed electric and magnetic fields. Phys. Rev. A **44**, 1898 (1991)

7.26 J. Bengtsson, J. Larsson, S. Svanberg, C.G. Wahlström: Hyperfine-structure study of the $3d^{10}p^2P_{3/2}$ level of neutral copper using pulsed level crossing spectroscopy at short laser wavelengths. Phys. Rev. A **41**, 233 (1990)

7.27 G. Hermann, G. Lasnitschka, J. Richter, A. Scharmann: Determination of lifetimes and hyperfine splittings of Tl states $nP_{3/2}$ by level crossing spectroscopy with two-photon excitation. Z. Physik D **10**, 27 (1988)

7.28 G. von Oppen: Measurements of state multipoles using level crossing techniques. Commen. At. Mol. Phys. **15**, 87 (1984)

7.29 A.C. Luntz, R.G. Brewer: Zeeman-tuned level crossing in $^1\Sigma$ CH_4. J. Chem. Phys. **53**, 3380 (1970)

7.30 A.C. Luntz, R.G. Brewer, K.L. Foster, J.D. Swalen: Level crossing in CH_4 observed by nonlinear absorption. Phys. Rev. Lett. **23**, 951 (1969)

7.31 J.S. Levine, P. Boncyk, A. Javan: Observation of hyperfine level crossing in stimulated emission. Phys. Rev. Lett. **22**, 267 (1969)

7.32 G. Hermann, A. Scharmann: Untersuchungen zur Zeeman-Spektroskopie mit Hilfe nichtlinearer Resonanzen eines Multimoden Lasers. Z. Physik **254**, 46 (1972)

7.33 W. Jastrzebski, M. Kolwas: Two-photon Hanle effect. J. Phys. B **17**, L855 (1984)

7.34 L. Allen, D.G. Jones: The helium-neon laser. Adv. Phys. **14**, 479 (1965)

7.35 C. Cohen-Tannoudji: Level-crossing resonances in atomic ground states. Commen. At. Mol. Phys. **1**, 150 (1970)

7.36 S. Haroche: 'Quantum beats and time resolved spectroscopy'. In: *High Resolution Laser Spectroscopy*, ed. by K. Shimoda, Topics Appl. Phys., Vol. 13 (Springer, Berlin, Heidelberg 1976) p. 253

7.37 H.J. Andrä: Quantum beats and laser excitation in fast beam spectroscopy, in *Atomic Physics 4*, ed. by G. zu Putlitz, E.W. Weber, A. Winnacker (Plenum, New York 1975) p. 635

7.38 H.J. Andrä: Fine structure, hyperfine structure and Lamb-shift measurements by the beam foil technique. Phys. Scripta **9**, 257 (1974)

7.39 R.M. Lowe, P. Hannaford: Observation of quantum beats in sputtered metal vapours. 19th EGAS Conference, Dublin (1987)

7.40 W. Lange, J. Mlynek: Quantum beats in transmission by time resolved polarization spectroscopy. Phys. Rev. Lett. **40**, 1373 (1978)

7.41 J. Mlynek, W. Lange: A simple method of observing coherent ground-state transients. Opt. Commun. **30**, 337 (1979)

7.42 H. Harde, H. Burggraf, J. Mlynek, W. Lange: Quantum beats in forward scattering: subnanosecond studies with a mode-locked dye laser. Opt. Lett. **6**, 290 (1981)

7.43 J. Mlynek, K.H. Drake, W. Lange: 'Observation of transient and stationary Zeeman coherence by polarization spectroscopy'. In: *Laser Spectroscopy IV*, ed. by A.R.W. McKellar, T. Oka, B.P. Stoicheff, Springer Ser. Opt. Sci., Vol. 30 (Springer, Berlin, Heidelberg 1981) p. 616

7.44 G. Leuchs, S.J. Smith, E. Khawaja, H. Walther: Quantum beats observed in photoionization. Opt. Commun. **31**, 313 (1979)

7.45 M. Dubs, J. Mühlbach, H. Bitto, P. Schmidt, J.R. Huber: Hyperfine quantum beats and Zeeman spectroscopy in the polyatomic molecule propynol CHOCCHO. J. Chem. Phys. **83**, 3755 (1985);

7.46 H. Bitto, J.R. Huber: Molecular quantum beat spectroscopy. Opt. Commun. **80**, 184 (1990);
R.T. Carter, R. Huber: Quantum beat spectroscopy in chemistry. Chem. Soc. Rev. **29**, 305 (2000)

7.47 H. Ring, R.T. Carter, R. Huber: Creation and phase control of molecular coherences using pulsed magnetic fields. Laser Phys. **9**, 253 (1999)

7.48 W. Scharfin, M. Ivanco, St. Wallace: Quantum beat phenomena in the fluorescence decay of the $C(^1B_2)$ State of SO_2. J. Chem. Phys. **76**, 2095 (1982)
7.49 P.J. Brucat, R.N. Zare: NO_2 $A\,^2B_2$ state properties from Zeeman quantum beats. J. Chem. Phys. **78**, 100 (1983); J. Chem. Phys. **81**, 2562 (1984)
7.50 N. Ochi, H. Watanabe, S. Tsuchiya, S. Koda: Rotationally resolved laser-induced fluorescence and Zeeman quantum beat spectroscopy of the $V\,^1B_2$ state of jet cooled CS_2. Chem. Phys. **113**, 271 (1987)
7.51 P. Schmidt, H. Bitto, J.R. Huber: Excited state dipole moments in a polyatomic molecule determined by Stark quantum beat spectroscopy. J. Chem. Phys. **88**, 696 (1988)
7.52 J.N. Dodd, G.W. Series: 'Time-resolved fluorescence spectroscopy'. In: *Progress in Atomic Spectroscopy*, ed. by W. Hanle, H. Kleinpoppen (Plenum, New York 1978)
7.53 J. Mlynek: Neue optische Methoden der hochauflösenden Kohärenzspektroskopie an Atomen. Phys. Blätter **43**, 196 (1987)
7.54 A. Corney: *Atomic and Laser Spectroscopy* (Oxford Univ. Press, London 1977)
7.55 B.J. Dalton: Cascade Zeeman quantum beats produced by stepwise excitation using broad-line laser pulses. J. Phys. B **20**, 251, 267 (1987)
7.56 N.V. Vitanov, T. Halfmann, B.W. Shore, K. Bergmann: Laser-induced population transfer adiabatic passage technique. Ann. Rev. Phys. Chem. **52**, 763 (2001)
7.57 N.V. Vitanov, M. Fleischhauer, B.W. Shore, K. Bergmann: Coherent Manipulation of Atoms and Molecules by Sequential Pulses. *Adv. At. Mol. Opt. Phys.*, Vol. 46, (Academic Press, New York 2001) pp. 55–190
7.58 G. Alber, P. Zoller: Laser-induced excitation of electronic Rydberg wave packets. Contemp. Phys. **32**, 185 (1991)
7.59 A. Wolde, I.D. Noordam, H.G. Müller, A. Lagendijk, H.B. van Linden: Observation of radially localized atomic electron wave packets. Phys. Rev. Lett. **61**, 2099 (1988)
7.60 T. Baumert, V. Engel, C. Röttgermann, W.T. Strunz, G. Gerber: Femtosecond pump-probe study of the spreading and recurrance of a vibrational wave packet in Na_2. Chem. Phys. Lett. **191**, 639 (1992)
7.61 M. Gruebele, A.H. Zewail: Ultrashort reaction dynamics. Phys. Today **43**, 24 (May 1990)
7.62 M. Gruebele, G. Roberts, M. Dautus, R. M Bowman, A.H. Zewail: Femtosecond temporal spectroscopy and direct inversion to the potentials: application to iodine. Chem. Phys. Lett. **166**, 459 (1990)
7.63 F.C. deSchryver, S.E. Fyter, G. Schweitzer: *Femtochemistry* (Wiley & Sons, New York 2001)
7.64 E. Schreiber: *Femtosecond Real-Time Spectroscopy of Small Molecules and Clusters*, Springer Tracts in Modern Physics Vol. 143 (Springer, Berlin, Heidelberg, New York 1999)
7.65 J. Mlyneck, W. Lange, H. Harde, H. Burggraf: High resolution coherence spectroscopy using pulse trains. Phys. Rev. A **24**, 1099 (1989)
7.66 H. Lehmitz, W. Kattav, H. Harde: 'Modulated pumping in Cs with picosecond pulse trains'. In: *Methods of Laser Spectroscopy*, ed. by Y. Prior, A. Ben-Reuven, M. Rosenbluth (Plenum, New York 1986) p. 97
7.67 R.H. Dicke: Coherence in spontaneous radiation processes. Phys. Rev. **93**, 99 (1954)
7.68 E.L. Hahn: Spin echoes. Phys. Rev. **80**, 580 (1950);
C.P. Slichter: *Principles of Magnetic Resonance*, 3rd edn., Springer Ser. Solid-State Sci., Vol. 1 (Springer, Berlin, Heidelberg 1990)
7.69 I.D. Abella: 'Echoes at optical frequencies'. In: *Progress in Optics* **7**, 140 (North-Holland, Amsterdam 1969)

7.70 S.R. Hartmann: 'Photon echoes'. In: *Lasers and Light, Readings from Scientific American* (Freeman, San Francisco 1969) p. 303

7.71 C.K.N. Patel, R.E. Slusher: Photon echoes in gases. Phys. Rev. Lett. **20**, 1087 (1968)

7.72 R.G. Brewer: Coherent optical transients. Phys. Today **30**, 50 (May 1977)

7.73 R.G. Brewer: A.Z. Genack: Optical coherent transients by laser frequency switching. Phys. Rev. Lett. **36**, 959 (1976)

7.74 R.G. Brewer: 'Coherent optical spectroscopy'. In: *Frontiers in Laser Spectroscopy*, ed. by R. Balian, S. Haroche, S. Lieberman (North-Holland, Amsterdam 1977)

7.75 L.S. Vasilenko, N.Y. Rubtsova: Coherent spectroscopy of gaseous media: ways of increasing spectral resolution. Bull. Acad. Sci. USSR Phys. Ser. **53**, No. 12, 54 (1989)

7.76 R.G. Brewer, R.L. Shoemaker: Photon echo and optical nutation in molecules. Phys. Rev. Lett. **27**, 631 (1971)

7.77 P.R. Berman, J.M. Levy, R.G. Brewer: Coherent optical transient study of molecular collisions. Phys. Rev. A **11**, 1668 (1975)

7.78 C. Freed, D.C. Spears, R.G. O'Donnell: 'Precision heterodyne calibration'. In: *Laser Spectroscopy*, ed. by R.G. Brewer, A. Mooradian (Plenum, New York 1974) p. 17

7.79 F.R. Petersen, D.G. McDonald, F.D. Cupp, B.L. Danielson: Rotational constants of $^{12}C^{O}_{16}2$ from beats between Lamb-dip stabilized laser lines. Phys. Rev. Lett. **31**, 573 (1973); also in *Laser Spectroscopy*, ed. by R.G. Brewer, A. Mooradian (Plenum, New York 1974) p. 555

7.80 T.J. Bridge, T.K. Chang: Accurate rotational constants of CO_2 from measurements of CW beats in bulk GaAs between CO_2 vibrational-rotational laser lines. Phys. Rev. Lett. **22**, 811 (1969)

7.81 L.A. Hackel, K.H. Casleton, S.G. Kukolich, S. Ezekiel: Observation of magnetic octupole and scalar spin-spin interaction in I_2 using laser spectroscopy. Phys. Rev. Lett. **35**, 568 (1975)

7.82 W.A. Kreiner, G. Magerl, E. Bonek, W. Schupita, L. Weber: Spectroscopy with a tunable sideband laser. Physica Scripta **25**, 360 (1982)

7.83 J.L. Hall, L. Hollberg, T. Baer, H.G. Robinson: Optical heterodyne saturation spectroscopy. Appl. Phys. Lett. **39**, 680 (1981)

7.84 P. Verhoeve, J.J. terMeulen, W.L. Meerts, A. Dynamus: Sub-millimeter laser-sideband spectroscopy of H_3O^+. Chem. Phys. Lett. **143**, 501 (1988)

7.85 E.A. Whittaker, H.R. Wendt, H. Hunziker, G.C. Bjorklund: Laser FM spectroscopy with photochemical modulation: A sensitive high resolution technique for chemical intermediates. Appl. Phys. B **35**, 105 (1984)

7.86 F.T. Arecchi, A. Berné, P. Bulamacchi: High-order fluctuations in a single mode laser field. Phys. Rev. Lett. **88**, 32 (1966)

7.87 H.Z. Cummins, H.L. Swinney: Light beating spectroscopy. *Progress in Optics* **8**, 134 (North-Holland, Amsterdam 1970)

7.88 E.O. DuBois (Ed.): *Photon Correlation Techniques*, Springer Ser. Opt. Sci., Vol. 38 (Springer, Berlin, Heidelberg 1983)

7.89 R. Rigler, E.S. Elson (Eds.): *Fluorescence Correlation Spectroscopy: Theory and Applications*, Springer Ser. Chem. Phys., Vol. 65 (Springer, Berlin, Heidelberg, New York 2001)

7.90 N. Wiener: Generalized harmonic analysis. Acta Math. **55**, 117 (1930)

7.91 C.L. Mehta: 'Theory of photoelectron counting'. In: *Progress in Optics* **7**, 373 (North Holland, Amsterdam 1970)

7.92 B. Saleh: *Photoelectron Statistics*, Springer Ser. Opt. Sci., Vol. 6 (Springer, Berlin, Heidelberg 1978)

7.93 L. Mandel: 'Fluctuation of light beams'. In: *Progress in Optics* **2**, 181 (North-Holland, Amsterdam 1963)

7.94 A.J. Siegert: MIT Rad. Lab. Rpt. No. 465 (1943)

7.95 E.O. Schulz-DuBois: High-resolution intensity interferometry by photon correlation, in [Ref. 7.88, p. 6]

7.96 P.P.L. Regtien (Ed.): *Modern Electronic Measuring Systems* (Delft Univ. Press, Delft 1978);
P. Horrowitz, W. Hill: *The Art of Electronics* (Cambridge Univ. Press, Cambridge 1980)

7.97 H.Z. Cummins, E.R. Pike (Eds.): *Photon Correlation and Light Spectroscopy* (Plenum, New York 1974)

7.98 E. Stelzer, H. Ruf, E. Grell: Analysis and resolution of polydispersive systems, in [Ref. 7.88, p. 329]

7.99 N.C. Ford, G.B. Bennedek: Observation of the spectrum of light scattered from a pure fluid near its critical point. Phys. Rev. Lett. **15**, 649 (1965)

7.100 R. Hanbury Brown: *The Intensity Interferometer* (Taylor and Francis, London 1974)

7.101 F.T. Arecchi, A. Berné, P. Bulamacchi: High-order fluctuations in a single mode laser field. Phys. Rev. Lett. **88**, 32 (1966)

7.102 M. Adam, A. Hamelin, P. Bergé: Mise au point et étude d'une technique de spectrographie par battements de photons hétérodyne. Opt. Acta **16**, 337 (1969)

7.103 E. Haustein, P. Schwille: Fluorescence Correlation Spectroscopy: Novel variations of an established technique. Ann. Rev. Biophys. Biomolec. Struct. **36**, 151 (2007)

7.104 R. Rigler, S. Wennmalm, L. Edman: *Fluorescence Correlation Spectroscopy in Single Molecule Analysis*, Springer Ser. Chem. Phys., Vol. 65 (Springer, Berlin, Heidelberg, New York 2001) p. 459

7.105 A.F. Harvey: *Coherent Light* (Wiley, London 1970)

7.106 J.I. Steinfeld (Ed.): *Laser and Coherence Spectroscopy* (Plenum, New York 1978)

7.107 B.W. Shore: *The Theory of Coherent Atomic Excitation, Vols. 1, 2* (Wiley, New York 1990)

7.108 P. Schwille, E. Haustein: Fluorescence Correlation Spectroscopy.
http://www.biophysics.org/education/schwille.pdf

7.109 L. Mandel, E. Wolf: *Coherence and Quantum Optics I-IX*, Proc. Rochester Conferences (Plenum, New York 1961, 1967, 1973, 1978, 1984, 1990, 1996, 2002, 2008)

第8章

8.1 R.B. Bernstein: *Chemical Dynamics via Molecular Beam and Laser Techniques* (Clarendon, Oxford 1982)

8.2 J.T. Yardle: *Molecular Energy Transfer* (Academic, New York 1980)

8.3 W.H. Miller (Ed.): *Dynamics of Molecular Collisions* (Plenum, New York 1976)

8.4 P.R. Berman: Studies of collisions by laser spectroscopy. Adv. At. Mol. Phys. **13**, 57 (1977)

8.5 G.W. Flynn, E. Weitz: Vibrational energy flow in the ground electronic states of polyatomic molecules. Adv. Chem. Phys. **47**, 185 (1981)

8.6 V.E. Bondeby: Relaxation and vibrational energy redistribution processes in polyatomic molecules. Ann. Rev. Phys. Chem. **35**, 591 (1984)

8.7 S.A. Rice: Collision-induced intramolecular energy transfer in electronically excited polyatomic molecules. Adv. Chem. Phys. **47**, 237 (1981)

8.8 P.J. Dagdigian: State-resolved collision-induced electronic transitions. Ann. Rev. Phys. Chem. **48**, 95 (1997)

8.9 J.J. Valentini: State-to-State chemical reaction dynamics in polyatomic systems. Ann. Rev. Phys. Chem. **52**, 15 (2001)

8.10 C.A. Taatjes, J.F. Herschberger: Recent progress in infrared absorption techniques for elementary gas phase reaction kinetics. Ann. Rev. Phys. Chem. **52**, 41 (2001)

8.11 See for instance: *Proc. Int'l Conf. on the Physics of Electronic and Atomic Collisions, ICPEAC I – XVII* (North-Holland, Amsterdam)

8.12 *Proc. Int'l Conf. on Spectral Line Shapes: Vols. I–XI*, Library of Congress Catalog

8.13 J. Hinze (Ed.): *Energy Storage and Redistribution in Molecules* (Plenum, New York 1983)

8.14 F. Aumeyer, H. Winter (Eds.): *Photonic, Electronic and Atomic Collisions* (World Scientific, Singapore 1998)

8.15 J. Ward, J. Cooper: Correlation effects in the theory of combined Doppler and pressure broadening. J. Quant. Spectr. Rad. Transf. **14**, 555 (1974)

8.16 J.O. Hirschfelder, Ch.F. Curtiss, R.B. Bird: *Molecular Theory of Gases and Liquids* (Wiley, New York 1954)

8.17 Th.W. Hänsch, P. Toschek: On pressure broadening in a He-Ne laser. IEEE J. QE-**6**, 61 (1969)

8.18 J.L. Hall: 'Saturated absorption spectroscopy'. In: *Atomic Physics, Vol. 3*, ed. by S.J. Smith, G.K. Walthers (Plenum, New York 1973) pp. 615 ff.

8.19 J.L. Hall: *The Line Shape Problem in Laser-Saturated Molecular Absorption* (Gordon & Breach, New York 1969)

8.20 S.N. Bagayev: 'Spectroscopic studies into elastic scattering of excited particles'. In: *Laser Spectroscopy IV*, ed. by H. Walther, K.W. Rothe, Springer Ser. Opt. Sci., Vol. 21 (Springer, Berlin, Heidelberg 1979) p. 222

8.21 K.E. Gibble, A. Gallagher: Measurements of velocity-changing collision kernels. Phys. Rev. A **43**, 1366 (1991)

8.22 C.R. Vidal, F.B. Haller: Heat pipe oven applications: production of metal vapor-gas mixtures. Rev. Sci. Instrum. **42**, 1779 (1971)

8.23 R. Bombach, B. Hemmerling, W. Demtröder: Measurement of broadening rates, shifts and effective lifetiems of Li_2 Rydberg levels by optical double-resonance spectroscopy. Chem. Phys. **121**, 439 (1988)

8.24 K.D. Heber, P.J. West, E. Matthias: Collisions between Sr-Rydberg atoms and intermediate and high principal quantum number and noble gases. J. Phys. D **21**, 563 (1988)

8.25 R.B. Kurzel, J.I. Steinfeld, D.A. Hazenbuhler, G.E. LeRoi: Energy transfer processes in monochromatically excited iodine molecules. J. Chem. Phys. **55**, 4822 (1971)

8.26 J.I. Steinfeld: 'Energy transfer processes'. In: *Chemical Kinetics Phys. Chem. Ser. One, Vol. 9*, ed. by J.C. Polany (Butterworth, London 1972)

8.27 G. Ennen, C. Ottinger: Rotation-vibration-translation energy transfer in laser excited Li_2 ($B\,^1\Pi_u$). Chem. Phys. **3**, 404 (1974)

8.28 Ch. Ottinger, M. Schröder: Collision-induced rotational transitions of dye laser excited Li_2 molecules. J. Phys. B **13**, 4163 (1980)

8.29 K. Bergmann, W. Demtröder: Inelastic cross sections of excited molecules. J. Phys. B **5**, 1386, 2098 (1972)

8.30 D. Zevgolis: Untersuchung inelastischer Stoßprozesse in Alkalidämpfen mit Hilfe spektral- und zeitaufgelöster Laserspektroskopie. Dissertation, Faculty of Physics, Kaiserslautern (1980)

8.31 T.A. Brunner, R.D. Driver, N. Smith, D.E. Pritchard: Rotational energy transfer in Na_2-Xe collisions. J. Chem. Phys. **70**, 4155 (1979);

T.A. Brunner, et al.: Simple scaling law for rotational energy transfer in Na_2^*-Xe collisions. Phys. Rev. Lett. **41**, 856 (1978)

8.32 R. Schinke: *Theory of Rotational Transitions in Molecules, Int'l Conf. Phys. El. At. Collisions XIII* (North-Holland, Amsterdam 1984) p. 429

8.33 M. Faubel: Vibrational and rotational excitation in molecular collisions. Adv. At. Mol. Phys. **19**, 345 (1983)

8.34 K. Bergmann, H. Klar, W. Schlecht: Asymmetries in collision-induced rotational transitions. Chem. Phys. Lett. **12**, 522 (1974)

8.35 H. Klar: Theory of collision-induced rotational energy transfer in the ¼-state of diatomic molecule. J. Phys. B **6**, 2139 (1973)

8.36 A.J. McCaffery, M.J. Proctor, B.J. Whitaker: Rotational energy transfer: polarization and scaling. Annu. Rev. Phys. Chem. **37**, 223 (1986)

8.37 G. Sha, P. Proch, K.L. Kompa: Rotational transitions of N_2 ($a\,^1\Pi_g$) induced by collisions with Ar/He studied by laser REMPI spectroscopy. J. Chem. Phys. **87**, 5251 (1987)

8.38 C.R. Vidal: Collisional depolarization and rotational energy transfer of the Li_2 ($B\,^1\Pi_u$)-Li($^2S_{1/2}$) system from laser-induced fluorescence. Chem. Phys. **35**, 215 (1978)

8.39 W.B. Gao, Y.Q. Shen, H. Häger, W. Krieger: Vibrational relaxation of ethylene oxide and ethylene oxide-rare-gas mixtures. Chem. Phys. **84**, 369 (1984)

8.40 M.H. Alexander, A. Benning: Theoretical studies of collision-induced energy transfer in electronically excited states. Ber. Bunsengesell. Phys. Chem. **14**, 1253 (1990)

8.41 E. Nikitin, L. Zulicke: *Theorie Chemischer Elementarprozesse* (Vieweg, Braunschweig 1985)

8.42 E.K. Kraulinya, E.K. Kopeikana, M.L. Janson: Excitation energy transfer in atom-molecule interactions of sodium and potassium vapors. Chem. Phys. Lett. **39**, 565 (1976); Opt. Spectrosc. **41**, 217 (1976)

8.43 W. Kamke, B. Kamke, I. Hertel, A. Gallagher: Fluorescence of the $Na^* + N_2$ collision complex. J. Chem. Phys. **80**, 4879 (1984)

8.44 L.K. Lam, T. Fujiimoto, A.C. Gallagher, M. Hessel: Collisional excitation tranfer between Na und Na_2. J. Chem. Phys. **68**, 3553 (1978)

8.45 H. Hulsman, P. Willems: Transfer of electronic excitation in sodium vapour. Chem. Phys. **119**, 377 (1988)

8.46 G. Ennen, Ch. Ottinger: Collision-induced dissociation of laser excited Li_2 $B\,^1\Pi_\mu$. J. Chem. Phys. **40**, 127 (1979); ibid. **41**, 415 (1979)

8.47 J.E. Smedley, H.K. Haugen, St.R. Leone: Collision-induced dissociation of laser-excited Br_2 [$B\,^3\Pi(O_u^+)$; v', J']. J. Chem. Phys. **86**, 6801 (1987)

8.48 E.W. Rothe, U. Krause, R. Dünen: Photodissociation of Na_2 and Rb_2: analysis of atomic fine structure of ^2P products. J. Chem. Phys. **72**, 5145 (1980)

8.49 G. Brederlow, R. Brodmann, M. Nippus, R. Petsch, S. Witkowski, R. Volk, K.J. Witte: Performance of the Asterix IV high power iodine laser. IEEE J. QE-**16**, 122 (1980)

8.50 V. Diemer, W. Demtröder: Infrared atomic Cs laser based on optical pumping of Cs_2 molecules. Chem. Phys. Lett. **176**, 135 (1991)

8.51 St. Lemont, G.W. Flynn: Vibrational state analysis of electronic-to-vibrational energy transfer processes. Annu. Rev. Phys. Chem. **28**, 261 (1977)

8.52 A. Tramer, A. Nitzan: Collisional effects in electronic relaxation. Adv. Chem. Phys. **47** (2), 337 (1981)

8.53 S.A. Rice: Collision-induced intramolecular energy transfer in electronically excited polyatomic molecules. Adv. Chem. Phys. **47** (2), 237 (1981)

8.54 K.B. Eisenthal: 'Ultrafast chemical reactions in the liquid state'. In: *Ultrashort Laser Pulses*, 2nd edn., ed. by W. Kaiser, Topics Appl. Phys., Vol. 60 (Springer, Berlin, Heidelberg, New York 1993)

8.55 P. Hering, S.L. Cunba, K.L. Kompa: Coherent anti-Stokes Raman spectroscopy study of the energy paritioning in the Na(3P)-H_2 collision pair with red wing excitation. J. Phys. Chem. **91**, 5459 (1987)

8.56 H.G.C. Werij, J.F.M. Haverkort, J.P. Woerdman: Study of the optical piston. Phys. Rev. A **33**, 3270 (1986)

8.57 A.D. Streater, J. Mooibroek, J.P. Woerdman: Light-induced drift in rubidium: spectral dependence and isotope separation. Opt. Commun. **64**, 1 (1987)

8.58 M. Allegrini, P. Bicchi, L. Moi: Cross-section measurements for the energy transfer collisions $Na(3P)+Na(3P) \to Na(5S, 4D)+Na(3S)$. Phys. Rev. A **28**, 1338 (1983)

8.59 J. Huenneckens, A. Gallagher: Radiation diffusion and saturation in optically thick Na vapor. Phys. Rev. A **28**, 238 (1983)

8.60 J. Huenneckens, A. Gallagher: Associative ionization in collisions between two $Na(3P)$ atoms. Phys. Rev. A **28**, 1276 (1983)

8.61 S.A. Abdullah, M. Allegrini, S. Gozzini, L. Moi: Three-body collisions between laser excited Na and K-atoms in the presence of buffer gas. Nuov. Cimento D **9**, 1467 (1987)

8.62 H.G.C. Werij, M. Harris, J. Cooper, A. Gallagher: Collisional energy transfer between excited Sr atoms. Phys. Rev. A **43**, 2237 (1991)

8.63 S.G. Leslie, J.T. Verdeyen, W.S. Millar: Excitation of highly excited states by collisions between two excited cesium atoms. J. Appl. Phys. **48**, 4444 (1977)

8.64 A. Ermers, T. Woschnik, W. Behmenburg: Depolarization and fine structure effects in halfcollisions of sodium-noble gas systems. Z. Physik D **5**, 113 (1987)

8.65 P.W. Arcuni, M.L. Troyen, A. Gallagher: Differential cross section for Na fine structure transfer induced by Na and K collisions. Phys. Rev. A **41**, 2398 (1990)

8.66 G.C. Schatz, L.J. Kowalenko, S.R. Leone: A coupled channel quantum scattering study of alignment effects in $Na(^2P_{3/2})+He \to Na(^2P_{1/2})+He$ collisions. J. Chem. Phys. **91**, 6961 (1989)

8.67 T.R. Mallory, W. Kedzierski, J.B. Atkinson, L. Krause: $9\,^2D$ fine structure mixing in rubidium by collisions with ground-state Rb and noble-gas atoms. Phys. Rev. A **38**, 5917 (1988)

8.68 A. Sasso, W. Demtröder, T. Colbert, C. Wang, W. Ehrlacher, J. Huennekens: Radiative lifetimes, collisional mixing and quenching of the cesium 5 Dy levels. Phys. Rev. A **45**, 1670 (1992)

8.69 D.L. Feldman, R.N. Zare: Evidence for predissociation of Rb_2^* ($C\,^1\Pi_u$) into Rb^* ($^2P_{3/2}$) and Rb ($^2S_{1/2}$). Chem. Phys. **15**, 415 (1976);
E.J. Breford, F. Engelke: Laser induced fluorescence in supersonic nozzle beams: predissociation in the Rb_2 $C\,^1\Pi_u$ and $D\,^1\Pi_u$ states. Chem. Phys. Lett. **75**, 132 (1980)

8.70 K.F. Freed: Collision-induced intersystem crossing. Adv. Chem. Phys. **47**, 211 (1981)

8.71 J.P. Webb, W.C. McColgin, O.G. Peterson, D. Stockman, J.H. Eberly: Intersystem crossing rate and triplet state lifetime for a lasing dye. J. Chem. Phys. **53**, 4227 (1970)

8.72 X.L. Han, G.W. Schinn, A. Gallagher: Spin-exchange cross sections for electron excitation of Na 3S–3P determined by a novel spectroscopic technique. Phys. Rev. A **38**, 535 (1988)

8.73 T.A. Cool: 'Transfer chemical laser'. In: *Handbook of Chemical Lasers*, ed. by R.W.F. Gross, J.F. Bott (Wiley, New York 1976)

8.74 S.A. Ahmed, J.S. Gergely, D. Infaute: Energy transfer organic dye mixture lasers. J. Chem. Phys. **61**, 1584 (1974)

8.75 B. Wellegehausen: Optically pumped CW dimer lasers. IEEE J. QE-**15**, 1108 (1979)

8.76 W.J. Witteman: *The* CO_2 *Laser*, Springer Ser. Opt. Sci., Vol. 53 (Springer, Berlin, Heidelberg, New York 1987)
8.77 W.H. Green, J.K. Hancock: Laser excited vibrational energy exchange studies of HF, CO and NO. IEEE J. QE-**9**, 50 (1973)
8.78 W.B. Gao, Y.Q. Shen, J. Häger, W. Krieger: Vibrational relaxation of ethylene oxide and ethylene oxide-rare gas mixtures. Chem. Phys. **84**, 369 (1984)
8.79 S.R. Leone: State-resolved molecular reaction dynamics. Annu. Rev. Phys. Chem. **35**, 109 (1984)
8.80 J.O. Hirschfelder, R.E. Wyatt, R.D. Coalson (Eds.): *Lasers, Molecules and Methods* (Wiley, New York 1989)
8.81 E. Hirota, K. Kawaguchi: High resolution infrared studies of molecular dynamics. Annu. Rev. Phys. Chem. **36**, 53 (1985)
8.82 R. Feinberg, R.E. Teets, J. Rubbmark, A.L. Schawlow: Ground-state relaxation measurements by laser-induced depopulation. J. Chem. Phys. **66**, 4330 (1977)
8.83 J.G. Haub, B.J. Orr: Coriolis-assisted vibrational energy transfer in D_2CO/D_2CO and HDCO/HDCO-collisions. J. Chem. Phys. **86**, 3380 (1987)
8.84 A. Lauberau, W. Kaiser: Vibrational dynamics of liquids and solids investigated by picosecond light pulses. Rev. Mod. Phys. **50**, 607 (1978)
8.85 T. Elsaesser, W. Kaiser: Vibrational and vibronic relaxation of large polyatomic molecules in liquids. Annu. Rev. Phys. Chem. **43**, 83 (1991)
8.86 L.R. Khunkar, A.H. Zewail: Ultrafast molecular reaction dynamics in real-time. Annu. Rev. Phys. Chem. **41**, 15 (1990)
8.87 R.T. Bailey, F.R. Cruickshank: Spectroscopic studies of vibrational energy transfer. Adv. Infr. Raman Spectrosc. **8**, 52 (1981)
8.88 Ch.E. Hamilton, J.L. Kinsey, R.W. Field: Stimulated emission pumping: new methods in spectroscopy and molecular dynamics. Annu. Rev. Phys. Chem. **37**, (1986)
8.89 A. Geers, J. Kappert, F. Temps, J.W. Wiebrecht: Preparation of single rotation-vibration states of $CH_3O(C(^2E)$ above the H-CH_2O dissociation threshold by stimulated emission pumping. Ber. Bunsenges. Phys. Chem. **94**, 1219 (1990)
8.90 M. Becker, U. Gaubatz, K. Bergmann, P.L. Jones: Efficient and selective population of high vibrational levels by stimulated near resonance Raman scattering. J. Chem. Phys. **87**, 5064 (1987)
8.91 N.V. Vitanov, T. Halfmann, B.W. Shore, K. Bergmann: Laser-induced population transfer by adiabatic passage techniques. Ann. Rev. Phys. Chem. **52**, 763 (2001)
8.92 G.W. Coulston, K. Bergmann: Population transfer by stimulated Raman scattering with delayed pulses. J. Chem. Phys. **96**, 3467 (1992)
8.93 W.R. Gentry: 'State-to-state energy transfer in collisions of neutral molecules'. In: *ICPEAC XIV* (1985) (North-Holland, Amsterdam 1986) p. 13
8.94 See the special issue on "Molecular Spectroscopy and Dynamics by Stimulated Emission Pumping", H.L. Dai (Guest Ed.) J. Opt. Soc. Am. B **7**, 1802 (1990)
8.95 P.J. Dagdigian: 'Inelastic scattering: optical methods'. In: *Atomic and Molecular Methods*, ed. by G. Scoles (Oxford Univ. Press, Oxford 1988) p. 569
8.96 J.C. Whitehead: Laser Studies of Reactive Collisions. J. Phys. B At. Mol. Opt. Phys. **23**, 3443 (1996)
8.97 J.B. Pruett, R.N. Zare: State-to-state reaction rates: $Ba + HF(v = 0.1) \to BaF(v = 0 - 12) + H$. J. Chem. Phys. **64**, 1774 (1976)
8.98 P.J. Dagdigian, H.W. Cruse, A. Schultz, R.N. Zare: Product state analysis of BaO from the reactions $Ba + CO_2$ and $Ba + O_2$. J. Chem. Phys. 61, 4450 (1974)
8.99 K. Kleinermanns, J. Wolfrum: Laser stimulation and observation of elementary chemical reactions in the gas phase. Laser Chem. **2**, 339 (1983)
8.100 K.D. Rinnen, D.A.V. Kliner, R.N. Zare: The $H + D_2$ reaction: prompt HD distribution at high collision energies. J. Chem. Phys. **91**, 7514 (1989)

8.101 D.P. Gerrity, J.J. Valentini: Experimental determination of product quantum state distributions in the $H+D_2 \rightarrow HD+D$ reaction. J. Chem. Phys. **79**, 5202 (1983)
8.102 H. Buchenau, J.P. Toennies, J. Arnold, J. Wolfrum: $H+H_2$: the current status. Ber. Bunsenges. Phys. Chem. **94**, 1231 (1990)
8.103 W. Chapman, B.W. Blackman, D.J. Nesbitt: State-to-State Reactive Scattering of $F+H_2$ in Supersonic Jets. J. Chem. Phys. **107**, 8193 (1997);
B.W. Blackman: PhD thesis, JILA, Boulder, CO (1996)
8.104 V.M. Bierbaum, S.R. Leone: 'Optical studies of product state distribution in thermal energy ion-molecule reactions'. In: *Structure, Reactivity and Thermochemistry of Ions*, ed. by P. Ausloos, S.G. Lias (Reidel, New York 1987) p. 23
8.105 M.N.R. Ashfold, J.E. Baggott (Eds.): *Molecular Photodissociation Dynamics, Adv. in Gas-Phase Photochemistry* (Roy. Soc. Chemistry, London 1987)
8.106 E. Hasselbrink, J.R. Waldeck, R.N. Zare: Orientation of the CN $X\,^2\Sigma^+$ fragment, following photolysis by circularly polarized light. Chem. Phys. **126**, 191 (1988)
8.107 F.J. Comes: Molecular reaction dynamics: Sub-Doppler and polarization spectroscopy. Ber. Bunsenges. Phys. Chem. **94**, 1268 (1990)
8.108 M.H. Kim, L. Shen, H. Tao, T.J. Martinez, A.G. Suits: Conformationally Controlled Chemistry. Science **315**, 1561 (2007)
8.109 J.F. Black, J.R. Waldeck, R.N. Zare: Evidence for three interacting potential energy surfaces in the photodissociation of ICN at 249 nm. J. Chem. Phys. **92**, 3519 (1990)
8.110 P. Andresen, G.S. Ondrey, B. Titze, E.W. Rothe: Nuclear and electronic dynamics in the photodissociation of water. J. Chem. Phys. **80**, 2548 (1984)
8.111 St.R. Leone: Infrared fluorescence: A versatile probe of state selected chemical dynamics. Acc. Chem. Res. **16**, 88 (1983)
8.112 See, for instance, many contributions in: Laser Chemistry, an International Journal (Harwood, Chur)
8.113 G.E. Hall. P.L. Houston: Vector correlations in photodissociation dynamics. Annu. Rev. Phys. Chem. **40**, 375 (1989)
8.114 See special issue on "Dynamics of Molecular Photofragmentation", R.N. Dixon, G.G. Balint-Kurti, M.S. Child, R. Donovun, J.P. Simmons (Guest Eds.) Faraday Discuss. Chem. Soc. **82** (1986)
8.115 A. Gonzales Urena: Influence of translational energy upon reactive scattering cross sections of neutral-neutral collisions. Adv. Chem. Phys. **66**, 213 (1987)
8.116 M.A.D. Fluendy, K.P. Lawley: *Chemical Applications of Molecular Beam Scattering* (Chapman and Hall, London 1973)
8.117 K. Liu: Crossed-beam studies of neutral reactions: state specific differential cross sections. Ann. Rev. Phys. Chem. **52**, 139 (2001)
8.118 V. Borkenhagen, M. Halthau, J.P. Toennies: Molecular beam measurements of inelastic cross sections for transition between defiend rotational staes of CsF. J. Chem. Phys. **71**, 1722 (1979)
8.119 K. Bergmann, R. Engelhardt, U. Hefter, J. Witt: State-resolved differential cross sections for rotational transition in Na_2+Ne collisions. Phys. Rev. Lett. **40**, 1446 (1978)
8.120 K. Bergmann: 'State selection via optical methods'. In: *Atomic and Molecular Beam Methods, Vol. 12*, ed. by G. Coles (Oxford Univ. Press, Oxford 1989)
8.121 K. Bergmann, U. Hefter, J. Witt: State-to-state differential cross sections for rotational transitions in Na_2+He-collisions. J. Chem. Phys. **71**, 2726 (1979);
K. Bergmann, U. Hefter, J. Witt: J. Chem. Phys. **72**, 4777 (1980)
8.122 H.G. Rubahn, K. Bergmann: The effect of laser-induced vibrational band stretching in atom-molecule collisions. Annu. Rev. Phys. Chem. **41**, 735 (1990)
8.123 V. Gaubatz, H. Bissantz, V. Hefter, I. Colomb de Daunant, K. Bergmann: Optically pumped supersonic beam lasers. J. Opt. Soc. Am. B **6**, 1386 (1989)

8.124 R. Düren, H. Tischer: Experimental determination of the K($4\,^2P_{3/3}$-Ar) potential. Chem. Phys. Lett. **79**, 481 (1981)
8.125 I.V. Hertel, H. Hofmann, K.A. Rost: Electronic to vibrational-rotational energy transfer in collisions of Na($3\,^2P$) with simple molecules. Chem. Phys. Lett. **47**, 163 (1977)
8.126 P. Botschwina, W. Meyer, I.V. Hertel, W. Reiland: Collisions of excited Na atoms with H_2-molecules: ab initio potential energy surfaces. J. Chem. Phys. **75**, 5438 (1981)
8.127 E.E.B. Campbell, H. Schmidt, I.V. Hertel: Symmetry and angular momentum in collisions with laser excited polarized atoms. Adv. Chem. Phys. **72**, 37 (1988)
8.128 R. Düren, V. Lackschewitz, S. Milosevic, H. Panknin, N. Schirawski: Differential cross sections for reactive and nonreactive scattering of electronically excited Na from HF molecules. Chem. Phys. Lett. **143**, 45 (1988)
8.129 R.T. Skodje et al.: Observation of transition state resonance in the integral cross section of the F + HD reaction. J. Chem. Phys. **112**, 4536 (2000)
8.130 J.J. Harkin, R.D. Jarris, D.J. Smith, R. Grice: Reactive scattering of a supersonic fluorine-atom beam $F+C_2H_5I$; C_3H_7I; $(CH_3)_2CHI$. Mol. Phys. **71**, 323 (1990)
8.131 J. Grosser, O. Hoffmann, S. Klose, F. Rebentrost: Optical excitation of collision pairs in crossed beams: determination of the NaKr $B\,^2\Sigma$-potential. Europhys. Lett. **39**, 147 (1997)
8.132 C. Cohen-Tannoudji, S. Reynaud: Dressed-atom description of absorption spectra of a multilevel atom in an intense laser beam. J. Phys. B **10**, 345 (1977)
8.133 S. Keynaud, C. Cohen-Tannoudji: 'Collisional effects in resonance fluorescence'. In: *Laser Spectroscopy V*, ed. by A.R.W. McKellar, T. Oka, B.P. Stoicheff, Springer Ser. Opt. Sci., Vol. 30 (Springer, Berlin, Heidelberg 1981) p. 166
8.134 S.E. Harris, R.W. Falcone, W.R. Green, P.B. Lidow, J.C. White, J.F. Young: 'Laser-induced collisions'. In: *Tunable Lasers and Applications*, ed. by A. Mooradian, T. Jaeger, P. Stockseth, Springer Ser. Opt. Sci., Vol. 3 (Springer, Berlin, Heidelberg 1976) p. 193
8.135 S.E. Harris, J.F. Young, W.R. Green, R.W. Falcone, J. Lukasik, J.C. White, J.R. Willison, M.D. Wright, G.A. Zdasiuk: 'Laser-induced collisional and radiative energy transfer'. In: *Laser Spectroscopy IV*, ed. by H. Walther, K.W. Rothe, Springer Ser. Opt. Sci., Vol. 21 (Springer, Berlin, Heidelberg 1979) p. 349
8.136 E. Giacobino, P.R. Berman: Cooling of vapors using collisionally aided radiative excitation. NBD special publication No. 653 (US Dept. Commerce, Washington, DC 1983)
8.137 A. Gallagher, T. Holstein: Collision-induced absorption in atomic electronic transitions. Phys. Rev. A **16**, 2413 (1977)
8.138 A. Birnbaum, L. Frommhold, G.C. Tabisz: 'Collision-induced spectroscopy: absorption and light scattering'. In: *Spectral Line Shapes 5*, ed. by J. Szudy (Ossolineum, Wroclaw 1989) p. 623;
A. Bonysow, L. Frommhold: Collision-induced light scattering. Adv. Chem. Phys. **35**, 439 (1989)
8.139 F. Dorsch, S. Geltman, P.E. Toschek: Laser-induced collisional and energy in thermal collisions of lithium and stontium. Phys. Rev. A **37**, 2441 (1988)
8.140 C. Figl, J. Grosser, O. Hoffmann, F. Rebentrost: Repulsive K–Ar potentials from differential optical collisions. J. Phys. B At. Mol. Opt. Phys. **37**, 3369 (2004)
8.141 K. Burnett: 'Spectroscopy of collision complexes'. In: *Electronic and Atomic Collisions*, ed. by J. Eichler, I.V. Hertel, N. Stoltenfoth (Elsevier, Amsterdam 1984) p. 649
8.142 N.K. Rahman, C. Guidotti (Eds.): *Photon-Associated Collisions and Related Topics* (Harwood, Chur 1982)

8.143 E.W. McDaniel, E.J. Mansky: Guide to Bibliographies, Books, Reviews and Compendia of Data on Atomic Collisions. Adv. At. Mol. Opt. Phys. **33**, 389 (1994)

8.144 G. Boato, G.G. Volpi: Experiments on the dynamics of molecular processes: a chronicle of fifty years. Ann. Rev. Phys. Chem. **50**, 23 (1999)

第9章

9.1 J.L. Hall: 'Some remarks on the interaction between precision physical measurements and fundamental physical theories'. In: *Quantum Optics, Experimental Gravity and Measurement Theory*, ed. by P. Meystre, M.V. Scully (Plenum, New York 1983)

9.2 A.I. Miller: *Albert Einstein's Special Theory of Relativity* (Addison-Wesley, Reading, MA 1981);
J.L. Heilbron: *Max Planck* (Hirzel, Stuttgart 1988)

9.3 H.G. Kuhn: *Atomic Spectra*, 2nd edn. (Longman, London 1971);
I.I. Sobelman: *Atomic Spectra and Radiative Transitions*, 2nd edn., Springer Ser. Atoms Plasmas, Vol. 12 (Springer, Berlin, Heidelberg, New York 1992)

9.4 W.E. Lamb Jr., R.C. Retherford: Fine-structure of the hydrogen atom by a microwave method. Phys. Rev. **72**, 241 (1947); Phys. Rev. **79**, 549 (1959)

9.5 C. Salomon, J. Dalibard, W.D. Phillips, A. Clairon, S. Guellati: Laser cooling of cesium atoms below 3 μK. Europhys. Lett. **12**, 683 (1990)

9.6 H.J. Metcalf, P. van der Straaten: *Laser Cooling and Trapping* (Springer, Berlin, Heidelberg, New York 1999)

9.7 K. Sengstock, W. Ertmer: Laser manipulation of atoms. Adv. At. Mol. Opt. Phys. **35**, 1 (1995)

9.8 H. Frauenfelder: *The Mössbauer Effect* (Benjamin, New York 1963);
U. Gonser (Ed.): *Mössbauer Spectroscopy*, Topics Appl. Phys., Vol. 5 (Springer, Berlin, Heidelberg 1975)

9.9 J.L. Hall: 'Sub-Doppler spectroscopy: methane hyperfine spectroscopy and the ultimate resolution limit'. In: *Laser Spectroscopy II*, ed. by S. Haroche, J.C. Pebay-Peyroula, T.W. Hänsch, S.E. Harris, Lecture Notes Phys., Vol. 43 (Springer, Berlin, Heidelberg 1975) p. 105

9.10 C.H. Bordé: 'Progress in understanding sub-Doppler-line shapes'. In: *Laser Spectroscopy III*, ed. by J.L. Hall, J.L. Carlsten, Springer Ser. Opt. Sci., Vol. 7 (Springer, Berlin, Heidelberg 1977) p. 121

9.11 S.N. Bagayev, A.E. Baklanov, V.P. Chebotayev, A.S. Dychkov, P.V. Pokuson: 'Superhigh resolution laser spectroscopy with cold particles'. In: *Laser Spectroscopy VIII*, ed. by W. Pearson, S. Svanberg, Springer Ser. Opt. Sci., Vol. 55 (Springer, Berlin, Heidelberg, New York 1987) p. 95

9.12 J.C. Berquist, R.L. Barger, D.L. Glaze: 'High resolution spectroscopy of calcium atoms'. In: *Laser Spectroscopy IV*, ed. by H. Walther, K.W. Rothe, Springer Ser. Opt. Sci., Vol. 21 (Springer, Berlin, Heidelberg 1979) p. 120 and Appl. Phys. Lett. **34**, 850 (1979)

9.13 U. Sterr, K. Sengstock, J.H. Müller, D. Bettermann, W. Ertmer: The Magnesium Ramsey Interferometer: Applications and Prospects. Appl. Phys. B **54**, 341 (1992)

9.14 B. Bobin, C. Bordé, C. Breaut: Vibration-rotation molecular constants for the ground state of SF_6 from saturated absorption spectroscopy. J. Mol. Spectrosc. **121**, 91 (1987)

9.15 E.A. Curtis, C.W. Oates, L. Hollberg: Observation of Large Atomic Recoil-Induced Asymmetrics in Cold Atomic Spectroscopy. J. Opt. Soc. Am. B **20**, 977 (2003)

9.16 T.W. Hänsch, A.L. Schawlow: Cooling of gases by laser radiation. Opt. Commun. **13**, 68 (1975)

9.17 W. Ertmer, R. Blatt, J.L. Hall: Some candidate atoms and ions for frequency standards research using laser radiative cooling techniques. Progr. Quantum Electron. **8**, 249 (1984)

9.18 W. Ertmer, R. Blatt, J.L. Hall, M. Zhu: Laser manipulation of atomic beam velocities: demonstration of stopped atoms and velocity reversal. Phys. Rev. Lett. **54** 996 (1985)

9.19 R. Blatt, W. Ertmer, J.L. Hall: Cooling of an atomic beam with frequency-sweep techniques. Progr. Quantum Electron. **8**, 237 (1984)

9.20 W.O. Phillips, J.V. Prodan, H.J. Metcalf: 'Neutral atomic beam cooling, experiments at NBS'. In: *NBS Special Publication No. 653* (US Dept. of Commerce, June 1983); Phys. Lett. **49**, 1149 (1982)

9.21 H. Metcalf: 'Laser cooling and magnetic trapping of neutral atoms'. In: *Methods of Laser Spectroscopy*, ed. by Y. Prior, A. Ben-Reuven, M. Rosenbluth (Plenum, New York 1986) p. 33

9.22 J.V. Prodan, W.O. Phillips: 'Chirping the light-fantastic?' In: *Laser Cooled and Trapped Atoms, NBS Special Publication No. 653* (US Dept. Commerce, June 1983)

9.23 D. Sesko, C.G. Fam, C.E. Wieman: Production of a cold atomic vapor using diode-laser cooling. J. Opt. Soc. Am. B **5**, 1225 (1988)

9.24 R.N. Watts, C.E. Wieman: Manipulating atomic velocities using diode lasers. Opt. Lett. **11**, 291 (1986)

9.25 B. Sheeby, S.Q. Shang, R. Watts, S. Hatamian, H. Metcalf: Diode laser deceleration and collimation of a rubidium beam. J. Opt. Soc. Am. B **6**, 2165 (1989)

9.26 H. Metcalf: Magneto-optical trapping and its application to helium metastables. J. Opt. Soc. Am. B **6**, 2206 (1989)

9.27 I.C.M. Littler, St. Balle, K. Bergmann: The CW modeless laser: spectral control, performance data and build-up dynamics. Opt. Commun. **88**, 514 (1992)

9.28 J. Hoffnagle: Proposal for continuous white-light cooling of an atomic beam. Opt. Lett. **13**, 307 (1991)

9.29 I.C.M. Littler, H.M. Keller, U. Gaubatz, K. Bergmann: Velocity control and cooling of an atomic beam using a modeless laser. Z. Physik D **18**, 307 (1991)

9.30 R. Schieder, H. Walther, L. Wöste: Atomic beam deflection by the light of a tunable dye laser. Opt. Commun. **5**, 337 (1972)

9.31 I. Nebenzahl, A. Szöke: Deflection of atomic beams by resonance radiation using stimulated emission. Appl. Phys. Lett. **25**, 327 (1974)

9.32 J. Nellesen, J.M. Müller, K. Sengstock, W. Ertmer: Large-angle beam deflection of a laser cooled sodium beam. J. Opt. Soc. Am. B **6**, 2149 (1989)

9.33 S. Villani (Ed.): *Uranium Enrichment*, Topics Appl. Phys., Vol. 35 (Springer, Berlin, Heidelberg 1979)

9.34 C.E. Tanner, B.P. Masterson, C.E. Wieman: Atomic beam collimation using a laser diode with a self-locking power buildup-cavity. Opt. Lett. **13**, 357 (1988)

9.35 J. Dalibard, C. Salomon, A. Aspect, H. Metcalf, A. Heidmann, C. Cohen-Tannoudji: 'Atomic motion in a standing wave'. In: *Laser Spectroscopy VIII*, ed. by S. Svanberg, W. Persson, Springer Ser. Opt. Sci., Vol. 55 (Springer, Berlin, Heidelberg, New York 1987) p. 81

9.36 St. Chu, J.E. Bjorkholm, A. Ashkin, L. Holberg, A. Cable: 'Cooling and trapping of atoms with laser light'. In: *Methods of Laser Spectroscopy*, ed. by Y. Prior, A. Ben-Reuven, M. Rosenbluth (Plenum, New York 1986) p. 41

9.37 T. Baba, I. Waki: Cooling and mass analysis of molecules using laser-cooled atoms. Jpn. J. Appl. Phys. **35**, 1134 (1996)

9.38 J.T. Bahns, P.L. Gould, W.C. Stwalley: Formation of Cold ($T < 1$ K) Molecules. Adv. At. Mol. Opt. Phys. **42**, 171 (2000)

9.39 W.C. Stwalley: 'Making Molecules at Microkelvin'. In: R. Campargue (Ed.): *Atomic and Molecular Beams* (Springer, Berlin, Heidelberg, New York 2001) p. 105

9.40 P. Pillet, F. Masnou-Seeuws, A. Crubelier: 'Molecular photoassociation and ultracold molecules'. In: R. Campargue (Ed.): *Atomic and Molecular Beams* (Springer, Berlin, Heidelberg, New York 2001) p. 113

9.41 J.M. Doyle, B. Friedrich, J. Kim, D. Patterson: Buffer-gas loading of atoms and molecules into a magnetic trap. Phys. Rev. A **52**, R2515 (1995)

9.42 E. Lusovoj, J.P. Toennies, S. Grebenev, et al.: 'Spectroscopy of molecules and unique clusters in superfluid He-droplets'. In: R. Campargue (Ed.): *Atomic and Molecular Beams* (Springer, Berlin, Heidelberg, New York 2001) p. 775

9.43 S. Grebenev, M. Hartmann, M. Havenith, B. Sartakov, J.P. Toennies, A.F. Vilesov: The rotational spectrum of single OCS molecules in liquid ^{4}He droplets. J. Chem. Phys. **112**, 4485 (2000)

9.44 K. von Haeften, S. Rudolph, I. Simanowski, M. Havenith, R.E. Zillich, K.B. Whaley: Probing phonon-rotation coupling in He-nano droplets: Infrared spectra of CO. Phys. Rev. B **73**, 054502 (2006)

9.45 S. Rudolph, G. Wollny, K. von Haeften, M. Havenith: Probing collective excitations in He-nano-droplets observation of phonon wings in the infrared spectrum of methane. J. Chem. Phys. **126**, 124318 (2007)

9.46 V.S. Letokhov, V.G. Minogin, B.D. Pavlik: Cooling and capture of atoms and molecules by a resonant light field. Sov. Phys. JETP **45**, 698 (1977); Opt. Commun. **19**, 72 (1976)

9.47 V.S. Letokhov, B.D. Pavlik: Spectral line narrowing in a gas by atoms trapped in a standing light wave. Appl. Phys. **9**, 229 (1976)

9.48 A. Ashkin, J.P. Gordon: Cooling and trapping of atoms by resonance radiation pressure. Opt. Lett. **4**, 161 (1979)

9.49 J.P. Gordon: Radiation forces and momenta in dielectric media. Phys. Rev. A **8**, 14 (1973)

9.50 M.H. Mittelman: *Introduction to the Theory of Laser-Atom Interaction* (Plenum, New York 1982)

9.51 J.E. Bjorkholm, R.R. Freeman, A. Ashkin, D.B. Pearson: 'Transverse resonance radiation pressure on atomic beams and the influence of fluctuations'. In: *Laser Spectroscopy IV*, ed. by H. Walther, K.W. Rothe, Springer Ser. Opt. Sci., Vol. 21 (Springer, Berlin, Heidelberg 1979) p. 49

9.52 R. Grimm, M. Weidemüller, Y.B. Ovchinnikov: Optical Dipole Traps for Neutral Atoms. Adv. At. Mol. Opt. Phys. **42**, 95 (2000)

9.53 D.E. Pritchard, E.L. Raab, V. Bagnato, C.E. Wieman, R.N. Watts: Light traps using spontaneous forces. Phys. Rev. Lett. **57**, 310 (1986);
H. Metcalf: Magneto-optical trapping and its application to helium metastables. J. Opt. Soc. Am. B **6**, 2206 (1989)

9.54 (a) J. Nellessen, J. Werner, W. Ertmer: Magneto-optical compression of a monoenergetic sodium atomic beam. Opt. Commun. **78**, 300 (1990);
(b) C. Monroe, W. Swann, H. Robinson, C. Wieman: Very cold trapped atoms in a vapor cell. Phys. Rev. Lett. **65**, 1571 (1990)

9.55 W. Phillips: Nobel Lecture, Stockholm 1995

9.56 A.M. Steane, M. Chowdhury, C.J. Foot: Radiation force in the magneto-optical trap. J. Opt. Soc. Am. B **9**, 2142 (1992)

9.57 W.D. Phillips: Laser cooling and trapping of neutral atoms. Rev. Mod. Phys. **70**, 721 (1998)

9.58 See, for instance, *Feynman Lectures on Physics I* (Addison-Wesley, Reading, MA 1965)

9.59 S. Stenholm: The semiclassical theory of laser cooling. Rev. Mod. Phys. **58**, 699 (1986)

9.60 A. Aspect, E. Arimondo, R. Kaiser, N. Vansteenkiste, C. Cohen-Tannoudji: Laser cooling below the one-photon recoil energy by velocity-selective coherent population trapping. J. Opt. Soc. Am. B **6**, 2112 (1989)

9.61 J. Dalibard, C. Cohen-Tannoudji: Laser cooling below the Doppler limit by polarization gradients: simple theoretical model. J. Opt. Soc. Am. B **6**, 2023 (1989);
C. Cohen-Tannoudji: 'New laser cooling mechanisms'. In: *Laser Manipulation of Atoms and Ions*, ed. by A. Arimondo, W.D. Phillips, F. Strumia (North-Holland, Amsterdam 1992) p. 99

9.62 D.S. Weiss, E. Riis, Y. Shery, P. Jeffrey Ungar, St. Chu: Optical molasses and multilevel atoms: experiment. J. Opt. Soc. Am. B **6**, 2072 (1989)

9.63 P.J. Ungar, D.S. Weiss, E. Riis, St. Chu: Optical molasses and multilevel atoms: theory. J. Opt. Soc. Am. B **6**, 2058 (1989)

9.64 C. Cohen-Tannoudji, W.D. Phillips: New mechanisms for laser cooling. Physics Today **43**, 33 (October 1990)

9.65 S. Chu, C. Wieman (Eds.): Laser Cooling and Trapping. J. Opt. Soc. Am. B **6**, 1989

9.66 E. Arimondo, W.D. Phillips, F. Strumia (Eds.): *Laser Manipulation of Atoms and Ions*, Varenna Summerschool 1991 (North-Holland, Amsterdam 1992)

9.67 W. Phillips (Ed.): *Laser-cooled and Trapped Ions*, Spec. Publ. 653 (National Bureau of Standards, Washington, DC 1984);
E. Arimondo, W. Phillips, F. Strumia (Eds.): *Laser Cooling and Trapping of Neutral Atoms*, Proc. Int. School of Physics Enrico Fermi, Course CXVIII (North Holland, Amsterdam 1992)

9.68 S. Martelucci (Ed.): *Bose–Einstein Condensates and Atom Laser* (Kluwer Academic, New York 2000);
A. Griffin, D.W. Snoke, S. Stringari (Eds.): *Bose–Einstein Condensation* (Cambridge Univ. Press, Cambridge 1995)

9.69 W. Ketterle, N.J. van Druten: Evaporative cooling of trapped atoms. Adv. At. Mol. Opt. Phys. **37**, 181 (1996)

9.70 A. Crubellier, O. Dulieu, F. Masnou-Seeuws, H. Knöckel, E. Tiemann: Simple determination of scattering length using observed bound levels at the ground state asymptote. Europhys. J. D **6**, 211 (1999)

9.71 S. Jochim et al.: Bose–Einstein condensation of molecules. Science **301**, 1510 (2003);
M. Bartenstein et al.: Crossover from a molecular Bose–Einstein condensate to degenerate Fermi gas. Phys. Rev. Lett. **92**, 120401 (2004)

9.72 M. Mark, T. Kraemer, J. Harbig, C. Chin, H.C. Nägerl, R. Grimm: Efficient creation of molecules from a cesium Bose–Einstein condensate. Europhys. Lett. **69**, 706 (2005)

9.73 C. Chim et al.: Observatiobn of Feshbach-like resonances in collisions between ultra cold molecules. Phys. Rev. Lett. **94**, 123201 (2005)

9.74 (a) M. Mark et al.: Spectroscopy of ultra cold trapped Cs-Feshbach molecules. Phys. Rev. A **76**, 033610 (2007);
(b) J. Weiner: Advances in ultracold collisions. Adv. At. Mol. Opt. Phys. **35**, 332 (1995);
(c) T. Walker, P. Feng: Measurements of collisions between laser-cooled atoms. Adv. At. Mol. Opt. Phys. **34**, 125 (1994)

9.75 H. Weickenmeier, U. Diemer, W. Demtröder, M. Broyer: Hyperfine-interaction between the singlet and triplet ground states and Cs_2<. Chem. Phys. Lett. **124**, 470 (1986)

9.76 K. Rubin, M.S. Lubell: 'A proposed study of photon statistics in fluorescence through high resolution measurements of the transverse deflection of an atomic beam'. In: *Laser Cooled and Trapped Atoms, NBS Special Publ. No. 653* (June 1983) p. 119

9.77 Y.Z. Wang, W.G. Huang, Y.D. Cheng, L. Liu: 'Test of photon statistics by atomic beam deflection'. In: *Laser Spectroscopy VII*, ed. by T.W. Hänsch, Y.R. Shen, Springer Ser. Opt. Sci., Vol. 49 (Springer, Berlin, Heidelberg, New York 1985) p. 238

9.78 V.M. Akulin, F.L. Kien, W.P. Schleich: Deflection of atoms by a quantum field. Phys. Rev. A **44**, R1462 (1991)

9.79 W. Ertmer, S. Penselin: Cooled atomic beams for frequency standards. Metrologia **22**, 195 (1986);
C. Salomon: 'Laser cooling of atoms and ion trapping for frequency standards'. In: *Metrology at the Frontiers of Physics and Technology*, ed. by L. Crovini, T.J. Quinn (North-Holland, Amsterdam 1992) p. 405

9.80 J.L. Hall, M. Zhu, P. Buch: Prospects for using laser prepared atomic fountains for optical frequency standards applications. J. Opt. Soc. Am. B **6**, 2194 (1989)

9.81 E.D. Commins: Electric dipole moments of leptons. Adv. At. Mol. Opt. Phys. **40**, 1 (1999)

9.82 F.M.H. Crompfoets, H.L. Bethlem, R.T. Jongma, G. Meyer: A prototype storage ring for neutral molecules. Nature **411**, 174 (2001)

9.83 B. Friedrich: Slowing of supersonically cooled atoms and molecules by time-varying nonresonant dipole forces. Phys. Rev. A **61**, 025403 (2000)

9.84 W. Paul, M. Raether: Das elektrische Massenfilter. Z. Physik **140**, 262 (1955);
W. Paul: Elektromagnetische Käfige für geladene und neutrale Teilchen. Phys. Blätter **46**, 227 (1990)

9.85 E. Fischer: Die dreidimensionale Stabilisierung von Ladungsträgern in einem Vierpolfeld. Z. Physik **156**, 1 (1959)

9.86 G.H. Dehmelt: Radiofrequency spectroscopy of stored ions. Adv. At. Mol. Phys. **3**, 53 (1967); Adv. At. Mol. Phys. **5**, 109 (1969)

9.87 G. Werth: Storage of particles in a Paul trap. http://www.physik.unimainz.de/werth/nlinres/pe_eng.html;
K. Blaum: High accuracy mass spectroscopy with stored ions. Phys. Rep. **425**, 1 (2006);
F.G. Major et al.: Physics and Techniques of Charged Particle Traps. Springer Ser. Atom. Optical and Plasma Physics, Vol. 37 (Springer, Berlin, Heidelberg 2005);
G. Werth, H. Häffner, W. Quint: Continuous Stern–Gerlach effect on atomic ions. Adv. At. Mol. Opt. Phys. **48**, 191 (2002);
F. Galve, G. Werth: Motional frequencies in a planar Penning trap. Hyperf. Interact. **174**, 41 (2007)

9.88 J.F. Todd, R.E. March: *Quadrupole Ion Trap*, 2nd edn. (Wiley, New York 2005)

9.89 R.E. Drullinger, D.J. Wineland: Laser cooling of ions bound to a penning trap. Phys. Rev. Lett. **40**, 1639 (1978)

9.90 See, for instance, E.T. Whittacker, S.N. Watson: *A Course of Modern Analysis* (Cambridge Univ. Press, Cambridge 1963);
J. Meixner, F.W. Schaefke: *Mathieusche Funktionen und Sphäroidfunktionen* (Springer, Berlin, Göttingen, Heidelberg 1954)

9.91 P.E. Toschek, W. Neuhauser: 'Spectroscopy on localized and cooled ions'. In: *Atomic Physics Vol. 7*, ed. by D. Kleppner, F.M. Pipkin (Plenum, New York 1981)

9.92 W. Neuhauser, M. Hohenstatt, P.E. Toschek, H.G. Dehmelt: Visual observation and optical cooling of electrodynamically contained ions. Appl. Phys. **17**, 123 (1978)

9.93 Y. Stalgies, I. Siemens, B. Appasamy, T. Altevogt, P.E. Tuschek: The Spectrum of Single-Atom Resonances Fluorescence. Europhys. Lett. **35**, 259 (1996)

9.94 P.E. Toschek, W. Neuhauser: Einzelne Ionen für die Doppler-freie Spektroskopie. Phys. Blätter **36**, 1798 (1980)

9.95 T. Sauter, H. Gilhaus, W. Neuhauser, R. Blatt, P.E. Toschek: Kinetics of a single trapped ion. Europhys. Lett. **7**, 317 (1988)

9.96 R.E. Drullinger, D.J. Wineland: 'Laser cooling of ions bound to a Penning trap'. In: *Laser Spectroscopy IV*, ed. by H. Walther, K.W. Rother, Springer Ser. Opt. Sci., Vol. 21 (Springer, Berlin, Heidelberg 1979) p. 66; Phys. Rev. Lett. **40**, 1639 (1978)

9.97 D.J. Wineland, W.M. Itano: Laser cooling of atoms. Phys. Rev. A **20**, 1521 (1979)

9.98 W. Neuhauser, M. Hohenstatt, P.E. Toschek, H. Dehmelt: Optical sideband cooling of visible atom cloud confined in a parabolic well. Phys. Rev. Lett. **41**, 233 (1978)

9.99 H.G. Dehmelt: Proposed $10^{14}\Delta\nu < \nu$ laser fluorescence spectroscopy on a Tl^{+} mono-ion oscillator. Bull. Am. Phys. **20**, 60 (1975)

9.100 P.E. Toschek: Absorption by the numbers: recent experiments with single trapped and cooled ions. Phys. Scripta T **23**, 170 (1988)

9.101 T. Sauter, R. Blatt, W. Neuhauser, P.E. Toschek: Quantum jumps in a single ion. Phys. Scripta **22**, 128 (1988); Opt. Commun. **60**, 287 (1986)

9.102 W.M. Itano, J.C. Bergquist, R.G. Hulet, D.J. Wineland: 'The observation of quantum jumps in Hg^{+}'. In: *Laser Spectroscopy VIII*, ed. by S. Svanberg, W. Persson, Springer Ser. Opt. Sci., Vol. 55 (Springer, Berlin, Heidelberg, New York 1987) p. 117

9.103 F. Diedrich, H. Walther: Nonclassical radiation of a single stored ion. Phys. Rev. Lett. **58**, 203 (1987)

9.104 R. Blümel, J.M. Chen, E. Peik, W. Quint, W. Schleich, Y.R. Chen, H. Walther: Phase transitions of stored laser-cooled ions. Nature **334**, 309 (1988)

9.105 F. Diedrich, E. Peik, J.M. Chen, W. Quint, H. Walther: Ionenkristalle und Phasenübergänge in einer Ionenfalle. Phys. Blätter **44**, 12 (1988)

9.106 F. Diedrich, E. Peik, J.M. Chen, W. Quint, H. Walther: Observation of a phase transition of stored laser-cooled ions. Phys. Rev. Lett. **59**, 2931 (1987)

9.107 R. Blümel, C. Kappler, W. Quint, H. Walther: Chaos and order of laser-cooled ions in a Paul trap. Phys. Rev. A **40**, 808 (1989)

9.108 J. Javamainen: Laser cooling of trapped ion-clusters. J. Opt. Soc. Am. B **5**, 73 (1988)

9.109 D.J. Wineland, J.C. Bergquist, W.M. Itano, J.J. Bollinger, C.H. Manney: Atomic-ion Coulomb clusters in an ion trap. Phys. Rev. Lett. **59**, 2935 (1987);
W. Quint: Chaos und Ordnung von lasergekühlten Ionen in einer Paulfalle. Dissertation, MPQ-Berichte 150, MPQ für Quantenoptik, Garching (1990)

9.110 J.N. Tan, J.J. Bollinger, B. Jelenkovic, D.J. Wineland: Long-Range Order in Laser-Cooled, Atomic-Ion Wigner Crystals Observed by Bragg-Scattering. Phys. Rev. Lett. **75**, 4198 (1995)

9.111 Th.V. Kühl: Storage ring laser spectroscopy. Adv. At. Mol. Opt. Phys. **40**, 113 (1999)

9.112 H. Poth: Applications of electron cooling in atomic, nuclear and high energy physics. Nature **345**, 399 (1990)

9.113 (a) J.P. Schiffer: Layered structure in condensed cold one-component plasma confined in external fields. Phys. Rev. Lett. **61**, 1843 (1988);
(b) I. Waki, S. Kassner, G. Birkl, H. Walther: Observation of ordered structures of laser-cooled ions in a quadrupole storage ring. Phys. Rev. Lett. **68**, 2007 (1992)

9.114 J.S. Hangst, M. Kristensen, J.S. Nielsen, O. Poulsen, J.P. Schiffer, P. Shi: Laser cooling of a stored ion beam to 1 mK. Phys. Rev. Lett. **67**, 1238 (1991)

9.115 U. Schramm, et al.: Observation of laser-induced recombination in merged electron and proton beams. Phys. Rev. Lett. **67**, 22 (1991)

9.116 T.C. English, J.C. Zorn: 'Molecular beam spectroscopy'. In: *Methods of Experimental Physics, Vol. 3*, ed. by D. Williams (Academic, New York 1974)

9.117 I.I. Rabi: Zur Methode der Ablenkung von Molekularstrahlen. Z. Physik **54**, 190 (1929)

9.118 N.F. Ramsey: *Molecular Beams*, 2nd edn. (Clarendon, Oxford 1989)

9.119 J.C. Bergquist, S.A. Lee, J.L. Hall: 'Ramsey fringes in saturation spectroscopy'. In: *Laser Spectroscopy III*, ed. by J.L. Hall, J.L. Carlsten (Springer, Berlin, Heidelberg 1977)

9.120 Y.V. Baklanov, B.Y. Dubetsky, V.P. Chebotayev: Nonlinear Ramsey resonance in the optical region. Appl. Phys. **9**, 171 (1976)

9.121 V.P. Chebotayev: The method of separated optical fields for two level atoms. Appl. Phys. **15**, 219 (1978)

9.122 C. Bordé: Sur les franges de Ramsey en spectroscopie sans élargissement Doppler. C.R. Acad. Sc. (Paris) Serie B **282**, 101 (1977)

9.123 S.A. Lee, J. Helmcke, J.L. Hall, P. Stoicheff: Doppler-free two-photon transitions to Rydberg levels. Opt. Lett. **3**, 141 (1978)

9.124 S.A. Lee, J. Helmcke, J.L. Hall: 'High-resolution two-photon spectroscopy of Rb Rydberg levels'. In: *Laser Spectroscopy IV*, ed. by H. Walther, K.W. Rothe, Springer Ser. Opt. Sci., Vol. 21 (Springer, Berlin, Heidelberg 1979) p. 130

9.125 Y.V. Baklanov, V.P. Chebotayev, B.Y. Dubetsky: The resonance of two-photon absorption in separated optical fields. Appl. Phys. **11**, 201 (1976)

9.126 S.N. Bagayev, V.P. Chebotayev, A.S. Dychkov: Continuous coherent radiation in methane at $\lambda = 3.39\,\mu m$ in spatially separated fields. Appl. Phys. **15**, 209 (1978)

9.127 C.J. Bordé: 'Density matrix equations and diagrams for high resolution nonlinear laser spectroscopy: application to Ramsey fringes in the optical domain'. In: *Advances in Laser Spectroscopy*, ed. by F.T. Arrecchi, F. Strumia, H. Walther (Plenum, New York 1983) p. 1

9.128 J.C. Bergquist, S.A. Lee, J.L. Hall: Saturated absorption with spatially separated laser fields. Phys. Rev. Lett. **38**, 159 (1977)

9.129 J. Helmcke, D. Zevgolis, B.U. Yen: Observation of high contrast ultra narrow optical Ramsey fringes in saturated absorption utilizing four interaction zones of travelling waves. Appl. Phys. B **28**, 83 (1982)

9.130 C.J. Bordé, C. Salomon, S.A. Avrillier, A. Van Lerberghe, C. Breant, D. Bassi, G. Scoles: Optical Ramsey fringes with travelling waves. Phys. Rev. A **30**, 1836 (1984)

9.131 J.C. Bergquist, R.L. Barger, P.J. Glaze: 'High resolution spectroscopy of calcium atoms'. In: *Laser Spectroscopy IV*, ed. by H. Walther, K.W. Rothe, Springer Ser. Opt. Sci., Vol. 21 (Springer, Berlin, Heidelberg 1979) p. 120

9.132 J. Helmcke, J. Ishikawa, F. Riehle: 'High contrast high resolution single component Ramsey fringes in Ca'. In: *Frequency Standards and Metrology*, ed. by A. De Marchi (Springer, Berlin, Heidelberg, New York 1989) p. 270

9.133 F. Riehle, J. Ishikawa, J. Helmcke: Suppression of recoil component in nonlinear Doppler-free spectroscopy. Phys. Rev. Lett. **61**, 2092 (1988)

9.134 See, for instance, J. Mlynek, V. Balykin, P. Meystere (Guest Eds.): Atom interferometry. Appl. Phys. B **54**, 319–368 (1992);
C.S. Adams, M. Siegel, J. Mlynek: Atom optics. Phys. Rpt. **240**, 144 (1994)

9.135 P. Bermann (Ed.): *Atom Interferometry* (Academic, San Diego 1997);
J. Arlt, G. Birkl, F.M. Rasel, W. Ertmer: Atom optics, guided atoms, and atom interferometry. Adv. At. Mol. Opt. Phys. **50**, (2005)

9.136 O. Carnal, J. Mlynek: Young's double slit experiment with atoms: a simple atom interferometer. Phys. Rev. Lett. **66**, 2689 (1991)

9.137 D.W. Keith, C.R. Ekstrom, Q.A. Turchette, D.E. Pritchard: An interferometer for atoms. Phys. Rev. Lett. **66**, 2693 (1991)

9.138 C.J. Bordé: Atomic interferometry with internal state labelling. Phys. Lett. A **140**, 10 (1989)

9.139 F. Riehle, A. Witte, T. Kisters, J. Helmcke: Interferometry with Ca atoms. Appl. Phys. B **54**, 333 (1992)

9.140 M. Kasevich, S. Chu: Measurement of the gravitational acceleration of an atom with a light-pulse atom interferometer. Appl. Phys. B **54**, 321 (1992)

9.141 M.R. Andrews, C.G. Townsend, H.J. Miesner, D.S. Durfee, D.M. Kurn, W. Ketterle: Observation of interference between two Bose condensates. Science **275**, 637 (1997)

9.142 I. Block, T.W. Hänsch, T. Esslinger: Atom laser with a cw output coupler. Phys. Rev. Lett. **82**, 3008 (1999)

9.143 S. Martellucci, A.N. Chester, A. Aspect, M. Inguscio (Eds.): *Bose–Einstein Condensates and Atom Lasers* (Kluwer/Plenum, New York 2000)

9.144 F. Diedrich, J. Krause, G. Rempe. M.O. Scully, H. Walther: Laser experiments on single atoms and the test of basic physics. Physica B **151**, 247 (1988); IEEE J. QE-**24**, 1314 (1988)

9.145 S. Haroche, J.M. Raimond: Radiative properties of Rydberg states in resonant cavities. Adv. At. Mol. Phys. **20**, 347 (1985)

9.146 G. Rempe, H. Walther: 'The one-atom maser and cavity quantum electrodynamics'. In: *Methods of Laser Spectroscopy*, ed. by Y. Prior, A. Ben-Reuven, M. Rosenbluth (Plenum, New York 1986)

9.147 H. Walther: Single-atom oscillators. Europhys. News **19**, 105 (1988);
H. Walther: One atom maser and other experiments on cavity quantum electrodynamics. Phys. Uspekhi **39**, 727 (1996)

9.148 G. Rempe, M.O. Scully, H. Walther: 'The one-atom maser and the generation of nonclassical light'. In: *Proc. ICAP 12*, Ann Arbor (1990)

9.149 P. Meystre, G. Rempe, H. Walther: Very low temperature behaviour of a micromaser. Opt. Lett. **13**, 1078 (1988)

9.150 G. Rempe, H. Walther: Sub-Poissonian atomic statistics in a micromaser. Phys. Rev. A **42**, 1650 (1990)

9.151 B.T. Varcoe, S. Brattke, M. Weidinger, H. Walther: Preparing pure photon number states of the radiatium field. Nature **403**, 743 (2000)

9.152 M. Marrocco, M. Weidinger, R.T. Sang, H. Walther: Quantum electrodynamic shifts of Rydberg energy levels between two parallel plates. Phys. Rev. Lett. **81**, 5784 (1998)

9.153 H. Metcalf, W. Phillips: Time resolved subnatural width spectroscopy. Opt. Lett. **5**, 540 (1980)

9.154 J.N. Dodd, G.W. Series: 'Time-resolved fluorescence spectroscopy'. In: *Progr. Atomic Spectroscopy A*, ed. by W. Hanle, H. Kleinpoppen (Plenum, New York 1978)

9.155 S. Schenk, R.C. Hilburn, H. Metcalf: Time resolved fluorescence from Ba and Ca, excited by a pulsed tunable dye laser. Phys. Rev. Lett. **31**, 189 (1973)

9.156 H. Figger, H. Walther: Optical resolution beyond the natural linewidth: a level crossing experiment on the $3\,^2P_{3/2}$ level of sodium using a tunable dye laser. Z. Physik **267**, 1 (1974)

9.157 F. Shimizu, K. Umezu, H. Takuma: Observation of subnatural linewidth in Na D_2-lines. Phys. Rev. Lett. **47**, 825 (1981)

9.158 G. Bertuccelli, N. Beverini, M. Galli, M. Inguscio, F. Strumia: Subnatural coherence effects in saturation spectroscopy using a single travelling wave. Opt. Lett. **10**, 270 (1985)

9.159 P. Meystre, M.O. Scully, H. Walther: Transient line narrowing: a laser spectroscopic technique yielding resolution beyond the natural linewidth. Opt. Commun. **33**, 153 (1980)

9.160 A. Guzman, P. Meystre, M.O. Scully: 'Subnatural spectroscopy'. In: *Adv. Laser Spectroscopy*, ed. by F.T. Arecchi, F. Strumia, H. Walther (Plenum, New York 1983) p. 465;
D.P. O'Brien, P. Meystre, H. Walther: Subnatural linewidth in atomic spectroscopy. Adv. At. Mol. Phys. **21**, 1 (1985)

9.161 V.S. Letokhov, V.P. Chebotayev: *Nonlinear Laser Spectroscopy*, Springer Ser. Opt. Sci., Vol. 4 (Springer, Berlin, Heidelberg 1977)

9.162 R.P. Hackel, S. Ezekiel: Observation of subnatural linewidths by two-step resonant scattering in I_2-vapor. Phys. Rev. Lett. **42**, 1736 (1979); and in [Ref. 1.11b, p. 88]

9.163 H. Weickenmeier, U. Diemer, W. Demtröder, M. Broyer: Hyperfine interaction between the singlet and triplet ground states of Cs_2. Chem. Phys. Lett. **124**, 470 (1986)

9.164 E.R. Cohen, B.N. Taylor: The 1986 CODATA recommended values of the fundamental physical constants. J. Phys. Chem. Ref. Data **17**, 1795 (1988)

9.165 F. Bayer-Helms: Neudefinition der Basiseinheit Meter im Jahr 1983. Phys. Blätter **39**, 307 (1983);
Documents concerning the new definition of the metre. Metrologia **19**, 163 (1984)

9.166 K.M. Baird: Frequency measurements of optical radiation. Phys. Today **36**, 1 (January 1983)

9.167 K.M. Evenson, D.A. Jennings, F.R. Peterson, J.S. Wells: 'Laser frequency measurements: A. Review, limitations, extension to 197 THz (1.5 μm)'. In: *Laser Spectroscopy III*, ed. by J.L. Hall, J.L. Carlsten, Springer Ser. Opt. Sci., Vol. 7 (Springer, Berlin, Heidelberg 1977);
D.A. Jennings, F.R. Peterson, K.M. Evenson: 'Direct frequency measurement of the 260 THz (1.15 μm) ^{20}Ne laser: And beyond'. In: *Laser Spectroscopy IV*, ed. by H. Walther, K.W. Rothe, Springer Ser. Opt. Sci., Vol. 21 (Springer, Berlin, Heidelberg 1979) p. 39

9.168 K.M. Evenson, M. Inguscio, D.A. Jennings: Point contact diode at laser frequencies. J. Appl. Phys. **57**, 956 (1985)

9.169 L.R. Zink, M. Prevedelli, K.M. Evenson, M. Inguscio: 'High resolution far infrared spectroscopy'. In: *Applied Laser Spectroscopy*, ed. by M. Inguscio, W. Demtröder (Plenum, New York 1991) p. 141

9.170 H.V. Daniel, B. Maurer, M. Steiner: A broadband Schottky point contact mixer for visible laser light and microwave harmonics. J. Appl. Phys. B **30**, 189 (1983)

9.171 H.P. Roeser, R.V. Titz, G.W. Schwaab, M.F. Kimmit: Current-frequency characteristics of submicron GaAs Schottky barrier diodes with femtofarad capacitances. J. Appl. Phys. **72**, 3194 (1992)

9.172 (a) B.G. Whitford: 'Phase-locked frequency chains to 130 THz at NRC'. In: *Frequency Standards and Metrology*, ed. by A. De Marchi (Springer, Berlin, Heidelberg, New York 1989);
(b) T.W. Hänsch: 'High resolution spectroscopy of hydrogen'. In: *The Hydrogen Atom*, ed. by G.F. Bussani, M. Inguscio, T.W. Hänsch (Springer, Berlin, Heidelberg, New York 1989);
(c) S.G. Karshenboim, F.S. Pavone, G.F. Bussani, M. Inguscio, T.W. Hänsch (Eds.): *The Hydrogen Atom* (Springer, Berlin, Heidelberg, New York 2001)

9.173 J. Reichert, M. Niering, R. Holzwarth, M. Weitz, T. Udem, T.W. Hänsch: Phase coherent vacuum ultraviolet to radiofrequency comparison with a mode-locked laser. Phys. Rev. Lett. **84**, 3232 (2000)

9.174 R. Holzwarth et al.: Optical frequency synthesizer for precision spectroscopy. Phys. Rev. Lett. **85**, 2264 (2000);
L.S. Ma et al.: Optical frequency synthesis and comparison with uncertainty at the 10^{-19} level. Science **303**, 1843 (2004);
T.W. Hänsch: Frequency Comb project. http://www.mpq.de/~haensch/comb/research/combs.html

9.175 S.A. Diddams, T.W. Hänsch, et al.: Direct link between microwave and optical frequencies with a 300 THz femtosecond pulse. Phys. Rev. Lett. **84**, 5102 (2000);
M.C. Stove et al.: Direct frequency comb spectroscopy. Adv. At. Mol. Opt. Phys. **55**, 1 (2008)

9.176 R. Loudon: *The Quantum Theory of Light* (Clarendon, Oxford 1973)

9.177 H. Gerhardt, H. Welling, A. Güttner: Measurements of laser linewidth due to quantum phase and quantum amplitude noise above and below threshold. Z. Physik **253**, 113 (1972);
M. Zhu, J.L. Hall: Stabilization of optical phase/frequency of a laser system. J. Opt. Soc. Am. B **10**, 802 (1993)

9.178 H.A. Bachor, P.J. Manson: Practical implications of quantum noise. J. Mod. Opt. **37**, 1727 (1990);
H.A. Bachor, P.T. Fisk: Quantum noise - a limit in photodetection. Appl. Phys. B **49**, 291 (1989)

9.179 H.A. Bachor: *A Guide to Experiments in Quantum Optics* (Wiley VCH, Weinheim 1998)

9.180 R.J. Glauber: 'Optical coherence and photon statistics'. In: *Quantum Optics and Electronics*, ed. by C. DeWitt, A. Blandia, C. Cohen-Tannoudji (Gordon & Breach, New York 1965) p. 65;
J.D. Cresser: Theory of the spectrum of the quantized light field. Phys. Rpt. **94**, 48 (1983);
H. Paul: Squeezed states – nichtklassische Zustände des Strahlungsfeldes. Laser und Optoelektronik **19**, 45 (März 1987)

9.181 R.E. Slusher, L.W. Holberg, B. Yorke, J.C. Mertz, J.F. Valley: Observation of squeezed states generated by four wave mixing in an optical cavity. Phys. Rev. Lett. **55**, 2409 (1985)

9.182 M. Xiao, L.A. Wi, H.J. Kimble: Precision measurements beyond the shot noise limit. Phys. Rev. Lett. **59**, 278 (1987)

9.183 H.J. Kimble, D.F. Walls (Guest ceds.): Feature issue on squeezed states of the electromagnetic field. J. Opt. Soc. Am. B **4**, 1449 (1987);
P. Kurz, R. Paschotta, K. Fiedler, J. Mlynek: Bright squeezed light by second harmonic generation and monolytic resonator. Europhys. Lett. **24**, 449 (1993)

9.184 P.R. Saulson: *Fundamentals of Gravitational Wave Detectors* (World Scientific, Singapore 1995)

9.185 T.M. Niebaum, A. Rüdiger, R. Schilling, L. Schnupp, W. Winkler, K. Danzmann: Pulsar search using data compression with the Garching gravitational wave detector. Phys. Rev. D **47**, 3106 (1993)

9.186 P.G. Blair (Ed.): *The Detection of Gravitational Waves* (Cambridge Univ. Press, Cambridge 1991)

9.187 P.S. Saulson: *Fundamentals of Interferometric Gravitational Wave Detectors* (World Scientific, Singapore 1994)

9.188 K. Zaheen, M.S. Zubairy: Squeezed states of the radiation field. Adv. At. Mol. Phys. **28**, 143 (1991)

9.189 H.J. Kimble: Squeezed states of light. Adv. Chem. Phys. **38**, 859 (1989)

9.190 P. Tombesi, E.R. Pikes (Eds.): *Squeezed and Nonclassical Light* (Plenum, New York 1989)

9.191 E. Giacobino, C. Fabry (Guest Eds.): Quantum noise reduction in optical systems. Appl. Phys. B **55**, 187–297 (1992)
9.192 D.F. Walls, G.J. Milburn: *Quantum Optics*, study edn. (Springer, Berlin, Heidelberg, New York 1995)
9.193 H.A. Haus: *Electromagnetic Noise and Quantum Optical Measurements* (Springer, Berlin, Heidelberg, New York 2000)
9.194 H.J. Carmichael, R.J. Glauber, M.O. Scully (Eds.): *Directions in Quantum Optics* (Springer, Berlin, Heidelberg, New York 2001)

第 10 章

10.1 A. Mooradian, T. Jaeger, P. Stokseth (Eds.): *Tunable Lasers and Applications*, Springer Ser. Opt. Sci., Vol. 3 (Springer, Berlin, Heidelberg 1976)
10.2 C.T. Lin, A. Mooradian (Eds.): *Lasers and Applications*, Springer Ser. Opt. Sci., Vol. 26 (Springer, Berlin, Heidelberg 1981)
10.3 J.F. Ready, R.K. Erf (Eds.): *Lasers and Applications, Vols. 1–5* (Academic, New York 1974–1984)
10.4 S. Svanberg: *Atomic and Molecular Spectroscopy*, 2nd edn., Springer Ser. Atoms Plasmas, Vol. 6 (Springer, Berlin, Heidelberg, New York 1991);
W. Rettig, B. Strehmel, S. Schrader, H. Seifert (Eds.): *Applied Fluorescence in Chemistry, Biology and Medicine* (Springer, Berlin, Heidelberg 2002)
10.5 A.Y. Spasov (Ed.): *Lasers: Physics and Applications*, Proc. 5th Int. School on Quantum Electronics, Sunny Beach, Bulgaria 1988 (World Scientific, Singapore 1989)
10.6 H.D. Bist: *Advanced Laser Spectroscopy and Applications* (Allied Publishers Pvt. Ltd., New Delhi 1996)
10.7 D. Andrews: *Applied Laser Spectroscopy* (John Wiley & Sons, New York 1992)
10.8 C.B. Moore: *Chemical and Biochemical Applications of Lasers, Vols. 1–5* (Academic, New York 1974-1984)
10.9 D.K. Evans: *Laser Applications in Physical Chemistry* (Dekker, New York 1989);
D.L. Andrews: *Lasers in Chemistry* (Springer, Berlin, Heidelberg, New York 1986);
A.H. Zewail (Ed.): *Advances in Laser Chemistry*, Springer Ser. Chem. Phys., Vol. 3 (Springer, Berlin, Heidelberg, New York 1978)
10.10 G.R. van Hecke, K.K. Karukstis: *A Guide to Lasers in Chemistry* (Jones & Bartlett Publ., Boston 1997)
10.11 R.T. Rizzo, A.B. Myers: *Laser Techniques in Chemistry* (Wiley, New York 1995)
10.12 H. Telle, A. Gonzales Ureña, R.J. Donovan: *Laser Chemistry: Spectroscopy, Dynamics and Applications* (Wiley, New York 2007)
10.13 J.W. Hepburn, R.E. Contunetti, M.A. Johnson: *Laser Techniques for State-Selected and State-to-State Chemistry*. SPIE Proc. **3271** (1998)
10.14 G. Schmidtke, W. Kohn, U. Klocke, M. Knothe, W.J. Riedel, H. Wolf: Diode laser spectrometer for monitoring up to five atmospheric trace gases in unattended operation. Appl. Opt. **28**, 3665 (1989)
10.15 G.S. Hurst, M.P. Payne, S.P. Kramer, C.H. Cheng: Counting the atoms. Phys. Today **33**, 24 (Sept. 1980)
10.16 V.S. Letokhov: *Laser Photoionization Spectroscopy* (Academic, Orlando, FL 1987)
10.17 P. Peuser, G. Herrmann, H. Rimke, P. Sattelberger, N. Trautmann: Trace detection of plutonium by three-step photoionization with a laser system pumped by a copper vapor laser. Appl. Phys. B **38**, 249 (1985)

10.18 T. Whitaker: Isotopically selective laser measurements. Lasers Appl. **5**, 67 (Aug. 1986)

10.19 H. Kano, H.T.M. van der Voort, M. Schrader, G.M.P. van Kampen, S.W. Hell: Avalanche photodiode detection with object scanning and image restoration provides 2–4 fold resolution increase in two-photon fluorescence microscopy. Bioimaging **4**, 187 (1996)

10.20 S.W. Hell, J. Wichmann: Breaking the diffraction resolution limit by stimulated emission. Opt. Lett. **19**, 780 (1994)

10.21 H. Gugel et al.: Cooperative 4Pi Excitation Yields Sevenfold Sharper Optical Sections in Live-Cell Microscopy. Biophys. J. **87**, 4146 (2004)

10.22 C. Bräuchle, G. Seisenberger, T. Endreß, M.V. Ried, H. Büning, M. Hallek: Single virus tracing: Visualization of the infection pathway of a virus into a living cell. Chem. Phys. Chem. **3**, 229 (2002)

10.23 J. Widengren, Ü. Mets, R. Rigler: Fluorescence correlation spectroscopy of triplet states in solution. J. Chem. Phys. **99**, 13368 (1995)

10.24 W.E. Moerner, R.M. Dickson, D.J. Norris: Single-molecule spectroscopy and quantum optics in solids. Adv. At. Mol. Opt. Phys. **38**, pp. 193 ff. (1997)

10.25 G. Jung, J. Wiehler, B. Steipe, C. Bräuchle, A. Zumbusch: Single-molecule microscopy of the green fluorescent protein using two-color excitation. Chem. Phys. Chem. **2**, 392 (2001)

10.26 P. Schwille, U. Haupts, S. Maiti, W.W. Web: Molecular dynamics in living cells observed by fluorescence correlation spectroscopy. Biophys. J. **77**, 2251 (1999)

10.27 E.H. Piepmeier (Ed.): *Analytical Applicability of Lasers* (Wiley, New York 1986);
J. Sneddon, T.L. Thiem, Y. Lee (Eds.): *Lasers in Analytical Atomic Spectroscopy* (Wiley VCH, Weinheim 1997)

10.28 I. Osad'ko: *Selective Spectroscopy of Single Molecules*. Springer Ser. Chem. Phys. Vol. 69 (Springer, Berlin, Heidelberg 2003);
R. Rigler, M. Orrit, T. Basche (Eds.): *Single Molecule Spectroscopy* (Springer, Berlin, Heidelberg 2002);
Chr. Gell, D. Brockwell: *Handbook of Single Molecule Fluorescence Spectroscopy* (Oxford Univ. Press, Oxford 2006)

10.29 K. Niemax: *Analytical Aspects of Atomic Laser Spectrochemistry* (Harwood Acad. Publ., Philadelphia 1989)

10.30 A. Baronarski, J.W. Butler, J.W. Hudgens, M.C. Lin, J.R. McDonald, M.E. Umstead: 'Chemical Applications of Lasers'. In: A.H. Zewail (Ed.): *Advances in Laser Chemistry*, Springer Ser. Chem. Phys., Vol. 3 (Springer, Berlin, Heidelberg New York 1986) p. 62

10.31 B. Raffel, J. Wolfrum: Spatial and time resolved observation of CO_2-laser induced explosions of O_2-O_3-mixtures in a cylindrical cell. Z. Phys. Chem. (NF) **161**, 43 (1989)

10.32 R.L. Woodin, A. Kaldor: Enhancement of chemical reactions by infrared lasers. Adv. Chem. Phys. **47**, 3 (1981)
M. Quack: Infrared laser chemistry and the dynamics of molecular multiphoton excitation. Infrared Phys. **29**, 441 (1989)

10.33 C.D. Cantrell (Ed.): *Multiple-Photon Excitation and Dissociation of Polyatomic Molecules*, Springer Topics. Curr. Phys., Vol. 35 (Springer, Berlin, Heidelberg, New York 1986);
V.N. Bagratashvili, V.S. Letokhov, A.D. Makarov, E.A. Ryabov: *Multiple Photon Infrared Laser Photophysics and Photochemistry* (Harwood, Chur 1985)

10.34 J.H. Clark, K.M. Leary, T.R. Loree, L.B. Harding: 'Laser synthesis chemistry and laser photogeneration of catalysis'. In: D.K. Evans: *Laser Applications in Physical Chemistry* (Dekker, New York 1989) p. 74

10.35 Gong Mengxiong, W. Fuss, K.L. Kompa: CO_2 laser induced chain reaction of $C_2F_4+CF_3I$. J. Phys. Chem. **94**, 6332 (1990)

10.36 M. Schneider, J. Wolfrum: Mechanisms of by-product formation in the dehydrochlorination of dichlorethane. Ber. Bunsenges. Phys. Chem. **90**, 1058 (1986)

10.37 Zhang Linyang, W. Fuss, K.L. Kompa: KrF laser induced telomerization of bromides with olefins. Ber. Bunsenges. Phys. Chem. **94**, 867 (1990)

10.38 K.L. Kompa: Laser photochemistry at surfaces. Angew. Chem. **27**, 1314 (1988)

10.39 M.S. Djidjoev, R.V. Khokhlov, A.V. Kieselev, V.I. Lygin, V.A. Namiot, A.I. Osipov, V.I. Panchenko, YB.I. Provottorov: 'Laser chemistry at surfaces'. In: D.K. Evans: *Laser Applications in Physical Chemistry* (Dekker, New York 1989) p. 7

10.40 H.-L. Dai, W. Ho (Eds.): *Laser Spectroscopy and Photochemistry on Metal Surfaces. Advanced Series in Physical Chemistry Vol. 5* (World Scientific, Singapore 1995)

10.41 D. Bäuerle: *Laser Processing and Chemistry*, 2nd edn. (Springer, Berlin, Heidelberg 1996)

10.42 de Vivie-Riedle, H. Rabitz, K.L. Kompa (Eds.): Laser Control of Quantum Dynamics. Special Issue of Chemical Physics **267** (2001)

10.43 P. Brumer, M. Shapiro: Control of unimolecular reactions using coherent light. Chem. Phys. Lett. **126**, 541 (1986);
M. Shapiro, P. Brumer: Coherent control of atomic, molecular and electronic processes. Adv. At. Mol. Opt. Phys. **42**, 287 (2000)

10.44 D.J. Tannor, R. Kosloff, S.A. Rice: Coherent pulse sequence induced control of selectivity reactions. J. Chem. Phys. **85**, 5805 (1986)

10.45 M. Shapiro: Association, dissociation and the acceleration and suppression of reactions by laser pulses. Adv. Chem. Phys. **114**, 123–192 (1999);
A. Assion, T. Baumert, M. Bergt, T. Brixner, B. Kiefer, V. Seyfried, M. Strehle, G. Gerber: Control of chemical reactions by feedback-optimized phase-shaped femtosecond laser pulses. Science **282**, 919 (1998)

10.46 D. Zeidler, S. Frey, K.L. Kompa, M. Motzkus: Evolutionary algorithms and their applications to optimal control studies. Phys. Rev. A **64**, O23420 (2001)

10.47 M. Bergt, T. Brixner, B. Kiefer, M. Strehle, G. Gerber: Controlling the femtochemistry of $Fe(CO)_5$. J. Phys. Chem. **103**, 10381 (1999)

10.48 T. Brixner, B. Kiefer, G. Gerber: Problem complexity in femtosecond quantum control. Chem. Phys. **267**, 241 (2001)

10.49 R.J. Levis, G.M. Menkir, H. Rabitz: Selective bond dissociation and rearrangement with optimally tailored, strong field laser pulses. Science **292**, 709 (2001)

10.50 T. Brixner, G. Gerber: Quantum control of gas-phase and liquid-phase femtochemistry. Chem. Phys. Chem. **4**, 418 (2003)

10.51 A. Rice, M. Zhao: *Optical Control of Molecular Dynamics* (Wiley, New York 2000)

10.52 P. Gaspard, I. Burghardt (Eds.): Chemical reactions and their control on the femtosecond time scale. Adv. Chem. Phys. **101**, (1997)

10.53 J.L. Herek, W. Wohlleben, R.J. Cogdell, D. Zeidler, M. Motzkus: Quantum control of the energy flow in light harvesting. Nature **417**, 533 (2002)

10.54 R.N. Zare, R.B. Bernstein: State to state reaction dynamics. Phys. Today **3**, 43 (Nov. 1980)

10.55 A.H. Zewail: Laser femtochemistry. Science **242**, 1645 (1988);
A.H. Zewail: The birth of molecules. Sci. Am. **262**, 76 (Dec. 1990);
J. Manz, L. Wöste (Eds.): *Femtosecond Chemistry, Vols. I and II* (VCH, Weinheim 1995)

10.56 A.H. Zewail: *Femtochemistry* (World Scientific, Singapore 1994)

10.57 B. Bescós, B. Lang, J: Weiner, V. Weiss, E. Wiedemann, G. Gerber: Real-time observation of ultrafast ionization and fragmentation of mercury clusters. Eur. Phys. J. D **9**, 399 (1999)

10.58 H. Bürsing, P. Vöhringer: Transition state probing and fragment rotational dynamics of HgI_2. Phys. Chem. Chem. Phys. **2**, 73 (2000)

10.59 St. Hess, H. Bürsing, P. Vöhringer: Dynamics of fragment recoil in the femtosecond photodissociation of triiodide ions. J. Chem. Phys. **111**, 5461 (1999)

10.60 S.A. Trushin, W. Fuss, K.L. Kompa, W.E. Schmid: Femtosecond dynamics of $Fe(CO)_5$ photodissociation at 267 nm studied by transient ionization. J. Phys. Chem. A **104**, 1997 (2000)

10.61 A.H. Zewail: Femtosecond transition-state dynamics. Faraday Discuss. Chem. Soc. **91**, 1 (1991)

10.62 M. Kimble, W. Castleman jr.: *Femtochemistry VII: Fundamental Fast Processes in Chemistry, Physics, and Biology* (Elsevier Science, Amsterdam 2006)

10.63 M.M. Martin, J.T. Hynes: *Femtochemistry and Femtobiology* (Elsevier Science, Amsterdam 2004)

10.64 P. Hannaford: *Femtosecond Laser Spectroscopy* (Springer, Berlin, Heidelberg 2004)

10.65 S. Villani: *Isotope Separation* (Am. Nucl. Soc., Hinsdale, Ill. 1976);
S. Villani: *Uranium Enrichment*, Topics Appl. Phys., Vol. 35 (Springer, Berlin, Heidelberg 1979);
W. Ehrfeld: *Elements of Flow and Diffusion Processes in Separation Nozzles*, Springer Tracts Mod. Phys., Vol. 97 (Springer, Berlin, Heidelberg 1983)

10.66 C.D. Cantrell, S.M. Freund, J.L. Lyman: 'Laser induced chemical reactions and isotope separation'. In: *Laser Handbook, Vol. 3*, ed. by M.L. Stitch (North-Holland, Amsterdam 1979);
R.N. Zare: Laser separation of isotopes. Sci. Am. **236**, 86 (Feb. 1977);
F.S. Becker, K.L. Kompa: Laser isotope separation. Europhys. News **12**, 2 (July 1981);
R.D. Alpine, D.K. Evans: Laser isotope separation by the selective multiphoton decomposition process. Adv. Chem. Phys. **60**, 31 (1985)

10.67 J.P. Aldridge, J.H. Birley, C.D. Cantrell, D.C. Cartwright: 'Experimental and studies of laser isotope separation'. In: *Laser Photochemistry, Tunable Lasers*, ed. by S.E. Jacobs, S.M. Sargent, M.O. Scully, C.T. Walker (Addison-Wesley, Reading, MA 1976)

10.68 J.I. Davies, J.Z. Holtz, M.L. Spaeth: Status and prospects for lasers in isotope separation. Laser Focus **18**, 49 (Sept. 1982)

10.69 M. Stuke: Isotopentrennung mit Laserlicht. Spektrum Wissenschaft. **4**, 76 (1982)

10.70 (a) F.S. Becker, K.L. Kompa: The practical and physical aspects of uranium isotope separation with lasers. Nuc. Technol. **58**, 329 (1982);
(b) C.P. Robinson, R.J. Jensen: 'Laser methods of uranium isotope separation'. In: S. Villani: *Uranium Enrichment*, Topics Appl. Phys., Vol. 35 (Springer, Berlin, Heidelberg 1979) p. 269

10.71 L. Mannik, S.K. Brown: Laser enrichment of carbon 14. Appl. Phys. B **37**, 79 (1985)

10.72 A. von Allmen: *Laser-Beam Interaction with Materials*, 2nd edn., Springer Ser. Mater. Sci., Vol. 2 (Springer, Berlin, Heidelberg, New York 1995);
P.N. Bajaj, K.G. Manohar, B.M. Suri, K. Dasgupta, R. Talukdar, P.K. Chakraborti, P.R.K. Rao: Two colour multiphoton ionization spectroscopy of uranium from a metastable state. Appl. Phys. **B47**, 55 (1988)

10.73 A. Outhouse, P. Lawrence, M. Gauthier, P.A. Hacker: Laboratory scale-up of two stage laser chemistry separation of ^{13}C from CF_2HCl. Appl. Phys. B **36**, 63 (1985);

I. Deac, V. Cosma, D. Silipas, L. Muresan, V. Tosa: Parametric study of the IRMPD of CF_2HCl molecules with the 9P22 CO_2 laser time. Appl. Phys. B **51**, 211 (1990)

10.74 C. D'Ambrosio, W. Fuss, K.L. Kompa, W.E. Schmid, S. Trushin: ^{13}C separation by a continuous discharge CO_2 laser Q-switched at 10 kHz. Infrared Phys. **29**, 479 (1989); Appl. Phys. B **47**, 19 (1988)

10.75 K. Kleinermanns, J. Wolfrum: Laser in der Chemie – Wo stehen wir heute? Angew. Chemie **99**, 38 (1987);
J. Wolfrum: Laser spectroscopy for studying chemical processes. Appl. Phys. B **46**, 221 (1988)

10.76 D.J. Neshitt, St.R. Leone: Laser-initiated chemical chain reactions. J. Chem. Phys. **72**, 1722 (1980)

10.77 D. Bäuerle: *Chemical Processing with Lasers*, Springer Ser. Mater. Sci., Vol. 1 (Springer, Berlin, Heidelberg, New York 1986)

10.78 V.S. Letokhov (Ed.): *Laser Analytical Spectrochemistry* (Hilger, Bristol 1985)

10.79 K. Peters: Picosecond organic photochemistry. Annu. Rev. Phys. Chem. **38**, 253 (1987)

10.80 M. Gruehele, A.H. Zewail: Ultrafast reaction dynamics. Phys. Today, **13**, 24 (May 1990)

10.81 J. Wolfrum: Laser spectroscopy for studying chemical processes. Appl. Phys. B **46**, 221 (1988);
J. Wolfrum: Laser stimulation and observation of simple gas phase radical reactions. Laser Chem. **9**, 171 (1988)

10.82 E. Hirota: From high resolution spectroscopy to chemical reactions. Ann. Rev. Phys. Chem. **42**, 1 (1991)

10.83 J.I. Steinfeld: *Laser-Induced Chemical Processes* (Plenum, New York 1981)

10.84 L.J. Kovalenko, S.L. Leone: Innovative laser techniques in chemical kinetics. J. Chem. Educ. **65**, 681 (1988)

10.85 A. Ben-Shaul, Y. Haas, K.L. Kompa, R.D. Levine: *Lasers and Chemical Change*, Springer Ser. Chem. Phys., Vol. 10 (Springer, Berlin, Heidelberg 1981)

10.86 K.L. Kompa, S.D. Smith (Eds.): *Laser-Induced Processes in Molecules*, Springer Ser. Chem. Phys., Vol. 6 (Springer, Berlin, Heidelberg 1979)

10.87 K.L. Kompa, J. Warner: *Laser Applications in Chemistry* (Plenum, New York 1984)

10.88 A.H. Zewail (Ed.): *The Chemical Bond: Structure and Dynamics* (Academic Press, Boston 1992)

10.89 L.R. Khundar, A.H. Zewail: Ultrafast reaction dynamics in real times. Annu. Rev. Phys. Chem. **41**, 15 (1990)

10.90 J. Steinfeld: *Air Pollution* (Wiley, New York 1986)

10.91 C.F. Bohren, D.R. Huffman: *Absorption and Scattering of Light by Small Particles* (Wiley, New York 1983)

10.92 R. Zellner, J. Hägele: A double-beam UV-laser differential absorption method for monitoring tropospheric trace gases. Opt. Laser Technol. **17**, 79 (April 1985)

10.93 E.D. Hinkley (Ed.): *Laser Monitoring of the Atmosphere*, Topics Appl. Phys., Vol. 14 (Springer, Berlin, Heidelberg 1976);
B. Stumpf, D. Göring, R. Haseloff, K. Herrmann: Detection of carbon monoxide, carbon dioxide with pulsed tunable $Pb_{1-x}Se_x$ diode lasers. Collect. Czech. Chem. Commun. **54**, 284 (1989)

10.94 A. Tönnissen, J. Wanner, K.W. Rothe, H. Walther: Application of a CW chemical laser for remote pollution monitoring and process control. Appl. Phys. **18**, 297 (1979)

10.95 W. Meinburg, H. Neckel, J. Wolfrum: Lasermeßtechnik und mathematische Simulation von Sekundärmaßnahmen zur NO_x-Minderung in Kraftwerken. Appl. Phys. B **51**, 94 (1990);

A. Arnold, H. Becker, W. Ketterle, J. Wolfrum: Combustion diagnostics by two dimensional laser-induced fluorescence using tunable excimer lasers. SPIE Proc. **1602**, 70 (1991)

10.96 W. Meienburg, H. Neckel, J. Wolfrum: In situ measurement of ammonia with a $^{13}CO_2$-waveguide laser system. Appl. Phys. B **51**, 94 (1990)

10.97 P. Wehrle: A review of recent advances in semiconductor laser based gas monitors. Spectrochim. Acta, Part A **54**, 197 (1998)

10.98 R. Kormann, H. Fischer, C. Gurk, F. Helleis, T. Klüpfel, K. Kowalski, R. Königstedt, U. Parchatka, V. Wagner: Application of a multi-laser tunable diode laser absorption spectrometer for atmospheric trace gas measurements at sub-ppbv levels. Spectrochimica Acta A **58**, 2489 (2002)

10.99 K.W. Rothe, U. Brinkmann, H. Walther: Remote measurement of NO_2-emission from a chemical factory by the differential absorption technique. Appl. Phys. **4**, 181 (1974)

10.100 H.J. Kölsch, P. Rairoux, J.P. Wolf, L. Wöste: Simultaneous NO and NO_2 DIAL measurements using BBO crystals. Appl. Opt. **28**, 2052 (1989)

10.101 J.P. Wolf, H.J. Kölsch, P. Rairoux, L. Wöste: 'Remote detection of atmospheric pollutants using differential absorption LIDAR techniques'. In: *Applied Laser Spectroscopy*, ed. by W. Demtröder, M. Inguscio (Plenum, New York 1991) p. 435

10.102 A.L. Egeback, K.A. Fredrikson, H.M. Hertz: DIAL techniques for the control of sulfur dioxide emissions. Appl. Opt. **23**, 722 (1984)

10.103 J. Werner, K.W. Rothe, H. Walther: Monitoring of the stratospheric ozone layer by laser radar. Appl. Phys. B **32**, 113 (1983)

10.104 W. Steinbrecht, K.W. Rothe, H. Walther: Lidar setup for daytime and nighttime probing of stratospheric ozone and measurements in polar and equitorial regimes. Appl. Opt. **28**, 3616 (1988)

10.105 (a) J. Shibuta, T. Fukuda, T. Narikiyo, M. Maeda: Evaluation of the solarblind effect in ultraviolet ozone lidar with Raman lasers. Appl. Opt. **26**, 2604 (1984); (b) C. Weitkamp, O. Thomsen, P. Bisling: Signal and reference wavelengths for the elimination of SO_2 cross sensitivity in remote measurements of tropospheric ozone with lidar. Laser Optoelectr. **24**, 246 (April 1992)

10.106 A. Asmann, R. Neuber, P. Rairoux (Eds.): *Advances in Atmospheric Remote Sensing with LIDAR* (Springer, Berlin, Heidelberg, New York 1997)

10.107 U. v. Zahn, P. von der Gathen, G. Hansen: Forced release of sodium from upper atmospheric dust particles. Geophys. Res. Lett. **14**, 76 (1987)

10.108 F.J. Lehmann, S.A. Lee, C.Y. She: Laboratory measurements of atmospheric temperature and backscatter ratio using a high-spectral-resolution lidar technique. Opt. Lett. **11**, 563 (1986)

10.109 M.M. Sokolski (Ed.): *Laser Applications in Meterology and Earth- and Atmospheric Remote Sensing*. SPIE Proc. **1062** (1989)

10.110 R.M. Measure: *Laser Remote Sensing: Fundamentals and Applications* (Wiley, Toronto 1984)

10.111 J. Looney, K. Petri, A. Salik: Measurements of high resolution atmospheric water vapor profiles by use of a solarblind Raman lidar. Appl. Opt. **24**, 104 (1985)

10.112 H. Edner, S. Svanberg, L. Uneus, W. Wendt: Gas-correlation LIDAR. Opt. Lett. **9**, 493 (1984)

10.113 J.A. Gelbwachs: Atomic resonance filters. IEEE J. QE-**24**, 1266 (1988)

10.114 P. Rairoux, H. Schillinger, S. Niedermeier, M. Rodriguez, F. Ronneberger, R. Sauerbrey, B. Stein, D. Waite, C. Wedekind, H. Wille, L. Wöste: Remote sensing of the atmosphere, using ultrashort laser pulses. Appl. Phys. B **71**, 573 (2000)

10.115 L. Wöste, S. Frey, J.P. Wolf: LIDAR – Monitoring of the Air with Femtosecond Plasma Channels. Adv. At. Mol. Opt. Phys. **53**, 413 (2006)

10.116 S. Svanberg: 'Fundamentals of atmospheric spectroscopy'. In: *Surveillance of Environmental Pollution and Resources by El. Mag. Waves*, ed. by I. Lund (Reidel, Dordrecht 1978)
Ph.N. Slater: *Remote Sensing* (Addison-Wesley, London 1980)

10.117 R.M. Measures: *Laser Remote Chemical Analysis* (Wiley, New York 1988)

10.118 D.K. Killinger, A. Mooradian (Eds.): *Optical and Laser Remote Sensing*, Springer Ser. Opt. Sci., Vol. 39 (Springer, Berlin, Heidelberg 1983)

10.119 R.N. Dubinsky: Lidar moves towards the 21st century. Laser Optron. **7**, 93 (April 1988);
S. Svanberg: 'Environmental monitoring using optical techniques'. In: *Applied Laser Spectroscopy*, ed. by W. Demtröder, M. Inguscio (Plenum, New York 1991) p. 417

10.120 H. Walther: Laser investigations in the atmosphere. *Festkörperprobleme* **20**, 327 (Vieweg, Braunschweig 1980)

10.121 E.J. McCartney: *Optics of the Atmosphere* (Wiley, New York 1976)

10.122 J.W. Strohbehn (Ed.): *Laser Beam Propagation in the Atmosphere*, Topics Appl. Phys., Vol. 25 (Springer, Berlin, Heidelberg 1978)

10.123 W. Schade: Experimentelle Untersuchungen zur zeitaufgelösten Fluoreszenzspektroskopie mit kurzen Laserpulsen. Habilitation-Thesis, Math.-Naturw. Fakultät, Univ. Kiel, Germany (1992)

10.124 J. Ilkin, R. Stumpe, R. Klenze: Laser-induced photoacoustic spectroscopy for the speciation of transuranium elements in natural aquatic systems. Topics Curr. Chem. **157**, 129 (Springer, Berlin, Heidelberg, New York 1990)

10.125 R. Suntz, H. Becker, P. Monkhouse, J. Wolfrum: Two-dimensional visualization of the flame front in an internal combustion engine by laser-induced fluorescence of OH radicals. Appl. Phys. B **47**, 287 (1988)

10.126 (a) A.M. Wodtke, L. Hüwel, H. Schlüter, H. Voges, G. Meijer, P. Andresen: High sensitivity detection of NO in a flame using a tunable Ar-F-laser. Opt. Lett. **13**, 910 (1988);
(b) M. Schäfer, W. Ketterle, J. Wolfrum: Saturated 2D-LIF of OH and 2D determination of effective collisional lifetimes in atmospheric pressure flames. Appl. Phys. B **52**, 341 (1991)

10.127 P. Andresen, G. Meijer, H. Schlüter, H. Voges, A. Koch, W. Hentschel, W. Oppermann: Zweidimensionale Konzentrationsmessungen im Brennraum des Transparentmotors mit Hilfe von Laser-Fluoreszenzverfahren. Bericht 11/1989, MPI für Strömungsforschung Göttingen (1989);
Combustion optimization pushed forward by excimer LIF-methods. Lambda-Physic Highlights No. 14 (December 1988)

10.128 M. Alden, K. Fredrikson, S. Wallin: Application of a two-colour dye laser in CARS experiments for fast determination of temperatures. Appl. Opt. **23**, 2053 (1984)

10.129 J.P. Taran: 'CARS spectroscopy and applications'. In: *Applied Laser Spectroscopy*, ed. by W. Demtröder, M. Inguscio (Plenum, New York 1991) p. 365;
A. D'Allescio, A. Cavaliere: 'Laser spectroscopy applied to combustion'. In: *Applied Laser Spectroscopy*, ed. by W. Demtröder, M. Inguscio (Plenum, New York 1991) p. 393

10.130 R.W. Dreyfus: 'Useful macroscopic phenomena due to laser ablation'. In: *Desorption Induced by Electronic Transitions DIET IV*, Springer Ser. Surf. Sci., Vol. 19 (Springer, Berlin, Heidelberg, New York 1990) p. 348;
J.C. Miller, R.F. Haglund (Eds.): *Laser Ablation: Mechanisms and Applications*, Lecture Notes Phys., Vol. 389 (Springer, Berlin, Heidelberg 1991);
J.C. Miller (Ed.): *Laser Ablation*, Springer Ser. Mater. Sci., Vol. 28 (Springer, Berlin, Heidelberg, New York 1994)

10.131 R. DeJonge: Internal energy of sputtered molecules. Comm. At. Mol. Phys. **22**, 1 (1988)
10.132 H.L. Bay: Laser induced fluorescence as a technique for investigations of sputtering phenomena. Nucl. Instrum. Meth. B **18**, 430 (1987)
10.133 R.W. Dreyfus, J.M. Jasinski, R.E. Walkup, G. Selwyn: Laser spectroscopy in electronic materials processing research. Laser Focus **22**, 62 (Dec. 1986);
R.W. Dreyfus, R.W. Walkup, R. Kelly: Laser-induced fluorescence studies of excimer laser ablation of Al_2O_3. J. Appl. Phys. **49**, 1478 (1986)
10.134 J.M. Jasinski, E.A. Whittaker, G.C. Bjorklund, R.W. Dreyfus, R.D. Estes, R.E. Walkup: Detection of SiH_2 in silane and disilane glow discharge by frequency modulated absorption spectroscopy. Appl. Phys. Lett. **44**, 1155 (1984)
10.135 H. Moenke, L. Moenke-Blankenburg: *Einführung in die Laser Mikrospektralanalyse* (Geest und Portig, Leipzig 1968)
10.136 D. Bäuerle: *Laser Processing and Chemistry*, 3rd edn. (Springer, Berlin, Heidelberg, New York 2000)
10.137 H.L. Dai, W. Ho (Eds.): *Laser Spectroscopy and Photochemistry on Metal Surfaces*. Adv. Ser. Phys. Chem., Vol. 5 (World Scientific, Singapore 1995)
10.138 A.W. Miziolek, V. Paleschi, I. Schechter: *Laser-Induced Breakdown Spectroscopy* (Cambridge Univ. Press, Cambridge 2006);
D.A Cremers, L.J. Radziemski: *Handbook of Laser-Induced Breakdown Spectroscopy* (Wiley, New York 2006)
10.139 F. Durst, A. Melling, J.H. Whitelaw: *Principles and Practice of Laser-Doppler Anemometry*, 2nd edn (Academic, New York 1981)
10.140 T.S. Durrani, C.A. Greated: *Laser Systems in Flow Measurement* (Plenum, New York 1977)
10.141 L.E. Drain: *The Laser Doppler Technique* (Wiley, New York 1980)
10.142 F. Durst, G. Richter: 'Laser Doppler measurements of wind velocities using visible radiation'. In: *Photon Correlation Techniques in Fluid Mechanics*, ed. by E.O. Schulz-Dubois, Springer Ser. Opt. Sci., Vol. 38 (Springer, Berlin, Heidelberg 1983) p. 136
10.143 R.M. Hochstrasser, C.K. Johnson: Lasers in biology. Laser Focus **21**, 100 (May 1985)
10.144 B. Valeur, J.C. Brochon (Eds.): *New Trends in Fluorescence Spectroscopy: Application to Chemistry and Life Sciences* (Springer, Berlin, Heidelberg 2001);
M. Hof, R. Hütterer, V. Fiedler: *Fluorescence Spectroscopy in Biology*, Springer Ser. Fluoresc. (Springer, Berlin, Heidelberg 2005)
10.145 A. Anders: Dye-laser spectroscopy of bio-molecules. Laser Focus **13**, 38 (Feb. 1977);
A. Anders: Selective laser excitation of bases in nucleic acids. Appl. Phys. **20**, 257 (1979)
10.146 A. Anders: Models of DNA-dye-complexes: energy transfer and molecular structure. Appl. Phys. **18**, 373 (1979);
M.E. Michel-Beyerle (Ed.): *Antennas and Reaction Centers of Photosynthetic Bacteria*, Springer Ser. Chem. Phys., Vol. 42 (Springer, Berlin, Heidelberg 1983)
10.147 R.R. Birge, B.M. Pierce: 'The nature of the primary photochemical events in bacteriorhodopsin and rhodopsin'. In: *Photochemistry and Photobiology*, ed. by A.H. Zewail (Harwood, Chur 1983) p. 841
10.148 P. Cornelius, R.M. Hochstrasser: 'Picosecond processes involving CO, O_2 and NO derivatives of hemoproteins'. In: *Picosecond Phenomena III*, ed. by K.B. Eisenthal, R.M. Hochstrasser, W. Kaiser, A. Lauberau, Springer Ser. Chem. Phys., Vol. 23 (Springer, Berlin, Heidelberg 1982)
10.149 D.P. Millar, R.J. Robbins, A.H. Zewail: Torsion and bending of nucleic acids, studied by subnanosecond time resolved depolarization of intercalated dyes. J. Chem. Phys. **76**, 2080 (1982)

10.150 L. Stryer: The molecules of visual excitation. Sci. Am. **157**, 32 (July 1987)
10.151 R.A. Mathies, S.W. Lin, J.B. Ames, W.T. Pollard: From femtoseconds to biology: mechanisms of bacterion rhodopsin's light driven proton pump. Annu. Rev. Biophysics Biophys. Chem. **20**, 1000 (1991)
10.152 W.H. Freeman, D. Savadan et al.: *Life: The Science of Biology*, 4th edn. (Sinauer Associates, Sunderland, MA 2004)
10.153 D.C. Youvan, B.L. Marrs: Molecular mechanisms of photosynthesis. Sci. Am. **256**, 42 (June 1987)
10.154 A.H. Zewail (Ed.): *Photochemistry and Photobiology* (Harwood, London 1983)
V.S. Letokhov: *Laser Picosecond Spectroscopy and Photochemistry of Biomolecules* (Hilger, London 1987);
R.R. Alfano (Ed.): *Biological Events Probed by Ultrafast Laser Spectroscopy* (Academic, New York 1982);
D. Purves, R.B. Lotto: *Why we see what we do: An empirical theory of vision* (Sinauer Associates, Sunderland, MA 2003);
R.E. Goldmann: *Live Cell Imaging* (Cold Spring Harbor Laboratory Press 2004);
C. Gell, D. Brockwell, A. Smith: *Handbook of Single-Molecule Fluorescence* (Oxford Univ. Press, Oxford 2006)
10.155 W. Kaiser (Ed.): *Ultrashort Laser Pulses*, 2nd edn., Topics Appl. Phys., Vol. 60 (Springer, Berlin, Heidelberg, New York 1993)
10.156 E. Klose, B. Wilhelmi (Eds.): *Ultrafast Phenomena in Spectroscopy*, Springer Proc. Phys., Vol. 49 (Springer, Berlin, Heidelberg, New York 1990)
10.157 J.R. Lakowicz (Ed.): *Time-Resolved Laser Spectroscopy in Biochemistry*. SPIE Proc. **909** (1988)
10.158 R.R. Birge, L.A. Nufie (Eds.): *Biomolecular Spectroscopy*. SPIE Proc. **1432** (1991)
10.159 R. Nossal, S.H. Chen: Light scattering from mobile bacteria. J. Physique Suppl. **33**, C1-171 (1972)
10.160 A. Andreoni, A. Longoni, C.A. Sacchi, O. Svelto: 'Laser-induced fluorescence of biological molecules'. In: A. Mooradian, T. Jaeger, P. Stokseth (Eds.): *Tunable Lasers and Applications*, Springer Ser. Opt. Sci., Vol. 3 (Springer, Berlin, Heidelberg 1976) p. 303
10.161 G.N. McGregor, H.G. Kaputza, K.A. Jacobsen: Laser-based fluorescence microscopy of living cells. Laser Focus **20**, 85 (Nov. 1984)
10.162 H. Schneckenburger, A. Rück, B. Baros, R. Steiner: Intracellular distribution of photosensitizing porphyrins measured by video-enhanced fluorescence microscopy. J. Photochem. Photobiol. B **2**, 355 (1988)
10.163 (a) H. Schneckenburger, A. Rück, O. Haferkamp: Energy transfer microscopy for probing mitochondrial deficiencies. Analyt. Chimica Acta **227**, 227 (1988);
(b) P. Fischer: Time-resolved methods in laser scanning microscopy. Laser Opt. Elektr. **24**, 36 (Febr. 1992)
10.164 E. Abbé: Arch. Mikroskop. Anat. **9**, 413 (1873);
B.R. Masters: Ernst Abbé and the foundations of scientific microscopes. Opt. Photon. News **18**, 18 (2007)
10.165 S.W. Hell, E. Stelzer: Fundamental improvement of resolution with a 4 Pi-confocal fluorescence microscope using two-photon excitation. Opt. Commun. **93**, 277 (1992);
J. Bewersdorf, R. Schmidt, S.W. Hell: Comparison of I^5M and 4 Pi-microscopy. J. Microsc. **222**, 105 (2006)
10.166 V. Westphal, S.W. Hell: Nanoscale Resolution in the Focal Plane of an Optical Microscope. Phys. Rev. Lett. **94**, 143903 (2005);
K. Willig, J. Keller, M. Bossi, S.W. Hell: STED-microscopy resolves nanoparticle assemblies. New J. Phys. **8**, 106 (2006)

10.167 H. Scheer: 'Chemistry and spectroscopy of chlorophylls'. In: *CRC Handbook of Organic Photochemistry and Photobiology*, ed. by W.M. Horspool, P.S. Song (CRC, New York 1995) p. 1402;
P. Mathis: 'Photosynthetic reaction centers'. ibid. p. 1412

10.168 I. Lutz, W. Zinth, et al.: 'Primary reactions of sensory rhodopsins'. In: *Ultrafast Phenomena XII*, ed. by T. Elsäser, et al., Springer Series in Chem. Phys., Vol. 66 (Springer, Berlin, Heidelberg, New York 2000) p. 677+680;
W. Zinth, et al.: 'Femtosecond spectroscopy and model calculations for an understanding of the primary reactions in bacterio-rhodopson'. ibid. p. 680

10.169 P.J. Walla, P.A. Linden, G.R. Fleming: 'Fs-transient absorption and fluorescence upconversion after two-photon excitation of carotenoids in solution and in LHC II'. ibid. p. 671

10.170 L. Goldstein (Ed.): *Laser Non-Surgical Medicine. New Challenges for an Old Application* (Lancaster, Basel 1991)

10.171 G. Biamino, G. Müller (Eds.): *Advances in Laser Medicine I* (Ecomed. Verlagsgesell., Berlin 1988)

10.172 S.L. Jacques (Ed.): *Proc. Laser Tissue Interaction II*. SPIE Proc. **1425** (1991);
A. Anders, I. Lamprecht, H. Schacter, H. Zacharias: The use of dye lasers for spectroscopic investigations and photodynamics therapy of human skin. Arch. Dermat. Res. **255**, 211 (1976)

10.173 H.P. Berlien, G. Müller (Eds.): *Angewandte Lasermedizin* (Ecomed, Landsberg 1989)

10.174 A. Popp et al.: Ultrasensitive mid-infrared cavity-leakout spectroscopy using a cw optical parametric oscillator. Appl. Phys. B **75**, 751 (2002)

10.175 H. Albrecht, G. Müller, M. Schaldach: Entwicklung eines Raman- spektroskopisches Gasanalysesystems. Biomed. Tech. **22**, 361 (1977);
Proc. VII Int'l Summer School on Quantum Optics, Wiezyca, Poland (1979)

10.176 M. Mürtz, D. Halmer, M. Horstian, S. Thelen, P. Hering: Ultrasensitive trace gas detection for biomedical applications. Spectrochimica Acta A **63**, 963 (2006)

10.177 M. Mürtz, T. Kayser, D. Kleine, S. Stry, P. Hering, W. Urban: Recent developments on cavity ringdown spectroscopy with tunable cw lasers in the mid-infrared. Proc. SPIE **3758**, 7 (1999)

10.178 H.J. Foth, N. Stasche, K. Hörmann: Measuring the motion of the human tympanic membrane by laser Doppler vibrometry. SPIE Proc. **2083**, 250 (1994)

10.179 T.J. Dougherty, J.E. Kaulmann, A. Goldfarbe, K.R. Weishaupt, D. Boyle, A. Mittleman: Photoradiation therapy for the treatment of malignant tumors. Cancer Res. **38**, 2628 (1978);
D. Kessel: Components of hematoporphyrin derivates and their tumor-localizing capacity. Cancer Res. **42**, 1703 (1982)

10.180 G. Jori: 'Photodynamic therapy: basic and preclinical aspects'. In: *CRC Handbook of Organic Photochemistry and Photobiology*, ed. by W.M. Horspool, P.S. Song (CRC, New York 1995) p. 1379;
T.J. Dougherty: 'Clinical applications of photodynamic therapy'. ibid. p. 1384

10.181 P.J. Bugelski, C.W. Porter, T.J. Dougherty: Autoradiographic distribution of HPD in normal and tumor tissue in the mouse. Cancer Res. **41**, 4606 (1981)

10.182 A.S. Svanberg: Laser spectroscopy applied to energy, environmental and medical research. Phys. Scr. **23**, 281 (1988)

10.183 Y. Hayata, H. Kato, Ch. Konaka, J. Ono, N. Takizawa: Hematoporphyrin derivative and laser photoradiation in the treatment of lung cancer. Chest **81**, 269 (1982)

10.184 A. Katzir: *Optical Fibers in Medicine IV*. SPIE Proc. **1067** (1989); ibid. **906** (1988)

10.185 L. Prause, P. Hering: Lichtleiter für gepulste Laser: Transmissionsverhalten, Dämpfung und Zerstörungsschwellen. Laser Optoelektron. **19**, 25 (January 1987); ibid. **20**, 48 (May 1988)
10.186 A. Katzir: Optical fibers in medicine. Sci. Am. **260**, 86 (May 1989)
10.187 H. Schmidt-Kloiber, E. Reichel: 'Laser lithotripsy'. In: H.P. Berlien, G. Müller (Eds.): *Angewandte Lasermedizin* (Ecomed, Landsberg 1989) VI, Sect. 2.12.1
10.188 R. Steiner (Ed.): *Laser Lithotripsy* (Springer, Berlin, Heidelberg, New York 1988);
R. Pratesi, C.A. Sacchi (Eds.): *Lasers in Photomedicine and Photobiology*, Springer Ser. Opt. Sci., Vol. 31 (Springer, Berlin, Heidelberg 1982);
L. Goldmann (Ed.): *The Biomedical Laser* (Springer, Berlin, Heidelberg York 1981)
10.189 W. Simon, P. Hering: Laser-induzierte Stoßwellenlithotripsie an Nieren- und Gallensteinen. Laser Optoelektron. **19**, 33 (January 1987)
10.190 D. Beaucamp, R. Engelhardt, P. Hering, W. Meyer: 'Stone identification during laser-induced shockwave lithotripsy'. In: *Proc. 9th Congress Laser 89*, ed.by W. Waidelich (Springer, Berlin, Heidelberg, New York 1990)
10.191 R. Engelhardt, W. Meyer, S. Thomas, P. Oehlert: Laser-induzierte Schockwellen-Lithotripsie mit Mikrosekunden Laserpulsen. Laser Optoelektr. **20**, 36 (April 1988)
10.192 S.P. Dretler: Techniques of laser lithotripsy. J. Endourology **2**, 123 (1988);
B.C. Ihler: Laser lithotripsy: system and fragmentation processes closely examined. Laser Optoelektron. **24**, 76 (April 1992)
10.193 S. Willmann, A. Terenji, I.V. Yaroslavsky, T. Kahn, P. Hering: Determination of the optical properties of a human brain tumor using a new microspectrophotometric technique. Proc. SPIE **3598**, 233 (1999)
10.194 A.N. Yaroslavsky, I.V. Yaroslavsky, T. Goldbach, H.J. Schwarzmaier: Influence of the scattering phase function approximation on the optical properties of blood. J. Biomedical Optics **4**, 47 (1999)
10.195 Check-Yin Ng (Ed.): *Optical Methods for Time- and State Resolved Chemistry*, SPIE Proc. **1638** (1992);
B.L. Feary (Ed.): *Optical Methods for Ultrasensitive Dilution and Analysis*. SPIE Proc. **1435** (1991);
J.L. McElroy, R.J. McNeal: *Remote Sensing of the Atmosphere*. SPIE Proc. **1491** (1991);
S.A. Akhmanov, M. Poroshina (Eds.): *Laser Applications in Life Sciences*. SPIE Proc. **1403** (1991);
L.O. Jvassand (Ed.): *Future Trends in Biomedical Applications of Lasers*. SPIE Proc. **1535** (1991);
J.R. Lakowicz (Ed.): *Time-Resolved Laser Spectroscopy in Biochemistry*. SPIE Proc. **1204** (1991);
R.R. Birge, L.A. Nafie: *Biomolecular Spectroscopy*. SPIE Proc. **1432** (1991)
10.196 F. Dausinger, F. Lichtner, H. Lubatschowski (Eds.): *Femtosecond Technology for Technical and Medical Applications*. Topics in Appl. Phys., Vol. 96 (Springer, Berlin, Heidelberg 2004)

《现代物理基础丛书·典藏版》书目

1. 现代声学理论基础	马大猷 著
2. 物理学家用微分几何（第二版）	侯伯元 侯伯宇 著
3. 计算物理学	马文淦 编著
4. 相互作用的规范理论（第二版）	戴元本 著
5. 理论力学	张建树 等 编著
6. 微分几何入门与广义相对论（上册·第二版）	梁灿彬 周 彬 著
7. 微分几何入门与广义相对论（中册·第二版）	梁灿彬 周 彬 著
8. 微分几何入门与广义相对论（下册·第二版）	梁灿彬 周 彬 著
9. 辐射和光场的量子统计理论	曹昌祺 著
10. 实验物理中的概率和统计（第二版）	朱永生 著
11. 声学理论与工程应用	何 琳 等 编著
12. 高等原子分子物理学（第二版）	徐克尊 著
13. 大气声学（第二版）	杨训仁 陈 宇 著
14. 输运理论（第二版）	黄祖洽 丁鄂江 著
15. 量子统计力学（第二版）	张先蔚 编著
16. 凝聚态物理的格林函数理论	王怀玉 著
17. 激光光散射谱学	张明生 著
18. 量子非阿贝尔规范场论	曹昌祺 著
19. 狭义相对论（第二版）	刘 辽 等 编著
20. 经典黑洞和量子黑洞	王永久 著
21. 路径积分与量子物理导引	侯伯元 等 编著
22. 全息干涉计量——原理和方法	熊秉衡 李俊昌 编著
23. 实验数据多元统计分析	朱永生 编著
24. 工程电磁理论	张善杰 著
25. 经典电动力学	曹昌祺 著
26. 经典宇宙和量子宇宙	王永久 著
27. 高等结构动力学（第二版）	李东旭 编著
28. 粉末衍射法测定晶体结构（第二版·上、下册）	梁敬魁 编著
29. 量子计算与量子信息原理 ——第一卷：基本概念	Giuliano Benenti 等 著 王文阁 李保文 译

30. 近代晶体学（第二版） 张克从 著
31. 引力理论（上、下册） 王永久 著
32. 低温等离子体 B. M. 弗尔曼 И. M. 扎什京 编著
——等离子体的产生、工艺、问题及前景 邱励俭 译
33. 量子物理新进展 梁九卿 韦联福 著
34. 电磁波理论 葛德彪 魏 兵 著
35. 激光光谱学 W. 戴姆特瑞德 著
——第 1 卷：基础理论 姬 扬 译
36. 激光光谱学 W. 戴姆特瑞德 著
——第 2 卷：实验技术 姬 扬 译
37. 量子光学导论（第二版） 谭维翰 著
38. 中子衍射技术及其应用 姜传海 杨传铮 编著
39. 凝聚态、电磁学和引力中的多值场论 H. 克莱纳特 著 姜 颖 译
40. 反常统计动力学导论 包景东 著
41. 实验数据分析（上册） 朱永生 著
42. 实验数据分析（下册） 朱永生 著
43. 有机固体物理 解士杰 等 著
44. 磁性物理 金汉民 著
45. 自旋电子学 翟宏如 等 编著
46. 同步辐射光源及其应用（上册） 麦振洪 等 著
47. 同步辐射光源及其应用（下册） 麦振洪 等 著
48. 高等量子力学 汪克林 著
49. 量子多体理论与运动模式动力学 王顺金 著
50. 薄膜生长（第二版） 吴自勤 等 著
51. 物理学中的数学方法 王怀玉 著
52. 物理学前沿——问题与基础 王顺金 著
53. 弯曲时空量子场论与量子宇宙学 刘 辽 黄超光 编著
54. 经典电动力学 张锡珍 张焕乔 著
55. 内应力衍射分析 姜传海 杨传铮 编著
56. 宇宙学基本原理 龚云贵 编著
57. B介子物理学 肖振军 著